安徽省高校省级规划教材

# 基础化学实验

(第2版)

主　编　刘　瑾
副主编　王　颖　潘洁松　徐　玲
　　　　李　真　冯绍杰　谢发之

安徽科学技术出版社

**图书在版编目(CIP)数据**

基础化学实验/刘瑾主编．—2版．—合肥：安徽科学技术出版社，2008.10(2016.7重印)
ISBN 978-7-5337-3445-9

Ⅰ.基…　Ⅱ.刘…　Ⅲ.化学实验　Ⅳ.06-3

中国版本图书馆CIP数据核字(2006)第012516号

**基础化学实验(第二版)**　　　　刘　瑾　主编

出 版 人：黄和平
责任编辑：岑红宇
封面设计：武　迪
出版发行：安徽科学技术出版社(合肥市政务文化新区翡翠路1118号出版传媒广场，邮编：230071)
电　　话：(0551)63533323
网　　址：www.ahstp.net
经　　销：新华书店
排　　版：安徽事达科技贸易有限公司
印　　刷：合肥华云印务有限责任公司
开　　本：787×1092　1/16
印　　张：34.5
字　　数：830千
版　　次：2016年7月第7次印刷
定　　价：59.80元

# 前　言

本书是根据工科基础化学实验课程的教学基本要求，融合了面向21世纪工科(化工类)化学系列课程体系教学改革成果和我院承担的安徽省基础化学实验示范中心建设立项的阶段成果，并经过实际使用、修改后编写而成的基础化学实验教材。本书既可作为化工、材料类专业基础化学实验课程的教学改革教材或过渡性教材，也可供应用化学、环境化学、轻工、矿冶类等专业作为实验教学参考书。全书力争体现出改变传统的无机及分析化学、有机化学、物理化学各自组织实验的课程体系，将实验课分为基础、制备与合成实验，性质与表征实验，综合、设计与研究性实验三个层次来组织实验课教学。全书共包括三部分：第一部分为基本原理、基本方法与基本技术的介绍；第二部分为实验主体内容，按照“基础实验包括基本原理、基本方法、基本技术、基本制备和合成实验，性质与表征实验，综合、设计与研究性实验”三个层次编排；第三部分为附录资料，包括化学实验中的常用仪器与数据表。

第一层次是基础实验，包括无机及分析化学、有机化学基础实验的单元操作练习、基本操作训练和一些小型实验及基本制备与合成实验，通过无机、有机合成实验进一步培养学生对化学反应过程的理解和认识。基础实验使学生掌握基本操作技术、熟悉实验仪器、学会实验方法，为后续实验准备条件、打好基础。第二层次是物质的性质与表征实验，将化合物性质和化学反应与仪器分析、物理化学结合起来，以产物的表征、组成分析、结构分析和性质测试，培养学生综合运用化学知识的能力。第三层次是综合、设计与研究性实验，主要内容是将各分支学科重要知识有机结合在一起，包括多步复杂和较大的实验，按照一定命题，由学生自己查阅文献资料，设计实验方案，分析实验结果，得出最后结论。通过这些实验，学生不仅可以获得专业技术知识，受到科学研究的初步训练，培养科学思维能力，还可将科研成果吸收到教学中来，使学生实验具有一定的综合研究能力，让学生尽早了解学科发展前沿，培养学生的创造性思维和独立开展化学实验的能力。

全书由刘瑾担任主编，副主编为王颖、潘洁松、徐玲、李真、冯绍杰、谢发之，主要编者有曹田、覃忠琼、陈艳、宣寒、王亚琴、徐立红、杨明娣、张俊、张璟焱、童彬、孙梅、陈少华、赵东林、胡寒梅、吴世彪、程从亮、王爱国、张克华、陈晓明、宋小杰、谢蓉、杨颙、董秋静。

本书在编写过程中得到安徽建筑工业学院领导和基础化学实验示范中心建设领导小组的关心和全力支持，功能材料实验研究中心朱绍峰等老师，孙巍、武允超、杜林、翟成等同学在本教材编校过程中也给予了很多帮助，在此表示感谢。

本书的编写以本校曾经使用的系列实验讲义、教材以及部分教师的科研成果为基础，同时参阅了兄弟院校已出版的教材、著作、中外文期刊等文献资料，在此一并表示衷心的感谢。同时感谢安徽省教育厅实验教学示范建设项目提供的经费资助！

由于编者水平与经验有限，难免有错误与不妥之处，敬请读者批评指正。

安徽建筑工业学院《基础化学实验》编写组

# 前　言

# 目　录

# 第一部分　基本知识和基本操作

## 第一章　绪　　论

### 1.1　基础化学实验课程的目的

随着世界科学技术的飞速发展，现代化学的发展已进入到理论与实践并重的阶段。在我国高等教育进入大众化教育的背景下，在全面推进通识和素质教育的形势下，基础化学实验作为高等理工科院校化工、材料、环境、生物等工程专业的主要基础课程，是培养学生动手和创新能力的重要课程。本书突破了原四大化学实验分科设课的界限，使之融合为一体，按照基本化学原理、化合物制备、合成、结构、性能的基本关系和化学实验技能培养重新组织实验课教学。该课程以内含基本原理、基本方法和基本技术的化学实验作为素质教育的媒体，通过实验教学过程达到以下目的：

(1)以基本实验—性质与表征—综合、设计与研究性实验三个层次的实验教学，模拟化学知识的产生与发展为化学理论的基本过程，培养学生以化学实验为工具获取新知识的能力。

(2)经过严格的实验训练后，使学生具有一定的分析和解决较复杂问题的实践能力，收集和处理化学信息的能力，运用文字表达实验结果的能力，培养学生的科学精神、创新意识和创新能力以及团结协作精神。

### 1.2　基础化学实验课程的要求

为了达到上面提出的课程目的，规范实验教学过程，学生应在以下环节严格要求自己。

一、实验前的预习

弄清实验目的和原理、仪器结构、使用方法和注意事项、药品或试剂的等级、物化性质(熔点、沸点、折光率、密度、毒性与安全等数据)。实验装置、实验步骤要做到心中有数，避免边做边翻书的“照方抓药”式实验。实验前认真地写出预习报告。预习报告应简明扼要，但切忌照抄书本。实验过程或步骤可以用框图或箭头等符号表示。

二、学习方法

本教材的基本实验是在教学过程中经多年试验较为成熟的，因而容易做出结果。但不要认为生产或科研中的实际问题都可以如此顺利地解决，应当自己多问几个为什么。对于性质和表征实验，要搞清楚化合物的性质和相关的表征手段，这些手段基于什么理论和原理，以及表征方法的使用条件和局限性。对于综合、设计和研究性实验，重在培养创新和开拓意识，以及综合应用化学理论和实践知识的能力，对这部分实验，首先要明确需要解决的问题；然后根据所学的知识(必要时应当查阅文献资料)和实验室能提供的条件选定实验方法，并深入研究这些方法的原理、仪器、实验条件和影响因素，以此作为设计方案的依据；最后写成预习报告并和指导教师讨论、修改、定稿后即可实施。本书所选的题目较为简单，目的是给学生在“知识”和“应用”之间架设一座“能力”的桥梁。

三、实验过程与记录

为培养学生严谨的科学研究的精神，在需要等待的时间内不能做其他事情，要养成专心致志地观察实验现象的良好习惯。善于观察、勤于思考、正确地判断是能力的体现。实验过程中要准确记录并妥善保存原始数据，不能随意记在纸片上，更不能涂改。对可疑数据，如确知原因，可用铅笔轻轻圈去，否则宜用统计学方法判断取舍，必要时应补做实验核实，这是科学精神与态度的具体体现。实验结束后，请指导教师签字，留作撰写实验报告的依据。

四、实验报告

实验报告不仅是概括与总结实验过程的文献性质资料，而且是学生以实验为工具，获取化学知识实际过程的模拟，因而同样是实验课程的基本训练内容。实验报告从一定角度上反映了一个学生的学习态度、实际水平与能力。实验报告的格式与要求，在不同的学习阶段略有不同，但基本应包括：实验目的、实验简明原理、实验仪器（厂家、型号、测量精度）、药品（纯度等级）、实验装置（画图表示）、原始数据记录表（附在报告后）、实验现象与观测数据。实验结果（包括数据处理）用列表或作图形式表达并讨论。

处理实验数据时，宜用列表法、作图法，具有普遍意义的图形还可以回归成经验公式，得出的结果应尽可能地与文献数据进行比较。通过这种形式培养学生科学的思维模式，提高学生的文献查阅能力和文字表达能力。

对实验结果进行讨论是实验报告的重要组成部分，往往也是最精彩的部分。包括实验者的心得体会（是指经提炼后学术性的体会，并非感性的表达），做好实验的关键所在，实验结果的可靠程度与合理性评价，实验现象的分析和解释等，提出实验的改进意见，或提出另一种比实验更好的路线等。注重培养学生思考和分析问题的习惯，尤其是培养发散性思维和收敛思维模式，为具有真正的创新性思维打下基础。

下面以无机制备和测定等实验报告的格式为例，作为学生的示范。学生也可参照前面的要求并在教师指导下拟定实验报告格式。

## 1.3 实验报告格式举例

基础实验大致可分为三种类型：制备与合成实验、物理量测定与分析实验、基本操作实验。制备与合成实验主要写出相关化学原理、步骤、原料量、产量、产率、产品质量及性质等。物理量测定与分析实验主要是物质相关物理量的测定及数据处理等。所有原始数据都要记录准确无误，计算时应该有具体数据处理过程。基本操作实验主要是对基本化学实验技术的综合训练性实验，重在强调某一基本操作的灵活运用。总的来说，任何化学实验的实验报告格式都应包括实验目的、实验原理、实验步骤、数据处理和问题讨论等。典型实验报告参考格式如下：

制备与合成实验

实验××× 1-溴丁烷的制备

姓名________ 班级________ 学号________ 实验日期________

一、实验目的

1. 学习用丁醇、溴化钠和硫酸制备 1-溴丁烷的原理和方法。

2. 初步学会回流的原理、装置和操作以及气体吸收装置的作用和安装。

3. 进一步练习液体的洗涤、干燥和蒸馏操作。

二、实验原理

主反应：

$$NaBr + H_2SO_4 \longrightarrow HBr + NaHSO_4$$

$$n\text{-}C_4H_9OH + HBr \xrightleftharpoons[\triangle]{H_2SO_4} n\text{-}C_4H_9Br + H_2O$$

上述反应是一个可逆反应，本实验采用增加 HBr 的量来增大正丁醇的转化率。若反应体系温度过高，可能发生下列一系列副反应：

$$n\text{-}C_4H_9OH \xrightarrow{H_2SO_4} CH_3CH_2CH{=\!=}CH_2 + H_2O$$

$$2n\text{-}C_4H_9OH \xrightarrow{H_2SO_4} C_4H_9{-}O{-}C_4H_9 + H_2O$$

$$2HBr + H_2SO_4 \longrightarrow Br_2 + SO_2 + 2H_2O$$

因此，反应体系温度的控制是本实验的关键。

三、主要物料及产物的物理常数

| 名　称 | 相对分子量 | 性　状 | 折光率 | 相对密度 | $Mp$(℃) | $Bp$(℃) | 溶解度[g·(100 mL 溶剂)$^{-1}$] | | |
|---|---|---|---|---|---|---|---|---|---|
| | | | | | | | 水 | 醇 | 醚 |
| 正丁醇 | 74.12 | 无色透明液体 | 1.39931 | 0.80978 | −89.8 | 117.71 | 7.920 | ∞ | ∞ |
| 正溴丁烷 | 137.03 | 无色透明液体 | 1.4398 | 1.299 | −112.4 | 101.6 | 不溶 | ∞ | ∞ |

四、主要物料及用量

正丁醇 7.4 g(9.2 mL，0.1 mol)，浓硫酸 14 mL，无水溴化钠 13 g(0.13 mol)，饱和碳酸氢钠，无水氯化钙。

五、实验装置图

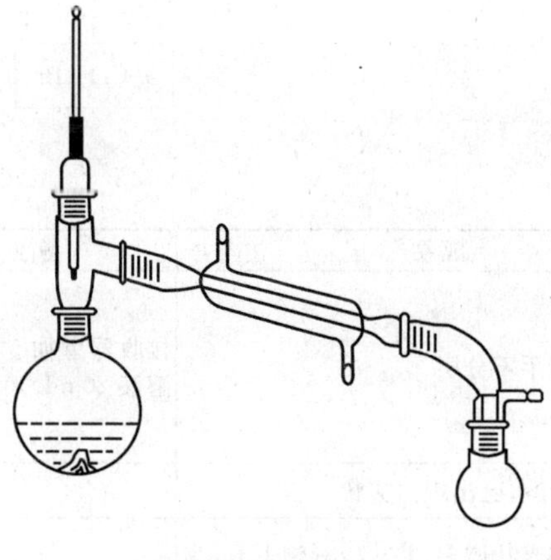

(a)蒸馏装置

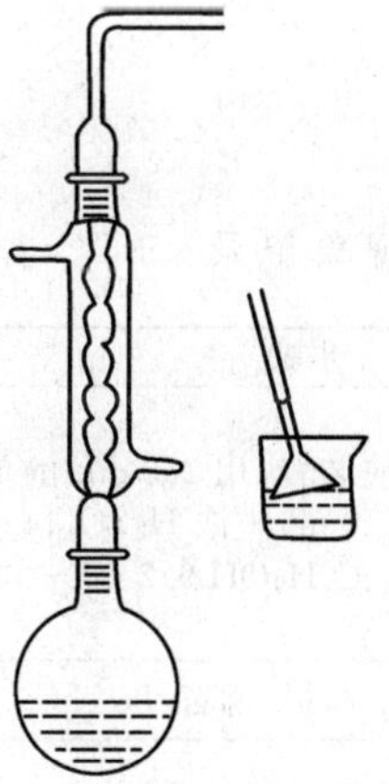

(b)反应装置

六、实验流程图

合成流程：

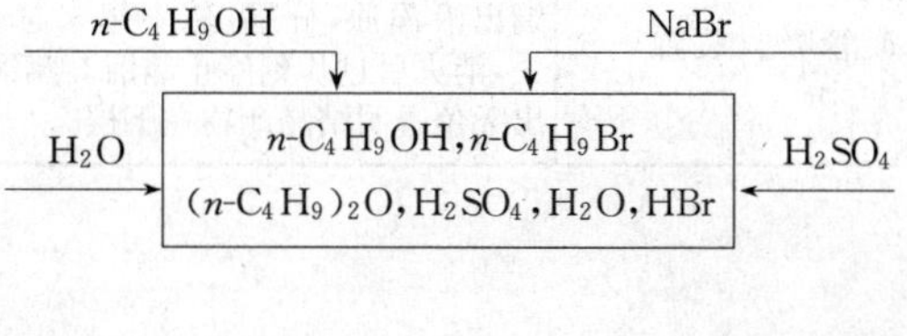

粗产物分离纯化流程：

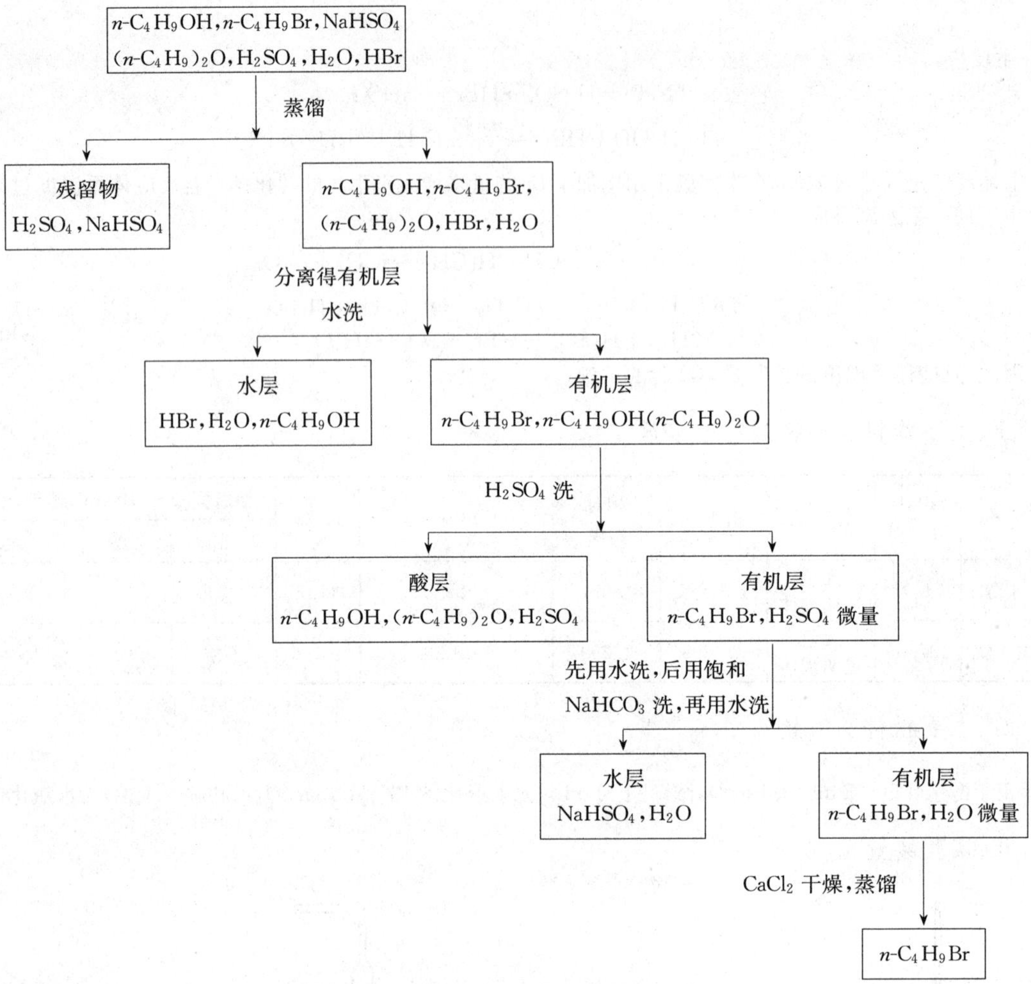


## 七、实验步骤和现象记录

| 时间 | 步骤 | 现象 | 备注 |
|---|---|---|---|
| 08:00 | 按图(b)安装反应装置，用 250 mL 的单口圆底烧瓶加入水 10 mL＋浓 $H_2SO_4$ 14 mL，振荡水浴冷却＋$n$-$C_4H_9OH$ 9.2 mL | 放热，烧瓶烫手不分层 | 接收器里加 5%NaOH 溶液 20 mL |
| 08:25 | 搅拌下加入 NaBr 13 g＋沸石 | NaBr 没有全溶，已出现白雾状 | |
| 08:45 | 开始加热(1h) | 沸腾，瓶中白雾状增多，并从冷凝管上升，为气体吸收装置所吸收。瓶中的液体由一层变成三层，上层开始极薄，中层为橙黄色，上层越来越厚，中层越来越薄，最后消失。上层颜色由淡黄变成橙黄色 | |
| 09:45 | 停止加热，稍冷，装冷凝管吸收装置＋沸石，小火加热，蒸出 $n$-$C_4H_9Br$ | 馏出液浑浊，分层，瓶中越来越少，最后消失，消失后过片刻停止蒸馏。蒸馏瓶冷却析出无色透明结晶产物在下层 | 白色晶体为 $NaHSO_4$ |

续表

| 时间 | 步骤 | 现象 | 备注 |
| --- | --- | --- | --- |
| 10:35 | 粗产物用15 mL水洗，在干燥分液漏斗中用10 mL浓 $H_2SO_4$ 洗，15 mL水洗，15 mL饱和 $NaHCO_3$ 洗，15 mL水洗，粗产物置于50 mL锥形瓶中+2 g $CaCl_2$ 干燥 | 加一滴浓 $H_2SO_4$ 沉至下层，证明产物在上层，两层交界处有些絮状物，粗产物有些浑浊，稍摇后透明 | |
| 11:35 | 产物滤入150 mL单口圆底烧瓶里+沸石，按装置(a)进行蒸馏，收集99～103 ℃馏分 | 99 ℃以前馏出液很少，长时间稳定在101～102 ℃，后升至103 ℃温度下降，瓶中液体很少，停止蒸馏，为无色液体 | 接收瓶重45 g |
| 12:35 | 蒸馏完毕 | | 接收瓶+产物53 g，产物 $C_2H_5Br$ 8 g |
| 12:45 | 用折光率测试仪测折光率 | | 折光率为1.4405 |
| 13:00 | 实验结束，整理仪器，打扫卫生 | | |

八、实验结果及处理(包括产率计算)

因其他试剂过量，理论产量按正丁醇计算。0.1 mol正丁醇能产生0.1 mol(即0.1×137=13.7 g)正溴丁烷。

$$产率=8/13.7\times100\%=58\%$$

九、讨论

醇能与硫酸反应生成盐，而卤代烷不溶于硫酸，故随着正丁醇转化为正溴丁烷。烧瓶中分成三层，上层为正溴丁烷，中层可能为硫酸氢正丁酯，中层的消失即表示大部分的正丁醇已转化为正溴丁烷，上、中两层呈橙黄色，可能是副反应产生的溴所致。从实验可知，溴在正溴丁烷的溶解度比在硫酸中大。

蒸去正溴丁烷后，烧瓶冷却析出的结晶是硫酸氢钠。投料时应严格按教材上的顺序。投料后，一定要混合均匀，反应时，保持回流平稳进行，防止导气管发生倒吸，洗涤粗产物时，注意正确判断产物的上下层关系。干燥剂用量要合理。

十、思考题

1. 反应后的粗产物中含有哪些杂质？各步洗涤的目的何在？

答：略

2. 分液时，如何判断产物在上层还是在下层？

答：略

实验成绩________ 教师签名________

## 1.4 数据处理及误差分析

### 一、有效数字

**1. 有效数字位数的确定**

在测量和数学运算中，确定该用几位数字是很重要的。初学者往往认为在一个数值中小数点后面位数越多，这个数值就越准确；或在计算结果中保留的位数越多，准确度就越高。这两种认识都是错误的。正确的表示法是：记录和计算测量结果都应与测量的误差相适应，不应超过测量的精确程度。即测量和计算所表示的数字位数，除末位数字为可疑值外，其余各位数都应是准确可靠的。实验中从仪器上直接能测得的数字(包括最后一位可疑数字)，叫做有效数字。实验数据的有效数字与测量的精度有关。常用仪器的精度见表1-1。

**表1-1　常用仪器的精度**

| 仪器名称 | 仪器精度 | 例　子 | 有效数字位数 |
| --- | --- | --- | --- |
| 托盘天平 | 0.1 g | 15.6 g | 3位 |
| 1/100天平 | 0.01 g | 15.61 g | 4位 |
| 电光天平 | 0.0001 g | 15.6068 g | 6位 |
| 10 mL量筒 | 0.1 mL | 8.5 mL | 2位 |
| 100 mL量筒 | 1 mL | 96 mL | 2位 |
| 移液管 | 0.01 mL | 25.00 mL | 4位 |
| 滴定管 | 0.01 mL | 50.00 mL | 4位 |
| 容量瓶 | 0.01 mL | 100.00 mL | 5位 |

任何超出或低于仪器精度的数字都是不恰当的。例如，上述滴定管的读数为50.00 mL，不能当做50 mL，也不能当做50.000 mL，因为前者降低了实验的精确度，后者则夸大了实验的精确度。关于有效数字的确定，指出以下两点：

(1)“0”在数字中是否包括在有效数字的位数中，与“0”在数字中的位置有关。当“0”在数字前面，只表示小数点的位置(仅起定位作用)，不包括在有效数字中；如果“0”在数字的中间或末端，则表示一定的数值，应包括在有效数字的位数中。例如：

| 数值 | 0.68 | $6.8\times10^{-3}$ | 0.02350 | 6.08 |
| --- | --- | --- | --- | --- |
| 有效数字位数 | 2位 | 2位 | 4位 | 3位 |

(2)采用指数表示法，“$10^n$”不包括在有效数字中。对于很小或很大的数字，采用指数表示法更为简便合理。

(3)对数值的有效数字位数，仅由小数部分的位数决定，首数(整数部分)只起定位作用，不是有效数字。因此对数运算时，对数小数部分的有效数字位数应与相应的真数的有效数字位数相同。例如：pH=7.68；$c(H^+)=2.1\times10^{-8}$ mol/L，其有效数字为两位，而不是三位。

通常物质含量小于1%时，一般取两位有效数字；含量在1%～10%时，一般取三位有效数字；含量大于10%时，一般取四位有效数字。

**2. 有效数字的运算规则**

(1)几个数据相加或相减时，它们的和或差只能保留一位不确定数字，即有效数字的保留应以小数点后位数最少的数据来定小数点后的位数，即取决于绝对误差最大的那个数。例如，将0.0121，25.64及1.05782三个数相加，结果应为26.71，只有最后一位是不确定值。

(2)在乘除法中，有效数字的位数取决于相对误差最大的那个数，即有效数字位数最少的那个数，以它为标准确定最后结果的有效数字的位数。

如：$33.63\times0.5841\times0.05300/1.1689=0.8855$

确定有效数字时应注意：用电子计算器做运算时，可以不必对每一步的计算结果进行位数确定，但最后计算结果应保留正确的有效数字位数。对最后结果多余数字取舍原则是“四舍六入五留双”，即当尾数≤4时，舍去；当尾数≥6时，进位；当尾数等于5时，5后有数时就进位(如将4.165001处理成三位数，则为4.17)；5后没数时就留双(即看保留下来的末位数是奇数还是偶数，是奇数就将5进位；是偶数，则将5舍弃。如将4.175和4.165处理成三位数，则分别为4.18和4.16)。

## 二、实验数据的采集与处理

**1. 数据的采集**

数据的采集主要有两种方式，一是人工采集通过计量或测定，记录相应的实验数据；另一种是自动采集，一般用于计算机与相应的分析仪器联机上，根据程序设计进行实时采集。人工采集应注意养成记录所有原始数据及计量、测定有关条件的良好习惯，例如，用减量法称取3份质量均为0.2～0.3 g的基准物质，应按以下方式记录(最好表格化)：

| 称量物重 | 倒出的试样重 |
|---|---|
| $m_{(1)}=26.9678\ g$ | |
| $m_{(2)}=26.6886\ g$ | $m_1=26.9678-26.6886=0.2792\ g$ |
| $m_{(3)}=26.3958\ g$ | $m_2=26.6886-26.3958=0.2928\ g$ |
| $m_{(4)}=26.1758\ g$ | $m_3=26.3958-26.1758=0.2200\ g$ |

在初学阶段，最好根据分析天平的情况，采用以下方式记录：

$m_{(i)}$(称量物重)＝砝码重＋圈码重＋微缩标尺读数

$m_{(1)}=(20+5+1)g+(900+60)mg+7.8mg=26.9678\ g$

$m_{(2)}=(20+5+1)g+(600+80)mg+6.6mg=26.6866\ g$

这种记录方式便于复核，实验记录本上必须有记录的原始数据，不能直接记下：

$m_1=0.2792\ g$

$m_2=0.2928\ g$

$m_3=0.2200\ g$

对有些实验，还应记录温度、大气压力、湿度、天气、仪器及其校正情况和所用试剂等，在数据采集过程中，不要使用铅笔和橡皮擦或涂改液。万一看错刻度或记错读数，允许改正数据，但不能涂改数据，例如，用酸度计测量某溶液酸度时，记录数据是pH＝5.66，后来仔细一看发现记错了，应该是pH＝5.56，这时不能把原来记录的数据中的6涂改为5，可以在原数据上划一杠，旁边写上正确的数据，即按以下方式改正：pH＝~~5.66~~ 5.56。

**2. 实验数据处理的基本步骤与基本方法**

实验所得到的数据往往较多，在这些数据中有些是能用的，有些是不能用的，有些则是可疑的。首先要将实验数据进行分析整理，将有明显过失理由的测定值舍去不用。对于可疑的数据(即其中一个测定值与其他测定值相差较大，又没有明显的过失理由)，就应采取可疑数据的取舍方法决定能否舍去。其次，再根据计量或测定的目的要求进行数据处理，最后报告结果或对测定结果进行分析、评价。

对数据处理有不同的要求。一般物质组成的测定，只需求出测定数据的集中趋势(即平均值)，以及测定数据的分散程度(即精密度)；而要求较高的测定，还应求出平均值的可靠性范围等。

实验数据处理有不同的方法，一般有列表法、作图法以及方程式法。通常配合使用列表法与作图法，有时三种方法配合应用。一般情况下，表格法总是以清晰明了见长，可以一眼看出实验测量了哪些量，结果如何。而图形法则更加形象直观，可以很容易找出数据的变化规律，并能利用图形确定各函数的中间值、最大值与最小值或转折点，可以求得斜率、截距、切线，还可以根据图形特点，找到变量间的函数关系，求得拟合方程的待定系数。另外，根据多次测量数据所得到的图像一般具有“平均”的意义，从而可以发现和消除一些随机误差。因此，在基础学习阶段，应学会用列表法与作图法来处理实验数据。

在此主要介绍列表法与作图法中需注意的问题。

(1)列表法

有些实验的结果是数据，实验完成后，采用列表法将所获得的数据尽可能整齐地、有规律地表达出来，便于处理和运算。列表时应注意以下几点：

①每一个表在表格的上方都应有简明、达意、完整的名称。

②表中每一行或每一列的第一栏，要写出该行或列数据的名称和单位(表 1-2)。

③有的表横向表头列出有关项目或试验编号；纵向表头列出数据的名称。

通常按操作步骤的顺序排列。例如，若先称试样，再进行滴定，则把天平称样数据记在上面，而滴定所消耗的标准溶液体积记在下面；若是两个相减的数，应把被减数放在上格，减数放在下格，因此滴定的初读数应记在下格，而终读数则应记在上格(见“盐酸溶液的配制和标定”实验报告示例)。

④表中数据应以最简单的形式表示，公共的乘方因子应在第一栏的名称下注明。

⑤数字排列要整齐，位数和小数点要对齐。

⑥原始数据可与处理结果(根据有关公式计算所得中间的以及最后的结果)并列在一张表上，处理方法和运算过程及公式(包括带入具体数据后的公式)，应在表下简要注明。这样就既有原始数据，又有分析结果，简明扼要，一目了然 。

**表 1-2　称量记录**

| 称量物 | 砝码质量(g) | 圈码质量(mg) | 投影屏读数(mg) | 称量物质量(g) | 试样质量(g) |
|---|---|---|---|---|---|
| 称量瓶＋试样质量 | 10,5,2,2 | 700 | 0.9 | 19.7009 | |
| 倒出第一份试样后的质量 | 10,5,2,2 | 470 | 3.1 | 19.4731 | 0.2278 |
| 倒出第二份试样后的质量 | 10,5,2,2 | 230 | 1.9 | 19.2319 | 0.2412 |

(2)作图法

作图法也应注意以下几方面：

①坐标标度的选择

常用的作图纸为直角毫米坐标纸，在作图时，习惯上以自变量作为横坐标，因变量为纵坐标，且相应坐标轴旁应说明所代表的变量的名称及量纲。

a. 按法定计算单位的规定，坐标的标注应当是一纯数字的式子，使图上各点表示的是 $x$、$y$ 数值的变化。$x$、$y$ 坐标的标注式分别写在 $x$、$y$ 轴的下方和左方。如温度、压力、体积、时间的标注分别写成 $T$(K)、$p$(kPa)、$V$(mL)、$t$(s)。

b. 要能表示出全部有效数字，使得从图中读出的物理量的精密度与测量的精密度一致。通常使实验数据的绝对误差在图纸上相当于 0.5～1 小格(最小分度)，即以 0.5～1 mm 为好。例如，用 1 ℃分度的温度计测量温度时，读数有 0.1℃的误差，则选择的比例尺寸最好使 1 ℃相当于 0.5～1 小格，即 1 ℃相当于 5 或 10 小格。

c. 坐标标度应取容易读、便于计算的分度。即每单位坐标格子应代表 2 或 5 的倍数，并把数字标示在图纸逢 5 或逢 10 的细线上。切忌把单位坐标格子取成 3、6、7、9 或小数。

d. 应充分考虑利用图纸的全部面积，使全图布局合理，不要使各点过分集中偏于某一角落。如无特殊需要(如直线外推求截距)，就不必把变量的零点作原点。可根据具体情况，从稍低于最小测量值的整数开始，稍高于最大测量值的整数为终点。图形若为直线或近乎直线的曲线，则应将它安排在图纸的对角线附近。

②图形的绘制

绘制图形应使用铅笔、三角板、曲线板、鸭嘴笔、圆规、黑墨水。绝不可用钢笔随手就画。

a. 点的描绘。测试数据在图上的点称为代表点。通常把测得数据的各代表点用“•”或“○”画到坐标纸上。若在同一图形上有不同系列的数据，应当用不同的符号“△”“×”“□”等分别表示出来。这类符号的重心应在所表示的点上，面积大小应与测量精度相适应。

b. 线的描绘。为了使画出的曲线反映出实验的客观事实，首先应使曲线(或直线)尽可能接近或通过大多数的点(并非所有点)。只要曲线两边的点的数目以及曲线两侧各代表点与曲线间距之和近于相等(更确切地说，要使所有代表点离曲线距离的平方和最小)，按此描出的曲线(或直线)就能近似地表示出被测量值的平均变化情况。其次，连线应平滑、均匀清晰。最好先用细、淡铅笔循各代表点的变动趋势轻轻地手描一条曲线，然后用曲线板辅助逐段画出光滑的曲线(不允许画成折线)(图 1-1)。

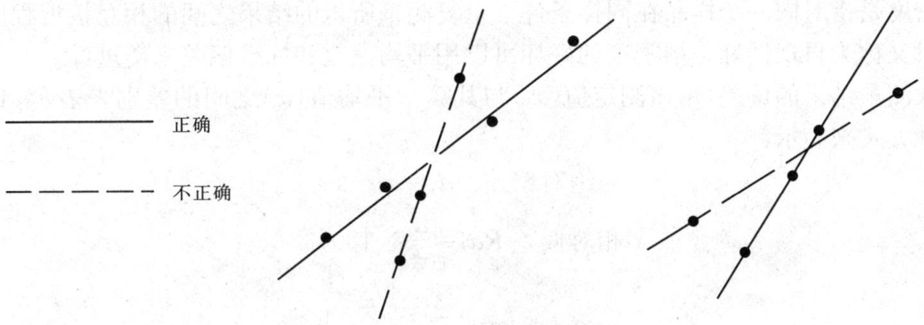


**图 1-1　描线方法**

c. 为了保证曲线所表示的规律的可靠性，在曲线的极大、极小或转折处应多取一些点。对于个别远离曲线的点，如果不能肯定是实验时的过失误差造成的，不能随意抛弃。而应在附近多取一些代表点，搞清在此区域是否存在某种必然规律。

③图名与说明

在图的下方应标上序号和简明的标题，必要时还需对测试条件等作简要的说明。

④图形的进一步计算和处理

内插法、外推法、计算直线的斜率和截距等是常用的图形处理技术。

a. 内插法是根据图形的对称性或变化规律，在某些点的范围内适当插入一些近似点，使图形更完美。

b. 外推法(又称外延法)也是根据图形的对称性或变化规律，延长某线段，找出所相交的数据点。

c. 计算直线的斜率与截距是根据解析几何原理，在直线上选取相距较远的两点(或选取刚好在线上的两组实验数据)，得数据$(x_1, y_1)$及$(x_2, y_2)$，将它们代入直线方程得

$$y_1 = a + bx_1$$

$$y_2 = a + by_2$$

解之得：　　斜率 $b = (y_2 - y_1)/(x_2 - x_1)$

截距 $a = y_1 - bx_1 = y_2 - bx_2$

## 三、准确度和精密度

**1. 准确度**

准确度表示在一定条件下，多次测定结果的算术平均值($\overline{x}$)与真实值($x_T$)接近的程度。准确度的好坏可以用误差表示。分析结果与真实值之间的差别叫误差。误差可用绝对误差($E$)和相对误差($RE$)两种方式表示。绝对误差表示测定值与真实值之差，相对误差是指绝对误差在真实结果中所占的百分率。它们分别可以用下面的式子表示：

$$绝对误差\ E=\overline{x}-x_T \tag{1}$$

$$相对误差\ RE=\frac{x-x_T}{x_T}\times 100\% \tag{2}$$

$$算术平均值\overline{x}=(x_1+x_2+x_3+\cdots+x_n)/n \tag{3}$$

**2. 精密度**

精密度是指对同一个样品在同样条件下重复测量所得的结果之间的相互接近程度。精密度高有时又称为再现性好。精密度的好坏可以用平均偏差和标准偏差来衡量。

单次测量结果的偏差，用该测定值($x_i$)与其算术平均值($\overline{x}$)之间的差别来表示，具体可用下面 4 种方式来表示：

$$绝对偏差=d_i=x_i-\overline{x} \tag{4}$$

$$相对偏差\ Rd_i=\frac{d_i}{\overline{x}}\times 100\% \tag{5}$$

$$平均偏差\overline{d}=\frac{\sum_{i=1}^{n}|x_i-\overline{x}|}{n} \tag{6}$$

$$相对平均偏差\ R\overline{d}=\frac{\overline{d}}{\overline{x}}\times 100\% \tag{7}$$

标准偏差又称为均方根偏差。当测量次数不多时($n<30$)，单次测量的标准偏差($s$)可按下式计算：

$$s=\sqrt{\frac{\sum(x_i-\overline{x})^2}{n-1}} \tag{8}$$

用标准偏差表示精密度比用平均偏差好，因为将单次测量的偏差平方之后，较大的偏差更显著地反映出来了，这样能更好地说明数据的分散程度。

精密度好不能保证准确性好。例如，当分析中存在系统误差时，虽不影响精密度，但影响准确性。另一方面，测量的精密度可能不太好，但结果的准确性也许是好的(或多或少带有偶然性)，但是可以肯定的是精密度越高，测得真实值的机会就越高，为了保证得到高度准确的结果，必须保证结果具有很好的再现性。

**3. 误差分析**

测定误差大致可以分为系统误差、偶然误差和过失误差。

(1)系统误差

是某种固定原因所造成的，使测定结果系统偏高或偏低。它的特点是具有单向性和重复性。系统误差的大小、正负可以测定，所以又称为确定误差。

产生系统误差的原因有：

①方法本身缺陷所导致的方法误差；

②仪器不准或试剂不纯导致的误差；

③操作者本身的习惯性错误操作所致的操作误差等。

(2)偶然误差

是由一些难以控制的偶然原因造成的，它的大小、正负是变化的，具有不确定性。无限多次测定，其结果的分布符合公式(9)所表示的正态分布曲线(图 1－2)：

$$\frac{dN}{N}=\left\{\frac{1}{\sqrt{2\pi\sigma}}\exp\left[-\frac{(x-\mu)^2}{2\sigma^2}\right]\right\}dx \qquad (9)$$

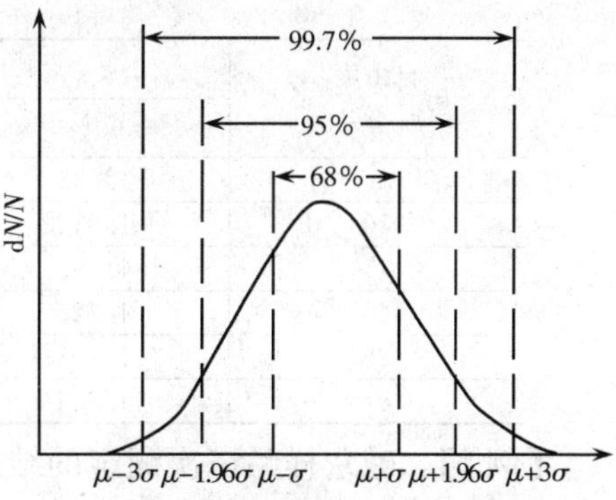

**图 1－2　正态分布曲线**

式(9)中，$\mu$ 代表样品的真实值，$x$ 为测量值，$(x-\mu)$ 为单次测量的绝对误差，$\sigma$ 为正态分布的标准偏差(无限多次测量的平均值 $\bar{x}$和 $s$ 可以近似替代 $\mu$ 和 $\sigma$)，$dN/N$代表在 $x$ 和 $x+dx$ 区间中的分析结果占全部分析结果的几率。利用式(8)进行积分计算可知，在无限多次测量中，落在 $\mu\pm\sigma$ 内的分析结果占全部分析结果的几率为 $\int_{\mu-\sigma}^{\mu+\sigma}dN/N=68.3\%$，在 $\mu\pm1.96\sigma$内占 95%；落在 $\mu\pm3\sigma$ 内占 99.7%。可见误差超过 $3\sigma$ 的分析结果是极少的。

(3)过失误差(在实验中不允许发生这类误差)

这是由于分析人员主观上责任心不强、粗心大意或违反操作规程等原因造成的。如在分析样品含量时，称量或转移过程中有损失或玷污、读数记录或计算错误等。这类误差得到的数据不应该作为结果分析的依据，要重新补做数据。分析人员只要有严谨的科学作风、细致的工作态度和强烈的责任感，这类误差是可以避免的。

**4. 置信限度**

在实际工作中，我们不可能对某个样品作无限多次测量，只能作有限次测量，那么我们怎样用有限次测量的结果来估计该样品的真实值呢？根据误差的正态分布理论知道，如果测量只存在偶然误差，那么落在 $\mu\pm1.96\sigma$ 范围内的分析结果将占全部分析结果的 95.0%。反过来，这也使我们能够通过用有限次测量的均值$\bar{x}$和 $s$ 来确定真实值可能落在什么区域范围，该区域范围称为置信区间，该区域的限度称为置信限度，真实值落在该区域范围可能性的多少称为置信水平，通常以一个百分数表示。如果对某个样品做有限次测量，那么均值的置信限度为：

$$置信限度=\bar{x}\pm\frac{t\cdot s}{\sqrt{n}} \qquad (10)$$

这里 $t$ 是做有限次测量时的一个统计因子，与测定的自由度($f$)和所期望的置信水平($P$)有关，$t$ 值见表 1－3。

**表 1－3　$t$—分布值表**

| 自由度 $f=n-1$ | 置信水平($P$) | | | |
|---|---|---|---|---|
| | 90% | 95% | 99% | 99.5% |
| 1 | 6.314 | 12.706 | 63.657 | 127.32 |
| 2 | 2.920 | 4.303 | 9.925 | 14.089 |
| 3 | 2.353 | 3.182 | 5.841 | 7.453 |
| 4 | 2.132 | 2.776 | 4.604 | 5.598 |
| 5 | 2.015 | 2.571 | 4.032 | 4.773 |
| 6 | 1.943 | 2.447 | 3.707 | 4.317 |
| 7 | 1.895 | 2.365 | 3.500 | 4.029 |
| 8 | 1.860 | 2.306 | 3.355 | 3.832 |

续表

| 自由度 $f=n-1$ | 置信水平($P$) | | | |
|---|---|---|---|---|
| | 90% | 95% | 99% | 99.5% |
| 9 | 1.833 | 2.262 | 3.250 | 3.690 |
| 10 | 1.812 | 2.228 | 3.169 | 3.581 |
| 15 | 1.753 | 2.131 | 2.947 | 3.252 |
| 20 | 1.725 | 2.086 | 2.845 | 3.153 |
| 25 | 1.708 | 2.060 | 2.787 | 3.078 |
| ∞ | 1.645 | 1.960 | 2.576 | 2.807 |

【例 1】 碱灰样品三次测定的结果 $w(Na_2CO_3)$为 93.50%，93.58%，93.43%，在 95%的置信水平下，真实值落在什么范围？

解：自由度 $f=n-1=3-1=2$；在 95%的置信水平下，查 $t$ 分布表得 $t=4.303$；

测量均值：$\bar{x}=(93.50+93.58+93.43)/3=93.50\%$

标准偏差：$s=\sqrt{\dfrac{(93.50-93.50)^2+(93.58-93.50)^2+(93.43-93.50)^2}{3-1}}=0.075\%$

将这些值代入式(10)，得：

置信限度$=93.50\%\pm\dfrac{4.303\times0.075}{\sqrt{3}}\%=93.50\%\pm0.19\%$

所以当测定仅存在偶然误差时，将有 95%的把握确信被测样品的真实值落在 93.31%～93.69%。随着测定次数的增加，$t$ 值和 $s/\sqrt{n}$值减小，在同样的置信水平下，真实值所处的置信区间变得越来越窄，表明测得的结果也就越来越接近真实值。

## 四、分析结果的报告

### 1. 双份平行测定结果的报告

对于双份平行测定结果，如不超过允许公差，则以平均值报告结果。

双份平行测定结果的精密度按下式计算：

$$\text{相对平均偏差}=\frac{|x_1-x_2|}{2\bar{x}}\times100\% \tag{11}$$

标定标准溶液浓度，如果只进行两份测定，一般要求其标定相对平均偏差小于 0.15%，才能以双份均值作为其浓度标定结果，否则必须进行多份标定。

### 2. 多份平行测定结果的报告

对于多份平行测定，在报告测定结果时，应当首先检查测定结果中是否存在离群值，即由于操作过失而造成的特大或特小值。因为在有限次测定中，离群值会影响结果的均值和精密度，所以必须判断此离群值是保留还是弃去。$Q$ 检验法是常用的检验方法之一，判断方法如下：

将 $n$ 个测定值按由小到大顺序排列，计算极差 $R$(最大值与最小值之差)及离群值和它相邻值之差 $a$，代入判断式：

$$Q_{计}=\frac{|a|}{R} \tag{12}$$

通过比较计算所得的 $Q_{计}$值与 90%置信水平时的 $Q_{表}$值(见表 1－4，实际工作中常采用该表)的大小，确定离群值的取舍。

判断规则：当 $Q_{计}>Q_{表}$值时，弃去离群值，否则保留。

表 1-4 在 90%和 95%的置信水平下的 $Q_表$ 值

| $n$ | 3 | 4 | 5 | 6 | 7 | 8 | 9 | 10 |
|---|---|---|---|---|---|---|---|---|
| $Q_{0.90}$ | 0.94 | 0.76 | 0.64 | 0.56 | 0.51 | 0.47 | 0.44 | 0.41 |
| $Q_{0.95}$ | 0.98 | 0.85 | 0.73 | 0.64 | 0.59 | 0.54 | 0.51 | 0.48 |

【例 2】 某试样 5 次分析的结果 $w$ 为 35.40%,37.20%,37.30%,37.40%,37.50%,在 90%的置信水平下,判断 35.40%是否可弃去?

解:$Q_{计}=\frac{|a|}{R}=\frac{35.40-37.20}{37.50-35.40}=0.86$

由表 1-4 查得:当 $n=5$ 时,$Q_表$ 值为 0.64,可见 $Q_计>Q_表$ 值,所以应该将 35.40%弃去。在弃去了离群值,并且无系统误差存在时,对于多份平行测定结果,以下列形式报告测定结果:

$$T=\bar{x}\pm\frac{t\cdot s}{\sqrt{n}} \tag{13}$$

【例 3】 某铁矿石铁含量的测定结果如下:39.10%,39.12%,39.19%,39.17%,39.22%(质量分数),在 95%置信水平下,报告其测定结果。

解:通过 $Q$ 检验可知,五次测定结果无离群值。测定结果的均值和标准偏差的计算结果为:

$$\bar{x}=39.16\% \quad s=0.049\%$$

当置信水平为 95%,自由度 $=n-1=4$ 时,查 $t$—分布表得 $t=2.776$,将上述数据代入(13)式计算:

$$w(\text{Fe})=39.16\%\pm\frac{2.766\times0.049\%}{\sqrt{5}}=39.16\%\pm0.06\%$$

所以对该铁矿石中含铁量的报告如下:

$w(\text{Fe})=39.16\%\pm0.06\%$ (在 95%置信水平下)

该报告的含义是:如果测定无系统误差,我们就有 95%的把握相信该铁矿石的真实含量落在 39.10%~39.22%。

# 第二章　基本知识

## 2.1　化学实验基本知识

### 一、化学实验规则

(1)实验前必须认真预习,明确实验目的和要求,弄清实验的基本原理、实验操作技术和基本仪器的使用方法,熟悉实验内容以及注意事项,写好预习报告。

(2)实验过程中应严格遵守实验室的规则,在教师的指导下独立、认真地进行实验。正确操作,仔细观察,及时记录实验现象和数据。爱护仪器,节约药品、水、电。保持实验室的安静。

(3)实验后需对实验现象认真分析和总结,对原始数据进行处理,以及对实验结果进行讨论。根据不同的实验要求写出不同格式的实验报告,并做好实验室的整理工作。

### 二、化学实验安全规则

(1)必须了解实验的环境,熟悉水、电、急救箱和消防用品等的放置地点和使用方法。离开实验室前,仔细检查水、电是否关好。

(2)实验室内药品严禁任意混合,更不能尝其味道,以免发生事故。注意试剂、溶剂的瓶盖、瓶塞不能搞错。

(3)绝对禁止在实验室内饮食、吸烟。使用有毒试剂(如氟化物、氰化物、铅盐、钡盐、六价铬盐、汞的化合物和砷的化合物等)时,严防进入口内或接触伤口,剩余药品或废液不得倒入下水道或废液桶内,应倒入回收瓶中集中处理。

(4)当产生 $H_2S$、$CO$、$Cl_2$、$SO_2$ 等有毒的、恶臭的、有刺激性的气体时,应该在通风橱内进行。

(5)有机溶剂(如酒精、苯、丙酮、乙醚等)易燃,使用时要远离火源。应防止易燃有机物的蒸气外逸,切勿将易燃有机溶剂倒入废液桶,更不能用开口容器(如烧杯)盛放有机溶剂,不可用火直接加热装有易燃有机溶剂的烧瓶。回流或蒸馏液体时应放沸石,以防止液体过热暴沸而冲出,引起火灾。

(6)使用具有强腐蚀性的浓酸、浓碱、溴、洗液时,应避免接触皮肤和溅在衣服上,更要注意保护眼睛,需要时应配备防护眼镜。

(7)加热浓缩液体的操作要十分小心,不能俯视正在加热的液体,以免溅出的液体把眼、脸灼伤。加热试管中的液体时,不能将试管口对着自己或别人。当需要借助于嗅觉鉴别少量气体时,绝不能用鼻子直接对准瓶口或试管口嗅闻气体,而应用手把少量气体轻轻地扇向鼻孔进行嗅闻。

(8)使用电器设备时,不要用湿手接触仪器,以防触电。用后拔下电源插头。

### 三、化学实验意外事故的处理

(1)割伤:伤口内若有异物,应先取出,涂上红药水或创可贴,严重者要及时送医院救治。

(2)烫伤:切勿用水冲洗,更不要把烫起的水泡挑破,可在烫伤处涂上烫伤膏。

(3)酸(或碱)伤:酸或碱洒到皮肤上时,先用大量水冲洗,再用饱和碳酸氢钠(或 2%醋酸溶液)冲洗,最后再用水冲洗,涂敷氧化锌软膏(或硼酸软膏)。

(4)酸(或碱)溅入眼内,应立即用大量水冲洗,再用 2% $Na_2B_4O_7$ 溶液(或 3%硼酸溶液)冲洗眼睛,然后用蒸馏水冲洗。

(5)溴腐蚀伤:先用$C_2H_5OH$或10%$Na_2S_2O_3$溶液洗涤伤口,然后用水冲净,并涂敷甘油。

(6)在吸入刺激性或有毒气体如煤气、硫化氢、溴蒸气、氯气、氯化氢时,应立即到室外呼吸新鲜空气。

(7)遇毒物误入口内时,立即用手指伸入咽喉部,促使呕吐,然后立即送医院治疗。

(8)不慎触电时,立即切断电源,必要时进行人工呼吸。

总之,发生意外事故后,除进行必要的临时性处理外,还要及时送往医院。

## 四、消防知识

当实验室不慎起火时,首先要冷静。由于物质燃烧需要空气和一定的温度,所以灭火的原则是降温或将燃烧的物质与空气隔绝。化学实验室常用的灭火措施有:

(1)小火用湿布、石棉布覆盖燃烧物即可灭火,大火可用泡沫灭火器灭火。对活泼金属Na、K、Mg、Al等引起的着火,应用干燥的细沙覆盖灭火。有机溶剂着火,切勿用水灭火,而应用二氧化碳灭火器、沙子和干粉等灭火。

(2)在加热时着火,立即停止加热,切断电源,把一切易燃易爆物移至远处。

(3)电器设备着火,先切断电源,再用四氯化碳灭火器灭火,也可用干粉灭火器或1211灭火器灭火。有关灭火器常识见表2-1。

(4)当衣服上着火时,切勿慌张跑动,应赶快脱下衣服或用石棉布覆盖着火处,或在地上卧倒打滚,起到灭火的作用。

(5)及时报火警。另外一些有机化合物如过氧化物、干燥的重氮盐、硝酸酯、多硝基化合物等,具有爆炸性,必须严格按照操作规程进行实验,以防爆炸。

大量溢水也是实验室中时有发生的事故,所以应注意水槽的清洁,废纸、玻璃等物应扔入废物缸中,保持下水道畅通。有机实验冷凝管的冷却水不宜开得过大,万一水压高时,橡皮管弹开会引起溢水事故。

**表2-1 常用灭火器种类及其适用范围**

| 名　称 | 适用范围 |
|---|---|
| 泡沫灭火器 | 用于一般失火及油类着火。此种灭火器是由$Al_2(SO_4)_3$和$NaHCO_3$溶液作用产生大量的$Al(OH)_3$及$CO_2$泡沫,泡沫把燃烧物质覆盖与空气隔绝而灭火。因为泡沫能导电,所以不能用于扑灭电器设备着火 |
| 四氯化碳灭火 | 用于电器设备及汽油、丙酮等着火。此种灭火器内装液态$CCl_4$。$CCl_4$沸点低,相对密度大,不会被引燃,所以把$CCl_4$喷射到燃烧物的表面,$CCl_4$液体迅速汽化,覆盖在燃烧物上而灭火 |
| 1211灭火器 | 用于油类、有机溶剂、精密仪器、高压电气设备。此种灭火器内装$CF_2ClBr$液化气,灭火效果好 |
| 二氧化碳灭火器 | 用于电器设备失火及忌水的物质着火。内装液态$CO_2$ |
| 干粉灭火器 | 用于油类、电器设备、可燃气体及遇水燃烧等物质的着火。内装$NaHCO_3$等物质以及适量的润滑剂和防潮剂。此种灭火器喷出的粉末能覆盖在燃烧物上,组成阻止燃烧的隔离层,同时它受热分解出$CO_2$,能起中断燃烧的作用,因此灭火速度快 |

## 五、三废处理

在化学实验中会产生各种有毒的废气、废液和废渣,常称之为三废。三废不仅污染环境、造成公害,而且其中的贵重和有用的成分没能回收,在经济上也造成损失。因此,在学习期间就应进行三废处理以及减少污染的教育,树立环境保护和绿色化学的实验观念。

(1)有毒废气的排放:当做产生有毒气体的实验时,应在通风橱中进行。应尽量安装气体吸收装置来吸收这些气体,然后进行处理。例如,卤化氢、二氧化硫等酸性气体须用氢氧化钠水溶液吸收后排放。碱性气体用酸溶液吸收后排放,CO可点燃转化为$CO_2$气体后排放。

(2)废酸和废碱溶液经过中和处理，使 pH 在 6～8，并用大量水稀释后方可排放。

含镉废液：加入消石灰等碱性试剂，使所含的金属离子形成氢氧化物沉淀而除去。

含六价铬化合物：在铬酸废液中，加入 $FeSO_4$、亚硫酸钠，使其变成三价铬后，再加入 NaOH（或 $Na_2CO_3$）等碱性试剂，调 pH 在 6～8 时，使三价铬形成氢氧化铬沉淀除去。

含氰化物的废液：方法一为氯碱法，即将废液调节成碱性后，通入氯气或次氯酸钠，使氰化物分解成二氧化碳和氮气而除去；方法二为铁蓝法，将含有氰化物的废液中加入硫酸亚铁，使其变成氰化亚铁沉淀除去。

含汞及其化合物：有较多的方法。方法一为离子交换法，此法处理效率高，但成本也较高，所以少量含汞废液的处理不适宜用此方法；方法二为化学沉淀法，通常用来处理少量含汞的废液，即在含汞废液中加入 $Na_2S$，使其生成难溶的 HgS 沉淀而除去。

含铅盐及重金属的废液：其方法为在废液中加入 $Na_2S$（或 NaOH）使铅盐及重金属离子生成难溶性的硫化物（或氢氧化物）而除去。

含砷及其化合物：在废液中鼓入空气的同时加入硫酸亚铁，然后用氧氧化钠来调 pH 至 9。这时砷化合物就和氢氧化铁与难溶性的亚砷酸钠或砷酸钠产生共沉淀，经过滤除去。

另外，还可用硫化物沉淀法，即在废液中加入 $H_2S$ 或 $Na_2S$，使其生成硫化砷沉淀而除去。

有毒的废渣应深埋在指定的地点，因有毒的废渣可能溶解于地下水，会混入饮水中，所以不能未经过处理就深埋。有回收价值的废渣应该回收利用。

## 2.2 常用玻璃仪器

一、常用玻璃仪器简表见表 2-2。

表 2-2 常用玻璃仪器简表

| 仪器名称 | 规　格 | 用途及注意事项 |
| --- | --- | --- |
|  烧杯  锥形瓶(磨口) | 以容积（单位：mL）表示，一般有 50、100、150、200、400、500、1000、2000 等规格 | 加热时烧杯应置于石棉网上，使受热均匀，所盛反应液体一般不能超过烧杯容积的 2/3 |
| 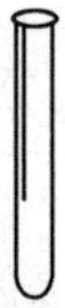 试管  离心试管 | 普通试管是以管外径 × 长度（单位：mm）表示。一般有 12×150、15×100、30×200 等规格。离心试管以容积（单位：mL）表示。一般有 5、10、15 等规格 | 1. 防止振荡或受热时液体溅出<br>2. 加热后不能骤冷，以防炸裂<br>3. 反应液体一般不能超过试管容积的 1/2，加热时不能超过 1/3<br>4. 离心试管不能用火直接加热<br>5. 普通试管可直接加热，加热时应用试管夹夹持 |
| 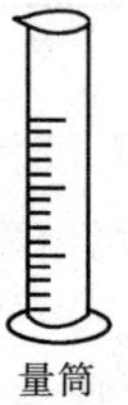 量筒 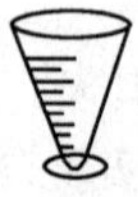 量杯 | 以所能量度的最大容积（单位：mL）表示。如量筒：250、100、50、25、10。量杯：100、50、25、10 | 不能量取热的液体，不能加热，不可用作反应容器 |

续表

| 仪器名称 | 规　　格 | 用途及注意事项 |
|---|---|---|
|  吸量管  移液管 | 以容积(单位:mL)表示。有1、2、5、10、25、50等规格 | 1. 吸量管管口上标示“吹出”或“快”字样者，使用时末端的溶液应吹出<br>2. 使用前应先用少量待吸液体淋洗三次<br>3. 要垂直放出溶液<br>4. 移液管底部要与接收容器内壁接触，每次放完溶液后要停留相同时间后再移开，并以蒸馏水冲洗接触点 |
| 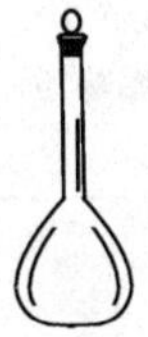 容量瓶 | 以容积(单位:mL)表示。有25、50、100、250、1000、2000等规格。 | 1. 不能加热，不能量热的液体<br>2. 瓶的磨口瓶塞配套使用不能互换<br>3. 使用前要充分摇匀 |
| 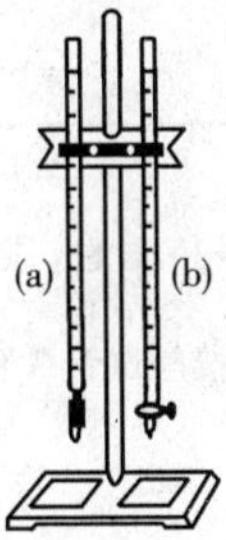  (a)碱式滴定管　(b)酸式滴定管 | 以容积(单位:mL)表示。常用酸式、碱式滴定管的容积为50 mL | 1. 量取溶液时应先排除滴定管尖端部分的气泡<br>2. 不能加热以及量取热的液体，酸、碱滴定管不能互换使用<br>3. 用待装溶液(少量)淋洗三次 |
| 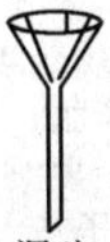 漏斗 | 以口径和漏斗颈长短表示。如6 cm(长颈)、4 cm(短颈) | 1. 不能用火加热。<br>2. 过滤时滤纸应低于上沿2～3 mm，滤纸与内壁间不能有气泡 |
| 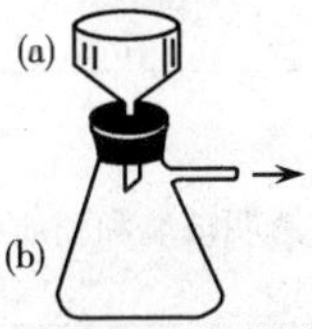  (a)布氏漏斗　(b)吸滤瓶 | 吸滤瓶以容积(单位:mL)表示。布氏漏斗或玻璃砂漏斗以容积(单位:mL)或口径(单位:mm)表示 | 1. 不能用火加热<br>2. 抽气过滤。过滤时，先倒入少许溶剂或水，使滤纸在负压下与底部贴紧后再倒入待滤物 |
|  蒸发皿 | 以口径(单位:mm)或容积(单位:mL)表示 | 1. 能耐高温，但不能骤冷<br>2. 蒸发溶液时一般放在石棉网上，也可直接用火加热<br>3. 材质有瓷质、石英或金属 |
| 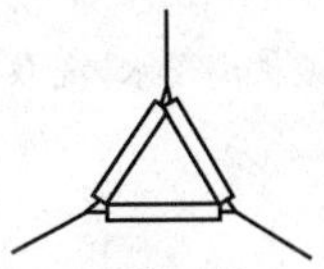 泥三角  坩埚 | 泥三角有大小之分，用铁丝弯成，套上瓷管。坩埚以容积(单位:mL)表示 | 1. 依试样性质选用不同材料的坩埚，材质有瓷质、石英、铁、铂、镍等<br>2. 瓷坩埚加热后不能骤冷<br>3. 泥三角铁丝断裂的不能再使用 |

**续表**

| 仪器名称 | 规　　格 | 用途及注意事项 |
| --- | --- | --- |
| 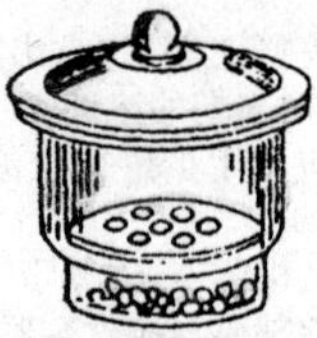 干燥器 | 以外径(单位:mm)表示 | 1. 不得放入过热物体。温度较高物体放入后,在短时间内应把干燥器盖打开一两次,以免器内造成负压<br>2. 用侧推法开启或关闭干燥器。打开时,盖子应朝上,防止边口粘上尘土 |
|  研钵 | 以口径(单位:mm)表示 | 1. 视固体性质选用不同材质的研钵,材质有瓷、玻璃、玛瑙等<br>2. 不能用火加热<br>3. 不能研磨易爆物质 |
|  简易水浴锅 | 一般用 400 mL 烧杯制作 | 烧杯不能烧干 |
| 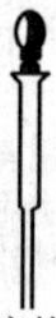 滴管 | 由尖嘴玻璃管与橡皮乳头构成 | 1. 滴液时保持垂直,避免倾斜,尤忌倒立<br>2. 管尖不可接触试管壁和其他物体,以免被污染 |
| 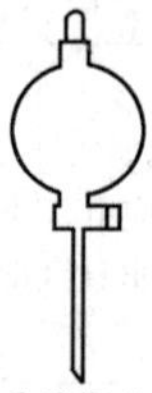 分液漏斗 | 以容积(单位: mL)表示 | 1. 不能加热,玻璃活塞不能互换<br>2. 用于分离和滴加<br>3. 当充分摇动后要马上放出逸出的蒸气,防止冲开塞子 |
| 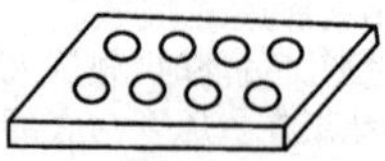 点滴板 | | 1. 不能加热<br>2. 材质有透明玻璃和瓷质 |
| 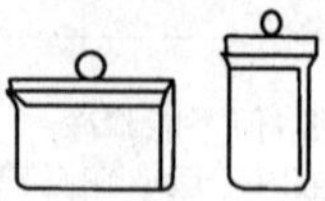 (a)　(b)<br>称量瓶 | 分扁形(a)和高形(b),以外径×高表示。如<br>25 mm×40 mm<br>50 mm×30 mm | 1. 不能直接用火加热<br>2. 盖与瓶配套,不能互换<br>3. 要求准确称取一定量的固体样品时用 |
| 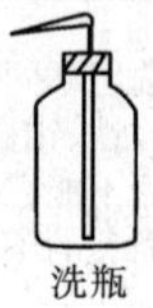 洗瓶 | 规格:多为 500 mL | 1. 用于盛装蒸馏水或去离子水,洗涤沉淀和容器时用<br>2. 不能盛装自来水 |

续表

| 仪器名称 | 规　格 | 用途及注意事项 |
| --- | --- | --- |
| 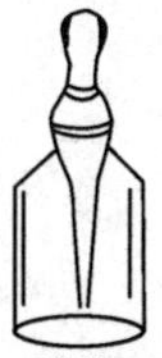<br>滴瓶 | 有无色、棕色之分。以容积表示。如60 mL、125 mL | 1. 见光易分解的试剂用棕色瓶<br>2. 碱性试剂用带橡皮塞的滴瓶<br>3. 使用时切忌张冠李戴<br>4. 其他注意事项同滴管 |

许多仪器已有标准磨口仪器出售。标准磨口仪器是具有标准内磨口和外磨口的玻璃仪器。使用时根据实验的需要选择合适的容量和合适的口径。相同编号的磨口仪器，它们的口径是统一的，连接是紧密的，使用时可以互换，用少量的仪器可以组装多种不同的实验装置。注意：仪器使用前首先将内外口擦洗干净，再涂少许凡士林，然后口与口相对转动，使口与口之间形成一层薄薄的油层，再固定好，以提高严密度和防粘连。常用标准磨口玻璃仪器口径编号见表2-3。

**表2-3　标准磨口玻璃仪器口径**

| 编　号 | 10 | 12 | 14 | 19 | 24 | 29 | 34 |
| --- | --- | --- | --- | --- | --- | --- | --- |
| 口径(mm)(大端) | 10.0 | 12.5 | 14.5 | 18.5 | 24 | 29.2 | 34.5 |

## 二、有机化学实验的玻璃仪器

### 1. 常用标准磨口玻璃仪器

有机化学实验除常规使用的普通玻璃仪器外，目前普遍使用标准磨口仪器。标准磨口仪器根据容量的大小及用途有不同编号，按磨口最大端直径分为10 mm、14 mm、19 mm、24 mm、29 mm、34 mm、40 mm、50 mm八种。也有用两个数字表示磨口大小的，如10/19表示此磨口最大端直径为10 mm，磨口面长度为19 mm。常用的标准磨口仪器如图2-1。

相同编号的磨口和磨塞可以紧密相接，因此可按需要选配和组装各种型式的配套仪器进行实验。这样既可免去配塞子及钻孔等手续，又能避免反应物或产物被软木塞或橡皮塞所污染。

使用标准磨口仪器时必须注意以下事项：

①磨口处必须洁净，若粘有固体物质，则使磨口对接不紧密，导致漏气，甚至损坏磨口。

②用后应拆卸洗净，否则放置后磨口连接处常会被粘住，难以拆开。

③一般使用时磨口无需涂润滑剂，以免污染反应物或产物。若反应物中有强碱，则应涂润滑剂，以免磨口连接处因碱腐蚀而粘住，无法拆开。

④安装时，应注意磨口编号，装配要正确、整齐，使磨口连接处不受应力，否则仪器易折断或破裂，特别是在受热时应力更大。

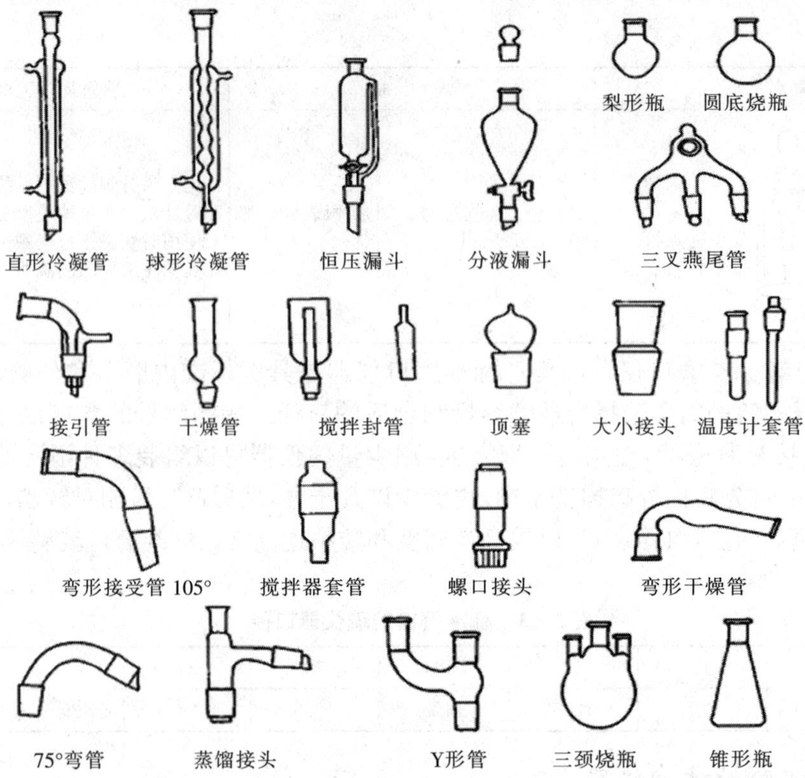


**图 2-1　常用的标准磨口仪器**

**2. 合成实验常用反应装置**

(1)回流冷凝装置

在室温下,有些反应速度很慢或难于进行。为了使反应尽快地进行,常常需要使反应物较长时间保持沸腾。在这种情况下,就需要使用回流冷凝装置,使蒸气不断地在冷凝管内冷凝而返回反应器中,以防止反应瓶中物质逃逸损失。图 2-2(a)是最简单的回流冷凝装置。将反应物质放在圆底烧瓶中,在适当的热源上或热浴中加热。直立的冷凝管夹套中自下而上通入冷水,使水充满夹套,水流速度不必很快,能保持蒸气充分冷凝即可。加热的程度也需控制,使蒸气上升的高度不超过冷凝管的 1/3。

如果反应物怕受潮,可在冷凝管上端口上装接氯化钙干燥管来防止空气中的湿气侵入[图 2-2(b)]。如果反应时会放出有害气体(如溴化氢),可加接气体吸收装置[图 2-2(c)]。

有些反应进行剧烈,发热很大,如将反应物一次加入,会使反应失去控制,在这种情况下,可采用带滴液漏斗的回流冷凝装置(图 2-3、图 2-4),将一种试剂逐渐滴加进去。还可根据需要,在烧瓶外面用冷水浴或冰浴进行冷却。

在装配实验装置时,使用的玻璃仪器和配件应该是洁净干燥的。圆底烧瓶或三口烧瓶的大小应使反应物占烧瓶容量的 1/3～1/2,最多不超过 2/3。首先将烧瓶固定在合适的高度(下面可以放加热设备),然后逐一安装上冷凝管和其他配件。每件大的仪器都应用夹子牢固地夹住,不宜太松或太紧。金属夹子不可与玻璃直接接触,而应套上橡皮管、粘上石棉垫或缠上石棉绳。需要加热的仪器,应夹住仪器受热最少的位置(如圆底烧瓶靠近瓶口处),冷凝管则应夹住其中央部位。

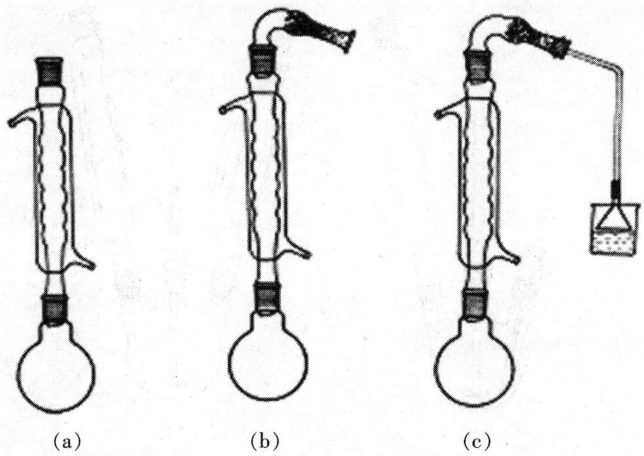

图 2-2　回流冷凝装置(标准磨口仪器)

图 2-3　回流滴加装置

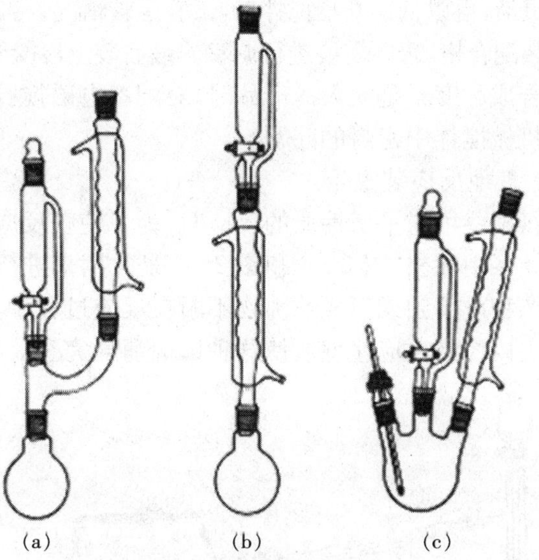

图 2-4　回流滴加装置(标准磨口仪器)

(2)振荡和搅拌

用固体和液体或互不相溶的液体进行反应时,为了使反应混合物能充分接触,常进行强烈的搅拌或振荡。在反应物量小,反应时间短,而且不需加热或温度不太高的操作中,用手摇动容器就可达到充分混合的目的。在那些装置复杂、需要较长时间进行搅拌的实验中,最好用电动搅拌器或电磁搅拌器。它们搅拌的效率高,节省人力,还可以缩短反应时间。

图 2-5(a)是适合需要搅拌、加热控温、回流的反应装置。图 2-5(b)是针对需要搅拌、加热控温、回流和控制反应速度的反应装置,恒压滴液漏斗的使用可有效控制反应物的浓度。

在装配机械搅拌装置时,可采用简单的橡皮管密封[图 2-5(a)]或液封管。用橡皮管密封时,在搅拌棒和紧套的橡皮管之间用少量凡士林或甘油润滑。用液封管时,可在封管中装液体石蜡、甘油。安装时先将搅拌器固定好,用短橡皮管(或连接器)把已插入封管中的搅拌棒连接到搅拌器上,搅拌棒与玻璃管或液封管应配合适当,不能太松也不能太紧,搅拌棒能在中间自由地转动。然后小心地将三口烧瓶套上去,至搅拌棒的下端距瓶底约 5 mm,将三口烧瓶夹紧。检

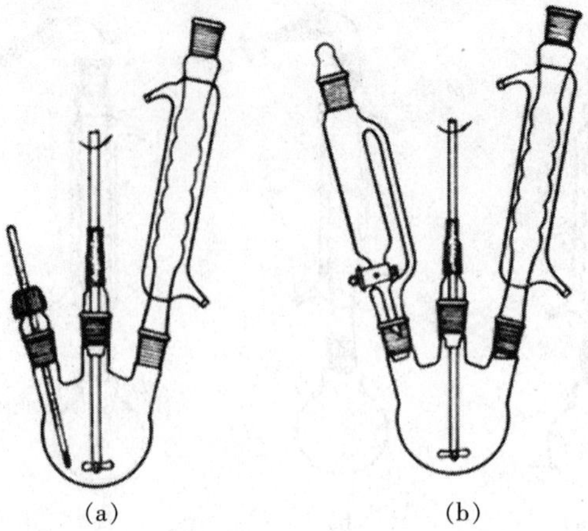


**图 2-5　机械搅拌装置**

查这几件仪器安装得是否正直:搅拌器的轴和搅拌棒应处在同一竖直线上。用手试验搅拌棒转动是否灵活,再以低速开动搅拌器,试验运转情况。当搅拌棒与封管之间不发出摩擦声时才能认为仪器装配合格,否则需要进行调整。最后装上冷凝管、滴液漏斗(或温度计),用夹子夹紧。

在合成黏度不是太大的产品时,对配备电磁搅拌器的实验室,可直接用电磁搅拌器,这样可省去机械搅拌中密封的问题。

(3) 其他反应装置

进行某些可逆平衡性质的反应时,为了使正反应进行到底,可将反应产物之一不断从反应混合物体系中除去,图 2-6 和图 2-7 是常用来进行这种操作的实验装置。在图 2-6 的装置中反应产物可单独或形成恒沸物不断在反应过程中蒸馏出去,并可通过滴液漏斗将一种试剂滴加进去以控制反应速度或使这种试剂消耗完全。在图 2-7 的装置中,有一个分水器,回流

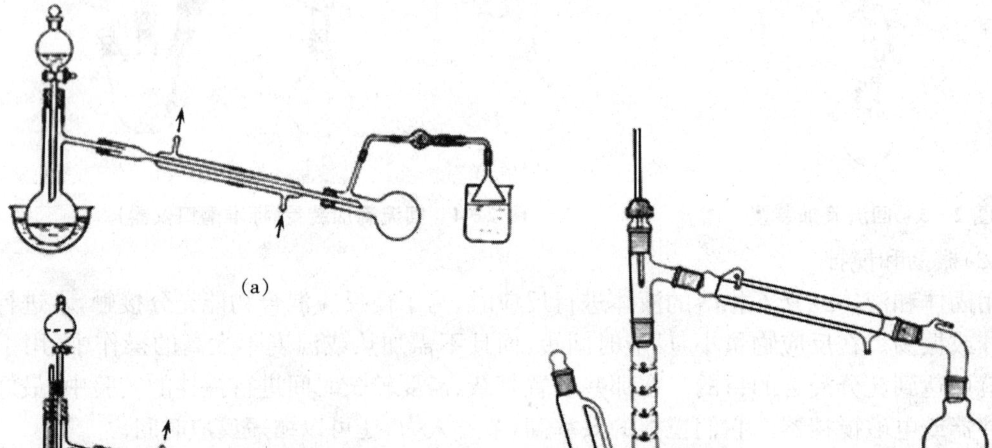


**图 2-6　滴加和蒸出反应装置**

下来的蒸气冷凝液进入分水器，分层后有机层自动被送回烧瓶，而生成的水可从分水器放出去，这样可使某些生成水的可逆反应进行到底。

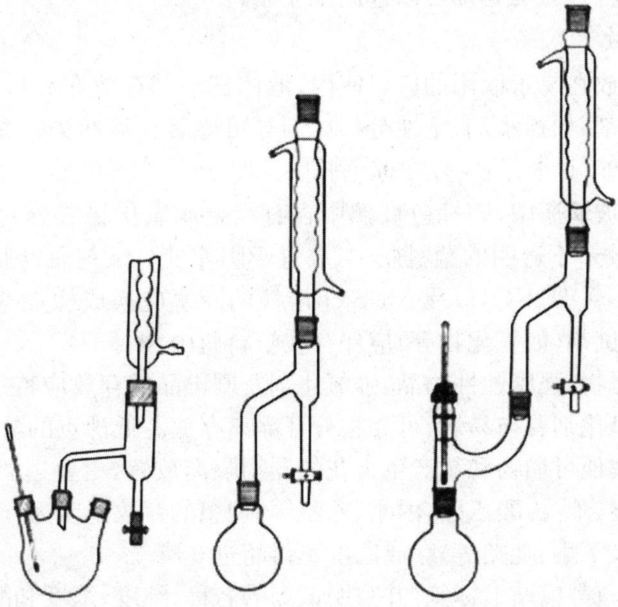


图 2-7　回流分水装置

## 2.3　试剂规格与存放

### 一、化学试剂的规格

根据国家标准(GB)及部颁标准，化学试剂按其纯度和杂质含量的高低分为四个等级(表 2-4)。

表 2-4　化学试剂的级别

| 试剂级别 | 保证试剂<br>G.R.<br>一级 | 分析纯试剂<br>A.R.<br>二级 | 化学纯试剂<br>C.P.<br>三级 | 实验试剂<br>L.R.<br>四级 |
|---|---|---|---|---|
| 标签颜色 | 绿色 | 红色 | 蓝色 | 棕色或黄色 |

优级纯(一级)试剂，又称保证试剂，杂质含量最低，纯度最高，适用于精密的分析及研究工作。

分析纯(二级)及化学纯(三级)试剂，适用于一般的分析研究及教学实验工作。

实验试剂(四级)，只能用于一般性的化学实验及教学工作。

除上述四种级别的试剂外，还有适合某一方面需要的特殊规格试剂，如“基准试剂”“色谱试剂”“生化试剂”等，另外还有“高纯试剂”，它又细分为高纯、超纯、光谱纯试剂等。

此外，还有工业生产中大量使用的化学工业品(也分为一级品、二级品)以及可供食用的食品级产品等。

基准试剂是容量分析中用于标定标准溶液的基准物质；顾名思义，光谱纯试剂为光谱分析中的标准物质；色谱纯试剂用作色谱分析的标准物质；生化试剂则用于各种生物化学实验。

各种级别的试剂及工业品因纯度不同价格相差很大。工业品和保证试剂(即基准试剂)之间的价格可相差数十倍。所以使用时，在满足实验要求的前提下，应考虑节约的原则，选用适当规格的试剂。例如，配制大量洗液使用的 $K_2Cr_2O_7$、浓 $H_2SO_4$，制备气体时大量使用的 HCl 以及冷却浴所使用的各种盐类等都可以选用工业品。

### 二、化学试剂的存放

固体试剂一般存放在易于取用的广口瓶内，液体试剂则存放在细口的试剂瓶中。一些用量小而使用频繁的试剂，如指示剂、定性分析试剂等可盛装在滴瓶中。见光易分解的试剂（如 $AgNO_3$、$KMnO_4$、饱和 $Cl_2$ 水等）应装在棕色瓶中。对于 $H_2O_2$，虽然也是见光易分解的物质，但不能盛放在棕色的玻璃瓶中，因棕色玻璃中含有重金属氧化物成分，会催化 $H_2O_2$ 的分解。因此通常将 $H_2O_2$ 存放于不透明的塑料瓶中，放置于阴凉处。试剂瓶的瓶盖一般都是磨口的，但盛强碱性试剂（如 NaOH、KOH）及 $Na_2SiO_3$ 溶液的瓶塞应换成橡皮塞，以免长期放置互相粘连。易腐蚀玻璃的试剂（如氟化物等）应保存在塑料瓶中。

对于易燃物、易爆物、强腐蚀性物品、强氧化剂及剧毒品的存放应特别加以注意，一般需要分类单独存放，如强氧化剂要与易燃、可燃物分开隔离存放。低沸点的易燃液体要求在阴凉通风的地方存放，并与其他可燃物和易产生火花的器物隔离放置，更要远离明火。闪点在 −4 ℃ 以下的液体（如石油醚、苯、乙酸乙酯、丙酮、乙醚等）理想的存放温度为 −4～4 ℃；闪点在 25 ℃ 以下的（如甲苯、乙醇、丁酮、吡啶等）存放温度不得超过 30 ℃。

盛装试剂的试剂瓶都应贴上标签，并写明试剂的名称、纯度、浓度和配制日期，标签外面可涂蜡或用透明胶带等保护。

## 2.4 试纸与滤纸

### 一、用试纸检验溶液的酸碱性

常用 pH 试纸检验溶液的酸碱性。将小块试纸放在干燥清洁的点滴板上，再用玻璃棒蘸取待测的溶液，滴在试纸上，观察试纸的颜色变化（不能将试纸投入溶液中检验），将试纸呈现的颜色与标准色板颜色对比，可以知道溶液的 pH（用过的试纸不能倒入水槽内）。有时由于待测液浓度过大，试纸颜色变化不明显，应适当稀释后再比较。

pH 试纸分为两类：一类是广泛 pH 试纸，其变色范围为 pH 在 1～14，用来粗略地检验溶液的 pH；另一类是精密 pH 试纸，用于比较精确地检验溶液的 pH。精密试纸的种类很多，可以根据不同的需求选用。广泛 pH 试纸的变化为 1 个 pH 单位，而精密 pH 试纸变化小于 1 个 pH 单位。

### 二、用试纸检验气体

pH 试纸或石蕊试纸也常用于检验反应所产生气体的酸碱性。用蒸馏水润湿试纸并黏附在干净玻璃棒的尖端，将试纸放在试管口的上方（不能接触试管），观察试纸颜色的变化。不同的试纸检验的气体不同，用 KI 淀粉试纸来检验 $Cl_2$，此试纸是用 KI 淀粉溶液浸泡碎滤纸晾干后制成的。当 $Cl_2$ 遇到试纸，将 $I^-$ 氧化为 $I_2$，$I_2$ 立即与试纸上的淀粉作用，使试纸变蓝。用 $Pb(Ac)_2$ 试纸来检验 $H_2S$ 气体，此试纸是用 $Pb(Ac)_2$ 溶液浸泡后晾干使用。生成的 $H_2S$ 气体遇到试纸后，生成黑色 PbS 沉淀而使试纸呈黑褐色。用 $KMnO_4$ 试纸来检验 $SO_2$ 气体。

### 三、滤纸

化学实验室中常用的有定量分析滤纸和定性分析滤纸两种，按过滤速度和分离性能的不同，又分为快速、中速和慢速三种。在实验过程中，应当根据沉淀的性质和数量，合理地选用滤纸。

我国国家标准《化学分析滤纸》(GB/T1914—1993)对定量滤纸和定性滤纸产品的分类、型号和技术指标以及试验方法等都有规定。滤纸产品按质量分为A等、B等、C等。我们将A等产品的主要技术指标列于表2-5。

(1)过滤速度是指把滤纸折成60°的圆锥形,将滤纸完全浸湿,取15 mL水进行过滤,开始滤出3 mL不计时,然后用秒表计量滤出6 mL水所需要的时间。

(2)定量是指规定面积内滤纸的质量,这是造纸工业术语。

**表2-5　定量和定性分析滤纸A等产品的主要技术指标及规格**

| 指标名称 | | 快速 | 中速 | 慢速 |
|---|---|---|---|---|
| 过滤速度(s) | | ≤35 | ≤70 | ≤140 |
| 型号 | 定性滤纸 | 101 | 102 | 103 |
| | 定量滤纸 | 201 | 202 | 203 |
| 分离性能(沉淀物) | | 氢氧化铁 | 碳酸锌 | 硫酸钡(热) |
| 湿耐破度($mmH_2O$) | | ≥130 | ≥150 | ≥200 |
| 灰分 | 定性滤纸 | ≤0.13% | | |
| | 定量滤纸 | ≤0.009% | | |
| 铁含量(定性滤纸) | | ≤0.003% | | |
| 定量($g.m^{-2}$) | | 80.0±4.0 | | |
| 圆形纸直径(cm) | | 5.5、7、9、11、12.5、15、18、23、27 | | |
| 方形纸尺寸(cm) | | 60×60、30×30 | | |

定量滤纸又称为无灰滤纸。以直径12.5 cm定量滤纸为例,每张滤纸的质量约1 g,在灼烧后其灰分的质量不超过0.1 mg(小于或等于常量分析天平的感量),在重量分析法中可以忽略不计。滤纸外形有圆形和方形两种。常用的圆形滤纸有$\phi$7 cm、$\phi$9 cm、$\phi$11 cm等规格,滤纸盒上贴有滤速标签。方形滤纸都是定性滤纸,有60 cm×60 cm、30 cm×30 cm等规格。

## 2.5　常用溶剂——纯水

水是许多物质,尤其是许多无机化合物的良好溶剂。许多无机反应都是在水溶液中进行的。我们所说的物质的许多性质、反应也都是在水溶液中才具备的。

天然淡水因含有许多杂质,一般在科学实验中及工业生产中较少应用。经初步处理后的自来水,除含有较多的可溶性杂质外,是比较纯净的,在化学实验中常用作粗洗仪器用水、实验冷却用水、水浴用水及无机制备前期用水等。自来水再经进一步处理后所得的纯水,在实验中常用做溶剂用水、精洗仪器用水、分析用水及无机制备的后期用水。因制备方法不同,常见的纯水有蒸馏水、电导水和去离子水。

### 一、蒸馏水

将自来水(或天然水)蒸发成水蒸气,再通过冷凝器将水蒸气冷凝下来,所得到的水就叫蒸馏水。由于可溶性盐不挥发而留在剩余的水中,所以蒸馏水就纯净得多。一般水的纯度可用电阻率(或电导率)的大小来衡量,电阻率越高或电导率越低(电阻与电导互为倒数),说明水的纯度越高。蒸馏水在室温的电阻率可达$10^5\ \Omega \cdot cm$,而自来水一般约为$10 \sim 100\ \Omega \cdot cm$。蒸馏水中的少量杂质,主要来自于冷凝装置的锈蚀及可溶性气体的溶解。在某些实验或分析中,往往要求更高纯度的水。这时可在蒸馏水中加入少量高锰酸钾和氢氧化钡,再次进行蒸馏,这样可以除去水中极微量的有机杂质、无机杂质以及挥发性的酸性氧化物(如$CO_2$),这种水称为重蒸水(二次蒸馏水),电阻率可达$10^6\ \Omega\cdot cm$。保存重蒸水应该用塑料容器而不能用玻璃容器,以免玻璃中所含钠盐及其他杂质会慢慢溶于水而使水的纯度降低。

## 二、电导水

在第一套蒸馏器(最好是石英制的,其次是硬质玻璃)中装入蒸馏水,加入少量高锰酸钾固体,经蒸馏除去水中的有机物,得重蒸馏水。再将重蒸馏水注入第二套蒸馏器中(最好也是石英制的),加入少许硫酸钡和硫酸氢钾固体,进行蒸馏。弃去馏头、馏后各10 mL,收取中间馏分。电导水应收集保存在带有碱石灰吸收管的硬质玻璃瓶内,时间不能太长,一般在两周以内。

## 三、去离子水

自来水经过离子交换树脂处理后,叫离子交换水。因为溶于水的杂质离子被去掉,所以又称为去离子水。

离子交换树脂是一种人工合成的高分子化合物,其主要组成部分是交联成网状的立体的高分子骨架,另一部分是连在其骨架上的许多可以被交换的活性基团。树脂的骨架特别稳定,它不受酸、碱、有机溶剂和一般弱氧化剂的作用。当它与水接触时,能吸附并交换溶解在水中的阳离子和阴离子。根据能交换的离子种类不同,离子交换树脂可分为阳离子交换树脂和阴离子交换树脂两大类。每种树脂都有型号不同的几种类型,它们的性能略有区别,可根据用途来选择所需树脂。

阳离子交换树脂含有酸性的活性基团,如磺酸基—$SO_3H$,羧基—COOH和酚羟基—OH,酸性基团上的$H^+$可以和水溶液中的其他阳离子进行交换(称为H型)。因为磺酸是强酸,所以含磺酸基的树脂又称为强酸性阳离子交换树脂,可用R—$SO_3H$表示,其中R代表树脂中网状骨架部分。R—COOH和R—OH均为弱酸性阳离子交换树脂。

阴离子交换树脂含有碱性的活性基团,如含有季胺基—$N(CH_3)_3{}^+$的强碱性阴离子交换树脂R—$N(CH_3)_3{}^+OH^-$,含有叔胺基—$N(CH_3)_2$、仲胺基—$NH(CH_3)$、氨基—$NH_2$的弱碱性阴离子交换树脂。R—$NH(CH_3)_2{}^+OH^-$、R—$NH_2(CH_3)^+OH^-$和R—$NH_3{}^+OH^-$,它们所含的$OH^-$均可与水溶液中的其他阴离子进行交换(称为OH型)。

制备去离子水时,通常都使用强酸性阳离子交换树脂和强碱性阴离子交换树脂,并预先将它们分别处理成H型和OH型。交换过程通常是在离子交换柱中进行的。自来水先经过阳离子树脂交换柱,水中的阳离子($Na^+$、$Ca^{2+}$、$Mg^{2+}$等)与树脂上的$H^+$进行交换:

$$R—SO_3{}^-H^+ + Na^+ \rightleftharpoons RSO_3{}^-Na^+ + H^+$$

$$2R—SO_3{}^-H^+ + Ca^{2+} \rightleftharpoons (RSO_3{}^-)_2Ca^+ + 2H^+$$

$$2R—SO_3{}^-H^+ + Mg^{2+} \rightleftharpoons (RSO_3{}^-)_2Mg^{2+} + 2H^+$$

交换后,树脂变成"钠型""钙型"或"镁型",水具有弱酸性。然后再将水通过阴离子树脂交换柱,水中的杂质阴离子($Cl^-$、$SO_4{}^{2-}$、$HCO_3{}^-$等)与树脂上的$OH^-$进行交换:

$$RN(CH_3)_3{}^+OH^- + Cl^- \rightleftharpoons RN(CH_3)_3{}^+Cl^- + OH^-$$

$$2RN(CH_3)_3{}^+OH^- + SO_4{}^{2-} \rightleftharpoons [RN(CH_3)_3{}^+]_2SO_4{}^{2-} + 2OH^-$$

交换后,树脂变成"氯型"等,交换下来的$OH^-$和$H^+$中和,从而将水中的可溶性离子全部去掉。

交换后水质的纯度高低与所用树脂量的多少以及流经树脂时水的流速等因素有关。一般树脂量越多,流速越慢,得到的水的纯度就越高。

必须指出，上述离子交换过程是可逆的。交换反应主要向哪个方向进行，与水中两种离子(如 $H^+$ 与 $Na^+$、$OH^-$ 与 $Cl^-$)的浓度有关。当水中杂质离子较多，而树脂上的活性基团上的离子都是 $H^+$ 或 $OH^-$ 时，则水中的杂质离子被交换占主导地位；但如果水中杂质离子减少而树脂上活性基团又大量被杂质离子占领时，则水中的 $H^+$ 和 $OH^-$ 反而会把杂质离子从树脂上交换下来。由于交换反应的这种可逆性，所以只用阳离子交换柱和阴离子交换柱串联起来处理后的水，仍然会含有少量的杂质离子。为提高水质，可使水再通过一个由阴、阳离子交换树脂均匀混合的“混合柱”，其作用相当于串联了很多个阳离子交换柱与阴离子交换柱，而且在交换柱层的任何部位的水都是中性的，从而减少了逆反应的可能性。树脂使用一定时间后，活性基团上的 $H^+$、$OH^-$ 分别被水中的阳、阴离子所交换，从而失去了原先的交换能力，我们称之为“失效”。利用交换反应的可逆性使树脂重新复原，恢复其交换能力，这个过程称为“洗脱”或“再生”。阳离子交换树脂的再生是加入适当浓度的酸(一般用 5%～10%的盐酸)，其反应为：

$$RSO_3^-Na^+ + H^+ \rightleftharpoons RSO_3^-H^+ + Na^+$$

阴离子交换树脂的再生是加入适当浓度的碱(一般用 5%的 NaOH)，其反应为：

$$RN(CH_3)_3^+ Cl + OHP^- \rightleftharpoons RN(CH_3)_3^+ OH^- + Cl^-$$

经再生后的树脂可以重新使用。混合离子交换树脂用饱和食盐水充分浸泡，由于密度不同的原因，阴离子树脂浮在上面，阳离子树脂沉在下面，从而将其分离，然后再分别进行再生。

# 第三章 基本操作

## 3.1 玻璃仪器的洗涤和干燥

### 一、玻璃仪器的洗涤

在实验前后，都必须将所用玻璃仪器洗干净。因为用不干净的仪器进行实验时，仪器上的杂质和污物将会对实验产生影响，使实验得不到正确的结果，严重时可导致实验失败。实验后要及时清洗仪器，不清洁的仪器长期放置后，会使以后的洗涤工作更加困难。

玻璃仪器清洗干净的标准是用水冲洗后，仪器内壁能均匀地被水润湿而不黏附水珠。如果仍有水珠黏附内壁，说明仪器还未洗净，需要进一步进行清洗。

洗涤仪器的方法很多，一般应根据实验的要求、污物的性质和玷污的程度，以及仪器的类型和形状来选择合适的洗涤方法。

一般说来，污物主要有灰尘、可溶性物质和不溶性物质、有机物及油污等。洗涤方法可分为以下几种。

**1. 一般洗涤**

如烧杯、试管、量筒、漏斗等仪器，一般先用自来水洗刷仪器上的灰尘和易溶物，再选用粗细、大小、长短等型号不同的毛刷，蘸取洗衣粉或各种合成洗涤剂，转动毛刷刷洗仪器的内壁。洗涤试管时要注意避免试管刷底部的铁丝将试管捅破。用清洁剂洗后再用自来水冲洗。洗涤仪器时应该一个一个地洗，不要同时抓多个仪器一起洗，这样很容易将仪器碰坏或摔坏。

一般用自来水洗净的仪器，往往还残留着一些 $Ca^{2+}$、$Mg^{2+}$、$Cl^-$ 等离子，如果实验中不允许这些离子存在，就要再用蒸馏水漂洗几次。用蒸馏水洗涤仪器的方法应采用“少量多次”法，为此常使用洗瓶。挤压洗瓶使其喷出一股细蒸馏水流，均匀地喷射在仪器内壁上并不断转动仪器，再将水倒掉。如此重复几次即可。这样既提高了效率，又可节约蒸馏水。

**2. 铬酸洗液洗涤**

对一些形状特殊的容积精确的容量仪器，如滴定管、移液管、容量瓶等，不宜用毛刷蘸洗涤剂洗，常用洗液洗涤。

铬酸洗液可按下述方法配制。称取 $K_2Cr_2O_7$ 固体 25 g，溶于 50 mL 蒸馏水中，冷却后向溶液中慢慢加入 450 mL 浓 $H_2SO_4$（注意安全），边加边搅拌。注意切勿将 $K_2Cr_2O_7$ 溶液加到浓 $H_2SO_4$ 中。冷却后贮存在试剂瓶中备用。

铬酸洗液呈暗红色，具有强酸性、强腐蚀性和强氧化性，对具有还原性的污物如有机物、油污的去污能力特别强。装洗液的瓶子应盖好盖，以防吸潮。洗液在洗涤仪器后应保留，多次使用后，当颜色变绿时[Cr(Ⅵ)变为 Cr(Ⅲ)]，就丧失了去污能力，不能继续使用。

用洗液洗涤仪器的一般步骤如下。仪器先用水洗并尽量把仪器中的残留水倒净，避免浪费和稀释洗液。向仪器中加入少许洗液，倾斜仪器并使其慢慢转动，使仪器的内壁全部被洗液润湿，重复 2～3 次即可。如果能用洗液将仪器浸泡一段时间，或者用热的洗液洗，则洗涤效果更佳。用完的洗液应倒回洗液瓶。仪器用洗液洗过后再用自来水冲洗，最后用蒸馏水淋洗几次。使用洗液时应注意安全，不要溅在皮肤、衣物上。

废洗液可通过下述方法再生。先将废洗液在 110～130 ℃不断搅拌下进行浓缩，除去水分后，冷却至室温，以每升浓缩液加入 10 g $KMnO_4$ 的比例，缓缓加入 $KMnO_4$ 粉末，边加边搅拌，直至溶液呈深褐色或微紫色为止，然后加热至有 $SO_3$ 出现，停止加热。稍冷后用玻璃砂漏斗过滤，除去沉淀，滤液冷却后析出红色 $CrO_3$ 沉淀。在含有 $CrO_3$ 沉淀的溶液中再加入适量浓 $H_2SO_4$ 使其溶解即成洗液，可继续使用。少量的废洗液可加入废碱液或石灰使其生成 $Cr(OH)_3$ 沉淀，将此废渣埋于地下(指定地点)，以防止铬的污染。

**3. 特殊污垢的洗涤**

一些仪器上常常有不溶于水的污垢，尤其是原来未清洗而长期放置后的仪器。这时就需要视污垢的性质选用合适的试剂，使其经化学作用而除去。几种常见污垢的处理方法见表 3-1。

**表 3-1 常见污垢的处理方法**

| 污垢 | 处理方法 |
| --- | --- |
| 碱土金属的碳酸盐、$Fe(OH)_3$、一些氧化剂如 $MnO_2$ 等 | 用稀 HCl 处理，$MnO_2$ 需要用 $6\ mol\cdot L^{-1}$ 的 HCl |
| 沉积的金属如银、铜 | 用 $HNO_3$ 处理 |
| 沉积的难溶性银盐 | 用 $Na_2S_2O_3$ 洗涤，$Ag_2S$ 则用热、浓 $HNO_3$ 处理 |
| 黏附的硫黄 | 用煮沸的石灰水处理<br>$3Ca(OH)_2+12S \rightarrow 2CaS_5+CaS_2O_3+3H_2O$ |
| 高锰酸钾污垢 | 草酸溶液(黏附在手上也用此法) |
| 残留的 $Na_2SO_4$、$NaHSO_4$ 固体 | 用沸水使其溶解后趁热倒掉 |
| 沾有碘迹 | 可用 KI 溶液浸泡，或用温热的稀 NaOH、$Na_2S_2O_3$ 溶液处理 |
| 瓷研钵内的污迹 | 用少量食盐在研钵内研磨后倒掉，再用水洗 |
| 有机反应残留的胶状或焦油状有机物 | 视情况用低规格或回收的有机溶剂(如乙醇、丙酮、苯、乙醚等浸泡)及 NaOH、浓 $HNO_3$ 煮沸处理 |
| 一般油污及有机物 | 用含 $KMnO_4$ 的 NaOH 溶液处理 |
| 被有机试剂染色的比色皿 | 可用体积比为 1∶2 的盐酸-酒精液处理 |

除了上述清洗方法外，现在还有先进的超声波清洗器。只要把用过的仪器，放在配有合适洗涤剂的溶液中，接通电源，利用声波的能量和振动，就可将仪器清洗干净，既省时又方便。

## 二、仪器的干燥

有些仪器洗涤干净后就可用来做实验，但有些无机化学实验，特别是需要在无水条件下进行的有机化学实验所用的玻璃仪器，常常需要干燥后才能使用。常用的干燥方法如下：

**1. 晾干**

将洗净的仪器倒立放置在适当的仪器架上，让其在空气中自然干燥，倒置可以防止灰尘落入，但要注意放稳仪器。

**2. 烘干**

将洗净的仪器放入电热恒温干燥箱内加热烘干。恒温干燥箱(简称烘箱)是实验室常用的仪器(图 3-1)，常用来干燥玻璃仪器或烘干无腐蚀性、热稳定性比较好的药品，但挥发性易燃品或刚用酒精、丙酮淋洗过的仪器切勿放入烘箱内，以免发生爆炸。

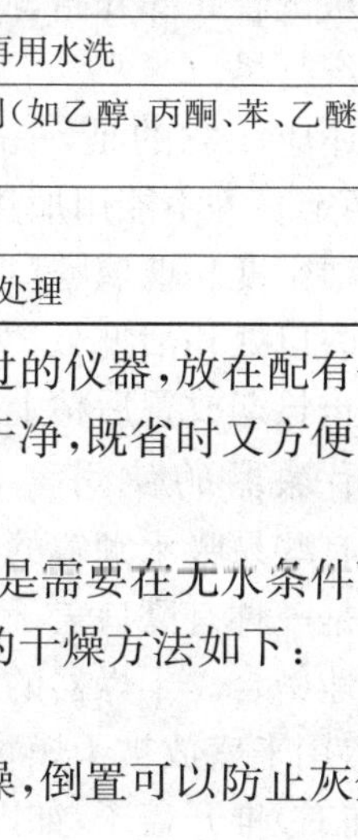

**图 3-1 电热恒温干燥箱**

烘箱带有自动控温装置。使用方法如下：接上电源，开启加热开关后，再将控温钮由“0”位顺时针旋至一定程度，这时红色指示灯亮，烘箱处于升温状态。当温度升至所需温度(由烘箱顶上的温度计观察)，将控温钮按逆时针方向缓缓回旋，红色指示灯灭，绿色指示灯亮，表明烘箱已处于该温度下的恒温状态，此时电加热丝已停止工作。过一段时间，由于散热等原因里面温度变低后，它又自动切换到加热状态。这样交替地不断通电、断电，就可以保持恒定温度。烘箱最高使用温度可达 200 ℃，常用温度在 100～120 ℃。

玻璃仪器干燥时，应先洗净并将水尽量倒净，放置时应注意平放或使仪器口朝上，带塞的瓶子应打开瓶塞，如果能将仪器放在托盘里则更好。一般在 105 ℃加热一刻钟左右即可干燥。最好让烘箱降至常温后再取出仪器。如果热时就要取出仪器，应注意用干布垫手，防止烫伤。热玻璃仪器不能碰水，以防炸裂。热仪器自然冷却时，器壁上常会凝上水珠，这可以用吹风机吹冷风助冷而避免。烘干的药品一般取出后应放在干燥器里保存，以免在空气中又吸收水分。

**3. 吹干**

用热或冷的空气流将玻璃仪器吹干，所用仪器是电吹风机或"玻璃仪器气流干燥器"。用吹风机吹干时，一般先用热风吹玻璃仪器的内壁，待干后再吹冷风使其冷却。如果先用易挥发的溶剂如乙醇、乙醚、丙酮等淋洗一下仪器，将淋洗液倒净，然后用吹风机按冷风—热风—冷风的顺序吹，则会干得更快。另一种方法是将洗净的仪器直接放在气流烘干器里进行干燥。

**4. 烤干**

用煤气灯小心烤干。一些常用的烧杯、蒸发皿等可置于石棉网上用小火烤干，烤干前应先擦干仪器外壁的水珠。试管烤干时应使试管口向下倾斜，以免水珠倒流炸裂试管（图 3－2）。烤干时应先从试管底部开始，慢慢移向管口，不见水珠后再将管口朝上，把水汽赶尽。

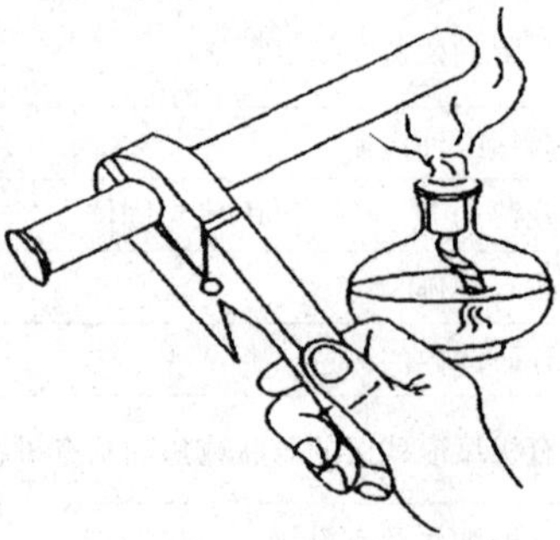

**图 3－2　烤干试管**

还应注意的是，一般带有刻度的计量仪器，如移液管、容量瓶、滴定管等不能用加热的方法干燥，以免热胀冷缩，影响这些仪器的精密度。玻璃磨口仪器和带有活塞的仪器洗净后放置时，应该在磨口处和活塞处（如酸式滴定管、分液漏斗等）垫上小纸片，以防止长期放置后粘上不易打开。

### 三、干燥器的使用

有些易吸水潮解的固体或灼烧后的坩埚等应放在干燥器内，防止吸收空气中的水分。干燥器是一种有磨口盖子的厚质玻璃器皿，磨口上涂有一层薄薄的凡士林，防止水汽进入，并能很好地密合。干燥器的底部装有干燥剂（变色硅胶、无水氯化钙等），中间放置一块干净的带孔瓷板，用来盛放被干燥物品。打开干燥器时，应左手按住干燥器，右手按住盖的圆顶，向左前方（或向右）推开盖子，如图 3－3(a)所示。温度很高的物体（如灼烧过恒重的坩埚等）放入干燥器时，不能将盖子完全盖严，应该留一条很小的缝隙，待冷后再盖严，否则易被内部热空气冲开盖子打碎，或者由于冷却后的负压使盖子难以打开。搬动干燥器时，应用两手的拇指同时按住盖子，以防盖子因滑落而打碎，如图 3－3(b)所示。

## 3.2　试剂的配制和取用

### 一、固体试剂的取用

取用固体试剂一般使用牛角匙（还有的用不锈钢药匙、塑料匙等）。牛角匙两端为大小两个匙，取用固体量大时用大匙，取用量小时用小匙。牛角匙使用时必须干净且专匙专用。要称取一定

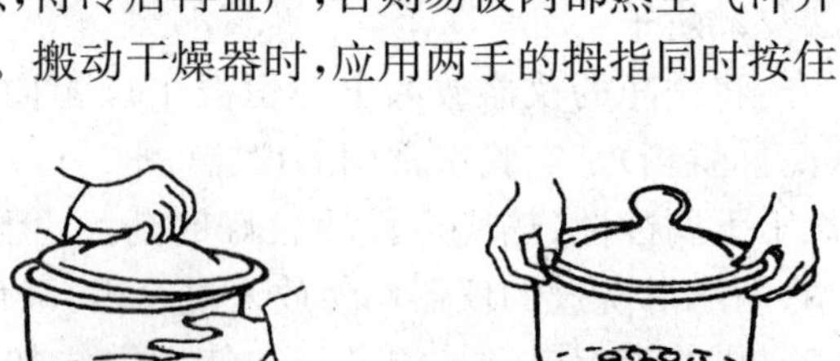

(a)开启方法　　(b)搬动方法

**图 3－3　干燥器的使用**

量固体试剂时，可将试剂放到纸上、表面皿等干燥、洁净的玻璃容器或者称量瓶内，根据要求在天平（托盘天平、1/100 g 天平或分析天平）上称量。称量具有腐蚀性或易潮解的试剂时，不能放在纸上，应放在表面皿等玻璃容器内。颗粒较大的固体应在研钵中研碎，研钵中所盛固体量不得超过容积的 1/3。

二、液体试剂的取用

**1. 从细口试剂瓶中取用试剂的方法**

取下瓶塞，左手拿住容器（如试管、量筒等），右手握住试剂瓶（试剂瓶的标签应向着手心），倒出所需量的试剂，如图 3-4 所示。倒完后应将瓶口在容器内壁上靠一下（特别注意处理好“最后一滴试液”），再使瓶子竖直，以避免液滴沿试剂瓶外壁流下。将液体试剂倒入烧杯时，亦可用右手握试剂瓶，左手拿玻璃棒，使玻璃棒的下端斜靠在烧杯中，将瓶口靠在玻璃棒上，使液体沿着玻璃棒往下流，如图 3-5 所示。

**2. 用滴瓶取用少量试剂的方法**

先提起滴管，使管口离开液面，用手指捏紧滴管上部的橡皮头排去空气，再把滴管伸入试剂瓶中吸取试剂。往试管中滴加试剂时，只能把滴管尖头放在试管口的上方滴加，如图 3-6 所示，严禁将滴管伸入试管内。一个滴瓶上的滴管不能用来移取其他试剂瓶中的试剂，也不能用自己的滴管伸入公用试剂瓶中去吸取试剂，以免污染试剂。

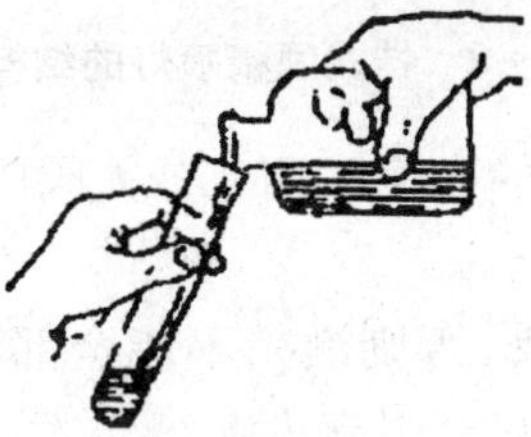

**图 3-4　往试管中倒入试剂**

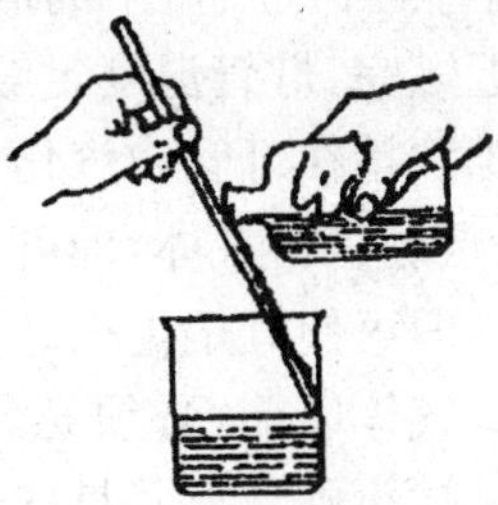

**图 3-5　往烧杯中倒入试剂**

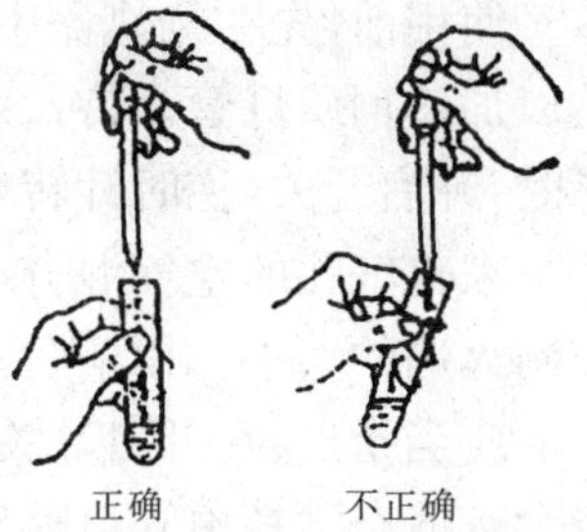


**图 3-6　往试管中滴加液体**

三、试剂的配制

根据配制试剂纯度和浓度的要求，选不同级别的化学试剂并计算溶质的用量。配制饱和溶液时，所用溶质的量应稍多于计算量，加热使之溶解、冷却、待结晶析出后再用，这样可保证溶液饱和。

配制溶液如有较大的溶解热发生，该操作一定要在烧杯或敞口容器中进行。溶液配制过程中，加热和搅拌可加速溶解，但搅拌不宜太剧烈，不能使搅拌棒触及烧杯壁。

配制易水解的盐溶液时，必须把试剂先溶解在相应的酸溶液[如 $SnCl_2$、$SbCl_3$、$Bi(NO_3)_3$ 等]或碱溶液（如 $Na_2S$ 等）中以抑制水解。对于易氧化的低价金属盐类[如 $FeSO_4$、$SnCl_2$、$Hg_2(NO_3)_2$ 等]，不仅需要酸化溶液，而且应在该溶液中加入相应的纯金属，防止低价金属离子的氧化。

## 3.3　加热与冷却

有些化学反应特别是一些有机化学反应，往往需要在较高温度下才能进行；许多化学实验的基本操作，如溶解、蒸发、灼烧、蒸馏、回流等过程也都需要加热。相反，一些放热反应，如果不及时除去反应所放出的热，就会使反应难以控制；有些反应的中间体在室温下不稳定，反应必须在低温下才能进行；此外，结晶等操作也需要降低温度以减少物质的溶解度，这些过程又都需要冷却。所以,加热和冷却是化学实验中经常遇到的。

## 一、加热装置

常使用酒精灯、酒精喷灯或电加热器等。

**1. 酒精灯**

酒精灯构造如图 3-7 所示。先检查灯芯是否需要修整(灯芯不齐或烧焦时)或更换(灯芯太短时),再看看灯壶是否需要添加酒精(加入的酒精量是灯壶容积的 1/2~2/3,不可多加。注意,酒精灯燃着时不能添加酒精)。点燃酒精灯需用火柴,切勿用已点燃的酒精灯直接去点燃别的酒精灯。熄灭灯焰时,切勿用口去吹,可将灯罩盖上,火焰即灭;对于玻璃做的灯罩,还应再提起灯罩,待灯口稍冷,再盖上灯罩,这样可以防止灯口破裂。长时间加热时,最好预先用湿布将灯身包裹,以免灯内酒精受热大量挥发而发生危险。不用时,必须将灯罩盖好,以免酒精挥发。

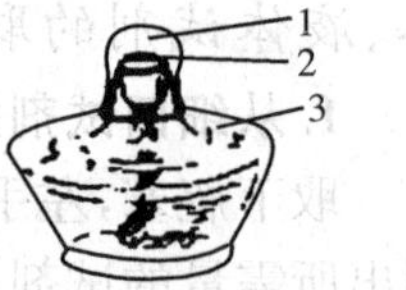

**图 3-7 酒精灯构造**

1. 灯帽 2. 灯芯 3. 灯壶

**2. 酒精喷灯**

常用的酒精喷灯有挂式(图 3-8)及座式两种。挂式喷灯的酒精贮存在悬挂于高处的贮罐内,而座式喷灯的酒精则贮存在灯座内。

使用前,先在预热盆中注入酒精,然后点燃盆中的酒精以加热铜质灯管。待盆中酒精将近燃完,灯管温度足够高时,开启开关(逆时针转),这时由于酒精在灯管内汽化,并与来自气孔的空气混合,如果用火点燃管口气体,即可形成高温的火焰。调节开关阀门可以控制火焰的大小。用毕后,旋紧开关,即可使灯焰熄灭。

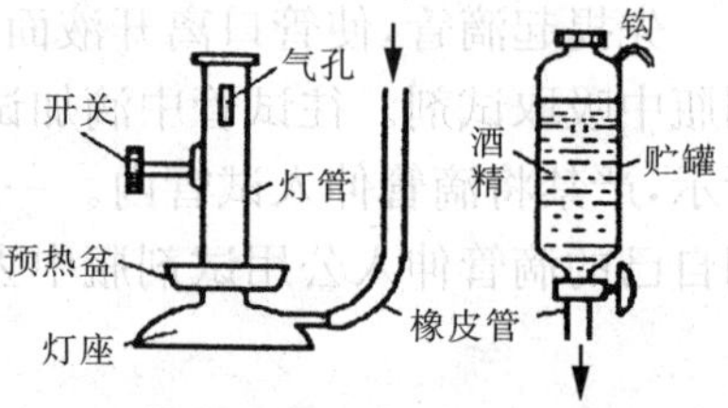

**图 3-8 挂式酒精喷灯的结构**

应当指出:在开启开关,点燃管口气体以前,必须充分灼热灯管,否则酒精不能全部汽化,将会有液态酒精由管口喷出,可能形成“火雨”(尤其是挂式喷灯),甚至引起火灾。

挂式喷灯使用前应先开启酒精贮罐开关,不使用时,必须将贮罐的开关关好,以免酒精漏失,甚至发生事故。

**3. 电加热器**

根据需要,实验室还常用电炉(图 3-9)、电加热套(图 3-10)、管式炉(图 3-11)和马弗炉(图 3-12)等多种电器进行加热。管式炉和马弗炉一般都可以加热到 1 000 ℃以上,并且适宜于某一温度下长时间恒温。

**图 3-9 电炉**

**图 3-10 电加热套**

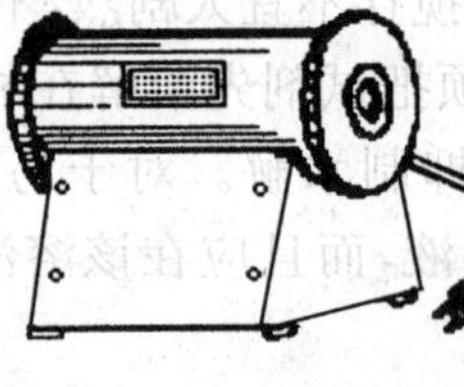
**图 3-11 管式炉**

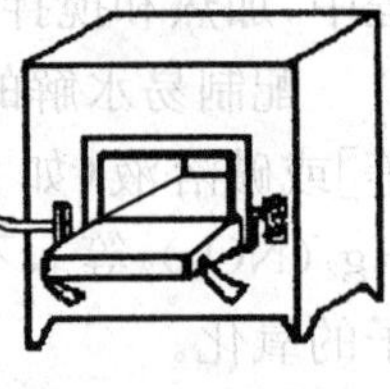
**图 3-12 马弗炉**

## 二、加热操作

常用的受热容器有烧杯、烧瓶、锥形瓶、蒸发皿、坩埚、试管等。这些仪器一般不能骤热,受热后也不能立即与潮湿的或过冷的物体接触,以免容器由于骤热骤冷而破裂。加热液体时,液体体积一般不应超过容器容积的一半。在加热前必须将容器外壁擦干。

对烧杯、烧瓶和锥形瓶等容积较大的仪器加热时,必须放在石棉铁丝网(或铁丝网)上,否则容易因受热不均而破裂。

蒸发皿、坩埚灼热时，应放在泥三角上(图3-13)。若需移动，则必须用坩埚钳夹取。

在火焰上加热试管时，应使用试管夹夹住试管的中上部，试管与桌面成60°的倾斜，管口不能对着有人的地方(图3-14)。如果加热液体，应先加热液体的中上部，慢慢移动试管，热及下部，然后不时上下移动或摇荡试管，务必使各部分液体受热均匀，以免管内液体因受热不均而骤然溅出。

如果加热潮湿的或加热后有水产生的固体时，应将试管口稍微向下倾斜，使管口略低于底部(图3-15)，以免在试管口冷凝的水流向灼热的管底而使试管破裂。

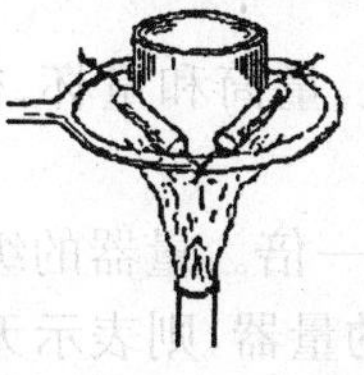

图3-13 泥三角加热

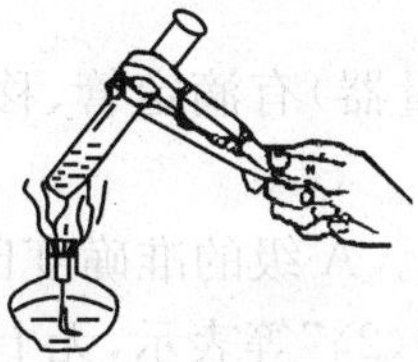

图3-14 试管加热

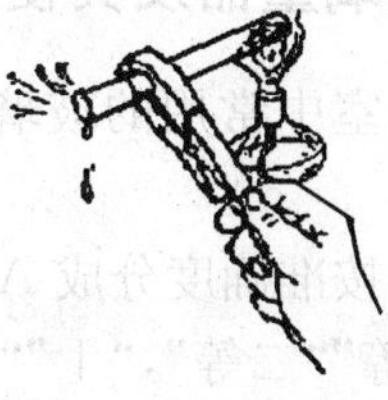

图3-15 固体加热

如果要在一定范围的温度下进行较长时间的加热，则可使用水浴锅简称水浴(图3-16)、蒸汽浴(图3-17)或汽浴等。水浴或蒸汽浴是具有可彼此分离的同心圆环盖的铜制水锅(也可用烧杯代替)。砂浴是盛有细砂的铁盘。应当指出：若离心试管的管底玻璃较薄，则不宜直接加热，而应在热水浴中加热。

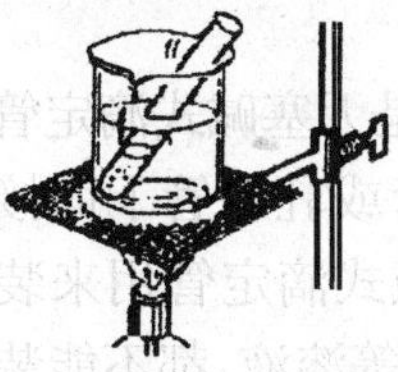

图3-16 烧杯代替水浴加热

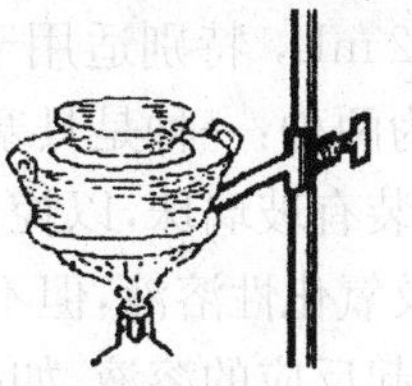

图3-17 蒸汽浴加热

## 三、冷却方法

某些化学反应需要在低温条件下进行，另外一些反应需要传递出产生的热量；有的制备操作像结晶、液态物质的凝固等也需要低温冷却。我们可根据所要求的温度条件选择不同的冷却剂(制冷剂)。

用水冷却是一种最简便的方法。水冷却可使被制冷物的温度降到接近室温。可将被冷却物浸在冷水或在流动的冷水中冷却(如回流冷凝器)。

用冰或冰水冷却，可得到0℃的温度。

冰—无机盐冷却剂，可达到的温度为-40～0℃。制作冰盐冷却剂时，要把盐研细后再与粉碎的冰混合，这样制冷的效果好。冰与盐按不同的比例混合，能得到不同的制冷温度。如$CaCl_2 \cdot 6H_2O$与冰按1∶1、1.25∶1、1.5∶1、5∶1混合，分别达到的最低温度为-29℃、-40℃、-49℃、-54℃。

干冰—有机溶剂冷却剂，可获得-70℃以下的低温。干冰与冰一样，不能与被制冷容器的器壁有效接触，所以常与凝固点低的有机溶剂(作为热的传导体)一起使用，如丙酮、乙醇、正丁烷、异戊烷等。

利用低沸点的液态气体，可获得更低的温度。如液态氮(一般放在铜质、不锈钢或铝合金的杜瓦瓶中)可达到-195.8℃，而液态氦可达到-268.9℃的低温。使用液态氧、氢时应特别注意安全操作。液氧不要与有机物接触，防止燃烧事故发生；液态氢汽化放出的氢气必须谨慎地燃烧掉或排放到高空，避免爆炸事故；液态氨有强烈的刺激作用，应在通风柜中使用。

使用液态气体时，为了防止低温冻伤事故发生，必须戴皮(或棉)手套和防护眼镜。一般低温冷浴也不要用手直接触摸制冷剂(可戴橡皮手套)。

应当注意，测量－38 ℃以下的低温时不能使用水银温度计(Hg 的凝固点为－38.87 ℃)，应使用低温酒精温度计等。

此外，使用低温冷浴时，为防止外界热量的传入，冷浴外壁应使用隔热材料包裹覆盖。

## 3.4 玻璃量器及其使用

实验室中常用的玻璃量器(简称量器)有滴定管、移液管、容量瓶、量筒和量杯、微量进样器等。

量器按准确度分成 A、B 两种等级。A 级的准确度比 B 级一般高一倍。量器的级别标志，可用“一等”“二等”，“Ⅰ”“Ⅱ”或“〈1〉”“〈2〉”等表示，无上述字样符号的量器，则表示无级别的，如量筒、量杯等。

### 一、滴定管

滴定管是滴定时用来准确测量流出的操作溶液体积的量器(量出式仪器)。常量分析最常用的是容积为 50 mL 的滴定管，其最小刻度是 0.1 mL，因此读数可以估计到小数点后第二位。

另外，还有容积为 10 mL、5 mL、2 mL 和 1 mL 的微量滴定管。最小刻度分别是±0.05 mL和±0.02 mL，特别适用于电位滴定。

滴定管一般分为两种：一种是具塞酸式滴定管，另一种是无塞碱式滴定管。碱式滴定管的一端连接乳胶管，管内装有玻璃珠，以控制溶液的流出，橡皮管或乳胶管下面接一尖嘴玻管。酸式滴定管用来装酸性及氧化性溶液，但不适于装碱性溶液。碱式滴定管用来装碱性及无氧化性溶液，凡是能与乳胶管起反应的溶液，如高锰酸钾、碘和硝酸银等溶液，都不能装入碱式滴定管。

滴定管除无色的外，还有棕色的，用来装见光易分解的溶液，如 $AgNO_3$、$Na_2S_2O_3$、$KMnO_4$ 等溶液。

**1. 酸式滴定管(简称酸管)的准备**

(1)使用前涂油

首先应检查旋塞与旋塞套是否配合紧密。如不密合，将会出现漏水现象。为了使旋塞转动灵活并克服漏水现象，需将旋塞涂油(如凡士林油等)。取下旋塞，用吸水纸将旋塞和旋塞套擦干，并注意勿使滴定管壁上的水再次进入旋塞套，用手指均匀地涂一薄层油脂于旋塞两头。注意不要将油脂涂在旋塞孔上、下两侧，以免旋转时堵塞旋塞孔。将旋塞插入旋塞套中时，旋塞孔应与滴定管平行，径直插入旋塞套，不要转动旋塞，这样可以避免将油脂挤到旋塞孔中去。接着，向同一方向旋转旋塞柄，直到旋塞和旋塞套上的油脂层全部透明为止。套上小橡皮圈，以防旋塞从旋塞套脱落。用自来水充满滴定管，将其放在滴定管架上静置约 2 min，观察有无水滴漏下。然后将旋塞旋转 180°，再如前检查，如果漏水，应该重新涂油。若出口管尖端被油脂堵塞，可将它插入热水中温热片刻，然后打开旋塞，使管内的水突然流下(最好借助洗耳球挤压)，将软化的油脂冲出。按上述操作重新涂油。

(2)清洗

根据玷污的程度，可采用不同的清洗剂(如洗洁精、铬酸洗液、草酸加硫酸溶液等)。新用的滴定管应充分清洗，可用铬酸洗液洗(注意：切勿溅到皮肤和衣物上)。在无水的滴定管中加入 5～10 mL 洗液，边转动边将滴定管放平，并将滴定管口对着洗液瓶口，以防洗液洒出。洗净后将一部分洗液从管口放回原瓶，最后打开旋塞，将剩余的洗液从出口管放回原瓶。若滴定管油污较多，必要时可用温热洗液加满滴定管浸泡一段时间。将洗液从滴定管彻底放净后，用自来水冲洗时要注意，最初的涮洗液应倒入废酸缸中，以免腐蚀下水管道。有时，需根据具体情况采用针对性洗涤液进行清洗。例如，装过 $KMnO_4$ 的滴定管内壁常有残存的二氧化锰，可用草酸加硫酸溶液进行清洗。用各种洗涤剂清洗后，都必须用自来水充分洗净，并将管外壁擦干，以便观察内壁是否挂水珠，然后用蒸馏水洗三次，最后，将管的外壁擦干。洗净的滴定管倒挂(防止落入灰尘)在滴定管架台上备用。长期不用的滴定管应将旋塞和旋塞套擦拭干净，并夹上薄纸后再保存，防止旋塞和旋塞套之间粘住而不易打开。

**2. 碱式滴定管(简称碱管)的准备**

使用前应检查乳胶管和玻璃球是否完好，若胶管已老化，玻璃球过大(不易操作)或过小(漏水)，应予更换。对于 50 mL 滴定管，应使用内径为 6 mm，外径为 9 mm 的乳胶管和 6～8 mm 直径的玻璃球为宜。操作碱管的方法是：用手指捏挤玻璃球周围的乳胶管，形成一条狭缝，使溶液流出(图 3－18)，并可控制流速。

图 3－18　碱式滴定管的操作

碱管的洗涤方法与酸管相同。在需要用铬酸洗液洗涤时，而将玻璃球往上捏，使其紧贴在碱管的下端，防止洗液腐蚀乳胶管。在用自来水或蒸馏水清洗碱管时，应特别注意玻璃球下方死角处的清洗。为此，在捏乳胶管时应不断改变方位，把玻璃球的四周都清洗到。

**3. 滴管中操作溶液的装入**

装入操作溶液前，应将试剂瓶中的溶液摇匀，并将操作溶液直接倒入滴定管中，不得借助其他容器(如烧杯、漏斗等)转移。用左手前三指持滴定管上部无刻度处(不要整个手握住滴定管)，并可稍微倾斜；右手拿住细口瓶往滴定管中倒溶液，让溶液慢慢沿滴定管内壁流下。

先用摇匀的操作溶液将滴定管涮洗三次(第一次 10 mL，大部分溶液可由上口放出，第二、三次各 5 mL 可以从出口管放出)。应特别注意的是，一定要使操作溶液洗遍滴定管内壁，并使溶液接触管壁 1～2 min，以便涮洗掉原来的残留液。对于碱管，仍应注意玻璃球下方的洗涤。最后，将操作溶液倒入滴定管，直到充满至 0 刻度以上为止。

注意检查滴定管的出口管是否充满溶液，酸管出口管及旋塞是否透明(注意：有时旋塞孔中暗藏着的气泡，需要从出口放出溶液时才能看见)，碱管则需对光检查乳胶管内及出口管内是否有气泡或有未充满的地方。为排除酸管中的气泡，右手拿滴定管上部无刻度处，并使滴定管稍微倾斜，左手迅速打开旋塞使溶液冲出(放入烧杯)。若气泡仍未能排出，可用手握住滴定管，用力上下抖动滴定管。如仍不能使溶液充满出口管，可能是出口管未洗净，必须重洗。在使用碱管时，装满溶液后，用左手拇指和食指拿住玻璃球所在部位并使乳胶管向上弯曲，出口管斜向上，然后在玻璃球部位往一旁轻轻捏橡皮管，使溶液从管口喷出(下面用烧杯承接溶液)，再一边捏乳胶管一边把乳胶管放直，注意应在乳胶管放直后，再松开拇指和食指，否则出口管仍会有气泡(图 3－19)，最后应将滴定管的外壁擦干。

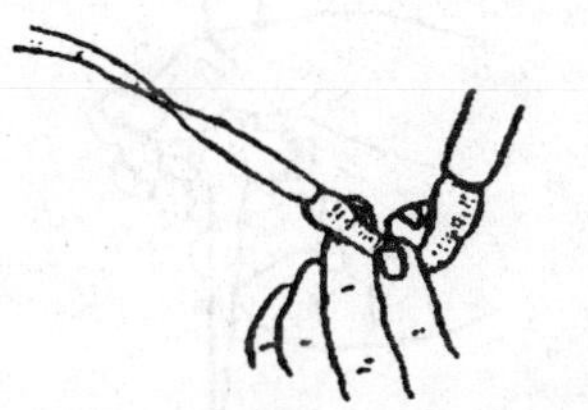

图 3－19　碱式滴定管排气方法

(1)装入或放出溶液后，必须等 1～2 min，使附着在内壁上的溶液流下来，再进行读数。如果放出溶液的速度较慢(例如，滴定到最后阶段，每次只加半滴溶液时)，等 0.5～1 min 方可读数。每次读数前要检查一下管壁是否挂水珠，管尖是否有气泡。

(2)读数时用手拿滴定管上部无刻度处，使滴定管保持自由下垂。对于无色或浅色溶液，应读取弯月面下缘最低点。读数时，视线在弯月面下缘最低点处，且与液面水平(图3-20)；溶液颜色太深时，可读液面两侧的最高点。若为乳白板蓝线衬背滴定管，应当取蓝线上下两尖端相对点的位置读数。无论哪种读数方法，都应注意初读数与终读数采用同一标准。

(3)读取初读数前，应将滴定管尖悬挂着的溶液除去。滴定至终点时应立即关闭旋塞，并注意不要使滴定管中溶液有稍微流出，否则终读数便包括流出的半滴溶液。因此，在读取终读数前，应注意检查出口管尖是否悬有溶液。

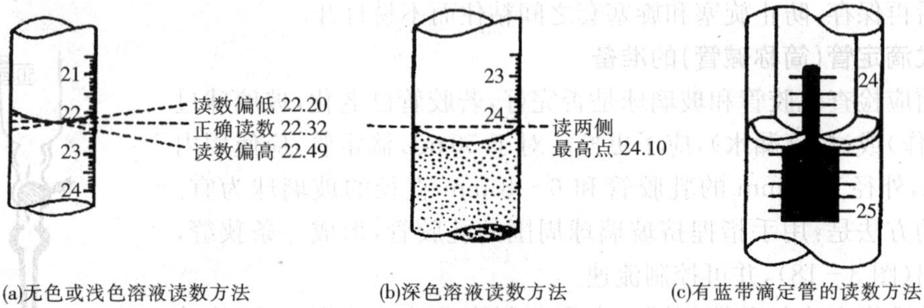


**图 3-20 读数方法**

**5. 滴定管的操作方法**

进行滴定时，应将滴定管垂直地夹在滴定管架上。

使用酸管时，左手无名指和小指向手心弯曲，轻轻地贴着出口管，用其余三指控制旋塞的转动。但应注意不要向外拉旋塞，也不要使手心顶着旋塞末端而向前推动旋塞，以免使旋塞移位而造成漏水，一旦发生这种情况，应重新涂油。

使用碱管时，左手无名指及小指夹住出口管，拇指与食指在玻璃球所在部位往一旁(左右均可)捏乳胶管，使溶液从玻璃球旁空隙处流出。注意：不要用力捏玻璃球，也不能使玻璃球上下移动；不要捏到玻璃球下部的乳胶管，以免在管口处带入空气。

无论使用哪种滴定管，都不要用右手操作，右手用来摇动锥形瓶。每位学生都必须熟练掌握下面三种加液方法：逐滴连续滴加；只加一滴；加半滴，甚至1/4滴(使其液滴悬在滴定管尖而未落，靠在锥形瓶壁，再用洗瓶吹入锥形瓶的溶液中)。

**6. 滴定操作**

滴定操作是定量分析的基本功，每位学生必须熟练掌握(图3-21、图3-22、图3-23)。滴定时以白瓷板作背景，用锥形瓶或烧杯承接滴定剂。

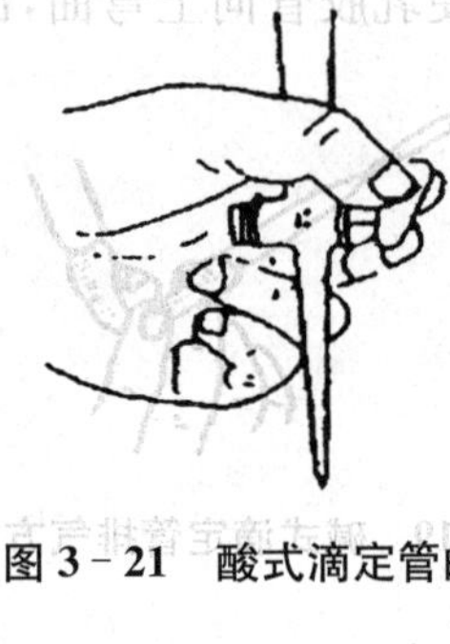

**图 3-21 酸式滴定管的操作**

**图 3-22 两手操作姿势**

**图 3-23 烧杯中的滴定操作**

在锥形瓶中进行滴定时，用右手前三指拿住瓶颈，使瓶底离瓷板 2～3 cm。同时调节滴定管的高度，使滴定管的下端伸入瓶口约 1 cm。左手按前述方法滴加溶液，右手运用腕力（注意：不是用胳膊晃动）摇动锥形瓶，边滴边摇。滴定操作中应注意：滴定时，左手不能离开旋塞而任其自流。摇动锥形瓶时，应使溶液向同一方向，以滴定管口为圆心做圆周运动（左、右旋均可）。切勿使瓶口触到滴定管，溶液绝不可溅出。开始时，滴定速度可稍快，但不要使溶液流成“水线”，应边摇边滴，让滴入的滴定剂充分接触试液。接近终点（局部出现指示剂颜色转变）时，应改为每加一滴，都要注意观察液滴落点周围溶液颜色的变化，充分摇动后再继续滴加。最后每加半滴即摇动锥形瓶，直至溶液出现明显的颜色变化即停止滴定。加半滴溶液的方法如下：微微转动旋塞，使溶液悬挂在出口管嘴上，形成半滴，用锥形瓶内壁将其沾落，再用洗瓶以少量蒸馏水吹洗瓶壁。用碱管滴加半滴溶液时，应先松开拇指与食指，将悬挂的半滴溶液沾在锥形瓶内壁上，再放开无名指与小指，这样可以避免出口管尖出现气泡。

每次滴定最好都从 0 刻度处开始，这样可使每次读数差不多都在滴定管的同一部位，可消除由于滴定管刻度不准确而引起的系统误差。

在烧杯中进行滴定时不能摇动烧杯，应将烧杯放在白瓷板上，调节滴定管的高度，使滴定管下端伸入烧杯中心的左后方处，但不要靠壁过近。右手持玻璃棒在右前方搅拌溶液。在左手滴加溶液的同时，搅拌棒应作圆周搅动，但不得接触烧杯壁和底部。当加半滴溶液时，用搅拌棒下端承接悬挂的半滴溶液，放入溶液中搅拌。滴定过程中，玻璃棒上沾有溶液，不能随便拿出。

滴定结束后，滴定管内剩余的溶液应弃去，不得将其倒回原试剂瓶中，以免玷污整瓶操作溶液。随即洗净滴定管，倒挂在滴定管架台上备用。

## 二、移液管和吸量管

移液管和吸量管也是用来准确量取一定体积液体的仪器，其中吸量管是带有分刻度的玻璃管，用以吸取不同体积的液体。用移液管或吸量管吸取溶液之前，首先应该用洗液洗净内壁，经自来水冲洗和蒸馏水荡洗 3 次后，还必须用少量待吸的溶液荡洗内壁 3 次，以保证溶液吸取后的浓度不变。

用移液管吸取溶液时，一般应先将待吸溶液转移到已用该溶液荡洗过的烧杯中，然后再行吸取。吸取时，左手拿洗耳球，右手拇指及中指拿住管颈标线以上的地方，管尖插入液面以下，防止吸空[图 3－24(a)]。当溶液上升到标线以上时，迅速用右手食指紧按管口，将管取出液面。左手改拿盛溶液的烧杯，使烧杯倾斜约 45°，右手垂直地拿住移液管使管尖紧靠液面以上的烧杯壁[图 3－24(b)]，微微松开食指，直到液面缓缓下降到与标线相切时，再次按紧管口，使液体不再流出。把移液管慢慢地垂直移入准备接受溶液的容器内壁上方，倾斜容器使它的

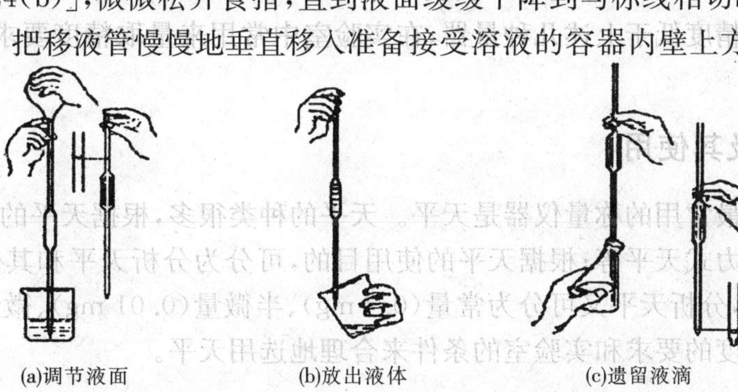
(a)调节液面　(b)放出液体　(c)遗留液滴

**图 3－24　移液管的使用**

内壁与移液管的尖端相接触[图 3－24(c)]，松开食指让溶液自由流下。待溶液流尽后，再停15 s 取出移液管。不要把残留在管尖的液体吹出，因为在校准移液管体积时，没有把这部分液体算在内(如管上注有"快吹"字样的移液管，则要将管尖的液体吹出)。

吸量管使用方法同移液管，但移取溶液时，应尽量避免使用尖端处的刻度。

三、容量瓶

容量瓶主要用来配制标准溶液或稀释溶液到一定的浓度。容量瓶使用前，必须检查是否漏水。检漏时，在瓶中加水至标线附近，盖好瓶塞，用一手食指按住瓶塞，将瓶倒立 2 min[图 3－25(a)]，观察瓶塞周围是否渗水，然后将瓶直立[图 3－25(b)]，把瓶塞转动 180°后再盖紧，再倒立，若不渗水，即可使用。

欲将固体物质准确配成一定体积的溶液时，需先把准确称量的固体物质置于一小烧杯中溶解，然后定量转移到预先洗净的容量瓶中。转移时一手拿着玻璃棒，一手拿着烧杯，在瓶口上慢慢将玻璃棒从烧杯中取出，并将它插入瓶口内(但不要与瓶口接触)，再让烧杯嘴贴紧玻璃棒，慢慢倾斜烧杯，使溶液沿着玻璃棒流下(图 3－26)。当溶液流完后，在烧杯仍靠着玻璃棒的情况下慢慢地将烧杯直立，使烧杯和玻璃棒之间附着的液滴流回烧杯中，再将玻璃棒末端残留的液滴靠入瓶口内壁。在瓶口上方将玻璃棒放回烧杯内，但不得将玻璃棒靠在烧杯嘴一边。用少量蒸馏水冲洗烧杯 3～4 次，洗出液按上法全部转移到容量瓶中，然后用蒸馏水稀释。稀释到容量瓶容积的 2/3 时，直立旋摇容量瓶，使溶液初步混合(此时切勿加塞倒立容量瓶)，最后继续稀释至接近标线时，改用滴管逐渐加水至弯月面恰好与标线相切(热溶液应冷至室温后，才能稀释至标线)。盖上瓶塞，按图 3－25 所示的拿法，将瓶倒立，待气泡上升到顶部后，再倒转过来，如此反复多次，使溶液充分混匀。按照同样的操作，可将一定浓度的溶液准确稀释到一定的体积。

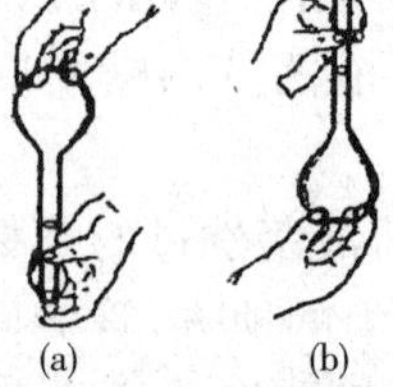


**图 3－25　拿容器瓶的方法**

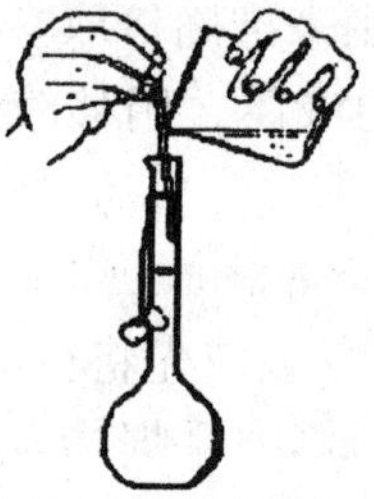

**图 3－26　定量转移操作**

四、量筒和量杯

量筒和量杯的精度低于上述几种量器，在实验室中常用来量取精度要求不高的溶液和蒸馏水。

## 3.5　称量仪器及其使用

化学实验室中最常用的称量仪器是天平。天平的种类很多，根据天平的平衡原理，可分为杠杆式天平和电磁力式天平等；根据天平的使用目的，可分为分析天平和其他专用天平；根据天平的分度值大小，分析天平又可分为常量(0.1 mg)、半微量(0.01 mg)、微量(0.001 mg)等。通常应根据测试精度的要求和实验室的条件来合理地选用天平。

一、台天平

台天平(图 3－27)又称托盘天平，用于粗略的称量，能准确至 0.1 g。台天平的横梁架在台天平座上，横梁左右有两个盘子。在横梁中部的上面有指针，根据指针 $A$ 在刻度盘 $B$ 摆动的情况，可以看出台天平的平衡状态。使用台天平称量时，可按下列步骤进行：

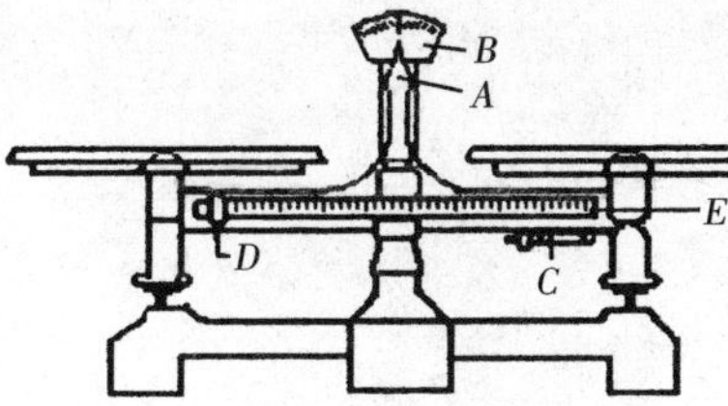

图 3－27 台天平

**1. 零点调整**

使用台天平前需把游码 $D$ 放在刻度尺的零点。托盘中未放物体时，如指针不在刻度零点，可用零点调节螺丝 $C$ 调节。

**2. 称量**

称量物不能直接放在天平盘上称量(避免天平盘受腐蚀)，应放在已知质量的纸或表面皿上，而潮湿的或具腐蚀性的药品则应放在玻璃容器内。台天平不能称热的物质。称量时，称量物放在左盘，砝码放在右盘。添加砝码时应从大到小。在添加刻度标尺 $E$ 以内的质量时(如 10 g 或 5 g)可移动标尺上的游码，直至指针指示的位置与零点相符(偏差不超过 1 格)，记下砝码质量，即为称量物的质量。

**3. 复原**

称量完毕应把砝码放回盒内，把游标尺的游码移到刻度“0”处，将台天平及台面清理干净。

## 二、分析天平

**1. 称量原理**

分析天平是定量分析中主要的仪器之一，称量又是定量分析中的一个重要基本操作，因此必须了解分析天平的结构及其正确的使用方法。

常用的分析天平有半机械加码电光天平、全机械加码电光天平和单盘电光天平等。上述这些天平在构造和使用方法上虽有些不同，但它们的设计都依据杠杆原理(图 3－28)。

杠杆 $ABC$ 代表等臂的天平梁，$B$ 为支点，$P$ 与 $Q$ 分别代表被称量物体(质量 $m_1$)和砝码(质量 $m_2$)施加于 $ABC$ 向下的作用力。当杠杆达到平衡时，根据杠杆原理，支点两边的力矩应相等。即

$$P\times AB=Q\times BC$$

对于等臂天平 $AB=BC$，所以 $P=Q$，设重力加速度为 $g$，则

$$m_1g=m_2g$$

所以，$m_1=m_2$，即砝码的质量与被称量物质的质量相等。此时，被测物的质量便可由砝码的质量表示。

**2. 电光天平**

(1)半自动电光天平的构造及使用

①构造

半自动电光天平的构造如图 3－29，它由横梁、立柱、悬挂系统、读数系统、操作系统及天平箱构成。

横梁又称天平梁，是天平的主要部件，一般由铜或铝合金制成。梁上有三个三棱形的玛瑙刀，中间一个刀口向下，称支点刀，两端等距离处各有一个刀口向上的刀，称承重刀，三个刀口的锋利程度决定天平的灵敏度，因此应十分注意保护刀口。横梁两边各有一个平衡螺丝，用于调节天平的零点。梁的正中下方有一细长的指针，指针下端固定着一透明的微缩标尺。称量时，通过光学读数系统可以从微缩标尺上读出 10 mg 以下的重量。

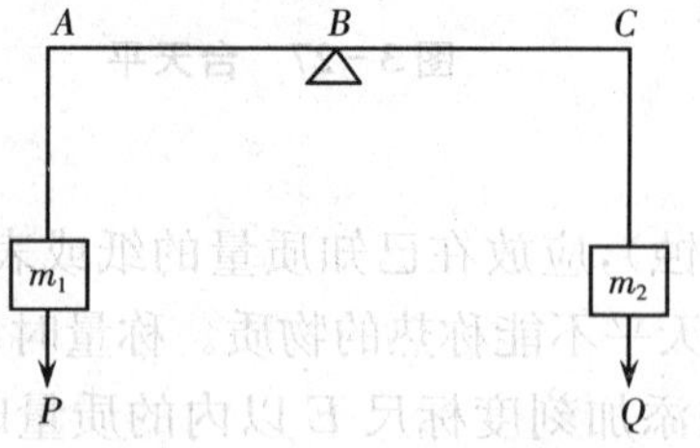


**图 3－28　杠杆原理示意图**

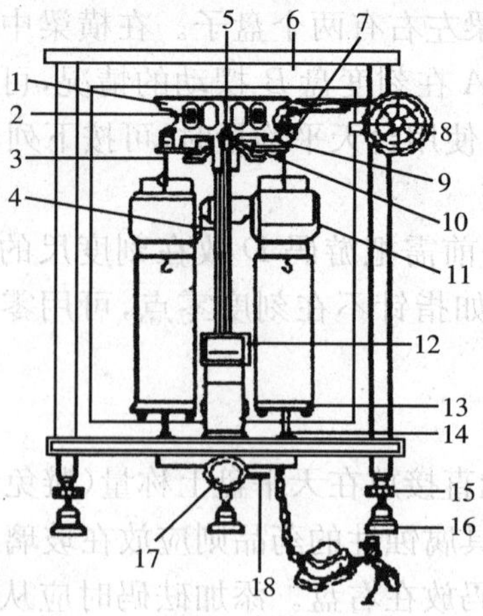


**图 3－29　半自动电光天平构造图**

1. 横梁　2. 平衡螺丝　3. 吊耳　4. 指针　5. 支刀点　6. 框罩　7. 圈码　8. 指数盘　9. 支柱　10. 托叶　11. 阻尼器　12. 投影屏　13. 天平盘　14. 托盘　15. 螺旋脚　16. 垫脚　17. 升降旋钮　18. 调屏拉杆

立柱是天平梁的支柱，立柱上方嵌有玛瑙平板。天平工作时玛瑙平板与支点刀接触，天平关闭时装载立柱上的托叶上升，托起天平梁，使刀口与玛瑙平板脱开保护刀口。立柱后方有一水准仪，能指示天平的水平状态，调节天平箱下方螺旋脚的高度，可使天平达到水平。

悬挂系统包括吊耳、空气阻尼器及天平盘三个部分。天平工作时，两个承重刀上各挂着一个吊耳，吊耳上嵌着玛瑙平板与承重刀口接触，天平关闭时则脱开。吊耳下各挂着一个天平盘，分别用于盛放被称量物和砝码。吊耳下还分别装有由两个相互套合而又互不接触的铝合金圆筒组成的空气阻尼器，阻尼器的内筒挂在吊耳下面，外筒固定在立柱上。当天平工作时，由于空气的阻尼作用，可使天平梁较快地静止下来。

半自动电光天平的机械加码装置可以添加 10～990 mg 的重量。旋动内、外层圈码指数盘，与左边刻线对准的读数就是所加的圈码的重量(图 3－30)。此外，还配有光学读数系统(图 3－31)，只要旋开升降旋钮使天平处于工作状态，天平后方灯座中的小灯就亮，灯光经过准直，将微缩标尺的刻度投影在投影屏上，这时可以从投影屏上读出 0.1～10 mg 的重量(图 3－32)。

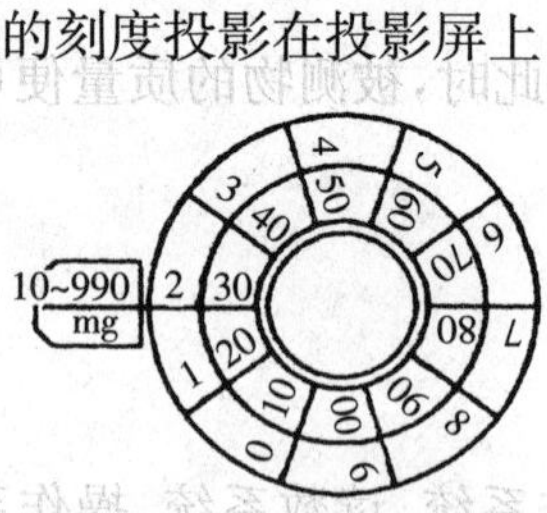


**图 3－30　圈码指数盘图**

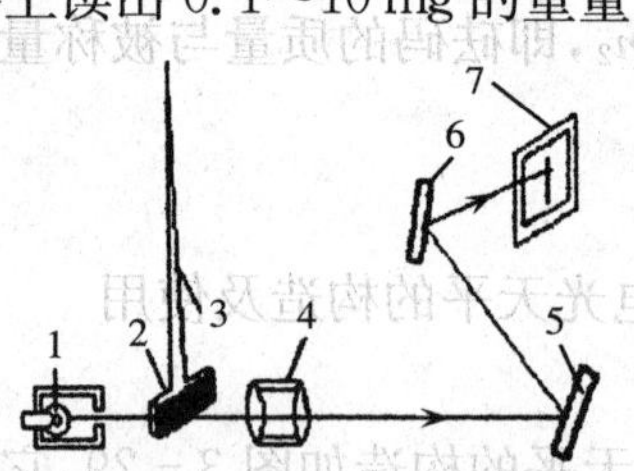


**图 3－31　光学读数装置示意图**

1. 光源　2. 缩微标尺　3. 指针　4. 透镜　5、6. 反射镜　7. 投影屏

天平的操作系统除机械加码装置外还有升降枢，它装在天平台下正中，连接托梁架、盘托和光源。启开升降枢时，托梁即降下，梁上的三个刀口与相应的玛瑙平板接触(图 3－33)，盘托下降，吊耳和天平盘自由摆动，天平进入工作状态，同时也接通了光源，在屏幕上看到标尺的

投影。停止称量时，关闭升降枢，则天平梁与盘被托住，刀口与玛瑙平板脱离，天平进入休止状态，光源切断，光屏变黑。

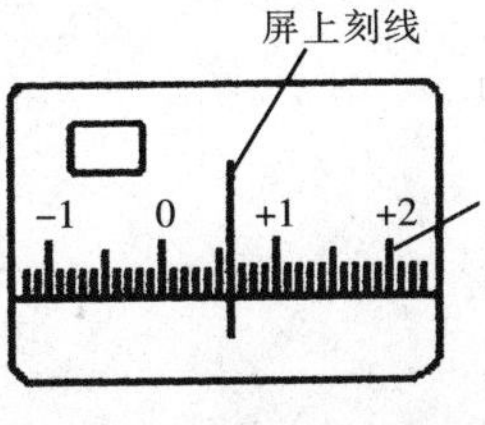


图 3-32　投影屏及微缩标尺图

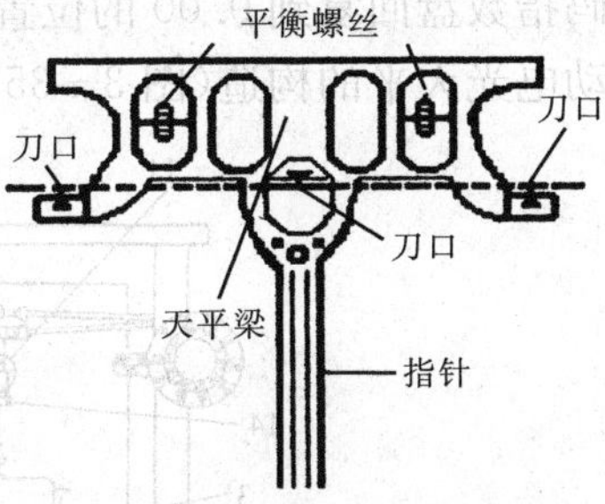


图 3-33　天平梁的结构图

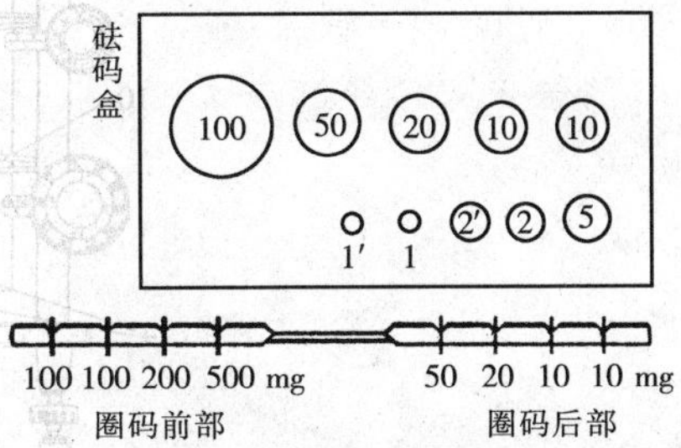


图 3-34　砝码和圈码

为防止有害气体和尘埃的侵蚀，以及气流对称量的影响，天平安放在一个三方装有玻璃门的框罩（即天平箱）内，取放被称量物或砝码时，应开侧门，天平的正门只在调节和维修时才使用。此外，每台天平都附有一盒配套的砝码。为了便于称量，砝码的大小有一定的组合形式，通常以 5、2、2′、1、1′组合，并按固定的顺序放在砝码盒中，重量相同的砝码其重量仍有微小差别，故其面上打有标记以示区别。砝码和圈码如图 3-34 所示。

②称量步骤

a. 检查　称量前要检查天平是否处于正常状态，如天平是否水平，吊耳和圈码有无脱落，圈码指数盘是否指示在 0.00 的位置，天平盘上是否有异物，箱内是否清洁等。

b. 调节零点　天平不载重时的平衡点为零点。调节天平零点时先接通电源，缓慢开启升降旋钮，当天平指针静止后，观察投影屏上的刻线与缩微标尺上的 0.0 mg 刻度是否重合。如未重合，可调节位于升降旋钮下面的调屏拉杆，移动投影屏的位置，使二者重合，即调好零点。如已将调屏拉杆调到尽头仍不能重合，则需关闭天平后再调节梁上的平衡螺丝（初学者应在教师指导下进行）。

c. 称量　打开天平侧门，把在台秤上粗称过的被称量物放在左盘中央，在右盘和承码杆上按粗称的重量加上砝码和圈码（即环码），关好天平门，慢慢开启升降旋钮，根据指针或缩微标尺偏转的方向（指针偏转方向与缩微标尺相反），决定加减砝码和圈码。如指针向左偏转（标尺向右偏转），则表示砝码比物体重，应立即关闭升降旋钮，减少砝码或圈码后再称量。如指针向右偏转，且缩微标尺上 10.0 mg 的刻线已超过投影屏上的刻线，则表示砝码比物体轻，应关闭升降旋钮，增加砝码或圈码。这样反复调整，直到开启升降旋钮时，投影屏上的刻线与缩微标尺上的刻度重合在 0.0～10.0 mg 为止。

d. 读数　当缩微标尺稳定后，即可依次读出砝码、圈码及投影屏刻线与标尺重合处的数值，其中一大格为 1 mg，一小格为 0.1 mg，若刻线在两小格之间，则按四舍五入的原则取舍。读取投影屏上的读数后立即关闭升降旋钮。

被称量物重量＝砝码重＋圈码重＋投影屏上的读数

例如，某次称量结果是：砝码重 25 g，圈码重 230 mg（图 3-30），投影屏上的读数为 0.6 mg（图 3-32），则被称量物的重量为：

$$25+0.230+0.0006=25.2306\ g$$

称量结果要立即如实地记录在记录本上。

e. 复原　称量完毕，取出被称量物，将装有试样的称量瓶放回干燥器中保存，把砝码放回砝码盒内，圈码指数盘回复到 0.00 的位置，拔下电源插头，罩上天平的护罩。

(2)全自动电光天平的构造(图 3－35)

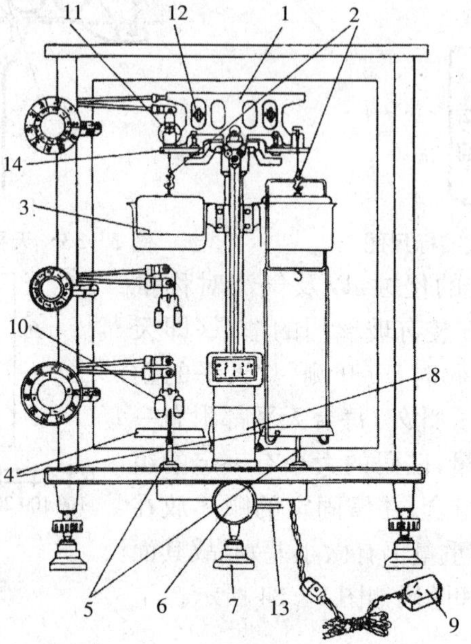


**图 3－35　全自动电光天平构造图**

1. 横梁　2. 挂钩　3. 阻尼器　4. 称盘　5. 托盘　6. 开关旋钮　7. 避震垫脚　8. 光学、投影装置　9. 变压器　10. 克砝码　11. 圈形毫克砝码　12. 平衡螺母　13. 微调杆　14. 大托翼

(3)全自动与半自动电光天平的主要区别点(表 3－2)

**表 3－2　全自动与半自动电光天平的主要区别**

| 区别点 | 部件及操作 | 半自动电光天平 | 全自动电光天平 |
| --- | --- | --- | --- |
| (1) | 1g 以上的砝码 | 用镊子夹取 | 旋转指数盘加码 |
| (2) | 指数盘 | (10～990 mg)内圈小，外圈大 | (10～990 mg)外圈小，内圈大(1～9 g)(10～199 g) |
| (3) | 加物、码位置 | 左物右码 | 左码右物 |
| (4) | 投影屏上标尺刻度 | 0～10 mg | +10～－10 mg |

(4)称量方法

电光天平的称量方法有：直接称量法(简称直接法)、固定质量称量法和递减称量法(简称减量法或差减法)。

①直接法

用于直接称量烧杯等容器的质量。其方法是：将在台天平上粗称过的干净烧杯用干净纸带捏住，放在台天平左盘中央，然后在右盘上加砝码，开启天平，看投影标尺的漂移，判断加减砝码，关掉天平后加环码(由大到小，先转动指数盘外圈，再转内圈)，开启天平，再看投影标尺的漂移，如此反复操作直到平衡点在投影标尺刻度内稳定为止，记录数据。

容器的质量＝砝码质量＋环码质量＋投影标尺上的数据

②固定质量法

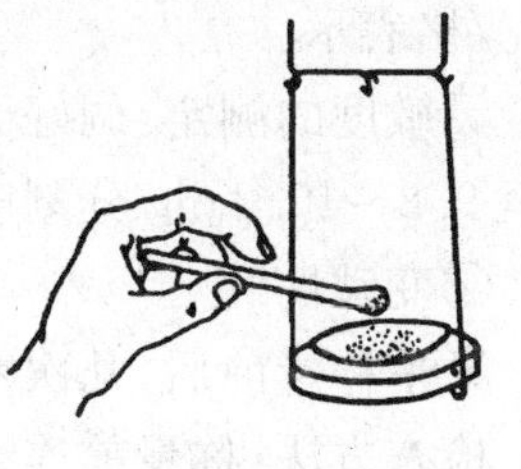

图 3-36　固定质量称量法

用于称取不易吸湿、在空气中稳定的试样，如金属、矿石、合金等。称量时先称出放试样的空器皿质量，然后在另一盘中加上固定质量的砝码，再用食指轻弹药勺柄，使试样慢慢抖入已知质量的器皿中，进行一次称量（图 3-36），直至平衡点为止。

注意：若不慎多加了试样，只能用药勺取出多余量，但是取出后的试样不能再放回试剂瓶或称量瓶中。

③差减称量法（减量法）

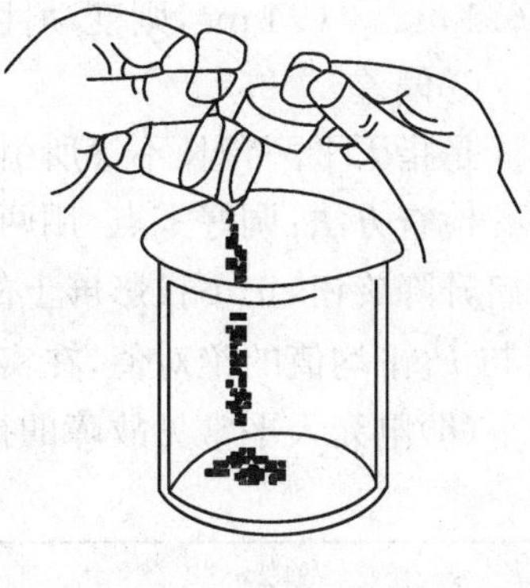

图 3-37　敲击试样方法

用于称取易吸湿、易氧化、易与二氧化碳反应的物质。其方法是：用一干净纸带套住装试样的称量瓶，手持纸带两头将称量瓶放在天平左盘中央，拿去纸带，称重，称量完毕后，再用纸带套住称量瓶取出，放在接受试样的容器上方，用一干净纸片包着称量瓶盖上的顶。打开瓶盖，将称量瓶倾斜（瓶底略高于瓶口），轻轻敲动瓶口的上方，使试样落到容器中（图 3-37），注意不要让试样撒落到容器外。当试样量接近要求时，将称量瓶缓慢竖起，用瓶盖敲动瓶口，使粘在瓶口的试样落入称量瓶或容器中，盖好瓶盖，再次称量。两次重量之差即是取出试样的重量。如此继续操作可称取多份试样。

④液体样品的称量

液体样品的准确称量比较麻烦。根据不同的样品的性质有多种称量方法，主要的称量方法有以下三种。

性质比较稳定、不易挥发的样品可装在干燥的小滴瓶中用减量法称取，应预先粗测每滴样品的大致质量。

较易挥发的样品可用增量法称量，如称取浓 HCl 试样时，可先在 100 mL 具塞锥形瓶中加 20 mL 水，准确称量后，加入适量的试样，立即盖上瓶塞，再进行准确称量，然后即可进行测定（例如，用 NaOH 标准溶液滴定 HCl）。

易挥发或与水作用强烈的样品采取特殊的方法进行称量，如冰醋酸样品可用小称量瓶准确称量，然后连瓶一起放入已盛有适量水的具塞锥形瓶，摇开称量瓶盖，样品与水混匀后进行测定。发烟硫酸及浓硝酸样品一般采用直径约 10 mm、带毛细管的安瓿球称取。已准确称量的安瓿球经火焰微热后，毛细管尖插入样品，球泡冷却后可吸入 1～2 mL 样品，然后用火焰封住管尖再准确称量。将安瓿球放入盛有适量水的具塞锥形瓶中，摇碎安瓿球，样品与水混合并冷却后即可进行测定。

（5）电光天平质量的检查

衡量天平的质量主要有三个指标：灵敏度、变动性和偏差。

①灵敏度

灵敏度通常是指在天平的一个盘上增加 1 毫克重量时引起指针偏转的程度，以分刻度格/毫克表示。当刀口质量一定时，天平梁的重量大，则灵敏度低；天平臂长，则灵敏度高；支点与横梁重心的距离短，则灵敏度高。一台天平的臂长和横梁重量是固定的，所以通常是采用改变支点与重心的距离（即调节重心螺丝的位置）来调节灵敏度。天平载重时两臂微向下垂，重心降低，故载重时通常灵敏度有所减小。灵敏度又常用感量来表示，感量为灵敏度的倒数，用毫克/格表示。

灵敏度的测定：调好天平零点，在左盘上放一校正过的10 mg片码，开启升降旋钮，标尺应移至9.8～10.2 mg分刻度范围内，如不符合要求应调节灵敏度。

②变动性

天平称量前后，几次零点变化的最大差值（mg数）称为天平的变动性，一般在0.2 mg以内。检查方法：称量前连续测定三次零点，称量结束后再测三次零点，六次数据中的最大值减去最小值的差，就是变动性。如测得称量前零点均为0.0 mg，称量后零点为0.0 mg、－0.1 mg、－0.1 mg，则变动性为：0.0 －（－0.1）＝0.1 mg。

③偏差

是指天平两臂长不等所引起的系统称量误差，分析天平要求偏差小于0.4 mg。

检查方法：调好零点，用两个经检定表面值为相同重量的砝码，分别放在天平的两个盘上，开启升降旋钮，记下投影屏上的读数 $P_1$，然后把两盘上的砝码对换，再记下读数 $P_2$，偏差即为 $P_1$ 与 $P_2$ 平均值的绝对值，在实验中，如果使用同一台天平称量，这种偏差可以相互抵消。

（6）电光天平常见故障的排除（表3－3）

**表3－3　电光天平常见故障排除**

| 故障 | 原因 | 排除方法 |
|---|---|---|
| 零件位置不正产生摩擦 | 天平不水平 | 检查水准泡，调至水平 |
| 空气筒周围间隙不等 | 有无棉毛纤维物阻滞现象 | 将阻尼架上的滚花螺钉旋松，然后把阻尼筒调整，再紧固滚花螺钉 |
| 吊耳脱落或偏侧 | 1. 多是由于开、关天平太快引起<br>2. 如吊耳安放不稳，左右偏侧，也会引起脱落 | 1. 将吊耳轻轻地重新放上，就可使用<br>2. 可用尖嘴钳，将横托架末端的小支柱下部的螺丝放松，将小支柱向左或向右移动，再拧紧螺丝后，进行试验，直至不再偏侧为止。若吊耳前后跳动，可用拨棍插入小支柱上部孔中转动，调节至小支柱的高度相同为止 |
| 盘托高低不适当 | 盘托过高，关闭天平时，秤盘向上抬起，有时引起吊耳脱落；盘托过低，关闭天平后，秤盘仍自由摆动 | 可取下秤盘，取出盘托，调节盘托下面杆上螺丝的位置以改变盘托高度至合适 |
| 指针跳动 | 当横梁被托起时，如支点刀的刀口与刀垫间前后距离不等则开启天平时，会产生指针跳动 | 可把横托架左臂前的螺丝放松，然后用手捻调节小支柱的高度，直至指针不再跳动 |
| 天平摆动受阻 | 1. 盘托卡住不能下降<br>2. 内外阻尼器相碰或有轻微摩擦 | 1. 取下秤盘取出盘托，用干布或干纸擦净后，涂上机油，再行安装、使用<br>2. 检查天平是否处于水平状态；根据“左一右二”的原则，看内阻尼器是否错放；从天平顶部观察内外阻尼器四周的空隙，如大小不均，应取下秤盘及吊耳，将内阻尼器转180°再试用<br>3. 如上述调节无效，可小心地旋松固定外阻尼器的螺丝，从天平顶部观察，以内阻尼器为标准，移动外阻尼器的位置，直至内外阻尼器不再摩擦，拧紧螺丝 |
| 指数盘失灵 | 1. 固定指数盘的螺丝松动<br>2. 挂砝码的挂钩起落失灵<br>3. 指数盘读数与加上的砝码不相符 | 1. 先对好的读数位置，把螺丝拧紧<br>2. 取下指数盘后面的外罩，滴上机油<br>3. 可松开偏心轮的螺丝，旋转以改变偏心轮的位置后，再将螺丝拧紧 |
| 投影屏上显示的标尺刻度模糊 | 标尺在投影屏的位置偏上、偏下或超出投影屏或标尺位置不对 | 可旋动投影屏旁的螺丝调节反射镜的位置，使标尺恰好落在投影屏上 |

续表

| 故障 | 原因 | 排除方法 |
| --- | --- | --- |
| 小电珠不亮 | 1. 是否停电或保险丝烧断<br>2. 线头脱落<br>3. 天平底板上的接触分开<br>4. 灯泡和变压器损坏 | 1. 检查电源或保险丝<br>2. 再检查天平上所有的焊接点，是否有线头脱落现象<br>3. 检查天平底板上的接触点（正常情况：天平关闭时，两接触点分开，电路不通；当天平开启时，两接触点相碰，电路接通）<br>4. 可检查灯泡和变压器是否损坏 |
| 全自动天平的加码梗阻轧不灵活 | 加码梗阻轧缺少润滑油 | 可将木框外的加码罩小心拆下，在活动部分略加些钟表油，使其自然起落后将罩壳装上 |
| 全自动天平的大托翼不落 | 大托翼后面的支架弹簧的两边弯角变形 | 将其整形 |

**3. 电子天平的构造及使用**

(1)构造

电子天平型号有多种，现以北京赛多利斯仪器系统有限公司生产的 BS210S 电子天平为例，其构造如图 3 - 38 所示。

(2)操作步骤

①检查天平　称量前要检查是否处于正常状态，如天平是否水平，天平盘上是否有异物，箱内是否清洁等。

②调水平　调整地脚螺栓，使水平仪内空气泡位于圆环中央。

③开机　先接通电源，按下[ON/OFF]键，直至全屏自检。

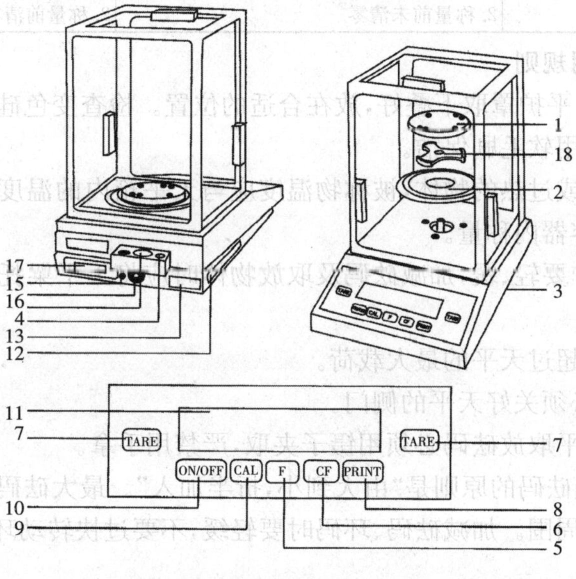


**图 3 - 38　BS210S 电子天平图**

1. 秤盘　2. 屏蔽环　3. 地脚螺栓　4. 水平仪　5. 功能键　6. CF 清除键　7. 除皮键　8. 打印键　9. 调校键　10. 开关键　11. 显示器　12. CMC 标签　13. 具有 CE 标记的型号牌　14. 防盗装置　15. 菜单—去联锁开关　16. 电源接口　17. 数据接口　18. 秤盘支架

④预热　至少预热 30 min(参考仪器说明书)。否则天平不能达到所需的工作温度。

⑤校正　首次使用天平必须进行校正，按调校键[CAL]，天平将显示所需校正砝码质量，放上砝码直至出现g，校正结束。

⑥称量　天平不载重时的平衡点为零点，观察液晶屏上的读数是否为0.0 mg，如不是，即按下除皮键[TARE]，除皮清零。打开天平侧门，把试样放在盘中央，关闭天平侧门即可读数。

⑦关机　按下[ON/OFF]键，断开电源。若天平在短期内还要使用，应将开关键关至待机状态，使天平保持保温状态，可延长天平使用寿命。

(3)电子天平常见故障的排除见表3-4。

**表3-4　电子天平常见故障排除**

| 故　障 | 原　因 | 排 除 方 法 |
|---|---|---|
| 显示器上无任何显示 | 1.无工作电压<br>2.未接变压器 | 1.检查供电线路及仪器<br>2.接好变压器 |
| 调整校正之后显示器无显示 | 1.放置天平的表面不稳定<br>2.未达到内校稳定 | 1.确保放置天平的场所稳定<br>2.防止震动对天平支撑面的影响<br>3.关闭防风罩 |
| 显示器显示“H” | 超载 | 为天平卸载 |
| 显示器显示“L”或“Err54” | 未装秤盘或底盘 | 依据电子天平的结构和类型装上秤盘或底盘 |
| 称量结果不断改变 | 1.震动太大，天平暴露在无防风措施的环境中<br>2.防风罩未完全关闭<br>3.在秤盘与天平壳体间有杂物<br>4.下部称量开孔封闭盖板被打开<br>5.被测物质量不稳定(易吸潮或蒸发)<br>6.被测物带静电荷 | 1.通过“电子天平工作菜单”采取相应措施<br>2.完全关闭防风罩<br>3.清除杂物<br>4.关闭下部称量开孔<br>5.被测物质放在密闭容器内称量<br>6.设法释放静电荷后再称 |
| 称量结果明显错误 | 1.天平未经调校<br>2.称量前未清零 | 1.调校天平<br>2.称量前清零 |

**4.分析天平的使用规则**

(1) 称量前先将天平护罩取下叠好，放在合适的位置。检查变色硅胶是否有效，天平是否处于水平状态，必要时用软毛刷保洁。

(2)不能称量过冷或过热的物体，被称物温度应与天平箱内的温度一致，有腐蚀性或易吸湿的试样应放在密闭容器内称量。

(3)开、关天平动作要轻、缓，加减砝码及取放物体时应将天平梁托起(即关掉天平)，以免损坏玛瑙刀口。

(4)天平载重不能超过天平的最大载荷。

(5)精确读数前，必须关好天平的侧门。

(6)半自动电光天平取放砝码必须用镊子夹取，严禁用手拿。

(7) 电光天平加减砝码的原则是“由大到小，折半加入”。最大砝码应放在秤盘的中央处，添加时，依次围绕在它周围。加减砝码、环码时要轻缓，不要过快转动环码指数盘，避免环码跳落或变位。

(8)称量的数据应及时写在记录本上，不得记在纸片或其他地方。

(9)称量完毕后，关掉天平，取出被称物，切断电源，最后罩上护罩。

## 3.6　电位滴定仪及其使用

### 一、概述

ZD-2型、DZ-1型自动电位滴定仪适用于多种电位滴定。

**1. 电位滴定法**

电位滴定法是根据滴定过程中指示电极的电位变化来确定终点的化学分析方法，其准确度高于普通的滴定分析法，且不受溶液混浊、有色和缺乏合适指示剂等条件限制，是一种可靠、便捷的化学分析方法。

自动电位滴定法是借助于测量仪器和滴定装置使电位滴定自动化。ZD－2型和DZ－1型自动电位滴定仪，是应用控制电路来控制滴定控制阀，在电极电位(势)未达到需要值时，滴定不断进行，一旦电位达到规定值，就停止滴定。

**2. 仪器工作原理如图3－39、图3－40所示**

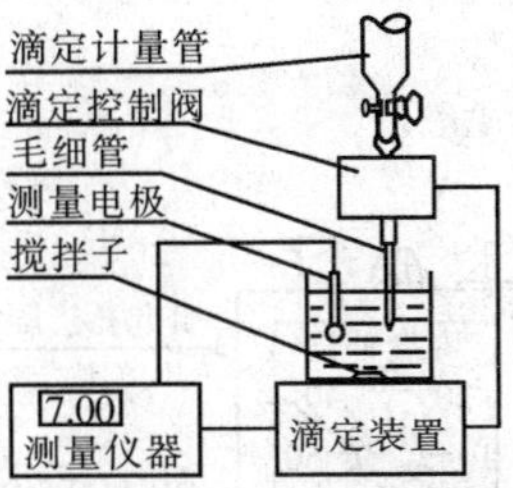


图3－39　仪器工作简图

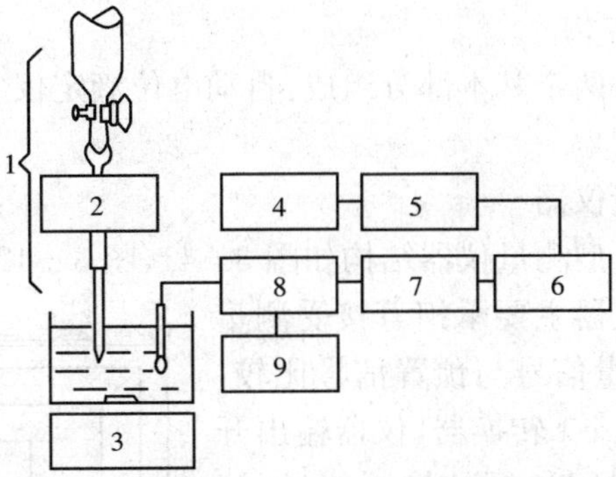


图3－40　仪器原理方框图

1. 液路部分　2. 控制阀　3. 搅拌器　4. 延迟电路　5. 控制阀工作电源　6. e-t转换器　7. 取样回路　8. 调制放大器　9. 测量显示

**3. 仪器设置特点**

仪器主要设有滴定延迟控制电路、预控制调节器和多种滴定方式等，其作用分别如下：

(1)延迟控制电路

当滴定达到预定终点值10秒钟(这段时间确保反应达到平衡)后，该延迟电路会使控制阀永远关闭(终结切断控制阀工作电源)。此后，即使溶液由于某种原因而发生变化，使电极信号返离终点，仪器也不会再进行滴定，确保滴定分析正确可靠。

(2)预控制调节器

设置预控制调节器，目的是把"控制滴定"置于一个适当的范围内，既保证滴定准确，又保证工作效率。当滴定还未进入预控制器设定的范围时，滴定控制阀一直开通，滴液畅流无阻，实现快速滴定。当滴定进入预控制器设定的范围内后，滴定控制阀执行e-t转换器发送的控制信号，实现有控制滴定。

(3)多种滴定方式

①一般(自动)滴定　滴定开始后，随着滴液的滴入，试液中对应离子浓度立即发生变化，浸在溶液中的一对电极(指示电极和参比电极或复合电极)的电位差随之发生变化。这个来自电极的变化着的信号，经仪器调制放大电路处理后，送入取样回路，在其中与按照滴定终点要求预先给定的电位(预置终点)相比较，其差值进入e-t转换器。当距离终点较远时，由于电极系统所得的信号e与预置终点电位$e_0$的差值大，滴定控制阀开启的时间长，滴定速度快；当接近终点时，差值逐渐减小，控制阀开启时间短，滴定速度逐渐减缓；当电极信号e等于预置终点$e_0$信号时，滴定停止。

②控制滴定　滴定方式选择键此位置时，仪器延迟电路部分不工作，滴定即使已达终点，

滴定阀不终结关闭，滴定控制阀始终处于待命状态。一旦有某种原因，电极信号返离终点，控制阀立即执行 e-t 转换器控制令，适时开启滴定阀。

③手动滴定　此时测量仪器输出滴定信号对滴定装置不起作用，滴定控制阀不接受 e-t 转换器控制令，滴定完全由人工操作"滴定启动钮"决定。

(4)双联式滴定装置

此设置的目的是便于用户做大量滴定分析时，可快速转换使用。

(5)电磁搅拌器

此设置是便于滴定分析时溶液反应快速均匀、测定准确。

## 二、仪器结构

仪器由两个基本部分组成：自动电位滴定仪主机（简称测量仪器）和电位滴定装置（简称滴定装置）。

**1. 测量仪器**

ZD－2 型测量仪器结构如图 3－41、图 3－42 所示。

测量仪器主要承担着接受测量信号，将测量信号与预置信号比较，其差值进入 e-t 转换器，仪器输出开通控制阀时间长短的控制信号（滴定输出）。

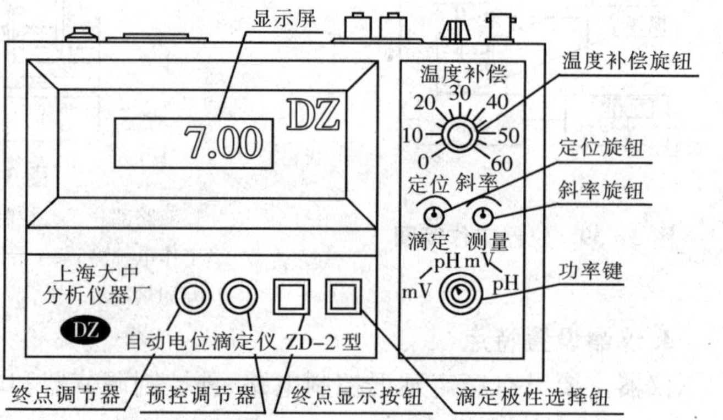


**图 3－41　测量仪器正面**

有关操作键（钮）和接口如下：

(1)预控制调节器

设置一个适当的受 e-t 转换器控制的滴定范围。预控制调节器顺时针旋转，预控制数增大。

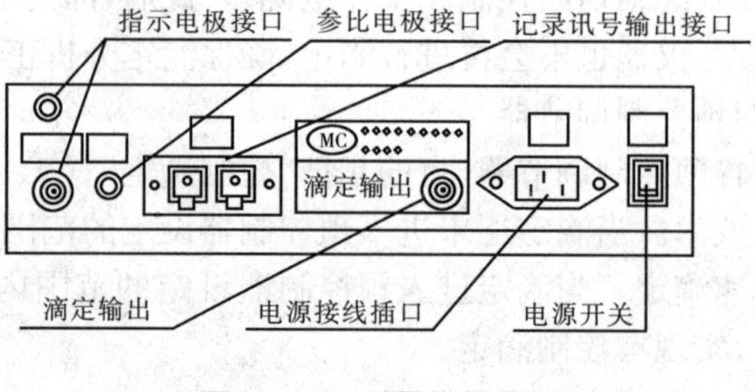


**图 3－42　测量仪器背面**

预控制数大，确保不过滴，保证正确度。预控制数小，可节省滴定时间。通常一个最佳预控制数，操作人员在通过数次使用后，即能自如选择。

一般氧化还原滴定、强酸强碱滴定及沉淀滴定选预控制数较大，弱酸、弱碱滴定选预控制数较小。

(2)终点显示按钮　仪器滴定时，按钮按下、放开均可，放开显示测量值，按下显示设置终点值。

(3)终点调节器　设置预定终点值。按下终点显示钮，调节终点调节器至仪器显示所需设置滴定终点值。

(4)滴定极性选择钮　滴定走向终点时，有两种情况：

①电极电位从低电位向高电位。

②电极电位从高电位向低电位。

前一种情况极性钮选"＋"，反之选"－"。

(5)功能键　功能键有两个功能段，测量段（测 pH 和 mV）与滴定段（滴定 pH 和 mV）共四挡。

(6)温度补偿钮　测量(或滴定)pH 时,此钮作温度补偿。测量(或滴定)mV 值时,此钮不起作用。即仪器没有温度补偿。测量时应尽量保证溶液温度一致,取得终点电位时标准溶液温度和滴定时试液达到终点值时的温度一致。

(7)定位补偿钮　测量(或滴定)pH 时,仪器标定用定位补偿。测量(或滴定)mV 时,此钮不起作用。

(8)斜率补偿钮　测量(或滴定)pH 时,仪器标定用定位补偿。测量(或滴定)mV 时,此钮不起作用。

(9)指示电极接口　接指示电极或复合电极(有上、下两个接头,分别适用不同电极接口)。

(10)参比电极接口　接参比电极。

(11)记录讯号输出接口　接记录仪。

(12)滴定输出接口　e－t 信号输出,连接滴定装置滴定输入接口。

(13)电源线接口　接电源线。

(14)电源开关　开通仪器用电源。

**2. 滴定装置**

DZ－1 型滴定装置结构如图 3－43、图 3－44 所示。滴定装置主要承担着接受测量仪器输出的 e－t 转换信号、控制滴定阀、磁力搅拌和滴定方式选择、双联转换及安装支杆、控制阀等。有关操作键(钮)和接口如下:

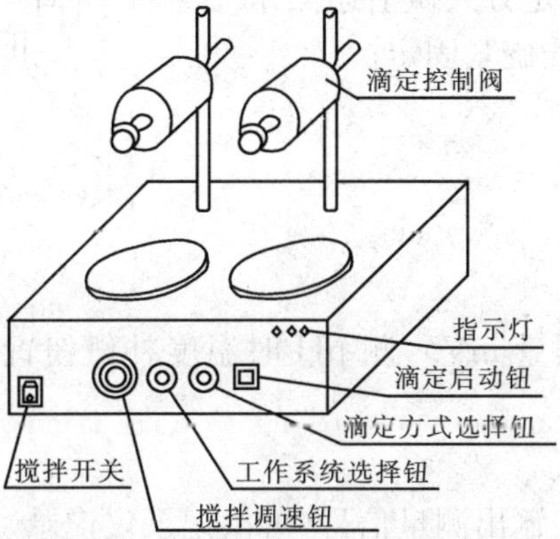


**图 3－43　滴定装置、支杆和滴定控制阀**

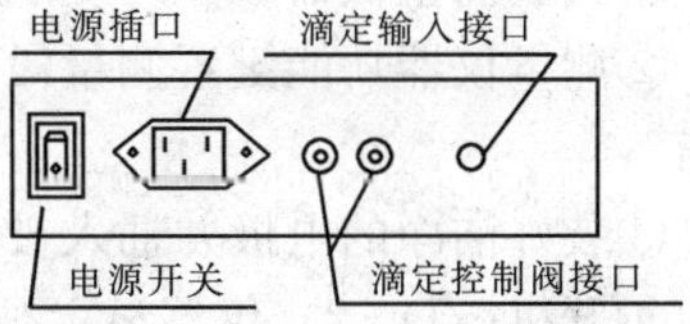


**图 3－44　滴定装置背面**

(1)搅拌开关　开通搅拌器。

(2)搅拌调速钮　调节搅拌器转速。

(3)工作系统选择键　选择 1,左侧滴定阀和搅拌器工作;选择 2,右侧滴定阀和搅拌器工作。

(4)滴定方式选择键　滴定方式有三种:

①一般(自动)滴定　当滴定进入预控制器设定的范围内后,滴定控制阀实现有控制滴定。滴定达到终点时滴定控制阀终结关闭。

②控制滴定　滴定即使已达终点,滴定阀不终结关闭,滴定控制阀始终处于待命状态。

③手动滴定　滴定控制阀不接受 e-t 转换器控制令,滴定完全由人工操作“滴定启动钮”决定。在选择调节好搅拌器和滴定阀后,按下启动钮:进行滴定;放开启动钮:停止滴定。

(5)滴定启动钮

①滴定方式为一般滴定和控制滴定时，是滴定开始启动按钮。

②滴定方式为手动滴定时，是滴定阀开启控制钮。

按下启动钮：开通滴定阀，滴定进行；放开启动钮：滴定阀关闭，停止滴定。

(6)指示灯

①电源指示灯亮　表示仪器已供入电源。

②搅拌指示灯亮　表示搅拌器在工作状态。

③滴定指示灯亮　表示滴定控制阀处于开通时刻(状态)。滴定控制阀闭合时，指示灯灭。

④终点指示灯亮　表示滴定已达终点，即测量信号已达预置终点信号，滴定阀终结关闭，滴定指示灯灭。控制滴定和手动滴定方式时，此项不指示。

注：一般(自动)滴定方式时，滴定启动前终点指示灯亮，此时表示等待。

(7)滴定输入接口　连接测量仪器滴定输出接口。

(8)滴定控制阀接口　连接滴定控制阀。1# 接左侧滴定阀，2# 接右侧滴定阀。

(9)电源线接口　接电源线。

(10)电源开关　开通滴定装置用电源。

**3. 滴定控制阀(图 3-45)**

(1)滴定阀橡皮管　上端连接滴定计量管，下端连接滴定毛细管。

(2)调节螺栓　适当调节此螺栓，使滴定阀关闭时，无液体滴下，开启时，滴液顺畅，并调节至适当流量(选择手动滴定方式做上述操作)。

(3)滴定阀凸头　插入支杆座孔内，并由螺栓旋紧固定。

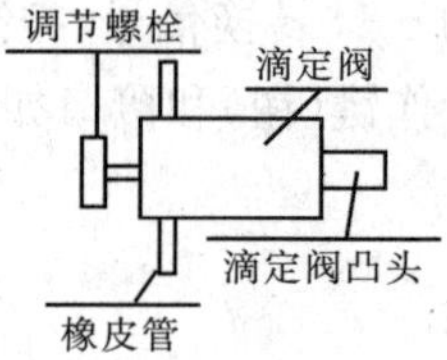


**图 3-45　滴定控制阀**

三、仪器的使用

**1. 准备工作**

(1)安装滴定仪

①安装测量仪器(ZD-2)并连接有关线路。

②测量仪器功能键置测量段(测量 pH 或测量 mV)，测 pH 时温度补偿钮置被测溶液温度值。

③装好洁净的电极并插入被测溶液。

④开机(ZD-2)，仪器显示被测液值，并同步输出测量信号(可供记录仪记录)。

⑤安装滴定装置，固定滴定阀和滴定计量管，并置于适当高度，连接测量仪器(ZD-2)和滴定装置(DZ-1)的"滴定输出"与"滴定输入"，功能键置滴定段(滴定 pH 或滴定 mV)。

⑥滴定管的滴液口与电磁阀的橡胶管上端相连接；橡胶管下端与滴液管(玻璃毛细管)连接后排净气泡。

⑦DZ-1 与其背面的"单元组合"配套插座对接后，可开启 DZ-1 背面的电源开关。

(2)仪器标定(两点式)

新启用的，闲置不用后重新启用的，调换了新测量电极的以及当其他需要标定情况下的仪器，在测量(或滴定 pH)前，需先行标定。

①定位标定　将已用去离子水清洗并用滤纸吸干的电极浸入 pH=7 的缓冲溶液中，调节定位旋钮，使仪器显示出该缓冲溶液在该温度时的 pH。

②斜率标定　将已用去离子水清洗并用滤纸吸干的电极浸入 pH=4 缓冲溶液中，调节斜

率旋钮，使仪器显示出该缓冲溶液在该温度时的 pH。

说明：斜率标定时选用 pH=4 还是 pH=9 的缓冲溶液，视测量（或滴定终点）的 pH 而定。斜率标定用标准溶液应相对接近测量（或滴定终点）的 pH。

**2. 测量**

仪器主机（测量仪器）单独使用。功能键置测量段（测量 pH 或测量 mV），测 pH 时温度补偿钮置被测溶液温度值，接上相应清洁（用去离子水清洗，并用滤纸吸干）的电极，并插入溶液。开机，仪器显示被测液值，并同步输出测量信号（可供记录仪记录）。

**3. 滴定**

仪器主机（测量仪器 ZD-2）和滴定装置（DZ-1）配套使用。

（1）滴定极性选择　当滴定起点时 pH 高于终点时 pH 选“－”，反之选“＋”（若选错极性，滴定阀自动关闭，则不能滴定）。

（2）滴定方式选择　一般（自动）滴定、控制滴定、手动滴定。

（3）滴定阀流量调节　将玻璃毛细管接入一空烧杯中，置滴定方式为“手动”位置，按下滴定启动钮，滴液滴出；放开启动钮，停止滴定。通过调整滴定阀的支头螺栓控制滴液流量，一般以 1～2 滴/秒为宜。

（4）搅拌调速　将试液烧杯放到磁力搅拌器圆盘上，放入洁净的搅拌磁子，选择键置相应工作系统（1# 为左侧搅拌器和滴定阀，2# 为右侧搅拌器和滴定阀）。开启搅拌开关，搅拌指示灯亮，旋转搅拌调速钮，由最小速度开始调至合适为止，注意搅拌磁子不要碰到电极。

（5）浸入电极和玻璃毛细管于待滴定的液面以下合适位置。

（6）将选择器置于“滴定”pH 处或 mV 处。

（7）记录初始读数：V（标液）和 pH 或 mV。

（8）按下滴定启动钮，标液自动滴出。

（9）记录下各点所消耗标液的体积（各计量点附近每隔 0.1 mL 读一次数），直至最终计量点后再读 3～4 个数据为止。

（10）清洗电极并用滤纸吸干，重复进行第二份试液的滴定操作。

（11）本测定操作部分全部结束后，小心地从溶液中取出电极和搅拌磁子并淋洗干净。松开滴定管活塞，放松电磁阀支头螺栓、放掉剩余的溶液，用自来水淋洗滴定管和毛细管数遍后，取下滴定管和毛细管放回原处。关好所有开关。

**4. 操作注意事项**

（1）清洗后的电极要用吸水纸吸干水分，安装及取放要格外细心，防止损坏电极。

（2）橡胶管下端与滴液管（玻璃毛细管）连接后要先用去离子水排净气泡。

（3）仪器标定后，温度补偿旋钮、定位旋钮、斜率旋钮均不可再动。

（4）滴定控制阀接口的连接及滴定极性选择要正确。

（5）注意搅拌子不要碰到电极。

（6）手动滴定时，在各化学计量点前后，每加入 0.1 mL 或更少的标准溶液就记录一次读数。

**5. 测量电极选择**

指示电极和参比电极的选择见表 3-5。

表 3-5 指示电极和参比电极的选择

| 滴定内容 | 指示电极 | 参比电极 |
|---|---|---|
| 酸碱滴定 | pH 复合电极<br>pH 玻璃电极<br>锑电极 | 甘汞电极<br>甘汞电极 |
| 氧化还原滴定 | 铂电极<br>铂电极 | 甘汞电极<br>钨电极 |
| 卤素银盐滴定 | 银电极 | 甘汞电极(217 型) |

**6. 仪器维护有关事项**

(1)仪器电极接口应保持高度清洁,并保证接触良好(有污迹时可用 90%工业酒精擦净)。

(2)与仪器配套使用的有关电极维护保养,请参阅有关电极使用说明书。

(3)仪器不用时,请将指示电极短路保护帽套上(仪器下端指示电极接口)。仪器使用时,卸下此保护帽(不管此接口是否用上)。

(4)滴定开始前,滴液管系统(滴定阀橡皮管及与其连接的毛细管)应用滴液适当冲洗。

(5)滴定阀橡皮管久用变形后,弹性变差,可放松调节螺栓后,将橡皮管移位。直至最后用户可自行调换新橡皮管。新橡皮管(耐蚀管)最好在略带碱性的溶液中蒸煮数小时。

(6)易与橡皮管发生腐蚀的高锰酸钾等滴液请勿使用。

(7)两只电极(同类)测量同一种溶液,其产生的电极电位不一定完全相同,这一点用户在使用中必须充分注意。在测 pH 时,仪器通过标定消除了这种差异,而在测 mV 时,仪器没有定位和斜率补偿。故各电极必须确定各自对应浓度的电极电位值。

(8)有些离子选择性电极,其自身存在一定的衰变,衰变后的电极需重新确定其对应浓度的电极电位值。

## 3.7 酸度计及其使用

酸度计也称 pH 计,是一种通过测量电势差的方法测定溶液 pH 值的仪器,除测量溶液的酸度外,还可以粗略地测量氧化还原电对的电极电势值(mV)及配合电磁搅拌器进行电位滴定等。实验室常用的酸度计有雷磁 25 型、pHS-2C 型等。它们的原理大致相同,只是结构和精密度有所不同。

### 一、基本原理

不同类型的酸度计都是由测量电极(玻璃电极)、参比电极(甘汞电极)和精密电位计三部分组成。

**1. 电极**

(1)甘汞电极

甘汞电极是由金属汞、$Hg_2Cl_2$ 和一定浓度的 KCl 溶液(如饱和 KCl 溶液)组成的电极。其构造如图 3-46 所示,内玻璃管中封接一根铂丝插入纯汞中,下置一层甘汞和汞的糊状物,外玻璃管中装入一定浓度的 KCl 溶液,即构成甘汞电极。电极下端与被测溶液接触部分是用多孔玻璃砂芯构成的通道(可使离子通过),其电极反应是:

$$Hg_2Cl_2 + 2e = 2Hg + 2Cl^-$$

$$\text{在 25 ℃时,}\varphi_{\text{甘汞}} = \varphi^{\ominus}_{\text{甘汞}} - 0.0592\log a(Cl^-) \quad (1)$$

$\varphi^{\ominus}_{\text{甘汞}}$在一定温度下为一定值,故甘汞电极的电位决定于 $Cl^-$ 的活度值 $a(Cl^-)$,与溶液的

pH 无关。

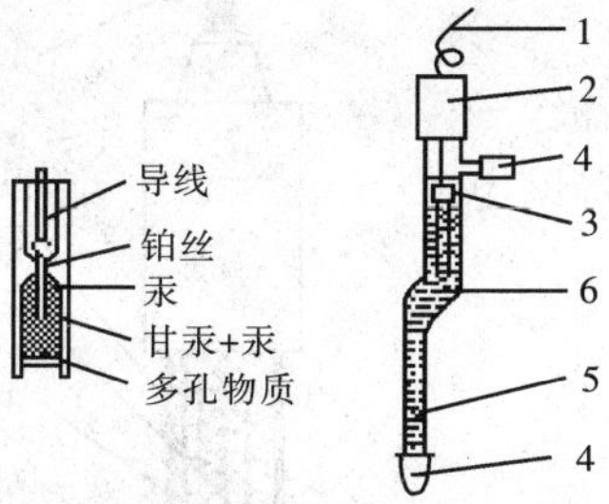


**图 3-46　甘汞电极结构**

1. 导线　2. 绝缘体　3. 内部电极　4. 胶皮帽
5. 多孔物质　6. 饱和 KCl 溶液

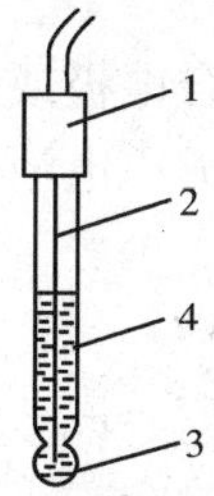


**图 3-47　玻璃电极结构**

1. 绝缘套　2. Ag-AgCl 电极　3. 玻璃膜
4. 内部缓冲溶液

(2)玻璃电极

玻璃电极的结构如图 3-47 所示，其主要部分是头部的玻璃泡，它是由特殊的敏感玻璃薄膜构成(膜厚约 0.2 mm)，对 $H^+$ 有敏感作用。在玻璃泡中装有 0.1 mol · $L^{-1}$ HCl 和 Ag-AgCl电极作为内参比电极。将玻璃电极插入待测溶液中，便组成下述电极：

Ag, AgCl(s) | 0.1(mol · $L^{-1}$)HCl | 玻璃 | 待测溶液

玻璃薄膜把两个不同 $H^+$ 浓度溶液隔开，在玻璃—溶液接触界面之间产生一定的电势差。由于玻璃电极中内参比电极的电势是恒定的，所以，在玻璃—溶液接触界面之间所形成的电位差只与待测溶液的 pH 有关。

$$\varphi_{玻璃} = \varphi^{\ominus}_{玻璃} - (2.303RT/F)\text{pH}$$

式中，$R$ 为气体常数(8.314J · $K^{-1}$ $mol^{-1}$)；$T$ 为热力学温度(K)；$F$ 为法拉第常数(96490J · $V^{-1}$)；$\varphi^{\ominus}_{玻璃}$为玻璃电极的标准电极电势(V)。

$$\text{在 25℃时，}\varphi_{玻璃} = \varphi^{\ominus}_{玻璃} - 0.0592\text{pH} \qquad (2)$$

因此，玻璃膜只有浸泡在水中(或水溶液中)才能显示测量电极的作用，未吸湿的玻璃膜不能响应 pH 的变化，所以在使用玻璃电极前一定要在蒸馏水浸泡 24 h。每次测量完毕后仍需把它浸泡在蒸馏水中。若长期不用，玻璃电极可放回原盒内。

玻璃电极的优点：测量结果准确(pH=1～9)，使用方便；可以用于测量有颜色的、浑浊的或胶态溶液的 pH；测定 pH 时，不受溶液中氧化剂或还原剂的影响；所用试剂量较少，测定时不破坏试液。

玻璃电极的缺点是头部玻璃膜非常薄，容易破损，使用时要特别小心，切忌与硬物接触；尽量避免在强碱溶液中使用玻璃电极，如欲使用，操作必须迅速，测后立即用蒸馏水冲洗干净，并浸泡于蒸馏水中，以免强碱液腐蚀玻璃；玻璃电极球泡存放时间过长(两年以上)后，容易有裂纹或老化，因此需及时检查，更换新电极。

(3)复合电极

复合电极是传感电极和参比电极的复合体，如图 3-48 所示。

这种电极是由玻璃电极和 Ag-AgCl 参比电极合并制成，电极的球泡是由具有氢功能的锂玻璃熔融吹制而成，膜厚 0.1 mm 左右。电极支持管的膨胀系数与电极的球泡玻璃一致，是由电绝缘性优良的铅玻璃制成。内参比电极为 Ag-AgCl 电极。内参比溶液是零电位等于 7 的含有 $Cl^-$ 的电解质溶液，是中性磷酸盐和氯化钾的混合溶液。外参比电极为 Ag-AgCl 电极。外参比溶液是3.3 mol · $L^{-1}$的氯化钾溶液，经氯化银饱和，加适量琼脂，使溶液呈胶状而固定之。液接面是沟通外参比溶液和被测溶液的连接部件。其电极导线为聚乙烯金属屏蔽线，内

芯与内参比电极连接，屏蔽层与外参比电极连接。

**2. 测量原理**

将测量电极如复合电极或玻璃电极与参比电极（甘汞电极）一起浸入待测溶液中组成原电池，并接上精密电位计，即可测得该电池的电动势。

在 25℃时，

$$E_x=\varphi_{正}-\varphi_{负}=\varphi_{甘汞}-\varphi_{玻璃}$$
$$=\varphi_{甘汞}-\varphi^{\ominus}_{玻璃}+0.0592\text{pH}$$

整理上式得

$$\text{pH}=(E_x+\varphi^{\ominus}_{玻璃}-\varphi_{甘汞})/0.0592 \quad (3)$$

对一定的甘汞电极，在一定温度下，$\varphi_{甘汞}$为一定值。例如，常用的饱和甘汞电极，在 25℃时，$\varphi_{饱和甘汞}=0.2415\text{V}$。对于一个给定的玻璃电极，其 $\varphi^{\ominus}_{玻璃}$ 亦为定值。可以用已知 pH 的缓冲溶液求得此值。

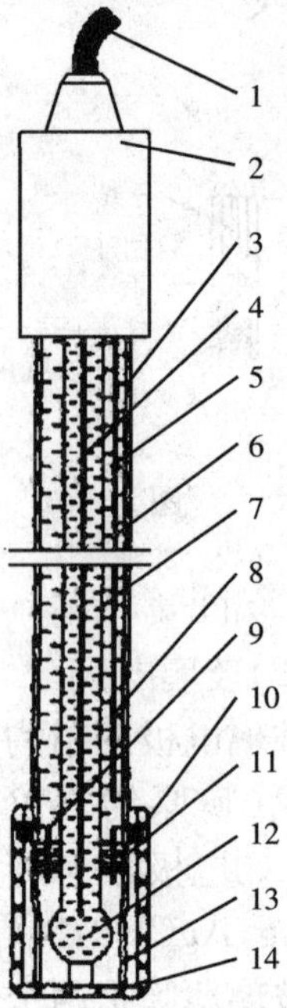

**图 3-48 复合电极**

1. 电极导线 2. 电极帽 3. 电极塑壳 4. 内参比电极 5. 外参比电极 6. 电极支持杆 7. 内参比溶液 8. 外参比溶液 9. 液接面 10. 密封圈 11. 硅胶圈 12. 电极球泡 13. 球泡护罩 14. 护套

由上可知，酸度计的主体是精密电位计，用它可测量电池的电动势，根据(3)式即可求得待测溶液的 pH。为了省去计算手续，酸度计把测得电池的电动势直接用 pH 表示，因此从酸度计上可直接测得溶液的 pH。

pH 的实用定义：设有两种溶液 $x$ 和 $s$，其中 $x$ 代表试液，$s$ 代表 pH 已经确定的标准缓冲溶液。测量两种溶液 pH 的工作电池及其电动势 $E$ 分别为：

对 $H^+$ 可逆的电极 | 标准缓冲溶液 $s$ 或试液 $x$ ‖ 参比电极

$$E_x=K_x'+(2.303RT/F)\text{pH}_x \quad (4)$$

$$E_s=K_s'+(2.303RT/F)\text{pH}_s \quad (5)$$

式中，$\text{pH}_x$ 为试液的 pH，$\text{pH}_s$ 为标准缓冲溶液的 pH。若测量 $E_x$ 和 $E_s$ 时的条件不变，假定 $K_x'=K_s'$，于是上列两式相减可得

$$\text{pH}_x=\text{pH}_s+(E_x-E_s)/(2.303RT/F) \quad (6)$$

上式中 $\text{pH}_s$ 为已确定的数值，通过测量 $E_x$ 和 $E_s$ 的值就可得出 $\text{pH}_x$。也就是说，以标准缓冲溶液的 $\text{pH}_x$ 为基准，通过比较 $E_x$ 和 $E_s$ 的值而求出 $\text{pH}_x$。这就是按实际操作方式对水溶液的 pH 所给的实用定义（或工作定义）。

## 二、雷磁 25 型酸度计

雷磁 25 型酸度计属于直读式酸度计。它是用直流放大线路直接将电池的电动势转变为放大电流，使电流计直接指示 pH。

**1. 酸度计结构（图 3-49）**

**2. 使用方法**

(1)机械调零

在接通电源前，检查电流计指针是否指示在零点（pH=7 处），如果不指零点，可用电表上的机械调零螺丝调到 pH=7 处。

(2)接上 220 V 交流电源

打开电源开关，指示灯即亮，预热 20 min 左右。

(3)仪器的校正

①将温度补偿器 7 调节到被测溶液的温度。

②将 pH～mV 开关 5 扳到 pH 挡(如欲测毫伏时拨至 mV 挡)。

③将量程选择开关 6 扳至欲测溶液的 pH 范围内(0～7 或 7～14)。

④调节零点调节器,使指针指在 pH=7 处。

⑤接好玻璃电极和甘汞电极,并插入与待测溶液 pH 接近的标准缓冲溶液中,按下读数开关 4,调节定位调节器 3 至指针指向该标准缓冲溶液的 pH 处。

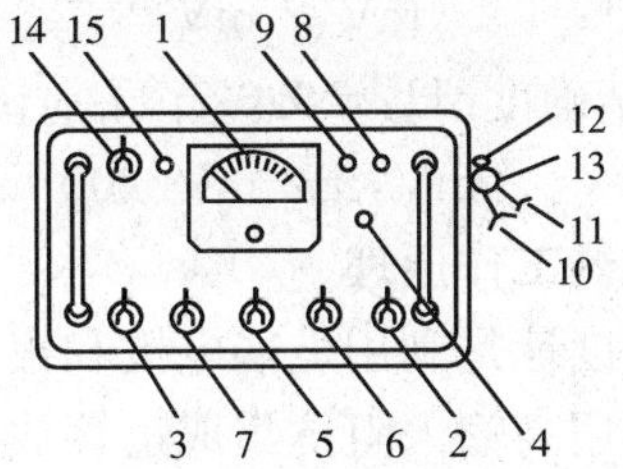


**图 3-49 雷磁 25 型酸度计面板图**

1. 指示电表 2. 零点调节器 3. 定位调节器 4. 读数开关 5. pH-mV 开关 6. 量程选择开关 7. 温度补偿器 8. 玻璃电极 9. 甘汞电极 10、11. 电极夹 12. 紧固电极夹螺丝 13. 固定电极杆 14. 电源开关 15. 指示灯

重复④、⑤操作,使两步操作均稳定在所要求的值为止。这时仪器已校正好,零点调节器和定位调节器不能再动。

(4)pH 的测定

取出电极,用蒸馏水冲洗,并用滤纸将水吸干,再插入待测溶液中,将烧杯按水平方向轻轻摇动,按下读数开关,此时电流计所指示的读数,即为该未知溶液的 pH,放开读数开关(每次测毕,应立即放开读数开关,否则电流计的指针易损坏)。

测量完后将仪器复原,即将选择开关扳至"0"处,读数开关放开,取下电极,把玻璃电极插入蒸馏水中,甘汞电极用橡皮帽套好放回盒内。

(5)电动势(mV)的测定

当"pH～mV"开关扳至 mV 挡时,25 型酸度计就成为一台高阻抗输入毫伏计,可用来测量电池的电动势。此时温度补偿器 7 和定位调节器 3 均不起作用。测量电动势的步骤如下:

①测电池的正、负极分别接在 25 型酸度计的接线柱 9、8 上(如果被测电极导线不适用插孔 8,可以在插孔内插入一个"接续器",把导线接在"接续器"的接线柱上)。为了增加指示读数的稳定性,一般对导线的极性考虑得较少,主要考虑的是组成电池的两个半电池的内阻。不管它是正极还是负极,应把内阻比较高的半电池接在插孔 8 的"接续器"上。常用的半电池中,以玻璃电极的内阻最高,甘汞电极次之,金属电极最低。

②把"量程选择开关 6"指向"0～7"处,后把"pH～mV"开关指在"+mV"或"-mV"位置(什么情况下开关 5 应接在"- mV"位置)。

③调节零点调节器 2 使电流计指针指在"0"mV 处(即 pH=7 处)。按下读数开关,电流计即指示出被测电池的电动势。

④如果被测电动势大于 700 mV,则把量程选择开关扳至 7～14 处,此时指针所指范围为 700～1400 mV。当选择"7～14"量程挡时,测量操作必须遵循以下步骤:先将量程开关扳至零,按下读数开关,然后把量程开关扳至 7～14 处进行读数。复原(或调换溶液)时,需先把量程开关扳至零,然后放开读数开关。测毕,将仪器复原。

## 三、PHS-2C 型酸度计

**1. 仪器主要技术性能**

(1)测量范围pH:0～14 pH,分 7 挡量程,每一量程为 2 pH。

mV:0～+1400 mV,分 7 挡量程,每一量程为 200 mV。

(2)最小分度pH:0.02 pH

mV：2 mV

(3)精确度pH：±0.02 pH/3 pH

mV：±2 mV/200 mV

**2. 仪器工作原理**

本酸度计是利用玻璃电极和银-氯化银电极对被测溶液中不同酸度所产生的直流电势，输入到一台用高输入阻抗集成运算放大器组成的直流放大器，以达到 pH 指示的目的。以下分三部分进行说明。

(1)测量原理

水溶液酸碱度的测量一般用玻璃电极作为测量电极、甘汞电极或银-氯化银电极作为参比电极，当氢离子活度发生变化时，玻璃电极和参比电极之间的电动势也随之发生变化，电动势变化符合下列公式：

$$E=E_0-(2.303RT/F)\text{pH}$$

式中，$E_0$为复合电极系统零电位；pH 为表示被测溶液 pH 和内溶液 pH 之差。

(2)电极系统

E-201-C9 复合电极是由玻璃电极(测量电极)和银-氯化银电极(参比电极)组合在一起的塑壳可充式复合电极。玻璃电极头部球泡是由特殊配方的玻璃薄膜制成。它仅对氢离子有敏感作用，当它浸入被测溶液内，则被测溶液中氢离子与电极球泡表面水化层进行离子交换，形成一电位，球泡内层也同有电位存在。因此，球泡内外产生一电位差，此电位差随外层氢离子浓度的变化而改变。由于电极内部的溶液氢离子浓度不变，所以只要测出此电位差就可知被测溶液的 pH。

玻璃电极球泡内通过银-氯化银电极组成半电池，球泡外通过银-氯化银参比电极组成另一个半电池，两个半电池组成一个完整的化学原电池，其电势仅与被测溶液氢离子浓度有关。

当一对电极形成的电位差等于零时，被测溶液的 pH 即为零电位 pH。它与玻璃电极内溶液有关。本仪器的零电位为 pH=7，因此，仅适应配用零电位 pH=7 的玻璃电极。

(3)仪器

本仪器用高输入阻抗集成运算放大器组成的同相直流放大电路，对电极系统的电势进行 pH 转换，以达到精确测量溶液中氢离子浓度的目的。下面介绍本仪器面板上各调节旋钮的作用(图 3-50)。

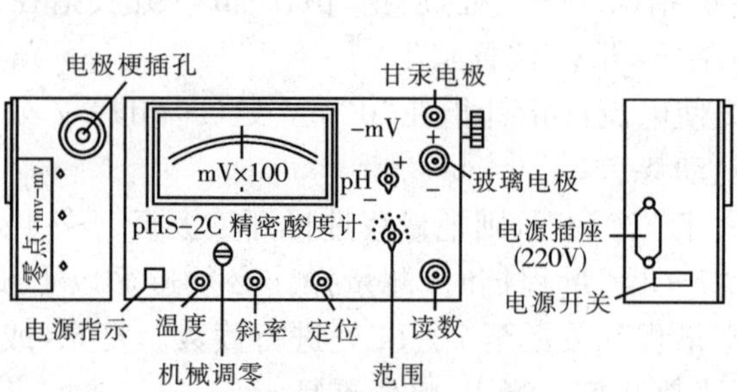


**图 3-50　pHS-2C 型酸度计**

"温度"调节旋钮是用于补偿由于溶液温度不同时对测量结果产生的影响。因此在进行溶液 pH 测量及 pH 校正时，必须将此旋钮调至该溶液温度值上。在进行电极电位 mV 值测量时，此旋钮无作用。

"斜率"调节旋钮用于电极补偿转换系数。由于实际的电极系统并不能达到理论上的转换系数(100%)。因此,设置此调节旋钮是便于用户用二点校正法对电极系统进行 pH 校正,使仪器能更精确测量溶液的 pH。

由于当玻璃电极(零电位 pH 为 7)和银-氯化银电极浸入 pH=7 的缓冲溶液中时,其电势并不等于理论上的 0mV 而有一定值,其电位差我们称之为不对称电位。这个值的大小取决于玻璃电极膜材料的性质、内外参比体系、测量溶液和温度等因素。

"定位"调节旋钮就是用于消除电极不对称电位对测量结果所产生的误差。

"斜率""定位"调节旋钮仅在进行 pH 测量及校正时有作用。

"读数"按钮开关:当要读取测量值时,按下此开关。当测量结束时,再按一次此开关,使仪器指针指在中间位置,且不受输入信号的影响,以免打坏表针。

"选择"开关供用户选定仪器的测量功能。

"范围"开关供用户选定仪器的测量范围。

**3. 仪器的使用方法**

(1)仪器的安装

仪器电源为 220V 交流市电,仪器的电源插头如与用户规格不符时,用户可以自行调换合适的插头,插头中的接地线绝对不能与其余二极电源线接错。用户在使用此仪器时,请把仪器机箱支架撑好,使仪器与水平面成 30°。在未用电极测量前应把配件 Q9 短路插头插入电极插口内,这时仪器的量程放在"6",按下读数开关调定位钮,使指针指在中间 pH=7,表明仪器工作基本正常。

(2)电极安装

把电极杆装在机箱上,如电极杆不够长可以把接杆旋上。将复合电极插在塑料电极夹上。把此电极夹装在电极杆上,将 Q9 短路插头拔去,复合电极插头插入电极插口内,电极在测量时,请把电极上近电极帽的加液口橡胶管下移使小口外露,以保持电极内 KCl 溶液的液位差。在不用时,橡胶管上移将加液口套住。

(3)pH 校正(二点校正方法)

由于每支玻璃电极的零电位,转换系数与理论值有差别,而且各不相同。因此,如要进行 pH 测量,必须要对电极进行 pH 校正,其操作过程如下:

①开启仪器电源开关,如要精密测量 pH,应在开电源开关 30 min 后进行仪器的校正和测量。将仪器面板上的"选择"开关置于"pH"挡,"范围"开关置"6"挡,"斜率"旋钮顺时针旋到底(100%处),"温度"旋钮置此标准缓冲溶液的温度。

②用蒸馏水将电极洗净以后,用滤纸吸干。将电极放入盛有 pH=7 的标准缓冲溶液的烧杯内。按下"读数"开关,调节"定位"旋钮,使仪器指示值为此溶液温度下的标准 pH(仪器上的"范围"读数加上表头指示值即为仪器 pH 指示值),在标定结束后,放开"读数"开关,使仪器置于准备状态。此时仪器指针在中间位置。

③把电极从 pH=7 的标准缓冲溶液中取出,用蒸馏水冲洗干净,用滤纸吸干。根据你将要测 pH 的样品溶液是酸性(pH<7)或碱性(pH>7)来选择 pH=4 或 pH=9 的标准缓冲溶液。把电极放入标准缓冲溶液中,把仪器的"范围"置"4"挡(此时为 pH=4 的标准缓冲溶液时)或置"8"挡(此时为 pH=9 的标准缓冲溶液)。按下"读数"开关,调节"斜率"旋钮,使仪器指示值为该标准缓冲溶液在此溶液温度下的 pH,然后放开"读数"开关。

④按②的方法再测 pH=7 的标准缓冲溶液,但注意此时应将"斜率"旋钮维持不动,按③操作后的位置不变。如仪器的指示值与标准缓冲溶液的 pH 误差是符合你将要进行 pH 测量

时的精度要求，则可认为此时仪器已校正完毕，可以进行样品测量。

若此误差不符合你将要进行 pH 测量时的精度要求，则可调节"定位"旋钮至消除此误差，然后再按③顺序操作，一般经过上述过程，仪器已能进行 pH 的精确测量了。

在一般情况下，两种标准缓冲溶液的温度必须相同，以获得最佳 pH 校正效果。

(4)样品溶液 pH 测量

①进行样品溶液的 pH 测量时，必须先清洗电极，并用滤纸吸干，在仪器已进行 pH 校正以后，绝对不能再旋动"定位""斜率"旋钮，否则必须重新进行仪器 pH 校正。一般情况下，一天进行一次 pH 校正已能满足常规 pH 测量的精度要求。

②将仪器的"温度"旋钮旋至被测样品溶液的温度值。将电极放入被测溶液中。仪器的"范围"开关置于此样品溶液的 pH 挡上，按下"读数"开关。如表针打出左面刻度线，则应减少"范围"开关值。如表针打出右面刻度线，则应增加"范围"的开关值。直至表针在刻度上，此时表针所指示的值加上"范围"开关值，即为此样品溶液的 pH，请注意，表面满刻度值为 2pH，最小分度值为 0.02pH。

希望被测样品溶液的温度和用于仪器 pH 校正的标准缓冲溶液的温度相同，这样能减少由于电极而引起的测量误差，提高仪器测量精度。

(5)电极电位的测量

①测量电极插头芯线接"－"，参比电极连线接"＋"。复合电极插头芯线为测量电极，外层为参比电极，在仪器内参比电极接线柱已与电极插口外层相接，不必另连线。如测量电极的极性和插座极性相同时，则仪器的"选择"置"＋mV"挡。否则，仪器的"选择"置"－mV"挡。

②将电极放入被测溶液，按"读数"开关。如仪器的"选择"置"＋mV"时，当表针打出右面刻度时，则增加"范围"开关值，反之，则减少"范围"开关值，直至表针在表面刻度上。如仪器的"选择"置"－mV"时，当表针打出右面刻度时，减少"范围"开关值。反之，则增加"范围"开关值。

③将仪器的"范围"开关值加上表针指示值，其和再乘以 100，即得电极电位值，单位为 mV。电极电位值的极性，当仪器的"选择"开关置"＋mV"挡，则测量电极极性相同于插座极性，反之，则测量电极极性为"－"。

# 第四章　分离及提纯

## 4.1　常压蒸馏

将液体加热变为蒸气，然后使蒸气冷凝为液体并收集，这一过程的操作称为蒸馏。很明显，由于不同组分自液相逸出的能力不同，蒸馏可将易挥发与不易挥发物质分离开来，也可将沸点不同的液体混合物分离开来。通常把蒸馏方法分为常压蒸馏、分馏、水蒸气蒸馏、减压蒸馏四种。

常压蒸馏又称简单蒸馏，简称蒸馏，是分离和纯化液态物质最重要的方法之一。在实验室和工业生产中都有广泛的应用。其主要作用是：

①分离沸点相差较大（至少 30 ℃以上）且不形成共沸物的液体混合物；

②除去液体中少量低沸点或高沸点的杂质；

③测定化合物的沸点；

④通过沸点的变化情况粗略鉴定液体化合物种类和纯度。

### 一、基本原理

液体表面的分子有自表面逸出而汽化的能力，同时，逸出的蒸气分子在相互碰撞的过程中也可以返回液相。在一定温度下，两种趋势达到平衡，此时，与液体处于动态平衡的蒸气产生的压力称为饱和蒸气压，简称蒸气压。一般说来纯液体的蒸气压只是温度的函数，从图 4－1 可以看出，随温度的升高液体的蒸气压增大，当蒸气压增大到与外界施于液面的总压力相等时，液体内部开始汽化，产生大量气泡而沸腾，这时的温度称为沸点。液体的沸点随外界压力变化而变化，平时所说的沸点都是指外界压力等于 100 kPa（1 atm）时的正常沸点。在其他压力下的沸点应注明压力。在一定的外压下，纯液体的沸点为常数，这也是测量沸点的依据。

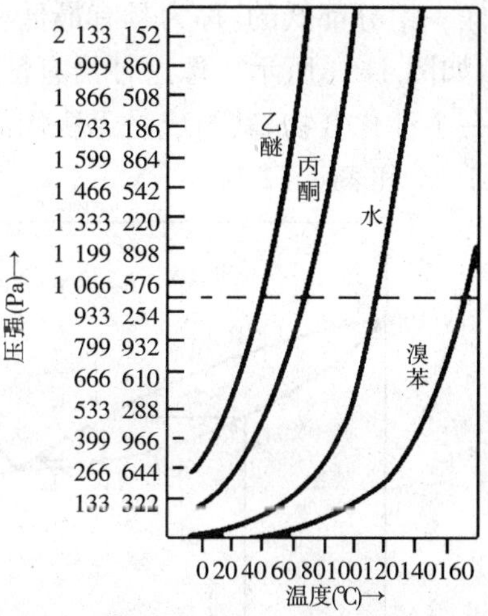


**图 4－1　温度与蒸气压的关系曲线**

液体混合物沸腾时，不同组分自液相逸出的能力不同，易挥发组分在平衡气相中的含量高于其在原液相中的含量。如将沸腾时产生的混合蒸气冷凝收集，结果易挥发组分得到了富集，这就是简单蒸馏的基本原理。蒸馏时实际上测量的并不是溶液的沸点，而是逸出蒸气与其冷凝液平衡时的温度，即馏出液的沸点。在蒸馏过程中，自液体开始馏出至最后一滴时的温度范围称沸点界。凡纯粹的化合物一定具有固定的沸点，且沸点界一般不超过 2 ℃，因此可借用蒸馏方法测定物质的沸点以及利用沸点界定性地检验物质的纯度。应当注意，某些有机化合物往往能和其他组分形成二元或三元共沸混合物，它们也有一定的沸点，因此，不能认为沸点一定的物质都是纯物质。

下面利用苯-甲苯二组分理想混合物相图定量地说明该原理。所谓理想溶液，是指两种液体同种分子间的相互作用与不同分子间的相互作用是一样的，也就是各组分在混合时无热效应产生，体积没有变化。理想溶液服从拉乌尔定律。在图 4－2 中，横坐标为组成，纵坐标为温度。左边为纯苯，沸点为 $t_A=80$ ℃；右边为纯甲苯，沸点为 $t_B=111$ ℃。由图中可以看出，将组成为 $x_1$（苯约含 40%，甲苯约含 60%）的液体混合物加热，它将在 $C_1$ 沸腾，产生的蒸气具有相当于 $D_1$ 的组分。显而易见，冷凝得到的溜出液的组成 $C_2$（苯约含 68%，甲苯约含 32%），易挥发组分 A 由 40%增加到 68%，即得到了富集。但是，高沸点组分 B 的含量仍然相当高。这说明，一次简单的蒸馏过程不能将上述混合物彻底分离开。然而，在下面三种情况下，简单蒸馏分离混合物的效果是很理想的：由挥发组分和少量非挥发杂质组成的混合液；各组分挥发能力差别足够大（沸点差至少为 30 ℃）的混合液；从合成产物中蒸出溶剂。在选择简单蒸馏分离液体混合物时，应注意适合这些条件。

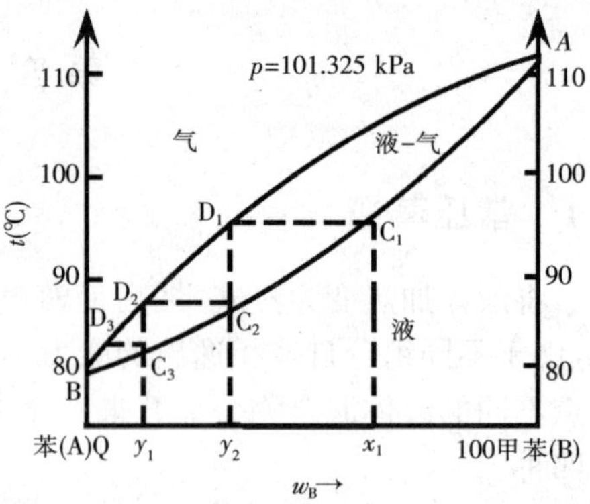


图 4-2　苯-甲苯二组分理想混合物相图

实际上大部分混合液体，由于分子间相互作用是不一样的，并不遵守拉乌尔定律，例如，在乙醇-水体系中，乙醇和水形成了氢键，其体系相图如图 4-3 所示。在图中 M 点形成了一种含 95.5%乙醇和 4.5%水的均相液体，其沸点为 78.15 ℃，比水或乙醇的沸点都低。其中沸点较任一组分都低的，称为具有最低沸点的共沸混合物；反之，则称为具有最高沸点的共沸混合物，如图 4-4 所示。像这种具有恒定组成和沸点的液体混合物称为共沸混合物。它的行为类似一个纯化合物，其组成是无法用简单蒸馏或分馏操作予以改变的。常见的共沸混合物列于表 4-1 和表 4-2。

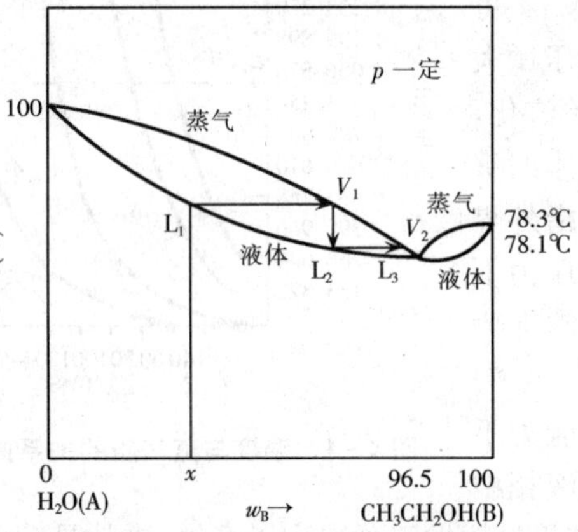


图 4-3　乙醇-水最低共沸体系相图

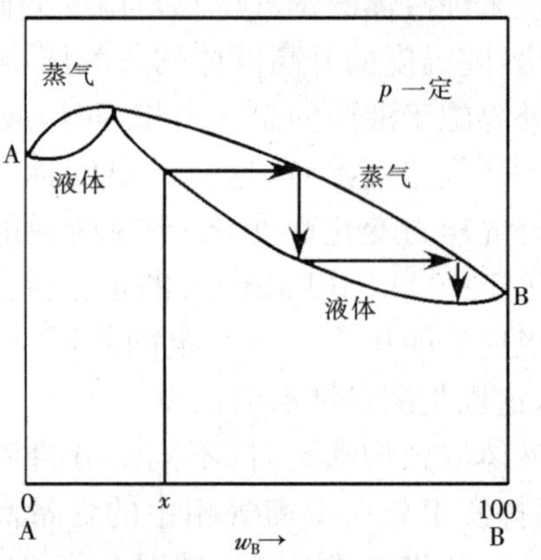


图 4-4　最高共沸体系相图

**表 4-1　常见的最低沸点共沸物**

| 共沸混合物 | 组成/质量分数 | 沸点(℃) |
|---|---|---|
| 乙醇-水 | 95.6% $C_2H_5OH$，4.4% $H_2O$ | 78.2 |
| 苯-水 | 91.1% $C_6H_6$，8.9% $H_2O$ | 69.4 |
| 甲醇-四氯化碳 | 20.6% $CH_3OH$，79.4% $CCl_4$ | 55.7 |
| 乙醇-苯 | 32.4% $C_2H_5OH$，67.6% $C_6H_6$ | 67.8 |
| 苯-水-乙醇 | 74.1% $C_6H_6$，7.4% $H_2O$，18.5% $C_2H_5OH$ | 64.9 |
| 甲醇-甲苯 | 72.4% $CH_3OH$，27.6% $C_6H_5CH_3$ | 63.7 |

续表

| 共沸混合物 | 组成/质量分数 | 沸点(℃) |
|---|---|---|
| 甲醇-苯 | 39.5%$CH_3OH$,60.5%$C_6H_6$ | 58.3 |
| 环己烷-乙醇 | 69.5%$C_6H_{12}$,30.5%$C_2H_5OH$ | 64.9 |
| 乙酸丁酯-水 | 72.9%$CH_3COOC_4H_9$,27.1%$H_2O$ | 90.7 |
| 苯酚-水 | 9.2%$C_6H_5OH$,90.8%$H_2O$ | 99.5 |

**表 4-2 常见的最高沸点共沸物**

| 共沸混合物 | 组成/质量分数 | 沸点(℃) |
|---|---|---|
| 丙酮-氯仿 | 20%$CH_3COCH_3$,80%$CHCl_3$ | 64.7 |
| 氯仿-甲乙酮 | 17%$CHCl_3$,83%$CH_3COCH_2CH_3$ | 79.9 |
| 乙酸-二噁烷 | 77%$CH_3COOH$,23%$C_4H_8O_2$ | 119.5 |

液体在加热过程中,温度已经达到或超过沸点而仍不沸腾的现象称为过热。过热的原因在于液体内部缺乏汽化中心。液体加热时,溶解在液体内部的空气或吸附在瓶壁上的空气及玻璃的粗糙面都有助于蒸气气泡(称汽化中心)的形成,使沸腾平稳。相反,如不能形成汽化中心,就容易产生"过热"现象,一旦有气泡形成,由于液体在此时温度下的蒸气压已远远超过了大气压和液柱压力之和,因此上升的气泡增大得非常快,就可能将液体冲溢出瓶外,这种不正常沸腾称为"暴沸"。暴沸会将未分离的混合物冲入已被分离的纯净物中去,造成实验失败,严重时还会冲脱仪器的连接处,使液体冲出瓶外,造成着火、中毒等实验事故。为此,加热前应加入惰性物质,如沸石、素瓷片。另外,也可用几根一端封闭的毛细管(注意毛细管有足够的长度,使其上端可搁在蒸馏瓶的颈部,开口的一端朝下)作为助沸物以期引入汽化中心,提供形成气泡的场所,保证平稳地沸腾。若忘记加沸石,补加时必须移去热源,待加热液体冷至沸点以下方可加入。如沸腾中途停止,则在重新加热前应加入新的助沸物。因为起初加入的助沸物在加热时逐出了部分空气,在冷却时吸附了液体,因而可能已经失效。另外,采用均匀的加热方式,使热源温度不超过待蒸馏液沸点以上 20 ℃,减少瓶内蒸馏液各部分的温差,可使蒸气的气泡不单从烧瓶的底部上升,也可沿着液体的边沿上升,可大大减少过热的可能。

## 二、简单蒸馏操作

### 1. 蒸馏仪器

实验室中蒸馏操作所用的仪器有磨口圆底烧瓶、蒸馏头、冷凝管、接液管、接收器和温度计。圆底烧瓶的大小取决于被蒸馏液体的体积。一般装入的液体量不得超过瓶子容量的2/3,也不要少于 1/3。装入液体量过多,当加热沸腾时液体容易喷出;装得太少,较多的液体残液留在瓶内蒸发不出来,影响产率。

为使温度计的水银球能够完全被蒸气所包围,准确地测出蒸气的温度。温度计水银球的上端应与蒸馏头侧管的下壁在同一水平面上。

冷凝管与蒸馏头的侧管连接,起冷凝作用。通常被蒸馏物沸点在 140 ℃以下时用直型冷凝管,高于 140 ℃时用空气冷凝管,以防冷凝管夹套的接头处温度骤变而破裂。冷凝水应从冷凝管的下口流入,上口流出,以保证冷凝管夹套中始终充满水。

接液管连在冷凝器末端引导冷凝液至接收器。接液管一般选用真空接液管。如蒸馏易挥发易燃物质时,应在其支管连接橡胶管,使易挥发气体通过橡胶管导入水槽或室外。若馏出液要避免吸收水分,应在支管口连接装有无水氯化钙的干燥管。常用的接收器是锥形瓶,也可以用圆底烧瓶和其他细口瓶接收。注意，当用不带支管的接液管时，接液管与接收瓶之间不可用塞子连接，以免造成封闭系统，使系统压力过大而发生爆炸。

**2. 蒸馏仪器的安装**

一般安装仪器的原则是按自下而上、从头至尾的顺序。要求仪器安装准确端正、横平竖直，使仪器处于一个垂直平面内。

按图 4－5 将热源（如电热套、磁力搅拌电热套等）置于升降台或垫板上，升降台或垫板的高度，以无须移动装置就能使电热套等取放方便为宜。然后安装圆底烧瓶，瓶底应距锅底 1～2 mm。如用水浴或油浴，瓶底应距锅底 1～2 cm。用烧瓶夹夹住烧瓶的颈部，烧瓶夹在使用前将夹口用橡胶管或石棉绳缠绕，防止与玻璃直接接触而使玻璃破裂。S 夹的开口一定要朝上使用，否则烧瓶夹容易脱落而损坏仪器。调整好热源、烧瓶于合适的位置，将蒸馏头两个内口涂上少许凡士林，把正管的内口放入烧瓶外口中轻轻地来回转动几次，使凡士林薄而均匀地涂在内外口的壁上。将通水橡胶管接在冷凝管上，再把它安在另一铁架台的烧瓶夹上，夹子夹在冷凝管中上部位。调节铁架台、烧瓶夹、S 夹使冷凝管的位置与蒸馏头的侧管同轴，然后松开固定冷凝管的铁夹，使冷凝管沿此轴移动与蒸馏头连接，转动冷凝管使凡士林涂均匀，并使下端入水口垂直朝下。烧瓶夹不应夹得太紧或太松，以夹住后稍用力尚能转动为宜。安装应使烧瓶、蒸馏头及冷凝管处于一个平面上，装好接液管和接收器或锥形瓶。铁架应整齐地置于仪器的背面。要求仪器安装稳固、整齐、美观。

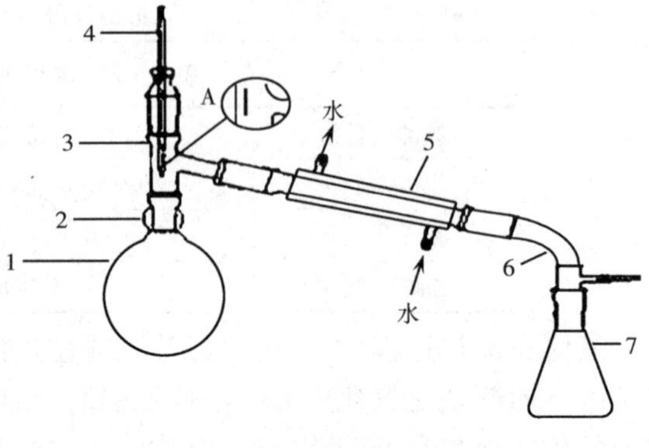


**图 4－5　蒸馏装置**

1. 圆底烧瓶　2. 烧瓶夹　3. 蒸馏头　4. 温度计　5. 直流冷凝管　6. 接引管　7. 锥形瓶

**3. 蒸馏操作**

（1）加料

将待蒸馏液从蒸馏头上口通过长颈玻璃漏斗小心倒入烧瓶，注意不要使液体从支管口流出，加入 2～3 粒沸石，防止暴沸。插入温度计，检查仪器各部分连接是否紧密，以免漏气，但整个系统绝不能形成密闭体系，否则加热蒸馏时随着压力的升高会引起爆炸。

（2）加热

先由冷凝管下口缓缓通入自来水，然后选择合适的热源进行加热。加热时可以看见瓶中液体逐渐沸腾，蒸气慢慢上升，温度计读数也略有上升。当蒸气的顶端到达温度计水银球部位时，温度就急剧上升，这时应调小火焰或控制电热套的电压，使蒸气顶端停留在原处，让水银球上液滴和蒸气达到平衡，然后再稍稍加大火焰，使馏出液滴出的速度以每秒 1～2 滴为宜。在蒸馏过程中，应使温度计水银球上常有被冷凝的液滴，此时的温度为液体与蒸气平衡时的温度，即液体或馏出液的沸点。蒸馏时火焰不能太大，否则速度过快，在蒸馏头易造成过热现象，使部分液体的蒸气直接受到火焰的热量，这样沸点会偏高；另一方面，蒸馏也不能进行得太慢，以免由于温度计的水银球不能为馏出液蒸气充分浸湿而使沸点偏低或不规则。

（3）收集和记录

蒸馏时要收集沸点范围狭小的各个馏分，所以蒸馏前要准备两个以上接收瓶。在达到所需物质的沸点前，常有沸点较低的液体先蒸出，这部分馏出液称为前馏分或馏头。如分离效果良好，前馏分蒸完后温度会下降，随后另一组分开始蒸出时温度又显著上升，温度趋于稳定后，蒸出的就是较纯的物质，这时应更换一个干净的接收瓶。记下滴进第一滴和最后一滴时的温度，这就是该馏分的沸点（工业上常常称为沸程或馏程）。例如，丙酮的沸点为 55～57 ℃，这表示馏液是从 55 ℃开始收集，直至 57 ℃为止，沸点界（或沸点间隔）为 2 ℃。在所需的馏分蒸出以后，如维持原来加热温度，就不会再有馏液蒸出，温度会突然下降，这时应停止蒸馏。要注意即使杂质含量很少，也不能完全蒸干，以免烧瓶破裂或发生意外事故。蒸馏完毕应先停火，稍冷后停止通水，按装配时的相反程序拆除仪器。

### 三、沸点测定的方法

沸点测定有下列两种方法：

**1. 蒸馏法**

对大量液体沸点的测定通常是通过蒸馏进行，其装置和操作方法与上述蒸馏相同。如液体不纯时，沸点界很长，无法确定沸点，这时应先把液体用其他方法提纯后再测定沸点。用这种方法测定沸点所需样品至少 5 mL。

**2. 微量法测定沸点**

如液体较少时，要采用图 4－6 测定沸点的装置。取一根一端封死，直径 4～5 mm、长 7～8 cm 薄壁玻璃管作为沸点测定管外管。置 1～2 滴液体样品于沸点管的外管中。管中放一根上端封闭的毛细管（直径约 1 mm，长 8～9 cm），毛细管的开口浸在样品中。然后将沸点管用橡皮圈固定在温度计旁，使管子底部与水银球相平，放入浴液中加热。由于内管中气体膨胀，将有一连串小气泡从内管口经液体快速地逸出，此时液体蒸气压大于大气压，应停止加热。随后气泡外逸的速度逐渐减慢直至停止逸出，记下气泡不再冒出而液体刚要进入内管的瞬间温度，即为该液体的沸点，因为此时内管的蒸气压与外界压力相等。取出内管，轻轻挥动以除去管端的液体，然后再插入外管中，重复操作几次，几次误差应不超过 1℃。

**图 4－6　微量法测沸点装置**

## 4.2　分馏

分馏与蒸馏一样，是分离和提纯液体有机化合物的一种方法。如前所述，当两种以上的液体混合物不能满足简单蒸馏的适用条件时，如沸点相差较小时（小于 30 ℃），用简单的蒸馏方法难以将其分离，此时应考虑用分馏方法。分馏方法在化学工业和实验室中被广泛应用。分馏依据分馏效果的优劣，粗略分为简单分馏和精密分馏两类。现在最精密的分馏设备已能将沸点相差仅 1～2 ℃的混合物分开。

### 一、基本原理

以下继续以苯-甲苯的二元相图为例，说明二元理想溶液的分馏过程（图 4－2）。从 4.1 节中我们看到：一次简单的蒸馏得到馏分组成为 $C_2$，易挥发组分 A 由 40%增加到 68%，即得到了富集，但是高沸点组分 B 的含量仍然相当高。也就是说，只用简单的蒸馏（一次蒸馏—冷凝）不能将沸点差较小的两组分分离完全。如果将 $C_2$ 再进行蒸馏，即使 $C_2$ 蒸发到 $D_2$，再冷凝至 $C_3$，此时液相组成 $y_2$（苯约 82%，甲苯约 18%）……最终接收瓶中会得到几乎纯净的苯。同时，蒸馏瓶内剩下了接近 100%的甲苯，甲苯再以纯液体形式就可以蒸出。于是，两组分能被较好地分离开。显然多次蒸馏是一种费时多、消耗大的操作，所以通常不采用重复蒸馏的方法进行分离，而是用分馏法。

实际上分馏就是多次的简单蒸馏，蒸馏与分馏的原理类似，在装置中增加了分馏柱。在柱内上升的热蒸气与下降的冷凝液接触，二者之间产生热交换，上升部分蒸气冷凝放出热量，使下降的部分冷凝液重新汽化，达到重新蒸馏的效果，其结果是上升蒸气中易挥发成分增加，而下降的冷凝液中高沸点的组分增加。如果蒸气在上升的过程中能进行多次的冷凝和汽化，即达到多次蒸馏的效果，这样，靠近分馏柱顶端的易挥发的组分比例高，而烧瓶里高沸点的组分比率高。当分馏柱的效率足够高时，开始从分馏柱顶部出来的几乎是纯净的易挥发的组分，而最后留在烧瓶里的则是高沸点的组分。

在上面的分析中，水平线段 $C_1D_1$、$C_2D_2$、$C_3D_3$ 等表示蒸发过程；垂直线段 $D_1C_2$、$D_2C_3$ 等表示冷凝过程；折线 $C_1D_1C_2$、$C_2D_2C_3$……可相当于一次简单蒸馏或一次蒸发—冷凝过程。显然，折线的数目愈多，分离效果愈好。我们可将折线的数目定义为理论塔板数，用来衡量分馏柱效率的高低。但必须指出，为了叙述方便，我们用许多个分立的不连续的步骤来表明上述的分馏过程。实际上进行的是连续的过程，是蒸气在通过分馏柱时连续地与组成变化着的液体接触，从而将液体加热蒸发，液体将蒸气冷凝。这些连续的过程一般是在柱中的各种填料上来完成的。分馏的必要条件是柱内气相和液相要充分接触，以利于物质的交换和能量的传递，因此分馏柱的高度、直径、内部结构、填料的性质和形状以及柱的操作条件，都会影响柱的分馏效果。柱的操作条件及衡量柱效率的主要因素有：

①理论塔板数(number of theoretical plate)　这是衡量分馏效果的主要指标。分馏柱的理论塔板数越多，分离效果越好。所谓一个理论塔板数，简单地说，就是相当于一次简单蒸馏的分离效果。如果一个分馏柱的分馏能力为 10 个理论塔板数，那么通过这个分馏柱分馏一次所取得的结果，就相当于通过 10 次简单蒸馏的结果。实验室用的分馏柱的理论塔板数一般在 2～100。

对于两组分 A 和 B 的混合物，可以根据下面的经验公式粗略地计算分馏时所需的理论塔板数：

$$N=\frac{T_B+T_A}{3(T_B-T_A)}$$

式中，$N$ 为理论塔板数；$T_A$、$T_B$分别为低沸点组分 A 及高沸点组分 B 的沸点(绝对温度)。由于这是在全回流情况下做出的，而实际上分馏是在部分回流下操作的，所以所选用的分馏柱的理论塔板数要大于计算的理论塔板数。根据经验，一般情况下计算出的理论塔板数与实际需要的理论塔板数之比为 0.5～0.7，即

$$\eta=\frac{N_{理}}{N_{实}}=0.5\sim0.7$$

$\eta$ 称为塔板效率。

②理论板层高度(height equivalent to a theoretical plate，简称 HETP)　它表示一个理论塔板在分馏柱中的有效高度。

$$\text{HETP}=\frac{\text{分馏柱的有效高度}}{\text{全回流的理论塔板数}}$$

HETP 的数值越小，说明分馏柱的分离效率越高。例如，两个分馏柱的分离能力都是 20 个理论塔板数，第一个高 60 cm，第二个高 20 cm，依上式算得的 HETP 值分别为 3 cm 和 1 cm，则表明第二个分馏柱具有较高的分离效率。

③回流比(reflux ratio)　在分馏中，并不是让升至柱顶的蒸气全部冷凝流出，因为过多地取走富含低沸点组分的蒸气，必然会减少柱内下滴液体的量，从而破坏了柱内的气-液平衡，这

时将会有更多的高沸点组分进入柱身，在较高的温度下建立新的平衡，从而降低了柱的分离效率。为了维持柱内的平衡，通常是将升入柱顶的蒸气冷凝后使其一部分流出接收，而使其余部分流回柱内。在单位时间内，流回柱内的液量与馏出液量之比称为回流比。在柱内蒸气量一定的条件下，回流比越大，分馏效率越高，但所得到的馏出液越少，完成分馏所消耗的能量就越多。因此，选定适当的回流比是很重要的，通常选用的回流比为理论塔板数的 1/10～1/5。

④蒸发速率（through put） 单位时间内到达分馏柱顶的液量叫蒸发速率，通常以 mL/min表示。

⑤压力降差（pressure drop） 分馏柱两端的蒸气压强之差称为压力降差，表示柱的阻力大小。压力降差与柱的大小、填料种类及蒸发速率等有关，其数值越小越好。

⑥滞留液（hold up） 滞留液也称操作含量或柱藏量，是指分馏时停留在柱内不能被蒸出的液体的量。滞留液的量越小越好，一般不超过任一被分离组分体积的 10%。

⑦液泛（flooding） 当蒸发速度增大至某一程度时，上升的蒸气将回流的液体向上顶起的现象称液泛。液泛破坏了气-液平衡，使分馏效率大大降低。

以上这些因素是密切联系、互相制约的，因此，要想提高分馏效率就要综合考虑上述诸因素，合理选择条件。如果某些条件（如柱的尺寸和填料的种类）已经给定而无法选择，则最重要的是防止液泛、选定合适而稳定的回流比和蒸发速率。因为只有这些条件稳定，才可使柱内形成稳定的温度梯度、浓度梯度和压力梯度。即在理想状况下柱底温度接近于高沸点组分的沸点，高沸点组分在气雾中占绝对优势，同时混合气雾的压强亦较大；自柱底至柱顶，温度、压强和高沸点组分的比例都逐步降低，而低沸点组分在气雾中所占比例逐步增大；在柱顶部低沸点组分占绝对优势，高沸点组分趋近于零，温度接近于低沸点组分的沸点，压强降至最低。任何有碍于形成稳定梯度的因素或操作条件都是有害的。

表 4-3 给出了不同沸点差的两组分混合液完全分离时所需要的理论塔板数，供实际工作参考。

**表 4-3 分离不同沸点差的两组分混合液与所需理论塔板数**

| 沸点差(℃) | 分离所需的理论塔板数 | 沸点差(℃) | 分离所需的理论塔板数 |
|---|---|---|---|
| 108 | 1 | 20 | 10 |
| 72 | 2 | 7 | 30 |
| 43 | 4 | 4 | 50 |
| 36 | 5 | 2 | 100 |

图 4-3 是乙醇-水体系的相图。从前面的分析中不难看出，经过若干次蒸发—冷凝过程后，最终得到的是共沸混合物，而不能得到 100%乙醇。

通过类似分析，对具有最高沸点共沸混合物的蒸馏（图 4-4），适当控制恒定温度首先得到低沸点纯组分 B。一旦蒸馏瓶中物料组成达到共沸物组成时，恒定的温度开始上升，共沸混合物开始馏出，此时应改变接收器。最终得到的是纯 B 和共沸物。

## 二、简单的分馏操作

### 1. 简单的分馏柱

实验室经常使用的分馏柱有维氏（Vcgreax）分馏柱、赫姆帕（Hempl）分馏柱和球形分馏柱（图 4-7）。选择何种分馏柱要根据蒸馏物的多少、分离的难易来选择分馏柱。

维氏分馏柱的柱体由多组倾斜的刺状管组成，这种分馏柱是一种常用的仪器，它不需要填

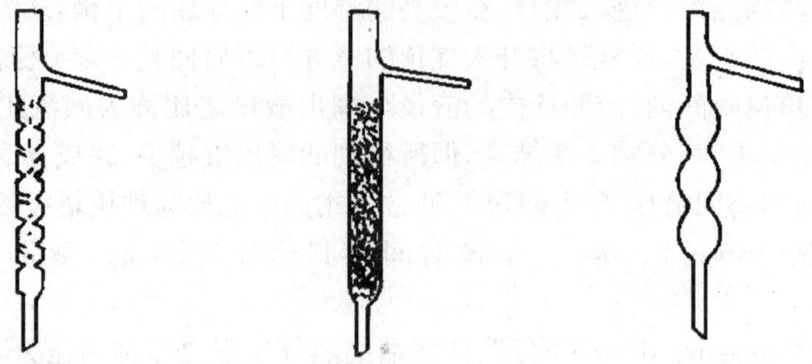

(a)维氏分馏柱　　(b)赫姆帕分馏柱　　(c)球形分馏柱

**图 4-7　常用的分馏柱**

料，易装易洗，结构简单，较填充式黏附的液体少，缺点是较同样长度的填充柱分馏效率低，一般为 2～3 个理论塔板数。适合于分离少量且沸点差距较大的液体。

其他两种分馏柱可填充填料，以增加表面积，使气液两相充分接触，增加柱效率。常用的填料有短玻璃管、玻璃珠、瓷环或金属丝制成的圈状和网状填料。使用金属丝作填料时，要选择与待蒸馏物不发生作用的物质。若欲分离沸点相距很近的液体化合物，则必须使用精密分馏装置。

在分馏过程中，无论用哪一种柱，都应防止回流液体在柱内的聚集，否则会减少和上升蒸气的接触，或者上升蒸气把液体冲入冷凝管造成“液泛”达不到分馏的目的。为了避免这种情况，通常在分馏柱外包扎石棉绳、石棉布等以保持柱内温度，提高分馏效率。

**2. 简单分馏装置**

实验室中简单的分馏装置由热源、蒸馏器、分馏柱、冷凝管和接收器五个部分组成(图 4-8)。

安装操作与蒸馏类似，自下而上，先夹住蒸馏瓶，再装上维氏分馏柱和蒸馏头。调节夹子使分馏柱垂直，装上冷凝管并在指定的位置夹好夹子，夹子一般不宜夹得太紧，以免用力过大造成仪器破损。连接接液管并用橡皮筋固定，再将接收瓶与接液管用橡皮筋固定，但切勿使橡皮筋支持太重的负荷。如接收瓶较大或分馏过程中需接收较多的馏出液，则最好在接收瓶底垫上支撑物，以免发生意外。

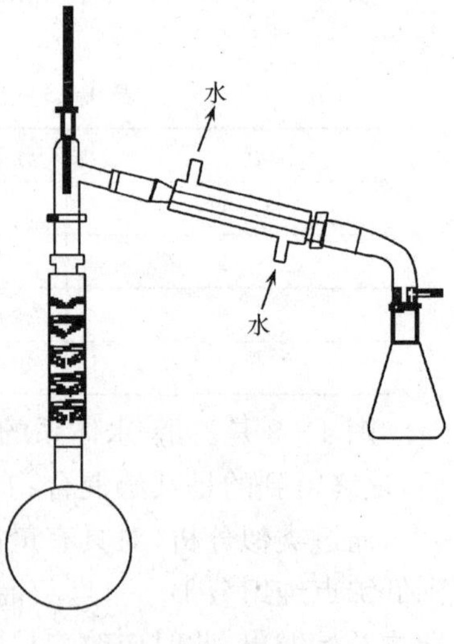


**图 4-8　分馏装置图**

**3. 简单分馏操作**

简单分馏操作和蒸馏大致相同，将待分馏的混合物放入圆底烧瓶中，加入沸石。柱的外围可用石棉绳包住，这样可减少柱内热量的散发，减少风和室温的影响。选用合适的热浴加热，液体沸腾后要注意调节浴温，使蒸气慢慢升入分馏柱，在有馏出液滴出后，调节浴温使得蒸出液体的速度控制在每 2～3 秒一滴，这样可以得到比较好的分馏效果，待低沸点组分蒸完后，再渐渐升高温度。当第二个组分蒸出时会产生沸点的迅速上升。上述情况是假定分馏体系有可能将混合物的组分进行严格地分馏。如果不是这种情况，一般则有相当大的中间馏分(除非沸点相差很大)。

在操作过程中，要注意以下两点：

(1)使柱由下而上温度逐渐降低并保持一定温度梯度，柱顶温度接近于易挥发组分的沸点。蒸馏速度不能太快，通过调控加热温度来产生一定回流比，达到高分离效率。

(2)蒸馏较高沸点时，为了维持柱内温度平衡，需要对分馏柱加以保温，例如，用石棉布将柱子包起来，或缠绕一定匝数的电热丝等以保持柱内温度，提高分馏效率。

### 三、精密分馏

**1. 精密分馏装置**

精密分馏为了提高分馏效率，在装置中主要采取了两项措施：一是柱身装有保温套，保证柱身温度与待分馏混合物的沸点相近，以利于气液两相平衡；二是控制一定的回流比。在分馏柱上安装全回流可调蒸馏头(图 4－9)就可以测量和控制回流比。所谓回流比，即从冷凝管尖端 P 返回柱中的液体如果为 10 滴，而通过活塞 S 流入接收瓶 R 为 1 滴，则回流比为 10∶1。回流比越大，分馏效率越高。对于非常精密的分馏，使用高效分馏柱有时采用 100∶1 的回流比。

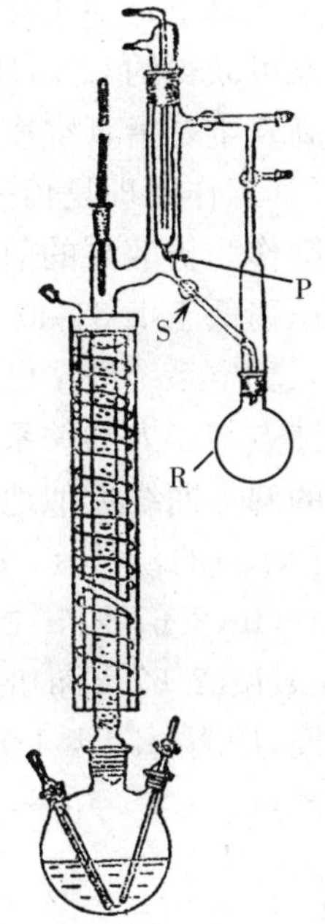

图 4－9　分馏柱与分馏装置

精密分馏操作如图 4－9 所示。将待分馏物放入烧瓶中，加入沸石，柱头的回流冷凝管中通入水，关闭出料活塞 S，但系统不得密闭，对保温套及电热套通电加热，控制保温套温度略低于待分馏物组成中易挥发组分的沸点。调节电热套温度使液体沸腾。蒸气升至柱中，冷凝、回流而形成液泛，即柱中冷凝液较多，使上升的蒸气受阻，蒸气便将液体往上抬。降低电热套温度，使液体流回烧瓶。待液泛现象消除后，再提高加热温度，重复液泛 1～2 次，充分润湿填料。经过上述操作后，调节柱温，使它与待分馏物中易挥发组分的沸点相同或稍低。控制电热套温度，使蒸气缓慢地上升至柱顶，冷凝而全回流(不蒸出)。经一定时间后柱内以及柱顶温度均达到恒定，表示平衡已建立。此后逐渐旋开出料活塞，在稳定的情况下(不液泛)，按一定回流比连续蒸出。收集一定沸点范围的各馏分，记下每一馏分的温度范围及质量。

## 4.3　减压蒸馏

减压蒸馏，亦称真空蒸馏(vacuum distillation)，是实验室中常用的基本操作之一。由于在减压条件下液体的沸点降低，故减压蒸馏主要应用于以下情况：

①纯化高沸点液体；

②分离或纯化在常压沸点温度下易于分解、氧化或发生其他化学变化的液体；

③分离在常压下因沸点相近而难于分离，但在减压条件下可有效分离的液体混合物；

④分离纯化低熔点固体。

### 一、基本原理

液体的沸点是根据外界压力的变化而变化的。如果使压力降低，液体的沸点也就相应减小。在真空装置中，通过降低液体表面压力，使液体在低温下分离出来。这种降低压力进行蒸馏操作的方法就是减压蒸馏，亦称真空蒸馏。绝对的真空在事实上是不可能得到的，通常把任何压强低于常压的气态空间都称为真空，这其实只是相对真空而已。若从某一系统中抽出一些气体并把系统密闭起来，系统内部的压强就低于大气压，因而也就成了“真空系统”。通常以系统内剩余气体的压强来比较各个真空系统的“真空程度”，称为“真空度”。真空度越高，系统内剩余气体的压强就越小。为了应用方便，又将真空划分为粗真空、中度真空和高真空三个等级，为获得或测定不同等级的真空，所使用的仪器也各不相同。

粗真空是指真空度为 101 325～1 333 Pa 的真空，通常用水泵取得。水泵的效能与其结构及水温、水压有关，良好的水泵在冬季可抽得约 1 330 Pa 的真空，而在夏季只能抽得约 4 000 Pa 的真空。

中度真空是指 1 333～0.13 Pa 的真空。使用普通油泵可获得 130～13 Pa 的真空，使用高效油泵可获得约 0.13 Pa 的真空。

高真空是指真空度为 0.13～$1.3\times10^{-6}$ Pa 的真空。实验室中是使用扩散泵来实现高真空的，其工作原理是借一种液体的蒸发和冷凝，使空气附着在凝缩的液滴表面上而被抽走，而油泵则作为扩散泵的前级泵与之连用。

压强低于 $1.3\times10^{-6}$ Pa 的超高度真空极难获得，因为在此情况下空气分子透过容器器壁而进入真空系统的量已不容忽视。在实验室中经常使用的是粗真空和中度真空。

沸点与压力的关系可以从文献中查出，也可以通过图 4－10 中液体在常压下的沸点与减压下的沸点曲线近似地推出。例如：苯乙酮在常压下沸点为 202 ℃，欲求当减压至 20 mmHg (2.67 kPa)的沸点是多少？从图 4－10(b)线找出相当于 202 ℃的点，再从(c)线找出 20 mmHg(2.67 kPa)的点，通过连接上述两点并延伸到与(a)线相交的点就是苯乙酮在 20 mmHg(2.67 kPa)时的近似沸点，约 93 ℃。如果在 2 025 mmHg(2.67～3.33 kPa)进行减压蒸馏，压力每减少 1 mmHg(0.133 kPa)，沸点将降低约 1℃，这样也可以粗略地估计相应压力的沸点。

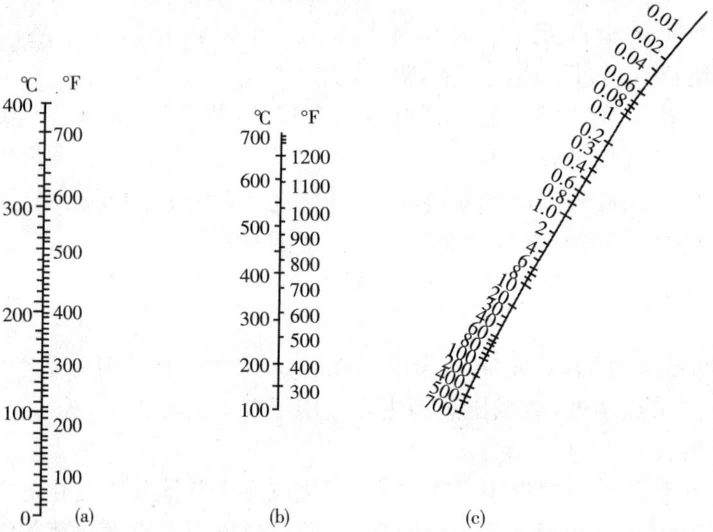


(a)在压力 $p$(mmHg)时观察到的沸点(℃)　(b)常压沸点(℃)(矫正到 700 mmHg 时的沸点)
(c)压力 $p$(mmHg)(1 mmHg=133 Pa)

**图 4－10　压力—温度直线图**

## 二、减压蒸馏操作

### 1. 减压蒸馏装置

减压蒸馏装置由蒸馏、测压、减压及附设保护装置组成(图 4－11)。

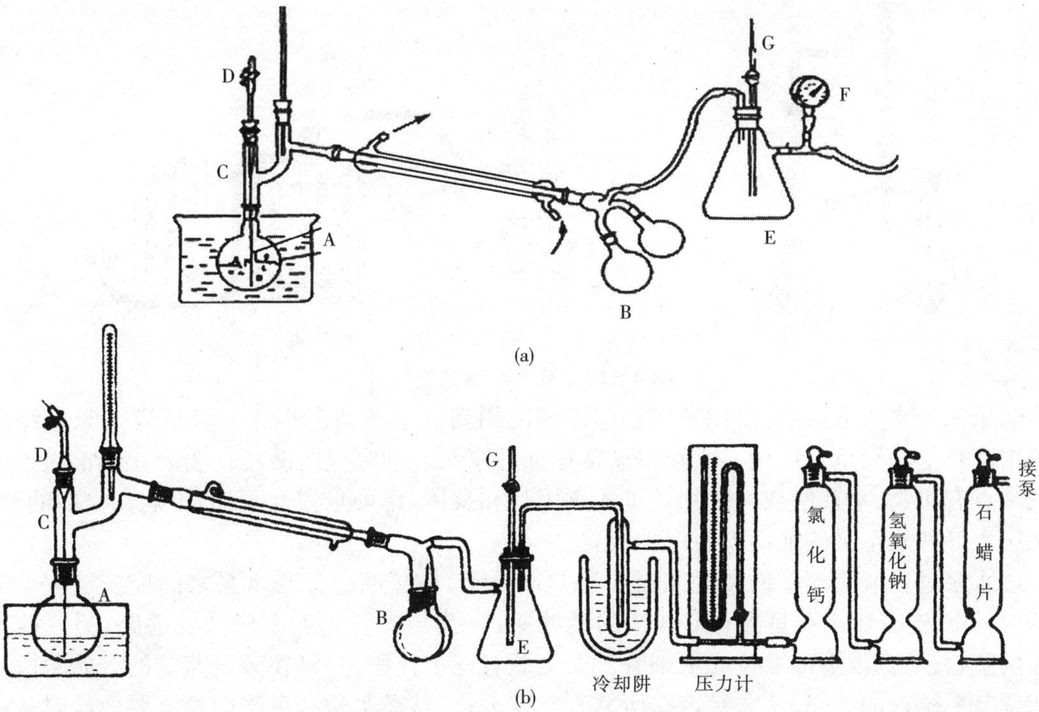


**图 4-11　减压蒸馏装置(一)**

(1)蒸馏装置

蒸馏装置由圆底烧瓶、克氏蒸馏头、冷凝器、双叉(或多叉)接引管及接收器组成。克氏蒸馏头的正管装毛细管,侧管装温度计及连接冷凝器。毛细管下端要插到距瓶底 1～2 mm 处,上口用乳胶管连接并装好调节进气用的夹子(霍夫曼夹),减压时调节进气夹使少量空气不断通过毛细管进入烧瓶,产生小的气泡,形成汽化中心,这样可以防止暴沸。为防止乳胶管粘连,可在乳胶管内放一小段细金属丝,若被蒸馏液体易于氧化,可经毛细管通入惰性气体,防止氧化。接收器要用圆底烧瓶,不可用平底烧瓶或锥形瓶,它们在减压时受力不均容易炸裂。减压蒸馏装置中所有的磨口要涂少许真空油脂,仪器要安装严密不能漏气。与常压蒸馏类似,根据蒸出液体的沸点高低,选用合适的热浴和冷凝管。禁止在石棉网上或用明火直接加热。蒸馏小量物质时,可采用图 4-12(a)的装置。若蒸馏的液体量不多,而且沸点很高,或是低熔点的固体,也可不用冷凝管,而将克氏瓶的支管直接插入接收瓶的球形部分中[图 4-12(b)]。蒸馏沸点较高的物质时,最好用石棉布或石棉绳包裹蒸馏瓶颈,以减少散热。

(2)抽气部分及保护装置

减压蒸馏就是从蒸馏系统中连续地抽出气体,使系统内维持一定的真空度。依真空度的高低有粗真空、中度真空和高真空之分,为获得和测量不同的真空度,所使用的仪器仪表亦不相同。减压蒸馏并不要求使用尽可能高的真空度,这不仅因为高真空对仪器仪表和操作技术的要求都很精密严格,还因为在高真空条件下液体的沸点降得太低,冷凝和收集其蒸气就变得很麻烦。所以,凡是较低的真空度可以满足要求时,就不谋求更高的真空度。减压蒸馏所选择的工作条件通常是使液体在 50～100 ℃沸腾,再据此确定所需的真空度。这样对热源无苛刻的要求,蒸气的冷凝也不困难。如果所用真空泵达不到所需真空度,当然也可以让液体在 100 ℃以上沸腾;如果液体对热很敏感,则应使用更高的真空度,以便使其沸点降得更低一些。从这些原则出发,绝大多数有机液体都可以在粗真空或中度真空的条件下,在不太高的温度下

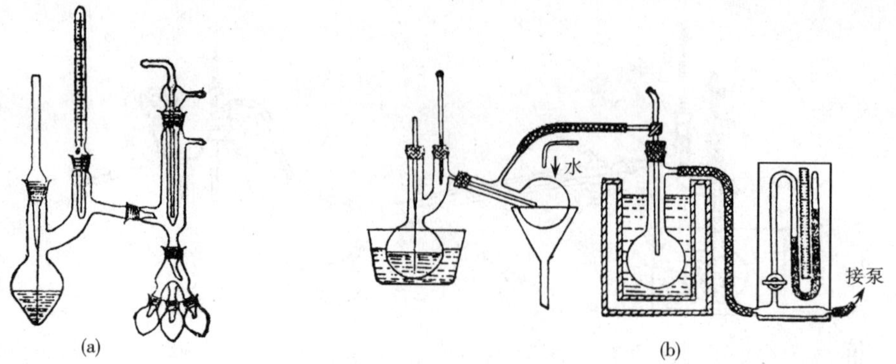


**图 4-12　减压蒸馏装置(二)**

被蒸馏出来。事实上，在有机化学实验中需要使用高真空的情况很少，所以，以下只介绍粗真空和中度真空的测量和应用。实验室通常用循环水泵或油泵进行减压。为防止蒸馏过程中一些低沸点有机物、水及酸或碱性物质进入压力计和泵体，污染水银及泵油，影响真空度的测量，应在压力计和真空泵的前面安装保护装置。

用水泵进行减压蒸馏的装置如图 4-11(a)所示，在蒸馏部分与水泵之间应安装安全瓶 E 和压力计 F，安全瓶一般是配有双孔塞的抽滤瓶，一孔与支管相配组成抽气通路，另一孔安装两通活塞，其活塞以上部分拉成毛细管。安全瓶有三个作用：一是在减压蒸馏的开始阶段通过活塞调节系统内的压强，使之稳定在所需真空度上；二是在实验结束或中途需要暂停时从活塞缓缓放进空气解除真空；三是在遇到水压突降时及时打开活塞以避免水倒吸入接收瓶中，从而保障"安全"地蒸馏。压力计是测压用的，在不需要测压的情况下也可以不装压力计。

用油泵进行减压蒸馏的经典装置如图 4-11(b)所示。保护部分则略复杂一些。保护装置包括安全瓶、干燥塔、压力计前安装用冰水或冰-盐冷却的冷阱，用来冷凝低沸点挥发物等。燥塔内填装防酸、防碱及干燥剂等吸附物质，一般依次装有无水氯化钙(吸收水汽)、粒状氢氧化钠(吸收水汽及酸雾)、变色硅胶(吸收水汽并指示保护系统的干燥程度)和块状石蜡(吸收有机气体)。安全瓶可用吸滤瓶代替。减压系统的各个部分应尽可能安排紧凑，并用耐压橡皮管相连。为了便于移动，可将油泵保护及测压部分固定在小推车上，如图 4-13 所示。实验室中常将后两部分合装在一辆车上。

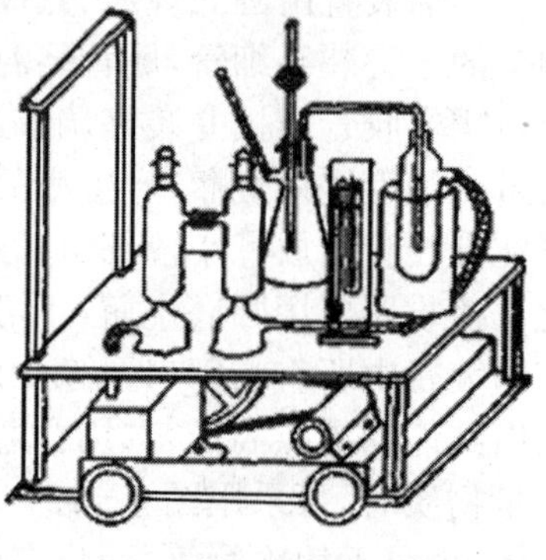

**图 4-13　油泵推车**

(3)测量系统

压力计是测量系统内压力的一种仪器。图 4-14 绘出了最常用的几种水银压力计。通过压力计上的刻度可以量出系统中压力的数值。

①开口式 U 形管水银压力计　减压时压力计中两臂汞柱高度之差与系统的压力之和，应等于大气压力，因此系统的真空度就等于当时的大气压力减去这一汞柱差，然后把所得的结果换算成以 Pa 为单位的压力。这种压力计尽管比较笨重，读数方式麻烦，使用时还要配有大气压力计，但读数比较准确[图 4-14(a)]。

②封闭式 U 形管水银压力计　压力计的两臂高度之差，即为蒸馏系统中的真空度。测定压力时，可将管后木座上的滑动标尺的零点调整到右臂汞柱的顶端线上，这时左臂汞柱顶端线所指示的刻度，即为系统的真空度。这种压力计比较轻巧，读数方便，但常常有残留空气，以致不够准确[图 4-14(b)]。

③麦氏真空规　读数时先开启真空系统的活塞，稍等片刻后慢慢转动至直立状，比较毛细管汞面应升到零点，另一封闭毛细管中汞面所示的刻度即为系统的真空度。测量范围为133～1.33Pa(1～0.01 mmHg)，读完后应立即慢慢恢复横卧式，关闭真空系统的活塞，再读时重复上述操作。这种压力计在测量范围内使用十分方便[图4-14(c)]。

④金属制压力表　所量的压力一般不太准确，但对于测量水泵减压蒸馏时系统的真空度非常方便，而且不易损坏，使用安全。

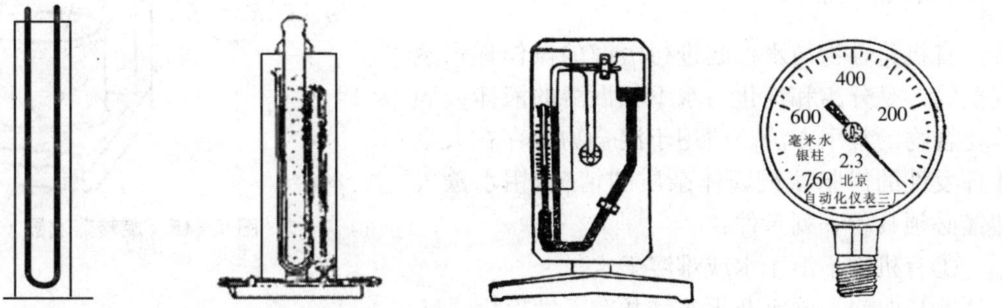


(a)开口式U形管水银压力计　(b)封闭式U形管水银压力计　(c)麦氏真空规　(d)金属制压力表

**图4-14　几种最常用的压力计**

**2. 实验操作**

(1)低沸点物质的除去　若待蒸馏的液体中含有如溶剂一类的低沸点物质时，应先进行常压蒸馏除去或回收，然后改用水泵减压蒸馏，除去少量残留溶剂，待充分冷却后再按下面所述的用油泵进行减压蒸馏，蒸出所需的馏分。

(2)抽气　按图4-11(b)装好减压蒸馏装置。加入待提纯的液体，使它不超过圆底烧瓶容积的一半，再检查系统内可达的最高真空度，即先旋紧套在毛细管口上的螺旋夹D，打开安全瓶上的双通活塞G与大气相通，然后开泵抽气，逐渐关闭G，从压力计上观察能否抽到所要求的压力及快慢情况。阻截系统内各部分(捏紧橡皮管)时，压力计上所示的真空度应保持不变。若有降低现象，说明该段系统内有漏气，应立即按顺序检查各个接口，并旋紧磨口塞。如有漏气，可用真空油脂或熔融的石蜡密封。若超过所需的真空度，可慢慢地旋转G，引进少量空气调节至所需的真空度。如液体内仍含有少量低沸点溶剂时，减压时一定会引起泡沫和暴沸，这时应打开双通活塞G直至泡沫减少，再慢慢关闭。这样操作可能要重复数次，直到液体内有连续平稳的小气泡通过为止。

(3)加热与接收　选用合适的热浴加热，烧瓶浸入热浴内的深度应超过瓶内的液面。待体系的压力稳定后才能开始加热。在浴中放一根温度计，控制浴温比瓶内的液体沸点高20～30℃。保持稳定的蒸馏速度，使每秒钟馏出1～2滴。在蒸馏过程中，不能擅离工作岗位，应戴上防护眼镜，并密切注视温度计和压力计的读数以及蒸馏的情况，记录压力和沸点数据。在蒸至接近预期的温度时，小心转动应接管，更换接收器。纯物质的沸点界范围一般不超过一2℃。蒸馏完毕或需要中断时，应先停止加热，取下热浴，稍冷后慢慢打开活塞G，否则进入空气的流量太大，会使汞柱急速上升，以致冲出压力计，使压力计中的汞柱缓缓地恢复到原状，方可关闭水泵或油泵(拔去电插头)。取下接收瓶，及时拆洗玻璃仪器，以免磨口接头粘住。

**3. 旋转蒸发器**

在有机反应或提取分离中经常要使用大量溶剂，但要回收或除去这些溶剂却是繁琐又费时的操作，而且由于长时间的加热，还可能造成产物的分解。为了克服这些缺点，实验室中常常采用旋转蒸发器(也称薄膜浓缩器)来浓缩溶液,如图 4-15 所示。它是采用电动机带动烧瓶旋转,在水泵或油泵减压下进行蒸馏的装置。溶液在边加热边旋转的过程中,不断地附于瓶壁形成薄膜,可增大蒸发面积,防止溶液暴沸,节省时间。

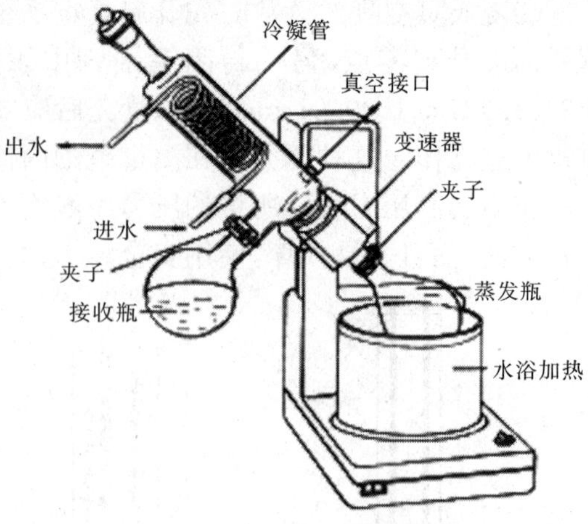

**图 4-15 旋转蒸发器**

## 4.4 水蒸气蒸馏

有机化合物与水一起进行蒸馏的操作称水蒸气蒸馏。是分离和纯化与水不相混溶的液体或固体化合物的常用方法。适用于混合物中存在大量非挥发性的树脂状或固体杂质的情况,用水蒸气蒸馏必须具备下列条件:

①有机物不溶于水或难溶于水;

②长时间与沸水及水蒸气共存不发生化学反应;

③在近 100℃时化合物有一定的蒸气压,至少要有 1.33 kPa 。

### 一、基本原理

蒸馏和分馏技术适用于分离完全互溶的液体混合物,而要分离完全不互溶物系,水蒸气蒸馏是一种较简便的方法。在完全不互溶物系(如氯苯和水形成的混合物)中,各组分的性质差别很大,基本上互不影响。其蒸气压与单独存在时一样,只与温度有关,不随另一组分的存在和数量变化。根据道尔顿分压定律,该物系的蒸气总压等于各组分蒸气压之和:

$$p=p_A^0+p_B^0 \tag{1}$$

式中,$p$ 为总的蒸气压,$p_A^0$、$p_B^0$ 分别为水和不溶于水的物质的蒸气压。当总的蒸气压等于外界压力时,此时沸腾的温度即是该混合物的沸点。由于总蒸气压恒大于任一组分的蒸气压,因此,混合物的沸点必定较任一组分的沸点都低。这样在低于 100 ℃的情况下,被蒸馏物就随水蒸气一同蒸出。因为两者不互溶,所以冷凝下来很容易分开。利用上述原理,将不溶于水的有机化合物和水一起蒸馏,不仅降低了物系的沸腾温度,而且还能防止其分解,这种分离方法称为水蒸气蒸馏。水蒸气蒸馏的优点是能在低于 100 ℃的温度下,较容易地得到高温下不稳定或沸点很高的物质,避免其在蒸馏过程中分解。同时,还可用于从焦油状混合物中蒸出反应物。由于混合蒸气中各个分压之比等于它们的物质的量之比,即:

$$\frac{p_B^0}{p_A^0}=\frac{n_B}{n_A} \tag{2}$$

式中,$n_A$、$n_B$为水和相对被分离物质的量,而 $n_A=m_A/M_A$,$n_B=m_B/M_B$。因此

$$\frac{m_B}{m_A}=\frac{p_B\cdot M_B}{p_A\cdot M_A}=\frac{p_B^0\cdot M_B}{p_A^0\cdot M_A} \tag{3}$$

式中,$m$ 表示质量;$M$ 表示相对分子质量;下标 A 表示水;B 为相对被分离的物质。

由此可以看出,两种物质在馏出液中的相对质量比与它们的蒸气压和相对分子质量的乘积成正比。

由于水具有低相对分子质量和较大的蒸气压,它们的乘积 $p_A^0\cdot M_A$ 很小,这样就可能分离较高相对分子质量和较低蒸气压的物质。以苯胺为例,苯胺沸点为 184.4 ℃,与水一起加热至 98.4 ℃时沸腾,此时水的蒸气压是 718 mmHg(95.7 kPa),苯胺蒸气压是 42 mmHg

(5.6 kPa)，水和苯胺的相对分子质量分别为 18 和 93，代入式(3)得：

$$\frac{m_B}{m_A}=\frac{p_B \cdot M_B}{p_A \cdot M_A}=\frac{93\times 42}{18\times 718}=0.32$$

计算结果说明，每蒸出 1 g 水就可以同时蒸出 0.3 g 苯胺。苯胺微溶于水，计算值是近似值。

## 二、水蒸气蒸馏操作

水蒸气蒸馏装置：按图 4－16 安装。主要由水蒸气发生器和蒸馏装置两部分组成，中间通过 T 形管连接。

①水蒸气发生器　通常是用铜皮或薄铁板制成的圆筒状釜，釜顶开口，侧面装有一根竖直的玻璃管，玻璃管两端与釜体相连通，通过玻璃管可以观察釜内的水面高低，称为液面计。另一侧面有蒸气的出气管。釜顶开口中插入一支竖直的玻璃管，玻璃管的下端插至接近釜底，称为安全管。根据安全管内水面的升降情况，可以判断蒸馏装置是否堵塞。实验室内若无水蒸气发生器，也可以用大圆底瓶代替。

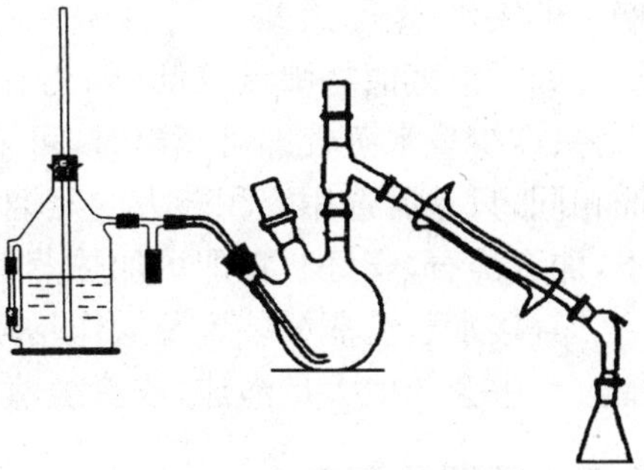

图 4－16　水蒸气蒸馏装置

②T 形管　T 形管在直线上的管口通过橡胶管分别与水蒸气发生器和蒸馏装置连接，第三口向下，接上橡胶管及调节夹(霍夫曼夹)。安装时应注意蒸气导管和 T 形管与发生器的连接要保持平行，距离越短越好，使蒸气不易冷凝。

③蒸馏装置　蒸馏装置由蒸馏瓶、Y 形管、蒸馏头、直形冷凝管、尾接管和接收瓶组成。由于许多反应是在三口瓶中进行的，直接用该三口瓶作为水蒸气蒸馏瓶就可避免转移的麻烦和产物的损失。为了防止蒸馏瓶中的液体跳溅而冲入冷凝管可增加一 Y 形管。由于水蒸气蒸馏时混合蒸气的温度大多在 90～100 ℃，所以冷凝管总是选用直形冷凝管。接收瓶可以为锥形瓶或圆底瓶、平底烧瓶等。导入蒸气的导气管应插至蒸馏瓶接近瓶底处。在蒸馏瓶底下隔石棉网安装一盏备用的煤气灯，当蒸馏瓶中积液过多时可适当加热赶走一部分水。

## 三、水蒸气蒸馏的操作要点和注意事项

### 1. 水蒸气蒸馏的操作程序

①在选定的蒸馏瓶中装入待蒸馏物，装入量不得超过其容积的 1/3。在水蒸气发生器中注入约 1/4 容积的清水。

②按照图 4－16 自下而上、从左到右依次装配各仪器，各仪器的中轴线应在同一平面内。

③打开 T 形管下弹簧夹，加热水蒸气发生器。

④当 T 形管开口处有水蒸气冲出时，开启冷却水，夹上弹簧夹，水蒸气蒸馏即开始。

⑤当蒸至馏出液澄清透明后再多蒸出 10～20 mL 水，即可结束蒸馏。结束蒸馏时应先打开弹簧夹，再移开热源。稍冷后关闭冷却水，取下接收瓶，然后按照与安装时相反的次序依次拆除各种仪器。

⑥如果被蒸出的是所需要的产物，则为固体者可用抽滤法回收，为液体者可用分液漏斗分离回收。

### 2. 水蒸气蒸馏中应该注意的问题

①要注意液面计和安全管中的水位变化。若水蒸气发生器中的水蒸发将尽，应暂停蒸馏，

取下安全管，加水后重新开始蒸馏；若安全管中水位迅速上升，说明蒸馏装置的某一部位发生了堵塞，亦应暂停蒸馏，待疏通后重新开始。

②需暂停蒸馏时应先打开弹簧夹，再移开热源。重新开始时应先加热水蒸气发生器至水沸腾，当T形管开口处有水蒸气冲出时再夹上弹簧夹。

③要控制好加热强度和冷却水流速使蒸气在冷凝管中完全冷凝下来。当被蒸馏物为熔点较高的化合物时，常会在冷凝管中析出固体，这时应调小（甚至暂时关闭）冷却水，使蒸气将固体熔化流入接收瓶中。当重新开始通冷却水时，要缓慢小心，防止冷凝管因骤冷而破裂。

④若蒸馏瓶中积水过多，可隔石棉网加热赶出一些。

### 四、直接水蒸气蒸馏

如果被蒸馏物沸点较低（因为在100℃左右有较高蒸气压），黏度不大，且不是细微的粉末，只需少量水蒸气即可蒸出时，可采用直接水蒸气蒸馏法。直接水蒸气蒸馏的装置与简单蒸馏相同，只是需选用容积较大的蒸馏瓶。加入被蒸馏物后再补充约相当于蒸馏瓶容积1/2的水，加入沸石，安好装置即可加热蒸馏。

直接水蒸气蒸馏装置及操作均较简单，但若被蒸馏物是细碎粉末时不宜用此法，因为在蒸馏过程中会产生大量泡沫，或者被蒸馏物的粉末会被直接冲入冷凝管中。

## 4.5 萃取分离

萃取是化学实验中用来提取或纯化化合物的常用操作之一。通过萃取可以从固体中或液体混合物中提取出所需要的物质，也可用来洗去混合物中的少量杂质。通常称前者为“抽提”或“萃取”，后者为“洗涤”。

### 一、基本原理

萃取是利用物质对不同溶剂的亲疏性不同。当它们同时接触极性差别较大的两种互不相溶的溶剂时（例如水与有机溶剂），就会以一定比例在两相中分配，这种分配过程在一定条件下达到平衡。平衡时，组分A在有机相与水相中的浓度比（严格地讲应为活度比）称为分配系数，记为：

$$K=\frac{[\mathrm{A}]_{\text{有机}}}{[\mathrm{A}]_{\text{水}}}$$

$[\mathrm{A}]_{\text{有机}}$、$[\mathrm{A}]_{\text{水}}$分别为A在有机相和水相中的浓度，且A在两相中的存在形式相同。

有时A在两相中的存在形态是多样的，常常因为离解、缔合、络合或其他形式的化学反应而使情况复杂化。因此，又将A在两相中各种形态的浓度之和相比，定义为分配比$D$：

$$D=\frac{\sum[\mathrm{A}]_{\text{有机}}}{\sum[\mathrm{A}]_{\text{水}}}=\frac{(c_{\mathrm{A}})_{\text{有机}}}{(c_{\mathrm{A}})_{\text{水}}}$$

为了在实际工作中能定量地比较不同萃取体系中的分离效果，把溶质A在有机相中的含量与两相中的总含量之比称为萃取效率$E$，并以百分数表示：

$$E=\frac{(c_{\mathrm{A}})_{\text{有机}}\cdot V_{\text{有机}}}{(c_{\mathrm{A}})_{\text{有机}}\cdot V_{\text{有机}}+(c_{\mathrm{A}})_{\text{水}}\cdot V_{\text{水}}}\times 100\%$$

经简单变换，得到：

$$E=\frac{D}{D+\frac{V_{\text{水}}}{V_{\text{有机}}}}\times 100\%$$

由此可见，$D$值愈大，萃取效率愈高。如果$D$固定，减少$V_{\text{水}}/V_{\text{有机}}$，即增加有机溶剂的用量，也可以提高萃取的效率，但后者的效果是不太显著的。而增加有机溶剂的用量，将使萃取以后溶质在有机相中的浓度降低，这往往不利于进一步的分离和测定。因此在实际工作中，对于分配比较小的溶质，常常采取分几次加入溶剂，多次萃取或连续萃取的办法，以提高萃取效率。

设 $V_{水}$ mL 溶液内含有被萃取物(A)$W_0$ g，用 $V_{有}$ mL 溶剂萃取一次，水相中剩余被萃取物 $W_1$ g，则进入有机相的量是($W_0-W_1$)g，此时分配比为 $D$，则

$$W_1=W_0-W_0E=W_0\frac{V_{水}}{DV_{有}+V_{水}}$$

不难导出，若每次用 $V_{有}$ mL 新鲜溶剂萃取 $n$ 次，剩余在水相中的被萃取物 A 为 $W_n$ g，则

$$W_n=W_0\left(\frac{V_{水}}{DV_{有}+V_{水}}\right)$$

【例 1】 在 pH=7.0 时用 10.0 mL 8-羟基喹啉氯仿溶液，从水溶液中萃取 $La^{3+}$。已知 $La^{3+}$ 在两相中的分配比为 $D=43$，今取含 $La^{3+}$ 的水溶液(1.00 mg/mL)20.0 mL，计算用 10.0 mL一次萃取和用 5.0 mL 两次萃取的萃取效率。

解：用 10.0 mL 一次萃取：

$$W_1=20.0\times\frac{20.0}{43\times10.0+20.0}=0.889\ \text{mg}$$

$$E=\frac{20.0-0.889}{20.0}\times100\%=95.6\%$$

用 5.0 mL 连续萃取两次：

$$W_2=20.0\times\left(\frac{20.0}{43\times5.0+20.0}\right)^2=0.145\ \text{mg}$$

$$E=\frac{20.0-0.145}{20.0}\times100\%=99.3\%$$

可见用同样数量的萃取液，分多次萃取，比一次萃取的效率高。以上只就溶质 A 的简单情况进行了讨论。为了达到分离目的，不但萃取效率要高，而且还要考虑共存组分间的分离效果要好，对于分配比分别为 $D_A$ 和 $D_B$ 的两种物质在两个液相中的分离过程，需要以分离因数 $\beta$ 表示分离效果。在理想情况下，两种物质的分配情况互不影响，$\beta$ 定义为：

$$\beta=\frac{D_A}{D_B}$$

习惯上规定 $\beta\geqslant1$，即用较大的分配比除以较小的分配比。不难理解，当 $\beta$ 较大，即物质的分配比差别很大时，利用简单的萃取就能获得满意的分离效果。其他物质在任何两相之间的萃取情况是类似的。应注意的是，这种物质变换的过程只发生在两相界面上。为了加速建立平衡过程，应当尽可能增大两相之间的界面。因此，萃取过程中要充分振荡盛有液体的容器，固体物质要充分研细。但在许多情况下，尤其是涉及固相时，真正的分配平衡过程是很难完全建立的。

## 二、萃取体系

无机物质中只有少数共价分子，如 $HgI_2$、$HgCl_2$、$GeCl_4$、$AsCl_3$、$SbI_3$ 等可以直接用有机溶剂萃取。大多数无机物质在水溶液中离解成离子，并与水分子结合成水合离子，从而使各种无机物质较易溶解于极性溶剂水中。萃取过程中要用非极性或弱极性的有机溶剂，从水中萃取出已水合的离子来，显然是有困难的。为了使无机离子的萃取过程能顺利地进行，必须在水中

加入某种试剂，使被萃取物质与试剂结合成不带电荷、难溶于水、易溶于有机溶剂的分子。这种试剂称萃取剂。根据被萃取组分与萃取剂所形成的可被萃取分子性质的不同，可把萃取体系分为：螯合物萃取体系、离子缔合物萃取体系、溶剂化合物萃取体系和无机共价化合物的萃取体系。

有机物的萃取与洗涤主要依据“相似易溶”原则，即根据不同有机物在不同溶剂中有不同的溶解度从混合物中提取所需要组分的过程；另一类萃取是利用它能与被萃取物质起化学反应，使有机物得到分离或从化合物中除去杂质。例如，用碱性萃取剂可以从有机相中除去有机酸等。

## 三、萃取方法及操作

### 1. 不连续萃取

不连续萃取通常在分液漏斗中进行。操作时选择容积较液体体积大一倍以上的分液漏斗，把活塞擦干，在离活塞孔稍远处薄薄地涂上一层润滑脂（注意切勿涂得太多，使润滑脂进入活塞孔中，以免玷污萃取液），塞好后再把活塞旋转几圈，使润滑脂均匀分布，看上去透明即可。一般在使用前应于漏斗中放入水摇荡，检查塞子与活塞是否渗漏，确认不漏水时方可使用。然后将漏斗放于固定在铁架上的铁圈中，关好活塞，将要萃取的水溶液和萃取剂（一般为溶液体积的 1/3）依次自上口倒入漏斗中，塞紧塞子（注意塞子不能涂润滑脂）。取下分液漏斗，用右手手掌顶住漏斗顶塞并握住漏斗，左手握住漏斗活塞处，大拇指压紧活塞，把漏斗放平前后摇振。在开始时，摇振要慢，摇振几次后，将漏斗的上口向下倾斜，下部支管指向斜上方（朝向无人处），左手仍握在活塞支管处，用拇指和食指旋开活塞，从指向斜上方的支管口释放出漏斗内的压力，也称“放气”（图 4－17）。

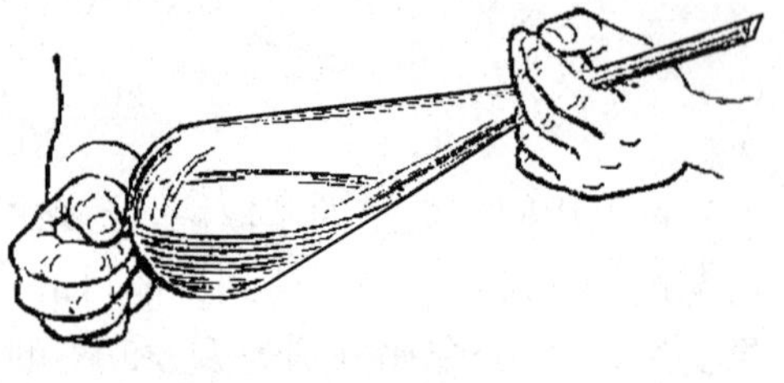

图 4－17　分液漏斗的握持方法

以乙醚萃取水溶液中的物质为例，在振摇后乙醚可产生 40～66.7 kPa 的蒸气压，加上原来空气和水蒸气压，漏斗中的压力就大大超过了大气压。如果不及时放气，塞子就可能被顶开而出现喷液。待漏斗中过量的气体逸出后，将活塞关闭再行振摇。如此重复至放气只有很小压力后，再剧烈振摇 2～3 min，然后再将漏斗放回铁圈中静置，待两层液体完全分开后，打开上面的玻璃塞，再将活塞缓缓旋开，下层液体自活塞放出。分液时一定要尽可能分离干净，有时在两相间可能出现一些絮状物也应同时放去。然后将上层液体从分液漏斗的上口倒出，切不可也从活塞放出，以免被残留在漏斗颈上的第一种液体所玷污。将水溶液倒回分液漏斗中，再用新的萃取剂萃取。为了弄清哪一层是水溶液，可任取其中一层的少量液体，置于试管中，并滴加少量自来水，若分为两层，说明该液体为有机相。若加水后不分层，则是水溶液。萃取次数取决于分配系数，一般为 3～5 次，将所有的萃取液合并，加入过量的干燥剂干燥。然后蒸去溶剂，萃取所得的有机物视其性质可利用蒸馏、重结晶等方法纯化。

在萃取时，可利用“盐析效应”，即在水溶液中先加入一定量的电解质（如氯化钠），以降低有机物在水中的溶解度，提高萃取效果。

使用分液漏斗时应当注意：分液漏斗的塞子和活塞要用细绸子或塑料丝套扎在漏斗身上，以免滑出或调错，放在烘箱中烘干时，应将两个塞子取下，用碱液萃取后一定要洗干净，在塞子和磨口之间应垫上纸片，以防粘住。

**2. 连续萃取**

当被萃取物质易溶于水而微溶于萃取溶剂时，就必然要用大量溶剂进行多次萃取。这时如采用穿流器连续萃取，可大大提高萃取效率，减少溶剂用量和被萃取物质的损失。溶剂在穿流器的烧瓶中受热汽化，至冷凝管中被冷凝为液体后穿过被萃取的溶液，然后经过溢流管回到烧瓶中再循环萃取。图 4－18(a)、(b)的穿流器分别用于密度较小溶剂萃取密度较大溶液中的物质和密度较大溶剂萃取密度较小溶液中的物质。

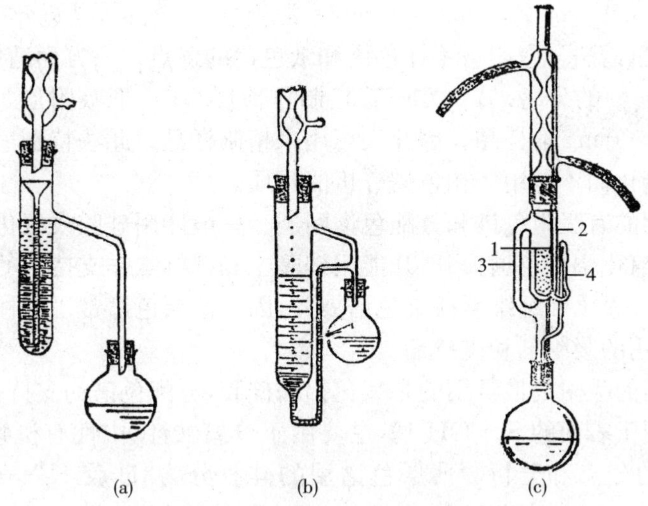


**图 4－18　连续萃取装置**

**3. 固体物质的提取**

从固体中萃取有机物有冷浸(渍)、渗漉及加热提取等方法。前两种方法常用于天然产物的萃取，因为它是靠溶剂的长期浸润溶解，将有机物冷浸出来。这样可减少受热时间，也不需要任何特殊器皿，但溶剂用量大，效率低。加热提取法有一次式的加热回流提取及多次式的。为了使提取更完全，上述操作需要重复进行多次，连续萃取。为了节约溶剂，使萃取更加完全，实验室中常用索氏(Soxhlet)提取器进行连续萃取。

索氏提取器又称脂肪提取器[图 4－18(c)]。它是利用溶剂回流及虹吸原理，使固体有机物连续多次地被溶解萃取，而且每一次都能为纯的溶剂所萃取，因此效率高。萃取前应先将固体研细，以增加溶剂浸溶的面积，然后将固体放在滤纸筒 1 内，置于提取器 2 中。当溶剂沸腾时，蒸气通过玻管 3 上升，从冷凝管凝结下来时，滴到固体提取物上，被提取物就溶解在热的溶剂相中。溶剂升高到一定高度，会从侧面的虹吸管 4 溢流回烧瓶。然后又重新蒸发、冷凝，变为新鲜溶剂，重复上述提取过程。最后，所要的提取物就会集中在下面的烧瓶里。

## 4.6　色谱分离法

色谱法是分离、纯化和鉴定有机化合物的重要方法之一，具有极其广泛的用途。早期用此法来分离有色物质时，往往得到颜色不同的色层。色层(谱)一词由此得名。现在被分离的物质不管有色与否，都能适用。因此，色谱一词早已超出原来含义了。

色谱法的基本原理是利用混合物中各组分在某一物质中的吸附或溶解性能(即分配)的不同，或其他亲和作用性能的差异，使混合物的溶液流经该种物质，进行反复的吸附或分配等操作，从而将各组分分开。流动的混合物溶液称为流动相，固定的物质称为固定相(可以是固体或液体)。

根据分离原理不同,可分为吸附色谱、分配色谱、离子交换色谱和排阻色谱等;根据操作条件的不同,又可分为柱色谱、薄层色谱、纸色谱、气相色谱及高效浓相色谱等类型。现就薄层色谱、柱色谱做一介绍。

## 一、薄层色谱分离法

**1. 分离原理**

薄层色谱(Thin Layer Chromatography) 常用 TLC 表示,是近年来发展起来的一种微量、快速而简单的色谱法。它兼备了柱色谱和纸色谱的优点。一方面适用于小量样品(几到几十微克,甚至 0.01$\mu$g)的分离;另一方面若在制作薄层板时,把吸附层加厚,将样品点成一条线,则可分离多达 500 mg 的样品。因此又可用来精制样品。此法特别适用于挥发性较小或在较高温度易发生变化而不能用气相色谱分析的物质。

薄层色谱常用的有吸附色谱和分配色谱两类。一般能用硅胶或氧化铝薄层色谱分开的物质,也能用硅胶或氧化铝柱色谱分开;凡能用硅藻土和纤维素作支持剂的分配柱色谱能分开的物质,也可分别用硅藻土和纤维素薄层色谱展开,因此薄层色谱常用作柱色谱的先导。

(1)薄层色谱用的吸附剂和支持剂

薄层吸附色谱的吸附剂最常用的是氧化铝和硅胶,分配色谱的支持剂为硅藻土和纤维素。硅胶的吸附性来源于表面的 Si—OH 基,主要用于分离酸性、中性有机物无定形多孔性物质,适用于酸性物质的分离和分析。薄层色谱用的硅胶分为"硅胶 H"——不含黏合剂;"硅胶 G"——含煅石膏黏合剂;"硅胶 $HF_{254}$"——含荧光物质,可于波长 254 nm 紫外光下观察荧光,"硅胶 $GF_{254}$"——既含煅石膏又含荧光剂等类型。氧化铝的吸附性,来自铝原子上未成键的电子对,多用于分离碱性或中性有机物。与硅胶相似,氧化铝也因含黏合剂或荧光剂而分为氧化铝 G、氧化铝 $GF_{254}$ 及氧化铝 $HF_{254}$ 黏合剂。除上述的煅石膏($2CaSO_4 \cdot H_2O$)外,还可用淀粉、羧甲基纤维素钠(CMC)。通常将薄层板按加黏合剂和不加黏合剂分为两种,加黏合剂的薄层板称为硬板,不加黏合剂的称软板。

(2)展开剂的选择

选择合适的展开剂是至关重要的。一般选择展开剂时首先要考虑对被分离组分有一定溶解度和解吸能力。由于硅胶和氧化铝都是极性吸附剂,所以展开剂的极性愈大,对吸附剂活性位的竞争吸附能力也愈强,对已被吸附组分的洗脱能力也愈强,就能使被吸附组分在薄板上移动更远距离。在分离过程中如发现移动距离太小,说明展开剂极性不够,需要考虑加入一种(有时是几种)极性强的展开剂进行调控。这种混合展开剂往往能使分离效果显著地优于单一展开剂。

常用展开剂的洗脱力(由小到大)顺序为:石油醚、环已烷、四氯化碳、二氯甲烷、氯仿、乙醚、四氢呋喃、乙酸乙酯(无水)、丙酮、正丁醇、乙醇、甲醇、水、冰乙酸、吡啶、有机酸等。以上只是大致的顺序,且对硅胶和氧化铝适用。但使用前必须做实验,以取得第一手资料为准。

**2. 操作方法**

(1)薄层板的制备

薄板的制备方法有干法制板和湿法制板两种。

干法制板常用氧化铝作吸附剂,将氧化铝倒在玻璃上,取直径均匀的一根玻璃棒,将两端用胶布缠好,在玻璃板上滚压,把吸附剂均匀地铺在玻璃板上。这种方法操作简便,展开快,但是样品展开点易扩散,制成的薄板不易保存。

实验室最常用的是湿法制板。取 2 g 硅胶 G，加入 5～7 mL 0.7%的羧甲基纤维素钠水溶液，调成糊状。将糊状硅胶均匀地倒在三块载玻片上，先用玻璃棒铺平，然后用手轻轻震动至平。大量铺板或铺较大板时，也可使用涂布器。

薄层板制备的好与坏直接影响色谱分离的效果，在制备过程中应注意：

①铺板时，尽可能将吸附剂铺均匀，不能有气泡或颗粒等。

②铺板时，吸附剂的厚度不能太厚也不能太薄，太厚展开时会出现拖尾，太薄样品分不开，一般厚度为 0.5～1 mm。

③湿板铺好后，应放在比较平的地方晾干，然后转移至试管架上慢慢地自然干燥，千万不要快速干燥，否则薄层板会出现裂痕。

(2)薄层板的活化

薄层板经过自然干燥后，再放入烘箱中活化，进一步除去水分。不同的吸附剂及配方，需要不同的活化条件。例如：硅胶一般在烘箱中逐渐升温，在 105～110 ℃，加热 30 min；氧化铝在 200～220 ℃烘干 4 h 可得到活性为Ⅱ级的薄层板，在 150～160 ℃烘干 4 h 可得到活性为 Ⅲ～Ⅳ级的薄层板，含水量与活性的关系见表 4－4，当分离某些易吸附的化合物时，可不用活化。

**表 4－4　吸附剂的含水量和活性等级关系**

| 活性等级 | Ⅰ | Ⅱ | Ⅲ | Ⅳ | Ⅴ |
|---|---|---|---|---|---|
| 氧化铝含水量 | 0 | 3% | 6% | 10% | 15% |
| 硅胶含水量 | 0 | 5% | 15% | 25% | 38% |

(3)点样

将样品用易挥发溶剂配成 1%～5%的溶液。在距薄层板的一端 10 mm 处，用铅笔轻轻地画一条横线作为点样时的起点线，在距薄层板的另一端 5 mm 处，再画一条横线作为展开剂向上爬行的终点线(画线时不能将薄层板表面破坏)，如图 4－19 所示。

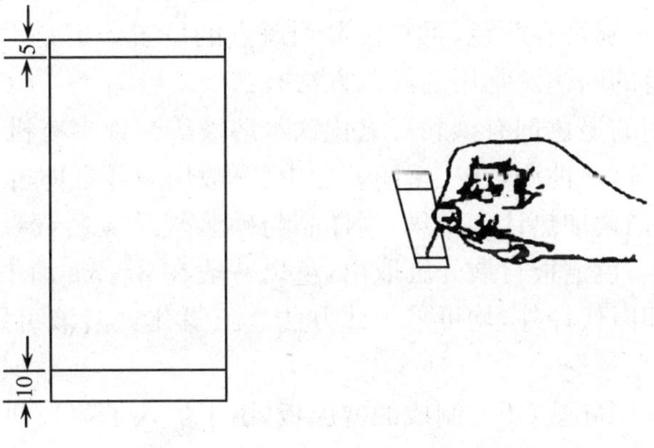


**图 4－19　薄层板及薄层板的点样方法**

用内径小于 1 mm 干净并且干燥的毛细管吸取少量的样品，轻轻触及薄层板的起点线(即点样)，然后立即抬起，待溶剂挥发后，再触及第二次。这样点 3～5 次即可，如果样品浓度低可多点几次。在点样时应做到“少量多次”，即每次点的样品量要少一些，点的次数可以多一些，这样可以保证样品点既有足够的浓度，点又小。点好样品的薄层板待溶剂挥发后再放入展开缸中进行展开。

(4)展开

展开时，在展开缸中注入配好的展开剂，将薄层板点有样品的一端放入展开剂中(注意展开剂液面的高度应低于样品斑点)，如图 4－20(a)所示。在展开过程中，样品斑点随着展开剂向上迁移，当展开剂前沿至薄层板上边的终点线时，立刻取出薄层板。将薄层板上分开的样品点用铅笔圈好，计算比移值。

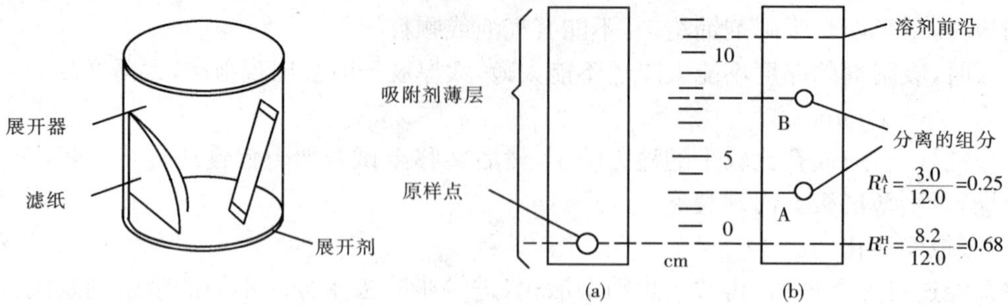


**图 4－20　其组分 TCL 色谱展开过程及 $R_f$ 值的计算**

(5)比移值 $R_f$的计算

某种化合物在薄层板上上升的高度与展开剂上升高度的比值称该化合物的比移值，常用 $R_f$来表示：

$$R_f=\frac{\text{样品中某组分移动离开原点的距离}}{\text{展开剂前沿距原点中心的距离}}$$

对于一种化合物，当展开条件相同时，$R_f$值是一个常数。因此，可用 $R_f$作为定性分析的依据。但是，由于影响 $R_f$值的因素较多，如展开剂、吸附剂、薄层板的厚度、温度等均能影响 $R_f$值，因此同一化合物的 $R_f$值与文献值会相差很大。在实验中我们常采用的方法是，在一块板上同时点一个已知物和一个未知物，进行展开，通过计算 $R_f$值来确定是否为同一化合物。

(6)显色

样品展开后，如果本身带有颜色，可直接看到斑点的位置。但是，大多数有机化合物是无色的，因此，就存在显色的问题。常用的显色方法有：

①显色剂法　常用的显色剂有碘和三氯化铁水溶液等。许多有机化合物能与碘生成棕色或黄色的络合物。利用这一性质，在一密闭容器中(一般用展开缸即可)放几粒碘，将展开并干燥的薄层板放入其中，稍稍加热让碘升华，当样品与碘蒸气反应后，薄层板上的样品点处即可显示出黄色或棕色斑点，色谱板自展开缸取出，色斑一般在 2～3 s 消失，因此必须立即用铅笔将点圈好。除饱和烃和卤代烃外，均可采用此方法。三氯化铁溶液可用于带有酚羟基化合物的显色。

②紫外光显色法　用硅胶 $GF_{254}$ 制成的薄层板，由于加入了荧光剂，在 254 nm 波长的紫外灯下，可观察到暗色斑点，此斑点就是样品点。

以上这些显色方法在柱色谱和纸色谱中同样适用。

①固定相的选择　硅胶和氧化铝是薄层色谱常用的固定相，两者都属于极性吸附剂。市售的薄层色谱用硅胶有 60G、$60GF_{254}$、$60HF_{254}$ 和 $60HF_{254+366}$ 等品种。类似地，薄层用氧化铝也有多种型号，选用时可查阅有关的试剂手册。

②制板　上面介绍的硅胶或氧化铝虽含有无机黏合剂硫酸钙，但在实际使用时硬度不够，特别是需要用铅笔做记号时很不方便。为此，建议在制板时以 0.5%～1%的羧甲基纤维素钠(CMC)溶液代替水作溶剂与固定相调好，制成的板有较高强度，用铅笔写记号很方便。

③点样　样品用易挥发性溶剂溶解后，用毛细玻管或微量注射器点于薄层板距下端约2 cm处。样点直径控制在2 mm内，两个样点间、样点与边缘都要保持一定相对距离，以避免相互干扰和产生边缘效应。

有时样品浓度太稀可多点几次，但要等第一次样点溶剂挥发以后再点第二次。一根玻管需要点第二种样品时，要用细砂纸截去沾有第一种样品的一小段，还要把端口磨平。制备型色谱由于板面积较大，吸附剂层较厚，也可以点成线状。点好样品后，等到溶剂挥发干净，就可以进行展开过程。

此外，展开过程中，展开缸内始终要使展开剂蒸气处于饱和状态。一般可用一块方形滤纸贴于缸壁上（下端浸于展开剂中），盖好密封一段时间，取放薄层板宜迅速。

④显色　薄层板展开后，要将溶剂挥发掉才能显色。若固定相带荧光物质，用紫外灯照射显色就很方便。用碘蒸气熏，使之呈现黄-棕色可逆络合物也是常用的方法。显然后，用铅笔轻轻圈出样斑位置，计算 $R_f$ 值。

**3. 应用**

薄层色谱的最大优点是简便、易行、快速，且分离效果不错。在定性分析、定量分析、监测反应进程、制备纯样品、为柱色谱做条件实验等方面均可使用。

在定性分析中，主要依据 $R_f$值。需要注意的是，在吸附剂、展开剂、薄层厚度、温度及其他操作条件尽量保持一致时的定性才有意义。最好用检测样品、标准样品于同样条件下做对照，还要至少改变展开剂极性后再复核一次结果才是可靠的。

有机反应的进程，也能很方便地利用薄层色谱来监测。例如，从反应开始时，每隔一定时间，将反应液点在薄层上并展开（以原料纯品作对照）。经显色后，如果检测不到原料斑点说明反应已完全。如果除了产物之外，还有其他斑点，可能是副产物或中间体。由产物斑点面积大小还能定性地估计产率。

由于柱色谱操作简单易行，在实验室中常用来分离并制备一定量纯物质。其操作条件，如吸附剂和洗脱剂的选择，组分的流出顺序及流出组分的纯度等，都可以用薄层色谱来探索和检验。薄层色谱快速、方便，摸索出的分离条件往往稍作改变即可用于柱色谱，因而常将两者结合起来使用，在定性、分离、制备一定数量的纯样品方面成为简便易行且有效的方法。

## 二、柱色谱法

**1. 原理**

柱色谱法又称柱上层析法，简称柱层析，或以 CC 表示。它是分离混合物和提纯少量物质的有效方法。按分离过程作用性质的不同，可以分为吸附色谱、分配色谱和离子交换色谱。

吸附色谱，即柱上吸附色谱。常用氧化铝和硅胶为吸附剂，填装在柱中的吸附剂把混合物中各组分先从溶液中吸附到其表面上，而后用溶剂洗脱或展开。由于溶剂流经吸附剂时，发生无数次吸附和解吸过程，以及由于各组分被吸附的程度不同，使吸附强的组分留在柱的上端，吸附弱的组分留在下端，从而达到分离的目的。

分配色谱与液—液连续萃取法相似。它是利用混合物各组分在两种互不相溶的液相间的分配系数不同而进行分离，常以硅胶硅藻土和纤维素作为载体（支持剂），以吸附大量的液体作为固定相。

离子交换色谱是基于溶液中的离子与以离子交换树脂作为吸附剂表面的离子之间的相互作用，使有机酸、碱或盐类得到分离。

下面着重介绍柱上吸附色谱（通常也称柱层析）的实验操作。

**2. 柱上吸附色谱**

一种理想的吸附剂应该具备以下条件：

①能够可逆地吸附待层析的物质多；

②不能使被吸附物质发生化学变化；

③粒度大小应使展开剂以均匀的流速通过色谱柱；

④最好是白色的或浅色的，以便对色带进行观察。

例如，氧化铝和硅胶均能符合上述要求，所以成为常用的吸附剂。

## 4.7 固液分离

在化合物制备或分析的过程中，经常要遇到固体与液体的分离问题。利用沉淀法进行重量分析是固液分离的直接应用。本节将简要介绍常用的三种固液分离方法和重量分析的基本操作。

### 一、固液分离的方法

**1. 倾析法**

当沉淀的相对密度较大或结晶的颗粒较大，静置后能沉降至容器底部时，可用倾析法进行沉淀的分离和洗涤。把沉淀上部的清液倾入另一容器内，然后加入少量洗涤液（如蒸馏水）洗涤沉淀，充分搅拌沉降，倾去洗涤液。如此重复操作三遍以上，即可洗净沉淀。如图 4－21 所示。

图 4－21 倾析法

**2. 离心分离法**

少量沉淀与溶液进行分离时，可使用离心机。实验室中常用的离心仪器是电动离心机（图 4－22）。使用时应注意以下几点：

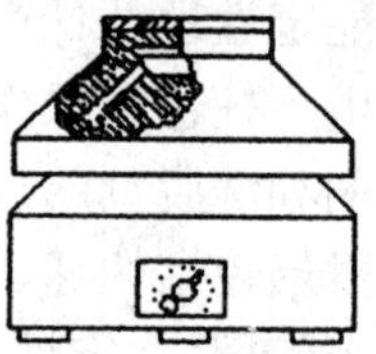

图 4－22 电动离心机

（1）离心管放入金属套管中，位置要对称，重量要平衡，否则易损坏离心机的轴。如果只有一只离心管的沉淀需要进行分离，则可取另一支空的离心管，盛以相应质量的水，然后把两支离心管分别装入离心机的对称套管中，以保持平衡。

（2）打开旋钮，逐渐旋转变阻器，使离心机转速由小到大，数分钟后慢慢恢复变阻器到原来的位置，使其自行停止。

（3）离心时间和转速，由沉淀的性质来决定。结晶形的紧密沉淀，转速每分钟 1 000 转，1～2 min后即可停止。无定形的疏松沉淀，沉降时间要长些。转速可提高到每分钟 2 000 转。如经 3～4 min 后仍不能使其分离，则应设法（如加入电解质或加热等）促使沉淀沉降，然后再进行离心分离。

（4）离心分离操作步骤如下：

①沉淀　在溶液中边搅拌边加沉淀剂，等反应完全后，离心沉降。在上层清液中再加试剂一滴，如清液不变浑浊，即表示沉淀完全。否则必须再加沉淀剂直至沉淀完全，离心分离。

②溶液的转移　离心沉降后，用吸管把清液与沉淀分开。其方法是，先用手指捏紧吸管上的橡皮头，排除空气，然后将吸管轻轻插入清液（切勿在插入清液以后再捏橡皮头），慢慢放松橡皮头，溶液则慢慢进入管中，随试管中溶液的减少，将吸管逐渐下移至全部溶液吸入管内为止。吸管尖端接近沉淀时要特别小心，勿使其触及沉淀（图 4－23）。

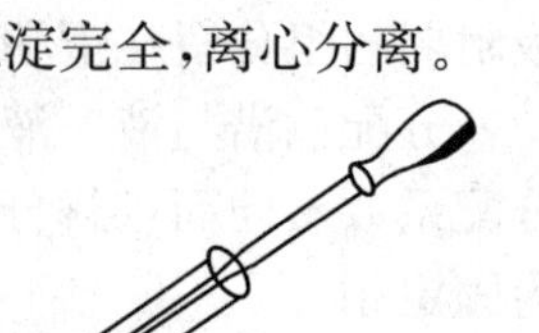

图 4－23 溶液与沉淀分离

③沉淀的洗涤　如果要将沉淀溶解后再做鉴定，必须在溶解之前，将沉淀洗涤干净。常用的洗涤剂是蒸馏水。加洗涤剂后，用搅拌棒充分搅拌，离心分离，清液用吸管吸出。必要时可重复洗几次。

**3. 过滤法**

常用的过滤方法有减压过滤和常压过滤，有时还需要热过滤。

(1)减压过滤

减压可以加速过滤，还可以把沉淀抽吸得比较干燥。它的原理是水泵处有一窄口(图 4－24)，当水急剧流经 A 处时，水即把空气带出而使吸滤瓶内的压力减少。减压过滤操作过程如下：

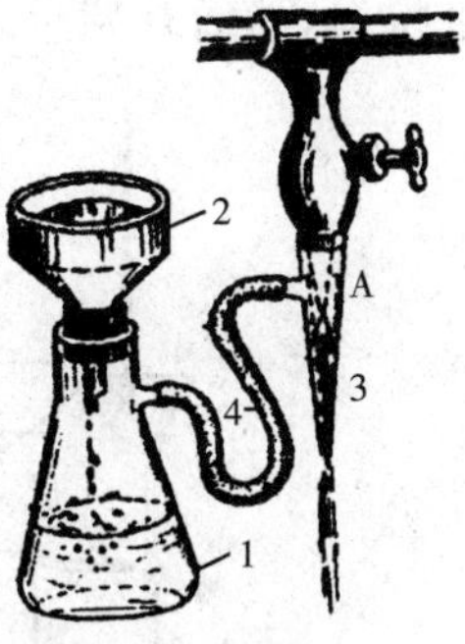

**图 4－24　吸滤装置**

1. 吸滤瓶　2. 布氏漏斗　3. 水抽气泵　4. 橡皮管

①吸滤操作

第一步：先剪好一张比布氏漏斗底部内径略小，但又能把全部瓷孔都盖住的圆形滤纸。

第二步：把滤纸放入漏斗内，用少量水润湿滤纸。微开水龙头，按图 4－24 装置连好(注意漏斗下端的斜口应对着吸滤瓶的吸气嘴)，滤纸便吸紧在漏斗上。

第三步：过滤时，将溶液沿着玻璃棒流入漏斗(注意：溶液不要超过漏斗总容量的 2/3)，然后将水龙头开大，待溶液滤下后，转移沉淀，并将其平铺在漏斗中，继续抽吸，至沉淀比较干燥为止。在吸滤瓶中滤液高度不得超过吸气嘴。吸滤过程中，不得突然关闭水泵，以免自来水倒灌。

第四步：当过滤完毕时，要记住先拔掉橡皮管，再关水龙头，以防由于滤瓶内压力低于外界压力而使自来水吸入滤瓶，把滤液玷污(这一现象称为倒吸)。为了防止倒吸而使滤液玷污，也可在吸滤瓶与抽气水泵之间装一个安全瓶。

②沉淀洗涤

洗涤沉淀时拔掉橡皮管，关掉水龙头，加入洗涤液湿润沉淀。再微开水龙头接上橡皮管，让洗涤液慢慢透过全部沉淀。最后开大水龙头抽干。如沉淀需洗涤多次，则重复以上操作，直至达到要求为止。

(2)常压过滤

这是定量分析中常用的过滤方法，下面按定量分析的要求介绍常压过滤的步骤。

①漏斗中形成水柱的操作　把滤纸对折再对折(暂不折死)。然后展开成圆锥体后(图 4－25)，放入漏斗中，若滤纸圆锥体与漏斗不密合，可改变滤纸折叠的角度，直到与漏斗密合为止(这时可把滤纸折死)。为了使滤纸三层的那边能紧贴漏斗，常把这三层的外面两层撕去一角(撕下来的纸角保存起来，以备擦烧杯或漏斗中残留的沉淀用)。用手指按住滤纸中三层的一边，以少量的水润湿滤纸，使它紧贴在漏斗壁上。轻压滤纸，赶走气泡。加水至滤纸边

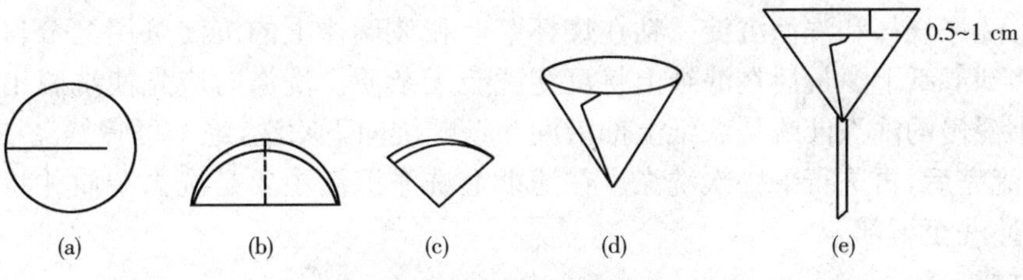

**图 4－25　滤纸的折叠和安放**

缘使之形成水柱(即漏斗颈中充满水)。若不能形成完整的水柱,可一边用手指堵住漏斗下口,一边稍掀起三层那一边的滤纸,用洗瓶在滤纸和漏斗之间加水,使漏斗颈和锥体的大部分被水充满,然后一边轻轻按下掀起的滤纸,一边断续放开堵在出口处的手指,即可形成水柱。将这种准备好的漏斗安放在漏斗板上盖上表面玻璃,下端接一洁净烧杯,烧杯的内壁与漏斗出口尖处接触,然后开始过滤(图 4-26)。

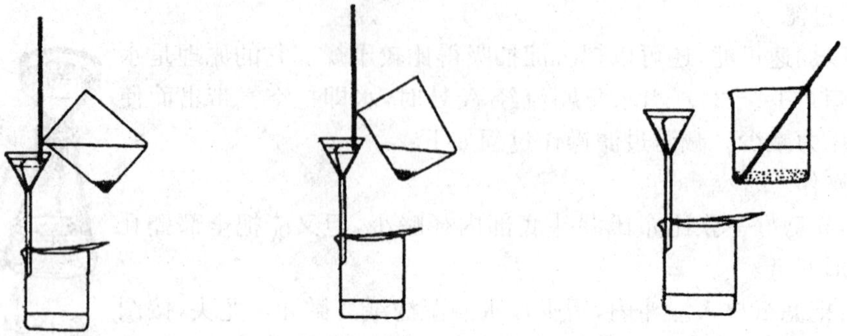

(a)玻璃棒垂直紧靠烧杯嘴,下端对着滤纸三层的一边,但不能碰到滤纸　(b)慢慢扶正烧杯,但杯嘴仍与玻璃棒贴紧,接住最后一滴溶液　(c)玻璃棒远离烧杯嘴搁放

**图 4-26　常压过滤**

②过滤操作　过滤分成三步。

第一步:用倾析法把清液倾入滤纸中留下沉淀。为此,在漏斗上将玻璃棒从烧杯中慢慢取出并直立于漏斗中,下端对着三层滤纸的那一边并尽可能靠近,但不要碰到滤纸[图 4-26(a)]。将上层清液沿着玻璃棒倾入漏斗,漏斗中的液面至少要比滤纸边缘低 5 mm,以免部分沉淀可能由于毛细管作用越过滤纸上缘而损失。当上层清液过滤完后,用 15 mL 左右洗涤液吹洗玻璃棒和杯壁并进行搅拌,澄清后,再按上法滤去清液。当倾析暂停时,要小心把烧杯扶正,玻璃棒不离杯嘴,到最后一液滴流完后,将玻璃棒收回放入烧杯中(此时玻璃棒不要靠在烧杯嘴处,因为烧杯嘴处可能沾有少量的沉淀),然后将烧杯从漏斗上移开。如此反复用洗涤液洗 2～3 次,使黏附在杯壁的沉淀洗掉,并将杯中的沉淀进行初步洗涤。

第二步:把沉淀转移到滤纸上。为此先用洗涤液冲下杯壁和玻璃棒上的沉淀,再把沉淀搅起,将悬浮液小心转移到滤纸上,每次加入的悬浮液不得超过滤纸锥体高度 2/3 的量。如此反复几次,尽可能地将沉淀转移到滤纸上。烧杯中残留的少量沉淀,则可按图 4-27 所示用左手将烧杯倾斜放在漏斗上方,杯嘴朝向漏斗。用左手食指按住架在烧杯嘴上的玻璃棒上方,其余手指拿住烧杯,杯底略朝上,玻璃棒下端对准三层滤纸处,右手拿洗瓶冲洗杯壁上所黏附的沉淀,使沉淀和洗液一起顺着玻璃棒流入漏斗中(注意勿使溶液溅出)。

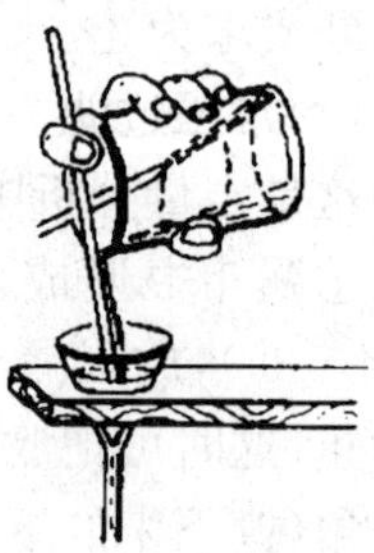

**图 4-27　残留沉淀的转移**

第三步:洗涤烧杯和洗涤沉淀。粘在烧杯壁上和玻璃棒上的沉淀可用淀帚自上而下刷至杯底,再转移到滤纸上。最后在滤纸上将沉淀洗至无杂质。洗涤时应先使洗瓶出口管充满液体后,以细小缓慢的洗涤液流从滤纸上部沿漏斗壁螺旋向下吹洗,绝不可骤然浇在沉淀上。待上一次洗液流完后,再进行下一次洗涤。在滤纸上洗涤沉淀主要是洗去杂质并将黏附在滤纸上部的沉淀冲洗至下部。

(3)热过滤

热过滤器是由带有夹层的铜质漏斗和玻璃漏斗共同组成。当需要除去热溶液中的不溶性杂质而过滤时又不致析出溶质常采用热过滤法。如果待过滤的溶液稍经冷却就要析出结晶，或者过滤的溶液较多时，最好采用热水漏斗，以利保温。如图 4－28 所示。

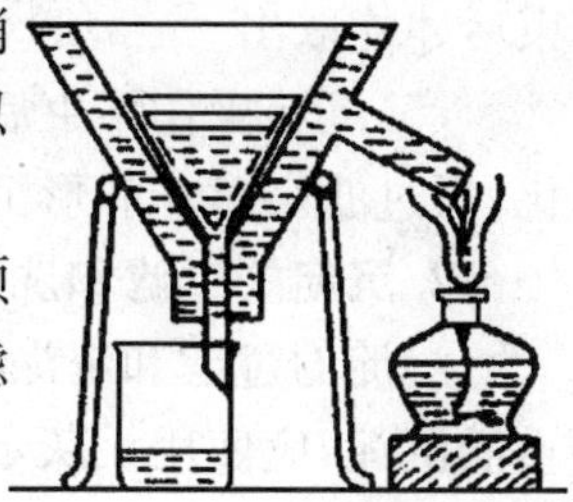
**图 4－28　热过滤**

为达到最大过滤速度，可选用短颈而粗的玻璃漏斗，防止晶体在颈部析出而造成堵塞。过滤前要把玻璃漏斗预热。也可采用简易热过滤装置。如图 4－29 所示。

为了尽可能地利用滤纸的有效面积，从而加快过滤速度，则滤纸应折成菊花状。折叠方法如图 4－30 所示。

需要注意的是：折叠时，折叠方向要一致向里。滤纸折线集中的地方为圆心。切勿重压，以免过滤时滤纸破裂。使用时滤纸要翻转过来，避免弄脏的一面接触滤液。

**图 4－29　简易热过滤装置**

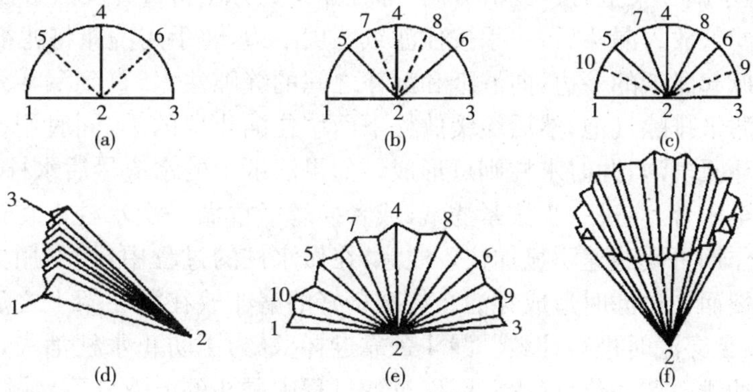

**图 4－30　菊花状滤纸折叠法**

## 二、重量分析的基本操作

重量分析主要用于对如硅、硫、磷、钨、钼等元素含量较高试样的分析，准确度较高。一般需要将待测元素转化为难溶物沉淀，经过滤、洗涤、干燥恒重后得到其质量，从而求出被测组分的含量。

重量分析法的操作过程较长，试样的称取及溶解等操作与其他方法相同，只是应该注意，称取试样的量应不使得到的沉淀过多或过少，一般晶形沉淀不超过 0.5 g，非晶形沉淀不超过 0.2 g。下面简要介绍有关的基本操作。

**1. 沉淀的准备**

准备好干净的烧杯，配上合适的玻璃棒与表面皿，按下列规程进行沉淀操作：

(1)准确称量一定量的试样，处理成为溶液。根据过量 10%～50%的比例计算出沉淀剂的实际用量。

(2)制备晶形沉淀时，为了获得颗粒粗大的晶形沉淀，应将试样溶液适当地稀释并加热。左手拿滴管慢慢地滴加沉淀剂。滴管口要接近液面，以免溶液溅出。右手拿搅拌棒，边滴边充分地搅拌，防止沉淀剂局部过浓。

(3)对于非晶形沉淀，要用浓的沉淀剂，快速加入到热的试液中，同时搅拌，这样就容易得到紧密的沉淀。

(4)加完沉淀剂后，检查沉淀是否完全。为此，将溶液放置片刻，待溶液完全清晰透明时，用滴管滴加一滴沉淀剂，观察滴落处是否出现浑浊。如出现浑浊，再补加沉淀剂，直至再加一滴不出现浑浊为止，再盖上表面皿。注意：玻璃棒要一直放在烧杯内，直至沉淀、过滤、洗涤结束后才能取出。

(5)沉淀操作结束后，对晶形沉淀，可放置过夜，或将沉淀连同溶液加热一定时间，进行陈化，再过滤。对非晶形沉淀，只需静置数分钟，让沉淀下沉即可过滤，不必放置陈化。

**2. 沉淀的过滤和洗涤**

沉淀的过滤和洗涤必须连续进行，不能间隔，否则沉淀干涸就无法洗净。对于需要灼烧称重的沉淀，应使用无灰定量滤纸(灼烧后灰分的质量可忽略不计)过滤；需要烘干称重的沉淀，应采用微孔玻璃坩埚过滤。若采用滤纸，则其大小及紧密程度要视沉淀的性质而定，例如，$BaSO_4$为晶形沉淀，用较小而致密的慢速滤纸(直径 9～11 cm)过滤；$Fe_2O_3 \cdot xH_2O$ 为蓬松的胶状沉淀，难于过滤，则需采用较疏松的快速滤纸(11～12.5 cm)。

(1)滤纸的折叠与安放　过滤以前应将干燥洁净的漏斗(标准的漏斗应具有 60°的圆锥角)置于漏斗架上，按“固液分离”部分介绍的方法折叠并安放好滤纸。

滤纸放入漏斗后，一手按住滤纸三层一边，一手用洗瓶将滤纸润湿，用手指堵住漏斗下口，稍稍掀起滤纸的一边，向滤纸和漏斗之间的缝隙注水，直到漏斗颈及锥体的一部分被水充满，轻压滤纸排除气泡，然后缓缓放松下面堵住漏斗口的手，同时用手指轻按滤纸，使之下沉并贴紧漏斗无气泡，此时水柱则可形成。如果滤纸中的水流尽后水柱不能保持，说明滤纸与漏斗没有完全密合，应进一步按紧滤纸，或者换滤纸重做一次水柱。在过滤和洗涤过程中，借水柱的抽吸作用可使滤速明显加快。注意：在做水柱的过程中，切勿用力按压滤纸，以免使滤纸变薄或破裂而在过滤时造成穿滤。将准备好的漏斗放在漏斗架上之后，下面放一干净烧杯承接滤液，以免穿滤时进行补救。漏斗颈靠近杯壁(为了防止水柱消失，不要靠紧)，滤液沿壁流下可避免冲溅。漏斗位置的高低，以过滤过程中漏斗的流液口不接触滤液为度。

(2)沉淀的过滤和洗涤　过滤和洗涤沉淀一般是用倾析法(参见“固液分离”部分)。倾泻时，溶液应沿着一支垂直的玻璃棒(立于滤纸三层的上方)流入漏斗中。但勿接触滤纸。拿起盛沉淀的烧杯，使杯嘴贴着搅棒，缓慢地将烧杯倾斜，尽量不搅起沉淀，将上层清液缓慢地沿搅棒倾入漏斗中。停止倾倒时要使烧杯沿搅棒上提出 1～2 cm，同时，逐渐扶正烧杯，再离开搅棒。此过程中应保持搅棒直立不动，绝不能让杯嘴离开搅棒，以防液滴沿烧杯嘴外壁流失。烧杯离开玻棒后，将玻棒放回烧杯，但勿靠在杯嘴处。用洗瓶或滴管加水或洗涤液，从上到下旋转冲洗杯壁，每次用 15 mL 左右，然后用搅棒搅起沉淀以充分洗涤，再将烧杯斜放在白瓷砖边缘，使沉淀下沉并集中在烧杯一侧，这样易将上层清液倒出。澄清后再按前述方法过滤清液。洗涤的次数要视沉淀的性质及杂质的含量而定。一般晶形沉淀洗 2～3 次，非晶形沉淀洗 5～6 次。洗涤应遵循“少量多次”的原则，即总体积相同的洗涤液应尽可能分多次洗涤，每次用量要少，而且每次加入洗涤液前应使前一次的洗涤液尽量流尽。

洗涤数次以后，用洁净的表面皿接取约 1 mL 滤液，选择灵敏的定性反应来检验沉淀是否洗净(注意：接取滤液时勿使漏斗下端触及下面烧杯中的滤液)。

(3)沉淀的转移　为了把沉淀全部转移到滤纸上，先用洗涤液将沉淀搅起。将悬浮液转移到滤纸上，这一步不能使沉淀损失。然后用洗瓶水冲下杯壁和玻棒上的沉淀，再行转移。这样操作几次基本上就可以把沉淀完全转移至漏斗中。剩下极少量的沉淀，可以将烧杯向下倾斜着拿在漏斗上方，烧杯嘴向着漏斗，将搅棒横架在烧杯口上，下端对着滤纸三层部位，用洗瓶的水从上到下冲洗杯壁，边冲边流入漏斗，注意防止漏斗中滤液充满。加热陈化过程往往会使一些细小沉淀黏附在烧杯壁上而用水冲不下来，可用折叠滤纸时撕下的纸角，将其放入烧杯壁的中上部位，用水润湿后先擦拭玻璃棒上的沉淀，再用玻璃棒按住此纸片自上而下旋转着擦壁上和杯底的沉淀，然后将此纸片放入漏斗中。

**3. 沉淀的灼烧和恒重**

(1)瓷坩埚的准备

在定量分析中用滤纸过滤的沉淀，须在瓷坩埚中灼烧至恒重。因此要先准备好已知质量的坩埚。将洗净的坩埚倾斜放在泥三角上[图 4－31(a)]，斜放好盖子，用小火小心加热坩埚盖[图 4－31(c)]，使热空气流反射到坩埚内部将其烘干。稍冷，用硫酸亚铁铵溶液(或硝酸钴等溶液)在坩埚和盖上编号，然后在坩埚底部[图 4－31 (b)]灼烧至恒重。灼烧温度和时间应与灼烧沉淀时相同(沉淀灼烧所需的温度和时间，随沉淀而异)。在灼烧过程中要用热坩埚钳慢慢转动坩埚数次，使其灼烧均匀。空坩埚第一次灼烧 30 min 后，停止加热，稍冷却(红热退去，再冷 1 min 左右)，用热坩埚钳夹取放入干燥器内冷却 40～50 min，然后称量(称量前 10 min 应将干燥器拿到天平室)。第二次再灼烧 15 min，冷却，称量(每次冷却时间要相同)，直至两次称量相差不超过 0.2 mg，即为恒重。将恒重后的坩埚放在干燥器中备用。

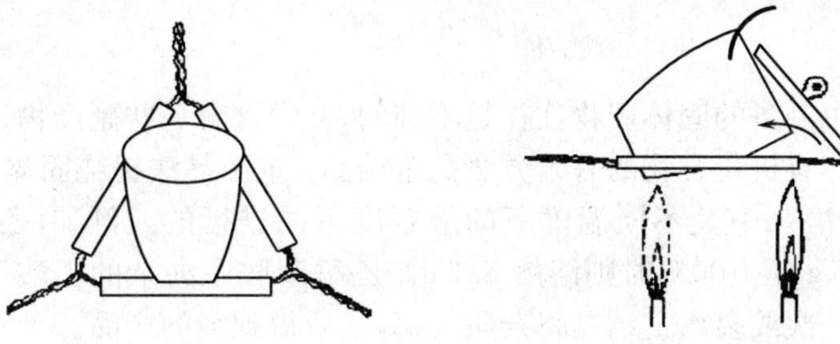


**图 4－31　沉淀的烘干和灼烧**

(2)沉淀的包裹

晶形沉淀一般体积较小，可按图 4－32 所示。用清洁的玻璃棒将滤纸的三层部分挑起，再用洗净的手将带沉淀的滤纸取出，打开成半圆形，自右边半径的 1/3 处向左折叠，再从上边向下折，然后自右向左卷成小卷，最后将滤纸放入已恒重的坩埚中，包卷层数较多的一面应朝上，以便于炭化和灰化。

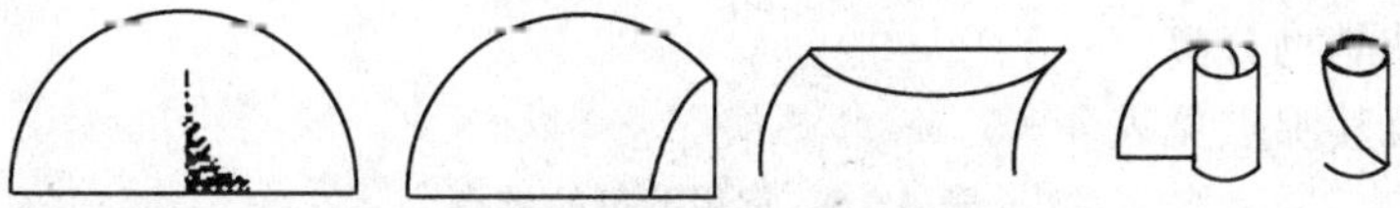


**图 4－32　包裹沉淀方法一**

对于胶状沉淀，由于体积一般较大，不宜用上述包裹方法，而应用玻璃棒将滤纸边挑起(三层边先挑)，再向中间折叠(单层边先折叠)，将沉淀全部盖住(图 4－33)，再用玻璃棒将滤纸转移到已恒重的瓷坩埚中(锥体的尖头朝上)。

**图 4－33　包裹沉淀方法二**

(3)烘干、灼烧及恒重

将装有沉淀的坩埚放好[图 4－31(c)]，小心地用小火把滤纸和沉淀烘干直至滤纸全部炭化。炭化时如果着火，可用坩埚盖盖住并停止加热使火焰熄灭(切不可吹灭，以免沉淀飞扬而损失)。炭化后，将灯移至坩埚底部[图 4－31(b)]，逐渐升高温度,使滤纸灰化(将碳素氧化成二氧化碳而沉淀留下的过程)。滤纸全部灰化后,沉淀在与灼烧空坩埚相同的条件下进行灼烧、冷却,直至恒重。使用马弗炉煅烧沉淀时,可用上述方法灰化,然后,再将坩埚放入马弗炉煅烧至恒重。

(4)用玻璃砂坩埚减压过滤、烘干与恒重

只要经过烘干即可称量的沉淀通常用玻璃砂坩埚过滤。使用坩埚前先用稀 HCl、稀 $HNO_3$ 或氨水等溶剂泡洗(不能用去污粉,以免堵塞孔隙),然后通过橡皮垫圈与吸滤瓶接上抽气泵,先后用自来水和蒸馏水抽洗。洗净的坩埚在烘干沉淀的条件下(沉淀烘干的温度和时间根据沉淀的种类而定)烘干,然后放在干燥器中冷却(约需 0.5 h),称量。重复烘干、冷却、称量,直至两次称量质量的差不大于 0.2 mg。用玻璃砂坩埚过滤沉淀时,把经过恒重的坩埚装在吸滤瓶上,先用倾析法过滤。经初步洗涤后,把沉淀全部转移到坩埚中,再将烧杯和沉淀用洗涤液洗净后,把装有沉淀的坩埚参照图 4－31 (a)放好,置于烘箱中,在与空坩埚相同的条件下烘干、冷却、称重,直至恒重。

## 4.8 重结晶

从有机化学反应中制备的固体产物往往是不纯的,常常含有一些副产物、未反应完的原料和一些杂质。提纯固体有机化合物的有效方法是重结晶。重结晶法提纯固体有机化合物是根据有机化合物在不同溶剂中及不同温度下的溶解度不同进行的。例如,乙酰苯胺在 25 ℃ 100 mL 水中溶解 0.56 g,在 100℃时则溶解 5.2 g。乙酰苯胺中夹杂的乙酸于 25℃时则全部溶解于水。这样通过一次或多次重结晶将杂质去掉,最后得到纯的产品。

**1. 溶剂的选择**

正确选择溶剂,对重结晶操作有很重要的意义。主要考虑被溶解物的组成与结构,即溶质往往容易溶解于相似的物质中,极性物质易溶于极性溶剂,而难溶于非极性溶剂中,反之也一样,这是选择溶剂的主要依据。此外还应注意以下几点:

①不与重结晶物质发生化学反应;

②在高温时,重结晶物质在溶剂中溶解度大,而在低温时溶解度应该很小;

③杂质不溶在热的溶剂中,或是杂质在低温时极易溶在溶剂中,不随晶体一起析出;

④容易与重结晶物分离。

常用的溶剂及其沸点见表 4－5。

**表 4－5　常用溶剂的沸点**

| 溶剂 | 沸点(℃) | 溶剂 | 沸点(℃) | 溶剂 | 沸点(℃) |
|---|---|---|---|---|---|
| 乙醚 | 34.5 | 乙醇 | 78 | 石油醚 | 40～60 |
| 二硫化碳 | 46.5 | 四氯化碳 | 76.5 | | 60～80 |
| 丙酮 | 56 | 苯 | 80.2 | | 80～100 |
| 氯仿 | 61.7 | 水 | 100 | | 100～120 |
| 甲醇 | 65 | 乙酸 | 118 | | |

选择溶剂时,除查阅资料外,有时还需要由试验来确定。其方法是取 0.1 g 欲重结晶的固体放入试管中,加入溶剂并不断地振荡。当加入 1 mL 时在室温下就溶解。或是加热至全沸仍不溶解,逐渐补加溶剂后并加热至沸腾,直到 3 mL 时固体仍不全溶解,这两种溶剂均不适用。如果加入 3 mL 溶剂后,沸腾时固体全部溶解,而冷却后又无结晶析出或很少结晶,此种溶剂也不适用。只有当固体在沸腾时全部溶解,冷却后析出的结晶又快又多,此种溶剂为最合

适的溶剂。

有时也采用两种溶剂按一定比例混合来进行重结晶。这样可以弥补单一溶剂的不足，使之达到理想的效果。

**2. 重结晶操作**

待重结晶物质的溶解常在圆底烧瓶或锥形瓶中进行。为避免溶剂的挥发，在瓶上安装回流冷凝器。如果用水作溶剂，也可以用烧杯作容器，在烧杯上盖上一表面皿，表面皿凸面朝下，使蒸气冷凝后将顺凸面回滴到烧杯里。

例如，称取粗乙酰苯胺 3 g，放入 100 mL 圆底烧瓶中，加入 1～2 粒沸石，再加 40 mL 水，将回流冷凝器安装好，在石棉网加热至沸。如果溶液中有未溶解的固体或油状(熔融)物存在，可逐渐添加一定量的水，再继续加热至沸，直到所有固体在沸腾下刚刚全部溶解后，再加入约 2 mL 水。

重结晶操作的关键是如何制备热的饱和溶液。溶剂(水)加多了，不能形成饱和溶液，冷却后析出的结晶少。溶剂加少了，溶液将形成过饱和溶液，结晶析出很快，热过滤时大量的结晶析出，并残存在漏斗中的滤纸上，减少产品的回收率。固体溶解后，多加少量的溶剂是为了减少热过滤过程中在滤纸中析出结晶，使热过滤顺利地进行。

停止加热，使溶液稍冷后，在搅拌下慢慢加入约 0.1 g 脱色炭除去有色杂质和树脂状物。由于脱色炭是多孔性的，如在沸腾状态下加入会引起暴沸，所以在加脱色炭前应使溶液冷一冷。一般脱色炭加入量为固体量的 1%～5%。不要加多，否则，产品会包在脱色炭中影响产量。加入脱色炭后再煮沸 5～10 min，趁热过滤。热过滤是通过热水漏斗及折叠滤纸来完成。事先将热水漏斗注入水，不要太满，用煤气灯加热至沸腾，将叠好的滤纸放在玻璃漏斗中，然后将溶液趁热分几次倒入漏斗中进行热过滤。如果使用易燃的溶剂须将火源撤掉，再进行热过滤，以防止引燃着火。接收滤液时将漏斗的颈部贴在烧杯的内壁上，使滤液沿着内壁流下。

折叠滤纸方法：按图 4 - 30 将圆滤纸对折、再对折，然后将 1 对 4，3 对 4，折出 5 和 6 线。用 1 对 6，3 对 5，折出 7 和 8 线。用 1 对 7，3 对 4，折出 9 和 10 线，形成 8 个小平面，将滤纸翻转过来，把每一个小平面从当中向下按，形成对折，叠出折扇的形状，打开滤纸将两侧两个对称的两个小平面按上述方法对折，调整好滤纸放在漏斗中。

过滤后的滤液冷却至室温，应有大量结晶析出。如果没有结晶析出，可用玻璃棒摩擦烧杯内壁或加入少量晶体作晶种促使其结晶。

将布氏漏斗安放在吸滤瓶上，使其漏斗颈口斜面对着吸滤瓶抽气嘴。不要装反，以防溶液被抽到抽气装置中。滤纸的大小应合适，滤前用滴管滴少许溶剂(水)，使滤纸全部紧贴在漏斗的多孔板上，不要有空隙。将冷却好的滤液过滤，用溶剂(水)洗涤，再将溶液抽净，用刮铲将结晶取出放在表面皿上自然干燥。将干燥的产品称重，计算回收率。

## 4.9 升华

升华是纯化固体有机化合物的一个方法，它所需的温度一般较蒸馏时低。但是只有在其熔点温度以下具有相当高(高于 20 mmHg)蒸气压的固态物质，才可应用升华来提纯。利用升华可除去不挥发性杂质，或分离不同挥发度的固体混合物。升华常可得到较高纯度的产物，但操作时间长，损失也较大，在实验室里只用于较少量(1～2 g)物质的纯化。

### 一、基本原理

严格说来，升华是指物质自固态不经过液态而直接转变成蒸气的现象。然而对有机化合物的提纯来说，重要的却是使物质蒸气不经过液态而直接转变成固态，因为这样常能得到高纯度的物质。因此，在有机化学实验操作中，不管物质蒸气是由固态直接汽化还是由液态蒸发而产生的，只要是物质从蒸气不经过液态而直接转变成固态的过程都称为升华。一般说来，对称性较高的固态物质具有较高的熔点，且在熔点温度以下具有较高的蒸气压，易于用升华来提纯。

为了了解控制升华的条件，就必须研究固、液、气三相平衡(图 4－34)，图中 ST 表示固相与气相平衡时固体的蒸气压曲线，TW 是液相与气相平衡时液体的蒸气压曲线。两曲线在 T 处相交，此点即为三相点。在此点，固、液、气三相可同时并存。TV 曲线表示固、液两相平衡时的温度和压力，它指出了压力对熔点的影响。这曲线和其他两曲线在 T 处相交。

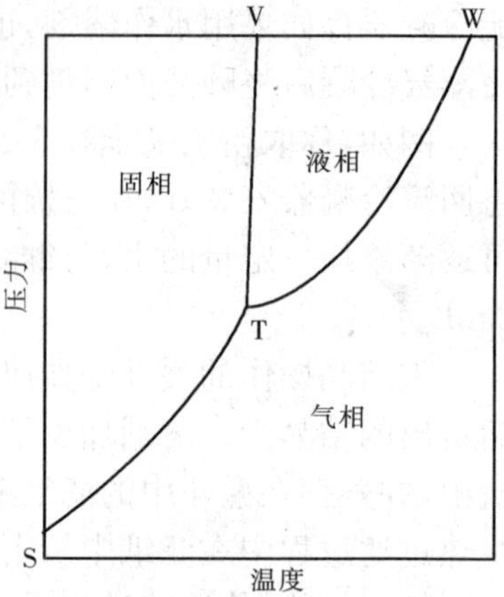

**图 4－34　物质三相平衡图**

一个物质的正常熔点是固、液两相在大气压下平衡时的温度。在三相点时的压力是固、液、气三相的平衡蒸气压，所以三相点时的温度和正常的熔点有些差别。然而，这种差别非常小，通常只有几分之一摄氏度，因此在一定的压力范围内，TV 曲线偏离垂直方向很小。

在三相点以下，物质只有固、气两相，若降低温度，蒸气就不经过液态而直接变成固态，若升高温度，固态也不经过液态而直接变成蒸气。因此，一般的升华操作皆应在三相点温度以下进行。若某物质在三相点温度以下的蒸气压很高，因而汽化速率很大，就可以容易地从固态直接变为蒸气，且此物质蒸气压随温度降低而下降非常显著，稍降低温度即能由蒸气直接转变成固态，则此物质可容易地在常压下用升华方法来纯化。例如，六氯乙烷(三相点温度 186 ℃，压力 780 mmHg)在 185℃时的蒸气压已达 760 mmHg，因而在低于 186 ℃时就完全由固相直接挥发为蒸气，中间不经过液态阶段。樟脑(三相点温度 179 ℃，压力 370 mmHg)在 160℃时蒸气压为 218.8 mmHg，即未达熔点前已有相当高的蒸气压。只要缓缓加热，使温度维持在 179℃以下，它就可不经熔化而直接蒸发，蒸气遇到冷的表面就凝结成为固体。这样蒸气压可始终维持在 370 mmHg 以下，直至挥发完毕。

像樟脑这样的固体物质，它的三相点平衡蒸气压低于一个大气压，如果加热很快，使蒸气压超过了三相点的平衡蒸气压，这时固体就会熔化成为液体。如继续加热至蒸气压到 760 mmHg 时，液体就开始沸腾。

有些物质在三相点时的平衡蒸气压比较低(为了方便，可以认为三相点时的温度及平衡蒸气压与熔点的温度及蒸气压相差不多)。例如，苯甲酸熔点 122 ℃，6 mmHg；萘熔点 80 ℃，7 mmHg。这时如果也用上述升华樟脑的办法，就不能得到满意产率的升华产物。例如，萘加热至 80 ℃时要熔化，而其相应的蒸气压很低，当蒸气压达到 760 mmHg 时(218 ℃)开始沸腾。若要使大量萘全部转变成为气态，就必须保持在 218℃左右。但这时萘的蒸气冷却后要转变为液态，除非达到三相点(此时的蒸气压为 7 mmHg)时，才转变成为固态。在三相点温度时，萘的蒸气压很低(萘的分压∶空气分压＝7∶753)，因此，萘升华的收率很低。为了提高升华的收率，对于萘及其他相关化合物，通常可采用减压升华方法，也可采用将化合物加热至熔点以上提高蒸压的升华方法。该方法可同时通入空气或惰性气体来带出蒸气，促使蒸发速度增快；并可降低被纯化物质的分压，使蒸气不经过液化阶段而直接凝成固体。

## 二、实验操作

### 1. 常压升华

最简单的常压升华装置如图 4－35(a)所示，在蒸发皿中放置粗产物，上面覆盖一张穿有许多小孔的滤纸(最好在蒸发皿的边缘上先放置大小合适的用石棉纸做成的窄圈，用以支持此滤纸)。然后将大小合适的玻璃漏斗倒覆在上面，漏斗的颈部塞有玻璃毛或脱脂棉花团，减少蒸气逃逸。在石棉网上渐渐加热蒸发皿(最好能用砂浴或其他热浴)，小心调节火焰，控制浴温低于被升华物质的熔点，使其慢慢升华。蒸气通过滤纸小孔上升，冷却后凝结在滤纸上或漏斗壁上。必要时漏斗外壁可用湿布冷却。

在空气或惰性气体流中进行升华的装置见图 4－35(b)。在锥形瓶上打有两孔的软木塞，一孔插入玻璃管以导入空气或惰性气体；另一孔插入接液管，接液管的另一端伸入圆底烧瓶中，烧瓶口塞一些棉花或玻璃毛。当物质开始升华时，通入空气或惰性气体，带出的升华物质，遇到冷水冷却的烧瓶壁就凝结在壁上。

### 2. 减压升华

减压升华装置如图 4－35(c)所示，将固体物质放在吸滤管中，然后将装有“冷凝管”的橡皮塞紧密塞住管口，利用水泵或油泵减压。接通冷凝水流，将吸滤管浸在水浴或油浴中加热，使之升华。

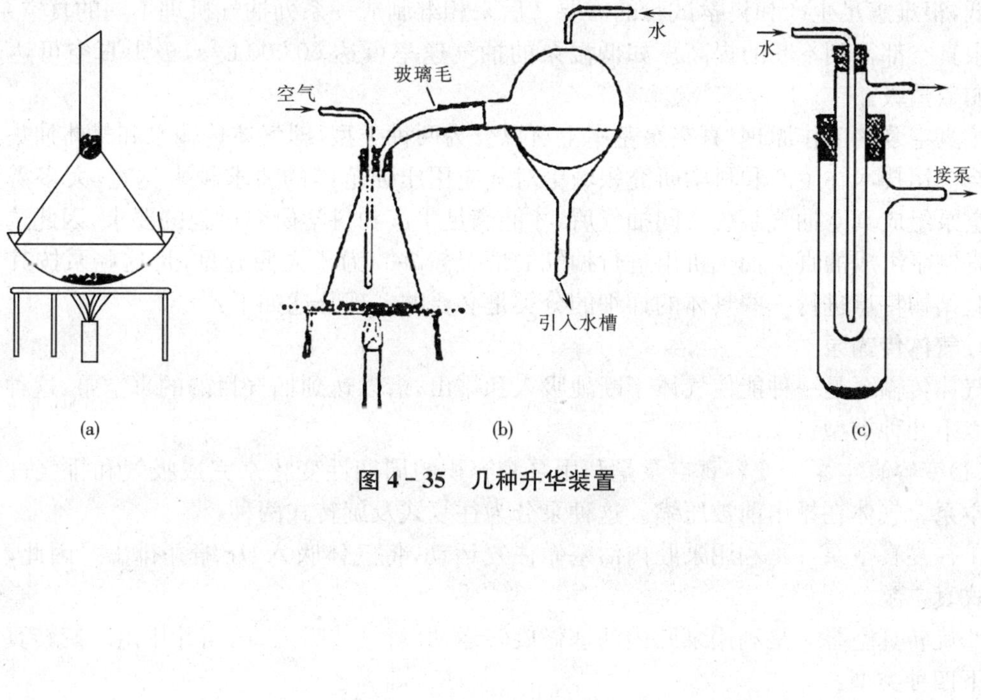


**图 4－35　几种升华装置**

# 第五章　基本物理量的测定技术

## 5.1　真空技术

真空技术是建立低于大气压力的物理环境，以及在此环境中进行工艺制作、物理测量和科学试验等所需的技术。真空技术主要包括真空获得、真空测量、真空检漏和真空应用四个方面。在真空技术发展中，这四个方面的技术是相互促进的。

真空是指低于大气压力的气体的给定空间，即每立方厘米空间中气体分子数少于2 500亿亿个的给定空间。真空是相对于大气压来说的，并非空间没有物质存在。用现代抽气方法获得的最低压力，每立方厘米的空间里仍然会有数百个分子存在。气体稀薄程度是对真空的一种客观量度，最直接的物理量度是单位体积中的气体分子数。气体分子密度越小，气体压力越低，真空度就越高。但由于历史原因，量度真空通常都用压力表示。

### 一、真空的获得

在地球上，通常是对特定的封闭空间抽气来获得真空，用来抽气的设备称为真空泵。主要有水冲泵、机械泵、扩散泵、分子泵、钛泵、低温泵等。早先制成的真空泵，抽气速度不大，极限真空低，很难满足生产和科学试验的需要。后来相继制成一系列抽气机理不同的真空泵，抽速和极限真空都得到不断的提高。如低温泵的抽气速率可达 60 000 L/s，极限真空可达千亿分之一帕数量级。

按真空泵的工作原理，真空泵基本上可以分为两种类型，即气体传输泵和气体捕集泵。随着真空应用技术在生产和科学研究领域中对其应用压强范围的要求越来越宽，大多需要由几种真空泵组成真空抽气系统共同抽气后，才能满足生产和科学研究过程的要求，因此选用不同类型真空泵组成的真空抽气机组进行抽气的情况较多。为了方便起见，将这些泵按其工作原理或其结构特点进行一些具体的详细的分类是必要的。现分述如下：

**1. 气体传输泵**

气体传输泵是一种能使气体不断地吸入和排出，借以达到抽气目的的真空泵，这种泵基本上有以下几种类型：

(1)变容真空泵　变容真空泵是利用泵腔容积的周期性变化来完成吸气和排气过程的一种真空泵。气体在排出前被压缩。这种泵分为往复式及旋转式两种：

①往复真空泵　是利用泵腔内活塞做往复运动，将气体吸入、压缩并排出。因此，又称为活塞式真空泵。

②旋转真空泵　是利用泵腔内活塞做旋转运动，将气体吸入、压缩并排出。旋转真空泵又有如下四种类型：

a. 油封式真空泵：它是利用油来密封各运动部件之间的间隙，减少有害空间的一种旋转变容真空泵。这种泵通常带有气镇装置，故又称气镇式真空泵。按其结构特点分为如下五种型式。

第一为旋片式真空泵：转子以一定的偏心距装在泵壳内并与泵壳内表面的固定面靠近，在转子槽内装有两个(或两个以上)旋片，当转子旋转时旋片能沿其径向槽往复滑动且与泵壳内壁始终接触，此旋片随转子一起旋转，可将泵腔分成几个可变容积。

第二为滑阀式真空泵：在偏心转子外部装有一个滑阀，转子旋转带动滑阀沿泵壳内壁滑动和滚动，滑阀上部的滑阀杆能在可摆动的滑阀导轨中滑动，而把泵腔分成两个可变容积。

第三为定片式真空泵：在泵壳内装有一个与泵内表面靠近的偏心转子，泵壳上装有一个始终与转子表面接触的径向滑片，当转子旋转时，滑片能上、下滑动将泵腔分成两个可变容积。

第四为余摆线式真空泵：在泵腔内偏心装有一个型线为余摆线的转子，它沿泵腔内壁转动并将泵腔分成两个可变容积。

第五为多室旋片式真空泵：在一个泵壳内并联装有由同一个电动机驱动的多个独立工作室的旋片真空泵。

b. 干式真空泵：它是一种不用油类（或液体）密封的变容真空泵。

c. 液环式真空泵：带有多叶片的转子偏心装在泵壳内，当它旋转时，把液体（通常为水或油）抛向泵壳形成泵壳同心的液环，液环同转子叶片形成了容积周期变化的几个小容积，故亦称旋转变容真空泵。

d. 罗茨真空泵：泵内装有两个相反方向同步旋转的双叶形或多叶形的转子，转子间、转子同泵壳内壁之间均保持一定的间隙。它属于旋转变真空泵。机械增压泵即为这种类型的真空泵。

（2）动量传输泵　这种泵是依靠高速旋转的叶片或高速射流，把动量传输给气体或气体分子，使气体连续不断地从泵的入口传输到出口。具体可分为下述几种类型。

①分子真空泵　它是利用高速旋转的转子把能量传输给气体分子，使之压缩、排气的一种真空泵。它有如下三种类型：

a. 牵引分子泵：气体分子与高速运动的转子相碰撞而获得动量，被送到出口，因此，是一种动量传输泵。

b. 涡轮分子泵：泵内装有带槽的圆盘或带叶片的转子，它在定子圆盘（或定片）间旋转。转子圆周的线速度很高。这种泵通常在分子流状态下工作。

c. 复合分子泵：它是由涡轮式和牵引式两种分子泵串联组合起来的一种复合式分子真空泵。

②喷射真空泵　它是利用文丘里（Venturi）效应的压力降产生的高速射流把气体输送到出口的一种动量传输泵，适于在黏滞流和过渡流状态下工作。这种泵又可详细地分成以下几种：

a. 液体喷射真空泵：以液体（通常为水）为工作介质的喷射真空泵。

b. 气体喷射真空泵：以非可凝性气体作为工作介质的喷射真空泵。

c. 蒸气喷射真空泵：以蒸气（水、油或汞等蒸气）作为工作介质的喷射真空泵。

（3）扩散泵　以低压高速蒸气流（油或汞等蒸气）作为工作介质的喷射真空泵。气体分子扩散到蒸气射流中，被送到出口。在射流中气体分子密度始终是很低的，这种泵适于在分子流状态下工作。可分为：

①自净化扩散泵　泵液中易挥发的杂质经专门的机械输送到出口而不回到锅炉中的一种油扩散泵。

②分馏式扩散泵　这种泵具有分馏装置，使蒸气压强较低的工作液蒸气进入高真空工作的喷嘴，而蒸气压强较高的工作液蒸气进入低真空工作的喷嘴，它是一种多级油扩散泵。

（4）扩散喷射泵　它是一种有扩散泵特性的单级或多级喷嘴与具有喷射真空泵特性的单级或多级喷嘴串联组成的一种动量传输泵。油增压泵即属于这种型式。

（5）离子传输泵　它是将被电离的气体在电磁场或电场的作用下，输送到出口的一种动量传输泵。

**2. 气体捕集泵**

这种泵是一种使气体分子被吸附或凝结在泵的内表面上，从而减小了容器内的气体分子数目而达到抽气目的的真空泵，有以下几种类型。

(1)吸附泵

它主要依靠具有大表面的吸附剂(如多孔物质)的物理吸附作用来抽气的一种捕集式真空泵。

(2)吸气剂泵

它是一种利用吸气剂以化学结合方式捕获气体的真空泵。吸气剂通常是以块状或沉积新鲜薄膜形式存在的金属或合金。升华泵即属于这种类型。

(3)吸气剂离子泵

它是使被电离的气体通过电磁场或电场的作用吸附在有吸气材料的表面上，以达到抽气的目的。它有如下几种型式。

①蒸发离子泵　泵内被电离的气体吸附在以间断或连续方式升华(或蒸发)而附在泵内壁的吸气材料上，以实现抽气的一种真空泵。

②溅射离子泵　泵内被电离的气体吸附在由阴极连续溅射散出来的吸气材料上，以实现抽气目的的一种真空泵。

(4)低温泵

利用低温表面捕集气体的真空泵。

## 二、真空的测量

测量某一特定稀薄气体空间的气体(或蒸气)压力而使用的仪器或仪表称为真空计。由于真空的测量范围很宽，因用途不同而真空度的范围在 $10^{-13}\sim10^{5}$ Pa，但目前尚无一种真空计能测量如此宽的真空度范围，因此对应不同真空区域有不同的测量范围的真空计。真空计的种类如下：

**1. U 形管真空计**

结构最简单的测量压力的仪器，它通常是用玻璃管制成，其工作液体有多种，通常为水银。管的一端与待测压力的真空容器相连，另一端是封死的或开口与大气相通，以 U 形管两端的液面差来指示真空度。U 形管真空计的测量范围为 $10^{1}\sim10^{5}$ Pa。它是一种绝对真空计。

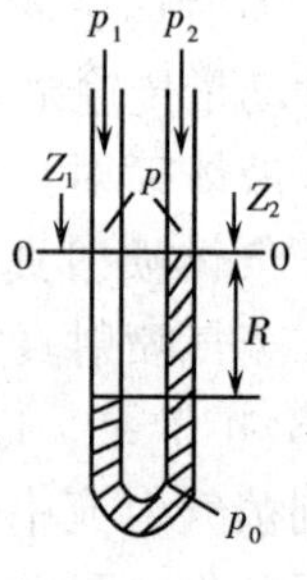


图 5-1　开式 U 形真空计

(1)开式 U 形管真空计：将 U 形管内充入适量的工作液(如水银)，一端开口接大气(即环境大气压 $p_0$)，另一端与被测真空系统相连接(待测压力 $p$)，如图 5-1 所示。

其压力计算公式如下：

$$p_2=p_1-\rho gR \tag{1}$$

式中，$p_2$ 为待测压力；$p_1$ 为环境大气压力；$R$ 为两液面高度差；$\rho$ 为工作液密度；$g$ 为重力加速度。

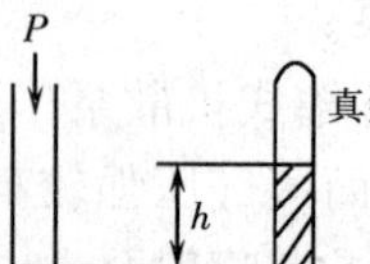


图 5-2　闭式 U 形真空计

(2)闭式 U 形管真空计　如图 5-2 所示，把管内预先抽至压力为 $10^{-1}$ Pa 以下，然后将工作液(如水银)注入管内，其开口端与待测真空系统相连接。当真空系统抽气前，真空系统内的压力等于环境大气压力，则工作液充满封闭端形成最大液面差 $h_0$；当系统抽气到某一瞬间时，两端液面处于液面静压力平衡时，则待测压力值可用下式求得（忽略封闭端内压力对液面的影响）：

$$p=\rho gh \tag{2}$$

**2. 弹性元件真空计**

利用弹性元件在压差作用下产生弹性变形的原理制成的真空测量仪表称为弹性元件真空表。在结构和外形上与工业用压力表类似，一般用于粗真空（$10^2\sim10^5$ Pa）的测量。根据变形弹性元件分类，这类真空计通常有弹簧管式、膜盒式和膜片式。弹簧管式压差计结构如图 5－3 所示。

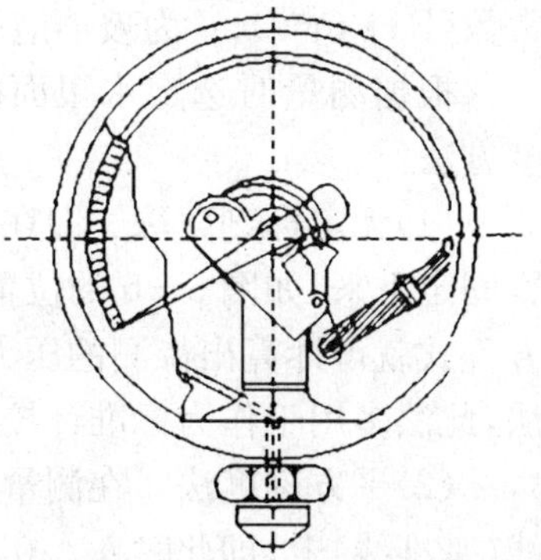

**图 5－3　弹簧管式压差计**

弹性元件真空表性能稳定，其测量范围一般为 $10^2\sim10^5$ Pa，精度有 0.5 级、1.5 级和 2.5 级数种。

在工业生产中有些设备需要既测量正压（高于一个大气压），也要测量负压（低于一个大气压，即真空状态），因此，制成的弹性元件压力真空表在同一条表盘刻度上同时刻有正压力和真空度。

弹性元件真空表的主要特点如下：

(1)测量结果是气体和蒸气的全压力，并与气体种类、成分及其性质无关；

(2)测量过程中，仪表的吸气和放气很小，同时仪表内部没有高温部件，不会使油蒸气分解；

(3)测量精度较高；

(4)反应速度较快；

(5)结构牢固，选用适当材料能测量腐蚀性气体；

(6)是绝对真空计，0.5 级以上的表可作为标准表。

**3. 压缩式真空计**

压缩式真空计是对 U 形管真空计的重大改进，它是依据理想气体的波义耳定律制成的。由于它首先是由麦克劳提出的，故此种真空计又称为麦克劳真空计（简称麦氏计）。

压缩式真空计是测量压力低于 1Pa 实用的绝对真空计，并且从 1874 年至今仍作为校准其他真空计的主要仪器。

图 5－4 所示为一种工作用压缩式真空计。它是用硬质玻璃吹制而成。由玻璃毛细管 3（顶端为封闭端）、比较毛细管 4、玻璃泡 2、水银贮器 1、三通阀 7 与被测真空系统相连接的导管 6 和刻度尺 5等组成。

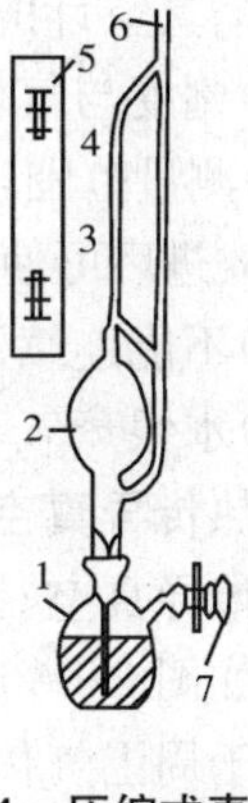


**图 5－4　压缩式真空计**

1. 水银贮器　2. 玻璃泡　3. 玻璃毛细管　4. 比较毛细管　5. 刻度尺　6. 导管　7. 三通阀

测量前将压缩式真空计的导管与被测系统相连接，由于系统内压力各处相等，所以玻璃泡和测量毛细管内的压力与待测系统内的压力 $p$ 相等。测量时用任一种方法将水银面提升，当水银面停在如图 5－5 所示的位置时，停止提升，其压力计算公式为：

$$p=\pi d^2/4V\cdot\rho gh_1(h_1-h_2) \tag{3}$$

此式即为压缩式真空计的基本方程式。式中 $d$ 为玻璃毛细管的内径。$V$ 和 $d$ 在吹制压缩式真空计时可测得为已知数据，则：

$$p=Kh_1(h_1-h_2)$$

$$K=\pi d^2/4V \cdot \rho g=1.05\times 10^5\, d^2/V \tag{4}$$

式中，$p$ 为待测压力(Pa)；$h_1-h_2$ 为液面差(m)；$K$ 称为真空计常数($Pa \cdot m^{-2}$)；$V$ 为玻璃泡和玻璃毛细管总容积($m^3$)。

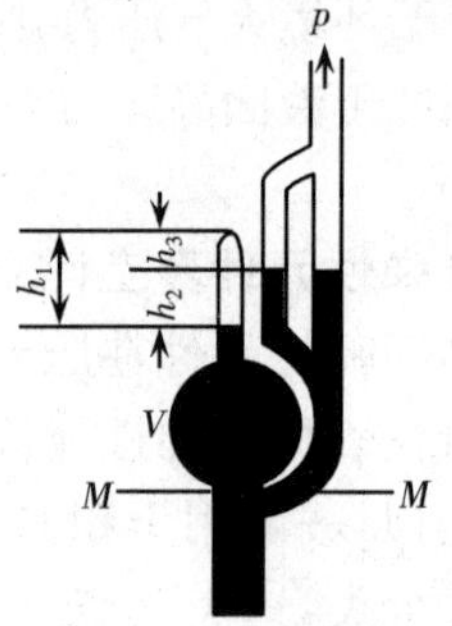

图 5-5 压缩式真空计测量图

根据测量时选定水银面的基准线位置的不同，有三种刻度方法：

(1)无定标刻度法　即在测量时，将水银面提升到任意位置固定下来，如图 5-5 的位置，分别测出 $h_1$ 和 $h_2$ 值，代入基本方程式就可计算出待测的压力值 $p$，这种方法称为无定标刻度法，此法多用于作为标准计校对其他相对真空计。

(2)平方刻度法　在测量时，将比较毛细管中水银面提升到与玻璃毛细管内顶端同一水平线(基准线)上，即此时 $h_2=0$，则基本方程式可写成：

$$p=Kh^2 \tag{5}$$

可见压力 $p$ 与水银面高度差 $h$ 的平方成正比，所以此法称为平方刻度法。

(3)直线刻度法　在测量时，将水银面提升到玻璃毛细管上某一位置(此位置作为基准线)，即 $h_1=$常数，则基本方程式写成：

$$p=K \cdot h_1 h=K_{line} h \tag{6}$$

式中，$K_{line}$ 为直线刻度真空计常数($Pa \cdot m^{-1}$)。所以 $p$ 与水银液面高度差 $h$ 成直线关系，故称为直线刻度法。

在刻度过程中，$h_1$ 可选其等于任意值，选定一个值(一条基准线)就可有一对应的刻度尺，因此，同一台压缩式真空计可同时选定几个 $h_1$ 值，就可有对应的几个不同的刻度尺。

可凝蒸气(特别是水)是真空系统中常见的，由于其不符合波义耳定律，故压缩式真空不能正确反映可凝蒸气的压力。通常在压缩式真空计与被测系统之间连一冷阱，用以捕集可凝性蒸气，此时压缩真空计的指示为永久气体的分压力。

压缩真空计的特点是：

(1)刻度与气体种类无关，这是对永久性气体而言。

(2)测量范围较宽、精度较高。工作用压缩式真空计的测量范围为 $10^{-3}\sim 10^2$ Pa，对其结构尺寸进行改进后可使量程进一步扩大。其测量精度比较高，一般相对误差在 $1.0\times 10^{-2}$ 左右。

(3)不能连续测量。由于每测量一次需升降水银一次，不能连续读数，操作费时。

(4)水银蒸气对人体有害。

**4. 热传导真空计**

热传导真空计是根据在低压力下($\lambda \gg d$)，气体分子热传导与压力有关的原理制成的。其原理图如图 5-6 所示。它是在一玻璃管壳中由边杆支撑一根热丝，热丝通以电流加热，使其温度高于周围气体和管壳的温度，于是在热丝和管壳之间产生热传导。当达到热平衡时，热丝的温度决定于气体热传导，因而也就决定于气体压力。如果预先进行了校准，则可用热丝的温度或其相关量来指示气体的压力。

如图 5-6 所示，规管中热丝热量散失，只有 $Q_g$ 在低压力与压力有关，而 $Q_L$ 和 $Q_r$ 均与压力无关，可简写成

$$Q=K_1+K_2 p \tag{7}$$

热传导量 $Q$ 与压力 $p$ 的关系如图 5-7 所示。

由上式表明，当 $K_1 \ll K_2 p$ 时，即 $Q_L + Q_r \ll Q_g$ 时，总的热量散失 $Q$ 只与压力 $p$ 有关，也即 $Q$ 与 $Q_g$ 有关。它表明，在一定的加热条件下，可根据低压力下气体分子热传导，即气体分子对热丝的冷却能力作为压力的指示。这就是热传导真空计的基本工作原理。

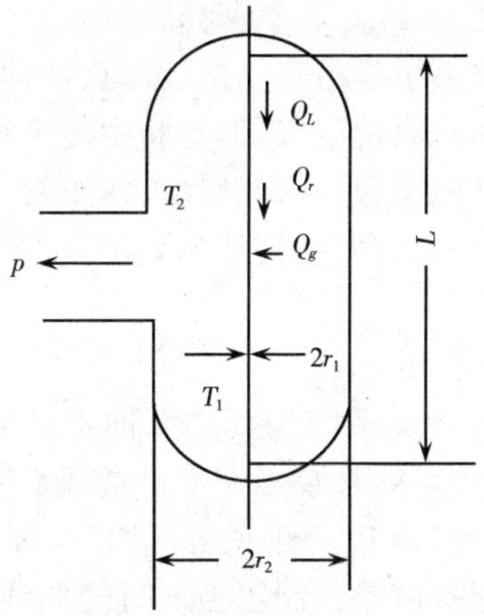


**图 5-6 热传导真空计原理图**

$r_1$-热丝半径 $L$-热丝有效长度 $r_2$-管壁半径 $T_1$-热丝温度 $T_2$-管壁温度 $Q_L, Q_r, Q_g$-热丝引线热传导，热辐射和气体分子热传导散失的热量

热传导真空计规管热丝的温度 $T_1$ 是压力 $p$ 的函数（图 5-7），即 $T_1 = f(p)$。如果预先测出这个函数关系，便可根据热丝的温度 $T_1$ 来确定压力 $p$。热丝温度的测量方法有以下三种：

(1)利用热丝随温度变化的线膨胀性质；

(2)利用热电偶直接测量热丝的温度变化；

(3)利用热丝电阻随温度变化的性质。

根据第一种测温方法制成的真空计称膨胀式真空计。根据第二种测温方法制成的真空计称热偶真空计。根据第三种测温方法制成的真空计称电阻真空计，在电阻真空计中也有用热敏电阻代替金属热丝的，此种真空计称热敏电阻真空计。其灵敏度较高，但稳定性较差。

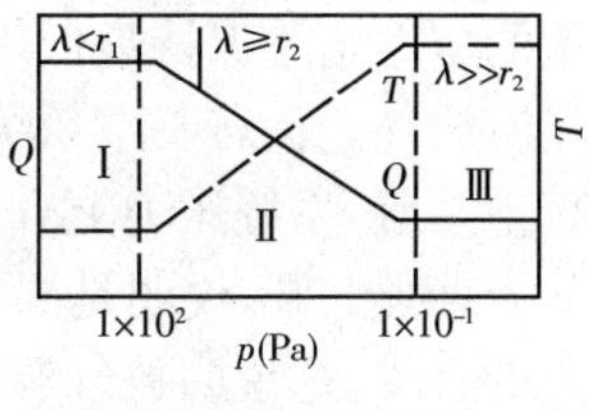


**图 5-7 热传导量 $Q$ 与压力 $p$ 的关系**

热偶真空计和电阻真空计是目前粗真空和低真空测量中用得最多的两种真空计。

热传导真空计是相对真空计，常常在标准环境下，用绝对真空计或用校准系统进行校准。

气体种类的影响：热传导真空计对不同气体的测量结果是不同的，这是由于不同气体分子的导热系数不同引起的。因此，在测量不同气体的压力时，可根据干燥空气（或氮气）刻度的压力读数，再乘以相应的被测气体的相对灵敏度，就可得到该气体的实际压力，即

$$p_{\text{real}} = S_{\text{r}} p_{\text{read}} \tag{8}$$

式中，$p_{\text{read}}$ 为以干燥空气（或氮气）刻度的压力计读数（Pa）；$p_{\text{real}}$ 为被测气体的实际压力（Pa）；$S_{\text{r}}$ 为被测气体对空气的相对灵敏度。

通常以干燥空气（或氮气）的相对灵敏度为 1，其他一些常用的气体和蒸气的相对灵敏度如表 5-1 所示。

**表 5-1 热传导规对一些气体与蒸气的相对灵敏度**

| 气体或蒸气 | $S$ | 气体或蒸气 | $S$ |
|---|---|---|---|
| 空气 | 1 | 一氧化碳 | 0.97 |
| 氢 | 0.67 | 二氧化碳 | 0.94 |
| 氦 | 1.12 | 二氧化硫 | 0.77 |
| 氖 | 1.31 | 甲烷 | 0.61 |
| 氩 | 1.56 | 乙烯 | 0.86 |
| 氪 | 2.30 | 乙炔 | 0.60 |

三、真空检漏

真空系统是由真空泵、管道、被抽系统、测量仪表及阀门等部件组合而成。尽管在装配时已力求防止出现漏气，但实验中由于种种原因而产生漏气现象仍是常见的。所谓漏气是指真空泵的性能符合要求，而且工作正常，但系统的真空度却达不到要求，这就表明系统存在漏气。因此，真空系统安装完毕后，均应进行检漏，然后视漏气真空程度采取更换零部件或修补等措施。

**1. 漏气的判断**

实际真空系统如真空泵抽不到要求的真空度，除系统漏气外，也可能是泵工作不正常或系统内存在放气源（如液滴、污垢物）所致。到底是何原因，需进行判断。常用的判断方法之一就是绘制压力—时间曲线。首先将整个真空系统连通，启动真空泵，使整个系统达到可能达到的最低压力，然后将系统与真空泵切断，并由连接在系统上的真空计读出并记录压力随时间的变化，绘制成曲线。根据曲线的形状即可判断系统情况，如图5－8所示。图5－8中曲线a为系统的压力始终保持最低压力 $p_1$，说明系统既不漏气，也无放气源放气。倘若真空系统达不到要求压力，其原因在于泵本身工作不正常；曲线b反映了切断真空泵后，系统压力上升较快，达一定数值后趋于稳定，这种情况说明系统内存在放气源；曲线c为直线上升，说明是漏气；曲线d表示开始压力上升较快，然后逐渐变慢，最后接近为斜率一定的直线，这说明放气源的放气与漏气同时存在。压力上升较快一般是由于漏气与放气共同造成的。之后放气速率逐渐降低并达饱和后，系统压力上升只与漏气有关，故为直线。

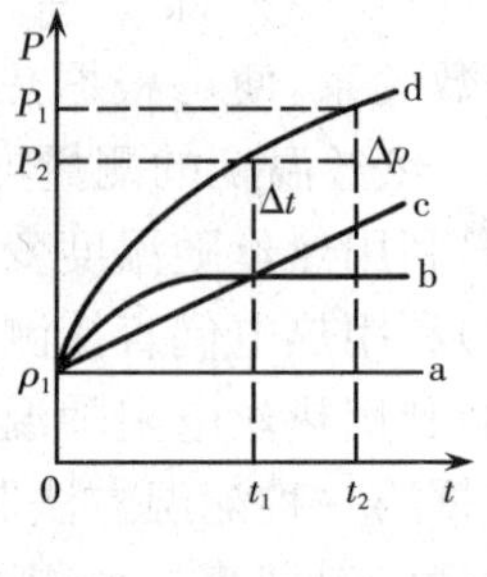

**图5－8　封闭系统压力—时间曲线**

在实际工作中，对系统内放气源的存在也不应忽略，特别对于要获得高真空系统，要根据实际需要决定是否消除放气源。

**2. 检漏的原则**

当判断系统漏气后，就应着手寻找漏气孔的所在位置。必要时，还需估计漏气孔的大小。如何尽快地找到漏气孔的位置，有以下几条实际经验：

（1）估计漏气孔的大小。根据下式估算一下与真空泵隔断后真空系统漏气速率，其式为

$$Q_0=(p_2-p_1)V/t \tag{9}$$

式中，$p_1$ 为刚隔断真空泵后系统的压力；$t$ 为经历的时间；$p_2$ 为经历 $t$ 时间后系统的压力；$V$ 为密封系统的总体积；$Q_0$ 为系统最大漏气率，其单位为 $Pa \cdot dm^3 \cdot s^{-1}$。据所算的漏气速率可粗略估计漏气孔或缝的大小。对大漏气孔（数万帕·分米$^3$·秒$^{-1}$）常可用观察或听声音等方法寻找，至于小漏气孔则需借助检测仪器。

（2）将系统进行分段检漏。将真空系统抽至所能达到的最高真空度后，立即关闭系统所衬隔断阀，将系统分为若干部分。然后首先检查装有真空计部分是否漏气，如不漏则由近而远使各部分依次与装真空计部分相连通，哪一部分连通后出现真空度下降，就可判断这一部分一定存在漏气孔，这是最常用的漏检原则。

（3）寻找漏气孔应有重点。通过分段检漏只确定哪些部分存在漏气孔，但还需进一步找出漏气孔的确切位置，根据经验，漏气多发生在阀门、真空系统各部分连接处、经过整修的位置、接口、规管电极引出线等部分。而容器与管道的主体壁面漏气孔很少。

（4）应从真空系统本身的内部结构与要求选择适宜的检漏方法，否则会因检漏方法不当而

造成系统内部的污染甚至被破坏。

(5)不能忽略内部大的放气源。当采用各种适当检漏方法证实系统不漏气后,系统真空度仍下降,就应注意系统内部存在较大放气源。

**3. 检漏方法**

由于真空系统的多样性,检漏的方法也是各式各样,甚至还需使用专门检漏的仪器,简称检漏仪。正因为检漏方法繁多且各有特点,所以在选择何种检漏方法时,除了应根据具体被检对象,选用简便易行、经济实用的方法外,还要根据被检系统或设备的允许漏气率来确定所选用的检漏方法的检漏灵敏度。检漏方法一般分为加压检漏法与真空检漏法。加压检漏法又分为打气检漏法与水压法两种,其中打气检漏法是最常用的方法,下面扼要介绍这一方法。

打气检漏法是将高于大气压力的干燥而且干净的气体(空气或氮气)充入真空系统内部。然后通过在系统外部用某种指示物指出漏气的位置。此法能检查出漏气率大于$10^3$ Pa·$dm^3$·$s^{-1}$以上的漏气孔,适用于任何材料制成的真空系统。

具体操作是:将高于大气压力的干燥而且干净的空气或氮气充入真空系统中,在真空系统的外表面上认为有可能漏气的部位处,用小刷子涂上一层肥皂液,如有气泡出现,则说明该位置确实漏气。不过,采用此法要求耐心仔细观察,因为漏气孔较小时,气泡出现的时间可能会长达数分钟。对于独立而又小型的真空器件,充气后也可浸入水中,观察是否有气泡外冒。

此法检漏的注意事项:要切实了解被检容器与连接部分的强度是否能承受正压与能承受多大压力;加压要适当,以防止爆炸事件发生;检漏前应仔细地消除掉检漏部位表面的油污、粉尘等,再洗净、干燥。用肥皂水作指示物则肥皂液要稀稠合适,不得有污染物。皂液太稀易于流动和滴落,可能使大漏孔处因皂液不足无法形成气泡而发生漏检。太稠则透明度差,不利于对小漏气孔观察而造成漏检。肥皂液如夹有污染物则易堵塞漏气孔而造成漏检。

## 5.2 压力的测定

压力是用来描述体系状态的一个重要参数。许多物理、化学性质,如熔点、沸点等几乎都与压力有关。压力参数的测量和控制在现代工业和科学研究中广泛地应用着,并随着工业和科研的发展,即低压、微压、高压和超高压、动态压力和高低温条件下的压力测量等越来越重要,因此压力仪表的种类越来越多。产品结构在各种条件下的适应性也日趋完善,故压力的测量已日益受到人们的重视。但本书只介绍一些目前在实验室最常用的压力仪表。

压力是指均匀垂直作用在单位面积上的力,也可叫做压力强度,或简称压强。国际单位制(SI)用帕斯卡作为通用的单位,以 Pa 或帕表示。但是,原来的许多压力单位如标准大气压(atm)、工程大气压(kg·$cm^{-2}$)、巴(bar)等仍在使用,这些压力单位之间的关系见表 5-2。

**表 5-2 常用压力单位换算**

| 压力单位 | Pa | kg·$cm^{-2}$ | atm | bar | mmHg |
|---|---|---|---|---|---|
| Pa | 1 | $1.019716\times10^{-2}$ | $0.9869236\times10^{-5}$ | $1\times10^{-5}$ | $7.5006\times10^{-3}$ |
| kg·$cm^{-2}$ | $9.800665\times10^{-4}$ | 1 | 0.967841 | 0.980665 | 753.559 |
| atm | $1.01325\times10^{5}$ | 1.03323 | 1 | 1.01325 | 760.0 |
| bar | $1\times10^{5}$ | 1.019716 | 6.986923 | 1 | 750.062 |
| mmHg | 133.3224 | $1.35951\times10^{-3}$ | $1.3157895\times10^{-3}$ | $1.33322\times10^{-3}$ | 1 |

在工业和科研中,常用以下几种不同的压力概念:大气压力、绝对压(力)、表压(力)和疏空压力。如图 5-9 所示。

(1)大气压力　大气压力是指地球表面的空气柱重量所产生的平均压力，常用符号 $p_b$ 表示。它随地理纬度、海拔高度和气象情况而变，也随时间而变化。

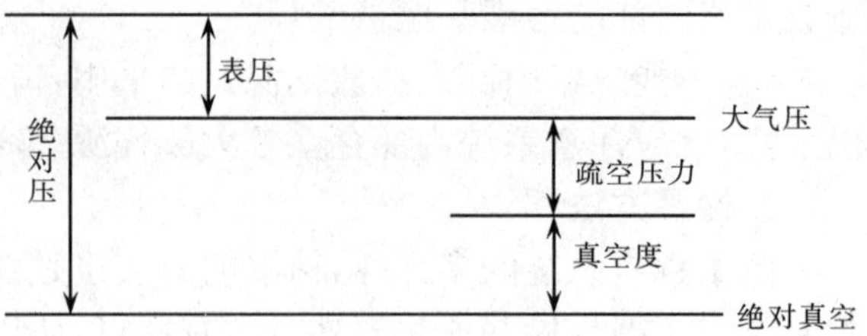


**图 5-9　绝对压、表压与真空度的关系**

(2)绝对压(力)　以绝对真空作零基准表示的压力，即被测流体作用在容器单位面积上的全部压力，常以符号 $p_a$ 表示，它表明了测定点的真正压力。

(3)表压(力)　以大气压力为零基准且超过大气压力的压力数值，亦即是一般压力表所指示的压力，常用符号 $p$ 表示，它等于高于大气压力的绝对压力与大气压力之差。

(4)疏空压力(也称负压)　又称真空表压力，是以大气压力为基准且低于大气压力的压力数值，即大气压力与绝对压力之差。常用符号 $p_h$ 表示。

常用的测压仪表有以下几种：

**1. 液柱式压力计——U 形管压力计**

液柱式压力计是最早用来测压力的仪表之一，它结构简单、制造容易、测量精度较高和价格便宜，至今在计量、实验、科研上仍广泛应用。缺点是它的结构不牢固，耐压程度较差。

根据结构形式可分为 U 形压力计、倾斜式压力计、单管式压力计等，如图 5-10 所示；若按测量精度可分为一、二、三等标准液柱式压力计、工作用液柱式压力计(有 0.5 级、1.0 级、2.5 级三种)。实验室用的一般是 U 形管压力计，故予以重点介绍。

如图 5-10(a)所示，U 形管压力计是由两根内径相同的、相互平行且连通的"U"字形玻璃管(亦有金属管)，安装在镶有刻度标尺的支承板上构成的，U 形管内灌有密度适宜的液体。

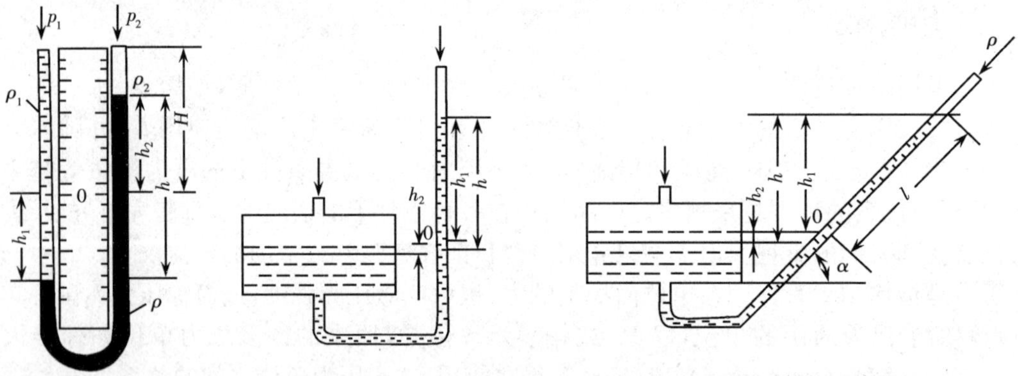

(a)U 形管压力计　　(b)单管压力　　(c)斜管压力计

**图 5-10　U 形管压力计结构示意图**

如果管两端均接大气压力，则两管内的液体工作介质的液面处于同一水平位置，但若左管端与被测压力($p_1$)相连，由于被测压力 $p_1$($p_1>p_2$，$p_2$ 为大气压力)的作用，左管内的液面下降。相反，右管的液面上升，直到压力计内液面不再移动，即管内液体达到平衡，此时两管内液面的高度差为 $h$，此 $h$ 表示被测压力 $p_1$ 和大气压力 $p_2$ 的压力差。根据流体静力平衡原理得：

$$p_1-p_2=\rho gh \tag{10}$$

式中，$p_1$ 为被测量绝对压力；$p_2$ 为大气压力；$h$ 为液面的高度差；$\rho$ 为工作介质的密度；$g$ 为重力加速度。

液柱式压力计的使用与维护：

(1)液柱式压力计应避免安装在过热、过冷、温度变化大和有震动的地方。过热易令工作液体蒸发掉,过冷又会使工作液体冻结,温度变化大则给读数带来较大误差,震动往往使读数无法进行,甚至将玻璃管震破而造成测量误差。

(2)U形管压力计和单管式压力计必须令测量管垂直固定放置,而斜管压力计则需调节底盘上的水平泡,使之处于水平位置,然后再调零点,如工作液面不在零位处,则调整零位器或移动可变读数标尺,或调整工作液体量至零位。

(3)仪器充以工作液体后,要充分排除工作液体内的气体。

**2. 福丁(Fortin)式气压计**

福丁(Fortin)式气压计是基于托里拆利原理而设计的,属于液柱式压力计的一种,其外部构造如图 5-11(a)所示。

气压计上部外层为一黄铜管,管顶端为一圆环,管上部有一长方形的孔,用以观察汞柱高度。铜管内装有长为 90 cm、内径为 6 mm 垂直放置的玻璃管,管内充有水银,水银顶端以上的玻璃管是封闭的,且是真空,下端稍细,直插入气压计底部的水银槽中,如图 5-11(b)所示。在铜管上装有以下部件:

①刻度标尺　刻在长方形孔的一边,是气压计读数的整数部分。

②游标　装在长方形孔中。旋转管制游标螺旋,可使游标上下移动,用以读出气压计读数的小数后的最后读数。

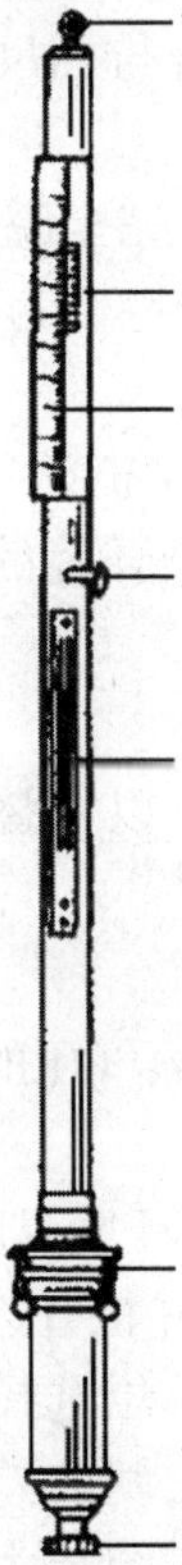


(a)气压计的构造图

1.调节螺旋　2.水银槽　3.温度计　4.管制游标螺旋

5.游标　6.刻度标尺　7.顶端圆环

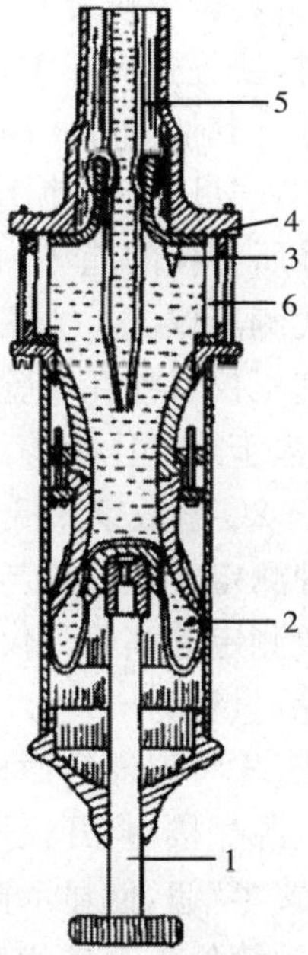


(b)气压计下部放大图

1.调节螺旋　2.羚羊皮囊　3.象牙针

4.木套管　5.玻璃管　6.玻璃筒

**图 5-11　福丁(Fortin)式气压计**

③温度计　装在铜管中部，且固定在铜管与玻璃管之间。

气压计下部的详细结构如图 5－11(b)所示，外层是由一铜管和一短截玻璃筒构成，内装水银槽，槽的上部有棕榈木的套管固定在槽盖上。在木套管与玻璃管连接处用羚羊皮紧紧包住，空气可以从皮孔出入而水银不会溢出。水银槽底部为一羚羊皮囊，其下端由可调节螺旋支托，通过旋动气压计铜管底端的调节螺旋，就能调节槽内水银面的高低。在水银槽上部装有一倒置的象牙针，针尖是刻度标尺的零点。读数时，必须使槽内汞面正好与针尖相接触。

福丁式气压计的使用方法如下：

①先读出温度计的温度，即为环境温度。再检查气压计是否垂直放置，必须垂直放置时才能读数。

②调节水银槽中的水银截面。旋转调节螺旋以升高槽内水银面，利用水银槽后面白瓷片的反光，注视水银面与象牙针间的空隙，直到这空隙因水银面上升而恰好消失为止。

③调节游标。转动游标的螺旋，令游标尺基面高于水银柱端面，然后，再慢慢将游标下落，直到游标的基面恰好和水银柱凸面顶端相切。

④读数。以 kPa 作刻度单位的大气压计为例。

读整数部分时，先看游标的零线在刻度标尺的位置，如恰与标尺上某一刻度相合，则刻度数即为气压计读数。如果游标零线在标尺两刻度之间，如“101”与“102”之间，那么气压计读数的整数部分即为“101”，再由游标上的刻度确定其小数部分。

读小数部分时，在游标与标尺的刻度中，找出游标上某一刻度恰与标尺上某一刻度相合者，则游标读数即为小数部分。

⑤读数后转动气压计底部的调节螺旋，使水银面下降到与象牙针完全脱离。

注意：在旋转调节螺旋时，汞柱凸面凸出较多，下降时凸面凸出少些。为使读数正确，在旋转调节螺旋时，要轻弹一下黄铜外管的上部，使汞面凸出正常。

大气压计与其他液柱式压力计一样，需进行温度、重力加速度的修正。

由于福丁式气压计仍使用水银与玻璃管，故同样具有易碎与污染环境的缺点。目前有被电测式气压计所替代的趋势。

**3. 电测式测压仪**

电测式测压仪目前在实验室已广泛应用于压力或真空度的测量，以代替传统用的水银 U 形管压力计、福丁式气压计等。常用的有以下类型：

(1)DPC－2C 型数字式低真空测压仪

这是一种测定实验系统与大气压力间的压差仪器。可用于饱和蒸气压的测定及本书中的标准平衡常数测定等实验。仪器结构如图 5－12 所示。

技术指标：量程为－101.3～0 kPa，压力分辨率为 0.01 kPa，使用环境温度为－20～40 ℃。

使用方法：先将仪器后面板的吸气孔用橡皮管与被测系统连接，并检查连接是否完好。再将仪器与外电源相接，打开仪器上的电源开关，预热 10 min。拨动“单位选择开关”，选择测量单位。旋转“置零”钮，使显示窗显示为零。这表示系统与大气压力之间的差值为零。开动真空泵，使实验系统处于真空状态，此时，显示窗显示的数值即为实验系统与大气压的压差。如显示的数值为－84.2 kPa，则说明被测系统的真实压力为 101.325－84.2≈17.1 kPa。

(2)DMP－2C 型数字式微压差测量仪

此仪器只能测量压差变化不大的试验，如本书中的“用最大气泡压力法测量液体的表面张力”使用的便是此仪器。

技术指标：测量压差的范围是－10～10 kPa，压差分辨率为 1 Pa，压差最大值显示持续时间为 1.5 s，使用的环境温度为－20～40 ℃。

使用方法：用软管将仪器后面板上记号为 L 的接头与被测系统相连接，如已经连接好，则只需检查一下有无脱落。插上电源插头，打开仪器的电源开关，预热 5 min 后方可使用。当显示器显示数值稳定后，按一下“校零”键，则仪器显示为零，表示将被测系统的起始压力设定为零。试验测定时，显示窗显示的数值便为被测系统的实验过程中的压力与系统的起始压力之差。当数值达最大值后并开始下降时，则该最大值保留显示约 1 s。

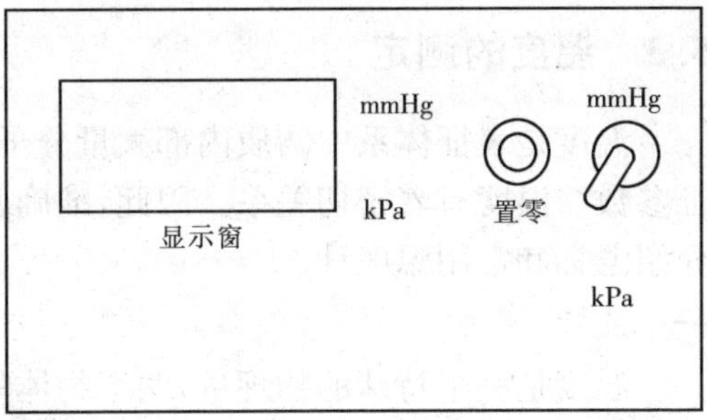


**图 5-12　DPC-2C 型数字式低真空测压仪**

(3) AMP-2C/2D 型数字式气压表

技术指标：AMP-2C 与 AMP-2D 适用于－20～40 ℃的环境温度，AMP-2C 的量程为 101.3 kPa+20.0 kPa，而 AMP-2D 的量程为 101.30 kPa±20.00 kPa，分辨率为 0.1 kPa（AMP-2C）、0.01 kPa（AMP-2D）。

使用方法：该仪器应放置在空气流动尽可能小的、不易受到干扰的地方。使用时，接通仪器的电源开关，须预热 15 min；显示窗显示的数值便为大气压力，单位为 kPa。

(4) DP-A 精密数字压力计

技术指标：压力测量范围为－150～150 kPa；压力测量分辨率为 10 Pa、1 Pa；使用温度范围为 10～40 ℃；压力过载能力为 2 倍最大额定压力。

仪器结构：如图 5-13 所示，前面板上“单位”键是根据测压范围来选择所显示压力数值的单位。当仪器一接通电源时，则 kPa 的指示灯点亮，表示测得压力值以 kPa 为单位。若想以 mmHg 或 $mmH_2O$ 为压力单位，按下“单位”键即可。“采零”键是为了自动扣除压力传感器零压力值（即零点漂移），所以，每测试一次之后需按一下“采零”键，显示窗显示为“0000”，以保证测试时所显示的压力值确为被测系统的压力值。“复位”键是为了令仪器返回起始状态而设置的。一按此键，仪表立即返回起始状态，故在正常测试中不应按此键。

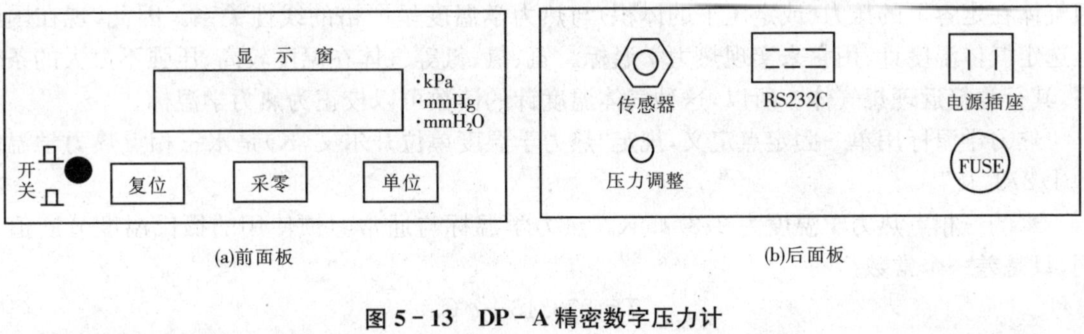


**图 5-13　DP-A 精密数字压力计**

使用方法：首先进行等压及气密性检查，缓慢加压至满量程，若 1 min 内显示的数值不变，说明传感器和检测系统无泄漏。确认无泄漏后，泄压至零，并在全量程反复进行等压操作 2～3 次后才可进行正式测试；在测试之前应按“采零”键，以消除压力传感器的零点漂移，显示窗显示为“0000”，且每测量一次均需按一下“采零”键；仪器采零后便可接通被测系统，此时显示窗显示的数值便为被测系统压力值；测量结束后，须将被测压力泄压至零才可以关掉电源开关。

## 5.3 温度的测定

温度是表征体系中物质内部大量分子、原子平均动能的一个宏观物理量。物质的许多特征参数与温度有着密切关系。因此,准确测量和控制温度,在科学实验中十分重要。以下简要介绍温标和常用温度计。

### 一、温标

温度是一个特殊的物理量,两个物体的温度不能像质量那样互相叠加,两个温度间只有相等和不相等的关系。为了表示温度的数值,需要建立温标,即温度间隔的划分与刻度的表示,这样才会有温度计的读数。国际温标是规定一些固定点,这些固定点用特定的温度计精确测量,在规定的固定点之间的温度测量是以约定的内插方法及指定的测量仪器以及相应物理量的函数关系来定义的。选择不同的温度计、不同的固定点以及规定不同的温度数值,就产生了不同的温标。

**1. 经验温标**

常用的温标如摄氏温标、华氏温标属经验温标。摄氏温标选用水银温度计,规定在标准大气压下水的冰点(0 ℃)和沸点(100 ℃)为两个固定点,两个固定点间划分 100 等份,每等份为 1 ℃。华氏温标也选用水银温度计,规定在标准大气压下水的冰点(32 ℉)和沸点(212 ℉)为两个固定点,两个固定点间划分 180 等份,每等份为 1 ℉。经验温标有两个缺点:一是由于温标的确定有随意性,感温质与温度之间并非严格呈线性关系,所以不同温度计对于同一温度所显示温度数值往往不同。二是经验温标定义范围有限,例如玻璃水银温度计下限受到水银凝固点限制,只能达－39 ℃,上限受到水银沸点和玻璃软化点限制,一般为 600 ℃。

**2. 热力学温标**

1848 年开尔文(Kelvin)提出热力学温标,它是建立在卡诺循环基础上的,与测温物质性质无关。

$$T_2=\frac{Q_1}{Q_2}T_1 \tag{11}$$

开尔文建议用此原理定义温标,称为热力学温标,通常也叫绝对温标,以开(K)表示。理想气体在定容下的压力(或定压下的体积)与热力学温度呈严格的线性关系。因此,现在国际上选定气体温度计,用它来实现热力学温标。氦、氢、氮等气体在温度较高、压强不太大的条件下,其行为接近理想气体。所以,这种气体温度计的读数可以校正为热力学温标。

热力学温标用单一固定点定义,规定“热力学温度单位开尔文(K)是水三相点热力学温度的 1/273.15”。

水的三相点热力学温度为 273.15 K。热力学温标与通常习惯使用的摄氏温度分度值相同,只是差一个常数:

$$T=273.15+t\ ℃ \tag{12}$$

**3. 国际温标**

由于气体温度计装置复杂,使用很不方便。为了统一国际温度量值,1927 年拟定了“国际温标”,建立了若干可靠而又能高度重现的固定点。随着科学技术的发展,又经多次修订,现在采用的是 1990 国际温标(ITS—1990)。

ITS—1990 定义了 17 个温度固定点(表 5 - 3)和 4 个温区(表 5 - 4)。

表 5-3　ITS—1990 的固定点定义

| 物质 | 平衡态 | 温度 $T_{90}$(K) | 物质 | 平衡态 | 温度 $T_{90}$(K) |
|---|---|---|---|---|---|
| He | VP | 3～5 | Ga* | MP | 302.9146 |
| e-$H_2$ | TP | 13.8033 | In* | FP | 429.7485 |
| e-$H_2$ | VP(CVGT) | ～17 | Sn | FP | 505.078 |
| e-H | VP(CVGT) | ～20 | Zn | FP | 692.677 |
| Ne* | TP | 24.5561 | Al* | FP | 933.473 |
| $O_2$ | TP | 54.3358 | Ag | FP | 1234.94 |
| Ar | TP | 83.8058 | Au | FP | 1337.33 |
| Hg | TP | 234.3156 | Cu* | FP | 1357.77 |
| $H_2O$ | TP | 273.15 | | | |

表 5-4　四个温区的划分及相应的标准温度计

| 温度范围(K) | 13.81～273.15 | 273.15～903.89 | 903.89～1337.58 | 1337.58 以上 |
|---|---|---|---|---|
| 标准温度计 | 铂电阻温度计 | 铂电阻温度计 | 铂铑(10%)-铂热电偶 | 光学高温计 |

## 二、常用温度计

### 1. 玻璃液体温度计

玻璃液体温度计是在玻璃管内封入水银或其他有机液体,利用封入液体的热膨胀进行测量的一种温度计,属于膨胀式温度计。

优点:结构简单,价格便宜,制造容易;具有较高精确度;直接读数,使用方便。所以至今在实验和工业上广泛使用,不足之处是易损坏,损坏后无法修,而且生产过程和使用中会污染环境,现有被取代的趋势。

(1)玻璃液体温度计的结构

玻璃液体温度计因所用场合不同,在结构上各有差异。但测温原理是相同的,故其主要组成部分是相同的,即均由感温泡、感温液、中间泡、安全泡、毛细管、主刻度、辅刻度等组成。其结构如图 5-14 所示。感温泡的主要作用是用来贮存感温液与感受温度。一般采用圆柱形,有利于热传导(相对球形而言),故热惯性较小。感温液用作测量温度的物质,主要是利用其热膨胀作用。感温液一般有汞(包括汞铊合金)和有机液两大类。中间泡是为了提高测温精度与缩短标尺。但并不是所有玻璃液体温度计都具有中间泡。对于有些温度计的标尺下限需从 0℃以上某一温度开始时,为缩短标尺而需中间泡。利用中间泡贮存由 0℃加到标尺始点温度所膨胀出来的感温液。毛细管作用是当感温液因热胀冷缩时在毛细管中上升或下降的位置,通过主刻度所对应的示值,便可读出相应温度。主刻度是为了指示温度计中毛细管内液体上升或下降时对应位置上的温度值;辅刻度是设置在零点位置上。对于温度精度要求高的温度计(如标准温度计等),通过测量辅助刻度线零位变

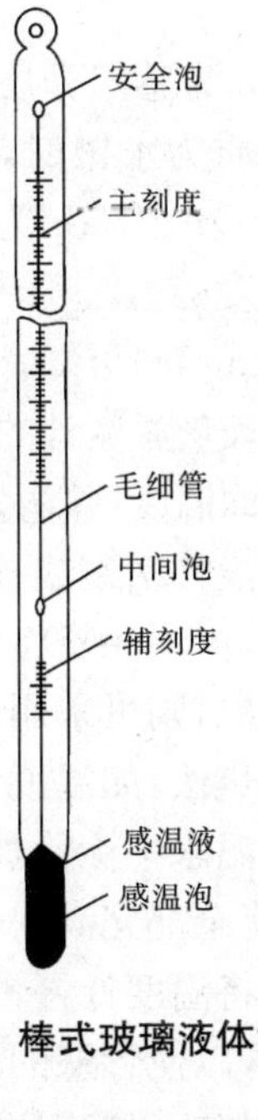

图 5-14　棒式玻璃液体温度计

化，可对温度计的示值进行零位变化修正与反映温度的示值稳定性。安全泡是与毛细管上端相连的小泡，是容纳加热温度超过温度计上限温度后的感温液，防止感温液因过热而胀破温度计。

玻璃温度计从结构上分为棒式、内标式及外标式三种，实验室所用的玻璃温度计基本上为棒式，因为这种温度计的温度标尺直接刻在毛细管上，标尺与毛细管之间在测温过程中不会发生位移，所以测温精度高。图 5-14 所示的便是棒式温度计。

棒式温度计按所用的感温液是用水银或其合金（水银-铊等）还是用有机液体而分为水银温度计和有机液体温度计。另外，还根据温度计测量某介质温度时，需将温度计和整个液柱与感温泡浸入到被测介质中，还是只需将温度计插入到温度计本身标定的固定浸没位置而分为全浸式与局浸式两种。除工业测温用或特殊用途的精密实验室温度计（如贝克曼温度计）外，一般为全浸入式的。

液体温度计在测量温度时，由于温度计本身的缺陷，或读数方法、环境条件等影响，都会产生一些误差。

①零点位移　这是由于温度计的玻璃虽经人工老化处理，但玻璃热后效仍难完全消除，长期使用的结果使得零点逐渐升高，并升高一定限度为止。原因主要是感温泡的体积收缩，所以对标准温度计及精密温度计的零点位置要经常检查。如发现零点位置有变化，则应把位移修正值 $d$ 加到以后的所有读数上

$$d=a-b \tag{13}$$

式中，$a$ 为检定证书中给出的零点位置；$b$ 为新的零点位置。

②浸入深度误差　精密玻璃温度计大多为全浸式，即温度计液柱与感温泡应与被测温度均匀一致时，温度示值才正确。当液柱一部分露出时，会产生误差

$$\Delta t=ha_V(t-t_m) \tag{14}$$

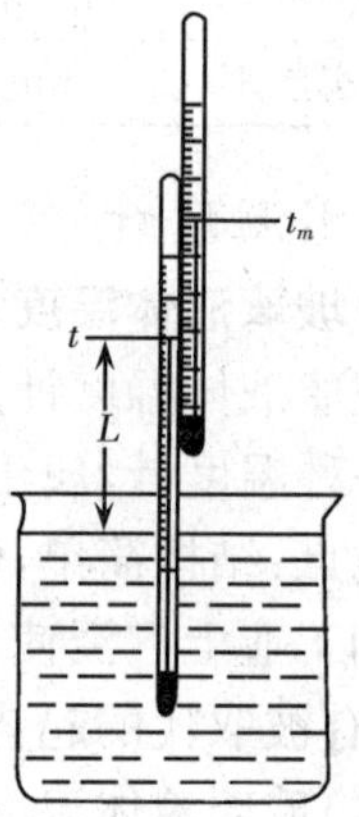

**图 5-15　温度计的液柱露出端修正测量示意图**

式中，$a_V$ 为感温介质对玻璃的体膨胀系数之差，称视膨胀系数，感温介质为水银时，$a_V=0.00016/℃$，感温介质为有机液体时，$a_V=0.0010/℃$；$h$ 为液柱露出高度（mm）；$t$ 为温度计所指示的读数（℃）；$t_m$ 为露出部分的环境平均温度（℃）。

由式(14)可知，计算修正值 $\Delta t$ 需知温度计露出液柱的平均温度 $t_m$。如图 5-15 所示，将一支辅助玻璃温度计的感温泡绑在露出介质表面液柱长度的中间，实验时从辅助温度测出所用温度计表面温度，并认为这一读数值就是露出液柱的平均温度。

③液柱断裂或挂壁的影响　由于工作液体夹杂气泡或搬运不慎等原因造成的毛细管中液柱断裂，如不注意将引起极大的误差，因此在使用温度计前必须检查有无液柱断裂现象。如有断裂现象，则可采用下列办法修复。

加热法：如温度计毛细管的上端有安全泡，则可采用加热法修复。将温度计直立并将感温泡浸入温水中徐徐加热，直到中断的液柱全部进入安全泡。注意液柱只能升至安全泡的 1/3 处，不能全部充满安全泡，以免破裂。在上升过程中应轻轻振动温度计，以帮助全部气泡上升。加热后将温度计慢慢冷却，最好是浸在原来热水中自然冷却至室温。冷却后一定要垂直放置数小时，以使管壁的液体都下降至液柱中。

冷却法：如液柱断在温度计中、下部，则可将温度计浸入冷却剂中（冰+纯水），使温度逐渐

降低，一直到液柱的中断部缩入玻璃感温泡内为止。然后取出，再使温度计慢慢升高回至原来的读数。如果进行一次不行，则需反复进行几次，直至故障消失为止。

经修复后的液体温度计均需做零点检验和重新进行示值检验。

④时间滞后误差　液体温度计测温是属于接触法，所以温度计与被测物体达热平衡需经一定时间，这就叫时间滞后效应。时间滞后误差大小与温度计种类、长短、感温泡壁厚、形状有关，并且与被测温度周围状态有关（液体、气体的种类及是否混合良好）。在均匀液体中，棒式温度计的时间滞后约 2 s；内标式水银温度计约 5 s；贝克曼温度计约 8 s。但在静止空气中，时间滞后大约是上述数值的 50 倍。所以用玻璃液体温度计测量温度时，要有足够的稳定时间，否则会产生很大的误差。若被测温度是变化的，则因温度计热惰性而使测温精度大为降低。

⑤标尺位移　在内标尺温度计中，标尺与毛细管往往会产生一定的相对位移。其原因是内标尺与温度计玻璃的热膨胀系数不同引起或者由于标尺固定位置发生变化而引起的，而且变化很大时，则此温度计就不能使用。

此外还有修正误差、读数误差和压强误差等。

(2)玻璃液体温度计的校验方法

除对修复后的温度计进行校验外，对一般正常的温度计也需要定期校验(1 次/2 年)。玻璃液体温度计采用标准仪器比较的方法进行校验。检验工作玻璃液体温度计的标准器一般为二等标准水银温度计或二等标准铂电阻温度计，也可用标准铜-康铜热电偶。要求：用比较法进行检验时，必须保证标准器与被检温度计在同一温度下处于热平衡。这就要求造成这同一温度所用的液体槽中各处的温度尽可能相同。常用的恒温仪器见表 5-5：

**表 5-5　常用的恒温仪器**

| 名称 | 测温介质 | 应用范围 |
|---|---|---|
| 低温酒精槽 | 酒精＋干冰 | −100～0 ℃ |
| 水冰点器 | 冰＋水混合物 | 0 ℃ |
| 水槽 | 水 | 1～95 ℃ |
| 油槽 | 38#、52#、65#汽缸油 | 100～300 ℃ |
| 盐槽 | 55%$KNO_3$＋45%$NaNO_3$ | 300～500 ℃ |

检验时必须采取升温校验。因为有机液体与管壁有附着力、水银与管壁有摩擦力等作用，易在下降时造成读数失真，温度上升的速度不得超过 0.1 ℃/min，即足够缓慢。每支玻璃温度计的校验点不应小于 3 个，除标尺上限和下限外，中间可取一点。具有零点的玻璃温度计的校验点必须包括零点，两相邻校验点的间隔，对于分度值0.1 ℃的为 10 ℃；对于分度值0.2 ℃的为 20 ℃；对于分度值 0.5 ℃的为 50 ℃；对于分度值 1 ℃、2 ℃、5 ℃、10 ℃的为 100 ℃。

**2. 温差温度计**

(1)贝克曼温度计

①贝克曼温度计的结构、特点

贝克曼温度计是玻璃水银温度计的一种，属于内标式。此种温度计的结构如图 5-16 所示，主要由感温泡、毛细管、主标尺、副标尺、备用泡等组成。这种温度计与一般玻璃水银温度计有以下的不同。

贝克曼温度计的感温泡与一般玻璃温度计感温泡的作用(即贮存感温液及感受温度)相同，但亦有其特殊之处。该温度计的感温泡远大于一般水银温度计感温泡，贮存水银量多，而且，感温泡的水银量能随测温范围不同进行增减。若所测温度范围属较高温度时，则可将感温泡中超过测温范围的水银量通过毛细管转移至备用泡中。反之，则可将备用泡所贮水银经毛细管移回感温泡中。贝克曼温度计的主标尺与一般温度计不同，其测量范围一般只有 0～5℃与 0～6℃两种，最小分度值为 0.01℃，如用放大镜读数，可估计到0.002℃。因此，该温度计的主标尺只用于指示被测介质的温度变化值，而不能指示被测介质的实际温度值。在贝克曼温度计的上部有一个回纹状的贮液泡，称为备用泡。备用泡与毛细管上端相连，用于贮存或补给感温泡在测温范围条件下多余或不足的水银量，使毛细管内水银面在所测温度范围内的温度差均能落在主标尺读数范围内。另外，在备用泡的背面上有一固定的副标尺，副标尺的刻度从－20～125℃，其主要作用是在调整感温泡中水银量时指示是否达到所要求的温度。

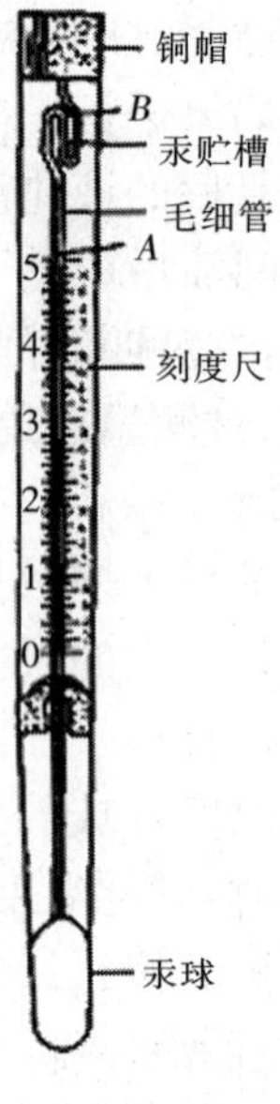

图 5－16　贝克曼温度计

由以上介绍的贝克曼温度计结构，可知该温度计的特点为：测定精度较高，能准确读至 0.01℃，估计到0.002℃，是专用于温差的精密测量；测量温度范围可以调节，即只用一支温度计就能满足－20～125℃温差测量的需要。

②调节方法

由于贝克曼温度计是用于测温差，而且测量范围只有 0～5℃(或 6℃)，所以调节操作应首先明确所需调节温差的范围以及升温还是降温的过程。这样才能在测量时使毛细管中水银柱液面处在合适位置，以保证实验顺利进行。例如，有无机盐溶于水(该水温已预先用一般玻璃温度计测出为 20℃)，且已知该过程降温约 2.5℃，那么，应如何对贝克曼温度计进行调节？其操作步骤如下：

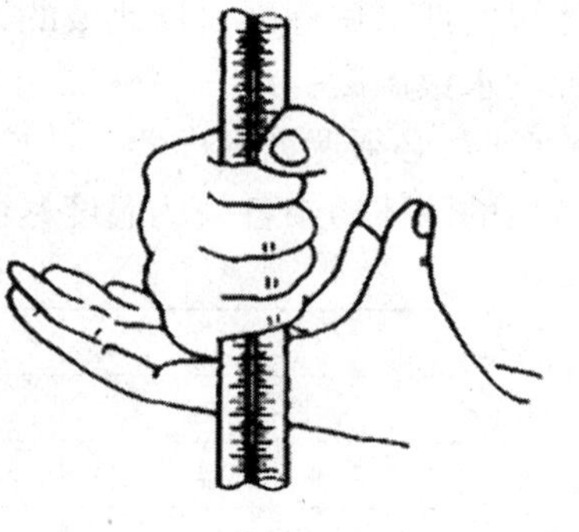
图 5－17　拍打贝克曼温度计的示意图

第一步：用手握住贝克曼温度计的中部，并将温度计倒置，利用重力使备用泡中水银与毛细管内的水银柱相连接，当接上后应立即小心缓慢地将温度计重新恢复到正置的状态，垂直放在专用木架上。注意此时备用泡的水银与毛细管的水银柱一定相接。如断开，则重新操作至相连为止。

第二步：根据实验测量要求，调节毛细管内水银柱的水银面至适宜读数。例如，测量 20℃的水中加入无机盐后降温(约为 2.5℃)的温差精确值。就是说，开始测量时的初始温度为 20℃，而且为降温过程，这样，当将贝克曼温度计插入 20℃系统中，其毛细管水银面应在刻度“3”以上处为宜，因为只要温度下降不超过 3℃，均能处于主标尺读数范围内。但如选在刻度“1”，就不能满足要求了。如何将水银柱面处于刻度“3”处以上呢？此时应将完成第一步的温度计轻轻插入水温已调节到需要的恒温浴中。而恒温浴水温是这样确定的，当贝克曼温度计水银柱面设定在刻度“3”处时，则从刻度“3”至毛细管水银与备用泡相接处的水银柱相当于 4.5℃，即刻度“3”至“5”为 2℃，而刻度“5”至水银柱与备用泡相接处图中 B 点处为 2.5℃(亦偶有 1.5℃的)，亦即恒温浴的水温需调至 24.5℃(20℃＋2℃＋2.5℃)。温度计在恒温浴中恒温 5 min 以上，迅速将温度计取出，按图 5－17 所示，用左手掌拍右手腕(注意：应离开桌子，以免碰坏温度计水银柱)，靠振动的力量使水银柱与备用泡中水银在 B 点处断开。将水银断开的温度计插入 20 ℃的水中，观察水银柱面是否处在刻度“3”的位置。如低于 3 ℃时，则应重新调整水浴温度再进行调节。

进行贝克曼温度计调节时应注意：贝克曼温度计是精密贵重而又易碎的，操作时应轻拿轻放，而且要握在该温度计的中部（即重心处）才安全并不易折断，用左手掌拍右手腕时，温度计要尽量保持垂直，否则毛细管容易发生折断；温度计一定要垂直插在温度计架上，不能横放在桌上，否则因温度计滚动而掉在地上摔碎；特别是不要将已调节好的温度计中的毛细管水银柱与备用泡内水银相连，否则要重新进行调节；使用时，温度计切忌骤冷骤热，以免温度计炸裂。当实验测量的温差要求高精度时，必须考虑对贝克曼温度计所测量的结果（示值）进行修正。

(2)精密温差测量仪

精密温差测量仪也是目前代替玻璃贝克曼温度计的电测式测温差仪器之一。该仪器只能测温差，温差范围为 −5～5 ℃时，读数可估计到 ±0.001 ℃。能在 −20～80 ℃温度范围内测量温度差，如被测系统的温度超出此范围，则不能使用。仪器结构如图 5－18 所示。

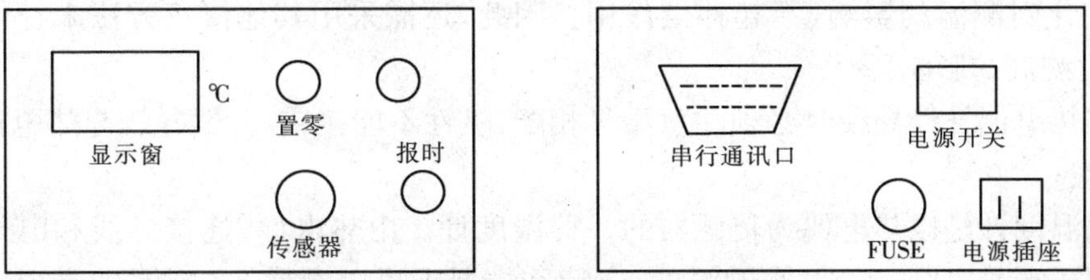


**图 5－18　JDW－3F 型精密温差测量仪**

使用时，将测温探头插入被测系统中，要有一定的深度。插上电源插头，打开后面板的电源开关，显示器随即发亮，约预热 5 min，显示器显示一数值，待显示器数值稳定后，按下“设定”钮（置零钮），约 2 s 后，显示器自动显示为 0.000 ℃左右，这表明将被测系统的温度 $T_0$（初值）设定为0.000 ℃左右。进行实验后，系统的温度改变为 $T_1$（显示器的读数），则系统在实验前后的温度差 $\Delta T = T_1 - T_0$，因已设定 $T_0 = 0.000$，所以，$\Delta T = T_1$，亦即显示器显示的数值便是系统前后的温差。注意：在按下“设定”钮之前，探头一定要按要求插入被测系统中，而且显示器所显示数值必须稳定之后才能按下该钮。不得在探头插入被测系统之前就按该钮。还有，为保证仪器的测量精度和跟踪范围，每次测量的初始值 $T_0$ 应设定在 0.000 ℃左右。如不能将 $T_0$ 设定为零，亦可在 −10～10 ℃设定为某一数值。

**3. 热电偶温度计**

热电偶温度计是工业上最常用的温度检测元件之一。其原理是：将两种不同材料的导体或半导体 A 和 B 焊接起来，构成一个闭合回路。当导体 A 和 B 的两个执着点 1 和 2 之间存在温差时，两者之间便产生电动势，因而在回路中形成电流，这种现象称为热电效应，热电偶就是利用这一效应来工作的。其优点是：

①测量精度高　因热电偶直接与被测对象接触，不受中间介质的影响。

②测量范围广　常用的热电偶从 −50～1 600 ℃均可连续测量，某些特殊热电偶最低可测到 −269 ℃（如金铁-镍铬），最高可达 +2 800 ℃（如钨-铼）。

③构造简单，使用方便　热电偶通常是由两种不同的金属丝组成，而且不受大小和开头的限制，外有保护套管，用起来非常方便。

(1)热电偶的种类及结构形式

①热电偶的种类　常用热电偶可分为标准化热电偶和非标准化热电偶两大类。所谓标准

热电偶是指国家标准规定了其热电势与温度的关系、允许误差并有统一的标准分度表的热电偶，它有与其配套的显示仪表可供选用。非标准化热电偶在使用范围或数量级上均不及标准化热电偶，一般也没有统一的分度表，主要用于某些特殊场合的测量。我国从 1988 年 1 月 1 日起，热电偶和热电阻全部按 IEC 国际标准生产标准化热电偶，并指定 S、B、E、K、R、J、T 七种标准化热电偶为我国统一设计型热电偶。

②热电偶的结构形式　为了保证热电偶可靠、稳定地工作，对它的结构要求如下：组成热电偶的两个热电极的焊接必须牢固；两个热电极彼此之间应很好地绝缘，以防短路；补偿导线与热电偶自由端的连接要方便可靠；保护套管应能保证热电极与有害介质充分隔离。

③热电偶冷端的温度补偿　由于热电偶的材料一般都比较贵重（特别是采用贵金属时），而测温点到仪表的距离都很远，为了节省热电偶材料，降低成本，通常采用补偿导线把热电偶的冷端（自由端）延伸到温度比较稳定的控制室内，连接到仪表端子上。必须指出，热电偶补偿导线的作用只起延伸热电极，使热电偶的冷端移动到控制室的仪表端子上，它本身并不能消除冷端温度变化对测温的影响，不起补偿作用。因此，还需采用其他修正方法来补偿冷端温度 $t_0 \neq 0$℃时对测温的影响。

在使用热电偶补偿导线时必须注意型号相配，极性不能接错，补偿导线与热电偶连接端的温度不能超过 100 ℃。

热电偶温度计是以热电偶为传感器的一种温度计。由热电偶、连接导线和电气测量仪表组成。常用于测量 100～1 300 ℃的温度，在特殊情况下可以测量 2 800 ℃的高温或 2 K 的低温。它具有结构简单、精度高、使用方便、尤其适用于远距离测量和自动控制等优点。

(2)热电偶的测温原理

金属都有自由电子，不同金属其自由电子密度不同。设有 A、B 两种金属，其中金属 A 的电子密度 $n_A$ 大于金属 B 的电子密度 $n_B$。当两种金属接触时，在两金属接触面处，电子会从 A 扩散至 B，直到两侧金属的电子密度相等为止，此时，A 因失去部分电子而带正电，相反 B 因得到电子而带负电，故在 A、B 两金属接触面处形成一稳定的电势差 $\varepsilon_{AB}$，称为接触电势。该电势 $\varepsilon_{AB}$ 与 $n_A$ 及 $n_B$ 的关系如下：

$$\varepsilon_{AB}=\frac{k_T}{e}\ln\left[\frac{n_A}{n_B}\right] \qquad (15)$$

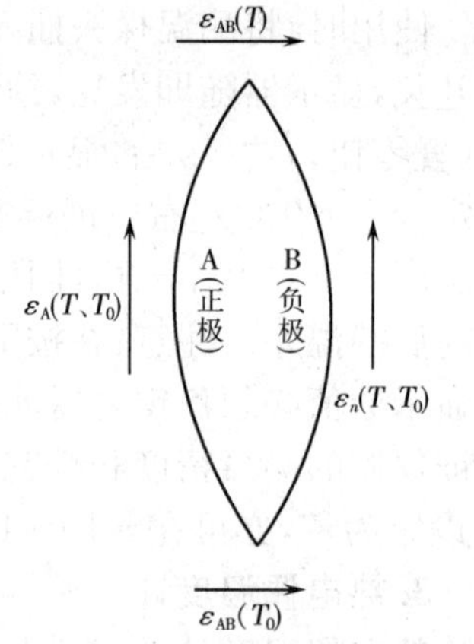

**图 5－19　热电偶回路电势图**

如果由两种不同材质的 A、B 组成一个闭合回路（即热电偶），而且令两个接触点处于不同的温度 $T$ 和 $T_0$，如图 5－19 所示。则热电偶电势为

$$E_{AB}(T,T_0)=\varepsilon_{AB}(T)-\varepsilon_{AB}(T_0)$$
$$=\frac{k}{e}\int_{T_0}^{T}\ln\frac{n_{At}}{n_{Bt}\mathrm{d}t} \qquad (16)$$

由式(16)可知，热电偶热电势与单位体积内自由电子数 $n_{At}$、$n_{Bt}$ 及两接触点温度 $T$、$T_0$ 有关。若组成回路的材料已确定，则 $n_A$、$n_B$ 与温度的函数关系可知，于是 $E_{AB}(T,T_0)$ 只是温度的函数差，即

$$E_{AB}(T,T_0)=f(T)-f(T_0) \qquad (17)$$

一般将 $T$ 称为测量端（热端）温度；$T_0$ 称为参考端（冷端）温度。若 $T_0$ 固定，则 $E_{AB}(T,T_0)$就只与 $T$ 有关，即

$$E_{AB}(T,T_0)=f(T)-C=\phi(T) \tag{18}$$

式中，热电偶热电势 $E_{AB}(T,T_0)$的下标 A 表示热电偶的正极；B 表示负极；$T$ 为测量端温度；$T_0$ 为参考端温度。

(4)常用热电偶的分类及其特征

从原理上说，虽然任意两种成分不同的金属均可构成热电偶，但要成为能在实验室或生产过程中作为测温用的热电偶，则对热电极材料有一定的要求：物理和化学性能要稳定，即在高温下不发生晶型转换或蒸发，在测温范围不发生氧化或还原，不会被腐蚀；热电势数值要大，而且与温度的关系要成简单的函数关系，最好成线性关系。在测定范围内即使长期使用，其热电势要能保持不变；复制性好，易于机械加工；电阻温度系数小。

我国根据科技与生产的需要，选择了 8 种热电偶作为标准化热电偶，同时还确定 4 种热电偶为非标准化热电偶，以备标准化热电偶满足不了要求时选用。表 5－6 列出了标准化热电偶型号、测量温度范围和允许误差等。表中：B 型为铂铑 30-铂铑 6 热电偶；R 型为铂铑 13-铂热电偶；S 型为铂铑 10-铂热电偶；K 型为镍铬-镍硅热电偶；N 型为镍铬硅-镍硅热电偶；E 型为镍铬-康铜热电偶；J 型为铁-康铜热电偶；T 型为铜-康铜热电偶。

**表 5－6　我国标准热电偶等级和允许偏差**

| 热电偶型号 | 等级 | 使用温度范围(℃) | 允许偏差 | 标准号 |
|---|---|---|---|---|
| B | Ⅱ | 600～1700 | ±0.25%$t$ | GB2902—1982 |
| | Ⅲ | 600～800 800～1700 | ±4℃<br>±0.5%$t$ | |
| R | Ⅰ | 0～1100 1100～1600 | ±1℃<br>±[1+($t$−1100)×0.003]℃ | GB1598—1986 |
| | Ⅱ | 0～600 1100～1600 | ±1.5℃<br>±0.25%$t$ | |
| S | Ⅰ | 0～1100 1100～1600 | ±1℃<br>±[1+($t$−1100)×0.003]℃ | GB3772—1983 |
| | Ⅱ | 0～600 600～1600 | ±1.5℃<br>±0.25%$t$ | |
| K 或 N | Ⅰ | −40～1100 | ±1.5℃<br>或±0.4%$t$ | GB2614—1985<br>ZBN05004—1988 |
| | Ⅱ | −40～1300 | ±2.5℃<br>或±0.75%$t$ | |
| | Ⅲ | −200～40 | ±2.5℃<br>或±1.5%$t$ | |
| E | Ⅰ | −40～800 | ±1.5℃<br>或±0.4%$t$ | GB4993—1985 |
| | Ⅱ | −40～900 | ±2.5℃<br>或±0.75%$t$ | |
| | Ⅲ | −200−40 | ±2.5℃<br>或±1.5%$t$ | |
| J | Ⅰ | −40～750 | ±1.5℃<br>或±0.4%$t$ | GB4994—1985 |
| | Ⅱ | −40～750 | ±2.5℃<br>或±0.75%$t$ | |
| T | Ⅰ | −40～350 | ±0.5℃<br>或±0.4%$t$ | GB2903—1982 |
| | Ⅱ | −40～350 | ±1℃<br>或±0.75%$t$ | |
| | Ⅲ | −200～40 | ±1℃<br>或±1.5%$t$ | |

在这8类热电偶中，实验室常用的为以下3类：

铜-康铜（T型）：使用范围为－200～300℃，在－200～0℃稳定性甚佳，能在真空、惰性气体、氧化、还原及潮湿的氛围中使用。该热电偶价格低廉，而且在适用范围内测量灵敏度很高。但要注意，热端温度高于0℃时，铜为正极，康铜为负极。若冷端保持0℃，而热端低于0℃时，则电动势的极性会发生变化。

镍铬-康铜（E型）：使用范围为－200～800℃。宜在惰性或氧化性的氛围中使用，但不能用于还原性气氛，其耐热和抗氧化性能均优于铜-康铜（K）与铁-康铜（J），灵敏性高。

镍铬-镍硅（K型）或（N型）：使用范围为－500～1300℃。此类热电偶灵敏度较高，稳定性好。只能用于惰性或氧化性气氛中，不宜用于还原性或含硫的气氛。

（5）热电偶的冷端补偿

当显示仪表不能安装在被测对象的附近（如参考端所处温度剧烈波动），而须将参考端移至温度恒定的场所，如温度为0℃的冷浴。若实验要求将温度测量的信号从现场输送到集中控制台处，此时若将热电偶直接延长到相当远的距离，这对价格昂贵的贵金属热电偶自然是不合理的，即使对廉价金属热电偶也属浪费。因此需要一种在较低温度范围内其热电性与所用热电偶基本相同而又价格低廉的导线作热电偶的延长导线（又称热电偶补偿导线），这种方法称为补偿导线法。通过使用补偿导线还可以改善热电偶回路的机械与物理特性，调整回路的电阻值及屏蔽外界干扰。表5－7列出了常用热电偶的补偿导线。

**表5－7　常用热电偶的补偿导线**

| 热电偶名称 | 补偿导线 | | | | 测量端为100℃，参考端为0℃时的标准热电势（mV） |
|---|---|---|---|---|---|
| | 正极 | | 负极 | | |
| | 化学成分 | 颜色 | 化学成分 | 颜色 | |
| 铂铑-铂 | 铜 | 红 | 镍铜 | 白 | 0.640±0.03 |
| 镍铬-镍硅（镍铬-镍铅） | 铜 | 红 | 康铜 | 白 | 4.10±0.15 |
| 镍铬-考铜 | 镍铬合金 | 褐绿 | 考铜 | 白 | 6.95±0.35 |
| 铜-康铜 | 铜 | 红 | 康铜 | 白 | 4.10±0.15 |

判别补偿导线的极性除依靠表5－7中补偿导线材料的颜色来判别外，更可靠的方法是用实验方法来确定，即将补偿导线的两端分别剥去一小段绝缘层，将两根线的一端连接在一起后插入冰水槽中，铜导线连接显示仪表，并测量其热电势值，将所测热电势值与表5－7相比较，就可以确定该补偿导线的规格。同时，可由试验测定时显示仪表的正、负极与补偿导线的正、负极的连接正确与否来判断导线的正、负极。

使用补偿导线应注意的事项：各种型号补偿导线只能与相应型号热电偶配套使用，如补偿导线选错了，则显示仪表的示值不是偏高就是偏低。由于补偿导线不同，其热电性能不同，而且补偿导线相当于一支在一定温差（0～100℃）范围的热电偶，故其电流方向同样是从正极流向负极，所以在与热电偶连接时，补偿导线正极与负极应该分别对应于热电偶正极与负极相连。倘若极性接反了，则补偿导线起不到补偿作用，反而会抵消热电偶的一部分热电势，使显示仪表的示值偏低。接点的温度要相同，特别是补偿导线与热电偶的接点处温度不得超过补偿导线使用温度范围。补偿导线的粗细（线径）应与所配显示仪表有关，如为动圈式显示仪表，应采用线径较大的补偿导线，避免因导线电阻值过大而影响仪表的外界电阻值。

除了上述两种方法外，还有冷端温度补偿电桥法、双铜电阻补偿法以及计算方法等。

**3. 金属丝电阻温度计**

(1)工作原理

热电阻温度计是利用金属导体的电阻值随温度变化而改变的特性来进行温度测量的。纯金属及多数合金的电阻率随温度升高而增加，即具有正的温度系数。在一定温度范围内，电阻—温度关系是线性的。温度的变化，可导致金属导体电阻的变化。这样，只要测出电阻值的变化，就可达到测量温度的目的。图 5－20 为热电阻的作用原理图，感温元件 1 是以直径为 0.03～0.07 mm 的纯铂丝 2 绕在有锯齿的云母骨架 3 上，再用两根直径为 0.5～1.4 mm 的银导线作为引出线 4 引出，与显示仪表 5 连接。当感温元件上铂丝的温度变化时，感温元件的电阻值随温度而变化，并成一定的函数关系。将变化的电阻值作为信号输入具有平衡或不平衡电桥回路的显示仪表以及调节器和其他仪表等，即能测量或调节被测量介质的温度。由于感温元件占有一定的空间，所以不能像热电偶那样，用它来测量"点"的温度，当要求测量任何空间内或表面部分的平均温度时，热电阻用起来非常方便。热电阻温度计的缺点是不能测定高温，因流过电流大时，会发生自热现象而影响准确度。

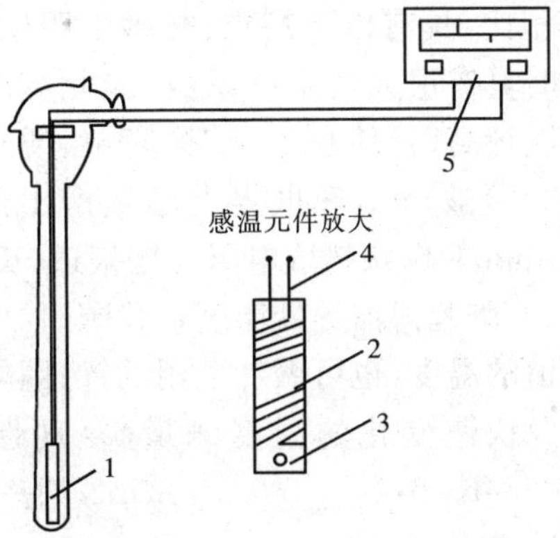


**图 5－20　热电阻的作用原理**

1. 感温元件　2. 铂丝　3. 骨架　4. 引出线　5. 显示仪表

(2)金属热电阻温度计基本参数

金属热电阻温度计的基本参数如表 5－8 所示。

**表 5－8　热电阻的基本参数**

| 名　称 | 代　号 | 分度号 | 温度测量范围(℃) | 0℃时的电阻值 $R_0$ 及其允差 | 电阻比 $W_{100}=\frac{R_{100}}{R_0}$ 及其允差 |
|---|---|---|---|---|---|
| 铂热电阻 | WZB | $\frac{B_{A1}}{B_{A2}}$ | －200～－650 | $\frac{46\pm0.046}{100\pm0.1}$ | 1.3910±0.0010 |
| 铜热电阻 | WZG | $\frac{Cu50}{Cu100}$ | －50～－150 | $\frac{50\pm0.05}{100\pm0.1}$ | 1.428±0.002 |
| 镍热电阻 | WZN | $\frac{Ni50}{Ni100}$ | －60～－180 | $\frac{50\pm0.05}{100\pm0.1}$ | 1.617±0.007 |

**4. 热敏电阻温度计**

热敏电阻体是在锰、镍、钴、铁、锌、钛、镁等金属的氧化物中分别加入其他化合物制成的。热敏电阻和金属导体的热电阻不同，它是属于半导体，具有负电阻温度系数，其电阻值随温度的升高而减小，随温度的降低而增大，虽然温度升高粒子的无规则运动加剧，引起自由电子迁移率略为下降，然而自由电子的数目随温度的升高而增加得更快，所以温度升高其电阻值下降。

(1)热敏温度计的结构和特点

①热敏电阻的结构　热敏电阻温度计的感温元件是热敏电阻，它是由过渡金属氧化物的混合物组成。用于低温测量的元件是由锰、镍、钴、铜、铬、铁等氧化物混合烧结而成，具有负温度系数。用于高温测量的元件是由钴等稀土元素氧化物混合烧结而成，具有正温度系数。

考虑到制造与应用方便，热敏电阻常制成多种形式，如图5－21所示。感温元件一般制成珠状或圆片状。其制作过程大体为：根据技术性能要求，选用若干种氧化物，按一定比例混合，经研磨后加入一定的黏结剂，埋入作为引线的铂丝，再经成型、干燥、高温烧结而成为元件。作为感温元件还需进行二次热处理、老化处理等工序。

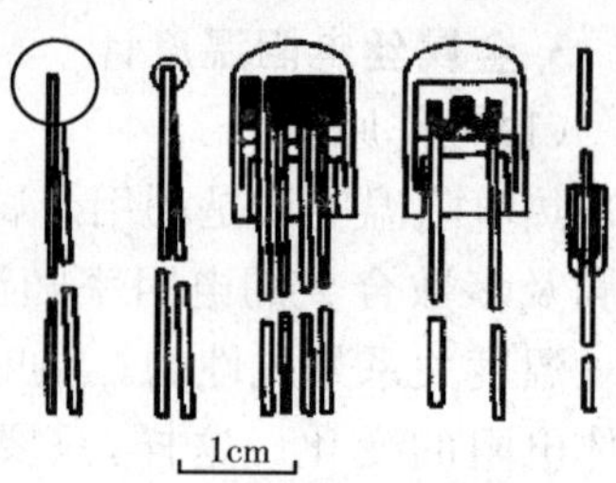


**图 5-21 几种热敏电阻结构**

②热敏电阻的主要特点　热敏电阻与金属导体热电感温元件相比，具有以下特点：热敏电阻输出信号大，特别是低温测量时具有很大负温度系数，因此灵敏度比热电偶与金属电阻温度计高，且体积小、结构简单、便于成型。其尺寸一般为 $\phi$0.02～0.5 mm，现世界上已生产出 $\phi$0.05 mm，引线直径为 0.02 mm 的珠状热敏电阻。据报道，英国研制的超热敏电阻，可用于测量人体食管、直肠、输液管、心脏起搏器等处温度。我国研制的 $\phi$0.4 mm 不锈钢针形微型热敏电阻，既可以测量人体穴道的温度，也可做针灸用的针；因体积小，故热容量小，响应时间短，可作为点温或表面温度以及快速变化的温度测量；复现性好。制作优良的热敏电阻的热敏元件在 4.2K 为 ±0.05 mK，在 20 ℃为 ±0.2 mK，有一定的互换性。在 0～100 ℃，热敏电阻互换性可在 50 mK 之内。

热敏电阻的缺点是测温范围较窄，与金属电阻元件相比稳定性差。如在室温下放置 200 d 后，分度值漂移可达 100 mK。

热敏电阻的测温上限可以达 1 350 ℃，下限可至 4 K。

(2)热电性质与主要技术参数

①热电性质

热敏电阻与金属导体的热电阻不同，它是属于半导体，因此其电阻与温度关系不是线性的。

当热敏电阻随温度升高而降低，这种热敏电阻称负温度系数热敏电阻，其电阻与温度关系可用式(19)表示，即

$$R_T = Ae^{\frac{B}{T}} \tag{19}$$

式中，$R_T$ 为温度 $T$ 时的热敏电阻值；$A$、$B$ 为常数，与热敏电阻材料及结构有关，$A$ 具有电阻量纲，$B$ 称热敏指数，其量纲与温度量纲相同。若热敏电阻处在 $T_0$ 温度下，则

$$R_{T_0} = Ae^{\frac{B}{T_0}} \tag{20}$$

将式(19)与式(20)联解消去 $A$，可得

$$R_T = R_{T_0} e^{B\left(\frac{1}{T}-\frac{1}{T_0}\right)} \tag{21}$$

$$B = \frac{\ln R_T - \ln R_{T_0}}{\dfrac{1}{T} - \dfrac{1}{T_0}} \tag{22}$$

因热敏电阻值与温度为非线性，故式(21)只能用在狭小的温度范围内。如在 0～50 ℃，$T_0$=273.15 K，$T$ 分别为 283.15 K 与 323.15 K 时，不确定度分别为 0.001 K 与 0.30 K。

②主要技术参数

标称电阻 $R_{25}$：$R_{25}$ 表示热敏电阻在 25 ℃时的电阻值，用其作为热敏电阻的标称电阻。若热敏电阻温度计在某参考温度 $T$ 对应的电阻为 $R_T$，可用下式计算 $R_{25}$：

$$R_{25} = \frac{R_T}{1+\alpha_{25}(t-25)} \tag{23}$$

式中，$\alpha_{25}$ 为热敏电阻在 25 ℃时的电阻温度系数。

热敏电阻 $B$:$B$ 表示热敏电阻元件材料烧结工艺的一个常数,与温度有关。随着 $B$ 值增大,热敏电阻的电阻值与灵敏度均随之增大。

零功率电阻 $R$:当通入热敏电阻的电流引起的自然效应小至可忽略时的电阻值,称零功率电阻值。

零功率电阻温度系数 $\alpha_{T_0}$ :指在规定规定温度 $T$ 时,热敏电阻的功率放大器随温度的变化率与该温度电阻之比。

$$\alpha_{T_0}=\frac{1}{R_T}\cdot\frac{\mathrm{d}R}{\mathrm{d}T} \tag{24}$$

(3)热敏电阻的测量线路

热敏电阻的测量线路与其他热电阻测量线路相同。当热敏电阻处于某一温度场中,其电阻值大小乃是该处温度高低的量度,要将其指示出来则还需有显示其数值的测量仪表。电阻值的测量线路一般是采用桥式线路。而桥式线路又分为平衡电桥与非平衡电桥。目前,实验室使用热敏电阻主要是用于温差测量,以代替贝克曼温度计,而热敏电阻温差测量仪采用测量线路为非平衡电桥。图 5-22 为非平衡电桥原理线路图。$R_1$、$R_2$、$R_3$ 为电桥中各臂的固定电阻;$R_4$ 为固定的检查电阻;$R_t$ 为热敏电阻;$R_r$ 为可调电阻;$R_M$ 为测量仪表 M 的内阻;S 为切换开关,其作用是将热敏电阻 $R_t$ 或固定的检查电阻 $R_4$ 作为第四臂接入桥式线路中时,在测温范围内电桥处于不平衡状态。此时,沿着测量仪表 M 的对角线有电流流过,温度偏离电桥平衡越大,则通过的电流强度越大,因而指针偏离角度越大。若预先标定了测量仪表指针偏移度与热敏电阻的电阻值之间的关系,并将仪表刻度盘直接刻成温度读数,则可测出被测系统的温度。根据电工原理推证,流过测量仪表的电流强度可用式 (25)求出:

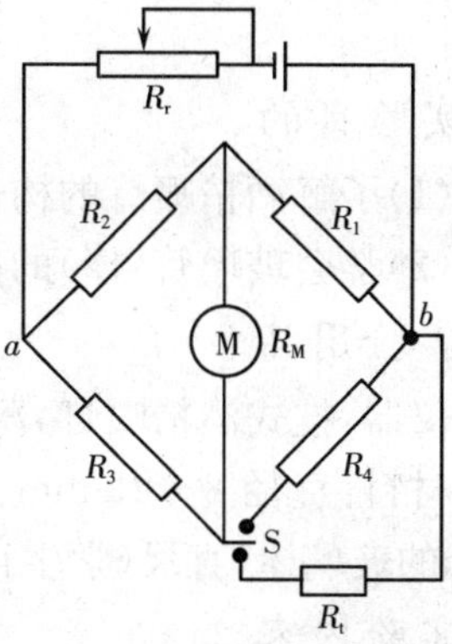


**图 5-22　非平衡电桥原理线路图**

$$I_M=U_{ab}\frac{R_1R_3-R_2R_t}{K} \tag{25}$$

而 $K=\alpha_{I_0}R_M(R_1+R_t)(R_2+R_3)+R_3R_3(R_1+R_t)+R_1R_t(R_2+R_3)$。

由式(25)可知,$I_M$ 的大小取决于 $U_{ab}$ 与 $R_t$,而 $R_t$ 的数值与被测系系统温度的高低及热敏电阻的灵敏度有关。另外,实际测量时,$U_{ab}$ 值必须恒定,故线路上可调电阻 $R_r$ 的作用就是为了保持 $U_{ab}$ 不变而设的。

# 第二部分 实验部分

## 第一章 基本实验

### 实验一 简单玻璃工操作

一、实验目的

(1)了解酒精喷灯的构造及正确使用方法。

(2)学会玻璃管(棒)的截断、弯曲、拉制、熔光、缘口等简单的玻璃加工操作。

二、实验用品

仪器:挂式酒精喷灯,薄片小砂轮或三角锉刀,石棉网,隔热瓷盘。

材料:直径 8～12 mm 的薄壁玻璃管,直径 7 mm 的玻璃管,直径 3 mm 的玻璃管,直径 5 mm的玻璃棒,直尺(学生自备),火柴。

三、实验内容

**1. 挂式酒精喷灯的使用**

将挂式喷灯酒精贮罐挂在适当的高度,打开酒精贮罐下口开关,并先在预热盘中注入适量的酒精,关闭酒精贮罐下口开关,然后点燃盘中的酒精,以加热灯管,待盘中酒精快要燃完时,重新打开酒精贮罐下口开关,向上提升空气阀,打开气门,这时由于酒精在灼热的灯管内汽化,并与来自气孔的空气混合,燃烧并形成高温火焰(温度可达 700～1 000 ℃)。调节酒精的流量及空气阀门的高度可以控制火焰的大小。用毕,降下空气阀门,挂式喷灯酒精贮罐下口开关即可使灯熄灭。

说明:(1)在重新打开挂式喷灯酒精贮罐下口开关,提升空气阀,点燃管口气体以前,必须充分灼热灯管,否则酒精不能全部汽化,会有液体酒精由管口喷出,导致"火雨"(尤其是挂式喷灯),甚至引起燃烧事故。当一次预热不能点燃喷灯时,可在火焰熄灭后重新往预热盘添加酒精,重复上述操作点燃。但连续两次预热后仍不能点燃时,则需要用探针疏通酒精蒸气出口,让出气顺畅后,方可再预热。

(2)挂式喷灯酒精贮罐出口至灯具进口之间的橡皮管要连接好,不得有漏液现象,否则容易失火。

**2. 制作玻璃棒及玻璃钉**

取直径 5 mm、长 1 m 的玻璃棒一根,制成下列用品:

①切割成两根 17～18 cm 及一根 12 cm 长的玻璃棒,两端在火焰中烧圆,供手工搅拌用。

②截取长 5～6 cm 的玻璃棒一段,一端在火中烧软后在石棉网上按成大玻璃钉,供过滤时挤压滤饼或研磨晶体用。

**3. 制作滴管和弯管**

用直径 7 mm、长 0.7 m 的玻璃管两根,制成两根滴管和三支弯管。其中滴管长度约为 15 cm,粗端内径为 7 mm、长 10 cm,细端内径为 1.5～2 mm、长 5～6 cm。三支玻璃弯管的角度分别为 120°、90°、60°。

**4. 沸点管的制作**

首先取一根内径为 3～4 mm 的细玻璃管，截成长 7～8 cm。在其一端封闭先拉出尾管，然后将尾管顶端加热融化，不断用镊子将尾管拉去，再把底部烧圆，作为沸点管的外管。另取直径 8～12 mm 的薄壁玻璃管，制作一根长 8 cm、内径 1 mm 左右的毛细管 3 根，将其一端封闭，作为沸点管的内管。

**5. 玻璃沸石**

取上述拉过的不合格玻璃管(棒)在火焰中对接，反复熔拉多次，再拉成比熔点管略粗的玻璃棒，冷至室温后截成长约 3 mm 的小段，即成沸石，放在瓶中备用。

**6. 减压毛细管**

用一根玻璃管，先将一端用灯焰加热软化后拉成直径约 2 mm 的毛细管，再用小火将靠近粗端一侧的毛细管烧软，迅速地向两面拉伸成头发丝状，截下所需的长度，并用小试管盛少许丙酮或乙醚，将毛细管插入其中，吹入空气，若毛细管能冒出一连串细小的气泡，即可用于减压蒸馏。

实验完毕后，由指导教师根据学生制作产品的质量给出本实验的成绩。

## 实验二　二氧化碳相对分子量的测定

### 一、实验目的

(1)学习分析天平的正确使用。

(2)学习测定气体相对分子量的一种方法及其原理。

### 二、实验原理

根据阿伏加德罗定律，同温同压下同体积任何气体都含有相同数目的分子。因此，在同温同压下，两种同体积的不同气体的质量之比等于它们的相对分子量之比：

$$\frac{m_1}{m_2}=\frac{M_1}{M_2} \tag{1}$$

式中，$m_1$代表第一种气体的质量；$M_1$代表其相对分子量；$m_2$代表同温同压下同体积的第二种气体的质量；$M_2$代表其相对分子量。如果以 $D$ 表示气体的相对密度，则

$$D=\frac{m_1}{m_2}=\frac{M_1}{M_2}\text{或 } M_1=DM_2 \tag{2}$$

所以一种气体的相对分子质量等于该气体对另一种气体的相对密度乘以后一种气体的相对分子质量。如果以 $D_{空气}$ 表示气体对空气的相对密度，则该气体的相对分子质量($M_x$)可以从式(3)求得：

$$M_x=29.00\times D_{空气} \tag{3}$$

因此，在实验室中只要测出一定体积的二氧化碳的质量，并根据实验时的大气压和温度，计算出同体积空气的质量，即可求出二氧化碳对空气的相对密度，从而求出二氧化碳的相对分子质量。

### 三、实验用品

仪器：碘量瓶(150 mL)，分析天平(精度 0.1 mg)，台秤(精度 0.1 g)，二氧化碳钢瓶。

药品：浓硫酸等。

### 四、实验内容

**1. 二氧化碳相对分子质量的测定**

(1)将 150 mL 碘量瓶洗净、烘干。

(2)在分析天平上称出其质量 $m_1$。

(3)拿去磨口塞，通入二氧化碳约 5 min 后，放上磨口塞再称量。重复进行这一操作，直至两次称量的结果相差不超过 ±0.002 g 为止。记下充满二氧化碳的碘量瓶的质量 $m_2$。

(4)量瓶容积的测定

将碘量瓶装满水，再将磨口塞塞上，尽量擦干瓶外的水，然后在台秤上称量 $m_3$。$(m_3-m_1)$ 即为水的质量(空气的质量忽略不计)。由水的质量即可求出碘量瓶的容积(水的密度 $D_水$，可根据实验时的温度从书后附录中查出)。

(5)观察并记录实验时的室温和气压计的读数。

**2. 数据记录和计算**

**数据记录及处理**

| | | |
|---|---|---|
| 用分析天平称装满空气的碘量瓶和塞子的质量 $m_1$(g) | | |
| 用分析天平称装满 $CO_2$ 的碘量瓶和塞子的质量 $m_2$(g) | 第一次 $m_2(1)$ | |
| | 第二次 $m_2(2)$ | |
| | 第三次 $m_2(3)$ | |
| 在台秤上称装满的碘量瓶和塞子的质量 $m_3$(g) | | |
| 碘量瓶的容积 $V=\frac{m_3-m_1}{d_水}$(mL) | | |
| 实验时的室温 $t$(℃) | | |
| 实验时的大气压 $p$(Pa) | | |
| 按公式 $pV=\frac{m_{空气}}{M_{空气}}RT$，先求出碘量瓶内空气的质量 $m_{空气}$(g) | | |
| 空瓶的质量为 $m_1-m_{空气}$ | | |
| 求出碘量瓶中 $CO_2$ 的质量 $m_{CO_2}=m_2-(m_1-m_{空气})$ | | |
| 二氧化碳对空气的相对密度 $D_{空气}=\frac{m_{CO_2}}{m_{空气}}$ | | |
| 二氧化碳的相对分子质量 $M_{CO_2}=29.00\cdot D_{空气}$ | | |
| 百分误差(%)$=\frac{\lvert M_{理论}-M_{CO_2}\rvert}{M_{理论}}\times 100\%$ | | |

## 五、注意事项

(1)由二氧化碳钢瓶出来的二氧化碳先经过一只 1 000 mL 的缓冲瓶，然后分几路导出，同时供几个学生使用。每一路导管都装有旋塞，使用时打开，不用时关闭。二氧化碳的流速通过浓硫酸中冒出气泡的快慢来控制。流速不宜太大，否则钢瓶内二氧化碳迅速蒸发而产生低温，使出来的二氧化碳温度过低，以致在称量时，由于温度的变化而使称量不准确。

(2)在往碘量瓶中通入二氧化碳时一定要控制好气体的流速和通气时间。

(3)测定碘量瓶的容积时一定要装事先在室温放置 1 d 以上的水，不能直接由水龙头装自来水。

## 六、思考题

(1)为什么装满二氧化碳的碘量瓶和塞子的质量要在分析天平上称，而装满水的碘量瓶和塞子的质量可以在台秤上称量？

(2)哪些物质可以用此方法测相对分子质量？为什么？

*参考文献*

崔学桂，张晓丽. 基础化学实验（Ⅰ）-无机及分析化学实验. 北京：化学工业出版社，2003.

## 实验三　硫酸亚铁铵的制备

### 一、实验目的

（1）了解硫酸亚铁铵的制备方法。

（2）练习水浴加热、减压过滤等操作。

（3）了解检验产品中杂质含量的一种方法——目测比色法。

### 二、实验原理

过量铁屑与稀硫酸作用，制得硫酸亚铁溶液：

$$Fe + H_2SO_4 = FeSO_4 + H_2(g)$$

硫酸亚铁溶液与硫酸铵溶液作用，生成溶解度较小的硫酸亚铁铵复盐晶体：

$$FeSO_4 + (NH_4)_2SO_4 + 6H_2O = FeSO_4 \cdot (NH_4)_2SO_4 \cdot 6H_2O$$

硫酸亚铁铵又称摩尔盐，它在空气中不易被氧化，比硫酸亚铁稳定。它能溶于水，但难溶于乙醇。$FeSO_4 \cdot (NH_4)_2SO_4 \cdot 6H_2O$ 晶体之所以能从混合液中优先析出，是由于它在水中的溶解度比 $FeSO_4 \cdot 7H_2O$ 和 $(NH_4)_2SO_4$ 的溶解度都小（表 1）。

**表 1　三种盐的溶解度数据**（$g/100gH_2O$）

| 盐（分子量）＼温度（℃） | 0 | 10 | 20 | 30 | 40 | 50 | 60 |
|---|---|---|---|---|---|---|---|
| $(NH_4)_2SO_4$(132.1) | 70.6 | 73.0 | 75.4 | 78.0 | 81.0 | — | 88.0 |
| $FeSO_4 \cdot 7H_2O$(277.9) | 15.6 | 20.5 | 26.5 | 32.9 | 40.2 | 48.6 | — |
| $FeSO_4 \cdot (NH_4)_2SO_4 \cdot 6H_2O$(392.1) | 12.5 | 17.2 | 21.6 | 28.1 | 33.0 | 40.0 | 44.6 |

目测比色法是确定杂质含量的一种常用方法。此法是将产品配成溶液，与各标准溶液进行比色，如果产品溶液的颜色比某一标准溶液的颜色浅，就可确定杂质含量低于该标准溶液中的含量，即低于某一规定的限度，所以这种方法又称为限量分析。

本实验采用目测比色法对产品中的 $Fe^{3+}$ 进行限量分析。即比较 $Fe^{3+}$ 与 $SCN^-$ 形成配离子$[Fe(SCN)_n]^{(3-n)}$ 血红色的深浅来确定产品的纯度等级。

相关的反应式：$Fe^{2+} + O_2 \rightarrow Fe^{3+}$

$$Fe^{3+} + nSCN^- = [Fe(SCN)_n]^{(3-n)}\text{（血红色）}$$

若 1.00 g 摩尔盐试样溶液的颜色，与Ⅰ级试剂的标准溶液的颜色相同或略浅，便可确定为Ⅰ级产品，其中：$Fe^{3+}$ 含量％$=\dfrac{0.05}{1.00 \times 1000} \times 100\% = 0.005\%$。

Ⅱ级和Ⅲ级产品以此类推。

### 三、实验用品

仪器：烧杯（150 mL 2 个、400 mL 1 个），量筒（10 mL 1 个、50 mL 1 个），台秤，漏斗，漏斗架，布氏漏斗，吸滤瓶，蒸发皿，表面皿，比色管，比色管架，电热板，广泛 pH 试纸，定性滤纸（快速和慢速两种），水浴锅（可用大烧杯代替）。

药品：HCl（$2.0\ mol \cdot L^{-1}$），$H_2SO_4$（$3.0\ mol \cdot L^{-1}$ 需准确配制），NaOH（$1.0\ mol \cdot L^{-1}$），$Na_2CO_3$（$1.0\ mol \cdot L^{-1}$），废铁屑，KSCN（$1.0\ mol \cdot L^{-1}$），$(NH_4)_2SO_4$(s)，乙醇（95％），$Fe^{3+}$ 标准色阶溶液 3 份。

附：$Fe^{3+}$ 标准色阶溶液的配制

(1)配制 0.1000 g · $L^{-1}$ 的 $Fe^{3+}$ 标准溶液：称 0.8634 g $NH_4Fe(SO_4)_2 \cdot 12H_2O$，(硫酸高铁铵)溶于少量蒸馏水中，加入 2.5 mL 浓硫酸，移入 1 L 容量瓶中，用蒸馏水稀释至刻度，摇匀。

(2)标准色阶溶液的配制：用吸量管吸取 $Fe^{3+}$ 标准溶液 0.50 mL、1.00 mL、2.00 mL 分别放入 3 支 25.00 mL比色管中，然后各加入 2.00 mL HCl 溶液(3.0 mol · $L^{-1}$)和 0.50 mL KSCN 溶液(1.0 mol · $L^{-1}$)。用已除氧的蒸馏水将溶液稀释到刻度，摇匀，即得到三个级别的含 $Fe^{3+}$ 的标准溶液：25 mL 溶液中含 $Fe^{3+}$ 0.05 mg (Ⅰ级)、0.10 mg(Ⅱ级)和 0.20 mg(Ⅲ级)。

## 四、实验内容

### 1. 硫酸亚铁铵的制备

(1)铁屑油污的去除

称取 2 g 废铁屑，放入 150 mL 的小烧杯中，加入 20 mL $Na_2CO_3$(1.0 mol · $L^{-1}$)溶液，小火加热约 10 min，以除去铁屑表面的油污。倾析除去碱液，并用水将铁屑洗净。

(2)硫酸亚铁的制备

在盛有洗净铁屑的小烧杯中，加入 10 mL $H_2SO_4$(3.0 mol · $=^{-1}$)溶液，放在水浴(或蒸气)上加热，使铁屑与稀硫酸发生反应(在通风橱中进行)。在反应过程中要适当地添加已除氧的蒸馏水，以补充蒸发掉的水分，保持原体积。当反应进行到不再产生气泡时，表示反应基本完成。用普通漏斗趁热过滤(参见实验基本操作中的“过滤”)，滤液盛于蒸发皿中。

(3)硫酸铵饱和溶液的配制

根据加入的 $H_2SO_4$ 量可知 $FeSO_4$ 的量，按关系式 $n[(NH_4)_2SO_4]:n[FeSO_4]=1:1$，计算出所需固体 $(NH_4)_2SO_4$ 的质量和室温下配制硫酸铵饱和溶液所需要 $H_2O$ 的体积。根据计算的结果，准确称取所需的固体 $(NH_4)_2SO_4$，在小烧杯中配制 $(NH_4)_2SO_4$ 的饱和溶液。

(4)硫酸亚铁铵的制备

将 $(NH_4)_2SO_4$ 的饱和溶液倒入盛 $FeSO_4$ 溶液的蒸发皿中，混匀后，用 pH 试纸检验溶液的 pH 是否为 1～2，若酸度不够，用 $H_2SO_4$(3.0 mol · $L^{-1}$)溶液调节。

在水浴上蒸发混合溶液，浓缩至表面出现晶体膜为止(注意蒸发过程中不宜搅动)。静置，让溶液自然冷却，冷至室温时，便析出硫酸亚铁铵晶体。抽滤至干(参见基本操作中的“吸滤操作”)，再用 5 mL 95% 的乙醇溶液淋洗晶体，以除去晶体表面上附着的水分。继续抽干，取出晶体，在表面皿上晾干。称其质量，并计算产率。

### 2. 产品检验——产品中 $Fe^{3+}$ 的限量分析

用烧杯将蒸馏水煮沸 5 min，以除去溶解的氧，盖好，冷却后备用。称取 1.00 g 的产品，置于比色管中，加入 10.0 mL 已除氧的蒸馏水，以干净的玻璃棒搅拌溶解，再加入 2.00 mL HCl (1.0 mol · $L^{-1}$)溶液和 0.50 mL KSCN(1.0 mol · $L^{-1}$)溶液，最后用已除氧的蒸馏水稀释到 25.00 mL，搅拌均匀。将它与标准溶液进行目测比色，确定产品等级。

目测比色时，为了消除周围光线的影响，可用白纸条包住装盛溶液那部分比色管的四周，可在比色管底部衬以白瓷板，从上往下观察或在比色管后侧面衬以白纸，再从前侧面观察，对比溶液颜色的深浅程度来确定产品等级。

## 五、数据记录与处理

| 加入的 $H_2SO_4$ 量 (mol) | $(NH_4)_2SO_4$ 饱和溶液 | | $FeSO_4 \cdot (NH_4)_2SO_4 \cdot 6H_2O$ | | | |
|---|---|---|---|---|---|---|
| | $(NH_4)_2SO_4$ 质量(g) | $H_2O$ 体积(mL) | 理论产量(g) | 实际产量(g) | 产率*(%) | 纯度级别 |
| | | | | | | |

* 产率%=(实际产量/理论产量)×100%,对自制产品的产率及纯度级别偏高或偏低的原因,要分别分析。

## 六、思考题

(1)制备硫酸亚铁溶液时:

①为什么要保持较强的酸性?

②为何一定要剩下少量 Fe 屑?

(2)有人在过滤硫酸亚铁溶液时,滤速很慢,试分析其原因。

(3)蒸发浓缩硫酸亚铁铵溶液时:

①为什么采用水浴加热法?能否用电炉直接加热蒸发皿?

②蒸发时是否需要搅拌?

③为什么有时溶液会由蓝绿色逐渐变为黄色?此时应如何处理?

(4)为何要用少量乙醇淋洗 $FeSO_4 \cdot (NH_4)_2SO_4 \cdot 6H_2O$ 晶体?用蒸馏水淋洗行吗?

(5)目测比色检验产品纯度级别时,为什么要用除氧的蒸馏水来配制硫酸亚铁铵溶液?

(6)为什么本实验计算硫酸亚铁铵理论产量时,以加入的 $H_2SO_4$ 量为准?

## *参考文献*

[1] 陈虹锦. 实验化学(上册). 北京:科学出版社,2003.

[2] 南京大学编写组. 无机及分析化学实验. 第 3 版. 北京:高等教育出版社,1998.

# 实验四　摩尔气体常数的测定

## 一、实验目的

(1)了解一种测定摩尔气体常数的方法。

(2)熟悉分压定律与气体状态方程的应用。

(3)练习分析天平的使用与测量气体体积的操作。

## 二、实验原理

气体状态方程式的表达式为:

$$pV = nRT = \frac{m}{M_r}RT \tag{1}$$

式中,$p$ 为气体的压力或分压(Pa);$V$ 为气体体积(L);$n$ 为气体的物质的量(mol);$m$ 为气体的质量(g);$M_r$ 为气体的摩尔质量($g \cdot mol^{-1}$);$T$ 为气体的温度(K);$R$ 为摩尔气体常数(文献值:8.31$Pa \cdot m^3 \cdot K^{-1} \cdot mol^{-1}$ 或 $J \cdot K^{-1} \cdot mol^{-1}$)。

可以看出,只要测定一定温度下给定气体的体积 $V$、压力 $p$ 与气体的物质的量 $n$ 或质量 $m$,即可求得 $R$ 的数值。

本实验利用金属(如 Mg、Al 或 Zn)与稀酸置换出氢气的反应,求取 $R$ 值。例如:

$$Mg(s)^* + 2H^+(aq)^* = Mg^{2+}(aq) + H_2(g)^*$$

$$\Delta rH^{\ominus}_{m298} = -466.85(kJ \cdot mol^{-1}) \tag{2}$$

* s:表示固态(分子);aq:表示水合的离子(或分子);g:表示气态(分子)。

将已精确称量的一定量的镁与过量稀酸反应，用排水集气法收集氢气。氢气的物质的量可根据式(2)由金属镁的质量求得：

$$n_{H_2}=\frac{m_{H_2}}{M_{H_2}}=\frac{m_{Mg}}{M_{Mg}}$$

由量气管可测出在实验温度与大气压力下，反应所产生的氢气体积。

由于量气管内所收集的氢气是被水蒸气所饱和的，根据分压定律，氢气的分压 $p_{H_2}$，应是混合气体的总压 $p$(以 100 kPa 计)与水蒸气分压 $p_{H_2O}$之差：

$$p_{H_2}=p-p_{H_2O} \tag{3}$$

将所测得的各项数据代入式(1)可得：

$$R=\frac{p_{H_2}\cdot V}{n_{H_2}\cdot T}=\frac{(p-p_{H_2O})\cdot V}{n_{H_2}\cdot T}$$

## 三、实验用品

仪器：分析天平，称量纸（蜡光纸或硫酸纸），量筒(10 mL)，漏斗，温度计(公用)，砂纸，测定摩尔气体常数的装置(量气管*，水准瓶**，试管，滴定管夹，铁架，铁夹，铁夹座，铁圈，橡皮塞，橡皮管，玻璃导气管)，气压计(公用)，烧杯(100 mL、400 mL)，细砂纸等。

药品：硫酸 $H_2SO_4$(3mol·$L^{-1}$)，镁条(纯)。

* 量气管的容量不应小于 50 mL，读数可估计到 0.01 mL 或 0.02 mL。可用碱式滴定管代替。

** 本实验中用短颈(或者长颈)漏斗代替水准瓶。

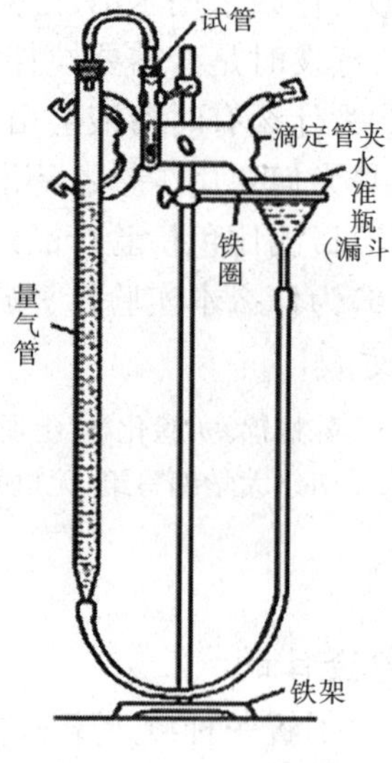


**图 1　摩尔气体常数测定装置**

## 四、实验内容

### 1. 镁条称量

取两根镁条，用砂纸擦去其表面氧化膜，然后在分析天平上分别称出其质量，并用称量纸包好记下质量，待用(也可由实验室老师预备)。

镁条质量以 0.030 0～0.040 0 g 为宜。镁条质量若太小，会增大称量及测定的相对误差。质量若太大，则产生的氢气体积可能超过量气管的容积而无法测量。称量要求准确至±0.000 1 g。

### 2. 仪器的装置和检查

按图 1 装置仪器。注意应将铁圈装在滴定管夹的下方，以便可以自由移动水准瓶(漏斗)。打开量气管的橡皮塞，从水准瓶注入自来水，使量气管内液面略低于刻度“0”(若液面过低或过高，则会带来什么影响?)。上下移动水准瓶，以赶尽附着于橡皮管和量气管内壁的气泡，然后塞紧量气管的橡皮塞。

为了准确量取反应中产生的氢气体积，整个装置不能有泄漏之处。检查漏气的方法如下：塞紧装置中连接处的橡皮管，然后将水准瓶(漏斗)向下(或向上)移动一段距离，使水准瓶内液面低于(或高于)量气管内液面。若水准瓶位置固定后，量气管内液面仍不断下降(或上升)，表示装置漏气(为什么)，则应检查各连接处是否严密(注意橡皮塞及导气管间连接是否紧密)。务必使装置不再漏气，然后将水准瓶放回检漏前的位置。

**3. 金属与稀酸反应前的准备**

取下反应试管，将 4～5 mL 3 mol · $L^{-1}$ $H_2SO_4$溶液通过漏斗注入试管中(将漏斗移出试管时，千万不能让酸液沾在试管壁上！为什么?)。稍稍倾斜试管，将已称好质量(勿忘记录)的镁条按压平整后蘸少许水贴在试管壁上部，如图 2 所示，确保镁条不与硫酸接触，然后小心固定试管，塞紧(旋转)橡皮塞(动作要轻缓，谨防镁条落入稀酸溶液中)。

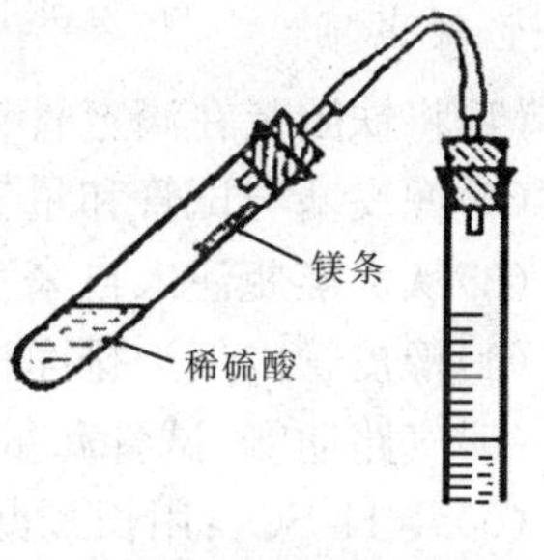

**图 2　镁条贴在试管壁上半部**

再次检查装置是否漏气。若不漏气，可调整水准瓶位置，使其液面与量气管内液面保持在同一水平面，然后读出量气管内液面的弯月面最低点的读数。要求读准至±0.01 mL，并记下读数(为使液面读数尽量准确，可移动铁圈位置，设法使水准瓶与量气管位置尽量靠近)。

**4. 氢气的发生、收集和体积的量度**

松开铁夹，稍稍抬高试管底部，使稀硫酸与镁条接触(切勿使酸碰到橡皮塞)，待镁条落入稀酸溶液中后，再将试管恢复原位。此时反应产生的氢气会使量气管内液面开始下降。为了不使量气管内因气压增大而引起漏气，在液面下降的同时应慢慢向下移动水准瓶，使水准瓶内液面随量气管内液面一起下降，直至反应结束，量气管内液面停止下降(此时能否读数？为什么?)。

待反应试管冷却至室温(约需 10 min)，再次移动水准瓶，使其与量气管的液面处于同一水平面，读出并记录量气管内液面的位置。每隔 2～3 min 读数一次，直到读数不变为止。记下最后的液面读数及此时的室温和大气压力。从附表中查出相应于室温时水的饱和蒸气压。

打开试管口的橡皮塞，弃去试管内的溶液，洗净试管，并取另一份镁条重复进行一次实验。记录实验结果。

## 五、数据记录与处理

| 实验编号 | Ⅰ | Ⅱ |
|---|---|---|
| 镁条质量 $m_{Mg}$(g) | | |
| 反应后量气管内液面的读数 $V_2$(mL) | | |
| 反应前量气管内液面的读数 $V_1$(mL) | | |
| 反应置换出 $H_2$ 的体积 $V=(V_2-V_1)\times10^{-6}/mL$ | | |
| 室温 $T$(K) | | |
| 大气压力 $p$(Pa) | | |
| 室温时水的饱和蒸气压 $p_{H_2O}$(Pa) | | |
| 氢气的分压 $p_{H_2}=(p-p_{H_2O})$(Pa) | | |
| 氢气的物质的量 $n_{H_2}=\dfrac{m_{Mg}}{M_{Mg}}$(mol) | | |
| 摩尔气体常数 $R=\dfrac{p_{H_2}\cdot V}{n_{H_2}\cdot T}$($J\cdot K^{-1}\cdot mol^{-1}$) | | |
| $R$ 的实验平均值$=\dfrac{R_1+R_2}{2}$($J\cdot K^{-1}\cdot mol^{-1}$) | | |
| 相对误差($R_E$)$=\dfrac{R_{实验值}-R_{文献值}}{R_{文献值}}\times100\%$ | | |

分析产生误差的原因。

## 六、注意事项

(1)将铁圈装在滴定管夹的下方,以便可以自由移动水准瓶(漏斗)。

(2)橡皮塞与试管和量气管口要先试试合适后再塞紧,不能硬塞,防止管口被塞烂。

(3)从水准瓶注入自来水,使量气管内液面略低于刻度“0”。

(4)橡皮管内气泡排净标志:皮管内透明度均匀,无浅色块状部分。

(5)气路通畅:试管和量气管间的橡皮管勿打折,保证通畅后再检查漏气或进行反应。

(6)装 $H_2SO_4$:用长颈漏斗将 $H_2SO_4$ 注入试管中,不能让酸液沾在试管壁上!

(7)贴镁条:按压平整后蘸少许水贴在试管壁上部,确保镁条不与硫酸接触,然后小心固定试管,塞紧(旋转)橡皮塞,谨防镁条落入稀酸溶液中。

(8)反应:检查不漏气后再进行反应(切勿使酸碰到橡皮塞)。

(9)读数:调两液面处于同一水平面,冷至室温后读数(保留到小数点后两位,单位:mL)。

## 七、思考题

(1)本实验中置换出的氢气的体积是如何量度的?为什么读数时必须使水准瓶内液面与量气管内液面保持在同一水平面?

(2)量气管内气体的体积是否等于置换出氢气的体积?量气管内气体的压力是否等于氢气的压力?为什么?

(3)试分析下列情况对实验结果有何影响:

①量气管(包括量气管与水准瓶相连接的橡皮管)内气泡未赶尽;

②镁条表面的氧化膜未擦净;

③固定镁条时,不小心使其与稀酸溶液有了接触;

④反应过程中,实验装置漏气;

⑤记录液面读数时,量气管内液面与水准瓶内液面不处于同一水平面;

⑥反应过程中,因量气管压入水准瓶中的水过多,造成水由水准瓶中溢出;

⑦反应完毕,未等试管冷却到室温即进行体积读数。

## 八、附录　不同温度下水的饱和蒸气压

| 温度(℃) | 压力(Pa) | 温度(℃) | 压力(Pa) | 温度(℃) | 压力(Pa) | 温度(℃) | 压力(Pa) |
|---|---|---|---|---|---|---|---|
| 10 | 1228 | 16 | 1817 | 22 | 2643 | 28 | 3779 |
| 11 | 1312 | 17 | 1937 | 23 | 2809 | 29 | 4005 |
| 12 | 1402 | 18 | 2063 | 24 | 2984 | 30 | 4242 |
| 13 | 1497 | 19 | 2197 | 25 | 3167 | 31 | 4492 |
| 14 | 1598 | 20 | 2338 | 26 | 3361 | 32 | 4754 |
| 15 | 1705 | 21 | 2486 | 27 | 3565 | 33 | 5030 |

# 实验五　盐酸溶液的配制与标定

## 一、实验目的

(1)学会用基准物质标定盐酸浓度的方法。

(2)学习滴定操作。

(3)初步了解数理统计处理在分析化学中的应用。

## 二、实验原理

由于浓盐酸易发挥,因此不能直接配制成标准溶液,而是先用浓盐酸配成大致所需的溶

液，然后用基准物标定。常用的基准物是无水 $Na_2CO_3$ 和硼砂（$Na_2B_4O_7 \cdot 10H_2O$）。

本实验采用无水 $Na_2CO_3$ 基准物对盐酸浓度进行标定，其反应式如下：

$$Na_2CO_3 + 2HCl = 2NaCl + H_2O + CO_2(g)$$

滴定至第二化学计量点时的 pH 为 3.98，故以甲基橙为指示剂，其变色范围为 3.1～4.4。为了使颜色变化明显，易观察，也可选用溴甲酚绿-二甲基黄混合指示剂指示终点，其终点颜色变化为绿色（或蓝绿色）到亮黄色（pH=3.9）。根据 $Na_2CO_3$ 的质量和消耗 HCl 的体积可以计算出盐酸的浓度。由于在测定或测量中总是存在一定的误差，因此，所测得的盐酸浓度与真实浓度之间总是存在一定的差别。根据数理统计原理可知，只有当不存在系统测量误差时，无数次测量的平均结果才接近真实值。在实际工作中，我们不可能对盐酸溶液进行无限多次标定，只能进行有限次测量，对于 3 次以上的测量，利用数理统计方法，通过计算其平均值、标准偏差及置信区间，可以判断测量结果与真实值的接近程度，评价分析质量的好坏。

## 三、实验用品

仪器：酸式滴定管（50 mL），三角烧瓶（250 mL）等。

药品：浓盐酸（分析纯），无水 $Na_2CO_3$（基准试剂），甲基橙指示剂（0.1%水溶液）或溴甲酚绿-二甲基黄混合指示剂（取 4 份 0.2%溴甲酚绿酒精溶液和 1 份 0.2%二甲基黄酒精溶液，混匀）。

## 四、实验内容

**1. 配制 0.1 mol·L$^{-1}$ HCl 溶液**

计算配制 500 mL 0.1 mol·L$^{-1}$ HCl 溶液需要的浓 HCl 的量 $V_{浓HCl}$（mL），然后，用小量筒或吸量管量取此量的浓 HCl，加入蒸馏水中，并稀释成 500 mL，贮于玻塞细口试剂瓶中，充分摇匀。

**2. HCl 标准溶液浓度的标定**

准确称取已烘干的无水碳酸钠 3 份（其质量按消耗 20～40 mL 0.1 mol·L$^{-1}$ HCl 溶液计，请自己计算）置于 3 只 250 mL 三角烧瓶中，加水 30 mL，温热，摇动使之溶解，加入甲基橙（或溴甲酚绿-二甲基黄）指示剂 2～3 滴，以 0.1 mol·L$^{-1}$ HCl 溶液滴定至溶液由黄色转变为橙色（或绿色到亮黄色）。记下 HCl 标准溶液的耗用量，并计算出 HCl 标准溶液的浓度（$c_{HCl}$）。

## 五、数据记录与处理

| 记录项目 | 序号 | | | |
|---|---|---|---|---|
| | 1 | 2 | 3 | |
| 碳酸钠的质量(g) | | | | |
| $V_{HCl}$终点读数(mL) | | | | |
| $V_{HCl}$初始读数(mL) | | | | |
| $V_{HCl}$净用体积(mL) | | | | |
| $c_{HCl}$(mol·L$^{-1}$) | | | | |
| $\bar{c}^{*}_{HCl}$(mol·L$^{-1}$) | | | | |
| 标准偏差 $s$ | | | | |
| $\bar{c} \pm \frac{t^{**} \cdot s}{\sqrt{n}}$ | | | | |
| $c_{HCl}$ 的计算公式 | | | | |

* 弃去离群值后的计算值。

** 要求在 95%的置信水平下报告标定结果。若只有两份数据合格，还要补做一份合格数据，必须保证三份合格数据。

## 六、思考题

(1)溶解基准物 $Na_2CO_3$ 所用水的体积的量取是否需要准确？为什么？

(2)在每次滴定完成后，为什么要将标准溶液加至滴定管零点或近零点，然后进行第二次滴定？

(3)用 $Na_2CO_3$ 为基准物标定 HCl 溶液时，为什么不用酚酞作指示剂？

(4) $KHC_8H_4O_4$ 是否可用作标定 HCl 溶液的基准物？为什么？

# 实验六　氢氧化钠溶液的配制与标定

## 一、实验目的

(1)学会 NaOH 标准溶液的配制和标定方法。

(2)进一步掌握酸碱滴定法的基本原理。

(3)练习碱式滴定管的滴定操作，学会观察和判断滴定终点。

## 二、实验原理

NaOH 易吸收空气中的水分和 $CO_2$，不但会改变其质量，也会使成分发生改变，故不能采取直接法配制 NaOH 标准溶液，而只能用间接法配制，即先配成近似浓度的溶液，再用基准物质标定其浓度。

标定 NaOH 溶液常用邻苯二甲酸氢钾（$KHC_8H_4O_4$，摩尔质量 204.2 $g \cdot mol^{-1}$）作为基准物质，用酚酞作指示剂。反应式为：

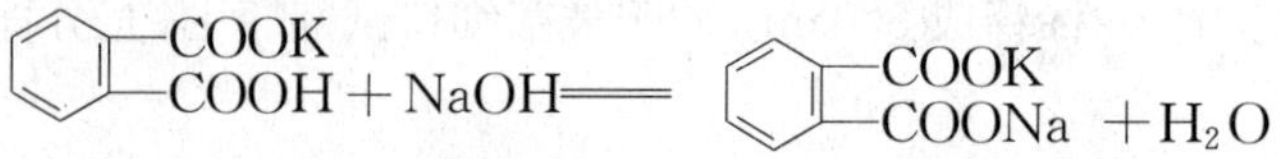


由于反应后的生成物是强碱弱酸的盐，化学计量点时溶液的 pH＝9.27，呈碱性，故选用酚酞作指示剂。$KHC_8H_4O_4$ 因其摩尔质量大，易净化，且不易吸收水分，是标定碱的一种良好的基准物。

## 三、实验用品

仪器：碱式滴定管(50 mL)，锥形瓶(250 mL)，50 mL 的塑料烧杯，100 mL 的小烧杯，具橡皮塞的 500 mL 细口瓶，细塑料棒，洗瓶等。

药品：邻苯二甲酸氢钾(固体，A. R.)，氢氧化钠(固体，C. P.)，酚酞指示剂(0.1%的 90%乙醇溶液)。

## 四、实验内容

**1. 配制 0.1 mol · $L^{-1}$ NaOH 溶液 500 mL**

通过计算求出配制 500 mL 0.1 mol · $L^{-1}$ NaOH 溶液所需的固体 NaOH 的量，在台秤上迅速称出(NaOH 应置于什么器皿中称？为什么?)，置于 100 mL 的烧杯中，立即用 500 mL 水溶解，配制成溶液，贮于带橡皮塞的细口瓶中，充分摇匀。

**2. 标定 NaOH 溶液**

准确称取邻苯二甲酸氢钾 3 份，每份重约________ g (自己计算)，分别放入 250 mL 锥形瓶中，加入 50 mL 去离子水(最好是用煮沸过的中性水)，温热使之溶解，冷却。加酚酞指示剂 2 滴，用 NaOH 溶液滴定至溶液呈现微红色，30 s 内不褪色，即为终点。

根据所耗的 NaOH 溶液的体积和邻苯二甲酸氢钾的质量计算 NaOH 溶液的准确浓度 $c$。

## 五、数据记录与处理

表格自拟，参照 HCl 的配制与标定。

## 六、注意事项

(1)固体氢氧化钠易吸收空气中的水分和$CO_2$，称量必须迅速。市售的固体氢氧化钠常因吸收$CO_2$而混有少量$Na_2CO_3$，这对某些滴定不利，在一般滴定中，少量的$Na_2CO_3$不致影响滴定的准确度。但是在要求严格的情况下，配制氢氧化钠必须设法除去$CO_3^{2-}$。

(2)除去$CO_3^{2-}$的常用方法：

①在台秤上称取一定量固体氢氧化钠于烧杯中，用少量水溶解后倒入试剂瓶中，再用水稀释到一定体积(配成所要求浓度的标准溶液)加入 1～2 mL 20%$BaCl_2$溶液，摇匀后用橡皮塞塞紧，静置过夜，待沉淀完全沉降后，用虹吸管把清液转入试剂瓶中，塞紧，备用。

②饱和的氢氧化钠溶液(50%)具有不溶解$Na_2CO_3$的性质，所以用固体氢氧化钠配制的饱和溶液，其中的$Na_2CO_3$可以全部沉降下来。在涂蜡的玻璃器皿或塑料容器中先配制饱和的氢氧化钠溶液，待溶液澄清后，吸取上层溶液，用新煮沸并冷却的水稀释到一定浓度。

## 七、思考题

(1)用邻苯二甲酸氢钾标定 NaOH 溶液时，为什么用酚酞而不用甲基橙作指示剂？

(2)草酸能否作为标定氢氧化钠标准溶液的基准物质？为什么？

(3)在酸碱滴定中，每次指示剂的用量很少，仅用 1～2 滴或 2～3 滴，为什么不可多用？

(4)若邻苯二甲酸氢钾烘干温度>125 ℃，致使少部分基准物变成了酸酐，用此物标定 NaOH 溶液时，对 NaOH 溶液的浓度有无影响？若有，有何影响？

# 实验七　高锰酸钾溶液的配制与标定

## 一、实验目的

(1)了解$KMnO_4$标准溶液的配制方法和保存条件。

(2)掌握用$Na_2C_2O_4$作基准物标定$KMnO_4$溶液浓度的原理、方法及滴定条件。

## 二、实验原理

市售的$KMnO_4$常含有少量的杂质，如硫酸盐、氯化钠及硝酸盐等，因此不能用精确称量的高锰酸钾来直接配制准确浓度的溶液。高锰酸钾氧化力强，易和水中的有机物、空气中的尘埃及氨等还原性物质作用。另外，$KMnO_4$能自行分解，其分解反应如下：

$$4KMnO_4+2H_2O=4MnO_2\downarrow+4KOH+3O_2\uparrow$$

分解速度随溶液的 pH 而改变。在中性溶液中，分解很慢，但$Mn^{2+}$离子和$MnO_2$能加速$KMnO_4$溶液的分解，见光则分解更快。由此可见，$KMnO_4$溶液的浓度容易改变，必须正确地配制和保存。正确地配制和保存的$KMnO_4$溶液应呈中性，不含$MnO_2$，这样，浓度就比较稳定，放置数月后浓度大约只降低 0.5%。但是如果长期使用，仍应定期标定。

标定$KMnO_4$溶液浓度的基准物质常用$Na_2C_2O_4$。$Na_2C_2O_4$因不含结晶水，容易精制。在酸性溶液中$Na_2C_2O_4$标定$KMnO_4$反应式如下：

$$2MnO_4^-+5H_2C_2O_4+6H^+=2Mn^{2+}+10CO_2+8H_2O$$

本实验采用$KMnO_4$自身指示剂。

## 三、实验用品

仪器：玻璃砂芯漏斗(或玻璃纤维和普通漏斗)，滴定管(50 mL)，三角烧瓶(3 只 250 mL，编号)，棕色试剂瓶(500 mL)，量筒(10 mL 和 50 mL)，塑料培养皿，镊子等。

药品：0.2 mol·$L^{-1}$ $KMnO_4$溶液*，$Na_2C_2O_4$(A. R.)，3 mol·$L^{-1}$ $H_2SO_4$溶液。

* $KMnO_4$溶液由实验室老师提前一周配制，方法如下：

称取一定量的 $KMnO_4$溶于适量的水中，加热煮沸 20～30 min(随时加水以补充因蒸发而损失的水)。冷却后在暗处放置7～10 d，然后用玻璃砂芯漏斗或玻璃纤维过滤除去 $MnO_2$杂质。滤液贮于洁净的棕色瓶中，放置暗处保存。如果溶液经煮沸并在水浴上保温 1 h，冷却后过滤，则不必长期放置就可以稀释和标定其浓度。0 ℃时100 g水中可溶解6.4 g(即 0.4 mol·$L^{-1}$)的 $KMnO_4$。

## 四、实验内容

**1. 配制 0.02 mol·$L^{-1}$ $KMnO_4$标准溶液**

用量筒量取 50 mL 0.2 mol·$L^{-1}$ $KMnO_4$溶液，置于洁净的 500 mL 棕色试剂瓶中用蒸馏水稀释至 500 mL，摇匀备用。

**2. 标定 0.02 mol·$L^{-1}$ $KMnO_4$溶液**

用分析天平准确称取(称准至 0.0002 g)计算量(根据标定的反应比和标定 20～30 mL 0.02 mol·$L^{-1}$ $KMnO_4$溶液所需要的 $Na_2C_2O_4$的质量进行计算)的、已烘过的 $Na_2C_2O_4$基准物质 3 份，各置于 250 mL 锥形瓶中，每份先加入新煮沸过的去离子水约 40 mL 及 3 mol·$L^{-1}$ $H_2SO_4$ 10 mL。待试样溶解后，加热至 75～85 ℃，立即用待标定的 $KMnO_4$溶液滴定(不能沿瓶壁滴入，为什么?)。

滴定时，第一滴 $KMnO_4$溶液褪色很慢，在没有完全褪色以前请不要滴入第二滴 $KMnO_4$溶液，之后随反应进行速度加快可加快滴加速度。当被滴定溶液出现浅粉红色且 15～30 s 不消失即为滴定终点。根据 $KMnO_4$溶液所消耗的体积数可计算出 $KMnO_4$溶液的浓度。

## 五、数据记录与处理

自拟表格(数据要用 $Q_{0.90}$检验)。

## 六、注意事项

(1)加热及放置时，均应盖上表面皿，以免尘埃及有机物等落入。

(2)$KMnO_4$作为氧化剂，通常是在强酸溶液中反应，滴定过程中若发现产生棕色浑浊(是酸度不足引起的)应立即加入 $H_2SO_4$补救，但若已经达到终点，则加 $H_2SO_4$已无效，这时应该重做实验。

(3)加热可使反应加快，但不应热至沸腾，否则容易引起部分草酸分解。正确的温度是75～85 ℃(手触烧瓶壁感觉有点烫手，但不能沸腾)。在滴定至终点时，溶液温度不应低于 60 ℃。

(4)$KMnO_4$滴定的终点是不太稳定的，这是由于空气中含有还原性气体及尘埃等物质，落入溶液中能使 $KMnO_4$慢慢分解，而使浅粉红色消失，所以经过 30 s 不褪色，即可认为终点已到。

## 七、思考题

(1)粗配 $KMnO_4$标准溶液时为什么要把 $KMnO_4$水溶液煮沸一定时间(或放置数天)? 配好的 $KMnO_4$溶液为什么要过滤后才能保存? 过滤时能否用滤纸?

(2)$KMnO_4$溶液滴定 $Na_2C_2O_4$溶液时，$KMnO_4$溶液应盛装在何种滴定管中? 如何在滴定管中读取有色溶液的读数?

(3)用 $Na_2C_2O_4$滴定 $KMnO_4$溶液浓度时，为什么必须在大量 $H_2SO_4$存在下进行? 溶液的酸度过低或过高对本实验有何影响? 用 HCl 或 $HNO_3$代替 $H_2SO_4$溶液是否可行? 为什么?

(4)何谓自身催化作用? 解释滴定时第一滴 $KMnO_4$溶液褪色很慢的原因。

(5)滴定速度与反应速度相适应，若滴定速度过慢或过快会造成什么问题？

(6)加热的目的何在？温度过高(如 90～100 ℃)行吗？为什么？

## 实验八　EDTA 溶液的配制与标定

### 一、实验目的

(1)学习 EDTA 标准溶液的配制和标定方法。

(2)掌握络合滴定的原理，了解络合滴定的特点。

(3)熟悉钙指示剂或二甲酚橙指示剂的使用。

(4)掌握 EDTA 法测定水的总硬度的原理和方法。

### 二、实验原理

**1. EDTA 溶液的配制与标定原理**

乙二胺四乙酸(简称 EDTA，常用 $H_4Y$ 表示)难溶于水，常温下其溶解度为 $0.2\,g\cdot L^{-1}$(约 $0.0007\,mol\cdot L^{-1}$)，在分析中通常使用其二钠盐配制标准溶液。乙二胺四乙酸二钠盐的溶解度为 $120\,g\cdot L^{-1}$，可配成 $0.3\,mol\cdot L^{-1}$以上的溶液，其水溶液的 pH≈4.8，通常采用间接法配制标准溶液。

标定 EDTA 溶液常用的基准物有 Zn、ZnO、$CaCO_3$、Bi、Cu、$MgSO_4\cdot 7H_2O$、Hg、Ni、Pb 等。通常选用与被测物组分相同的物质作基准物，这样滴定条件较一致，可减小误差。

EDTA 溶液若用于测定石灰石或白云石中 CaO、MgO 的含量，则宜用 $CaCO_3$ 为基准物。首先可加 HCl 溶液，其反应如下：

$$CaCO_3 + 2HCl = CaCl_2 + CO_2\uparrow + H_2O$$

然后把溶液转移到容量瓶中并稀释，制成钙标准溶液。吸取一定量钙标准溶液，调节酸度至 pH≥12，用钙指示剂，以 EDTA 溶液滴定至溶液由酒红色变为纯蓝色，即为终点。其变色原理如下：

钙指示剂(常以 $H_3Ind$ 表示)在水溶液中按下式离解：

$$H_3Ind \rightleftharpoons 2H^+ + HInd^{2-}$$

在 pH≥12 的溶液中，$HInd^{2-}$ 离子与 $Ca^{2+}$ 离子形成比较稳定的络离子，其反应如下：

$$\underset{\text{(纯蓝色)}}{HInd^{2-}} + Ca^{2+} \rightleftharpoons \underset{\text{(酒红色)}}{CaInd^-} + H^+$$

所以在钙标准溶液中加入钙指示剂时，溶液呈酒红色，当用 EDTA 溶液滴定时，由于 EDTA能与 $Ca^{2+}$ 离子形成比 $CaInd^-$ 络离子更稳定的络离子，因此在滴定终点附近，$CaInd^-$ 络离子不断转化为较稳定的 $CaY^{2-}$ 络离子，而钙指示剂则被游离了出来，其反应可表示如下：

$$\underset{\text{(酒红色)}}{CaInd^-} + H_2Y^{2-} + OH^- \rightleftharpoons \underset{\text{(无色)}}{CaY^{2-}} + \underset{\text{(纯蓝色)}}{HInd^{2-}} + H_2O$$

用此法测定钙时，若有 $Mg^{2+}$ 离子共存[在调节溶液酸度为 pH＞12 时，$Mg^{2+}$ 离子将形成 $Mg(OH)_2$ 沉淀]，则 $Mg^{2+}$ 离子不仅不干扰钙的测定，而且使终点比 $Ca^{2+}$ 离子单独存在时更敏锐。当 $Ca^{2+}$、$Mg^{2+}$ 离子共存时，终点由酒红色到纯蓝色，当 $Ca^{2+}$ 离子单独存在时则由酒红色到紫蓝色。所以测定单独存在的 $Ca^{2+}$ 离子时，常常加入少量 $Mg^{2+}$ 离子。

EDTA 溶液若用于测定 $Pb^{2+}$、$Bi^{3+}$ 离子，则宜以 ZnO 或金属锌为基准物，以二甲酚橙为指示剂，在 pH＝5～6 的溶液中，二甲酚橙指示剂本身显黄色，与 $Zn^{2+}$ 离子的络合物呈紫红色，EDTA 与 $Zn^{2+}$ 离子形成更稳定的络合物，因此用 EDTA 溶液滴定至近终点时，二甲酚橙被游离了出来，溶液由紫红色变为黄色。

络合滴定中所用的水，应不含 $Fe^{3+}$、$Al^{3+}$、$Cu^{2+}$、$Ca^{2+}$、$Mg^{2+}$ 等杂质离子。

**2. 测定水中硬度的原理**

通常所说的水的硬度就是指水中钙、镁的含量。主要是因为清洁的地下水、河水、湖水中，钙、镁的含量远比其他金属离子多。

水的硬度的计算方法很多，各国采用的单位的大小也不一致，最常用的表示水的硬度的单位有：

①以度表示，$1°=10\ mg \cdot L^{-1}$ CaO，相当于 10 万份水中含有一份 CaO。

②以水中 $CaCO_3$ 的浓度（$10\ mg \cdot L^{-1}$）计，即相当于水中含有 $CaCO_3$ 多少 $mg \cdot L^{-1}$。

$$水的总硬度=\frac{C_{EDTA}V_{EDTA}(mL)\times\frac{M_{CaCO_3}\times1000}{1000}}{水样(mL)}\times1000$$

用 EDTA 滴定 $Mg^{2+}$、$Ca^{2+}$ 离子总量时，应在 pH=10 的氨缓冲溶液中进行，用铬黑 T 作指示剂。铬黑 T 与 $Mg^{2+}$、$Ca^{2+}$ 形成紫红色配合物，在 pH=10 时，铬黑 T 为纯蓝色，因此，终点时溶液颜色由紫红色变为纯蓝色。

理论的计算和实践都表明，以铬黑 T 为指示剂，用 ETDA 滴定 $Mg^{2+}$ 离子时较滴定 $Ca^{2+}$ 离子时，终点更敏锐。因此，当水样中 $Mg^{2+}$ 离子含量较少时，用 EDTA 测定水的硬度，终点不敏锐。为此，在配制 EDTA 溶液时，加入适量的 $Mg^{2+}$ 离子，在滴定过程中，$Ca^{2+}$ 离子把 $Mg^{2+}$ 离子从 Mg—EDTA 中置换出来，$Mg^{2+}$ 离子与铬黑 T 形成紫红色配合物，终点时，颜色由紫红色变成纯蓝色，变色比较敏锐。

在滴定过程中，$Fe^{3+}$、$Al^{3+}$ 离子的干扰用三乙醇胺掩蔽，$Cu^{2+}$、$Pb^{2+}$、$Zn^{2+}$ 等金属离子用 KCN、$Na_2S$ 掩蔽。

## 三、实验用品

仪器：酸式滴定管（50 mL），锥形瓶（250 mL），试剂瓶（500 mL），容量瓶（500 mL），小烧杯（100 mL），移液管（25 mL），表面皿等。

药品：

(1)以 $CaCO_3$ 为基准物时所用试剂　乙二胺四乙酸二钠盐（固体，A. R.），$CaCO_3$（固体，A. R.），1∶1$NH_3 \cdot H_2O$，镁溶液（1 g $MgSO_4 \cdot 7H_2O$ 溶解于水中，稀释至 200 mL），10% NaOH 溶液，钙指示剂（固体指示剂）。

(2)以 ZnO 为基准物时所用试剂　ZnO（A. R.），1∶1HCl，1∶1$NH_3 \cdot H_2O$，二甲酚橙指示剂，20%六次甲基四胺溶液。

(3)$Na_2S$ 溶液，$NH_3$-$NH_4Cl$ 缓冲溶液（称取 20 g $NH_4Cl$ 溶于少量水中，加 150 mL 浓氨水，用水稀释至 1 L），如果是其他水样，加 1∶1 盐酸溶液 1～2 滴酸化水样。煮沸数分钟，除去二氧化碳（残余水不必煮沸），冷却后，测定。铬黑 T 指示剂（0.5%，称取 0.5 g 铬黑 T，加 20 mL 三乙醇胺，加无水乙醇 100 mL），自来水样的硬度较小时，应取样 100 mL，并适当增加其他试剂量。

## 四、实验内容

**1. 粗配 $0.01\ mol \cdot L^{-1}$ EDTA 标准溶液**

在台秤上称取乙二胺四乙酸二钠盐（$Na_2H_2Y \cdot 2H_2O$）2.0 g 溶解于 200～300 mL 温热的

去离子水中，稀释至约500 mL，如混浊，应过滤。转移至500 mL试剂瓶中，摇匀。

**2. 以$CaCO_3$为基准物标定EDTA溶液**

(1)0.01 mol·$L^{-1}$标准钙溶液的配制

置碳酸钙基准物于称量瓶中，在110℃干燥2 h，置干燥器中冷却后，准确称取0.2～0.3 g(称准至小数点后第四位，为什么?)于小烧杯中，盖以表面皿，加水润湿，再从杯嘴边逐滴加入(注意：为什么?)* 数毫升1∶1HCl至完全溶解，用水把可能溅到表面皿上的溶液淋洗入杯中，加热接近沸腾，待冷却后移入250 mL容量瓶中，稀释至刻度，摇匀。

(2)标定

用移液管移取25.00 mL标准钙溶液，置于锥形瓶中，加入约25 mL水、2 mL镁溶液、5 mL10%NaOH溶液及约10 mg(绿豆大小)钙指示剂，摇匀后，用EDTA溶液滴定至由红色变至纯蓝色，即为终点。

* 目的是为了防止反应过于激烈而产生$CO_2$气泡，使$CaCO_3$飞溅损失。

**3. 以ZnO为基准物标定EDTA溶液**

(1)锌标准溶液的配制

准确称取在800～1000℃灼烧过(需20 min以上)的基准物ZnO* 0.25～0.36 g于100 mL烧杯中，用少量水润湿，然后逐滴加入1∶1HCl，边加边搅拌至完全溶解为止。然后，将溶液定量转移入250 mL容量瓶中，稀释至刻度并摇匀。

(2)标定

移取25 mL锌标准溶液于250 mL锥形瓶中，加约300 mL水，2～3滴二甲酚橙指示剂，先加1∶1氨水至溶液由黄色刚变橙色(不能多加)，然后滴加20%六次甲基四胺至溶液呈稳定的紫红色后再多加3 mL**，用EDTA溶液滴定至溶液由红紫色变亮黄色，即为终点。记录用量(可列表)，平行做三份合格数据(用$Q_{0.90}$检验)。

* 也可用金属锌作基准物。

** 此处六次甲基四胺用作缓冲剂。它在酸性溶液中能生成$(CH_2)_6N_4H^+$，此共轭酸与过量的$(CH_2)_6N_4$构成缓冲溶液，从而能使溶液的酸度稳定在pH=5～6。先加入氨水调节酸度是为了节约六次甲基四胺，因六次甲基四胺的价格较贵。

**4. 用已标定浓度的EDTA溶液测定水中硬度**

取适当体积的冷却后的水样(视水的硬度而定，一般为50～100 mL)注入锥形瓶中，加入5 mL三乙醇胺溶液、5 mL $NH_3$-$NH_4Cl$缓冲溶液、1mL $Na_2S$溶液、3滴铬黑T指示剂，用EDTA标准溶液滴定至溶液由紫红色变为纯蓝色为终点。

再重复测定1～2次，以含碳酸钙的浓度(mg·$L^{-1}$)表示硬度。

另选择合适的条件选做自来水样，测定自来水的硬度。

## 五、数据记录与处理

(1)表格自拟。

(2)取三份合格数据的平均值按下式计算EDTA溶液的浓度：

$$\bar{c}(\text{EDTA})=\frac{c(\text{Ca})\bar{V}(\text{Ca})}{\bar{V}(\text{EDTA})}(\text{mol}\cdot\text{L}^{-1})$$

(3)根据EDTA浓度的平均值写标签贴于试剂瓶上备用。

(4)以含碳酸钙的浓度(mg·$L^{-1}$)表示硬度。

$$\text{水的总硬度}=\frac{C_{\text{EDTA}}V_{\text{EDTA}}(\text{mL})\times\frac{M_{CaCO_3}\times1000}{1000}}{\text{水样(mL)}}\times1000$$

## 六、注意事项

(1)络合反应进行的速度较慢，不像酸碱反应能在瞬间完成，故滴定时加入 EDTA 溶液的速度不能太快，在室温低时，尤要注意。特别是近终点时，应逐滴加入，并充分振摇。

(2)络合滴定中，加入指示剂的量是否适当对于终点的观察十分重要，宜在实践中总结经验，加以掌握。

## 七、思考题

(1)为什么通常使用乙二胺四乙酸二钠盐配制 EDTA 标准溶液，而不用乙二胺四乙酸？

(2)以 HCl 溶液溶解 $CaCO_3$ 基准物时，操作中应注意些什么？

(3)以 $CaCO_3$ 为基准物标定 EDTA 溶液时，加入镁溶液的目的是什么？

(4)以 $CaCO_3$ 为基准物，以钙指示剂为指示剂标定 EDTA 溶液时，应控制溶液的酸度为多少？为什么？怎样控制？

(5)以 ZnO 为基准物，以二甲酚橙为指示剂标定 EDTA 溶液浓度的原理是什么？溶液的 pH 应控制在什么范围？若溶液为强酸性，应怎样调节？

(6)络合滴定法与酸碱滴定法相比，有哪些不同点？操作中应注意哪些问题？

# 实验九　硫代硫酸钠溶液的配制与标定

## 一、实验目的

(1)掌握 $Na_2S_2O_3$ 溶液的配制方法和保存条件。

(2)理解碘量法的基本原理，掌握间接碘法的测定条件。

## 二、实验原理

结晶 $Na_2S_2O_3 \cdot 5H_2O$ 一般都含有少量的杂质，如 S、$Na_2SO_3$、$Na_2SO_4$、$Na_2CO_3$ 及 NaCl 等，同时还容易风化和潮解。因此，不能用直接法配制标准溶液。

$Na_2S_2O_3$ 溶液易受空气和微生物等的作用而分解：

**1. 与溶解 $CO_2$ 的作用**

$Na_2S_2O_3$ 在中性或碱性溶液中较稳定，当 pH<4.6 时即不稳定，溶液中含有 $CO_2$ 会促进 $Na_2S_2O_3$ 分解：

$$Na_2S_2O_3 + H_2O + CO_2 \longrightarrow NaHCO_3 + NaHSO_3 + S\downarrow$$

此分解作用一般发生在溶液配成后的最初 10 d 内。分解后一分子 $Na_2S_2O_3$ 变成一分子的 $NaHSO_3$，一分子 $Na_2S_2O_3$ 只能和一个碘原子作用，而一分子 $NaHSO_3$ 却能和两个碘原子作用，因此从反应能力看溶液浓度增加了。以后由于空气的氧化作用，溶液浓度又慢慢减少。

$Na_2S_2O_3$ 在 pH=9～10 时溶液最为稳定，在 $Na_2S_2O_3$ 溶液中加入少量 $Na_2CO_3$（使其在溶液中的浓度为 0.02%）可防止 $Na_2S_2O_3$ 的分解。

**2. 与空气的氧化作用**

$$2Na_2S_2O_3 + O_2 = 2Na_2SO_4 + 2S\downarrow$$

**3. 与微生物的作用**

$$Na_2S_2O_3 \xrightarrow{细菌} Na_2SO_3 + S\downarrow$$

这是使 $Na_2S_2O_3$ 分解的主要原因。为避免微生物的分解作用，可加入少量 $HgI_2$（$10\,mg \cdot L^{-1}$）。为了减少溶解在水中的 $CO_2$ 和杀死水中的微生物，应用新煮沸冷却后的蒸馏水配制溶液。

日光能促进 $Na_2S_2O_3$ 溶液的分解，所以 $Na_2S_2O_3$ 溶液应贮存于棕色试剂瓶中，放置于暗处。经 8～14 d 后再进行标定，长期使用的溶液应定期标定。

标定 $Na_2S_2O_3$ 溶液的基准物有 $K_2Cr_2O_7$、$KIO_3$、$KBrO_3$ 和纯铜等，本实验使用 $K_2Cr_2O_7$ 基准物标定 $Na_2S_2O_3$ 溶液的浓度，$K_2Cr_2O_7$ 先与 KI 反应析出 $I_2$：

$$Cr_2O_7^{2-}+6I^-+14H^+ = 2Cr^{3+}+3I_2+7H_2O$$

析出 $I_2$ 再用 $Na_2S_2O_3$ 溶液滴定：

$$I_2+2S_2O_3^{2-} = S_4O_6^{2-}+2I^-$$

这个标定方法是间接碘法的应用实例。

## 三、实验用品

仪器：碱式滴定管（50 mL），移液管（25 mL），洗耳球，烧杯（500 mL、100 mL），容量瓶（250 mL），带有磨口塞的碘量瓶（250 mL 3 个）；量筒（50 mL、10 mL），玻璃棒，滴管，洗瓶，分析天平，台秤（公用），称量纸若干。

药品：$Na_2S_2O_3\cdot 5H_2O$（A. R.），$Na_2CO_3$（A. R.），KI（A. R），$K_2Cr_2O_7$（A. R. 或 G. R.），3 mol·$L^{-1}$ $H_2SO_4$，0.5%淀粉溶液。

## 四、实验内容

**1. 配制 0.05（或 0.01）mol·$L^{-1}$ $Na_2S_2O_3$ 溶液**

（1）计算出配制约 0.05（或 0.01）mol·$L^{-1}$ $Na_2S_2O_3$ 溶液 500 mL 所需要 $Na_2S_2O_3\cdot 5H_2O$ 的质量。

（2）在台秤上称取所需 $Na_2S_2O_3\cdot 5H_2O$ 的量，溶于适量刚煮沸并已冷却的水中，加入 $Na_2CO_3$ 约 0.1 g 后，稀释至 500 mL，混合均匀。贮藏在棕色细口瓶中，放置于暗处。

**2. $Na_2S_2O_3$ 溶液的标定**

用分析天平精确称取预先干燥过的 $K_2Cr_2O_7$ 基准试剂，其质量相当于消耗 20～30 mL 0.01mol·$L^{-1}$ $Na_2S_2O_3$ 溶液所需质量的 10 倍，置于烧杯中，加去离子水使之溶解。把溶液小心转移至 250 mL 容量瓶中，用水稀释至刻度，摇匀。

用 25 mL 移液管移取上述 $K_2Cr_2O_7$ 溶液 25.00 mL 3 份，分别放入带有磨口塞的碘量瓶中，加 2 g KI，5 mL 3 mol·$L^{-1}$ $H_2SO_4$，摇匀后，盖好塞子以防止 $I_2$ 挥发而损失。在暗处放置 5 min，然后加 50 mL 去离子水稀释，用碱式滴定管将 $Na_2S_2O_3$ 溶液滴定到溶液呈浅黄色时，加 2 mL 淀粉溶液。继续滴入 $Na_2S_2O_3$ 溶液，直至蓝色刚刚消失即为终点。

## 五、数据记录与处理

按下面表格，记录实验数据，计算 $Na_2S_2O_3$ 溶液的浓度。

| 记录项目 | 序号 | | | |
|---|---|---|---|---|
| | 1 | 2 | 3 | |
| $m_{K_2Cr_2O_7}$（g） | | | | |
| $V_{Na_2S_2O_3}$ 终点读数 | | | | |
| $V_{Na_2S_2O_3}$ 初始读数 | | | | |
| $V_{Na_2S_2O_3}$ 净用体积 | | | | |
| $c_{Na_2S_2O_3}$（mol·$L^{-1}$） | | | | |

| 记录项目 | 序号 | | |
| --- | --- | --- | --- |
| | 1 | 2 | 3 |
| $\bar{c}^{*}_{Na_2S_2O_3}$ ($mol \cdot L^{-1}$) | | | |
| 标准偏差 s | | | |
| $\bar{c}\pm\frac{t^{**}\cdot s}{\sqrt{n}}$ | | | |
| $c_{Na_2S_2O_3}$ 的计算公式 | | | |

* 弃去离群值后的计算值；** 要求在95%的置信水平下报告标定结果。若只有两份数据合格，还要补做一份合格数据，必须保证三份合格数据。

## 六、注意事项

(1)因 $Na_2S_2O_3$溶液浓度较稀，标定用的 $K_2Cr_2O_7$称取量较小，故采用大样的方法，即称取较多的试样，溶解在容量瓶中，然后吸取部分溶液进行滴定，以减少称量误差。

(2)$K_2Cr_2O_7$与 KI 的反应不是立刻完成的，在稀溶液中反应更慢，因此应等反应完成后再加水稀释。在上述条件下，大约经 5 min 反应即可完成。

(3)生成的 $Cr^{3+}$离子显蓝绿色，妨碍终点的观察。滴定前预先稀释，可使 $Cr^{3+}$离子浓度降低，蓝绿色变浅，终点时由蓝变绿，容易观察。同时稀释也使溶液的酸度减低，适于用$Na_2S_2O_3$滴定 $I_2$。

(4)滴定完了的溶液放置后会变蓝色。如果不是很快变蓝(经 5～10 min)，那就是由于空气氧化所致。如果很快而且又不断变蓝，说明 $K_2Cr_2O_7$和 KI 的作用在滴定前进行得不完全，溶液稀释得太早。遇此情况，实验应重做。

## 七、思考题

(1)标定 $Na_2S_2O_3$溶液时，加入的 KI 量要很精确吗？为什么？

(2)淀粉指示剂为什么一定要接近滴定终点时才能加入？加得太早或太迟有何影响？

(3)间接碘法的主要误差来源是什么？应怎样消除？

(4)以下做法对标定有无影响？为什么？

①某同学将基准物质加水后为加速溶解，用电炉加热后，未等冷却就进行下面的滴定操作。

②某同学将 3 份基准物加水溶解后，同时都加入 2 g KI，10 mL 2 $mol \cdot L^{-1}$ HCl，然后一份一份滴定。

③到达滴定终点后，溶液放置稍久又逐渐变蓝，某同学又以 $Na_2S_2O_3$标准溶液滴定，将补滴定所消耗的体积又加到原滴定所消耗的体积中。

④某同学在滴定过程中剧烈摇动溶液。

# 实验十　水中碱度的测定(双指示剂法)

## 一、实验目的

(1)了解强碱弱酸盐滴定过程中 pH 的变化。

(2)掌握水中混合碱度连续测定的原理和方法。

(3)掌握双指示剂法滴定终点的正确判断。

## 二、实验原理

水的碱度是指水中所含能接受质子的物质总量。在一般清水中，组成碱度的物质主要可分为三类：氢氧化物碱度($OH^-$)、碳酸盐碱度($CO_3^{2-}$)、碳酸氢盐碱度($HCO_3^-$)。一般假设水中$OH^-$与$HCO_3^-$不能同时存在，因为：

$$OH^- + HCO_3^- = CO_3^{2-} + H_2O$$

而碳酸盐与氢氧化物、碳酸盐与碳酸氢盐同时存在，因而水中的碱度可能有下列几种存在情况：

(1)水中只有$OH^-$碱度；

(2)水中有$OH^-$和$CO_3^{2-}$碱度；

(3)水中只有$CO_3^{2-}$碱度；

(4)水中有$CO_3^{2-}$和$HCO_3^-$碱度；

(5)水中只有$HCO_3^-$碱度。

本实验采用连续滴定法。测定时根据滴定过程中 pH 的变化情况，选用两种不同的指示剂，分别指示第一、第二化学计量点的到达，即称为“双指示剂法”。此法简便、快速，在生产实践中应用广泛。

测定水中碱度首先以酚酞为指示剂，用盐酸标准溶液滴定至溶液由红色变为无色时为第一滴定终点，设此时消耗 HCl 量为$V_1$(mL)，反应式为：

$$OH^- + H^+ = H_2O$$

$$CO_3^{2-} + H^+ = HCO_3^-$$

接着在被滴定的溶液中，加入甲基橙指示剂，用盐酸标准溶液滴定至溶液由黄色变为橙色时为第二滴定终点，此时$HCO_3^-$完全被中和，设此时又消耗 HCl 量为$V_2$(mL)，反应式为：

$$HCO_3^- + H^+ = H_2O + CO_2\uparrow$$

如果$V_1>V_2$，则有$OH^-$和$CO_3^{2-}$碱度；$V_1<V_2$，则有$CO_3^{2-}$和$HCO_3^-$碱度；$V_1=V_2$，则只有$CO_3^{2-}$碱度；$V_1=0$，$V_2>0$，则只有$HCO_3^-$碱度。

总之，对于未知组成的试样，可根据滴定消耗 HCl 溶液的体积$V_1$和$V_2$，确定水中的碱度可能存在的形式，并计算出各组分的含量。

## 三、实验用品

仪器：酸式滴定管(50 mL)，锥形瓶(250 mL)，移液管(50 mL)等。

药品：酚酞指示剂(0.1%的 90%乙醇溶液)，甲基橙指示剂(0.1%水溶液)，0.1 mol·L$^{-1}$ HCl 标准溶液(浓度由“盐酸溶液的配制与标定”实验方法标定)，无$CO_2$去离子水(去离子水煮沸 15 min，冷却至室温。pH 应大于 6.0，电导率小于 2$\mu$s·cm$^{-1}$，无$CO_2$去离子水应贮存在带有碱石灰的橡皮塞盖严的瓶中)。所有试剂溶液均用无$CO_2$去离子水配制。

## 四、实验内容

(1)用 50 mL 移液管吸取 3 份水样分别置于 250 mL 锥形瓶中，加入酚酞指示剂 2 滴，摇匀。

(2)若溶液呈红色，用 HCl 标准溶液滴定至刚好无色(可用无$CO_2$去离子水的锥形瓶作比较)，记录数据。若加入酚酞指示剂后溶液无色，则不需用 HCl 标准溶液滴定。接着按下步操作。

(3)于每瓶中加入甲基橙指示剂 2 滴，混匀。

(4)若水样为橘黄色，继续用 HCl 标准溶液滴定至刚好变为橘红色为止(可用无 $CO_2$ 去离子水的锥形瓶作比较)，记录数据。如果加入甲基橙指示剂后溶液为橘红色，则不需用 HCl 标准溶液滴定。

根据两次消耗 HCl 标准溶液的体积，确定水样中有何种碱度，分别计算其各组分含量和总碱度，单位以 $mol \cdot L^{-1}$ 表示。

## 五、数据记录与处理

| 记录项目 | 序号 | | | |
|---|---|---|---|---|
| | 1 | 2 | 3 | |
| $\bar{c}_{HCl}$ ($mol \cdot L^{-1}$) | | | | |
| 移取水样体积(mL) | | | | |
| HCl：第一终点读数(mL)<br>初始读数(mL)<br>$V_1$ 净用体积(mL) | | | | |
| HCl：第二终点读数(mL)<br>初始读数(mL)<br>$V_2$ 净用体积(mL) | | | | |
| 总碱度($mol \cdot L^{-1}$) | | | | |
| 平均值*($mol \cdot L^{-1}$) | | | | |
| 标准偏差 $s$ | | | | |
| $\bar{c} \pm \frac{t^{**} \cdot s}{\sqrt{n}}$ | | | | |
| $OH^-$ 碱度($mol \cdot L^{-1}$) | | | | |
| 平均值*($mol \cdot L^{-1}$) | | | | |
| $CO_3^{2-}$ 碱度($mol \cdot L^{-1}$) | | | | |
| 平均值*($mol \cdot L^{-1}$) | | | | |
| $HCO_3^-$($mol \cdot L^{-1}$) | | | | |
| 平均值*($mol \cdot L^{-1}$) | | | | |
| 组分含量计算公式 | | | | |

* 弃去离群值后的计算值。

** 要求在95%的置信水平下报告标定结果。若只有两份数据合格，还要补做一份合格数据，必须保证有三份合格数据。

## 六、思考题

(1)欲测定总碱度，应选用何种指示剂？

(2)测定碱度时，达到化学计量点前由于滴定速度太快，摇动锥形瓶不均匀，致使滴入 HCl 局部过浓，使 $CO_3^{2-}$ 迅速转变为 $H_2CO_3$，分解放出 $CO_2$ 而损失，此时采用酚酞为指示剂，记录 $V_1$，问对测定有何影响？

(3)有一磷酸盐试液，用标准酸溶液滴定至酚酞终点，耗用酸溶液的体积为 $V_1$，继以甲基橙为指示剂滴定至终点时又耗去酸溶液的体积为 $V_2$。根据 $V_1$ 与 $V_2$ 关系判断试液组成：

| 关　系 | 组　成 |
| --- | --- |
| $V_1=V_2$ | |
| $V_1<V_2$ | |
| $V_1=0\quad V_2>0$ | |
| $V_1=0\quad V_2=0$ | |

## 实验十一　混合碱的 pH 滴定(电位滴定法)

### 一、实验目的

(1)了解 pH 滴定的原理和方法,学会滴定曲线的绘制。

(2)了解确定终点的不同方法。

(3)掌握自动电位滴定仪的操作。

(4)掌握确定混合酸碱试液组分含量的原理和方法。

### 二、实验原理

$Na_2CO_3$和 $NaHCO_3$混合碱的分析,采用双指示剂法测定时,由于 $Na_2CO_3$与 HCl 反应生成 $NaHCO_3$的滴定突跃不明显($K_{b1}$和 $K_{b2}$的差距不够大),加之酚酞指示剂变色 pH 范围大、不敏锐,因此误差较大。pH 电位滴定是以测量溶液的 pH 变化来确定终点的,对上述突跃范围较窄的滴定,也能得到比较准确的结果。

本实验是在以 HCl 标准溶液滴定混合碱试液的过程中,利用自动电位滴定仪(以复合玻璃电极为指示电极和参比电极)测量溶液 pH 的变化,然后以 $V$(HCl)为横坐标、pH(或 $\Delta pH/\Delta V$)为纵坐标,绘出滴定曲线,通过作图法便可求出化学计量点时的 pH(或 $\Delta pH/\Delta V$)和 $V$(HCl)。将得到的 $V$(HCl)代入下式可计算出各组分的质量分数:

$$Na_2CO_3(g\cdot L^{-1})-\frac{1}{2}\times 2V_1\times\frac{c(HCl)}{25.00}\times 105.99$$

$$NaHCO_3(g\cdot L^{-1})=\frac{(V_2-V_1)\times c(HCl)}{25.00}\times 84.01$$

$$总碱度:Na_2O(g\cdot L^{-1})=\frac{1}{2}\times c(HCl)\frac{\overline{V_1}+\overline{V_2}}{V_{碱样}}\times M_{Na_2O}$$

理论计算可得到第一计量点的 pH 为 8.31,第二计量点的 pH 为 3.90。通过$Na_2CO_3$和 $NaHCO_3$混合碱的电位滴定,把 pH 电位滴定得到的值和根据指示剂颜色变化得到的值与理论计算的值进行比较,看哪一种方法更合理。

### 三、实验用品

仪器:DZ－1 型滴定装置与 ZD－2 型测量装置组合的自动电位滴定仪(图 1)(或 pH 计和磁力搅拌器组合)。

pH 复合电极(使用前需用 3.3 mol·$L^{-1}$ KCl 溶液浸泡 6 h),或用玻璃电极(使用前需用去离子水浸泡 24 h),饱和甘汞电极。

药品:HCl(0.1 mol·$L^{-1}$)标准溶液(已标定),混合碱溶液(待测),3.3 mol·$L^{-1}$ KCl 溶液(浸泡复合电极用),溴甲酚绿-二甲基黄指示剂,酚酞指示剂(1%)。

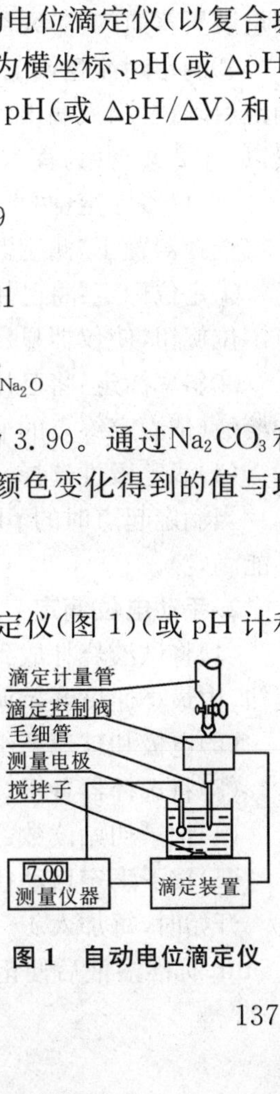


**图 1　自动电位滴定仪**

pH=7 缓冲液:(0.0250 mol·$L^{-1}$磷酸二氢钾和 0.0250 mol·$L^{-1}$

磷酸氢二钠混合液)用磷酸二氢钾 3.39 g 和磷酸氢二钠 3.53 g 溶于去离子水，稀释至 1L。

pH＝4 缓冲液：(0.05000 mol · $L^{-1}$ 邻苯二甲酸氢钾溶液)用 10.12 g 邻苯二甲酸氢钾溶于去离子水，稀释至 1L。

其他：100 mL 小烧杯(5 个：3 个装碱，1 个装酸，1 个洗电极用)，500 mL 大烧杯(1 个，装废液)，酸式滴定管(50 mL，1 支)，25.00 mL 移液管(1 支)，洗瓶(1 个)，50～100 mL 量筒(1 个，装去离子水)，洗耳球等。

## 四、实验内容

### 1. 准备工作

(1)准备试液

①在 50 mL 小烧杯中注入 30 mL pH＝7 的标准缓冲溶液备用。

②在 50 mL 小烧杯中注入 30 mL pH＝4 的标准缓冲溶液备用。

③准确移取 2 份 25.00 mL 混合碱溶液于 2 个 100 mL 烧杯中，分别加入 50 mL 蒸馏水和 1～2滴酚酞指示剂备用。

④酸式滴定管：先装上去离子水后排净气泡，固定在适当位置，待调好滴定速度后再用酸洗，装满酸备用。

(2)准备仪器

①连接各部件：安装电极并清洗、吸干水备用；滴定管的滴液口与电磁阀的橡胶管上端相连接，橡胶管下端与滴液管(玻璃毛细管)连接后排净气泡；将 DZ-1 型滴定装置与 ZD-2 型测量装置背面的“单元组合”配套插座对接后，开启电源。

②滴定阀流量调节：将玻璃毛细管接入一空的小烧杯中，置滴定方式为“手动”位置，按下滴定启动钮，滴液滴出，放开启动钮，停止滴定。通过调整滴定阀的支头螺栓控制滴液流量，一般以 1～2 滴/秒为宜。

(3)仪器标定(两点式)

选择器置于“测定”“pH”处，温度补偿旋钮置于待测溶液的温度位置。

①定位标定：将已用去离子水清洗并用滤纸吸干水分的电极浸入 pH＝7 的缓冲溶液，调节定位旋钮，使仪器显示出该缓冲溶液在该温度时的pH。

②斜率标定：将已用去离子水清洗并用滤纸吸干水分的电极浸入 pH＝4(或 pH＝9)的缓冲溶液(依滴定终点的 pH 选定)，调节斜率旋钮，使仪器显示出该缓冲溶液在该温度时的pH。

(4)滴定极性选择

当滴定起点时的 pH 高于终点时，pH 选“－”，反之选“＋”(若选错极性，滴定阀自动关闭，不能滴定)。

### 2. 手动电位滴定

(1)将试液烧杯放到磁力搅拌器圆盘上，放入洁净的搅拌磁子，开启搅拌开关，旋转搅拌调速钮，由最小速度开始调至合适为止。注意搅拌磁子不能碰到电极。

(2)电极和玻璃毛细管浸入液面下合适的位置。

(3)将选择器置于“滴定”“pH”处。

(4)记录初始读数：$V_{HCl}$ 和 pH。

(5)按下滴定启动钮，HCl 标液自动滴出。

开始时，每加入 1～2 mL 标准溶液后便记录滴定管体积和 pH 计读数一次。然后每加入 0.5 mL 标准溶液后便记录读数一次。直到 pH 较快下降而接近化学计量点时(酚酞颜色变为浅红色时)，改为每加入 0.1 mL 或更少的标准溶液就记录一次读数并注意指示剂颜色的变化。第一个化学计量点到达后(刚刚变为无色时)，在溶液中加入 5～7 滴溴甲酚绿-二甲基黄指示剂，溶液显蓝绿色。仍以同样的步骤进行第二个化学计量点的滴定。到达第二个化学计量点(溶液显亮黄色)时，继续滴入 HCl，间隔 0.1 mL、0.5 mL、1.0 mL 再读 4～5 个数据为止。记录下各点所消耗 HCl 标液的体积。

(6)清洗电极并用滤纸吸干，重复进行第二份试液的滴定操作。

(7)在完成所有滴定任务后，小心地从溶液中取出电极，清洗电极并用滤纸吸干。松开滴定管活塞，放掉剩余的溶液，用自来水冲洗滴定管、搅拌磁子和毛细管数遍后，取下滴定管和毛细管。

## 五、注意事项

(1)酸式滴定管先用去离子水排尽气泡，橡胶管下端与滴液管(玻璃毛细管)连接后要排净气泡，然后再装入酸标准溶液。

(2)安装及清洗电极要格外细心取放。

(3)仪器标定后，温度补偿旋钮、定位旋钮、斜率旋钮均不可再动。

(4)滴定极性选择要正确。

(5)注意搅拌磁子不要碰到电极。

(6)注意观察记录指示剂颜色的变化，便于控制滴定速度，记录数据和比较分析方法的优劣。

(7)在各化学计量点前后，每加入 0.1 mL 或更少的标准溶液就记录一次读数。

(8)实验完毕后，玻璃器皿用自来水洗净，放回原处，注意用电安全。

## 六、数据记录与处理

(1)记录实验时：$T$(试液)＝________℃；$c$(HCl)＝________mol·L$^{-1}$。

(2)将记录的 $V$(HCl)和 pH 数据与计算出相应的 $\Delta$pH、$\Delta V$、$\Delta$pH/$\Delta V$ 列成表格。

(3)绘制 pH-$V$(HCl)和 $\Delta$pH/$\Delta V$-$V$(HCl)滴定曲线图。

(4)根据滴定曲线分别求出两个化学计量点的 pH 和 $V$(HCl)。

## 七、思考题

(1)叙述电位滴定法的操作要领。

(2)根据滴定曲线说明以下问题：

①两个计量点分别应选择何种指示剂，为什么？

②两个终点前后指示剂颜色变化如何？

③比较终点 pH 与计量点 pH，试分析误差的原因？

④从你绘制的曲线形状能得到哪些结论？

# 实验十二　过氧化氢含量的测定(高锰酸钾法)

## 一、实验目的

掌握应用高锰酸钾法测定双氧水中 $H_2O_2$ 含量的原理和方法。

## 二、实验原理

商品双氧水中 $H_2O_2$ 的含量，可用高锰酸钾法测定。在酸性溶液中 $H_2O_2$ 还原 $MnO_4^-$ 离子：

$$5H_2O_2+2MnO_4^-+6H^+=2Mn^{2+}+5O_2+8H_2O$$

此滴定在室温时可在 $H_2SO_4$ 或 HCl 介质中顺利进行，但和滴定草酸一样，滴定开始时反应较慢。

## 三、实验用品

仪器：酸式滴定管（50 mL），吸量管（1 mL），量筒（50 mL），洗耳球，锥形瓶（250 mL）。

药品：30%$H_2O_2$（密度为 1.1 g·$mL^{-1}$），3 mol·$L^{-1}$ $H_2SO_4$ 溶液，0.02 mol·$L^{-1}$ $KMnO_4$ 标准溶液（浓度由"高锰酸钾溶液的配制与标定"实验方法标定）。

## 四、实验内容

准确移取 1.00 mL 约 30%$H_2O_2$（密度为 1.1 g·$mL^{-1}$）置于 250 mL 容量瓶中，加水稀释至刻度，充分摇匀。用移液管移取 25.00 mL 溶液置于 250 mL 锥形瓶中，加 10 mL 3 mol·$L^{-1}$ $H_2SO_4$ 溶液，用 0.02 mol·$L^{-1}$ $KMnO_4$ 标准溶液滴定至溶液呈粉红色，30s 不褪色即为终点（要求平行做出 3 份符合要求的数据，即结果的标准偏差 $s\leqslant 0.5\%$，用 $Q_{0.90}$ 检验）。

## 五、数据记录与处理

自拟表格。

## 六、注意事项

乙酰苯胺或其他有机物作 $H_2O_2$ 的稳定剂，用此法分析结果不太准确，采用碘量法或铈量法测定较合适。

## 七、思考题

（1）在此测定中，$H_2O_2$ 与 $KMnO_4$ 的化学计量关系是什么？如何计算双氧水中 $H_2O_2$ 含量（g·$mL^{-1}$）？

（2）为什么含有乙酰苯胺等有机物作稳定剂的过氧化氢试样不能用高锰酸钾法而能用碘量法或铈量法准确测定？

# 实验十三　水质化学需氧量的测定

## 一、实验目的

（1）了解测定 COD 的意义。

（2）学会硫酸亚铁铵标准溶液的标定方法。

（3）掌握高锰酸钾法与重铬酸钾法测定水中 COD 的原理和方法。

## 二、实验原理

化学需氧量是指用适当氧化剂处理水样时，水样中需氧污染物所消耗的氧化剂的量，通常以相应的氧量（单位为 mg·$L^{-1}$）来表示。化学需氧量（COD）是表示水体或污水的污染程度的重要综合性指标之一，是环境保护和水质控制中经常需要测定的项目，COD 值越高，说明水体污染越严重。

COD 的测定，随着测定水样中还原性物质以及测定方法的不同，其测定值也不同。目前应用最普遍的是酸性高锰酸钾氧化法与重铬酸钾氧化法。

高锰酸钾法：氧化率较低，但比较简便，在测定水样中有机物含量的相对比较值时，可以采用。

重铬酸钾法：氧化率较高，再现性好，适用于测定水样中有机物的总量。

**1. 高锰酸钾法**

此法是在酸性条件下，向被测水样中定量加入高锰酸钾溶液，加热水样，使高锰酸钾与水样中有机污染物充分反应，过量的高锰酸钾则加入一定量的草酸钠还原，最后用高锰酸钾溶液返滴过量的草酸钠，由此计算出水样的耗氧量。反应方程式：

$$2MnO_4^- + 5C_2O_4^{2-} + 16H^+ = 2Mn^{2+} + 10CO_2(g) + 8H_2O$$

**2. 重铬酸钾法**

在水样中加入已知的重铬酸钾溶液，并在强酸介质下以银盐作催化剂，经沸腾回流后，以试亚铁灵为指示剂，用硫酸亚铁铵滴定水样中未被还原的重铬酸钾，由消耗的硫酸亚铁铵的量换算成消耗氧的质量浓度。

在酸性重铬酸钾条件下，芳烃及吡啶难以被氧化，其氧化率较低。在硫酸银催化作用下，直链脂肪族化合物可有效地被氧化。

## 三、实验用品

**1. 高锰酸钾法**

仪器：锥形瓶（250 mL），电炉，大烧杯，容量瓶（250 mL），棕色试剂瓶，酸式滴定管（50 mL），移液管（25 mL 或 50 mL）等。

药品：$H_2SO_4$（1 ∶ 2），$AgNO_3$ 溶液（10%），$Na_2C_2O_4$（固体，A. R.），0.013 mol · $L^{-1}$ $Na_2C_2O_4$标准溶液：准确称取基准物质 $Na_2C_2O_4$ 0.42 g 溶于少量的蒸馏水中，定量转移至 250 mL容量瓶中，稀释至刻度，摇匀，计算其浓度。配制 0.005 mol · $L^{-1}$ $KMnO_4$溶液：可将实验七中的 0.02 mol · $L^{-1}$ $KMnO_4$溶液稀释 4 倍。

**2. 重铬酸钾法(GB11914—1989)**

仪器：电炉，50 mL 酸式滴定管，防爆沸玻璃珠，10 mm×150 mm 硬质玻璃试管，酒精灯，火柴或打火机等。

回流装置：带有 24 号标准磨口的 250 mL 或 500 mL 锥形瓶的全玻璃回流装置(回流冷凝管长度为 300～500 mm。若取样在 30 mL 以上，可采用带 500 mL 锥形瓶的全玻璃回流装置，如图 1 所示)。

药品：$Ag_2SO_4$（固体，A. R.），$HgSO_4$（固体，A. R.），$K_2Cr_2O_7$（固体，A. R.），邻二氮杂菲（固体，A. R.），七水合硫酸亚铁（固体，A. R.），硫酸（1.84 g · $mL^{-1}$），甘氨酸，硫酸银-硫酸试剂：向 1L 硫酸（1.84g · $mL^{-1}$）中加入 13.33 g 硫酸银，放置 1～2 d 使之溶解，并混匀，使用前小心摇匀。

(1)重铬酸钾标准溶液

①浓度为 $c(1/6K_2Cr_2O_7)=0.250$ mol · $L^{-1}$ 的重铬酸钾标准溶液：将 12.2579 g 优级纯、在 105 ℃干燥 2 h 后的重铬酸钾溶于水中，稀释至 1000 mL。

②浓度为 $c(1/6K_2Cr_2O_7)=0.0250$ mol · $L^{-1}$ 的重铬酸钾标准溶液：将 0.250 mol · $L^{-1}$ 的重铬酸钾标准溶液稀释 10 倍而成。

(2)硫酸亚铁铵标准溶液

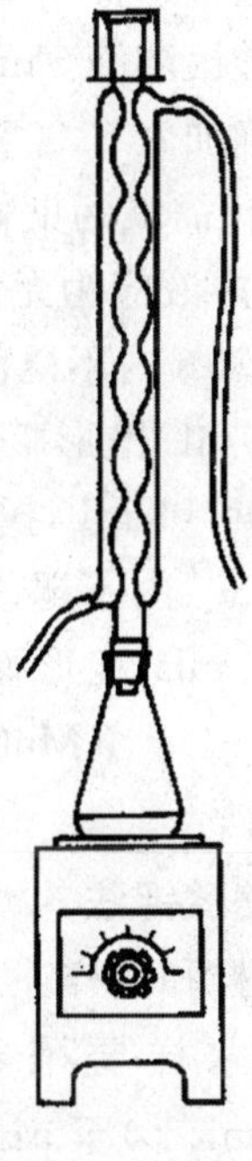

**图 1　测定 COD 的回流装置图**

①浓度为 0.10 mol·$L^{-1}$的硫酸亚铁铵标准滴定溶液：溶解 39 g 硫酸亚铁铵于水中，加入 20 mL 硫酸（1.84 g·$mL^{-1}$），待其溶解冷却后稀释至 1 L。每日临用前，必须用 $c(1/6K_2Cr_2O_7)=0.250$ mol·$L^{-1}$重铬酸钾标准溶液准确标定此溶液的浓度。

准确移取 10.00 mL $c(1/6K_2Cr_2O_7)=0.250$ mol·$L^{-1}$重铬酸钾标准溶液置于锥形瓶中，用水稀释至约 100 mL，加入 30 mL 硫酸（1.84 g·$mL^{-1}$），混匀，冷却后，加 3 滴（约 0.15 mL）试亚铁灵指示剂，用 0.10 mol·$L^{-1}$硫酸亚铁铵滴定溶液的颜色由黄色经蓝绿色变为红褐色，即为终点。记录下硫酸亚铁铵的消耗量 $V$(mL)。

硫酸亚铁铵标准溶液浓度的计算：

$$c[(NH_4)_2Fe(SO_4)_2\cdot 6H_2O]=\frac{10.0\times 0.250}{V}=\frac{2.50}{V}$$

②浓度为 0.010 mol·$L^{-1}$的硫酸亚铁铵标准溶液：将 0.10 mol·$L^{-1}$的硫酸亚铁铵标准溶液稀释 10 倍，用 $c(1/6K_2Cr_2O_7)=0.0250$ mol·$L^{-1}$重铬酸钾标准溶液标定，其滴定步骤及浓度计算同上。

(3)邻苯二甲酸氢钾标准溶液（2.0824 mmol·$L^{-1}$）

称取 105 ℃时干燥 2 h 的邻苯二甲酸氢钾 0.4251 g 溶于水，并稀释至 1 L，混匀。以重铬酸钾为氧化剂，将邻苯二甲酸氢钾完全氧化的 COD 值为 1.176 g 氧/克（指 1 g 邻苯二甲酸氢钾耗氧 1.176 g），故该标准溶液的理论 COD 值为 500 mg·$L^{-1}$。

(4)试亚铁灵指示剂（邻二氮杂菲溶液）

溶解 0.695 g 七水合硫酸亚铁于 50 mL 蒸馏水中，加入 1.485 g 的邻二氮杂菲，搅拌至溶解，加蒸馏水稀释至 100 mL。

## 四、实验内容

### 1. 高锰酸钾法

移取适量水样于 250 mL 锥形瓶中，用蒸馏水稀释至 100 mL，加硫酸（1∶2）10 mL，再加入 10%的硝酸银溶液 5 mL 以除去水样中的 $Cl^-$（当水样中 $Cl^-$ 浓度很小时，可以不加硝酸银），摇匀后准确加入 0.005 mol·$L^{-1}$ $KMnO_4$溶液10.00 mL($V_1$)，将锥形瓶置于沸水浴中，加热 30 min，氧化需氧污染物。稍冷后（约 80 ℃），加入 0.013 mol·$L^{-1}$草酸钠标准溶液 10.00 mL，摇匀（此时溶液应为无色），在 70～80 ℃的水浴中，用 0.005 mol·$L^{-1}$ $KMnO_4$溶液滴定至溶液呈微红色，30 s 内不褪色即为终点，记下 $KMnO_4$溶液的用量为 $V_2$。

在 250 mL 锥形瓶中加入蒸馏水 100 mL 和 1∶2 硫酸 10 mL，移入 0.013 mol·$L^{-1}$草酸钠标准溶液 10.00 mL，摇匀，在 70～80 ℃的水浴中，用 0.005mol·$L^{-1}$ $KMnO_4$溶液滴定至溶液呈微红色，30 s内不褪色即为终点，记下 $KMnO_4$溶液的用量为 $V_3$。

在 250 mL 锥形瓶中加入蒸馏水 100 mL 和 1∶2 硫酸 10 mL，在 70～80 ℃下，用 0.005 mol·$L^{-1}$ $KMnO_4$溶液滴定至溶液呈微红色，30 s 内不褪色即为终点，记下 $KMnO_4$溶液的用量为 $V_4$。

### 2. 重铬酸钾法

(1)采样和制样

采样：水样要采集于玻璃瓶中，应尽快分析。如不能立即分析时，应加入硫酸（1.84 g·$mL^{-1}$）至 pH<2，置 4 ℃下保存。但保存时间不多于 5 d。采集水样的体积不得少于 100 mL。

试样的准备：将试样充分摇匀，取出 20.0 mL 作为试料。

(2)实验内容

① 对于 COD 值小于 50 mg·$L^{-1}$ 的水样，应采用低浓度的重铬酸钾标准溶液 $c(1/6K_2Cr_2O_7)=0.0250$ mol·$L^{-1}$ 氧化，加热回流以后，采用 0.010 mol·$L^{-1}$ 硫酸亚铁铵标准溶液回滴。

② 该方法对未经稀释的水样测定上限为 700 mg·$L^{-1}$，超过此限时必须经稀释后测定。

③ 对于污染严重的水样，可选取所需体积 1/10 的试料和 1/10 的试剂，放入 10 mm×150 mm 硬质玻璃试管中，摇匀后，用酒精灯加热至沸数分钟，观察溶液是否变成蓝绿色。如呈蓝绿色，应再适当取少量试料，重复以上实验，直至溶液不变蓝绿色为止。从而确定待测水样适当的稀释倍数。

④ 取试料于锥形瓶中，或取适量试料加水至 20.0 mL。

⑤ 空白实验

按相同的步骤以 20.0 mL 水代替试料进行空白实验，其余试剂和试料测定相同，记录下空白滴定时消耗硫酸亚铁铵标准溶液的毫升数 $V_1$。

⑥ 校核试验

按测定试料提供的方法分析 20.0 mL 邻苯二甲酸氢钾(2.0824 mol·$L^{-1}$)标准溶液的 COD 值，用来检验操作技术及试剂纯度。

该溶液的理论 COD 值为 500 mg·$L^{-1}$，如果校核试验的结果大于该值的 96%，即可认为实验步骤基本上是适宜的，否则，必须寻找失败的原因，重复实验，使之达到要求。

⑦ 去干扰试验

无机还原性物质如亚硝酸盐、硫化物及二价铁盐将使测定结果偏高，将其需氧量作为水样 COD 值的一部分是可以接受的。该实验的主要干扰物为氯化物，可加入硫酸汞部分地去除，经回流后，氯离子可与硫酸汞结合成可溶性的氯汞络合物。

当氯离子含量超过 1000 mg·$L^{-1}$ 时，COD 的最低允许值为 250 mg·$L^{-1}$，低于此值结果的准确度就不可靠。

⑧ 水样的测定

于试料中加入 10.0 mL $c(1/6K_2Cr_2O_7)=0.250$ mol·$L^{-1}$ 的重铬酸钾标准溶液和几粒防爆玻璃珠摇匀。

将锥形瓶接到回流装置(图 1)冷凝管下端，接通冷凝水。从冷凝管上端缓慢加入 30 mL 硫酸银-硫酸试剂，以防止低沸点有机物的逸出，不断旋动锥形瓶使之混合均匀。自溶液开始沸腾起回流 2 h。冷却后，用 20～30 mL 水自冷凝管上端冲洗冷凝管后，取下锥形瓶，再用水稀释至 140 mL 左右。

溶液冷却至室温后，加入 3 滴试亚铁灵指示剂溶液，用硫酸亚铁铵标准溶液滴定，溶液的颜色由黄色经蓝绿色变为红褐色即为终点。记下硫酸亚铁铵标准溶液消耗的毫升数 $V_2$。

注意：在特殊情况下，需要测定的试料在 10.0～50.0 mL，试剂的体积或重量要按表 1 作相应的调整。

表 1　不同取样量采用的试剂用量

| 样品量 (mL) | 0.250 mol·$L^{-1}$ $K_2Cr_2O_7$ (mL) | $Ag_2SO_4$-$H_2SO_4$ (mL) | $HgSO_4$ (g) | $(NH_4)_2Fe(SO_4)2·6H_2O$ (mol·$L^{-1}$) | 滴定前体积 (mL) |
|---|---|---|---|---|---|
| 10.0 | 5.0 | 15 | 0.2 | 0.05 | 70 |
| 20.0 | 10.0 | 30 | 0.4 | 0.10 | 140 |
| 30.0 | 15.0 | 45 | 0.6 | 0.15 | 210 |
| 40.0 | 20.0 | 60 | 0.8 | 0.20 | 280 |
| 50.0 | 25.0 | 75 | 1.0 | 0.25 | 350 |

## 五、数据记录与处理

**1. 高锰酸钾法**

按下式计算化学需氧量COD(Mn)：

$$COD(Mn)=\frac{[(V_1+V_2-V_4)\cdot f-10.00]\times c(Na_2C_2O_4)\times 16.00\times 1000}{V_s}$$

式中，$f=10.00/(V_3-V_4)$，即每毫升 $KMnO_4$ 相当于 $f$ mL 草酸钠标准溶液；$V_s$ 为水样体积；16.00 为氧的相对原子质量。

**2. 重铬酸钾法**

(1)计算方法

以 mg·$L^{-1}$计的水样化学需氧量，计算公式如下：

$$COD(mg\cdot L^{-1})=\frac{c(V_1-V_2)\times 8000}{V_0}$$

式中，$c$ 为硫酸亚铁铵标准溶液的浓度(mol·$L^{-1}$)；$V_1$ 为空白试验所消耗的硫酸亚铁铵标准溶液的体积(mL)；$V_2$ 为试料(水样)测定所消耗的硫酸亚铁铵标准溶液的体积(mL)；$V_0$ 为试料(水样)的体积(mL)；8000 为 1/4 $O_2$ 的摩尔质量以 mg·$L^{-1}$为单位的换算值。

测定结果一般保留三位有效数字，对 COD 值小的水样，当计算出的 COD 小于 10 mg·$L^{-1}$时，应表示为“COD<10 mg·$L^{-1}$”。

(2)精密度

标准溶液测定的精密度：40 个不同的实验室测定的 COD 值为 500 mg·$L^{-1}$的邻苯二甲酸氢钾标准溶液，其标准偏差为 20 mg·$L^{-1}$，相对标准偏差为 4.0%。

工业废水测定的精密度见表 2。

表 2　工业废水 COD 测定的精密度

| 工业废水类型 | 参加验证的实验室个数 | COD 均值 (mg·$L^{-1}$) | 实验室内相对标准偏差(%) | 实验室间相对标准偏差(%) | 实验室间总相对标准偏差(%) |
|---|---|---|---|---|---|
| 有机废水 | 5 | 70.1 | 3.0 | 8.0 | 8.5 |
| 石化废水 | 8 | 398 | 1.8 | 3.8 | 4.2 |
| 染料废水 | 6 | 603 | 0.7 | 2.3 | 2.4 |
| 印染废水 | 8 | 284 | 1.3 | 1.8 | 2.3 |
| 制药废水 | 6 | 517 | 0.9 | 3.2 | 3.3 |
| 皮革废水 | 9 | 691 | 1.5 | 3.0 | 3.4 |

## 六、高锰酸钾法说明

(1) 水样量根据在沸水浴中加热反应 30 min 后，应剩下加入量一半以上的

0.005 mol · $L^{-1}$高锰酸钾溶液量来确定。

(2)废水中有机物种类繁多,但对于主要含烃类、脂肪、蛋白质以及挥发性物质(如乙醇、丙酮等)的生活污水和工业废水,其中的有机物大多数可以氧化 90%以上,像吡啶、甘氨酸等有机物则难以氧化,因此,在实际测定中,氧化剂种类、浓度和氧化条件等对测定结果均有影响,所以必须严格按规定操作步骤进行分析,并在报告结果时注明所用的方法。

(3)本实验在加热氧化有机污染物时,完全敞开,如果废水中易挥发性化合物含量较高时,应使用回流冷凝装置加热,否则结果将偏低。

(4)水样中 $Cl^-$ 在酸性高锰酸钾中能被氧化,使结果偏高。

(5)实验所用的蒸馏水最好是含酸性高锰酸钾的蒸馏水重新蒸馏所得的二次蒸馏水。

## 七、思考题

(1)哪些因素影响 COD 测定的结果,为什么?

(2)高锰酸钾法中可以采用哪些方法避免废水中 $Cl^-$ 对测定结果的影响?

(3)重铬酸钾法的 COD 的计算公式中,为什么用空白值($V_1$)减去水样值($V_2$)?

*参考文献*

黄君礼.水分析化学.第 2 版.北京:中国建筑工业出版社,1997.

# 实验十四　硫酸铜中铜含量的测定(碘量法)

## 一、实验目的

掌握用碘法测定铜的原理和方法。

## 二、实验原理

二价铜盐与碘化物发生下列反应:

$$2Cu^{2+} + 4I^- = I_2 + 2CuI\downarrow$$

$$I_2 + I^- = I_3^-$$

析出的 $I_2$ 再用 $Na_2S_2O_3$ 标准溶液滴定,由此可以计算出铜的含量。$Cu^{2+}$ 与 $I^-$ 的反应是可逆的,为了促使反应能趋于完全,必须加入过量的 KI。但是由于 CuI 沉淀强烈地吸附 $I_3^-$ 离子,会使测定结果偏低。如果加入 KSCN,使 CuI($K_{sp} = 5.06\times10^{-12}$)转化为溶解度更小的 CuSCN($K_{sp} = 4.8\times10^{-15}$):

$$CuI + SCN^- = CuSCN + I^-$$

这样不但可以释放出被吸附的 $I_3^-$ 离子,而且反应时再产生出来的 $I^-$ 离子可与未反应的 $Cu^{2+}$ 离子发生作用。在这种情况下,可以使用较少的 KI 而能使反应进行得更完全。但是 KSCN 只能在接近终点时加入,否则因为 $I_2$ 量较多,会明显地为 KSCN 所还原而使结果偏低。

$$SCN^- + 4I_2 + 4H_2O = SO_4^{2-} + 7I^- + ICN + 8H^+$$

为了防止铜盐水解,反应必须在酸性溶液中进行。酸度过低,$Cu^{2+}$ 氧化 $I^-$ 的反应进行不完全,结果偏低,而且反应速度慢,终点拖长;酸度过高,则 $I^-$ 离子被空气氧化为 $I_2$ 的反应使 $Cu^{2+}$ 催化,使结果偏高。

大量 $Cl^-$ 离子能与 $Cu^{2+}$ 离子络合,$I^-$ 离子不易从 Cu(II)的氯络合物中将 Cu(II)定量地还原,因此最好用硫酸而不用盐酸(小剂量盐酸不干扰)。

矿石或合金中的铜也可以用碘法测定,但必须设法防止其他能氧化 $I^-$ 离子的物质(如 $NO_3^-$、$Fe^{3+}$ 离子等)的干扰。防止的方法是加入掩蔽剂以掩蔽干扰离子(如使 $Fe^{3+}$ 离子生成

$FeF_6^{3-}$络离子而掩蔽)，或在测定前将它们分离除去。若有 As(Ⅴ)、Sb(Ⅴ)存在，应将 pH 调至 4，以免它们氧化 $I^-$ 离子。

## 三、实验用品

仪器：分析天平，碘量瓶(250 mL)，量筒(10 mL、50 mL)，滴定管(50 mL)，移液管(25 mL)，洗耳球。

药品：$CuSO_4$(A. R.)，0.05 mol · $L^{-1}$ $Na_2S_2O_3$ 标准溶液，1 mol · $L^{-1}$ $H_2SO_4$ 溶液，10% KSCN 溶液，10% KI 溶液，1% 淀粉溶液。

## 四、实验内容

精确称取硫酸铜试样(每份质量相当于 20～30 mL 0.05 mol · $L^{-1}$ $Na_2SO_3$ 溶液)于 250 mL 碘量瓶中，加 1 mol · $L^{-1}$ $H_2SO_4$ 溶液 3 mL 和水 30 mL 使之溶解。加入 10%KI 溶液 7～8 mL，立即用 $Na_2S_2O_3$ 标准溶液滴定至呈浅黄色。然后加入 1%淀粉溶液 1 mL，继续滴定到呈浅蓝色。再加入 5 mL 10% KSCN(可否用 $NH_4SCN$ 代替)溶液，摇匀后溶液蓝色转深，再继续滴定到蓝色恰好消失，此时溶液为米色 CuSCN 悬浮液。由实验结果计算硫酸铜的含铜量。

## 五、数据记录与处理

表格自拟。

## 六、思考题

(1)硫酸铜易溶于水，为什么溶解时要加硫酸?

(2)用碘法测定铜含量时，为什么要加入 KSCN 溶液？如果在酸化后立即加入 KSCN 溶液，会产生什么影响?

(3)已知 $\varphi^\ominus(Cu^{2+}/Cu^+)=0.158V$，$\varphi^\ominus(I_2/I^-)=0.54V$，为什么本法中 $Cu^{2+}$ 离子却能使 $I^-$ 离子氧化为 $I_2$?

(4)测定反应为什么一定要在弱酸性溶液中进行?

(5)如果分析矿石或合金中的铜，应怎样分解试样？试液中含有的干扰性杂质如 $Fe^{3+}$、$NO_3^-$ 等离子，应如何消除它们的干扰?

(6)如果用 $Na_2S_2O_3$ 标准溶液测定铜矿或铜合金中的铜，用什么基准物标定 $Na_2S_2O_3$ 溶液的浓度最好?

# 实验十五　水中溶解氧(DO)的测定(碘量法、电化学探头法)

## 一、实验目的

(1)学会测定水中溶解氧的固定方法。

(2)掌握碘量法测定水中溶解氧的原理与方法。

(3)掌握电化学探头法测定水中溶解氧的原理与方法。

## Part Ⅰ　碘　量　法

## 二、实验原理

溶于水中的氧称为溶解氧，用 DO(Dissolved Oxygen)表示。水中溶解氧(DO)的量通常以每升水中含氧的毫克数($mgO_2/L$)表示。它与大气压力、空气中 $O_2$ 的分压、水温和水体生态环境密切相关。溶解氧 DO 是水质综合指标之一。

地面水敞露于空气中，因而清洁的地面水中 DO 常接近饱和状态，当水中有大量藻类植物繁殖时，由于光合作用生成 $O_2$，以致水中含有过饱和的 DO。若水体被具有氧化性的有机物等污染，消耗了 DO，而水体又未能及时补充氧的消耗时，DO 就不断减少，甚至趋于 0。此时厌氧细菌大量繁殖，致使有机物腐败水体发臭。当水的 DO$<$4 mg·$L^{-1}$时，一般鱼类会窒息而死亡，所以溶解氧与水生动物有密切关系。DO 也是了解水体有机物污染状况和自净作用的重要指标。碘量法测定 DO，方法准确、精密，但受多种杂质的干扰，仅适用于清洁的地面和地下水。若水中有 $Fe^{2+}$、$Fe^{3+}$、$S^{2-}$、$NO_2^-$、$SO_3^{2-}$、$Cl_2$ 以及各种有机物等氧化还原性物质时将影响测定结果，为此应选择适当方法消除干扰。

碘量法测定溶解氧的测定原理：水样中加入硫酸锰和氢氧化钠，水中的 $O_2$ 将 $Mn^{2+}$ 氧化成水合氧化锰棕色沉淀，将水中全部溶解氧固定起来；在酸性条件下，$MnO(OH)_2$ 与 KI 作用，释放出等化学计量的 $I_2$；然后以淀粉为指示剂，用 $Na_2S_2O_3$ 标准溶液滴定至蓝色消失，指示终点到达。根据 $Na_2S_2O_3$ 标准溶液的消耗量，计算水中 DO 的含量。其主要反应如下：

$$Mn^{2+}+2OH^- = Mn(OH)_2\downarrow\text{（白色）}$$

$$Mn(OH)_2+\frac{1}{2}O_2 = MnO(OH)_2\downarrow\text{（棕黄色或棕色）}$$

$$MnO(OH)_2+2I^-+4H^+ = I_2+Mn^{2+}+3H_2O$$

$$I_2+2S_2O_3^{2-} = S_4O_6^{2-}+2I^-$$

所以，1 个氧分子相当于 4 个 $Na_2S_2O_3$。

## 三、实验用品

仪器：碱式滴定管（50 mL），水样瓶（250 mL），三角烧瓶（250 mL），移液管（25 mL、50 mL）。

药品：0.01 mol·$L^{-1}$ $Na_2S_2O_3$ 标准溶液（准确浓度由实验九标定），$MnSO_4$ 溶液（溶解 480 g $MnSO_4\cdot4H_2O$ 或 400 g $MnSO_4\cdot2H_2O$ 于蒸馏水中，过滤并稀释至 1 L），碱性 KI 溶液（溶解 500 g NaOH 于 500 mL 水中，冷却；另溶解 150 g KI 于 200 mL 蒸馏水中。合并两溶液，混匀，用蒸馏水稀释至 1 L。如有沉淀，则放置过夜后，倾出上清液，贮于棕色瓶中，用橡皮塞塞紧，避光保存。此溶液酸化后，遇淀粉应不呈蓝色），浓硫酸，0.5%淀粉溶液。

## 四、实验内容

### 1. 水样采集

取样时绝对不能使采集的水样与空气接触，如从自来水管取样需用一根橡皮管或玻璃管，一端与水管相接，另一端通入水样瓶底部，将水注满，并继续从瓶口溢流出瓶容积的 1/3～1/2，迅速盖上瓶塞。瓶口不能留有空气泡，否则另行取样。

### 2. 溶解氧的固定

取样后立即用小滴管加入 1 mL $MnSO_4$ 溶液和 1 mL 碱性 KI 溶液。必须注意将小滴管尖端插入水面以下，不可使滴管中的空气注入瓶中。由于试剂重，沉入水底，此时从瓶口能排出少量的水。

盖紧瓶塞，此时瓶中绝不能留有气泡（若有气泡则实验作废），然后将瓶子上下转动 15 次以上，使试剂与水样充分混合。静置溶液，直到生成的棕色沉淀降至瓶的一半深度时，再次转动，使混合均匀*。

* 水中溶解氧固定后，可保存数小时而不影响测定结果。如现场不能测定，可带回实验室进行。一般生成的沉淀棕色越深，表明溶解氧越多。

### 3. 溶解氧的测定

将溶解氧瓶再次静置，使沉淀又降至瓶的一半深度时，用小滴管注入 1.5 mL 浓硫酸**。

将瓶塞盖好，如前法混合均匀，此时沉淀溶解，并有游离的 $I_2$ 析出，使溶液呈深黄色。

用移液管吸取沉淀完全溶解的水样 50.00 mL 放入锥形瓶中，用 $Na_2S_2O_3$ 标准溶液滴定，当溶液呈淡黄色时再加入 1 mL 淀粉溶液，继续滴定直到由蓝色刚变成无色，即为终点。记录用量。平行测定 3 次。

* * 加浓硫酸后，盖上瓶塞，则会溢流出少量液体，但溶解氧已在瓶底部生成沉淀而被固定，因此并不影响测定结果。

## 五、数据记录与处理

| 记录项目 | | | |
|---|---|---|---|
| 滴定次数 | 1 | 2 | 3 |
| 消耗 $Na_2S_2O_3$ 标准溶液体积 (mL) | | | |
| DO 含量如何表示？ | | | |
| $\bar{c}$ | | | |

# Part Ⅱ　电化学探头法

## 一、实验原理

采用一种用透气薄膜将水样与电化学电池隔开的电极来测定水中溶解氧。根据所采用探头的类型不同，可测定氧的浓度（$mg \cdot L^{-1}$）或氧的饱和百分率（%溶解氧），或者二者皆可测定。电化学探头法可测定水中饱和百分率为 0%～100%的溶解氧。电化学探头法不但可以用于实验室内的测定，还可以用于现场测定和溶解氧的连续监测。

电化学探头法适用天然水、污水、盐水、色度高及混浊的水、含铁及能与碘作用的物质的水。一些气体和蒸气像氯、二氧化硫、胺、氨、二氧化碳、溴和碘能扩散并通过薄膜，如果上述物质存在，会影响被测电流而产生干扰。样品中存在其他物质，会因引起薄膜阻塞、薄膜损坏或电极被腐蚀而干扰被测电流。这些物质包括溶剂、油类、硫化物、碳酸盐和藻类。如果用于测定海水或港湾水这类盐水，应对含盐量进行校对。

电化学探头法所采用的探头由一小室构成，室内有两个金属电极充有电解质，用选择性薄膜将小室封闭住。实际上水和可溶解物质离子不能透过这层膜，但氧和一定数量的其他气体及亲水性物质可透过这层薄膜。将这种探头浸入水中进行溶解氧测定。

因原电池作用或外加电压使电极间产生电位差。由于这种电位差，使金属离子在阳极进入溶液，而透过膜的氧在阴极还原。由此所产生的电流直接与通过膜与电解质液层的氧的传递速度成正比，因而该电流与给定温度下水样中的氧的分压成正比。

因为膜的渗透性明显地随温度而变化，所以必须进行温度补偿。可采用数学方法（使用计算机图表、计算机程序）；也可使用调节装置；或者利用在电极回路中安装热敏元件加以补偿。某些仪器还可对不同温度下氧的溶解度的变化进行补偿。

## 二、实验用品

仪器：测量探头：原电池型（如铅/银）或极谱型（如银/金），如果需要，探头上附有温度灵敏补偿装置；仪表刻度直接显示溶解氧的浓度和氧的饱和百分率或电流的微安数；温度计：刻度分度为 0.5 ℃；气压表：刻度分度为 10 Pa。

药品：无水硫酸钠（A. R.）或七水合硫酸钠（A. R.）；二价钴盐，如六水合氯化钴（Ⅱ）（$CoCl_2 \cdot 6H_2O$）。

## 三、实验内容

**1. 测量技术和注意事项**

(1)不得用手接触薄膜的活性表面。

(2)在更换电解质和膜之后,或当膜干燥时,都要使膜湿润,只有在读数稳定后,才能进行校准。需要的时间取决于电解质中溶解氧消耗所需要的时间。

(3)当将探头浸入样品中时,应保证没有空气泡截留在膜上。

(4)样品接触探头的膜时,应保持一定的流速使读数发生波动,在这方面要参照仪器制造厂家的说明。

(5)对于分散样品,测定容器能密封以隔绝空气并带有搅拌器(如电磁搅拌)。将样品充满容器至溢流,密闭后进行测量。调整搅拌速度使读数达到平衡后保持稳定,并不得夹带空气。

(6)对流动样品,如河道,要检验是否能保证有足够的流速。如不够,则需在水样中往复移动探头,或者取出分散样品按上述方法测定。

**2. 校准**

参照仪器制造厂家的说明书进行仪器校准。

(1)调节　调节仪器的零点,有些仪器有补偿零点,则不必调整。

(2)检验零点　检验零点(必要时尚需调整零点)时,可将探头浸入每升已加入1 g亚硫酸钠和约1 mg钴盐(Ⅱ)的蒸馏水中,10 min内应得到稳定读数。注意:新式仪器只需2～3 min。

(3)接近饱和值的校准　在一定温度下,向水中曝气,使水中的氧的含量达到饱和或接近饱和。在这个温度下保持15 min再测定溶解氧的浓度,如用碘量法测定。

(4)调整仪器　将探头浸没在瓶内,瓶中完全充满按上述步骤制备并标定好的样品。让探头在搅拌的溶液中稳定10 min以后,如果必要,调节仪器读数至样品已知的氧浓度。当仪器不能再校准,或仪器响应变得不稳定或较低时(见厂家说明书),应更换电解质和膜。

(5)测定　按照厂家说明书对待测水进行测定。在探头浸入样品后,使探头停留足够的时间,使探头与待测水温一致并使读数稳定。由于所用仪器型号不同及对结果的要求不同,必要时要检验水温和大气压力。

## 四、结果表示

溶解氧的浓度以每升氧的毫克数表示($mg \cdot L^{-1}$),取值到小数点后第一位。

在测量样品时的温度不同于校准仪器时的温度,应对仪器读数给予相应校正。有些仪器可以自动进行补偿。该校正考虑到了在两种不同温度下,溶解氧的差值。要计算溶解氧的实际值,需将测定温度下所得数值乘以比例值$\frac{C_m}{C_n}$,其中,$C_m$为测定温度下的溶解度,$C_n$为校准温度下的溶解度。

例如:校准温度　25 ℃　　　仪器度数　7 $mg \cdot L^{-1}$

25 ℃溶解度　8.3 $mg \cdot L^{-1}$　　　10 ℃时溶解度　11.3 $mg \cdot L^{-1}$

测量时的温度　10 ℃　　　10 ℃时的实测值　$\frac{11.33}{8.3} \times 7.0 - 9.5$ $mg \cdot L^{-1}$

## 五、注意事项

(1)上例中以$mg \cdot L^{-1}$表示的$C_m$和$C_n$值可根据对应的温度由表1中的$C_n$中查得。

(2)作为温度和压力函数得溶解氧浓度。表1和表2给出了溶解氧浓度的理论值。表1给出了在标准大气压下作为温度的函数值。表2则给出作为温度和压力两项函数的值。

(3)盐水样品经过校正的溶解氧浓度。氧在水中溶解度随盐含量的增加而减少，在实际应用中，当含盐量(以总盐表示)在 35 mg·$L^{-1}$以下时可合理地认为上述关系呈线性。表 1 给出每 1 g·$L^{-1}$含盐量在校正时减去校正值，即 $\Delta C_2$。所以，当水中含盐量为 $n$ g·$L^{-1}$时，水中氧的溶解度等于纯水中相应的溶解度减去 $n\Delta C_2$。

(4)实验报告要求

实验报告包括下列资料：

a. 参考国家标准；

b. 测定结果及其表示方法；

c. 采样和检测时的水温；

d. 采样和检测时的大气压力；

e. 水中含盐量；

f. 所用仪器型号；

g. 测定期间可能注意到的特殊细节；

h. 国家标准中没有规定的或考虑可任选的操作细节。

## 六、思考题

(1)测定水样中的溶解氧为什么必须在取样处完成？如果不能在取样处完成，应该怎么办？

(2)本实验中利用什么原理来固定水中溶解的氧？

(3)为什么要在滴定进行到接近终点前才加入淀粉指示剂？

(4)水样中加入 $MnSO_4$ 和碱性 KI 溶液后，如发现白色沉淀，测定还须继续进行吗？试说明理由。

(5)在上述测定和计算中未考虑因试剂的加入而损失的水样体积，你认为这样做对于试验结果的影响如何？

(6)试推导溶解氧测定的计算公式。

## 七、附录

**表 1　作为温度和含量函数的水中氧的溶解度**

| 温度(℃) | $Cs$ (mg·$L^{-1}$) | $\Delta Cs$ (mg·$L^{-1}$) | 温度(℃) | $Cs$ (mg·$L^{-1}$) | $\Delta Cs$ (mg·$L^{-1}$) |
|---|---|---|---|---|---|
| 0 | 14.84 | 0.0925 | 20 | 9.08 | 0.0481 |
| 1 | 14.22 | 0.0890 | 21 | 8.90 | 0.0467 |
| 2 | 18.82 | 0.0857 | 22 | 8.73 | 0.0453 |
| 3 | 13.44 | 0.0827 | 23 | 8.57 | 0.0440 |
| 4 | 13.09 | 0.0798 | 24 | 8.41 | 0.0427 |
| 5 | 12.74 | 0.0771 | 25 | 8.25 | 0.0415 |
| 6 | 12.42 | 0.0745 | 26 | 8.11 | 0.0404 |
| 7 | 12.11 | 0.0720 | 27 | 7.96 | 0.0393 |
| 8 | 11.81 | 0.0697 | 28 | 7.82 | 0.0382 |
| 9 | 11.53 | 0.0675 | 29 | 7.69 | 0.0372 |
| 10 | 11.26 | 0.0653 | 30 | 7.56 | 0.0362 |
| 11 | 11.01 | 0.0633 | 31 | 7.43 | |
| 12 | 10.77 | 0.0614 | 32 | 7.30 | |
| 13 | 10.53 | 0.0596 | 33 | 7.18 | |

续表

| 温度（℃） | Cs（mg·L⁻¹） | ΔCs（mg·L⁻¹） | 温度（℃） | Cs（mg·L⁻¹） | ΔCs（mg·L⁻¹） |
|---|---|---|---|---|---|
| 14 | 10.30 | 0.0577 | 34 | 7.07 | |
| 15 | 10.08 | 0.0559 | 35 | 6.95 | |
| 16 | 9.86 | 0.0543 | 36 | 6.84 | |
| 17 | 9.66 | 0.0527 | 37 | 6.73 | |
| 18 | 9.46 | 0.0511 | 38 | 6.63 | |
| 19 | 9.27 | 0.0496 | 39 | 6.53 | |

注：(1)表中第二栏给出纯水中氧的溶解度($C_s$)，以每升水中氧的毫克数表示，纯水中存在有被水蒸气饱和的空气，空气中含有 20.94%($V/V$)的氧，压力为 100 kPa。

(2)表中第三栏给出含盐量为 1 g·L$^{-1}$时溶解度的变化量($\Delta C_s$)。

这些值可通过回归方程计算得到，$C_s=14.60307-0.4021469T+0.00768703T^2-0.0000692575T^3$。

水中氧的溶解度随着含盐量的增加而减少，在实际使用中，总盐量在 35 g·L$^{-1}$以下呈线性关系。含盐量为 $n$ g·L$^{-1}$ 的水中氧的溶解度可从相应的纯水中的溶解度减去 $n\Delta C_s$ 值得到。

大气压力或海拔高度的校正：如果大气压力 $p$ 不是 100 kPa，那么溶解度 $C_s'$可由 100 kPa 的 $C_s$ 值通过(1)式计算而求得

$$C_s'=C_s\times\frac{p-p_w}{100-P_w} \tag{1}$$

式中，$p_w$ 为在选定温度下，和空气接触时水蒸气的压力(kPa)，压力在 77.5～110 kPa，间隔为 0.5 kPa；$C_s'$为每升中氧的毫克数，可在 GB11913—1989 中查得。

作为海拔高度函数的平均大气压值可用(2)式计算：

$$\log10p_h=\log10p_h101.3-\frac{h}{18400} \tag{2}$$

式中，$p_h$ 为海拔高度为 $h$(以 m 表示)时的平均大气压(kPa)。

**表 2　给出海拔高度和平均大气压的部分对应值**

| 海拔高度 $h$（m） | $p_h$（kPa） | 海拔高度 $h$（m） | $p_h$（kPa） |
|---|---|---|---|
| 0 | 101.3 | 1100 | 88.8 |
| 100 | 100.1 | 1200 | 87.2 |
| 200 | 98.8 | 1300 | 86.1 |
| 300 | 97.6 | 1400 | 85.0 |
| 400 | 96.4 | 1500 | 84.0 |
| 500 | 95.2 | 1600 | 82.9 |
| 600 | 94.0 | 1700 | 81.9 |
| 700 | 92.8 | 1800 | 80.9 |
| 800 | 91.7 | 1900 | 79.9 |
| 900 | 90.5 | 2000 | 78.9 |
| 1000 | 89.4 | 2100 | 77.9 |

# 实验十六　沉淀滴定法测定调味品中氯化钠的含量

## 一、实验目的

(1)学习沉淀滴定法。

(2)学习返滴定法。

(3)掌握佛尔哈德法滴定操作。

## 二、实验原理

沉淀滴定法是基于沉淀反应的滴定分析法。目前,沉淀滴定法较有实际意义的是生成银盐的沉淀反应,如

$$Ag^{+}+Cl^{-}=AgCl(s)$$

$$Ag^{+}+SCN^{-}= AgSCN(s)$$

以这类反应为基础的沉淀滴定法称为银量法。用铁铵矾当指示剂的银量法称为佛尔哈德法。佛尔哈德法又分为直接滴定法和返滴定法。

直接滴定法以 $NH_4SCN$ 作标准溶液滴定 $Ag^{+}$,反应为

$$Ag^{+}+SCN^{-}= AgSCN(s)$$

当 $Ag^{+}$ 定量沉淀后,过量的一滴 $NH_4SCN$ 溶液与 $Fe^{3+}$ 生成红色配合物,指示终点到达,反应为

$$Fe^{3+}+SCN^{-}=FeSCN^{2+}\text{(红色)}$$

返滴定法是以两个标准溶液($AgNO_3$ 和 $NH_4SCN$)测定卤化物的含量。例如,测定氯化物时,在含氯化物的酸性溶液中,加入一定量 $AgNO_3$ 标准溶液,然后以铁铵矾作指示剂,用 $NH_4SCN$标准溶液返滴定过量的 $Ag^{+}$,反应如下

$$Ag^{+}+Cl^{-}=AgCl(s)$$

$$Ag^{+}+SCN^{-}= AgSCN(s)$$

$$Fe^{3+}+SCN^{-}=FeSCN^{2+}\text{(红色)}$$

生成红色的 $FeSCN^{2+}$ 配离子,指示到达终点。但是由于 AgSCN 溶解度小于 AgCl 的溶解度,所以过量 $SCN^{-}$ 将与 AgCl 发生反应,使 AgCl 沉淀转化为溶解度更小的 AgSCN,即

$$AgCl+SCN^{-}= AgSCN(s)+Cl^{-}$$

这样在溶液出现红色之后,随着不断地摇动溶液,红色逐渐消失,得不到正确的终点。为了避免这种现象,可以采取以下两种措施。

(1)加入过量的 $AgNO_3$ 标准溶液后,将溶液煮沸,使 AgCl 凝聚,过滤除去 AgCl 沉淀,然后用 $NH_4SCN$ 标准溶液滴定滤液中过量的 $Ag^{+}$。

(2)加入过量的 $AgNO_3$ 标准溶液后,加一定的有机试剂,剧烈地摇动,使 $AgNO_3$ 沉淀覆盖一层有机溶剂,防止 $AgNO_3$ 转化。

## 三、实验用品

仪器:滴定管(50 mL),锥形瓶(250 mL),试剂瓶(500 mL),容量瓶(500 mL),小烧杯(100 mL),移液管(25 mL),表面皿等。

药品:NaCl(A. R.),$AgNO_3$(A. R.),$NH_4SCN$(A. R.),$HNO_3$($4\ mol\cdot L^{-1}$),铁铵矾指示剂,酱油,市售味精等。

## 四、实验内容

**1. 溶液配制**

(1)NaCl 标准溶液(0.025 mol·$L^{-1}$)的配制

准确称取 0.35 g 左右 NaCl 基准试剂于小烧杯中,加水完全溶解后,定量转移到 250 mL 容量瓶中,稀释至刻度。计算其准确浓度。

(2)$AgNO_3$、$NH_4SCN$ 溶液(0.025 mol·$L^{-1}$)的配制

配制 400 mL$NH_4SCN$ 溶液放入试剂瓶中。配制 400 mL $AgNO_3$溶液放入棕色试剂瓶中。

**2. 溶液标定**

(1)$NH_4SCN$ 溶液和 $AgNO_3$溶液体积比测定

由滴定管放出 20.00 mL $AgNO_3$ 溶液于250 mL 锥形瓶中,加入 5 mL$HNO_3$ 溶液(4 mol·$L^{-1}$)和 2 mL 铁铵矾指示剂。在剧烈摇动下用 $NH_4SCN$ 溶液滴定,直至出现淡红色而且继续振荡不再消失,即为终点。记下所消耗 $NH_4SCN$ 溶液的体积。计算 1 mL$NH_4SCN$ 溶液相当于多少毫升 $AgNO_3$溶液。

(2)用标准 NaCl 溶液标定 $NH_4SCN$ 和 $AgNO_3$溶液

用移液管移取 25.00 mLNaCl 标准溶液于250 mL 锥形瓶中,加入 5 mL$HNO_3$ 溶液(4 mol·$L^{-1}$),用滴定管准确加入 45.00 mL$AgNO_3$溶液,将溶液煮沸,过滤沉淀。洗涤沉淀与滤纸,洗涤液与滤液混合后加入 2 mL 铁铵矾指示剂,用 $NH_4SCN$ 溶液滴定。记录所消耗的 $NH_4SCN$ 溶液的体积,计算 $NH_4SCN$ 溶液和 $AgNO_3$溶液的浓度。

**3. 样品中 NaCl 含量的测定**

(1)酱油中 NaCl 含量的测定

用移液管移取酱油 5.00 mL 于 250 mL 容量瓶中,稀释至刻度。取该溶液 5.00 mL 于 250 mL锥形瓶中,加入 $AgNO_3$ 溶液(0.025 mol·$L^{-1}$)25.00 mL,再加入 5 mL$HNO_3$ 溶液(4 mol·$L^{-1}$)和 10 mL 蒸馏水。加热煮沸后逐滴加入 0.5 mL$KMnO_4$溶液(5%),此时溶液接近无色。冷却后,将溶液中 AgCl 沉淀过滤,洗涤沉淀和滤纸,洗涤液与滤液混合于 250 mL 锥形瓶中,加入 2 mL 铁铵矾指示剂。用 $NH_4SCN$ 标准溶液滴定,记录到达终点时消耗的 $NH_4SCN$标准溶液的体积。

从回滴用去的 $NH_4SCN$ 溶液的量求出所消耗的 $AgNO_3$标准溶液的体积,由此计算样品中的 NaCl 含量。

(2)市售味精中 NaCl 含量的测定

自己设计一简单方法计算所需称取味精的量,然后准确称取于小烧杯中,完全溶解后定量转移到 250.00 mL 容量瓶中,稀释至刻度。取该溶液 5.00 mL 于 250 mL 锥形瓶中,加入 $AgNO_3$溶液(0.025 mol·$L^{-1}$)25.00 mL,再加入 2.5 mL$HNO_3$溶液(4 mol·$L^{-1}$)和 4 mL 蒸馏水加热煮沸,冷却后,将溶液中 AgCl 沉淀过滤,洗涤沉淀和滤纸,洗涤液与滤液混合于 250 mL 锥形瓶中,加入 2 mL 铁铵矾指示剂。用 $NH_4SCN$ 标准溶液滴定,记录到达终点时消耗的 $NH_4SCN$ 标准溶液的体积。

从回滴用去的 $NH_4SCN$ 溶液的量求出所消耗的 $AgNO_3$标准溶液的体积,由此计算样品中的 NaCl 含量。

## 五、注意事项

(1)将 NaCl 基准试剂放在干燥的坩埚中,用煤气灯小火加热,并用玻璃棒不断搅拌,待加热到不再有盐的爆裂声为止,放在干燥器内冷却,或放在马弗炉中 500～600℃ 干燥 40～

50 min。

(2)$AgNO_3$溶液需用棕色滴定管盛装。

(3)样品的称量范围由滴定所消耗的滴定剂的体积在 20～25 mL 为目标推断、设定。

## 六、思考题

(1)配制 NaCl 标准溶液所用的 NaCl 固体，为什么要经过烘炒？若用未处理的 NaCl 来标定 $AgNO_3$溶液，对 $AgNO_3$溶液浓度有什么影响？

(2)为什么一定要加入 $AgNO_3$溶液后，再加硝酸和高锰酸钾溶液对样品进行处理？

(3)应用佛尔哈德滴定法，为什么一般应在酸性条件下进行？

# 实验十七　纸层析法分离与鉴定某些阳离子溶液

## 一、实验目的

(1)了解纸层析法的原理及操作方法。

(2)学习用纸层析法来分离阳离子溶液及鉴定未知液中的离子组成。

## 二、实验原理

色层分析法是一种利用物质的迁移速度不同来鉴定物质的分析方法。纸层析法是在滤纸上进行的色层分析法。将少量含有几种阳离子的试液滴在滤纸上，待试液干后，让滤纸的底边浸入展开剂(一般为含水的有机溶剂)中，由于毛细作用，展开剂沿着滤纸上升。滤纸纤维所吸附的水构成了固定相，有机溶剂构成了流动相。当展开剂经过阳离子试样时，试样各组分在固定相和流动相中具有不同的分配系数。在有机溶剂中溶解度较大的组分倾向于随有机溶剂向上迁移，即迁移速度较快，而在水中溶解度较大的组分倾向于滞留在原来的位置，即迁移速度较慢。由于它们以不同的速度在纸上迁移，一段时间后便可以达到分离的目的。然后将此滤纸用显色剂处理，离子停留的部位即可显出色斑来(图 1)。阳离子在滤纸上迁移与很多因素有关。但当层析纸、固定相、流动相和温度固定时，每种阳离子的比移值 $R_f$ 却基本上是一个常数。$R_f$ 的定义为

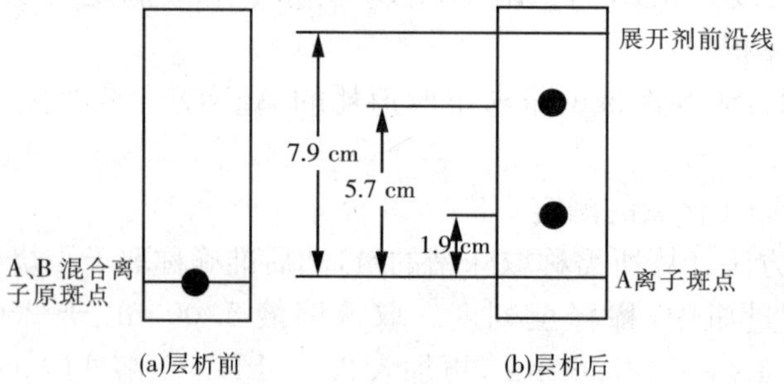


**图 1　离子 A、B 在滤纸上的层析示意图**

$$R_f=\frac{\text{原点至层析斑点中心的距离}}{\text{原点至溶剂前沿的距离}}$$

例如，图中 A、B 离子的 $R_f$ 分别为

$$R_f(\text{A})=\frac{1.9\text{cm}}{7.9\text{cm}}=0.24\quad R_f=\frac{5.7\text{cm}}{7.9\text{cm}}=0.72$$

不同物质具有不同的 $R_f$ 值，这就是层析法用于定性分析的基础。但是各种因素对 $R_f$ 影响很大，实验中 $R_f$ 重复性往往较差，因此一般定性分析中多采用与纯组分在同一层析筒中对照

的方法来作未知物的鉴定。

## 三、实验用品

仪器：烧杯(600 mL)，层析纸(可用慢速定量滤纸)，塑料薄膜，橡皮筋。

药品：$FeCl_3$ (0.5 mol·$L^{-1}$)、$CuCl_2$ (0.5 mol·$L^{-1}$)、$CoCl_2$ (0.5 mol·$L^{-1}$)、$MnCl_2$ (0.5 mol·$L^{-1}$)、$Fe^{3+}$、$Cu^{2+}$、$Co^{2+}$、$Mn^{2+}$混合液，未知试液(可能含$Fe^{3+}$、$Cu^{2+}$、$Co^{2+}$、$Mn^{2+}$中的一种或两种)，$NH_3 \cdot H_2O$(浓)，展开剂(按体积比丙酮∶浓盐酸∶水＝19∶4∶2配制而成，必须在临用前配制)。

## 四、实验内容

**1. 点样**

取一张11 cm×16 cm层析纸，在离底边1 cm处用铅笔画一直线作原点线。将该线段八等分，即每线段长2 cm。除去两边最外一线段外，用毛细滴管(直径0.5 mm)在每一线段中点分别滴加$Fe^{3+}$、$Cu^{2+}$、$Co^{2+}$、$Mn^{2+}$混合试液和从教师处领来的未知试液(图2)。注意：斑点中心应落在原点线上，斑点直径不要超过3 mm(最好用毛细管在其他滤纸片上先练习一下，成功后再在层析纸上加点)。置点好试液的滤纸在通风处让其充分干燥。将一条长4～5 cm透明胶带的一半粘贴在滤纸的左上角(图2)，胶带的另一半粘贴在滤纸的右上角，使滤纸围成圆柱形(图3)。务必仔细粘贴胶带，要做到滤纸两边缘在圆柱体中相互平行而不相交，当把圆柱体立于台面上时柱体应该垂直于台面。

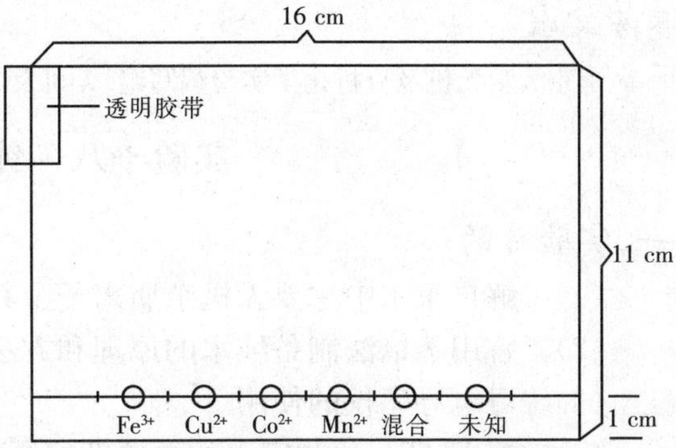

**图2 层析纸上试样斑点分布**

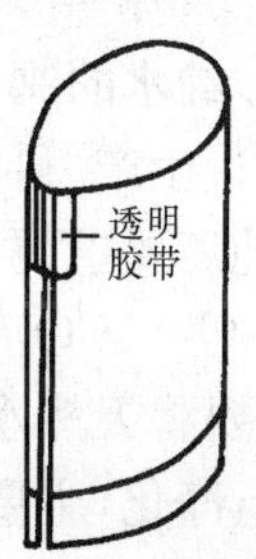

**图3 层析纸围成圆柱形**

**2. 展开**

在600 mL烧杯中倒入15 mL展开剂，将圆柱形滤纸以原点线在下放入烧杯。展开剂液面必须在原点线以下，圆柱体不得与杯壁接触，然后蒙上塑料薄膜并用橡皮筋固定。

展开剂沿滤纸自下而上均匀展开，当展开剂前沿到达滤纸顶边近2 cm处(约需40 min)，将滤纸从烧杯中取出，迅速用铅笔将展开剂前沿标出。

**3. 显色**

待滤纸干燥后，撕去胶带，将其平放在干燥器的瓷板上，干燥器底部盛有约10 mL浓氨水，让层析纸在氨气中熏5 min左右。

**4. 鉴定**

(1)记录$Fe^{3+}$、$Cu^{2+}$、$Co^{2+}$、$Mn^{2+}$显色后斑点的颜色，并测出各离子的$R_f$值。

(2)记录未知试样离子显色后斑点的颜色，测出其$R_f$值，并通过与已知离子斑点的颜色和$R_f$值比较，鉴定未知试样的阳离子组分。

## 五、思考题

(1)为什么要用铅笔而不能用钢笔或圆珠笔在层析纸上画原点线？

(2)展开时如果没有用塑料薄膜将烧杯密封，这时测得的$R_f$值与密封的相比，有什么不同？为什么？

(3)$Fe^{3+}$、$Cu^{2+}$、$Co^{2+}$、$Mn^{2+}$ 在盐酸溶液中都可与 $Cl^-$ 配位（如 $Fe^{3+}$ 可形成 $FeCl^{2+}$、$FeCl_2^+$、$FeCl_3$、$FeCl_4^-$），而这四种离子与 $Cl^-$ 配位能力是 $Fe^{3+}>Cu^{2+}>Co^{2+}>Mn^{2+}$。例如，在 6 mol・$L^{-1}$ HCl 溶液中，它们分别主要以 $FeCl_4^-$、$CuCl_3^-$、$CoCl_3^-$、$MnCl^+$ 形式存在；在 2.5 mol・$L^{-1}$ HCl 溶液中，$Co^{2+}$ 主要以 $CoCl^+$ 形式存在；在 0.5 mol・$L^{-1}$ HCl 溶液中，$Cu^{2+}$ 才以 $CuCl^+$ 形式存在；在更稀的盐酸溶液中，$Fe^{3+}$ 才以 $FeCl^{2+}$ 形式存在。另外在很强酸性溶液中配阴离子会质子化而生成 $H(FeCl_4)$、$H(CuCl_3)$、$H(CoCl_3)$ 等中性分子。试用以上知识回答：

①展开剂中为什么要有盐酸成分？

②如果将展开剂中的盐酸浓度降低，预测 $R_f$ 值将如何变化？

③$Fe^{3+}$、$Cu^{2+}$、$Co^{2+}$、$Mn^{2+}$ 的 $R_f$ 值为什么有如实验所得大小次序？

*参考文献*

南京大学无机及分析化学实验编写组. 无机及分析化学实验. 第 3 版. 北京：高等教育出版社，1998.

## 实验十八　纯水的制备与检验

### 一、实验目的

(1)了解自来水中主要无机杂质离子及其定性鉴定方法。

(2)了解用蒸馏法制备纯水的原理和方法。

(3)练习电导率仪的使用。

(4)掌握 EDTA 法测定水的总硬度的原理和方法。

### 二、实验原理

**1. 纯水的制备与检测**

(1)生产、科学研究和日常生活用水对水质各有一定的要求。电子工业、化工生产等对水质的纯度要求更高。一般发电机和锅炉用水等要经纯化处理。水中常溶有 $Na^+$、$Ca^{2+}$、$Fe^{2+}$ 和 $HCO_3^-$、$CO_3^{2-}$、$SO_4^{2-}$、$S_2O_3^{2-}$、$Cl^-$ 等离子及某些气体和有机物杂质。为了除去水中杂质，需要将天然水进行处理，制得自来水。但在自来水中这些离子依然存在，还需采用一些方法进行净化，主要有蒸馏水法、离子交换法、电渗析、反渗透法等。

(2)实验中，表示水的纯度的主要指标是水中含盐量（即水中各种盐类的阴、阳离子的数量）的大小，而水中含盐量的测定较为复杂，所以通常用水的电阻率或电导率来间接表示，即

$$\rho=\frac{1}{K}$$

式中，$\rho$ 为电阻率（Ω・cm）；$K$ 为电导率（S・$cm^{-1}$）。

根据对水纯度的要求不同，通常可将水分为软化水、脱盐水、纯水及高纯水四种。

软化水：一般指将水中的硬度（暂时硬度及永久硬度）降低或去除至一定程度的水。

脱盐水：一般指将水中易去除的强电解质去除或减少至一定程度的水。脱盐水中的剩余含盐量一般应在 1～5 mg・$L^{-1}$。25 ℃时的电阻率应为 $(0.1\sim1.0)\times10^6$ Ω・cm[电导率为 $(10\sim1.0)\times10^{-6}$ S・$cm^{-1}$]。

纯水又称去离子水或深度脱盐水：一般指既将水中易去除的强电解质去除，又将水中难以去除的硅酸及二氧化硅等弱电解质去除至一定程度的水。纯水中的剩余含盐量一般在 1.0 mg・$L^{-1}$以下。25℃ 时的电阻率在 $0.2\times10^6$Ω・cm 以上[电导率为 $(1.0\sim0.1)\times10^{-6}$S・$m^{-1}$]。

高纯水又称超纯水：一般指既将水中的电解质几乎完全去除，又将水中不离解的胶状物

质、气体及有机物质去至很低程度的水，高纯水中的剩余含盐量应在 1.0 mg・$L^{-1}$以下。25 ℃时的电阻率在 18.25×$10^6$ Ω・cm 以上[电导率为(0.1～0.055)×$10^{-6}$S・$m^{-1}$]。

(3)水中所含的主要阴、阳离子可做定性鉴定，常用下列方法：

①用镁试剂检验 $Mg^{2+}$　镁试剂(对硝基苯偶氮间苯二酚)是一种有机染料，在酸性溶液中呈黄色，在碱性溶液中呈紫色，当它被 $Mg(OH)_2$沉淀吸附后呈天蓝色，反应必须在碱性溶液中进行。

②用钙指示剂检验 $Ca^{2+}$　游离的钙指示剂呈蓝色，在 pH＞12 的碱性溶液中，它能与 $Ca^{2+}$结合呈红色。在此 pH 时，$Mg^{2+}$不干涉 $Ca^{2+}$的检验，因为 pH＞12 时，$Mg^{2+}$已生成 $Mg(OH)_2$沉淀。

③用 $AgNO_3$溶液检验 $Cl^-$。

④用 $BaCl_2$溶液检验 $SO_4{}^{2-}$。

(4)蒸馏水法制备纯水

蒸馏水法的基本原理是通过加热使含盐的水蒸发。然后将蒸汽冷凝而成蒸馏水，或称脱盐水，溶解在水中的盐类则残留在蒸馏水器中。如对水的纯度要求很高，可经过多次蒸馏，从而取得纯水或高纯水。根据实验，在石英器皿中经过 28 次蒸馏出的水，在18 ℃时的电阻率为 2.3×$10^6$ Ω・cm；在 25 ℃时测得电阻率为 16×$10^6$ Ω・cm。市售蒸馏水的电阻率一般在 10×$10^4$ Ω・cm左右。在石英容器中三级蒸馏水的电阻率一般可达 2×$10^6$ Ω・cm。

用蒸馏水制取脱盐水及纯水，过去一直占主要地位。但是，这种方法比较陈旧，且存在以下缺点：成本较高；在蒸发过程中，易带出挥发性的杂质(氮)，在冷却过程中，易带入二氧化碳。虽经多次蒸馏也不易完全去除从空气中吸收的二氧化碳和其他杂物的污染。由于存在这些缺点，此法已逐渐被离子交换法所替代。

**2. 水的硬度测定**

通常所说的水的硬度就是指水中钙、镁的含量。主要是因为清洁的地下水、河、湖中，钙、镁的含量远比其他金属离子多。

水硬度的计算方法很多，各国采用的单位也不一致，最常用的表示水的硬度的单位有：

①以度表示，1°＝10 mg・$L^{-1}$ CaO，相当于 10 万份水中含有一份 CaO；

②以水中 $CaCO_3$的浓度(10 mg・$L^{-1}$)计，即相当于水中含有 $CaCO_3$多少 mg・$L^{-1}$。

$$\text{水的总硬度}=\frac{c_{\text{EDTA}}V_{\text{EDTA}}(\text{mL})\times\dfrac{M_{\text{CaCO}_3}\times 1\,000}{1\,000}}{\text{水样(mL)}}\times 1\,000$$

用 EDTA 滴定 $Mg^{2+}$、$Ca^{2+}$离子总量，应在 pH＝10 的氨缓冲溶液中进行，用铬黑 T 作指示剂。铬黑 T 与 $Mg^{2+}$、$Ca^{2+}$形成紫红色配合物，在 pH＝10 时，铬黑 T 为纯蓝色，因此，终点时溶液颜色由紫红色变为纯蓝色。

理论的计算和实践都表明，以铬黑 T 为指示剂，用 EDTA 滴定 $Mg^{2+}$离子时较滴定 $Ca^{2+}$离子时，终点更敏锐。因此，当水样中 $Mg^{2+}$离子含量较少时，用 EDTA 测定水的硬度，终点不敏锐。为此，在配制 EDTA 溶液时，加入适量的 $Mg^{2+}$离子，在滴定过程中，$Ca^{2+}$离子把 $Mg^{2+}$离子从 Mg-EDTA 中置换出来，$Mg^{2+}$离子与铬黑 T 形成紫红色配合物，终点时，颜色由紫红色变成纯蓝色，变色比较敏锐。

在滴定过程中，$Fe^{3+}$、$Al^{3+}$离子的干扰用三乙醇胺掩蔽，$Cu^{2+}$、$Pb^{2+}$、$Zn^{2+}$等金属离子用 KCN、$Na_2S$ 掩蔽。

## 三、实验用品

仪器：蒸馏装置，电导率仪等。

药品：镁试剂，钙指示剂，硝酸银，氯化钡，0.01 mol·$L^{-1}$的EDTA溶液（称取4 g乙二胺四乙酸二钠盐于250 mL烧杯中，加水溶解，再加约0.1 g的$MgCl_2·H_2O$溶解后，稀释至1 000 mL），碳酸钙固体（A. R. 基准物，在105～110 ℃下干燥2～3 h，置于干燥器中备用），$NH_3$-$NH_4Cl$缓冲溶液（称取20 g$NH_4Cl$溶于少量水中，加150 mL浓氨水，用水稀释至1 L），如果是其他水样，加1∶1盐酸溶液1～2滴酸化水样。煮沸数分钟，除去二氧化碳（残余水不必煮沸），冷却后，测定。铬黑T指示剂（0.5%，称取0.5 g铬黑T，加20 mL三乙醇胺，加无水乙醇100 mL），自来水样的硬度较小时，应取样100 mL，并适当增加其他试剂量。

## 四、实验内容

**1. 制备蒸馏水**

（1）按图1搭好蒸馏装置。

（2）取350 mL自来水放入500 mL蒸馏瓶中，并滴入4滴0.1 mol·$L^{-1}$高锰酸钾溶液，投入几粒沸石（防止过热或爆沸），插入温度计，使温度计的水银球位于支管处，再装好冷凝管，通入冷水，将各连接处的塞子塞紧，然后进行加热，调节火焰以使水蒸气较缓慢地从支管逸出（控制每秒钟的出水约2滴）。去掉最初的约10 mL的馏分（为什么？），再收集，当锥形瓶中蒸馏出的纯水约100 mL时，便停止加热。观察蒸馏水出来的水与原来有何不同。

**2. 水的检验**

（1）离子检验。分别用试管取自来水和蒸馏水，进行下列离子检验。

①用镁试剂检验$Mg^{2+}$。在3 mL水样中，加入2滴6 mol·$L^{-1}$氢氧化钠，再加入镁试剂2滴，观察颜色，判断有无$Mg^{2+}$。

②用钙指示剂检验$Ca^{2+}$。在1 mL水样中，加入2滴2 mol·$L^{-1}$氢氧化钠，再加入少许钙指示剂，观察颜色，判断有无$Ca^{2+}$。

③用硝酸银溶液检验$Cl^-$。在1 mL水样中，加入2滴2 mol·$L^{-1}$硝酸酸化，再加入2滴0.1 mol·$L^{-1}$硝酸银溶液，观察有无白色沉淀产生。

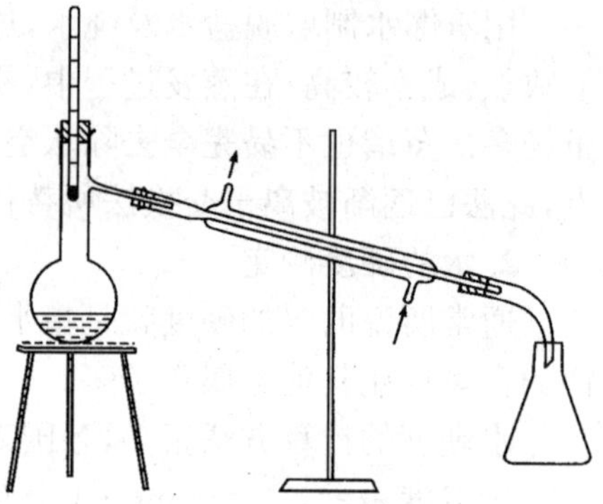

**图1　蒸馏装置**

④ 用氯化钡溶液检验$SO_4^{2-}$。在1 mL水样中，加入2滴2 mol·$L^{-1}$盐酸，再加入2滴1 mol·$L^{-1}$氯化钡溶液，观察有无白色沉淀产生。

（2）电导率的检验。用电导率仪测定烧瓶中的残留水、自来水、蒸馏水和去离子水的电导率，并将实验结果填入下表中，根据实验结果做出结论。

**实验记录**

| 样品名称 | 检测项目 | | | | |
|---|---|---|---|---|---|
| | 电导率（μS·$cm^{-1}$） | $Mg^{2+}$ | $Ca^{2+}$ | $Cl^-$ | $SO_4^{2-}$ |
| 原水（自来水） | | | | | |
| 蒸馏水 | | | | | |
| 去离子水 | | | | | |
| 蒸馏残余水 | | | | | |

**3. 残余水和自来水硬度测定**

(1)EDTA 溶液的标定

准确称取碳酸钙(0.23～0.28 g)一份，置于烧杯中，用少量蒸馏水润湿，盖上表面皿，缓慢加 1∶1 盐酸溶液 10～20 mL，加热溶解后，定量地转入250 mL容量瓶定容后摇匀。移取 25.00 mL 注入锥形瓶中，加 20 mL $NH_3$-$NH_4Cl$ 缓冲溶液，铬黑 T 指示剂 3 滴，用欲标定的 EDTA 溶液滴定到由紫红色变为纯蓝色即为终点。平行 3 份计算 EDTA 溶液的准确浓度。

(2)水样的测定

取适当体积的冷却后制蒸馏水的残余水样（视水的硬度而定，一般为50～100 mL)注入锥形瓶中，加入 5 mL 三乙醇胺溶液，5 mL $NH_3$-$NH_4Cl$ 缓冲溶液，1 mL $Na_2S$溶液，3 滴铬黑 T 指示剂，用 EDTA 标准溶液滴定至溶液由紫红色变为纯蓝色为终点。再重复测定 1～2 次，以含碳酸钙的浓度( $mg \cdot L^{-1}$)表示硬度。

另选择合适的条件选做自来水样，测定自来水的硬度。

## 五、思考题

(1)自来水中的主要无机杂质是什么？如何去除水中的无机杂质？

(2)新制的蒸馏水和敞口久放的蒸馏水有何差异？

(3)怎样检验水质？

(4)根据蒸馏原理，试回答怎样制取无氨蒸馏水和无有机物的蒸馏水？

# 实验十九　邻二氮杂菲分光光度法测定铁

## 一、实验目的

(1)了解分光光度法测定物质含量的一般条件及其选定方法。

(2)掌握邻二氮杂菲分光光度法测定铁的方法。

(3)了解 7200 型分光光度计的构造和使用方法。

## 二、实验原理

**1. 光度法测定的条件**

分光光度法测定物质含量时应注意的条件主要是显色反应的条件和测量吸光度的条件。显色反应的条件有显色剂用量、介质的酸度、显色时溶液的温度、显色时间及干扰物质的消除方法等；测量吸光度的条件包括应选择的入射光波长、吸光度范围和参比溶液等。本实验因受学时限制只做选择入射光波长的条件实验。

**2. 邻二氮杂菲-亚铁络合物**

邻二氮杂菲即邻菲罗啉(phen)：  是测定微量铁的一种较好试剂。

在 pH＝2～9 的条件下 $Fe^{2+}$ 离子与邻二氮杂菲生成极稳定的橘红色配合物，反应式如下：

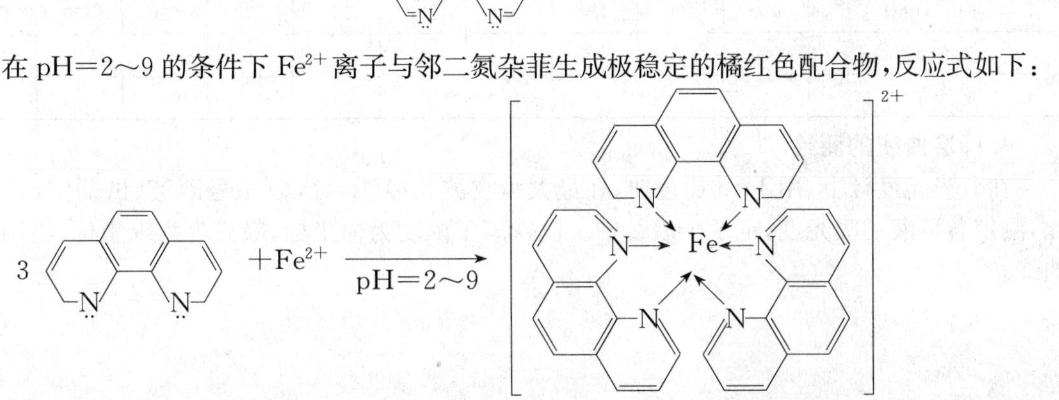

此配合物的 $\lg K_{稳}=21.3$，摩尔吸光系数 $\varepsilon_{510}=1.1\times10^4$。

在显色前，首先用盐酸羟胺把 $Fe^{3+}$ 离子还原为 $Fe^{2+}$ 离子，其反应式如下：

$$2Fe^{3+}+2NH_2OH\cdot HCl \rightarrow 2Fe^{2+}+N_2+2H_2O+4H^{+}+2Cl^{-}$$

测定时，控制溶液酸度在 pH=5 左右较为适宜。酸度高时，反应进行较慢；酸度太低，则 $Fe^{2+}$ 离子水解，影响显色。$Bi^{3+}$、$Cd^{2+}$、$Hg^{2+}$、$Ag^{+}$、$Zn^{2+}$ 等离子与显色剂生成沉淀，$Ca^{2+}$、$Cu^{2+}$、$Ni^{2+}$ 等离子与显色剂形成有色络合物。因此当这些离子共存时，应注意它们的干扰作用。

## 三、实验用品

仪器：7200（或 721）型分光光度计容量瓶（50 mL 7 个和 100 mL 2 个），烧杯（50 mL），移液管（1 mL、5 mL、10 mL），洗瓶，废液杯，吸水纸等。

药品：盐酸羟胺固体及 10%溶液（因其不稳定，需随配随用），0.1%邻二氮杂菲溶液（新配制），$2\ mol\cdot L^{-1}$ HCl，$1\ mol\cdot L^{-1}$ NaAc 溶液，$NH_4Fe(SO_4)_2\cdot12H_2O$（s、分析纯）。

## 四、实验内容

**1. 配制 $100\ \mu g\cdot mL^{-1}$ 和 $10\ \mu g\cdot mL^{-1}$ 的铁标准溶液**

（1）配制 $100\ \mu g\cdot mL^{-1}$ 的铁标准溶液（此溶液可由实验室统一配制）

准确称取 0.864 g 分析纯 $NH_4Fe(SO_4)_2\cdot12H_2O$，置于一烧杯中，以 30 mL $2\ mol\cdot L^{-1}$ HCl 溶液溶解后移入 1 000 mL 容量瓶中，用蒸馏水稀释至刻度、摇匀。

（2）配制 $10\ \mu g\cdot mL^{-1}$ 的铁标准溶液（此溶液也可由实验室统一配制）

由 $100\ \mu g\cdot mL^{-1}$ 的铁标准溶液准确定量移入 10 mL 于 100 mL 容量瓶中，用蒸馏水稀释至刻度、摇匀。

**2. 配制系列标准溶液**

准确移取 $10\ \mu g\cdot mL^{-1}$ 铁标准溶液 0 mL、1 mL、3 mL、5 mL、7 mL，依次放 5 只 50 mL 容量瓶中，分别加入 10%盐酸羟胺溶液 1 mL，摇匀，经 2 min 后，再加入 $1\ mol\cdot L^{-1}$ NaAc 溶液 5 mL 和 0.1%邻二氮杂菲溶液 3 mL，以蒸馏水稀释至刻度，配制好等物质的量系列溶液（参见表 2）。

**3. 吸收曲线的测绘（条件试验）**

用表 2 中的 4 号溶液，以蒸馏水为参比，在 7200 或 721 型分光光度计上，用 2 cm 比色皿，用不同的波长，从 430 nm 到 570 nm 止，每隔 10 nm 或 20 nm 测定一次吸光度（其中从 490～530 nm，每隔 10 nm 测一次），记录于表 1 中。然后以波长为横坐标，吸光度为纵坐标绘制出吸收曲线，从吸收曲线上确定该测定的适宜波长（最大波长 $\lambda_{max}$）。

**表 1　吸收曲线的测绘**

| 波长 $\lambda$(nm) | 430 | 450 | 470 | 490 | 500 | 510 | 520 | 530 | 550 | 570 |
|---|---|---|---|---|---|---|---|---|---|---|
| 透光率 $T$(%) | | | | | | | | | | |
| 吸光度 $A$ | | | | | | | | | | |

**4. 标准曲线的测绘**

在分光光度计上，用 1 cm 比色皿，在最大吸收波长（$\lambda_{max}$）处，以 1 号溶液（试剂空白）为参比，测定各溶液的吸光度，记录于表 2 中。以铁离子浓度为横坐标，吸光度为纵坐标，绘制标准曲线。

**表 2　标准曲线测绘与铁含量的测定**

| 试液编号 | $10\mu g\cdot mL^{-1}$ 标准溶液的量(mL) | 总含铁量($\mu g$) | 透光率 $T$(%) | 吸光度 $A$ | $c(\mu g\cdot mL^{-1})$ |
|---|---|---|---|---|---|
| 1 | 0 | 0 | 100 | 0(试剂空白) | |
| 2 | 1.0 | 10 | | | |
| 3 | 3.0 | 30 | | | |
| 4 | 5.0 | 50 | | | |
| 5 | 7.0 | 70 | | | |
| 未知液 | | | | | |

**5. 未知液中铁含量的测定**

含铁未知液由实验室统一配制：吸取 5 mL 未知液代替标准溶液，用 1 cm 比色皿，在最大吸收波长($\lambda_{max}$)处，以试剂空白为参比，测其吸光度。

小心倒取用 5 mL 含铁未知液配制的显色溶液于洁净的比色皿中至 2/3 高度，测定其吸光度($A_x$)，并在标准曲线上找出该吸光度对应的浓度($C_x$)，通过换算求出未知液中铁离子的浓度。

## 五、数据记录及处理

**1. 记录**

比色皿________ cm；测定未知液的波长____nm；仪器型号________。

**2. 绘制曲线**

(1)吸收曲线(参见表 1 数据)

以波长为横坐标，吸光度为纵坐标绘制出吸收曲线，从吸收曲线上确定该测定的适宜波长(一般为最大波长 $\lambda_{max}$)。

(2)标准曲线(参见表 2 数据)

以铁离子浓度为横坐标，吸光度为纵坐标，绘制标准曲线。

**3. 铁含量的测定(参见标准曲线及表 2 数据)**

由 5 mL 含铁未知液所配显色溶液的吸光度值 $A_x$，在标准曲线上查出其浓度($C_x$)，然后换算出未知液中铁离子的浓度($\mu g\cdot mL^{-1}$)。

## 六、注意事项

(1)本实验需要 6 个 50 mL 容量瓶，配制前务必将容量瓶洗净并编号，以免搞错。

(2)溶液配制和吸光度测定宜同时进行。

(3)绘制曲线应选用坐标纸进行，亦可在 Excel、Origin 等数据处理软件中处理。

## 七、思考题

(1)邻二氮杂菲分光光度法测定铁的适宜条件是什么？

(2)$Fe^{3+}$ 离子标准溶液在显色前加盐酸羟胺的目的是什么？如测定一般铁盐的总铁量，是否需要加盐酸羟胺？

(3)如用配制已久的盐酸羟胺溶液，对分析结果将带来什么影响？

(4)怎样选择本实验中各种测定的参比溶液？

(5)溶液的酸度对邻二氮杂菲铁的吸光度影响如何？为什么？

(6)根据自己的实验数据，计算在最适宜波长下邻二氮杂菲-亚铁络合物的摩尔吸光系数。

# 实验二十　熔点的测定

## 一、实验目的

(1)学习测定化合物的熔点的方法。

(2)了解测定熔点的意义。

## 二、实验用品

仪器：X－4 显微熔点仪(测量范围：室温约 320 ℃；测量精密度：室温约 200 ℃，±1℃、200～320℃，±2℃)，载玻片等。

药品：尿素，肉桂酸。

## 三、实验内容

(1)测定尿素的熔点(mp. 132. 7℃)。

(2)测定肉桂酸的熔点(mp. 133℃)。

(3)测定 50%尿素和 50%肉桂酸混合样品的熔点。

(4)未知物样品鉴定。

已知未知物是尿素、肉桂酸中的一种，设计鉴定方案，通过实验，给出鉴定结论。

本实验约需 3 h。

## 四、思考题

三个瓶子中分别装有 A、B、C 三种白色结晶的有机固体，每一种都在 149～150 ℃熔化。一种 50∶50A 与 B 的混合物在 130～139 ℃熔化；一种 50∶50A 与 C 的混合物在 149～150 ℃熔化。那么 50∶50 的 B 与 C 的混合物在什么样的温度范围内熔化呢？A、B、C 是同一种物质吗？

# 实验二十一　荧光黄和碱性湖蓝 BB 的分离(柱色谱)

## 一、实验目的

(1)学习柱色谱分离提纯技术。

(2)掌握柱色谱的装柱、淋洗等操作。

## 二、实验原理

荧光黄为橙红色，商品一般是二钠盐，稀的水溶液带有荧光黄色。碱性湖蓝 BB 又称为亚甲基蓝，深绿色的有铜光的结晶，其稀的水溶液为蓝色，其结构式如下：

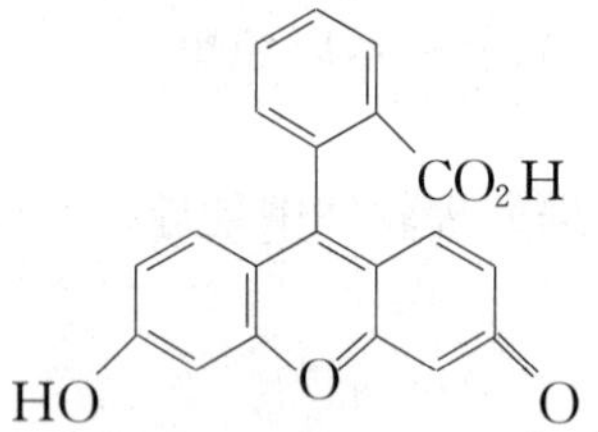


荧光黄

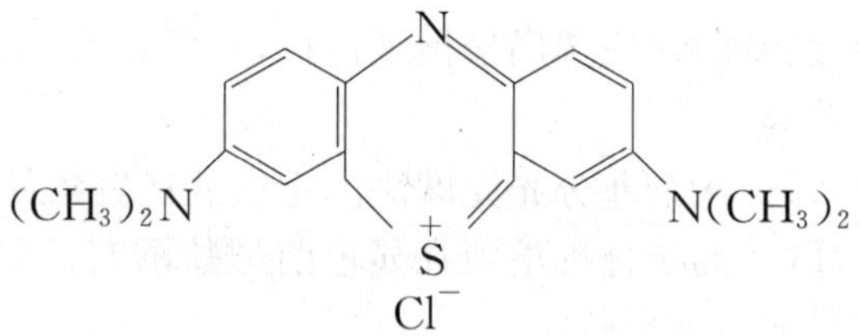


碱性湖蓝

化合物极性由分子结构决定，对称性越强的分子极性越低，根据上面分子结构知道荧光黄的极性强于碱性湖蓝，根据“相似相溶”的原理，两化合物自身极性的大小不同而用不同的溶剂分离，由于水的极性强于乙醇，故可以用水作为洗脱剂将荧光黄洗脱下来；用乙醇作为洗脱剂将碱性湖蓝洗脱下来，从而达到将荧光黄和碱性湖蓝分离的目的。

本实验根据两化合物自身极性的大小不同而用不同的溶剂分离。

## 三、实验用品

仪器：15 cm×1. 5 cm 色谱柱一根或用 50 mL 酸式滴定管一支作色谱柱，250 mL 锥形瓶。

药品：中性氧化铝(100～200 目)，1 mL 溶有 1 mg 荧光黄和 1 mg 碱性湖蓝 BB 的 95%乙醇溶液，脱脂棉(或玻璃毛)，石英砂。

## 四、实验内容

取 15 cm×1.5 cm 色谱柱一根或用 50 mL 酸式滴定管一支作色谱柱，垂直装置，以250 mL锥形瓶作洗脱液的接收器。装置如图 1 所示。

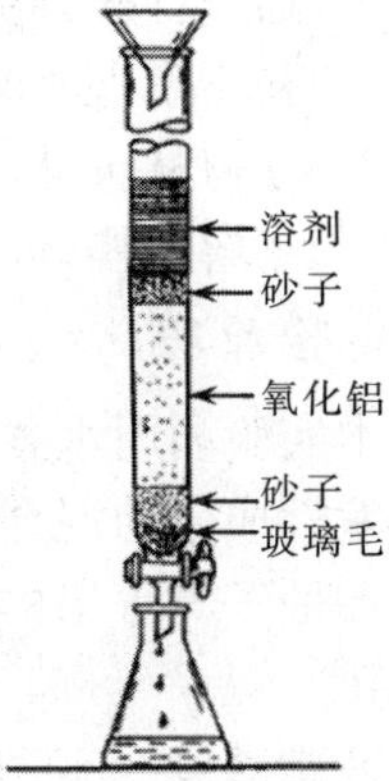


图 1　柱色谱分离装置图

用镊子取少许脱脂棉(或玻璃毛)放于干净的色谱柱底部，轻轻塞紧，再在脱脂棉上盖一层厚 0.5 cm 的石英砂(或用一张比柱内径略小的滤纸代替)，关闭活塞，向柱中倒入 95%乙醇至约为柱高的 3/4 处，打开活塞，控制流出速度为 1 滴/秒。通过一干燥的玻璃漏斗慢慢加入色谱用中性氧化铝，或将 95%乙醇与中性氧化铝先调成糊状，再徐徐倒入柱中。用木棒或橡皮洗耳球粗端轻轻敲打柱身下部，使填装紧密，当装柱至所需的高度时，再在上面加一层0.5 cm 厚的石英砂。操作时一直保持上述流速，注意不能使液面低于石英砂的上层，防止干柱。

当溶剂液面刚好流至石英砂面时，立即沿柱壁加入 1 mL 已配好的含有 1 mg 荧光黄与 1 mg碱性湖蓝 BB 的 95%的乙醇溶液，当此溶液流至接近石英砂面时，立即用 5 mL 95%乙醇溶液洗下管壁的有色物质，控制流出速度如前，以每次倒入 10 mL 洗脱剂的方法进行洗脱，如此连续 2～3 次，至洗净为止。

蓝色的碱性湖蓝 BB 因极性小，首先向柱下移动，极性较大的荧光黄则留在柱的上端。当蓝色的色带快洗出时，更换另一接收器，继续洗脱，至滴出液近无色为止。换一接收器，改用水作洗脱剂至黄绿色的荧光黄快洗出时，再用另一接收器收集至绿色全部洗出为止，分别得到两种染料的溶液。

## 五、注意事项

(1)色谱柱填装紧密与否，对分离效果很有影响。若柱中留有气泡或各部分松紧不匀(有断层或暗沟)时，会影响渗滤速度和显色的均匀。但如果填装时过分敲击，又会因太紧密而流速太慢。

(2)若无砂子也可用玻璃毛或剪成比柱子内径略小的滤纸压在吸附剂上面。

(3)为了保持色谱柱的均一性，使整个吸附剂浸泡在溶剂或溶液中是必要的。否则当柱中溶剂或溶液流干时，就会使柱身干裂，影响渗滤和显色的均一性。

(4)最好用移液管或滴管将分离溶液转移至柱中。

(5)若流速太慢，可将接收器改成小吸滤瓶，安装合适的塞子，接上水泵，用水泵减压保持适当的流速。也可在柱子上端安一导气管，后者与气袋或双链球相连，中间加一螺旋夹。利用气袋或双链球的气压对柱子施加压力。用螺旋夹调节气流的大小，这样可加快洗脱的速度。

## 六、思考题

(1)柱色谱中为什么极性大的组分要用极性较大的溶剂洗脱?

(2)柱中若留有空气或填装不匀，对分离效果有何影响? 如何避免?

(3)试解释为什么荧光黄比碱性湖蓝 BB 在色谱柱上吸附得更加牢固?

# 实验二十二　从橙皮中提取柠檬烯

## 一、实验目的

(1)通过柠檬烯提取实验，加强对水蒸气蒸馏操作的理解和训练。

(2)初步掌握水蒸气蒸馏技术。

(3)学习从天然产物中提取有机化合物的方法。

(4)了解柠檬烯的重要性质及其鉴定。

## 二、实验原理

本实验利用水蒸气蒸馏的方法从植物组织中获取挥发性成分。这些挥发性成分的混合物统称精油，大都具有令人愉快的香味。从柠檬、橙子和柚子等水果的果皮中提取的精油 90%以上是柠檬烯，结构如图 1 所示。

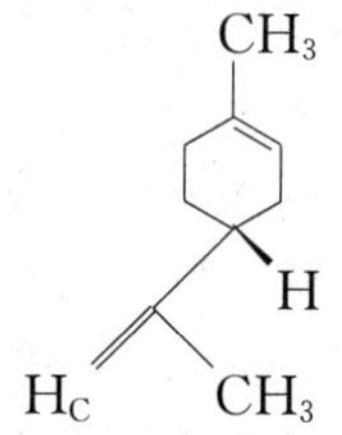

**图 1　柠檬烯**

柠檬烯是一种单环萜，分子中有一个手性中心。其 S—(—)—异构体存在于松针油、薄荷油中；R—(+)—异构体存在于柠檬油、橙皮油中；外消旋体存在于香茅油中。本实验是先用水蒸气蒸馏法把柠檬烯从橙皮中提取出来，再用二氯甲烷萃取，蒸去二氯甲烷以获得精油，然后测定其折光率和比旋光度，并用气相层析法测定其中柠檬烯的含量。

## 三、实验用品

仪器：三口烧瓶(100 mL)，水蒸气发生瓶，玻璃管，T 形管，蒸馏瓶，Y 形管，蒸馏头，直形冷凝管，尾接管和接收瓶，温度计，分液漏斗，锥形瓶，热源，量筒(25 mL)。

药品：2～3 个橙子皮碎片，30 mL 二氯甲烷，无水硫酸钠。

## 四、实验内容

(1)将 2～3 个橙子皮剪成细碎的碎片，投入 100 mL 三口烧瓶中，加入约 30 mL 水，安装水蒸气蒸馏装置。

(2)松开弹簧夹，加热水蒸气发生器至水沸腾，当 T 形管的支管口有大量水蒸气冲出时开启冷却水，夹紧弹簧夹，水蒸气蒸馏即开始进行，可观察到在馏出液的水面上有一层很薄的油层。当馏出液收集 60～70 mL 时，松开弹簧夹，然后停止加热。

(3)将馏出液加入分液漏斗中，每次用 10 mL 二氯甲烷萃取三次。合并萃取液，置于干燥的 50 mL 锥形瓶中，加入适量无水硫酸钠干燥半小时以上。

(4)将干燥好的溶液滤入 50 mL 蒸馏瓶中，用水浴加热蒸馏(可根据橙油量将 3～4 位同学的萃取液合并进行蒸馏)。当二氯甲烷基本蒸完后改用水泵减压蒸馏以除去残留的二氯甲烷。最后瓶中只留下少量橙黄色液体即为橙油。

(5)测定橙油的折光率、比旋光度。测定比旋光度可将几个人所得柠檬烯合并起来，用 95%乙醇配成 5%溶液进行测定，与纯柠檬烯的同样浓度的溶液进行比较，给出橙皮油中柠檬烯的含量。

纯粹的柠檬烯沸点为 176 ℃，折光率 $n_D^0$ 为 1.4727；[$\alpha_D^{20}$]为+125.6°。本实验约需 4h。

提示：也可通过气相色谱法测定橙油中柠檬烯的含量。气相层析的条件是：上海分析仪器厂 102G 型气相色谱仪，热导池检测器，$\phi$3 mm×3 m 色谱柱。固定液：SE－30，5%；柱温：101 ℃；汽化温度：185 ℃；载气：氢气；进样量 0.5～1 $\mu$L。根据测定结果给出橙皮油中柠檬烯的含量。整个实验约需 5 h。

## 五、注意事项

(1)橙皮最好是新鲜的,如果没有,干的亦可,但效果较差。

(2)也可向 500 mL 单口烧瓶加入 250 mL 水,直接进行水蒸气蒸馏。

## 六、思考题

(1)水蒸气蒸馏的原理是什么?操作的关键是什么?

(2)哪一步操作不当会降低提取收率?本实验的操作关键是什么?

## *参考文献*

武汉大学化学与分子科学学院实验中心.有机化学实验.武汉:武汉大学出版社,2004.

# 实验二十三　工业乙醇的蒸馏及沸点的测定

## 一、实验目的

(1)初步掌握常压蒸馏技术。

(2)学会液态有机物沸点的测定方法。

## 二、实验用品

仪器:圆底烧瓶(150 mL),冷凝管,温度计,接液管,接收瓶,热源,量筒(100 mL)。

药品:工业乙醇,沸石等。

## 三、实验内容

**1. 常压蒸馏及其沸点的测定**

选用水浴加热及 150 mL 圆底烧瓶,按常压蒸馏装置图装置仪器。待教师检查蒸馏合格后,从蒸馏头上口用玻璃漏斗小心加入 80 mL 工业乙醇,注意勿使液体从支管流出。加入2~3粒沸石,塞好带有温度计的塞子,通入冷凝水,然后用水浴加热。开始时火焰可稍大些,并注意观察蒸馏瓶中的现象和温度计读数的变化。当瓶内液体开始沸腾时,蒸气前沿逐渐上升,待到达温度计时,温度计读数急剧上升。这时应适当调小火焰,使温度略为下降,让水银球上的液滴和蒸气达到平衡,然后再稍为加大火焰进行蒸馏。调节火焰,控制流出的液滴,以每秒钟1~2滴为宜。当温度计读数上升至 77 ℃时,换一个已称量过的干燥的锥形瓶作接收器。收集77~79 ℃的馏分。当瓶内只剩下少量(0.5~1 mL)液体时,若维持原来的加热速度,温度计的读数会突然下降,即可停止蒸馏,不应将瓶内液体完全蒸干。称量所收集馏分的质量或量其体积,并计算回收率。

**2. 微量法测定沸点**

按微量法测定沸点的操作步骤,测定上述收集的 95%乙醇的沸点。记录测得的数据,并与常量法作比较。95%乙醇的沸点为 78.2 ℃。本实验约需 4 h。

## 四、注意事项

(1)95%乙醇为一共沸混合物,而非纯粹物质,它具有一定的沸点和组成,不能借普通蒸馏法进行分离。

(2)冷却水的流速以能保证蒸气充分冷凝为宜。通常只需保持缓缓的水流即可。

(3)如温度计未经校正,要根据实际情况,收集温度恒定的那部分。

(4)蒸馏有机溶剂均应用小口接收器,如锥形瓶、圆底烧瓶等。

## 五、思考题

(1)什么叫沸点?液体的沸点和大气压有什么关系?文献上记载的某物质的沸点温度是

否即为实验所得的沸点温度？

(2)蒸馏时为什么烧瓶所盛液体的量不应超过容积的 2/3，也不应少于 1/3？

(3)蒸馏时加入沸石的作用是什么？如果蒸馏前忘加沸石，能否立即将沸石加至将近沸腾的液体中？当重新进行蒸馏时，用过的沸石能否继续使用？

(4)蒸馏时应如何控制馏出液的速度？为什么烧瓶内液体不能完全蒸干？

(5)蒸馏易挥发易燃溶剂如乙醚时，应注意哪些问题？画出蒸馏乙醚或无水乙醚的装置图。

## 实验二十四　环己烯的制备

### 一、实验目的

(1)通过由环己醇制环己烯的实验，加深对消去反应的理解。

(2)初步掌握分馏、液态有机物的洗涤与干燥、分液漏斗的使用技术。

(3)近一步巩固蒸馏的基本操作。

(4)学习折光率测定等技术。

### 二、实验原理

醇在催化剂作用下加热，发生 1,2-消去反应，脱水生成烯。本实验用环己醇在 85%的浓磷酸作脱水剂的情况下脱去一分子水，生成环己烯：

主反应

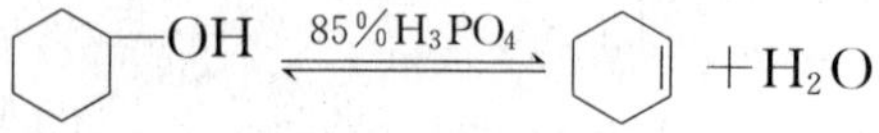


副反应

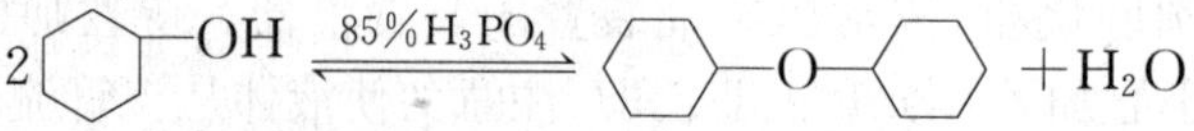


主反应为可逆反应，本实验采用的措施是：边反应边蒸出反应生成的环己烯和水形成的二元共沸物（沸点 70.8℃，含水 10%）。但是原料环己醇也能和水形成二元共沸物（沸点 97.8℃，含水 80%）。为了使产物以共沸物的形式蒸出反应体系，而又不夹带原料环己醇，本实验采用分馏装置，并控制柱顶温度不超过 90℃。

环己烯(cyclohexene)可作为溶剂和试剂用于有机合成。

### 三、实验用品

仪器：圆底烧瓶(50 mL)，分馏柱，冷凝管，温度计，接液管，接收瓶，冷水槽，分液漏斗，锥形瓶，圆底烧瓶(25 mL)，热源，量筒(25 mL)。

药品：10 mL(9.6 g，0.096 mol)环己醇，5 mL 85%浓磷酸，食盐，无水氯化钙，5%碳酸钠水溶液。

### 四、实验内容

在 50 mL 干燥的圆底烧瓶中加入 9.6 g 环己醇，边摇振边滴加 5 mL 85%浓磷酸，使之混合均匀，加入几粒沸石。烧瓶上装一韦氏分馏柱(见第一部分基本操作)，接上冷凝管，接收瓶浸在冷水中冷却，将烧瓶用电热套缓缓加热至沸，控制分馏柱顶部的馏出温度不超过 90℃，馏出液为带水的混浊液。至无液体蒸出时，可稍加大火力将温度控制在 93℃以下。当烧瓶中只剩下很少量残液并出现阵阵白雾时，即可停止蒸馏。全部蒸馏时间约需 40 min。

馏出液用食盐饱和，然后加 3～4 mL 5%的碳酸钠溶液中和微量的酸。将液体转入分液漏斗中，摇振后静置分层，将有机相(哪一层？如何取出？)转移至一干燥的锥形瓶中，加入 1～2 g 无水氯化钙，塞住瓶口，间歇摇动锥形瓶，干燥半小时。待溶液清亮透明后，滤入 25 mL 圆底烧瓶中，加入几粒沸石后用水浴蒸馏，收集 80～85 ℃的馏分于一已称重的小锥形瓶中。若蒸出产物混浊，必须重新干燥后再蒸馏。称重，计算产率。

纯粹环己烯的沸点为 83 ℃，$d_4^{20}$ 为 0.8102，折光率 $n_D^{20}$ 为 1.4465。

## 五、注意事项

(1)环己醇在常温下是黏稠状液体，因而若用量筒量取时应注意转移中的损失。所以，取样时，最好先取环己醇，后取磷酸。环己醇与磷酸应充分混合，否则在加热过程中可能会局部碳化，使溶液变黑。

(2)最好用简易空气浴，即将烧瓶底部向上移动，稍微离开石棉网进行加热，使蒸馏瓶受热均匀。由于反应中环己烯与水形成共沸物(沸点 70.8℃，含水 10%)；环己醇与环己烯形成共沸物(沸点 64.9 ℃，含环己醇 30.5%)；环己醇与水形成共沸物(沸点 97.8℃，含水 80%)。因此，在加热时温度不可过高，蒸馏速度不宜太快，以减少未作用的环己醇蒸出。文献要求柱顶控制在 73℃左右，但反应速度太慢。本实验为了加快蒸出的速度，可控制在 90℃以下。

(3)水层应尽可能分离完全，否则将增加无水氯化钙的用量，使产物更多地被干燥剂吸附而招致损失。这里用无水氯化钙干燥较适合，因它还可除去少量环己醇。无水氯化钙的用量视粗产品中的含水量而定，一般干燥时间应在半个小时以上，最好干燥过夜。但由于时间关系，实际实验过程中，可能干燥时间不够，这样在最后蒸馏时，可能会有较多的前馏分(环己烯和水的共沸物)蒸出。

## 六、思考题

(1)分馏的原理是什么？分馏操作的关键是什么？

(2)如果浓硫酸代替 85%磷酸，有什么缺点？

(3)在粗制的环己烯中加入食盐使水层饱和的目的是什么？

(4)本实验中采取了哪些措施来提高产率？

(5)用分液漏斗洗涤产品时，为什么摇动后要及时放气？应如何操作？

*参考文献*


[1] 兰州大学、复旦大学化学系有机化学教研室. 王清廉、沈凤嘉修订. 有机化学实验. 第 2 版. 北京：高等教育出版社，1994.

[2] 方珍发. 有机化学实验. 南京：南京大学出版社，1990.

[3] 李兆陇，阴金香，林天舒. 有机化学实验. 北京：清华大学出版社，2001.

[4] 吴泳. 大学化学新体系实验. 北京：科学出版社，1999.


# 实验二十五　正溴丁烷的制备

## 一、实验目的

(1)了解由醇制备溴代烷的原理及方法。

(2)学习掌握回流及气体吸收装置的操作及直接水蒸气蒸馏操作。

(3)近一步巩固液态有机物的洗涤与干燥、分液漏斗的使用及折射率的测定技术。

## 二、实验原理

主反应：

$$NaBr + H_2SO_4 \longrightarrow HBr + NaHSO_4$$

$$n\text{-}C_4H_9OH + HBr \xrightarrow{H_2SO_4} n\text{-}C_4H_9Br + H_2O$$

副反应：

$$CH_3CH_2CH_2CH_2OH \xrightarrow{H_2SO_4} CH_3CH_2CH{=\!=}CH_2 + H_2O$$

$$2n\text{-}C_4H_9OH \longrightarrow n(C_4H_9)_2O + H_2O$$

## 三、实验用品

仪器：150 mL 圆底烧瓶，回流冷凝管，气体吸收装置，蒸馏装置，分液漏斗，电加热套等。

药品：7.4 g(9.2 mL，0.10 mol)正丁醇，13 g(约 0.13 mol)无水溴化钠，浓硫酸，5%的氢氧化钠，饱和碳酸氢钠溶液，无水氯化钙，饱和亚硫酸氢钠。

## 四、实验内容

在 150 mL 圆底烧瓶中加入 10 mL 水，缓缓注入 14 mL 浓硫酸，摇匀并冷至室温。再依次加入 9.2 mL 正丁醇和 13 g 研细的溴化钠，充分摇振后加入 1～2 粒沸石，装上回流冷凝管及气体吸收装置（注意漏斗口不可全部没入水中，以防倒吸），用 5%的氢氧化钠溶液作吸收剂。

用电加热套缓缓加热圆底烧瓶至沸腾，调节加热强度使反应物保持微沸而又平稳回流，并间歇摇动。由于无机盐的水溶液有较大的相对密度，不久会分出上层液体即为正溴丁烷。回流需 30～40 min(反应周期延长 1 h 仅增加 1%～2%的产量)。移去加热套，待反应液冷却后，拆下回流冷凝管，加上蒸馏弯头，改为蒸馏装置，重新加热，蒸出粗产物正溴丁烷。剩余液体趁热倒入烧杯中，待冷却后，倒入盛装饱和亚硫酸氢钠的废液桶中。

将馏出液移入分液漏斗中，加入等体积的水荡洗接收瓶，洗出液也倒入分液漏斗中，摇振静置(产物在上层还是在下层)，将粗产物分入另一个洁净、干燥的分液漏斗里，用等体积浓硫酸洗涤，尽可能分去酸层(哪一层)。有机相依次用等体积水、6 mL 饱和碳酸氢钠溶液和水洗涤，最后将粗产物转入一个洁净、干燥的锥形瓶中，加入 1～2 g 无水氯化钙，塞住瓶口，间歇摇动锥形瓶，直至液体清亮为止(需半小时以上)。

将干燥好的粗产物过滤到蒸馏瓶中，投入几粒沸石，用加热套加热蒸馏，收集 99～103 ℃的馏分，称重，计算产率。

纯粹的正溴丁烷为无色透明液体，沸点为 101.6 ℃，$n_D^{20}$ 为 1.4399。本实验约需 6 h。

## 五、注意事项

(1)如用含结晶水的溴化钠，可按物质的量换算，并酌减水量。

(2)该步骤实为直接水蒸气蒸馏。正溴丁烷是否蒸完，可从以下几个方面判断：

①蒸馏瓶中的油层是否已经消失；

②馏出液是否由浑浊变为澄清；

③用干净试管接几滴馏出液，加水摇动后观察其中有无油珠。如果没有，说明已无有机物，蒸馏完成。

(3)此步粗产物应接近无色。如为红色则是由于浓硫酸的氧化作用产生了游离态的溴，可分去水层后用数毫升饱和亚硫酸氢钠溶液洗涤除去。

(4)用浓硫酸洗去粗产物中少量未反应的正丁醇及副产物正丁醚，否则正丁醇会与正溴丁烷形成共沸物(沸点 98.6 ℃，含正丁醇 13%)，在后面的蒸馏中难以除去。

## 六、思考题

(1)本实验中硫酸的作用是什么？硫酸的用量和浓度过大或过小有什么不好？

(2)反应后的粗产物中含有哪些杂质？各步洗涤的目的何在？

(3)用分液漏斗洗涤产物时，正溴丁烷时而在上层，时而在下层，如不知道产物的密度时，可用什么方便的方法加以判别？

(4)为什么用饱和的碳酸氢钠溶液洗涤前先要用水洗一次？

## 参考文献


[1] 兰州大学、复旦大学化学系有机化学教研室. 王清廉、沈凤嘉修订. 有机化学实验. 第2版. 北京：高等教育出版社，1994.

[2] 李兆陇，阴金香，林天舒. 有机化学实验. 北京：清华大学出版社，2001.


# 实验二十六　2-甲基-2-己醇的合成

## 一、实验目的

(1)通过2-甲基-2-丁醇的制备，加深对Grignard反应及Grignard试剂应用的理解与认识。

(2)学习搅拌装置安装、滴液漏斗使用及有关无水操作技术。

(3)熟练掌握蒸馏、回流及液态有机物的萃取、干燥、分离等技术。

(4)学习乙醚蒸馏时的特殊操作。

## 二、实验原理

反应式：

$$n\text{-}C_4H_9Br + Mg \xrightarrow{\text{无水乙醚}} n\text{-}C_4H_9MgBr$$

$$n\text{-}C_4H_9MgBr + H_3C\underset{\underset{\displaystyle O}{\|}}{C}CH_3 \xrightarrow{\text{无水乙醚}} n\text{-}C_4H_9\underset{\underset{\displaystyle OMgBr}{|}}{C}(CH_3)_2$$

$$n\text{-}C_4H_9\underset{\underset{\displaystyle OMgBr}{|}}{C}(CH_3)_2 + HOH \xrightarrow{H^+} n\text{-}C_4H_9-\underset{\underset{\displaystyle OH}{|}}{C}(CH_3)_2$$

## 三、实验用品

仪器：250 mL三颈瓶，搅拌器，恒压滴液漏斗，回流冷凝管，干燥管，水浴等。

药品：3.1 g(0.13 mol)镁带，17 g(13.5 mL，约0.13 mol)正溴丁烷，7.9 g(10 mL，0.14 mol)丙酮，碘，无水乙醚，乙醚，20%硫酸溶液，5%碳酸钠溶液，无水氯化钙，无水碳酸钾，冰。

## 四、实验内容

### 1. 正丁基溴化镁的制备

在250 mL三颈瓶上分别装置搅拌器、冷凝管及滴液漏斗，在冷凝管及滴液漏斗的上口装置氯化钙干燥管。瓶内放置3.1 g除去氧化膜的镁带、15 mL无水乙醚及一小粒碘片。在恒压滴液漏斗中混合13.5 mL正溴丁烷和15 mL无水乙醚。先向瓶内滴入约5 mL混合液，数分钟后即见溶液呈微沸状态，碘的颜色消失。若不发生反应，可用电加热套微热。反应开始比较剧烈，必要时可用冷水浴冷却。等反应缓和后，自冷凝管上端加入25 mL无水乙醚。开动搅拌，滴入其余的正溴丁烷醚混合液，并控制滴加速度维持反应液呈微沸状态。滴加完毕后，加热，回流20 min，使镁条几乎作用完全。

### 2. 2-甲基-2-己醇的制备

将上面制好的Grignard试剂在冰水浴冷却和搅拌下，自滴液漏斗中滴入10 mL丙酮和15 mL无水乙醚的混合液，控制滴加速度，勿使反应过于猛烈。加完后，在室温继续搅拌15 min。溶液中可能有白色黏稠状固体析出。

将反应瓶在冰水浴冷却和搅拌下，自滴液漏斗分批加入 50 mL 20%硫酸溶液，分解产物（开始滴入宜慢，以后可逐渐加快）。待分解完全后，将溶液倒入分液漏斗中，分出醚层。水层每次用 15 mL 乙醚萃取两次，合并醚层，用 30 mL 5%碳酸钠溶液洗涤一次，用无水碳酸钾干燥。

将干燥后的粗产物醚溶液滤入 150 mL 蒸馏瓶，先蒸去乙醚，再提高调压器电压，蒸出产品，收集 137～141℃馏分，称重，计算产率。

测定产物的折光率值，进行初步定性检测。

纯粹 2-甲基-2-己醇的沸点为 143℃，折光率 $n_D^{20}$ 为 1.4175。本实验约需 6 h。

## 五、注意事项

（1）本实验所用仪器及试剂必须充分干燥。所用仪器，在烘箱中烘干后，取出稍冷即放入干燥器中冷却，或将仪器取出后，在开口处用塞子塞紧，以防止在冷却过程中玻璃壁吸附空气中的水分。

应将市售的无水乙醚加入钠丝，然后用带有氯化钙干燥管的塞子塞住，或在塞中插入一末端拉成毛细管的玻璃管，这样可以防止潮气的浸入并可使产生的气体逸出。放置 24 h 以上，使乙醚中残留的少量水和乙醇转化为氢氧化钠和乙醇钠。如不再有气泡逸出，同时钠表面较好，则可储放备用。如选用普通乙醚制备实验用无水乙醚请参看常用溶剂的纯化。

正溴丁烷应事先用无水氯化钙干燥，丙酮用无水碳酸钾干燥，一周后使用，必要时应经过蒸馏纯化。

（2）镁屑不宜长期放置。如长期放置，镁屑表面常有一层氧化膜，可采用下法除去：用 5%盐酸溶液作用数分钟，抽滤除去酸液后，依次用水、乙醇、乙醚洗涤。抽干后置于干燥器内备用。也可用镁带代替镁屑，使用前用细砂纸将其表面擦亮，剪成小段。

（3）开始时溴代烷局部浓度较大，易于发生反应，故搅拌应在反应开始后进行。若 5 min 后反应仍不开始，可用温水浴温热，或如前所述，在加热前加入一小粒碘促使反应开始。

（4）2-甲基-2-己醇与水能形成共沸物，因此，必须很好地干燥，否则前馏分将大大增多。

（5）由于醚溶液体积较大，可采取分批过滤蒸去乙醚。

## 六、思考题

（1）本实验在将 Grignard 试剂水解前的各步中，为什么使用的药品仪器均需绝对干燥？为此你采取了什么措施？

（2）反应未开始前，加入大量正溴丁烷有什么不好？

（3）本实验有哪些可能的副反应，如何避免？

（4）为什么本实验得到的粗产物不能用无水氯化钙干燥？

（5）乙醚在本实验各步骤中的作用是什么？使用和蒸馏乙醚时应注意哪些安全问题？

（6）用 Grignard 试剂法制备 2-甲基-2-己醇，还可采用什么原料？写出反应式并对几种不同的路线加以比较。

# 实验二十七　乙酸乙酯的制备

## 一、实验目的

（1）通过乙酸乙酯的制备，加深对酯化反应的理解。

（2）熟练掌握回流、蒸馏、液态有机物的洗涤和干燥等技术。

（3）熟练掌握沸点折射率测定方法。

（4）学习用色谱仪对产物进行分析。

## 二、实验原理

在浓硫酸催化下，乙酸和乙醇生成乙酸乙酯

$$CH_3COOH + CH_3CH_2OH \underset{110\sim120℃}{\overset{H_2SO_4}{\rightleftharpoons}} CH_3COOC_2H_5 + H_2O$$

为了提高酯的产量，实验常采取加入过量乙醇及不断把反应中生成的酯和水蒸出的方法。在工业生产中，一般采用加入过量的乙酸，以便使乙醇转化完全，避免由于乙醇和水及乙酸乙酯形成二元或三元恒沸物给分离带来困难。

## 三、实验用品

仪器：回流装置，蒸馏装置，分液漏斗。

药品：15 g(14.3 mL，0.25 mol)冰醋酸，18.4 g(23 mL，0.37 mol)95%乙醇，浓硫酸，饱和碳酸钠，饱和氯化钙，饱和氯化钠，无水硫酸镁。

## 四、实验内容

在 100 mL 圆底烧瓶中加入 14.3 mL 冰醋酸和 23 mL 乙醇，在摇动下慢慢加入 7.5 mL 浓硫酸，混合均匀后加入 1～2 粒沸石，装上回流冷凝管，用加热套加热回流 0.5 h。稍冷后，改为蒸馏装置，在水浴上加热蒸馏，直至在沸水浴上不再有馏出物为止，得粗乙酸乙酯。在摇动下慢慢向粗产物中加入饱和碳酸钠水溶液，直至不再有二氧化碳气体逸出，有机相对 pH 试纸呈中性为止。将液体转入分液漏斗中，摇振后静置，分去水相，有机相用 10 mL 饱和食盐水洗涤后，用 10 mL 饱和氯化钙溶液洗涤两次。弃去下层液，酯层转入干燥的锥形瓶中，用无水硫酸镁干燥。

将干燥后的粗乙酸乙酯滤入 50 mL 蒸馏瓶中，在水浴上进行蒸馏，收集 73～78 ℃馏分，称重，计算产率。测定产物的折光率值，进行初步定性检测。

纯粹乙酸乙酯的沸点为 77.06 ℃，折光率 $n_D^{20}$ 为 1.3727。本实验约需 5 h。

产物也可用气相色谱进行分析：

色谱仪：上分 102G 型；检测器：热导池，桥电流 150 mA；担体：白色硅藻土-102；固定液：邻苯二甲酸二壬酯(质量比 15%)，GDX－104(为了使乙醇和水分开，故在柱尾装 GDX－104 约 0.5 cm)；柱温：100℃；载气：氢气；汽化温度：150 ℃；进样量：2 μL；参考保留时间值：水 28 s，乙醇 41 s，乙酸乙酯 1 min 38 s，乙酸 3 min 6 s。本实验约需 6 h。

## 五、注意事项

(1)温度不宜过高，否则会增加副产物乙醚的含量。

(2)碳酸钠必须洗去，否则下一步用饱和氯化钙溶液洗去醇时，会产生絮状的碳酸钙沉淀，造成分离的困难。为减少酯在水中的溶解度(每 17 份水溶解 1 份乙酸乙酯)，故这里用饱和食盐水洗。

(3)由于水与乙醇、乙酸乙酯形成二元或三元恒沸物，故在未干燥前已是清亮透明溶液，因此，不能以产品是否透明作为是否干燥好的标准，应视干燥剂加入后吸水情况而定，并放置 30 min，其间要不时摇动。若洗涤不净或干燥不够时，会使沸点降低，影响产率。

(4)乙酸乙酯与水或醇形成二元和三元共沸物的组成及沸点如下表：

| 沸点(℃) | 组成(%) | | |
|---|---|---|---|
| | 乙酸乙酯 | 乙醇 | 水 |
| 70.2 | 82.6 | 8.4 | 9.0 |
| 70.4 | 91.9 | | 8.1 |
| 71.8 | 69.0 | 31.0 | |

## 六、思考题

(1)酯化反应有什么特点，本实验如何创造条件促使酯化反应尽量向生成物方向进行？

(2)本实验可能有哪些副反应？

(3)在酯化反应中，用作催化剂的硫酸量，一般只需醇质量的3%就够了，本实验方法为何用了7 mL？

(4)如果醋酸过量是否可以？为什么？

## *参考文献*

[1] 兰州大学、复旦大学化学系有机化学教研室. 王清廉、沈凤嘉修订. 有机化学实验. 第2版. 北京：高等教育出版社，1994.

[2] 吴泳. 大学化学新体系实验. 北京：科学出版社，1999.

# 实验二十八　乙酰乙酸乙酯的制备

## 一、实验目的

(1)通过乙酰乙酸乙酯的制备，加深对酯缩合反应的理解。

(2)进一步掌握无水操作的技术。

(3)初步掌握减压蒸馏技术。

## 二、实验原理

具有 $\alpha$-H 的酯和另一分子酯在醇钠催化下生成 $\beta$-羰基酯的反应称为酯缩合反应或叫克莱森(Claisen)酯缩合。如本实验用乙酸乙酯(双分子)在少量乙醇钠催化下反应生成乙酰乙酸乙酯：

$$2CH_3CO_2C_2H_5 \xrightarrow{NaOC_2H_5} Na^+[CH_3COCHCO_2C_2H_5]^-$$

$$\xrightarrow{HOAc} CH_3COCH_2CO_2C_2H_5 + NaOAc$$

由于本实验中用的乙酸乙酯中含有1%～3%的乙醇，这些存在于乙酸乙酯中的乙醇和金属钠即可产生乙醇钠，所以本实验中用的原料是乙酸乙酯和金属钠。为避免金属钠与水猛烈反应发生燃烧和爆炸(乙酸乙酯也是易挥发、低沸点的易燃物)，也为了防止醇钠发生水解，所以本酯缩合反应在无水条件下进行操作。

## 三、实验用品

仪器：圆底烧瓶，克氏蒸馏头，冷凝管，氯化钙干燥管，减压蒸馏的配套设备。

药品：25 g(27.5 mL，0.38 mol)乙酸乙酯，2.5 g(0.11 mol)金属钠，12.5 mL 二甲苯，50%醋酸，饱和氯化钠溶液，无水硫酸钠，无水氯化钙。

## 四、实验内容

在干燥的100 mL圆底烧瓶中加入2.5 g金属钠和12.5 mL二甲苯，装上冷凝管，在加热套上小心加热使钠熔融，关闭热源。待回流停止，立即趁热拆去冷凝管，用橡皮塞塞紧圆底烧瓶。用抹布裹住烧瓶来回快速摇振，即得细粒状钠珠。稍经放置后钠珠即沉于瓶底，将二甲苯滗出后倒入公用回收瓶(切勿倒入水槽或废物缸,以免引起火灾)。迅速向瓶中加入27.5 mL乙酸乙酯,重新装上冷凝管,并在其顶端装一氯化钙干燥管。反应随即开始,并有氢气泡逸出。如反应不开始或很慢时,可稍加温热。待激烈的反应过后,将反应瓶在石棉网上用小火加热(小心),保持微沸状态,直至所有金属钠几乎全部作用完为止,反应约需 1.5 h。此时生成的乙酰乙酸乙酯钠盐为橘红色透明溶液(有时析出黄白色沉淀)。待反应物稍冷后,在摇荡下加入50%的醋酸溶液,直到反应液呈弱酸性为止(约需 15 mL),此时,所有的固体物质均已溶解。将反应物转入分液漏斗,加入等体积的饱和氯化钠溶液,用力摇振片刻,静置后,乙酰乙酸乙酯分层析出(哪一层)。分出粗产物,用无水硫酸钠干燥后滤入蒸馏瓶,并用少量乙酸乙酯洗涤干燥剂。在沸水浴上蒸去未作用的乙酸乙酯,将剩余液移入 25 mL 克氏蒸馏瓶进行减压蒸馏。减压蒸馏时须缓慢加热,待残留的低沸物蒸出后,再升高温度,收集乙酰乙酸乙酯,称重,计算产率。

测定产物的折光率值,进行初步定性检测。

纯粹的乙酰乙酸乙酯的沸点为 180.4℃,折光率 $n_D^{20}$ 为 1.4192。本实验需 6～8 h。

**乙酰乙酸乙酯沸点与压力的关系**

| 压力(mmHg)* | 760 | 80 | 60 | 40 | 30 | 20 | 18 | 14 | 12 |
|---|---|---|---|---|---|---|---|---|---|
| 沸点(℃) | 180.4 | 90 | 97 | 92 | 88 | 82 | 78 | 74 | 71 |

*1 mmHg=133 Pa。

## 五、注意事项

(1)乙酸乙酯必须绝对干燥,但其中应含有 1%～2%的乙醇。其提纯方法如下:将普通乙酸乙酯用饱和氯化钙溶液洗涤数次,再用熔焙过的无水碳酸钾干燥,在水浴上蒸馏,收集 78℃馏分。

(2)金属钠遇水即燃烧、爆炸,故使用时应严格防止与水接触。在称量或切片过程中应当迅速,避免被空气中的水汽侵蚀或氧化。金属钠的颗粒大小直接影响缩合反应的速度。如实验室有压钠机,将钠压成钠丝,其操作步骤如下:用镊子取储存的金属钠块,用双层滤纸吸去溶剂油,用小刀切去其表面,即放入经酒精洗净的压钠机中,直接压入已称重的带塞的圆底烧瓶中;为防止氧化,迅速用塞子塞紧瓶口后称重。钠的用量可控制在 2.5 g 左右。如无压钠机,也可将金属钠切成细条,移入粗汽油中,进行反应时,再移入反应瓶。本实验方法的优点在于可用块状金属钠。

(3)一般要使钠全部溶解,但少量未反应的钠并不妨碍进一步操作。

(4)用醋酸中和时,开始有固体析出,继续加酸并不断振摇,固体会逐渐消失,最后得到澄清的液体。如尚有少量固体未溶解时,可加少许水使之溶解。但应避免加入过量的醋酸,否则会增加酯在水中的溶解度而降低产量。

(5)乙酰乙酸乙酯在常压蒸馏时,很易分解而降低产量。

(6)产率是按钠计算的。本实验最好连续进行,如间隔时间太久,会因去水乙酸的生成而降低产量。

## 六、思考题

(1)Claisen 酯缩合反应的催化剂是什么?本实验为什么可以用金属钠代替?

(2)本实验中加入 50%醋酸溶液和饱和氯化钠溶液的目的何在?

(3)减压蒸馏时应注意哪些关键技术?

(4)什么叫互变异构现象?如何用实验证明乙酰乙酸乙酯是两种互变异构体的平衡混

合物？

(5)写出下列化合物发生 Claisen 酯缩合反应的产物。

①苯甲酸乙酯和丙酸乙酯　②苯甲酸乙酯和苯乙酮　③苯乙酸乙酯和草酸乙酯

*参考文献*

[1] 兰州大学、复旦大学化学系有机化学教研室. 王清廉、沈凤嘉修订. 有机化学实验. 第 2 版. 北京：高等教育出版社，1994.

[2] 方珍发. 有机化学实验. 南京：南京大学出版社，1990.

[3] 吴泳. 大学化学新体系实验. 北京：科学出版社，1999.

## 实验二十九　4-苯基-2-丁酮的合成

### 一、实验目的

(1)通过本实验了解乙酰乙酸乙酯在合成上与生产中的应用。

(2)进一步掌握搅拌装置安装、滴液漏斗使用及有关无水操作技术。

(3)练习结晶、抽滤、固体有机物的洗涤、干燥等技术。

### 二、实验原理

4-苯基-2-丁酮存在于烈香杜鹃花的挥发油中，具有止咳、祛痰的作用。作为治疗剂，它通常被制成亚硫酸钾或亚硫酸氢钠的加成物，便于服用和存放，同时不影响药效。本实验制成亚硫酸氢钠的加成物。

$$CH_3COCH_2CO_2C_2H_5 \xrightarrow[HOC_2H_5]{NaOC_2H_5} Na^+[CH_3COCHCO_2C_2H_5]^-$$

$$\xrightarrow{C_6H_5CH_2Cl} \underset{\displaystyle CH_2C_6H_5}{CH_3CO\underset{|}{C}HCO_2C_2H_5} \xrightarrow[H_2O]{NaOH} \xrightarrow[-CO_2]{HCl}$$

$$CH_3COCH_2CH_2C_6H_5 \xrightarrow[H_2O]{Na_2S_2O_5} \underset{\displaystyle SO_3Na}{CH_3\underset{|}{C}CH_2CH_2C_6H_5}$$

### 三、实验用品

仪器：搅拌器，回流冷凝管，恒压滴液漏斗，250 mL 三颈瓶，氯化钙干燥管，抽滤装置等。

药品：1.8 g(0.08 mol)金属钠，10.4 g(10 mL，0.08 mol)乙酰乙酸乙酯，11 g(10 mL，0.086 mol)氯化苄，25 mL 无水乙醇，6.3 g(0.033 mol)焦亚硫酸钠，氢氧化钠，盐酸，95%乙醇，pH 试纸。

### 四、实验内容

**1. 4-苯基-2-丁酮的制备**

在装有搅拌器、回流冷凝管和滴液漏斗的 250 mL 干燥的三颈瓶中，放置 25 mL 无水乙醇，在冷凝管上口装氯化钙干燥管。分批向瓶内加入 1.8 g 切成小片的金属钠，加入速度以维持溶液微沸为宜。待金属钠全部作用完后，开始搅拌，室温下滴加 10 mL 乙酰乙酸乙酯，加完后继续搅拌 10 min。再慢慢滴加 10 mL 氯化苄，约 15 min 加完，这时有大量白色沉淀生成(发生了什么反应)。将三颈瓶在水浴上加热回流 1.5 h，反应物呈米黄色乳状液。停止加热，稍冷后慢慢滴加由 4 g 氢氧化钠和 30 mL 水配成的溶液，约 15 min 加完。此时溶液由米黄色变为橙黄色，并呈强碱性。将反应混合物加热回流 2 h，有油层析出，水层 pH 为 8～9。停止加热，冷却至40℃以下，缓缓加入约10mL浓盐酸，至pH为1～2，约15min加完。将酸化后的溶液加热回流1h进行脱羧反应，直到无二氧化碳气泡逸出为止。稍冷后改为蒸馏装置，在水浴上将低沸点物蒸出，馏出液体积为30～40mL。冷却后将反应物转入分液漏斗，分出红棕色有机相(粗油)9～10g，含量70%～75%，即为4-苯基-2-丁酮和副产物(主要是苄基取代物及未水解的产物)。粗油无需提纯即可供制备亚硫酸氢钠加成物之用。

**2. 亚硫酸氢钠加成物的制备**

在100mL锥形瓶中加入上述得到的粗油和35mL95%的乙醇，在水浴上加热至60℃制成乙醇溶液备用。在装有搅拌器、回流冷凝管和滴液漏斗和温度计的三颈瓶中，加入6.3g焦亚硫酸钠和27.5mL水，加热至80℃左右，搅拌使固体溶解。在搅拌下将上述粗油的乙醇溶液自冷凝管顶端慢慢加到三颈瓶中，加热回流15min，得到透明溶液，冷却让其结晶，抽滤，并用少量乙醇洗涤，得白色片状晶体，抽干后在红外灯下烘干，得4-苯基-2-丁酮亚硫酸氢钠加成物。称重，计算产率。

产率进一步提纯可用70%乙醇重结晶，干燥后得到加成物纯品3～4g。本实验需10～12h。

## 五、注意事项

(1)本实验第一步制备要求仪器干燥并使用绝对乙醇，乙醇中所含少量的水会明显降低产率。绝对乙醇的制备见本书附录。

(2)金属钠的称量和操作见实验乙酰乙酸乙酯。金属钠要切得细小，待加入的钠应置于干燥的锥形瓶中并塞紧瓶口。

(3)乙酰乙酸乙酯储存时间过长会出现部分分解，用时需经减压蒸馏重新纯化。

(4)滴加速度不宜太快，以防止酸分解时逸出大量二氧化碳而冲料。

(5)如需制备纯的4-苯基-2-丁酮，可在脱羧反应后，将溶液冷至室温，用稀氢氧化钠溶液调节至中性，每次用15mL乙醚萃取3次，合并醚萃取液，经水洗后用无水氯化钙干燥，在水浴上蒸去乙醚后减压蒸馏，收集96～102℃/1.07～1.2kPa(8～9mmHg)馏分。纯粹4-苯基-2-丁酮为无色透明液体，沸点为233～234℃[96～102℃/1.07～1.2kPa(8～9mmHg)]，折光率$n_D^{20}$为1.5110。

## 六、思考题

(1)乙酰乙酸乙酯在合成上有什么用途？烷基取代乙酰乙酸乙酯与稀碱和浓碱作用将分别得到什么产物？

(2)如何利用乙酰乙酸乙酯合成下列化合物？

①2-庚酮　　　　②4-甲基-2-己酮

③苯甲酰乙酸乙酯　　④2,6-庚二酮

## *参考文献*

[1] 兰州大学、复旦大学化学系有机化学教研室. 王清廉、沈凤嘉修订. 有机化学实验. 第2版. 北京：高等教育出版社，1994.

[2] 武汉大学化学与分子科学学院实验中心. 有机化学实验. 武汉：武汉大学出版社，2004.

# 实验三十　苯频呐醇和苯频呐酮的制备

## 一、实验目的

(1)通过苯频呐醇的制备，加深对光化学反应的理解和认识。

(2)继续熟练回流、抽滤、洗涤、干燥、熔点测定等实验技术。

## 二、实验原理

二苯酮的光化学还原是研究得较清楚的光化学反应之一。若将二苯酮溶于一种“质子给予体”的溶剂中，如异丙醇，并将其暴露于紫外光中时，会形成一种不溶性的二聚体——苯哌呐醇。

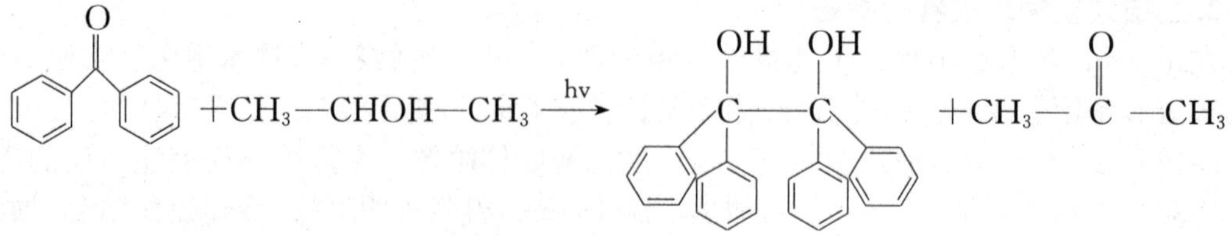

还原过程是一个包含自由基中间体的单电子反应：

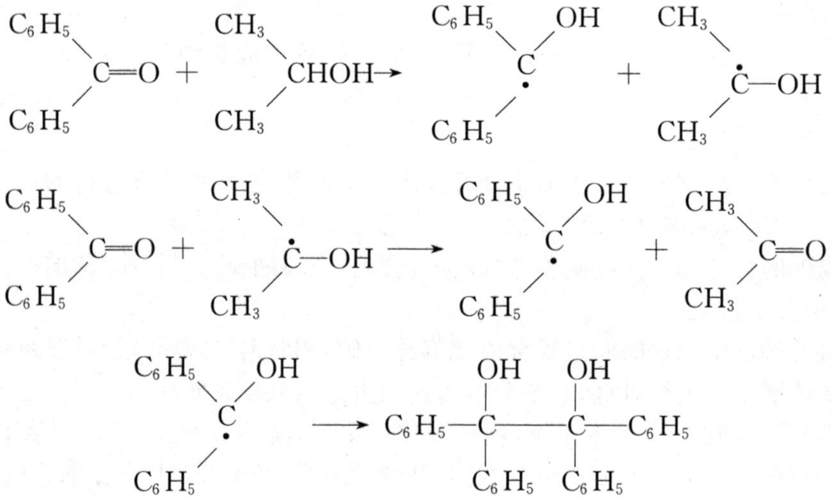

苯哌呐醇与强酸共热或用碘作催化剂在冰醋酸中反应，发生 Pinacol 重排，生成苯哌呐酮：

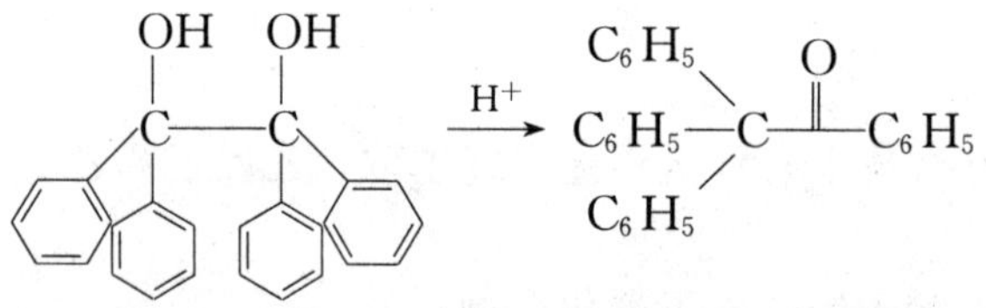

## 三、实验用品

仪器：圆底烧瓶，烧杯，抽滤装置，熔点仪，回流冷凝管。

药品：2.8 g(0.015 mol)二苯酮，异丙醇，1.5 g(0.04 mol)，冰醋酸，碘，95%乙醇。

## 四、实验内容

### 1. 苯哌呐醇的制备(二苯酮的光化学还原)

在 25 mL 圆底烧瓶（或大试管）中，加入 2.8 g 二苯酮和 20 mL 异丙醇，在水浴上温热使二苯酮溶解。向溶液中加入 1 滴冰醋酸，再用异丙醇将烧瓶充满，用磨口塞或干净的橡皮塞将瓶塞紧，尽可能排除瓶内的空气，必要时可补充少量异丙醇，并用细绳将塞子在瓶颈上扎牢或用橡皮带将塞子套在瓶底上。将烧瓶倒置于烧杯中，写上自己的姓名，放在向阳的窗台或平台上，光照 1～2 周。由于生成的苯哌呐醇在溶剂中溶解度很小，随着反应进行，苯哌呐醇晶体从溶液中析出。待反应完成后，在冰浴中冷却使结晶完全。减压抽滤，并用少量异丙醇洗涤结晶。干燥后得到漂亮的小的无色结晶，干燥后得到漂亮的小的无色结晶，称重，测定产物的熔点值，进行初步定性检测。产物已足够纯净，可直接用于下一步合成。

纯粹的苯嚬呐醇的熔点为 189℃。

**2. 苯嚬呐酮的制备**

在 50 mL 圆底烧瓶中加入 1.5g 苯嚬呐醇、8 mL 冰醋酸和一粒碘片，装上回流冷凝管，回流 10 min。稍冷后加入 8 mL95％乙醇，充分摇振后让其自然冷却结晶，抽滤，并用少量冷乙醇洗除吸附的游离碘，干燥后称重，计算产率。

测定产物的熔点值，进行初步定性检测。本实验约需 4 h。

纯粹苯嚬呐酮熔点为 182.5 ℃。

## 五、注意事项

(1)光化学反应一般需在石英器皿中进行，因为需要比透过普通玻璃波长更短的紫外光的照射。而二苯酮激发的 $n—\pi^*$ 跃迁所需要的照射约为 350 nm，这是易透过普通玻璃的波长。

(2)加入冰醋酸的目的，是为了中和普通玻璃器皿中微量的碱。碱催化下苯嚬呐醇易裂解生成二苯甲酮和二苯甲醇，对反应不利。

(3)反应进行的程度取决于光照情况。如阳光充足直射下 4 d 即可完成反应；如天气阴冷，则需一周或更长的时间，但时间长短并不影响反应的最终结果。如用日光灯照射，反应时间可明显缩短，3～4 d 即可完成。

## 六、思考题

(1)二苯酮和二苯甲醇的混合物在紫外光照射下能否生成苯嚬呐醇？写出其反应机理。

(2)试写出在氢氧化钠存在下，苯嚬呐醇分解为二苯酮和二苯甲醇的反应机理。

(3)写出苯嚬呐醇在酸催化下重排为苯嚬呐酮的反应机理。

## 参考文献

[1] 兰州大学、复旦大学化学系有机化学教研室主编. 王清廉、沈凤嘉修订. 有机化学实验. 第 2 版. 北京：高等教育出版社，1994.

[2] 吴泳. 大学化学新体系实验. 北京：科学出版社，1999.

[3] 方珍发. 有机化学实验. 南京：南京大学出版社，1990.

# 实验三十一　微波合成茉莉醛

## 一、实验目的

由微波促进茉莉醛的合成。

## 二、实验原理

茉莉醛是一种具有浓烈香味的人工香料，按照传统的合成方法，由苯甲醛和庚醛在碱性条件下加热缩合而得。在反应进行过程中，存在严重的副反应：庚醛的自身缩合，同时还存在着苯甲醛的自身歧化反应(Cannizzaro 反应)。如果用微波技术，利用微波辐射结合相转移催化技术在无溶剂条件下苯甲醛与庚醛发生羟醛缩合反应制备茉莉醛，不仅可使反应更具选择性，提高茉莉醛的产率，而且简化处理步骤，缩短反应时间，使反应时间由原来的 72 h 缩短到 4 min。

反应式：

$$C_6H_5CHO + CH_3(CH_2)_5CHO \xrightarrow{K_2CO_3/TBAB\text{-}Al_2O_3} C_6H_5CH{=}C\begin{matrix}CHO \\ C_5H_{11}\end{matrix} + H_2O$$

## 三、实验用品

仪器：微波炉，圆底烧瓶，抽滤装置，减压蒸馏装置。

药品：3.18 g(0.03 mol)苯甲醛，1.14 g(0.01 mol)正庚醛，0.99 g(0.01 mol)碳酸钾，0.2 g四丁基溴化铵，10 g中性氧化铝，乙醚。

## 四、实验内容

在25 mL圆底烧瓶中加入0.2 g四丁基溴化铵、3.18 g苯甲醛、1.14 g正庚醛和分散于10 g中性氧化铝上的0.99 g碳酸钾，振摇使其充分混合。然后置于微波炉内，在输出功率350 W的微波场中反应4 min。取出冷却后，每次用40 mL乙醚洗涤混合物两次，抽滤除去固体碳酸钾和氧化铝。先水浴蒸出乙醚，再减压蒸馏，收集173～176 ℃/20 mmHg或139～141 ℃/5 mmHg的馏分，即得产物茉莉醛1.5～1.7 g，茉莉醛为淡黄色透明液体。本实验约需3 h。

## 五、注意事项

(1)分散于载体上的碱的制法：将碱溶于一定量的水中，然后加入载体，充分混合后，真空干燥即可。

(2)茉莉醛在空气中不稳定，易被空气氧化分解，易自燃，有时向其中加入质量分数为0.5%的二苯胺作稳定剂。

## 六、思考题

中性氧化铝、四丁基溴化铵在反应中的作用是什么？

*参考文献*

[1] 奚关根，赵长宏，赵中德. 有机化学实验. 上海：华东理工大学出版社，1995.

[2] 苏桂发，万红敬，牟红涛. 微波辐射相转移催化合成茉莉醛. 精细化工，2002 Vol. 19 No. 1. 15～17.

# 实验三十二　碘仿的电化学合成

## 一、实验目的

(1)了解有机电解合成的基本原理。

(2)初步掌握电化学合成的基本方法。

(3)学习半微量重结晶技术。

## 二、实验原理

碘仿(iodoform)，其物态呈黄色有光泽片状结晶，又称黄碘，在医药和生物化学中作防腐剂和消毒剂。碘仿可以由乙醇或丙酮与碘的碱溶液反应制得，也可用电解法制备。本实验以石墨碳棒作电极，直接在丙酮-碘化钾溶液中进行电解反应，十分方便地制取碘仿。

阴极　$2H^+ + 2e \longrightarrow H_2$

阳极　$2I - 2e \longrightarrow I_2$

$$I_2 + 2OH \rightleftharpoons IO^- + I^- + H_2O$$

$$CH_3\overset{\overset{\displaystyle O}{\|}}{C}CH_3 + 3IO^- \longrightarrow CH_3COO^- + CHI_3\downarrow + 2OH^-$$

副反应：$3IO^- \longrightarrow IO_3^- + 2I^-$

## 三、实验用品

仪器：电解装置（图1）。用150 mL烧杯作电解槽，以两根石墨棒作电极，垂直地固定在安放于烧杯杯口上端的有机玻璃板上。两电极间的距离约为3 mm（注意：两电极靠得太近易发生短路现象）。电极下端距烧杯底1～1.5 cm，以便磁力搅拌器搅拌。电极上端经过可变电阻、电流换向器及安培计与直流电源（电流≥1A，可调电压0～12 V）相连接。磁力搅拌器。

药品：5.3 g（0.02 mol）碘化钾，1 mL（0.8 g，0.014 mol）丙酮。

## 四、实验内容

向电解槽中加入100 mL蒸馏水、5.3 g碘化钾，经充分搅拌后使固体溶解，然后加入1 mL丙酮。打开磁力搅拌器，接通电解电源，将电流调至1 A，在电解过程中，电极表面会逐渐蒙上一层不溶性产物，使电解电流降低，这样可通过换向器改变电流方向，使电流保持恒定。电解液pH逐渐增大至pH为8～10。反应过程中，电解温度维持在20～30 ℃。电解1 h，切断电源，停止反应。

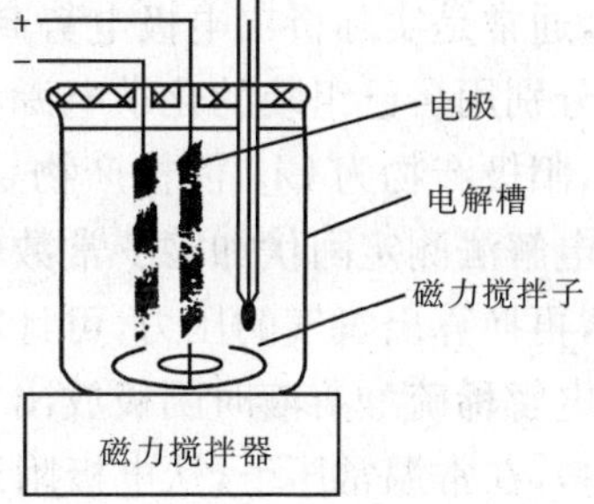


图1 电解槽示意图

电解液经过滤，收集碘仿晶体。黏附在烧杯壁上和电极上的碘仿可用水洗入漏斗滤干，再用水洗一次，即得粗产物。粗产物可用乙醇作溶剂进行重结晶。产物干燥后，称量，测熔点并计算产率。

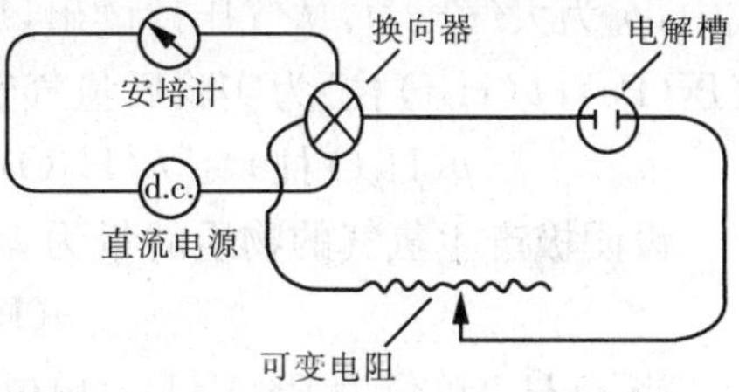


图2 电解反应线路图

纯碘仿为亮黄色晶体，熔点119 ℃。

本实验需4～5 h。

## 五、注意事项

（1）从旧电池中拆出石墨棒作电极，其中以选用1号电池的碳棒为宜，电极表面积越大，反应速度越快。

（2）为了减少电流通过介质的损失，两电极应尽可能靠近。

（3）也可以采用人工搅拌，但要小心，不要触动电极。

（4）如果没有配置换向器，可以暂时切断电源，用清水洗净电极表面后再接通电源继续电解。

## 六、思考题

本电解实验过程中，为什么电解液的pH逐渐增大？

*参考文献*


王兴涌，尹文萱，高宏峰. 有机化学实验. 北京：科学出版社，2004.


# 实验三十三 化学电源和电解

## 一、实验目的

（1）了解原电池的基本原理。

（2）了解电解池的基本原理。

（3）了解用电解法测定阿伏加德罗常数的方法。

## 二、实验原理

电极电势不同的物质可组装成原电池。其中负极失去电子，正极获得电子。负极是电极电势较低的电对，电对中的还原态物质失去电子，正极获得电子。负极是电极电势较高的电对，电对中的氧化态物质获得电子。内电路通常用盐桥或者特制的隔膜连通。

实验给出铜棒和 1.0 mol・$L^{-1}$ $CuSO_4$溶液，锌棒和 0.10 mol・$L^{-1}$ $ZnSO_4$溶液，自己动手组装成原电池。前者为正极，后者为负极。原电池工作时，Zn 失去电子，$Cu^{2+}$ 获得电子。

在电解池里，和外电源正极相连的为阳极，阳极进行的是氧化反应，通常是实际析出电极电势的电对中的还原态物质失去电子被氧化；和外电源负极相连的为阴极，阴极进行的是还原反应，通常是实际析出电极电势高的电对中的氧化态物质获得电子被还原。

分别用自己组装的化学电源和外电源电解 0.10 mol・$L^{-1}$ NaCl 溶液，根据电解一般原理可知，阳极产物为 $Cl_2$，阴极产物是 $H_2$，并可自行检验。

电解法测定阿伏加德罗常数($N_A$)，是以铜作电极，电解稀硫酸溶液，测出电解获得氢气的体积，再换算出氢气的压力，可计算得 $N_A$。

电解稀硫酸溶液时阴极放出氢气，用排水集气法把氢气收集于量气管中，并可测出其体积 $V(H_2)$，在常温常压下，从电极附近溶液中放出的氢气被水蒸气饱和，应从大气压里扣除水蒸气压力和水柱压力，剩余的是氢气的压力 $p(H_2)$：

$$p(H_2)=p_0-p(H_2O)-p(H_2O\text{柱})$$

式中，$p_0$为大气压力，从气压计读出，100 kPa=760 mmHg；$p(H_2O)$为电解温度下水的饱和蒸气压(Pa)；$p(H_2O\text{柱})$为实验后量气管中水柱压力(Pa)；$h(H_2O)$为水柱高(cm)。

$$p(H_2O\text{柱})=[h(H_2O)/(13.6\ g\cdot mL^{-1})]\times[100\ kPa/76\ mmHg]$$

设阴极产生氢气的物质的量为 $n(H_2)$，则

$$n(H_2)=p(H_2)V(H_2)/RT$$

当 $p(H_2)$单位为 Pa，$V(H_2)$单位为 L 时，$R$ 值取 8.314 Pa・$m^3$・$K^{-1}$・$mol^{-1}$

因通入的电量 $Q=It$。使得阴极产生 $n$ mol 的氢气，则产生 1.0 mol 氢气所需电量 $It/n(H_2)$。又知 1 个电子的电量为$1.60\times10^{-19}$ C，2 个氢离子还原为氢分子所需电量为 $2\times1.60\times10^{-19}$ C，所以 1.0 mol 氢气所具有氢分子个数为

$$N_A=It/n(H_2)\times2\times1.60\times10^{-19}\text{C}$$

## 三、实验用品

仪器：烧杯(250 mL)，铜棒，锌棒，铜丝，锌丝，U 形管，毫安表，伏特表，固定架，酸式滴定管(50 mL)，烧杯(50 mL)，铜电极，秒表，直尺，碘化钾-淀粉试纸。

药品：$CuSO_4$溶液 1.0 mol・$L^{-1}$，$ZnSO_4$溶液 0.1 mol・$L^{-1}$，NaCl 溶液 1.0 mol・$L^{-1}$，$H_2SO_4$溶液 0.5 mol・$L^{-1}$，酚酞指示剂 1%。

## 四、实验内容

### 1. 化学电源

现有锌丝、锌棒和 0.10 mol・$L^{-1}$ $ZnSO_4$溶液，铜丝、铜棒和 1.0 mol・$L^{-1}$ $CuSO_4$溶液以及盐桥、毫安表等。试用这些物质组装成原电池，并检查该电池是否有电流产生。

写出两电极反应式、电池反应式、电池符号，计算电池的电动势。

### 2. 电解

(1)以 U 形管为电解池，以上述自己组装的原电池为电解电源，电解 1.0 mol・$L^{-1}$ NaCl

溶液，观察现象并解释。

(2)将步骤(1)中电解池系统的原电池拆除，再连接外电源，以石墨为电极电解溶液，观察电解现象，分别检测两极产物，写出电解池两极反应式。比较步骤(1)和(2)，从理论上说明两者现象差异的原因。

(3)反电动势与理论分解电压，将步骤(2)电解池连接外电源两极的导线拆开，再分别连接到伏安表的两级上，观察伏特表指针是否发生偏转。需要特别注意的是：原来与外电源正极相连的导线，现在与伏特表的正极连接；原来与外电源负极相连的导线，现在与伏特表的负极相连。发生偏转说明什么问题？用符号和反应式解释。

**3. 电解法测定阿伏加德罗常数**

(1)在一粗铜导线的一端刮除部分包线，裸露部分铜线作为电解池的阴极，用细砂纸擦去表面氧化物，再用自来水冲洗干净。

(2)按图1安装试验仪器

注意：图中的量气管是一支倒置 25 mL 的酸式滴定管，最大刻度线至阀门处的体积需要事先校正。校正方法为：称量这部分体积水的质量，再换算为体积。将校正的体积值标记在滴定管上端。

在电解池中加入 0.5 mol · $L^{-1}$ $H_2SO_4$溶液，将量气管下端插入溶液中，固定好。

(3)打开量气管阀门，用吸耳球把溶液吸至量气管高度的一半左右，关闭阀门。接通电源，调节稳压调节旋钮使电流稳定在 250 mA 处，切断电源。

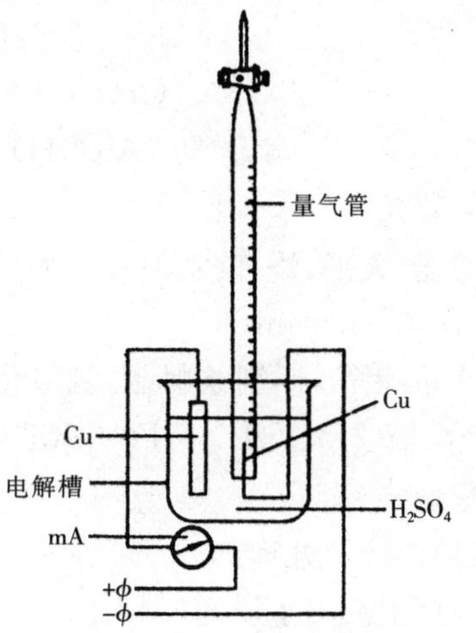

**图1 测定阿伏加德罗常数的实验装置示意图**

(4)按步骤(3)法，把液面吸至活塞处。

(5)接通电源，同时开始用秒表计时，保持电流稳定在 250 mA 处，电解 10 min，点击完毕，记下量气管液面的体积读数。

(6)电解产生氢气的体积 $V(H_2)$，用量气管的最大刻度体积数(此时为 25 mL)减去量气管液面读数值，再加上量气管校正体积值。

(7)量气管中的水柱高度 $h(H_2O)$，用刻度尺测量量气管液面与电解池液面的高度差值，即量气管中水柱的高度。

(8)记录电解池温度和大气压力，按前述公式计算阿伏加德罗常数。

## 五、思考题

(1)组装原电池时，哪个电极作正极？哪个电极作负极？如何连接？

(2)电解溶液时，阳极和阴极的产物各是什么？如何检验？

(3)阿伏加德罗常数的测定注意事项有哪些？

## *参考文献*


王尊本. 综合化学实验. 北京：科学出版社，2003.

## 实验三十四　用铝箔、铝制饮料罐制备硫酸铝

### 一、实验目的

(1)了解废旧资源的利用,增强环保意识。

(2)了解用铝箔、铝制饮料罐制备硫酸铝的原理。

### 二、实验原理

铝是两性金属,能溶于氢氧化钠溶液制得四羟基合铝酸钠,用硫酸调节溶液的值,将其转化为氢氧化铝沉淀使之分离,再用硫酸溶解氢氧化铝制得硫酸铝溶液,浓缩冷却后得到含有18个结晶水的硫酸铝晶体。化学反应式为:

$$2Al+2NaOH+6\ H_2O=2Na[Al(OH)_4]+3H_2\uparrow$$

$$2Na[Al(OH)_4]+3\ H_2SO_4=2Al(OH)_3\downarrow+Na_2SO_4+2\ H_2O$$

$$2Al(OH)_3+3H_2SO_4=Al_2(SO_4)_3+6\ H_2O$$

### 三、实验用品

仪器:天平,烧杯(250 mL、200 mL),玻璃漏斗,布氏漏斗,滤纸,吸滤瓶(250 mL),玻璃棒,电炉,比色管(50 mL)。

药品:铝箔,铝制饮料罐,氢氧化钠固体,硫酸溶液($3\ mol\cdot L^{-1}$),硝酸溶液($6\ mol\cdot L^{-1}$),$H_2SO_4$溶液($2\ mol\cdot L^{-1}$),$Fe^{3+}$标准溶液($2.5\ mol\cdot L^{-1}$),15%的$NH_4SCN$。

### 四、实验内容

(1)铝箔的处理

香烟铝箔用水浸泡,剥去白纸;铝制塑料袋、饮料瓶用剪刀剪碎。

(2)四羟基合铝酸钠的制备

称取1.3 g的氢氧化钠固体放于250 mL烧杯中,加入30 mL去离子水,使其溶解。在通风橱中将撕碎的铝箔投入烧杯中,待反应平息后添加一些水,如不再有气泡产生,说明反应完毕。加水冲稀溶液至80 mL左右,过滤。

(3)氢氧化铝的生成和洗涤

将滤液加热近沸,在不断搅拌下,滴加$3\ mol\cdot L^{-1}\ H_2SO_4$溶液,当pH=8~9,继续搅拌煮沸数分钟,静置澄清。于上层清液中滴加$3\ mol\cdot L^{-1}\ H_2SO_4$溶液,检验$Al(OH)_3$沉淀是否完全。待沉淀完全后静置澄清,弃去清液。用煮沸的去离子水以倾析法洗涤,重复沉淀2~3次。抽滤,继续用沸水洗涤,直至洗涤液的pH=5~7,抽干。

(4)将制得的$Al(OH)_3$沉淀转入烧杯中,加入18 mL $3\ mol\cdot L^{-1}\ H_2SO_4$溶液,小心煮沸使沉淀溶解。加去离子水50 mL稀释至100 mL左右,滤去不溶物。

(5)滤液用小火蒸发至10 mL左右,在不断搅拌下用冷水冷却,使晶体析出。待充分冷却后减压过滤,然后在沉淀物上面盖上数张滤纸,再按压,以助抽干。

(6)产品检验

称取0.5 g产品置于小烧杯中,用15 mL去离子水溶解,加入1 mL $6\ mol\cdot L^{-1}\ HNO_3$和1 mL $2\ mol\cdot L^{-1}\ H_2SO_4$,加热至沸,冷却,转移至50 mL比色管中,用少量水冲洗烧杯和玻璃棒,一并倾入比色管。加10 mL 15%的$NH_4SCN$溶液,加水至刻度,摇匀。将颜色与标准试样比较,确定产品级别,铁含量越少者质量等级越高。

标准样品的制备:分别准确移取6 mL和20 mL铁标准溶液$Fe^{3+}$ $2.5\ mol\cdot L^{-1}$,使用上述

方法处理，得到二级和三级的标准试剂。

## 五、思考题

(1)为什么用稀碱溶液和铝箔反应？

(2)在哪一步除去铁杂质？

# 实验三十五　水溶液中的离子平衡和水的净化

## 一、实验目的

(1)了解水溶液中可溶电解质的酸碱性及缓冲溶液 pH 的控制。

(2)了解水溶液中的单相离子平衡及其移动。

(3)了解水的硬度的测定。

(4)了解水中无机离子的检验和水的纯度的检验。

## 二、实验原理

### 1. 弱电解质的解离平衡以及移动

一定浓度的醋酸水溶液在一定条件下达到动态平衡后，存在如下平衡关系：

$$HAc = H^{+} + Ac^{-}$$

若向其中加入甲基橙指示剂，根据甲基橙的变色范围可知溶液的 pH。再往溶液中加入 NaAc 溶液，指示剂的颜色会随之发生变化。根据同离子效应可知，醋酸的解离平衡发生了移动(逆向移动)。同理可知一定浓度的弱碱(如 $NH_3 \cdot H_2O$)水溶液的解离平衡及其移动规律，选择适当的指示剂可以观察到实验现象。

### 2. 缓冲溶液与 pH 的控制

由弱酸及其共轭碱或由弱碱及其共轭酸组成的混合溶液称为缓冲溶液，其相应共轭酸碱对称为缓冲对。缓冲溶液能在一定程度上对外来酸或碱起缓冲作用，即当外加少量酸或碱时，此混合溶液的 pH 基本上保持不变。由弱酸(或碱)及其共轭碱(或酸)组成的缓冲溶液的 pH 为

$$c(H^{+}) = K_a \cdot c(\text{共轭酸})/c(\text{共轭碱})$$

$$pH = pK_a - \lg\{c(\text{共轭酸})/c(\text{共轭碱})\}$$

通常可以按指定要求，选用不同共轭酸碱对配成缓冲溶液，控制溶液的 pH。

### 3. 水的硬度的测量

水的硬度通常用每升水中含有的 $Ca^{2+}$、$Mg^{2+}$ 量相当于 CaO 的质量来表示。也有用度(°)来表示的，即每升水中含 10 mg CaO 为 1°。水质可按硬度的大小进行分类，如表 1 所示。

**表 1　水质的分类**

| 水质 | 水的总硬度 $\rho$(CaO)(mg・L⁻) |
|---|---|
| 很软水 | 0～40 |
| 软水 | 40～80 |
| 中等硬水 | 80～160 |
| 硬水 | 160～300 |
| 很硬水 | >300 |

在 pH＝10 左右的碱性缓冲溶液(以 $NH_3 \cdot H_2O$-$NH_4Cl$)中，以蓝色的铬黑 T(简写为 $HIn^{2-}$)为指示剂。当水样中的少量 $Ca^{2+}$、$Mg^{2+}$ 与铬黑 T 反应，分别生成玫瑰红色的配离子 $[CaIn]^{-}$ 和 $[MgIn]^{-}$ 时，水样呈现玫瑰红色。反应式如下：

$$Ca^{2+} + HIn^{2-} \rightleftharpoons [CaIn]^- + H^+$$

蓝色　　玫瑰红色

$$Mg^{2+} + HIn^{2-} \rightleftharpoons [MgIn]^- + H^+$$

蓝色　　玫瑰红色

但红色的$[CaIn]^-$和$[MgIn]^-$配离子的稳定性弱于$Ca^{2+}$、$Mg^{2+}$与EDTA形成的无色配离子$CaY^{2-}$和$MgY^{2-}$，因此配合平衡向生成$CaY^{2-}$和$MgY^{2-}$的方向移动。反应如下：

$$[CaIn]^- + H_2Y^{2-} \rightleftharpoons [CaY]^{2-} + HIn^{2-} + H^+$$

玫瑰红色　　　　无色　　蓝色

$$[MgIn]^- + H_2Y^{2-} \rightleftharpoons [MgY]^{2-} + HIn^{2-} + H^+$$

玫瑰红色　　　　无色　　蓝色

此步反应的结果使得指示剂铬黑T游离出来，所以溶液又由红色转变为蓝色。

滴定过程中，EDTA先与溶液中未配合的$Ca^{2+}$、$Mg^{2+}$结合成为无色配离子，然后再与玫瑰红色的$[CaIn]^-$和$[MgIn]^-$反应，游离出指示剂铬黑T，滴定过程溶液颜色变化为：玫瑰红色—紫色—蓝色，即蓝色为滴定终点。根据滴定所消耗的已知浓度的EDTA标准溶液的体积可计算出水的硬度。

**4. 纯水制备系统的原理**

用离子交换树脂除去自来水中阴、阳离子制取去离子水的原理为：当水以一定的速度流过树脂时，树脂上的$H^+$与水中阳离子换位，使水中多了$H^+$而少了其他阳离子；同理，水流过阴离子交换树脂时，树脂上的$OH^-$与水中的阴离子换位，使水中的$OH^-$增多，而其他阴离子减少，起到净化水的作用。交换反应以$MgCl_2$为例，简式如下：

$$2R-SO_3^- H^+ + Mg^{2+} \rightleftharpoons [R-SO_3^-]_2 Mg^{2+} + 2H^+$$

阳离子交换树脂

$$RN(CH_3)_3^+ OH^- + Cl^- \rightleftharpoons RN(CH_3)_3^+ Cl^- + OH^-$$

阴离子交换树脂

经过交换柱水中多出来的$H^+$和$OH^-$又结合成了$H_2O$，所以去离子水仍然是中性的。

**5. 电导率的测定原理**

纯水是弱电解质。根据离子导电原理，若水中溶解的导电离子浓度愈大，水的导电能力越强；反之亦然。用来表达电解质溶液导电能力强弱的物理量称为电导。电导与其计算公式里的电导率值成正比。根据此原理设计的测定溶液电导率值的分析仪器称为电导率仪。用它测量不同水样的电导率值，可定量地比较水样中的杂质离子的去除情况，也就知道了水的纯度如何。

本实验用DDS-11A型电导率仪测定水的电导率。

**6. 水中的无机离子的定性检验**

该项是用化学试剂定性检验经离子交换树脂处理前、后水中某些离子含量的变化。检验和鉴定离子的方法通常有两种：一种是用特征离子反应，另一种是用指示剂的特征颜色变化。

$AgNO_3$、$BaCl_2$溶液可分别用来检验水中的$Cl^-$和$SO_4^{2-}$离子，离子反应式为：

$$Ag^+ + Cl^- = AgCl\downarrow$$

$$Ba^{2+} + SO_4^{2-} = BaSO_4\downarrow$$

根据多项离子平衡原理，这两个反应式成立的条件是：

$$[c(Ag^+)/c^\ominus]\cdot[c(Cl^-)/c^\ominus] > K^\ominus(AgCl)$$

$$[c(Ba^{2+})/c^\ominus]\cdot[c(SO_4^{2-})/c^\ominus] > K^\ominus(BaSO_4)$$

当溶液中离子相对浓度之积小于沉淀物的标准浓度积时，没有沉淀生成，但并不意味完全没有这些离子，只是量太少而已。

镁试剂在碱性水溶液中呈紫红色。当 $c(Mg^{2+})$ 大时，又有两种说法。一种认为：$[c(Mg^{2+})/c^{\ominus}]\cdot[c(OH^-)/c^{\ominus}]^2>K^{\ominus}[Mg(OH)_2]$，$Mg(OH)_2$沉淀吸附镁试剂变蓝。另一种说法认为：$Mg^{2+}$ 与镁试剂反应生成蓝色的螯合物沉淀。而若水中 $c(Mg^{2+})$ 很小时，则观察不到试验现象。

钙试剂可用来检验水中的 $Ca^{2+}$ 和 $Mg^{2+}$，在 pH＝7.4～13.5，钙试剂呈暗蓝色，与 $Ca^{2+}$ 和 $Mg^{2+}$ 作用后呈红色。若只检验 $Ca^{2+}$，则要调节 pH＝12～13，先使 $Mg^{2+}$ 形成沉淀$Mg(OH)_2$，之后钙试剂就能与足量的 $Ca^{2+}$ 作用由蓝色变为红色。

有时，离子的量可能少到不足以使试剂变色时，则试剂颜色不变。

## 三、实验用品

仪器：酸度计，离子交换装置，DDS－11A 电导率仪，电导电极，酸式滴定管(50.00 mL)，锥形瓶(250 mL)，烧杯(50 mL)，量筒(10 mL、100 mL)，试管架，试管，滴定台，pH 试纸。

药品：醋酸 HAc(0.1 mol·$L^{-1}$、1.0 mol·$L^{-1}$)，甲基橙，醋酸铵 $NH_4Ac$(1.0 mol·$L^{-1}$)，氨水 $NH_3\cdot H_2O$(0.1 mol·$L^{-1}$)，酚酞，醋酸钠 NaAc(1.0 mol·$L^{-1}$)，盐酸 HCl (0.1 mol·$L^{-1}$)，硝酸 $HNO_3$ (0.1 mol·$L^{-1}$)，氢氧化钠 NaOH(0.1 mol·$L^{-1}$、2 mol·$L^{-1}$)，氯化钡 $BaCl_2$(1 mol·$L^{-1}$)，硝酸银 $AgNO_3$(0.1 mol·$L^{-1}$)，EDTA 标准溶液(0.1 mol·$L^{-1}$)，$NH_3\cdot H_2O$-$NH_4Cl$ 缓冲溶液，钙试剂(1%)，镁试剂(0.1%)，铬黑 T(0.5%，0.5 g 铬黑 T 与 100 g 氯化钠充分研细混匀)，去离子水。

## 四、实验内容

### 1. 弱电解质的解离平衡及其移动

往一支试管中加入约 2 mL 0.1 mol·$L^{-1}$ HAc 溶液，滴入一滴甲基橙指示剂，观察溶液的颜色，粗估溶液的 pH，然后将溶液平均分为两份，向其中一份加入数滴 $NH_4Ac$ 饱和溶液，向另一份加入等体积的去离子水。比较两份溶液的颜色，说明原因。

往一支试管中加入约 2 mL 0.1 mol·$L^{-1}$ $NH_3\cdot H_2O$ 溶液，滴入一滴甲基橙指示剂，观察溶液的颜色，粗估溶液的 pH，然后将溶液平均分为两份，向其中一份加入数滴 $NH_4Ac$ 饱和溶液，向另一份加入等体积的去离子水。比较两份溶液的颜色，说明原因。

### 2. 缓冲溶液的配制及 pH 的测定

用量筒分别量取浓度均为 1 mol·$L^{-1}$ HAc 和 NaAc 溶液各 15 mL，倒入小烧杯中摇匀，用普通试纸检验所配制的缓冲溶液的 pH，再用酸度计测定之，比较二者的差异，并与计算值作比较。

自行设计方案，检验所配制的缓冲溶液是否具有缓冲能力。

### 3. 自来水硬度的测定

用量筒分别量取 100 mL 自来水放到 3 个锥形瓶里，再各加入 10 mL$NH_3\cdot H_2O$-$NH_4Cl$ 缓冲溶液及 0.2 g(约绿豆大)铬黑 T 指示剂。分别用 EDTA 标准溶液滴定，当由玫瑰红色转变为蓝色时，即为终点。记录每次滴定时消耗的 EDTA 溶液的体积。为了使试验结果更加精确，三次滴定误差不得超过 0.20 mL。取平均值计算水的硬度。基于硬度单位是以每升水中含有 CaO 的量(单位：mg·$L^{-1}$)来表示，计算公式设为

$$\rho(CaO)=c\cdot V(EDTA)\cdot M\times10^3/V(H_2O)。$$

式中，$c$ 为 EDTA 标准溶液的浓度($mol \cdot L^{-1}$)；$V(EDTA)$ 为 EDTA 标准溶液的体积；$M$ 为 CaO 摩尔质量；$V(H_2O)$ 为自来水的体积(mL)。

**4. 水的检验**

(1)电导率的测定

用 50 mL 烧杯分别取自来水、实验室制备的纯水各约 30 mL，用电导率仪测其电导率。

(2)无机离子的检验

自行设计方案检验自来水中 $Cl^-$、$SO_4^{2-}$、$Ca^{2+}$、$Mg^{2+}$ 的情况，并对比检验结果。

本实验所用玻璃仪器、电极，一律要用待测水润洗 2～3 次。

## 五、思考题

(1)影响弱电解质解离平衡的因素有哪些?

(2)现有 $1\ mol \cdot L^{-1}$ 的 HAc 和 $1\ mol \cdot L^{-1}$ 的 NaAc 溶液，如何配制 10 mLpH＝5 的缓冲溶液?

(3)EDTA 滴定法测定水的硬度的原理是什么?

(4)水的电导率的大小为什么能表示水的纯度?

(5)离子交换装置中，阳离子交换柱能否与阴离子交换柱交换位置？为什么?

# 实验三十六　金属材料的电化学腐蚀与防护

## 一、实验目的

(1)了解电极电势的测定。

(2)了解金属电化学腐蚀的基本原理。

(3)了解防止金属腐蚀的基本原理和常用方法。

## 二、实验原理

**1. 电极电势的测定**

以饱和甘汞电极为负极，铜电极为正极，插在 $0.01\ mol \cdot L^{-1}\ CuSO_4$ 溶液里组成原电池。测出其电动势后，先计算出铜电极的非标准电极电势 $\varphi(Cu^{2+}/Cu)$，再根据能斯特方程式计算铜的标准电极电势 $\varphi^{\ominus}(Cu^{2+}/Cu)$。计算公式为

$$E=\varphi(Cu^{2+}/Cu)-\varphi(Hg_2Cl_2/Hg)$$

$$\varphi(Cu^{2+}/Cu)=E+\varphi(Hg_2Cl_2/Hg)$$

其中饱和甘汞电极的电极电势在测定温度下需要用下式校正：

$$\varphi(Hg_2Cl_2/Hg)=0.2415V-6.600\times10^{-4}(t/℃-25)V$$

$$\varphi^{\ominus}(Cu^{2+}/Cu)=\varphi(Cu^{2+}/Cu)-9.921\times10^{-5}TK^{-1}\lg a(Cu^{2+})$$

式中，$a(Cu^{2+})$ 为溶液中 $Cu^{2+}$ 的活度。其 $a=fc$，在 $0.10\ mol \cdot L^{-1}\ CuSO_4$ 溶液中 $Cu^{2+}$ 的活度因子 $f=0.16$。

**2. 金属的电化学腐蚀类型**

(1)微电池腐蚀

①差异充气腐蚀　同一种金属在中性条件下，如果不同部位溶解氧气浓度不同，则氧气浓度较小的部位作为腐蚀电池的阳极，金属失去电子受到腐蚀；而氧气浓度较大的部位作为阴

极，氧气得电子生成氢氧根离子。如果也有$K_3[Fe(CN)_6]$和酚酞存在，则阳极金属离子进一步与$K_3[Fe(CN)_6]$反应，生成蓝色的$K_3[Fe(CN)_6]$沉淀，在阴极由于氢氧根离子生成使得氢氧根离子浓度增大，酚酞变红。这种腐蚀称为差异充气腐蚀。两极反应式如下：

阳极（氧气浓度小的部位）反应式为

$$Fe=Fe^{2+}+2e^-$$

$$3Fe^{2+}+2[Fe(CN)_6]^{3-}=Fe_3[Fe(CN)_6]_2\text{（蓝色沉淀）}$$

阴极（氧气浓度大的部位）反应式为

$$O_2+2H_2O+4e^-=4OH^-$$

②析氢腐蚀　金属铁浸在含有$Fe_3[Fe(CN)_6]_2$的盐酸溶液中，铁作为阳极失去电子，受腐蚀，杂质作为阴极，在其表面$H^+$得电子被还原。两极反应式为

阳极反应式为

$$Fe=Fe^{2+}+2e^-$$

阴极反应式为

$$2H^++2e^-=H_2\uparrow$$

在其中加入$K_3[Fe(CN)_6]_2$，则阳极附近的$Fe^{2+}$进一步反应：

$$3Fe^{2+}+2[Fe(CN)_6]^{3-}=Fe_3[Fe(CN)_6]_2\text{（蓝色沉淀）}$$

(2)宏电池腐蚀

①金属铁和铜直接接触，置于含有NaCl、$K_3[Fe(CN)_6]$、酚酞的溶液里，由于$\varphi^\ominus(Fe^{2+}/Fe)<\varphi^\ominus(Cu^{2+}/Cu)$，两者构成了宏电池。铁作为阳极，失去电子受到腐蚀。两极的电极反应式分别如下：

阳极反应式为

$$Fe=Fe^{2+}+2e^-$$

$$3Fe^{2+}+2[Fe(CN)_6]^{3-}=Fe_3[Fe(CN)_6]_2\text{（蓝色沉淀）}$$

阴极（铜表面）反应式为

$$O_2+2H_2O+4e^-=4OH^-$$

在阴极由于有$OH^-$生成，使$c(OH^-)$增大，所以酚酞变红。

②金属铁和锌直接接触，其他条件同上，则由于$\varphi^\ominus(Zn^{2+}/Zn)<\varphi^\ominus(Fe^{2+}/Fe)$，锌作为阳极受到腐蚀，而铁作为阴极，铁表面的氧气得电子生成氢氧根离子，所以在铁附近的酚酞变化。两极的电极反应式分别如下：

阳极反应式为

$$Zn=Zn^{2+}+2e^-$$

$$3Zn^{2+}+2[Fe(CN)_6]^{3-}=Zn_3[Fe(CN)_6]_2\text{（黄色沉淀）}$$

阴极（铁表面）反应式为

$$O_2+2H_2O+4e^-=4OH^-$$

**3. 金属腐蚀的防护**

防止金属腐蚀的方法很多，如研制耐腐蚀的金属材料、金属表面涂覆保护层及阴极保护法等。金属表面涂覆保护层的常用方法有油漆、电镀、喷镀、表面钝化处理、缓蚀剂法等。

(1)有机缓蚀剂作用机理

在金属刚开始溶解时，金属表面带有的负电荷能吸附缓蚀剂的离子或分子，形成难溶且腐

蚀介质很难穿透的保护膜。在酸性介质中，一般是含有 N、S、O 的有机化合物。常用的缓蚀剂有乌洛托品、若丁等。

(2)无机缓蚀剂作用机理

在中性或碱性介质中可以采用无机缓蚀剂，如铬酸盐、重铬酸盐、磷酸盐、碳酸氢盐等，主要是在金属的表面形成的氧化膜或沉淀物能够隔绝周围介质侵蚀，起到保护的作用。

例如，金属表面的磷化，就是用磷酸盐在金属表面生成一层磷化膜的保护层。其有关反应式如下：

$$Fe + 2H^+ = Fe^{2+} + H_2(\uparrow)$$

$$Fe^{2+} + HPO_4^{2-} = FeHPO_4(\text{暗灰色膜}\downarrow)$$

$$3Zn^{2+} + 2PO_4^{3-} = Zn_3(PO_4)_2(\text{白色}\downarrow)$$

(3)3%的 $CuSO_4$ 检验液检验原理

磷化后的铁钉表面：$Fe^{2+} + HPO_4^{2-} = FeHPO_4$(暗灰色膜↓)

$$Cu^{2+} + HPO_4^{2-} = CuHPO_4(\text{暗黑色}\downarrow)$$

没有磷化后的铁钉表面：$Fe + Cu^{2+} = Fe^{2+} + Cu$(棕红色↓)

## 三、实验用品

仪器：PHS－2C 型酸度计，饱和甘汞电极，铜电极(铜片)，50 mL 小烧杯(5 个)，小试管(10 支)，10 mL 小量筒(3 个)铁片，铜丝，锌丝，铁钉(若干)，滤纸片(若干)，塑料镊子，洗瓶，细砂纸(约 3 cm×3 cm)，温度计(50 ℃或 100 ℃)，回收废液浓盐酸、检验液、磷化液用的容器(若干)。

药品：NaCl(0.1 mol·L$^{-1}$)，$K_3[Fe(CN)_6]$(0.1 mol·L$^{-1}$)，乌洛托品$(CH_2)_6N_4$(20%)，$CuSO_4$(0.1 mol·L$^{-1}$)，HCl(0.1 mol·L$^{-1}$、6 mol·L$^{-1}$，浓)，酚酞(0.5%)，洗洁精，检验液(3%的 $CuSO_4$)，磷化液[配方：$H_3PO_4$(85%)：45 g·L$^{-1}$，ZnO：28 g·L$^{-1}$，$Zn(NO_3)_2$：28 g·L$^{-1}$，NaF：2 g·L$^{-1}$，$HNO_3$(浓)：29 g·L$^{-1}$]。

## 四、实验内容

**1. 用 PHS－2C 型酸度计测电极电势**

(1)打开 pH 计电源开关，预热 20 min(使用方法参考第三章基本操作中的相关内容)。

(2)把测量选择开关指向毫伏计挡。将铜电极和饱和甘汞电极分别接到转换器的正极、负极接线柱上。

(3)测量温度为水溶液的温度。

(4)用去离子水清洗电极，再用滤纸片将其吸干。

(5)将电极插入被测溶液(0.1 mol/L $CuSO_4$)中，显示屏读数即所测原电池的电动势 E(mV)。

(6) 记录比较稳定的数据。

(7)关闭 pH 计电源开关。

(8)取出电极，用去离子水清洗。

(9)数据处理。

**2. 金属的电化学腐蚀**

(1)准备铁钉和混合溶液

①铁钉表面除油、除锈：取若干枚小铁钉放入小烧杯中用洗洁精除油，以自来水冲洗干净

后浸在浓盐酸中，除锈 1～2 min 后用塑料镊子取出（注意：浓盐酸不要乱倒，需回收），用自来水淋洗后放在洁净的小烧杯中，再以去离子水浸泡备用。

②配制含有少量酚酞的混合溶液：取 1 支试管，加入 6 mL 0.1 mol·$L^{-1}$的 NaCl 溶液（增加导电性），加入 4 滴 0.1 mol·$L^{-1}$ $K_3[Fe(CN)_6]$溶液，再加入 3 滴酚酞溶液，混合均匀备用。

(2)微电池腐蚀

①差异充气腐蚀

用细砂纸把一块铁片表面磨光，洗净铁锈并吸干水分，在其中心处滴上 2 滴含有少量酚酞的混合溶液，形成直径约为 2 cm 的圆斑，放置 10 min 后观察现象，并用两极反应式解释之。

②析氢腐蚀

取 1 支洁净的小试管，加入 3 mL 的 0.1 mol·$L^{-1}$ HCl 溶液，将一枚除锈铁钉放入其中，观察现象。

(3)宏电池的腐蚀

取 2 支洁净的小试管，各加入 3 mL 含有少量酚酞的混合溶液，取 2 枚小铁钉浸在浓盐酸中除锈，然后用镊子夹出；经自来水冲洗，用滤纸吸干。分别在其中部紧密地缠上一段干净的锌丝和铜丝，然后分别放在上述 2 支试管的溶液中，静置数分钟（不要晃动），观察现象并用两极反应式解释之。

**3. 金属腐蚀的防护**

(1)有机缓蚀剂的作用

取 2 支试管，各加入 3 mL 0.1 mol·$L^{-1}$ HCl 溶液，在某一试管中加入 5 滴 20% 的乌洛托品，在另 1 支试管中加入 5 滴水，将 2 枚清洁无锈的铁钉分别放入其中。反应片刻后，分别在 2 支试管中各加入 1 滴 0.1 mol·$L^{-1}$ $K_3[Fe(CN)_6]$溶液，观察和比较出现的现象，并用两极反应式解释之。

(2)无机缓蚀剂的作用（金属表面的磷化）

准备 3 支洁净试管和 2 枚已用浓 HCl 溶液除过锈的并用水清洗干净的铁钉。分别放入 2 支试管中，其中 1 支试管加入磷化液让铁钉全部浸入磷化，5～10 min 后，用镊子取出（注意：磷化液不要乱倒，需回收），用去离子水淋洗后，将其放入空的洁净试管中，观察磷化膜。另 1 支有铁钉的试管不加磷化液，用作后面检验对比用。

(3)检验质量

向上述 2 支装有铁钉的试管中分别加入 3% 的 $CuSO_4$ 检验液 3 mL，静置 2～3 min 后，观察现象并用反应式解释之。

## 五、注意事项

1. 电极要保证接触良好。预热一定时间后读数才能稳定。

2. 测量温度是溶液的温度，事先用温度计测一下水溶液的温度。一定要在报告中记录下来。

3. 测量前、后电极一定要用去离子水清洗并吸干水分。

4. 实验所用的烧杯、量筒要贴上所装溶液的标签。

5. 铁钉一定要事先算好需要几个，然后集中除油、除锈。

6. 需要静置数分钟的实验，千万不要晃动试管，以免观察到的现象不明显。

7. 用过的浓盐酸和检验液（3% 的 $CuSO_4$）以及磷化液等废液不要乱倒，一定要回收到贴有相应标签的容器内。

8. 用锌丝缠铁钉时要缓慢用劲缠紧，防止锌丝折断，不要缠满铁钉，只要铁钉有一段被缠上就可观察到现象。

9. 铁片、铜丝、锌丝、铁钉等用后洗净回收至原处。所有试剂用后放回原处。

10. 实验中一定要仔细观察现象有无变化，记录现象要完整，并用学过的知识和有关反应方程式解释之。

## 六、实验记录

**1. 有关数据**

溶液温度：$t=$________℃；

测定的原电池的电动势：$E$ ________mV=________V。

**2. 实验现象与解释**

| 实验内容 | 现象 | 解释 |
|---|---|---|
| 金属的电化学腐蚀 | | |
| (1)微电池腐蚀 | | |
| ①差异充气腐蚀 | 圆斑中心：<br>圆斑边缘： | |
| ②析氢腐蚀 | 试管： | |
| (2)宏电池的腐蚀 | 溶液<br>①没有铜丝的溶液<br>②有铜丝的溶液 | |
| 金属腐蚀的防护 | | |
| (1)有机缓蚀剂的作用 | 试管1：<br>试管2： | |
| (2)无机缓蚀剂的作用<br>(金属表面的磷化) | ①有磷化膜的铁钉表面：<br>②无磷化膜的铁钉表面： | |
| (3)检验质量 | ①有磷化膜的铁钉检验结果：<br>②无磷化膜的铁钉检验结果： | |

## 七、思考题

(1)发生宏电池腐蚀与微电池腐蚀的主要条件是什么？

(2)吸氧腐蚀发生的条件是什么？两极反应式分别如何？

(3)析氢腐蚀的条件是什么？两极反应式分别如何？

(4)差异充气腐蚀的原因如何？

(5)在铁钉上缠铜丝或者锌丝时，怎样操作才能保证实验现象明显？

# 实验三十七　人造能源——固体乙醇的制备

## 一、实验目的

(1)了解有机化学反应的基本实验方法。

(2)了解固体乙醇的制备原理。

(3)掌握有机化学反应仪器的装配方法。

## 二、实验原理

根据有机化学反应原理，用硬脂酸和氢氧化钠反应制得硬脂酸钠，再制成固体乙醇。通过实验了解固体乙醇的制备原理和方法，学会有机化学反应仪器的装配方法。

用硬脂酸与氢氧化钠反应可制得柔软的片状硬脂酸钠，化学反应式为：

$$CH_3(CH_2)_{16}COOH + NaOH \rightarrow CH_3(CH_2)_{16}COONa + H_2O$$

硬脂酸钠再与液体乙醇以一定配比混合，加热软化使二者混合均匀。将化合物冷却，硬脂酸钠凝固，乙醇被包含在其中，即成为所谓的固体乙醇。若事先在其中分别加入石蜡、虫胶等作为固化剂和胶粘剂，可得到质地坚硬的固体乙醇。做成一定形状后即成为需要的产品。需要注意的是：石蜡是固体烃的混合物。本实验中用来作为固化剂使用，并可以燃烧放热。但是加入量不宜多，否则燃烧不完全，易产生黑烟及放出难闻的气味。

## 三、实验用品

仪器：研钵，三口瓶（250 mL），烧杯（100 mL 、50 mL），回流冷凝管，水浴箱，铁架台，温度计，玻璃塞。

药品：氢氧化钠，硬脂酸，酒精，浮石，石蜡。

## 四、实验内容

(1)反应装置（图 1）。在 250 mL 的三口瓶中，加入 9 g 硬脂酸、2 g 石蜡、50 mL 乙醇，再加入数粒小粒浮石，摇匀。在三口瓶上安装回流冷凝管；放到水浴上加热至约 60 ℃，保温直至固体溶解。

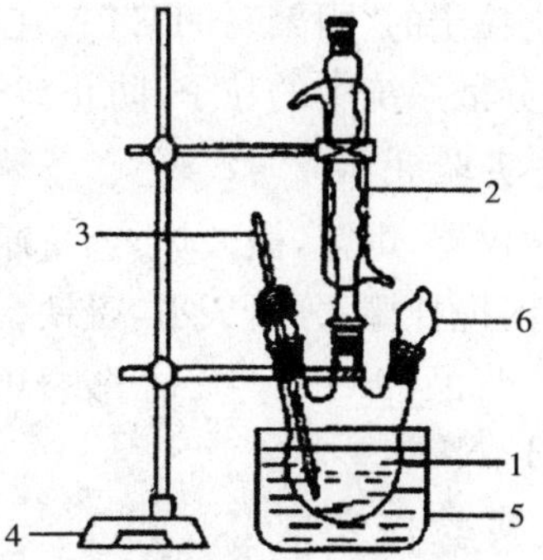

**图 1　固体乙醇装置示意图**

1. 反应器　2. 回流冷凝管　3. 温度计　4. 铁架台　5. 水浴箱　6. 玻璃塞

(2)在 100 mL 烧杯中加入 1.5 g NaOH 和 13.5 g 水，搅拌溶解后，再加入 25 mL 乙醇，搅拌均匀。

(3)将配好的溶液加入三口瓶中，水浴加热回流 15 min，使反应完全。

(4)移去水浴。待温度下降、回流停止时，趁热将液体倒入模具中。必要时加盖防止乙醇挥发，冷却至室温。产品完全固化后，从模具中倒出。

(5)切一小块产品，点燃，观察燃烧情况。

## 五、思考题

(1)硬脂酸与氢氧化钠反应配比应是多少？如果配比不合适，结果如何？

(2)加入石蜡的作用是什么？是否影响固体乙醇的燃烧效率？为什么？

# 实验三十八　微波水热合成法制备纳米材料

## 一、实验目的

(1)通过实验了解全新的纳米材料。

(2)了解纳米材料的合成方法之一——微波水热合成法。

## 二、实验原理

纳米粒子：粒子直径在 1～100 nm 的粒子称纳米粒子；纳米材料：由纳米级粒子制成的材料称纳米材料。

纳米粒子和纳米材料的制备方法很多。化学方法有：气相沉积法、沉淀法、水热合成法、溶胶凝胶法、微孔乳液法等。微波水热合成法是近年崭露头角的一种纳米粒子的制备方法，即用微波的方式促进化学反应获得产物的方法。其原理及微波化学反应的复杂机理：

微波频率为 300 MHz～300 GHz，波长为 1 m～1 mm，具有较强的穿透性和优异的选择性。

在微波作用下，化学反应的突出特点是反应速率加快，较常规方法反应速率提高 2～3 个数量级。微波反应的机理尚无定论。有观点认为微波的频率与原子、离子的振动频率相同，因而加快了反应速率。另外，微波可使极性分子和离子极化，也起到加速化学反应的作用。

本实验采用微波水热合成法制备纳米粒子 $Fe_2O_3$，再进一步制成块体，利用实验室简便的方法测定其一般性质。

$FeCl_3$溶液与水反应生成 $Fe_2O_3$是一个复杂的水解聚合及相转移、再结晶过程，反应式为

$$x[Fe(H_2O)_6]^{3+} \longrightarrow Fe_x(OH)_y^{(3x-y)} \longrightarrow x[\alpha\text{-}FeOOH] \longrightarrow x/2[Fe_2O_3]$$

加入配合剂 TETA（三亚乙基四胺：$C_6H_{18}N_4$）与 $Fe^{3+}$ 反应形成配合物，当 TETA 被－OH 置换后转化为 $Fe(OH)_3$，再进一步转化为 $Fe_2O_3$。保持 $Fe_2O_3$粒子直径在纳米级的关键在于防止粒子的“团聚”。TETA 在系统中，先作为配合剂与 $Fe^{3+}$ 配合，后作为表面活性剂（分散剂）分散系统中的粒子，防止粒子的团聚。

## 三、实验用品

仪器：烘箱，微波炉，容量瓶（250 mL），移液管（50 mL、20 mL、10 mL），烧杯（250 mL），温度计，搅拌棒，分析天平，磁铁。

药品：$FeCl_3$，稀盐酸 HCl（0.001 mol·$L^{-1}$），$NaH_2PO_4$，TETA（三亚乙基四胺，$C_6H_{18}N_4$）。

## 四、实验内容

（1）配制 0.020 mol·$L^{-1}$的 $FeCl_3$溶液，用分析天平准确称量计算的 $FeCl_3$晶体，置于 50 mL 小烧杯中，加少量盐酸控制水解，加去离子水溶解后转移至 250 mL 容量瓶中，加去离子水至刻度线，摇匀。

（2）配制 0.0100 mol·$L^{-1}$的 TETA 溶液，方法同（1）。

（3）配制 $1.000\times10^{-4}$ mol·$L^{-1}$的 $NaH_2PO_4$溶液，方法同（1）。

（4）用 50 mL 移液管取 50 mL 的 $FeCl_3$溶液注入 250 mL 的烧杯中（一定要洗干净并干燥）。

（5）再用移液管分别取 40 mL 的 TETA 溶液和 15 mL 的 $NaH_2PO_4$溶液注入同一烧杯中，微摇荡，盖上表面皿。

（6）微波作用。将烧杯置于微波炉中，启动微波炉，低火加热 15 min。

（7）陈化作用。将烧杯放入烘箱中，110 ℃保温（时间不少于 8 h）。

（8）取出烧杯，除掉水，烘干粉末。

（9）将粉末压制成形，检验其磁性。

（10）测定纳米粉的熔点，与普通氧化铁粉末相对照。

## 五、思考题

（1）如果仅用 $FeCl_3$溶液与水反应能否制得纳米粒子？

（2）操作注意事项有哪些？

### *参考文献*

王尊本. 综合化学实验. 北京：科学出版社，2003.

# 实验三十九　丙酮碘化反应速度常数及活化能的测定

## 一、实验目的

(1)掌握化学法测量反应速度常数的方法。

(2)掌握由反应速度常数计算反应活化能的方法。

(3)了解自催化反应的原理及历程。

## 二、实验原理

只有少数化学反应是由一个基元反应组成的简单反应。大多数化学反应并不是简单反应,而是由若干个基元反应组成的复杂反应,其反应速度和反应物浓度(严格说是活度)间的关系不能用质量作用定律表示。用实验测定反应速度和反应物浓度间的计量关系,是研究反应动力学很重要的内容。对复杂反应,当知道反应速度方程的形式后,就可以对反应机理进行推测,如该反应究竟由哪些步骤完成,各个步骤的特征和相互联系如何等。

丙酮碘化反应是一个复杂反应,其反应式为

$$H_3C-\overset{\overset{O}{\|}}{C}-CH_3+I_2 \rightleftharpoons H_3C-\overset{\overset{O}{\|}}{C}-CH_2I+I^-+H^+ \tag{1}$$

实验测定表明,反应速度在酸性溶液中随 $H^+$ 浓度增大而增大。由于反应式中包含产物 $H^+$,故在非缓冲溶液中,若保持作用物浓度不变,则反应速度将随反应的进行而增大。实验还表明,除非在很高酸度下,丙酮卤化反应的反应速度与卤素的浓度无关,并且反应速度不因卤素(氯、溴、碘)的不同而异(在百分之几误差范围内)。实验测得丙酮碘化反应的速度方程为:

$$\frac{dC_x}{dt}=k_{总}\,C_A\cdot C_{H^+} \tag{2}$$

式中,$C_x$ 为 $CH_3-\overset{\overset{O}{\|}}{C}-CH_2I$ 浓度;$C_A$ 为丙酮浓度;$C_{H^+}$ 为 $H^+$ 浓度;$k_{总}$ 为反应速度常数。

由以上实验事实,可对丙酮碘化反应的机理作如下推测:

$$\underset{(A)}{H_3C-\overset{\overset{O}{\|}}{C}-CH_3}+H^+ \overset{K}{\rightleftharpoons} \underset{(B)}{[H_3C-\overset{\overset{OH}{\|}}{C}-CH_3]^+} \tag{3}$$

$$\underset{(B)}{[H_3C-\overset{\overset{OH}{\|}}{C}-CH_3]^+} \underset{K_{-1}}{\overset{K_1}{\rightleftharpoons}} \underset{(D)}{H_3C-\overset{\overset{OH}{|}}{C}=CH_2}+H^+ \tag{4}$$

$$\underset{(D)}{CH_3-\overset{\overset{OH}{|}}{C}=CH_2}+I_2 \overset{K_2}{\rightleftharpoons} \underset{(E)}{CH_3-\overset{\overset{O}{\|}}{C}-CH_2I}+I^-+H^+ \tag{5}$$

因为丙酮是很弱的碱,所以方程(3)生成中间体 B 是很少的,故有:

$$C_B=kC_A\cdot C_{H^+} \tag{6}$$

烯醇式 D 和产物 E 的反应速度方程是:

$$\frac{dC_D}{dt}=k_1C_B-(k_{-1}C_{H^+}+k_2C_{I_2})\cdot C_D \tag{7}$$

$$\frac{dC_E}{dt}=k_2C_{I_2}\cdot C_D \tag{8}$$

合并(6)、(7)、(8)三式，并应用稳定态条件，即令$\frac{dC_D}{dt}=0$，得到：

$$\frac{dC_E}{dt}=\frac{k_1k_2kC_A\cdot C_{H^+}\cdot C_{I_2}}{k_{-1}C_{H^+}+k_2C_{I_2}} \tag{9}$$

若烯醇式D与卤素的反应速度比烯醇式D与氢离子的反应速度大得多，即$k_2C_{I_2}\gg k_{-1}C_{H^+}$，则式(9)取以下简单的形式：

$$\frac{dC_x}{dt}=k_1kC_A\cdot C_{H^+}=k_{总}C_A\cdot C_{H^+} \tag{10}$$

(10)式与实验测定结果(2)式完全一致，因此上述推测的反应机理有可能是正确的。

设$C_A$为丙酮的开始浓度，$C_{H^+}$为氢离子的开始浓度，$C_x$为反应经过时间$t$后起变化的丙酮浓度。

$$-\frac{d(C_A-C_x)}{dt}=k(C_A-C_x)(C_{H^+}+C_x)$$

积分后得

$$k=\frac{1}{t(C_A+C_{H^+})}\ln\frac{C_A(C_{H^+}+C_x)}{C_{H^+}(C_A-C_x)} \tag{11}$$

也可写成：

$$\ln\frac{(C_{H^+}+C_x)}{(C_A-C_x)}=(C_A+C_{H^+})Kt-\ln\frac{C_A}{C_{H^+}} \tag{12}$$

以$t$为横坐标，$\ln\frac{(C_{H^+}+C_x)}{(C_A-C_x)}$为纵坐标作图，可得一直线，此直线的斜率为$(C_A+C_{H^+})K$，由此可求出反应速度常数$k$。

丙酮碘化在酸性介质中进行得较快，但在中性介质中进行得甚慢，所以可以在反应进行到某一时刻后，用中和方法使反应停止。从碘浓度降低的数值可知这一时刻溶液中丙酮的浓度。

当温度变化范围不大时，反应速度常数与温度有如下关系：

阿仑尼乌斯方程：$k=Ae^{-E_a/RT}$

$$\ln\frac{k_2}{k_1}=\frac{E}{R}\cdot\frac{T_2-T_1}{T_2T_1} \tag{13}$$

式中，$k_1$、$k_2$分别为在温度$T_1$、$T_2$时的反应速度常数；$E$为反应的活化能；$T_1$、$T_2$为绝对温度。

## 三、实验用品

仪器：恒温槽，容量瓶(250 mL)，移液管(25 mL、2 mL)，量筒(25 mL)，碱式滴定管(50 mL)，锥形瓶(200 mL)，秒表。

药品：碘溶液(0.1 mol/L，内含4%的KI)，HCl标准溶液(1 mol/L)，$Na_2S_2O_3$标准溶液(0.01 mol/L)，$NaHCO_3$溶液(0.1 mol/L)，2%淀粉溶液。

## 四、实验内容

(1)调节恒温槽，使其恒温在(25±0.1)℃。

(2)取一干净的250 mL的容量瓶，用移液管准确移取25 mL 0.1 mol/L的$I_2$溶液，置于250 mL的容量瓶中；再用另一支移液管准确移取25 mL 1 mol/L的HCl溶液置于同一个容量瓶中，加水稀释到容量瓶刻度下约2 cm处，将容量瓶置于恒温槽中恒温10 min。

(3)用2 mL的移液管准确移取2 mL丙酮加入到已恒温的容量瓶中，并用事先恒温的水稀释至刻度，将容量瓶从恒温槽中取出尽快摇匀，然后再放回恒温槽中夹牢。注意：在开始搅匀时就立即把秒表打开，反应开始计时。

(4)反应过程中剩余 $I_2$ 的测定。反应进行到约 15 min 时，用移液管移取 25 mL 反应液，放到盛有 25 mL0.1 mol/L 的 $NaHCO_3$ 锥形瓶中，当混合液流入锥形瓶时，同时记下这时的时间，将锥形瓶中的溶液摇匀，使其反应停止，用 0.01 mol/L 的标准 $Na_2S_2O_3$ 溶液滴定残余的 $I_2$，当溶液由深棕色变为淡黄色时，加入 1 mL 淀粉溶液，继续滴定至蓝色消失。准确记下所消耗的 $Na_2S_2O_3$ 的体积 $V_t$，以后每隔 15 min 进行一次上面的操作，滴定残余的 $I_2$，共做 6～7 次，分别记录测量的时间和所消耗的 $Na_2S_2O_3$ 的体积。

(5)溶液中原始 $I_2$ 含量的测定。为计算反应物溶液中 $I_2$ 的浓度，需测未加丙酮时溶液中的 $I_2$。方法是另取一支 250 mL 干净的容量瓶，在其中准确加入 25 mL 的 1 mol/L 的盐酸标准溶液和 25 毫升 0.1 mol/L 的碘液，用事先恒温的水稀释至刻度充分摇匀后放到恒温槽中恒温 10 min，用移液管准确移出 25 mL 这样的混合溶液，以同样的方法用 $Na_2S_2O_3$ 标准溶液滴定，记录此时所消耗的 $Na_2S_2O_3$ 的体积 $V_0$。

(6)将恒温槽温度升至 35 ℃重复进行上面的实验，在 35 ℃时求出一系列 $V_t$ 和 $V_0$，并与反应时间一一对应，在 35 ℃做实验时可每隔 10 min 进行一次残余 $I_2$ 的浓度的测量。

## 五、数据记录与处理

室温________　　恒温槽温度________

丙酮密度________　　丙酮的浓度________

标准盐酸的浓度________　　标准 $Na_2S_2O_3$ 溶液的浓度________

(1)计算 $C_x$

$$C_x=\frac{(V_0-V_t)}{25}\times\frac{N}{2}$$

式中，$V_t$ 为每时刻测定的消耗的 $Na_2S_2O_3$ 的体积；$V_0$ 为未反应时测定消耗的 $Na_2S_2O_3$ 的体积；$N$ 为标准的 $Na_2S_2O_3$ 溶液的浓度。

(2)列表

| 时间(min) | 15 | 30 | 45 | 60 | 75 | 90 |
|---|---|---|---|---|---|---|
| $V_t$ | | | | | | |
| $C_{H^+}+C_x$ | | | | | | |
| $C_A-C_x$ | | | | | | |
| $\ln\frac{C_{H^+}+C_x}{C_A-C_x}$ | | | | | | |

(3)作图

在坐标纸上以 $\ln\frac{C_{H^+}+C_x}{C_A-C_x}$ 对 $t$ 作图，求直线的斜率 $K$，并由斜率 $K$ 求反应的速度常数 $k$，$k=\frac{K}{C_A+C_{H^+}}$。

## 六、注意事项

(1)丙酮碘化反应过程中注意保持恒温。

(2)在开始搅匀时就立即把秒表打开，反应开始计时。

(3)注意淀粉指示剂的加入时间和滴定终点的判断。

七、思考题

(1)丙酮碘化反应中，你如何确定反应体系中所消耗的丙酮的浓度？

(2)在整个实验过程中秒表是否可以停顿？为什么？草酸能否作为标定氢氧化钠标准溶液的基准物质？为什么？

(3)影响实验结果精度的主要因素有哪些？

## 实验四十　液体或固体密度的测定

一、实验目的

(1)了解密度测定的原理。

(2)掌握用密度瓶法测定液体或固体的密度的方法。

二、实验原理

密度是一个用于定量描述物质特性的物理量，是物质的基本特性常数。密度不仅是总体积与质量换算的参数，也是关联和推断物质许多性质不可缺少的数据。根据定义：

$$\rho=\frac{m}{V} \tag{1}$$

根据国标 GB3102.8—1993 的规定，密度法定计量单位为 $kg \cdot m^{-3}$，不过，在实际生活中，为使用方便，还常用$g \cdot cm^{-3}$。密度测定需要测量质量与体积，质量可在电子天平上称量而得，精确地测量体积则用密度瓶(旧称比重瓶)。因为体积与温度有关，所以用密度瓶测量体积要在恒温槽中进行。

常用的密度瓶是一种单管毛细管密度瓶，也称为盖·吕萨克式密度瓶(图 1)。此种密度瓶的瓶体为梨形，也可为球形，上面是一支用毛细管制成的、与瓶口磨口连接的管塞，磨口管塞上有的带标线，有的不带标线。若使用不带标线的密度瓶，在测量时液面高度以瓶塞口为准。其容积一般有 5 mL、10 mL、25 mL、100 mL 等规格。为防止瓶中液体挥发，容器口还加以盖帽。

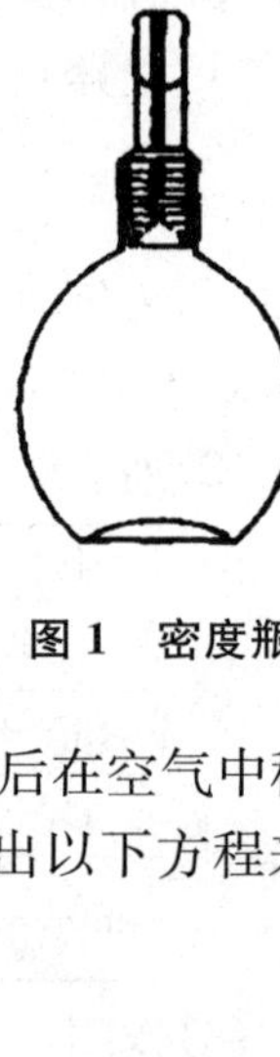

**图 1　密度瓶**

**1. 测液体密度**

密度瓶法是基于密度定义式，即测量待测物质的体积与同一体积该物质的质量而计算出其密度。其具体操作是：在空气中用天平称量干燥的空密度瓶，再在空气中称量装有已知密度的标准液体(一般用纯水)的密度瓶，最后在空气中称量装有体积与标准液(0 K)体积相同的待测液的密度瓶。根据这三次称量可列出以下方程来计算所测液体的密度：

$$\rho=\frac{m_3-m_1[\rho_w-\rho(空)]}{m_2-m_1}+\rho(空) \tag{2}$$

式中，$\rho$(空)为空气在室温下的密度；$\rho_w$ 为标准液(一般用纯水)在恒温槽中温度恒定为 $t$℃时的密度；$\rho_1$ 为待测液体在恒温槽中温度同样恒定为 $t$℃时的密度；$m_1$ 为盛满空气的空密度瓶的质量；$m_2$ 为在 $t$℃下标准液(纯水)装置密度瓶与标准液的质量之和；$m_3$ 为在 $t$℃下待测液装置密度瓶与待测液的质量之和。

式(2)是一般实验室用密度瓶测量待测密度 $\rho_1$ 的计算式，使用该式测精度可达 $10^{-4}\ g \cdot mL^{-1}$数量级。如精度要求低于 $10^{-4}\ g \cdot mL^{-1}$，则式(2)还可将 $\rho$(空)略去不计，即

$$\rho_1=(m_3-m_1)\rho_w/(m_2-m_1) \tag{3}$$

注意：按(2)式或(3)式计算待测密度时，则在实际测量中，无论是用标准液标定密度瓶体积，还是测待测液的密度，必须在恒温槽中恒温至同一温度 $t$，而且在该温度下标准液的体积与待测液体积应相同(即两液体均应灌注到密度瓶上的同一标线处)。

**2. 测固体密度**

密度瓶的操作步骤采用的是四步操作法：

(1)称量充满空气的密度瓶，得到其质量为 $m_1$。

(2)将已知密度辅助液体(一般可用纯水)装入密度瓶中，放在恒温槽中恒温在 $t$℃，在恒温过程中将辅助液面调整至密度瓶的标线处，恒温好后取出擦干，称量瓶＋辅助液的质量设为 $m_2$，此操作是标定密度瓶体积。

(3)将辅助液倒出，清洗、烘干后，再往瓶中放入适量的待测固体，在 $t$ ℃下进行恒温，取出，擦干后称量瓶＋固体的质量，此为 $m_3$。

(4)往第(3)步中已称量过的密度瓶中灌入辅助液体，在 $t$ ℃下恒温并调整辅助液面至密度瓶的标线处，取出，擦干后称量，得瓶＋固体＋辅助液的质量为 $m_4$。

于是可按下式求出待测固体的密度，其式为

$$\rho_s=\frac{(m_3-m_1)}{(m_2-m_1)-(m_4-m_3)}[\rho_w-\rho(空)]+\rho(空) \tag{4}$$

式中，$\rho_s$ 为待测固体的密度；$\rho_w$ 为辅助液体的密度；$\rho(空)$为空气的密度。如果不是要求很高的测量精度时，(4)式中 $\rho(空)$可忽略不计，将该式改写为

$$\rho_s=\frac{(m_3-m_1)}{(m_2-m_1)-(m_4-m_3)}\rho_w \tag{5}$$

## 三、实验药品

仪器：水浴恒温槽，电子天平(1/1000)，密度瓶。

药品：乙醇(A. R.)，铅粒(A. R.)。

## 四、实验内容

**1. 液体密度测定**

(1)调节恒温槽温度为(30±0.1)℃。

(2)在电子天平上称得洗净、干燥的空密度瓶质量 $m_1$。

(3)用针筒往密度瓶内注入去离子水，直至完全充满为止。置于恒温槽中恒温 15 min，用滤纸吸去毛细管孔塞上溢出的水后，取出，擦干瓶外壁，称得质量为 $m_2$。

(4)倒掉瓶中水，用电吹风吹干。同(3)，在密度瓶内输入待测密度的乙醇，恒温后，称得质量为 $m_3$。

(5)倒掉瓶中乙醇，洗净密度瓶，以备后用。

**2. 固体密度测定**

(1)方法同液体密度测定步骤(1)、(2)、(3)。

(2)在洗净干燥的密度瓶内放入一定量铅粒，称得质量为 $m_3$。

(3)在含铅粒质量为 $m_3$ 的密度瓶中输入去离子水。旋转密度瓶，让铅粒与水充分接触，以免铅粒之间有气泡存在。待水充满后，置于恒温槽中恒温 15 min，用滤纸吸去毛细管孔塞上溢出的水，取出擦干，称得质量为 $m_4$。

(4)倒出铅粒与去离子水，洗净密度瓶，以备后用。

五、数据记录与处理

(1)列表表达实验条件与测得的数据。

(2)计算 30 ℃下乙醇的密度并与标准值比较。

(3)计算 30 ℃下铅的密度并与标准值比较。

六、注意事项

(1)由于密度瓶法测量固体密度时需使用辅助液体,所以对选择辅助液体有一定要求,即不溶解试样、试样颗粒的表面具有良好润湿性、沸点尽可能高(100 ℃以上),这样在高真空脱气时避免因泡沫产生、破裂而使微细粒子飞散,也减小了辅助液的损失。

(2)在测量时,不论是固体加入到辅助液中还是辅助液加入到固体试样中,液、固间均易产生气泡,故需对试样脱气,方法可以用煮沸法或真空脱气法,若两种方法同时使用,则效果更好。

(3)实际测量液体密度时,无论是用标准液标定密度瓶体积,还是测待测液的密度,必须在恒温槽中恒温至同一温度 $t$,而且在温度 $t$ ℃下标准液的体积与待测液体积应相同(即两液体均应灌注到密度瓶上的同一标线处)。

七、思考题

(1)测定密度时为什么要用恒温水浴? 为什么要用参比液体?

(2)用密度瓶测定固体密度时,为什么不允许固体粒子与液体接触面上存在气泡?

(3)测定易挥发的有机液体密度时,应注意哪些问题?

## 实验四十一 粗食盐的提纯

一、实验目的

(1)掌握提纯粗食盐的原理和方法。

(2)学习溶解、沉淀、过滤、抽滤、蒸发浓缩、结晶和烘干等操作。

(3)了解 $Ca^{2+}$、$Mg^{2+}$、$SO_4^{2-}$ 等离子的定性鉴定。

二、实验用品

仪器:电炉,烧杯(50 mL、500 mL),小试管(6 支),蒸发皿,玻璃棒,坩埚钳,水浴锅,布氏漏斗,吸滤瓶,真空泵,泥三角,托盘天平,广泛 pH 试纸,滤纸。

药品:粗食盐,1 mol·$L^{-1}$ $BaCl_2$,3 mol·$L^{-1}$ $H_2SO_4$,6 mol·$L^{-1}$ HCl,2 mol·$L^{-1}$ HAc,6 mol·$L^{-1}$ NaOH,95%乙醇,饱和 $Na_2CO_3$ 溶液,饱和 $(NH_4)_2C_2O_4$ 溶液,镁试剂。

三、实验原理

粗盐中含 $Ca^{2+}$、$Mg^{2+}$、$K^+$、$Fe^{3+}$ $SO_4^{2-}$ 杂质离子和泥沙等机械杂质,可依次用 $BaCl_2$ 除去 $SO_4^{2-}$,用 $Na_2CO_3$ 除去 $Ca^{2+}$、$Mg^{2+}$、$Fe^{3+}$,$K^+$ 在结晶后抽滤时除去。

$$Ba^{2+} + SO_4^{2-} = BaSO_4\downarrow$$

$$Ca^{2+} + CO_3^{2-} = CaCO_3\downarrow$$

$$Ba^{2+} + CO_3^{2-} = BaCO_3\downarrow(\text{多余的 } Ba^{2+})$$

$$2Mg^{2+} + 2OH^- + CO_3^{2-} = Mg_2(OH)_2CO_3\downarrow$$

$$2Fe^{3+} + 3CO_3^{2-} + 3H_2O = 2Fe(OH)_3\downarrow + 3CO_2$$

$$Fe^{3+} + 3OH^- = Fe(OH)_3\downarrow$$

## 四、实验步骤

(1)称 15 g 粗盐,加 50 mL 自来水溶解(加热搅拌)。

其他试剂用量减半,称 7.5 g。

(2)除 $SO_4^{2-}$

将粗盐溶液加热至沸腾,边搅拌边滴加 1 mol · $L^{-1}$ $BaCl_2$ 溶液(共 3～4 mL),继续加热 5 min。

(3)检验 $SO_4^{2-}$ 是否除净

停止加热,让溶液静置,沉降至上部澄清,取上清液 0.5 mL,加几滴 6 mol · $L^{-1}$ HCl,加几滴 $BaCl_2$ 溶液,若无沉淀产生,表示 $SO_4^{2-}$ 已除净;若有沉淀,需再加 $BaCl_2$ 至 $SO_4^{2-}$ 沉淀完全。

(4)除去 $Ca^{2+}$、$Mg^{2+}$ 和过量 $Ba^{2+}$

将上述混合物加热至沸腾,边搅拌边滴加饱和 $Na_2CO_3$ 溶液(共 6～8 mL),直至沉淀完全。

(5)检验 $Ba^{2+}$ 是否除去

将上述混合物放置沉降,取 0.5 mL 上清液,滴加 3 mol · $L^{-1}$ $H_2SO_4$,若无沉淀,表示 $Ba^{2+}$ 已除净;否则,再补加 $Na_2CO_3$ 至沉淀完全。验证沉淀完全后,常压过滤,弃去沉淀,保留溶液。

(6)用 HCl 调节酸度,除去 $CO_3^{2-}$

在滤液中滴加 6 mol · $L^{-1}$ HCl,搅匀,用 pH 试纸检验,至 pH 为 2～3。

(7)加热,蒸发,结晶

将滤液在蒸发皿中加热蒸发,体积为 1/3 时(糊状,勿蒸干),停止加热,冷却、结晶、抽滤。用少量 95％乙醇洗涤沉淀,抽干。

(8)烘干

将抽滤得到的 NaCl 晶体,在干净、干燥的蒸发皿中小火烘干,冷却,称重________g,计算产率________。

(9)产品纯度的检验

称取粗盐和精盐各 0.5 g,分别用 5 mL 去离子水溶解备用。

①$SO_4^{2-}$ 的检验

各取上述两种盐溶液 1 mL 分别置于小试管中,各加 3～4 滴 1 mol · $L^{-1}$ $BaCl_2$,观察有无白色 $BaSO_4$ 沉淀。

②$Ca^{2+}$ 的检验

各取上述两种盐溶液 1 mL 分别置于小试管中,各加几滴 2 mol · $L^{-1}$ HAc 酸化,分别滴加 3～4 滴饱和 $(NH_4)_2C_2O_4$ 溶液,观察有无 $CaC_2O_4$ 白色沉淀。

③$Mg^{2+}$ 的检验

各取上述两种盐溶液 1 mL 分别置于小试管中,各加 4～5 滴 6 mol · $L^{-1}$ NaOH 摇匀,各加 3～4 滴镁试剂,若有蓝色絮状沉淀,表示含 $Mg^{2+}$。

## 五、思考题

(1)在除去 $Ca^{2+}$、$Mg^{2+}$、$SO_4^{2-}$ 时,为什么要先加入 $BaCl_2$ 溶液,然后再加入 $Na_2CO_3$ 溶液?

(2)为什么用 $BaCl_2$(毒性很大)而不用 $CaCl_2$ 除去 $SO_4^{2-}$?

(3)在除去 $Ca^{2+}$、$Mg^{2+}$、$Ba^{2+}$ 等离子时,能否用其他可溶性碳酸盐代替 $Na_2CO_3$?

(4)加 HCl 除去 $CO_3^{2-}$ 时,为什么要把溶液的 pH 调到 3～4?调至恰为中性好不好?

提示:从溶液中 $H_2CO_3$、$HCO_3^-$ 和 $CO_3^{2-}$ 浓度的比值与 pH 的关系去考虑。

## 实验四十二　五水硫酸铜的制备和质量分数的测定

### 一、实验目的

(1)解由不活泼金属与酸作用制备盐的方法。

(2)学习重结晶法提纯物质的原理与方法。

(3)学习水浴加热、蒸发、浓缩、固体灼烧等基本操作。

(4)掌握硫酸铜晶体($CuSO_4 \cdot 5H_2O$)质量分数的测定方法。

### 二、实验用品

仪器:电炉,烧杯,蒸发皿,玻璃棒,坩埚钳,水浴锅,布氏漏斗,吸滤瓶,真空泵,泥三角,托盘天平,碘量瓶,碱式滴定管,滴定台,蝴蝶夹,表面皿,滤纸。

药品:铜屑,碘化钾,3 $mol \cdot L^{-1}$硫酸,浓硝酸,无水乙醇,淀粉(0.5%),0.1 $mol \cdot L^{-1}$硫代硫酸钠标准溶液,去离子水。

### 三、实验原理

硫酸铜晶体($CuSO_4 \cdot 5H_2O$)俗称明矾或胆矾,它是一种蓝色的斜方晶体,是制备其他铜化合物的重要原料,也是电镀和纺织品媒染剂的原料。硫酸铜溶液具有一定的杀菌能力,加在贮水池或游泳池中可防止藻类的生长。它与石灰乳混合而得到的溶液,称为波尔多液,常用于防治果树和番茄的虫害。

铜是不活泼金属,不能直接和稀硫酸发生反应制备硫酸铜,必须加入氧化剂。在浓硝酸和稀硫酸的混合液中,浓硝酸将铜氧化成 $Cu^{2+}$,$Cu^{2+}$ 与 $SO_4^{2-}$ 结合得到硫酸铜 :

$$Cu + 2HNO_3 + H_2SO_4 \xlongequal{} CuSO_4 + 2NO_2\uparrow + 2H_2O$$

未反应的铜屑(不溶性杂质)用倾滗法除去。利用硝酸铜的溶解度在 0～100 ℃均大于硫酸铜溶解度的性质,溶液经蒸发浓缩析出硫酸铜,经过滤与可溶性杂质硝酸铜分离,得到粗产品。

硫酸铜的溶解度随温度升高而增大,可用重结晶法提纯。在粗产品硫酸铜中,加适量水,加热成饱和溶液,趁热过滤除去不溶性杂质。滤液冷却,析出硫酸铜晶体,过滤,与可溶性杂质分离,得到纯的硫酸铜晶体。

溶解度—温度曲线

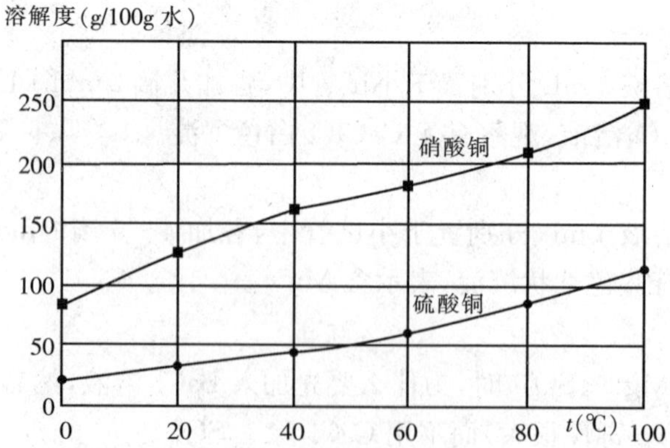


### 四、实验步骤

**1. 硫酸铜晶体的制备**

(1)灼烧

称取 1.5 g 铜屑，放入蒸发皿中，强烈灼烧至表面呈现黑色，让其自然冷却。

(2)制备

在灼烧过的铜屑中，加入 5.5 mL 3 mol·$L^{-1}$硫酸，然后缓慢、分批地加入 2.5 mL 浓硝酸(在通风橱中进行)，待反应缓和后盖上表面皿，水浴加热，补加 2.5 mL 3 mol·$L^{-1}$硫酸。铜屑近于完全溶解后，趁热用倾滗法将溶液转至小烧杯，留下不溶性杂质，然后将溶液转回洗净的蒸发皿中，水浴加热，蒸发浓缩至结晶膜出现。取下蒸发皿，使溶液冷却，析出粗的 $CuSO_4 \cdot 5H_2O$，抽滤，称重。

(3)重结晶

粗产品以 1.2 mL 水/g 的比例溶于水，加热使 $CuSO_4 \cdot 5H_2O$ 完全溶解，趁热过滤。

滤液收集在小烧杯中，让其自然冷却，即有晶体析出。完全冷却后，减压抽滤，用 3 mL 无水乙醇淋洗，抽干，称重，计算产率。

**2. $CuSO_4 \cdot 5H_2O$ 质量分数的测定**

称取 0.8 g 样品，精确至 0.0001 g，置于碘量瓶中，溶于 60 mL 水，加 5 mL 2 mol·$L^{-1}$硫酸及 3 g 碘化钾，摇匀。用 0.1 mol·$L^{-1}$硫代硫酸钠标准溶液滴定，近终点时，加 3 mL 淀粉指示剂，继续滴定至蓝色消失。平行测定 3 次，计算其平均值。

质量分数按下式计算：

$$w=\frac{249.7Vc}{1000m}\times 100$$

式中，$w$ 为 $CuSO_4 \cdot 5H_2O$ 的质量分数(%)；249.7 为 $CuSO_4 \cdot 5H_2O$ 的摩尔质量(g·$mol^{-1}$)；$V$ 为 $Na_2S_2O_3$ 标准滴定溶液的体积(mL)；$c$ 为 $Na_2S_2O_3$ 标准滴定溶液的实际浓度(mol·$L^{-1}$)；$m$ 为样品质量(g)。

## 五、思考题

(1)为什么不用浓硫酸与铜反应制备五水硫酸铜？

(2)为什么要缓慢、分批地加浓硝酸？

(3)为什么用 3 mol·$L^{-1}$的硫酸？

(4)重结晶时，提纯物与溶剂之间的量的关系如何确定？

(5)是否所有的物质都可以用重结晶方法提纯？

# 实验四十三　2-硝基-1,3-苯二酚的制备

## 一、实验目的

(1)学习磺化、硝化反应，加强对苯环定位规则的理解。

(2)加强水蒸气蒸馏操作的理解和训练。

## 二、实验原理

2-硝基-1,3-苯二酚的制备是一个巧妙地利用定位规律的例子。它是通过间苯二酚先磺化、再硝化最后去磺酸基而完成的。酚羟基为强的邻对位定位基，磺酸基为强的间位定位基，且是体积很大的基团，很容易通过水解而被除去。间苯二酚磺化时，磺酸基先进入最容易起反应的 4 位和 6 位，接着再硝化时，受定位规律支配，硝基只能进入位阻较大的 2 位，将硝化后的产物水解，即可得到产物。因此，在反应中磺酸基同时起了占位和定位的双重作用。

反应式：

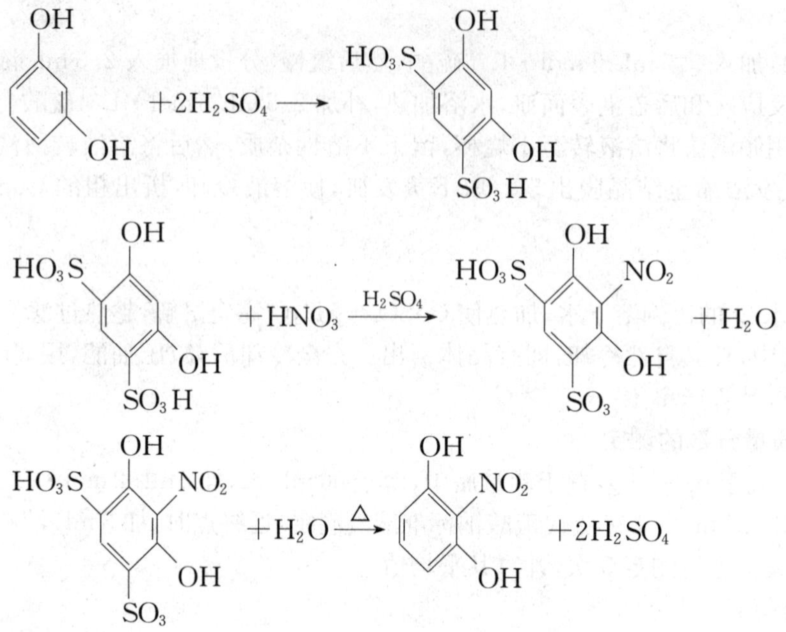


## 三、实验用品

仪器：三口烧瓶(100 mL)，水蒸气发生瓶，玻璃管，T 形管，蒸馏瓶，Y 形管，蒸馏头，直形冷凝管，尾接管和接收瓶，温度计，分液漏斗，锥形瓶，热源，量筒(25 mL)。

药品：5.5 g(0.05 moL)间苯二酚，58 g(31.6 mL、0.59 moL)浓硫酸($d=1.84$)，3.9 g(4 mL、0.063 moL)浓硝酸($d=1.42$)，乙醇，尿素

## 四、实验内容

在 250 ml 烧杯中放置 5.5 g 粉状的间苯二酚，在充分搅拌下小心地加入 25 mL 浓硫酸，此时反应液发热，立即生成白色的磺化产物，在室温放置 15 min，然后在冰水浴中冷至 0～10 ℃。

在锥形瓶中加入 4 mL 浓硝酸，在摇荡下加入 5.6 mL 浓硫酸制成混合酸并置于冰浴中冷却。用滴管将冷却好的混合酸慢慢滴加到上述磺化后的反应物中，并不停搅拌，控制反应温度不超过 30℃，此时反应物呈黄色黏稠状(不应为棕色或紫色)。滴加完毕后，在室温放置 15 min，然后小心加入 15 mL 冰水稀释，保持反应温度不超过 50 ℃。

将反应物转移到 250 mL 三颈瓶中，加入约 0.1 g 尿素，然后按水蒸气蒸馏装置进行水蒸气蒸馏，冷凝管壁和馏出液中有橘红色固体产生，至冷凝管壁上无橘红色固体时，即可停止蒸馏。将馏出液在水浴中冷却后，减压抽滤，粗产物用乙醇-水(约需 10 mL 50％乙醇)重结晶，得橘红色片状结晶，称重，计算产率，测定熔点。

纯粹 2-硝基-1,3-间苯二酚的熔点为 84～85 ℃。本实验约需 4 h。

## 五、注意事项

(1)间苯二酚需在研钵中研成粉状，否则磺化不完全。间苯二酚有腐蚀性，注意勿接触皮肤。

(2)如无有色磺化产物形成，可将反应物加热至 60～65℃。

(3)加入尿素的目的是使多余的硝酸与尿素反应生成络盐[$CO(NH_2)\cdot HNO_3$]，从而减少二氧化氮气体的污染。

(4)可用调节冷凝水速度的方法，避免产生的固体堵塞冷凝管。

## 六、思考题

(1)2-硝基-1,3-间苯二酚能否用间苯二酚直接硝化来制备，为什么？

(2)本实验硝化反应温度为什么要控制在30℃以下？

(3)进行水蒸气蒸馏前为什么要用冰水稀释？

# 实验四十四　环己酮的制备

## 一、实验目的

(1)通过制备环己酮，加深对氧化反应的理解。

(2)通过对简化的水蒸气蒸馏、蒸气蒸馏的装置使用，熟练蒸馏操作。

(3)掌握萃取、分离和干燥等实验操作。

## 二、实验原理

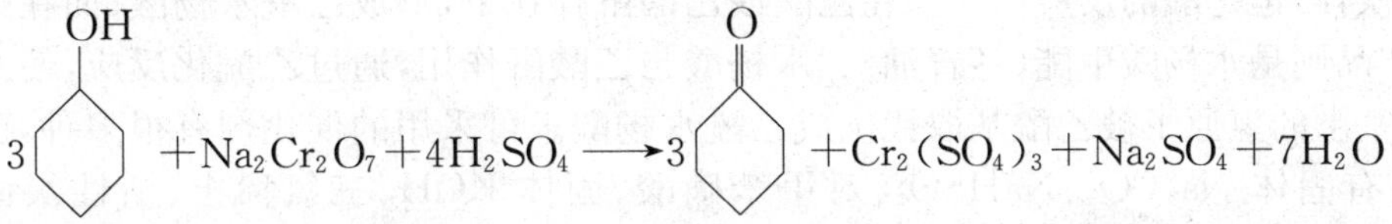


## 三、实验用品

仪器：蒸馏装置，分液漏斗。

药品：10 g(10.5 mL,0.1 mol)环己醇，10.5 g(0.035 moL)重铬酸钠($Na_2Cr_2O_7\cdot 2H_2O$)，浓硫酸，乙醚，精盐，无水碳酸钾。

## 四、实验内容

在250 mL圆底烧瓶中，溶解10.5 g重铬酸钠于60 mL水中，然后在充分搅拌下，慢慢加入9 mL浓硫酸，得一橙红色溶液，冷却至30℃以下备用。

在250 mL圆底烧瓶中加入10.5 mL环己醇，然后一次加入上述制备好的铬酸溶液，摇振使充分混合。放入一温度计，测量初始反应温度，并观察温度变化情况。当温度上升至55℃时，立即用水浴冷却，保持反应温度在55~60℃。约0.5 h后，温度开始出现下降趋势，移去水浴再放置0.5 h以上。其间要不时摇振，使之反应完全，反应液呈墨绿色。

在反应瓶内加入60 mL水和少许沸石，改成蒸馏装置。将环己酮与水一起蒸出来，直至馏出液不再混浊后再多蒸15～20 mL，约收集50 mL馏出液。馏出液用精盐饱和(约需12 g)后转入分液漏斗，静置后分出有机层。水层用15 mL乙醚提取一次，合并有机层与萃取液，用无水碳酸钾干燥，在水浴上蒸去乙醚后，蒸馏(用何种冷凝管?)，收集151～155℃馏分，并测定折光率，产量6～7 g。

纯粹环己酮的沸点为155.7℃，折光率$n_D^{20}$为1.4507。

本实验需4～6 h。

## 五、思考题

(1)本实验为什么要严格控制反应温度在55～60℃，温度过高或过低有什么不好？

(2)环己醇用铬酸氧化得到环己酮，用高锰酸钾氧化则得到己二酸，为什么？

(3)醛的铬酸氧化与酮的氧化在操作上有何不同？为什么？

## 实验四十五　乙酰水杨酸(阿司匹林)的制备

### 一、实验目的

(1)掌握羧酸酯制备的原理和方法。

(2)复习减压蒸馏、重结晶方法提纯有机物、熔点测定等基本操作。

(3)了解红外光谱在产物鉴定及纯度分析的运用。

### 二、实验原理

阿司匹林(Aspirin)是乙酰水杨酸的俗名,是在100多年前由德国科学家合成的,它为白色针状或片状晶体,能溶解于温水之中,口服后在肠内开始分解为水杨酸,有退热止痛作用。阿司匹林至今仍被广泛用于临床治疗和心脑血管疾病的预防,是一种最常用的解热镇痛、抗风湿类药物,而且近年来还不断发现其新的用途,被称为“百年魔药”。

水杨酸是个双官能团化合物,它既是酚又是羧酸。因此它能进行几种不同的酯化反应,它既是醇的反应伙伴,也是酸的反应伙伴。在乙酸或乙酸酐存在下,形成乙酰水杨酸;而在过量甲醇存在下,产品则是水杨酸甲酯(冬青油)。水杨酸与乙酸酐作用,通过乙酰化反应,使水杨酸分子中酚羟基上的氢原子被乙酰基取代生成乙酰水杨酸。可采用的催化剂有很多种,已见报道的催化剂有固体 $Na_2CO_3$、$NaHSO_4$、对甲苯磺酸、固体 KOH、三氯稀土、活性炭固载 $AlCl_3$、负载型杂多酸和微波辐射分子筛催化等。

本实验采用水杨酸为原料,以乙酸酐为酰化试剂,少量浓硫酸为催化剂(其作用是破坏水杨酸分子中羧基与酚羟基间形成的氢键,从而使酰化反应容易完成),制备阿司匹林。该方法是一种经典方法,工艺成熟,适合实验室制备。但产品收率不高,一般在65%~67%,副反应多。

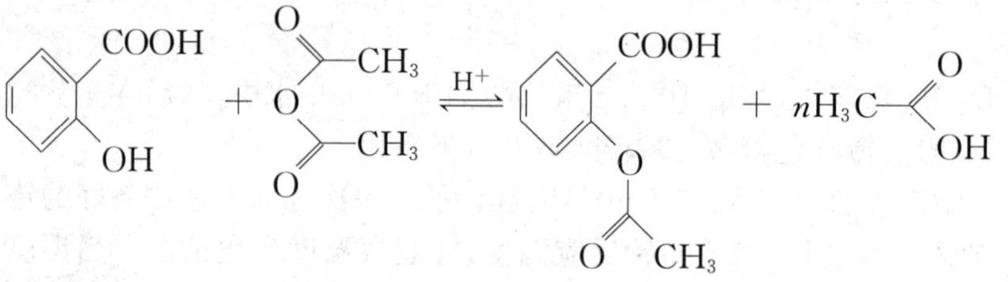


水杨酸　　　　乙酸酐　　　　　阿司匹林

红外吸收光谱又称为分子振动转动光谱。红外光谱在化学领域中的应用,大体上可分为两个方面:分子结构的基础研究和化学组成的分析。前者,应用红外光谱可以测定分子的键长、键角,以此推断出分子的立体构型;根据所得的力常数可以知道化学键的强弱;由简正频率来计算热力学函数,等等。但是,红外光谱最广泛的应用还在于对物质的化学组成进行分析。用红外光谱法可以根据光谱中吸收峰的位置和形状来推断未知物结构,依照特征吸收峰的强度来测定混合物中各组分的含量,加上此法具有快速、高灵敏度、试样用量少、能分析各种状态的试样等特点,因此它已成为现代结构化学、分析化学最常用和不可缺少的工具。

在红外光谱实验中,试样的制备及处理占有重要的地位。如果试样处理不当,即使仪器的性能很好,也不能得到满意的红外光谱图。一般来说,固体试样有压片法、石蜡糊法、薄膜法和溶液法。本次实验采用 KBr 压片法。

### 三、实验用品

仪器:单颈瓶(50 mL,干燥)、三颈瓶(150 mL,干燥)、量筒(10 mL、100 mL,干燥)、100 ℃温度计、短颈漏斗、抽滤装置、烧杯、试管。

药品:浓硫酸,95%乙醇,固体水杨酸(干燥),乙酐(新蒸馏),2%三氯化铁溶液。

## 四、实验步骤

### 1. 乙酸酐蒸馏

选用 50 mL 圆底瓶作为蒸馏瓶，按照蒸馏装置装配仪器，注意各仪器接头处应对接严密。安装完毕后拔下温度计，放上长颈三角漏斗。通过三角漏斗注入 10 mL 工业乙酸酐。取下三角漏斗，投入 2～3 粒沸石，重新装上温度计。加热，观察瓶中产生气雾的情况和温度计的读数变化。当气雾升至接触温度计的水银球时，温度计的读数会迅速上升，加热至沸腾(保持温和沸腾)，记下馏出第一滴液体时的温度。当温度升至 139 ℃时，换上一个已经称过重量的洁净、干燥的接收瓶，并控制温度使馏出速度为每秒钟 1～2 滴。当温度超过 140 ℃时停止蒸馏。如果前馏分太少，当温度升至 139 ℃时仍在冷凝管内流动，尚未滴入接收瓶，则应将最初接得的四五滴液体舍弃(当做前馏分处理)后再更换接收瓶。如果蒸馏瓶中只剩下 0.5～1 mL 液体，而温度仍然未升至 140 ℃，也应停止蒸馏，不宜将液体蒸干。

蒸馏结束，将接收到的正馏分称重并计算回收率。产品保存在干燥器中，待用。

### 2. 乙酰水杨酸的合成

(1)在 50 mL 干燥的单颈瓶中放置 6.3 g(0.045 mol)干燥的水杨酸和 9.5 g(约 9 mL，0.09 mol)的乙酸酐，磁力搅拌。

(2)水杨酸溶解后加 10 滴浓硫酸，反应开始会放热，若烧瓶不变热，再向混合物中补加浓硫酸和乙酸酐各 1 滴。

(3)当感觉到热效应时，将反应混合物放到 70 ℃左右的水浴中加热，维持反应 20 min，使其反应完全。

(4)趁热将反应液在不断搅拌下倒入 100 mL 冷水(纯水)中，然后，在冰水浴中冷却 15 min。

(5)待结晶完全后，抽滤，每次用 10 mL 纯水洗涤两次，得粗乙酰水杨酸。

(6)取少量乙酰水杨酸溶入几滴乙醇中，并滴加 1～2 滴 2%三氯化铁溶液，如果发生显色反应，说明仍有水杨酸存在，产物可用乙醇-水混合溶剂重结晶。

### 3. 乙酰水杨酸的精制

粗产品重结晶纯化：

(1)过滤杂质：将粗乙酰水杨酸放入三口瓶中，水浴升温至 50～60 ℃，一边缓慢滴加乙醇，直至固体刚好溶解。

(2)重结晶：趁热过滤至烧杯中，并将其在水浴中加热至微沸，加入与乙醇同体积的水(注意：加热不能太久)，冷却后放入冰箱保鲜室，析出白色结晶。

(3)抽滤，冷水洗两次。

(4)产品在 80 ℃下干燥 40 min 后冷至室温。

(5)过夜后称量，记录产品外观，计算产率。

### 4. 乙酰水杨酸的熔点测定

纯乙酰水杨酸为白色针状或片状晶体，乙酰水杨酸受热易分解，因此熔点不是很明显。它的熔点为 136 ℃，分解温度为 128～135 ℃。在测定熔点时，可先将载热体加热至 120 ℃左右，然后放入样品测定。测三组样，取平均值。

### 5. 乙酰水杨酸的纯度检验

(1)取少许水杨酸加入 4 mL 水和 2 滴 2% $FeCl_3$ 溶液，振摇并记录溶液颜色的变化。

(2)取少许乙酰水杨酸产品(约半个米粒大小)，加入约 4 mL 水和 2 滴 2% $FeCl_3$ 溶液，振摇并记录溶液颜色的变化。随后在沸水浴中放置 1～2 min，记录颜色变化。

(3)取少许乙酰水杨酸产品(约半个米粒大小),置烧杯中,加水 10 ml,煮沸,放冷,取上清液置试管中加 $FeCl_3$ 溶液 1 滴,观察溶液颜色的变化。

**6. 样品的红外光谱检测及分析(图 1)**

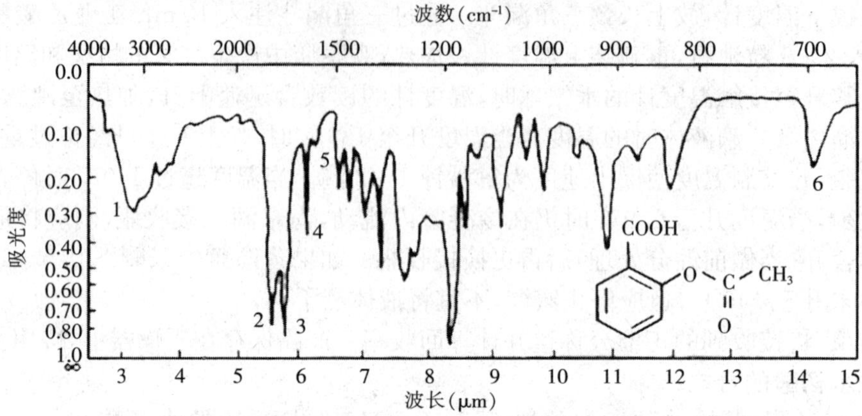


**图 1　乙酰水杨酸的红外光谱图**

KBr 压片法:取样品 0.5~2 mg,在玛瑙研钵中研细,再加入 100~200 mg 磨细干燥的 KBr 粉末,混合均匀后,加入压膜中,在压力机中边抽气边加压,制成一定直径及厚度的透明片,然后将此薄片放入仪器光束中进行测定。

解析红外光谱图时可先从各个区域的特征频率入手,发现某基团后,再根据指纹区进一步核证该基团以及与其他基团的结合方式。

## 五、注意事项

(1)水杨酸应当干燥,可在烘箱中 105 ℃下干燥 1 h;乙酸酐应当是新蒸的,收集 139~140 ℃的馏分。如果有水的存在,反应过程中乙酸酐会水解成乙酸。

(2)水杨酸形成分子内氢键,阻碍酚羟基酰化作用,水杨酸与酸酐直接作用须加热至 150~160 ℃才能生成乙酰水杨酸,如果加入浓硫酸(或磷酸),氢键被破坏,酰化作用可在较低温度下(60~80℃)进行,同时副产物大大减少。反应温度不宜过高,否则会增加副产物,如水杨酰水杨酸酯、乙酰水杨酰水杨酸酯等,所以在实验中要注意控制好反应温度。

(3)反应过程中,不宜将反应瓶移出水面。否则,生成的乙酰水杨酸也会从溶液中析出,无法判断水杨酸是否全溶。水杨酸溶解后,不久又有沉淀产生,属正常实验现象。

(4)重结晶时不宜长时间加热,因为在此条件下乙酰水杨酸容易水解。

## 六、思考题

(1)为什么使用新蒸馏的乙酸酐?

(2)乙酰水杨酸可以使用溶剂进行重结晶吗?重结晶时需要注意什么?

(3)测定乙酰水杨酸熔点时需要注意什么问题?

(4)本实验中可产生什么副产物?写出反应式。

(5)本实验是否可以使用乙酸代替乙酸酐?

(6)通过什么样的简便方法可以鉴定出阿司匹林是否变质?

## 七、结果与讨论

(1)产率计算与分析。

(2)乙酰水杨酸的纯度检验中颜色变化的分析与讨论。

(3)红外光谱图的分析。

# 第二章　性质和表征实验

## 实验一　燃烧热的测定

### 一、实验目的

(1)学会用氧弹热量计测定有机物燃烧热的方法。

(2)明确燃烧热的定义,了解恒压燃烧热与恒容燃烧热的关系。

(3)掌握用雷诺法和公式法校正温差的两种方法。

(4)掌握压片技术,熟悉高压钢瓶的使用方法,初步掌握用精密电子温差测量仪测定温度的改变值。

### 二、实验原理

**1. 燃烧与量热**

有机物的燃烧焓 $\Delta_c H_m$是指 1 mol 指定有机物在一定压力下完全燃烧所放出的热量,通常称燃烧热。所谓完全燃烧,常规定该化合物中各元素的燃烧产物为:C 变为 $CO_2(g)$,H 变为 $H_2O(l)$,S 变为 $SO_2(g)$,N 变为 $N_2(g)$。同时还必须指出,反应物和生成物在指定的温度下都属于标准状态。如苯甲酸在 298.15 K 时的燃烧反应过程为

$$C_6H_5COOH(固)+15/2\ O_2(气)=7CO_2(气)+3\ H_2O(液)$$

燃烧热的测定,除了有其实际应用价值外,还可用来求算化合物的生成热、化学反应的反应热和键能等。

量热方法是化学热力学的一个基本实验方法。根据反应条件,化学反应热效应可以有恒压燃烧热 $Q_p$和恒容燃烧热 $Q_v$之分。用氧弹热量计测得的是恒容燃烧热 $Q_v$;从手册上查到的燃烧热数值都是在 298.15 K、101.325 kPa 条件下,即标准摩尔燃烧焓,属于恒压燃烧热 $Q_p$。由热力学第一定律可知,$Q_v=\Delta U$,$Q_p=\Delta H$。若把参加反应的气体和反应生成的气体都作为理想气体处理,则它们之间存在以下关系:

$$\Delta H=\Delta U+\Delta(PV)$$

$$Q_p=Q_v+\Delta nRT$$

式中,$\Delta n$ 为反应前后反应物和生成物中气体物质的量之差;$R$ 为气体常数;$T$ 为反应的热力学温度。

本实验通过测定萘完全燃烧时的恒容燃烧热,计算出萘的恒压燃烧热。

热是一个很难测定的物理量,热量的传递往往表现为温度的改变。而温度却很容易测量。如果有一种仪器,已知它每升高一摄氏度所需的热量,那么,我们就可在这种仪器中进行燃烧反应,只要观察到所升高的温度就可知燃烧放出的热量。根据这一热量我们便可求出物质的燃烧热。本实验所用的氧弹热量计是一种环境恒温式热量计,它就是这样的一种仪器。

热量计的安装如图 1 所示,图 2 为氧弹剖面图。

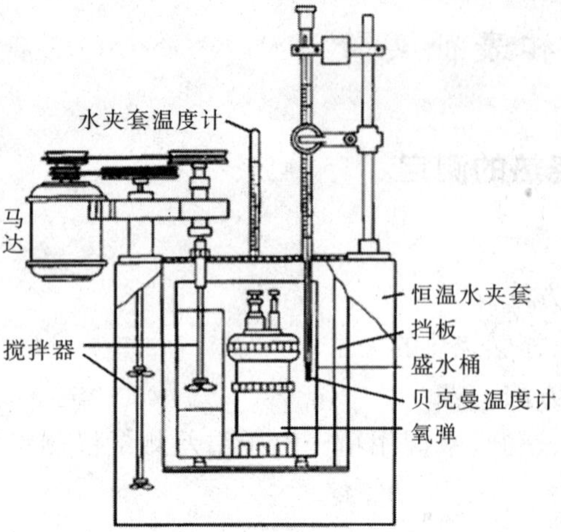


图 1　氧弹热量计安装示意图

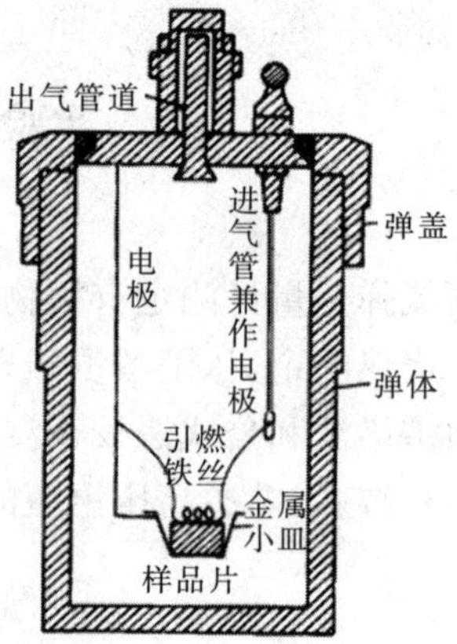


图 2　氧弹剖面图

**2. 氧弹热量计**

氧弹热量计的基本原理是能量守恒定律。样品完全燃烧所释放出的能量使得氧弹本身及其周围的介质和热量计有关附件的温度升高。测量介质在燃烧前后温度的变化值，就可求算出该样品的恒容燃烧热。

在本实验中，设有 $m$ g 物质在氧弹中燃烧，可使 $W$ g 水及量热器本身由 $T_1$ 升高到 $T_2$，令 $c_m$ 代表量热器的热容，$Q_v$ 为该有机物的恒容摩尔燃烧热，则：

$$|Q_v| = (c_m + W)(T_2 - T_1) \cdot M/m$$

式中，$M$ 为该有机物的摩尔质量。

该有机物的燃烧热则为：

$$\Delta_c H_m = \Delta_r H_m = Q_p = Q_v + \Delta nRT$$
$$= -M(c_m + W)(T_2 - T_1)/m + \Delta nRT$$

由上式可知，我们可先用已知燃烧热值的苯甲酸，求出量热体系的总热容量 $(c_m + W)$ 后，再用相同方法对其他物质进行测定，测出温升 $\Delta T = T_2 - T_1$，代入上式，即可求得其燃烧热。

为了保证样品完全燃烧，氧弹中须充以高压氧气，因此氧弹应有很好的密封性能，耐高压且耐腐蚀，氧弹放在一个与室温一致的恒温套壳中。盛水桶与套壳之间有一个高抛光的挡板，以减少热辐射和空气的对流。

**3. 雷诺法校正温差**

实际上，在实验过程中环境与体系间的热量传递无法完全避免，它对温差测量值的影响可用雷诺温度校正图校正，能较好地解决这一问题。具体方法为：将燃烧前后观察所得的一系列水温和时间关系作图，得一曲线，如图 3 所示。

图中，$H$ 点意味着燃烧开始，热传入介质的初始温度；$D$ 点为观察到的最高温度值；从相当于室温的 $J$ 点作水平线交曲线于 $I$ 点，过 $I$ 点作垂线 $ab$，再将 $FH$ 线和 $GD$ 线延长并交 $ab$ 线于 $A$、$C$ 两点，其间的温度差值即为经过校正的 $\triangle T$。图中 $AA'$ 为开始燃烧到温度上升至室温这一段时间 $\triangle t_1$ 内，由环境辐射和搅拌引进的能量所造成的升温，故应予扣除。$CC'$ 为由室温升到最高点 $D$ 这一段时间 $\triangle t_2$ 内，热量计向环境的热漏造成的温度降低，计算时必须考虑在内，故可认为，$AC$ 两点的差值较客观地表示了样品燃烧引起的升温数值。

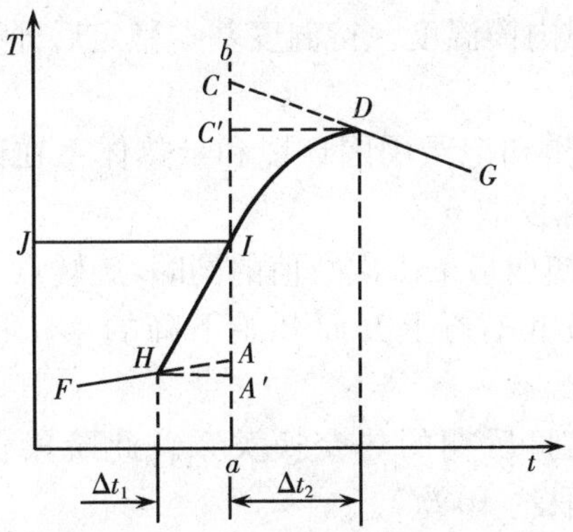


**图 3　雷诺温度校正图**

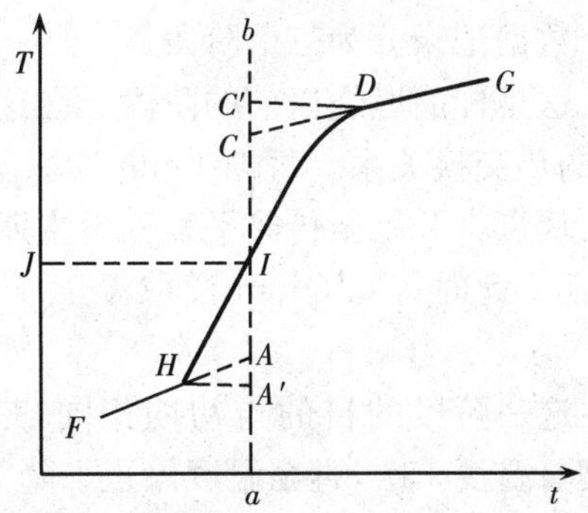


**图 4　绝热良好情况下的雷诺校正图**

在某些情况下，热量计的绝热性能良好，热漏很小，而搅拌器功率较大，不断引进的能量使得曲线不出现极高温度点，如图 4 所示。校正方法相似。

## 三、实验用品

仪器：氧弹热量计 1 套，直尺 1 把，精密电子温差测量仪 1 台，氧气钢瓶(带氧气表)1 个，万用电表 1 个，台秤 1 台，电子天平 1 台，压片机 1 台。

药品：引燃专用丝，苯甲酸(分析纯)，萘(分析纯)。

## 四、实验内容

**1. 测定热量计的水当量(即总热容量)**

(1)压片

用台秤预称取约 0.8 g 的苯甲酸(切勿超过 0.98)，在压片机上压成圆片。样片压得太紧，点火时不易全部燃烧；压得太松，样品容易脱落。将压片制成的样品放在干净的滤纸上，小心除掉有污染和易脱落部分，然后在分析天平上精确称量。

(2)装氧弹

将氧弹盖取下放在专用的弹头座上，用滤纸擦净电极及不锈钢坩埚。先放好坩埚，然后用镊子将样品放在坩埚正中央。取 10 cm 的镍铬燃烧丝，两端固定在电极上，并将中部紧贴在样品的上表面，然后小心旋紧氧弹盖。用万用表检查两电极间的电阻值，一般不应大于 20 Ω。

(3)充氧气

充气前先用扳手轻轻拧紧氧弹上的放气阀。用手拧掉氧弹上的充气阀螺丝，将氧气钢瓶上的充气管螺丝拧入充气阀，用扳手轻轻拧紧。检查氧气钢瓶上的减压阀，使其处于关闭状态，再打开氧气钢瓶上的总开关。然后轻轻拧紧减压阀螺杆(拧紧即是打开减压阀)，使氧气缓慢进入氧弹内。待减压阀上的减压表压力指到 1.8～2.0 MPa 时停止，使氧弹和钢瓶之间的气路断开。这时再从氧弹上取下充气螺丝，并将原来氧弹上的充气阀螺丝拧回原处。充气完毕，关闭氧气钢瓶总开关，并拧松减压阀螺杆。

(4)安装热量计

先放好内筒，调整好搅拌，注意不要碰壁。将氧弹放在内筒正中央，接好点火插头，加入 3 000 mL 自来水。插入精密电子温差测量仪上的测温探头，注意既不要和氧弹接触，也不要和内筒壁接触，使导线从盖孔中出来，安装完毕。再次用万用表检查电路是否畅通。

(5)数据测量

打开搅拌,稳定后打开精密电子温差测量仪,监视内筒温度。待温度基本稳定后开始记录数据,整个数据记录分为三个阶段:

初期:这是样品燃烧以前的阶段。在这一阶段观测和记录周围环境和量热体系在试验开始温度下的热交换关系。每隔1 min读取温度1次,共读取6次。

主期:从点火开始至传热平衡称为主期。在读取初期最末1次数值的同时,旋转点火旋钮即进入主期。此时每0.5 min读取温度1次,直到温度不再上升而开始下降的第1次温度为止。

末期:这一阶段的目的与初期相同,是观察在试验后期的热交换关系。此阶段仍是每0.5 min读取温度1次,直至温度停止下降为止(共读取约10次)。

停止观测温度后,从热量计中取出氧弹,缓缓旋开放气阀,在5 min左右放尽气体,拧开并取下氧弹盖,氧弹中如有烟黑或未燃尽的试样残余,试验失败,应重做。实验结束,用干布将氧弹内外表面和弹盖擦净,最好用热风将弹盖及零件吹干或风干。

样品点燃及燃烧完全与否,是本实验最重要的一步。

**2. 萘的燃烧热的测定**

称取约0.78 g萘,用上述同样的方法进行测定。

## 五、数据处理

(1)燃丝的燃烧值:镍铬丝为$-3242\,J\cdot g^{-1}$或$1.4\,J\cdot cm^{-1}$;苯甲酸燃烧热为$-26460\,J\cdot g^{-1}$。

(2)数据记录

室温________℃　　实验温度________℃

苯甲酸质量________g　　萘质量________g

镍丝质量________g　　剩余镍丝质量________g

将实验测得的苯甲酸及萘的时间和温度数据列表。

(3)作苯甲酸和萘的雷诺温度校正图,准确求出二者的$\Delta T$。由$\Delta T$计算体系的热容量$C$和萘的恒容燃烧热$Q_v$,并计算其恒压燃烧热$Q_p$。

(4)文献值

| 恒压燃烧焓 | $kcal\cdot mol^{-1}$ | $kJ\cdot mol^{-1}$ | $J\cdot g^{-1}$ | 测定条件 |
|---|---|---|---|---|
| 苯甲酸 | 3226.87 | −3226.9 | −26410 | $p$,20℃ |
| 萘 | 5153.85 | −5153.8 | −40205 | $p$,20℃ |

## 六、注意事项

(1)试样在氧弹中燃烧产生的压力可达14 MPa。因此在使用后应将氧弹内部擦干净,以免引起弹壁腐蚀,减少其强度。

(2)氧弹、量热容器、搅拌器在使用完毕后,应用干布擦去水迹,保持表面清洁干燥。

(3)氧气遇油脂会爆炸。因此氧气减压器、氧弹以及氧气通过的各个部件及连接部分不允许有油污,更不允许使用润滑油。如发现油垢,应用乙醚或其他有机溶剂清洗干净。

(4)坩埚在每次使用后,必须清洗和除去碳化物,并用纱布清除黏着的污点。

## 七、思考题

(1)固体样品为什么要压成片状?如何测定液体样品的燃烧热?

(2)根据误差分析，指出本实验的最大测量误差所在。

(3)如何用萘的燃烧热数据来计算萘的标准生成热？

*参考文献*

[1] 山东大学，等. 基础化学实验(Ⅲ)-物理化学实验. 第1版. 北京：化学工业出版社，2004.

[2] 复旦大学，等. 物理化学实验. 第2版. 北京：高等教育出版社，1993.

[3] 北京大学化学学院物理化学实验教学组. 物理化学实验. 第4版. 北京：北京大学出版社，2002

## 实验二　纯水的饱和蒸气压的测定

### 一、实验目的

(1)明确气液两相平衡的概念和液体饱和蒸气压的定义，了解纯液体饱和蒸气压与温度之间的关系。

(2)测定纯水在不同温度下的饱和蒸气压，并求在实验温度范围内的平均摩尔汽化热。

(3)了解旋片式真空泵、缓冲储气罐、数字式气压计的使用及注意事项。

### 二、实验原理

液体在密闭的真空容器中蒸发，当液体上方蒸气的浓度不变时，即气液两相平衡时的压力，称为饱和蒸气压或液体的蒸气压。当液体的饱和蒸气压与大气压相等时，液体就会沸腾，此时的温度就叫该液体的正常沸点。而液体在其他各压力下的沸腾温度称为沸点。当纯液体与其蒸气之间建立平衡时，液体的饱和蒸气压与温度的关系可用克拉贝龙方程式来表示：

$$\frac{dp}{dT}=\frac{\Delta H_m}{T\cdot\Delta V}$$

在讨论蒸气压小于101.325 kPa范围内的气液平衡时，可以引进两个合理的假设：一是液体的摩尔体积$V_l$与气体的摩尔体积$V_g$相比可略而不计，即$\Delta V=V_g-V_l\approx V_g$；二是蒸气可看成是理想气体，$V_g=RT/p$，在实验温度范围内$\Delta H_m$可视为常数。由此得到：

$$\frac{d\ln p}{dT}=\frac{\Delta H_m}{RT^2}$$

上式不定积分后得克劳修斯—克拉贝龙(Clausius-Clapeyron)方程式：

$$\lg p=-\frac{\Delta H_m}{2.303RT}+C$$

式中，$p$为液体在温度$T(K)$时的饱和蒸气压；$C$为积分常数。

实验测得各温度下的饱和蒸气压后，以$\lg p$对$1/T$作图，可得一直线，其斜率$m$为$-\frac{\Delta H_m}{2.303R}$，由此即可求得平均摩尔汽化热$\Delta H_m$。

测定饱和蒸气压的方法主要有静态法、动态法和饱和气流法。静态法是在一定温度下，直接测量饱和蒸气压。此法适用于具有较大蒸气压的液体，通常有升温法和降温法两种。动态法是测量沸点随施加的外压力而变化的一种方法。液体上方的总压力可调，而且用一个大容器的缓冲瓶维持给定值，用汞压力计测量压力值，加热液体待沸腾时测量其温度。饱和气流法是在一定温度和压力下，用干燥气体缓慢地通过被测纯液体，使气流为该液体的蒸气所饱和。用吸收法测量蒸气量，进而计算出蒸气分压，此即该温度下被测纯液体的饱和蒸气压。(该法适用于蒸气压较小的液体)

本实验采用降温法测定水在不同温度下的饱和蒸气压。实验装置如图1所示。

平衡管由试液球a和缓冲球b、c组成。平衡管上接一冷凝管，以橡皮管与压力计相连。a

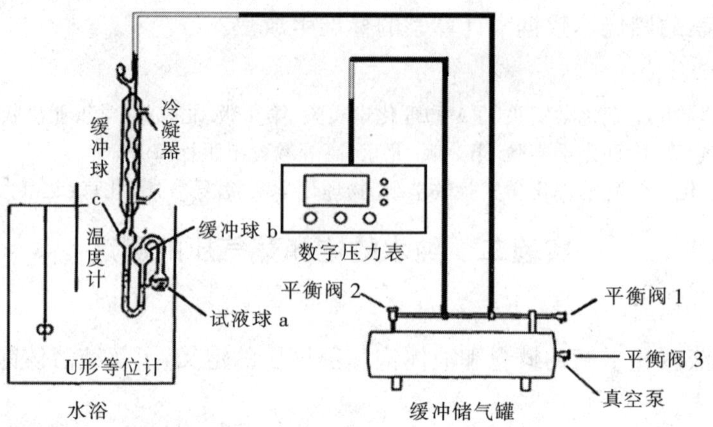


**图 1　纯液体饱和蒸气压测定装置示意图**

球内装待测液体，当 a 球的液面上纯粹是待测液体的蒸气，而 b、c 两球下方 U 形管内液面处于同一水平时，则表示 b 球内的压力(即 a 球液面上的蒸气压)与加在 c 球内的外压相等。此时，体系气液两相平衡的温度称为液体在此外压下的沸点。

## 三、实验用品

仪器：纯液体饱和蒸气压测定装置一套，DP－AF 精密数字压力计，加热装置一套，旋片式真空泵一个，乳胶管，橡皮管。

药品：纯水。

## 四、实验内容

**1. 装置仪器**

按图 1 装各部分。

**2. 系统气密性检查**

在开始实验前要检查装置是否漏气，关闭储气罐的平衡阀 1，打开平衡阀 2 和平衡阀 3，抽真空至压力计的示数为－50～60 kPa 时，停止抽气，观察测压仪读数，若读数不变，则系统不漏气；若真空度下降，则系统漏气，此时要查清漏气原因并排除之。

**3. 加药品**

若体系不漏气，则在平衡管的 a 球中装入 2/3 体积的纯水，在 b、c 球之间的 U 形管中也装入少量纯水。U 形管中不可装太多，否则既不利于观察液面，也易于倒灌。

**4. 排除 a 球和 b 球之间弯管内的空气**

接通冷凝水，打开平衡阀 1，加热水浴至沸腾，此时 a 球中的待测液体部分汽化，其蒸气夹带 U 形管内的空气一起从 c 球逸出，继续维持在 10 min 以上，以保证彻底排净 a、b 球间的空气。

**5. 饱和蒸气压的测定**

压力计清零，关闭平衡阀 1，此时体系内气体压力与室内气压相同。用真空泵调节压力计读数至约－40 mmHg，此值即为 c 球内气体压力与室内压力的差值。同时停止加热，待测液体的蒸气压(即 b 球内气体压力)随温度下降而逐渐降低。当蒸气压与 c 球内气体压力相等时，则 U 形管内两液面应平齐，立即记下此瞬间的温度(精确至 0.01 ℃)和压力计的压力。读数后立即继续抽真空，使压力计示数为约－80 mmHg 并继续降温，待 U 形管内液面再次平齐时，记下此瞬间的温度和压力。如此重复操作，使压力计读数分别依次递减−40 mmHg，直至为−400 mmHg（注意：实验中每次递减的压力要逐渐减小，为什么?），分别记录一系列的U形管内液面平齐时对应的温度和压力。

**6. 实验结束**

缓慢打开平衡阀1，使压力计示数缓缓上升至不变，关闭压力计。关闭冷凝水，拔下所有电源插头。

## 五、数据处理

(1)数据记录表

将温度、压力数据列表，算出不同温度的饱和蒸气压。

大气压=________kPa　　室温________℃

$p$(蒸气压)=大气压 + 气压计的读数(负值)−真空度

| | | | | | | |
|---|---|---|---|---|---|---|
| $\Delta p$ (mmHg) | | | | | | |
| $p$(mmHg) | | | | | | |
| $\ln p$ | | | | | | |
| $t$ (℃) | | | | | | |
| $1/T$ ( $K^{-1}$ ) | | | | | | |

(2)绘出被测液体的蒸气压—温度曲线，并求出指定温度下的温度系数 $dp/dT$。

(3)以 $\ln p$ 对 $1/T$ 作图，求出直线的斜率，并由斜率算出此温度范围内液体的平均摩尔汽化热 $\Delta_{vap}H_m$，求算纯液体的正常沸点。

## 六、注意事项

(1)减压系统不能漏气，否则抽气时达不到本实验要求的真空度。

(2)抽气速度要合适，必须防止平衡管内液体沸腾过剧，致使管内液体快速蒸发。

(3)实验过程中，必须充分排净a球和b球之间弯管内的全部空气，使B管液面上方只含待测液体的蒸气分子。平衡管必须放置于恒温水浴的水面以下，否则其温度与水浴温度不同。

(4)测定中，抽真空一定要及时，以免空气倒灌入a球中。如果发生倒灌，则必须重新排除空气。

## 七、思考题

(1)试分析引起本实验误差的因素有哪些?

(2)为什么a球和b球之间弯管内的空气要排干净？如何判断？如有空气存在，对实验结果有何影响?

(3)本实验方法能否用于测定溶液的饱和蒸气压？为什么?

(4)试说明压力计中所读数值是否是纯液体的饱和蒸气压?

(5)使用真空泵时，如何正确操作?

## 八、讨论

用升温法测定不同温度下纯液体(以水为例)饱和蒸气压的方法如下：

采用恒温槽为加热装置。将恒温槽温度调至第一个温度值(一般比室温高2℃左右)通冷凝水，打开平衡阀2，降压至液体轻微沸腾，此时a、b球间弯管内的空气不断随蒸气经c球逸出，如此沸腾数分钟，可认为空气被排除干净(体系减压至真空度达−90 kPa以上)。

当空气被排除干净，且体系温度恒定后(比室温高2℃左右)，慢慢打开平衡阀1，当b、c球之间的U形管内两液面相平时，立即关闭平衡阀1，读取数字压力计的真空度示数(如果放入空气过多，C管中液面低于B管的液面，须重新抽气，再调平齐)。此后，依次将恒温槽温度升高3～5℃，分别测其饱和蒸气压的真空度，总共测7～8个值。

恒温槽因温度升高后，液体的饱和蒸气压增大，液体会不断沸腾。为了避免U形管中液体大量蒸发，应随时打开平衡阀2缓缓放入少量空气，保持c球下端液面平静，无气泡冒出。当体系温度恒定后，再次打开平衡阀1，放入空气使U形管内液面平齐，记录温度和压差。如升温过程中，U形管内的液体发生暴沸，可漏入少量空气，以防止管内液体大量挥发而影响实验进行。

升温法测定中，打开进空气活塞时，不可太快，以免空气倒灌入a球和b球之间的弯管中，如果发生倒灌，则必须重新排除空气。

注意在停止抽气时，应先把真空泵与大气相通，打开平衡阀1通大气后方可关闭真空泵，否则可能使真空泵中的油倒灌入系统。

*参考文献*


[1] 山东大学，等. 基础化学实验(Ⅲ)-物理化学实验. 第1版. 北京：化学工业出版社，2004.

[2] 复旦大学，等. 物理化学实验. 第2版. 北京：高等教育出版社，1993.

[3] 华中科技大学. 基础化学实验. 第1版. 武汉：华中科技大学出版社，2004.

[4] 北京大学化学学院物理化学实验教学组. 物理化学实验. 第4版. 北京：北京大学出版社，2002.

[5] 辛剑，等. 基础化学实验. 第2版. 北京：高等教育出版社，2004.


## 实验三　溶液偏摩尔体积的测定

### 一、实验目的

(1)掌握用密度瓶测定溶液密度的方法。

(2)测定指定组成的乙醇-水溶液中各组分的偏摩尔体积。

(3)理解偏摩尔量的物理意义。

### 二、实验原理

在多组分体系中，某组分$i$的偏摩尔体积定义为：

$$V_{i,m}=\left(\frac{\partial V}{\partial n_i}\right)_{T,p,n_j(i\neq j)} \tag{1}$$

若是二组分体系，则有：

$$V_{1,m}=\left(\frac{\partial V}{\partial n_1}\right)_{T,p,n_2} \tag{2}$$

$$V_{2,m}=\left(\frac{\partial V}{\partial n_2}\right)_{T,p,n_1} \tag{3}$$

体系总体积

$$V=n_1V_{1,m}+n_2V_{2,m} \tag{4}$$

将式(4)两边同除以溶液质量$W$：

$$\frac{V}{W}=\frac{W_1}{M_1}\cdot\frac{V_{1,m}}{W}+\frac{W_2}{M_2}\cdot\frac{V_{2,m}}{W} \tag{5}$$

令

$$\frac{V}{W}=\alpha,\ \frac{V_{1,m}}{W}=\alpha_1,\ \frac{V_{2,m}}{W}=\alpha_2 \tag{6}$$

式中，$\alpha$是溶液的比容；$\alpha_1$、$\alpha_2$分别为组分1、2的偏质量体积。将式(6)代入式(5)可得：

$$\alpha = W_1\%\alpha_1 + W_2\%\alpha_2 = (1-W_2\%)\alpha_1 + W_2\%\alpha_2 \tag{7}$$

将式(7)对 $W_2\%$微分：

$$\frac{\partial\alpha}{\partial W_2\%} = -\alpha_1 + \alpha_2\text{，即 } \alpha_2 = \alpha_1 + \frac{\partial\alpha}{\partial W_2\%} \tag{8}$$

将式(8)代回式(7)，整理得

$$\alpha_1 = \alpha - W_2\% \cdot \frac{\partial\alpha}{\partial W_1\%} \tag{9}$$

和

$$\alpha_2 = \alpha + W_1\% \cdot \frac{\partial\alpha}{\partial W_2\%} \tag{10}$$

所以，实验求出不同浓度溶液的比容 $\alpha$，作 $\alpha$—$W_2\%$关系图，得曲线 $CC'$(图 1)。如欲求 $M$ 浓度溶液中各组分的偏摩尔体积，可在 $M$ 点作切线，此切线在两边的截距 $AB$ 和 $A'B'$ 即为 $\alpha_1$ 和 $\alpha_2$，再由关系式(6)就可求出 $V_{1,m}$ 和 $V_{2,m}$。

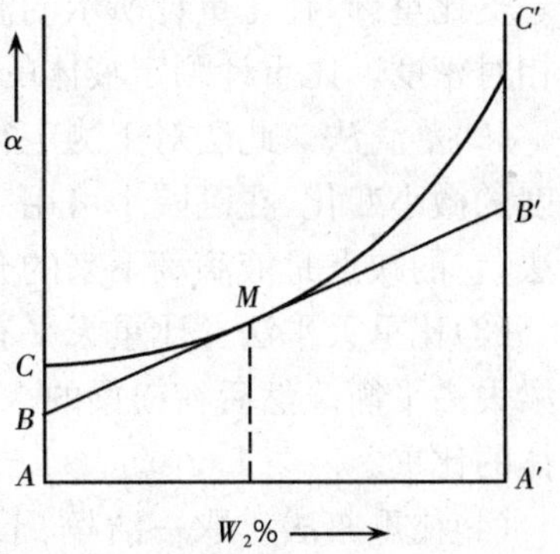


**图 1　比容—质量百分比浓度关系**

## 三、实验用品

仪器：恒温槽 1 台，电子天平(公用)，比重瓶(10 mL) 2 个，磨口三角瓶(50 mL)4 个。

药品：无水乙醇(分析纯)，纯水。

## 四、实验内容

(1)调节恒温槽温度为(25.0±0.1)℃。

(2)以无水乙醇(A)及纯水(B)为原液，在磨口三角瓶中用天平称重，配制含 A 质量百分数为 0%、20%、40%、60%、80%、100%的乙醇水溶液，每份溶液的总质量控制在 25 mg 左右。配好后盖紧塞子，以防挥发。摇匀待用。

(3)用天平精确称量两个洁净、干燥的密度瓶，然后盛满纯水(注意不得存留气泡)置于恒温槽中恒温 10 min。用滤纸迅速擦去毛细管膨胀出来的水。取出比重瓶，擦干外壁，迅速称重。

(4)同法测定每份乙醇-水溶液的密度。

## 五、注意事项

(1)恒温过程应密切注意毛细管出口液面，如因挥发液滴消失，可滴加少许被测溶液以防挥发之误。

(2)实验过程中毛细管里始终要充满液体，注意不得存留气泡。

(3)拿比重瓶应手持其颈部。

(4)为减少挥发误差，动作要敏捷。每份溶液用两密度瓶进行平行测定，结果取其平均值。

## 六、数据处理

(1)根据 25℃时水的密度和称重结果，求出密度瓶的容积。

(2)计算所配溶液中乙醇的准确质量百分数。

(3)计算实验条件下各溶液的比容。

(4)以比容为纵轴、乙醇的质量百分浓度为横轴作曲线，并在 30%乙醇处作切线与两侧纵轴相交，即可求得 $\alpha_1$ 和 $\alpha_2$。

(5)求算含乙醇 30%的溶液中各组分的偏摩尔体积及 100 g 该溶液的总体积。

## 七、思考题

(1)使用密度瓶时应注意哪些问题?

(2)如何使用密度瓶测量粒状固体的密度?

(3)为提高溶液密度测量的精度,可做哪些改进?

## 八、讨论

密度($\rho$)是物质的基本特性常数,其单位为:$kg \cdot m^{-3}$。它可用于鉴定化合物纯度和区别组成相似而密度不同的化合物。常用的方法有以下几种:

(1)比重计法　市售的成套密度计是在一定温度下标度的,根据液体相对密度的大小,选择一支比重计,在比重计所示的温度下插入待测液体中,从液面处的刻度可以直接读出该液体的相对密度。比重计测定液体的相对密度操作简单、方便,但不够精确。

(2)落滴法　此法对于测定很少液体的密度特别有用,准确度比较高,可用来测定溶液中浓度的微小变化,在医院中可用于测定血液组成的改变,在同位素重水分析中是一种很有用的方法,它的缺点是液滴滴下来的介质难于选择,因此影响它的应用范围。

(3)比重天平法　比重天平有一个标准体积与重量的测锤,浸没于液体之中获得浮力而使横梁失去平衡。然后在横梁的V形槽里置相应重量的骑码,使梁恢复平衡,从而能迅速测得液体的比重。

(4)比重瓶法　取一洁净、干燥的比重瓶,在分析天平上称重为$W_0$,然后用已知密度为$\rho_1$的液体(一般为蒸馏水)充满比重瓶,盖上带有毛细管的磨口塞,置于恒温槽恒温10 min后,用滤纸吸去塞子上毛细管口溢出的液体,取出小瓶擦干外臂,再称重得$W_1$。

同样,按上述方法测定待测液体的质量$W_2$,然后用下式计算待测液体的密度。

$$\rho=\frac{W_2-W_0}{W_1-W_2}\cdot\rho_1 \tag{11}$$

对固体密度的测定也可用比重瓶法。其方法是首先称出空比重瓶的质量为$W_0$,再向瓶内注入已知密度的液体(该液体不能溶解待测固体,但能润湿待测固体),盖上瓶塞。置于恒温槽中恒温10 min,用滤纸小心吸去比重瓶塞上毛细管口溢出的液体,取出比重瓶擦干,称出质量为$W_1$。倒去液体,吹干比重瓶,将待测固体放入瓶内,恒温后称得质量为$W_2$。然后向瓶内注入一定量上述已知密度的液体。将瓶放在真空干燥器内,用油泵抽气3~5 min,使吸附在固体表面的空气被全部抽走,再往瓶中注入上述液体,并充满。将瓶放入恒温槽,然后称得质量为$W_3$,则固体的密度可由式(11)计算:

$$\rho_2=\frac{W_2-W_0}{(W_1-W_2)-(W_3-W_2)}\cdot\rho \tag{12}$$

*参考文献*

[1] 山东大学,等.基础化学实验(Ⅲ)-物理化学实验.第1版.北京:化学工业出版社,2004.

[2] 复旦大学,等.物理化学实验.第2版.北京:高等教育出版社,1993.

[3] 北京大学化学学院物理化学实验教学组.物理化学实验.第4版.北京:北京大学出版社,2002.

# 实验四　双液系的气—液平衡相图

## 一、实验目的

(1) 绘制在大气压力下水—正丙醇双液系的气—液平衡相图,了解相图和相律的基本概念。

(2)掌握测定双组分液体沸点的方法。

(3)掌握用折光率确定二元液体组成的方法。

## 二、实验原理

任意两个在常温时为液态的物质混合起来组成的体系称为双液系。两种溶液若能按任意比例进行溶解，称为完全互溶双液系；若只能在一定比例范围内溶解，称为部分互溶双液系。水-正丙醇二元体系就是完全互溶双液系。

液系蒸馏时的气相组成和液相组成并不相同。通常用几何作图的方法将双液系的沸点对其气相和液相的组成作图，所得图形叫双液系的沸点($T$)组成($x$)图，即 $T—x$ 图。它表明了在沸点时的液相组成和与之平衡的气相组成之间的关系。

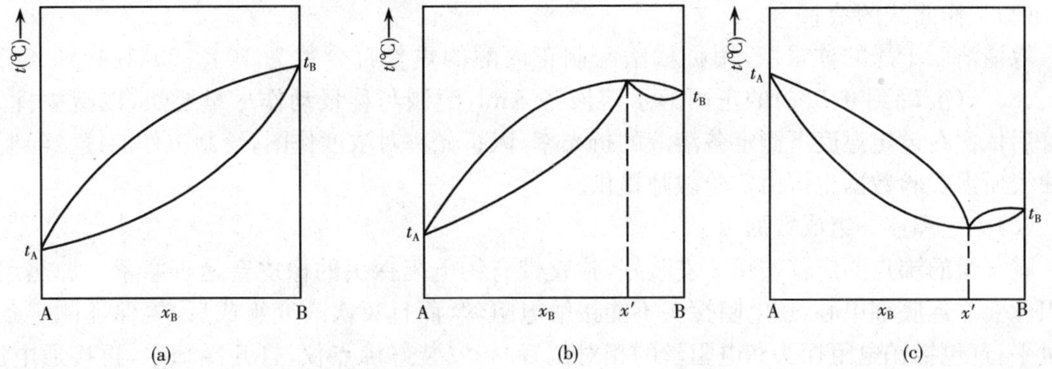


**图 1　双液系的 $T—x$ 图**

双液系的 $T—x$ 图有三种情况：

(1)近似理想溶液的 $T—x$ 图[图 1(a)]。它表示混合液的沸点介于 A、B 二纯组分沸点之间。这类双液系可用分馏法从溶液中分离出两个纯组分。

(2)最低恒沸点体系的 $T—x$ 图[图 1(b)]。这类体系的 $T—x$ 图上有一个最高点，此点相互平衡的液相和气相具有相同的组成，叫做最高恒沸点。

(3)最高恒沸点体系的 $T—x$ 图[图 1(c)]。这类体系的 $T—x$ 图上有一个最低点，此点相互平衡的液相和气相也具有相同的组成，叫做最低恒沸点。

对于(2)和(3)这两类的双液系，用分馏法不能从溶液中分离出两个纯组分。

本实验选择一个具有最低恒沸点的水-正丙醇体系。在 101.325 kPa 下测定一系列不同组成的混合溶液的沸点及在沸点时呈平衡的气、液两相的组成，绘制 $T—x$ 图，并从相图中确定恒沸点的温度和组成。

测定沸点的装置叫沸点测定仪(图 2)。这是一个带回流冷凝管的长颈圆底烧瓶。冷凝管底部有一半球形小室，用以收集冷凝下来的气相样品。电流通过浸入溶液中的电阻丝。这样既可减少溶液沸腾时的过热现象，还能防止暴沸。测定时，铂电阻探头一定要插在液面下，以便准确测出平衡温度。

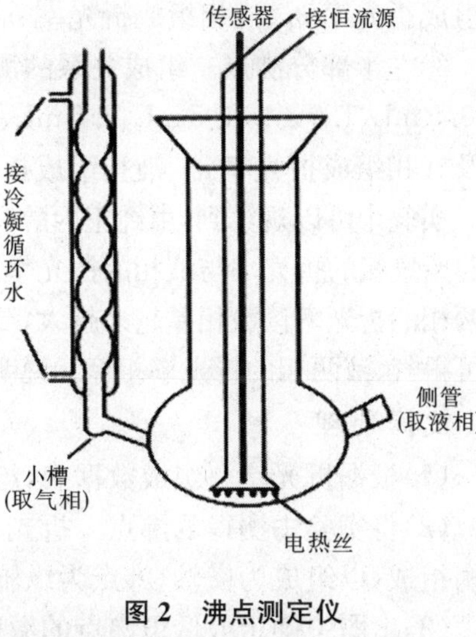


**图 2　沸点测定仪**

由于水和正丙醇的折光率相差较大，而折光率的测定又只需少量样品，所以，可用折光率—组成工作曲线来测得平衡体系的两相组成。阿贝(Abbe)折光仪的原理及使用详见本书附录。

## 三、实验用品

仪器：沸点测定仪 1 套，阿贝折光仪 1 台，超级恒温水浴 1 台，长滴管 15 支，10 mL 具塞试管 15 支，擦镜纸若干，10 mL 吸量管 1 支，20 mL 移液管 1 支，50 mL 移液管 1 支。

药品：正丙醇（分析纯）。

## 四、实验步骤

（1）调节恒温槽温度比室温高 5 ℃，通恒温水于阿贝折光仪中。

纯液体折光率的测定：分别测定蒸馏水和正丙醇的折光率，重复 2～3 次。

（2）工作曲线的绘制

取清洁而干燥的称量瓶，用称量法配制正丙醇的重量百分数为 10%、20%、40%、50%、70%、85%（准确到 0.5%）的正丙醇水溶液各 5 ml，配制与称量动作尽量要快，以减少挥发。配好后依次在设定温度下测定各溶液的折光率，以折光率对浓度作图，绘制工作曲线。绘制工作曲线所需实验数据也可由实验教师提供。

（3）测定沸点—组成数据

将干燥的沸点测定仪按图 2 安装好，检查带有铂电阻探头的橡皮塞是否塞紧。加热用的电阻丝要靠近底部中心，铂电阻探头不能接触电阻丝，而且每次改变组成后，要保证测定条件尽量平行（包括铂电阻探头和电阻丝的相对位置）。安装好沸点仪，打开冷却水，再接通电源，调节直流稳压电源电压调节旋钮，使加热电压为 10～15V，缓慢加热使沸点仪中溶液沸腾。最初冷凝管下端小槽中的冷凝液不能代表平衡时的气相组成。将小槽中的最初冷凝液体倒回蒸馏器，并反复 2～3 次，待溶液沸腾且回流正常，温度读数恒定后，记录溶液沸点。然后停止加热，用干燥的长滴管自冷凝管口伸入小槽，吸取其中全部冷凝液，注入干燥的具塞试管中，盖塞保存。用另一支干燥的滴管由侧管吸取圆底烧瓶内的溶液约 1 mL 注入另一干燥的具塞试管中，盖塞保存。上述两者即可认为是体系平衡时气、液两相的样品。待样品冷却后，分别迅速测定它们的折光率。

①左半部分沸点—组成关系的测定　取 40 mL 蒸馏水加入沸点仪中，然后依次加入正丙醇 1.0 mL、1.5 mL、2.0 mL、4.0 mL、5.0 mL、10.0 mL。用上述方法分别测定各溶液沸点及气相组成折光率 $n_g$、液相组成折光率 $n_l$。实验完毕，将溶液倒入回收瓶中。

②左半部分沸点—组成关系的测定　取 50 mL 正丙醇加入沸点仪中，然后依次加入蒸馏水 0.5 mL、1.0 mL、1.5 mL、2.0 mL、2.5 mL、4.0 mL、6.0 mL。用上述方法分别测定各溶液沸点及气相组成折光率 $n_g$、液相组成折光率 $n_l$。实验完毕，将溶液倒入回收瓶中。

实验中可以观察到，由纯正丙醇和纯水各自向降低自身浓度的方向进行测定，测定的折光率由起始气相的折光率与液相的折光率读数相差不大，随着纯正丙醇或水的加入，溶液的取出，气、液两相的折光率读数相差越来越大，到一定程度后两相读数又会越来越接近，沸点逐渐降低，最后可得气、液两相的折光率相等。说明气、液两相的组成相等，沸点不变，即达最低恒沸点。

## 五、数据处理

（1）根据折光率—组成数据表，绘制成工作曲线。

（2）将实验中测得的沸点—折光率数据列表，根据工作曲线确定各待测溶液气相和液相的平衡组成，以组成为横轴、沸点为纵轴，绘出气相与液相的平衡曲线，即双液系相图。

（3）由图中确定最低恒沸点的温度和组成。

## 六、注意事项

(1)在 $P_0$ 下测得的沸点为正常沸点。通常外界压力并不恰好等于 101.325 kPa,因此应对实验测得值作压力校正。校正式系从特鲁顿(Trouton)规则及克劳修斯-克拉贝龙方程推导而得。

$$\Delta t_{压}=(273.15+t_A)/10\cdot(101325-p)/101325$$

式中,$\Delta t_{压}$ 为由于压力不等于 101.325kPa 而带来的误差(℃);$t_A$ 为实验测得的沸点(℃);$p$ 为实验条件下的大气压(Pa)。

(2)经校正后的体系正常沸点应为

$$t_{沸}=t_A+\Delta t_{压}$$

## 七、思考题

(1)待测溶液的浓度是否需要精确计量?为什么?

(2)如何判断气、液两相已达平衡?

(3)按所得的相图,讨论此溶液蒸馏时的分离情况?

## 参考文献

[1] 山东大学,等.基础化学实验(Ⅲ)-物理化学实验.第1版.北京:化学工业出版社,2004.

[2] 复旦大学,等.物理化学实验.第2版.北京:高等教育出版社,1993.

[3] 北京大学化学学院物理化学实验教学组.物理化学实验.第4版.北京:北京大学出版社,2002.

# 实验五　DTA 法绘制萘-苯甲酸的二组分相图

## 一、实验目的

(1)应用 DTA 法绘制萘和苯甲酸的二组分相图。

(2)初步掌握差热分析仪的使用原理和方法。

## 二、实验原理

在程序控制一定温度变化速率的条件下,测量样品与参比物之间温差随温度或时间变化的关系,这一种方法样品用量少,操作简便易行,并具有较高精确度等一系列优点。纯样品在受热熔化时要释放或吸收热量,在差热分析仪上就出现特征放热峰或吸热峰,并有一对应的相变温度,若在一纯组分中加入另一组分,其混合物熔化温度下降,并随着样品组分的变化,放热峰或吸热峰的温度也随之相应变化(图 1),若以各组分对相应组分的熔化温度作图,可得二元体系低共熔混合物相图,如图 2 所示。

## 三、实验用品

仪器:差热分析仪 1 台。

药品:纯萘,纯苯甲酸。

## 四、实验内容

(1)将纯萘和纯苯甲酸分别研细并分别放入干燥器干燥 24 h。

(2)配制不同质量百分数的萘和苯甲酸混合物各 1 g,萘含量分别为 0%、10%、20%、30%、40%、50%、60%、70%、80%、90%、100%。混合后充分研细混匀,并分别装入磨口称量瓶中。

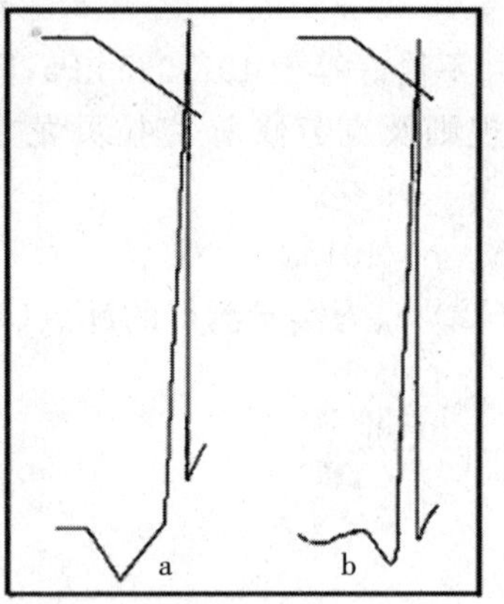


**图 1　差热峰图**

a. 纯苯甲酸的差热峰　b. 纯萘的差热峰

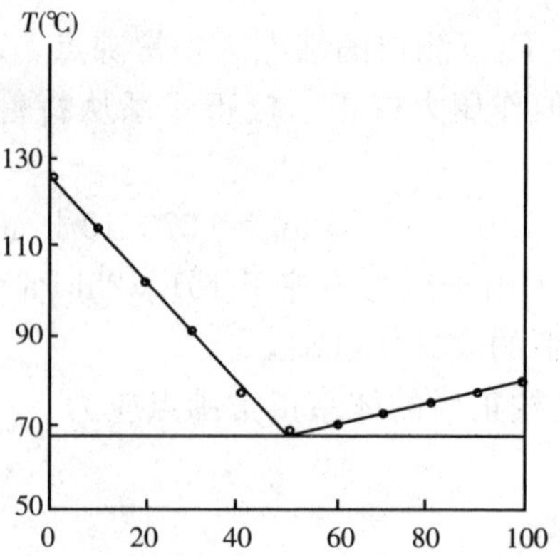


**图 2　萘和苯甲酸二元系 *T*—*x* 图**

(3)在差热分析仪的样品池中，称取 25 mg 左右的上述混合物，在参比池中称取 25 mg 左右的 $\alpha$-$Al_2O_3$。在样品池和参比池上加盖封闭，进行差热分析。

(4)测试条件：升温速率 5 ℃/min，走纸速度 120 mm/h。

## 五、注意事项

(1)在样品池和参比池上要加盖封闭，防止样品池中样品挥发。

(2)样品需干燥，并且要充分混匀研细。

(3)样品和参比物用量尽可能保持一致。

## 六、数据处理

以样品的相变温度对样品的质量百分数作图，即得萘和苯甲酸低共熔混合物的二组分相图。

## 七、思考题

(1)试分析影响实验的主要因素。

(2)测试时，在样品池上若不加盖封闭，对实验结果会产生什么影响？

## 八、讨论

DTA 曲线转变确定方法较多，本实验以曲线的陡峭部分的切线和基线交点的温度为温度读数。

# 实验六　Sn-Bi 二组分金属相图的绘制

## 一、实验目的

(1)应用步冷曲线的方法绘制 Sn-Bi 二组分体系的相图。

(2)掌握金属相图炉的基本原理和使用方法。

## 二、实验原理

相图是用以研究体系的状态随浓度、温度、压力等变量的改变而发生变化的图形，它可以表示出在指定条件下体系存在的相数和各相的组成，对蒸气压较小的二组分凝聚体系，常以温度—组成图来描述。

热分析法是绘制相图常用的基本方法之一。这种方法是通过观察体系在冷却(或加热)时温度随时间的变化关系，来判断有无相变的发生。通常的做法是先将体系全部熔化，然后让其在一定环境中自行冷却，并每隔一定的时间记录一次温度，以温度($T$)为纵坐标、时间($t$)为横坐标，画出称为步冷曲线的 $T—t$ 图。图 1 所示为二组分金属体系的一种常见类型的步冷曲线。当体系均匀冷却时，如果体系不发生相变，则体系的温度随时间的变化将是均匀的，冷却也较快(如图中 ab 段)。若在冷却过程中发生了相变，由于在相变过程中伴随着热效应，所以体系温度随时间的变化速度将发生改变，体系的冷却速度减慢，步冷曲线就出现转折(如图中 b 点所示)。当熔液继续冷却到某一点时(如图中 c 点)，由于此时熔液的组成已达到最低共熔混合物的组成，故有最低共熔混合物的析出，在最低共熔混合物完全凝固以前，体系温度保持不变，因此步冷曲线出现平台(如图中 cd 段)。当熔液完全凝固后，温度才迅速下降(如图中 de 段)。

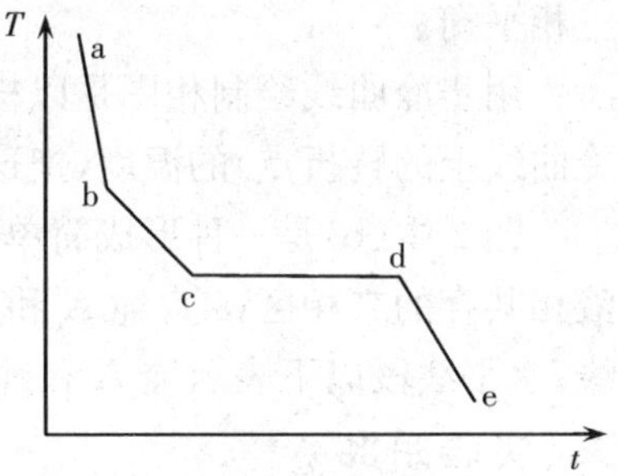


**图 1　步冷曲线**

测定一系列不同组成的样品的步冷曲线，从步冷曲线上找出各相应体系发生相变的温度，就可绘制出被测体系的相图，如图 2 所示。

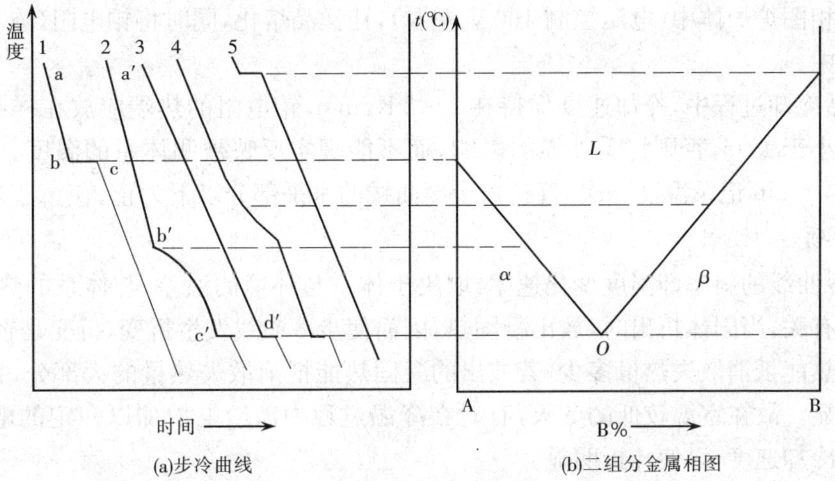


(a)步冷曲线　　(b)二组分金属相图

**图 2　根据步冷曲线绘制相图**

纯物质的步冷曲线如 1、5 所示。体系从高温冷却，开始降温很快，ab 线的斜率决定于体系的散热程度。当冷到 A 物质的熔点时，固相 A 开始析出，体系处于两相平衡(溶液和固体 A)状态，此时体系的温度维持不变，步冷曲线出现 bc 水平段，直到其中液相全部消失，温度才开始下降。

混合物步冷曲线(如 2、4)与纯物质的步冷曲线(如 1、5)不同。如 2 的起始温度下降很快(如 a′b′段)，冷却到 b′点的温度时，开始有固相析出，这时体系呈两相，因为液相的成分不断改变，所以其平衡温度也不断改变。由于凝固热的不断放出，其温度下降较慢，曲线的斜率较小(b′c′段)。到了最低共熔点温度后，体系出现三相，温度不再改变，步冷曲线又出现水平段 c′d′，直到液相完全凝固后，温度又迅速下降。

曲线 3 表示其组成恰为最低共熔混合物的步冷曲线，其图形与纯物相似，但它的水平段是三相平衡。

用步冷曲线绘制相图是以横轴表示混合物的成分，在对应的纵轴标出开始出现相变(即步冷曲线上的转折点)的温度，把这些点连接起来即得相图。

图2中(b)是一种形成简单共熔混合物的二组分体系相图。图中 $L$ 为液相区；$\beta$ 为纯 B 和液相共存的二相区；$\alpha$ 为纯 A 和液相共存的二相区；水平段表示 A、B 和液相共存的三相共存线；水平线段以下表示纯 A 和纯 B 共存的二相区；O 为最低共熔点。

## 三、实验用品

仪器：金属相图炉(800 W)，炉体上装有电压调节器，微电脑控制器，宽肩硬质玻璃样品管，铂电阻(PT100)，铂电阻套管，皮塞。

药品：Sn，Bi，石墨粉。

## 四、实验内容

(1)配制不同质量百分数的锡、铋混合物各 100 g(含量分别为 0%、20%、40%、60%、80%、100%)，分别放在 6 支硬质试管中，各加入少许石墨粉，以防止金属在加热过程中接触空气而氧化。

(2)依次测含锡质量分别为 0%、20%、40%、60%、80%、100%样品的步冷曲线。将样品管放在金属相图炉炉体中(电压控制 160 V 左右)，让样品熔化，同时将铂电阻(连不锈钢套管)插入样品管中。

(3)样品冷却过程中，冷却速度保持在 6～8 K/min，铂电阻的热端应放在样品中央，离样品管管底不小于 1 cm，否则将受外界的影响，而不能真实反映被测体系的温度。当样品均匀冷却时，每隔 1 min 记录温度一次，直到在步冷曲线的水平部分以下为止。

## 五、注意事项

(1)步冷曲线的斜率即温度变化速率，取决于体系与环境的温差，与体系的热容量和热传导率等因素有关，当固体析出时，放出凝固热，因而使步冷曲线发生折变，折变是否明显决定于放出的凝固热能抵消散失热量多少，若放出的凝固热能抵消散失热量的大部分，折变就明显，否则就不明显。故在室温较低的冬天，有时在降温过程中需给电炉加以一定的电压(20 V 左右)，来减缓冷却速度，以使转折明显。

(2)测定一系列成分不同的样品的步冷曲线就可绘制相图。但在很多情况下随物相变化而产生的热效应很小，步冷曲线上转折点不明显，在这种情况下，需采用较灵敏的方法进行。另一方面目前实验所用的简单体系为 Cd-Bi、Bi-Sn、Pb-Zn 等，它们挥发的蒸气对人体健康有危害性，而且样品用量大，危害性更大。时间久了这些混合物难以处理。故实验改用热分析的另一种差热分析(DTA)法或差示扫描(DSC)法。

(3)锡-铋二组分体系的最低共熔点温度约为 137 ℃。

## 六、数据处理

(1)利用所得步冷曲线，绘制锡-铋二组分体系的相图，并注出相图中各区域的相平衡。

(2)从相图中求出低共熔点的温度及低共熔混合物的成分。

## 七、思考题

(1)何谓热分析法？用热分析法测绘相图时，应该注意些什么？

(2)用相律分析在各条步冷曲线上出现平台的原因。

(3)为什么在不同组分熔融液的步冷曲线上，最低共熔点的水平线段长度不同？

(4)升温曲线是否也可作相图？

*参考文献*


[1] 山东大学，等. 基础化学实验(Ⅲ)-物理化学实验. 第1版. 北京：化学工业出版社，2004.

[2] 复旦大学，等. 物理化学实验. 第2版. 北京：高等教育出版社，1993.

[3] 北京大学化学学院物理化学实验教学组. 物理化学实验. 第4版. 北京：北京大学出版社，2002.

[4] 辛剑等. 基础化学实验. 第2版. 北京：高等教育出版社，2004.


## 实验七　三组分体系等温相图

### 一、实验目的

(1)熟悉相律，掌握用三角形坐标表示三组分体系相图。

(2)掌握用溶解度法绘制相图的基本原理。

(3)用溶解度法做出具有一对共轭溶液的苯-醋酸-水体系的相图(溶解度曲线及连接线)。

### 二、实验原理

三组分体系 $C=3$，当体系处于恒温恒压条件时，根据相律，体系的条件自由度 $f$ 为

$$f^{*}=3-\Phi \tag{1}$$

式中，$\Phi$ 为体系的相数。体系的最大条件自由度 $f^{*}_{\max}=3-1=2$，因此，浓度变量最多只有两个，可用平面图表示体系状态和组成间的关系，称为三元相图。通常用等边三角形坐标表示，如图1所示。

等边三角形顶点分别表示纯物 A、B、C，AB、BC、CA 三条边分别表示 A 和 B、B 和 C、C 和 A 所组成的二组分体系，三角形内任何一点都表示三组分体系的组成。图1中 P 点的组成表示如下：

经 P 点作平行于三角形三边的直线，并交三边于 a、b、c 三点。若将三边均分成 100 等份，则 P 点的 A、B、C 组成分别为：A%＝Pa＝Cb，B%＝Pb＝Ac，C%＝Pc＝Ba。

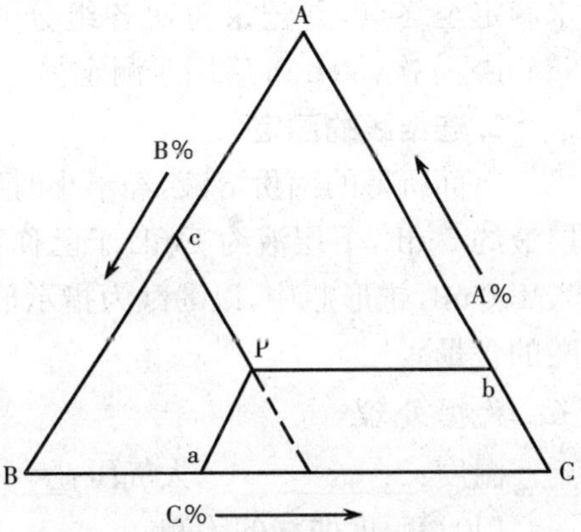


图1　等边三角形法表示三元相图

本实验讨论的苯-醋酸-水体系属于具有一对共轭溶液的三液体体系，即三组分中两对液体 A 和 B、A 和 C 完全互溶，而另一对 B 和 C 只能有限度地混溶，如图2所示。

图2中，$E$、$K_2$、$K_1$、$P$、$L_1$、$L_2$、$F$ 点构成溶解度曲线，$K_1L_1$、$K_2L_2$ 等是连接线。溶解度曲线内是两相区，即一层是苯在水中的饱和溶液，另一层是水在苯中的饱和溶液。曲线外是单相区。因此，利用体系在相变化时清浊现象的出现，可以判断体系中各组分间互溶度的大小。本实验是向均相的苯-醋酸体系滴加水使之变成二相混合物的方法，确定二相间的相互溶解度。

为了绘制连接线，在两相区配制混合溶液，达到平衡时，两相的组成一定，只需分析每相中的一个组分的含量(重量百分组成)，在溶解度曲线上就可以找出每相的组成点，连接共轭溶液组成点的连线，即为连接线。本实验先在两相区内配制两个混合液(组成已知)，然后用 NaOH 分别滴定每对共轭相中的醋酸含量，根据醋酸含量在溶解度曲线上找出每对共轭相的

组成点，连接组成点即为连接线（注意：连接线必须通过混合液的物系点）。

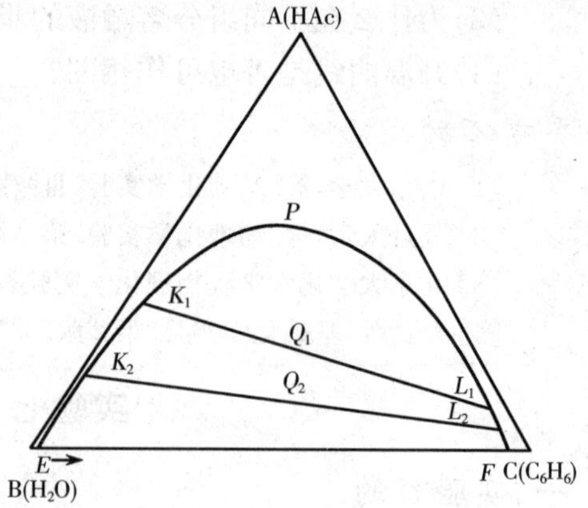

B、C-指顶点 E、F-为曲线与 BC 的交点

**图 2 共轭溶液的三元相图**

## 三、实验用品

仪器：带塞锥形瓶（100 mL）2 个，具塞锥形瓶（25 mL）4 只，酸式滴定管（25 mL）1 支，碱式滴定管（50 mL）1 支，移液管（1 mL、2 mL）各 1 支，移液管（15 mL、20 mL）各 1 支，吸量管（10 mL）1 支，锥形瓶（150 mL）2 个。

药品：冰醋酸（分析纯），苯（分析纯），标准 NaOH 溶液（0.2 mol・$m^{-3}$），酚酞指示剂。

## 四、实验内容

### 1. 测定互溶度曲线

在洁净的酸式滴定管内装水，用移液管取 10.00 mL 苯及 4.00 mL 醋酸于干燥的 100 mL 带塞锥形瓶中，然后慢慢滴加水，同时不停摇动，至溶液由清变浑，即为终点，记下水的体积，再向此瓶中加入 5.00 mL 醋酸，体系又成均相，再用水滴定至终点，然后依次用同样方法加入 8.00 mL、8.00 mL 醋酸，分别用水滴至终点，记录每次各组分的用量。最后再加入 10.00 mL 苯和 20.00 mL 水，加塞摇动，并每间隔 5 min 摇动一次，30 min 后用此溶液测连接线。

另取一只干燥的 100 mL 具塞锥形瓶，用移液管加入 1.00 mL 苯及 2.00 mL 醋酸，用水滴至终点，以后依次加入 1.00 mL、1.00 mL、1.00 mL、1.00 mL、2.00 mL、10.00 mL 醋酸，分别用水滴定至终点，并记录每次各组分的用量。最后再加入 15.00 mL 苯和 20.00 mL 水，每隔 5 min摇一次，30 min 后用于测定另一条连接线。

### 2. 连结线的测定

上面所得的两份溶液，经半小时后，待二层液分清，用干燥的移液管（或滴管）分别吸取上层液约 5 mL，下层液约 1 mL 于已称重的 4 个 25 mL 具塞锥形瓶中，再称其重量，然后用水洗入 150 mL 锥形瓶中，以酚酞为指示剂，用 0.2 mol・$L^{-3}$标准氢氧化钠溶液滴定各层溶液中醋酸的含量。

## 五、数据处理

温度：________ 大气压：________

（1）溶解度曲线的绘制

根据苯、醋酸和水的实际体积及由本书附录查得实验温度时三种试剂的密度，算出各组分的质量百分含量，列入表 1 和表 2。

**表 1 各组分的密度**

| 密度（g・$mL^{-1}$） | | |
|---|---|---|
| $CH_3COOH$ | $C_6H_6$ | $H_2O$ |
| | | |

**表 2　各点组分的百分含量(%)**

| 序号 | 醋酸 | | 苯 | | 水 | | 总质量 | 质量百分数(%) | | |
|---|---|---|---|---|---|---|---|---|---|---|
| | mL | g | mL | g | mL | g | g | 醋酸 | 苯 | 水 |
| 1 | 4.00 | | 10.00 | | | | | | | |
| 2 | 9.00 | | 10.00 | | | | | | | |
| 3 | 17.00 | | 10.00 | | | | | | | |
| 4 | 25.00 | | 10.00 | | | | | | | |
| 5 | 2.00 | | 1.00 | | | | | | | |
| 6 | 3.00 | | 1.00 | | | | | | | |
| 7 | 4.00 | | 1.00 | | | | | | | |
| 8 | 5.00 | | 1.00 | | | | | | | |
| 9 | 6.00 | | 1.00 | | | | | | | |
| 10 | 8.00 | | 1.00 | | | | | | | |
| 11 | 18.00 | | 1.00 | | | | | | | |
| 12 | | | | | | | | | | |
| 13 | | | | | | | | | | |
| $Q_1$ | | | | | | | | | | |
| $Q_2$ | | | | | | | | | | |

注:表 2 中 12、13 为图 2 中 $E$、$F$ 两点,其数据参考表 3。

**表 3　苯与水之间的相互溶解度**

| 体系 | | 溶解度($w_A$%) | | | | |
|---|---|---|---|---|---|---|
| A | B | 10℃ | 20℃ | 25℃ | 30℃ | 40℃ |
| $C_6H_6$ | $H_2O$ | 0.163 | 0.175 | 0.180 | 0.190 | 0.206 |
| $H_2O$ | $C_6H_6$ | 0.036 | 0.050 | 0.060 | 0.072 | 0.102 |

将以上组成数据在三角形坐标纸上作图,即得溶解度曲线。

(2)连接线的绘制

$C_{NaOH}=$________

**表 4　共轭两相中醋酸的含量**

| 溶液 | | 质量(g) | $V_{NaOH}$(mL) | 醋酸含量 $w$(%) |
|---|---|---|---|---|
| 第一瓶 | 上层 | | | |
| | 下层 | | | |
| 第二瓶 | 上层 | | | |
| | 下层 | | | |

①将实验所得数据填在表 4 中,计算两瓶中最后醋酸、苯、水的质量百分数,标在三角形坐标纸上,即得相应的物系点 $Q_1$ 和 $Q_2$。

②将标出的各相醋酸含量点画在溶解度曲线上,上层醋酸含量画在含苯较多的一边,下层画在含水较多的一边,即可作出 $K_1L_1$ 和 $K_2L_2$ 两条连接线,它们应分别通过物系点 $Q_1$ 和 $Q_2$。

## 六、注意事项

(1)因所测体系含有水的成分,故玻璃器皿均需干燥。

(2)在滴加水的过程中须一滴一滴地加入,且需不停地摇动锥形瓶,由于分散的"油珠"颗粒能散射光线,所以体系出现浑浊,如在 2~3 min 仍不消失,即到终点。

(3)在实验过程中注意防止或尽可能减少苯和醋酸的挥发，测定连接线时取样要迅速。

## 七、思考题

(1)为什么根据体系由清变浑的现象即可测定相界？

(2)如连接线不通过物系点，其原因可能是什么？

(3)本实验中根据什么原理求出苯-醋酸-水体系的连接线？

# 实验八　可逆电池电动势与温度系数的测定

## 一、实验目的

(1)掌握用电动势法测定化学反应热力学函数的原理和方法。

(2)在不同温度下测定电池的电动势值，并计算电池反应的热力学函数——$\Delta G$、$\Delta S$、$\Delta H$。

## 二、实验原理

化学反应的热效应可以用量热计直接测量，也可用电化学方法来测量。由于电池的电动势可以测得很准，因此所得数据常较热化学方法所得的结果可靠。

在恒温、恒压、可逆的操作条件下，电池所做的电功是最大有用功。利用对消法测定电池的电动势 $E$ 即可获得相应的电池反应的自由能的改变值

$$\Delta_r G_m = -nEF \tag{1}$$

根据吉布斯-亥姆霍兹公式

$$\Delta_r G_m - \Delta_r H_m = \mathrm{T}\left(\frac{\partial \Delta_r G_m}{\partial T}\right)_p = -T\Delta_r S_m \tag{2}$$

将(1)代入(2)，得

$$\Delta_r H_m = -nEF + nFT\left(\frac{\partial E}{\partial T}\right)_p \tag{3}$$

$$\Delta_r S_m = nF\left(\frac{\partial E}{\partial T}\right)_p \tag{4}$$

因此，将化学反应设计成一个电池，测量各个温度下电池的电动势，以温度对电动势作图，从曲线的斜率可以求得任一温度下的 $\mathrm{d}E/\mathrm{d}T$ 值。利用上述公式，即可求得该反应的热力学函数 $\Delta_r G_m$、$\Delta_r H_m$ 和 $\Delta_r S_m$ 等。其中 $E$、$\left(\frac{\partial E}{\partial R}\right)_p$ 分别为电动势及温度系数，而 $n$、$F$ 分别为电极反应的电子计量数和法拉第常数 $96485\mathrm{C \cdot mol^{-1}}$。

测量可逆电池的电动势不能直接用伏特计来测量。因为电池与伏特计相接后，整个线路便有电流通过，此时电池内部由于存在内电阻而产生某一电位降，并在电池两极发生化学反应，溶液浓度发生变化，电动势数据不稳定。因此，要准确测定电池的电动势，只有在电流无限小的情况下进行，所采用的对消法就是根据这个要求设计的。

对消法的原理是在待测电池上并联一个大小相等、方向相反的外加电势差，这样待测电池中没有电流通过，外加电势差的大小即等于待测电池的电动势。

对消法测电动势常用的仪器为电位差计，其简单原理如图 1 所示。电位差计由工作电流回路、标准回路和测量回路组成。

**1. 工作电流回路**

图 1 中，$AB$ 为均匀滑线电阻，通过可变电阻 $R$ 与工作电源 $E$ 构成回路，其作用是调节可变电阻 $R$，使流过回路的电流为某一定值，这样 $AB$ 上有一定的电位降产生。工作电源 $E$ 可用蓄电池或稳压电源，其输出电压必须大于待测电池的电动势。

**2. 标准回路**

$S$ 为电动势精确已知的标准电池，$C$ 是可在 $AB$ 上移动的接触点，$K$ 是双向开关，$KC$ 间有一灵敏度很高的检流计 G。当 $K$ 换向 $S$ 一方时，$AC_1GS$ 回路的作用是校准工作电流回路以标定 $AB$ 上的电位降。如标准电池 $S$ 的电动势是 1.01865V，则先将 $C$ 点移到 $AB$ 标记1.01865V的 $C_1$ 处，迅速调节直至使 G 中无电流通过。此时 $S$ 的电动势与 $AC_1$ 间的电位降大小相等、方向相反而对消。

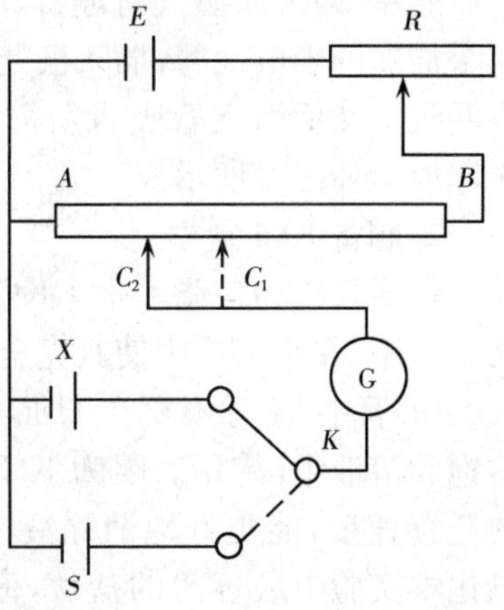

**图 1　对消法测电动势原理图**

**3. 测量回路**

当双向开关 $K$ 换向 $X$ 一方时，用 $AC_2GX$ 回路根据校正好的 $AB$ 上的电势降来测量未知电池的电动势。在保持校准后的工作电流不变(即固定 $R$)的条件下，在 $AB$ 上迅速移动到 $C_2$ 点，使 G 中无电流通过，此时 $X$ 的电动势与 $AC_2$ 间的电位降等值反向而对消，于是 $C_2$ 点所标记的电位降数值即为 $X$ 的电动势。由于使用过程中工作电池的电压会有所变化，要求每次测量前均需重新校正标准回路的电流。

对于电池：

$Zn \mid ZnSO_4(0.100\,mol\cdot dm^{-3}) \parallel Cl^-(1.0\,mol\cdot dm^{-3}\,KCl) \mid AgCl(s)\text{-}Ag$，饱和 KCl 盐桥

该电池的正极反应为：$2AgCl(s)+2e^- = 2Ag+2Cl^-$

负极反应为：$Zn = Zn^{2+}+2e^-$

电池总反应为：$Zn+2AgCl(s) = 2Ag+Zn^{2+}+2Cl^-$

各电极电位为：

$$E_{右}=E^{\ominus}_{AgCl/Ag}+\frac{RT}{2F}\ln\frac{a_{AgCl}}{a^2_{Cl^-}}=E^{\ominus}_{AgCl/Ag}+\frac{RT}{F}\ln\frac{1}{a_{Cl^-}}$$

$$E_{左}=E^{\ominus}_{Zn^{2+}\,zn}+\frac{RT}{2F}\ln\frac{a_{Zn^{2+}}}{a_{Zn}}=E^{\ominus}_{Zn^{2+}\,Zn}+\frac{RT}{2F}\ln a_{Zn^{2+}}$$

$$E=E_{右}-E_{左}$$

$n$ 为 2，只要在不同温度 $T$ 下测出电动势 $E$，便可用(1)、(3)和(4)计算 $\Delta_r G_m$、$\Delta_r H_m$ 和 $\Delta_r S_m$。

## 三、实验用品

仪器：UJ－25 型电位差计，恒温槽，检流计，标准电池，直流稳压源，标准电池，铂电极 4 只，Ag-AgCl(s)参比电极，导线若干。

药品：0.100 mol·$L^{-3}$ 的 $ZnSO_4$，饱和 $Hg_2(NO_3)_2$ 溶液。

## 四、实验内容

**1. 电极制备**(可由实验室准备)

制备 Zn 电极，用细晶相砂纸将 Zn 电极轻轻擦光，放入浓硝酸中泡 5～10 min，用蒸馏水冲洗干净，将电极泡于 0.100 mol·$L^{-3}$ $ZnSO_4$ 溶液中，用直流稳压电源在电压为 6 V，电流为 3 mA的条件下镀 Zn 达 20 min，由于制备的 Zn 电极稳定性较差，所以必须进行汞齐化，使表面形成一层汞齐，防止表面形成 ZnO 薄膜而引起钝化。汞齐化的时间不宜太长，只要将镀好的 Zn 电极插入饱和的 $Hg_2(NO_3)_2$ 溶液中 2～3 s 即可拿出。否则电极表面的 Zn 将与 $Hg_2(NO_3)_2$ 溶液反应，取出电极用滤纸轻轻吸取电极表面上的 $Hg_2(NO_3)_2$ 溶液，把滤纸放入

广口瓶中(因为汞蒸气有剧毒,不要将滤纸丢失在地上)。取一个洁净的半电池管,插入已处理的电极金属,并塞紧封口使不漏气。然后由支管吸入所需的 0.100 mol·$L^{-3}$ $ZnSO_4$溶液即成。如图 2 所示。

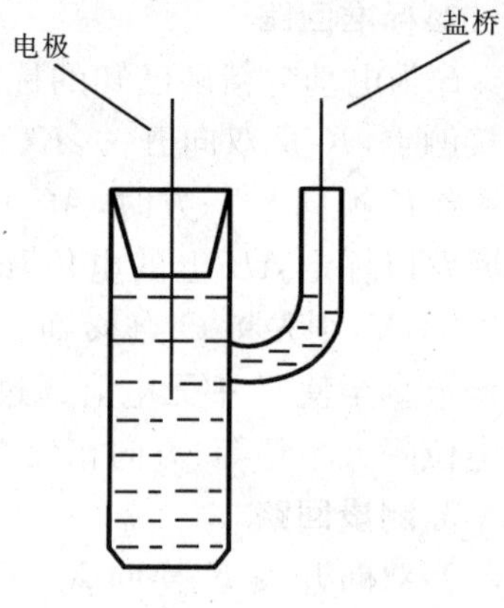

**图 2　半电池管**

**2. 制备 KCl 盐桥**

将质量比为琼脂∶水∶KCl=3∶97∶30 的混合物放入锥形瓶中,在水浴锅中使其完全溶解,用滴管取其溶液迅速装入 U 形管中,注意不要在 U 形管中引入气泡,放入盛有 KCl 的饱和溶液中,待用。因为 KCl 中的 $K^+$ 和 $Cl^-$ 有几乎相等的迁移速度,能更好地消除液体接界电势,所以 KCl 盐桥是电化学实验中最理想的盐桥,但它不能用于含 $Ag^+$、$Hg^+$ 等能与 $Cl^-$ 发生反应的离子溶液中,也不能用在含有 $ClO_4^-$ 等与 $K^+$ 起作用的溶液中。

**3. 组装待测电池**

Zn | $ZnSO_4$(0.100 mol·$L^{-3}$) ‖ $Cl^-$(1.0 mol·$L^{-3}$) | AgCl(s)-Ag

**4. 测量电池的电动势**

①打开恒温槽,使其恒温在(25±0.2)℃。将制备好的 Zn 电极、参比电极及盐桥组成电池,置于恒温槽中,恒温10~15 min。将标准电池、工作电源、待测电池以及检流计分别与 UJ-25 型电位差计各指示部位相连。

②然后进行标准化过程。先读室温,将标准电池在室温时的电动势计算出来,温度与电动势的关系为:

$$E=E_{20}[1-4.06\times10^{-5}(t-20)+9.5\times10^{-7}(t-20)^2]$$

惠斯顿标准电池的电动势在 20 ℃时为 1.0186 V。将算出的值在 $E_N$旋钮处标出,将换挡旋钮打在 N 上,先旋转“粗”键,并调节电位差计面板在上面的“粗”“中”“细”三个电阻旋钮,使检流计上的指针指示为零,再旋转“细”键,重复调节“粗”“中”“细”三个电阻旋钮,使检流计上的指针指示为零,即完成标准化过程,在以后测量过程中经常进行标准化。

③将换挡旋钮打在 $X_1$或 $X_2$处,重复标准化过程相同的操作。调节中间 5 个大旋钮,使检流计指针指示为零,此时的旋钮读数就是所测电池的电动势。测量中不断标准化,至少测 3 次,取平均值作为此时电动势的值。

注意:为防止电极极化,尽快达到对消,可在测量前粗估一下自己所测电池的电动势,将 5 个大旋钮的读数放到粗估的数字上,然后用细调旋钮慢慢调整,并注意在调节时不可将电位差计上的“粗”“细”键拴死。

④改变恒温槽温度,测量电动势,每个温度下测 3 次,共测 4 个温度,相邻温差维持在5 ℃(温度要保持在恒温后 10 min 再测量)。

## 五、数据记录与处理

室温:________ K　　大气压:________ kPa

| 温度 | 电动势测量值 | | | 平均值 |
|---|---|---|---|---|
| 25℃ | | | | |
| 30℃ | | | | |
| 35℃ | | | | |
| 40℃ | | | | |

(1)以温度为横坐标，电动势平均值为纵坐标，作 $E—T$ 图，并求出该电池的温度系数 $(\frac{\partial E}{\partial T})_p$。

(2)计算各温度时电池反应的 $\Delta_r G_m$、$\Delta_r H_m$ 和 $\Delta_r S_m$。

六、思考题

(1)为何测电动势要用对消法，对消法的原理是什么？

(2)怎样计算标准电极电势？"标准"是指什么条件？

(3)测电动势为何要用盐桥？如何选用盐桥以适合不同的体系？

## 实验九　电导法测定乙酸解离常数

### 一、实验目的

(1)了解溶液电导的基本概念，通过实验了解溶液的电导($L$)，摩尔电导率($\lambda$)，弱电解质的电离度($\alpha$)，电离常数($K$)等概念及它们相互之间的关系。

(2)学会 DDS－11D 型电导率仪的使用方法。

(3)掌握溶液电导的测定及应用。

### 二、实验原理

乙酸(HAc)是一弱电解质，在水溶液中存在下列电离平衡：

$$HAc \rightleftharpoons H^+ + Ac^-$$

起始浓度($mol \cdot L^{-1}$)　$c$　　0　0

平衡浓度($mol \cdot L^{-1}$)　$c-c\alpha$　$c\alpha$　$c\alpha$

$\alpha$ 是 HAc 溶液的浓度为 $c$ 时的电离度。在溶液中电离达到平衡时，乙酸电离平衡常数 $K_c$ 与原始浓度 $c$ 和电离度 $\alpha$ 有以下关系：

$$K_c = \frac{c\alpha^2}{1-\alpha} \tag{1}$$

在一定温度下 $K_c$ 是常数，因此可以通过测定 HAc 在不同浓度时的 $\alpha$，代入(1)式求出 $K_c$。

醋酸溶液的电离度可用电导法来测定，图 1 是用来测定溶液电导的电导池。

电解质溶液的电导，指的是在电解质溶液中正、负离子迁移传递电流的能力。它与离子的运动速度有关，它是由溶液的电阻 $R$ 的倒数来进行度量的，以 $G$ 表示。

将电解质溶液放入电导池内，溶液电导($G$)的大小与两电极之间的距离($l$)成反比，与电极的面积($A$)成正比：

$$G = \kappa \frac{A}{l} \tag{2}$$

(2)式中，$\left(\frac{l}{A}\right)$为电导池常数，以 $K_{cell}$ 表示；$\kappa$ 为电导率，也可称为比电导。其物理意义：在两平行而相距 1 m，面积均为 1 $m^2$ 的两电极间，电解质溶液的电导称为该溶液的电导率，其单位以 SI 制表示为 $S \cdot m^{-1}$(以 c·g·s 制表示为 $S \cdot cm^{-1}$)。

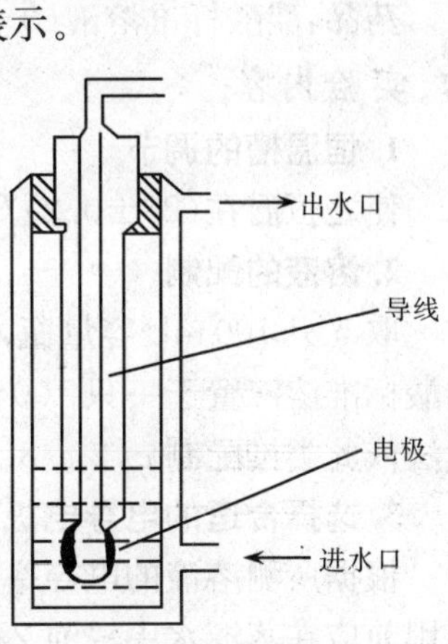


图 1　电导池

电导池由于电极的 $l$ 和 $A$ 不易精确测量，因此在实验中是用一种已知电导率值的溶液先求出电导池常数 $K_{cell}$，然后把欲测溶液放入该电导池测出其电导值，再根据(2)式求出其电导率。

溶液的摩尔电导率是指把含有 1 mol 电解质的溶液置于相距为 1m 的两平行板电极之间的电导，以 $\Lambda_m$ 表示，其单位以 SI 单位制表示为 $S \cdot m^2 \cdot mol^{-1}$（以 c·g·s 单位制表示为 $S \cdot cm^2 \cdot mol^{-1}$）。

摩尔电导率与电导率的关系：

$$\Lambda_m = \frac{\kappa}{c} \tag{3}$$

式中，$c$ 为该溶液的浓度，其单位以 SI 单位制表示为 $mol \cdot m^{-3}$。对于弱电解质溶液来说，可以认为：

$$\alpha = \frac{\Lambda_m}{\Lambda_m^{\infty}} \tag{4}$$

$\Lambda_m^{\infty}$ 是溶液在无限稀释时的摩尔电导率。对于强电解质溶液（如 KCl、NaAc），其 $\Lambda_m$ 和 $c$ 的关系为 $\Lambda_m = \Lambda_m^{\infty}(1-\beta\sqrt{c})$。对于弱电解质（如 HAc 等），$\Lambda_m$ 和 $c$ 则不是线性关系，故它不能像强电解质溶液那样，从 $\Lambda_m - \sqrt{c}$ 的图外推至 $c=0$ 处，求得 $\Lambda_m^{\infty}$。但我们知道，在无限稀释的溶液中，每种离子对电解质的摩尔电导率都有一定的贡献，是独立移动的，不受其他离子的影响，对电解质 $M_{v+}A_{v-}$ 来说，即 $\Lambda_m^{\infty} = v_+ \Lambda_{m+}^{\infty} + v_- \Lambda_{m-}^{\infty}$。弱电解质 HAc 的 $\Lambda_m^{\infty}$ 可由强电解质 HCl、NaAc 和 NaCl 的 $\Lambda_m^{\infty}$ 的代数和求得：

$$\begin{aligned}\Lambda_m^{\infty}(HAc) &= \Lambda_m^{\infty}(H^+) + \Lambda_m^{\infty}(Ac^-) = \Lambda_m^{\infty}(HCl) + \Lambda_m^{\infty}(NaAc) - \Lambda_m^{\infty}(NaCl) \\ &= 390.71\ S \cdot cm^2 \cdot mol^{-1}(25℃)\end{aligned}$$

把(4)代入(1)式可得：

$$K_c = \frac{\Lambda_m^2}{\Lambda_m^{\infty}(\Lambda_m^{\infty} - \Lambda_m)} \tag{5}$$

或

$$c\Lambda_m = (\Lambda_m^{\infty})^2 K_c \frac{1}{\Lambda_m} - \Lambda_m^{\infty} K_c \tag{6}$$

以 $c\Lambda_m$ 对 $\frac{1}{\Lambda_m}$ 作图，其直线的斜率为 $(\Lambda_m^{\infty})^2 K_c$，如知道 $\Lambda_m^{\infty}$ 值，就可算出 $K_c$。

## 三、实验用品

仪器：DDS-11D 型电导率仪 1 台，超级恒温水浴 1 套，电导池 1 只。

药品：醋酸标准溶液（$0.1000\ mol \cdot L^{-1}$），100mL 容量瓶 5 只，50mL 移液管 5 支。

## 四、实验内容

### 1. 恒温槽的调节

使之恒温在（25±0.2）℃，按图 1 使恒温水流经电导池夹层。

### 2. 溶液的配制

取 5 只 100 mL 容量瓶，用蒸馏水清洗干净。用 50 mL 移液管准确吸取 $0.1000\ mol \cdot L^{-1}$ 醋酸标准溶液置于一只 100 mL 容量瓶中，用蒸馏水稀释至刻度即为 $c/2$ 浓度的醋酸溶液。按此法依此类推配制 $c/4$、$c/8$、$c/16$、$c/32$ 浓度的醋酸溶液。

### 3. 选择合适的电导电极

根据所测溶液的电导率大小选用 DJS-1 型铂黑电极用以测量溶液的电导率，该电极在使用前应在蒸馏水中浸泡 24 h，使用完毕还要泡在蒸馏水中，切勿长时间浸泡于溶液中。

### 4. 电导率 κ 的测定

将电导池和铂黑电极用少量待测溶液洗涤 2～3 次，最后注入待测溶液。恒温约 10 min，用电导率仪测其电导率。按由稀到浓的顺序，测定 6 种不同浓度 HAc 溶液的电导率。

打开电导率仪开关，预热数分钟，将电导率仪上的电极常数旋钮置于所用的电导电极常数的位置。用校正旋钮校仪器满刻度，将量程开关置于最大挡。待溶液的温度稳定后进行测量并逐步将量程开关降到能准确读取电导率值的位置，注意表头的指针读数。如果量程开关置于黑色，则需读取表头指针所指的黑色数字；如果量程开关置于红色，则需读取表头指针所指的红色数字，并注意其量程读数。

## 五、数据记录及处理

室温：________ 大气压：________ 恒温槽温度：________ 电极常数：________

(1)实验数据列表并计算 HAc 的 $K_c$

| 醋酸浓度 | $c/32$ | $c/16$ | $c/8$ | $c/4$ | $c/2$ | $c$ | 平均值 |
|---|---|---|---|---|---|---|---|
| $\kappa(\mathrm{S\cdot m^{-1}})$ | | | | | | | |
| $\Lambda_m(\mathrm{S\cdot m^2\cdot mol^{-1}})$ | | | | | | | |
| $K_c=\dfrac{\Lambda_m^2}{\Lambda_m^\infty(\Lambda_m^\infty-\Lambda_m)}$ | | | | | | | |

(2)按公式(6)，以 $c\Lambda_m$ 对 $\dfrac{1}{\Lambda_m}$ 作图，$\dfrac{1}{\Lambda_m}$ 直线的斜率为 $(\Lambda_m^\infty)^2K_c$，由此可算出 $K_c$，并与平均值法的结果进行比较。

## 六、注意事项

(1)电导受温度影响较大，温度偏高时其摩尔电导偏高，温度每升高 1℃，电导平均增加 1.92%，即 $G_t=G_{298K}[1+0.013(t-25)]$。

(2)电导池常数($K_{\mathrm{cell}}$)未测准，则导致被测物的电导率($\kappa$)偏离文献值。溶液电导一经测定，则 $\kappa$ 正比于 $K_{\mathrm{cell}}$。即电导池常数测值偏大，则算得的溶液的溶解度、电离常数都偏大。

(3)电导水的电导大，测量时相对误差也就越大。

(4)实验中所配溶液浓度要准确，尤其是 0.1000 $\mathrm{mol\cdot L^{-1}}$ KCl 标准溶液，电导池须洁净。

(5)不同温度下无限稀释的醋酸溶液的摩尔电导率($\mathrm{S\cdot cm^2\cdot mol^{-1}}$)。

| 温度(℃) | 0 | 18 | 25 | 30 | 50 | 100 |
|---|---|---|---|---|---|---|
| $\lambda_0$ | 260.3 | 348.6 | 390.7 | 421.8 | 532 | 774 |

## 七、思考题

(1)什么叫溶液的电导、电导率、摩尔电导率？

(2)测量一系列不同浓度的溶液的电导率为什么要由稀到浓逐一进行？

*参考文献*

[1] 山东大学，等. 基础化学实验(Ⅲ)-物理化学实验. 第 1 版. 北京：化学工业出版社，2004.

[2] 复旦大学，等. 物理化学实验. 第 2 版. 北京：高等教育出版社，1993.

[3] 北京大学化学学院物理化学实验教学组. 物理化学实验. 第 4 版. 北京：北京大学出版社，2002.

[4] 陈同云，等. 工科化学实验. 第 1 版. 北京：化学工业出版社，2003.

# 实验十 离子迁移数的测定(界面移动法)

## 一、实验目的

(1)加深理解迁移数的基本概念。

(2)用界面移动法测定 HCl 水溶液中离子迁移数，掌握其方法与技术。

(3)观察在电场作用下离子的迁移现象。

## 二、实验原理

离子的迁移数有多种测定方法，如希托夫法(Hittorf)、界面移动法等。其中界面移动法是一种比较简便的方法(图 1)。界面法有两种，一种是用两个指示离子，造成两个界面，其测量原理是在一个垂直的管子中有 M′A、MA、MA′三种溶液，其中 MA 为被测的一对离子，AM′、MA′为指示溶液。为了防止因重力作用将三种溶液互相混合，把密度大的放在下面。为使界面保持清晰，M′的迁移速度应比 M 小，A′的迁移速度应比 A 小。图中的界面 $b$ 向阳极移动，界面 $a$ 向阴极移动。如果在通电后某一时刻，$a$ 移至 $a'$，$b$ 移至 $b'$，距离 $aa'$、$bb'$ 与 $M^+$、$A^-$ 的迁移速度有关，若溶液是均匀的，$ab$ 间的电位梯度是均匀的，则

$$\frac{aa'}{bb'}=\frac{V_+}{V_-} \tag{1}$$

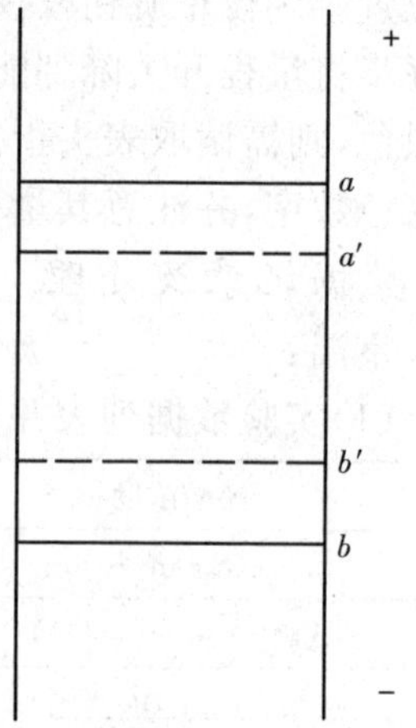


**图 1　界面移动法示意图**

正、负离子的迁移数可用下式表示

$$t_+=\frac{V_+}{V_++V_-}=\frac{aa'}{aa'+bb'} \tag{2}$$

$$t_-=\frac{V_-}{V_++V_-}=\frac{bb'}{aa'+bb'} \tag{3}$$

式中，$t_+$、$t_-$ 分别为正、负离子迁移数；$V_+$、$V_-$ 分别为正、负离子迁移的体积。测定 $aa'$、$bb'$ 即可求出 $t_+$、$t_-$。

另一种是用一种指示离子，只有一个界面，如以镉离子作为指示离子，测某浓度的盐酸溶液中氢离子的迁移数。当有 96 500 C 的电量通过溶液时，亦即 1 mol 电子通过溶液时，假设有 $n_+$ 的 $M^+$ 向阴极移动，$n_-$ 的 $A^-$ 向阳极移动，那么，一定有 $n_++n_-=1$ mol。由离子迁移数的定义可知，此时的 $n_+$ 即为 $t_+$，$n_-$ 即为 $t_-$。

设 $V_0$ 是含有 MA 物质的量为 1 mol 的溶液的体积，当有 1 mol 的电子通过溶液时，界面向阴极移动的体积为 $t_+V_0$，如经过溶液电量为 $Q$，那么，界面向阴极移动体积为：

$$V=\frac{Q}{F}\cdot t_+V_0 \tag{4}$$

$$t_+=\frac{FV}{QV_0} \tag{5}$$

又

$$V_0=\frac{1}{c} \tag{6}$$

式中，$c$ 为 MA 溶液的浓度。

$$Q=It \tag{7}$$

式中，$I$ 为电流强度；$t$ 为通电时间。

将(6)式、(7)式代入(5)式中得到：

$$t_+=\frac{cFV}{It} \tag{8}$$

本实验是采用第二种方法测定 HCl 溶液中的 $H^+$、$Cl^-$ 离子的迁移数。迁移管是一支有刻度的玻璃管，下端放 Cd 棒作阳极，上端放铂丝作阴极(图 2)，迁移管上部为 HCl 溶液，下部

为 $CdCl_2$ 溶液。二者具有共同的阴离子，HCl 溶液中加有甲基橙可以形成清晰界面。因为 $Cd^{2+}$ 的淌度($U$)较小，即

$$U_{Cd^{2+}} < U_{H^+} \tag{9}$$

通电时，$H^+$ 向上迁移，$Cl^-$ 向下迁移，在 Cd 阳极上 Cd 氧化，进入溶液生成 $CdCl_2$，逐渐顶替 HCl 溶液，在管中形成界面。由于溶液要保持电中性，且任一截面都不会中断传递电流，$H^+$ 迁移走后的区域，$Cd^{2+}$ 紧紧地跟上，离子的移动速度($v$)是相等的，$v_{Cd^{2+}} = v_{H^+}$，由此可得：

$$U_{cd^{2+}} \frac{dE'}{dL} = U_{H^+} \frac{dE}{dL} \tag{10}$$

结合(9)式和(10)式得：

$$\frac{dE'}{dL} > \frac{dE}{dL} \tag{11}$$

即在 $CdCl_2$ 溶液中电位梯度是较大的，因此若 $H^+$ 因扩散作用落入 $CdCl_2$ 溶液层。它就不仅比 $Cd^{2+}$ 迁移得快，而且比界面上的 $H^+$ 也要快，能赶回到 HCl 层。同样，若任何 $Cd^{2+}$ 进入低电位梯度的 HCl 溶液，它就要减速，一直到它们重又落后于 $H^+$ 为止，这样界面在通电过程中保持清晰。

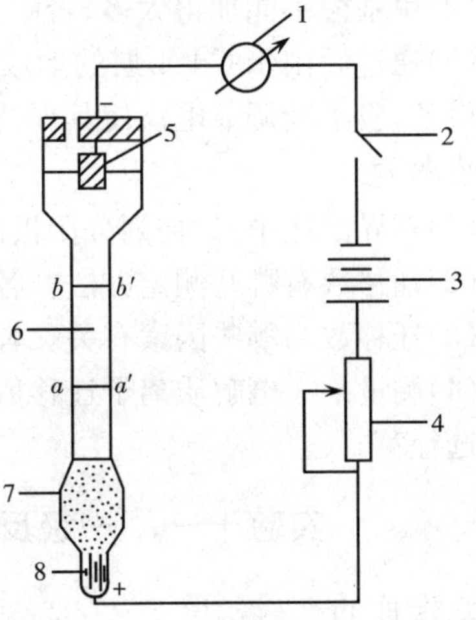


**图 2　测定迁移数的装置**

1. 毫安表　2. 开关　3. 电源　4. 可变电阻　5. Pt 电级
6. HCl　7. $CdCl_2$　8. Cd 电极

## 三、实验用品

仪器：直流稳压电源，直流毫安表，电迁移法迁移数测定仪。

药品：HCl 溶液 ($0.05\ mol \cdot L^{-1}$)，$CdCl_2$ 溶液($0.01\ mol \cdot L^{-1}$)，甲基橙指示剂。

## 四、实验步骤

(1)洗净界面移动测定管，先放置 $CdCl_2$ 溶液，然后小心放置有甲基橙的 HCl 溶液，按图 2 装好仪器。关上开关，使通过电流为 5～10 mA，直至实验完毕。

(2)随电解进行，Cd 电极不断失去电子而变成 $Cd^{2+}$ 溶解下来。由于 $Cd^{2+}$ 的迁移速度小于 $H^+$，因而过一段时间后(约 20 min)，在迁移管下部就会形成一个清晰的界面，界面以下是中性的 $CdCl_2$ 溶液呈橙色；界面以上是酸性的 HCl 溶液呈红色，从而可以清楚地观察到界面，且渐渐向上移动。每隔 10 min 读一次刻度数据，记下相应的时间和界面迁移体积数据以及电流值，共读 8 套数据。

## 五、数据处理

(1)数据记录：

| 迁移时间 $t$(s) | | | | | | | |
|---|---|---|---|---|---|---|---|
| 迁移体积 $V$($m^3$) | | | | | | | |
| 通电电流 $I$(A) | | | | | | | |

(2)作出 $V—It$ 关系图，由直线斜率求出 $dV/d(It)$。

(3)根据(12)、(13)式求出 $H^+$、$Cl^-$ 迁移数。

$$t_+ = cF \frac{dV}{d(It)} \tag{12}$$

$$t_- = 1 - t_+ \tag{13}$$

## 六、注意事项

(1)测定管要洗净,以免其他离子干扰。

(2)甲基橙不能加得太多,否则会影响 HCl 溶液浓度。

(3)通过后由于 $CdCl_2$ 层的形成电阻加大,电流会渐渐变小,因此若实验中使用的不是恒电流设备,应不断调节电流使其保持不变。

## 七、思考题

(1)在界面法中,如何划分阳极区、中间区、阴极区,简述划分的原则。

(2)迁移数有哪些测定方法?各有什么特点?

(3)迁移数与哪些因素有关?本实验关键何在?应注意什么?

(4)测量某一电解质离子迁移数时,指示离子(本实验中为镉离子)应如何选择?指示剂应如何选择?

# 实验十一　一级反应——蔗糖水解反应速度常数的测定

## 一、实验目的

(1)根据物质的光学性质研究蔗糖水解反应,测定其反应速度常数。

(2)了解旋光仪的基本原理,掌握其使用方法。

## 二、实验原理

反应速率只与某反应物浓度成正比的反应称为一级反应。即

$$-\frac{dc_t}{dt}=kt \tag{1}$$

式中,$k$ 是反应速率常数;$c_t$ 是反应物在时间 $t$ 时的浓度。积分可得:

$$kt=\ln\frac{c_0}{c_t} \tag{2}$$

若以 $\ln c_t(\text{mol}\cdot\text{L}^{-1})$ 对 $t$ 作图,可得一直线,其斜率即为反应速率常数 $k$。反应速率还可用半衰期 $t_{1/2}$ 来表示。若 $\alpha$ 为反应物起始浓度,$x$ 为在 $t$ 时间内已经反应完的反应物浓度,则在 $t$ 时的反应速率为:

$$-\frac{d(\alpha-x)}{dt}=k(\alpha-x) \tag{3}$$

积分可得:

$$t=\frac{1}{k}\ln\frac{\alpha}{\alpha-x} \tag{4}$$

当反应物浓度为起始浓度一半时,即 $x=\alpha/2$ 所需的时间,称为半衰期 $t_{1/2}$。显然

$$t_{1/2}=\frac{1}{k}\ln\frac{\alpha}{\alpha-\frac{1}{2}\alpha}=\frac{0.693}{k} \tag{5}$$

上式说明一级反应的半衰期只决定于反应速率常数 $k$,而与起始浓度无关。这是一级反应的一个特点。

蔗糖在水中水解成葡萄糖与果糖的反应为

$$C_{12}H_{22}O_{11}(\text{蔗糖})+H_2O\xrightarrow{H^+}C_6H_{12}O_6(\text{葡萄糖})+C_6H_{12}O_6(\text{果糖})$$

为使水解反应加速,反应常常以 $H^+$ 为催化剂,故在酸性介质中进行。水解反应中水是大量的,反应达终点时虽有部分水分子参加反应,但与溶质浓度相比,可认为它的浓度没有改变,

故此反应可视为一级反应，其动力学方程式为：

$$-\frac{dc_1}{dt}=kt \tag{6}$$

或
$$kt=\ln\frac{c_0}{c_t} \tag{7}$$

式中，$c_0$为反应开始时蔗糖的浓度；$c_t$为时间 $t$ 时的蔗糖的浓度。当 $c_t=\frac{1}{2}c_0$时，$t$ 可用 $t_{1/2}$表示，即为反应的半衰期。

$$t_{1/2}=\frac{\ln 2}{k} \tag{8}$$

蔗糖及其水解产物均为旋光物质。当反应进行时，如以一束偏振光通过溶液则可观察到偏振面的转移。蔗糖是右旋的，水解的混合物中有左旋的，所以偏振面将由右边旋向左边。偏振面的转移角度称之为旋光度，以 $\alpha$ 表示。因此可利用体系在反应过程中旋光度的改变来量度反应的进程。溶液的旋光度与溶液中所含旋光物质的种类、浓度、液层厚度、光源的波长以及反应时的温度等因素有关。为了比较各种物质的旋光能力，引入比旋光度$[\alpha]_D^t$这一概念并以下式表示：

$$[\alpha]_D^t=\frac{\alpha}{lc} \tag{9}$$

式中，$t$ 为实验时的温度；$D$ 为所用光源的波长；$\alpha$ 为旋光度；$l$ 为液层厚度（常以 10 cm 为单位）；$c$ 为浓度（常用 100 mL 溶液中溶有 $m$ g 物质来表示）。(9)式可写成：

$$[\alpha]_D^t=\frac{\alpha}{l\cdot m/100} \tag{10}$$

或
$$[\alpha]_D^t lc=\alpha \tag{11}$$

由(9)式可以看出，当其他条件不变时，旋光度 $\alpha$ 与反应物浓度成正比，即

$$\alpha=Kc \tag{12}$$

式中，$K$ 是与物质的旋光能力、液层厚度、溶剂性质光源的波长、反应时的温度等有关系的常数。

蔗糖是右旋性物质（比旋光度$[\alpha]_D^{20}=66.6°$），产物中葡萄糖也是右旋性物质（比旋光度$[\alpha]_D^{20}=52.5°$），果糖是左旋性物质（比旋光度$[\alpha]_D^{20}=-91.9°$），因此当水解反应进行时，右旋角不断减小，当反应终了时体系变成左旋。

因为上述蔗糖水解反应中，反应物与生成物都具有旋光性。旋光度与浓度成正比且溶液的旋光度为各组成旋光度之和（加和性）。若反应时间为 0、$t$、∞时溶液的旋光度各为 $\alpha_0$、$\alpha_t$、$\alpha_\infty$，则可导出：

$$k=\frac{1}{t}\ln\frac{\alpha_0-\alpha_\infty}{\alpha_t-\alpha_\infty} \tag{13}$$

可改写为
$$\ln(\alpha_t-\alpha_\infty)=-kt+\ln(\alpha_0-\alpha_\infty) \tag{14}$$

由(14)式可以看出，如以 $\ln(\alpha_t-\alpha_\infty)$对 $t$ 作图可得一直线，由直线的斜率即可求得反应速度常数 $k$。

## 三、实验用品

仪器：旋光仪 1 台，秒表 1 块，超级恒温槽，容量瓶（50 mL）1 个，天平 1 台，锥形瓶（100 mL）2 个，移液管（25 mL）2 支，烧杯（100 mL、500 mL）各 1 个。

药品：4 mol·$L^{-1}$ HCl 溶液，蔗糖（分析纯）。

## 四、实验内容

（1）将恒温槽调节到 25 ℃恒温，然后将旋光管的外套接上恒温水。

（2）旋光仪零点的校正

洗净旋光管各部分零件，将旋光管一端的盖子旋紧，向管内注入蒸馏水，取玻璃盖片沿管口轻轻推入，盖好再旋紧套盖，勿使其漏水或有气泡产生。

操作时不要用力过猛，以免压碎玻璃片。用滤纸或干布擦净旋光管两端玻璃片，并放入旋光仪中，盖上槽盖，盖上黑布，打开旋光仪电源开关，调节目镜使视野清晰，然后旋转检偏镜，使在视野中能观察到明暗相等的三分视野为止（注意：在暗视野下进行测定）。记下刻度盘读数。重复操作 3 次，取其平均值，此即为旋光仪的零点。测后取出旋光管，倒出蒸馏水。

（3）蔗糖水解过程中 $\alpha_t$ 的测定

称取 5 g 蔗糖溶于蒸馏水中，用 25 mL 容量瓶配制成溶液。如溶液混浊，需进行过滤。用移液管取 25 mL 蔗糖溶液和 25 mL 4 mol·$L^{-1}$ HCl 溶液分别注入两个 100 mL 干燥的锥形瓶中，并将这两个锥形瓶同时置于恒温槽中恒温 10 min。待恒温后取 25 mL 4 mol·$L^{-1}$ HCl 溶液加到蔗糖溶液的锥形瓶中混合，并在 HCl 溶液加入一半时开动秒表作为反应的开始时刻。不断振荡摇动，迅速取少量混合液清洗旋光管两次，然后以此混合液注满旋光管，盖好玻璃片，旋紧套盖（检查是否漏气，是否有气泡）。擦净旋光管两端玻璃片，立刻置于旋光仪中盖上槽盖和黑布。测量各时间 $t$ 时溶液的旋光度 $\alpha_t$，测定时要迅速准确。当三分视野暗度调节相同后，先记下时间，再读取旋光度数值。整个测量时间约为 1 h。前 15 min 由于蔗糖浓度较大，反应速度较快，旋光度变化较明显，每分钟记录一个数据，后 45 min 每3 min记录一个数据，直至旋光度值为负值以下结束实验。

（4）$\alpha_\infty$ 的测定

为了得到反应终了时的旋光度 $\alpha_\infty$，将步骤 3 中的混合液保留好，48 h 后重新恒温观测其旋光度，此值即为 $\alpha_\infty$。也可将剩余的混合液在测量 15 min 之后置于 60 ℃左右的水浴中温热 30 min（时间不可太长，否则溶液变黄，有副反应发生），以加速水解反应，然后冷却至实验温度。等到测量结束之后，将旋光管中溶液倒出，将此溶液装入，测其旋光度，此值即可认为是 $\alpha_\infty$。

## 五、数据记录和处理

将实验数据记录于下表。

实验温度：________　盐酸浓度：________　零点：________　$\alpha_\infty$：________

| 反应时间(min) | $\alpha_t$ | $\alpha_t-\alpha_\infty$ | $\ln(\alpha_t-\alpha_\infty)$ | $k$ |
|---|---|---|---|---|
| | | | | |

（1）以 $\ln(\alpha_t-\alpha_\infty)$ 对 $t$ 作图，由所得直线的斜率求 $k$ 值。

（2）计算蔗糖水解反应的半衰期。

（3）20℃时，蔗糖水解反应的速率常数约为 $k=0.012\ \text{min}^{-1}$，半衰期 $t_{1/2}=57.76$ min。

## 六、实验注意事项

（1）蔗糖在配制溶液前，需先经 100 ℃干燥 1～2 h。

（2）在测量蔗糖水解速度前，应熟练地使用旋光仪，以保证在测量时能准确地读数。

（3）旋光管管盖旋紧至不漏水即可，太紧容易损坏旋光管的镜片。

（4）旋光管管中如有气泡存在，可将气泡赶至旋光管凸起处即可。

（5）测量完毕应立即洗净旋光管，以免酸对旋光管有腐蚀。

## 七、思考题

（1）旋光度的测量中为什么要对零点进行校正？为什么可用蒸馏水校正旋光仪的零点？

（2）蔗糖溶液为什么可粗配制？

（3）反应开始时，为什么将盐酸溶液倒入蔗糖溶液中，而不是相反？

## *参考文献*

[1] 北京大学化学系物理化学教研室. 物理化学实验. 第3版. 北京：北京大学出版社，1995.

[2] 罗澄源. 物理化学实验. 第3版. 北京：高等教育出版社，1991.

# 实验十二　二级反应——乙酸乙酯水解速度常数的测定

## 一、实验目的

（1）掌握用电导法测定乙酸乙酯皂化反应速度常数和活化能的方法。

（2）进一步了解二级反应的特点。

（3）熟悉电导率仪的使用。

## 二、实验原理

乙酸乙酯皂化反应是一个二级反应：

$$CH_3COOC_2H_5+OH^-=CH_3COO^-+C_2H_5OH$$

设在时间 $t$ 时生成物浓度为 $x$，则该反应的动力学方程为：

$$\frac{dx}{dt}=k(a-x)(b-x) \tag{1}$$

式中，$k$ 为速率常数；$x$ 表示经过时间 $t$ 后消耗掉的反应物的浓度；$a$、$b$ 分别表示乙酸乙酯和 NaOH 的起始浓度。为了方便数据处理，使 $a=b$。

（1）式积分后得：

$$\frac{x}{a(a-x)}=kt \tag{2}$$

由实验测得不同 $t$ 时的 $x$ 值，则可依（2）式计算出不同 $t$ 时的 $k$ 值。如果 $k$ 值为常数，就可证明反应是二级的。通常是 $\frac{x}{a-x}$ 对 $t$ 作图，若所得的是直线，就证明是二级反应，并可以从直线的斜率求出 $k$ 值。本实验用电导法测定 $x$ 值。测定的根据是：

（1）溶液中 $OH^-$ 离子的电导率比 $Ac^-$ 离子（$CH_3COO^-$）的电导率大很多（即反应物与生成物的电导率差别大）。因此，随着反应的进行，$OH^-$ 离子的浓度不断减少，溶液的电导率也就随着下降。

（2）在稀溶液中，每种强电解质的电导率 $L$ 与其浓度成正比，而且溶液的总电导率就等于组成溶液的电解质的电导率之和。

依据上述两点，对乙酸乙酯皂化反应来说，反应物与生成物只有 NaOH 和 NaAc 是强电解质。依据上述两点，对乙酸乙酯皂化反应来说，反应物与生成物只有 NaOH 和 NaAc 是强电解质。$OH^-$ 和 $CH_3COO^-$ 的浓度变化对电导率的影响较大，由于 $OH^-$ 的迁移速率是 $CH_3COO^-$ 的5倍，所以溶液的电导率随着 $OH^-$ 的消耗而逐渐降低。令 $L_0$、$L_\infty$、$L_t$ 为反应起始、反应终了和反应 $t$ 时刻的电导，$l_{NaOH}$、$l_{NaAc}$ 分别为两电解质的电导与浓度关系的比例常数，根据溶液的电导率与电解质的浓度成正比关系，则有：

$$L_t = l_{NaOH}(a-x) + l_{NaAc}x \tag{3}$$

$$L_0 = l_{NaOH} \cdot a \tag{4}$$

$$L_\infty = l_{NaAc} \cdot a \tag{5}$$

$$L_t - L_\infty = (l_{NaOH} - l_{NaAc}) \cdot (a-x) \tag{6}$$

$$L_0 - L_t = (l_{NaOH} - l_{NaAc}) \cdot x \tag{7}$$

将(6)式、(7)式代入(2)式，得

$$k = \frac{1}{t \cdot a} \frac{L_0 - L_t}{L_t - L_\infty} \tag{8}$$

进一步化为：

$$L_t = \frac{1}{k \cdot t \cdot a}(L_0 - L_t) + L_\infty \tag{9}$$

可以看出，$L_t$ 对 $\frac{L_0 - L_t}{t}$ 作图为一直线，斜率为 $\frac{1}{ak}$。实验中，使用 DDS－11D 型电导率仪测定反应体系的电导，在不同的温度 $T_1$、$T_2$ 时，测量反应速度常数 $k_{T_1}$ 和 $k_{T_2}$，则可以由 Arrhenius 公式计算反应的活化能：

$$\ln \frac{k_{(T_1)}}{k_{(T_2)}} = \frac{E_a(T_2 - T_1)}{RT_1T_2} \tag{10}$$

## 三、实验用品

仪器：DDS－11D 型电导仪 1 台，超级恒温水浴 1 套，微量进样器 1 支，移液管(10 mL 3 支，5 mL 1 支)，容量瓶 50 mL 3 个，具塞锥形瓶 2 只，秒表 1 块，洗耳球 1 个。

药品：NaOH 标准溶液(约 0.1000 mol·$L^{-1}$)，$CH_3COOC_2H_5$(分析纯)，重蒸馏水。

## 四、实验内容

### 1. 配制溶液

(1) 乙酸乙酯溶液：在 50 mL 容量瓶中加入 2/3 的重蒸馏水，按乙酸乙酯的密度公式计算配制 0.0200 mol·$L^{-1}$的乙酸乙酯溶液所需要的纯试剂的体积，用微量进样器准确移取所需要的体积置于已盛有蒸馏水的容量瓶中，定容，摇匀待用。

乙酸乙酯的密度与温度的关系式为：

$$\rho = 924.54 - 1.168(t/℃) - 1.95 \times 10^{-3}(t/℃)^2/\text{kg} \cdot \text{m}^{-3}$$

式中，$t$ 为乙酸乙酯所处的温度。

(2) NaOH 溶液：用标准 NaOH 溶液分别配制浓度为 0.0100 mol·$L^{-1}$和 0.0200 mol·$L^{-1}$的 NaOH 溶液 50 mL。

### 2. 电导仪的调节

打开电导率仪电源。根据附录对电导率仪进行校正，并认真检查所用电极常数等，将各旋钮调至所需的位置。

### 3. $L_0$ 的测定

在调节电导率仪的同时，开启恒温槽，控制温度在(25±0.1)℃。用 0.0100 mol·$L^{-1}$ NaOH 溶液 20 mL 注入干净的电导池中，插入干净的电极，以液面高于电极 1～2 cm 为宜，浸入已调控好的恒温槽中恒温约 10 min，接上电极，接通电导仪，测定其电导率，即为 $L_0$。注意：在测 $L_t$ 时，电导率仪不必再重新调整。

**4. $L_t$ 的测定**

用移液管分别吸取约 15 mL 0. 0200 mol · $L^{-1}$ 的 NaOH 和 20 mL 0. 0200 mol · $L^{-1}$ 的 $CH_3COOC_2H_5$ 溶液(新鲜配制),注入干燥的具塞锥形瓶中,并塞紧塞子,放到恒温槽内恒温 10 min。然后用移液管准确量取 10 mL 恒温后的 NaOH 溶液倒入电导池中,同时,将电导电极用蒸馏水洗净,小心用滤纸将电极上挂的少量水吸干(不要碰着铂黑)后插入电导池,再用移液管准确量取 10 mL 恒温后的 $CH_3COOC_2H_5$ 溶液倒入电导池中与 NaOH 溶液混合均匀,同时在 $CH_3COOC_2H_5$ 溶液放入一半时按下秒表开始计时,用电极上配有的塞子塞紧电导池,准备连续测量。由于该反应有热效应,开始反应时温度不稳定,影响电导率值。因此,第一个电导率数据可在反应进行到 6 min 时读取,并在 9 min、12 min、15 min、20 min、25 min、30 min、35 min、40 min 时各测电导率一次,准确记录电导率的值和所对应的时间。

**5. 活化能的测定**(选做)

调节恒温槽的温度,控制在(35±0. 1)℃,重复实验操作步骤 2～4,分别测定该温度下的 $L_0$ 和 $L_t$。

实验结束后,关闭电源,取出电极,用蒸馏水冲洗干净后浸泡在蒸馏水中。

## 五、数据处理

(1)作 $L_t$—$t$ 图。

(2)测得的数据按下表处理:

| $t$ (min) | $L_t$ ($S \cdot m^{-1}$) | $L_0 - L_t$ ($S \cdot m^{-1}$) | $\frac{L_0 - L_t}{t}$ ($S \cdot m^{-1} \cdot s^{-1}$) |
|---|---|---|---|
| 6 | | | |
| 9 | | | |
| 12 | | | |
| 15 | | | |
| 20 | | | |
| 25 | | | |
| 30 | | | |
| 35 | | | |
| 40 | | | |

(3)将相应的数据填入记录表中。

(4)作 $L_t$—$\frac{L_0 - L_t}{t}$图,得一直线。

(5)由直线斜率计算反应速率常数 $k$。

(6)由 298. 2 K、308. 2 K 所求出的 $k_{(298.2\,K)}$、$k_{(308.2\,K)}$,按 Arrhenius 公式计算该反应的活化能 $E$(选做)。

## 六、注意事项

(1)NaOH 和 $CH_3COOC_2H_5$ 溶液一定要严格分开恒温。

(2)所用的溶液必须新鲜配制,而且要使所用 NaOH 和 $CH_3COOC_2H_5$ 溶液的浓度必须相等。

(3)实验过程中要很好地控制恒温槽温度,使其温度波动限制在±0. 1 K 以内。

(4)第二种溶液放入一半时按下秒表计时,保证计时的连续性,直至实验结束(读完 $L_t$)。

(5)保护好铂黑电极,电极插头要插入电导仪上电极插口内(到底),一定要固定好。

## 七、思考题

(1)为什么要使 NaOH 和 $CH_3COOC_2H_5$ 两种溶液的浓度相等?如何配制指定浓度的

溶液?

(2)如果 NaOH 和 $CH_3COOC_2H_5$ 起始浓度不相等,应怎样计算 $k$ 值。

(3)用作图法外推求 $L_0$ 与测定相同浓度 NaOH 所得 $L_0$ 是否一致?

(4)如果 NaOH 与 $CH_3COOC_2H_5$ 溶液为浓溶液,能否用此法求 $k$ 值? 为什么?

(5)为何本实验要在恒温条件下进行? 而且反应物在混合前必须预先恒温?

*参考文献*

[1] 北京大学化学系物理化学教研室. 物理化学实验. 第 3 版. 北京:北京大学出版社,1995.

[2] 清华大学化学系物理化学实验编写组. 物理化学实验. 北京:清华大学出版社,1991.

## 实验十三　最大气泡法测溶液的表面张力

### 一、实验目的

(1)通过测定不同浓度 $c$ 正丁醇水溶液的表面张力 $\sigma$,从 $\sigma—c$ 曲线求溶质的吸附量和正丁醇分子的横截面积 $S_0$。

(2)了解表面张力、表面吉布斯函数的意义以及表面张力、溶液浓度与溶质表面吸附量的关系。

(3)掌握最大气泡压力法测定溶液表面张力的原理和技术。

### 二、实验原理

物质表面层中的分子与体相中的分子二者所处的力场是不同的,因而能量也不同。以与饱和蒸气相接触的液体表面分子与内部分子受力情况为例,如图 1 所示。液体内部任一分子的周围均有同类分子包围着,平均地看,该分子所受周围分子的吸引力是球形对称的,各个方向的力彼此互相抵消,合力为零,所以液体内部的分子可以任意移动,而不消耗功。然而表面层中的分子,则处于力场不对称的环境中,恒受到指向液体内部的拉力,故液体表面的分子总是趋于向液体内部移动,力图缩小表面积。从热力学观点看,液体表面缩小是一个自发过程,它使系统总的吉布斯函数减小。如要把一个分子由内部迁移到表面,即欲使液体产生新的表面 $\Delta A$,就需要对抗拉力而做功,功的大小应与 $\Delta A$ 成正比:

$$W'=\sigma\Delta A \tag{1}$$

其中 $\sigma$ 称为表面吉布斯函数,常用单位为 $J\cdot m^{-2}$。从力的角度看,亦可将 $\sigma$ 看做是沿着液体表面切线方向作用于液面单位长度上的紧缩力,通常称为表面张力,常用单位是 $N\cdot m^{-1}$。它表示表面自动缩小的趋势大小。表面张力是液体的重要特性之一,与所处的温度、压力、液体的组成、共存的另一相的组成等有关。纯液体的表面张力通常是针对该纯液体与其饱和蒸气和空气共存时的情况而言。

对于纯液体,表面层的组成与溶液本体的组成相同,恒温、恒压下,表面张力是一定值,因此降低系统表面吉布斯函数的唯一途径是尽可能缩小其表面积。而对于溶液,由于溶质会在溶液表面发生吸附,进而改变溶液的表面张力,因此,可以通过调节溶质在表面层中的浓度来降低系统的表面吉布斯函数。

根据能量最低原理,溶质能降低溶液的表面张力时,表面层中溶质的浓度应比溶液本体中的大,反之,溶质使溶液的表面张力升高时,它在表面层中的浓度比在本体的浓度低。这种溶质在溶液表面层(或表面相)中的浓度与在溶液本体(或体相)中的浓度不同的现象称为“溶液表面的吸附”。显然,在指定温度和压力下,吸附与溶液的表面张力及溶液的浓度有关。Gibbs 用热力学的方法推导出它们之间的关系式,即吉布斯吸附等温式:

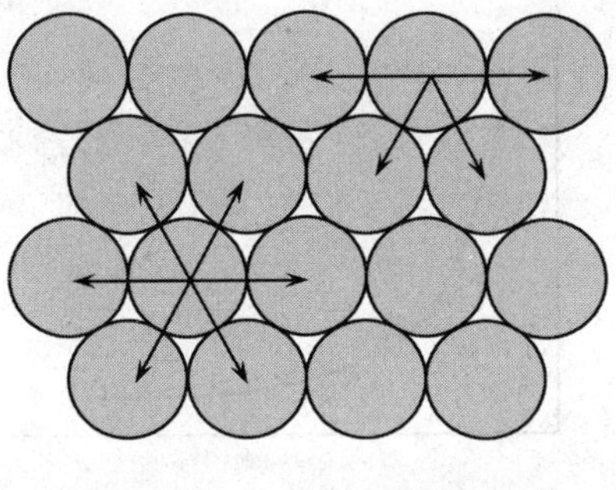

**图 1　液体表面分子与内部分子受力情况差别示意图**

$$\Gamma=-\frac{c}{RT}\cdot\frac{\mathrm{d}\sigma}{\mathrm{d}c} \tag{2}$$

式中，$\Gamma$ 为溶质的表面吸附量（$mol\cdot m^{-2}$）；$\sigma$ 为溶液的表面张力（$N\cdot m^{-1}$）；$T$ 为绝对温度（K）；$c$ 为溶液浓度（$mol\cdot m^{-3}$）；$R$ 为摩尔气体常数（$8.3145\ J\cdot mol^{-1}\cdot K^{-1}$）。

当$\frac{\mathrm{d}\sigma}{\mathrm{d}c}<0$ 时，$\Gamma>0$，称为正吸附。反之，$\frac{\mathrm{d}\sigma}{\mathrm{d}c}>0$ 时，$\Gamma<0$，称为负吸附。前者表明加入溶质使液体表面张力下降，此类物质叫表面活性物质，后者表明加入溶质使液体表面张力升高，此类物质叫非表面活性物质或表面惰性物质。

习惯上，只把那些溶入少量就能显著降低溶液表面张力的物质称为表面活性物质或表面活性剂。表面活性物质具有显著的不对称结构，它是由亲水的极性部分和憎水的非极性部分构成。对于有机化合物来说，表面活性物质的极性部分一般为—$NH_3^+$、—OH、SH、—COOH、—$SO_2OH$；而非极性部分则为 $RCH_2$—。正丁醇就是这样的分子。在水溶液表面的表面活性物质分子，其极性部分朝向溶液内部，而非极性部分朝向空气。表面活性物质分子在溶液表面的排列情形随其在溶液中的浓度不同而有所差异。当浓度极小时，溶质分子平躺在溶液表面上，如图 2(a)，浓度逐渐增加，分子的排列如图 2(b)，最后当浓度增加到一定程度时，被吸附了的表面活性物质分子占据了所有表面，形成了单分子的饱和吸附层，如图 2 (c)。

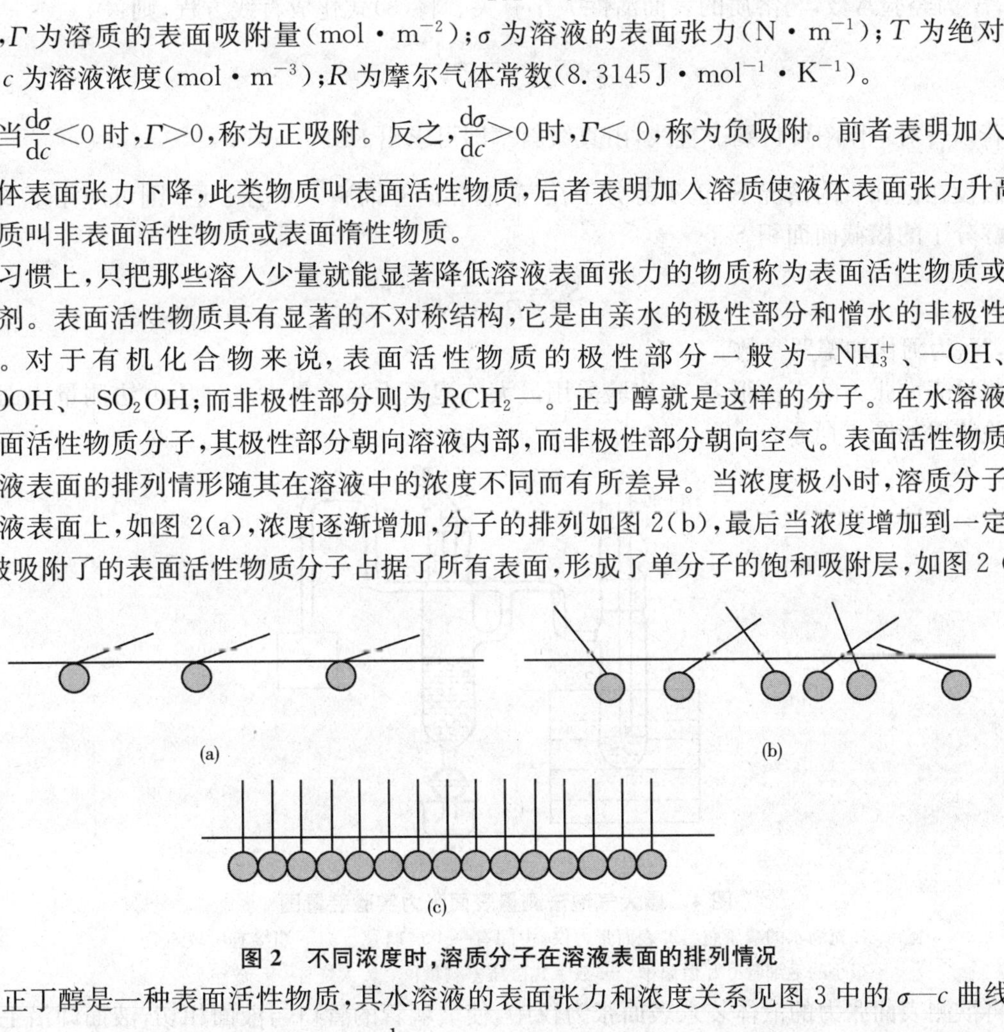


**图 2　不同浓度时，溶质分子在溶液表面的排列情况**

正丁醇是一种表面活性物质，其水溶液的表面张力和浓度关系见图 3 中的 $\sigma$—$c$ 曲线。作不同浓度 $c$ 时的切线，把切线的斜率$\frac{\mathrm{d}\sigma}{\mathrm{d}c}$代入 Gibbs 吸附公式，可以求出不同浓度 $c$ 时溶质的表面吸附量 $\Gamma$。

在一定温度下，吸附量 $\Gamma$ 与溶液浓度 $c$ 之间的关系由 Langmuir 等温式表示：

$$\Gamma=\Gamma_{\infty}\frac{K\cdot c}{1+K\cdot c} \tag{3}$$

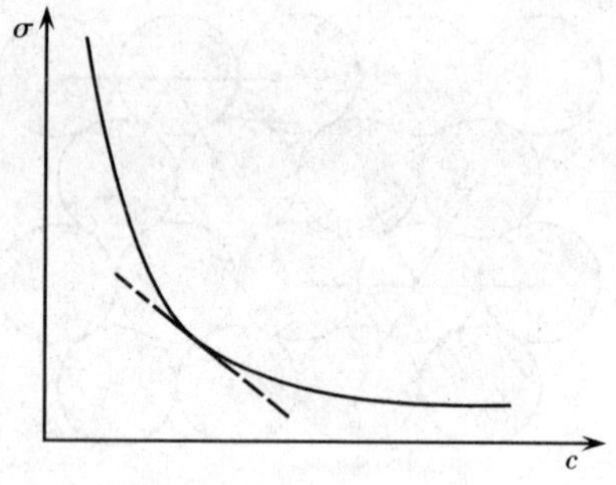


**图 3　正丁醇水溶液的表面张力与浓度的关系**

式中，$\Gamma_\infty$ 为饱和吸附量，近似地看做是在单位表面上定向排列呈单分子层吸附时溶质的物质的量；$K$ 为经验常数，与溶质的表面活性大小有关。将(3)式化成直线方程，则：

$$\frac{c}{\Gamma}=\frac{c}{\Gamma_\infty}+\frac{1}{K\cdot\Gamma_\infty} \tag{4}$$

若以 $\frac{c}{\Gamma}$ 对 $c$ 作图可得到一直线，由直线斜率即可求出 $\Gamma_\infty$。

假设在饱和吸附情况下，正丁醇分子在气-液界面上铺满一单分子层，则可应用下式求出正丁醇分子的横截面面积 $S_0$：

$$S_0=\frac{1}{\Gamma_\infty\cdot N_A} \tag{5}$$

式中，$N_A$ 为阿伏加德罗常数。

测量表面张力的方法很多，本实验采用最大气泡压力法。最大气泡压力法测量表面张力的实验装置如图 4 所示。

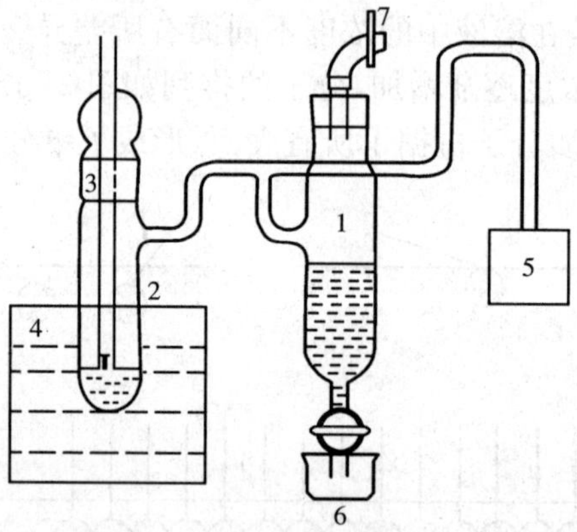


**图 4　最大气泡法测量表面张力实验装置图**

1. 充满水的减压瓶　2. 表面张力仪，中间有一个玻璃管　3. 下端接有一段直径很小的毛细管　4. 恒温槽　5. 数字式微压差测量仪　6. 大烧杯　7. 放空夹

将欲测表面张力的液体装入表面张力仪中，使玻璃管的管口与液面相切，液面即沿毛细管上升，打开减压瓶活塞进行缓慢地减压，此时表面张力仪中的压力逐渐减小，毛细管中大气压就逐渐把管中液面压至管口，形成曲率半径最小(即等于毛细管半径 $R$)的气泡，这时压力差最大，这个最大压力差值 $\Delta p_{max}$ 可以从数字式微压差力计上读出。

设气泡在形成过程中始终保持球形，则气泡内外的压力差 $\Delta p$(即施加于气泡的附加压力)与气泡的半径 $r$、液体表面张力 $\sigma$ 之间的关系符合拉普拉斯(Laplace)方程：

$$\Delta p=\frac{2\sigma}{r}$$

当气泡的半径 $r$ 等于毛细管半径 $R$ 时，压力差达到最大值 $\Delta p_{max}$：

$$\Delta p_{max}=\frac{2\sigma}{R} \tag{6}$$

由此可见，通过测定 $R$ 和 $\Delta p_{max}$，即可求得液体的表面张力 $\gamma$。

由于毛细管半径较小，直接测量 $R$ 误差较大。通常用一已知表面张力为 $\sigma_o$ 的液体（如水等）作为参考液体，在相同的实验条件下，测得相应最大压力差为 $\Delta p_{o,max}$，则可求得毛细管半径 $R=\frac{2\sigma_o}{\Delta p_{o,max}}$。代入上式，即可求得被测液体的表面张力：

$$\sigma=\frac{\sigma_o}{\Delta p_{o,max}}\cdot\Delta p_{max}=K\cdot\Delta p_{max} \tag{7}$$

式中，$K$ 为毛细管常数。

## 三、实验用品

仪器：超级恒温水浴，表面张力测定装置，烧杯（400 mL），容量瓶（100 mL）8 只，20 mL、15 mL、10 mL 移液管各 1 支，洗瓶 1 个，洗耳球 1 个。

药品：0.8 mol·L$^{-1}$的正丁醇溶液。

## 四、实验内容

(1)清洗表面张力仪，并配制 8 种不同浓度的正丁醇溶液

表面张力仪内部用热洗液浸泡数分钟，再用蒸馏水洗净（包括塞子与毛细管），要求玻璃壁上不许挂有水珠，要使毛细管具有很好的润湿性。

以浓度为 0.8 mol·L$^{-1}$ 的正丁醇溶液为基准，分别准确配制浓度分别为 0.02 mol·L$^{-1}$、0.04 mol·L$^{-1}$、0.08 mol·L$^{-1}$、0.12 mol·L$^{-1}$、0.16 mol·L$^{-1}$、0.20 mol·L$^{-1}$、0.24 mol·L$^{-1}$、0.28 mol·L$^{-1}$的正丁醇溶液各 100 mL。

(2)毛细管常数的测定

在已清洁的表面张力仪内装入少量去离子水，装好玻璃管，使其毛细管口刚好与液面相切，仪器按图 4 所示接好。将表面张力仪放入恒温槽中，恒温 20 min 后（恒温槽水温为 25 ℃），打开放空夹，并调节压力计的读数为 0。然后夹上放空夹，打开减压瓶（装满水的）下部的活塞少许，使水缓慢滴出，并使气泡从毛细管口尽可能地缓慢形成，气泡逸出速度为每分钟 10～15 个。记录压力计最大读数三次，求出其平均值，得 $\Delta p_{max}$。根据手册查出 25 ℃时水的表面张力为 $\sigma_o=0.07197$ N/m，由 $\sigma_o/\Delta p_{max}=K$，求出所使用的毛细管常数 $K$，此值应在 0.1 mm 以下，否则毛细管太粗，误差较大。

(3)测定不同浓度正丁醇溶液的表面张力

小心取下表面张力仪，将去离子水倒掉，用待测的正丁醇溶液将仪器内部及毛细管冲洗 3 次，然后再倒入待测的正丁醇溶液，按照测定水的表面张力相同的方法进行实验，读得各个溶液的 $\Delta p_{max}$，用公式 $\sigma=K\Delta p_{max}$ 求出各个溶液的 $\sigma$ 值。注意：应该自稀至浓依次测出各溶液的 $\sigma$ 值。

## 五、数据记录及处理

恒温槽温度：________ $\sigma_o=$ ________

(1)将记录数据填入表格：

| 溶液浓度(mol・$L^{-1}$) | | 0.02 | 0.04 | 0.08 | 0.12 | 0.16 | 0.20 | 0.24 | 0.28 |
|---|---|---|---|---|---|---|---|---|---|
| $\Delta p_{max}$(Pa) | 一 | | | | | | | | |
| | 二 | | | | | | | | |
| | 三 | | | | | | | | |
| | 平均值 | | | | | | | | |

(2)求出各浓度正丁醇水溶液的$\sigma$。(浓度以 mol・$L^{-1}$为单位,$\sigma$以 N・$m^{-1}$表示)

(3)在方格纸上作$\sigma$—$c$图,曲线要平滑。

(4)在光滑曲线的中间取6~7个点(与对应的实验点浓度相同),作其切线,求出$Z$值。

如果作出$\sigma=f(c)$的等温曲线来,可以看出,在开始时$\sigma$随$c$的增加而降低得很快,但以后的变化比较缓慢。根据曲线$\sigma=f(c)$可以通过作图求出吸附量$\Gamma$与浓度$c$的关系。如图5所示,在$\sigma$与$c$的关系曲线上取一点$a$,通过$a$点作曲线的切线和平行于横坐标的直线,分别交纵轴于$b$和$b'$,令$bb'=Z$,则$Z=-c(\frac{d\sigma}{dc})$,而$\Gamma=-\frac{c}{RT}(\frac{d\sigma}{dc})$,所以$\Gamma=Z/RT$,在曲线上取不同的点就可得到不同的$Z$值,从而可得到吸附量$\Gamma$与溶液浓度$c$的关系。

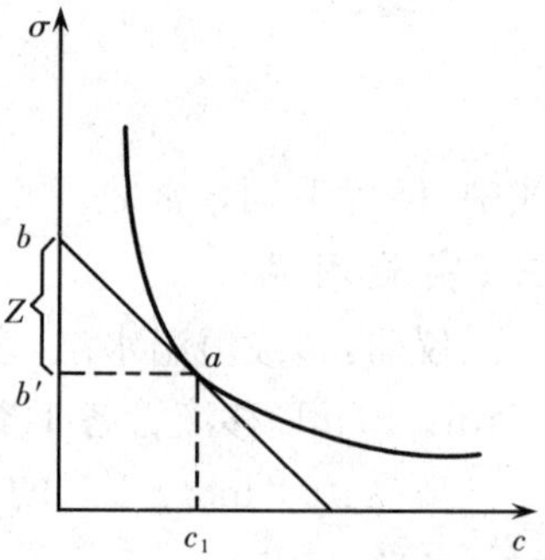

图5 $\sigma$—$c$图

(5)由$\Gamma=Z/RT$计算不同浓度溶液的吸附量$\Gamma$值。计算$c/\Gamma$的值,作$\Gamma$—$c$图。

(6)以$\frac{c}{\Gamma}$—$c$作图,由直线斜率求出$\Gamma_{\infty}$(以 mol・$mL^{-2}$表示),并计算$S_0$的值。

## 六、注意事项

(1)温度对该实验的测量影响比较大,试验中注意观察恒温水浴的温度,溶液加入测量管恒温10 min后进行读数测量。

(2)本实验的关键在于溶液浓度的准确性和所用毛细管、恒温套管的清洁程度。因此,除事先用热的洗液清洗它们以外,每改变一次测量溶液,必须用待测的溶液反复洗涤它们,以保证测量的溶液表面张力与实际溶液的浓度相一致。

(3)毛细管下端要与液面相切,洗涤毛细管时切勿碰破其尖端,影响测量。

(4)控制好出泡速度,平稳地重复出现压力差,而不允许气泡一连串地出。多次测定最大泡压,取平均值(如果每次测定数据总是忽大忽小,往往是毛细管不通畅)。

## 七、思考题

(1)本实验做的结果准确与否关键决定于哪些因素?

(2)气泡如出得很快或连续3~4个一齐出对结果有什么影响?毛细管尖端为何要刚好接触液面?

(3)本实验$\Gamma$—$c$图形应该是怎样的图形?将所得的结果与手册上查到结果进行比较,试分析产生误差的原因。

## 八、测定液体表面张力的其他方法

测定液体表面张力除最大气泡压力法外,还有毛细管上升法、滴重法、吊环法、吊板法、悬滴法等。

**1. 毛细管上升法**

将半径为 $r$ 的毛细管垂直插入可润湿的某液体中，由于附加压力的作用，使毛细管内液面上升。平衡时，上升的液柱所产生的静压力 $\rho gh$ 与附加压力 $\Delta p$ 在数值上相等，即：

$$\Delta p=\frac{2\sigma}{r_1}=\rho gh \tag{8}$$

将 $\cos\theta=r/r_1$ 代入上式，整理得：

$$\sigma=\frac{rh\rho g}{2\cos\theta} \tag{9}$$

若毛细管玻璃被液体完全润湿，则接触角 $\theta=0°$，$\cos\theta=1$。则有：

$$\sigma=\frac{rh\rho g}{2} \tag{10}$$

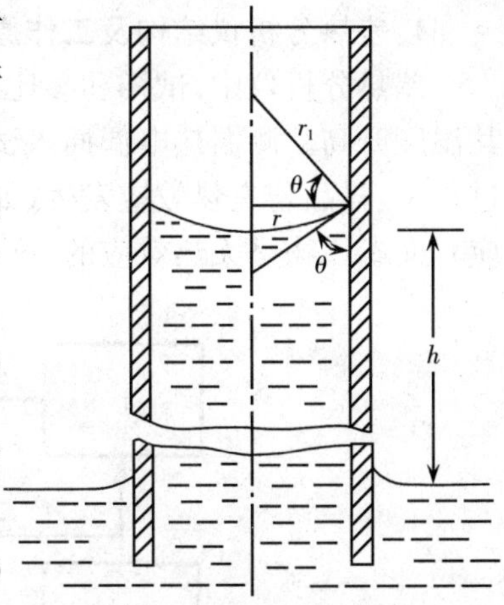


**图 6　毛细管上升原理**

在同一毛细管内，测定两种不同液体在毛细管内上升的高度 $h_1$、$h_2$，则此两种液体表面张力之比为：

$$\frac{r_1}{r_2}=\frac{h_1\rho_1}{h_2\rho_2} \tag{11}$$

若一液体的表面张力 $\sigma_2$ 已知，两液体的密度 $\rho_1$、$\rho_2$ 已知，则待测另一液体的表面张力 $\sigma_1$ 可由上式求得：

$$\sigma_1=\sigma_2\ \frac{h_1\rho_1}{h_2\rho_2} \tag{12}$$

**2. 滴重法**

当液体受重力作用，从垂直安放的毛细管口向下滴落，形成最大液滴时，其半径即为毛细管半径 $R$。此时，重力与表面张力相平衡，即 $mg = 2\pi R\sigma$。

由于液滴形状的变化及不完全滴落，故重力项还需乘以校正系数 $F$。$F$ 是毛细管半径 $R$ 与液滴体积的函数，可在有关手册中查得。则有：

$$\sigma=F\frac{mg}{R} \tag{13}$$

*参考文献*


[1] 吴树森，章燕豪. 界面化学原理与应用. 上海：华东化工学院出版社，1989.

[2] A. W. 亚当森，顾人译. 表面物理化学. 北京：科学出版社，1984.

[3] 鲁道荣. 物理化学实验. 合肥：合肥工业大学出版社，2002.

[4] 金丽萍，邬时清，陈大勇. 物理化学实验. 上海：华东理工大学出版社，2005.


## 实验十四　$CuSO_4 \cdot 5H_2O$ 差示扫描量热分析实验（DSC）

### 一、实验目的

（1）了解热分析的一般知识。

（2）掌握差热分析 DTA 和差示扫描量热分析 DSC 的基本原理；学会对图谱进行定性和定量处理。

（3）学习 DSC 操作，对 $CuSO_4 \cdot 5H_2O$ 进行差示扫描量热分析；根据测得的实验结果，结合无机化学知识讨论 $CuSO_4 \cdot 5H_2O$ 中 5 个结晶水的热稳定性的差异与空间结构的关系。

## 二、基本原理

**1. 差热分析仪结构及工作原理**

差热分析仪中，试样和参比物置于同一加热体系内，热量通过坩埚传给试样和参比物，使其温度升高。测温热电偶插入试样和参比物中，也可放在坩埚外的底部。考虑到升温和测量过程中，样品若有热效应发生（如升华、氧化、聚合、固化、硫化、脱水、结晶、熔融、相变或化学反应），而参比物是无热效应的，这样就必然出现温差。由图 1 可知，两个热电偶是同极相连，它

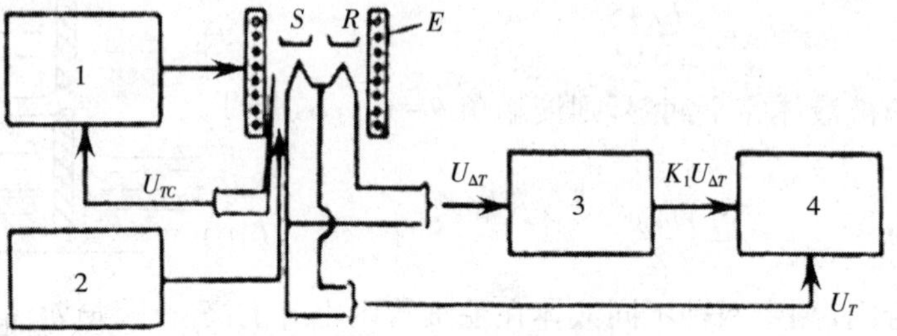


**图 1　DTA 的基本工作原理示意图**

$S$：试样　$U_{TC}$：由控温热电偶送出的毫伏信号　$R$：参比物　$U_T$：由试样下的热电偶送出的毫伏信号　$E$：电炉　$U_{\Delta T}$：由差示热电偶送出的微伏信号

1. 温度程序控制器　2. 气氛控制　3. 差热放大器　4. 记录仪

们产生的热电势的方向正好相反。当炉温缓慢上升，样品和参比物受热达到稳定态。如果试样与参比物温度相同，$\Delta T=0$，那么它们的热电偶产生的热电势也相同。由于反向连接，所以产生的热电势大小相等，方向相反，正好抵消，无信号输出，记录仪仅画出一条水平直线。如果样品由于热效应发生，而参比物无热效应，这样 $\Delta T\neq 0$，记录仪上记录下 $\Delta T$ 的大小。当样品的热效应（放热或吸热）结束时，$\Delta T=0$，信号指示也回到零。如图 2 所示。

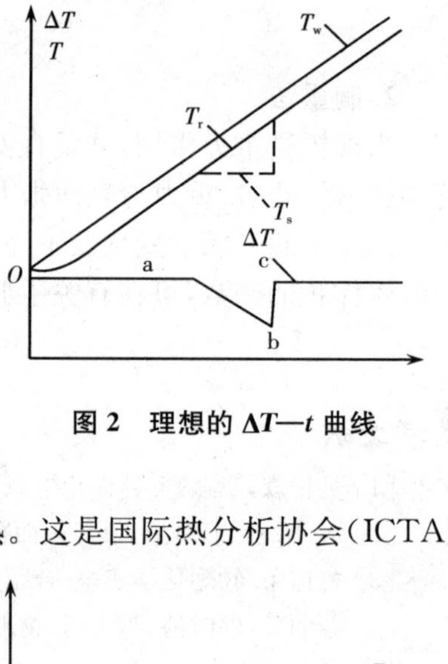


**图 2　理想的 ΔT—t 曲线**

DTA 曲线是以温度为横坐标，以试样和参比物的温差 $\Delta T$ 为纵坐标，以显示试样在缓慢加热和冷却时的吸热与放热过程，吸热时呈谷峰，放热时呈高峰。

图 2 为理想的 $\Delta T—t$ 曲线，$\Delta T$ 向下为负，表示试样吸热。这是国际热分析协会（ICTA）所规定的表示法。a 点以前，由于试样未发生吸热或放热效应，故试样与参比物温度相同，即 $\Delta T=0$，记录仪仅画出一条水平直线，这条直线称作基线。当到达 a 点时，试样开始熔融，吸收热量，在熔融时，试样温度保持不变，而差热 $\Delta T$ 则随时间反向增大，当到达凸点时，试样全部熔融，到达 c 点时，试样与参比物温度又相等，即 $\Delta T=0$，差热曲线回复到基线。

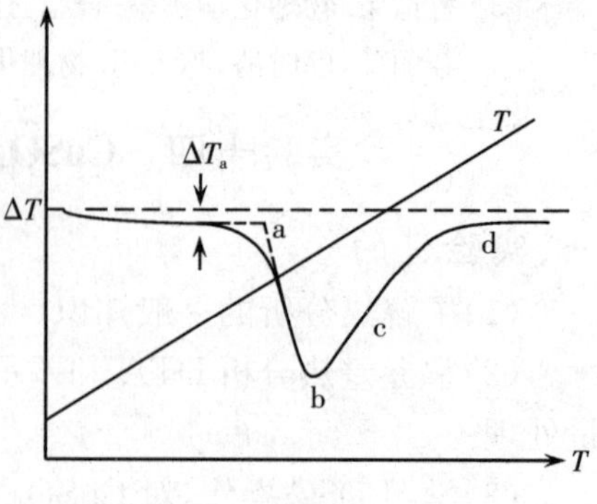


**图 3　DTA 曲线**

实际上，试样和参比物的热容量和导热系数不可能相等，两个支架不可能完全一样，在等速升温时，试样和参比物之间存在一定的温差，即 $\Delta T$ 不等于零，升温开始时，总

会造成基线偏离，偏离 $\Delta T_a$ 值，如图 3 继续等速升温，若试样没有热效应，则 DTA 曲线又呈水平了，说明试样温度和参比物温度相差恒定的 $\Delta T_a$ 值，再继续升温至 a 点，试样熔融，吸热，DTA 曲线向下偏离，考虑到试样及参比物的热容量和支架的差异，故实际的 DTA 曲线不像理想曲线中的 ab 斜线和 bc 垂直线那样，而如图 3 中的 ab 曲线和 bcd 曲线，到达 d 点结束，但此时试样温度仍低于参比物温度，随后 DTA 曲线又成水平线。

在 DTA 曲线上峰的数目表示物质发生物理、化学变化的次数；峰的位置表示物质发生变化的温度；峰的方向表明体系发生热效应的正负；峰的面积可确定热效应的大小。图中峰 abcd 的面积是和热效应 Q 成正比：

$$Q = k\int_{t_1}^{t_2} \Delta T \mathrm{d}t = kA$$

比例系数 $k$ 可由标准物质实验确定。但由于 $k$ 随温度、仪器、操作条件而变化，因此 DTA 的定量性能不好。

同时，为了使 DTA 有足够的灵敏度，试样与周围的热交换要小，也就是说热导系数不能太大，这样当试样发生热效应时才会有足够大的 $\Delta T$。但因此热电偶对试样热效应的响应也较慢，热滞后增大，峰的分辨率差，这是 DTA 设计原理上的矛盾。人们为了改正这些缺陷，后来发展了一种新技术——示差扫描量热计(DSC)。

**2. 示差扫描量热仪的结构及工作原理**

在 1977 年国际热分析学会的命名委员会报告中把 DSC 分为功率补偿式（Power Compensation)、热流式(Heat-flow)和热通量式(Heat-flux)三种形式。后两种形式是属于 DAT 原理的，确切地说，它们是使用不同温度下的 DTA 曲线峰面积与试样焓变的校正曲线来定量热量的差热分析方法。这里介绍功率补偿式 DSC。

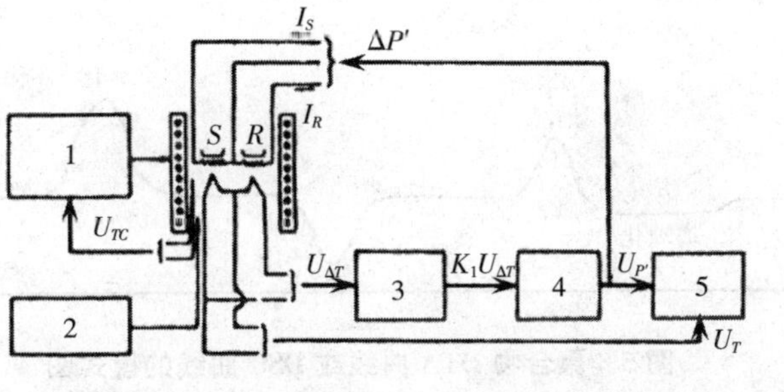


**图 4　功率补偿式 DSC 示意图**

1. 温度程序控制器　2. 气氛控制　3. 差热放大器　4. 功率补偿放大器　5. 记录仪

差示扫描量热法(DSC)和差热分析(DTA)在仪器结构上相似，所不同的是增加了一个功率补偿放大器，在试样和参比物容器下面增加了一组补偿加热丝。如当试样吸热时，试样温度低于参比物温度，放置于它下面的一组示差热电偶产生温差电势 $U_{\Delta T}$，经差热放大器放大后送入功率补偿放大器，功率补偿放大器自动调节补偿加热丝的电流，使试样一边的电流 $I_S$ 增大，参比物一边的电流 $I_R$ 减小，而($I_S + I_R$)保持恒定值，直至两边热量平衡，温差 $\Delta T$ 消失为止。试样的热量变化由于随时得到补偿，试样与参比物的温度始终相等，避免了参比物与试样之间的热传递。故仪器的反应灵敏，分辨率高。

设两边的补偿加热丝的电阻值相同，即 $R_S = R_R = R$，补偿电热丝上的电功率为 $P_S = I_S^2R$ 和 $P_R = I_R^2R$ 。当样品无热效应时，$P_S = P_R$；当样品有热效应时，$P_S$ 和 $P_R$ 之差 $\Delta P$ 能反映样品的放(吸)热的功率：

$$\Delta P = P_S - P_R = (I_S^2 - I_R^2)R = (I_S + I_R)(I_S - I_R) \cdot R$$
$$= (I_S + I_R)\Delta U = I\Delta U$$

由于总电流 $I_S + I_R = I$ 为恒定值，所以样品放(吸)热的功率 $\Delta P$ 只与 $\Delta U$ 成正比。记录 $\Delta P$ 随温度 $T$ 的变化就是试样放热速度(吸热速度)随 $T$(或 $t$)的变化，这就是 DSC 曲线。在 DSC 中，峰的面积是维持试样与参比物温度相等所需要输入的电能的真实量度。

试样放热或吸热量：

$$Q = \int_{t_1}^{t_2} \Delta T \mathrm{d}t = kA$$

不过试样和参比物与补偿加热丝之间总存在热阻，补偿的热量有些漏失，因此热效应的热量应是：

$$Q = KA$$

$K$ 称为仪器常数，可由标准物质实验确定。在示差扫描量热分析分析中，仪器常数 $K$ 不随温度和操作条件而变，这就是 DSC 比 DTA 定量性能好的原因。

**3. DTA、DSC 中各种热效应转变温度的确定**

图 5 是聚合物 DTA 曲线或 DSC 曲线的模式图。当温度升高到玻璃化转变温度 $T_g$ 时，试样的热容增大，需要吸收更多的热量，使基线发生位移。如果试样能够结晶，并处于过冷的结晶态，那么在 $T_g$ 以上就可以结晶，同时放出大量的结晶热而产生一个放热峰。进一步升温，结晶熔融吸热，出现吸热峰。再进一步升温，试样则可能发生氧化、交联反应而放热，出现放热峰，最后试样则发生分解，吸热，出现吸热峰。当然并不是所有的聚合物试样都存在上述全部物理变化和化学变化。

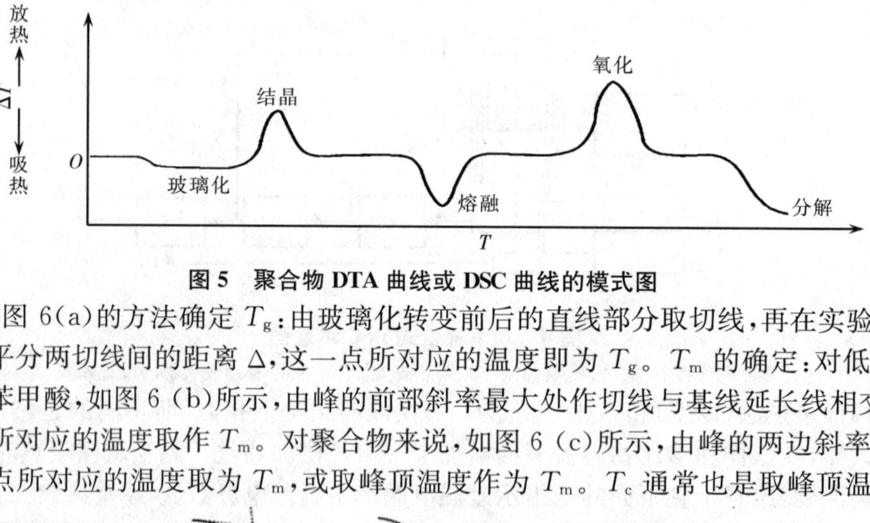


**图 5　聚合物 DTA 曲线或 DSC 曲线的模式图**

通常按图 6(a)的方法确定 $T_g$：由玻璃化转变前后的直线部分取切线，再在实验曲线上取一点，使其平分两切线间的距离 Δ，这一点所对应的温度即为 $T_g$。$T_m$ 的确定：对低分子纯物质来说，像苯甲酸，如图 6 (b)所示，由峰的前部斜率最大处作切线与基线延长线相交，交点称为外延点，所对应的温度取作 $T_m$。对聚合物来说，如图 6 (c)所示，由峰的两边斜率最大处引切线，相交点所对应的温度取为 $T_m$，或取峰顶温度作为 $T_m$。$T_c$ 通常也是取峰顶温度。峰面

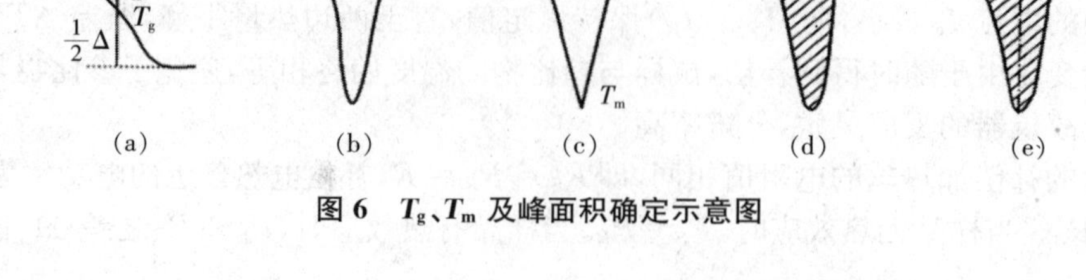


**图 6　$T_g$、$T_m$ 及峰面积确定示意图**

积的取法如图 6(d)、(e)所示。可用求积或剪纸称重法量出面积。

**4. 影响实验结果的因素**

DTA、DSC 的原理和操作都比较简单,但要取得精确的结果却很不容易,因为影响的因素太多了,这些因素有仪器因素、试样因素、气氛、加热速度等。这些因素都可能影响峰的形状、位置,甚至出峰的数目。一般说,上述因素对受扩散控制的氧化、分解反应的影响较大,而对相转变的影响较小。在进行实验时,一旦仪器已经选定,仪器因素也就基本固定了,所以下面仅对试样等因素略加叙述。

参比物的选择:只有当参比物与试样的导热系数相近时,基线偏离小。因此参比物多选择在测量温度范围内本身不发生任何热效应的稳定物质,如 $\alpha$-$Al_2O_3$、石英粉、硅油及 MgO 粉末等。在试样与参比物的热容相差较大时,亦可用参比物稀释试样来加以改善。试样的量和参比物的量也要匹配,以免两者热容相差太大引起基线漂移。

试样因素:试样量对热效应的大小和峰的形状有着显著的影响。一般而言,试样量增加,峰面积增加,并使基线偏离零线的程度增大。同时,试样量增加,将使试样内的温度梯度增大,并相应地使变化过程所需的时间延长,从而影响峰在温度轴上的位置。如果试样量小,差热曲线出峰明显,分辨率高,基线漂移也小,不过对仪器的灵敏度要求也高。在仪器灵敏度许可的情况下,试样量应尽可能少。在测 $Tg$ 时,热容变化小,试样的量要适当多一些。试样的粒度对那些表面反应或受扩散控制的反应影响较大,粒度小,使峰移向低温方向。试样的装填方式也很重要,因为这影响到试样的传热情况,装填得是否紧密又和粒度有关。在测试聚合物的玻璃化转变和相转变时,最好采用薄膜或细粉状试样,并使试样铺满盛器底部,加盖压紧,试样盛器底部应尽可能地平整,保证和试样托架之间的良好接触。

气氛影响:炉内气氛是动态或静态,是活性或惰性,是常压或高压、真空等都会影响峰的形状和反应机理,视实验要求而定。对于聚合物的玻璃化转变和相转变测定,气氛影响不大,但一般都采用氮气,流量 $30\,mL \cdot min^{-1}$左右。

升温速度:升温速度对 $T_g$ 测定影响较大,因为玻璃化转变是一松弛过程,升温速度太慢,转变不明显,甚至观察不到;升温快,转变明显,但 $T_g$ 移向高温。升温速度对 $T_m$ 影响不大,但有些聚合物在升温过程中会发生重组、晶体完善化,使 $T_m$ 和结晶度都提高。升温速度对峰的形状也有影响,升温速度慢,峰尖锐,因而分辨率也好。而升温速度快,基线漂移大。一般采用 $10\,℃ \cdot min^{-1}$。

在进行实验时,应尽可能做到实验条件的一致,才能得到较重复的结果。

## 三、实验用品

仪器:CDR-4P 型差动热分析仪 1 套。

药品:$CuSO_4 \cdot 5H_2O$(A. R.),$Al_2O_3$。

## 四、实验步骤

**1. 准备工作**

(1)摇动手柄将电炉的炉体升到距最高位置 0.8～1 mm 处(注意接近顶端时速度要慢),试着轻轻将炉体顺时针转出,至样品杆恰好全部露出时止,不要推过。称量坩埚(注意:铝坩埚受热不能大于 600 ℃),分别装入参比物及样品,正确称量后将它们平放在各自的托架上(样品在左,参比物在右)。慢慢将炉体转回原位,摇动手柄使炉体慢慢下降,并随时从反光板中观察样品杆屏蔽罩进入炉体时,是否处于炉腔中心,当感到摇动有阻力时止。开启冷却水,并使水流畅通。

(2)仪器控制面板的设置

将“差动”“差热”开关置于“差动”位置。微伏放大器量程开关置±100 μV 处(注意:不论热量补偿的量程选择在哪一挡,微伏放大器的量程都应放在±100 μV 挡)。将“准备”“工作”开关置于“准备”位置。将热量补偿放大器单元的量程开关放在适当的位置。斜率、调零、移位旋钮本机已经调整,勿动!打开各单元电源,预热 30 min。

**2. 称量**

将待测样品放入一只坩埚中精确称重(约 5 mg),在另一只坩埚中放入质量基本相同的参比物,然后将其分别放在样品托的两个托盘上,盖好保温盖。

**3. 计算机开启准备**

计算机电源须后开先关,即在其他部件电源打开后再打开计算机系统的电源,在计算机电源关闭后再关闭其他单元电源,以免电源冲击损坏计算机。打印机电源可在需要时打开。不可在驱动器处于工作状态时取放软磁盘。

**4. 计算机温控的程序及采样程序的设定**

(1)打开桌面上的温控程序、通讯接口,点击 COM1,根据需要设定升温程序,注意终止温度必须比采样的结束温度高 50 ℃或 100 ℃。如在升温段的时间格中如输入—121 代码,即可结束升温程序。“确认”后,点击“完成”,在是否有温控程序提问中点击“是”,这时提示“通讯完成”。点击“数据采集”,点击“采样”,再点击“最小化”。

(2)打开桌面上的采样程序,根据检测样品设置各参数(应和控制面板的设置相一致),点击“确定”。

**5. 数据采集**

启动电炉的绿色开关,将“准备”“工作”开关置于“工作”,点击温控程序“run”,使工况为“run”。采样结束后点击“存盘返回”。最后进行数据处理。

## 五、注意事项

(1)坩埚一定要清理干净,否则埚垢不仅影响导热,杂质在受热过程中也会发生物理、化学变化,影响实验结果的准确性。

(2)样品必须研磨得很细,否则差热峰不明显,但也不宜太细。一般差热分析样品以研磨到 200 目为宜。

## 六、数据记录与处理

记录实验的条件如下:

(1)由 $CuSO_4 \cdot 5H_2O$ 的 DSC 图,求各峰的外延点温度,峰顶温度。

(2)求出样品在受热过程中的总热效应值。

(3)根据无机化学的知识,推测 $CuSO_4 \cdot 5H_2O$ 的 DSC 图中三个峰各代表什么变化,讨论 $CuSO_4 \cdot 5H_2O$ 中 5 个结晶水的热稳定性的差异与空间结构的关系,写出可能的化学反应方程。

## 七、思考题

(1)DTA 实验中如何选择参比物?常用的参比物有哪些?

(2)DTA 和简单热分析(步冷曲线法)有何异同?

(3)仅用 $CuSO_4.5H_2O$ 差热分析(DTA)或差动热分析(DSC)图谱,能否给出确切的 $CuSO_4 \cdot 5H_2O$ 中 5 个结晶水的失水情况?为什么?

# 实验十五　凝固点降低法测定分子量

## 一、实验目的

(1)测定水的凝固点降低值,计算蔗糖的分子量。

(2)掌握凝固点降低法测分子量的原理。

(3)掌握贝克曼温度计的使用方法。

## 二、实验原理

物质的摩尔质量是一个重要的物理化学数据,其测定方法有许多种。凝固点降低法测定物质的摩尔质量是一个简单而比较准确的测定方法,在实验和溶液理论的研究方面都具有重要意义。

当稀溶液凝固析出纯固体溶剂时,则溶液的凝固点低于纯溶剂的凝固点,其降低值与溶液的质量摩尔浓度成正比。即

$$\Delta T = T_f{}^* - T_f = K_f m_B \tag{1}$$

式中,$T_f{}^*$ 为纯溶剂的凝固点;$T_f$为溶液的凝固点;$m_B$为溶液中溶质 B 的质量摩尔浓度;$K_f$为溶剂的质量摩尔凝固点降低常数,它的数值仅与溶剂的性质有关。

表 1 给出了部分溶剂的凝固点降低常数值。

**表 1　几种溶剂的凝固点降低常数值**

| 溶剂 | 水 | 醋酸 | 苯 | 环己烷 | 环己醇 | 萘 | 三溴甲烷 |
|---|---|---|---|---|---|---|---|
| $T_f^*$(K) | 273.15 | 289.75 | 278.65 | 279.65 | 297.05 | 383.5 | 280.95 |
| $K_f$($K \cdot kg \cdot mol^{-1}$) | 1.86 | 3.90 | 5.12 | 20 | 39.3 | 6.9 | 14.4 |

若称取一定量的溶质 $W_B$(g)和溶剂 $W_A$(g),配成稀溶液,则此溶液的质量摩尔浓度 $m_B$为

$$m_B = \frac{W_B}{M_B W_A} \times 10^{-3} \tag{2}$$

式中,$M_B$为溶质的分子量。将(2)式代入(1)式,整理得:

$$M_B = K_f \frac{W_B}{\Delta T \cdot W_A} \times 10^{-3} \tag{3}$$

若已知某溶剂的凝固点降低常数 $K_f$值,通过实验测定此溶液的凝固点降低值 $\Delta T$,即可计算溶质的分子量 $M_B$。

通常测凝固点的方法是将溶液逐渐冷却,但冷却到凝固点,并不析出晶体,往往成为过冷溶液。然后由于搅拌或加入晶种促使溶剂结晶,由结晶放出的凝固热,使体系温度回升,当放热与散热达到平衡时,温度不再改变。此固、液两相共存的平衡温度即为溶液的凝固点。但过冷或寒剂温度过低,则凝固热抵偿不了散热,此时温度不能回升到凝固点,在温度低于凝固点时完全凝固,就得不到正确的凝固点。从相律看,溶剂与溶液的冷却曲线形状不同。对纯溶剂两相共存时,自由度 $f^* = 1-2+1=0$,冷却曲线出现水平线段,其形状如图 1(a)所示。对溶液两相共存时,自由度 $f^* = 2-2+1=1$,温度仍可下降,但由于溶剂凝固时放出凝固热,使温度回升,但回升到最高点又开始下降,所以冷却曲线不出现水平线段,如图 1(b)所示。由于溶剂析出后,剩余溶液浓度变大,显然回升的最高温度不是原浓度溶液的凝固点,严格的做法应作冷却曲线,并按图 1 中所示方法加以校正。但由于冷却曲线不易测出,而真正的平衡浓度又难于直接测定,实验总是用稀溶液,并控制条件使其晶体析出量很少,所以以起始浓度代替平

衡浓度，对测定结果不会产生显著影响。

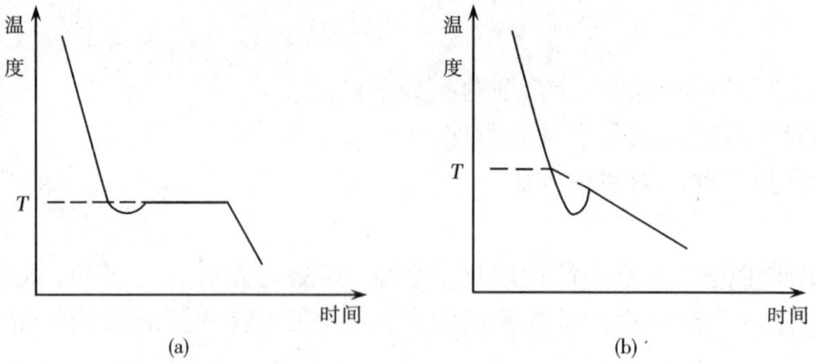


**图 1　溶剂与溶液的冷却曲线**

本实验测纯溶剂与溶液凝固点之差，由于差值较小，所以测温需用较精密仪器，本实验使用精密温差测量仪。

## 三、实验用品

仪器：凝固点测定仪 1 套，精密温差测量仪（0.001℃）1 台，普通温度计（0～50℃）1 支，分析天平 1 台，移液管（50 mL）1 支，压片机 1 台。

药品：蔗糖（A. R.），粗盐，冰。

## 四、实验内容

### 1. 调节精密温差测量仪

按照精密温差测量仪的调节方法调节测量仪，测量仪的使用参见基础知识部分。

### 2. 调节寒剂的温度

取适量粗盐与冰水混合，使寒剂温度为－3～－2℃，在实验过程中不断搅拌，使寒剂保持此温度。

### 3. 溶剂凝固点的测定

仪器装置如图 2 所示。用移液管向清洁、干燥的凝固点管内加入 50 mL 纯水，并记下水的温度，插入精密温差测定仪的探头，先将盛水的凝固点管直接插入寒剂中，上下移动搅棒（勿拉过液面，约每秒钟一次）。使水的温度逐渐降低，当过冷到 0.7℃以后，要快速搅拌（以搅棒下端擦管底），幅度要小，待温度回升后，恢复原来的搅拌，同时用放大镜观察温度计读数，直到温度回升稳定为止，此温度即为水的近似凝固点。取出凝固点管，用手捂住管壁片刻，同时不断搅拌，使管中固体全部熔化，将凝固点管放在空气套管中，缓慢搅拌，使温度逐渐降低，当温度降至近似凝固点时，自支管加入少量晶种，并快速搅拌（在液体上部），待温度回升后，再改为缓慢搅拌。直到温度回升到稳定为止，记下稳定的温度值，重复测定 3 次，每次之差不超过 0.006 ℃，3 次平均值作为纯水的凝固点。

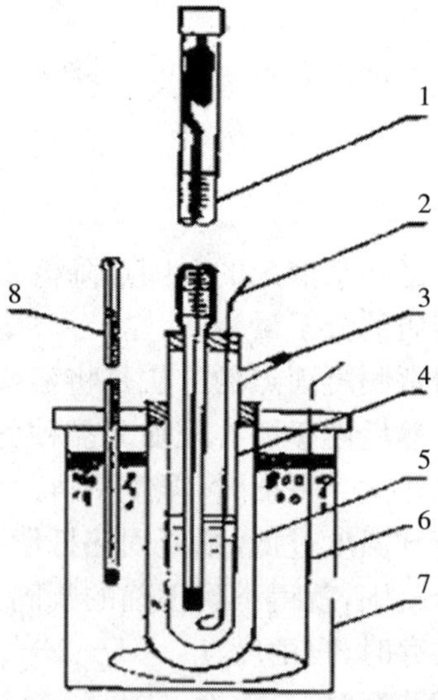


**图 2　凝固点降低实验装置**

1. 铂电阻探头　2. 内管搅棒　3. 投料支管　4. 凝固点管　5. 空气套管　6. 寒剂搅棒　7. 冰槽　8. 温度计

**4. 溶液凝固点的测定**

取出凝固点管，如前将管中冰溶化，用压片机将蔗糖压成片，用分析天平精确称重(约0.25 g)，其重量约使凝固点下降0.3℃，自凝固点管的支管加入样品，待全部溶解后，测定溶液的凝固点。测定方法与纯水的相同，先测近似的凝固点，再精确测定，但溶液凝固点是取回升后所达到的最高温度。重复3次，取平均值。

取出凝固点测定管，使固体完全融化，再加入重量近似的第二片蔗糖片，用同样的方法进行测定。

## 五、数据处理

(1)由水的密度，计算所取水的重量 $W_A$。

(2)将实验数据列入表1中。

表1　凝固点降低实验数据

| 物质 | 质量 | 凝固点 | | | 凝固点降低值 |
|---|---|---|---|---|---|
| | | 测量值 | | 平均值 | |
| 水 | | 1 | | | |
| | | 2 | | | |
| | | 3 | | | |
| 蔗糖(第一次) | | 1 | | | |
| | | 2 | | | |
| | | 3 | | | |
| 蔗糖(第二次) | | 1 | | | |
| | | 2 | | | |
| | | 3 | | | |

(3)根据公式(3)，由所得数据计算蔗糖的分子量，并计算与理论值的相对误差。

## 六、注意事项

(1)搅拌速度的控制是做好本实验的关键，每次测定应按要求的速度搅拌，并且测溶剂与溶液凝固点时搅拌条件要完全一致。

(2)寒剂温度对实验结果也有很大影响，过高会导致冷却太慢，过低则测不出正确的凝固点。

(3)纯水过冷度0.7～1℃(视搅拌快慢)，为了减少过冷度，而加入少量晶种，每次加入晶种大小应尽量一致。

## 七、思考题

(1)为什么要先测近似凝固点?

(2)根据什么原则考虑加入溶质的量?太多或太少会有什么影响?

# 实验十六　磁化率的测定

## 一、实验目的

(1)掌握古埃(Gouy)法测定磁化率的原理和方法。

(2)测定三种络合物的磁化率，求算未成对电子数，判断其配键类型。

## 二、实验原理

组成物质的分子、原子或离子中都存在着运动的电子，电子的轨道运动和自旋运动都会产生磁效应。若这些分子、原子或离子中不存在未成对的电子，轨道上成对电子自旋所产生的磁矩相互抵消，轨道运动在各个方向上的取向几率相等，因而物质不会表现出永久磁矩。若这些分子、原子或离子中存在着未成对的电子，则物质存在永久磁矩。但由于热运动，这些永久磁矩的统计结果也等于零。

当物质处于一个外磁场中时，物质内部分子、原子或离子的电子运动受到外磁场的影响，会被磁化并感生一个附加磁场 $H'$，即发生磁化作用。该磁场强度 $H'$ 与外磁场强度 $H$ 之和称为该物质的磁感应强度 $B$，即

$$B=H+H' \tag{1}$$

物质的磁化可用磁化强度 $I$ 来描述，$H'=4\pi I$。对于非铁磁性物质，$I$ 与外磁场强度 $H$ 成正比，即

$$I=\chi H \tag{2}$$

式中，$\chi$ 为物质的单位体积磁化率(简称磁化率)，是物质的一种宏观磁性质。在化学中常用单位质量磁化率 $\chi_m$ 或摩尔磁化率 $\chi_M$ 表示物质的磁性质，它的定义是

$$\chi_m=\frac{\chi}{\rho} \tag{3}$$

$$\chi_M=M\cdot\frac{\chi}{\rho} \tag{4}$$

式中，$\rho$ 和 $M$ 分别是物质的密度和摩尔质量。由于 $\chi$ 是无量纲的量，所以 $\chi_m$ 和 $\chi_M$ 的单位分别是 $m^3\cdot kg^{-1}$ 和 $m^3\cdot mol^{-1}$。

对于本身没有永久磁矩的物质，其分子、原子或离子的电子轨道运动在外磁场作用下，会产生拉摩进动，感应出一个与外磁场方向相反的诱导磁矩来，这类物质称为反磁性物质。在反磁性物质中，$\chi_M$ 就等于反磁化率 $\chi_{反}$，且 $\chi_M<0$。

如果物质本身具有永久磁矩，在外磁场的作用下，永久磁矩会顺着外磁场的方向排列，磁化方向与外磁场相同，同时其电子轨道运动也会产生拉摩进动，这类物质在外磁场的作用是这两个效应的总结果。这些物质的摩尔磁化率 $\chi_M$ 是摩尔顺磁化率 $\chi_{顺}$ 与摩尔反磁化率 $\chi_{反}$ 之和，即

$$\chi_M=\chi_{顺}+\chi_{反} \tag{5}$$

由于分子、原子或离子中的未成对电子的永久磁矩的磁性要比其成对电子在外磁场作用下产生的诱导磁矩的反磁性大 1～3 个数量级，所以这类物质总表现出顺磁性，其 $\chi_M>0$，称之为顺磁性物质。

还有些物质，如铁、钴、镍及其合金，其磁性随着外磁场的增加急剧增加，$H'/H>10^4$，而且附加磁场在外磁场消失后并不立即消失，这类物质称为铁磁性物质。

物质的顺磁化率是分子、原子或离子的永久磁矩在外磁场中定向排列产生的，因而与分子的永久磁矩 $\mu_m$ 密切相关。对大量单个分子或原子的磁矩作统计平均，可以得到摩尔顺磁磁化率和分子永久磁矩之间的关系：

$$\chi_{顺}=\frac{N_A\mu_m^2}{3kT} \tag{6}$$

式中，$N_A$ 为 Avogadro 常数；$k$ 为 Boltzmann 常数($1.38\times10^{-16}\,erg\cdot K^{-1}$)；$T$ 为热力学温度；$\mu_m$ 为分子永久磁矩($10^{-3}\,J\cdot T^{-1}$)。由此可得：

$$\chi_M=\frac{N_A\mu_m^2}{3kT}+\chi_{反} \tag{7}$$

由于$\chi_{反}$不随温度变化(或变化极小),所以只要测定不同温度下的$\chi_M$对$1/T$作图,截距即为$\chi_{反}$,由斜率可求$\mu_m$。由于$\chi_{反}$比$\chi_{顺}$小得多,所以在不很精确的测量中可作近似处理,忽略$\chi_{反}$,即:

$$\chi_M=\chi_{顺}=\frac{N_A\mu_m^2}{3kT}(\mathrm{m^3\cdot mol^{-1}}) \tag{8}$$

当分子或原子中的电子总角动量不为零时,其磁矩不为零。分子的磁矩$\mu_m$与其电子的角动量的关系是:

$$\mu_m=\gamma p_J=g\mu_B\sqrt{J(J+1)} \tag{9}$$

式中,$p_J$是总角动量;$J$为总角量子数;$g$为朗德因子;$\mu_B$为玻尔磁子,其物理意义是:单个自由电子自旋所产生的磁矩,$\mu_B=9.273\times10^{-24}\,J\cdot T^{-1}$。

一般情况下,分子的顺磁性几乎都是自旋贡献的。如有$n$个未配对的电子,则其总的自旋量子数为$n/2$,$g=2$,则有顺磁性物质的$\mu_m$与未成对电子数$n$的关系为:

$$\mu_m=\mu_B\sqrt{n(n+2)} \tag{10}$$

(6)式将物质的宏观性质$\chi_M$与微观性质$\mu_m$联系起来。由实验测定物质的$\chi_M$,根据(8)式可求得$\mu_m$,进而计算未配对电子数$n$。这些结果可用于研究原子或离子的电子结构,判断络合物分子的配键类型。

络合物可分为电价络合物和共价络合物。电价络合物中心离子的电子结构不受配位体的影响,靠静电库仑力与配位体结合,形成电价配键,中心离子基本上保持自由离子的电子结构。在这类络合物中,含有较多的自旋平行电子,所以是高自旋配位化合物。共价络合物则以中心离子空的价电子轨道接受配位体的孤对电子,形成共价配键,这类络合物形成时,中心离子的价电子往往发生电子重排,提供更多空的价电子轨道给配体的电子对,其自旋平行的电子相对减少,所以是低自旋配位化合物。一般认为,中心离子与配位原子的电负性相差较大时,容易形成电价配键;而电负性相差较小时,则生成共价配键。

例如,$Co^{3+}$的外层电子结构为$3d^6$,在络离子$(CoF_6)^{3-}$中,形成电价配键,电子排布为:

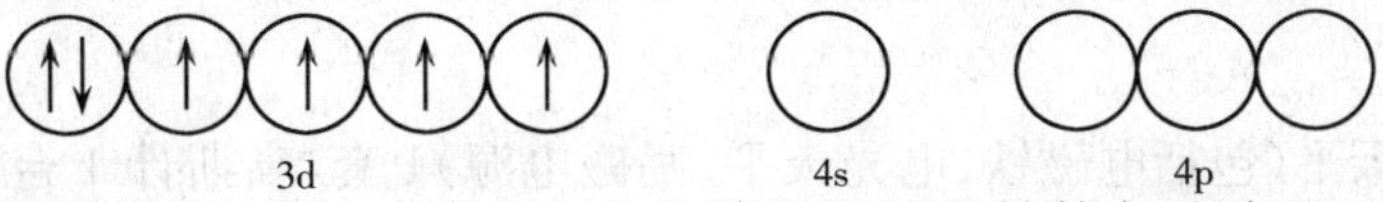


此时,未配对电子数$n=4$,$\mu_m=4.9\mu_B$。$Co^{3+}$以上面的结构与6个$F^-$以静电力相吸引形成电价络合物。而在$[Co(CN)_6]^{3-}$中则形成共价配键,其电子排布为:

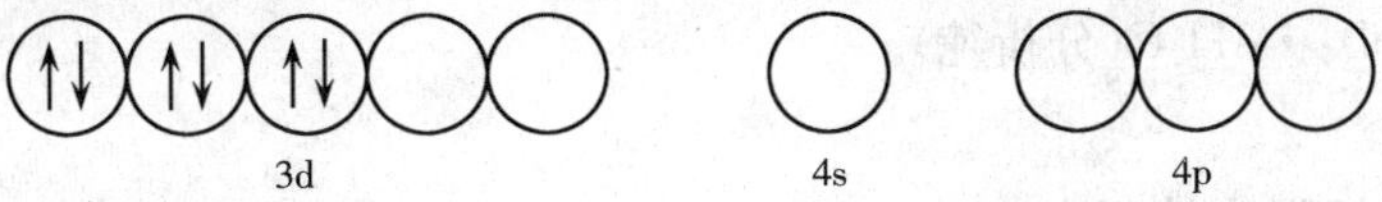


此时,$n=0$,$\mu_m=0$。$Co^{3+}$将6个电子集中在3个3d轨道上,6个$CN^-$的孤对电子进入$Co^{3+}$的6个空轨道,形成共价络合物。

古埃磁天平是测定物质磁化率的方法之一,其结构如图1所示。

天平左臂悬挂一样品管,管底部处于磁场强度最大的区域($H$),管顶端则位于场强最弱(甚至为零)的区域($H_0$)。整个样品管处于不均匀磁场中。设圆柱形样品的截面积为$A$,沿样品管长度方向上$dz$长度的体积$A\,dz$在非均匀磁场中受到的作用力$dF$为:

$$dF=\chi AH\frac{dH}{dz}=dz \tag{10}$$

式中，$\chi$ 为体积磁化率；$H$ 为磁场强度；$\mathrm{d}H/\mathrm{d}z$ 为场强梯度，积分上式得：

$$F=\frac{1}{2}(\chi-\chi_0)(H^2-H_0^2)A \tag{11}$$

式中，$\chi_0$ 为样品周围介质的体积磁化率（通常是空气，$\chi_0$ 值很小）。如果 $\chi_0$ 可以忽略，且 $H_0=0$ 时，整个样品受到的力为：

$$F=\frac{1}{2}\chi H^2 A \tag{12}$$

在非均匀磁场中，顺磁性物质受力向下所以增重；而反磁性物质受力向上所以减重。测定时在天平右臂加减砝码使之平衡。设 $\Delta W$ 为施加磁场前后的质量差，则：

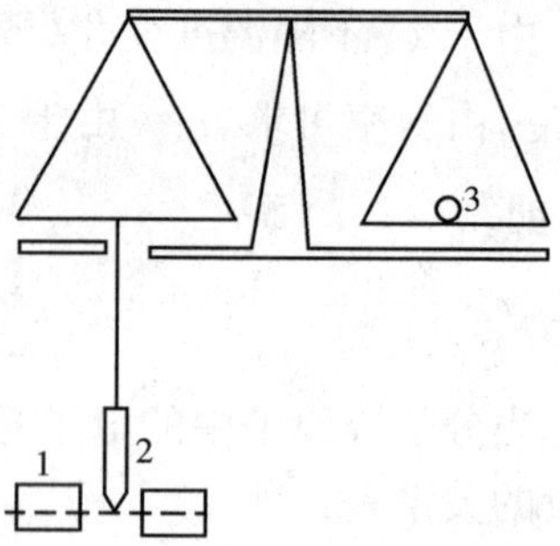


**图 1　古埃磁天平示意图**

1. 磁铁　2. 样品管　3. 电光天平

$$F=\frac{1}{2}\chi H^2 A=g\Delta W \tag{13}$$

将 $\chi_M=\dfrac{\chi M}{\rho}$，$\rho=\dfrac{W}{hA}$ 代入上式得：

$$\chi_M=\frac{2(\Delta W_{样品+空管}-\Delta W_{空管})ghM}{WH^2}\,\mathrm{m^3\cdot mol^{-1}} \tag{14}$$

式中，$\Delta W_{样品+空管}$ 为样品管加样品后在施加磁场前后的质量差(g)；$\Delta W_{空管}$ 为空样品管在施加磁场前后的质量差(g)；$g$ 为重力加速度；$h$ 为样品高度(cm)；$M$ 为样品的摩尔质量($\mathrm{g\cdot mol^{-1}}$)；$W$ 为样品的质量(g)；$H$ 为磁极中心磁场强度(G)。

通过古埃磁天平，可以获得物质的摩尔磁化率 $\chi_M$，代入(8)式和(9)式，即可求得物质的未成对电子数 $n$。

磁场强度 $H$，除了可以用高斯计直接测量外，还可以用已知磁化率的物质来标定。常用的标定物质是莫尔盐，它的单位质量磁化率与温度的关系为：

$$\chi_M=\frac{9500}{T+1}\times10^{-6}\,(\mathrm{m^3\cdot kg^{-1}}) \tag{15}$$

## 三、实验用品

仪器：古埃磁天平（包括电磁铁、电光天平、励磁电源）1 套，高斯计 1 台，软质玻璃样品管 4 支，样品管架 1 个，直尺 1 把，小漏斗 4 个。

药品：莫尔盐 $(NH_4)_2SO_4\cdot FeSO_4\cdot 6H_2O$（分析纯），$FeSO_4\cdot 7H_2O$（分析纯）、$K_3Fe(CN)_6$（分析纯），$K_4Fe(CN)_6\cdot 3H_2O$（分析纯）。

## 四、实验内容

**1. 磁极中心磁场强度的测定**

(1)用高斯计测量

按说明书校正好高斯计。将霍尔变送器探头平面垂直放入磁极中心处。接通励磁电源，调节“调压旋钮”逐渐增大电流，至高斯计表头示值为 350 mT，记录此时励磁电流值 $I$。以后每次测量都要控制在同一励磁电流，使磁场强度相同，在关闭电源前应先将励磁电流降至零。

(2)用莫尔盐标定

①取一干燥、清洁的空样品管悬挂在磁天平左臂挂钩上，样品管应与磁极中心线平齐，注意样品管不要与磁极相触。准确称取空样品管的质量 $W_{空管}(H=0)$，重复称取 3 次取其平均

值。接通励磁电源调节电流为 $I$。记录加磁场后空管的称量值 $W_{空管}(H=H)$，重复3次取其平均值。

②取下样品管，将莫尔盐通过漏斗装入样品管，一边装填一边在橡皮垫上碰击，使样品均匀填实，直至装满，继续碰击至样品高度不变为止，用直尺测量样品高度 $h$。用与①中相同步骤称取 $W_{空管+样品}(H=0)$ 和 $W_{空管+样品}(H=H)$。测量完毕后，将莫尔盐倒入试剂瓶中。

**2. 测定未知样品的摩尔磁化率 $\chi_M$**

同法分别测定 $FeSO_4 \cdot 7H_2O$、$K_3Fe(CN)_6$ 和 $K_4Fe(CN)_6 \cdot 3H_2O$ 的 $W_{空管}(H=0)$、$W_{空管}(H=H)$、$W_{空管+样品}(H=0)$ 和 $W_{空管+样品}(H=H)$。

## 五、数据处理

(1)将所测数据列表。

| 样品名称 | $W_{空管}$(g) $(H=0)$ | $W_{空管}$(g) $(H=H)$ | $\Delta W_{空管}$(g) | $W_{空管+样品}$(g) $(H=0)$ | $W_{空管+样品}$(g) $(H=H)$ | $\Delta W_{空管+样品}$(g) | $W_{样品}$(g) | 样品高度(cm) |
|---|---|---|---|---|---|---|---|---|
| | | | | | | | | |

(2)根据实验数据计算外加磁场强度 $H$。

(3)计算三个样品的摩尔磁化率 $\chi_M$、永久磁矩 $\mu_m$ 和未配对电子数 $n$。

(4)根据 $\mu_m$ 和 $n$ 讨论络合物中心离子最外层电子结构和配键类型。

## 六、注意事项

(1)所测样品应研细。

(2)样品管一定要干净。$\Delta W_{空管}=W_{空管}(H=H)-W_{空管}(H=0)>0$ 时，表明样品管不干净，应更换。

(3)装样时不要一次加满，应分次加入，边加边碰击填实后，再加再填实，尽量使样品紧密均匀。

(4)挂样品管的悬线不要与任何物体接触。

(5)加外磁场后，应检查样品管是否与磁极相碰。

(6)励磁电流的变化应平稳、缓慢，调节电流时不宜过快和用力过大。

(7)测试样品时，应关闭玻璃门窗，对整机不宜振动，否则实验数据误差较大。

## 七、思考题

(1)本实验在测定 $\chi_M$ 时做了哪些近似处理？

(2)为什么要用莫尔盐来标定磁场强度？

(3)样品的填充高度和密度对测量结果有何影响？

## 参考资料

[1] 复旦大学，等. 物理化学实验. 北京：高等教育出版社，1979.

[2] 王秋长，等. 基础化学实验. 北京：科学出版社，2003.

[3] 山东大学，等. 基础化学实验(Ⅲ)-物理化学实验. 北京：化学工业出版社，2004.

[4] 韩喜江，等. 物理化学实验. 哈尔滨：哈尔滨工业大学出版社，2004.

# 实验十七　偶极矩的测定

## 一、实验目的

(1)测定正丁醇的偶极矩，了解偶极矩与分子电性质的关系。

(2)掌握溶液法测定偶极矩的原理和方法。

## 二、实验原理

分子呈电中性，但因其空间构型的不同，分子中正、负电荷的中心可能重合，也可能不重合。前者称为非极性分子，后者称为极性分子。

Debye 于 1912 年提出"偶极矩"的概念来度量分子极性大小，其定义为

$$\boldsymbol{\mu}=q\times d \tag{1}$$

式中，$q$ 为正、负电荷中心所带的电荷量；$d$ 是正、负电荷中心间的距离。$\boldsymbol{\mu}$ 是个向量，其方向规定为从正到负。偶极矩的 SI 单位是库[仑]米(C・m)。过去习惯使用的单位是德拜(D)，$1D=3.338\times10^{-30}$ C・m。

通过偶极矩的测定，可以了解分子结构中有关电子云的分布、分子的对称性，以及判断几何异构体和分子的立体结构。

极性分子具有永久偶极矩，但由于分子的热运动，偶极矩的方向在各方向上的机会相同，偶极矩的统计值为零，宏观上测不出偶极矩。若将极性分子置于均匀的外电场中，分子将沿电场方向转动，偶极矩也趋向电场方向，我们称之为分子被极化了。极化的程度可以用摩尔转向极化度 $P_{转向}$ 来衡量。

$$P_{转向}=\frac{1}{9\varepsilon_0}\cdot N_A\frac{\boldsymbol{\mu}^2}{kT} \tag{2}$$

式中，$\varepsilon_0$ 为真空电容率，$\varepsilon_0=8.85\times10^{-12}\,C\cdot V^{-1}\cdot m^{-1}$；$k$ 为波耳兹曼(Boltzmann)常数，$k=1.38\times10^{-23}\,J\cdot K^{-1}$；$N_A$ 为阿伏加德罗(Avogadro)常数，$N_A=6.02\times10^{23}\,mol^{-1}$；$T$ 为热力学温度($k$)；$\boldsymbol{\mu}$ 为分子的永久偶极矩(C・m)。

在外电场作用下，无论是极性分子还是非极性分子都会发生电子云对分子骨架的相对移动和分子骨架的变形。这种现象称为诱导极化或变形极化，用摩尔诱导极化度 $P_{诱导}$ 来度量。$P_{诱导}$ 可以分为两项，即摩尔电子极化度($P_{电子}$)和摩尔原子极化度($P_{原子}$)之和。

$$P_{诱导}=P_{电子}+P_{原子} \tag{3}$$

如果外电场是交变场，极性分子的极化情况与交变场的频率有关。当频率小于 $10^{10}\,s^{-1}$ 的低频电场或静电场中，极性分子所产生的摩尔极化度 $P$ 是摩尔转向极化度、摩尔电子极化度和摩尔原子极化度的总和：

$$P=P_{转向}+P_{电子}+P_{原子} \tag{4}$$

由于摩尔原子极化度一般只有摩尔电子极化度的 5%～10%，且 $P_{转向}$ 较 $P_{电子}$ 大很多，所以可以忽略原子极化度，(4)式可以近似处理为：

$$P=P_{转向}+P_{电子} \tag{4'}$$

当频率提高到 $10^{12\sim14}\,s^{-1}$ 的中频电场(红外频率)时，电场的交变周期小于分子偶极矩的松弛时间，极性分子的转向运动跟不上电场的变化，即极性分子来不及沿电场定向，故 $P_{转向}=0$。此时，$P=P_{诱导}=P_{电子}+P_{原子}$。

当频率高于 $10^{15}\,s^{-1}$ 高频电场(可见和紫外频率)时，极性分子的转向运动和分子骨架运动都跟不上电场的变化，$P=P_{电子}$。

因此，只要在低频电场($\nu<10^{10}\,s^{-1}$)或静电场中测得 $P$；在 $\nu>10^{15}\,s^{-1}$ 的高频电场中测得 $P_{电子}$，代入(4′)式，可求得 $P_{转向}$，再由(2)式计算 $\boldsymbol{\mu}$。

偶极矩测量工作开始于 20 世纪 20 年代，分子偶极矩通常可用微波波谱法、分子束法、介电常数法和其他一些间接方法来进行测量。由于前两种方法在仪器上受到的局限性较大，因

而偶极矩数据绝大多数来自于介电常数法。

在不考虑物质分子之间的相互作用情况下，Clausius、Mosotti 和 Debye 从电磁理论得到物质的介电常数 $\varepsilon$ 与极化度 $P$ 之间的关系：

$$P=\frac{\varepsilon-1}{\varepsilon+2}\cdot\frac{M}{\rho} \tag{5}$$

式中，$M$ 是被测分子的摩尔质量；$\rho$ 是该物质在 $TK$ 时的密度。因此，只要测出物质的三个宏观性质：$M$、$\rho$、$\varepsilon$ 的值，就可以求出分子的极化度，从而求得分子的偶极矩。

(5)式是在假定分子间无相互作用的情况下推导的，只适用于温度不太低的气相体系。然而测定气相的介电常数在实验上难度较大，因此，后来提出了用溶液法来解决这个问题。

所谓溶液法就是将极性待测物溶于非极性溶剂中进行测定，然后外推到无限稀释。因为在无限稀的溶液中，极性溶质分子所处的状态与它在气相时十分相近。那么无限稀溶液中溶质的摩尔极化度 $P_2^{\infty}$ 就等于(5)式中的极化度 $P$。

Hedestrand 根据稀溶液的近似公式：

$$\varepsilon_{溶}=\varepsilon_1(1+\alpha X_2) \tag{6}$$

$$\rho_{溶}=\rho_1(1+\beta X_2) \tag{7}$$

导出无限稀释时溶质的摩尔极化度的公式：

$$P=P_2^{\infty}=\lim_{x_2\to 0}P_2=\frac{\varepsilon_1-1}{\varepsilon_1+2}\cdot\frac{M_2-\beta M_1}{\rho_1}+\frac{3\alpha\varepsilon_1}{(\varepsilon_1+2)^2}\cdot\frac{M_1}{\rho_1} \tag{8}$$

式中，$\varepsilon_{溶}$、$\rho_{溶}$ 是溶液的介电常数和密度；$\varepsilon_1$、$\rho_1$、$M_1$ 分别是溶剂的介电常数、密度和摩尔质量；$M_2$ 为溶质的摩尔质量；$X_2$ 是溶质的摩尔分数；$\alpha$ 和 $\beta$ 为常数。其中密度的单位是 $kg\cdot cm^{-3}$，摩尔质量的单位是 $kg\cdot mol^{-1}$。

高频电场下极性分子的摩尔电子极化度 $P_{电子}$ 可以通过折光率来获得，所以高频电场中的摩尔极化度也称摩尔折射度，用 $R$ 表示。根据 Lorenz-Lorentz 方程，透明物质的介电常数 $\varepsilon$ 与其折光率 $n$ 的关系是：

$$\varepsilon=n^2 \tag{9}$$

由稀溶液的近似公式：

$$n_{溶}=n_1(1+\gamma X_2) \tag{10}$$

式中，$n_1$ 为溶剂的折射率；$\gamma$ 为常数。则无限稀释时，溶质的摩尔折射度 $R_2^{\infty}$ 的公式为：

$$P_{电子}=R_2^{\infty}=\lim_{x_2\to 0}R_2=\frac{n_1^2-1}{n_1^2+2}\cdot\frac{M_2-\beta M_1}{\rho_1}+\frac{6n_1^2\gamma}{(n_1^2+2)^2}\cdot\frac{M_1}{\rho_1} \tag{11}$$

因此

$$P_2^{\infty}-R_2^{\infty}=P-P_{电子}=P_{转向}=\frac{1}{9\varepsilon_0}N_A\frac{\boldsymbol{\mu}^2}{kT} \tag{12}$$

整理得到分子的偶极矩计算公式为：

$$\mu=0.0426\times 10^{-27}\sqrt{(P_2^{\infty}-R_2^{\infty})T}\ (C\cdot m) \tag{13}$$

介电常数 $\varepsilon$ 可通过测量电容来求算。

$$\varepsilon = C/C_0 \tag{14}$$

式中，$C_0$ 为电容器在真空时的电容；$C$ 为充满待测液时的电容，由于空气的电容非常接近于 $C_0$，故(14)式可改写成

$$\varepsilon=C/C_{空} \tag{15}$$

本实验利用电桥法测定电容，其桥路为变压器比例臂电桥，如图 1 所示。电桥平衡的条件

是：

$$\frac{C_x}{C_s}=\frac{u_s}{u_x} \tag{16}$$

式中，$C_x$为电容池两极间的电容；$C_s$为标准差动电器的电容。调节差动电容器，当$C_x=C_s$时，$u_s=u_x$，此时指示放大器的输出趋近于零。$C_s$可从刻度盘上读出，这样$C_x$即可测得。

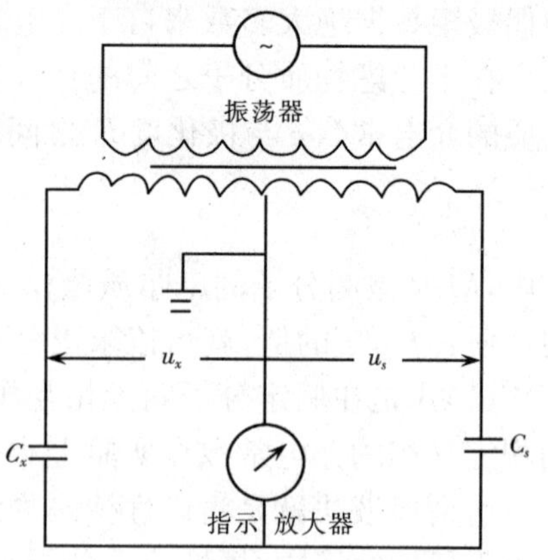


**图 1　电容电桥示意图**

在实际测量中，由于整个测试系统存在分布电容，所以实测的电容$C_x$是样品电容$C$和分布电容$C_d$之和，即

$$C_x=C+C_d \tag{17}$$

显然，为了求$C$首先就要确定$C_d$值。其方法是先测定无样品时空气的电容$C'_{空}$：

$$C'_{空}=C_{空}+C_d \tag{18}$$

再测定一个已知介电常数($\varepsilon_{标}$)的标准物质的电容$C'_{标}$，则有

$$C'_{标}=C_{标}+C_d=\varepsilon_{标}C_{空}+C_d \tag{19}$$

(18)和(19)两式联立，可得：

$$C_d=\frac{C'_{标}-\varepsilon_{标}C'_{空}}{1-\varepsilon_{标}} \tag{20}$$

将$C_d$代入(17)和(18)式即可求得样品溶液的$C$和电容池的$C_{空}$，代入(15)式就可计算样品溶液的介电常数。

本实验是将正丁醇溶于非极性的环己烷中形成稀溶液，然后在低频电场中测量溶液的介电常数和溶液的密度，求得$P_2^{\infty}$；在可见光下测定溶液的$R_2^{\infty}$。然后由(13)式计算正丁醇的偶极矩。

## 三、实验用品

仪器：小电容测量仪 1 台，阿贝折射仪 1 台，超级恒温槽 1 台，电吹风 1 个，密度瓶(10 mL) 1 只，移液管(5 mL)6 支。

药品：环己烷(分析纯)，正丁醇摩尔分数分别为 0.04、0.06、0.08、0.10 和 0.12 的 5 种正丁醇-环己烷溶液。

## 四、实验内容

**1. 折射率的测定**

在(25.0±0.1)℃条件下，用阿贝折射仪分别测定环己烷和 5 份溶液的折射率。

**2. 密度的测定**

在(25.0±0.1)℃条件下，用密度瓶分别测定环己烷和 5 份溶液的密度。

**3. 电容的测定**

(1)空气$C'_{空}$的测定

小电容测量仪的面板图如图 2 所示。测定前，先调节恒温槽(以油为介质)温度为(25.0±0.1)℃。用电吹风的冷风将电容池的样品室吹干，盖上池盖。将电容池的下插头(连接内电极)插入电容仪的 m 插口，电缆插头插入 a 插口。测量时，将电源旋钮转向“检查”挡，此时表头指针偏转应超过红线(表示电源电压正常，否则应更换新电池)。然后将旋钮转向“测

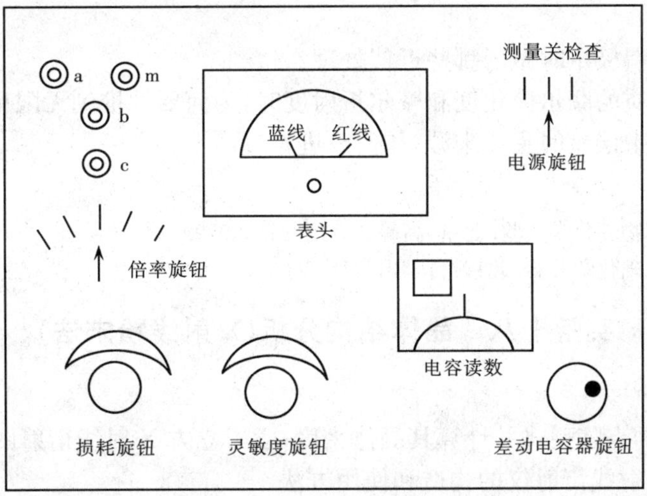


**图 2　小电容测量仪面板图**

试"挡，倍率旋钮置于"1"挡。调节灵敏度旋钮，使指针有一定偏转（一开始不可将灵敏度调得太高），旋转差动电容器旋钮，寻找电桥的平衡位置（即指针向左偏转到最小点）。逐渐增大灵敏度，同时调节差动电容器旋钮和损耗旋钮，直至指针偏转到最小。电桥平衡后读取电容值。重复调节 3 次，3 次电容读数的平均值为 $C'_{空}$。

（2）标准物质 $C'_{标}$ 的测定

用清洁、干燥的滴管吸取环己烷加入电容池样品室中，溶液要盖过外电极，盖上池盖。用测量 $C'_{空}$ 相同的步骤测定环己烷的 $C'_{标}$。

已知环己烷的介电常数 $\varepsilon_{标}$ 与摄氏温度 $t$ 的关系，即

$$\varepsilon_{标} = 2.023 - 0.0016(t-20) \tag{18}$$

（3）正丁醇-环己烷溶液 $C_x$ 的测定

将环己烷倒入回收瓶中，用冷风将样品室吹干后再测 $C'_{空}$，与前面所测的 $C'_{空}$ 值相差应小于 0.05 pF，否则表明样品室存有残液，应继续吹干。另取清洁、干燥的移液管依次吸取 5 种溶液（体积与环己烷的相同），装入电容池样品室中，同法测定 5 份溶液的 $C_x$。

## 五、数据处理

（1）将所测数据列表，分别计算 $\varepsilon_{标}$、$C_d$、$C_{空}$、$C_x$ 和 $\varepsilon_{溶}$。

（2）分别作 $\varepsilon_{溶}$—$x_2$ 图、$\rho_{溶}$—$x_2$ 图和 $n_{溶}$—$x_2$ 图，由各图的斜率求 $\alpha$、$\beta$、$\gamma$。

（3）分别计算 $P_2^{\infty}$ 和 $R_2^{\infty}$ 值。

（4）最后求算正丁醇的 $\boldsymbol{\mu}$。

## 六、注意事项

（1）每次测定前要用冷风将电容池吹干，并重测 $C'_{空}$，与原来的 $C'_{空}$ 值相差应小于 0.01 pF。严禁用热风吹样品室。

（2）测 $C'_{溶}$ 时，操作应迅速，池盖要盖紧，防止样品挥发和吸收空气中极性较大的水汽。装样品的滴瓶也要随时盖严。

（3）为了保证（17）、（18）、（19）式中的三个 $C_d$ 相等，与 $C$、$C_{空}$、$C_{标}$ 对应的电介质体积都要相同。故向电容池中加入液体样品的体积前后要一致，例如都是 3.5 mL。

## 七、思考题

(1)本实验测定偶极矩时做了哪些近似处理?

(2)准确测定溶质的摩尔极化度和摩尔折射度时,为何要外推到无限稀释?

(3)试分析实验中误差的主要来源,如何改进?

## 八、参考资料

[1] 复旦大学,等.物理化学实验.北京:高等教育出版社,1979.

[2] 王秋长,等.基础化学实验.北京:科学出版社,2003.

# 实验十八 晶体结构分析(X射线粉末法)

## 一、实验目的

(1)测定 NaCl 的点阵型式并计算其晶体密度;学习立方 X 射线衍射图的标定方法。

(2)初步了解 X 射线衍射仪的构造和使用方法。

## 二、实验原理

晶体结构的基本特征在于其内部粒子结构的排列有严格的规律性,即结构中分子、原子的排列存在一定的周期性和对称性。周期性排列的最小单位称为晶胞,晶胞有两个要素:一是晶胞的大小和形状,由晶胞参数 $a$、$b$、$c$、$\alpha$、$\beta$、$\gamma$ 规定;二是晶胞内部各个原子的坐标位置,由原子坐标参数 $x$、$y$、$z$ 规定。微观结构除了一定的周期性外,还有一定的对称性。各种可能的微观对称元素和 Bravais 点阵类型组合产生微观对称类型共有 230 种,称为 230 种空间群。这种类型在宏观外形和性质上表现的宏观对称性称为点群,一共 32 种。按对称划分,晶体分属七大类:三斜、单斜、正交、四方、三方、六方、立方等。

X 射线衍射是研究物质晶体结构的主要手段之一。可用于区别晶态与非晶态、混合物与化合物。在物相分析、晶胞大小和点阵常数测定、晶体残余应力、晶粒尺寸和点阵畸变等方面已经成为常用的实验手段。测定晶体结构主要是确定晶胞参数及晶胞中粒子的位置(即晶胞两要素)。X 射线在晶体中的衍射(相干散射)方向可以测定点阵结构的周期性,从衍射强度可以得出粒子在晶胞中的分布。可通过给出晶胞参数,如原子间距离、环平面距离、双面夹角等确定物质晶型与结构。

X 射线是一种波长范围在 0.001～10 nm(0.01～100 Å)的电磁波。当一束平行单色 X 射线通过晶体时,在偏离入射光的某些方向,会观察到一定的强度,即为衍射现象。用于晶体结构分析的 X 射线波长范围在 0.5～2.5 Å,与晶面间距的数量级相当,因此,晶体可以作为 X 射线的天然衍射光栅。衍射方向与所用波长(λ)、晶体结构和晶体取向有关。相干散射是晶体衍射的基础。

X 射线衍射有单晶法和粉末 X 射线衍射法两种,其原理示意图如图 1 所示。当一束 X 射线照到单晶体上,和平面点阵族的夹角为 $\theta$ 满足布拉格公式时,衍射线方向与入射线方向相差 $2\theta$,如图 1(a)所示。对于粉末晶体,晶粒有各种取向,同样一族平面点阵和 X 射线夹角为 $\theta$ 的方向有无数个,产生无数个衍射,分布在顶角为 $4\theta$ 的圆锥上,如图 1(b)所示。晶体中有许多平面点阵族,当它们符合衍射条件时,会形成许多张角不同的衍射线,共同以入射的 X 射线为中心轴,分散在 $2\theta=0^\circ\sim180^\circ$。

晶体的空间点阵可以划分为一簇簇平行等间距的平面点阵。在晶体点阵中任取一点阵点为原点 $O$,取晶胞的平行六面体单位的三个边为坐标轴($x$、$y$、$z$),以晶胞相应的三个边长 $a$、$b$、

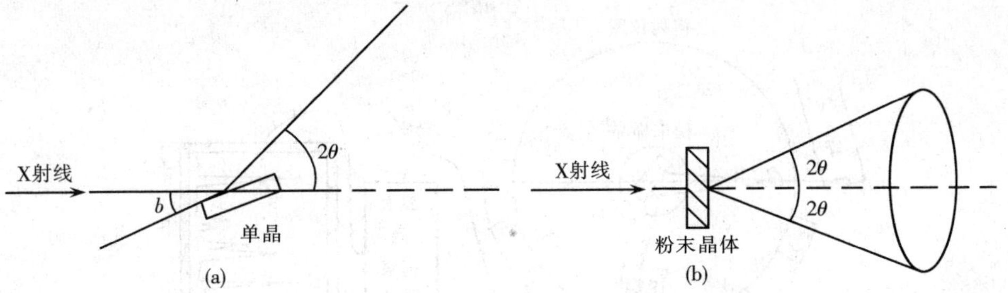


**图 1　单晶和粉末晶体衍射示意图**

$c$ 分别为 $x$、$y$、$z$ 上的单位长度，则有一平面点阵与坐标轴相交，截距为 $r$、$s$、$t$，我们用 $(1/r)$ ∶ $(1/s)$ ∶ $(1/t)=h^*$ ∶ $k^*$ ∶ $l^*$ 来表示这一平面点阵，即晶面指标($h^*k^*l^*$)。所以一个晶面指标($h^*k^*l^*$)代表一族互相平行的平面点阵。

设波长为 λ 的 X 射线入射到两个互相平行的点阵面($h^*k^*l^*$)上，如图 2 所示，则由衍射条件可以得到：

$$\theta'_{\text{散射角}}=\theta_{\text{入射角}}$$
$$2d_{(h^*k^*l^*)}\sin\theta_{(nh^*nk^*nl^*)}=n\lambda \qquad n=1,2,3\cdots \tag{1}$$

(1)式称为 Bragg 方程，是理解晶体对 X 射线衍射的最基本方程。式中 $d_{h^*k^*l^*}$ 是晶面指标为($h^*k^*l^*$)的两相邻平面之间的距离，整数 $n$ 是衍射级数。$nh^*nk^*nl^*$ 常用 $hkl$ 表示，$hkl$ 称为衍射指标。衍射指标和晶面指标间的关系为：$hkl=nh^*nk^*nl^*$，$\theta_{nh^*nk^*nl^*}$ 为第 $n$ 级衍射的衍射角。用衍射指标来表示 Bragg 方程为：$\lambda=2d_{hkl}\sin\theta_{hkl}$。

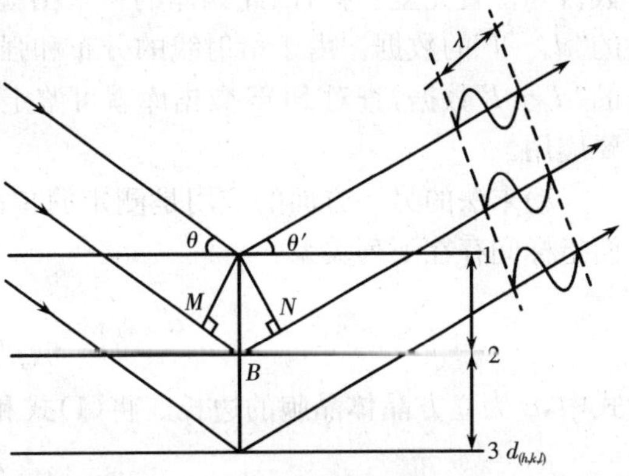


**图 2　衍射示意图**

自德拜和谢乐发明 X 射线衍射粉末法以来，粉末衍射技术有了很大的发展。粉末法研究的对象不是单晶体，而是许多取向随机的小晶体的总和。此法准确度高，分辨能力强。每一种晶体的粉末图谱，几乎同人的指纹一样，其衍射线的分布位置和强度有着特征性规律，因而成为物相鉴定的基础。收集记录粉末晶体衍射线，常用的方法有德拜-谢乐(Debye-Schrrer)照相法和衍射仪法。本实验采用衍射仪法。

X 光衍射仪主机，由三个基本部分构成：

(1)X 光源(是一台发射 X 光强度高度稳定的 X 光发生器)；

(2)衍射角测量部分(一台精密分度的测角仪)；

(3)X 光强度测量记录部分(X 光检测器及与之配合的一套量子计数测量记录系统)。

图 3 所示为衍射仪法的原理示意图。X 射线衍射仪法是将样品装在测角圆台中心架上，圆台的圆周边装有 X 射线计数管 C，以接受来自样品的衍射线，并将衍射转变成电信号后，再经放大器放大，输入记录器记录。实验时，将样品磨细，在样品架上压成平片，安置在衍射仪的测角器中心底座上，计数管始终对准中心，绕中心旋转。样品每转 $\theta$，计数管转 $2\theta$，电子记录仪的记录纸也同步转动，逐一把各衍射线的强度记录下来。在记录所得的衍射图中，一个坐标代表衍射角 $2\theta$，另一坐标表示衍射强度的相对大小。

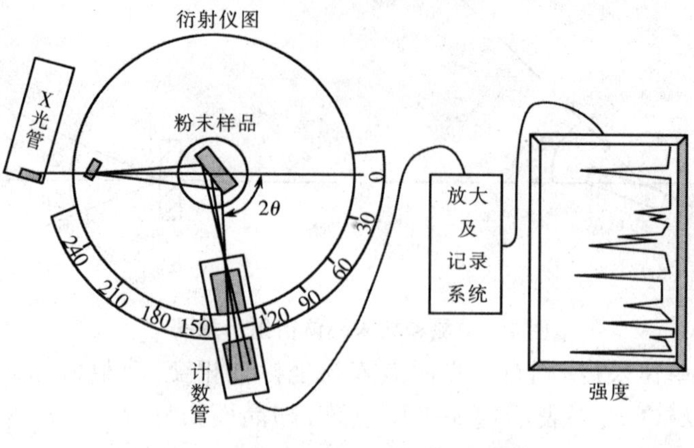


**图 3　X 射线衍射仪原理示意图**

从粉末衍射图上量出每一衍射线的 $2\theta$，根据(1)式求出各衍射线的 $d_n$ 值，各衍射线的强度($I$)可由衍射峰的面积求算，或近似地用峰的相对高度计算，这样即可获得“$d_n \sim I$”的数据。

由于每一种晶体都有它特定的结构，不可能有两种晶体的晶胞大小、形状、晶胞中原子的数目和位置完全一样，因此晶体的粉末图就像人的指纹一样各不相同，即每种晶体都有它自己的“$d_n \sim I$”的数据。由于衍射线的分布和强度与物质内部的结构有关，因此，根据粉末图得到的“$d_n \sim I$”数据，查对 PDF 数据库就可鉴定未知晶体，进行物相分析，这是 X 射线粉末法的重要应用。

粉末法的另一方面的应用是测定简单晶体的结构。在立方晶体中，晶面间距 $d_{(h'k'l')}$ 与晶面指标间存在下列关系：

$$d_{(h'k'l')}=\frac{a}{\left[(h')^2+(k')^2+(l')^2\right]^{\frac{1}{2}}} \tag{2}$$

式中，$a$ 为立方晶体晶胞的边长。将(1)式和(2)式合并，整理得：

$$\sin^2\theta=\frac{\lambda^2}{4a^2}(h^2+k^2+l^2) \tag{3}$$

属于立方晶系的晶体有三种点阵型式：简单立方(以 $P$ 表示)、体心立方(以 $I$ 表示)和面心立方(以 $F$ 表示)。它们可以由 X 射线粉末图来鉴别。

由(3)式可见，$\sin^2\theta$ 与$(h^2+k^2+l^2)$成正比。三个整数的平方和只能等于 1,2,3,4,5,6,8,9,10,11,12,13,14,16,17,18,19,20,21,22,24,25…因此，对于简单立方点阵，各衍射线相应的 $\sin^2\theta$ 之比为：

$\sin^2\theta_1 : \sin^2\theta_2 : \sin^2\theta_3 \cdots = 1:2:3:4:5:6:8:9:10:11:12:13:14:16\cdots$

对于体心立方点阵，由于系统消光的原因，所有$(h^2+k^2+l^2)$为奇数的衍射线都不会出现，因此，体心立方点阵各衍射线 $\sin^2\theta$ 之比为：

$\sin^2\theta_1 : \sin^2\theta_2 : \sin^2\theta_3 \cdots = 2:4:6:8:10:12:14:16:18:20\cdots$

$= 1:2:3:4:5:6:7:8:9:10\cdots$

对于面心立方点阵，也由于系统消光原因，各衍射线 $\sin^2\theta$ 之比为：

$\sin^2\theta_1 : \sin^2\theta_2 : \sin^2\theta_3 \cdots = 1:1.33:2.67:3.67:4:5.33:6.33:6.67:8\cdots$

$= 3:4:8:11:12:16:19:20:24\cdots$

从以上 $\sin^2\theta$ 比可以看到，简单立方和体心立方的差别在于前者无“7”“15”“23”等衍射线，而面心立方则具有明显的二密一稀分布的衍射线。因此，根据立方晶体衍射线 $\sin^2\theta$ 之比可以鉴定立方晶体所属的点阵型式，表 1 列出立方点阵三种型式的衍射指标及其平方和。

**表 1　立方点阵的衍射指标及其平方和**

| $h^2+k^2+l^2$ | 简单(*P*) | 体心(*I*) | 面心(*F*) | $h^2+k^2+l^2$ | 简单(*P*) | 体心(*I*) | 面心(*F*) |
|---|---|---|---|---|---|---|---|
| 1 | 100 | | | 14 | 321 | 321 | |
| 2 | 110 | 110 | | 15 | | | |
| 3 | 111 | | 111 | 16 | 400 | 400 | 400 |
| 4 | 200 | 200 | 200 | 17 | 410,322 | | |
| 5 | 210 | | | 18 | 411,330 | 411,330 | |
| 6 | 211 | 211 | | 19 | 331 | | 331 |
| 7 | | | | 20 | 420 | 420 | 420 |
| 8 | 220 | 220 | 220 | 21 | 421 | | |
| 9 | 300,211 | | | 22 | 332 | 332 | |
| 10 | 310 | 310 | | 23 | | | |
| 11 | 311 | | 311 | 24 | 422 | 422 | 422 |
| 12 | 222 | 222 | 222 | 25 | 500,432 | | |
| 13 | 320 | | | … | | | |

立方晶体的密度可由下式计算：

$$\rho = Z\left(\frac{M}{N_A}\right) \div a^3 \tag{4}$$

式中，$Z$ 为晶胞中分子量或化学式量为 $M$ 的分子或化学式单位的个数；$N_A$ 为阿伏加德罗常数。如果把一个分子或化学式单位与一个点阵联系起来，则简单立方的 $Z=1$，体心立方的 $Z=2$，面心立方的 $Z=4$。

## 四、实验用品

仪器：X 射线衍射仪（Y－2000，丹东射线仪器有限责任公司），玛瑙研钵等。

药品：NaCl(AR)。

## 五、实验内容

(1)在玛瑙研钵中将 NaCl 晶体磨至 340 目左右（手摸时无颗粒感）。将玻璃样品框放于平台上，把样品均匀地撒于框内，略高于样品框玻璃平面，用玻璃片压样品，使样品足够紧密且表面光滑平整，附着在框内不至于脱落。将样品框插在测角仪粉末样品台上。

(2)按"X 射线衍射仪操作规程"开机操作，并打开计算机控制程序，选择实验参数。本实验用铜靶（Cu、Ni 滤波片），连续扫描方式，闪烁计数器。选用发射狭缝为 1°，散射狭缝为 1°，接收狭缝为 0.2 mm，扫描速度为 $0.05°\cdot s^{-1}$，采样时间为 0.5 s，管压 30 kV，管流 20 mA，记录仪满量程为 5000 CPS。起始角度为 25°，终止角度为 156°。

(3)扫描结束后，按"X 射线衍射仪操作规程"关机。用 Y－2000SYSTEM 软件进行结果分析。

## 六、数据处理

(1)在图谱上标出每条衍射线的 $2\theta$ 的度数，计算各衍射线的 $\sin^2\theta$ 之比，与表 1 比较，确定 NaCl 的点阵型式。

(2)根据表 1 标出各衍射线的指标 $hkl$，选择较高角度的衍射线，将 $\sin\theta$、衍射指标以及所用 X 射线的波长代入(3)式求 $a$。

(3)用(4)式计算 NaCl 的密度。

(4)由各衍射线的 $2\theta$ 值计算（或查表）相应的 $d$ 值，估算各衍射线的相对强度，同文献值相比较。

## 七、注意事项

(1)实验时应注意安全,以防高压触电和X射线辐射,有关X射线的防护见附录。

(2)严格按照开关机顺序操作,切忌颠倒。

## 八、思考题

(1)对于一定波长的X射线,是否晶面间距 $d$ 为任何值的晶面都可产生衍射?

(2)X射线对人体有什么危害? 应如何防护?

(3)计算晶胞参数 $a$ 时,为什么要用较高角度的衍射线?

## 九、附录　Y－2000型射线衍射仪操作规程

**1. 准备**

(1)关闭X射线光闸。

(2)关闭X射线防护罩。

(3)调整功率旋钮低于X光管额定功率(2 kW)。

(4)调整千伏、毫安旋钮最小位置(10 kV,50 mA)。

(5)合上总电源开关。

(6)给冷却水箱注水,启动水泵并检查排水是否流畅,有无漏水现象。

**2. 开机**

(1)按"低压开",低压指示灯亮,准备灯亮,风扇转,蜂鸣器停鸣。

(2)按"高压开",高压指示灯亮,准备灯灭,表针指示"10 kV""5 mA"。

(3)调千伏、毫安旋钮至要求值(先调kV,后调mA)。

(4)计算机PW－1710准备好后,开光闸。

**3. 关机**

(1)关光闸。

(2)缓慢降低毫安、千伏旋钮至"5 mA""10 kV"(先降mA,后降kV)。

(3)按"高压开",准备灯亮,高压指示灯灭。

(4)按"低压开",准备灯灭,低压指示灯灭。

(5)停10 min后关水泵,水箱停止注水。

(6)关闭总电源开关。

*参考文献*

[1] 复旦大学,等. 物理化学实验. 北京:高等教育出版社,1979.

[2] 山东大学,等. 物理化学实验. 第3版. 济南:山东大学出版社,1999.

[3] 北京大学化学系物理化学教研室. 物理化学实验. 第3版. 北京:北京大学出版社,1995.

# 实验十九　镍在硫酸溶液中的阳极钝化行为

## 一、实验目的

(1)掌握金属钝化行为的基本特征和测量方法。

(2)测量镍在硫酸溶液中的钝化行为。

(3)了解氯离子对镍钝化行为的影响。

## 二、实验原理

(1)金属的溶解和钝化过程

当电极电势高于热力学平衡电势时，金属作为阳极将发生下面的电化学溶解过程：

$$M \rightarrow M^{n+} + ne^{-} \quad (1)$$

电化学反应过程，这种电极电势偏离其热力学电势的现象称为极化。当金属上超电势不大时，阳极过程的速率随电极电势而逐渐增大，这是金属的正常溶解。但当电极电势达到某一数值时，其溶解速度达到最大，而后随着电极电势的变正，阳极溶解速度反而大幅度降低，这种现象称为金属的钝化现象。

研究金属的阳极溶解及钝化过程通常采用控制电位法。对于大多数金属来说，其阳极极化曲线大都具有图1所示的形式。从恒电位法测定的极化曲线可以看出，它有一个“负坡度”区域的特点。具有这种特点的极化曲线是无法用控制电流的方法测定的。因为同一个电流 $I$ 可能相应于几个不同的电极电势，因而在控制电流极化时，体系的电极电势可能发生振荡现象，即电极电势将处于一种不稳定状态。控制电位技术测得的阳极极化曲线(图1)通常分为4个区域：

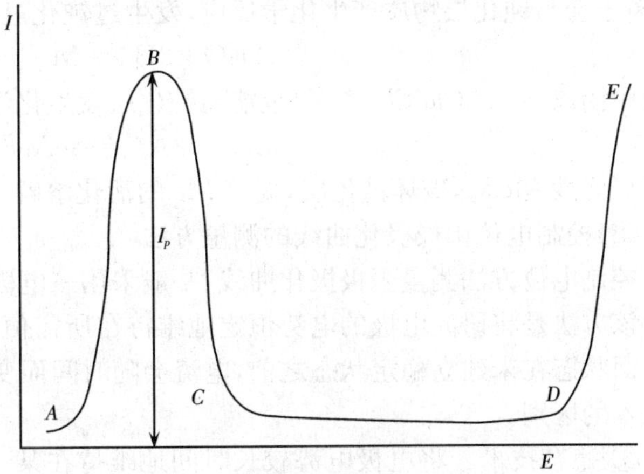


**图1　阳极钝化曲线示意图**

$I_p$：钝电流　$E_p$：致钝电位　$AB$ 段：活性溶解区

$BC$ 段：活化钝化过渡区

①活性溶解区($AB$ 段)　电极电位从初值开始逐渐往正变化，相应极化电流逐渐增加，此时金属进行正常的阳极溶解。

②过渡钝化区($BC$ 段)　随着电极电势增加到 $B$ 点，极化电流达到最大值 $I_p$。若电极电位继续增加，金属开始发生钝化现象，即随着电势的变正，极化电流急剧下降到最小值。通常 $B$ 点的电流 $I_p$ 称为致钝电流，相应的电极电位 $E_p$ 称为致钝电位。在极化电流急剧下降到最小值的转折点($C$ 点)电位称为 Flade 电位。

③稳定钝化区($CD$ 段)　在此区域内金属的溶解速度维持最小值，且随着电位的改变极化电流基本不变。此时的电流密度称为钝态金属的稳定溶解电流密度，这段电位区称钝化电位区。

④过钝化区($DE$ 段)　此区域阳极极化电流随着电极电势的正移又急剧上升。

(2)金属阳极溶解和钝化机理

金属的阳极极化过程是一复杂过程，包括活化溶解过程、钝化过程和过钝化过程等。它的机理还不是很清楚，以下描述可能对分析结果有所帮助。金属 Me 活化溶解是

$$Me + H_2O \rightarrow MeOH^+ + H^+ + 2e \quad (2)$$

$$MeOH^+ + H^+ = Me^{++} + H_2O \quad (3)$$

它的电流决定于中间物 $MeOH^+$ 形成的速度。$MeOH^+$ 将快速转变为 $Me^{2+}$。同时，Me 阳极溶解可能同时发生

$$Me + H_2O \rightarrow MeOH + H^+ + e \quad (4)$$

产物 MeOH 按以下反应发生钝化过程。

$$MeOH + H_2O \rightarrow Me(OH)_2 + H^+ + e \quad (5)$$

$$Me(OH)_2 = Me + H_2 + H_2O \quad (6)$$

钝化过程与反应(2)和(3)的活化溶解过程不同。它的双单电子串联过程,反应速度决定于表面 $Me(OH)_2$ 的形成速度。随后快速转变为 MeO,形成钝化层,阻滞 Me 继续溶解。溶液中 $H^+$ 离子会与钝化层物质产生化学反应,发生过钝化过程,即

$$MeO+2H^+=Me^{2+}+H_2O \tag{7}$$

溶液中阴离子 $A^-$(如 $Cl^-$ 离子)也能与钝化层发生化学反应,即

$$MeO+2A^-=MeA_2+2OH^- \tag{8}$$

产生可溶性 $MeA_2$,破坏钝化层,促使 Me 的活化溶解。

(3)控制电位阳极极化曲线的测量方法

控制电位方法测量阳极极化曲线,一般采用三电极体系——研究电极、辅助电极和参比电极。该方法是将研究电极的电势恒定地维持在所需值,然后测量对应电势下的电流。由于电极表面状态在未建立稳定状态之前,电流会随时间而变化,因此实际测量时又有稳态技术和动态技术的区别。

① 稳态技术　将电极电势较长时间地维持在某一恒定值,测量该电势下电流的稳定值。如此逐个测量各个电极电势的稳定电流值,即可得到完整的极化曲线。

② 动态技术　控制电极电势以一定的速度连续地扫描,记录相应电极电势下瞬时电流值,以瞬时电流值与相应的电极电势作图,得到阳极极化曲线。所采用的电极电势扫描速度需要根据体系的性质选定。一般来说,电极表面建立稳态的速度越慢,才能使测定的动态极化曲线与使用稳态技术越接近。

阳极钝化曲线的主要试验数据是致钝电流 $I_p$、Flade 电位或致钝电位 $E_p$、钝化电位等。一般来说,致钝电流 $I_p$ 与硫酸浓度和温度有关,而且动态测量时,$I_p$ 还与电极电位扫描速度有关。

## 二、实验用品

仪器:电解池,电化学,参比电极(饱和甘汞电极),辅助电极($P_t$ 电极),研究电极(镍电极),金相砂纸。

药品:石蜡,氢气,丙酮,硫酸,氯化钾。

## 三、实验内容

(1)测量镍在 $0.1\,mol\cdot L^{-1}$ 硫酸溶液中的阳极极化曲线

① 将研究电极(Ni 电极)用金相砂纸磨至镜面光亮,然后在丙酮中清洗除油,电极面积为 $0.2\,cm^2$(用石蜡封多余面积),再用被测硫酸浸泡几分钟,除去氧化膜。

②洗净电极池,注入待测硫酸溶液,然后将研究电极、辅助电极、参比电极、盐桥装入电极池内,通氢气 15 min,除氧气。

③调整恒电位仪,使初始电位位于 −0.4 V(相对于饱和甘汞电极),终止电位位于 1.4 V(相对于饱和甘汞电极),控制电极电位扫描速度为 8 mV/sec、6 mV/sec、5 mV/sec、3 mV/sec,分别测量单程阳极极化曲线。

(2)测量氯离子对阳极钝化的影响

更换新研究电极,重复上述步骤。控制扫描起、始电位范围与上述步骤一样,电位扫描速度控制为 3 mV/sec,分别测定下面溶液的阳极极化曲线,以考察氯离子对镍钝化的影响:

①$0.1\,mol\cdot L^{-1}\,H_2SO_4+0.02\,mol\cdot L^{-1}\,KCl$

②$0.1\,mol\cdot L^{-1}\,H_2SO_4+0.2\,mol\cdot L^{-1}\,KCl$

## 四、结果讨论

(1)求出各极化曲线(即 $I—\varphi$ 曲线)上致钝电流 $I_p$、Flade 电位,致钝电位 $E_p$、钝化电位(区)。

(2)讨论所得实验结果及离子浓度的极化曲线的意义。

## 五、思考题

(1)通过阳极极化曲线的测定,对极化过程和极化曲线的应用有何进一步理解?若要对某种金属进行阳极保护,应首先测定哪些参数?

(2)测定钝化曲线为什么不能采用恒电流法?

*参考文献*


[1] 陈体衔.实验电化学.厦门:厦门大学出版社,1993.

[2] 查全性.电极过程动力学导论.北京:科学出版社,1987.


# 实验二十　黏度法测定聚合物的分子量

## 一、实验目的

(1)了解黏度法测定聚合物分子量的基本原理和公式。

(2)测定聚乙烯醇的黏均分子量。

(3)掌握用乌氏黏度计测定黏度的方法。

## 二、实验原理

分子量是表征化合物特性的基本参数之一。但聚合物分子量大小不一,参差不齐,一般在 $10^3\sim10^7$,所以通常所测聚合物的分子量是平均分子量。测定聚合物分子量的方法很多,对线型聚合物,各方法适用的分子量范围如下:

| | |
|---|---|
| 端基分析 | $<3\times10^4$ |
| 沸点升高,凝固点降低,等温蒸馏 | $<3\times10^4$ |
| 渗透压 | $10^4\sim10^6$ |
| 光散射 | $10^4\sim10^7$ |
| 起离心沉降及扩散 | $10^4\sim10^7$ |
| 黏度法 | $10^4\sim10^7$ |

其中黏度法设备简单,操作方便,有相当好的实验精度,但黏度法不是测分子量的绝对方法,因为此法中所用的特性黏度与分子量的经验方程是要用其他方法来确定的,聚合物不同、溶剂不同、分子量范围不同,就要用不同的经验方程式。

聚合物在稀溶液中的黏度,主要反映了液体在流动时存在着内摩擦。在测聚合物溶液黏度求分子量时,常用到下面一些名词(见下表)。

| 名词与符号 | 物理意义 |
|---|---|
| 纯溶剂黏度 $\eta_0$ | 溶剂分子与溶剂分子间的内摩擦表现出来的黏度 |
| 溶液黏度 $\eta$ | 溶剂分子与溶剂分子之间、聚合物与聚合物之间和聚合物与溶剂分子之间,三者内摩擦的综合表现 |
| 相对黏度 $\eta_r$ | $\eta_r=\eta/\eta_0$ 溶液黏度对溶剂黏度的相对值 |
| 增比黏度 $\eta_{sp}$ | $\eta_{sp}=(\eta-\eta_0)/\eta_0=\eta/\eta_0-1=\eta_r-1$ 聚合物与聚合物之间、溶剂与聚合物之间的内摩擦效应 |
| 比浓黏度 $\eta_{sp}/c$ | 单位浓度下所显示出的黏度 |
| 特性黏度[$\eta$] | $\lim\limits_{c\to0}\frac{\eta_{sp}}{c}=[\eta]$ 反映聚合物分子与溶剂分子之间的内摩擦 |

如果聚合物分子的分子量愈大，则它与溶剂间的接触表面也愈大，摩擦就大，表现出的特性黏度也大。特性黏度和分子量之间的经验关系式为：

$$[\eta]=K\overline{M}^{\alpha} \tag{1}$$

式中，$M$ 为黏均分子量；$K$ 为比例常数；$\alpha$ 是与分子形状有关的经验参数。$K$ 和 $\alpha$ 值与温度、聚合物、溶剂性质及分子量大小有关。$K$ 值受温度的影响较明显，而 $\alpha$ 值主要取决于聚合物在某温度下、某溶剂中舒展的程度，其数值介于 0.5～1。$K$ 与 $\alpha$ 的数值可通过其他绝对方法确定，如渗透压法、光散射法等，从黏度法只能测定得$[\eta]$。

在无限稀释条件下

$$\lim_{c\to 0}\frac{\eta_{sp}}{c}=\lim_{c\to 0}\frac{\ln\eta_r}{c}=[\eta] \tag{2}$$

因此我们获得$[\eta]$的方法有两种：一种是以 $\eta_{sp}/c$ 对 $c$ 作图，外推到 $c\to 0$ 的截距值；另一种是以 $\ln\eta_r/c$ 对 $c$ 作图，也外推到 $c\to 0$ 的截距值，如图 1 所示，两根线应会合于一点，这也可校核实验的可靠性。一般这两根直线的方程表达式为下列形式：

$$\frac{\eta_{sp}}{c}=[\eta]+K[\eta]^2c \tag{3}$$

$$\frac{\ln\eta_r}{c}=[\eta]-\beta[\eta]^2c$$

测定黏度的方法主要有毛细管法、转筒法和落球法。在测定聚合物的特性黏度时，以毛细管流出法的黏度计最为方便。若液体在毛细管黏度计中，因重力作用流出时，可通过泊肃叶(Poiseuille)公式计算黏度。

$$\frac{\eta}{\rho}=\frac{\pi hgr^4t}{8LV}-m\frac{V}{8\pi Lt} \tag{4}$$

式中，$\eta$ 为液体的黏度；$\rho$ 为液体的密度；$L$ 为毛细管的长度；$r$ 为毛细管的半径；$t$ 为流出的时间；$h$ 为流过毛细管液体的平均液柱高度；$V$ 为流经毛细管的液体体积；$m$ 为毛细管末端校正的参数(一般在 $r/L\ll 1$ 时，可以取 $m=1$)。

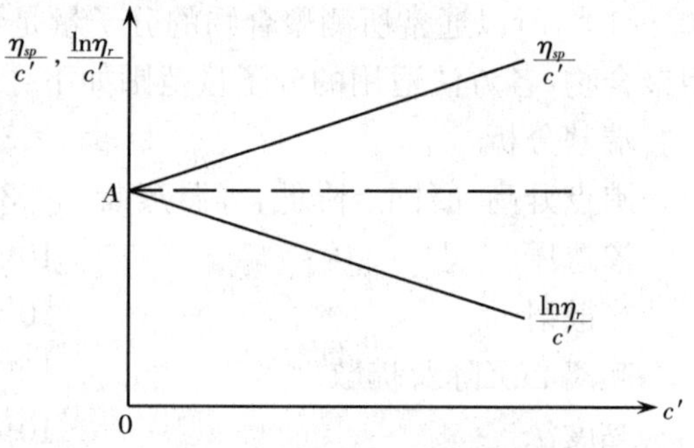


图 1　$\frac{\eta_{sp}}{c}$—$c$ 和 $\frac{\ln\eta_r}{c}$—$c$ 图

对于某一支指定的黏度计而言，(4)式可以写成下式

$$\frac{\eta}{\rho}=At-\frac{B}{t} \tag{5}$$

式中，$B<1$，当流出的时间 $t$ 在 2 min 左右(大于 100 s)时，该项(亦称动能校正项)可以从略。又因通常测定是在稀溶液中进行($c<1\times 10^{-2}\ \mathrm{g\cdot mL^{-3}}$)，所以溶液的密度和溶剂的密度近似相等，因此可将 $\eta_r$ 写成：

$$\eta_r=\frac{\eta}{\eta_0}=\frac{t}{t_0} \tag{6}$$

式中，$t$ 为溶液的流出时间；$t_0$ 为纯溶剂的流出时间。所以通过溶剂和溶液在毛细管中的流出时间，由(6)式求得 $\eta_r$，再由图 1 求得$[\eta]$。

## 三、实验用品

仪器：恒温槽 1 套，乌氏黏度计 1 支，移液管(10 mL 2 支、5 mL 1 支)，砂芯漏斗(5#)1 支，秒表 1 块，洗耳球 1 个，止水夹 1 个，乳胶管(约 5 cm 长)2 根。

药品:聚乙二醇,去离子水。

## 四、实验内容

本实验用的乌贝路德黏度计,又叫气承悬柱式黏度计。它的最大优点是可以在黏度计里逐渐稀释从而节省许多操作手续,其构造如图 2 所示。

**1. 黏度计和玻璃仪器的洗涤**

先用砂芯漏斗过滤过的洗液将黏度计洗净,再用自来水、蒸馏水分别冲洗几次,每次都要注意反复冲洗毛细管部分,洗好后烘干备用。移液管也要用滤过的洗液和水洗净烘干备用。

**2. 实验装置安装**

调节恒温槽温度至(30.0±0.1)℃,在黏度计的 B 管和 C 管上都套上乳胶管,然后将其垂直放入恒温槽,使水面完全浸没 1 球。

**3. 溶液流出时间的测定**

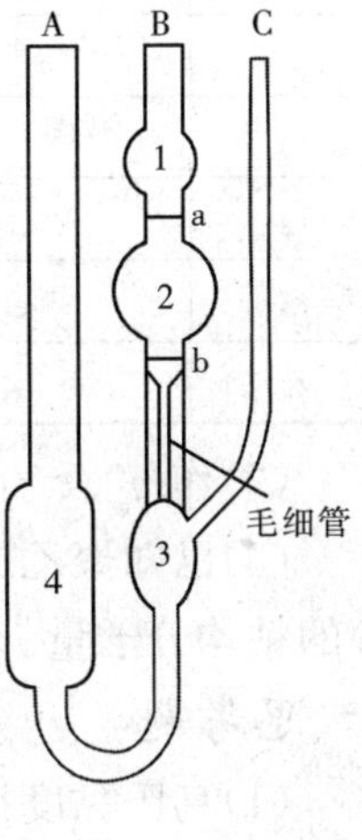


**图 2　乌氏黏度计**

用移液管分别吸取已知浓度的聚乙二醇溶液 10 mL,由 A 管注入黏度计中,浓度记为 $C_1$,恒温 10 min,测定溶液流出时间。测定方法如下:将 C 管用止水夹夹紧使之不通气,在 B 管用针筒将溶液从 4 球经 3 球、毛细管、2 球抽至 1 球 2/3 处,解去夹子,让 C 管通大气,此时 3 球内的溶液即回入 4 球,使毛细管以上的液体悬空。毛细管以上的液体下落,当液面流经 a 刻度时,立即按秒表开始计时,当液面降至 b 刻度时,再按秒表,测得刻度 a、b 之间的液体流经毛细管所需时间。重复这一操作至少 3 次,它们之间相差应不大于 0.3 s,取 3 次的平均值为 $t_1$。

然后依次由 A 管用移液管加入 5 mL、5 mL、10 mL、15 mL 去离子水,将溶液稀释,注意每次加入去离子水后应在 C 管处用针筒打气,使溶液混合均匀,溶液浓度分别为 $C_2$、$C_3$、$C_4$、$C_5$,用同法测定每份溶液流经毛细管的时间 $t_2$、$t_3$、$t_4$、$t_5$。应注意每次稀释溶液后,要充分混合均匀,并抽洗黏度计的 1 球和 2 球,使黏度计内溶液各处的浓度相等。

**4. 溶剂流出时间的测定**

用去离子水洗净黏度计,尤其要反复抽洗黏度计的毛细管部分,然后由 A 管加入约15 mL 去离子水。用同法测定溶剂流出的时间 $t_0$。

实验完毕后,黏度计一定要用去离子水洗干净。

## 五、注意事项

(1)乌氏黏度计上的 A、B、C 三支管中,B、C 两管特别细,极易折断,因此拿黏度计时,应该拿 A 管。特别是将它固定于恒温水浴中或从水浴中取出时,由于水的浮力关系,更应该只拿 A 管。只有在套乳胶管时,才可拿着 B、C 管操作,这时要倍加小心。

(2)黏度计必须洁净,聚合物溶液中若有絮状物,则不能将它移入黏度计中测量。

(3)本实验溶液的稀释是直接在黏度计中进行的,因此每加入一次溶剂进行稀释时必须混合均匀,并抽洗 1 球和 2 球。

(4)实验过程中恒温槽的温度要恒定,溶液每次稀释恒温后才能测量。

(5)黏度计要垂直放置,实验过程中不要振动黏度计,否则将影响实验结果的准确性。

(6)聚合物在溶剂中溶解比较缓慢,在配制溶液时一定要使其完全溶解,否则将影响溶液的起始浓度,而导致结果偏低。

## 六、数据处理

(1)将所测的实验数据及计算结果填入下表中。

原始溶液浓度 $c_1$:________(g·mL$^{-1}$)　恒温温度:________℃

| $c$(g·mL$^{-1}$) | $t_1$(s) | $t_2$(s) | $t_3$(s) | $t_{平均}$(s) | $\eta_r$ | $\ln\eta_r$ | $\eta_{sp}$ | $\eta_{sp}/c$ | $\ln\eta_r/c$ |
|---|---|---|---|---|---|---|---|---|---|
| $c_1$ | | | | | | | | | |
| $c_2$ | | | | | | | | | |
| $c_3$ | | | | | | | | | |
| $c_4$ | | | | | | | | | |
| $c_5$ | | | | | | | | | |

(2)作 $\eta_{sp}/c-c$ 及 $\ln\eta_r/c-c$ 图,并外推到 $c\to0$ 由截距求出[$\eta$]。

(3)已知聚乙二醇-水体系 30 ℃时 $K=1.25\times10^{-2}$ mL/g,$\alpha=0.78$,由公式(1)计算聚乙二醇的粘均分子量。

## 七、思考题

(1)乌氏黏度计中支管C有何作用?除去支管C是否可测定黏度?

(2)影响黏度法测聚合物的分子量精确性的因素有哪些?

(3)外推法求[$\eta$]时,两条直线的张角与什么有关?

## 八、附录　奥氏黏度计介绍

当流体受外力作用产生流动时,在流动着的液体层之间存在着切向的内部摩擦力。如果要使液体通过管子,必须消耗一部分功来克服这种流动的阻力。在流速低时管子中的液体沿着与管壁平行的直线方向前进,最靠近管壁的液体实际上是静止的,与管壁距离愈远,流动的速度也愈大。

流层之间的切向力 $f$ 与两层间的接触面积 $A$ 和速度差 $\Delta v$ 成正比,而与两层间的距离 $\Delta x$ 成反比:

$$f=\eta A\frac{\Delta v}{\Delta x} \tag{7}$$

其中 $\eta$ 是比例系数,称为液体的黏度系数,简称黏度。黏度系数的单位在 c. g. s 制单位中用"泊"表示,在国际单位制中用帕斯卡秒(Pa·S)表示,1 泊$=10^{-1}$Pa·S。

液体的黏度可用毛细管法测定。泊肃叶(Poiseuille)得出液体流出毛细管的速度与黏度系数之间存在如下关系:

$$\eta=\frac{\pi pr^4t}{8VL} \tag{8}$$

式中,$V$ 为在时间 $t$ 内流过毛细管的液体体积;$p$ 为管两端的压力差;$r$ 为管半径;$L$ 为管长。按(8)式由实验直接来测定液体的绝对黏度是困难的,但测定液体对标准液体(如水)的相对黏度是简单实用的。在已知标准液体的绝对黏度时,即可算出被测液体的绝对黏度。设两种液体在本身重力作用下分别流经同一毛细管,且流出的体积相等,则

$$\eta_1=\frac{\pi r^4p_1t_1}{8VL}$$

$$\eta_2=\frac{\pi r^4p_2t_2}{8VL}$$

$$\frac{\eta_1}{\eta_2}=\frac{p_1 t_1}{p_2 t_2} \tag{9}$$

(9)式中，$p=hg\rho$，这里 $h$ 为推动液体流动的液位差，$\rho$ 为液体密度，$g$ 为重力加速度。如果每次取用试样的体积一定，则可保持 $h$ 在实验中的情况相同，因此可得：

$$\frac{\eta_1}{\eta_2}=\frac{p_1 t_1}{p_2 t_2} \tag{10}$$

已知标准液体的黏度和它们的密度，则可得到被测液体的黏度。

奥氏黏度计使用方法：

(1)将黏度计(图3)用洗液和蒸馏水洗干净，然后烘干备用。

(2)调节恒温槽至(25.0±0.1)℃。

(3)用移液管取一定量待测液放入黏度计中，然后把黏度计垂直固定在恒温槽中，恒温5～10 min。

(4)用打气球接于D管并堵塞2管，向管内打气。待液体上升至C球的2/3处，停止打气，打开管口2。利用秒表测定液体流经两刻度间所需的时间。重复同样操作，测定5次，要求各次的时间相差不超过0.3 s，取其平均值。

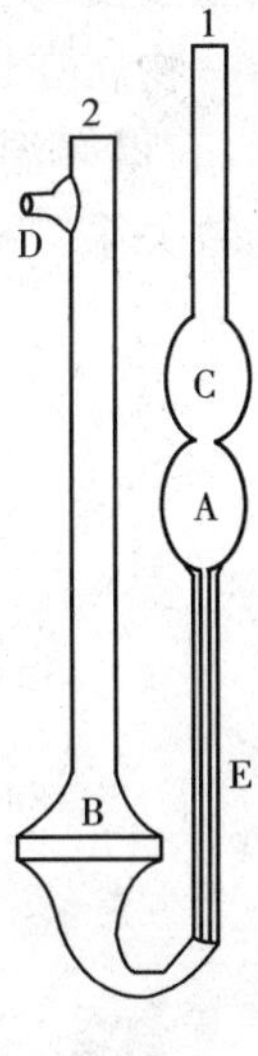


**图3 奥氏黏度计**

(5)将黏度计中的待测液倾入回收瓶中，用热风吹干。再用移液管取10 mL去离子水放入黏度计中，与前述步骤相同，测定去离子水的流出的时间，重复同样操作，要求同前。

*参考文献*


[1] 山东大学，等. 基础化学实验(Ⅲ)-物理化学实验. 第1版. 北京：化学工业出版社，2004.

[2] 大连理工大学. 基础化学实验，第1版. 北京：高等教育出版社，2004.

[3] 同济大学. 高分子基础实验. 第1版. 同济大学出版社，2001.

[4] 袁金颖，等. 高分子材料科学与工程，1999，15：158.


## 实验二十一 热重分析法

### 一、实验目的

(1)掌握热重分析的原理。

(2)用热天平测 $CuSO_4 \cdot 5H_2O$ 样品的热重曲线，学会使用WRT－3P高温微量热天平。

### 二、实验原理

热重分析法(Thermogravimetric Analysis，简称TG)是在程序控制温度下，测量物质质量与温度关系的一种技术。许多物质在加热过程中常伴随质量的变化，这种变化过程有助于研究晶体性质的变化，如熔化、蒸发、升华和吸附等物质的物理现象；也有助于研究物质的脱水、解离、氧化、还原等物质的化学现象。

**1. TG和DTG的基本原理与仪器**

进行热重分析的基本仪器为热天平。热天平一般包括天平、炉子、程序控温系统、记录系统等部分。有的热天平还配有通入气氛或真空装置。典型的热天平示意图如图1所示。除热天平外，还有弹簧秤。热重分析法通常可分为两大类：静态法和动态法。

静态法又分为等压质量变化测定和等温质量变化测定两种。等压质量变化测定又称自发气氛热重分析，是在程序控制温度下，测量物质在恒定挥发物分压下平衡质量与温度T的函数关系。该法利用试样分解的挥发产物所形成的气体作为气氛、并控制在恒定的大气压下测量质量随温度的变化，其特点就是可减少热分解过程中氧化过程的干扰。等温质量变化的测定是指一物质在恒温下，物质质量变化与时间 $t$ 的依赖关系，以质量变化为纵坐标，以时间为横坐标，获得等温质量变化曲线图。动态法是在程序升温的情况下，测量物质质量的变化对时间的函数关系。

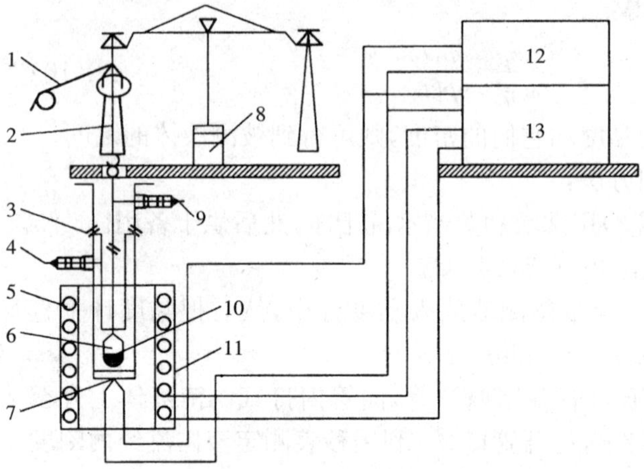


**图 1　热天平原理图**

1. 机械减码　2. 吊挂系统　3. 密封管　4. 出气口　5. 加热丝　6. 试样盘　7. 热电偶　8. 光学读数　9. 进气口　10. 试样　11. 管状电阻炉　12. 温度读数表头　13. 温控加热单元

控制温度下，试样受热后重量减轻，天平（或弹簧秤）向上移动，使变压器内磁场移动输电功能改变；另一方面加热电炉温度缓慢升高时热电偶所产生的电位差输入温度控制器，经放大后由信号接收系统绘出 TG 热分析图谱。

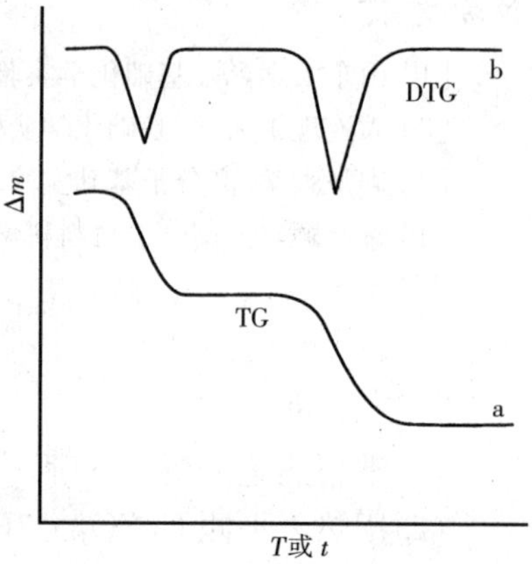


**图 2　a—TG 曲线，b—DTG 曲线**

热重法实验得到的曲线称为热重曲线（TG 曲线），如图 2 曲线 a 所示。TG 曲线以质量作纵坐标，从上向下表示质量减少；以温度（或时间）作横坐标，自左至右表示温度（或时间）增加。DTG 是 TG 对 温度（或时间）的一阶导数。以物质的质量变化速率 $dm/dt$ 对温度 $T$（或时间 $t$）作图，即得 DTG 曲线，如图 2 曲线 b 所示。DTG 曲线上的峰代替 TG 曲线上的阶梯，峰面积正比于试样质量。DTG 曲线可以微分 TG 曲线得到，也可以用适当的仪器直接测得，DTG 曲线比 TG 曲线优越性大，它提高了 TG 曲线的分辨力。

**2. 影响热重分析的因素**

热重分析的实验结果受到许多因素的影响，基本可分两类：一是仪器因素，包括升温速率、炉内气氛、炉子的几何形状、坩埚的材料等；二是试样因素，包括试样的质量、粒度、装样的紧密程度、试样的导热性等。

①升温速率的影响　在 TGA 的测定中，升温速率增大会使试样分解温度明显升高。如升温太快，试样来不及达到平衡，会使反应各阶段分不开。合适的升温速率为5～10 ℃/min。

②样品质量和粒度的影响　试样在升温过程中，往往会有吸热或放热现象，这样使温度偏离线性程序升温，从而改变了 TG 曲线位置。试样量越大，这种影响越大。对于受热产生气体的试样，试样量越大，气体越不易扩散。再则，试样量大时，试样内温度梯度也大，将影响 TG

曲线位置。总之实验时应根据天平的灵敏度，尽量减小试样量。试样的粒度不能太大，否则将影响热量的传递；粒度也不能太小，否则开始分解的温度和分解完毕的温度都会降低。

**3. 热重分析法的应用**

热重分析法的重要特点是定量性强，能准确地测量物质的质量变化及变化的速率，可以说，只要物质受热时发生质量的变化，就可以用热重法来研究其变化过程。目前，热重分析法已在下述诸方面得到广泛应用：

①无机物、有机物及聚合物的热分解；

②金属在高温下受各种气体的腐蚀过程；

③固态反应；

④矿物的煅烧和冶炼；

⑤液体的蒸馏和汽化；

⑥煤、石油和木材的热解过程；

⑦含湿量、挥发物及灰分含量的测定；

⑧升华过程；

⑨脱水和吸湿；

⑩爆炸材料的研究、反应动力学的研究、发现新化合物、吸附和解吸、催化活度的测定、表面积的测定、氧化稳定性和还原稳定性等研究。

## 三、实验用品

仪器：WRT-3P 高温微量热天平。

药品：$CuSO_4 \cdot 5H_2O$。

## 四、实验内容

**1. 开机预热 30 min**

(1)打开各控制单元开关。

(2)打开温控仪开关，按住∧键 SV 显示为 STOP，电炉开关不打开。

(3)启动计算机，双击火炬符号。

**2. 装样、天平调零**

(1)旋开炉体上端螺栓，松开定位螺钉，垂直降下炉体到底，移动托盘，使之靠近秤盘底部。

(2)放一空坩埚到天平秤盘中(左面)，等稳定，拨动天平单元电减码器进行天平调零，使数据接口单元在 TG 挡上的读数在+0～10 个字。

(3)点击采样，输入量程，按调零结束。

(4)调零结束后，取出空坩埚，往坩埚中放样品，不能超过选用量程的最大值(70%～80%)，装好样品，坩埚放回秤盘，使天平读数为选用量程的 70%～80%。移开托盘，垂直托上炉体到顶部(注意：天平的秤盘要进入炉膛中间位置，不要碰壁)，旋紧定位螺钉，旋上炉体上端螺栓。

**3. 操作温控系统**

(1)升温程序的编制：先按<，一按即放，PV 显示为[01]表示程序指令的起始温度，SV 显示－10 表示起始温度为－10 ℃，如果需要修改 SV 的值，通过<∧∨键来调整，然后按回车键，一按即放，PV 显示为[01]，表示第一段的升温时间，若需修改 SV 同上，再按回车键，PV 显示为[02]表示第二阶段升温时间，SV 显示－120 表示升温指令只存在一个程序段(－120 表示程序指令结束)。

(2)升温指令运行：首先按住∨键，使SV显示为RUN，这时放开∨键，注意观察SV显示从1℃升到2℃，观察电压表，若电压在5 V左右，启动电炉开关，若电压较高，马上再按住∨键，使SV显示为HOLD，观察电压表，直到电压回落到5 V左右，再按住∨键，使SV显示为RUN，放开，此时启动电炉开关。

(3)温控程序指令正常运转后，马上对计算机进行采样设置，输入起始温度、终点温度、升温速率、样品名称、样品重量等参数。

(4)等到采样结束后，首先点存盘返回，输入文件名，点保存，将图谱存档，再按住温控仪的∧键，使SV显示为STOP，电压回落到5 V左右，关闭电炉电源开关。

(5)关闭电炉电源后，对图谱进行数据处理，最后把数据结果存盘，选择打印。

做完实验后，关闭仪器前，检查炉膛内的温度应小于200℃，先关计算机，再关各仪器的电源开关。

## 五、数据处理

调入所存文件，做数据处理，选定每个台阶的起止位置，求算出各个反应阶段的TG失重百分比，失重始温、终温，失重速率最大点温度。依据失重百分比，推断$CuSO_4 \cdot 5H_2O$失水过程。

## 六、思考题

(1)在空气和氮气气氛中，$CuSO_4 \cdot 5H_2O$热分解的TG曲线是否一样？

(2)讨论影响TG曲线的主要因素。通过实验，你有哪些具体体会？

## 参考文献


[1] 黄伯龄.矿物差热分析鉴定手册.北京：科学出版社，1987.

[2] 刘振海.热分析导论.北京：化学工业出版社，1991.

[3] 陈镜弘，李传儒.热分析及其应用.北京：科学出版社，1985.

[4] 周井炎.基础化学实验.武汉：华中科技大学出版社，2004.

[5] 王培铭，许乾慰.材料研究方法，北京：科学出版社，2005.


# 实验二十二　气相色谱法测定无限稀溶液的活度系数

## 一、实验目的

(1)了解气相色谱法测定无限稀溶液活度系数的基本原理。

(2)用气相色谱法测定待测物质的无限稀溶液的活度系数，并求出其偏摩尔混合热。

(3)了解气相色谱仪的基本构造及原理，并初步掌握色谱仪的使用方法。

## 二、实验原理

气相色谱法的简单流程如图1所示。气相色谱仪主要由分析单元、显示记录单元和数据处理系统组成：分析单元包括气路系统、进样系统、色谱炉、色谱柱、检测器。显示记录单元包括温度控制系统、讯号放大系统和讯号显示记录系统。数据处理系统包括计算机控制及数据处理系统。其中色谱柱、检测器是气相色谱仪的关键部分，而色谱法的核心是样品的分离和鉴定。

(1)流动相：即载气($H_2$、$N_2$等)。其作用是把样品输送到色谱柱和鉴定器。

(2)固定相：即色谱中所填充的吸附剂(如$Al_2O_3$、$SiO_2$、分子筛、高分子微球等)或涂有一层高沸点有机物固定液(如甘油、液体石蜡、硅油等)的担体。它的作用是把混合物分离成单组分。

(3)进样器：即把样品送进色谱柱的设备(通常用微量注射器)。

(4)检测器：用以检出从色谱柱流出的组分，并以电信号显示出来(如热导池鉴定器、氢火焰鉴定器、放射性离子化鉴定器等)。将电信号放大并由记录仪记录在纸或计算机上，成为多峰形的色谱图。在气-液色谱中固定相是涂渍在固体载体上的液体，流动相是气体，将固定相填充在色谱柱中。当载气($H_2$ 或 $N_2$)将样品的气态组分带进色谱柱时，由于气体组分与固定液的相互作用，分离后的组分经过一定时间而流出色谱柱，进入检测器而产生电讯号，经放大后由记录仪记录其色谱图，如图 2 所示。

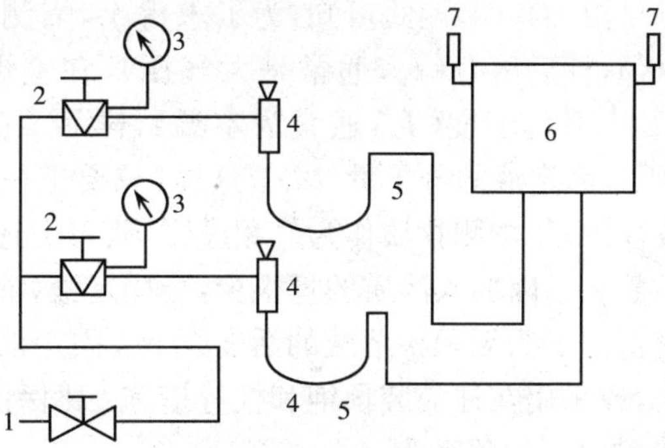


**图 1　1490 型气象色谱的简单流程**

1. 载气输入　2. 载气针形阀　3. 压力表　4. 进样器　5. 色谱柱　6. 检测器　7. 放空

设样品的保留时间为 $t_r$(从进样到样品峰顶的时间)，死时间为 $t_d$(惰性气体从进样到空气峰顶的时间)，则样品的校正保留时间为：

$$t_r{}'=t_r-t_d \tag{1}$$

样品的校正保留体积：

$$V_r{}'=t_r{}'\overline{F}_c \tag{2}$$

式中，$\overline{F}_c$ 为校正到柱温、柱压下的载气平均流速。

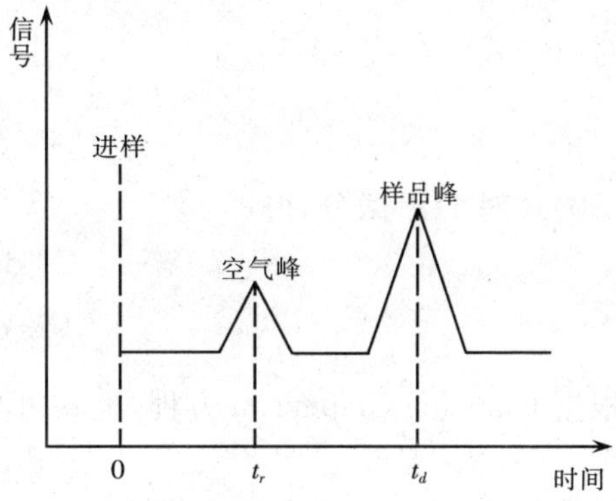


**图 2　典型色谱图**

样品校正保留体积 $V_r{}'$，与液相体积 $V_l$ 的关系是：

$$V_l C_i^l=V_r{}' C_i^g \tag{3}$$

式中，$C_i^l$ 为样品 $i$ 在液相中的浓度；$C_i^g$ 为样品在气相中的浓度。设气相符合理想气体，则：

$$C_i^g=\frac{p_i}{RT_c} \tag{4}$$

$$C_i^l=\frac{\rho x_i}{M} \tag{5}$$

式中，$p_i$ 为样品 $i$ 的分压；$\rho$ 为纯液体的密度；$M$ 为纯液体的分子量；$x_i$ 为样品 $i$ 的摩尔分数；$T_C$ 为柱温。

当气液两相达到平衡时，有：

$$p_i=p_s\gamma_i x_i \tag{6}$$

式中，$p_s$ 为样品 $i$ 的蒸气压，$\gamma_i$ 为样品 $i$ 的活度系数。将(4)、(5)、(6)式代入(3)式得：

$$V_r{}'=\frac{V_l\rho RT_c}{Mp_s\gamma_i}=\frac{WRT_c}{Mp_s\gamma_i} \tag{7}$$

由(7)式得：

$$\gamma_i=\frac{WRT_c}{Mp_sV_r{}'}=\frac{WRT_c}{Mp_st_r{}'\overline{F}_c} \tag{8}$$

式中，$\overline{F}_c$ 为校正流量：

$$\overline{F}_c=\frac{3}{2}\left[\frac{(p_b-p_0)^2-1}{(p_b-p_0)^3-1}\right]\left(\frac{p_0-p_w}{p_0}\cdot\frac{T_c}{T_a}\cdot F_c\right) \tag{9}$$

由(8)、(9)两式可知,为了求得 $\gamma_i$,需测定下列参数:载气柱后流速($F_C$),校正保留时间($t_r'$),柱后压力($p_0$,通常是大气压),在室温时水的饱和蒸气压($p_W$),柱前压力($p_b$),柱温($T_C$),环境温度($T_a$,通常为室温),样品 $i$ 在柱温下的饱和蒸气压($p_S$),固定液的准确重量($W$),固定液的分子量($M$)。这样,只要把一定质量的溶剂作为固定液涂渍在载体上,装入色谱柱中,用被测物质作为气相进样,测得上述参数。即可按(8)式计算溶质 $i$ 在溶剂中的活度系数 $\gamma_i$。因加入溶质的量很少,与固定液(液相为邻苯二甲酸二壬酯)构成了无限稀溶液,所以测得的 $\gamma_i$ 为无限稀溶液的活度系数。固定液在实验中应防止流失,否则必须在实验后进行校正,或采用在柱前装预饱和柱等措施。比保留体积 $V_g$ 是 273.15 K 时每克固定液的校正保留体积,与 $V_r'$ 的关系为:

$$V_g = \frac{273.15V_r'}{T_c W} \tag{10}$$

$$V_g = \frac{273.15R}{Mp_s\gamma_i}$$

对(10)式取对数,得:

$$\ln V_g = \ln\frac{273.15R}{M} - \ln p_s - \ln\gamma_i \tag{11}$$

(10)式对 $1/T$ 微分,得:

$$\frac{\mathrm{d}\ln V_g}{\mathrm{d}\frac{1}{T}} = \frac{\ln p_s}{\mathrm{d}\frac{1}{T}} - \frac{\ln\gamma_i}{\mathrm{d}\frac{1}{T}} \tag{12}$$

根据 Clausius-Clapeyron 方程,上式可写成:

$$\frac{\mathrm{d}\ln V_g}{\mathrm{d}\frac{1}{T}} = \frac{\Delta H_V}{R} - \frac{\Delta H_{\mathrm{mix}}}{R} \tag{13}$$

式中,$\Delta H_V$ 为样品的汽化热;$\Delta H_{\mathrm{mix}}$ 为偏摩尔混合热。如为理想溶液,则 $\gamma_i = 1$,这时,$\Delta H_{\mathrm{mix}} = 0$。以 $\ln V_g - \frac{1}{T}$ 作图,由直线斜率可得摩尔汽化热 $\Delta H_V$。如果是非理想溶液,且 $\Delta H_V$、$\Delta H_{\mathrm{mix}}$ 随温度变化不大,这时对 $\ln V_g - \frac{1}{T}$ 作图,由直线斜率可得 $\Delta H_V - \Delta H_{\mathrm{mix}}$,即为气态溶质在溶剂中的偏摩尔溶解热。

## 三、实验用品

仪器:102G 气相色谱仪 1 套,秒表 1 块,微量注射器(10μL)3 支,皂膜流量计 1 支,精密压力表 1 只,氮气钢瓶 1 只。

药品:正己烷(分析纯),苯(分析纯),甲苯(分析纯),邻苯二甲酸二壬酯(色谱纯),正庚烷(分析纯),101 白色担体(80 目~100 目),环己烷(分析纯)。

## 四、实验内容

(1)色谱柱的制备

准确称取一定量的邻苯二甲酸二壬酯固定液于蒸发皿中,加适量的丙酮以稀释溶解固定液,按固定液与担体比为 20 比 100 来称取 101 白色担体,倒入蒸发皿中浸泡,在红外灯下慢慢加热,使溶剂挥发。在整个过程中切忌温度过高,以免固定液的损失。将涂好固定液的担体小心装入已洗净干燥的色谱柱中。柱的一端塞以少量玻璃棉,接上真空泵,用小漏斗由柱的另一端加入担体,同时不断振动柱管,填满后同样塞以少量玻璃棉,准确记录装入色谱柱内固定液的重量。柱制备好后，在 110 ℃通载气老化 4～8 h。在老化过程中，请勿将色谱柱与检测器相连，以免污染检测器。

(2)气路系统检漏

打开钢瓶气源，用减压阀调节流量在 30～60 mL・min$^{-1}$，然后堵死柱的气体出口处，柱前流量计应指示零位(没有流速)，否则表示有漏气，仔细用肥皂水检查各接头处，直到不漏气为止。

(3)仪器操作

①打开载气钢瓶，调节载气针形阀使两气路流速相同(15～20 mL・min$^{-1}$)，并保持稳定。

②气源接通仪器气路后，通气 15 min，打开“启动”开关(在此之前，仪器其他部件开关都应处于“关”状态)指示灯亮，层析室鼓风马达开始转动。打开温度控制器电源开关调节“柱温”旋钮，向顺时针方向转动，层析室即升温，主机上“加热”指示灯亮，表示层析室在升温，指示灯呈暗红闪动则表示层析室处于恒温状态，控制层析室温度在(60±0.2)℃(注意：“柱温”旋钮不可在开机前乱旋，开机后严密注视指示层析室温度的水银温度计，随时调节旋钮，尽快找到平衡点。如不经心，温度将可能很快升高使固定液 DNP 流失，实验失败，要重新更换色谱柱，如层析室温度超过 250 ℃，各元件将烧坏)。

③汽化温度一般应比所测样品沸点高 20 ℃，由汽化室加热调节器调节显示在主机的测温毫伏计上(零点为室温)调节时顺时针旋转为升温，方法与“柱温”调节相同，注意不可升得过高以防烧坏元件！

④当柱温升高到(60±0.2)℃，汽化室温度达到要求时，将热导池电流调到 150 mA，选择合适的灵敏度，待基线稳定后，方可进样测定。

(4)样品测定

在准备进样时应正确记录室温、室压、层析室温度、检测室温度、柱前压力(表压加室压)、柱后载气流速及走纸速度。然后用微量注射器取试样 1μL 左右，再吸入空气 5μL 左右，一次注入汽化室。每个样品重复三次，取其平均值。

(5)重复上述操作，测定其他样品。

(6)改变柱温，每次升高 5 ℃，重复上面的操作，共做 4～5 个温度值。

(7)实验完毕，先关闭电源，待检测室和层析室接近室温时再关闭气源。

## 五、数据处理

(1)实验数据列表

室温：______℃　固定液：______g　固定液分子量：______　走纸速度：______mm・min$^{-1}$

| 样品 | $p_b$(pa) | $p_0$(pa) | $p_W$(pa) | $T_c$(K) | $F_c$(mL・s$^{-1}$) | $t_r'$(s) |
|---|---|---|---|---|---|---|
| 1 | | | | | | |
| 2 | | | | | | |
| 3 | | | | | | |

(2)计算各柱温下各试样在邻苯二甲酸二壬酯中的 $V_g$ 和 $\gamma_i$。

(3)以 $\ln V_g - \frac{1}{T}$ 作图，求各试样的 $\Delta H_{mix}$ 值。

## 六、注意事项

(1)在进行色谱实验时，必须按照实验规程操作。实验开始前，首先通入载气，后开启电源开关。实验结束时，先关闭电源，待层析室和检测室温度降至室温时，再关闭载气，以防烧坏热导池元件。

(2)微量注射器使用要谨慎，切忌把针芯拉出筒外。取样时，用待测液洗涤三次，取样后，用滤纸吸去针头外的余样，使用完毕用丙酮洗涤干净。注入样品时，动作要迅速。

(3)用氢气作载气时，色谱柱后排出的尾气必须用导气管排出室外，并保持室内的通风良好。

七、思考题

(1)什么样的溶液体系才适于用气液色谱法测定其热力学函数？

(2)试从热力学函数对温度的依赖关系与实验测量误差两个角度讨论测定温度范围的合理选择。

## 实验二十三　磺基水杨酸合铁(Ⅲ)的组成和$K_{稳}$的测定(分光光度法)

一、实验目的

(1)初步了解分光光度法测定溶液中配合物的组成和稳定常数的原理和方法。

(2)学习有关实验数据的处理方法。

(3)练习使用分光光度计。

二、实验原理

当一束具有一定波长的单色光通过一定宽度的有色溶液时，有色物质对光的吸收程度(用吸光度$A$表示)与有色物质的浓度、液层宽度成正比：

$$A=Kbc$$

这就是朗伯-比耳定律。式中，$c$为有色物质浓度；$b$为液层宽度；$K$为比例常数，其数值与入射光的波长、有色物质的性质和温度有关。当有色物质成分明确，其相对分子质量已知的情况下，可用$\varepsilon$代替$K$，$\varepsilon$称摩尔吸光系数，在数值上等于单位摩尔浓度在单位光程中所测得的溶液的吸光度：

$$A=\varepsilon bc$$

磺基水杨酸与$Fe^{3+}$形成的配合物的组成和颜色因pH不同而异。当溶液的pH<4时，形成紫红色的配合物；pH为4～10生成红色的配合物；pH为10左右时，生成黄色配合物。

本实验用等物质的量系列法测定pH＝2时磺基水杨酸与$Fe^{3+}$形成的配合物的组成和稳定常数。等物质的量系列法就是在保持每份溶液中金属离子的浓度($c_M$)与配体的浓度($c_R$)之和不变(即总的物质的量不变)的前提下，改变这两种溶液的相对量，配制一系列溶液并测定每份溶液的吸光度。

若以不同的物质的量比$\frac{n_M}{n_M+n_R}$与对应的吸光度$A$作图得物质的量比—吸光度曲线，曲线上与吸光度极大值相对应的物质的量比就是该有色配合物中金属离子与配体的组成之比。

图1表示一个典型的低稳定性的配合物MR的物质的量比与吸光度曲线，将两边直线部分延长相交于$B$，$B$点位于50%处，即金属离子与配体的物质的量比为1∶1。从图上可知，当物质完全以MR形式存在时，在$B$点MR的浓度最大，对应的吸光度为$A_1$，但由于配合物一部分离解，实验测得的最大吸光度对应于$E$点的$A_2$。

若配合物的解离度为$\alpha$，则

$$\alpha=\frac{A_1-A_2}{A_1}$$

1∶1 型配合物的标准稳定常数 $K$ 可由下列平衡关系导出：

$$M + R \rightleftharpoons MR$$

| | M | R | MR |
|---|---|---|---|
| 起始浓度 | 0 | 0 | $c$ |
| 平衡浓度 | $c\alpha$ | $c\alpha$ | $c(1-\alpha)$ |

$$K=\frac{c_{MR}}{c_M \cdot c_R}=\frac{1-\alpha}{c\alpha^2}$$

式中，$c_{MR}$、$c_M$、$c_R$ 为离解平衡时的各物质浓度，$c$ 是溶液内 MR 的起始浓度，即当 $\frac{n_M}{n_M+n_R}=50\%$ 时，其值相当于溶液中金属离子或配位体的起始浓度的一半。

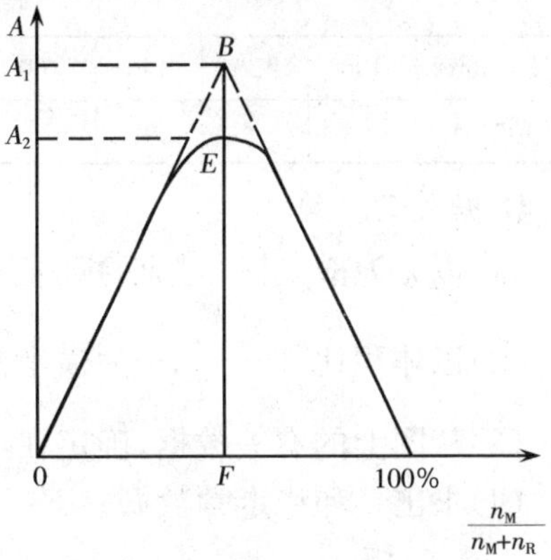

**图 1 物质的量比—吸光度曲线**

这样计算得到的稳定常数是表观稳定常数，如果要测定热力学稳定常数，还要考虑弱酸的解离平衡，对“酸效应”进行校正。

## 三、实验用品

仪器：7200 型分光光度计，50 mL 容量瓶 7 只，100 mL 容量瓶 2 只，10 mL 吸量管 2 只等。

药品：$NH_4Fe(SO_4)_2$（0.0100mol·$L^{-1}$，在 pH＝2 的 $H_2SO_4$ 溶液中），磺基水杨酸（0.0100 mol·$L^{-1}$，需标定出准确浓度），$H_2SO_4$（浓），NaOH（6 mol·$L^{-1}$），精密 pH 试纸。

## 四、实验内容

**1. 配制 0.00100 mol·$L^{-1}$ $NH_4Fe(SO_4)_2$ 和 0.00100 mol·$L^{-1}$ 磺基水杨酸溶液各 100 mL**

从 $NH_4Fe(SO_4)_2$ 和磺基水杨酸的储备液中，取出所需体积的溶液，分别置于 2 只 100 mL 容量瓶中，配制成所需浓度的溶液，并使其 pH 均为 2（在稀释接近标线时，查其 pH，若 pH 偏离 2，可通过滴加 1 滴浓 $H_2SO_4$ 或 6 mol·$L^{-1}$ NaOH 溶液于该容量瓶中即可）。

**2. 配制系列溶液**

依表 1 所示溶液体积，依次在 7 只 50 mL 容量瓶中混合配制好等物质的量系列溶液。

**3. 配合物吸收曲线的测定**

用表 1 中的 4 号溶液，以蒸馏水为参比，在波长 400～700 nm，$b=1$ cm 的比色皿条件下，每隔 20 nm 测量一次吸光度，峰值附近每隔 5 nm 测量一次吸光度 $A$ 值，记录于表 2 中，作出吸收曲线图，找出最大波长 $\lambda_{max}$。

**4. 测定系列溶液的吸光度**

用 7200 型分光光度计，在 $\lambda_{max}$（≈500 nm），$b=1$ cm 的比色皿条件下，以蒸馏水为空白，测定一系列混合物溶液的吸光度 $A$，并记录于表 1 中。

**表 1 测定系列溶液的吸光度**

| 混合液编号 | 1 | 2 | 3 | 4 | 5 | 6 | 7 |
|---|---|---|---|---|---|---|---|
| $NH_4Fe(SO_4)_2$ 体积(mL) | 0 | 1.00 | 3.00 | 5.00 | 7.00 | 9.00 | 10.00 |
| 磺基水杨酸体积(mL) | 10.00 | 9.00 | 7.00 | 5.00 | 3.00 | 1.00 | 0 |
| 体积比$=\frac{V_{Fe^{3+}}}{V_{Fe^{3+}}+V_R}$ | | | | | | | |
| 混合液吸光度 $A$ | | | | | | | |

表 2　配合物吸收曲线的测定

| 波长 λ(nm) | 400 | 420 | 440 | 460 | 480 | 485 | 490 | 495 | 500 | 505 | … | 680 | 700 |
|---|---|---|---|---|---|---|---|---|---|---|---|---|---|
| 吸光度 A | | | | | | | | | | | | | |

## 五、数据处理

(1)以 $\lambda$ 为横坐标,对应的吸光度 $A$ 为纵坐标作出吸收曲线图,找出最大波长 $\lambda_{max}$。

(2)以体积比$\frac{V_{Fe^{3+}}}{V_{Fe^{3+}}+V_R}$为横坐标,对应的吸光度 $A$ 为纵坐标作图。

(3)从图上的有关数据,确定在本实验条件下,$Fe^{3+}$ 与磺基水杨酸形成的配合物的组成。

(4)求出 $\alpha$ 和稳定常数 $K$。

## 六、注意事项

(1)本实验两个同学一组,配制前务必将 7 只 50 mL 容量瓶洗净并编号,以免搞错。

(2)溶液配好后,必须静置 30 min 才能进行测定。

(3)磺基水杨酸合铁络合物的稳定常数:1∶1($\log\beta n=14.64$);1∶2($\log\beta n=25.18$);1∶3($\log\beta n=32.12$)

## 七、思考题

(1)使用分光光度计时,在操作上应注意些什么?

(2)若入射光不是单色光,能否准确测出配合物的组成与稳定常数?

(3)用等物质的量系列法测定配合物组成时,为什么溶液中金属离子的物质的量与配位体的物质的量之比正好与配合物组成相同时,配合物的浓度最大?

(4)本实验中,为何能用体积比($\frac{V_{Fe^{3+}}}{V_{Fe^{3+}}+V_R}$)代替物质的量的比为横坐标作图?

# 实验二十四　洗衣粉中活性组分与碱度的测定

## 一、实验目的

(1)培养独立解决实物分析的能力。

(2)提高灵活运用化学分析知识的水平。

## 二、实验原理

洗衣粉的组成比较复杂,其中烷基苯磺酸钠是目前市场上绝大多数洗衣粉的主要活性物(因其具有良好的去污力、发泡力、乳化力以及在酸性、碱性和硬水中都很稳定)。此外,在洗衣粉中还要添加许多助剂,如加入一定量的碳酸钠等碱性物质,可以使洗衣粉遇到酸性污物时,仍有较高的去污能力。因此,分析洗衣粉中烷基苯磺酸钠的含量以及碱性物质,是控制产品质量的重要步骤。

烷基苯磺酸钠的分析主要用甲苯胺法:使其与盐酸对甲苯胺溶液混合,生成的复盐能溶于 $CCl_4$ 中,再用 NaOH 标准溶液滴定。其反应如下:

$$RC_6H_4SO_3\cdot Na+CH_3C_6H_4\cdot NH_2\cdot HCl\rightarrow RC_6H_4SO_3H\cdot NH_2C_6H_4CH_3+NaCl$$

$$RC_6H_4SO_3H\cdot NH_2C_6H_4CH_3+NaOH\rightarrow RC_6H_4SO_3Na+CH_3C_6H_4\cdot NH_2+H_2O$$

根据消耗标准碱液的体积和浓度,即可求得烷基苯磺酸钠的含量。在本实验中,要求以十二烷基苯磺酸钠来表示其含量。

在对洗衣粉中碱性物质的分析中,常用活性碱度和总碱度两个指标来表示碱性物质的含量。活性碱度仅指由于氢氧化钠(或氢氧化钾)产生的碱度,总碱度包括由碳酸盐、碳酸氢盐、氢氧化钠及有机碱等所产生的碱度。这两个指标可通过酸碱滴定进行测定。

## 三、实验用品

仪器:分析天平、酸式及碱式滴定管(50 mL)、容量瓶(250 mL)、锥形瓶、移液管(25 mL)、烧杯、玻璃棒、分液漏斗(250 mL)、电炉、滴管、量筒(100 mL、50 mL)、试剂瓶(100 mL)。

药品:盐酸对甲苯胺溶液、$CCl_4$、盐酸(1∶1)、NaOH(s,A. R.)、乙醇(95%)、间甲酚紫指示剂(0.04%钠盐)、pH 试纸、酚酞指示剂(0.1%)、甲基橙指示剂(0.1%)、邻苯二甲酸氢钾(基准物)。

## 四、实验步骤

**1. 配制溶液**

(1)配制并标定 0.1 mol·$L^{-1}$的 HCl 和 0.1 mol·$L^{-1}$的 NaOH 溶液。

(2)配制盐酸对甲苯胺溶液:粗称 10 g 对甲苯胺,溶于 20 mL 1∶1 盐酸溶液中,加水至 100 mL,使 pH<2。若不易溶解,可适当加热。

**2. 测定十二烷基苯磺酸钠的含量**

准确称取洗衣粉样品 1.5~2 g(准确至 0.0001 g),分批加入 80 mL 水中,温热搅拌促其溶解。转移至 250 mL 容量瓶中,稀释至刻度,摇匀。因液体表面有泡沫,读数应以液面为准。

移取 25.00 mL 洗衣粉样品溶液于 250 mL 分液漏斗中,用 1∶1 盐酸调节 pH≤3。加 25 mL $CCl_4$和 15 mL 盐酸对甲苯胺溶液,剧烈振荡 2 min(注意时常放气),静置 5 min 使之分层。放出 $CCl_4$层,注意切勿使水层放入。再以 15 mL $CCl_4$和 5 mL 盐酸对甲苯胺溶液重复萃取 2 次。合并 3 次提取液于 250 mL 容量瓶中,加入 10 mL95%乙醇增溶,再加入 0.04%间甲酚紫指示剂 5 滴,以 0.01 mol·$L^{-1}$的碱标准溶液滴定至溶液由黄色突变为紫蓝色,且 3 s 内不变色即为终点。重复两次,计算活性物的质量分数。

**3. 活性碱度和总碱度的测定**

吸取洗衣粉样液 25.00 mL,加入 2 滴酚酞指示剂,用 0.1 mol·$L^{-1}$盐酸标准溶液滴定至浅粉色(15 s 内不退色),计算以 $Na_2O$ 形式表示的活性碱度。平行测定 2 次。

在已测定过活性碱度的溶液中再加入 2 滴甲基橙指示剂,继续滴定至橙色。平行测定 2 次,计算以 $Na_2O$ 形式表示的活性总碱度。

## 五、思考题

(1)写出测定十二烷基苯磺酸钠的含量计算公式。

(2)写出以 $Na_2O$ 形式表示的活性总碱度的计算公式。

*参考文献*

高丽华. 基础化学实验. 北京:化学工业出版社,2004.

# 实验二十五　$Fe(OH)_3$溶胶的制备、纯化及性质研究

## 一、实验目的

(1)水解法制备 $Fe(OH)_3$溶胶并用热渗析法纯化。

(2)测定 $Fe(OH)_3$溶胶的电泳速度,计算 $Fe(OH)_3$溶胶的 $\xi$ 电势。

(3)了解电解质对溶胶稳定性的影响,测定其聚沉值,比较反离子价态对溶胶聚沉的影响。

## 二、实验原理

胶体溶液是大小在1 nm～100 nm的质点(称为分散相)分散在介质(称为分散介质)当中而形成的高分散多相体系。分散介质为液态或气态的胶体体系能流动,外观类似普通的真溶液,通常称为溶胶。分散介质不能流动的胶体,则称为凝胶。

溶胶的制备方法可分为两大类:分散法,把较大的物质颗粒变为胶体大小的质点;凝聚法,把物质的分子或离子聚合成胶体大小的质点。本实验采用化学凝聚法,通过在溶液中进行化学反应,生产一不溶解的物质。通过控制沉淀的颗粒大小,使之正好落在胶体的范围。

制成的胶体溶液中常有其他杂质存在,而影响其稳定性,因此必须纯化。常有的纯化方法是半透膜渗析法。渗析时以半透膜隔开胶体溶液和纯溶剂,胶体溶液中的杂质如电解质及小分子能透过半透膜,进入溶剂,而胶粒不透过。如果不断更换溶剂,则可把胶体溶液中的杂质除去,要提高渗析速度,可用热渗析或电渗析的方法。

胶核大多是分子或原子的聚集体,由于其本身电离或与介质摩擦或因选择性吸附介质中的某些离子而带电。由于整个胶体体系是电中性的,介质中必然存在与胶核所带电荷相反的离子(称为反离子),反离子中有一部分因静电引力的作用,与吸附离子一起紧密地吸附于胶核表面,形成了紧密层。于是胶核、吸附离子和部分紧靠吸附离子的反离子构成胶粒。反离子的另一部分由于热运动以扩散方式分布于介质中,故称为扩散层。扩散层和胶粒构成胶团。扩散层与紧密层之交界区称为滑动面,滑动面上存在电势差,称为$\xi$电势。此电势只有在电场中才能显示出来。在电场中胶粒会向正极(胶粒带负电)或负极(胶粒带正电)移动,称为电泳。$\xi$电势越大,胶体体系越稳定,因此$\xi$电势大小是衡量溶胶稳定性的重要参数。$\xi$电势的大小与胶粒的大小、胶粒浓度、介质的性质、成分、pH及温度等因素有关。

$\xi$电势的数值,可根据亥姆霍兹方程计算:

$$\xi=\frac{4\pi\eta}{\varepsilon\cdot H}\cdot U\cdot 300(\mathrm{V})$$

式中,$H$称为电位梯度:$H=E/L$;$\eta$是液体的黏度(泊);$\varepsilon$是液体的介电常数;$E$是外加电场的电压数值(伏);$L$是两极间的距离(不是水平横距离)而是U形管的导电距离;$U$是电泳的速度(即迁移速度:$U=S/t$ cm/s)。

对水而言:$\varepsilon=81$,$\eta_{20}=0.011005$泊,$\eta_{25}=0.00894$泊。

从能量观点来看,胶体体系是热力学不稳定体系,因高分散度体系界面能特别高,胶核有自发聚集而聚沉的倾向。但由于胶粒带同种电荷,因此在一定条件下又能相对地稳定存在。在实际中有时需要胶体稳定存在,有时需要破坏胶体使之发生聚沉。使胶体聚沉的最有效方法是加入适量的电解质来中和胶粒所带电荷,降低$\xi$电势。一定量某种溶胶在一定时间内发生明显聚沉所需电解质的最低浓度称为该电解质的聚沉值。胶体聚沉能力的大小还与反离子的价数有关,价数越高,聚沉能力越大,聚沉值越小。

## 三、实验用品

仪器:恒温水浴锅1个,电炉1个,稳流稳压电泳仪1台,铂电极两根,电泳管1支,电导率仪1台,400 mL、800 mL烧杯各1个,10 mL量筒1个,1 mL移液管2支,5 mL移液管1支,10 mL移液管4支,150 mL大口锥形瓶1个,25 mL试管6支,试管架1个,棉线,直尺一把,胶头滴管若干。

药品:10% $FeCl_3$溶液,1% $AgNO_3$,1% KCNS,4%火棉胶溶液,2.5M的KCl,0.1 MKCl溶液,0.01 M的KCl,0.01 M的$K_2SO_4$,0.01M的$K_3[Fe(CN)_6]$。

## 四、实验步骤

**1. 水解法制备 $Fe(OH)_3$溶胶**

在 400 mL 烧杯中加入约 120 mL 的蒸馏水，加热煮沸。在沸腾条件下约 1 min 滴加完 10 mL 10% $FeCl_3$ 溶液，边加边不断搅拌，加完后继续煮沸 3 分钟。水解得到深红色的 $Fe(OH)_3$溶胶约 100 mL。

**2. 制备火棉胶半透膜**

取一个内壁干净光滑的 150 mL 锥形瓶，加入 4% 的火棉胶溶液适量（能将瓶底覆盖即可），然后瓶口朝下，同时取一 50 mL 的小烧杯置于其下，缓慢转动锥形瓶，使火棉胶在锥形瓶内壁上形成均匀液膜，倒出多余的火棉胶溶液于小烧杯中，使多余的火棉胶溶液流尽，然后取电吹风吹瓶口加快乙醚与乙醇蒸发，直至闻不出乙醚气味为止，此时用手轻摸瓶口不粘手，注满蒸馏水（若发白说明乙醚未干，膜不牢固），以溶去剩余的乙醇。放置 5～10 min，倒出蒸馏水，用小刀在瓶口轻轻剥开一部分膜，在膜与瓶壁间注水，使膜脱离瓶壁，悬浮在水中，倒出水的同时，轻轻取出膜袋。检查是否有洞（用手托住膜袋底部，慢慢注满水），若有洞，应重做。膜袋制备好后如暂时不用应放入蒸馏水中浸泡。

**3. 热渗析法纯化 $Fe(OH)_3$溶胶**

将水解法制得的 $Fe(OH)_3$溶胶取出，装入制好的半透膜袋内，用细棉线拴住袋口置于加有 600 mL 的蒸馏水的烧杯中渗析，此烧杯置于温度设置为 60～70 度恒温水浴锅中，每隔 15 min换一次水，换 4 次水，也即一共纯化 5 次 。每换一次水均要取出少量水，用 1% $AgNO_3$，1%KCNS 检查水中的氯离子、铁离子，并用试纸检验溶液的 pH，直至检查不出氯离子（一般仍能检出）、铁离子及 pH＝6 为止，记录纯化过程的情况。把纯化好的溶胶倒入 1000mL 洁净的磨口棕色瓶中供电泳实验用。

**4. $Fe(OH)_3$溶胶的电泳速度的测定（图 1）**

（1）将纯化后的胶体倒入 50 mL 的小烧杯中，测量其电导率。从中部支管加入适量已纯化的 $Fe(OH)_3$溶胶。

（2）用 0.1 MKCl 溶液配制辅助溶液，其电导率应尽量与胶体的电导率相等。然后用胶头滴管向 U 形管中缓慢加入 KCl，使胶体与辅助溶液的界面清晰。在 U 形管两边插上铂丝电极，辅助溶液以浸没电极约 0.5 cm 为宜。

（3）用细棉线量出 U 形管两电极间的距离，并记下胶体与辅助溶液的界面。

（4）将电极接入稳压电源，然后接通电源。打开电泳仪，使电压保持在 80 V，准确记录时间，20 min 后观察液面位置的变化，用棉线量取液面移动的距离。

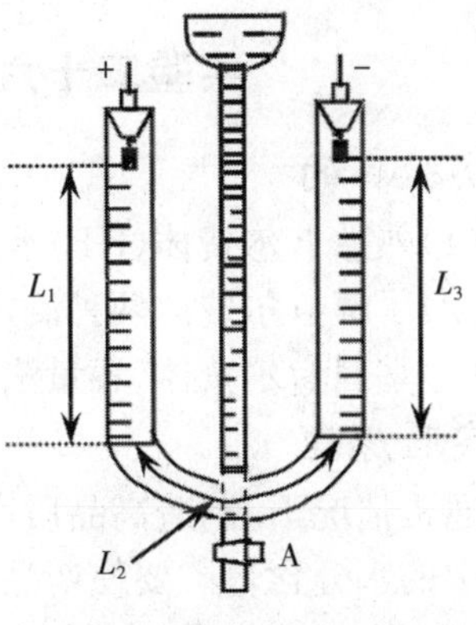

**图 1　电泳管示意图**

**5. 聚沉值的测定和反离子的聚沉作用**

（1）取 6 支干净试管分别以 0 至 5 号编号。1 号试管加入 10 mL 2.5 M 的 KCl 溶液，0 号及 2～5 号试管各加入 9 mL 蒸馏水。然后从 1 号试管中取出 1 mL 溶液加入到 2 号试管中，摇匀，又从 2 号试管中取出 1 mL 溶液加到 3 号试管中，以下各试管手续相同，但 5 号试管中取出的 1 mL 溶液弃去，使各试管具有 9 mL 溶液，且依次浓度相差 10 倍。0 号作为对照。在 0 至 5 号试管内分别加入 1 mL 纯化了的 $Fe(OH)_3$溶胶（用 1 mL 移液管），并充分摇均匀后，放置 2 min 左右，确定哪些试管发生聚沉。最后以聚沉和不聚沉的两支试管内的 NaCl 溶液浓度的平均值作为聚沉值的近似值。

(2)不同价态的反离子对溶胶聚沉作用的影响。取 3 支 25 mL 的试管，分别准确移入 2 mL的 $Fe(OH)_3$ 溶胶，用滴管分别加入 0.01M 的 KCl、0.01M 的 $K_2SO_4$ 和 0.01M 的 $K_3[Fe(CN)_6]$溶液，直至试管内溶胶出现混浊为止，比较三种电解质溶液凝结能力的大小。

## 五、数据记录与处理

(1)将纯化过程的实验现象及结果用表格形式表示。

(2)电泳速度数据记录如下：

$Fe(OH)_3$溶胶的电导率=________

外加电场电压 $E$=________V

两电极间距离 $L$=________cm

界面移动距离 $S$=________cm

电泳时间 $t$=________s

## 六、注意事项

(1)制备胶体用的大口锥形瓶及电泳管内壁一定要光滑洁净。

(2)滴加辅助溶液一定要缓慢，使溶液贴着管壁流下，否则胶体界面不能保持清晰。

(3)水的介电常数与温度的关系可用下面近似公式表示：

$\varepsilon_{r(t)} = 80.1 - 0.4(t-20)$，80.1 是水在 20 ℃时的介电常数。

## 七、思考题

(1)形成溶胶所必备的基本条件是什么？

(2)在电泳测定时，如不加辅助溶液，把电极直接插到溶胶中会发生什么现象？辅助溶液的电导率为什么必须和所测胶体的电导率十分接近？

(3)从电泳结果看出胶粒带何种电荷？电泳速度的快慢与哪些因素有关？

(4)$\xi$ 电势、聚沉值与哪些因素有关？

## 参考文献

[1] 北京大学，等. 物理化学实验. 北京：北京大学出版社，1995.

[2] 复旦大学，等. 蔡显鄂等修订. 物理化学实验. 第 2 版. 北京：高等教育出版社，1993.

# 实验二十六　卡尔费休法测定无水乙醇中微量水分

## 一、实验目的

(1)熟悉卡尔费休(KF)水分滴定的原理。

(2)了解卡尔费休两种滴定方法——容量法和库仑法的异同点。

(3)掌握卡尔费休(容量法)测定待测样品中微量水分的实验方法。

## 二、实验原理

通常情况下，制造高品质产品所需的许多原料、中间体的质量和使用性能很大程度上取决于其中的水分含量。要使产品质量有保证并能得到最大限度的保持，含水量的常规控制便显得必不可少。测定微量水有许多方法，比如重量法、容量滴定法、库仑法和气相色谱法等，相应地也有许多种分析仪器，如比重天平、带滴定管的微量水分滴定仪、库仑仪和气相色谱仪等。重量法使用干燥剂不适用于分析甲醇中的微量水；带滴定管的微量水分滴定仪需求滴定度且滴定废液易泄漏(其气味难闻、有毒)；库仑仪的偏差大；而气相色谱仪对载气的要求高且干扰大,今使用瑞士万通 798 MPT Titrino 自动电位滴定仪(卡尔费休法)分析样品中微量水,结合了带滴定管的微量水分滴定仪和库仑仪的优点,此仪器分析显得简便、快捷。KF 滴定的优点:

①方法简单,容易操作;

②是专一性的测定水分的方法;

③测量结果准确度高,重现性好;

④测量范围宽:10μg ~100%;

⑤分析时间短:2~5min;

⑥应用范围广:可测定液体、固体、牙膏状物或气体;

⑦结晶水、界面水及游离水都可测定。

卡尔费休法由卡尔费休先生(Karl Fischer)于 1935 年首创,他最先提出的是容量法,此后许多人对此方法进行了较为全面的研究,以反应的化学计量为基础,对试剂的稳定性、滴定方法、终点的判定以及针对各种类型样品的应用和仪器的自动化等方面均有显著的改进,使这一技术日趋成熟。随着科学的不断发展,特别是锂电池电解液的出现,要求测定水分的技术能达到质量分数为 $50\times10^{-6}$ 以下,卡尔费休库仑法的出现,实现了质量分数为 $10^{-6}$ 水分测定的愿望,而且卡尔费休液还可连续使用,不需要每次更换,这就避免了繁琐的试剂标定工作。多年来卡尔费休法广泛地应用于各种液体、固体及一些气体样品中水分的测定。在美国、俄罗斯、德国、法国、日本等国家,此法已列入基础标准。在我国,卡尔费休法也被中国药典、化肥、表面活性剂、石油化工等作为基础标准。卡尔费休试剂的基本组成包括碘($I_2$)、二氧化硫($SO_2$)、碱(最早使用吡啶)、溶剂(一般为无水甲醇)。

**1. 卡尔费休容量法**

卡尔费休容量法是测量水分最为专一、最为经典的方法,其原理是 $I_2$ 氧化 $SO_2$ 时需要一定量的水参加,利用这一特性测定待测物质中的水分。在甲醇和碱(RN)存在下,水与碘和二氧化硫发生如下定量反应:

$$H_2O + I_2 + SO_2 + CH_3OH + 3RN \rightarrow [RNH]SO_4CH_3 + 2[RNH]I \qquad (1)$$

卡尔费休试剂中碘与消耗的水存在定量关系,因此,试样中的含水量就可根据消耗的卡氏试剂的量求得。

**2. 卡尔费休库仑法**

就容量滴定而言,碘是作为滴定剂加入的。而在进行库仑滴定时,碘是通过电化学方法氧化电解槽而产生的。

$$2I^- \rightarrow I_2 + 2e^- \qquad (2)$$

只要电解液中存在水,所产生的碘就会按照化学反应式(1)进行化学反应。一旦所有的水都参与了化学反应,那么少量的过量碘就会在阳极区域形成。所生成的碘与测试样品中的水反应又生成碘化氢:

$$I_2 + 2H_2O + SO_2 \rightarrow H_2SO_4 + 2HI \qquad (3)$$

如此反复进行,直到试液中的水全部反应完毕为止。反应终点用一对铂电极所组成的指示系统来确定,终点到达时停止电解,并记录电解过程中生成碘所消耗的电量,根据法拉第定律即可求出样品中水的含量:

$$W=\frac{Q}{96487}\cdot\frac{M}{n}=\frac{Q}{10721}$$

式中,$W$ 为试样中的含水量(μg);$M$ 为水分子量;$n$ 为物质的分子转移数;$Q$ 为电解消耗的电量(μC)。

上式说明，每测量 1 μg 的水就需要消耗 10721 μC 的电量。基于此原理，试样中的含水量就可根据电解过程的耗电量求得。

## 三、实验用品

仪器：瑞士万通 798 MPT Titrino 自动电位滴定仪、铂电极。

试剂：卡尔费休试剂、无水乙醇、无水甲醇

## 四、实验内容

(1)打开位于仪器面板上的电源开关，仪器自检；打开电脑、打印机等外设单元；启动电脑中的数据处理软件。

(2)向储液瓶中加入少许卡尔费休试剂，冲洗储液瓶 2～3 次后标准液倒入适量卡氏试剂，备用。

(3)按【DOS】按键，把卡氏试剂自动进样至柱塞式滴定管中，冲洗滴定管 2～3 次。

(4)按搅拌器上的【OUT】将滴定杯中的剩余液体抽出，再按【IN】抽进无水甲醇至淹没电极为止。

(5)选择滴定模式

：SET。

(6)设置滴定参数

。

(7)编辑公式、设置打印报告格式

。

(8)给公式中变量赋值

。

(9)设置储存方法

。

(10)打开磁力搅拌器电源开关。

(11)按【START】键预滴定，直至"COND"信号灯常亮，说明预滴定已达到平衡，溶剂甲醇达到真正无水状态。

(12)再次按【START】键，准确称取一定量待测样品加到滴定杯中，按【SMPL DATA】键，输入样品相关数据，按【ENTER】键滴定自动开始；同样直至"COND"信号灯常亮，说明滴定结束；记录数据。

(13)实验结束后按【OUT】键抽出滴定杯中的液体，再按【IN】键抽进无水甲醇至电极淹没为止，用以保护电极。

(14)关闭磁力搅拌器电源、自动电位滴定仪电源，关闭电脑。

## 五、注意事项

(1)打开或闭合储液瓶盖子时要小心，勿使输液管跟着旋转；盖子不要拧得太紧。

(2)废液罐中的废液不能淹没过其中的吸管。

(3)实验结束后滴定杯中的无水甲醇应淹没电极，用以保护电极。

## 六、思考题

(1)根据卡尔费休容量法的原理，推导出计算试样中微量水分含量的公式，并带入所记录数据检验。

(2)试比较容量法与电量法的异同点。

*参考文献*

[1] 孟蓉，尚汝田. 卡尔费休法测定水分的发展及其在某些领域中的应用. 化学试剂，2001，23(1)：39～41.

[2]戴玉杰，路福平，王敏等. 卡尔费休滴定法测水简易装置的改进，化学分析与计量，2005，14(2)：45～46.

[3]李光，刘振林，陈辉. 卡尔费休水分测定仪测定食品中水分. 中国卫生检验杂志，2006，16(5)：616.

## 实验二十七　稀土 4f 电子跃迁光谱的应用及荧光增强效应

### 一、实验目的

(1)了解稀土元素的 4f 电子跃迁光谱的特征及稀土共发光效应。

(2)了解二维、三维荧光光谱的特点及其区别。

(3)熟练荧光分光光度计的正确使用及定量实验技术。

### 二、实验原理

稀土元素是镧系及钇、钪元素的总称。在溶液中，某些稀土离子如 $Eu^{3+}$、$Sm^{3+}$、$Dy^{3+}$ 和 $Tb^{3+}$ 能与许多有机试剂(如 β-双酮)形成稳定的配合物。当该配合物受到一定频率和强度的激发光照射时，组成配合物的有机配体吸收光能后由基态跃迁至激发态，激发态的有机配体将其能量通过共振偶合传递给与之配位的稀土离子(分子内能量转移)，稀土离子得到该能量后，由基态跃迁到激发态，激发态的稀土离子以光辐射的形式释放能量回到基态，而这种辐射光就是稀土离子的特征荧光。

在弱碱性介质中及阳离子表面活性剂的存在下，铕与噻吩甲酰三氟丙酮(TTA)形成 1∶4 的配合物，激发峰波长为 370 nm，发射峰波长为 612 nm。

TTA 与稀土离子 $Eu^{3+}$ 的反应为：

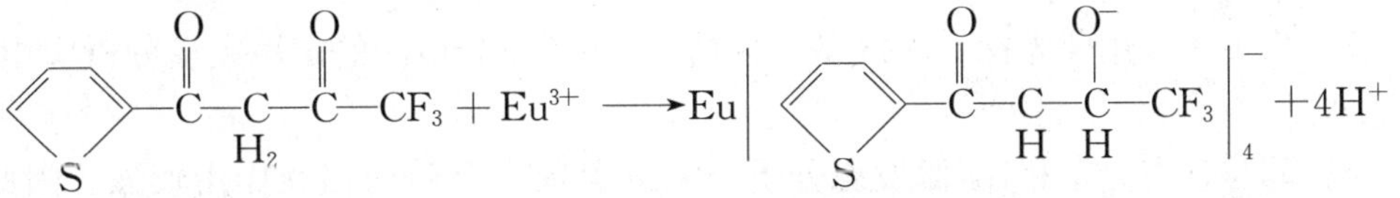

当某些稀土离子(如 $La^{3+}$、$Gd^{3+}$、$Tb^{3+}$、$Lu^{3+}$、$Y^{3+}$，称为共存离子)存在时，共存离子也能与配体 TTA 形成相应的配合物，该配合物吸收光能后，有机配体被激发至激发态，激发态的配体将能量转移给 Eu-TTA 配合物中的 $Eu^{3+}$(分子间能量转移)，使得激发 $Eu^{3+}$ 能量来源增加，其荧光强度大大增加，这就是荧光增强效应。

### 三、实验用品

仪器：荧光分光光度计。

药品：铕标准溶液：准确称取 $Eu_2O_3$(99.9%)，用少量 6 mol·$L^{-1}$ 盐酸溶解，加热蒸发到近干，用 0.1 mol·$L^{-1}$ HCl 稀释配制成 0.01 mol·$L^{-1}$ 的铕标准溶液。钆标准溶液：配制方法同上。噻吩甲酰三氟丙酮(TTA)标准溶液：$2.5\times10^{-3}$ mol·$L^{-1}$ 的 95%乙醇溶液。溴化十六烷基三甲铵(CTMAB)：$2.5\times10^{-3}$ mol·$L^{-1}$(水溶液)。醋酸铵缓冲溶液：1.0 mol·$L^{-1}$ 醋酸铵，用氢氧化钠调节 pH 至 7.5。

### 四、实验步骤

**1. 稀土荧光增强效应**

在两个 25 mL 比色管中，1、2 号管中分别依次加入 1.0 mL $1.0\times10^{-6}$ mol·$L^{-1}$ $Eu^{3+}$ 标准溶液、1.0 mL $2.5\times10^{-3}$ mol·$L^{-1}$ TTA 溶液、1.0 mL $2.5\times10^{-3}$ mol·$L^{-1}$ CTMAB 溶液和 1.0 mL 醋酸铵缓冲溶液，另在 2 号管中再加入 1.0 mL $5.0\times10^{-4}$ mol·$L^{-1}$ 的钆标准溶液，用水稀释至 25 mL，混匀，放置 20 min 后，用 1.0 cm 的石英比色池，测定其荧光激发光谱和发

射光谱，比较加钆前后体系荧光强度的变化(激发峰波长为 370 nm，发射峰波长为 612 nm)。

**2. 二、三维荧光光谱的测定**

取上述溶液，测定其三维荧光光谱，其激发和发射波长范围分别为 200～400 nm 和 500～700 nm。

**3. 标准曲线的测量和样品的测定**

在 7 个比色管中，分别加入 1.0 mL $1.0\times10^{-6}$ mol·$L^{-1}$ $Eu^{3+}$ 标准溶液 0.0 mL、1.0 mL、2.0 mL、3.0 mL、4.0 mL、5.0 mL、一定体积的未知浓度的样品溶液，然后依次各加入 1.0 mL $2.5\times10^{-3}$ mol·$L^{-1}$ TTA 溶液、1.0 mL $2.5\times10^{-3}$ mol·$L^{-1}$ CTMAB 溶液和 1.0 mL 醋酸铵缓冲溶液，用水稀释至 25 mL，混匀，放置 20 min 后，用 1.0cm 的石英比色池，370 nm 激发，在 612 nm 处测量其荧光强度。

## 五、数据记录与处理

(1)绘制标准曲线，计算样品中铕的含量。

(2)解释实验现象，比较二维、三维荧光光谱的特点及其异同。

## 六、思考题

观察荧光增强效应时，你配制的溶液有什么现象发生？为什么？

# 实验二十八　芘的荧光光谱测定

## 一、实验目的

(1)通过在不同溶液条件下测定芘的荧光光谱，了解溶剂极性和溶质浓度对荧光光谱的影响。

(2)通过实验了解常用荧光探针芘的基本性质，了解荧光分析法的定性定量分析应用。

## 二、实验原理

一般情况下，与基态分子相比，激发态分子与溶剂等周围介质的相互作用较强。因此，荧光光谱比紫外-可见吸收光谱更容易反映分子间的相互作用。其代表物质就是芘及其诱导体，这类物质作为胶束，表面活性剂胶囊等微环境极性或黏度探针在分子水平进行生物化学研究中应用广泛。

单体芘的荧光光谱，在 370～400 nm 有 5 个振动精细峰，各峰的强度比随芘分子的周围环境极性变化而变化。尤其是第 3 个峰和第 1 个峰的峰强度比在极性大的环境中大，能敏锐地反映微环境极性变化。当溶液中芘的浓度增大时，激发态芘与基态芘形成二聚体，会在480 nm 处产生芘激基二聚体的荧光发射峰。激基二聚体的形成过程中扩散步骤是慢反应，决定反应速率。因此溶剂黏度越低越容易生成激基二聚体。另一方面，激基二聚体生成后，激发态单体的浓度降低，单体荧光峰强度也随之降低。因此，可以认为产生激基二聚体的原因是单体荧光的浓度猝灭所致。

在观测浓度为数毫摩尔每升的浓溶液中的激基二聚体发光时，除了生成激基二聚体导致的浓度猝灭外，由于激发光内部的屏蔽作用或荧光的再吸收可能使单体峰处的荧光强度与芘溶液浓度不成正比，尤其是单体的第一个荧光峰离其吸收光谱峰最近，最容易受到溶液对荧光的再吸收的影响。

## 三、实验用品

仪器：荧光分光光度计，1 cm 荧光池(1 L 1 个、500 mL 2 个、100 mL 2 个、50 mL 1 个、25 mL 6 个)，移液管(1 mL 3 个)，刻度移液管(10 mL 2 个)。

药品：芘，乙醇，乙腈，环己烷。

## 四、实验内容

(1)不同溶剂中 $1\times10^{-6}\,mol\cdot L^{-1}$ 芘溶液的配制：准确称取 10 mg 芘溶解于适量乙醇中，用容量瓶加乙醇定容至 100 mL。用移液管移取该溶液 1 mL 于容量瓶中加乙醇定容至 500 mL，得到 $1\times10^{-6}\,mol\cdot L^{-1}$ 芘-乙醇溶液。同样，将溶剂换为乙腈，配制 $1\times10^{-6}\,mol\cdot L^{-1}$ 芘-乙腈溶液。注意，更换荧光池中的溶液时，一定要用测定溶液多次重复冲洗荧光池。

(2)不同浓度芘-环己烷溶液的配制：准确称取 0.10 g 芘溶解于适量环己烷中，用容量瓶定容到 50 mL，得到 $1\times10^{-2}\,mol\cdot L^{-1}$ 芘-环己烷溶液。分别移取此溶液 2.5 mL、6.3 mL、12.5 mL、25 mL于容量瓶中，定容，得到 $1\times10^{-6}\,mol\cdot L^{-1}$ 芘-环己烷溶液。取此 $1\times10^{-6}\,mol\cdot L^{-1}$ 芘溶液 2.5 mL、6.3 mL、12.5 mL，加环己烷定容至 25mL 容量瓶中，得到 $1\times10^{-6}\,mol\cdot L^{-1}$、$2.5\times10^{-7}\,mol\cdot L^{-1}$、$5\times10^{-7}\,mol\cdot L^{-1}$ 芘-环己烷溶液。

(3)荧光分光光度计的激发波长设为 330 nm，激发狭缝设在 10 nm 以下，发射狭缝设在 1.5 nm以下，发射光谱测定范围设在 350～600 nm。

(4)将 $1\times10^{-6}\,mol\cdot L^{-1}$ 芘-环己烷溶液移入荧光池内至 2/3 体积，放入仪器样品室，依据其荧光强度值调节仪器的灵敏度、光电倍增管电压等参数，测定其荧光光谱。然后在同样仪器条件下，依次按如下顺序测定不同浓度下的芘-环己烷溶液的荧光光谱：$1\times10^{-7}\,mol\cdot L^{-1}$、$2.5\times10^{-7}\,mol\cdot L^{-1}$、$5\times10^{-7}\,mol\cdot L^{-1}$、$1\times10^{-6}\,mol\cdot L^{-1}$、$1\times10^{-3}\,mol\cdot L^{-1}$、$2.5\times10^{-3}\,mol\cdot L^{-1}$、$5\times10^{-3}\,mol\cdot L^{-1}$、$1\times10^{-2}\,mol\cdot L^{-1}$。

(5)依据 $1\times10^{-6}\,mol\cdot L^{-1}$ 芘-乙醇溶液的荧光强度值重新调节仪器的灵敏度、光电倍增管电压等参数，测定其荧光光谱。同样测定 $1\times10^{-6}\,mol\cdot L^{-1}$ 芘-乙腈溶液的荧光光谱。

## 五、注意事项

荧光分析法是高灵敏度分析方法，溶液浓度一般在 $1\times10^{-6}$ mol/L 量级，很稀。实验中应注意保持器皿洁净，溶剂纯度应为分析纯，实验用水需要使用二次重蒸水。应注意杂质荧光的影响。

## 六、数据记录与处理

(1)由不同溶剂中 $1\times10^{-6}\,mol\cdot L^{-1}$ 芘溶液的荧光光谱，分别计算第三个峰和第一个峰的峰强度比。

(2)由 $1\times10^{-7}\,mol\cdot L^{-1}$、$2.5\times10^{-7}\,mol\cdot L^{-1}$、$5\times10^{-7}\,mol\cdot L^{-1}$、$1\times10^{-6}\,mol\cdot L^{-1}$ 芘-环己烷溶液的荧光光谱，以第一个峰的荧光强度对溶液浓度作图。另外，由 $1\times10^{-3}\,mol\cdot L^{-1}$、$2.5\times10^{-3}\,mol\cdot L^{-1}$、$5\times10^{-3}\,mol\cdot L^{-1}$、$1\times10^{-2}\,mol\cdot L^{-1}$ 芘-环己烷溶液的荧光光谱，再以第一个峰的荧光强度对溶液浓度作图。

(3)将 $1\times10^{-3}\,mol\cdot L^{-1}$、$2.5\times10^{-3}\,mol\cdot L^{-1}$、$5\times10^{-3}\,mol\cdot L^{-1}$、$1\times10^{-2}\,mol\cdot L^{-1}$ 芘-环己烷溶液的荧光光谱重叠打印于同一张图纸上。

## 七、思考题

(1)比较各溶剂的介电常数与第三峰和第一峰的峰强度比之间的关系。

(2)比较稀溶液和浓溶液的荧光强度与溶液浓度的关系曲线，解释产生差异的原因。

(3)比较不同浓度芘溶液荧光光谱的形状。确认芘溶液浓度增加时荧光光谱的变化规律，解释原因。

## 实验二十九　荧光光度分析法测定维生素 $B_2$

### 一、实验目的

(1)学习和掌握荧光光度分析法测定维生素 $B_2$ 的基本原理和方法。

(2)熟悉荧光分光光度计的结构及使用方法。

### 二、实验原理

荧光光谱包括激发谱和发射谱两种。激发谱是荧光物质在不同波长的激发光作用下测得的某一波长处的荧光强度的变化情况,也就是不同波长的激发光的相对效率;发射谱则是某一固定波长的激发光作用下荧光强度在不同波长处的分布情况,也就是荧光中不同波长的光成分的相对强度。

既然激发谱是表示某种荧光物质在不同波长的激发光作用下所测得的同一波长下荧光强度的变化,而荧光的产生又与吸收有关,因此激发谱和吸收谱极为相似,呈正相关关系。

由于激发态和基态有相似的振动能级分布,而且从基态的最低振动能级跃迁到第一电子激发态各振动能级的几率与由第一电子激发态的最低振动能级跃迁到基态各振动能级的几率也相近,因此吸收谱与发射谱呈镜像对称关系(图 1)。

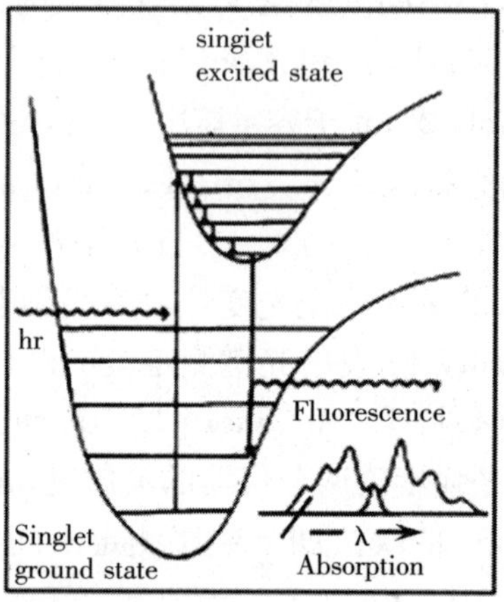


Processes leading to fluorescence

**图 1　维生素 $B_2$ 的位能曲线与激发谱、发射谱**

对同一物质而言,若 $abc<0.05$ 或 0.03,即对很稀的溶液,荧光强度 $F$ 与该物质的浓度 $c$ 有以下的关系:

$$F=2.303\Phi_f I_0 abc$$

式中,$\Phi_f$ 为荧光过程的量子效率;$I_0$ 为入射光强度;$a$ 为荧光分子的吸收系数;$b$ 为试液的吸收光程。

$I_0$ 和 $b$ 不变时:

$$F=Kc$$

式中 $K$ 为常数。因此,在低浓度的情况下,荧光物质的荧光强度与浓度呈线性关系。维生素 $B_2$(即核黄素)在 430～440 nm 蓝光的照射下,发出绿色荧光,其峰值波长为 525 nm。维生素 $B_2$ 的荧光在 pH=6～7 时最强,在 pH=11 时消失。

### 三、实验用品

仪器:荧光光度计,吸量管(5 mL),容量瓶(50 mL),棕色试剂瓶(500 mL)。

药品: 10.0 mg·$L^{-1}$ 维生素 $B_2$ 标准溶液:准确称取 10.0 mg 维生素 $B_2$,将其溶解于少量的 1%HAc 中,转移至 1 L 容量瓶中,用 1%HAc 稀释至刻度,摇匀。该溶液应装于棕色试剂瓶中,置阴凉处保存。待测液:取市售维生素 $B_2$ 一片,用 1%HAc 溶液溶解,定容成 1 000 mL,贮于棕色试剂瓶中,置阴凉处保存。

### 四、实验内容

**1. 标准系列溶液的配制**

在 5 个干净的 50 mL 容量瓶中,分别加入 1.00 mL、2.00 mL、3.00 mL、4.00 mL 和

5.00 mL维生素 $B_2$标准溶液，用 $H_2O$ 稀释至刻度，摇匀。

**2. 标准溶液的测定**

设置适当的仪器参数（如 Data Mode＝Fluorescence，激发波长＝435 nm，发射波长＝525 nm），用蒸馏水作空白，清零。然后，从稀到浓测量系列标准溶液的荧光强度。

**3. 未知试样的测定**

取待测液 2.50 mL 置于 50 mL 容量瓶中，用 $H_2O$ 稀释至刻度，摇匀。用测定标准系列时相同的条件，测量其荧光强度。

## 五、数据记录与处理

| 项　目 | 参比液 0 | 1 | 2 | 3 | 4 | 5 | 待测液 6（经稀释） |
|---|---|---|---|---|---|---|---|
| 加入维生素 $B_2$标准溶液体积(mL) | — | 1.00 | 2.00 | 3.00 | 4.00 | 5.00 | — |
| 加入维生素 $B_2$待测液体积(mL) | — | — | — | — | — | — | 2.50 |
| 用 $H_2O$ 稀释定容摇匀测定 | | | | … | | | |
| $c(\mathrm{mg \cdot L^{-1}})$ | 0.000 | 0.200 | 0.400 | 0.600 | 0.800 | 1.000 | |
| 荧光强度 $F$ | | | | | | | |

（1）用标准系列溶液的荧光强度绘制标准工作曲线。

（2）根据经稀释的待测液的荧光强度，从标准工作曲线上求得其浓度 $c$。

# 实验三十　归一化法测定混合芳烃中各组分的百分含量

## 一、实验目的

（1）掌握 GC－7900 型气相色谱仪的使用方法和氢火焰离子化检测器的工作原理。

（2）学习用有机皂土和邻苯二甲酸二壬酯的混合固定液分离芳烃异构体。

（3）掌握相对重量校正因了的测定方法和用归一化法进行定量分析的方法。

## 二、实验原理

氢火焰离子化检测器（简称 FID）是通用的质量型检测器，具有结构简单、死体积小、灵敏度高、线性范围宽、稳定性好的特点，特别适合于烃类混合物的分析。本实验以涂渍在 101 白色担体上的有机皂土和邻苯二甲酸二壬酯为混合固定相，能够很好地分离测定苯、甲苯、乙苯、邻二甲苯、对二甲苯和间二甲苯等多个苯的同系物。

气相色谱法常用的定量方法有归一化法、内标法和外标法等，使用中应视不同情况选用不同的定量方法。当被测样品中所有组分均能流出色谱柱并产生可测信号时，可用归一化法进行定量测定。该方法是将样品中所有组分含量之和按 100% 计算，以它们相应的响应信号为定量参数，通过下式计算各组分的百分含量：

$$P_i\% = W_i/W \times 100\% = A_i f_i / \sum A_i f_i$$

式中，$W$ 为样品重量；$f_i$被测组分的相对重量校正因子。

通常可根据下式测得：

$$f_i = A_s W_i / A_i W_s$$

式中，$W_i$、$W_s$、$A_i$、$A_s$分别为被测组分 i 的重量和基准物 s 的重量及其在色谱图上相应的峰面积。该方法操作简便，样品不必称量，进样量和操作条件的变化对测定结果影响较小，但样品中所有组分必须都能流出色谱柱并在检测器上产生可测信号，同时必须知道各组分的校正因子。

## 三、实验用品

仪器:GC－7900 型气相色谱仪(配氢火焰离子化检测器),色谱工作站,$N_2$钢瓶,$H_2$钢瓶,空气钢瓶,微量注射器。

药品:苯,甲苯,乙苯,邻二甲苯,对二甲苯,间二甲苯,$CS_2$(以上均为分析纯)。

## 四、实验内容

(1)色谱条件:色谱柱:3%有机皂土＋2.5%邻苯二甲酸二壬酯/101 白色担体(60 ～ 80 目),3 m ×2 mm 不锈钢柱;柱温 80℃;汽化室温度 120℃;氢火焰离子化检测器温度 120℃;载气及流速:$N_2$ 25 mL · $min^{-1}$,$H_2$ 30 mL · $min^{-1}$,空气 200 mL · $min^{-1}$。

(2)按上述色谱条件开机调试,待仪器稳定后即可进样。

(3)相对重量校正因子的测定:于一个 25 mL 带塞容量瓶中,在电子天平上依次准确称取一定量的苯、甲苯、乙苯、邻二甲苯、对二甲苯和间二甲苯(称量时要塞好塞子,以防止样品挥发)。然后用$CS_2$将其稀释至 25 mL,小心摇匀。取上述标准样品 10 μL,加入盛有 1 mL $CS_2$的带塞小试管中,摇匀,用微量注射器进样 1 μL,记录色谱图及峰面积,重复进样 3 次。

(4)样品分析:根据相对重量校正因子的测定结果,设定积分参数,取 1μL 未知试样进样,由色谱工作站按修正面积归一化法计算出各组分的百分含量。

## 五、数据记录与处理

(1)记录色谱操作条件。

(2)记录 6 种苯系物标准的保留时间,并与未知样品对照。

(3)根据标准色谱图,按照公式 $f_i = A_s W_i / A_i W_s$,计算出各组分相对于苯的重量校正因子 $f_i$。

(4)记录未知试样中各组分的百分含量,并比较测量精密度。

## 六、思考题

(1)采用归一化法定量必须具备哪些条件?归一化法对进样量的要求如何?

(2)求出本实验中各组分的相对体积校正因子和相对摩尔校正因子;计算 $f_i$时,若以甲苯为基准物质对测量结果有何影响?

### *参考文献*

李静.仪器分析实验.第 1 版.青岛:青岛海洋大学出版社,2002.

# 实验三十一 邻二甲苯中杂质的气相色谱分析(内标法)

## 一、实验目的

(1)掌握内标法定量的基本原理。

(2)掌握内标法测定试样中杂质含量的方法。

## 二、实验原理

选择样品中不含有的纯物质作为对照物质加入待测样品溶液中,以待测组分和对照物质的响应信号对比,测定待测组分含量的方法称为内标法。"内标"的由来是因为标准(对照)物质加入到样品中,有别于外标法。该对照物质称为内标物。

在一个分析周期内不是所有组分都能流出色谱柱(如有难汽化组分),或检测器不能对每个组分都产生信号,或只需测定混合物中某几个组分的含量时,可采用内标法。

准确称量 $W$ 克样品,再准确称量 $W_s$克内标物,加入样品中,混匀,进样。测量待测组分 i

的峰面积 $A_i$ 及内标物的峰面积 $A_s$，则 i 组分在 $W$ 克样品中所含的重量 $W_i$，与内标物的重量 $W_i$ 有下述关系：

$$\frac{W_i}{W_s}=\frac{A_i f_i}{A_s f_s}$$

待测组分 $i$ 在样品中的百分含量 $C_i\%$ 为：

$$C_i=\frac{A_i f_i}{A_s f_s}\cdot\frac{W_s}{W}\times 100\%$$

对内标物的要求：①内标物是原样品中不含有的组分，否则会使峰重叠而无法准确测量内标物的峰面积；②内标物的保留时间应与待测组分相近，但彼此能完全分离（$R\geqslant 1.5$）；③内标物必须是纯度合乎要求的纯物质。

内标法的优点是：①在进样量不超限（色谱柱不超载）的范围内，定量结果与进样量的重复性无关。②只要被测组分及内标物出峰，且分离度合乎要求，就可定量，与其他组分是否出峰无关。③很适用于测定药物中微量有效成分或杂质的含量。由于杂质（或微量组分）与主要成分含量相差悬殊，无法用归一化法测定含量，用内标法则很方便。

加一个与杂质量相当的内标物。加大进样量突出杂质峰，测定杂质峰与内标峰面积之比，即可求出杂质含量。但样品配制比较麻烦和内标物不易找寻是其缺点。

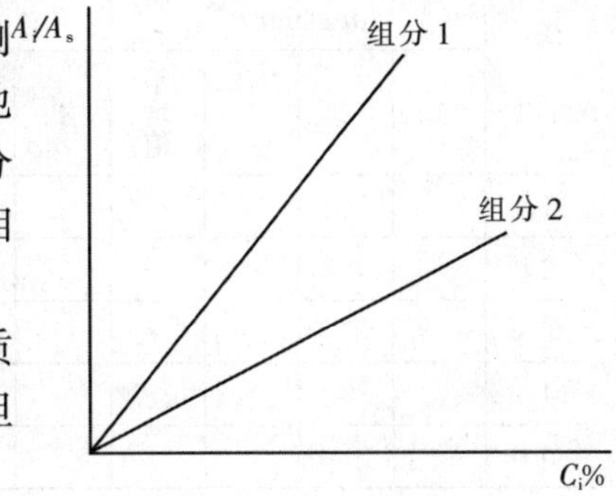


**图 1　内标标准曲线**

## 三、实验用品

仪器：任一型号气相色谱仪，苯系物专用色谱柱，氮气或氢气钢瓶，10 μL 微量进样器，1 mL、2 mL、10 mL 医用注射器。

药品：苯，甲苯，乙苯，邻二甲苯等（均为分析纯）。

按下表配制一系列标准溶液，分别置于 4 只 25 mL 容量瓶中，混匀备用。

| 编号 | 苯(g) | 甲苯(g) | 乙苯(g) | 邻二甲苯(g) |
|---|---|---|---|---|
| 1 | 0.18 | 0.78 | 0.52 | 8.80 |
| 2 | 0.35 | 0.78 | 1.03 | 8.80 |
| 3 | 0.53 | 0.78 | 1.55 | 8.80 |
| 4 | 0.70 | 0.78 | 2.06 | 8.80 |

## 四、实验条件

(1)固定相：2.5%DNP+3%有机皂土/101 白色担体

(2)流动相：氮气，流量为 15 mL · $min^{-1}$

(3)柱温：110 ℃

(4)汽化温度：150 ℃

(5)检测器：热导池，检测温度 110 ℃

(6)桥电流：110 mA

(7)衰减比：1/1

(8)进样量：3 μL

## 五、实验内容

(1)称取未知试样 9.75 g 于 25 mL 容量瓶中，加入 0.78 g 甲苯，混匀备用。

(2)根据实验条件，将色谱仪按仪器操作步骤调节至可进样状态，待仪器的电路和气路系统达到平衡，记录仪上的基线平直时，即可进样。

(3)依次分别吸取上述各标准溶液 3～5 μL 进样，记录色谱图。注意：每做完一种标准溶液，需用后一种待进样标准溶液洗涤微量进样器 5～6 次。

(4)在同样条件下，吸取已配入甲苯的未知试液 3 μL 进样，记录色谱图。

(5)如果时间允许，在指导教师许可下，适当改变柱温(但不得超过固定液最高使用温度)进样实验，观察分离情况。如改变±10 ℃。

## 六、数据记录与处理

(1)记录实验条件

(2)测量各色谱图上各组分色谱峰高 $h_i$值，并填入下表中。

| 编号 | $h_{苯}$(mm) | | | | $h_{甲苯}$(mm) | | | | $h_{乙苯}$(mm) | | | | $h_{邻二甲苯}$(mm) | | | |
|---|---|---|---|---|---|---|---|---|---|---|---|---|---|---|---|---|
| | 1 | 2 | 3 | 平均值 | 1 | 2 | 3 | 平均值 | 1 | 2 | 3 | 平均值 | 1 | 2 | 3 | 平均值 |
| 1 | | | | | | | | | | | | | | | | |
| 2 | | | | | | | | | | | | | | | | |
| 3 | | | | | | | | | | | | | | | | |
| 4 | | | | | | | | | | | | | | | | |
| 未知样 | | | | | | | | | | | | | | | | |

(3)以甲苯作内标物质，计算 $m_i/m_s$、$h_i/h_s$，值，并填入下表中。

| 编　号 | 苯/甲苯 | | 乙苯/甲苯 | | 邻二甲苯/甲苯 | |
|---|---|---|---|---|---|---|
| | $m_i/m_s$ | $h_i/h_s$ | $m_i/m_s$ | $h_i/h_s$ | $m_i/m_s$ | $h_i/h_s$ |
| 1 | | | | | | |
| 2 | | | | | | |
| 3 | | | | | | |
| 4 | | | | | | |
| 未知样 | | | | | | |

(4)绘制各组分 $h_i/h_s \sim m_i/m_s$的标准曲线图。

(5)根据未知试样的 $h_i/h_s$值，于标准曲线上查出相应的 $m_i/m_s$值。

(6)按下式计算未知试样中苯、乙苯、邻二甲苯的百分含量。

$$C_i\% = \frac{m_s}{m_{试样}} \cdot \frac{m_i}{m_s} \times 100\%$$

## 七、思考题

(1)内标法定量有何优点，它对内标物质有何要求？

(2)实验中是否要严格控制进样量，实验条件若有所变化是否会影响测定结果，为什么？

(3)在内标标准曲线法中，是否需要应用校正因子，为什么？

(4)试讨论色谱柱温度对分离的影响。

## *参考文献*

张济新. 仪器分析实验. 第 1 版. 北京：高等教育出版社，1994.

# 实验三十二　气相色谱定性分析(纯物质对照法)

## 一、实验目的

(1)学习利用保留值和相对保留值进行色谱对照的定性方法。

(2)熟悉色谱仪器操作。

## 二、实验原理

各种物质在一定的色谱条件(一定的固定相与操作条件等)下有各自确定的保留值,因此保留值可作为一种定性指标。对于较简单的多组分混合物,若其中所有待测组分均为已知,它们的色谱峰均能分开,则可将各个色谱峰的保留值与各相应的标准样品在同一条件下所得的保留值进行对照比较,就能确定各色谱峰所代表的物质,这就是纯物质对照法定性的原理。该法是气相色谱分析中最常用的一种定性方法。以保留值作为定性指标,虽然简便,但由于保留值的测定,受色谱操作条件的影响较大,而相对保留值,仅与所用的固定相和温度有关,不受其他色谱操作条件的影响,因而更适合用于色谱定性分析。相对保留值 $r_{is}$,定义为:

$$r_{is}=\frac{t'_{Ri}}{t'_{Rs}}=\frac{t_{Ri}-t_M}{t_{Rs}-t_M}$$

式中 $t_M$、$t'_{Ri}$、$t'_{Rs}$分别为死时间、被测组分 i 及标准物质 s 的调整保留时间。

还应注意,有些物质在相同的色谱条件下,往往具有相近的甚至相同的保留值,因此在进行具有相近保留值物质的色谱定性分析时,要求使用高柱效的色谱柱,以提高分离效率,并且采用双柱法(即分别在两根具有不同极性的色谱柱上测定保留值)。

在没有已知标准样品可作对照的情况下,可借助于保留指数(Kovas 指数)文献值进行定性分析。对于组分复杂的混合物,采用更为有效的方法,即与其他鉴定能力强的仪器联用,如气相色谱/质谱、气相色谱/红外吸收光谱联用等手段进行定性分析。

本实验以甲苯作为标准物质,利用保留值和相对保留值进行苯和乙苯的定性分析。

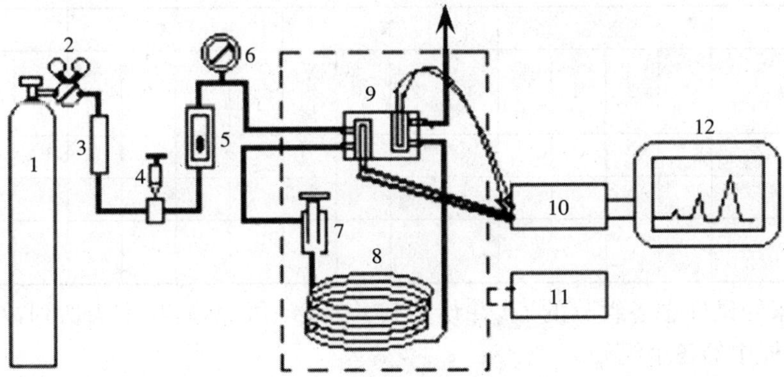


**图 1　气相色谱流程图**

1. 高压气体钢瓶　2. 减压阀　3. 气体净化管　4. 针形阀　5. 转子流量计　6. 压力表　7. 汽化室　8. 色谱柱　9. 检测器　10. 色谱处理机　11. 温度控制器　12. 记录仪

## 三、实验用品

仪器:任一型号气相色谱仪,苯系物专用色谱柱,氮气或氢气钢瓶,微量进样器,10 μL、100 μL、1 mL 医用注射器。

药品:苯,甲苯,乙苯,邻二甲苯等(均为分析纯)。

## 四、实验条件

(1)固定相:2.5%DNP+3%有机皂土/101 白色担体

(2)流动相:氮气,流量为 15 mL·min$^{-1}$

(3)柱温:110 ℃

(4)汽化温度:150 ℃

(5)检测器:热导池,检测温度 110 ℃

(6)桥电流:110 mA

(7)衰减比:1/1

(8)进样量:3 μL

(9)记录仪:量程 5 mV,纸速 600 mm·h$^{-1}$

## 五、实验内容

(1)在 4 只 10 mL 容量瓶中,按 1∶100(V/V)比例分别配制,苯∶邻二甲苯,甲苯∶邻二甲苯,乙苯∶邻二甲苯溶液,摇匀备用。

(2)根据实验条件,将色谱仪按仪器操作步骤调节至可进样状态,待仪器的电路和气路系统达到平衡,记录仪上的基线平直时,即可进样。

(3)分别吸取以上各种混合液 3 μL,依次进样。

(4)吸取 3 μL 已加入甲苯的未知试样[按 1:100(V/V)比例配比]进样,记录色谱图。重复进样两次。

(5)在相同的实验条件下,取 0.3~0.5 mL 空气进样,记录色谱图,并重复进样两次。

## 六、数据记录与处理

(1)记录实验条件。

(2)测量各色谱图中各组分的保留时间 $t_R$、空气保留时间(死时间)$t_M$和计算各组分的调整保留时间及相对保留时间(以甲苯作标准物质),并把数据列于下表中(以 mm 为单位)。

| | 空气 | | | | 苯 | | | | 甲苯 | | | | 乙苯 | | | |
|---|---|---|---|---|---|---|---|---|---|---|---|---|---|---|---|---|
| $t_M$(mm) | 1 | 2 | 3 | 平均值 | 1 | 2 | 3 | 平均值 | 1 | 2 | 3 | 平均值 | 1 | 2 | 3 | 平均值 |
| $t_{Ri}$(mm) | | | | | | | | | | | | | | | | |
| $t'_{Ri}=t'_{Ri}-t_M$ | | | | | | | | | | | | | | | | |
| $r_{is}=\frac{t'_{Ri}}{t'_{Rs}}$ | | | | | | | | | | | | | | | | |

(3)测量未知试样中各组分的 $t_R$,并计算其 $t'_R$ 和 $r_{is}$ 值,然后与上表所列数据进行对照比较确定未知试样中的各个组分。

## 七、思考题

(1)为什么可以利用色谱峰的保留值进行色谱定性分析?

(2)在测绘空气的色谱图时,若不严格控制相同实验条件,将对实验结果产生什么后果?

(3)在利用 $r_{is}$ 进行色谱定性时对实验条件是否可以不必严格控制,为什么?

## 参考文献

张济新.仪器分析实验.第 1 版.北京:高等教育出版社,1994.

# 实验三十三　水中苯系物的测定

## 一、实验目的

(1)掌握液-液萃取气相色谱法测定水中痕量苯系物的方法和操作要点。

(2)熟练掌握微量进样器的进样技术。

## 二、实验原理

鉴于苯系物在有机溶剂中有较大溶解度,因此当水样中以与水不相混溶的有机溶剂进行液-液萃取时,水样中的痕量苯系物分配进入有机相而得到富集。以气相色谱法测定有机相中苯系物的含量,即可求得水体中的苯系物含量。液-液萃取气相色谱法是环境样品中有机物测定的常用分析方法之一。

## 三、实验用品

仪器:GC－7900 型气相色谱仪,色谱工作站,氢气钢瓶,空气钢瓶,高纯氮钢瓶,5 μL 微量进样器。

药品:二硫化碳(A. R.),苯系物标准贮备液:分别移取 6.0 μL 苯,6.0 μL 甲苯,12.0 μL 乙苯,12.0 μL 邻二甲苯,12.0 μL 间二甲苯,12.0 μL 对二甲苯(均为分析纯)于盛有少量二硫化碳的 25 mL 容量瓶中,并以二硫化碳稀释至刻度。

## 四、实验内容

### 1. 色谱仪的调节

按照附录 GC－7900 型气相色谱仪的使用方法开启并调节仪器。

测定条件:

(1)固定相:2.5%DNP+3%有机皂土/101 白色担体(60 ～ 80 目)

(2)色谱柱:不锈钢,柱长 3m, 内径 2mm

(3)氮气流量:15 mL · $min^{-1}$,氢气 40 mL · $min^{-1}$,空气 350 mL · $min^{-1}$

(4)汽化室温度:150 ℃

(5)色谱柱温度:85 ℃

(6)检测器温度:180 ℃

### 2. 标准曲线的测定

取混合贮备液 0.0 μL、10.0 μL、20.0 μL、30.0 μL、40.0 μL、50.0 μL 分别加到预先加入 2 mL二硫化碳的 10 mL 具塞比色管中,混匀,作为标准使用液。分别取 2.0 μL 标准使用液进样,记录色谱图,打印各组分峰面积,以该组分的峰面积对该组分的浓度绘制 6 条标准曲线。并以未加贮备液的 2 mL 二硫化碳作为空白试剂。

### 3. 水体中苯系物的测定

取 100 mL 水样于 125 mL 分液漏斗中,依次加入 2 g 氯化钠和 2 mL 二硫化碳,萃取振摇 3 min,静置分层,将有机相放入 2 mL 具塞刻度管中定容,取 2.0 μL 水样测定,留于分液漏斗中的水样由上口倒入量筒中,量取准确体积。平行双样测定。

## 五、数据记录与处理

(1)计算混合使用标准系列溶液的浓度,以各组分峰面积对其浓度绘制标准曲线。

(2)计算水样中苯系物各组分的含量,以 μg · $L^{-1}$表示。

## 六、注意事项

(1)注意萃取操作要领,以使萃取完全。若二硫化碳不纯,应扣除试剂空白。

(2)配制标准使用液和进样时,用微量进样器取液一定要准确,否则影响标准曲线及测定结果。

## 七、思考题

(1)本实验采用何种方法定量?简述使用该法定量应注意的问题。

(2)水样萃取时加氯化钠有何作用?

# 实验三十四　氟离子选择电极测定自来水中的微量氟

## 一、实验目的

(1)了解用 $F^-$ 离子选择电极测定水中微量氟的原理和方法。

(2)了解总离子强度调节缓冲溶液的组成和作用。

(3)掌握用标准曲线法测定水中微量 $F^-$ 的方法。

## 二、实验原理

离子选择电极的分析方法较多,基本的方法是工作曲线法和标准加入法。用氟电极测定 $F^-$ 浓度的方法与测 pH 的方法相似。以氟离子选择电极为指示电极,甘汞电极为参比电极,插入溶液中组成电池,电池的电动势 $E$ 在一定条件下与 $F^-$ 离子的活度的对数值成直线关系:

$$E=K-\frac{2.303RT}{F}\lg\alpha_F$$

式中,$K$ 值为包括内外参比电极的电位、液接电位等的常数。通过测量电池电动势可以测定 $F^-$ 离子的活度。当溶液的总离子强度不变时,离子的活度系数为一定值,则

$$E=K'-\frac{2.303RT}{F}\lg c_F$$

$E$ 与 $F^-$ 离子的浓度 $C_{F^-}$ 的对数值成直线关系。因此,为了测定 $F^-$ 离子的浓度,常在标准溶液与试样溶液中同时加入相等的足够量的惰性电解质作总离子强度调节缓冲溶液,使它们的总离子强度相同。氟离子选择电极适用的范围很宽,当 $F^-$ 离子的浓度在 $1\sim10^{-6}$ $mol\cdot L^{-1}$时,氟电极电位与 pF($F^-$ 离子浓度的负对数)成直线关系。因此可用标准曲线法或标准加入法进行测定。

应该注意的是,因为直接电位法测得的是该体系平衡时的 $F^-$ 离子浓度,因而氟电极只对游离 $F^-$ 离子有响应。在酸性溶液中,$H^+$ 离子与部分 $F^-$ 离子形成 HF 或 $HF_2^-$,会降低 $F^-$ 离子的浓度。在碱性溶液中 $LaF_3$ 薄膜与 $OH^-$ 离子发生交换作用而使溶液中 $F^-$ 离子浓度增加。因此溶液的酸度对测定有影响,氟电极适宜测定的 pH 为 5～7。另外有些阳离子(如 $Al^{3+}$、$Fe^{3+}$ 等)可与氟离子生成稳定的络合物而干扰测定,为了消除这种干扰,可加进络合剂如柠檬酸钾等。因而使用总离子强度调节液(TISAB),既能控制溶液的离子强度,又可控制溶液的 pH,还可消除 $Al^{3+}$、$Fe^{3+}$ 对测定的干扰。TISAB 的组成要视被测溶液的成分及被测离子的浓度而定。本实验所用 TISAB 是在 NaAc-HAc 缓冲溶液中加入 $KNO_3$、柠檬酸钾配制而成。

## 三、实验用品

仪器:PHS－3C 型酸度计,氟离子选择电极,232 型甘汞电极,电磁搅拌器。

药品:NaF(分析纯),总离子强度调节缓冲溶液(TISAB):称取 102 g $KNO_3$、83 g NaAc、32 g 柠檬酸钾,分别溶解后转入 1000 mL 容量瓶中,加入 14 mL 冰醋酸,用水稀释至 800mL 左

右，摇匀，溶液 pH 应在 5～5.6。若超出此范围，可用冰醋酸和 NaOH 在 pH 计上调节，调好后，稀释至刻度，摇匀备用。此溶液中 $KNO_3$（≈12 mol·$L^{-1}$）、NaAc（≈12 mol·$L^{-1}$）、HAc（≈0.252 mol·$L^{-1}$）、柠檬酸钾（≈0.12 mol·$L^{-1}$）。

## 四、实验内容

（1）按 PHS－3C 型酸度计使用说明调整仪器，用 mv 档，使仪器预热半小时以上，安装好氟电极（接负）和甘汞电极（接正）。

（2）0.1 mol·$L^{-1}$ NaF 标准溶液配制

用称量瓶称取分析纯 NaF1.0500 g 在小烧杯中溶解后转入 250 mL 容量瓶中，稀释至刻度。

（3）标准系列的配制

取 5 个 50 mL 容量瓶，分别加入 10 mL TISAB，移取 50 mL 0.1 mol·$L^{-1}$标准 NaF 溶液到第一个容量瓶中，稀释至刻度，摇匀。再从第一个容量瓶中移取 5 mL 溶液到第二个容量瓶中……用此法配制含氟 $10^{-2}$ mol·$L^{-1}$～$10^{-6}$ mol·$L^{-1}$的标准系列。

另取一个 50 mL 容量瓶，加入 10 mL TISAB，加入自来水至刻度制成水样。

（4）将标准系列从稀到浓依次倒在 100 mL 小烧杯中（浓度由小到大，电极和烧杯不必水洗），加入搅拌磁子，插入电极，搅拌 3 min，再停 3 min，然后读毫伏值。

将电极充分洗净后，按照同样的操作步骤测定自来水样的毫伏值。

## 五、数据记录与处理

室温：____________

| 编　号 | 1 | 2 | 3 | 4 | 5 | 6 |
|---|---|---|---|---|---|---|
| $c_{F^-}$ (mol·$L^{-1}$) | $10^{-6}$ | $10^{-5}$ | $10^{-4}$ | $10^{-3}$ | $10^{-2}$ | 自来水样 |
| $E_{F^-}$ (mV, VS:SCE) | | | | | | |

将测得标准系列的 $E_{F^-}$ 电位对其氟离子浓度在半对数坐标纸上作图，即得标准曲线。利用 $\lg c_{F^-} \sim E_{F^-}$（$c_{F^-}=10^{-2}\sim10^{-5}$ mol·$L^{-1}$）具有的线性关系，在与标准曲线相同的条件下测定自来水的电位，从标准曲线上查出 $F^-$ 离子浓度。再计算水样中 $F^-$ 离子的浓度。

## 六、思考题

（1）氟电极测定 $F^-$ 离子的原理是什么？

（2）用氟电极测得的是 $F^-$ 浓度还是活度？两者有何关系？

（3）总离子强度调节缓冲溶液包含哪些组分？各组分的作用怎样？

# 实验三十五　电导法测定水的纯度

## 一、实验目的

（1）熟悉电导法的基本原理，掌握电导法测定各种水的电导率并计算出它们的含盐量。

（2）学习电导率仪的使用方法及操作。

## 二、实验原理

电解质水溶液中的离子在电场作用下能产生定向移动，因此，具有电导率。其导电能力的大小称电导。在一定范围内，电解质溶液的浓度与其电导率的大小成线性关系。所以，根据测量水的电导率可知水中离子的浓度，即知道了水的纯度。

测量电导的方法，可用两个电极插入溶液中，测量两电极间的电阻 $R$。

$$R=\rho(L/A)$$

式中，$\rho$ 为电阻率；$L$ 为两电极间距离；$A$ 为电极面积。

$R$ 的倒数为电导 $L$，$\rho$ 的倒数为电导率 $K$。

$$L=K(A/L)$$

一般用 $\theta=L/A$ 作为电导池常数，国产 DDS－11A 型电导率仪，能进行电极常数的校正。其他型号仪器需计算校正。

电极常数可通过测量电极在一定浓度 KCl 溶液（标准溶液）的电导来求得。因为 $\theta=K/L$，$K$（电导率）为一定温度下 KCl 溶液的电导率，可从手册中查出，$L$ 为同实验条件下测出的电导，故可求出 $\theta$。

## 三、实验用品

仪器：DDS－11A 型电导率仪，电导电极。

药品：KCl 标准溶液：准确称取预先在烘箱中已烘干的 KCl（保证试剂）0.7455 g，置于 100 mL容量瓶中，用高纯度水配成 0.1000 $mol \cdot L^{-1}$ KCl 标准溶液。水样：高纯水、普通去离子水、自来水。

## 四、实验内容

（1）按 DDS－11A 型电导率仪使用说明调整仪器，将电极和容器用被测溶液洗 2～3 次，然后将电极插入溶液中，将电导仪旋钮拨到“测量”，量程选择开关逐挡下降到适当位置，读出表上读数，分别测出各种水的电导率，并比较它们的纯度。

（2）电导池常数的校正

DDS－11A 型电导率仪所附配套电极，出厂时均注明其电极常数，我们可以通过以下实验进行校正。

准确吸取 0.1000 $mol \cdot L^{-1}$的 KCl 溶液 10.00 mL 和 20.00 mL，分别置于 100 mL 容量瓶中，配成 0.0100 $mol \cdot L^{-1}$和 0.0200 $mol \cdot L^{-1}$的 KCl 标准溶液，再将出厂时已注明电极常数的电极放在此溶液中（此溶液的电导率可由手册查出）。将仪器开关拨到“测量”挡，调整校正调节器，使表头指示为查出值，然后将开关④回到校正，不动开关⑤，调节电极常数调节器，使表头满刻度。此时，电极常数调节器所示数值，应为电极的电极常数。

## 五、数据记录与处理

（1）根据测量结果，由下列经验公式分别计算出各种水的含盐量。

总盐量（$mg \cdot L^{-1}$）$\approx 0.72K_{18}$

$$K_{18}=\frac{Kt}{1+\alpha(t-18℃)}$$

式中，$K_{18}$ 为 18℃时水样的电导率（$\mu s/cm$）；0.72 是经验常数；温度常数 $\alpha\approx 0.022$。

（2）根据三种水的电导率，比较其纯度。

（3）电极常数的校正。

| KCl 溶液的浓度 | 0.0100 $mol \cdot L^{-1}$ | 0.0200 $mol \cdot L^{-1}$ |
| --- | --- | --- |
| 原电极的常数 | | |
| 校正后的电极常数 | | |

## 六、思考题

（1）电导和电导率有什么不同，本实验所用仪器测出的是什么？

(2)电导池常数决定于什么？

(3)电导法在应用中有哪些局限性？

## 实验三十六　聚乙烯和聚苯乙烯的红外光谱的测绘(薄膜法制样)

### 一、实验目的

(1)了解傅立叶变换红外光谱仪的结构和工作原理。

(2)了解试样的处理，样品制备技术；重点掌握薄膜法制样技术。

(3)通过对聚乙烯和聚苯乙烯的红外光谱解释，学习红外吸收光谱的分析方法。

### 二、实验原理

由乙烯聚合成聚乙烯的过程中，乙烯的双键被打开，聚合生成$\text{—}CH_2\text{—}CH_2\text{—}_n$长链，因而聚乙烯分子中原子基团是饱和的亚甲基化$\text{—}CH_2\text{—}CH_2\text{—}$，其红外吸收光谱，基本振动形式有：$\nu_{C\text{-}H}$($\text{—}CH_2\text{—}$)$2926\ cm^{-1}$，$2853\ cm^{-1}$；$\delta_{C\text{-}H}$($\text{—}CH_2\text{—}$)$1468\ cm^{-1}$，$\delta_{C\text{-}H}$($\text{—}CH_2\text{—}$)$_n$，$n>4$时出现$720\ cm^{-1}$，由于$\delta_{C\text{-}H}$ $1305\ cm^{-1}$和$\delta_{C\text{-}H}$ $1250\ cm^{-1}$为弱吸收峰，在光谱上未出现，因此只能观察到四个吸收峰。

在聚苯乙烯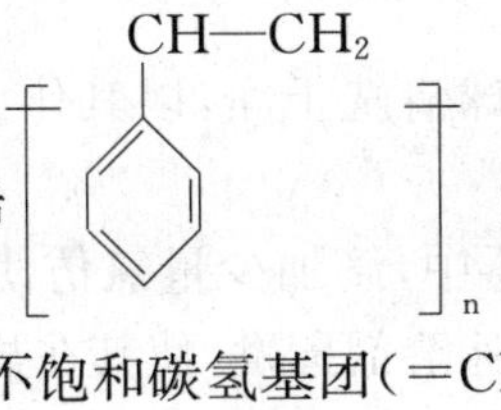的结构中，除了亚甲基($\text{—}CH_2\text{—}$)和次甲基( $\text{—}\overset{|}{C}H\text{—}$ )外，还有苯环上不饱和碳氢基团(=CH—)和碳碳骨架(—C=C—)，它们构成了聚苯乙烯分子中基团的基本振动形式。聚苯乙烯的基本振动形式有：$\nu_{=C-H}$(Ar 上)$3000\ cm^{-1}$、$3030\ cm^{-1}$、$3060\ cm^{-1}$、$3080\ cm^{-1}$(Ar 代表苯环)；$\nu_{C\text{-}H}$($\text{—}CH_2\text{—}$)$2926\ cm^{-1}$、$2850\ cm^{-1}$；$\nu_{C\text{-}H}$( $\text{—}\overset{|}{C}H\text{—}$ )$2955\ cm^{-1}$；$\delta_{C\text{-}H}$ $1492\ cm^{-1}$、$1373\ cm^{-1}$、$1306\ cm^{-1}$；$\nu_{C=C}$(Ar 上)$1601\ cm^{-1}$、$1580\ cm^{-1}$、$1452\ cm^{-1}$。$\delta_{C\text{-}H}$(Ar 上单取代倍频峰)$1944\ cm^{-1}$、$1871\ cm^{-1}$、$1803\ cm^{-1}$、$1745\ cm^{-1}$；$\delta_{C\text{-}H}$(Ar 上邻接五氢)$770\text{—}730\ cm^{-1}$和$710\text{—}690\ cm^{-1}$。可见聚乙烯的红外吸收光谱比聚苯乙烯的复杂得多。由于聚乙烯和聚苯乙烯是两种不同的有机化合物，因此，可通过红外吸收光谱加以区别，进行定性鉴定和结构剖析。

### 三、实验用品

仪器：WQF-300 傅立叶变换红外光谱仪(北京第二光学仪器厂)，镊子，剪刀，刮勺，脱脂棉，红外干燥灯。

药品：聚乙烯薄膜，聚苯乙烯板材，NaCl 晶片，氯仿，无水乙醇。

### 四、实验条件

(1)测量波数范围：$4000\text{—}650\ cm^{-1}$

(2)参比物：空气，NaCl 晶片

(3)扫描次数：32

(4)室内温度：18～20℃

(5)室内相对湿度：<65%

### 五、实验内容

(1)开启空调机，使室内温度控制在 18～20 ℃。打开红外光谱仪的电源开关，预热

30 min。开启计算机，双击 FX80 进入红外光谱测试操作系统。

(2)测绘聚乙烯膜的红外吸收光谱：

首先以空气为参比物进行扫描，步骤如下：

①单击 Collect(显示测试对话框)

②单击 AQBK 进行 Dackground Measurement 参比测试→单击 SCAN 测试开始→单击 SAVE 结束→单击×返回。

将聚乙烯膜试样置于样品室中进行测试，步骤如下：

①单击 AQSP 进行 sample Measurement 样品测试，点击 Destination 设置文件名，格式为××××××. asf→单击 OK→SCAN 测试开始，测试结束后单击 OK，退出 FX80。

②鼠标双击 MAINFTOS(显示打印对话框)。

③点击文件→打印谱图→文件→打开→找 C:FX80/USER0/所存文件名，打开，点击鼠标右键，利用对话框对必要的峰值进行标注→完毕后点击文件，选择打印预览→纸张选横向(调整边距)→打印即可。

④取出样品室中的样品。

(3)测绘聚苯乙烯板材的红外吸收光谱：

首先取一约 $1.5\times1.5\ cm^2$ 的氯化钠晶片，用酒精棉球清洗干净，以其作为参比物进行扫描，步骤同空气。

聚苯乙烯试样的制备：取少量的聚苯乙烯板材于容器中，滴加少量氯仿使其溶解，蘸取少量溶液直接涂在上述氯化钠晶片上，置于红外灯下干燥，让溶剂挥发，使其在盐片上成膜。

将上述涂有聚苯乙烯膜氯化钠晶片置于样品室中进行测试，测试步骤同聚乙烯膜。

## 六、数据记录及处理

(1)记录实验条件。

(2)在获得的红外吸收光谱图上，从高波数到低波数，标出各特征吸收峰的频率，并指出各特征吸收峰属于何种基团的什么形式的振动。

## 七、注意事项

在解释红外吸收光谱时，一般从高波数到低波数，但不必对光谱图的每一个吸收峰都进行解释，只需指出各基团的特征吸收峰即可。

## 八、思考题

(1)化合物的红外吸收光谱能提供哪些信息？

(2)如何进行红外吸收光谱图的图谱解释？

(3)单靠红外吸收光谱，能否判断未知物是何种物质，为什么？

(4)薄膜法制样的方法一般有哪几种，分别有哪些要注意的事项？

# 实验三十七　苯甲酸红外吸收光谱的测绘(KBr 压片法制样)

## 一、实验目的

(1)了解傅立叶变换红外光谱仪的结构和工作原理。

(2)了解试样的处理，样品制备技术；重点掌握压片法制作固体试样晶片的方法。

(3)通过对苯甲酸和苯甲酸标样的红外光谱测绘，学习用红外吸收光谱进行化合物的定性分析。

## 二、实验原理

在化合物分子中，具有相同化学键的原子基团，其基本振动频率吸收峰（简称基频峰）基本上出现在同一频率区域内，例如，$CH_3(CH_2)_5CH_3$，$CH_3(CH_2)_4CH\equiv N$ 和 $CH_3(CH_2)_5CH=CH_2$ 等分子中都有—$CH_3$，—$CH_2$—基团，它们的伸缩振动基频峰都出现在同一频率区域内，即在<3000 $cm^{-1}$ 波数附近，但又有所不同。这是因为同一类型原子基团，在不同化合物分子中所处的化学环境有所不同，使基频峰频率发生一定移动，例如—C=O 基团的伸缩振动基频峰频率一般出现在 1850～1860 $cm^{-1}$，当它位于酸酐中时，为 1820～1750 $cm^{-1}$；在酯类中时，为 1750～1725 $cm^{-1}$；在醛中时，为 1740～1720 $cm^{-1}$；在酮类中时，为 1725～1710 $cm^{-1}$，在与苯环共轭时，如乙酰苯中伸缩振动基频峰为 1695～1680 $cm^{-1}$，在酰胺中时，为 1650 $cm^{-1}$等。因此掌握各种原子基团基频峰的频率及其位移规律，就可应用红外吸收光谱来确定有机化合物分子中存在的原子基团及其在分子结构中的相对位置。

由苯甲酸分子结构可知，分子中各原子基团的基频峰的频率在 4000～650 $cm^{-1}$的有：

| 原子基团的基本振动形式 | 基频峰的频率（$cm^{-1}$） |
|---|---|
| $\nu_{O\text{-}H}$（形成氢键二聚体） | 3000～2500（多重峰） |
| $\nu_{=C\text{-}H}$（Ar 上） | 3077，3012 |
| $\nu_{C=O}$ | 1686 |
| $\nu_{C=C}$（Ar 上） | 1601，1583，1496，1454 |
| $\delta_{C\text{-}O\text{-}H}$（面内弯曲振动） | 1250 |
| $\delta_{O\text{-}H}$ | 933 |
| $\delta_{C\text{-}H}$（Ar 上邻接五氢） | 707，690 |

本实验用溴化钾晶体稀释苯甲酸标样和试样，研磨均匀后，分别压制成晶片，以纯溴化钾晶片作参比，在相同的实验条件下，分别测绘标样和试样的红外吸收光谱，然后从获得的两张图谱中，对照上述的各原子基团基频峰的频率及其吸收强度，若两张图谱一致，则可认为该试样是苯甲酸。

## 三、实验用品

仪器：WQF－300 傅立叶变换红外光谱仪（北京第二光学仪器厂），压片机，模具，红外干燥灯，玛瑙研钵、镊子、剪刀、刮勺、滤纸、脱脂棉。

药品：苯甲酸（优级纯），溴化钾（优级纯），苯甲酸试样（经提纯），无水乙醇。

## 四、实验条件

（1）压片压力：10 Mpa

（2）测量波数范围：4000～650 $cm^{-1}$

（3）参比物：纯溴化钾晶片

（4）扫描次数：32

（5）室内温度：18～20 ℃

（6）室内相对湿度：<65 %

## 五、实验步骤

（1）开启空调机，使室内温度控制在 18～20 ℃。打开红外光谱仪的电源开关，预热 30 min。

（2）苯甲酸标样、试样和纯溴化钾晶片的制作：

取预先在 110 ℃下烘干 48 h 以上，并保存在干燥器内的溴化钾 150 mg 左右，置于洁净的玛瑙研钵中，研磨成均匀、细小的颗粒。从干燥器内取出模具，用酒精棉球擦干净。取一圆形滤纸片对折，剪出所需样片大小的圆，平置于下模上，将研磨后的溴化钾均匀地填铺在圆孔处，盖上上模。把压模置于压片机，并旋转压力丝杆手轮压紧压模，顺时针旋转放油阀到底，缓慢上下移动压把，加压开始，注视压力表，当压力加到 10 Mpa 时，停止加压，维持 2～3 min，反时针旋转放油阀，加压解除，压力表指针指"0"，旋松压力丝杆手轮，取出压模，即可得到直径为 13 mm，厚 1～2 mm 透明的溴化钾晶片，小心从压模中取出晶片，并保存在干燥器内，作参比测试用。

另取一份 150 mg 左右溴化钾置于洁净的玛瑙研钵中，加入 2～3 mg 优级纯苯甲酸，同上操作研磨均匀、压片并保存在干燥器中。

再取一份 150 mg 左右溴化钾置于洁净的玛瑙研钵中，加入 2～3 mg 苯甲酸试样，同上操作制成晶片，并保存在干燥器内。

必须注意制得的晶片，必须无裂痕，局部无发白现象，如同玻璃般完全透明，否则应重新制作。晶片局部发白，表示压制的晶片厚薄不匀；晶片模糊，表示晶体吸潮，水在光谱图 3450 $cm^{-1}$ 和 1640 $cm^{-1}$ 处出现吸收峰。

(3)开启计算机，双击 FX80 进入红外光谱测试操作系统。首先将纯溴化钾晶片置于样品室中进行参比物扫描，步骤如下：

①单击 Collect(显示测试对话框)。

②单击 AQBK 进行 Dackground Measurement 参比测试→单击 SCAN 测试开始→结束单击 SAVE→单击×返回。

再分别将参有苯甲酸标样、苯甲酸试样的溴化钾晶片置于样品室中进行测试，步骤如下：

①单击 AQSP 进行 sample Measurement 样品测试，点击 Destination 设置文件名，格式为××××××. asf→单击 OK→SCAN 测试开始，测试结束后单击 OK，退出 FX80。

②鼠标双击 MAINFTOS(显示打印对话框)。

③点击文件→打印谱图→文件→打开→找 C:FX80/USER0/所存文件名，打开，点击鼠标右键，利用对话框对必要的峰值进行标注→完毕后点击文件，选择打印预览→纸张选横向(调整边距)→打印即可。

④取出样品室中的样品。

## 六、数据记录及处理

(1)记录实验条件。

(2)在苯甲酸标样和试样红外吸收光谱图上，标出各特征吸收峰的波数，并确定其归属。

(3)将苯甲酸试样光谱图与其标样光谱图进行对比，如果两张图谱上的各特征吸收峰及其吸收强度一致，则可认为该试样是苯甲酸。

## 七、思考题

(1)红外吸收光谱分析，对固体试样的制片有何要求？

(2)如何着手进行红外吸收光谱的定性分析？

# 实验三十八　间、对二甲苯的红外吸收光谱定量分析（液膜法制样）

## 一、实验目的

(1)学习红外吸收光谱定量分析基本原理。

(2)掌握基线法定量测定方法。

(3)学习液膜法制样。

## 二、实验原理

红外吸收光谱定量分析与紫外-可见光分光光度定量分析的原理和方法，原则上是相同的，它的定量基础仍然是朗伯-比耳定律。但在测量时，由于吸收池窗片对辐射的发射和吸收，试样对光的散射引起辐射损失；仪器的杂散辐射和试样的不均匀性等都将导致测定误差，因而给红外吸收光谱定量分析带来一些困难，需采取与紫外-可见光分光光度法有所不同的实验技术。

由于红外吸收池的光程长度极短，很难做成两个厚度完全一致的吸收池，而且在实验过程中吸收池窗片易受到大气和溶剂中夹杂的水分侵蚀，而使其透明特性不断下降，所以在红外测定中，透过试样的光束强度，通常只简单地与空气或只放一块盐片作为参比的参比光束进行比较。并采用基线法测量吸光度，基线法如图 1 所示。

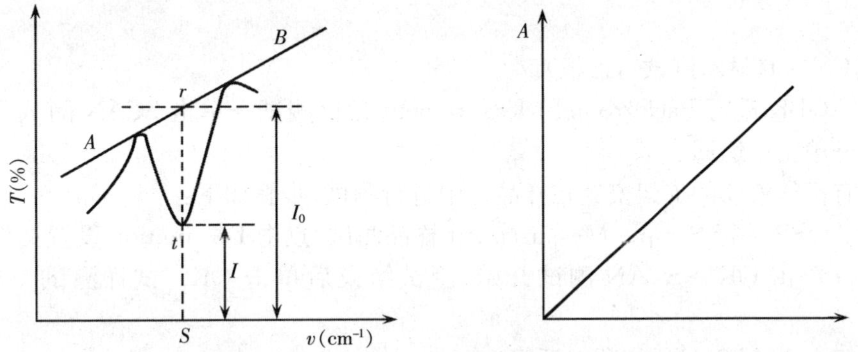


(a)基线的确定　　(b)工作曲线

**图 1　基线法**

测量时，在所选择的被测物质的吸收带上，以该谱带两肩的公切线 $AB$ 作为基线，再通过峰值波长处 $t$ 的垂直线和基线相交于 $r$ 点，分别测量入射光和透射光的强度 $I_0$ 和 $I$，依照 $A=\lg(I_0/I)$，求得该波长处的吸光度。

## 三、实验用品

仪器：WQF－300 傅立叶变换红外光谱仪（北京第二光学仪器厂），镊子，剪刀，刮勺，脱脂棉，金相砂纸和 5 号铁砂纸，鹿皮革，平板玻璃 $20\times25\ cm^2$，红外干燥灯。

药品：邻、间、对二甲苯（分析纯），NaCl 晶片($2\times3\times0.8\ cm^3$)，无水乙醇。

## 四、实验条件

(1)测量波数范围：$4000\sim650cm^{-1}$

(2)参比物：空气

(3)扫描次数：32

(4)室内温度：18～20 ℃

(5)室内相对湿度：<65%

## 五、实验内容

(1)开启空调机，使室内温度为18～20℃，相对湿度为65%。

(2)按以下方法处理氯化钠单晶块：从干燥器中取出氯化钠单晶块，在红外灯的照射下，置于垫有平板玻璃的5号铁砂纸上，轻轻擦去单晶块上下表层，继而在金相砂纸上轻擦之，然后再在麂皮革上摩擦，并不时滴入无水酒精，直擦到单晶块上下两面完全透明，保存于干燥器内备用。

(3)配制间二甲苯和对二甲苯的混合标样。分别吸取2.50 mL、3.50 mL、4.50 mL间二甲苯于三只10 mL容量瓶中，依次加入4.50 mL、3.50 mL、2.50 mL对二甲苯，然后分别用邻二甲苯稀释至刻度，摇匀，配制成1[#]、2[#]、3[#]混合标样。

(4)吸取不含邻二甲苯的待测试样7.00 mL于10 mL容量瓶中，用邻二甲苯稀释至刻度，摇匀，配制成4[#]混合试样。

(5)纯标样液膜的制作(包括邻、间、对三种二甲苯)。取两块已处理好的氯化钠单晶块，在其中一块的透明单晶平面上放置间隔片(厚度为0.001～0.05 mm)，于间隔片的方孔内滴加一滴分析纯邻二甲苯溶液，将另一单晶块的透明平面对齐压上，然后将它固定在支架上，这样两单晶块间的液膜厚度为0.001～0.05 mm。

(6)开启计算机，双击FX80进入红外光谱测试操作系统。以空气作参比进行扫描，步骤如下：

①单击Collect(显示测试对话框)。

②单击AQBK进行Background Measurement参比测试→单击SCAN测试开始→结束单击SAVE→单击×返回。

再把带有标样液膜的支架安置在样品室中进行测试，步骤如下：

①单击AQSP进行Sample Measurement样品测试，点击Destination设置文件名××××××. asf→单击OK→SCAN测试开始，测试结束后单击OK。试样测试完成后，退出FX80。

②鼠标双击MAIT(显示打印对话框)。

③点击文件→打印谱图→文件→打开→找C:FX80/USER0/所存文件名，打开，对必要的峰值进行标注→打印预览→纸张选横向(调整边距)→打印即可。

④取出样品室中的样品。

分别测绘制作的三种标样的红外吸收光谱。

(7)按同样方法制作1[#]、2[#]、3[#]混合标样和4[#]混合试样液膜，并以相同的实验条件，分别测绘它们的红外光谱。

## 六、数据记录及处理

(1)记录实验条件。

(2)在所测绘的三种纯标样红外吸收光谱图上，标出各基团基频峰的波数及其归属，并讨论这三种同分异构体在红外光谱上的异同点。

(3)在所绘制的混合标样和混合试样的红外吸收光谱图上，依照图(a)基线法对邻二甲苯特征吸收峰743 $cm^{-1}$，间二甲苯特征吸收峰692 $cm^{-1}$和对二甲苯特征吸收峰792 $cm^{-1}$作图，并标出各自$I_0$和$I$并测量其值，列入下表中，同时计算各$\lg(I_0/I)_{试样}/\lg(I_0/I)_{内标}$(以邻二甲苯作内标)。

| 项目 \ 样品号 | | 1# | 2# | 3# | 4# |
|---|---|---|---|---|---|
| 邻二甲苯 ($743\,cm^{-1}$) | $I_0$ | | | | |
| | $I$ | | | | |
| 间二甲苯 ($692\,cm^{-1}$) | $I_0$ | | | | |
| | $I$ | | | | |
| 对二甲苯 ($792\,cm^{-1}$) | $I_0$ | | | | |
| | $I$ | | | | |
| $\lg(I_0/I)_{试样}$ / $\lg(I_0/I)_{内标}$ | 间二甲苯 | | | | |
| | 对二甲苯 | | | | |

(4)分别作间二甲苯和对二甲苯的$[\lg(I_0/I)_{试样}/\lg(I_0/I)_{内标}]\sim c\%$标准曲线，并在标准曲线上查出试样中的间二甲苯和对二甲苯的$c\%$，进一步计算原试样中这两种成分的含量。

## 七、思考题

(1)红外吸收光谱定量分析为什么要采用基线法?

(2)采用液膜法进行红外光谱定量，应注意哪些问题?

# 实验三十九　自来水中钙、镁含量的测定

## 一、实验目的

(1)掌握原子吸收分光光度计的操作及测定条件的选择。

(2)掌握用标准曲线法测定自来水中的钙、镁含量。

## 二、实验原理

原子吸收分光光度法是基于物质所产生的原子蒸气对特定谱线(即待测元素的特征谱线)的吸收作用进行定量分析的一种方法。若使用锐线光源，待测组分为低浓度，在一定的实验条件下，基态原子蒸气对共振线的吸收符合下式：

$$A=\varepsilon c l$$

当$l$以 cm 为单位，$c$以 $mol\cdot L^{-1}$为单位表示时，$\varepsilon$称为摩尔吸收系数，单位为 $mol\cdot L^{-1}\cdot cm^{-1}$。上式就是 Lambert-beer 定律的数学表达式。如果控制$l$为定值，上式变为：

$$A=Kc$$

上式就是原子吸收分光光度法的定量基础。定量方法可用标准加入法或标准曲线法。

标准曲线法是原子吸收分光光度分析中常用的定量方法，常用于未知试液中共存的基体成分较为简单的情况，如果溶液中基体成分较为复杂，则应在标准溶液中加入相同类型和浓度的基体成分，以消除或减少基体效应带来的干扰，必要时须采用标准加入法。标准曲线法的标准曲线有时会发生向上或向下弯曲现象。要获得线性好的标准曲线，必须选择适当的实验条件。

## 三、实验用品

仪器：原子吸收分光光度计，钙、镁空心阴极灯，烧杯(250 mL)，无油空气压缩机，乙炔钢瓶，容量瓶(50 mL、100 mL)，微量移液管(50 μL～5 mL)。

药品：金属 Mg(G. R.)，$MgCO_3$(G. R.)，无水 $CaCO_3$(G. R)，$1\,mol\cdot L^{-1}$ HCl 浓 HCl(G. R.)。

## 四、实验内容

**1. $1000\,\mu g\cdot mL^{-1}$ Ca 标准贮备液的配制**

准确称取 0.6250 g 的无水 $CaCO_3$(在 110℃下烘干 2 h)于 100 mL 烧杯中，用少量纯水润湿，盖上表面皿，滴加 $1\,mol\cdot L^{-1}$ HCl 溶液，直至完全溶解，然后把溶液转移到 250 mL 容量瓶中，用水稀释至刻度，摇匀备用。

**2. 100 μg · $mL^{-1}$ Ca 标准工作溶液的配制**

准确吸取 10.00 mL 上述钙标准贮备液于 100 mL 容量瓶中，用水稀释至刻度，摇匀备用。

**3. 1000 μg · $mL^{-1}$ Mg 标准贮备液的配制**

准确称取 0.2500 g 高纯金属 Mg 于 100 mL 烧杯中，盖上表面皿，滴加 5 mL 1 mol · $L^{-1}$ HCl 溶液溶解，然后把溶液转移到 250 mL 容量瓶中，用水稀释至刻度，摇匀备用。

**4. 10 μg · $mL^{-1}$ Mg 标准工作溶液的配制**

准确吸取 1.00 mL 上述 Mg 标准贮备液于 100 mL 容量瓶中，用水稀释至刻度，摇匀备用。

**5. Ca 标准溶液系列的配制**

准确吸取 2.00 mL、4.00 mL、6.00 mL、8.00 mL、10.00 mL 上述钙标准使用液，分别置于 5 个干净的 25 mL 容量瓶中，用蒸馏水稀释至刻度，摇匀备用。Ca 标准系列浓度分别为：8 μg · $mL^{-1}$、16 μg · $mL^{-1}$、24 μg · $mL^{-1}$、32 μg · $mL^{-1}$、40 μg · $mL^{-1}$。

**6. Mg 标准溶液系列的配制**

准确吸取 1.00 mL、2.00 mL、3.00 mL、4.00 mL、5.00 mL 上述 Mg 标准工作溶液，分别置于 5 只干净的 50 mL 容量瓶中，用蒸馏水稀释至刻度，摇匀备用。Mg 标准系列浓度分别为：0.2 μg · $mL^{-1}$、0.4 μg · $mL^{-1}$、0.6 μg · $mL^{-1}$、0.8 μg · $mL^{-1}$、1.0 μg · $mL^{-1}$。

**7. 自来水样的配制**

测 Mg 时，准确吸取 5 mL 自来水样置于 50 mL 容量瓶中，用蒸馏水稀释至刻度，摇匀备用。测 Ca 时直接用小烧杯取自来水测定。

根据实验要求，打开原子吸收分光光度计，按仪器操作步骤进行调节，待仪器电路和气路系统达到稳定，即可测定以上各溶液的吸光度。

## 五、数据记录与处理

(1)记录实验条件

①仪器型号

②吸收线波长(nm)

③空心阴极灯电流(mA)

④光谱通带或光谱带宽(nm)

⑤乙炔流量(L · $min^{-1}$)

⑥空气流量(L · $min^{-1}$)

⑦燃助比

(2)列表记录测量 Ca、Mg 标准系列溶液的吸光度，然后以吸光度为纵坐标，分别以 Ca、Mg 标准系列的浓度为横坐标绘制 Ca 的标准工作曲线和 Mg 的标准工作曲线，标准工作曲线要求使用 Excel 等软件绘制，给出相应元素标准工作曲线的线性回归方程和相关系数。

(3)根据自来水样的吸光度，根据上述 Ca、Mg 两元素标准工作曲线对应的回归方程，计算出自来水中 Ca 的含量(μg · $mL^{-1}$)。原始自来水中 Mg 的含量须乘上稀释倍数求得。

## 六、思考题

(1)原子吸收光谱的理论依据是什么？

(2)原子吸收分光光度分析为何要用待测元素的空心阴极灯做光源？能否用氘灯或钨灯代替，为什么？

(3)如何选择最佳的实验条件？

# 实验四十　原子吸收分光光度法测定毛发中的锌

## 一、实验目的

(1)进一步掌握原子吸收定量分析方法。

(2)学习和掌握样品湿消化或干灰化技术。

(3)进一步熟悉和掌握原子吸收分光光度计的使用。

## 二、实验原理

Zn是生物体必需的微量元素。Zn广泛分布于有机体的所有组织中,有着重要的生理功能,它是多种与生命活动密切相关的酶的重要成分。例如,它是叶绿体内碳酸酐酶的组成成分,能促进植物的光合作用,对植物的生长发育及产量有着重大影响。对于人和动物,缺Zn会阻碍蛋白质的氧化以及影响生长素的形成,表现为食欲不振,生长受阻,严重时会影响繁殖机能。因此Zn的测定不仅是土壤肥力和植物营养的常测项目,也是人和动物营养诊断的常测项目。从毛发中的Zn可以判断Zn营养的正常与否,因此,测定毛发Zn为医院常用的诊断手段。

人或动物的毛发,用湿消化法或干灰化法处理成溶液后,溶液对213.9 nm波长光(Zn元素的特征谱线)的吸光度与毛发中Zn的含量呈线性关系,故可直接使用标准曲线法测定毛发中Zn的含量。

## 三、实验用品

仪器:原子吸收分光光度计,Zn空心阴极灯,乙炔钢瓶,无油空气压缩机,聚乙烯试剂瓶(500 mL),高温电炉(干灰化法)或可调温电加热板(湿灰化法),烧杯(250 mL),容量瓶(50 mL、500 mL),吸量管(5 mL),瓷坩埚(30 mL)(干灰化法),锥形瓶(100 mL)(湿灰化法),曲颈小漏斗。

药品:金属Zn(99.9%),浓HCl,1% HCl溶液,10% HCl溶液,0.1 mol · $L^{-1}$ HCl,$HNO_3$-$HClO_4$混合溶液:浓$HNO_3$($d$=1.42)-$HClO_4$(60%)以4∶1比例混合而成,湿消化法用。

## 四、实验内容

**1. 1.0 mg · $mL^{-1}$ Zn贮备液的配制**

准确称取1.0000 g金属Zn(99.99%),溶于15 mL浓HCl中,然后在水浴上蒸发至近干,用少量水溶解后移入1000 mL容量瓶中,用水稀释至刻度,摇匀,转入聚乙烯试剂瓶中贮存。

**2. 100 μg · $mL^{-1}$ Zn工作溶液的配制**

吸取10.00 mL Zn的贮备标准液置于100 mL容量瓶中,用0.1 mol · $L^{-1}$ HCl定容。

**3. 样品的采集与处理**

用不锈钢剪刀取1～2 g距发根1～3 cm处的发样,剪碎至1 cm左右,于烧杯中用中性洗涤剂浸泡2 min,然后用自来水冲洗至无泡,重复2～3次,以保证洗去样品上的污垢和油腻。最后样品用蒸馏水冲洗三次,晾干,置烘箱中于80 ℃干燥至恒重(6～8 h)。

干灰化法:准确称取0.1 g发样于30 mL瓷坩埚中,先于电炉上炭化,再置于高温电炉中,升温至500 ℃左右,直至完全灰化。冷却后用5 mL 10% HCl溶液溶解,用1% HCl溶液定容成50 mL,待测。

湿消化法:准确称取0.1 g发样置于100 mL锥形瓶中,加入5 mL 4∶1 $HNO_3$-$HClO_4$,上

加弯颈小漏斗，于可控温电热板上加热消化，温度控制在 140～160 ℃，待约剩 0.5 mL 清亮液体，冷却，加 10 mL 水微沸数分钟再至近干，放冷，反复处理两次后用水定容成 50 mL，待测。同时制备空白样。

**4. 标准系列溶液的配制**

在 5 只 50 mL 容量瓶中，分别加入 1.00 mL、2.00 mL、3.00 mL、4.00 mL、5.00 mL Zn 的工作标准溶液，加水稀释至刻度，摇匀，待测。

**5. 测定**

按“WFX－IE2 原子吸收分光光度计”的仪器规程打开仪器，选定测定条件如测定波长、灯电流、狭缝宽度、空气流量、乙炔流量等。用蒸馏水调节仪器的吸光度为 0，按由稀到浓的次序测量标准系列溶液和未知试样的吸光度。

## 五、数据记录与处理

列表记录测量 Zn 标准系列溶液的吸光度，然后以吸光度为纵坐标，以 Zn 标准系列的浓度为横坐标绘制 Zn 的标准工作曲线，标准工作曲线要求使用 Excel 等软件绘制，给出 Zn 元素标准工作曲线的线性回归方程和相关系数。根据 Zn 标准工作曲线对应的回归方程，计算出人毛发样品中 Zn 的含量($\mu g \cdot mL^{-1}$)。

## 六、思考题

(1)原子吸收分光光度法中，吸光度 $A$ 与样品浓度 $c$ 之间具有什么样的关系？当浓度较高时，一般会出现什么情况？

(2)测毛发中的 Zn 有什么实际意义？

# 实验四十一　原子吸收分光光度法测定水样中的铜(标准加入法)

## 一、实验目的

(1)掌握原子吸收光谱法的基本实验技术。

(2)领会标准加入法的操作关键。

## 二、实验原理

在原子吸收中，为了减小试液与标液之间的差异而引起的误差，或为了消除某些化学和电离干扰，均可以采用标准加入法。例如，用原子吸收法测定镀镍溶液中微量铜时，由于溶液中盐的浓度很高，若用标准曲线法，由于试液与标液之间的差异，将使测定结果偏低，这是由于喷雾高浓度盐时，雾化效率较低，因而吸收值降低。为了消除这种影响，可采用标准加入法。

测定时，在待测样品中，加入一系列的已知浓度样品，分别测得吸光度，绘制吸光度—加入浓度曲线，倒推至零吸光度便可求得待测样浓度。这种方法又称为“直接外推法”。另外也可以用计算方法求得试液中待测元素的浓度。设试样中待测元素的浓度为 $c_x$，测得其吸光度为 $A_x$，试样溶液中加入的标准溶液浓度为 $c_0$，在此溶液中待测元素的总浓度为 $c_x+c_0$；测得其吸光度为 $A_0$，根据朗伯-比尔定律：

$$A_x = Kc_x$$

$$A_0 = K(c_0 + c_x)$$

将上面两式相比

$$c_x = \frac{A_x}{A_0 - A_x} c_0$$

标准加入法也可以用来检验分析结果的可靠性。

三、实验用品

仪器：原子吸收分光光度计，铜空心阴极灯，乙炔钢瓶，无油空气压缩机，容量瓶(50 mL)。

药品：金属铜(99.99%)，1∶1 硝酸等。

四、实验内容

**1. 100 μg · mL$^{-1}$ 铜标准溶液的配制**

溶解 0.1000 g 纯金属铜于 15 mL 1∶1 硝酸中，转入 1 000 mL 容量瓶中，用去离子水稀释至刻度。

**2. 10 μg · mL$^{-1}$ 铜标准使用液的配制**

准确吸取 10.00 mL 上述铜标准贮备液于 100 mL 容量瓶中，用水稀释至刻度，摇匀备用。

**3. 标准加入法测定溶液的配制**

将 5 个 50 mL 容量瓶编为一组。按 0～4 编号，0 号为样品，1～4 为样品及标准加入点。准确向每个容量瓶中移入 5.0 mL 样品，除 0 号外 1～4 号容量瓶中分别按下表加入不同量的铜标准溶液。

| 容量瓶编号 | 0 | 1 | 2 | 3 | 4 |
|---|---|---|---|---|---|
| 加入 10 μg · mL$^{-1}$ 铜标液的毫升数 | 0 | 0.5 | 1.0 | 1.5 | 2.0 |
| 测定液中加入铜标液浓度(μg · mL$^{-1}$) | 0 | 0.1 | 0.2 | 0.3 | 0.4 |

最后用蒸馏水稀释到刻度，摇匀。

**4. 测定**

按原子吸收分光光度计的使用操作规程熟悉仪器，并按下列条件调整好仪器。灯电流：3 mA；铜分析线：324.8 nm；燃烧器高度：2～4 mm；狭缝宽度：0.2 nm。点燃火焰后用蒸馏水做空白溶液喷雾调节仪器零点。然后由稀到浓依次测定并记录各点的吸光度值。测定结束后，先吸去离子水，清洁燃烧器，然后关闭仪器。关仪器时，必须先关闭乙炔，再关电源，最后关闭空气。

五、数据记录与处理

用测定溶液中加入的铜标液浓度作横坐标，测得相应的吸光度(A)为纵坐标绘制工作曲线。根据外推法或计算法求出未知样中铜含量。

六、思考题

(1)标准加入法有什么优缺点？

(2)若使标准加入法测定结果更加可靠，应注意什么问题？

## 实验四十二　色谱柱的评价

一、实验目的

(1)了解高效液相色谱仪的工作原理。

(2)学习评价液相色谱反相柱的方法。

二、实验原理

高效液相色谱是色谱法的一个重要分支。它采用高压输液泵和小颗粒的填料，与经典的液相色谱相比，具有很高的柱效和分离能力。色谱柱是色谱仪的心脏，也是需要经常更换和选用的部件，因此，评价色谱柱是十分重要的。而且对色谱柱的评价也可以检查整个色谱仪的工作状况是否正常。

评价色谱柱的性能参数主要有：

(1)柱效(理论塔板数)$n$

$$n=5.54\times(\frac{t_R}{W_{1/2}})^2$$

式中，$t_R$ 为测试物的保留时间；$W_{1/2}$为色谱峰的半峰宽。

(2)容量因子 $k'$

$$k'=(t_R-t_0)/t_0$$

式中 $t_0$为死时间，通常用已知在色谱柱上不保留的物质的出峰时间作死时间。

(3)相对保留值(选择因子)$\alpha$

$$\alpha=k'_2/k'_1$$

式中 $k'_1$和 $k'_2$分别为相邻两峰的容量因子，而且规定峰 1 的保留时间小于峰 2 的。

(4)分离度 $R_s$

$$R_s=2(t_{R_2}-t_{R_1})/(W_1+W_2)$$

式中，$t_{R_1}$、$t_{R_2}$分别为相邻两峰的保留时间；$W_1$、$W_2$分别为两峰的底宽。对于高斯峰来讲，$W=1.70W_{1/2}$。

为达到好的分离，我们希望 $n$、$\alpha$ 和 $R_s$值尽可能大。一般的分离(如 $\alpha=1.2$，$R_s=1.5$)，需 $n$ 达到 2000。柱压一般为 $10^4$ kPa 或更小一些。本实验采用多核芳烃作测试物，尿嘧啶为死时间标记物，评价反相色谱柱。

## 三、实验用品

(1)高效液相色谱仪；UV 检测器

(2)色谱柱：n - $C_{18}$柱

(3)微量注射器：10 μL

(4)0.45 μm 滤膜

(5)样品 I：含尿嘧啶(0.010 mg · mL$^{-1}$)、萘(0.010 mg · mL$^{-1}$)、联苯(0.010 mg · mL$^{-1}$)、菲(0.006 mg · mL$^{-1}$)的甲醇混合溶液；样品 II：尿嘧啶的甲醇溶液、萘的甲醇溶液、联苯的甲醇溶液、菲的甲醇溶液，浓度约为 0.01 mg · mL$^{-1}$。

## 四、实验内容

(1)检查电路连接和液路连接正确以后，色谱条件：流动相：甲醇 ∶ 水 = 80 ∶ 20(使用前超声波脱气)；流速 1.0 mL · min$^{-1}$；检测波长 254 nm。

(2)待基线平稳后(观察检测器的读数显示)，将进样阀手柄拨到“Load”的位置，使用专用的液相色谱微量注射器取 5 μL 样品注入色谱仪进样口，然后将手柄拨到“Inject”位置，记录色谱图。

(3)重复(2)的实验两次。

(4)用同样方法进纯样品的甲醇溶液，确定出峰顺序，记录色谱图。

## 五、数据记录与处理

(1)确定尿嘧啶、萘、联苯、菲样品的出峰顺序。

(2)根据三次实验所得色谱峰的保留时间、半峰宽，计算色谱柱参数 $n$、$k'$以及相邻两峰的 $\alpha$、$R_s$。

## 六、思考题

(1)高效液相色谱与气相色谱相比有什么相同点和不同点？

(2)如何保护色谱柱延长使用寿命？

*参考文献*

武汉大学化学系. 仪器分析. 北京：高等教育出版社，2001.

## 实验四十三　反相高效液相色谱法分离芳香烃

### 一、实验目的

(1)学习高效液相色谱仪的操作。

(2)了解反相液相色谱法分离非极性化合物的基本原理。

(3)掌握用反相液相色谱法分离芳香烃类化合物。

### 二、实验原理

高效液相色谱法选用颗粒很细的高效固定相，采用高压泵输送流动相，分离、定性及定量全部分析过程都通过仪器来完成。除了有快速、高效的特点外，它能分离沸点高、分子量大、热稳定性差的试样。

根据使用的固定相及分离机理不同，一般将高效液相色谱法分为分配色谱、吸附色谱、离子交换色谱和空间排斥色谱等。

在分配色谱中，组分在色谱柱上的保留程度取决于它们在固定相和流动相之间的分配系数 $K$：

$$K=\frac{\text{组分在固定相中的浓度}}{\text{组分在流动相中的浓度}}$$

显然，$K$ 越大，组分在固定相上的停留时间越长，固定相与流动相间的极性差值也越大。因此，相应出现了流动相为非极性而固定相为极性物质的正相液相色谱法和以流动相为极性而固定相为非极性物质的反相液相色谱法。目前应用最广泛的固定相是通过化学反应的方法将固定液键合到硅胶表面上，即所谓的键合固定相。若将正构烷烃等非极性物质(如 $n-C_{18}$)键合到硅胶基质上，以极性溶剂(如甲醇和水)为流动相，则可分离非极性或弱极性的化合物。据此，采用反相液相色谱法可分离烷基苯类化合物。

### 三、实验用品

(1)高效液相色谱仪；UV 检测器

(2)色谱柱：$n-C_{18}$柱

(3)微量注射器：10 μL

(4)0.45 μm 滤膜

(5)苯、甲苯、$n$-丙基苯，$n$-丁基苯(均为 A. R.)；未知样品

### 四、实验内容

(1)用流动相溶液(甲醇∶水＝80∶20)配制浓度为 $10\ \mathrm{mg\cdot mL^{-1}}$ 的标准样品。

(2)色谱条件。流动相：甲醇∶水＝80∶20(使用前超声波脱气)；柱温：室温；检测波长：254 nm；流动相流速：$1.0\ \mathrm{mL\cdot min^{-1}}$。

(3)待记录仪基线稳定后，分别进苯、甲苯、$n$-丙基苯、$n$-丁基苯标准样各 5 μL；进样同时，记录色谱图。

(4)获得 4 种标准样的色谱图后，按步骤(3)进未知试样 20 μL，记录色谱图。

### 五、数据记录与处理

(1)记录每一个标准样的保留时间。

(2)记录未知试样中每一个峰的保留时间，与标准样色谱图比较，标出未知试样中每一个峰代表什么化合物。

(3)用标样峰的峰面积，估算未知试样中相应化合物的含量。

## 六、思考题

(1)解释未知试样中各组分的洗脱顺序。

(2)试说明苯甲酸在本实验的色谱柱上，是强保留还是弱保留？为什么？

## 参考文献

[1] 黄慧萍，帅琴. 仪器分析实验. 武汉：中国地质大学，1996.

[2] 北京大学分析化学教研室. 仪器分析实验. 北京：北京大学出版社，1997.

[3] 赵文宽，张悟铭，王长发等. 仪器分析实验. 北京：高等教育出版社，1997.

# 实验四十四　高效液相色谱法测定饮料中的咖啡因的含量

## 一、实验目的

(1)学习高效液相色谱仪的操作。

(2)了解高效液相色谱法测定咖啡因的基本原理。

(3)掌握高效液相色谱法进行定性及定量分析的基本方法。

## 二、实验原理

咖啡因又称咖啡碱，是由茶叶或咖啡中提取而得的一种生物碱，它属黄嘌呤衍生物，化学名称为1,3,7-三甲基黄嘌呤。咖啡因能兴奋大脑皮层，使人精神兴奋。咖啡中含咖啡因为1.2%～1.8%，茶叶中含2.0%～4.7%。可乐饮料、APC药片等中均含咖啡因。其分子式为$C_8H_{10}O_2N_4$，结构式为：

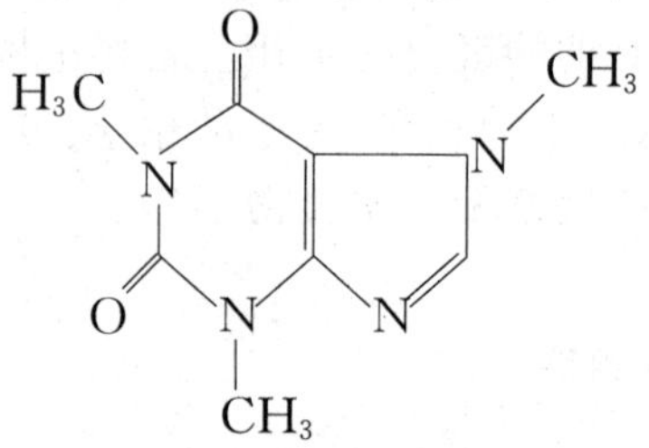

定量测定咖啡因的传统分析方法是采用萃取分光光度法。用反相高效液相色谱法将饮料中的咖啡因与其他组分(如单宁酸、咖啡酸、蔗糖等)分离后，将已配制的浓度不同的咖啡因标准溶液注入色谱系统。如流动相流速和泵的压力在整个实验过程中是恒定的，测定它们在色谱图上的保留时间$t_R$和峰面积$A$后，可直接用$t_R$定性，用峰面积$A$作为定量测定的参数，采用工作曲线法(即外标法)测定饮料中的咖啡因含量。

## 三、实验用品

(1)高效液相色谱仪，UV检测器

(2)色谱柱：C18柱

(3)微量注射器：10 μL

(4)0.45 μm滤膜

(5)1 000 mg·L$^{-1}$咖啡因标准贮备溶液，甲醇(色谱纯)，重蒸馏水，饮料试液：可乐、茶叶、速溶咖啡

## 四、实验内容

(1)1000 mg·$L^{-1}$咖啡因标准贮备溶液:将咖啡因在110℃下烘干1h。准确称取0.1000 g咖啡因,用重蒸馏水溶解,定量转移至100 mL容量瓶中,并稀释至刻度。

(2)将标准贮备液配制成浓度分别为20 μg·$L^{-1}$、40 μg·$L^{-1}$、60 μg·$L^{-1}$、80 μg·$L^{-1}$、100 μg·$L^{-1}$的标准系列溶液。

(3)色谱条件。流动相:甲醇∶水=70∶30(使用前超声波脱气);流速:1.0 mL/min;检测波长:275 nm;进样量:10 μL;柱温:室温。

(4)仪器基线稳定后,进咖啡因标准样,浓度由低到高,记录色谱图。

(5)样品处理如下:

①将约25 mL可口可乐置于一个100 mL洁净、干燥的烧杯中,剧烈搅拌30 min或用超声波脱气5 min,以赶尽可乐中的二氧化碳。

②准确称取0.04 g速溶咖啡,用90℃蒸馏水溶解,冷却后待用。

③准确称取0.04 g茶叶,用20 mL蒸馏水煮沸10 min,冷却后,将上层清液,并按此步骤再重复一次,将茶叶全部转移至50 mL容量瓶中。将上述三种样品分别转移至50 mL容量瓶中,并用流动相定容至刻度。

(6)上述三份样品溶液分别进行干过滤(即用干漏斗、干滤纸过滤),弃去前过滤液,取后面的过滤液,备用。

(7)分别取可乐、咖啡饮料和茶叶水用0.45 μm的过滤膜过滤后,注入样品试液各10 μL进行分析,记录色谱图。

## 五、数据记录与处理

(1)测定每一个标准样的保留时间(进样标记至色谱峰顶尖的时间)及峰面积。

(2)根据咖啡因标准溶液的浓度与峰面积数值,利用Excel绘制工作曲线并得出回归方程及相关系数;求出线性范围。

(3)确定未知样中咖啡因的出峰时间,记录峰面积。

(4)根据样品的峰面积求取样品中咖啡因的浓度。

| 序号 | 标样浓度 μg·$mL^{-1}$ | 保留时间 $t_R$ | 色谱峰面积 $S$ | 色谱峰高度 $H$ |
|---|---|---|---|---|
| 1 | 20 | | | |
| 2 | 40 | | | |
| 3 | 60 | | | |
| 4 | 80 | | | |
| 5 | 100 | | | |
| 6 | 速溶咖啡 | | | |
| 7 | 茶叶 | | | |
| 8 | 可乐 | | | |

## 六、注意事项

(1)不同品牌的可乐、茶叶、咖啡中咖啡因含量不大相同,称取的样品量可酌量增减。

(2)若样品和标准溶液需保存,应置于冰箱中。

(3)为获得良好结果,标准和样品的进样量要严格保持一致。

## 七、思考题

(1)用标准曲线法定量的优缺点是什么?

(2)根据结构式,咖啡因能用离子交换色谱法分析吗?为什么?

(3)若标准曲线用咖啡因浓度对峰高作图，能给出准确结果吗？与本实验的标准曲线相比何者优越？为什么？

(4)在样品过滤时，为什么要弃去前过滤液？这样做会不会影响实验结果？为什么？

*参考文献*

黄慧萍，帅琴等. 仪器分析实验. 武汉：中国地质大学出版社，1996.

## 实验四十五　高效液相色谱法测定面粉中过氧化苯甲酰的含量

### 一、实验目的

(1)学习高效液相色谱仪的操作。

(2)了解高效液相色谱法测定面粉中过氧化苯甲酰(BPO)的基本原理。

(3)掌握高效液相色谱法进行定性及定量分析的基本方法。

### 二、实验原理

过氧化物通常被用于面粉改良剂加入到面粉中，过氧化苯甲酰(BPO)是最常见的一种。它作为一种允许使用的面粉改良剂，可以与色素迅速、完全反应，从而将面粉脱色。此外，还具有增筋、杀菌等效果，但过量的 BPO 会直接使面粉中维生素 $B_1$ 的分解加大，从而降低其营养价值，长期摄入会对人体造成一定的危害。中国 GB27602—1996 中规定，BPO 的使用量应小于 0.06 g・kg$^{-1}$(面粉)。目前，中国尚未制定国家标准检测方法。本方法直接以石油醚萃取面粉中过氧化苯甲酰，无需还原便可直接定量分析。将已配制的浓度不同的过氧化苯甲酰(BPO)的标准溶液注入色谱系统，流动相流速和泵的压力在整个实验过程中是恒定的，测定它们在色谱图上的保留时间 $t_R$ 和峰面积 $A$ 后，可直接用 $t_R$ 定性，用峰面积 $A$ 作为定量测定的参数，采用标准曲线法(即外标法)求样品中过氧化苯甲酰的含量。

### 三、实验用品

(1)高效液相色谱仪，UV 检测器

(2)色谱柱：C18 柱

(3)微量注射器：10 μL

(4)0.45 μm 滤膜

(5)10 mL、50 mL 容量瓶

(6)过氧化苯甲酰(BPO)标准储备液 10 μg・mL$^{-1}$，乙腈(色谱纯)，甲醇(色谱纯)，磷酸(分析纯)，石油醚(分析纯)，重蒸馏水，面粉

### 四、实验内容

(1)10 μg・mL$^{-1}$ 过氧化苯甲酰(BPO)标准储备液的配制：准确称取 0.1000 g 标准 BPO 于 100 mL 容量瓶中，加入适量甲醇超声振荡 1 min，待固体全部溶解后，用甲醇定容到刻度，摇匀。准确移取该溶液 1.00 mL 至 100 mL 容量瓶中，用甲醇定容至刻度，摇匀得 10 μg・mL$^{-1}$ 的标准溶液。

(2)分别准确移取上述 10 μg/mL 的标准溶液 1.00 mL、2.00 mL、4.00 mL、6.00 mL、8.00 mL、10.00 mL 至 6 个 10 mL 的容量瓶中，用甲醇定容，得到 1 μg・mL$^{-1}$、2 μg・mL$^{-1}$、4 μg・mL$^{-1}$、6 μg・mL$^{-1}$、8 μg・mL$^{-1}$、10 μg・mL$^{-1}$ 的标准系列溶液。

(3)色谱条件。流动相：乙腈：0.3%磷酸水溶液＝80：20(使用前超声波脱气)；流速为 1.0 mL・min$^{-1}$；检测波长为 236 nm；柱温为 40 ℃；进样量为 10 μL。

(4)在上述色谱条件下，测定各标准溶液保留时间和峰面积，每个浓度测定3次。

(5)准确称取试样(市售面粉)约5 g，移入具塞三角瓶中，加入30 mL石油醚和搅拌子，用磁力搅拌器将试样分散，于30℃恒温搅拌30 min后，用滤纸过滤样品溶液，收集滤液于50 mL容量瓶中。分数次用石油醚将三角瓶中的残余试样尽量洗入过滤漏斗中，收集滤液于容量瓶中。最后以少许石油醚淋洗过滤漏斗中的试样残渣于容量瓶中，定容。取其中0.5 mL于1.0 mL的小试管中，抽空干燥或用氮气吹干(<45℃)，然后用0.5 mL甲醇溶解，用0.45 μm的滤膜过滤，作为HPLC分析样品，进样量10 μL。

(6)在上述色谱条件下，试样重复测定3次，记录保留时间和峰面积。

## 五、数据记录与处理

(1)根据色谱图，得出过氧化苯甲酰(BPO)的保留时间。

(2)用其峰面积对BPO的浓度作图，绘制标准曲线并得出回归方程及相关系数。

(3)根据保留时间定性，将样品峰面积代入回归方程，计算样品中过氧化苯甲酰(BPO)的浓度。

| 序号 | 标样浓度 $\mu g \cdot mL^{-1}$ | 保留时间 $t_R$ | 色谱峰面积 $S$ | 色谱峰高度 $H$ |
|---|---|---|---|---|
| 1 | 1 | | | |
| 2 | 2 | | | |
| 3 | 4 | | | |
| 4 | 6 | | | |
| 5 | 8 | | | |
| 6 | 10 | | | |
| 7 | 样品 | | | |

## 六、注意事项

(1)为获得良好结果，标准品溶液和样品溶液的进样量要严格保持一致。

(2)注意仪器的操作。

## 七、思考题

(1)说明反相液相色谱法的特点，应用范围。

(2)说明以外标法进行色谱定量分析的优点和缺点。

*参考文献*

鲁奇林.高效液相色谱法测定面粉中的过氧化苯甲酰.色谱，2002，20(5)：464～466.

# 实验四十六　电解质溶液活度系数的测定(膜电势法)

## 一、实验目的

(1)用膜电势法测定电解质的平均活度系数。

(2)掌握精密电位差计的测量原理和使用方法。

## 二、实验原理

测定电解质平均活度系数的方法有多种，这里仅介绍膜电势法。该方法只适用于膜两边的溶液(即Ⅰ、Ⅱ两种溶液)中的电解质具有同种正离子(或负离子)的情况。若用一种特殊的膜将两种不同的电解质溶液分开(溶剂是相同的)，即：

溶液(Ⅰ)｜膜｜溶液(Ⅱ)

则在该两溶液间就会产生电势差.由于在膜中和在溶液中离子迁移的情况不同，所以用膜把两溶液隔开产生的电势差与通常所说的液接电势不同，把这种电势差称为膜电势。

若将液体接界电势理论应用到膜中，可得到膜电势 $E_m$ 的通式：

$$E_m=-\frac{RT}{F}\sum\frac{t_i}{Z_i}\int_{a_i^{(1)}}^{a_i^{(2)}}\mathrm{d}\ln a_i \tag{1}$$

式中，$a_i$ 为 i 离子的活度；$t_i$ 为 i 离子的迁移数；$Z_i$ 为 i 离子电电荷数（包括正负号在内）。

若有Ⅰ、Ⅱ两种溶液，其中电解质都是 1—1 价型的同一种电解质，例如，

$$\mathrm{KCl}(0.5\,\mathrm{mol\cdot L^{-1}})^{\mathrm{I}}\ |\ 膜\ |\ \mathrm{KCl}(c)^{\mathrm{II}}$$

则(1)式变成：

$$E_m=-\frac{RT}{F}\left[t(\mathrm{K^+})\ln\frac{a(\mathrm{K^+})^{(1)}}{a(\mathrm{K^+})^{(2)}}-t(\mathrm{Cl^-})\ln\frac{a(\mathrm{Cl^-})^{(1)}}{a(\mathrm{Cl^-})^{(2)}}\right] \tag{2}$$

令：$a(\mathrm{K^+})^{(1)}=a(\mathrm{Cl^-})^{(1)}=a_\pm{}^{(1)}$

$a(\mathrm{K^+})^{(2)}=a(\mathrm{Cl^-})^{(2)}=a_\pm{}^{(2)}$

所以(2)式变为：

$$E_m=-\frac{RT}{F}[t(\mathrm{K^+})-t(\mathrm{Cl^-})]\ln\frac{a_\pm{}^{(1)}}{a_\pm{}^{(2)}} \tag{3}$$

若膜的两侧的电解质溶液是 1—1 价型的不同种类的电解质，例如：

$$\mathrm{KCl}(0.5\,\mathrm{mol\cdot L^{-1}})^{\mathrm{I}}\ |\ 膜\ |\ \mathrm{KCl}(c)^{\mathrm{II}}$$

则(1)式变为：

$$E_m=\frac{RT}{F}\left[t(\mathrm{K^+})\ln\frac{a(\mathrm{K^+})^{(1)}}{a(\mathrm{K^+})^{(2)}}-t(\mathrm{Cl^-})\ln a(\mathrm{Cl^-})^{(1)}+t(\mathrm{A^-})\ln a(\mathrm{A^-})^{(2)}\right] \tag{4}$$

下面讨论两种情况下的膜电势的表示式。

(1) 如果使用完全理想的正离子(或负离于)交换膜，即只能让正离子(或负离子)通过而负离子(或正离子)通不过的膜，则有 $t(\mathrm{K^+})=1$，$t(\mathrm{Cl^-})=t(\mathrm{A^-})=0$，因此膜电势以下式表达

$$E_m=-\frac{RT}{F}\ln\frac{a(\mathrm{K^+})^{(1)}}{a(\mathrm{K^+})^{(2)}}=\frac{RT}{F}\ln\frac{a_\pm{}^{(1)}}{a_\pm{}^{(2)}} \tag{5}$$

(2)如果使用不完全理想的正离子(或负离子)交换膜，膜电势应该是什么样的表达式呢？将(4)式展开得

$$E_m=\frac{RT}{F}[t(\mathrm{K^+})-t(\mathrm{Cl^-})]\ln a_\pm{}^{(1)}+\frac{\mathrm{RT}}{\mathrm{F}}[t(\mathrm{A^+})-t(\mathrm{K^+})]\ln a_\pm{}^{(2)} \tag{6}$$

设 $E_{m0}=\frac{RT}{F}[t(\mathrm{K^+})-t(\mathrm{Cl^-})]\ln a_\pm{}^{(1)}$

则 $E=E_{m0}+\frac{RT}{F}[t(\mathrm{A^+})-t(\mathrm{K^+})]\ln a_\pm{}^{(2)}$ (7)

可见，$E_m$ 与Ⅱ溶液中电解质的平均活度有关。由于用的正离子交换膜，即

$$t(\mathrm{K^+})>>t(\mathrm{A^+}),t(\mathrm{K^+})>>t(\mathrm{Cl^-})$$

所以，在(6)式中的$[t(\mathrm{K^+})-t(\mathrm{Cl^-})]$和$[t(\mathrm{A^-})-t(\mathrm{K^+})]$中，$t(\mathrm{K^+})$是起主要作用的。因此，尽管 $\mathrm{A^-}$ 的种类有变化，但$[t(\mathrm{K^+})-t(\mathrm{Cl^-})]$和$[t(\mathrm{A^-})-t(\mathrm{K^+})]$的值都没有多大变化，可近似认为是常数。若Ⅰ相溶液的浓度固定，那么 $E_m$ 也是常数，则(7)式可改写为：

$$E=E_{m0}+B\cdot\frac{RT}{F}\ln a_\pm{}^{(2)} \tag{8}$$

$E_{m0}$ 和 $B$ 可以用已知活度系数的电解质溶液来标定：以 $\mathrm{KCl}(0.5\,\mathrm{mol\cdot L^{-1}})$的溶液作为Ⅰ溶液，然后配制不同浓度的已知活度系数的电解质溶液作为Ⅱ溶液，分别测定 $E_{m0}$，将 $E_m$ 与对应的 $\ln a_\pm{}^{\mathrm{II}}$ 作一直线，由直线的截距和斜率就可求出 $E_{m0}$ 和 $B$。

如果Ⅰ溶液不变，将待测电解质（应与Ⅰ溶液有同种正离子）溶液作为Ⅱ溶液，分别测定$E_m$，然后在已作好的$E_m$—$\ln a_{\pm}^{\mathrm{II}}$直线上，用内插法查出平均活度的对数，就可求出电解质Ⅱ的平均活度$a_{\pm}$和平均活度系数$\gamma_{\pm}$。

## 三、实验用品

仪器：电池及电池搅拌装置1套，超级恒温槽1台，精密电位差计1台，稳压电源，检流计，标准电池，甘汞电极各1个，100 mL容量瓶4个。

药品：KCl（A. R.）和$KNO_3$（A. R.）。

## 四、实验内容

（1）半透膜的处理：半透膜应清洗干净后用蒸馏水浸泡24小时以上才能使用。

（2）配制溶液

用容量瓶稀释原液的方法配制不同浓度的KCl溶液（或$KNO_3$溶液）。

（3）恒温

调节超级恒温槽温度为（25+0.2）℃。并将电池槽固定在恒温槽内。

（4）安装仪器

将精密电位差计、检流计、标准电池、甘汞电极等整套测定装置接好线。

（5）测定电池电动势

将电池槽内蒸馏水倒净，用滤纸吸干电池槽。然后将0.5 mol·L$^{-1}$浓度的KCl溶液和待测的电解质溶液分别灌入电池槽的膜两边。装好甘汞电板及搅拌棒。开动马达搅拌，10 min后，测定$E_m$。以后每隔3 min再测定一次，当两次所测$E_m$值之差不超过0.2 mV时，停止测量。再进行另一样品的测定。

实验结束之后，记得将甘汞电极用蒸馏水冲洗干净，再浸泡在饱和KCl溶液中。

## 五、注意事项

（1）当测量不同浓度的电解质溶液时，应该从最稀的溶液开始测定，依次增加浓度。

（2）测量电动势前，必须充分搅拌溶液，特别是半透膜附近的溶液，这样电动势才能稳定。

（3）半透膜采用市售的阴离子或阳离子交换膜，用蒸馏水浸泡过24 h以上才能使用。在整个实验结束后，必须将半透膜清洗，然后用蒸馏水浸泡，以便下班同学使用。

## 六、数据记录与处理

（1）根据不同浓度的KCl溶液作为溶液Ⅱ时所测定的$E_m$及由表中查出的不同浓度KCl溶液的平均活度系数$\gamma_{\pm}$所算出的$\ln a_{\pm}$，作$E_m$—$\ln a_{\pm}$曲线。

（2）由不同浓度的待测液（$KNO_3$溶液）作为Ⅱ溶液时所测得的$E_m$。在上述$E_m$—$\ln a_{\pm}$曲线上找出相应的$\ln a_{\pm}$，然后计算不同浓度$KNO_3$的$\gamma_{\pm}=\dfrac{a_{\pm}}{c/c^{\ominus}}$。

## 七、思考题

（1）请参阅物理化学教科书中有关电解质溶液理论的章节。用德拜-体格尔公式计算电解质溶液平均活度系数，并与实验值和文献值进行比较。

（2）为何溶液一定要从稀到浓依次进行测定？

（3）若还是以0.5 mol·L$^{-1}$ KCl为Ⅱ相溶液，欲测定NaCl的平均活度系数，该如何办？

（4）若实验中所用甘汞电极坏了，会产生什么现象和后果？

（5）本测定的电动势$E_m$值都比较小，因此引起相对误差就很大。如何提高测量的精确度和准确度，请根据实践体会提出看法。

## 实验四十七　阶跃电流时间电位法测定铂电极上碘酸根自催化反应的速度常数

### 一、实验目的

(1)了解阶跃电流时间电位法的基本原理和实验方法。

(2)学习阶跃电流时间电位法在复杂电极反应——铂电极上碘酸根自催化反应中的应用。

### 二、实验原理

阶跃电流时间电位法是电极过程暂态研究中常用的方法之一,其实验过程可大致描述如下。实验开始前($t<0$)流过研究电极的电流为零($i=0$)。实验开始时($t=0$),研究电极的电流从零忽然阶跃至某一恒定值($i=i_1$)同时记录下研究电极电位随时间的变化。阶跃电流时间电位法所用的扰动信号和简单电子转移过程对它的响应,如图 1 所示。

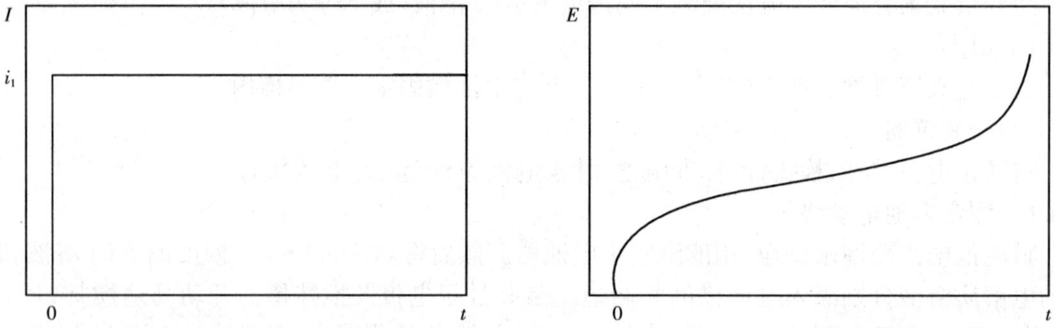

(a)阶跃电流时间电位法所用的扰动信号　　(b)简单电子转移过程的时间电位响应

**图 1　阶跃电流时间电位法**

阶跃电流时间电位法的基本时间电位响应如图 1(b)所示,其电位随时间的变化有一个平阶。对于各种复杂电极反应,其时间电位响应关系是不同的,但它们的理论处理方法基本上是一致的。首先根据电极过程的机理列出该过程的扩散方程,然后用各种数学方法求解,通常使用最多的是拉氏变换法。阶跃电流时间电位法在数学处理上较为简单,往往可以得到解析解。下面以碘酸根对铂电极上 $I_2$ 还原过程的自催化反应为例说明阶跃电流时间电位法在复杂电极过程中的应用。

碘酸极对铂电极上 $I_2$ 还原过程的自催化反应为

$$2I^- + \frac{2}{5}IO_3^- + \frac{12}{5}H^+ \rightarrow (1+\frac{1}{5})I_2 + \frac{6}{5}H_2O$$

$$I_2 + 2e^- \rightarrow 2I^-$$

若写成通式则为:

$$bR + Z \xrightarrow{k_1} (1+f)O + Y$$

$$O + ne^- \rightarrow 2I^-$$

对于碘酸根对 $I_2$ 还原过程的自催化反应,$f=1/5$。根据 fick 第二定律该电极过程所遵循的偏微分方程应为:

$$\frac{\partial C_O(x,t)}{\partial t} = D_O \frac{\partial^2 C_O(x,t)}{\partial x^2} + k_1 \frac{1+f}{b} C_R(x,t)$$

$$\frac{\partial C_R(x,t)}{\partial t} = D_R \frac{\partial^2 C_R(x,t)}{\partial x^2} - k_1 C_R(x,t)$$

阶跃电流情况下的边界条件为

$$x \to \infty \quad C_O(\infty, t) = C_O^0 \quad C_R(\infty, t) = 0$$

$$x = 0 \quad D_O\left[\frac{\partial C_O(x,t)}{\partial x}\right]_{x=0} = \frac{i_1}{nf}$$

$$D_R\left[\frac{\partial C_R(x,t)}{\partial x}\right]_{x=0} = -\frac{bi_1}{nf}$$

假设从 $D_O = D_R = D$，用拉氏变换法解此方程可得到 $O$、$R$ 粒子在电极表面的浓度随时间的变化关系式为

$$C_O(0,t) = C_O^0 + \frac{2fi_1t^{1/2}}{nf\pi^{1/2}D^{1/2}} - \frac{(1+f)i_1}{nfD^{1/2}k_1^{1/2}}\exp(k^{1/2}t^{1/2})$$

$$C_R(0,t) = \frac{bi_1}{nfD^{1/2}k_1^{1/2}}\exp(k^{1/2}t^{1/2})$$

其中 $C_O(0,t)$ 随时间的变化有一个极小值。电极电位是由 $O$、$R$ 粒子在电极表面的浓度决定的，因此在时间电位曲线上将出现一个相应的极大值，其结果如图 2 所示。

电位出现极大值所对应的时间 $t_m$ 可由 $C_O(0,t)$ 极小值所对应的时间求出

$$t_m = \frac{1}{k_1}\left(1 + \frac{1}{f}\right)$$

因此在实际实验中调节阶跃电流 $i_1$ 得到一个具有尖锐极大值的时间电位曲线，由峰电位所对应的时间 $t_m$ 可以求出准一级反应速度常数 $k_1$。

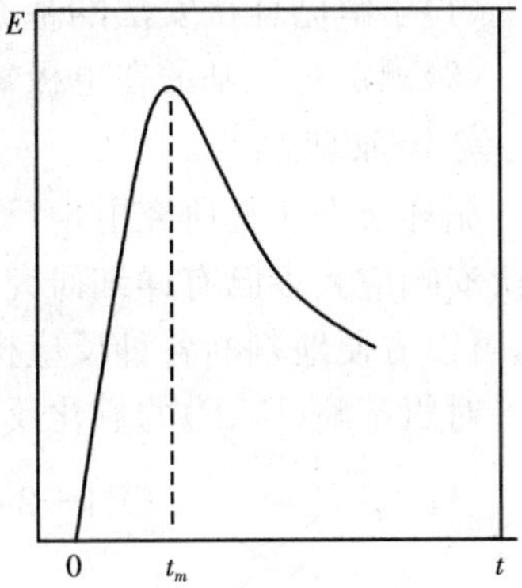

**图 2　自催化反应的时间电位关系**

## 三、实验用品

仪器：电化学工作站，PHS—3C 型酸度计。

药品：用二次蒸馏水及分析纯试剂配制下列溶液 A 和 B。

溶液 A：0.4 mol · $L^{-1}$ $KHSO_4$，0.6 mol · $L^{-1}$ $K_2SO_4$，1.5×$10^{-2}$ mol · $L^{-1}$ $KIO_3$。

溶液 B：0.75×$10^{-3}$ mol · $L^{-1}$ KI。

实验前溶液 A 和 B 分别通人 $N_2$ 15 min 除去溶解 $O_2$。

## 四、实验内容

(1)工作电极用热 1∶1 $HNO_3$ 和 10% KOH 溶液依次处理 2～3 min，用大量蒸馏水冲洗后待用。

(2)根据用量将溶液 A 和 B 按体积比 2∶1 混合后注入电解池准备测量。

(3)调节阶跃电流幅度，使示波器上观察到的 $E$—$t$ 曲线有一个明显的极大值。阶跃电流的大小对于得到理想的 $E$—$t$ 曲线甚为重要，阶跃电流密度可在 0.8 mA/$cm^2$～2 mA/$cm^2$ 仔细调节以得到最佳结果。

(4)得到理想的 $E$—$t$ 曲线后，读出 $t_m$ 值。可在相同阶跃电流下测量几次，取得 $t_m$ 的平均值。

(5)测量完成后取下电解池并测量溶液 pH。

## 五、数据记录与处理

仔细阅读相关文献。由测量得到的 $t_m$ 值计算准一级反应速度常数 $k_1$。讨论所得结果及实验中所遇到的问题。

## 六、思考题

(1)为什么简单电子转移过程的时间电位响应如图 1(b)所示，而自催化反应的时间电位曲线如图 2 所示？请作定性说明。

(2)本实验中测得的 $k_1$ 具有何种物理意义？它受哪些因素影响？

(3)为什么只有在适当的阶跃电流下才能观察到具有理想峰的 $E—t$ 曲线？

## *参考文献*


[1] 田昭武. 电化学研究方法. 北京：科学出版社，1984.

[2] 邓希贤，王艳等. 高等物理化学实验. 北京：北京师范大学出版社，1999.


# 实验四十八　循环伏安法测定亚胺醌水解反应的速率常数

## 一、实验目的

(1)了解循环伏安法的基本原理，实验方法及在 EC 历程研究上的应用。

(2)测定对氨基酚在电极氧化过程中形成的亚胺醌的水解反应速度常数。

## 二、实验原理

循环伏安法是研究电极反应过程的最常用手段之一。各种不同反应历程的电极过程的循环伏安响应大多已有详细研究。一般说来根据改变扫描电位范围和扫描速度时响应曲线的变化，可以方便地判断各种反应机理及测定有关的动力学参数。

对氨基酚(PAP)的氧化反应在给定的电位区间内反应历程为：

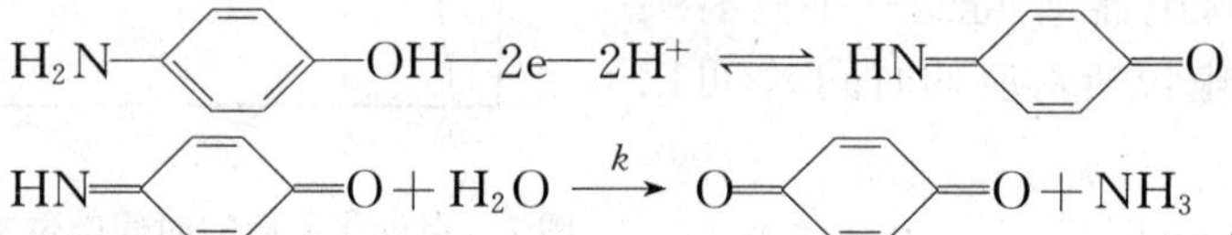


(1)

(2)

其中反应(2)是 PAP 电极氧化产物亚胺醌的水解反应，这是一个 EC 历程的电极反应。对 EC 历程电极反应的循环伏安响应，一些作者已经进行了详细讨论并得到了一些使用方便的工作曲线。对于电子转移过程是可逆的而随后化学反应是不可逆的 EC 历程，可以得到如图 1 的工作曲线。图中 $i_c/i_a$ 是循环伏安图上相应的反向扫描峰与正向扫描峰的蜂高比，$k$ 是随后一级化学反应的速度常数，$\tau$ 是扫描电位从半波电位($E_{1/2}$)到循环伏安法反转电位($E_\lambda$)所用的时间。此工作曲线的最佳使用范围是 $0.02<k\tau<1.6$。根据此工作曲线，由循环伏安图上求出相应的峰值比及 $\tau$ 就可以求得后续一级不可逆化学反应的速度常数 $k$。测定时可以采用适当的扫描速度使 $i_c/i_a$ 值落入该工作曲线的最佳使用区间。

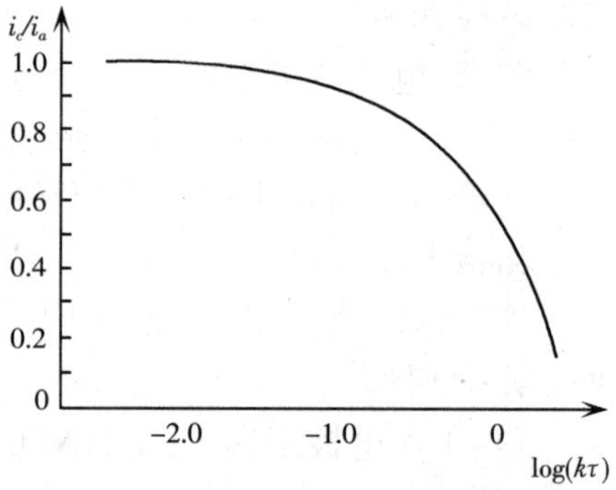


**图 1　EC 历程电极反应的循环伏安图**

PAP 的循环伏安图如图 2 所示。峰 A 是 PAP 的氧化峰，峰 B 是亚胺醌的还原峰，峰 C 是亚胺醌水解产物对苯醌的还原峰。本实验就是利用 B 峰与 A 峰的峰高比 $i_c/i_a$ 来求 $k$ 值。

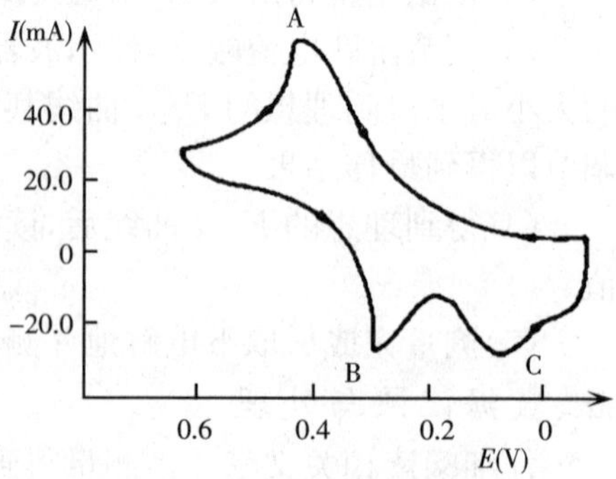


**图 2　PAP 的循环伏安图**

一些作者曾讨论过如何测定峰高，特别是测定逆向扫描的峰高。各种不同测定方法的出发点都是基于考虑如何得到正向扫描峰的衰减线来作为测定逆向扫描峰高的基线。在实际测量时尚应考虑扫描反转时和逆向扫描过程中的充电电流问题。为了解决这个问题，在实际测量中我们采用切线法来确定基线和测定峰高。

## 三、实验用品

仪器：电化学工作站，酸度计，三电极电解池。

药品：对氨基酚使用前应经无水乙醇重结晶，干燥后得到微紫色晶体。实验所用缓冲体系为柠檬酸-柠檬酸钾，pH 约为 2.0，总浓度为 0.5 mol・L$^{-1}$。PAP 浓度为 2 mmol・L$^{-1}$。试验前溶液应恒温并通 $N_2$ 15 min，除去溶液中 $O_2$。

## 四、实验内容

(1)按要求配制好待测溶液并通 $N_2$ 除 $O_2$。

(2)工作电极(Pt)使用前用 1∶1 硝酸和 10%KOH 溶液依次煮沸 2～3 min，用大量水冲洗后浸在蒸馏水中待用。

(3)装好电解池并接入测量电路，在－0.1 V～0.8 V(. VS. SCE)电位区间内做 3～4 次循环扫描以使电极稳定，然后再做正式测定。

(4)在 250 mv/s～5mv/s 选用不同扫描速度作 5～6 个循环伏安图，同时记录下所用扫描速度、电位范围、取样电阻及记录仪器量程等必要数据。

## 五、数据记录及处理

根据实验原理并参考必要的文献，由循环伏安图得到的 $i_c/i_a$ 和 $\tau$ 值，利用工作曲线求出 $k$ 的平均值。讨论得到的结果及实验中的有关问题。

## 六、思考题

(1)循环伏安法是电化学研究中最常用的方法。通过阅读文献中相关内容体会并总结循环伏安法在电极反应机理研究中应用的特点。

(2)在本实验中循环伏安图中的各个峰电位值在研究中有什么应用价值?

(3)为什么实验中工作曲线的最佳使用范围是 $0.02<k\tau<1.6$?

## *参考文献*

[1] 田昭武，等. 电化学研究方法. 北京：科学出版社，1984.

[2] 邓希贤，王艳，等. 高等物理化学实验. 北京：北京师范大学出版社，1999.

# 实验四十九　阳极溶出伏安法测定海水中铜铅锌镉

## 一、实验目的

(1)掌握阳极溶出伏安法测定海水中的铜、铅、锌、镉的方法原理和操作程序。

(2)掌握阳极溶出伏安法在痕量分析中的应用。

## 二、实验原理

在较负的电位下，海水中的铜、铅、锌、镉能同时被电解还原而富集到汞膜电极上，形成汞齐(金属的汞溶液)。当汞膜电极上进行反向电位扫描时，被还原在电极上的金属将会依次溶出而产生相应的氧化电流，记录过程中的伏(电压)—安(电流)曲线，如图 1 所示。其中峰电流：

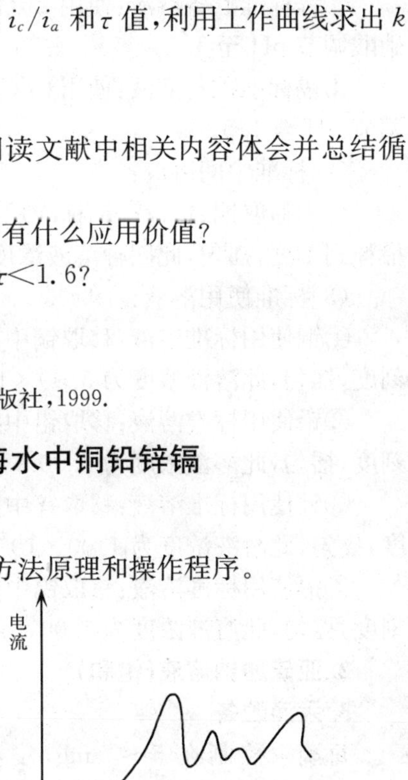


**图 1　阳极溶出伏安法的伏—安曲线示意图**

$$i_p=6.94\times10^5 n^2 D_0^{2/3}\omega^{1/2}\mu^{-1/6}AVtC_0\text{(汞膜电极)}$$

式中，$n$ 为金属溶出时失去电子数；$D_0$ 为汞齐中金属的扩散系数；$\omega$ 为溶液搅拌速度；$\mu$ 为溶液黏度；$A$ 为电极表面积；$v$ 为线性扫描电压速度；$C_0$ 为溶液中金属离子浓度；$t$ 为电解富集时间。

对于某一种金属离子，在严格控制操作条件一致的情况下，其 $D_0$、$\omega$、$\mu$、$A$、$V$、$t$ 为定值，则峰电流 $i_P$ 与 $C_0$ 成正比。因此，根据 $i_P$ 值的大小就可以定量求出该金属的离子浓度。

海水是一多组分强电解质溶液，因此无需另加支持电解质。由于海水中的溶解氧对 $i_p$ 值有干扰，必须预先除去，为此需在酸性介质中通纯氮气，在中性或碱性介质中加入适量饱和亚硫酸钠溶液除氧。

## 三、实验用品

仪器：汞膜（工作）电极 Ag/AgCl（参比）电极和铂（辅助）电极各 1 支，50 mL 容量瓶 6 只，50 mL 烧杯 2 个，50 mL 量筒 1 个，1 mL 移液管 4 支，搅拌子 2 支，洗瓶 1 个。

药品：

**1. 铜、铅、锌、镉标准溶液**

(1)标准贮备溶液：

①铜标准贮备溶液：使用五水硫酸铜（A. R.）配成 0.1 mol·L$^{-1}$，并用 1 mol·L$^{-1}$ 硫酸调节 pH 至 1.5。

②铅标准贮备溶液：使用 $Pb(CH_3COO)_2 \cdot 3H_2O$（A. R.）配成 0.1 mol·L$^{-1}$，并用 1 mol·L$^{-}$ 醋酸调节 pH 至 1.5。

③锌标准贮备溶液：使用 $Zn(NO_3)_2 \cdot 6H_2O$（A. R.）配成 0.1 mol·L$^{-1}$，并用 1 mol·L$^{-1}$ 硝酸调节 pH 至 1.5。

④镉标准贮备溶液：使用 $CdCl_2 \cdot 6H_2O$（A. R.）配成 0.1 mol·L$^{-1}$，并用 1 mol·L$^{-1}$ 盐酸调节 pH 至 1.5。

(2)标准中间溶液：

分别移取铜、铅、锌、镉标准贮备溶液 1.00 mL，加入 4 只 100 mL 容量瓶中，用二次蒸馏水稀释到刻度，摇匀，此四种溶液浓度均为 $1.00\times10^{-3}$ mol·L$^{-1}$。

(3)标准使用溶液：

①铜使用标准溶液：移取铜中间溶液 5.00 mL 于 100 cm$^3$ 容量瓶中，用二次蒸馏水稀释到刻度，摇匀，此溶液浓度为 $5.00\times10^{-5}$ mol·L$^{-1}$。

②铅使用标准溶液：移取铅中间溶液 1.00 mL 于 100 mL 容量瓶中，用二次蒸馏水稀释到刻度，摇匀，此溶液浓度为 $1.00\times10^{-5}$ mol·L$^{-1}$。

③锌使用标准溶液：移取锌中间溶液 10 mL 于 100 mL 容量瓶中，用二次蒸馏水稀释到刻度，摇匀，此溶液浓度为 $1.00\times10^{-4}$ mol·L$^{-1}$。

④镉使用标准溶液：移取镉中间溶液 0.5 mL 于 100 cm$^3$ 容量瓶中，用二次蒸馏水稀释到刻度，摇匀，此溶液浓度为 $5.00\times10^{-6}$ mol·L$^{-1}$。

**2. 亚硫酸钠溶液（饱和）**

**3. 汞滴贮备**

每滴汞控制在 5～7 mg，浸在 0.1 mol·L$^{-1}$ $NH_4OH$ ＋ 0.1 mol·L$^{-1}$ $NH_4Cl$ ＋ 0.01 mol·L$^{-1}$ EDTA ＋ 0.01 mol·L$^{-1}$ $Na_2CO_3$ 溶液中备用。

## 四、实验内容

**1. 铜、铅、镉的测定**

移取海水样品 50 mL 于 50 mL 烧杯中，加 2 滴饱和亚硫酸钠溶液除氧，搅拌 2 min 后，插入电极，在$-0.050\sim1.400$ V电位范围内，以100 mv/s反复扫描3～5次，使电极表面状态趋于稳定，将电位调至$-0.050$ V搅拌1 min后，在$-1.00$ V搅拌电解富集5 min，停止搅拌，静止1 min，在$-1.00\sim0.05$ V扫描，显示扫描曲线。当峰形正常时，可以进行一次重复测定。在$-0.05$ V搅拌1 min后将电位转至$-1.00$ V富集5 min，停止搅拌，静止1 min后，在$-1.00\sim0.05$ V区间扫描、步进1 mV、记录扫描曲线并测量峰电流值(峰高)。

定量分析采用标准加入法，即在上述溶液中分别加入0.1 mL铜、铅、镉标准使用溶液，重复上述测定，记录伏安曲线并测量峰电流值(峰高)。

**2. 锌的测定**

起始电压为$-1.400$ V，终止电压为$-0.050$ V，在$-1.400$ V富集2 min，其余步骤同前。

## 五、结果计算

对于一次标准加入法，当加入标量与相应峰高增值成正比时，若忽略所加入标液体积，则海水中金属离子浓度($mol\cdot L^{-1}$)可由下式计算：

$$C=\frac{i_1V_nC_n}{(i_2-i_1)\times V_{样}}$$

式中，$i_1$为海水样品所测峰电流值(mA)；$i_2$为海水样品中加入标准使用溶液后所测峰电流值(mA)；$C_n$为加标准使用溶液的浓度($mol\cdot L^{-1}$)；$V_n$为加标准使用溶液的体积($cm^3$)；$V_{样}$为海水样品的体积($cm^3$)。

峰电流测量方法：峰电流测量方法根据波形而定，但测定一批样品必须统一，实际情况下往往按照浓度—峰高工作曲线呈良好直线性为原则来选用测量峰的方法。测量峰高方法大体有几种：

(1)以峰顶与基线(可由纯净海水不予富集所得伏安曲线获得)的垂直距离作为峰高，如图2(a)所示。

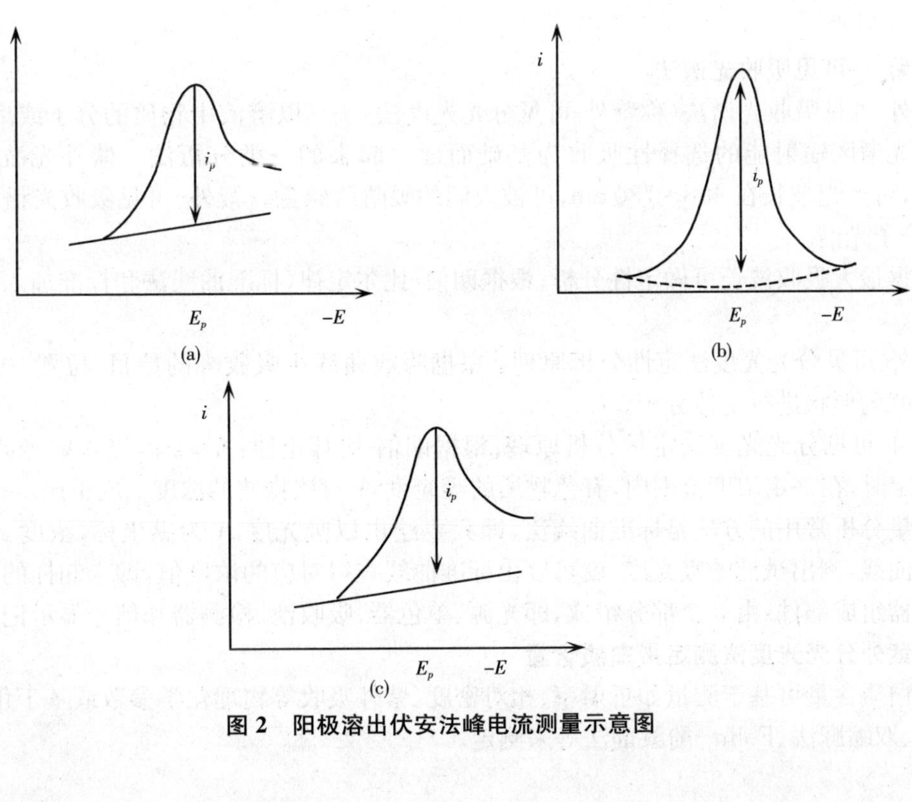


**图2　阳极溶出伏安法峰电流测量示意图**

(2)以峰顶前沿延长线的垂直距离做峰高，如图 2(b)所示。

(3)以前峰坡高与后坡高度之和的一半，或峰顶与前后沿连线的垂直距离做峰高，如图 2(c)所示。

## 六、注意事项

(1)阳极溶出伏安法测定峰电流的大小，除与被测离子浓度成正比外，还与扫描速度、富集时间、电解电位、电极面积、溶液的性质、测定温度及搅拌速度等因素有关，所以测定时上述因素应严加控制，操作步骤也应力求一致。

(2)因海水中含有微量铜、铅、锌、镉离子，为减少污染，所用一切容器均应预先在 1∶1 硝酸中浸泡，使用前洗涤干净。

(3)溶液除氧并调定控制电位后再插进电极，待检查无误时接通电极，并立即将仪器转至三电极状态，以免电位不当而损坏电极。为此在操作之前必须熟悉仪器性能，最好将电极插在电位控制范围适当的除氧溶液中，否则应将电极接线断开。

(4)仪器接好线路，须经老师检查后方可开机。

*参考文献*

[1] 祝陈坚等. 海水分析化学实验. 青岛：中国海洋大学出版社，2006.

[2] 田昭武等. 电化学研究方法. 北京：科学出版社，1984.

# 实验五十　外分光光度法测定蛋白质含量

## 一、实验目的

(1)学习紫外分光光度法测定蛋白质含量的原理。

(2)掌握紫外分光光度法测定蛋白质含量的实验技术。

(3)掌握 TU－1800PC 紫外-可见分光光度计的使用方法并了解此仪器的主要构造。

## 二、实验原理

**1. 紫外-可见吸收光谱法**

紫外-可见吸收光谱法(称紫外-可见分光光度法)——以溶液中物质的分子或离子对紫外和可见光谱区辐射能的选择性吸收为基础而建立起来的一类分析法。紫外光波长在 10～400 nm，可见光波长在 400～780 nm，可被人们的眼睛所感觉。紫外-可见吸收光谱的特点：带光谱、分子光谱。

根据最大吸收波长可做定性分析；根据朗伯-比尔定律(标准曲线法和标准加入法)可做定量分析。

紫外-可见分光光度法定性分析原理：根据吸收曲线中吸收峰的数目、位置、相对强度以及吸收峰的形状进行定性分析。

紫外-可见分光光度法定量分析原理：根据朗伯-比耳定律：$A=\varepsilon bc$，当入射光波长 $\lambda$ 及光程 $b$ 一定时，在一定浓度范围内，有色物质的吸光度 $A$ 与该物质的浓度 $c$ 成正比。

定量分析常用的方法是标准曲线法，即只要绘出以吸光度 $A$ 为纵坐标，浓度 $c$ 为横坐标的标准曲线，测出试液的吸光度，就可以由标准曲线查得对应的浓度值，即未知样的含量。

仪器组成部件：由 5 个部分组成，即光源、单色器、吸收池、检测器和信号显示记录装置。

**2. 紫外分光光度法测定蛋白质含量**

蛋白质含量可基于测量如折射率、相对密度、紫外吸收等物理化学参数或基于化学反应如定氮法、双缩脲法、Folin－酚酞剂法等来测定。

本实验采用紫外分光光度法测定蛋白质含量。蛋白质中酪氨酸和色氨酸残基的苯环含有共轭双键，因此，蛋白质具有吸收紫外光的性质，其最大吸收峰位于 280 nm 附近（不同的蛋白质吸收波长略有差别）。在最大吸收波长处，吸光度与蛋白质溶液浓度的关系服从朗伯-比尔定律。该测定法简单、灵敏、快速，不消耗样品，低浓度的盐类不干扰测定。因此，在蛋白质和酶的生化制备中广泛应用，特别是在柱色谱分离中，常利用 280 nm 进行紫外检测，来判断蛋白质吸附或洗脱情况。

利用紫外吸收法测定蛋白质含量准确度较差，其主要原因有两个：其一对于测定那些与标准蛋白质中酪氨酸和色氨酸含量差异较大的蛋白质，有一定误差，故该法适用于测定与标准蛋白质种氨基酸组成相似的蛋白质；其二若样品中含有嘌呤、嘧啶等吸收紫外光的物质，会出现较大干扰。核酸强烈吸收波长为 280 nm 的紫外光，它对于 260 nm 紫外光的吸收更强；但是蛋白质恰恰相反，在 280 nm 的紫外吸收值大于 260 nm 的紫外吸收值。利用这些性质，通过计算可以适当校正核算对于测定蛋白质含量的干扰作用。但是不同的蛋白质和核酸的紫外吸收是不相同的，虽然经过校正，测定结果还存在一定的误差。

在测定工作中，可利用在 280 nm 及 260 nm 下的吸收差求出蛋白质的浓度。蛋白质浓度（$mg \cdot mL^{-1}$）$=1.45A_{280}-0.74A_{260}$（其中，$A_{280}$ 为 280 nm 处测得的吸光度值；$A_{260}$ 为 260 nm 处测得的吸光度值）。可根据下式求出算出溶液的蛋白质浓度：

$$蛋白质浓度(mg \cdot mL^{-1})=F \cdot (1/d) \cdot A_{280} \cdot D$$

式中，$F$ 为校正因子；$A_{280}$ 为 280 nm 下测得的吸光度值；$d$ 为石英比色池的厚度（cm）；$D$ 为溶液的稀释倍数。

注：测出 280 nm 和 260 nm 处的吸光度值后，确定两波长处吸光度比值，按此比值可查得校正因子 $F$。

对于稀蛋白质溶液，可用 215 nm 和 225 nm 的吸光度差 $\Delta A$（$\Delta A=A_{215}-A_{225}$）来测定浓度。

紫外吸收法在蛋白质含量为 20～100 $\mu g \cdot mL^{-1}$ 服从比耳定律。氯化钠、硫酸铵以及 0.1 $mol \cdot L^{-1}$ 磷酸、硼酸和 Tris 等缓冲液都无显著干扰。但是 0.1 $mol \cdot L^{-1}$ 乙酸、琥珀酸、邻苯二甲酸以及巴比妥等缓冲液在 215 nm 下的吸收较大，不能应用，必须降至 0.005 $mol \cdot L^{-1}$ 才无显著影响。由于蛋白质的紫外吸收常因 pH 的改变而改变，故进行样品测定时的 pH 最好与标准曲线制作时的 pH 一致。

## 三、实验用品

仪器：TU－1800PC 紫外可见光分光光度计。

药品：标准蛋白质溶液：5.00 $mg \cdot mL^{-1}$ 溶液，0.9％ NaCl 溶液，待测蛋白质溶液，10 mL 比色管 6 支，吸量管，洗耳球，胶头滴管，滤纸，烧杯。

## 四、实验步骤

**1. 准备工作**

(1)启动计算机，打开主机电源开关，启动工作站并初始化仪器，预热半小时。

(2)在工作界面上选择测量项目（光谱扫描、光度测量），本实验选择光度测量，设置测量条件（测量波长等）。

(3)将两个均装有 0.9％ NaCl 溶液的 1 cm 石英比色皿放入测量池中，点击 START 扫描空白，点击 ZERO 校零。

(4)标准曲线的制作。

**2. 测量工作**

(1)吸收曲线的绘制

用吸量管吸取 2 ml 5.00 mg · $mL^{-1}$ 标准蛋白质溶液于 10 ml 比色管中，用 0.9% NaCl 溶液稀释至刻度，摇匀。用 1 cm 石英比色皿，以 0.9% NaCl 溶液作为参比，在 190～400 nm 区间，每隔 1.0 nm 测量一次吸光度，记录读数。

(2)标准曲线的制作

用吸量管分别吸取 0.5 mL、1.0 mL、1.5 mL、2.0 mL、2.5 mL 5.00 mg · $mL^{-1}$ 标准蛋白质溶液于 5 支 10 mL 比色管中，用 0.9% NaCl 溶液稀释至刻度，摇匀。此系列含蛋白分别为 0.25 mg · $mL^{-1}$、0.50 mg · $mL^{-1}$、0.75 mg · $mL^{-1}$、1.00 mg · $mL^{-1}$、1.25 mg · $mL^{-1}$。用 1 cm石英比色皿，以 0.9% NaCl 溶液为参比，在 280 nm 处分别测定各标准溶液的吸光度 $A$，记录所得读数。

(3)样品测定

取待测蛋白质溶液 3 mL，按上述方法测定 280 nm 处的吸光度。平行测定 3 份。

## 五、数据处理

(1)以波长为横坐标，吸光度为纵坐标，绘制吸收曲线，找出最大吸收波长。

(2)以蛋白质浓度为横坐标，吸光度为纵坐标绘制标准曲线。

(3)根据样品溶液的吸光度，从标准曲线上查出待测蛋白质的浓度。

## 六、注意事项

(1)在使用比色皿时不可接触光面。

(2)每一次进行测量之前，都要将比色皿周围用滤纸擦干。

(3)由于蛋白质的紫外吸收峰常因 pH 的改变而改变，故进行样品测定时的 pH。最好与标准曲线制作时的 pH 一致。

## 七、思考题

紫外分光光度法测定蛋白质的方法有何缺点及优点？受哪些因素的影响和限制？

# 实验五十一　紫外分光光度法测定水杨酸的含量

## 一、实验目的

(1)了解紫外分光光度计的工作原理和使用方法。

(2)掌握紫外分光光度法测定物质含量的原理及其测定方法。

(3)了解紫外分光光度法测定未知浓度水杨酸含量的方法。

## 二、实验原理

从紫外-可见吸收光谱图的横坐标可以反映分子内部能级分布状况，是物质定性的依据。而根据朗伯-比尔定律 $A=\varepsilon bc$，物质在一定波长处的吸光度与它的浓度成正比。因此，选择适宜波长(一般为最大吸收波长处 $\lambda_{max}$)，测定溶液的吸光度就可以求出溶液的浓度和物质的含量，所以紫外-可见吸收光谱图的纵坐标吸收峰强度是定量分析的依据，其方法多用标准曲线法。

标准曲线法：配制一系列已知浓度的标准溶液，并测得相应的吸光度值，绘制吸光度对浓度的关系曲线，即工作曲线。然后根据试样溶液的吸光度值找出对应的浓度。

## 三、实验用品

仪器：紫外可见分光光度计(TU－1800PC 型)，石英比色皿(1 cm 2 个)，容量瓶(100 mL 1 只、50 mL 6 只)，吸量管(10 mL 1 支)，移液管(10 mL 1 支)，胶头滴管 7 支。

药品：水杨酸标准溶液(600 μg · $mL^{-1}$)，待测水杨酸试样。

## 四、实验内容

**1. 定性分析**

(1)溶液配制

精密称取一定量的分析纯水杨酸固体，溶于磷酸盐溶液(可增加溶解度)中，配制成质量浓度为 600 $\mu g \cdot mL^{-1}$ 的贮备液。

(2)光谱扫描

在 210～400 nm 区间扫描样品溶液的紫外吸收图谱，确定水杨酸的最大吸收波长。可见，水杨酸的吸收波长位于 295 nm 附近。

**2. 定量分析**

(1)标准溶液的配制

分别取 600 $\mu g \cdot mL^{-1}$ 水杨酸标准溶液 0.5 mL、1.0 mL、1.5 mL、2.0 mL、2.5 mL 于 50 mL 容量瓶中，定容至刻度，得一系列已知浓度 $c$。

(2)标准工作曲线的绘制

使用 TU－1800 紫外可见分光光度计的"光度测量"工作模式在 295 nm 处测其吸光度，得一系列光度值 $A$，使用 Origin 软件或者 Excel 中的"图表"工具绘制吸光度对浓度的关系曲线得标准工作曲线，并分析线性关系的好坏。

(3)测未知样含量

取未知浓度的水杨酸溶液，按上述实验方法在最大吸收波长处(295 nm)测其吸光度值 $A$，再根据标准工作曲线即可得到该未知液中水杨酸的浓度。

## 五、注意事项

(1)本实验需要 6 只 50 mL 容量瓶，配置前务必将其清洗干净并编号，以免混淆。

(2)溶液配制后需尽快测定。

(3)比色皿有毛面和光面，使用时不能接触光面。

(4)每一次进行测量之前，都要用待测样洗涤比色皿，并将比色皿周围用擦镜纸擦干。

(5)比色皿中的待测样要超过比色皿高度的 2/3，但不要装满，以免外溢。溶液中不能有气泡。

## 六、数据记录与处理

(1)以波长为横坐标，吸光度为纵坐标，绘制吸收曲线，找出最大吸收波长。

(2)以标准溶液浓度为横坐标，吸光度为纵坐标绘制标准工作曲线。

(3)根据未知浓度样品溶液的吸光度，利用标准工作曲线得到其浓度。

# 实验五十二　紫外光谱测定食品中的防腐剂

## 一、实验目的

(1)掌握 TU－1800PC 紫外-可见分光光度计的使用方法并了解此仪器的主要构造。

(2)学习紫外分光光度法测定食品中防腐剂(苯甲酸或山梨酸)的含量原理。

(3)掌握紫外分光光度法测定食品中防腐剂(苯甲酸或山梨酸)的含量的实验技术。

## 二、实验原理

苯甲酸和山梨酸以及它们的钠盐、钾盐是食品卫生标准允许使用的两种主要防腐剂，其用量在食品卫生标准中都有严格的规定。苯甲酸具有芳烃结构，在波长 228 nm 和 272 nm 处有

K吸收带和B吸收带。山梨酸具有$\alpha$、$\beta$不饱和羰基结构，在波长250 nm处有$\pi \rightarrow \pi^*$跃迁的K吸收带，因此根据它们的紫外吸收光谱特性可以对它们进行定性鉴定和定量测定。

## 三、实验用品

仪器：TU－1800PC紫外可见分光光度计，电子天平，分液漏斗(150 mL、250 mL)，容量瓶(10 mL、25 mL、100 mL)，吸液管(1 mL、2 mL、5 mL)。

药品：苯甲酸，山梨酸，乙醚，NaCl，1% $NaHCO_3$，HCl(0.05 mol·$L^{-1}$，2 mol·$L^{-1}$)，待测样品：饮料、果汁、果酱或酱油。

## 四、实验内容

### 1. 样品中防腐剂的分离

称取待测样品2.0 g，用40 mL水溶解，移入150 mL分液漏斗中，加入适量的粉状NaCl，待溶解后滴加0.1 mol. $L^{-1}$ HCl使溶液的pH小于4。依次用30 mL、25 mL和20 mL 3份乙醚样品萃取样品溶液，合并乙醚溶液并弃去水相。用2份30 mL 0.05 mol·$L^{-1}$ HCl洗涤乙醚萃取液，弃去水相。然后用3份20 mL 1% $NaHCO_3$水溶液萃取乙醚溶液，合并$NaHCO_3$溶液，用2 mol·$L^{-1}$ HCl酸化$NaHCO_3$溶液并多加1 mL，将该溶液移入250 mL分液漏斗中。依次用25 mL、25 mL、20 mL乙醚分3次萃取已酸化的$NaHCO_3$溶液，合并乙醚溶液并移入100 mL容量瓶中，用乙醚定容后吸取2 mL于10 mL容量瓶中，定容后，供紫外光谱测定。

### 2. 防腐剂定性鉴定

取经提纯稀释后的乙醚萃取液，用1 cm吸收池，以乙醚为参比，在波长210～310 nm作紫外吸收光谱，根据吸收峰波长及吸收强度确定防腐剂的种类。

### 3. 制作工作曲线

(1)配制苯甲酸(或山梨酸)标准溶液

准确称取0.10 g苯甲酸，用乙醚溶解，移入25 mL容量瓶中定容，吸取该溶液1 mL用乙醚稀释至25 mL，此溶液含苯甲酸为0.16 mg·$mL^{-1}$作为储备液。吸取5 mL储备液于25 mL容量瓶中，定容后成为32 $\mu$g·$mL^{-1}$苯甲酸标准溶液。分别吸取苯甲酸标准溶液0.5 mL、1.0 mL、1.5 mL、2.0 mL和2.5 mL于5个10 mL容量瓶中，用乙醚定容。

(2)测定

用1 cm吸收池，以乙醚作参比，分别测定上述5个标准溶液的吸收光谱，并测定苯甲酸K吸收带吸收最大波长处的吸光度。如果待测样品中含山梨酸，则可用同样方法配制山梨酸标准溶液并测定其K吸收带的吸光度。

### 4. 食品中防腐剂定量测定

利用步骤2样品乙醚萃取液的紫外吸收光谱，确定其K吸收带的吸光度。

## 五、数据记录及处理

(1)以波长为横坐标，吸光度为纵坐标，绘制吸收曲线，找出最大吸收波长。

(2)以标准溶液浓度为横坐标，吸光度为纵坐标绘制标准曲线。

(3)根据待测样品溶液的吸光度，从标准曲线上查出待测样品的浓度。

## 六、注意事项

(1)在使用比色皿时不可接触光面。

(2)每一次进行测量之前，都要用待测样洗涤比色皿，并将比色皿周围用擦镜纸擦干。

## 实验五十三　自动电位滴定法测定酱油中总酸和氨基酸态氮

### 一、实验目的

(1)熟悉电位滴定法的基本原理和实验技术。

(2)掌握电位滴定法测定物质浓度的实验方法。

### 二、实验原理

电位滴定法是根据滴定过程中指示电极电位的变化确定终点的容量分析方法。目前,国家卫生标准测定酱料调味品中总酸和氨基酸态氮的方法是人工电位滴定法,但人工滴定操作误差大,试验条件不容易控制。利用自动电位滴定仪可以自动测定调味品中的总酸和氨基酸态氮。

原理:氨基酸具有酸、碱两重性质,因为氨基酸含有—COOH 基显示酸性,又含有$—NH_2$基显示碱性。由于这两个基的相互作用,使氨基酸成为中性的内盐。当加入甲醛溶液时,$—NH_2$与甲醛结合,其碱性消失,破坏内盐的存在,就可用碱来滴定—COOH 基,以间接方法测定氨基酸态氮的含量

样品中氨基酸态氮含量的计算公式:

$$X=\frac{(V_1-V_2)\times c\times 0.014}{V_3\times\frac{5}{100}}\times 100$$

式中,$X$ 为样品中氨基酸态氮的含量(以氮计)(g/100 mL);$V_1$ 为滴定样品稀释液消耗0.05 mol/L 氢氧化钠标准滴定溶液的体积(mL);$V_2$ 空白试验消耗 0.05 mol/L 氢氧化钠标准滴定溶液的体积(mL);$V_3$ 为样品稀释液取用量(mL);$c$ 为氢氧化钠标准滴定溶液浓度($mol\cdot L^{-1}$);0.014 为 1.00 mL 氢氧化钠标准滴定溶液[$c(NaOH)=1.000\ mol\cdot L^{-1}$]相当于氮的质量(g)。

### 三、实验用品

仪器:自动电位滴定仪 794 Basic Titrino 型,复合 pH 玻璃电极。

药品:37.0%～40.0%甲醛溶液,氢氧化钠标准溶液($C_{NaOH}=0.05\ mol\cdot L^{-1}$),待测样品:酱油。

### 四、实验内容

(1)打开位于仪器后面板上的电源开关,仪器自检;打开电脑、打印机等外设单元;启动电脑中的数据处理软件。

(2)仪器相关参数的设定

①依次按【CONFIG】、【ENTER】键,send to: HP。其他参数取默认值。

②按【MODE】键,选择 mode 为 SET;按【ENTER】,选择 SET: pH。

③按【PARAM】键,出现>SET1 ,按【ENTER】键,EP at pH:9.27,max. rate: 2mL/min 其他值默认。

④按【DEF】键,选择>report 项,设置为 param;full。

⑤按【USER METH】键,选择>store method 项,输入 001,【ENTER】。

⑥依次按【CONFIG】、【ENTER】键,send to: HP。其他参数取默认值。

⑦按【MODE】键,选择 mode 为 SET;按【ENTER】,选择 SET:pH。

⑧按【PARAM】键,出现>SET1 ,按【ENTER】键,EP at pH:8.2,max, rate: 2mL/min

其他值默认。

⑨按【DEF】键，选择>report 项，设置为 param; full。

⑩按【USER METH】键，选择>store method 项，输入 002，【ENTER】。

⑪重复⑥～⑩步骤，将其中⑧中的 pH 设为 9.2，第⑩步的 002 改为 003。

(3)用氢氧化钠标准溶液洗涤储液瓶两到三次后将氢氧化钠标准溶液倒入储液瓶。

(4)任取一 50 mL 左右烧杯放到滴定台上，按【DOS】和【STOP/FILL】键清洗柱塞式滴定管两到三次。

(5)按【USER METH】键，选择>recall method 项，输入 001，回车。配制和标定氢氧化钠标准溶液。

(6)精确称取一定量（自己考虑）的邻苯二甲酸氢钾，溶于 50 mL 去离子水中。按【START】键开始自动滴定。

(7)当到达第一个终点(pH=9.27)时，滴定结束，数据自动传输到电脑中，并通过打印机打印出滴定数据。

(8)准确量取 5.0 mL 酱油，置于 100 mL 容量瓶中，加水至刻度，混匀后吸取 20.0 mL，置于 200 mL 干净烧杯中，加 60 mL 水，开动磁力搅拌器，混匀。按【USER METH】键，选择>recall method 项，输入 002，回车。按【START】键开始自动滴定。

(9)当到达第二个终点(pH=8.2)时，滴定结束，数据自动传输到电脑中，并通过打印机打印出滴定数据。

(10)加入 10 mL 甲醛溶液，混匀。按【USER METH】键，选择>recall method 项，输入 003，回车。按【START】键，滴定又自动开始。

(11)当 pH 到达 9.2 时，滴定结束，数据自动传输到电脑中，并通过打印机打印出滴定数据。

(12)取 80 mL 水，先选择 002method 用氢氧化钠溶液($C_{NaOH}=0.05\ mol\cdot L^{-1}$)调节 pH=8.2，再加入 10 mL 甲醛溶液，混匀后选择 003method，用氢氧化钠标准溶液($C_{NaOH}=0.05\ mol\cdot L^{-1}$)滴定至 pH=9.2，做试剂空白实验。

## 五、数据记录与处理

(1)通过第一个终点处消耗的氢氧化钠标准溶液的体积，可以算出总酸含量。

(2)通过计算公式求出样品中氨基酸态氮的含量。

## 六、思考题

(1)滴定过程中两次设定 pH 为什么是 8.2 和 9.2？

(2)自动电位滴定与传统手工滴定相比有何差别，它的优势在哪？

## *参考文献*

中华人民共和国国家标准：酿造酱油 GB18186—2000.

# 实验五十四　自来水中磷含量的测定

## 一、实验目的

(1)学习 TU-1800 紫外分光光度计的基本原理和操作。

(2)了解水中磷含量测定的原理和操作。

## 二、实验原理

根据分光光度法测定磷的原理，用钼酸铵溶液与水样中的 $PO_4^{3-}$ 在酸性介质中反应，生成黄色磷钼酸铵，然后用 $SnCl_2$ 将磷钼酸铵还原为磷钼蓝，用分光光度法测定。具体方法为：基于磷元素在特定波长有紫外可见吸收，用 TU－1800 紫外分光光度计首先确定该最大波长，然后由该波长处的吸光度（峰高）和系列浓度作出工作曲线。最后由水样测定后试样的峰高，从工作曲线上查出试液的浓度。

## 三、实验用品

仪器：TU－1800 紫外分光光度计，石英比色皿，容量瓶。

药品：钼酸铵，酒石酸，浓硝酸，二氯化锡，磷酸氢二钠，1∶1 硫酸，2 mol·$L^{-1}$ $H_2SO_4$，浓盐酸。

## 四、实验内容

**1. 配制 0.6%钼酸铵溶液**

溶解 3 g 钼酸铵、1 g 酒石酸于 100 mL 水中，加入浓硝酸 13 mL，用水稀释至 500 mL 。

**2. 配制 0.1%二氯化锡溶液**

溶解 0.2 g 二氯化锡于 1.25 mL 浓盐酸中，用水稀释至 200 mL。

**3. 磷标准储备液**

称取在 105 ℃已干燥的磷酸氢二钠（$Na_2HPO_4 \cdot 12H_2O$）1.165 g，将它溶解于水中，加 1∶1硫酸 2 mL，用水稀释至 1 L。（1 mL 相当于 0.100 mg 磷）临用时，吸取上述溶液于容量瓶中稀释 10 倍，配成 10.0 μg·$mL^{-1}$ 磷标准溶液。

**4. 标准系列溶液的配制**

吸取 10 μg·$mL^{-1}$ 的磷标准溶液 0.0 mL、1.0 mL、2.0 mL、4.0 mL、6.0 mL、8.0 mL、10.0 mL于 50 mL 容量瓶中，加入 10 mL 2 mol·$L^{-1}$ $H_2SO_4$溶液，用水稀释至刻度。

**5. 未知试样溶液的配制**

吸取 50 mL 自来水两份（根据磷含量高低而定）于两只 50 mL 容量瓶中，各加入 10 mL 2 mol·$L^{-1}$ $H_2SO_4$溶液，用水稀释至刻度。

**6. 测定**

按 TU－1800 紫外分光光度计的操作规程，分别测定标准溶液和试样，并记录其吸光度。根据记录谱图绘制工作曲线，算出自来水中磷的含量。

## 五、思考题

（1）写出反应的化学方程式。

（2）反应为何要在酸性介质中进行？

# 实验五十五　电池电动势的测定及应用

## 一、实验目的

（1）通过实验加深对可逆电池、可逆电极概念的理解。

（2）掌握对消法测定电池电动势的原理及电位差计的使用方法。

（3）通过测量电池 $Ag|AgCl(s)|Cl^- \| AgNO_3|Ag$ 的电动势求 AgCl 的溶度积 $K_{SP}$。

（4）通过 $Ag|AgCl(s)|Cl^- \|$ 醌，氢醌$|Pt$ 电池电动势的测量求未知溶液 pH。

## 二、实验原理

$Ag|AgCl(s)|Cl^- \| AgNO_3|Ag$

该电池的电极反应为：

负极：$Ag+Cl^-(a_1)\rightarrow AgCl+e^-$

正极：$Ag^+(a_2)+e^-\rightarrow Ag$

电池反应：$Ag^+(a_2)+Cl^-(a_1)\rightarrow AgCl$

电池电动势：$E=\varphi_{右}-\varphi_{左}$

$$=(\varphi^{\ominus}_{Ag^+/Ag}+\frac{RT}{F}\text{Lln}a_{Ag^+})-(\varphi^{\ominus}_{AgCl/Ag}+\frac{RT}{F}\ln\frac{1}{a_{Cl^-}})$$

$$=E^{\ominus}-\frac{RT}{F}\ln\frac{1}{a_{Ag^+}a_{Cl^-}}$$

又因为 $\Delta G^{\ominus}=nE^{\ominus}F=-RT\ln\frac{1}{K_{SP}}(n=1)$，$E^{\ominus}=\frac{RT}{F}\ln\frac{1}{K_{SP}}$

所以

$$E=\frac{RT}{F}\ln\frac{1}{K_{SP}}+\frac{RT}{F}\ln(a_{Ag^+}\cdot a_{Cl^-})=\frac{RT}{F}\ln\frac{a_{Ag^+}\cdot a_{Cl^-}}{K_{SP}}=\frac{RT}{F}\ln\frac{\gamma_{\pm Ag^+}\cdot C_{Ag^+}\cdot\gamma_{\pm Cl^-}\cdot C_{Cl^-}}{K_{SP}}$$

因此只要测得该电池电动势就可根据上式求得 AgCl 的 $K_{SP}$。

其中 $\gamma_{\pm Ag^+}$ 为 $AgNO_3$ 溶液的平均活度系数，$\gamma_{\pm Cl^-}$ 为 KCl 溶液的平均活度系数，当 $C_{AgNO_3}=0.1000\ mol\cdot L^{-1}$ 时，$\gamma_{\pm Ag^+}=0.734$；当 $C_{KCl}=1.000\ mol\cdot L^{-1}$，$\gamma_{\pm Cl^-}=0.606$。

求溶液的 pH 可设计如下电池：

Ag|AgCl(s)|$Cl^-$ ‖ 醌，氢醌|Pt

醌氢醌为等摩尔的醌和氢醌的结晶混合物，在水中溶解度很小，作为正极时其反应为：

$C_6H_4O_2+2H^++2e^-\rightarrow C_6H_4(OH)_2$

其电极电位为 $\varphi_{右}=\varphi^{\ominus}_{醌氢醌}-\frac{RT}{2F}\ln\frac{a_{氢醌}}{a_{醌}\cdot a^2_{H^+}}$

因为水溶液中氢醌电离度很小，我们可以认为醌与氢醌活度相等，所以上式可以写成：

$$\varphi_{右}=\varphi^{\ominus}_{醌氢醌}-\frac{RT}{2F}\ln\frac{1}{a^2_{H^+}}=\varphi^{\ominus}_{醌氢醌}-\frac{2.303RT}{F}\text{pH}$$

根据 $E=\varphi_{右}-\varphi_{左}=\varphi_{醌氢醌}-\varphi_{AgCl/Ag}$

25 ℃时，$\varphi^{\ominus}_{醌氢醌}=0.6995\ V$

所以 25 ℃时，$\varphi^{\ominus}_{醌氢醌}=0.6995\ V-0.05915\text{pH}$

$E=0.6995-0.05915\text{pH}-\varphi_{AgCl/Ag}$

$$\text{pH}=\frac{0.6995-E-\varphi_{AgCl/Ag}}{0.05915}$$

只要测得电池电动势就可以求出未知溶液的 pH。

## 三、仪器及药品

UJ25 型电位差计，恒温槽一套，检流计，标准电池，直流稳压电源，Pt 电极，Ag 电极，AgCl/Ag 电极，半电池管 2 支，饱和 KCl 盐桥若干个，$0.1000\ mol\cdot L^{-1}\ AgNO_3$，$1.000\ mol\cdot L^{-1}$ KCl，饱和醌氢醌溶液。

## 四、对消法基本原理

测量可逆电池的电动势不能直接用伏特计来测量，因为电池与伏特计相接后，整个线路便有电流通过，此时电池内部由于存在内电阻而产生某一电位降，并在电池两极发生化学反应，溶液浓度发生变化，电动势数据不稳定，所以要准确测定电池的电动势，只有在电流无限小的情况下进行，所采用的对消法就是根据这个要求设计的。

对消法的原理是在待测电池上并联一个大小相等、方向相反的外加电势差，这样待测电池中没有电流通过，外加电势差的大小即等于待测电池的电动势。

对消法测电动势常用的仪器为电位差计，其简单原理如下图所示。电位差计由三个回路组成：工作电流回路、标准回路和测量回路。

**1. 工作电流回路**

AB 为均匀滑线电阻，通过可变电阻 $R$ 与工作电源 $E$ 构成回路，其作用是调节可变电阻 $R$，使流过回路的电流为某一定值，这样 AB 上有一定的电位降产生。工作电源 $E$ 可用蓄电池或稳压电源，其输出电压必须大于待测电池的电动势。

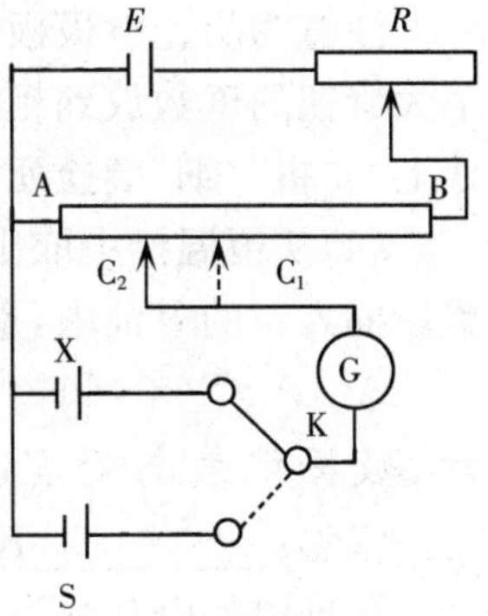


**图 1　对消法测电动势原理图**

**2. 标准回路**

S 为电动势精确已知的标准电池，C 是可在 AB 上移动的接触点，K 是双向开关，KC 间有一灵敏度很高的检流计 G。当 K 板向 S 一方时，$AC_1GS$ 回路的作用是校准工作电流回路以标定 AB 上的电位降。如标准电池 S 的电动势是 1.01865 V，则先将 C 点移到 AB 标记 1.01865 V 的 $C_1$ 处，迅速调节及直至使 G 中无电流通过。此时 S 的电动势与 $AC_1$ 间的电位降大小相等、方向相反而对消。

**3. 测量回路**

当双向开关 K 换向 X 一方时，用 $AC_2GX$ 回路根据校正好的 AB 上的电势降来测量未知电池的电动势。在保持校准后的工作电流不变（即固定 $R$）的条件下，在 AB 上迅速移动到 $C_2$ 点，使 G 中无电流通过，此时 X 的电动势与 $AC_2$ 间的电位降等值反向而对消，于是 $C_2$ 点所标记的电位降数值即为 X 的电动势。由于使用过程中工作电池的电压会有所变化，要求每次测量前均需重新校正标准回路的电流。

## 五、实验步骤

**1. 制备 KCl 盐桥（可由实验室事先准备）**

将琼脂：水：KCl 为 3：97：30 重量比的混合物放入锥形瓶中，在水浴锅中使其完全溶解，用滴管取其溶液迅速装入 U 型管中，注意不要在 U 型管中引入气泡，放入盛有 KCl 的饱和溶液中待用。因为 KCl 中的 $K^+$ 和 $Cl^-$ 有几乎相等的迁移速度，能更好地消除液体接界电势，所以 KCl 盐桥是电化学实验中最理想的盐桥，但它不能用于含 $Ag^+$、$Hg^+$ 等能与 $Cl^-$ 发生反应的离子溶液中，也不能用在含有 $ClO_4^-$ 等与 $K^+$ 起作用的溶液中。

**2. 组装待测电池**

$Ag|AgCl(s)|Cl^- \| AgNO_3|Ag$

$Ag|AgCl(s)|Cl^- \|$ 醌，氢醌$|Pt$

**3. 测量电池的电动势**

（1）打开恒温槽，使其恒温在(25±0.2)℃。将电池置于恒温槽中，恒温 10～15 min。将标准电池、工作电源、待测电池以及检流计分别与 UJ - 25 型电位差计各指示部位相连。

（2）然后进行标准化过程，先读室温，将标准电池在室温时的电动势计算出来，温度与电动势的关系为：

$$E=E_{20}[1-4.06\times10^{-5}(t-20)+9.5\times10^{-7}(t-20)^2]$$

惠斯顿标准电池的电动势在 20 ℃时为 1.0186 V。将算出的值在 $E_N$ 旋钮处标出，将换挡旋钮打在 N 上，先旋转“粗”键，并调节电位差计面板在上面的“粗”“中”“细”三个电阻旋钮，使检流计上的指针指示为零，再旋转“细”键，重复调节“粗”“中”“细”三个电阻旋钮，使检流计上的指针指示为零，即完成标准化过程，在以后测量过程中经常进行标准化。

(3)将换挡旋钮打在 $X_1$ 或 $X_2$ 处，重复标准化过程相同的操作。调节中间 5 个大旋钮，使检流计指针指示为零，此时的旋钮读数就是所测电池的电动势。测量中不断标准化，至少测 3 次，取平均值作为此时电动势的值。

注意为防止电极极化，尽快达到对消，可在测量前粗估一下自己所测电池的电动势，将 5 个大旋钮的读数放到粗估的数字上，然后用细调旋钮慢慢调整，并注意在调节时不可将电位差计上的“粗”“细”键拴死。

(4)从恒温槽中取出 $AgNO_3|Ag$ 电极，换上醌氢醌电极，拿出盐桥用滤纸把两端擦干，再重新插入新的电池中，重复上面的操作，测得第二个电池的电动势。

$Ag|AgCl(s)|Cl^-(1.000\ mol \cdot L^{-1}\ KCl) \parallel$ 醌，氢醌 $|Pt$

## 六、数据记录与处理

室温：__________K　　大气压：__________kPa

标准电池电动势__________V 恒温槽温度__________

测量电池 1 的电动势：

| $E_1$(V) | | | 平均值(V) | 理论计算值(V) | $K_{SP}$(AgCl) |
|---|---|---|---|---|---|
| 一 | 二 | 三 | | | |
| | | | | | |

测量电池 2 的电动势：

| $E_2$(V) | | | 平均值(V) | 未知溶液 pH |
|---|---|---|---|---|
| 一 | 二 | 三 | | |
| | | | | |

## 七、思考题

(1)对消法测定电池电动势的装置中，电位差计、工作电池、标准电池及检流计各起什么作用？为什么要用对消法进行测量？

(2)在测量电池电动势的过程中，若检流计光点总向一个方向偏转，可能是什么原因？

(3)测量电动势为什么要用盐桥？如何选用盐桥以适合不同的体系？

*参考文献*

邓希贤，王艳. 高等物理化学实验. 北京：北京师范大学出版社，1999.

# 实验五十六　离子迁移数的测定(希托夫法)

## 一、实验目的

(1)掌握希托夫法测离子迁移数的基本原理。

(2)了解离子迁移数测定的意义。

(3)加深离子迁移数的基本概念。

## 二、实验原理

电解质溶液通电之后，在两个电极与溶液的界面上发生氧化还原反应，同时在溶液中承担导电任务的正负离子分别向阴极和阳极迁移，由于正负离子移动的速率不同，所带电荷不等，因此他们在迁移电量时所分担的导电任务的百分数也不同。

迁移数的定义：一种离子所运载的电量占总电量的分数。

$t_+ = q_+/Q$， $t_- = q_-/Q$， $q_+ + q = Q$

所以 $t_+ + t_- = 1$

式中，$t_+$和 $t_-$分别表示为阳离子和阴离子的迁移数；$q_+$和 $q_-$分别表示为阳离子和阴离子所输送的电量；$Q$为总电量。

希托夫法测定迁移数有两个假定(1)电荷的输送(传递)者只考虑电解质离子，溶剂水不导电，(2)不考虑离子水化现象，实际上由于水化作用存在，水分子也跟随离子一同迁移，因此通电前后阴极区和阳极区电解质溶液浓度的变化是由于水迁移所致。这种不考虑离子水化现象测得的迁移数称为表观迁移数。

在本实验中，假设以电解质 $CuSO_4$ 作为测量对象，以金属 Cu 作为两个电极，且假定电解时发生的氧化还原反应为：

阴极：$Cu \rightarrow Cu^{2+} + 2e^-$

阳极：$Cu^2 + 2e^- \rightarrow Cu$

对阳极区 $Cu^{2+}$ 来说，在希托夫中应满足下列关系式：

$$n_{迁} = n_{前} + n_{电} - n_{后}$$

式中，$n_{前}$表示电解前阳极区溶液中所含 $Cu^{2+}$ 的物质的量；$n_{后}$表示电解后阳极区溶液中所含 $Cu^{2+}$ 的物质的量；$n_{迁}$表示电解过程中从阳极区迁移至阴极区的 $Cu^{2+}$ 的物质的量；$n_{电}$表示由于电解反应进入阳极区的 $Cu^{2+}$ 的物质的量。

$$t_+ = \frac{q_+}{Q} = \frac{n_{迁}}{n_{电}}, n_{电} = \frac{\Delta m_{Cu}}{M_{Cu}}$$

$\Delta m_{Cu}$＝电解后 Cu 阴极与电解前 Cu 阴极质量之差，$M_{Cu}$表示 Cu 的摩尔质量。

间接碘量法包括置换滴定及剩余滴定两种方式。本实验用置换滴定法测定 $Cu^{2+}$ 的含量：测定时，用过量的 $I^-$ 还原样品，生成的 $I_2$ 用 $Na_2S_2O_3$ 标准溶液标定，从而求出 $Cu^{2+}$ 的含量。

用置换滴定法测定铜盐的依据是在 HAC 酸性溶液中，过量的 KI 将 $Cu^{2+}$ 还原成 CuI 沉淀，同时定量地置换出 $I_2$，生成的 $I_3$ 与过量的 $I^-$ 形成配离子；

$n_{后}$是在电解后阳极区的 $CuSO_4$ 溶液中加入过量的 KI，使 $Cu^{2+}$ 转化为 CuI 并产生一定量的 $I_2$，然后以淀粉为指示剂，用准确浓度的 $Na_2S_2O_3$ 溶液滴定产生 $I_2$，反应式为：

$$2Cu^{2+} + 4I^- = 2CuI + I_2$$

$$2Na_2S_2O_3 + I_2 = Na_2S_4O_6 + 2NaI$$

由滴定反应可得：$n_{后} = CV_{阳}$

式中，$C$ 为 $Na_2S_2O_3$ 的浓度；$V_{阳}$为滴定阳极区溶液所用的 $Na_2S_2O_3$ 的体积。

$$n_{前} = (m_{阳} - M_{CuSO_4} \cdot n_{后})b_{中}$$

式中，$m_{阳}$为阳极区溶液质量，$M_{CuSO_4}$为 $CuSO_4$ 摩尔质量；$b_{中}$为中间区 $CuSO_4$ 的质量摩尔浓度。

$$b_{中} = \frac{CV_{中}}{m_{中} - CV_{中} M_{CuSO_4}}$$

式中，$m_{中}$为中极区溶液质量；$V_{中}$为滴定中极区溶液所用的 $Na_2S_2O_3$ 的体积。

## 三、实验用品

仪器：离子迁移数测定仪一套，250 ml 锥形瓶 2 个，100 ml 量筒 2 个，10 ml 小量筒 1 个，

25 ml小量筒 2 个，5 ml 移液管 2 支，15 ml、10 ml 移液管各 1 支，300 ml 烧杯 2 个，碱式滴定管 1 个，电子天平 1 个，电吹风 1 个。

药品：1 mol · $L^{-1}$ HAC，0. 05 mol · $L^{-1}$ $CuSO_4$，铜镀液（100 ml 水中含 15 g $CuSO_4 \cdot 5H_2O$，5 ml 浓 $H_2SO_4$，5 ml 乙醇），1 mol · $L^{-1}$ $HNO_3$，10% KI，0. 5%淀粉，已标定的$Na_2S_2O_3$。

## 四、实验步骤

（1）所用 Cu 电极在实验前应在 1 mol · $L^{-1}$ $HNO_3$ 中浸泡几秒钟，以除去表面氧化物，然后用去离子水洗涤，再用乙醇淋洗，铜阴极用电吹风吹干，在室温下放置一段时间后再用电子天平称质量。通电 90 min 结束后取出 Cu 阴极，用去离子水洗涤，再用乙醇淋洗，用电吹风吹干，在室温下放置一段时间后再用电子天平称质量，计算 $\Delta m_{Cu}$。

（2）用两个贴上标签的锥形瓶烘干后称重，等通电（18 mA，90 min）结束后收集溶液再称重，计算 $m_{中}$、$m_{阳}$。

（3）称重后的阳极区和中间区溶液再倒入两个已经干燥的量筒中测出体积。

（4）从量筒中 5 ml 移液管准确移取 5 ml 阳极区溶液倒入一个大锥形瓶中，然后加入 5 ml 1 mol · $L^{-1}$ HAC，再加入 15 ml 10% KI 溶液。

（5）用 $Na_2S_2O_3$滴定。

（6）用同样的方法再对中间区反应液进行滴定。

## 五、数据记录

$C_{Na_2S_2O_3}$ = __________，$\Delta m_{Cu}$ = __________，$m_{阳}$ = __________，$m_{中}$ = __________，

$V_{阳}$ = __________，$V_{中}$ = __________，$t$ = __________，I = __________

## 六、思考题

（1）什么是离子迁移？什么是离子迁移数？

（2）如果实验过程中 I 和 $t$ 能够准确测定，那么理论上 $n_{电}$ =？

（3）如何减少实验中的误差？

## *参考文献*

邓希贤，王艳. 高等物理化学实验. 北京：北京师范大学出版社，1999.

# 第三章　综合、设计与研究性实验

## 实验一　化学反应摩尔焓变的测定与废液处理

### 一、实验目的

(1)了解测定化学反应焓变的原理和方法。

(2)学习用作图外推的方法处理实验数据。

(3)掌握反应废液处理的原理和方法。

(4)进一步学习溶解、沉淀、过滤、减压过滤、蒸发浓缩、结晶等基本操作。

### 二、实验原理

**1. 测定原理**

化学反应通常是在恒压条件下进行的，反应的热效应就是等压热效应 $q_p$。化学热力学中反应的摩尔焓变 $\Delta_r Hm$ 等于 $q_p$，因此，通常可用量热的方法测定反应的摩尔焓变。

本实验测定的是 $CuSO_4$ 溶液与 Zn 粉反应的摩尔焓变：

$$Cu^{2+}(aq) + Zn(s) = Cu(s) + Zn^{2+}(aq)$$

该反应的反应速率较快，为使反应完全，使用过量 Zn 粉。简易量热装置如图 1 所示。

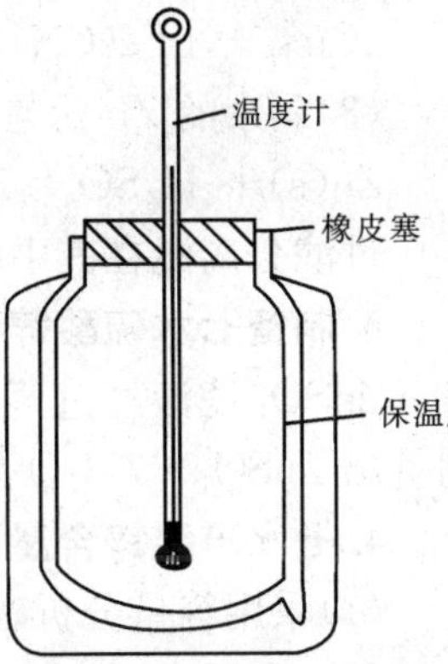

**图 1　保温杯式量热计**

反应摩尔焓变或反应热效应的测定原理是：设法使反应物在绝热条件下，于量热计中发生反应，即反应系统不与量热计外的环境发生热量交换，这样，量热计及其盛装物质的温度就会改变。从反应系统前后的温度变化及有关物质的热容，就可计算出反应系统放出的热量。

但由于量热计并非严格绝热，在实验时间内，量热计不可避免地会与环境发生少量热交换；采用作图外推的方法，可适当地消除这一影响。

若不考虑简易量热计吸收的热量，则反应放出的热量等于系统中溶液所吸收的热量：

$$q_p = m_s \cdot c_s \cdot \Delta T = V_s \cdot \rho_s \cdot c_s \cdot \Delta T \tag{1}$$

式中，$q_p$ 为反应后溶液所吸收的热量(J)；$m_s$ 为反应后溶液的质量(g)；$c_s$ 为反应后溶液的比热($J \cdot g^{-1} \cdot K^{-1}$)；$\Delta T$ 为反应前后溶液升高的温度(K)，由作图外推的方法确定；$V_s$ 为反应后溶液的体积(mL)；$\rho_s$ 为反应后溶液的密度($g \cdot mL^{-1}$)。

设反应前溶液中 $CuSO_4$ 的物质的量为 $n$ mol，则反应后的摩尔焓变以 $kJ \cdot mol^{-1}$ 计为：

$$\Delta_r H_m = \frac{-V_s \cdot \rho_s \cdot c_s \cdot \Delta T}{1000n} \tag{2}$$

设反应前后溶液的体积不变，则：

$$n = c(CuSO_4)\frac{V_s}{1000}\,\text{mol}$$

式中，$c(CuSO_4)$为反应前溶液中 $CuSO_4$ 的浓度($mol \cdot L^{-1}$)。

将上式代入(2)式中，可得：

$$\Delta_r H_m = \frac{q_p}{n(CuSO_4)} = \frac{-1000V_s \cdot \rho_s \cdot c_s \cdot \Delta T}{1000c(CuSO_4) \cdot V_s} = \frac{-\rho_s c_s \Delta T}{c(CuSO_4)} \tag{3}$$

若考虑量热计的热容，则反应放出的热量 $q_p$ 等于系统中溶液所吸收的热量 $q_p$ 与量热计吸收的热量之和：

$$q_p = -(m_s c_s \Delta T + C_b \Delta T) = -(V_s \rho_s c_s + C_b)\Delta T \tag{4}$$

式中，$C_b$ 为量热计的热容（$J \cdot K^{-1}$），待测定。

推导步骤同上，考虑量热计热容时，$CuSO_4$ 溶液与 Zn 粉反应的摩尔焓变 $\Delta_r Hm$ 的计算公式：

$$\Delta_r H_m = \frac{-(V_s \rho_s c_s + c_b)\Delta T}{c(CuSO_4) \cdot V_s} \tag{5}$$

在 100 kPa 和 298.15 K 时，Zn 与 $CuSO_4$ 溶液反应的标准焓变的理论值可由有关物质的标准生成焓算出，$\Delta_r H_m^{\ominus}$(298.15 K)为$-218.66\ kJ \cdot mol^{-1}$。

**2. 反应废液处理**

(1)分离提取硫酸锌

反应后保温杯中有剩余的 Zn 粉、Cu(s)、$Zn^{2+}$(aq)、$SO_4^{2-}$(aq)；滤液为 $Zn^{2+}$(aq)、$SO_4^{2-}$，采用过滤方法分离，滤渣为 Zn 粉(灰色)和 Cu(红棕色)。

(2)检验滤液中有无 $Cu^{2+}$(aq)

$2Cu^{2+} + [Fe(CN)_6]^{4-} \rightarrow Cu_2[Fe(CN)_6]\downarrow$(红褐色)

(3)剩余的 Zn 粉与稀硫酸反应

$Zn(s) + H_2SO_4 = Zn^{2+} + SO_4^{2-} + H_2\uparrow(g)$

过滤分离混在其中的 Cu(s)之后，得到 $ZnSO_4$ 溶液。

**3. 制备七水硫酸锌($ZnSO_4 \cdot 7H_2O$)晶体**

$ZnSO_4$ 滤液经过蒸发浓缩、结晶、抽滤等过程，根据硫酸锌及其结晶水合物的热稳定性，制备出 $ZnSO_4 \cdot 7H_2O$ 晶体。

**4. 七水硫酸锌含量测定**

(1)采用容量分析法测定 $Zn^{2+}$　如络合滴定法，用标准 EDTA 溶液滴定 $Zn^{2+}$。

(2)采用仪器分析法测定 $Zn^{2+}$　如光度分析等(可自行设计)。由此可确定 $ZnSO_4 \cdot 7H_2O$含量及纯度级别(参见附表)。

## 三、实验用品

仪器：台天平(公用)，分析天平，烧杯(50 mL、100 mL、150 mL、250 mL)，试管，试管架，长滴管，量筒(50 mL、100 mL)，移液管(25 mL)，酸式管(50 mL)，容量瓶(250 mL)，温度计(0～50 ℃要具有 0.1 ℃分度；0～100 ℃要具有 1 ℃分度)，量热计(保温杯)，滤纸片，定性滤纸，手表(或秒表)，表面皿(直径：9～10 cm)，台秤，长颈漏斗，漏斗架，布氏漏斗，吸滤瓶，水浴锅(或大烧杯)，广泛 pH 试纸，洗瓶，玻棒，药勺，试剂瓶(500 mL)，称量纸等。

药品：锌粉(A. R.)，EDTA(二钠盐，A. R.)，酒石酸钾钠(A. R.)，铬黑 T(1%固体指示剂：1 g 铬黑 T 与 100 g 干燥的 NaCl 研磨均匀，保存在干燥器中，注意防潮)，硫酸铜 $CuSO_4$ ($0.200\ mol \cdot L^{-1}$)，稀 $H_2SO_4$ ($3\ mol \cdot L^{-1}$)，$K_4[Fe(CN)_6]$ ($0.1\ mol \cdot L^{-1}$)，HAc ($6\ mol \cdot L^{-1}$)，乙醇(85%)，稀氨水(1：1)，蒸馏水等。

## 四、实验内容

**1. 量热计热容 $C_b$ 的测定**

(1)洗净并擦干(可用滤纸片)用作量热计的保温杯，用量筒量取 50 mL(尽可能准确)冷水(可用自来水)，注入量热计中，盖上带有温度计(具有 0.1 ℃分度)的塞子(图 1)。注意调节量热计中温度计安插的高度，要使其水银球能浸入溶液中，但又不能触及容器的底部，然后盖上量热计的塞子。

(2)用秒表每隔 30 s 记录一次量热计中冷水的温度读数。边读数边记录，直至量热计中的水达到热平衡，即水的温度保持恒定(一般需 3～4 min)。

(3)用量筒量取 100 mL 热水(温度调至比室温高 10～15℃，不能太高，否则作图麻烦)，将另一支温度计(具有 1℃分度)插入量筒，每隔 30 s 记录一次温度读数。连续测定 3 min 后，将量筒中的热水(尽快地)全部倒入量热计中，立即盖紧量热计的塞子，准确、及时记录倒入时间(此时不应按停秒表)。以顺时针方向水平摇动保温杯，使量热计中的冷、热水充分混合(一般以使量热计中的水产生 0.5～1 cm 深的旋涡为最佳。若速度过快，会产生摩擦热效应，引起实验误差)。与前一次测热水温度间隔一段时间(一般 30 s 左右)后，继续每隔 30 s 记录一次量热计中的温度读数，连续测定 8～9 min。

(4)实验结束后，打开量热计的盖子，注意动作不能过猛，要边旋转边慢慢打开，否则容易将温度计折断。倒出量热计中的水。

对于冷水，温度 $T_c$ 取测定的恒定值；对于热水，温度 $T_h$ 和混合后水的温度 $T_m$ 可由作图外推法得出(参见图 2)。

**2. 反应的摩尔焓变的测定**

(1)用分析天平准确称取 3 g 左右锌粉(准确至小数点后第四位)。

(2)洗净并擦干(可用干净滤纸片)用作量热计的保温杯。用量筒取 0.200 mol · $L^{-1}$ 的硫酸铜溶液 100 mL，注入量热计中(量热计是否事先要用硫酸铜溶液洗涤几次？为什么？量筒又应如何处理)，盖上量热计盖。

(3)不断平摇量热计，每隔 30 s 记录一次温度读数。注意要边读数边记录，直至溶液与量热计达到热平衡，而温度保持恒定(一般约需 2 min)。

为了能得到较准确的温度测定值，本实验中采用具有 0.1℃分度的精密温度计(应读至 0.01℃，第二位小数是估计值)。

(4)迅速往溶液中加入称好的锌粉，并立即盖紧量热计的盖子(为什么)，同时记录开始反应的时间。继续平摇量热计，并每隔 30 s 记录一次温度读数，直至温度上升至最高读数后，再每隔 30 s 继续测定 5～6 min。

(5)实验结束后，打开量热计的盖子(注意动作不能过猛，防止将温度计折断)，溶液静置分层。

**3. 反应废液处理**

反应后的保温杯中含有剩余的 Zn 粉、Cu(s)、$Zn^{2+}$(aq)和 $SO_4{}^{2-}$(aq)。

(1)分离提取 $ZnSO_4$　用长颈漏斗滤出量热计中反应后的上层清液，将滤液承接在 250 mL烧杯中。滤液为 $Zn^{2+}$(aq)、$SO_4{}^{2-}$(aq)，滤渣为剩余的 Zn 粉和产物 Cu(s)。

(2)检验滤液中有无 $Cu^{2+}$(aq)　取 1 滴澄清滤液置于洁净的小试管中，加 1 滴 6 mol · $L^{-1}$ HAc 酸化，观察溶液的颜色，随后加入 1～2 滴 0.1 mol · $L^{-1}$ $K_4[Fe(CN)_6]$溶液，估计会产生什么现象？生成了什么物质？试说明 $CuSO_4$ 与 Zn 溶液反应进行的程度*。

* 若有白色 $Zn_2[Fe(CN)_6]$ 沉淀析出(此沉淀不溶于稀酸，可溶于 NaOH 溶液)，无红棕色 $Cu_2[Fe(CN)_6]$沉淀出现(此沉淀不溶于稀醋酸，但溶于 NaOH 溶液)，表示无 $Cu^{2+}$，说明 $CuSO_4$ 与 Zn 反应很完全。

(3)剩余的 Zn 粉与稀 $H_2SO_4$ 反应　滤渣全部转移到 150 mL 的小烧杯中，放到通风橱内，打开抽风开关，取 50 mL 的量筒量 15 mL 的稀 $H_2SO_4$，用长滴管吸取并慢慢淋洗滤纸上附有的少量 Zn 粉，滤液承接在装有滤渣的容器中，不断摇动或搅拌，待剩余的 Zn 粉反应完全(即从烧杯底部看，沉淀中无灰色 Zn 粉，从上面看溶液也无气泡产生为止，约需 15 min)。仍然用长颈漏斗滤出反应后的上层清液，滤液仍然承接在装有原滤液的烧杯中。滤渣(只有 Cu 粉)转入漏斗中，用 20 mL 的蒸馏水，少量多次淋洗盛 Cu 粉的烧杯，将其全部转入漏斗中，滤液接入滤液杯中(为什么淋洗盛 Cu 粉烧杯并接入滤液杯中?)，其滤液为 $ZnSO_4$ 溶液。

(4)用 100 mL 的蒸馏水分几次淋洗漏斗滤纸中的 Cu 粉至中性(用干净玻棒蘸取，以广泛 pH 试纸检测其 pH)，待晾干回收备用，其淋洗液弃去。

提示：若有白色 $Zn_2[Fe(CN)_6]$ 沉淀析出(此沉淀不溶于稀酸，可溶于 NaOH 溶液)，无红棕色 $Cu_2[Fe(CN)_6]$ 沉淀出现(此沉淀不溶于稀醋酸，但溶于 NaOH 溶液)，表示无 $Cu^{2+}$。说明 $CuSO_4$ 与 Zn 反应很完全。

**4. 制备七水硫酸锌晶体**

(1)把烧杯中的滤液(约 150 mL)盖上表面皿，放到垫有石棉网的电炉上，蒸发浓缩到总体积约为 50 mL(约 30 min)*，转移到水浴锅中进行水浴加热至表面有晶体膜出现，停止加热，自然冷却至室温，出现整块结晶，静置(约 20 min)，再把烧杯中上层的过饱和液缓慢倒入盛有 20 mL 85%乙醇的小烧杯中，$ZnSO_4 \cdot 7H_2O$ 结晶将逐渐析出，静置(约 30 min)，然后用少量 85%的乙醇(约 20 mL)分次淋洗烧杯中的晶体，将其全部转入布氏漏斗中，抽干。酒精滤液回收至指定的试剂瓶中。

* 当滤液蒸发到体积少于 50 mL 以后，要密切注意观察溶液是否开始变得有点浑浊，一旦发现有点浑浊立即停止加热，否则会引起爆沸。

(2)将抽干的晶体转移到已称重的表面皿中，待乙醇挥发完后再称重。记录产量、计算产率。

**5. $ZnSO_4 \cdot 7H_2O$ 晶体含量测定**

此处介绍络合滴定法测定 $Zn^{2+}$。

(1)粗配 0.1 $mol \cdot L^{-1}$ EDTA 溶液

用台秤称取 EDTA(二钠盐，A. R.，$Mr$=372.24)约 19 g 于 100 mL 的烧杯中，加 80 mL 蒸馏水溶解(可微热)，转移至 500 mL 的试剂瓶中，稀释至约 500 mL，摇匀。

(2)配 0.1000 $mol \cdot L^{-1}$ Zn 标准液

用分析天平准确称取 Zn 粉(A. R.，$Mr$=65.38)(实验前计算好需多少克，准确至小数点后 4 位)于 50 mL 的烧杯中(盖上表面皿，防止加酸后溶液溅出而引入误差)，慢慢滴加 30 mL 稀 $H_2SO_4$，使其完全溶解(可微热并搅拌)，然后用蒸馏水淋洗表面皿，定量转移至 250 mL 的容量瓶中，用蒸馏水稀释至刻度，摇匀。计算 $c(ZnSO_4)$。

(3)标定 EDTA(平行作三份取平均值)

移取 25.00 mL Zn 标液(pH=5～6)于 250 mL 锥形瓶中，加 20 mL 蒸馏水，再加 3 g 酒石酸钾钠，溶解后滴加稀氨水至出现白色沉淀(约 5 mL，白色沉淀是何物质)，继续滴加稀氨水至白色沉淀刚好溶解(约 4 mL，pH≈10，又生成了何物质)，摇匀后加铬黑 T 指示剂(绿豆大，待全部溶解，溶液呈酒红色)，用 EDTA 溶液滴定 Zn 标液至酒红刚变纯蓝色即达终点。记录 $V_{(EDTA)}$，计算 $c(EDTA)(mol \cdot L^{-1})$。

(4)产品 $ZnSO_4 \cdot 7H_2O$ 含量测定

用分析天平准确称取 0.7 g 的 $ZnSO_4 \cdot 7H_2O$($Mr$=287.54)晶体试样(准确到小数点后 4 位)，于 250 mL 锥形瓶中，加 50 mL 蒸馏水溶解试样(可用干净玻棒蘸取，以广泛 pH 试纸检测其 pH)，加 3 g 酒石酸钾钠，待溶解后再加 2 mL 稀氨水，摇匀(同上法测其 pH≈10)，加约绿豆大的铬黑 T 指示剂(注意不能多加，否则终点变色不敏锐)，待全部溶解，溶液呈酒红色，用 EDTA 标准液滴定至酒红色刚刚变为纯蓝色，即达终点。记录 $V_{(EDTA)}$。

实验完毕，将实验中用过的器皿都洗净，放回原处，注意保护温度计和保温杯。

## 五、数据记录和处理

### 1. 数据记录

(1)室温 $T$(℃)：________

(2)$CuSO_4$ 溶液的浓度 $c(CuSO_4 \cdot 5H_2O)(mol \cdot L^{-1})$：________

(3)Zn 标准液的浓度 $c(Zn^{2+})(mol \cdot L^{-1})$：________

(4)称量数据记录表

| 项　目 | 纯锌粉 1(A. R.)(与 $CuSO_4$ 反应) | 纯锌粉 2(A. R.)(标定 EDTA) | 理论产品(由纯锌粉 1 的质量推算) | 实际产品 | 测定含量用产品 |
|---|---|---|---|---|---|
| 质量(g) | | | | | |

(5)温度随实验观察时间的变化数据记录表

①量热计热容的测定

| 时间 $t$(s) | | 0.0　0.5　1.0　1.5　2.0　2.5　3.0 |
|---|---|---|
| 温度 | 冷水 $T_c$(℃) | x. x　…… |
| | 热水 $T_h$(℃) | x. x　…… |
| 混合后的水 | 时间 $t$(min) | 3.5　4.0　4.5　5.0　5.5　6.0　6.5　7.0　7.5　8.0 |
| | $T_m$(℃) | x. xx　…… |
| | 时间 $t$(min) | 8.5　9.0　9.5　10.0　10.5　11.0　11.5　12.0 |
| | $T_m$(℃) | x. xx　…… |

②反应的摩尔焓变的测定

| | | |
|---|---|---|
| $CuSO_4$ | 时间 $t$(min) | 0.0　0.5　1.0　1.5　2.0　2.5　3.0 |
| | 温度 $T$(℃) | x. xx　…… |
| $CuSO_4+Zn$ | 时间 $t$(min) | 3.5　4.0　4.5　5.0……10.0　10.5　11.0 |
| | 温度 $T$(℃) | x. xx　…… |
| | 时间 $t$(min) | 11.5　12.0　12.5　13.0……16.0　16.5　17.0　17.5 |
| | 温度 $T$(℃) | x. xx　…… |
| | 时间 $t$(min) | …… |
| | 温度 $T$(℃) | x. xx　…… |

注意：1. 温度上升至最高读数后，再每隔 30 s 继续测定 5～6 min 即再读 10～12 个数据。

2. 记录数据的有效数字的位数，以温度计的精度(即以能读到的位数，加上估读的一位)为准。

(6)EDTA 溶液的浓度标定数据记录表(自拟，平行做 3 份，取平均值)

(7)$ZnSO_4 \cdot 7H_2O$ 含量测定数据记录表(自拟)

### 2. 数据处理

(1)作图与外推

① 量热计热容

用本实验内容 2 测定的温度对时间的读数作图(见图后注)可得时间—温度曲线图 2。外推得出混合时热水的温度 $T_h$ 在量筒中热水的温度变化呈曲线趋势，而并非线性变化，可延长曲线线段 $ef$，使与混合时的纵坐标相交于 $g$ 点，该点的纵坐标值即为热水在混合时的温度 $T_h$ 和混合后水的温度 $T_m$(可延长线段 $ab$，使与混合时的纵坐标相交于 $c$ 点，该点的纵坐标值即为 $T_m$)。$T_c$ 为冷水的温度，取测定的恒定值。

② 反应的摩尔焓变

用本实验内容 3 测定的温度对时间的读数作图可得时间—温度曲线图 3。得出 $T_1$ 和外

推得出 $T_2$。

实验中温度到达最高读数后，往往有逐渐下降的趋势，如图 3 所示。这是由于本实验所用的简易量热计不是严格的绝热装置，它不可避免地要与环境发生少量热交换。图中线段 $bc$ 表明量热计热量散失的程度。考虑到散热从反应一开始就发生，因此应将该线段延长，使与反应开始时的纵坐标相交于 $d$ 点。图中 $dd'$所表示的纵坐标值，就是用外推法补偿由于热量散失于环境的温度差。为了获得准确的外推值，温度下降后的实验点应足够多，即温度上升至最高读数后，再每隔 30 s 继续测定 5～6 min。

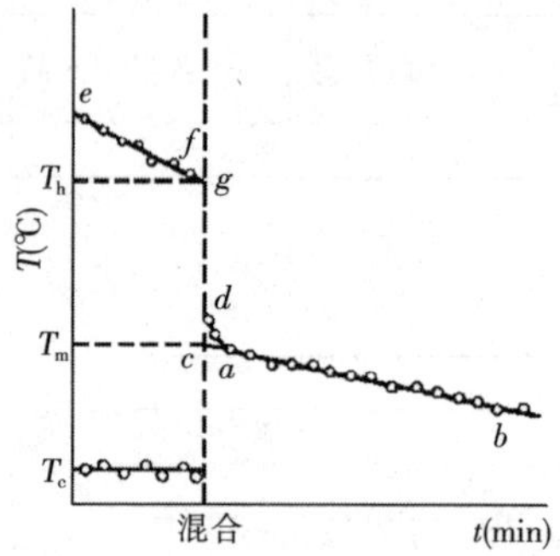


**图 2　量热计热容测定时温度随时间的变化**

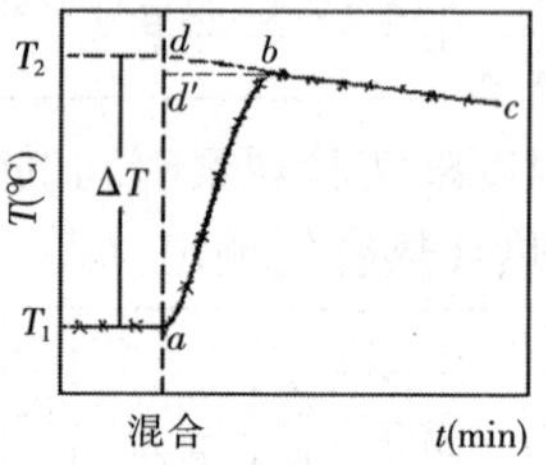


**图 3　反应的摩尔焓变测定时温度随时间的变化**

注：作图时应适当选择坐标比例尺(必须在图中标出)，使作图和实验测量的精度相吻合。实验点应明显标出，可用 O、Δ 或×等标记，标记的中心应与数据的坐标相重合。描出的曲线或直线尽可能接近(或贯穿)大多数的实验点(并非要求贯穿所有的点)，并使处于曲线或直线两边的实验点的数目大致相等。这样描出的曲线或直线能较好地反映出实验测量的总体情况。在小方格纸以时间 $t$(s)为横坐标，以温度 $T$(℃)为纵坐标作图。建议对方格纸上时间坐标的分度，取每 10 小格(相当 1 cm)为 60 s；而温度坐标的分度则应与温度计的精度相同，取每 10 小格为 1℃(或 1 K)。各实验点的表达要清楚。然后按实验点绘制一光滑曲线(不能连成折线)，尽可能使偏离此光滑曲线的实验点较对称地分布于此曲线的两侧。

(2)量热计热容 $C_b$ 和反应摩尔焓变计算

① 量热计热容 $C_b$

根据(6)式可计算量热计的热容 $C_b$。它是基于能量守恒原理，即热水放出的热量等于冷水吸收的热量与量热计吸收的热量之和：

$$(T_h - T_m)V_h\rho(H_2O)c(H_2O) = (T_m - T_c)\left[V_c\rho(H_2O)c(H_2O) + C_b\right] \tag{6}$$

式中，$T_h$、$T_m$、$T_c$分别表示热水、混合后的水和冷水的温度，注意换算℃为 K；$V_h$、$V_c$分别表示热水、冷水的体积(mL)；$\rho(H_2O)$ 表示水的密度，可取 1.00 g·mL$^{-1}$；$c(H_2O)$表示水的比热容，可取 4.18 J·g$^{-1}$·K$^{-1}$；$C_b$表示量热计热容(J·K$^{-1}$)。

② 反应的摩尔焓变

根据(3)式和(5)式可分别计算未经量热计热容校正的反应摩尔焓变和经热量热计热容校正的反应摩尔焓变。反应后溶液的比热容 $c_s$可近似地用水的比热容代替：$c_s = c(H_2O)$，反应后溶液密度 $\rho_s$可近似地取室温时 0.200 mol·L$^{-1}$；$ZnSO_4$溶液的密度为 1.03 g·mL$^{-1}$。

③ 摩尔焓变测定结果的相对误差公式：

$$相对误差 = \frac{(\Delta_r H_m)_{实验值} - (\Delta_r H_m)_{理论值}}{(\Delta_r H_m)_{理论值}} \times 100\% \tag{7}$$

式中，$(\Delta_r H_m)_{理论值}$ 可近似地用 $\Delta_r H_m^{\ominus}$(298.15 K)代替。

分别计算未经校正和经量热计热容校正的反应摩尔焓变的百分误差，并分析产生误差的原因。

(3)产率计算：

$$产率(\%)=\frac{实际产量(g)}{理论产量(g)}\times100\% \tag{8}$$

(4)产品含量计算：

$$X_{(ZnSO_4\cdot7H_2O)}=c_{(EDTA)平均值}V_{(EDTA)}\times Mr_{(ZnSO_4\cdot7H_2O)}\times100/m(样)(\%) \tag{9}$$

## 六、实验注意事项

(1)量热计热容及焓变的测定中：注意事先看准温度计的分度值(防止读错)，调节量热计中温度计安插的高度，注意保护温度计和保温杯。反应温度上升至最高读数后，每隔30 s再读10～12个数据。

(2)用分析天平称取物品时：要准确至小数点后第四位。

(3)配Zn标准液中：Zn粉与稀$H_2SO_4$反应时，滤液需盖上表面皿再慢慢滴加稀$H_2SO_4$，防止加酸后溶液溅出而引入误差。

(4)凡是有气体产生的反应须在通风橱内进行。

(5)用EDTA标准液滴定时：指示剂加入量的控制及加入顺序和终点色变的观察。

(6)数据记录和处理时：记录合理，有效数字正确；作图时坐标选择比例适当，使图和实验测量的精度相吻合。

(7)过滤：普通法要用长颈漏斗趁热过滤，抽滤要待自然冷至室温后进行。

## 七、思考题

(1)如何配制250 mL 0.1000 mol·$L^{-1}$ $ZnSO_4$标准溶液？操作中应注意哪些？

(2)为什么不取反应物混合后溶液的最高温度与刚混合时的温度之差，作为实验中测定的数值，而要采用作图外推的方法求得？作图与外推中有哪些应注意之处？

(3)如何根据实验结果计算反应焓变的数值？如何分析其可能产生的误差？

(4)如何鉴定$CuSO_4$是否反应完全？

(5)制备$ZnSO_4\cdot7H_2O$晶体的操作中应注意什么？

(6)用EDTA滴定含$Zn^{2+}$溶液时，为什么要待滴加稀氨水至白色沉淀刚好溶解后再加铬黑T指示剂？

(7)铬黑T指示剂多加后会产生何种影响？可能会导致测定结果有何变化？

(8)试分析产品纯度过高或过低的原因。

(9)要提高产率，你认为哪些步骤是比较关键的？为什么？

## 八、附表　七水硫酸锌技术要求(GB6693)

| 名称 | 分析纯 | 化学纯 |
|---|---|---|
| 主含量[以$(ZnSO_4\cdot7H_2O)_n$计] | ≥99.5(%) | ≥99.0(%) |
| pH(50g·$L^{-1}$,25℃) | 4.4～6.0 | 4.4～6.0 |
| 澄清度试验 | 合格 | 合格 |
| 杂质最高含量：水不溶物 | 0.01 | 0.02 |
| 氯化物(Cl) | 0.0005 | 0.002 |
| 总氮量(N) | 0.001 | 0.002 |
| 砷(As) | 0.00005 | 0.0002 |
| 锰(Mn) | 0.0003 | 0.001 |
| 铁(Fe) | 0.0005 | 0.002 |
| 铜(Cu) | 0.001 | 0.005 |
| 镉(Cd) | 0.0005 | 0.002 |

续表

| 名称 | 分析纯 | 化学纯 |
| --- | --- | --- |
| 铅(Pb) | 0.001 | 0.01 |
| 硫化铵不沉淀物(以硫酸盐计) | 0.05 | 0.2 |

*参考文献*

[1] 古凤才,肖衍繁,张明杰,等.基础化学实验教程.第2版.北京:科学出版社,2005.571.

[2] 顾庆超,楼书聪,戴庆平,等.化学用表.南京:江苏科学技术出版社,1979.

[3] 张济新,等.分析化学实验.上海:华东化工学院出版社,1989.65~66.

## 实验二　纳米 $TiO_2$ 的制备、表征及其应用

### 一、实验目的

(1)采用溶胶-凝胶法制备纳米半导体材料 $TiO_2$。

(2)了解纳米材料结构和物性的表征。

(3)了解 UV/Vis 吸收光谱和荧光光谱在示踪光催化降解反应过程中的应用。

### 二、实验原理

**1. 纳米材料的特性**

纳米粒子的结构特殊性导致了4种效应:

(1)小尺寸效应;

(2)表面与界面效应;

(3)量子尺寸效应;

(4)宏观量子隧道效应。

上述4种效应使纳米粒子具有独特的光学特性、光电催化特性、光电转换特性、电学特性和谱学特性。纳米材料在电学、光学、磁学、力学以及生物学等方面表现出许多优良性能。

**2. 溶胶-凝胶法制备纳米 $TiO_2$ 超微粒子的基本原理**

溶胶-凝胶法是一种将无机物经还原析出或水解,以纳米尺度的金属离子分散在有机聚合物中制备纳米材料的方法,是目前合成纳米材料的常用方法。

利用 $TiCl_4$ 或钛酸丁酯的可控水解和在阻聚剂存在下的低温热处理。一般制备超微粒子尺寸大小的方法有以下几种。

(1)扩散控制法　通过选择合适的反应物浓度、$TiCl_4$ 水解反应的 pH、水解温度等控制颗粒的成核速度和晶粒的生长速度。

(2)表面修饰法　通过调节 $Ti^{4+}$ 与表面修饰剂浓度之比,控制表面修饰剂分子与 $OH^-$ 同 $Ti^{4+}$ 之间的竞争反应速度,使 $Ti^{4+}$ 水解速度下降。

(3)加入热稳定剂　改善溶胶的分散性,以降低成核速度。

**3. 检测光降解反应的方法**

检测光降解反应的方法很多,仪器分析方法被广泛应用于这一领域。对于大多数有机污染物降解体系来说,一般都经过一系列的中间转换步骤,最终生成二氧化碳、水和无机盐。这些中间产物大都在 UV/Vis 区域具有电子吸收光谱,或者具有荧光发射功能基,故分子光谱在研究这一过程时显示出独特的优点和较宽的适应范围。通过检测中间体来揭示光降解机理和反应程度是过程监测的主要目的,利用分子光谱技术,如快速差谱扫描技术能够从反应物和产物吸收光谱掩盖下的谱图中将中间体生成的 $\lambda_{max}$ 和峰形动力学曲线表征出来,可给出多步反

应的动力学参数。

## 三、实验用品

仪器：冰浴、电动搅拌器、三口瓶(250 mL)、滴液漏斗(50 mL)、量筒(50 mL)、旋转蒸发器、抽滤装置、马弗炉、研钵、烧杯(250 mL)、瓷坩埚(30 mL)、紫外可见分光光度计、荧光光谱仪、X射线衍射仪、激光拉曼光谱仪、透射电镜、六通道进样阀、酸度计、玻璃电极、250W 紫外灯。

药品：$TiCl_4$(99.99%，A.R.)或钛酸丁酯(A.R.)、聚乙烯醇 PVA、十六烷基三甲基溴化铵(CTMAB)溶液($1.0\times10^{-2}$ $mol\cdot L^{-1}$)、六偏磷酸钠(HMP)、$NH_3\cdot H_2O$ 溶液(12.5%、10%、1%)、$K_2Cr_2O_7$(固，A.R.)、苯酚。2,6-二甲基苯酚、偶氮胂酸。其他试剂均为分析纯，水为二次蒸馏水。

## 四、实验步骤

**1. 溶胶-凝胶法制备纳米 $TiO_2$ 微粉**

将 50 mL $TiCl_4$(或钛酸丁酯)与同体积无水乙醇小心地混合均匀。在冰浴和剧烈搅拌下，将加有一定量阻聚剂和稳定剂(PVA、HMP、CTMAB)的 50 mL 水滴入上述 $TiCl_4$ 溶液。水解 2 h，然后用 12.5%$NH_3\cdot H_2O$ 溶液调节 pH 至 9.0。减压低温旋转蒸发至大部分凝胶析出，过滤，洗涤。湿凝胶在 105℃烘干 3 h，冷却，加水反复研细，再过滤，洗涤至检不出 $Cl^-$ 为止。然后于 250℃、300℃、400℃、500℃、600℃和 900℃分别煅烧 1 h，研细成微粉。

**2. 纳米材料结构的表征**

(1)纳米 $TiO_2$ 微粉 X 射线衍射分析

将适量 $TiO_2$ 微粉置于样品池，设定 X 射线衍射仪的工作参数，进行扫描。以相同条件作锐钛型和金红石型($TiO_2$)的粉末衍射图，进行对照。将处理后的结果与文献或标准图谱作比较。

(2)纳米 $TiO_2$ 微粉透射电镜分析

对适量 $TiO_2$ 微粉样品进行预处理，置于铜网(直径 2 mm)上，用碳补强火棉胶作支持膜，超声振荡分散样品 20 min。然后放入样品池，在 100 kV 电压下扫描拍摄。

(3)纳米 $TiO_2$ 粒子对苯酚、2,6-二甲基苯酚、偶氮燃料和 Cr(Ⅵ)表面光催化降解

分别将被降解物引入恒温石英池中，搅拌下进行 UV 光降解。用玻璃电极检测溶液的酸度变化，每隔一定时间(一般为 5 min)取样 2 mL，高速离心(或氯仿萃取)后进行紫外快速波长扫描和荧光光谱的测定。记录 $A$—$\lambda$ 曲线，并进行差谱扫描，记录 $\Delta A$—$\lambda$ 曲线，同时进行 Cr(Ⅵ)存在下酚类、偶氮类化合物的协同降解反应实验。

## 五、结果与数据处理

(1)纳米材料结构的表征。

(2)异相光催化降解反应的实验结果。

### *参考文献*

[1] 武汉大学化学与高分子科学学院实验中心. 综合化学实验. 武汉：武汉大学出版社，2003.

[2] 高丽华. 基础化学实验. 北京：化学工业出版社，2004.

# 实验三　表面处理技术

表面处理技术是一门新兴的工业加工技术。对金属、非金属材料如塑料、陶瓷、玻璃等的表面进行物理化学处理以改善金属和非金属的性能，从而大大提高了金属、非金属材料的应用范围。本实验主要介绍金属电抛光、钢铁发蓝等电镀与化学镀前的表面处理技术。

# Part Ⅰ　电　抛　光

## 一、实验目的

了解金属电抛光的原理及处理方法。

## 二、实验原理

电抛光是金属表面加工的方法之一，也是电解原理的又一具体应用。经电抛光加工，可以获得平滑而富有光泽的表面。其原理是：在电解过程中，利用金属表面凸出部分的溶解速率大于凹下部分的溶解速率，从而把粗糙、凹凸不平的金属表面加工成平滑光亮的表面。

电抛光加工时，把工件（如钢铁）作阳极，放入含有磷酸、硫酸和铬酐（$CrO_3$）电解液中进行电解。工件铁阳极因氧化而溶解。

阳极反应：$Fe-2e \rightarrow Fe^{2+}$

然后 $Fe^{2+}$ 与溶液中的 $Cr_2O_7^{2-}$（$CrO_3$ 在酸性介质中形成 $Cr_2O_7^{2-}$）发生氧化还原反应：

$$6\,Fe^{2+}+Cr_2O_7^{2-}+14H^+=6\,Fe^{3+}+2\,Cr^{3+}+7H_2O$$

$Fe^{3+}$ 进一步与溶液中的 $HPO_4^{2-}$ 及 $SO_4^{2-}$ 分别生成 $Fe_2(HPO_4)_3$ 及 $Fe_2(SO_4)_3$ 等盐类。随着电解的进行，阳极附近盐类物质的浓度不断增加，在金属表面形成一种黏度较大的液膜。因金属凸凹不平的表面上液膜厚度分布不均匀，凸起的部分表面上液膜薄，而凹下的部分表面上液膜厚，故阳极表面各处电阻也不相同。凸起部分电阻小，电流密度较大，从而使凸起部分比凹下部分溶解较快，于是粗糙不平的金属表面便得以平整而变得平滑光亮。

## 三、实验用品

仪器：直流稳压电源 1 台，滑线电阻（0～10 000 Ω）1 只，直流电流表（0～500 mA）1 只，直流电压表（0～5 V）1 只，电解槽 3 个（可用 400 mL 烧杯代替），温度计（100℃）2 只。

试剂：HCl（$\rho=1.19$），$H_2SO_4$（$\rho=1.84$），$H_3PO_4$（$\rho=1.7$），甘油，NaOH（A. R.），$Na_2CO_3$（A. R.），$Na_3PO_4$（A. R.），$CrO_3$（A. R.）。

其他：碳钢片（80 mm×15 mm×2 mm）4 块，不锈钢片（80 mm×15 mm×2 mm）4 块，铅板（80 mm×30 mm×2 mm）2 块，导线 5 m。

## 四、实验内容

**1. 抛光工艺所用试液的配制**

（1）电化学除油液

配方：$Na_2CO_3$ 25～30 g·L$^{-1}$，NaOH 20～25 g·L$^{-1}$，$Na_3PO_4$ 25～30 g·L$^{-1}$

（2）酸洗液

配方：以质量百分比计，$H_2SO_4$ 27%，HCl 10%

（3）抛光液

① 碳钢抛光液

配方：以质量百分比计，$H_2SO_4$ 15%，$H_3PO_4$ 65%，$CrO_3$ 6%，$H_2O$ 14%

② 不锈钢抛光液

配方：以质量百分比计，$H_2SO_4$ 15%，$H_3PO_4$ 65%，$CrO_3$ 5%，甘油 12%，$H_2O$ 3%

配制方法：先将铬酐（$CrO_3$）溶于水，再把磷酸（$H_3PO_4$）加入铬酐溶液，在不断搅拌下将硫酸（$H_2SO_4$）逐渐加入其中，等冷却到室温后再将甘油逐渐加入，摇匀即成。注意在加入甘油时应控制温度不得超过 70℃。

**2. 电抛光操作**

(1)除油

通常采用电化学除油。装置线路如一般的电解池。此时,工件作阴极,用两块钢片或镍片作阳极。溶液温度 80～90℃,电压 2.0～4.0 V,阴极电流密度 50～60 mA/cm$^2$,除油时间 10～15 min。除油达到要求的标志是:把工件用水冲洗干净后,其表面完全被水膜覆盖,不残留水珠。

(2)酸洗

将除油达到要求的工件浸入 40～60℃的酸洗液中,浸泡 1～2 min,取出用水冲洗干净。

(3)抛光

电抛光的装置如右图。工件作阳极,两块铅板作阴极。

碳钢抛光工艺条件是:80～100℃,电压 4～8 V,阳极电流密度 0.5～0.9 mA · cm$^{-2}$,时间 10～15 min。

不锈钢抛光工艺条件是:45～70℃,电压 4～6 V,阳极电流密度 0.4～0.7 mA · cm$^{-2}$,时间 5～10 min。

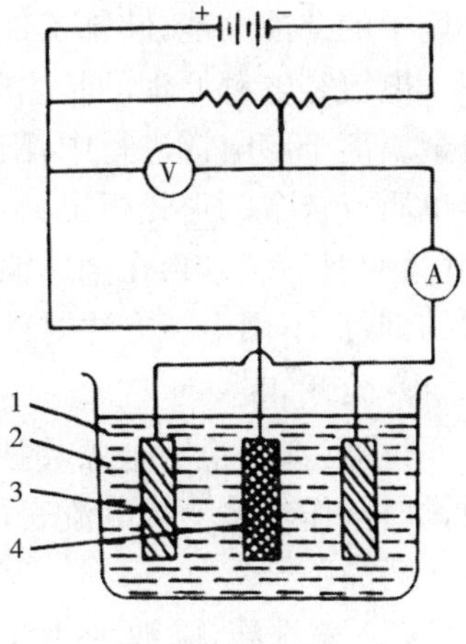

**图 4　电抛光装置示意图**

1. 抛光电解液　2. 抛光液
3. 铅板　4. 工件

## 五、思考题

电抛光的原理是什么? 它与电解加工有何相同和不同之处?

# Part Ⅱ　钢 铁 发 蓝

## 一、实验目的

了解金属发蓝的原理及处理方法。

## 二、实验原理

钢铁发蓝是利用氧化还原反应使钢铁表面形成一层紧密的蓝黑色的或深蓝色的氧化膜,以增强钢铁的耐腐蚀能力,使钢铁表面具有光泽。该技术广泛应用于机械零件、精密仪器、钟表元件及军工制造工业中。本实验是在碱性条件下用 $NaNO_2$ 氧化铁,其主要反应有:

$$3Fe + NaNO_2 + 5NaOH = 3Na_2FeO_2 + NH_3 \cdot H_2O$$

$$6Na_2FeO_2 + NaNO_2 + 5H_2O = 6NaFeO_2 + 7NaOH + NH_3$$

$$Na_2FeO_2 + 2NaFeO_2 + 2H_2O = Fe_3O_4 \downarrow + 4NaOH$$

## 三、实验用品

仪器:温度计(100℃),钢质镊子,水浴(可用烧杯和电炉),试管,表面皿,蒸发皿,烧杯(300 mL),铁钉。

药品:发蓝液 $NaOH : NaNO_2 : H_2O = 36\% : 14\% : 50\%$,NaOH(2 mol · L$^{-1}$)。

## 四、实验内容

取铁钉 2 枚,如有锈迹先用砂纸擦去,然后放入加热至 70℃左右的 2 mol · L$^{-1}$ NaOH 溶液的试管中 5 min 左右,以去油迹,再用水冲洗干净。将上述铁钉之一放入盛有发蓝液并已加热至沸腾的蒸发皿中并加盖表面皿,继续加热 3 min,取出,水洗,并与未经发蓝处理的铁钉比较。

## 五、思考题

钢铁发蓝的原理是什么?

# Part Ⅲ　金属与非金属电镀

## 1　金属电镀——镀镍

### 一、实验目的

了解电镀原理及方法。

### 二、实验原理

通过电化学过程，使金属或非金属工件的表面上再沉积一层金属的方法称为电镀。该技术广泛应用于国民经济的各个生产和研究部门。电镀层的主要作用是，提高金属工件在使用环境中的抗蚀性能；装饰工件的外表，使其光亮美观；提高工件的工作性能。

电镀是电解原理的具体应用。电镀时，被镀工件作阴极，欲镀金属作阳极，电解液中含欲镀金属离子。电镀进行中，阳极溶解成金属离子，溶液中的欲镀金属离子在金属工件表面以金属单质或合金的形式析出。工件表面若要获得质地优异的金属镍镀层，必须先在工件表面镀铜（又叫“打底”），再在金属铜的镀层上镀镍。本实验主要是练习电镀的基本操作，只进行电镀镍的训练，不用电镀方法“打底”，而采用铁置换铜的方法“打底”。

### 三、实验用品

仪器：直流稳压电源，钢片（15 mm×80 mm×2 mm）2 块，镍片（15 mm×80 mm×2 mm）2 块，烧杯（作电镀槽），电流表，滑线电阻，电炉，砂纸（粗、细），玻棒，导线（带鳄鱼夹）。

药品：

（1）碱洗液（除油）：$Na_2CO_3$（25～30 g · $L^{-1}$），NaOH（25～30 g · $L^{-1}$）。

（2）酸洗液：$H_2SO_4$（6 mol · $L^{-1}$）。

（3）预镀（打底）液：$CuSO_4$（0.05 mol · $L^{-1}$），$H_2SO_4$（5 mol · $L^{-1}$）。

（4）电镀液：$NiSO_4$（140 g · $L^{-1}$），$MgSO_4$（30 g · $L^{-1}$），$Na_2SO_4$（50 g · $L^{-1}$），$H_3BO_3$（20 g · $L^{-1}$），NaCl（5 g · $L^{-1}$），酸度（pH＝5～5.5）。使用过程中若出现沉淀，应周期性地过滤后使用。

### 四、实验内容

将欲镀工件先用粗砂纸后用细砂纸仔细打磨，擦磨掉工件表面上的铁锈和锈斑，并使粗糙的工件表面尽可能地平滑光亮。然后用自来水冲洗干净。

将打磨好的工件放入 70～80℃ 的碱液中浸泡 5～10 min，同时不断搅动碱洗液。然后将工件取出用自来水冲洗掉表面上附着的碱液。若工件表面被一层均匀的水膜覆盖而不附有水珠时，表明除油达到要求。否则，重新除油，直到达到要求为止。

将除油达到要求且冲洗干净的工件放入酸洗液中浸泡约 1 min，同时不断搅动工件，取出工件用自来水冲洗掉工件表面附着的酸液。将工件放入“预镀液”中约 5 s，同时不断搅动“预镀液”。取出工件用水冲洗干净。

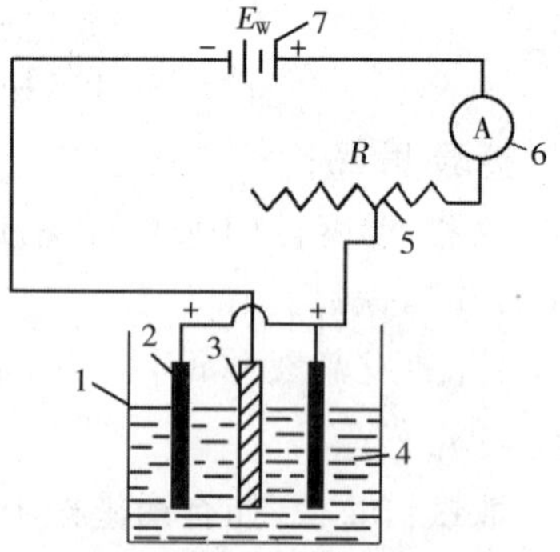


**图 1　电镀镍装置示意图**

1. 电镀槽　2. 阴极（镍板）　3. 阳极（镀件）
4. 电镀液　5. 滑线电阻　6. 电流表
7. 直流电源

按图 1 所示装置接好线路，将滑线电阻 $R$ 的电阻值调到最大。将处理好的待镀工件挂在电镀槽阴极上。电镀液温度为 20～45℃。调节滑线电阻，使电流密度达到 5～15 mA·$cm^{-2}$，立即计时，观察两极现象，间断地用玻棒搅动电镀液，随时调电阻，保持电流恒定。电镀进行 15～20 min。然后，切断电源，取出欲镀工件，用水冲洗干净。观察记录，描述所得金属镍镀层表观性状。

## 2　塑料化学镀及塑料电镀

### 一、实验目的

了解化学镀的原理和方法，巩固电镀原理及操作。

### 二、实验原理

以塑料化学镀及塑料电镀为基础的塑料表面加工工艺是最近几十年发展起来的新领域。由于产品是由塑料和金属组成的复合材料，它具有美丽的金属外观，重量轻，强度高，硬度大，耐候性好，耐热性佳，耐腐蚀性强，加工造型方便，成本低廉等优点，因此得到十分广泛的应用，已成为新产品设计和产品加工必不可少的技术手段。

非金属电镀与金属电镀相仿。不同的是非金属材料如陶瓷、玻璃、塑料等是非导体，须先将非金属材料的镀件进行化学镀，使之具有导电能力，然后再进行电镀。

**1. 化学镀的原理和方法**

化学镀是指使用合适的还原剂，使镀液中的金属离子还原成金属而沉积在非金属镀件表面的一种镀覆工艺。本实验为化学镀铜。为使金属的沉积过程只发生在非金属镀件上而不发生在溶液中，首先要将非金属镀件表面进行除油、粗化、敏化、活化等预处理。

除油处理（常用碱性溶液）可除去非金属镀件表面上的油污，使表面清洁。粗化处理（常用酸性强氧化剂）可使非金属镀件表面呈微观的粗糙状态，增加表面积及表面的亲水性。敏化处理（常用酸性氯化亚锡溶液）可使粗化的非金属镀件表面吸附一层具有较强还原性的金属离子（如 $Sn^{2+}$），用于还原活化溶液中的金属离子（如 $Ag^{+}$）。

活化处理是使镀件表面沉积一层具有催化活性的金属微粒，形成催化中心，促使 $Cu^{2+}$ 在这催化中心上发生还原作用。常用的活化剂有氯化金、氯化钯和硝酸银等，因前两者价格较贵，所以一般选用硝酸银作活化剂。当经过氯化亚锡敏化处理的镀件再浸入硝酸银溶液后，将在镀件表面产生以下反应

$$Sn^{2+} + 2Ag^{+} = Sn^{4+} + 2Ag$$

产生的这些金属银微粒具有催化活性，是化学镀铜的结晶中心。经活化处理后，在镀件表面已具有催化活性的金属银粒子，能加速氧化还原反应的进行，使镀件表面很快沉积上铜的导电层而实现非金属材料的化学镀铜。

化学镀铜溶液中通常含有以下成分：

（1）可溶性铜盐（如硫酸铜、硝酸铜）；

（2）配合剂（如酒石酸钾钠、甘油）；

（3）还原剂（如甲醛）；

（4）还原速度抑制剂（如氢氧化钠）；

（5）附加剂（如碳酸钠、氯化镍）。

化学镀铜总的反应方程式

$$CuSO_4 + 3NaOH + HCHO \xrightarrow[NaKC_4H_4O_6]{Ag} Cu\downarrow + Na_2SO_4 + HCOONa + 2H_2O$$

**2. 非金属电镀及其影响因素**

非金属镀件经预处理和化学镀后，即可进行电镀。根据不同的要求，可镀锌、镀铜、镀镍等。本实验为镀锌，电镀液以锌盐（硫酸锌）为主，加配合剂（氯化铵）、添加剂（葡萄糖）等。影响非金属电镀的因素是多方面的，除电镀液的浓度、电流密度、温度等因素外，还与非金属材料的本性及造型设计、模具设计等工艺条件有关。

## 三、实验用品

仪器：直流稳压电源，电流计，滑线电阻，锌片（电极），硬塑料片（电极），导线，电解池（烧杯），滴管。

药品：

(1)化学除油液：$NaOH$（80 g・$L^{-1}$），$Na_3PO_4$（30 g・$L^{-1}$），$Na_2CO_3$（15 g・$L^{-1}$），洗洁精（5 mL・$L^{-1}$）。

(2)化学粗洗液：浓 $H_2SO_4$（600 mL），$CrO_3$（20 g・$L^{-1}$），$H_2O$（400 mL）。

(3)敏化液：$SnCl_2 \cdot H_2O$（10 g・$L^{-1}$），$HCl$（40 mL），锡条一根。

(4)活化液：$AgNO_3$（1.5～2 g・$L^{-1}$），氨水滴至褐色转透明（用蒸馏水配制）。

(5)浸甲醛液：$HCHO$（37%）：$H_2O$＝1：9（容积比）（用蒸馏水配制）。

(6)化学镀铜液：由于化学镀铜液本身极易分解，可配成甲、乙两组分溶液，使用时按照甲：乙＝3：1混合效果较好。甲液：$NaKC_4H_4O_6$（45.5 g・$L^{-1}$），$NaOH$（9 g・$L^{-1}$），$Na_2CO_3$（42 g・$L^{-1}$）。乙液：$CuSO_4 \cdot 5H_2O$（14 g・$L^{-1}$），$NiCl_2 \cdot 6H_2O$（4 g・$L^{-1}$），$HCHO$（37%）（53 mL）。

(7)电镀液：（镀锌）$ZnSO_4$（36 g・$L^{-1}$），$NH_4Cl$（30 g・$L^{-1}$），$C_6H_{12}O_2$（120 g・$L^{-1}$），$NaAc$（调节 pH）（15 g・$L^{-1}$）。

其他：pH 试纸，砂纸。

## 四、实验内容

**1. 化学镀预处理**

用自来水把非金属镀件清洗干净，依次浸入除油液、粗化液、敏化液、活化液和甲醛液进行处理，控制条件参照表1。

**表1　化学镀预处理控制条件**

| 处理过程 | 温度(℃) | 浸泡时间(min) | 注意事项及清洗 |
|---|---|---|---|
| 除油 | 煮沸 | 10 | 不断翻动镀件，除油后用自来水彻底清洗 |
| 粗化 | 50～60 | 5～10 | 不断翻动镀件，除油后用自来水彻底清洗 |
| 敏化 | 20～25 | 3～5 | 依次用自来水，蒸馏水漂洗，切勿使镀件受水流的强烈冲击 |
| 活化 | 20～25 | 3～5 | 翻动镀件 |
| 浸甲醛 | 20～25 | 数秒～30 s | 用自来水漂洗 |

**2. 化学镀铜**

用量筒量取甲液和乙液（3：1）并混合配制成化学镀铜液，用 pH 试纸测定其 pH。如 pH＜12，用 NaOH 溶液调节到 pH＝12，然后把经预处理过的非金属镀件在室温下（20～25 ℃）浸入化学镀液中并不断翻动镀件。20～30 min 后，取出镀件用自来水漂洗，晾干或低温烘干。此时镀件已具有导电能力。

**3. 电镀（镀锌）**

经过化学镀铜的非金属镀件即可进行电镀，锌片作阳极，非金属镀件作阴极。接好电镀装置线路，经指导教师检查后，接通电源，在电镀时非金属镀件应预先接在阴极上再浸入电镀液，以免导电金属膜被损伤。调节滑线电阻并控制以下条件进行电镀：

**表 2　电镀控制条件**

| 阴极电流密度($mA/cm^2$) | 电压(V) | 温度(℃) | pH | 时间(s) |
|---|---|---|---|---|
| 10 | 3～4 | 20～25 | 3～5 | 20～30 |

## 3　陶瓷化学镀镍

### 一、实验目的

了解化学镀镍的原理和方法，掌握镀层中磷和镍的定性鉴定。

### 二、实验原理

陶瓷化学镀镍是基于镍盐溶液在强还原剂次磷酸钠的作用下，镍离子还原为镍，同时析出磷，因而在陶瓷表面沉积上一层镍磷合金。这一合金层附着牢固，耐高温，电阻低，硬度大，很适宜用作电容器的电极。

关于陶瓷化学镀镍的反应机理，有几种不同的见解。为大多数人所接受的一种机理是：

$$H_2PO_2^- + H_2O = HPO_3^{2-} + H^+ + 2H$$

$$Ni^{2+} + 2H = Ni + 2H^+$$

$$2H = H_2$$

$$H_2PO_2^- + H = H_2O + OH^- + P$$

在一定条件下，以上反应只有在催化剂存在时才能发生。同时溶液的温度、浓度和溶液的pH对反应也有显著的影响。此外，陶瓷片的预处理也很重要。通过预处理使陶瓷表面具有催化活性，氧化还原反应得以进行。

为证实镀层中含有镍和磷，应对镀层进行镍和磷的鉴定试验。先用$HNO_3$氧化镍和磷，使之成为$Ni^{2+}$和$PO_4^{3-}$。$Ni^{2+}$与丁二肟在弱碱性条件下，可生成难溶于水的丁二肟合镍鲜红色沉淀，此反应用于$Ni^{2+}$的鉴定。

在硝酸溶液中，磷酸与钼酸铵作用生成特殊的十二磷钼酸铵黄色晶状沉淀，以鉴定磷的存在：

$$PO_4^{3-} + 3NH_4^+ + 12MoO_4^{2-} + 24H^+ \rightarrow (NH_4)_3PO_4 \cdot 12MoO_3 \cdot 6H_2O\downarrow + 6H_2O$$

（黄色晶状沉淀）

### 三、实验用品

仪器：电炉，温度计(100℃)，烧杯(50 mL、300 mL)，滴管，试管。

药品：

(1)$HNO_3$($6\ mol \cdot L^{-1}$)，$NH_3 \cdot H_2O$($6\ mol \cdot L^{-1}$)，$(NH_4)_2MoO_4$(5%)，丁二肟(1%)。

(2)除油液：$Na_2CO_3$($50\ g \cdot L^{-1}$)，NaOH($30\ g \cdot L^{-1}$)，$Na_3PO_4$($30\ g \cdot L^{-1}$)，$Na_2SiO_3$($10\ g \cdot L^{-1}$)。

(3)铬酸洗液：5 g $K_2Cr_2O_7$的热饱和水溶液加入100 mL浓$H_2SO_4$。

(4)敏化液：$0.05\ mol \cdot L^{-1}$的$SnCl_2$。

(5)活化液：94.3 mg固体$PdCl_2$溶于6 mL浓盐酸，加水稀释到38 mL。

(6)预镀液：4 g $NaH_2PO_2 \cdot H_2O$固体溶于50 mL水中。

(7)镀液：$NiCl_2 \cdot 6H_2O$($50\ g \cdot L^{-1}$)，$NaH_2PO_2 \cdot H_2O$($20\ g \cdot L^{-1}$)，$Na_3C_6H_5O_7 \cdot 2H_2O$($40\ g \cdot L^{-1}$)，$NH_4Cl$($40\ g \cdot L^{-1}$)。

其他：镊子，pH 试纸，白色破陶瓷片（以能放入 50 mL 烧杯为宜，选择一面上釉一面不上釉者）。

## 四、实验内容

### 1. 陶瓷片的预处理

包括除油和清洗、敏化处理、活性处理、预镀几方面。

(1)除油和清洗

为了使陶瓷表面能镀上镍磷合金，先用自来水彻底清洗陶瓷片，然后除油，最后用铬酸洗液清洗，以获得亲水的陶瓷表面。

除油：经自来水彻底清洗后的陶瓷片，浸入 85℃的除油液中，保温 15 min（视油污多少而定），让油污与除油液充分作用，用镊子取出陶瓷片，自来水冲洗 1～2 min。

清洗：经除油后的陶瓷片，浸入铬酸洗液中，在室温下搅动陶瓷片 2～3 min，取出；用自来水冲洗 1～2 min，然后放入水中煮沸 5 min，洗掉残留在陶瓷片上的铬酸洗液。

(2)敏化处理

经上述处理后的陶瓷片，浸入 50℃的敏化液中，保温 5 min，用镊子夹紧并取出陶瓷片，垂直浸入盛有 280 mL 水的烧杯（规格为 300 mL）中直至接触烧杯底部，立即取出，又立即浸入，如此“取出”“浸入”操作 3 次，每次不应多于 2 s，对破瓷砖操作 5 次，对于表面光洁度较高的电介质陶瓷片操作 3 次。

所用的敏化液，在 50 ℃下不能出现混浊或沉淀，否则要更换，使用后的敏化液，若还是澄清的可以再次使用。

(3)活性处理

将敏化处理后的陶瓷片，浸入 50 ℃的活化液中，保温 5 min，用镊子夹紧并取出陶瓷片，垂直浸入盛有 280 mL 水的烧杯（规格为 300 mL）中直至接触烧杯底部，立即取出，又立即浸入，如此“取出”“浸入”操作 3 次，每次不应多于 2 s，对破瓷砖操作 5 次，对电介质陶瓷操作 3 次。

使用后的活化液必须保留，不能倒掉，一是活化液可以反复使用，即使有沉淀的活化液，经处理会变澄清，可以再用；二是活化液价格昂贵，做实验时要勤俭节约。

(4)预镀

把活化处理后的陶瓷片，浸入 50 ℃的预镀液中，保温 5 min 并观察现象，然后用镊子夹紧取出陶瓷片，垂直浸入 280 mL 水中（用 300 mL 烧杯盛水）直至接触烧杯底部，立即取出，又立即浸入，这样“取出”“浸入”操作 3 次，每次不应多于 2 s，然后把陶瓷片放入一定量的 50 ℃水中漂洗，并不断地搅动陶瓷片，5 min 后取出，对破瓷砖还可用自来水冲洗一下，彻底洗掉残留在上面的杂质，以免将杂质带入镀液中，导致镀液的破坏。

经预镀后的破瓷砖，未上釉的一面稍微显暗色，上釉的一面几乎仍是白色，对电介质陶瓷片几乎仍为原来的色泽。

在预镀过程中，有时镀液逐渐变黑，属于正常现象，并不影响下一步实验。

使用后的预镀液不宜再用。

### 2. 陶瓷片的施镀

用水浴把镀液加热至 85～90℃，将预处理后的陶瓷片放入其中，保温 0.5 h 并观察现象。若气泡剧烈地逸出，说明反应过于剧烈，可适当地降低镀液温度至 75～80℃，但此时仍应保持气泡顺畅地逸出，即保持一定的反应速度，在此温度下可适当延长保温时间，才能得到一定厚度的镀层。

由于加热，镀液体积减小，为此适当地加入水，保持镀液浓度不变。

在开始施镀 10 min 左右，陶瓷片局部出现黑色，随着时间的增长，黑色面积逐渐扩大，以后，黑色变为银灰色，显出金属光泽，若发现镀液渐渐变为黑色混浊，以致观察不到陶瓷片颜色的变化，表明镀液被破坏，必须立即停止施镀。

**3. 镀层中镍、磷的鉴定**

将已镀好的陶瓷片放入 50 mL 烧杯中，加入 6 mol・$L^{-1}$ $HNO_3$，刚好浸没陶瓷片，在室温下用玻璃棒搅动陶瓷片。使镀层全部溶解，保留所得溶液，用来鉴定镍和磷。

(1) 镍的鉴定

取上述溶液数滴注入试管中，逐滴加入 6 mol・$L^{-1}$ 氨水至呈弱碱性，然后加入丁二肟数滴，摇动试管，观察鲜红色沉淀析出。证明了 $Ni^{2+}$ 的存在。

(2) 磷的鉴定

取上述溶液 10 滴缓慢加入试管中，加入水 25 滴和$(NH_4)_2MoO_4$溶液25 滴。在沸腾的水浴中加热试管一段时间，产生黄色沉淀，证明了 $PO_4^{3-}$ 的存在。

## 五、思考题

影响镀层致密、牢固光亮的因素有哪些？为此要控制的具体条件是什么？

*参考文献*

[1] 甘孟瑜，郭铭模. 工科大学化学实验. 重庆：重庆大学出版社，1996. 77～79，82～86.

[2] 崔学桂，张晓丽. 基础化学实验(Ⅰ)-无机及分析化学实验. 北京：化学工业出版社，2003.

# 实验四　可溶性硫酸盐中硫的测定(硫酸钡重量法)

## 一、实验目的

(1)了解晶形沉淀的沉淀条件、原理和沉淀方法。

(2)练习沉淀的过滤、洗涤和灼烧的操作技术。

(3)测定可溶性硫酸盐中硫的含量，并用换算因数计算测定结果。

## 二、实验原理

测定硫酸根所用的经典方法，是用 $Ba^{2+}$ 离子将 $SO_4^{2-}$ 离子沉淀为 $BaSO_4$，沉淀经过滤、洗涤和灼烧后，以 $BaSO_4$形式称量，从而求得 S 或 $SO_4^{2-}$ 离子含量。但该法的缺点是费时较多。用各种滴定分析方法进行测定，准确度均不及重量法，精密度也不太好。多年来，分析工作者对重量法测定 $SO_4^{2-}$ 离子曾作过不少改进，克服了繁琐、费时的缺点，因此重量法仍为一种较准确而重要的标准方法。

$BaSO_4$的溶解度很小($K_{sp} = 8.7\times10^{-11}$)，100 mL 溶液中在 25℃时仅溶解 0.25 mg，在过量沉淀剂存在下，溶解度更小，一般可以忽略不计。$BaSO_4$ 性质非常稳定，干燥后的组成与分子式符合。但是 $BaSO_4$沉淀初生成时，一般形成细小的晶体，过滤时易穿过滤纸，引起沉淀的损失。因此进行沉淀时，必须注意创造和控制有利于形成较大晶体的条件。

为了防止生成 $BaCO_3$、$Ba_3(PO_4)_2$(或 $BaHPO_4$)及 $Ba(OH)_2$等沉淀，应在酸性溶液中进行沉淀。同时适当提高酸度，增加 $BaSO_4$的溶解度，以降低其相对过饱和度，有利于获得颗粒较大的纯净而易于过滤的沉淀。一般在 0.05 mol・$L^{-1}$左右 HCl 溶液中进行沉淀。溶液中也不允许有酸不溶物和易被吸附的离子(如 $Fe^{3+}$、$NO_3^-$ 等离子)存在，否则应预先予以分离或掩蔽。$Pb^{2+}$、$Sr^{2+}$ 离子干扰测定。

应用玻璃砂芯坩埚抽滤 $BaSO_4$沉淀，然后烘干、称重，这样可缩短分析时间，其准确度比灼烧法稍差，但可用于工业生产的快速分析。

用 $BaSO_4$ 重量法测定 $SO_4^{2-}$ 离子这一方法应用很广。磷肥、萃取磷酸、水泥以及有机物中硫含量等都可用此法分析。

## 三、实验用品

仪器：瓷坩埚 2 只，坩埚钳 1 把，400 mL 烧杯等。

药品：2 mol·$L^{-1}$ 1% HCl 溶液，10% $BaCl_2$ 溶液，0.1 mol·$L^{-1}$ $AgNO_3$ 溶液，6 mol·$L^{-1}$ $HNO_3$ 溶液，定性滤纸(7～9 cm)1 张，慢速定量滤纸。

## 四、实验内容

准确称取经 100～120℃干燥过的试样 0.2～0.3 g①，置于 400 mL 烧杯中，用水 25 mL 溶解②，加入 2 mol·$L^{-1}$ HCl 溶液 5 mL，用水稀释至约 200 mL。将溶液加热至沸③，在不断搅拌下逐滴滴加 5～6 mL 10%热 $BaCl_2$ 溶液(预先稀释约 1 倍并加热)④，静置 1～2 min 让沉淀沉降，然后在上层清液中加 1～2 滴 $BaCl_2$ 溶液，检查沉淀是否完全。此时若无沉淀或浑浊产生，表示沉淀已经完全，否则应再加 1～2 mL $BaCl_2$ 稀溶液，直至沉淀完全。然后将溶液微沸 10 min，在约 90℃保温陈化约 1 h。冷至室温，用慢速定量滤纸过滤，再用热蒸馏水洗涤沉淀至无 $Cl^-$ 离子为止⑤，将沉淀和滤纸移入已在 800～850℃灼烧至恒重的瓷坩埚中，烘干、灰化后，再在 800～850℃下灼烧至恒重⑥。根据所得 $BaSO_4$ 质量，计算试样中含硫(或 $SO_3$)百分率。

**提示：**① 有些水合盐类试样不能放入烘箱中干燥。本实验可用无水芒硝($Na_2SO_4$)作试样。

②若有水不溶残渣，应该将它过滤除去，并用稀盐酸洗涤残渣数次，再用水洗至不含 $Cl^-$ 离子为止。

③试样中若含有 $Fe^{3+}$ 离子等干扰离子，在加 $BaCl_2$ 溶液沉淀之前，可加入 1%EDTA 溶液5 mL加以掩蔽。

④为了控制晶形沉淀的条件，除试液应稀释和加热外，沉淀剂 $BaCl_2$ 溶液也可先加水适当稀释并加热。

⑤检查洗液中有无 $Cl^-$ 离子的方法是加硝酸酸化了的 $AgNO_3$ 溶液，若无白色浑浊产生，表示 $Cl^-$ 离子已洗尽。

⑥坩埚放入电炉前，应用滤纸吸去其底部和周围的水，以免坩埚因骤热而炸裂。沉淀在灼烧时，若空气不充足，则 $BaSO_4$ 易被滤纸的碳还原为 BaS，将使结果偏低，此时可将沉淀用浓 $H_2SO_4$ 润湿，仔细升温，灼烧，使其重新转变为 $BaSO_4$。

## 五、数据记录与处理

| 项目＼序次 | Ⅰ | Ⅱ |
|---|---|---|
| 称量瓶＋试样质量(倒出试样前)(g)<br>称量瓶＋试样质量(倒出试样后)(g)<br>试样质量 $m$(g) | | |
| 坩埚＋$BaSO_4$ 质量(g) | (1)<br>(2) | |
| 坩埚质量(g) | (1)<br>(2) | |
| 滤纸灰分质量(g) | | |
| $BaSO_4$ 质量 $G$(g) | | |
| $SO_4^{2-}\%=G\times\frac{SO_4^{2-}}{BaSO_4}\times m\times100\%$ | | |
| $SO_4^{2-}$%平均值 | | |
| 相对平均偏差(%) | | |

## 六、思考题

(1)重量法所称试样重量应根据什么原则计算？

(2)为什么加 10% $BaCl_2$ 溶液 5～6 mL？沉淀剂用量应该怎样计算？反之，如果用 $H_2SO_4$ 沉淀 $Ba^{2+}$ 离子，$H_2SO_4$ 用量应如何计算？

(3)为什么试液和沉淀剂都要预先稀释，而且试液要预先加热？

(4)加入沉淀剂后，沉淀是否完全，应如何检查？

(5) 沉淀完毕后，为什么要保温放置一段时间后才进行过滤？

(6)洗涤至无 $Cl^-$ 离子的目的和检查 $Cl^-$ 离子的方法如何？

(7)为什么要控制在一定酸度的盐酸介质中进行沉淀？

(8)用倾泻法过滤有什么优点？

(9)什么叫恒重？怎样才能把灼烧后的沉淀称准？

(10)用 $SO_3$ 表示硫酸根的含量（百分率），应如何计算？

## 实验五　食物中某些组分的分析

### 一、实验目的

(1)了解食物中的化学常识。

(2)利用化学手段提取和纯化新鲜蔬菜中的胡萝卜素，应用光谱技术进行表征和含量测定。

(3)通过新鲜蔬菜中胡萝卜素的测定，使学生初步掌握天然产物的分离、提取、鉴定和含量测定等实验技术，提高学生进行综合实验的能力。

(4)学习运用化学知识及化学实验技术解决一些问题。

### 二、实验原理

**1. 掺假食品的鉴别**

(1)牛奶中掺豆浆的检查

牛奶是一种营养丰富、老少皆宜的食品。正常牛奶为白色或浅黄色均匀胶状液体，无沉淀、无凝块、无杂质，具有轻微的甜味和香味，其成分如下：

| 成分 | 水 | 脂肪 | 蛋白质 | 酪蛋白 | 乳糖 | 白蛋白 | 灰分 |
|---|---|---|---|---|---|---|---|
| 含量 | 87.35% | 3.75% | 3.40% | 3.00% | 4.75% | 0.40% | 0.75% |

在牛奶中掺入价格低得多的豆浆，尽管此时牛奶的密度、蛋白质含量变化不大，可能仍在正常范围内，但由于豆浆中含约25%碳水化合物（主要是棉子糖、水苏糖、蔗糖、阿拉伯半乳聚糖等），它们调碘后显污绿色，所以利用这种变化可定性地检查牛奶中是否掺有豆浆。

(2)掺蔗糖蜂蜜的鉴定

蜂蜜是人们喜爱的营养丰富的保健食品，正常蜂蜜的密度为 $1.401 \sim 1.433\ g \cdot mL^{-1}$，主要成分中葡萄糖和果糖占65%～81%，蔗糖约8%，水占16%～25%，糊精、非糖物质、矿物质和有机酸等约5%，此外还含有少量酵素、芳香物质、维生素及花粉粒等，因所采花粉不同，其成分也有一定差异。人为地将价廉的蔗糖熬成糖浆掺入蜂蜜中，外观上也会出现一些变化。一般这种掺糖蜂蜜色泽比较鲜艳，大多为浅黄色、味淡，回味短，且糖浆味较浓。用化学方法可取掺假样品加水搅拌，如有混浊或沉淀再加 $AgNO_3$(1%)，若有絮状物产生，即为掺蔗糖蜂蜜。

(3)亚硝酸钠与食盐的区别

亚硝酸钠($NaNO_2$)是一种白色或浅黄色晶体或粉末，有咸味，很像食盐，往往容易错当食盐使用。如果误食 0.3～0.5 g 亚硝酸钠就会中毒，食后 10 min 就会出现明显的中毒症状，如呕吐、腹痛、紫绀、呼吸困难，甚至抽搐、昏迷，严重时还会危及生命。亚硝酸钠不仅有毒，而且还是致癌物，对人体健康危害很大。

利用 $NaNO_2$ 在酸性条件下氧化 KI 生成单质碘的反应：

$$2NaNO_2 + 2KI + 2H_2SO_4 = 2NO + I_2 + K_2SO_4 + Na_2SO_4 + 2H_2O$$

单质碘遇淀粉显蓝色，就可以把亚硝酸钠与食盐区别开。

**2. 食品中的微量有害元素**

(1)油条中微量铝的鉴定

油条(或油饼)是大多数人经常食用的大众化食品。为了使油条松脆可口，制作油条时，每500 g面粉约需加入10 g明矾[$KAl(SO_4)_2 \cdot 12H_2O$]和若干苏打($Na_2CO_3$)，在高温油炸过程中，明矾和苏打发生以下反应：

$$A1^{3+} + 3H_2O = A1(OH)_3 + 3H^+$$

$$2H^+ + CO_3^{2-} = H_2O + CO_2\uparrow$$

由于$CO_2$大量产生，使油条面团体积迅速膨胀，并在表面形成一层松脆的皮膜，非常好吃。

但是，近年来医学界研究发现，吃进人体内的铝对健康危害很大，能引起痴呆、骨痛、贫血、甲状腺功能降低、胃液分泌减少等多种疾病。摄入过量的铝还会影响人体对磷的吸收和能量代谢，降低生物酶的活性。而且铝不仅能引起神经细胞的死亡，还能损害心脏。当铝进入人体后，可形成牢固的、难以消化的配位化合物，使其毒性增加。因此，人们要警惕从油饼等食物中摄入过量的铝。

取小块油饼切碎后经灼烧成灰，用6 mol·$L^{-1}$ $HNO_3$浸取，浸取液加巯基乙酸溶液，混匀后，加铝试剂缓冲液加热，如观察到特征的红色溶液生成，样品中即含有铝。

(2)松花蛋中铅的鉴定

松花蛋是一种具有特殊风味的食品，但往往受铅的污染。而铅及其化合物具有较大毒性，在人体内还有积累作用，会引起慢性中毒。

在一定条件下，铅离子能与双硫腙形成一种红色配合物：

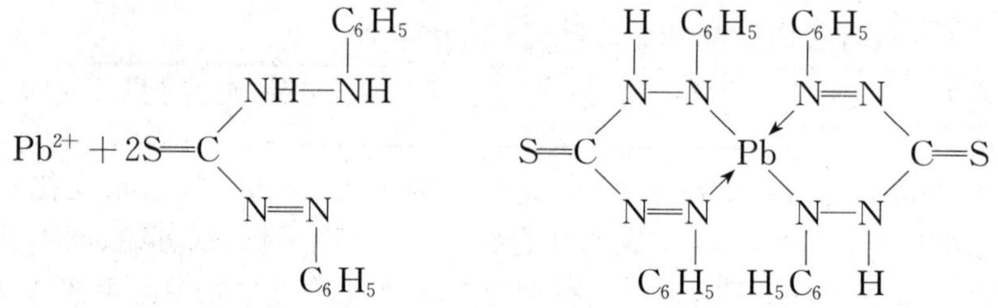

(双硫腙)　　　　(红色)

由于双硫腙是一种广泛配位剂，用它测定$Pb^{2+}$离子时，必须考虑其他金属离子的干扰作用，通过控制溶液的酸度和加入掩蔽剂可加以消除。用氨水调节试液pH到9左右(下面称之为双硫腙使用液)，此时$Pb^{2+}$与双硫腙作用生成红色配合物，加盐酸羟胺还原$Fe^{3+}$，同时加柠檬酸铵掩蔽$Fe^{2+}$、$Sn^{2+}$、$Cd^{2+}$、$Cu^{2+}$等，用$CHC1_3$萃取后，铅的双硫腙配合物萃取入$CHC1_3$中，干扰离子则留在水溶液中。

**3. 食物中微量营养元素**

(1)海带中碘的鉴定

海带是营养价值和经济价值都比较高的食品，特别是它含有对人类健康很重要的碘。人体内缺少碘不但会引起甲状腺肿病，而且还会造成智力低下。

海带在碱性条件下灰化，其中的碘被有机物还原为$I^-$离子，它与碱金属离子结合成碘化物。碘化物可在酸性条件下与$K_2Cr_2O_7$反应析出$I_2$：

$$6I^- + Cr_2O_7^{2-} + 14H^+ = 2Cr^{3+} + 3I_2 + 7H_2O$$

若用$CHCl_3$萃取，$I_2$在$CHCl_3$中显粉红色(或深红色，颜色深浅依含碘量多少而定)。

(2)大豆中微量铁的鉴定

大豆是营养丰富的食物，尤其是各类豆制品更是人们喜爱的大众化食品。大豆中不仅富含植物性蛋白质，没有胆固醇，而且还含有一些人体所需的微量元素。大豆中微量铁，经样品粉碎、浸取和氧化处理后，以 $Fe^{3+}$ 离子形式存在溶液中，在酸性条件下，$Fe^{3+}$ 与 $SCN^-$ 反应：

$$Fe^{3+} + 3SCN^- = Fe(SCN)_3\text{（血红色）}$$

生成特征的血红色配合物。

(3)面粉中微量元素锌

锌是维持人体正常生理活动和生长发育所必需的一种微量元素，食物中微量锌的含量差别很大，一般坚果、豆类、谷物等食品中含量较多一些，小麦中锌主要存在于胚芽和麸皮中。

微量锌的检定，可采用双硫腙显色。在 pH＝ 4.5～5 时，锌与双硫腙作用生成紫红色配合物：

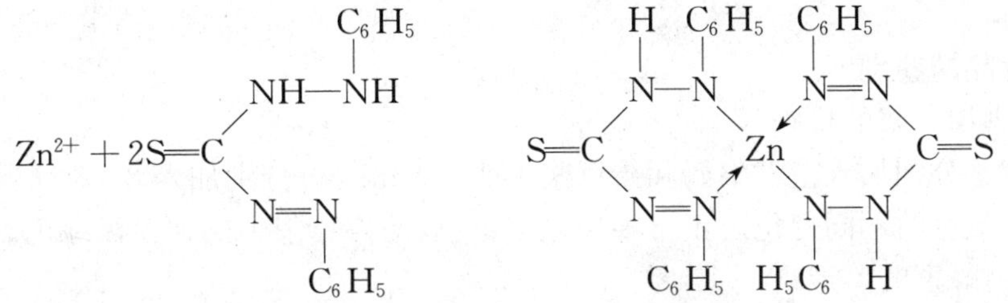

（双硫腙）　　（红色）

它能溶于 $CHCl_3$、$CCl_4$ 等有机溶剂中，故可用有机溶剂萃取。但 $Pb^{2+}$、$Cd^{2+}$、$Cu^{2+}$、$Hg^{2+}$、$Fe^{3+}$ 等有干扰作用，可加 $Na_2S_2O_3$ 和盐酸羟胺掩蔽。

**4. 新鲜蔬菜中胡萝卜素的提取、分离及含量的测定**

许多绿色植物如蔬菜、瓜果中含有丰富的胡萝卜素 $C_{40}H_{56}$，它是维生素 A 的前体，具有类似维生素 A 的活性。胡萝卜素有 $\alpha$-异构体、$\beta$-异构体、$\gamma$-异构体，其中以 $\beta$ 胡萝卜素生理活性最强，含量最多。$\beta$-胡萝卜素的结构式如下：

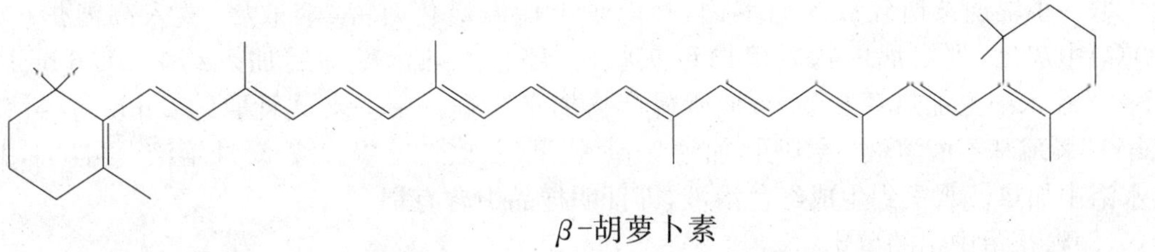

$\beta$-胡萝卜素

$\beta$-胡萝卜素是含有 11 个共轭双键的长链多烯化合物，它的 $\pi \rightarrow \pi^*$ 跃迁吸收带处于可见光区，因此纯的 $\beta$-胡萝卜素是橘红色的晶体。

胡萝卜素不溶于水，可溶于有机溶剂，因此植物中胡萝卜素可以用溶剂提取。但叶黄素、叶绿素等成分也会同时被提取出来，对测定产生干扰，需要用适当的方法加以分离。本实验采用柱色谱法将提取液中的胡萝卜素分离出来，经分离提纯的胡萝卜素可以直接用分光光度法测定。

## 三、实验用品

仪器：试管，坩埚，电炉，高温电炉（马弗炉，约 500℃），水浴（恒温箱），组织捣碎机，蒸发皿，烘箱，布氏漏斗，吸滤瓶，抽滤泵，研钵，筛（40 目），锥形瓶 50 mL，酒精灯，紫外可见分光光度计，分析天平，色谱柱，研钵，分液漏斗（150 mL、250 mL），容量瓶（10 mL、50 mL），吸液管

(1 mL)。

药品：碘水，1% $AgNO_3$，浓食盐水，2 mol·$L^{-1}$ $H_2SO_4$，浓 $H_2SO_4$，1∶1$HNO_3$，6 mol·$L^{-1}$ $HNO_3$，1 mol·$L^{-1}$ $HNO_3$，1% $HNO_3$，6 mol·$L^{-1}$ HCl，1 mol·$L^{-1}$ HCl，30% $H_2O_2$，0.8%巯基乙酸，0.1 mol·$L^{-1}$ KI，新鲜淀粉溶液，铝试剂缓冲液，20%柠檬酸铵，20%盐酸羟胺，双硫腙使用液，0.002%双硫腙 $CCl_4$溶液，1∶1 氨水，10 mol·$L^{-1}$ KOH，$CHCl_3$，0.02 mol·$L^{-1}$ $K_2Cr_2O_7$，2%$K_2S_2O_8$，20%KSCN，pH=4.74 的缓冲溶液，25%$K_2S_2O_3$，丙酮，正己烷，$KMnO_4$(A.R.)，$Na_2SO_3$(A.R.)，$NaNO_2$(A.R.)，NaCl(A.R.)，$\beta$-胡萝卜素，活性氧化镁，硅藻土助滤剂，无水硫酸钠 A.R.。

待测样品：新鲜胡萝卜素

其他：正常牛奶，掺豆浆牛奶，掺蔗糖蜂蜜，油条(加明矾的)，松花蛋，海带，大豆，标准面粉，滤纸(布氏漏斗用)，滤纸片。

## 四、实验内容

### 1. 掺假食品的鉴别

(1)牛奶中掺豆浆的检查

取两支试管分别加入正常牛奶和掺豆浆牛奶各 2 mL，再分别加入 2～3 滴碘水，混匀后观察两支试管中颜色的不同变化。正常牛奶显橙黄色，而掺豆浆牛奶则显污绿色。

(2)掺蔗糖蜂蜜的鉴定

在一支试管中加入掺蔗糖的蜂蜜样品约 1 mL，再加水约 4 mL，振荡搅拌，如有混浊或沉淀，再滴加 2 滴 1% $AgNO_3$，若有絮状物产生就证明此蜂蜜中掺有蔗糖。

(3)亚硝酸钠与食盐的区别

取两支试管分别加入少量 $NaNO_2$ 固体和 NaCl 固体，再加入 2 mol·$L^{-1}$ $H_2SO_4$ 和 0.1 mol·$L^{-1}$ KI，观察两支试管中不同的实验现象，再用新配制的淀粉溶液鉴别。

### 2. 食品中微量有害元素的鉴定

(1)油条中微量铝的鉴定

取一小块油条切碎放入坩埚内，在电炉上低温炭化，待浓烟散尽，放入高温炉(炉温约 500℃)中灰化，到坩埚内物质呈白色灰状时，停止加热。冷却后加入约 2 mL 6 mol·$L^{-1}$ $HNO_3$，在水浴上加热蒸发至干，把所得产物加水溶解。用一支试管取约 2 mL 所得溶液，加 5 滴0.8%巯基乙酸溶液，摇匀后，加约 1 mL 铝试剂(玫红三羧酸铵)缓冲溶液，再摇匀，并放入热水浴中加热。观察到生成红色溶液，即证明样品中含有铝。

(2)松花蛋中铅的鉴定

取一个松花蛋剥去蛋壳后，放入高速组织捣碎机中，按 2∶1 的蛋水比加水，捣成匀浆。把所得匀浆倒入蒸发皿中，先在水浴上蒸发至干，然后放在电炉上小心炭化至无烟后，移入高温炉内，在约 550℃灰化至呈白色灰烬。取出冷却后加入 1∶1 $HNO_3$溶解所得灰分。

取所得样品溶液约 2 mL，加入 2 mL 1% $HNO_3$，2 mL 20%柠檬酸铵和 1 mL 20%盐酸羟胺，用1∶1 氨水调节溶液 pH=9，再加入 5 mL 双硫腙使用液，剧烈摇动约 1 min，静置分层后，观察有机溶剂($CHCl_3$)层中红色配合物的生成。

### 3. 食物中微量营养元素的鉴定

(1)海带中碘的鉴定

将除去泥沙后的海带切细、混匀，取均匀样品约 2 g 放入坩埚中，加入 5 mL 10 mol·$L^{-1}$ KOH。先在烘箱内烘干，然后放在电炉上低温炭化，再移入高温炉中，于 600℃灰化至呈白色灰烬。取出冷却后,加水约 10 mL 加热溶解灰分,并过滤。用约 30 mL 热水分几次洗涤坩埚和滤纸,所得滤液供鉴定用。

取约 2 mL 供鉴定用滤液,加 2 mL 浓 $H_2SO_4$ 和 10 mL 0.02 mol·$L^{-1}$ $K_2Cr_2O_7$,摇匀后放置 30 min,然后再加入 10 mL $CHCl_3$ 剧烈摇动,静置分层,观察 $CHCl_3$ 层中碘的颜色。

(2)大豆中微量铁的鉴定

大豆样品经研磨粉碎,过筛(40 目)。称取约 2 g,放入 50 mL 锥形瓶中,加入约 10 mL 浓 $H_2SO_4$,放在电炉上低温加热至瓶内硫酸开始冒白烟后 5 min,从电炉上取下。稍冷却,使瓶内温度为 60～70℃,逐滴加 2 mL 30% $H_2O_2$(必须缓慢滴加,以防反应过猛)。放电炉上继续加热 2 min。如果瓶内溶液仍有黑色或棕色物质,再从电炉上取下,稍冷却后再滴加 $H_2O_2$,随后再加热,如此反复处理,直至瓶内溶液完全无色为止。最后再加热 5 min,以除去过量的$H_2O_2$,冷却后,溶液供以下检验用。

取上述样品溶液约 2 mL,加入约 0.2 mL 浓 $H_2SO_4$,0.1 mL 2% $K_2S_2O_8$ 和 1 mL 20% KSCN,观察有无血红色配合物生成。

(3)面粉中微量元素锌的鉴定

取约 5 g 标准粉,放入蒸发皿中,放在电炉上低温炭化,待浓烟挥尽后,转移入高温炉(500℃)中灰化。当蒸发皿内灰分呈白色残渣时,停止加热。取出冷却后,加 2 mL 6 mol·$L^{-1}$ HCl 或 $HNO_3$溶液,放在水浴上加热蒸发至干。冷却后将所得物质加水溶解,即得到样品溶液。

取约 2 mL 样品溶液,用 1 mol·$L^{-1}$ HCl 或 $HNO_3$溶液调节 pH=4.5～5,加 2 mL pH=4.74 的缓冲溶液,再加 0.5 mL 25% $Na_2S_2O_3$ 和 0.5 mL 20%盐酸羟胺。混合摇匀后,加入约 5 mL 0.002%双硫腙 $CCl_4$ 溶液,经剧烈摇动后,静置分层。观察 $CCl_4$ 层是否生成紫红色配合物。

**4. 新鲜蔬菜中胡萝卜素的提取、分离及含量的测定**

(1)$\beta$-胡萝卜素的提取

将新鲜胡萝卜粉碎混匀,称取 1～2 g,加 10 mL 1∶1 丙酮-正己烷混合溶剂,于研钵中研磨 5 min,将混合溶剂滤入预先盛有 50 mL 蒸馏水的 150 mL 分液漏斗中,残渣继续用 10 mL 1∶1丙酮-正己烷混合溶剂研磨、过虑,如此反复浸提几次,直到浸提液无色为止,浸提液滤入分液漏斗中,水洗后将水相放入另一个 250 mL 分液漏斗中。继续用 3 份 30 mL 蒸馏水洗涤浸提液,将洗涤后的水溶液合并于 250 mL 分液漏斗中,加入 20 mL 正己烷萃取水溶液,然后将正己烷萃取液与 150 mL 分液漏斗中浸提液合并供柱色谱分离,弃去萃取后的水溶液。

(2)$\beta$-胡萝卜素的柱色谱分离

① 吸附剂的处理。将活性氧化镁在 600 ℃下灼烧 4 h,冷却,与硅藻土助滤剂按质量比 1∶1均匀混合。

② 柱色谱分离。色谱柱为外径 22 mm、长 175 mm 的玻璃管,下端接有外径 10 mm、长 50 mm的细玻璃管。在色谱柱细径处填入少许玻璃毛或脱脂棉。将吸附剂疏松地装入色谱柱中,装入高度约 150 mm,然后用水泵抽气使吸附剂逐渐密实。装填密实后吸附剂高度约为 100 mm,再在吸附剂顶面盖上一层约 1 cm 的无水硫酸钠。

将样品浸提液逐渐倾入色谱柱中,在连续抽气条件下使浸提液通过色谱柱。用正己烷冲洗色谱柱,使 $\beta$-胡萝卜素谱带与其他色谱带分开,当 $\beta$-胡萝卜素谱带移过色谱柱中部时,用 1∶9丙酮-正己烷混合溶剂洗脱并收集流出液,$\beta$-胡萝卜素将首先从色谱柱流出,而其他色素仍保持在色谱柱中。将洗脱的 $\beta$-胡萝卜素流出液收集在 50 mL 容量瓶中,用 1∶9 丙酮-正己烷混合溶剂定容;在整个色谱柱过程中,柱的顶端应始终保持有溶剂。

(3)绘制工作曲线

① 配制$\beta$-胡萝卜素标准溶液。用逐级稀释法准确配制$25\mu g \cdot mL^{-1}$ $\beta$-胡萝卜素正己烷标准溶液。分别吸取该溶液0.2 mL、0.4 mL、0.6 mL、0.8 mL和1.0 mL于5个容量瓶中，用正己烷定容。

② 测定吸收光谱。用1 cm比色皿，以正己烷为参比，分别测定5个$\beta$-胡萝卜素标准溶液的吸收光谱(测定的波长为380～600 nm)。

(4)样品浸提液中胡萝卜素含量的测定

以1∶9丙酮-正己烷溶剂为参比，在分光光度计上测定柱色谱分离后的$\beta$-胡萝卜素溶液的吸收光谱。

## 五、数据处理

(1)绘制$\beta$-胡萝卜素工作曲线

①根据吸收光谱确定标准溶液最大吸收波长$\lambda_{max}$和吸光度$A$。

②以$\beta$-胡萝卜素标准溶液浓度为横坐标，吸光度为纵坐标，绘制工作曲线。

③根据工作曲线的斜率计算摩尔吸光系数$\varepsilon$。

(2)确定样品溶液$\lambda_{max}$处的吸光度，计算胡萝卜中胡萝卜素的含量

$$\text{胡萝卜素含量}=\frac{50c_x}{1000m_{\text{样品}}}(mg \cdot L^{-1})$$

式中，$c_x$为工作曲线上查到的胡萝卜素浓度($\mu g \cdot mL^{-1}$)；$m_{\text{样品}}$为胡萝卜样品的质量(g)。

(3)根据共轭多烯$\pi \rightarrow \pi^*$跃迁吸收波长及摩尔吸光系数的计算公式，计算$\beta$-胡萝卜素的吸收波长$\lambda_{max}$和摩尔吸光系数$\varepsilon_{max}$。将实验测定的吸收波长和摩尔吸光系数与计算值进行比较。

## 六、思考题

(1)正常牛奶与掺豆浆牛奶的主要差别是什么？如何鉴别？

(2)如何区别正常蜂蜜与掺蔗糖蜂蜜？

(3)认识亚硝酸钠当食盐使用的危害，利用它们哪些不同的化学性质加以区别？

(4)指出铝对人体健康的危害，如何鉴定食品中含有铝？

(5)用什么方法鉴定食物中少量有害元素铅的存在？

(6)碘对人体健康具有怎样的重要性？如何鉴定海带中碘的含量？

(7)采用什么方法检测大豆中的微量元素铁？

(8)简述面粉中微量元素锌的检定方法？

(9)天然产物的提取方式通常有哪些？

(10)应用柱色谱法将胡萝卜素与其他色素分离的原理是什么？

(11)如何制备性能良好的色谱柱？

(12)哪些因素影响胡萝卜素含量测定的准确性？

*参考文献*

高丽华，等.基础化学实验.北京：化学工业出版社，2004.

# 实验六　酸碱混合物的分析

## 一、实验目的

(1)了解混合酸碱体系的测定原理和方法。

(2)通过学生对分析方案的设计，培养学生分析问题和解决问题的能力。

(3)加深对理论课程学习的理解。

(4)学会由相关知识点查找参考资料,培养学生获取相关知识的能力。

## 二、实验提示

在前面的基础训练的实验中,多为单组分纯溶液、纯物质的测定。然而,实际工作中,常常遇到混合组分的测定问题。下面让我们通过对 $NaH_2PO_4$-$Na_2HPO_4$混合酸碱体系各组分含量测定的分析及设计方法的讨论,给出在设计混合酸碱组分测定方法时主要应考虑的问题,以供参考。

对 $NaH_2PO_4$-$Na_2HPO_4$混合酸碱体系,首先,必须判断能否用酸和碱标液进行滴定的问题。$H_3PO_4$的三级离解平衡如下:

$$H_3PO_4 \underset{pK_{b_3}=11.88}{\overset{pKa_1=2.12}{\rightleftharpoons}} H_2PO_4^- \underset{pK_{b_2}=6.80}{\overset{pKa_2=7.20}{\rightleftharpoons}} HPO_4^{2-} \underset{pK_{b_1}=1.64}{\overset{pKa_3=12.36}{\rightleftharpoons}} PO_4^{3-}$$

根据酸碱物质能否准确滴定的判别式 $c \cdot K \geqslant 10^{-8}$,显然,$Na_2HPO_4$不能用碱标液直接滴定,但可用 HCl 标液滴定,也可按文献加入适量 $CaCl_2$ 固体,释放出相当量的 $H^+$,再用 NaOH 标液滴定:

$$2Na_2HPO_4 + 3CaCl_2 = Ca(PO_4)_2 \downarrow + 4NaCl + 2HCl$$

同理,组分 $NaH_2PO_4$则可用 NaOH 标液直接滴定,但不能用 HCl 标液来滴定。

考虑滴定方法时,可从两个方面进行。第一种方法可在同一份溶液中用 NaOH 和 HCl 标液两次滴定,测定各组分含量;第二种方法可分别取出两份溶液,分别用 NaOH 和 HCl 标液滴定。

怎样选择指示剂呢?它是根据滴定反应物溶液的 pH 来选择的。计量点产物 $HPO_4^{2-}$,其 $pH=\frac{1}{2}(pKa_2+pKa_3)=9.7$,可选用酚酞(pH=8.2~10.0)或百里酚酞(pH=9.4~10.6)为指示剂。当滴定计量点产物为 $H_2PO_4^-$,其 pH=4.7,这时可勉强选用甲基橙(pH=3.1~4.4)和溴酚蓝(pH=3.0~4.6)等指示剂。

综合上面实际例子设计方法的讨论,在设计混合酸碱组分测定方法时,主要应考虑下面几个问题:

(1)应进行能否准确滴定的判别。

(2)设计方法的原理是什么?可用哪几种方法进行滴定?

(3)采用什么滴定剂?如何配制和标定?

(4)滴定至各计量点时产物是什么?这时产物溶液 pH 为多少?应选用何种指示剂?

(5)酸碱滴定时,滴定剂和被滴物质的浓度应为 $0.1\ mol \cdot L^{-1}$左右,据此可考虑它们的溶液取样量大小。

(6)各组分含量的计算公式是什么?计量比 $a/b$ 为多少?含量以什么单位表示?计算用的常数等查好了没有?

(7)设计时应以"求实"的精神,去比较、研究实验中的问题,例如选择的方法好不好?滴定的误差为多少?哪种指示剂较好?

(8)滴定终点的指示问题

一般采用指示剂法检测滴定终点。滴定较弱的酸碱组分时,用电位法指示滴定终点是较准确的方法。理论证明,$\Delta pK \approx 3$ 时,用电位法指示终点尤为重要,如 HAc~$NaHSO_4$体系等,在处理数据时也应作一阶微分或二阶微分的处理才能得到满意的结果。

## 三、设计要求

本实验要求学生到图书馆或资料室去查阅有关测定方法的资料，按分析化学实验的要求格式，写出下面主要内容，交指导教师审阅：

(1)实验原理　应将方法、原理、有关计算及公式详细写出。

(2)实验用品　所需试剂(规格、浓度及配制方法)和仪器。

(3)实验内容及步骤　所使用的标准溶液的配制、标定、仪器选用、取样量的确定、固体试剂的溶样方法、指示剂、终点的变化等具体的分析实验步骤及注意事项。

(4)拟定数据记录和处理的表格

(5)列出参考文献　详细列出所有参考文献，包括文献的主编者、文献名、第几版、出版社、年、月。

(6)体会和讨论　结合所选的实验进行。

## 四、设计性实验的选题范围

(1)$H_2SO_4$-$H_3PO_4$混合液(约含 $SO_3$ 0.01 g・mL$^{-1}$和 $P_2O_5$ 0.03 g・mL$^{-1}$)；

(2)HCl-$NH_4Cl$混合液(约含 HCl 0.01 g・mL$^{-1}$和 $NH_4Cl$ 0.02 g・mL$^{-1}$)；

(3)$NH_3 \cdot H_2O$-$NH_4Cl$混合液(约含 $NH_3$ 0.01 g・mL$^{-1}$和 $NH_4Cl$ 0.02 g・mL$^{-1}$)；

(4)HCl-$H_3BO_3$混合液(约含 HCl 0.01 g・mL$^{-1}$和 $H_3BO_3$ 0.03 g・mL$^{-1}$)；

(5)HAc-NaAc 混合液(约含 HAc 0.02 g・mL$^{-1}$和 NaAc 0.02 g・mL$^{-1}$)；

(6)NaOH-$Na_3PO_4$混合液(约含 NaOH 0.01 g・mL$^{-1}$和 $Na_3PO_4$ 0.03 g・mL$^{-1}$)；

(7)HAc-$H_2SO_4$混合液(约含 HAc 0.02 g・mL$^{-1}$和 $H_2SO_4$ 0.02 g・mL$^{-1}$)；

(8)HCl-$(CH_2)_6N_4$(六次甲基四胺)混合液［约含 HCl 0.01 g・mL$^{-1}$和$(CH_2)_6N_4$ 0.03 g・mL$^{-1}$*］；

(9)混合碱固体试样(含总碱以 $Na_2O$ 计，各约 50%)；

(10)HCl-HAc 混合液(约 0.20 mol・L$^{-1}$的 HCl 和 HAc 等体积混合)。

* 六次甲基四胺可用浓盐体系强化测定。

## 附录　混合酸的测定实验设计报告要求

(教师检查的依据提示)

一、目的(如上)

二、原理(包括概述测定物性质及可测定方法和选定某一方法理由)

(1)间接法配 NaOH

①粗配 NaOH(0.2 mol・L$^{-1}$)500 mL

计算出所需固体量 $W_{NaOH}$，或用浓 $c_{NaOH}$=6.0 mol・L$^{-1}$稀释至 0.2 mol・L$^{-1}$，500 mL 溶液所需 $V_{NaOH}$。

②标定原理：

选择基准物(依据准确标定条件：$c \cdot K_a > 10^{-8}$)

基准物称量范围计算：公式及具体数据(需用 20～30 mL 0.2 mol・L$^{-1}$ NaOH)

称量方法选择(根据物质的性质及实验要求)：

反应式及计算 $c_{NaOH}$=？(公式)

(2)测定原理(如双指示剂法：a. 连续滴定法　b. 分别滴定法等)

①准确测定条件：如直接法时 $c \cdot K_a > 10^{-8}$，$K_1/K_2 > 10^4$。

②反应计量式。

③各计量点 pH 计算。

④指示剂选择及颜色变化情况。

⑤各组分含量计算公式及单位[$x_{HAc}$(g·L$^{-1}$),$x_{HCl}$(g·L$^{-1}$)]

因为混合酸在第一计量点处有交叉反应,突跃小,故允许误差<5%。

三、实验用品以及规格

试剂:(s,l),(级别:AR、CP),指示剂。

仪器:玻璃量器,滴定管,移液管,锥形瓶(mL)等。

(所用的全写上,可操作性要强)。

四、实验内容及操作步骤简示

(1)粗配 NaOH:量取浓 NaOH→试剂瓶除 $CO_2$ 蒸馏水稀释→500 mL。

(2)标定 NaOH(3 份);称量基准物(3 份);滴定。

(3)测定混合酸含量(指示剂法 3 份;仪器法 1 份;每份移取 25.00 mL 混合酸样)可分别滴定。

五、拟定数据记录表格(3 个)

(1)称量数据记录表。

(2)标定数据记录表(3 份数据;取平均值)。

(3)测定数据记录表(指示剂法 3 份,仪器法 1 份)合格数据,即要 $Q$ 检验;计算各组分含量的标准偏差及含量范围。

若电位滴定法还有两个图($pH/V_{NaOH}$,$\Delta pH/\Delta V\text{-}V_{NaOH}$)可从图中找计量点计算各组分含量。

六、列出参考文献(放最后,要规范化)

按照:编者(前三位等),书名,第几版,出版社,出版年月…… 顺序写

参考资料提示:

(1)各大专院校的《分析化学》测定方法的选择,分析步骤等基础知识。

(2)各大专院校的《分析化学实验》NaOH 标定和设计性实验提示及关于"水中 $CO_2$ 对酸碱滴定的影响"等知识点的介绍。

七、注意事项

(1)方法原理要合理,报告设计的可操作性要强。

(2)记录数据要真实,有效数字位数要正确。

(3)仪器选用、测定操作要正确。

(4)作图要求准确,结果要有分析,最后别忘了讨论。

(5)实验中注意事项

①粗配 NaOH:用水要求(除 $CO_2$);容器要求:不能装在玻璃塞的细口瓶中。

②分析天平使用:登记→检查→调零→台秤粗称→称量→…→检查。

③称好的邻苯二甲酸氢钾可用温热的、除 $CO_2$ 水溶解。

④滴定中:移液管、碱式管(排气泡)及滴定操作正确。

⑤各终点时:正确观测指示剂颜色变化情况(注意各指示剂间颜色的干扰)。

⑥数据要全部记录到相应的表格内,不准记在纸片上。

⑦试验数据记录合格者给老师签字后带回去处理,在规定的时间内交。

八、思考题

(1)为什么用 0.2 mol·L$^{-1}$ NaOH,而不用 0.1 mol·L$^{-1}$ NaOH 测定此混合酸?

(2)实验中为什么要用除 $CO_2$ 蒸馏水,而不用普通蒸馏水?

(3)为什么要准确移取 25.00 mL 混合酸试液,而不是移取 50.00 mL 试液?

## 实验七 水泥熟料分析

### 一、实验目的

(1)了解用重量法测定水泥熟料中 $SiO_2$ 含量的原理和方法。

(2)进一步掌握络合滴定法的原理，特别是通过控制试液的酸度、温度及选择适当的掩蔽剂和指示剂等，在铁、铝、钙、镁共存时分别测定它们的方法。

(3)掌握络合滴定的几种测定方法——直接滴定法、返滴法和结果计算，以及差减法称量。

(4)掌握水浴加热、沉淀、过滤、洗涤、灰化、灼烧等操作技术。

## 二、实验原理

水泥熟料是调和生料经1400℃以上的高温煅烧而成的。通过熟料分析，可以检验熟料质量和烧成情况的好坏，根据分析结果，可及时调整原料的配比以控制生产。

目前，我国立窑生产的硅酸盐水泥熟料的主要化学成分及其控制范围，大致如下：

| 化学成分 | 含量范围 | 一般控制范围 |
|---|---|---|
| $SiO_2$ | 18%～24% | 20%～22% |
| $Fe_2O_3$ | 2%～5.5% | 3%～4% |
| $Al_2O_3$ | 4%～9.5% | 5%～7% |
| CaO | 60%～67% | 62%～66% |

同时，对几种成分限制如下：

$$MgO<4.5\% \qquad SO_3<3.0\%$$

水泥熟料中碱性氧化物占60%以上，因此易被酸分解。水泥熟料主要为硅酸三钙($3CaO \cdot SiO_2$)、硅酸二钙($2CaO \cdot SiO_2$)、铝酸三钙($3CaO \cdot Al_2O_3$)和铁铝酸四钙($4CaO \cdot Al_2O_3 \cdot Fe_2O_3$)等化合物的混合物。这些化合物与盐酸作用时，生成硅酸和可溶性的氯化物，反应式如下：

$$2CaO \cdot SiO_2 + 4HCl \rightarrow 2CaCl_2 + H_2SiO_3 + H_2O$$

$$3CaO \cdot SiO_2 + 6HCl \rightarrow 3CaCl_2 + H_2SiO_3 + 2H_2O$$

$$3CaO \cdot Al_2O_3 + 12HCl \rightarrow 3CaCl_2 + 2AlCl_3 + 6H_2O$$

$$4CaO \cdot Al_2O_3 \cdot Fe_2O_3 + 20HCl \rightarrow 4CaCl_2 + 2AlCl_3 + 2FeCl_3 + 10H_2O$$

硅酸是一种很弱的无机酸，在水溶液中绝大部分以溶胶状态存在，其化学式应以$SiO_2 \cdot nH_2O$表示。在用浓酸和加热蒸干等方法处理后，能使绝大部分硅酸水溶胶脱水成水凝胶析出，因此可以利用沉淀分离的方法把硅酸与水泥中的铁、铝、钙、镁等其他组分分开。

**1. $SiO_2$的测定**

本实验中以重量法测定$SiO_2$的含量。

在水泥经酸分解后的溶液中，采用加热蒸发近干和加固体氯化铵两种措施，使水溶性胶状硅酸尽可能全部脱水析出。蒸干脱水是将溶液控制在100～110℃温度下进行的。由于HCl的蒸发，硅酸中所含的水分大部分被带走，硅酸水溶胶即成为水凝胶析出。由于溶液中的$Fe^{3+}$、$Al^{3+}$等离子在温度超过110℃时易水解生成难溶性的碱式盐，而混在硅酸凝胶中，这样将使$SiO_2$的结果偏高，而$Fe_2O_3$、$Al_2O_3$等的结果偏低，故加热蒸干宜采用水浴以严格控制温度。

加入固体$NH_4Cl$后由于$NH_4Cl$易离解生成$NH_3 \cdot H_2O$和HCl，在加热的情况下，它们易挥发逸去，从而消耗了水，因此能促进硅酸水溶胶的脱水作用，反应式如下：

$$NH_4Cl + H_2O \rightleftharpoons NH_3 \cdot H_2O + HCl$$

含水硅酸的组成不固定，故沉淀经过滤、洗涤、烘干后，还需经950～1000℃高温灼烧成固定成分$SiO_2$，然后称量，根据沉淀的质量计算$SiO_2$的百分含量。

灼烧时，硅酸凝胶不仅失去吸附水，并进一步失去结合水，脱水过程的变化如下：

$$H_2SiO_3 \cdot nH_2O \xrightarrow{110℃} H_2SiO_3 \xrightarrow{950 \sim 1000℃} SiO_2$$

灼烧所得的 $SiO_2$ 沉淀是雪白而又疏松的粉末。如所得沉淀呈灰色、黄色或红棕色，说明沉淀不纯。在要求比较高的测定中，应用氢氟酸-硫酸处理。

水泥中的铁、铝、钙、镁等组分以 $Fe^{3+}$、$Al^{3+}$、$Ca^{2+}$、$Mg^{2+}$ 等离子形式存在于过滤 $SiO_2$ 沉淀后的滤液中，它们都与 EDTA 形成稳定的络离子。但这些络离子的稳定性有较显著的差别，因此只要控制适当的酸度，就可用 EDTA 分别滴定它们。

**2. 铁的测定**

控制酸度为 $pH = 2\sim2.5$。试验表明，溶液酸度控制得不恰当对测定铁的结果影响很大。在 $pH=1.5$ 时，结果偏低；$pH>3$ 时，$Fe^{3+}$ 离子开始形成红棕色氢氧化物，往往无滴定终点，共存的 $Ti^{4+}$ 和 $Al^{3+}$ 离子的影响也显著增加。

滴定时以磺基水杨酸为指示剂，它与 $Fe^{3+}$ 离子形成的络合物的颜色与溶液酸度有关，在 $pH=1.2\sim2.5$ 时，络合物呈红紫色。由于 $Fe^{3+}$-磺基水杨酸络合物不及 $Fe^{3+}$-EDTA 络合物稳定，所以临近终点时加入的 EDTA 便会夺取 $Fe^{3+}$-磺基水杨酸络合物中的 $Fe^{3+}$ 离子，使磺基水杨酸游离出来，因而溶液由红紫色变为微黄色，即为终点。磺基水杨酸在水溶液中是无色的，但由于 $Fe^{3+}$-EDTA 络合物是黄色的，所以终点时由红紫色变为黄色。

滴定时溶液的温度以 60～70℃为宜（隔玻璃壁感觉微烫，冒较多水蒸气），当温度高于 75℃并有 $Al^{3+}$ 离子存在时，$Al^{3+}$ 离子亦可能与 EDTA 络合，使 $Fe_2O_3$ 的测定结果偏高，而 $Al_2O_3$ 的结果偏低。当温度低于 50℃时，则反应速度缓慢，不易得出准确的终点。

由于络合滴定的过程中有 $H^+$ 离子产生（$Fe^{3+} + H_2Y^{2-} \rightleftharpoons FeY^- + 2H^+$），所以在没有缓冲作用的溶液中，当铁含量较高时（$Fe_2O_3$ 在 40 mg 以上），在滴定的过程中溶液的 pH 值逐渐降低，妨碍反应进一步完成，以致终点变色缓慢，难以准确测定。实验表明 $Fe_2O_3$ 的含量以不超过 30 mg 为宜。

**3. 铝的测定**

以 PAN 为指示剂的铜盐回滴法是普遍采用的一种测定铝的方法。因为 $Al^{3+}$ 离子与 EDTA 的络合作用进行得较慢，所以一般先加入过量的 EDTA 溶液，并加热煮沸，使 $Al^{3+}$ 离子与 EDTA 充分络合，然后用 $CuSO_4$ 标准溶液回滴过量的 EDTA。

Al-EDTA 络合物是无色的，PAN 指示剂在 pH 为 4.3 的条件下是黄色的，所以滴定开始前溶液呈黄色。随着 $CuSO_4$ 标准溶液的加入，$Cu^{2+}$ 离子不断与过量的 EDTA 络合，由于 Cu-EDTA 是淡蓝色的，因此溶液逐渐由黄色变绿色。在过量的 EDTA 与 $Cu^{2+}$ 离子完全络合后，继续加入 $CuSO_4$，过量的 $Cu^{2+}$ 离子即与 PAN 络合成深红色络合物，由于蓝色的 CuEDTA 存在，所以终点呈紫色。滴定过程中的主要反应如下：

$$Al^{3+} + H_2Y^{2-} \rightleftharpoons 2H^+ + AlY$$

（无色）

$$H_2Y^{2-} + Cu^{2+} \rightleftharpoons 2H^+ + CuY^{2-}$$

（蓝色）

$$Cu^{2+} + PAN \rightleftharpoons Cu\text{-}PAN$$

（黄色）　　（深红色）

这里需要注意的是，溶液中存在 3 种有色物质，而它们的含量又在不断变化之中，因此溶液的颜色特别是终点时的变化就较复杂，决定于 Cu-EDTA、PAN 和 Cu-PAN 的相对含量和浓度。滴定终点是否敏锐的关键是蓝色的 Cu-EDTA 浓度的大小，终点时 Cu-EDTA 络合物的量等于加入的过量的 EDTA 的量，一般来说，在 100 mL 溶液中加入 EDTA 标准溶液（浓度在 0.015 mol·$L^{-1}$附近的)，以过量 10 mL 为宜。

**4. 钙、镁含量的测定**

将分离 $SiO_2$后的滤液调节酸度至 pH≥12，以钙指示剂指示终点，用 EDTA 标准溶液滴定，即得到钙量。再取一份试液，调节其酸度至 pH=10，以铬黑 T(或 K-B 指示剂)作指示剂，用 EDTA 标准溶液滴定，此时得到钙、镁的总量。由此二量相减即得镁量。

## 三、实验用品

仪器：50 mL 烧杯(或 100～150 mL 瓷蒸发皿)，玻璃三角架，平头玻璃棒，表面皿，中速定量滤纸，胶头滴管，250 mL 容量瓶，瓷坩埚，电炉，高温炉，干燥器，250 mL 锥形瓶，滴定管，50 mL吸量管，小量筒，分析天平等。

药品：浓盐酸，1∶1 HCl 溶液，3∶97 HCl 溶液，浓硝酸，1∶1 氨水，10% NaOH 溶液，固体 $NH_4Cl$，10% $NH_4CNS$ 溶液，纯三乙醇胺，0.015 mol·$L^{-1}$ EDTA 标准溶液，0.015 mol·$L^{-1}$ $CuSO_4$标准溶液，HAc-NaAc 缓冲溶液(pH=4.3)，$NH_3$-$NH_4Cl$ 缓冲溶液(pH=10)，0.05% 溴甲酚绿指示剂，10%磺基水杨酸指示剂，2% PAN 指示剂，酸性铬蓝K-萘酚绿 B，钙指示剂，精密 pH 试纸。

## 四、实验内容

**1. $SiO_2$的测定**

准确称取试样 0.5 g 左右，置于干燥的 50 mL 烧杯(或 100～150 mL 瓷蒸发皿)中，加 2 g 固体氯化铵，用平头玻璃棒混合均匀。盖上表面皿，沿杯口滴加 3 mL 浓盐酸和 1 滴浓硝酸，仔细搅匀，使试样充分分解。将烧杯置于沸水浴上，杯上放一玻璃三角架，再盖上表面皿，蒸发至近干(需 10～15 min)(为什么要蒸发至近干)。取下，加 10 mL 热的稀盐酸(3∶97)，搅拌，使可溶性盐类溶解，以中速定量滤纸过滤，用胶头滴管以热的稀盐酸(3∶97)擦洗玻璃棒及烧杯，并洗涤沉淀至洗涤液中不含 $Fe^{3+}$ 离子为止。$Fe^{3+}$ 离子可用 $NH_4CNS$ 溶液检验。一般来说，洗涤 10 次即可达到不含 $Fe^{3+}$ 离子的要求。滤液及洗涤液保存在 250 mL 容量瓶中，并用水稀释至刻度，摇匀，供测定 $Fe^{3+}$、$Al^{3+}$、$Ca^{2+}$、$Mg^{2+}$ 等离子之用。

将沉淀和滤纸移至已称至恒重的瓷坩埚中，先在电炉上低温烘干(为什么)。再升高温度使滤纸充分灰化。然后在 950～1 000℃的高温炉内灼烧 30 min。取出，稍冷，再移置于干燥器中冷却至室温(需 15～40 min)，称量。如此反复灼烧，直至恒重。

**2. $Fe^{3+}$ 离子的测定**

准确吸取分离 $SiO_2$后的滤液 25 mL。置于 400 mL 烧杯中，加入 2 滴 0.05%溴甲酚绿指示剂(溴甲酚绿指示剂在 pH 小于 3.8 时呈黄色，大于 0.4 时呈绿色)，此时溶液呈黄色。逐滴滴加 1∶1 氨水，使之成绿色。然后再用 1∶1 HCl 溶液调节溶液酸度至呈黄色后再过量 3 滴，此时溶液酸度约为 pH=2。加热至约 70℃(根据经验，感到烫手但还不觉得非常烫)，取下，加 6～8 滴 10% 磺基水杨酸，以 0.015 mol·$L^{-1}$ EDTA 标准溶液滴定。滴定开始时溶液呈红紫色，此时滴定速度宜稍快些。当溶液开始呈淡红紫色时，滴定速度放慢，一定要每加 1 滴，摇摇，看看，然后再加 1 滴，最好同时再加热，直至滴到溶液变为淡黄色，即为终点。滴得太快，EDTA 易多加，这样不仅会使 $Fe^{3+}$ 的结果偏高，同时还会使 $Al^{3+}$ 的结果偏低。

**3. $Al^{3+}$ 离子的测定**

在滴定铁含量后的溶液中，继续加入 0.015 mol·$L^{-1}$ EDTA 标准溶液约 25 mL，记下读数，摇匀。然后再加入 15 mL pH=4.3 的 HAc-NaAc 缓冲液，以精密 pH 试纸检查，煮沸1～2 min，取下，冷至 90℃左右，加入 4 滴 0.2% PAN 指示剂，以 0.015 mol·$L^{-1}$ $CuSO_4$标准溶液滴定。开始时溶液呈黄色，随着 $CuSO_4$ 标准溶液的加入，颜色逐渐变绿并加深，直至再加入 1 滴突然变紫，即为终点。在变紫色之前，曾有由蓝绿色变灰绿色的过程，在灰绿色溶液中再加 1 滴 $CuSO_4$ 溶液，即变紫色。

**4. $Ca^{2+}$ 离子的测定**

分别准确吸取分离 $SiO_2$ 后的滤液 5 mL3 份置于 3 个 250 mL 锥形瓶中，加水稀释至约 25 mL，加 4 mL 纯三乙醇胺溶液，摇匀后再加 5 mL 10% NaOH 溶液，再摇匀，加入约 0.01 g 固体钙指示剂(用药勺小头取约 1 勺)，此时溶液呈酒红色。然后以 0.015 mol·$L^{-1}$ EDTA 标准溶液滴定至溶液呈蓝色，即为终点。

**5. $Mg^{2+}$ 离子的测定**

分别准确吸取分离 $SiO_2$ 后的滤液 5 mL 于 3 个 250 mL 锥形瓶中，加水稀释至约 25 mL，加 6 mL 纯三乙醇胺溶液，摇匀，调节 pH 约为 10，再加入 10 mL pH 为 10 的 $NH_3$-$NH_4Cl$ 缓冲溶液，摇匀，然后加入适量酸性铬蓝 K-萘酚绿 B 指示剂或铬黑 T 指示剂。以 0.015 mol·$L^{-1}$ EDTA 标准溶液滴定至溶液呈蓝色，即为终点。根据此结果计算所得的为钙、镁含量，由此减去钙量即为镁量。

## 五、分析结果的误差范围及要求

根据我国国家标准《水泥化学分析方法》GB176—1976 中规定，同一人员或同一实验室对上述测定项目的允许误差范围如下：

| 测定项目 | 允许误差范围(绝对误差/%) |
|---|---|
| $SiO_2$ | 0.20 |
| $Fe_2O_3$ | 0.10 |
| $Al_2O_3$ | 0.30 |
| CaO | 0.5 |
| MgO | |
| (含量<2%) | 0.15 |
| (含量>2%) | 0.20 |

即同一人员分别进行两次测定，所得结果的绝对差值应在此范围内。如不超出此范围，取其平均值作为分析结果；如超出此范围，则应进行第三次测定，所得结果与前两次或其中任一次之差值符合此规定的范围时，取符合规定的结果(有几次就取几次)的平均值。否则，应查找原因，并再次进行测定。

除了对每一测定项目的平行试验应考虑是否超出允许误差范围外，还应把这几项的测定结果累加起来，看其总和是多少。一般来说，这五项是水泥熟料的主要成分，其总和应是相当高的，但不可能是 100%，因为水泥熟料中还可能有 $MnO_2$、$TiO_2$、$K_2O$、$Na_2O$、$SO_3$、烧失量和酸不溶物等，如果总和超过 100%，这是不合理的，应查找原因。

## 六、注意事项

(1)这里的化学式 $3CaO \cdot SiO_2$ 是指 3 分子 CaO 与 1 分子 $SiO_2$，不是 3 分子 $CaO \cdot SiO_2$。其他化学式如 $2CaO \cdot SiO_2$ 的含义均同此。

(2)加入浓硝酸的目的是使铁全部以正三价状态存在。

(3)此处以热的稀盐酸溶解残渣是为了防止 $Fe^{3+}$ 离子和 $Al^{3+}$ 离子水解成氢氧化物沉淀而混在硅酸中，以及防止硅酸胶溶。

(4)$Fe^{3+}$ 离子与 $NH_4CNS$ 反应生成血红色的 $Fe(CNS)_3$。

(5)也可以放在电炉上干燥后，直接送入高温炉灰化，而将高温炉的温度由低温(如 100～200 ℃)渐渐升高。

(6)分离 $SiO_2$ 后的滤液要节约使用(如清洗移液管时,取用少量此溶液,最好用干燥的移液管),尽可能多保留一些溶液,以便必要时用以进行重复滴定。

(7)溴甲酚绿不宜多加,如加多了,黄色的底色深,在铁的滴定中,对准确观察终点的颜色变化有影响。

(8)注意防止剧沸,否则 $Fe^{3+}$ 离子会水解形成氢氧化铁,使实验失败。

(9)磺基水杨酸与 $Al^{3+}$ 离子有络合作用,不宜多加。

(10)$Fe^{3+}$ 离子与 EDTA 的络合反应进行较慢,故最好加热以加速反应。滴定慢,溶液温度降得低,不利于络合,但是如果滴得快,来不及络合,又容易滴过终点,较好的办法是开始时滴得稍快(注意也不能很快),至等当点附近时放慢。

(11)根据水泥熟料中 $Al_2O_3$ 的大致含量以及试样的称取量进行粗略计算。此处加入 20 mL EDTA 标准溶液,约过量 10 mL。

(12)$Al^{3+}$ 离子在 pH=4.3 的溶液中会产生沉淀,因此必须先加 EDTA 标准溶液,然后再加 HAc-NaAc 缓冲液,并加热。这样使在溶液的 pH 达 4.3 之前,部分 $Al^{3+}$ 离子已络合成 AlEDTA络合物,从而降低 $Al^{3+}$ 离子的浓度,以免 $Al^{3+}$ 离子水解而形成沉淀。

(13)从数理统计观点,严格地说,从仅有的 3 个数据中取 2 个相近的,而舍弃掉一个相差远的,是不合适的。

## 七、思考题

(1)如何分解水泥熟料试样?分解时的化学反应是什么?

(2)本实验测定 $SiO_2$ 含量的方法、原理是什么?

(3)试样分解后加热蒸发的目的是什么?操作中应注意些什么?

(4)洗涤沉淀的操作中应注意些什么?怎样提高洗涤的效果?

(5)沉淀在高温煅烧前,为什么需经干燥、炭化?

(6)在滴定 $Fe^{3+}$、$Al^{3+}$、$Ca^{2+}$ 和 $Mg^{2+}$ 等离子时,酸度各应控制在什么范围?怎样控制?

(7)滴定 $Fe^{3+}$、$Al^{3+}$ 离子时,各应控制在怎样的温度范围,为什么?

(8)如果 $Fe^{3+}$ 离子的测定结果不准确,对 $Al^{3+}$ 离子的测定结果有何影响?

(9)在 $Al^{3+}$ 离子的测定中,为什么要注意 EDTA 标准溶液的加入量?以加入多少为宜?

(10)本实验中为什么测定铁、铝的含量时要吸取滤液 50 mL,而测定钙、镁的含量时只要吸取滤液 25 mL?

(11)在钙含量的测定中,为什么要先加三乙醇胺而后加 NaOH 溶液?

(12)写出测定中所涉及的主要化学反应式。

# 实验八　自然水源质量分析

## 一、实验目的

(1)了解水质分析的指标。

(2)巩固学过的分析方法(化学分析法、电位分析法和可见分光光度法)。

## 二、设计提示

自然水常用于种植灌溉、生产养殖等,其水质指标对生物过程等是非常重要的。水质分析主要包括 pH、硬度、溶解氧、化学耗氧量等的测定。

**1. pH 的测定**

pH 是水化学中最重要、最经常检验的项目之一,现在广泛采用的是酸度计法(也可以考虑 pH 试纸法)测定。注意水的 pH 受二氧化碳含量、温度等的影响。

**2. 硬度的测定(化学分析法)**

水的硬度是由 $Ca^{2+}$、$Mg^{2+}$ 等引起的,这些离子的总量称总硬度。硬度的测定,现在常用配位滴定法,即在一定的条件下,以 EDTA 标液滴定(考虑共存离子的干扰、缓冲溶液、标液的配制与标定、指示剂等)。

**3. 溶解氧的测定(化学分析法)**

溶解于水中的氧称为“溶解氧”。水中溶解氧的含量与水温、气压、空气中氧的分压有关,水被还原性有机物污染时,溶解氧含量低。溶解氧是水生物必不可少的物质,当溶解氧含量低于 $4\,g \cdot L^{-1}$时,水生动物可能因缺氧窒息而死。

对于一般天然水中溶解氧的测定,可用间接碘量法(Winkler 法)。对于被还原性物质污染的水,则必须除去还原性物质后再用碘量法测定($KMnO_4$修正法)。

**4. 化学耗氧量的测定(化学分析法)**

化学耗氧量,是指在一定条件下,水中易被强氧化剂($K_2Cr_2O_7$或 $KMnO_4$)氧化的还原性物质所消耗的氧的量。水中如果含有还原性有机物,会使溶解于水中的氧因被消耗而减少,以致影响水中生物的生长,但是却常常有利于某些厌氧细菌或微生物等的繁殖。这些还原性有机物,一般必须在较高温度及特定条件下,才能和强氧化剂作用。水中可能含有无机还原性物质,如 $NO_2^-$、$S^{2-}$、$Fe^{2+}$、$Cl^-$ 等离子,这些物质在常温下就可以被强氧化剂氧化。由化学耗氧量的测定过程可见,化学耗氧量实际上主要是指水中还原性有机物的含量。所以化学耗氧量是水体被某些有机物污染的指标之一。

测定化学耗氧量(COD),通常采用重铬酸钾法($K_2Cr_2O_7$法),以 $mg \cdot L^{-1}$ $O_2$表示;也可以用高锰酸钾法,并以被水中易氧化的物质所消耗的高锰酸钾量($mg \cdot L^{-1}$)表示。

在水质检验中,有时还要求测定生物化学耗氧量。生物化学耗氧量是指当有微生物存在时,氧化某些有机物所消耗的氧的量,和化学耗氧量意义不同。

**5. 可溶性磷酸盐和总磷的测定(分光光度法)**

磷是生物生长的必需元素之一,但磷量过高(如超过 $0.2\,mg \cdot L^{-1}$),则造成藻类的过度繁殖,使水质变坏。水中存在各种形态的磷,包括可溶性、不溶性的无机磷和有机磷,通过测定水中的磷酸盐含量可估计水体是否受污染以及受污染的程度。分析水中的总磷时,可以先用过硫酸钾消化,使不同形态的磷转化为可溶性的磷酸盐,再用磷钼蓝分光光度法测量。

**6. 其他有毒离子 $Hg^{2+}$、$Pb^{2+}$、$Cd^{2+}$、$C_r$(Ⅵ)等的测定(分光光度法)**

$Hg^{2+}$:包括有机汞和无机汞,毒性都很强。

有机汞进入水体后经微生物作用甲基化,能变成毒性更强的甲基汞,有机汞还可富集于生物体(如鱼类)中。汞的测定中,被广泛认可的是冷蒸气技术(AAS,即原子吸收法)。此外,还可以用双硫腙分光光度法(工作波长 485 nm)。

$Pb^{2+}$:有毒元素。其测定有 AAS、双硫腙分光光度法(工作波长 620 nm)等。

$Cd^{2+}$:有毒元素。其测定有 AAS、氯仿萃取双硫腙分光光度法(工作波长 530 nm)等。

$C_r$(Ⅵ):有毒元素。其测定有 AAS、二苯卡巴腙分光光度法(工作波长 540 nm)等。

## 三、实验要求

**1. 自拟分析方案**

根据所学习过的分析方法和知识,自选拟出包含下列项目之二的分析方案,并提交给有关的指导教师审阅。实验完毕,写出实验报告(包括实验项目、原理、步骤、仪器和试剂、数据处理、测定结果及其表示、心得体会及建议等)。

(1)pH 的测定。

(2)硬度的测定。

(3)溶解氧的测定。

(4)化学耗氧量的测定。

(5)可溶性磷酸盐和总磷的测定。

(6)其他有毒离子:$Hg^{2+}$、$Pb^{2+}$、$Cd^{2+}$、$C_r$(Ⅵ)等的测定(光度法)。

**2. 方案的设计要求**

(1)所采用测定方法的简单原理及注意事项。

(2)所需的仪器和试剂。

(3)操作步骤(包括取样、样品处理、试剂的配制、用量等)。

(4)有关计算公式、结果表示和误差来源。

*参考文献*


[1] 臧维玲.养鱼水质分析.北京:中国农业出版社,1991.

[2] 水质分析大全编写组.水质分析大全.重庆:科学技术文献出版社重庆分社,1989.

[3] [德]W. Fresenius,等编著,张曼平,等译.水质分析.北京:北京大学出版社,1991.

[4] 武汉大学.分析化学实验.第4版.北京:高等教育出版社,2001.

[5] 吕苏琴,等.基础化学实验Ⅰ.北京:科学出版社,2000.

[6] 林宝凤,等.基础化学实验技术绿色化教程.北京:科学出版社,2003.196~198.


## 实验九　植物中某些元素的分离与鉴定

### 一、实验目的

了解从周围植物中分离和鉴定化学元素的方法。

### 二、实验原理

植物是有机体,主要由 C、H、O、N 等元素组成,此外,还含有 P、I 和某些金属元素如 Ca、Mg、Al、Fe 等。把植物烧成灰烬,然后用酸浸溶,即可从中分离和鉴定某些元素。本实验只要求分离和鉴定出植物中 Ca、Mg、Al、Fe 四种金属元素和 P、I 两种非金属元素。

### 三、实验用品

仪器:电炉,研钵,蒸发皿,烧杯(50 mL,100 mL),漏斗,滤纸,药勺,量筒(50 mL);

药品:HCl($2\ mol\cdot L^{-1}$),$HNO_3$(浓),HAc($1\ mol\cdot L^{-1}$),NaOH($2\ mol\cdot L^{-1}$),广泛 pH 试纸及鉴定 $Ca^{2+}$、$Mg^{2+}$、$Al^{3+}$、$Fe^{3+}$、$PO_4{}^{3-}$、$I^-$ 所用的试剂。

其他:松枝,柏枝,茶叶,海带。

### 四、实验内容

**1. 从松枝、柏枝、茶叶等植物中任选一种鉴定 Ca、Mg、Al 和 Fe**

取约 5 g 已洗净且干燥的植物枝叶(青叶用量适当增加),放在蒸发皿中,在通风橱内用电炉加热灰化,然后用研钵将植物灰研细。取一勺灰粉(约 0.5 g)于 10 mL $2\ mol\cdot L^{-1}$ HCl 中,加热并搅拌促使溶解,过滤。

自拟方案鉴定滤液中 $Ca^{2+}$、$Mg^{2+}$、$Al^{3+}$、$Fe^{3+}$。

**2. 从松枝、柏枝、茶叶等植物中任选一种鉴定磷**

用同上的方法制得植物灰粉,取一勺溶于 2 mL 浓 $HNO_3$ 中,温热并搅拌促使溶解,然后加水 30 mL 稀释，过滤。

自拟方案鉴定滤液中的 $PO_4^{3-}$。

**3. 蔬菜中叶绿素的提取、分离和测定**

设计内容和要求：

①文献查阅

通过查阅有关文献资料，对蔬菜中叶绿素的提取、分离和含量测定拟定出实验方案。

②叶绿素的提取

根据所拟定提取方案，在实验室内由学生自己准备所需的仪器和试剂等，经教师同意后方可进行实验。

③分离

对所提取的样品，根据拟定的分离方法，在实验室内由学生自己准备所需的仪器和试剂等，独立开展各项工作。分离工作主要包括装柱、洗脱剂的选择等。

④含量测定

应用分光光度法测定蔬菜中叶绿素的含量。

## 五、注意事项

(1)以上各离子的鉴定方法可参考附录中"常见离子的鉴定方法总汇表"，注意鉴定的条件及干扰离子。

(2)由于植物中以上欲鉴定元素的含量一般都不高，所得滤液中这些离子浓度往往较低，鉴定时取量不宜太少，一般可取 1 mL 左右进行鉴定。

(3) $Fe^{3+}$ 对 $Mg^{2+}$、$Al^{3+}$ 鉴定均有干扰，鉴定前应加以分离。可采用控制 pH 方法先将 $Ca^{2+}$、$Mg^{2+}$ 与 $Al^{3+}$、$Fe^{3+}$ 分离(参考附录中"某些氢氧化物沉淀和溶解时所需 pH")，然后再将 $Al^{3+}$ 与 $Fe^{3+}$ 分离。

## 六、思考题

(1)植物中还可能含有哪些元素？如何鉴定？

(2)为了鉴定 $Mg^{2+}$ 某学生进行如下实验：植物灰用较浓的 HCl 浸溶后，过滤。滤液用 $NH_3 \cdot H_2O$ 中和至 pH＝7，过滤。在所得的滤液中加几滴 NaOH 溶液和镁试剂 I，发现得不到蓝色沉淀。试解释实验失败的原因。

*参考文献*

[1] 崔学桂，张晓丽. 基础化学实验(Ⅰ)-无机及分析化学实验. 北京：化学工业出版社，2003.

[2] 高丽华. 基础化学实验. 北京：化学工业出版社，2004. 200.

# 实验十　$[Co(NH_3)_6]Cl_3$ 的制备及组成、性质测定

## 一、实验目的

(1)通过对产品的组成和性质测定，确定配合物的实验式和结构。

(2)通过文献查阅、实验方案设计、实验用品的准备(包括溶液的配制和标定、仪器的使用)、废液的回收、实验结果的处理等全过程，提高学生独立工作和分析问题、解决问题的综合能力。

(3)全面的基本操作训练的基础上，应用所学基本理论和实验技能，独立完成实验。通过设计实验方案、动手实验、观察实验现象、测定实验数据并加以处理和概括，写出实验论文。

## 二、实验要求

(1)根据实验内容，查阅有关文献和资料，写出文献综述。

(2)拟定详细的实验方案，要求做到列出详细的试剂、仪器、用品。

①$[Co(NH_3)_6]Cl_3$的制备方案，列出详细的实验条件和所需试剂、仪器和其他用品。

②拟定产品的组成和性质测定方法，包括配合物的外界、中心离子、配位体的数目测定、配离子的电荷，以确定产品的性质和结构。

③指导教师组织实验方案的讨论，学生针对自己的方案进行修改和完善。

④指导教师审查学生的实验方案，若同意后即可分阶段进行实验。

⑤实验应完全由学生独立完成。

⑥实验完成后，将所有含钴试剂和溶液回收。要拟定详细的实验方案。

⑦写出论文。要求方案详细、实验数据真实、结论准确。

⑧本实验可以作为考察实验，对学生的实验水平进行综合评定。

## 三、实验内容

(1)$CoCl_2 \cdot 6H_2O$为基本原料，制备10 g左右的$[Co(NH_3)_6]Cl_3$。

(2)通过对产品中氯、氨、钴的测定，确定配合物的实验式。

(3)通过对产品的电导的测定，确定配合物的解离类型。

(4)实验完成后，将产品及含钴废液中的钴回收生成$CoCl_2 \cdot 6H_2O$。

## 四、实验指导

**1. 参考制备方法**

称取6 g $NH_4Cl$溶于12 mL水中，加热至沸，然后加入9 g $CoCl_2 \cdot 6H_2O$，溶解后趁热倒入盛有0.5 g活性炭的锥形瓶中，用冷水冷却后加20 mL浓氨水，进一步用冰水冷却到10℃以下。慢慢加入30%双氧水8 mL，在水浴上加热到60℃，恒温20 min，并不断摇荡，然后用水冷却。加入含有6 mL 6 $mol \cdot L^{-1}$ HCl的75 mL水，加热至沸，沉淀溶解后趁热过滤，溶液中慢慢加入20 mL 6 $mol \cdot L^{-1}$的HCl，即有大量橘黄色晶体析出。用冰水冷却，然后过滤，并用少量冷的稀盐酸洗涤晶体。抽干后转移到表面皿上，放置。称量待用。

**2. 三氯化六氨合钴(Ⅲ)的制备条件**

以活性炭为催化剂，用双氧水氧化有氨及氯化铵存在的二氯化钴溶液。

反应如下：

$$2CoCl_2 + 2NH_4Cl + 10NH_3 + H_2O_2 = 2[Co(NH_3)_6]Cl_3 + 2H_2O$$

所得产品$[Co(NH_3)_6]Cl_3$，为橘黄色单斜晶体，20 ℃时在水中溶解度为0.26 $mol \cdot L^{-1}$。钴(Ⅲ)的氨合物有许多种主要有$[Co(NH_3)_6]Cl_3$(橘黄色晶体)；$[Co(NH_3)_5(H_2O)]Cl_3$(砖红色晶体)；$[Co(NH_3)_5Cl]Cl_2$(紫红色晶体)等。它们的制备条件各不相同。

## 五、思考题

(1)比较钴(Ⅱ)、钴(Ⅲ)化合物性质的差别？

(2)哪些因素影响产品的性质？为什么有时产品会出现异常颜色？

(3)氨和氯的测定原理是什么？分别用反应方程式表示。

(4)测定钴含量时加入氢氧化钠会产生黑色的沉淀，该沉淀为何物？

(5)分析测定结果与理论的误差来源。

(6)在制备过程中，加了过氧化氢后要60℃恒温一段时间？可否加热至沸？

(7)在加入双氧水和浓盐酸时，都要求慢慢加入，为什么？它们在制备$[Co(NH_3)_6]Cl_3$过程中起到什么作用？

(8)要提高产率，你认为哪些步骤是比较关键的？为什么？

*参考文献*

[1] 武汉大学,吉林大学.无机化学(下).第三版.北京:高等教育出版社,1994.

[2] 郑化桂.实验无机化学.北京:中国科技大学出版社,1988.

[3] 申泮文.无机化学丛书.第九卷.北京:科学出版社,1996.

[4] 北京矿冶研究院.矿石及有色金属分析方法.北京:科学出版社,1972.

[5] R. J. Angelici. Synthesis and technique in Inorganic Chemistry,1977.

[6] 游效曾.结构分析导论.北京:科学出版社,1980.

[7] 王伯康,钱文浙.中级无机化学.北京:高等教育出版社,1984.

[8] 中山大学.无机化学实验.第3版.北京:高等教育出版社,1981.

[9] 史启祯,肖新亮.无机化学实验及化学分析实验.北京:高等教育出版社,1995.

[10] (日)赤屈四郎.无机化学实验Ⅱ.文重等译.北京:科学普及出版社,1987.

[11] 余向春.化学文献及查阅方法.第2版.北京:科学出版社,1994.

[12] 吴琴媛,徐培珍,张雪琴.无机化学实验.南京:南京大学出版社,1998.

[13] 崔学桂,张晓丽.基础化学实验(Ⅰ)—无机及分析化学实验.北京:化学工业出版社,2003.7,P146～148.

[14] 陈虹锦.实验化学(上册).北京:科学出版社,2003.8,P276～278.

## 实验十一　废弃物的综合利用

### Part Ⅰ　含铬废液的处理与比色测定

(分光光度法)

#### 一、实验目的

(1)了解含$C_r$(Ⅵ)废液的常用处理方法。

(2)了解分光光度法测定$C_r$(Ⅵ)的原理及方法。

#### 二、实验原理

含铬的工业废液,其铬的存在形式多为$C_r$(Ⅵ)及$C_r$(Ⅲ)。$C_r$(Ⅵ)的毒性比$C_r$(Ⅲ)大100倍,它能诱发皮肤溃疡、贫血、肾炎及神经炎等。工业废水排放时,要求$C_r$(Ⅵ)的含量不超过$0.3\,mg \cdot L^{-1}$,而生活饮用水和地面水,则要求$C_r$(Ⅵ)的含量不超过$0.05\,mg \cdot L^{-1}$。$C_r$(Ⅵ)的除去方法,通常在酸性条件下用还原剂将$C_r$(Ⅵ)还原为$C_r$(Ⅲ),然后在碱性条件下,将$C_r$(Ⅲ)沉淀为$Cr(OH)_3$,经过滤除去沉淀而使水净化。

分光光度比色法测定微量$C_r$(Ⅵ),常用二苯碳酰二肼:$CO(NHNHC_6H_5)_2$,在微酸性条件下作为显色剂,生成紫红色化合物,其最大吸收波长在540 nm处。该反应机理可参看本实验末的文献。

#### 三、实验用品

仪器:72型或721型分光光度计等。

药品:$H_2SO_4$($6\,mol \cdot L^{-1}$),$FeSO_4 \cdot 7H_2O$(s),NaOH($6\,mol \cdot L^{-1}$),二苯胺磺酸钠(0.5%);$C_r$(Ⅵ)标准溶液:称取0.1414 g $K_2Cr_2O_7$(已在140℃左右干燥2 h)溶于适量蒸馏水中,然后用容量瓶定容至500 mL,此溶液含$C_r$(Ⅵ)量为$100\,mg \cdot L^{-1}$。准确吸取上述标准溶液10.00 mL,置于1 000 mL容量瓶中,用蒸馏水定容至标线,此溶液含$C_r$(Ⅵ)量为$1.00\,mg \cdot L^{-1}$。二苯碳酰二肼乙醇溶液:称取邻苯二甲酸酐2 g,溶于50 mL乙醇中,再加入二苯碳酰二肼0.25 g,溶解后贮于棕色瓶中,此溶液可保存两星期左右。硫磷混酸:150 mL浓硫酸与 300 mL 水混合，冷却，再加 150 mL 浓磷酸，然后稀释至 1 000 mL。

## 四、实验内容

**1. 除去含 $C_r$(Ⅵ)废液中的 $C_r$(Ⅵ)**

视含 $C_r$(Ⅵ)废液的酸碱性及含量高低等具体情况，可先在实验室进行小型试验。具体步骤如下：

首先检查废液的酸碱性，若为中性或碱性，可用工业硫酸(或不含有害物质的工业副产品硫酸)调节废液至弱酸性。取出一定量的上述溶液，滴入几滴二苯胺磺酸钠指示剂，使溶液呈紫红色，慢慢加入 $FeSO_4$(s)或 $FeSO_4$ 饱和溶液并充分搅拌，直至溶液变为绿色，再多加入所加 $FeSO_4$ 的 2%左右，加热，继续充分搅拌 10 min。

将 CaO 粉末或 NaOH 溶液加至上述热溶液中，直至有大量棕黄色[$C_r$(Ⅵ)含量高时，可达棕黑色]沉淀产生，并使溶液 pH 在 10 左右。

待溶液冷却后过滤，滤液应基本无色。该水样留作下面分析 $C_r$(Ⅵ)含量用。

**2. 工作曲线的绘制**

在 6 个 25 mL 容量瓶中，用吸量管分别加入 0.50 mL、1.00 mL、2.00 mL、4.00 mL、6.00 mL、8.00 mL 的 $C_r$(Ⅵ)(1.00 $mg \cdot L^{-1}$)标准液，加入硫磷混酸 0.5 mL，加蒸馏水至20 mL左右，然后加入 1.5 mL 二苯碳酰二肼溶液，用蒸馏水稀释至刻度，摇匀。放置 10 min 后，立即以水为参比溶液，在 540 nm 波长下，测出各溶液的吸光度，并绘出吸光度 $A$ 与 $C_r$(Ⅵ)含量的工作曲线 $A$—$m$[$C_r$(Ⅵ)]/mg 曲线。

**3. 水样的测定**

将上述水样首先用 6 $mol \cdot L^{-1}$ $H_2SO_4$ 调至 pH=7 左右，准确量取 20 mL 水样置于 25 mL 容量瓶中，按上法显色，定容，在同样条件下测出吸光度值，并从工作曲线上求出相应的 $m$[$C_r$(Ⅵ)]/mg，然后计算水样中 $C_r$(Ⅵ)含量(单位为 $mg \cdot L^{-1}$)。

## 五、注意事项

(1)$C_r$(Ⅵ)的还原需在酸性条件下进行，故必须首先检查废液的酸碱性。

(2)若废液中 $C_r$(Ⅵ)含量在 1 $g \cdot L^{-1}$以下，可将 $FeSO_4 \cdot 7H_2O$ 配成饱和溶液加入，这样易控制 $Fe^{2+}$ 的加入量。

(3)二苯碳酰二肼溶液应接近无色，如已变成棕色，则不宜使用。

(4)比色测定时最适宜的显色酸度为 0.2 $mol \cdot L^{-1}$左右。

(5)如用 72 型分光光度计测定，可选用 3 cm 比色皿。

## 六、数据记录与处理

表格自拟。

## 七、思考题

(1)本实验以吸光度求得的是处理后的废液中的 $C_r$(Ⅵ)含量，$C_r$(Ⅲ)的存在对测定有无影响？如何测定处理后的废液中的总铬含量？

(2)本实验比色测定中所用的各种玻璃器皿能否用铬酸洗液洗涤？如何洗涤可保证实验结果的准确性？

## *参考文献*

[1] Willems GJ, et al. Anal Chim Acta, 1977, 88: 345.

[2] 王志铿，方国春，李星辉. 武汉大学学报(自然科学版)，1988，(3)：128.

[3] 王志铿. 分析化学，1991，19(2)：197.

# Part Ⅱ 废干电池的综合利用

## 一、实验目的

(1)进一步熟练无机物的实验室提取、制备、提纯、分析等方法与技能。

(2)学习实验方案的设计。

(3)了解废弃物中有效成分的回收利用方法。

## 二、实验原理

日常生活中用的干电池为锌锰干电池。其负极为作为电池壳体的锌电极,正极是被 $MnO_2$(为增强导电能力,填充有炭粉)包围着的石墨电极,电解质是氯化锌及氯化铵的糊状物,其结构如图1所示。其电池反应为:

$$Zn + 2NH_4Cl + 2MnO_2 \xlongequal{} Zn(NH_3)_2Cl_2 + 2MnO(OH)$$

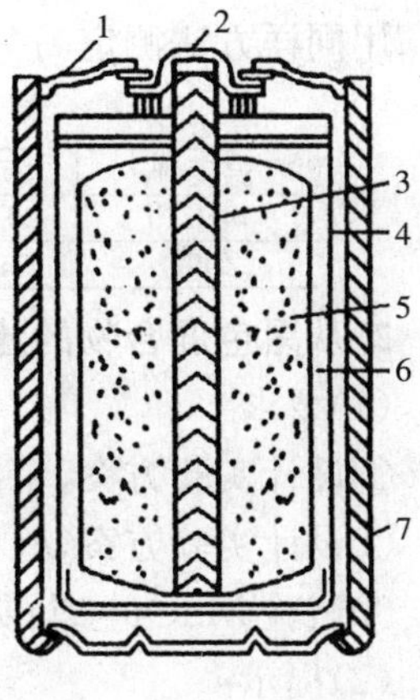


**图1 锌-锰电池构造图**

1. 火漆 2. 黄铜帽 3. 石墨棒 4. 锌筒 5. 去极剂 6. 电解液+淀粉 7. 厚纸壳

## 三、实验用品

废干电池(1[#]、2[#]均可),螺丝刀,剪刀,钳子,小刀,烧杯等。

在使用过程中,锌皮消耗最多,二氧化锰只起氧化作用,氯化铵作为电解质没有消耗,炭粉是填料。因而回收处理废干电池可以获得多种物质,如铜、锌、二氧化锰、氯化铵和炭棒等,实为变废为宝的一种可利用资源。

回收时,剥去电池外层包装纸,用螺丝刀撬去顶盖,用小刀挖去盖下面的沥青层,即可用钳子慢慢拔出炭棒(连同铜帽),可留着作电解食盐水等的电极用。用剪刀(或钢锯片)把废电池外壳剥开,即可取出里面黑色的物质,它为二氧化锰、炭粉、氯化铵、氯化锌等的混合物。把这些黑色混合物倒入烧杯中,加入蒸馏水(按每节1[#]电池加50 mL水计算),搅拌,溶解,过滤,滤液用以提取氯化铵,滤渣用以制备 $MnO_2$ 及锰的化合物。电池的锌壳可用以制锌及锌盐。

剖开电池后(请同学利用课外活动时间预先分解废干电池),从下列三项中选做一项(按老师指定的内容做)。

## 四、实验内容

### 1. 从黑色混合物的滤液中提取氯化铵

(1)要求

①设计实验方案,提取并提纯氯化铵。

②产品定性检验:证实其为铵盐;证实其为氯化物;判断有无杂质存在。

③测定产品中 $NH_4Cl$ 的百分含量。

(2)提示

已知滤液主要成分为 $NH_4Cl$ 和 $ZnCl_2$,两者在不同温度下的溶解度见表1。氯化铵在100 ℃时开始显著地挥发,338 ℃时离解,350 ℃时升华。氯化铵与甲醛作用生成六次甲基四胺和盐酸,后者用氢氧化钠标准溶液滴定,便可求出产品中氯化铵的含量。有关反应为:

$$4NH_4Cl + 6HCHO = (CH_2)_6N_4 + 4HCl + 6H_2O$$

测定步骤如下:

准确称取约0.2 g固体 $NH_4Cl$ 产品两份,分别置锥形瓶中,加蒸馏水3 mL、40%甲醛2 mL(以酚酞为指示剂,预先用 $0.1\ mol \cdot L^{-1}$ NaOH 中和,以除去甲醛中含的甲酸),酚酞指示剂

3～4 滴，摇匀，放置 5 min 然后用 0.1 mol·$L^{-1}$ NaOH 标准溶液滴定至溶液变红，30 s 不褪色即为终点。氯化铵的百分含量按下式计算：

$$NH_4Cl\% = 100 \times 0.0535\ cV/W$$

式中，$c$、$V$ 分别为 NaOH 标准溶液的浓度及滴定时耗用的体积(mL)；$W$ 为 $NH_4Cl$ 试样的重量(g)；0.0535 为 $NH_4Cl$ 式量除以 1000 的值。

用同样方法测定另一份试样，然后计算 $NH_4Cl\%$的平均值。

**表 1　$NH_4Cl$ 和 $ZnCl_2$ 在不同温度下的溶解度(g/100g 水)**

| 温度/K | 273 | 283 | 293 | 303 | 313 | 333 | 353 | 363 | 373 |
|---|---|---|---|---|---|---|---|---|---|
| $NH_4Cl$ | 29.4 | 33.2 | 37.2 | 31.4 | 45.8 | 55.3 | 65.6 | 71.2 | 77.3 |
| $ZnCl_2$ | 342 | 363 | 395 | 37 | 452 | 488 | 541 | — | 614 |

**2. 从黑色混合物的滤渣中提取 $MnO_2$**

(1)要求

①设计实验方案，精制二氧化锰。

②设计实验方案，验证二氧化锰的催化作用。

③试验 $MnO_2$ 与盐酸、$MnO_2$ 与 $KMnO_4$ 的作用。

(2)提示

黑色混合物的滤渣中含有二氧化锰、炭粉和其他少量有机物。将其用水冲洗滤干固体，灼烧以除去炭粉和其他有机物。粗二氧化锰中尚含有一些低价锰和少量其他金属氧化物，也应设法除去。以获得精制二氧化锰。纯二氧化锰密度 53 g·$mL^{-1}$，535℃时分解为 $O_2$ 和 $Mn_2O_3$，不溶于水、硝酸、稀 $H_2SO_4$ 中。

取精制二氧化锰作以下试验：

a. 催化作用：二氧化锰对氯酸钾热分解反应有催化作用。

b. 与浓 HCl 的作用：二氧化锰与浓 HCl 发生以下反应：

$$MnO_2 + 4HCl = MnO_2 + Cl_2\uparrow + 2H_2O$$

c. $MnO_4^{2-}$ 的生成及其歧化反应：在大试管中加入 5 mL 0.02 mol·$L^{-1}$ $KMnO_4$ 及 5 mL 2 mol·$L^{-1}$ NaOH 溶液，再加入少量所制备的 $MnO_2$ 固体。验证所生成的 $MnO_4^-$ 的歧化反应。

注意：所设计的实验方法(或采用的装置)要尽可能避免产生实验室空气污染。

**3. 锌壳制备 $ZnSO_4 \cdot 7H_2O$**

(1)要求

①设计实验方案，以锌单质制备七水硫酸锌。

②产品定性检验：a. 证实为硫酸盐；b. 证实为锌盐；c. 不含 $Fe^{3+}$、$Cu^{2+}$。

(2)提示

将洁净的碎锌片以适量的酸溶解。溶液中有 $Fe^{3+}$，$Cu^{2+}$ 杂质时，设法除去。七水硫酸锌极易溶于水(在 15℃时，无水盐为 33.4%)，不溶于乙醇。在 39℃时溶于结晶水，100℃开始失水。在水中水解呈酸性。

## 参考文献


[1] 李朝略. 化工小商品生产法(第一集). 长沙：湖南科学技术出版社，1985.

[2] 中山大学，等. 无机化学实验. 北京：高等教育出版社，1983.

[3] 陈寿椿. 重要无机化学反应. 第 2 版. 上海：上海科学技术出版社，1982.

[4] [苏]K. B. 卡尔雅金，等. 纯化学试剂. 北京：高等教育出版社，1989.

[5] 日本化学会. 无机化合物合成手册(第二卷). 北京：化学工业出版社，1986.

[6] 江体乾.化工工艺手册.上海:上海科学技术出版社,1992.
[7] 上海化工学院无机化学教研组.无机化学实验.北京:人民教育出版社,1979.
[8] 天津化工研究院.无机盐工业手册.北京:化学工业出版社,1981.

## Part Ⅲ 从废版液中回收锌

### 一、实验目的

(1)学习实验方案的设计。

(2)了解废弃物中有效成分的回收利用方法。

### 二、实验内容

(1)以 100 mL 印刷厂的废版液为原料,设计回收锌的实验步骤。

(2)以回收的锌为原料,设计制取硫酸锌晶体的实验步骤。

### 三、设计提示

(1)印刷厂的废版液是制印刷锌版时,用稀硝酸腐蚀锌版后得到的废液,其中含有大量硝酸锌和少量由自来水引进的 $Cl^-$、$Fe^{3+}$ 等杂质离子。

(2)由废版液制取七水硫酸锌可以用碱溶液调 pH=8,使锌转变为 $Zn(OH)_2$ 沉淀,用水反复洗涤沉淀至无 $Cl^-$。

(3)依据金属离子氢氧化物沉淀的 pH 不同,控制溶液 pH 为 4,$Fe^{3+}$ 沉淀,即与 $Zn^{2+}$ 分离。在溶液 pH=2 时,蒸发浓缩析出七水硫酸锌晶体。

*参考文献*

崔学柱,张晓丽.基础化学实验(Ⅰ)—无机及分析化学实验.北京:化学工业出版社,2003.

## Part Ⅳ 从废定影液中制取单质银或硝酸银

### 一、实验目的

(1)学习实验方案的设计。

(2)了解废弃物中有效成分的回收利用方法。

### 二、实验内容

(1)设计从废定影液中回收单质银的实验方案。

(2)设计用单质银制备硝酸银的方案。

### 三、设计提示

(1)银是贵金属,用途广泛,资源贫乏,其废物回收利用是很有意义的。但是工业与实验室的废液与废渣的共同特点是贵金属含量低,需要经过富集,然后再提取、纯化。

(2)废定影液中主要含有 $Na_2S_2O_3$,还有少量 $Na_2SO_3$、HAc、$H_3BO_3$ 以及$[Ag(S_2O_3)_2]^{3-}$ 等杂质。富集时一般可采用 $Ag_2S$ 沉淀法。

(3)当在废定影液中加 $Na_2S$ 时,配离子$[Ag(S_2O_3)_2]^{3-}$ 所离解的 $Ag^+$ 离子会被沉淀为 $Ag_2S$,同时也有 $Na_2S_2O_3$ 产生。

(4)制得的黑色银泥中含 $Ag_2S$。$Ag_2S$ 经高温灼烧得单质银;若黑色含 $Ag_2S$ 的银泥中加入中等浓度的硝酸,即可把单质银氧化为 $Ag^+$ 离子,同时把 $Ag_2S$ 中的 $S^{2-}$ 离子氧化为单质 S,后者经过滤而除去,自溶液中可得硝酸银。

*参考文献*

崔学柱,张晓丽.基础化学实验(Ⅰ)—无机及分析化学实验.北京:化学工业出版社,2003.

# 实验十二　微波辐射合成磷酸锌

## 一、实验目的

(1)了解磷酸锌的微波合成原理和方法。

(2)掌握微型吸滤的基本操作。

## 二、实验原理

磷酸锌 $Zn_3(PO_4)_2 \cdot 2H_2O$ 是一种新型防锈颜料，利用它可配制各种防锈涂料，后者可代替氧化铅作为底漆。它的合成通常是用硫酸锌、磷酸和尿素在水浴加热下反应，反应过程中尿素分解放出氨气并生成铵盐。常规化学反应需 4 h 才完成，本实验采用微波加热反应后，反应时间缩短为 10 min。反应式为：

$$3ZnSO_4+2H_3PO_4+3(NH_2)_2CO_3+7H_2O = Zn_3(PO_4)_2 \cdot 4H_2O+3(NH_4)_2SO_4+3CO_2\uparrow$$

所得的四水合晶体在 110 ℃烘箱中脱水即得二水合晶体。

## 三、实验用品

仪器：微波炉，台秤，微型吸滤装置，烧杯(50 mL、100 mL)，表面皿。

药品：$ZnSO_4 \cdot 7H_2O$(s，A. R.)，尿素(s，A. R.)，磷酸(A. R.)。

## 四、实验内容

称取 2.0 g 七水硫酸锌于 50 mL 烧杯中，加 1.0 g 尿素和 1.0 mL 磷酸，再加 20 mL 蒸馏水搅拌溶解，把烧杯置于 100 mL 烧杯水浴中，盖上表面皿，放进微波炉里，以大火挡(约 700 W)辐射8～10 min，烧杯内隆起白色泡沫状物，停止辐射加热后，取出烧杯，用蒸馏水浸取、洗涤数次，吸滤。晶体用水洗涤至滤液无 $SO_4^{2-}$。产品在 110℃ 烘箱中脱水 2 h，得到 $Zn_3(PO_4)_2 \cdot 2H_2O$，称量，计算产率。

## 五、注意事项

(1)合成反应完成时，溶液的 pH 为 5～6；加尿素的目的是调节反应体系的酸碱度。

(2)晶体最好洗涤至中性再吸滤。

(3)微波辐射对人体会造成损害。市售微波炉在防止微波泄漏上有严格的措施，使用时要遵循有关操作程序与要求进行，以免造成损害。操作要领参见实验后的附录：微波辐射及微波炉的使用。

## 六、思考题

(1)如何对产品进行定性检验？请拟出实验方案。

(2)为什么微波辐射加热能显著缩短反应时间，使用微波炉要注意哪些事项？

## 附：微波辐射及微波炉的使用

### 1. 微波辐射简介

微波属于电磁波的一种，频率范围 0.3～30 GHz，介于高频波与远红外波之间，微波同其他电磁波一样，具有电场与磁场双重性质。自从 1986 年 Gedye 发现微波可以显著加快有机化合物合成以来，微波技术在化学中的应用日益受到重视。1988 年 Baghurst 首次采用微波技术合成了 $KVO_3$、$BaWO_4$、$YBa_2Cu_{7-x}$等无机化合物。微波辐射是通过偶极分子旋转(主要原因)和离子传导耗散微波能而实现加热目的。在微波辐射作用下，极性分子为响应磁场方向变化，通过分子偶极以每秒数十亿次的高速旋转，使分子间不断碰撞和摩擦而产生热，这种加热方式较传统的热传导和热对流加热更迅速，而且是空间辐射加热，体系受热均匀。

微波辐射有三个特点：

(1)在大量离子存在时能快速加热；

(2)能快速达到反应温度；

(3)是分子水平上的搅拌。

从而实现了微波辐射加热的方便、高效、低能耗及省时的优点。

**2. 微波炉的使用**

(1)微波炉的构造(参见实物及说明书)

(2)使用方法

①插上电源；

②将待加热样品置于微波中央位置，关紧炉门；

③将“功率”选择开关旋至所需加热功率的位置；

④将“时间”选择开关旋至所需加热的时间位置，微波炉即开始工作；

⑤加热结束后，才能打开炉门，取出物体，拔掉电源插头。

(3)注意事项

①微波对人体有危害，必须正确使用微波仪器，以防微波泄漏；

②微波炉内不能使用金属，以免产生火花；

③炉门一定要关紧后方能开始加热，以免微波能量外泄；

④发现炉门变形或其他故障，切勿继续使用，需由专业维修人员进行检查修理；

⑤用微波炉的时候，最好离微波炉远一点。

**3. 检测微波的能量泄漏方法**

可用收音机或一个很小的日光灯管来做。如果有微波泄漏的话，这个小收音机在离微波炉门 0.5 米的地方就会受到噪音干扰声。这是因为波长呈一定倍数关系的波会相互偶合形成干扰。泄漏的微波可以冲穿日光灯管中的惰性气体使它发亮。当然如果出现这种情况，就说明泄漏的微波已经非常多了。

研究发现，微波炉泄漏出来的微波在空间传播的时候，它的衰减程度是和离微波炉的距离的平方成反比关系的。也就是说，如果在微波炉门处，每平方厘米的泄漏有 10 mW 的话，那么在一米以外的空间，泄漏只有 0.001 mW 的强度了。

## 实验十三　CIS 薄膜太阳电池的制备与性能测试

[此实验属于安徽省自然科研基金项目(Nos:99jL0037)的内容]

### 一、实验目的

(1)了解太阳电池的组件、工作原理与性能的表征方法。

(2)学习电化学方法制备 CIS 半导体薄膜。

(3)了解 CIS 半导体薄膜的结构表征方法。

(4)了解及太阳电池的转换效率与影响因素。

### 二、简介

太阳电池是利用太阳光与材料相互作用直接产生电能的能源装置。太阳电池在使用中，不会释放出包括 $CO_2$ 在内的任何气体，这对改善生态环境、缓解温室气体的有害作用具有重大意义。

太阳电池材料主要包括能产生光伏效应的半导体材料、薄膜用衬底材料、减反射膜材料、电极与导线材料、组件封装材料等。

太阳电池按化学组成及产生电力的方式，可分为无机太阳电池、有机太阳电池和光化学电池三大类。

本实验是以导电玻璃为衬底材料(也称为基体)，采用电化学沉积方法制备出三元化合物 $CuInSe_2$(简写为 CIS)的半导体薄膜，并将其组成为简易的光化学电池。利用太阳模拟器等设备测定光化学电池的光电转换效应。

## 三、实验原理

### 1. 太阳电池发电的原理

由太阳光的光量子与半导体材料相互作用可以产生光生载流子。当将所产生的电子-空穴对靠半导体内形成的势垒分开到两极时，两极间就会产生电势，这种现象，就是著名的光生伏打效应，简称为光伏效应(Photovoltaic Effect，缩写为 PV)。因此太阳电池又称光伏(PV)器件。

太阳能电池工作原理的基础是半导体 PN 结的光生伏打效应。当太阳光或其他光照射半导体的 PN 结时，就会在 PN 结的两边出现电压，叫做光生电压。使 PN 结短路，就会产生电流。

(1)光化学电池工作原理

光化学电池是由光子能量转换成自由电子，电子通过电解质溶液(如多硫化物或含碘和碘离子的溶液)转移到另外的材料(对应电极)，然后向外供电的图 1。

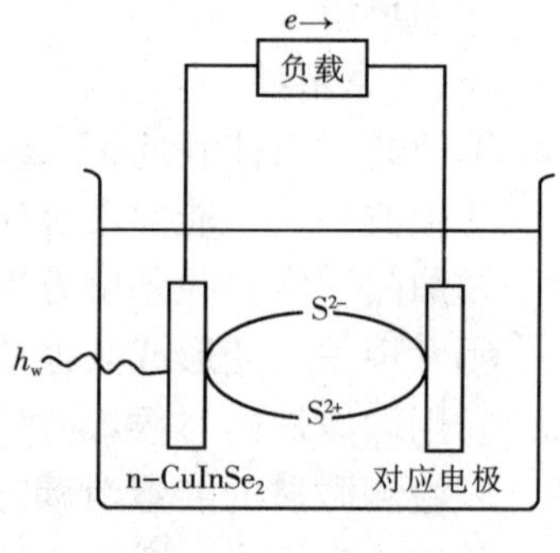


**图 1　光化学电池**

当太阳光辐照在半导体电极(如 n-$CuInSe_2$)上时，其能量大于半导体禁带宽度的部分被电子吸收而从价带跃迁至导带，产生电子-空穴对，又被半导体在电解质溶液中所形成空间电荷区的电场所分离，光产生的少数载流子趋向界面与电解质溶液中的氧化还原对(如多硫离子 $S_n{}^{2-}$ 和硫离子 $S^{2-}$)起作用。

图 1 中以半导体为基础的光化学电池的反应为：

$$\text{阳极}: nS^{2-} + 2(n-1)\,h\nu \rightarrow S_n^{2-} \tag{1}$$

同时多数载流子(电子)驱向电极内部，再经外线路至对电极与溶液中的电解质起作用：

$$\text{阴极}: S_n{}^{2-} + 2(n-1)e \rightarrow nS^{2-} \tag{2}$$

由此可见，通过光照半导体，电子不断经外线路流向对应电极，产生电流，而溶液组成不变，净变化是光能转化为电能，也称为再生式光化学电池或液结太阳能电池。

(2)太阳电池的性能表征

太阳电池可处于四种状态：无光照；有光照，短路；有光照，开路；有光照，有负载。

太阳电池作为电源处于第四种状态，但负载的选择要与短路电流($I_{SC}$)和开路电压($V_{OC}$)相匹配。因此，这两个参数是表征太阳电池性能的最重要数值。它们的特征与功率输出等方面的关系如下：

①短路电流($I_{SC}$)

短路电流是将太阳电池短路所得的电流。如果辐射到太阳电池的能量大于 $E_g$(半导体禁带宽度*)的光子全都形成电子-空穴对，且可被全部收集，这时最大电流密度应为：

$$J_{L(max)} = qFE_g \tag{3}$$

式中，$F$ 为光量子的数；$q$ 为电子电荷。

在实际中要考虑到光的反射、电池的厚度等，因此实际收集的电流为：

$$J_L=\int_0^{\infty}\{\int_0^H qF(\lambda)[1-R(\lambda)]a(\lambda)e^{-a(\lambda)x}\mathrm{d}x\}\mathrm{d}\lambda \tag{4}$$

式中，$\lambda_0$为半导体材料吸收边；$R$ 为与波长有关的反射系数；$\alpha$ 为与波长有关的吸收系数；$H$ 为电池的厚度；$x$ 为离电池表面距离。

由此可见，$J_L$与禁带宽度有关。因 $\lambda>\lambda_0$，所以 $\alpha=0$。而 $F$ 与光强度有关。

如果电池的少数载流子寿命足够长，使载流子到 PN 结前未被复合，短路电流则为光生电流，即：

$$J_{SC}=J_L \tag{5}$$

而短路电流是由光在 n 型区、p 型区产生电流的总和，即：

$$J_{SC}=J_n+J_p+J_{dr} \tag{6}$$

实验与计算都表明，这 3 个区位对载流子的贡献，首先取决于电池的结构。

* CIS 半导体禁带宽度为 1.04eV，晶体属于体心四方晶系。

②开路电压($V_{OC}$)

当电池处于光照下，通过二极管的电流为短路电流同与之相反的二极管的正向电流之和：

$$I(V)=J_{SC}-I_0[e^{qv/AkT}-1] \tag{7}$$

式中，$V$ 为二极管的电压；$A$ 为二极管的曲线因子；$T$ 为温度；$k$ 为波尔兹曼常数；$I_0$ 为二极管的反向电流。

开路电压：由开路 $I(V)=0$ 时的电压，即 $V=V_{OC}$。

$$V_{OC}=AkT/q\ln(\frac{I_{SC}}{I_0}+1) \tag{8}$$

③填充因子

当太阳电池接上负载 $R$ 时，所得的负载 $I$—$V$ 曲线如图 2 所示。

$R$ 可以从零到无穷大。当 $R_m$ 为最大功率点时，它对应的最大功率为：

$$P_m=I_mV_m \tag{9}$$

式中 $I_m$、$V_m$分别为最佳工作电流和最佳工作电压。将 $V_{OC}$与 $I_{SC}$的乘积与最大功率 $P_m$之比定义为填充因子 $FF$，则：

$$FF=P_m/V_{OC}I_{SC}=V_mI_m/V_{OC}I_{SC} \tag{10}$$

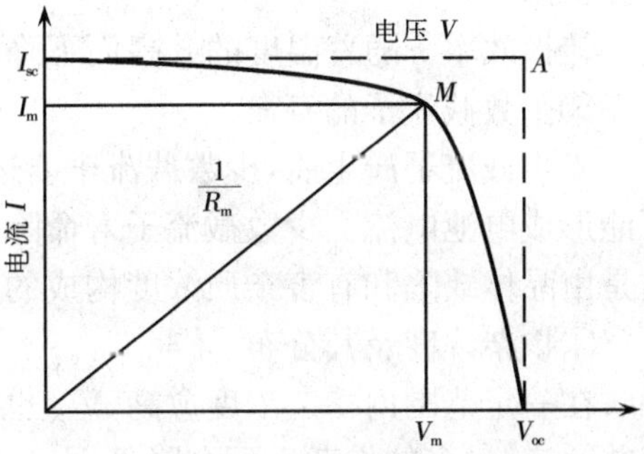


**图 2　太阳电池受载特性曲线**

$FF$ 为太阳电池的重要表征参数，$FF$ 愈大则输出的功率愈高。$FF$ 取决于入射光强、材料的禁带宽度、$A$ 因子、串联电阻和并联电阻等。

(3)太阳电池的转换效率与影响因素

太阳电池的转换效率是首要的关键指标，决定着电池的成本、质量、材料消耗、辅助设施等许多因素。为了解影响太阳电池转换效率的因素，先分析一下太阳光照射到太阳电池表面以后的经历和产生损失的环节(图 3)。

太阳电池的效率($\eta$ 或 EFF)定义为太阳电池的最大功率输出与照射到太阳电池的总辐射能 $P_m$之比。根据式(10)，可写作：

$$\eta=P_m/P_{in}=V_{OC}I_{SC}FF/A_tP_{in} \tag{11}$$

式中，$A_t$为电池面积；$P_{in}$为单位面积的太阳能强度。

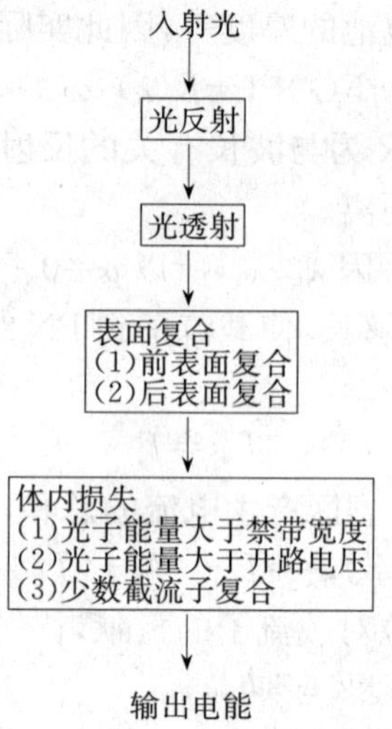


**图 3　太阳光照射到电池后的主要损失环节**

因此，在解决了表面反射膜以后，太阳电池的效率取决于电池的材料与结构。影响因素主要有以下 6 个方面。

①禁带宽度

禁带宽度对转换效率的影响是双向的。一方面禁带宽度增大会使短路电流减少。因为随着它的增大，能激发光生电流的光子数在减少。另一方面，开路电压则随着禁带宽度的增大而增大。这种双向关系经过复杂的运算处理，可获得不同的禁带宽度材料的最大转换效率理论值。

②温度

转换效率 $\eta$ 随着温度的升高而下降。因为随着温度的升高会造成禁带宽度的降低。

③少数截流子的寿命

光生截流子产生后，少数截流子要运动到 PN 结另一方。在此期间只有它不被复合，才有可能形成电池电流。少数截流子寿命除了取决于材料的本性外，主要取决于复合中心的浓度，它是由晶体缺陷和有害杂质浓度构成的。长的寿命还会减少暗电流和提高开路电压。

④掺杂浓度及其分布

在一定范围内掺杂浓度愈高，$V_{OC}$也随之增高，利于转换效率的提高。但是由于截流子的简并效应，过多的掺杂反而会降低 $V_{OC}$，而且少数截流子寿命也会降低。另外，当掺杂浓度从电池表面的扩散区向结的方向不均匀降低时，可提高光生截流子的收集效率，有利于转换效率的提高。

⑤光强

提高太阳光的强度有助于提高转换效率。如将太阳光集中 $x$ 倍，一般说 $I_{SC}$与 $x$ 成正比，保证了光强增大，转换效率不变；但另一方面还会发生“场助效应”，即在基区中产生强大的光生电流，促使光生截流子流向 PN 结的电场。高的光强还可以提高电池的填充因子。

⑥串联电阻

电池的排列、电池的内阻等都构成电池的串联电阻。

**2. 制备 CIS 半导体薄膜**

设 $Cu^{2+}$、$In^{3+}$、$HSeO_3^-$浓度均为 1.0 mmol·$L^{-1}$时进行电沉积，根据 Nernst 方程

$$\varphi_{M^{n+}/M}=\varphi^{\ominus}+\frac{RT}{nF}\ln\left(\frac{a_{M^{n+}}}{a_M}\right) \tag{12}$$

计算出 25 ℃时的电极电位分别为：+0.25 V、-0.40 V、+0.70 V。由于三者各自的沉积电位相差较大，所以 $Cu^{2+}$、$In^{3+}$、$HSeO_3^-$ 三种离子同时放电生成活性原子[Cu]、[In]、[Se]的可能性不大。由此可假设电沉积过程中发生了下述反应：

$$Cu^{2+} + e^- = Cu^+ \qquad \varphi^{\ominus} = 0.153\ V \tag{13}$$

$$HSeO_3^- + 5H^+ + 6e^- = Se^{2-} + 3H_2O \qquad \varphi^{\ominus} = 0.233\ V \tag{14}$$

$$Cu^+ + In^{3+} + 2Se^{2-} = CuInSe_2 \tag{15}$$

其中 $In^{3+}$ 离子不参与电极表面上的电化学放电反应，它只在电极附近与生成的 $Cu^+$ 和 $Se^{2-}$ 发生化合反应，生成了 $CuInSe_2$ 化合物。

**3. X 射线衍射(XRD)分析**

X 射线物相分析是基于不同晶体物质具有特定的原子种类、原子排列方式和点阵参数（如点阵类型、晶胞大小、原子数目和原子在晶胞中的位置等）而呈现出特定的衍射花样（衍射位置 $\theta$、衍射强度 $I$）。根据衍射峰的位置经过一定的处理便可确定晶体的物相（定性分析）；根据衍射峰的强度就可确定晶体的物相有多少（定量分析）。

在获得试样与基体的衍射图谱后，进行物相鉴定。鉴定步骤如下：

(1) 根据待测相的衍射数据得出三强峰的晶面间距 $d$ 值*，并估算其误差（一般取 $\Delta d = \pm 0.02$Å）。

* 根据布拉格方程：$2d\sin\theta = n\lambda$（其中：衍射级数 $n=1$，$\lambda$ 为测定波长，$\theta$ 为衍射角度）可计算 $d$ 值。

(2) 利用标准卡片进行物相分析

A：化学成分已知的样品，推测可能形成的物相时可用字母索引检索。

B：化学成分未知的样品。

①选取实测的八条强线（也可用前三强线）再用数字索引检索。

②如果是多相物质，首先选取最强线并将其强度设为 100，再计算其余各线对最强线的相对强度，并重新排列，然后采用类似单相物质的方法逐相检索确定，直至确定全部物相。

实际未知化学成分多相物相定性分析时，选取的强线不一定是同一物相的，这时应将这些线条以不同方式组合，有时因为有些物相含量低，只有一两条衍射线存在，甚至还不一定是强线，这时可先确定主相，然后再确定低含量物相。

图 4 是试样、基体和标准 $CuInSe_2$ 的 XRD 图谱（标准卡片号：40-1487）。试样 XRD 图谱中 1、3、5 衍射峰与 $CuInSe_2$ 晶面(112)、(204)和(312)相对应，衍射峰 2、4 与基体的 2、3 衍射峰相对应，衍射峰 1 与基体的衍射峰 1 部分重叠。由此可以判定试样是 $CuInSe_2$。

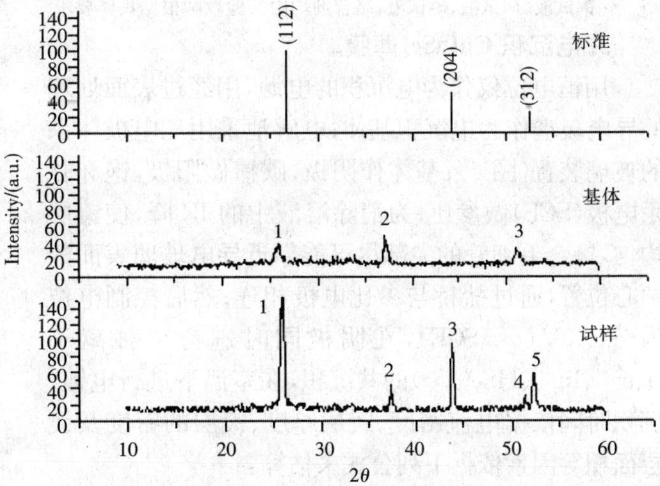


**图 4 试样、基体与标准 $CuInSe_2$ 的 XRD 图谱**

## 四、实验用品

仪器：DJS-292 型恒电位仪（上海雷磁仪器厂），温度控制器 WPSK-AT（上海浦东三联仪表厂，温度控制在≤450℃)，热处理器(用石棉、陶瓷管及电阻丝自制)，电子天平(精度为±0.001)，Y－2000型X射线衍射仪，太阳模拟器(中科院长春光机所)，Keithley 2420数据源；Testpoint数据处理软件，新型标准数字万用表，导电玻璃(4 cm×1 cm，两块)，打孔塞(外径与小烧杯内径相同)，鲁金毛细管(玻璃毛细弯管，自制，亦作盐桥)，石墨棒，饱和甘汞电极，小瓷舟(2 cm×5 cm，每两组1个)，盖玻片(2 cm×6 cm，每两组1块)，玻棒和铁丝钩子(60 cm左右，热处理时取放试样公用)，量筒(100 mL)，吸量管(10 mL，带刻度)，容量瓶(100 mL)，烧杯(50 mL 2个，400 mL 1个)，洗瓶，吸耳球，废药瓶(口内径1.2～1.5 cm，高4～5 cm，若干，装制好的薄膜样品)，铜导线(每组≥5 cm×2根)，透明胶带(1 cm宽)，小剪刀，裁玻璃刀，酒精灯，石蜡，接线夹(每组2个)，电吹风等。

药品：二氯化铜(s)，三氯化铟(s)，二氧化硒(s)，氢氧化钠(s)，KCl(1 mol·$L^{-1}$，饱和3.3 mol·$L^{-1}$)，盐酸(4 mol·$L^{-1}$)，磷酸(85%)，柠檬酸(s)，升华硫(s)，碘(s)，KI(1 mol·$L^{-1}$)，硫化钠(s)，丙酮，无水乙醇，氮气(99.999%)。

## 五、实验内容

### 1. 基体的预处理

用导电玻璃作为沉积实验的基体。先把导电玻璃裁成4 cm×1 cm的长条形，用万用表测出其导电的一面，在这面中段(或末端)留出1 cm的长度(用铅笔画线做记号)，其余部分(约2/3)用石蜡封涂，目的是为了保证沉积面积为1 $cm^2$，防止其被镀面积超过1 $cm^2$。封好蜡的导电玻璃再用丙酮棉球擦洗未封蜡的1 $cm^2$部分。为除去此部分残留的石蜡和一些油脂等有机物，需再用无水乙醇棉球擦洗，晾干(或用电吹风吹干)。

### 2. 配制电镀液*(每组配100 mL)

用移液管准确移取一定体积的铜试液、硒试液和铟试液于100 mL的容量瓶中，再加入10.0 mL KCl(1 mol·$L^{-1}$)，0.625 mL HCl (4 mol·$L^{-1}$)，50.0 mL络合剂，最后用蒸馏水稀释至刻度。溶液的pH保持在1.5左右。

* 铜试液、铟试液、硒试液、络合剂均由实验教师根据具体要求统一配制。

### 3. 电沉积 $CuInSe_2$ 薄膜

用恒电位仪作为电沉积的电源，用经过表面处理的导电玻璃作为电沉积基体；电解池采用三电极体系的玻璃装置(图5)；基体作阴极，碳棒做阳极，饱和甘汞电极(SCE)做参比；为消除溶液中的IR降，使镀层均匀，鲁金毛细管的尖部尽可能靠近导电玻璃表面的中心位置，通过盐桥与参比电极相连；然后控制电位为－0.5V(vs. SCE)，在阴极同时进行三种离子($Cu^{2+}$、$In^{3+}$、$HSeO_3^-$)的共沉积，在室温下进行电镀。沉积时间依据电流密度、镀层厚度、镀层的密度及镀层面积等因素依据下列公式来估算：

**图5 电沉积 $CuInSe_2$ 薄膜的装置**

1. 铁架台 2. 参比电极 3. 鲁金毛细管 4. 电镀液 5. 阴极(基体) 6. 阳极(石墨) 7. 导线 8. 带孔塞

$$h=\frac{\frac{it}{F}\times\frac{m}{n}}{\rho A} \tag{16}$$

式中，$h$为阴极沉积层厚度(m)；$i$为电流密度(A·$m^{-2}$)；$t$为电镀时间(s)；$F$为法拉第常数(96485库仑/摩尔)；$m$为CIS的式量(kg·$mol^{-1}$)；$n$为生成1 mol CIS转移的电子数(mol)；$\rho$

为镀层的密度($kg \cdot m^{-3}$);$A$ 为镀层的面积($m^2$)。

**4. 样品的热处理**

通过上述过程制备得到的 CIS 薄膜晶粒较小,采用适当热处理,能增大其晶粒,改善其组成。需注意控制温度。

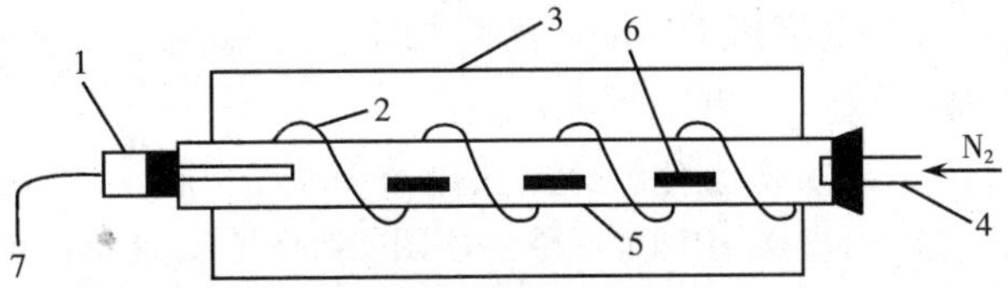


**图 6　热处理装置示意图**

1. 传感器　2. 电炉丝　3. 石棉保温层　4. $N_2$ 管　5. 陶瓷管　6. 样品　7. 导线

操作过程:将刚刚制备好的 CIS 薄膜用蒸馏水小心地清洗干净之后把它小心放入小瓷舟中,然后用玻棒将小瓷舟轻轻推入加热炉中央部位。注意在这些过程中,不能磕碰到沉积层,防止薄膜被破坏。热处理时,可几个样品同时处理(注意样品对应的小瓷舟上用铅笔编号)。然后将温控仪的传感器插入陶瓷管的一端(图 6)。陶瓷管另一端插入 $N_2$ 管,并通入 $N_2$,估计陶瓷管内充满 $N_2$ 以后(20～30 min,根据气体流量定)再接通电源开始加热,设定温控仪加热温度为 350℃,保温半个小时后停止加热,继续通入 $N_2$,直到炉体温度自然冷至室温为止,停止通 $N_2$,取出样品,热处理过程结束。

**5. X 射线衍射(XRD)分析**

样品制备好后,可采用 X 射线衍射分析、透射电子显微镜或扫描电子显微镜等手段对薄膜的结构、元素组成、内部组织形态、表面形貌和断面形貌进行分析。

本实验用主要采用 X 射线衍射分析,以期获得镀层的结构和物相组成等信息。

X 射线衍射测定时选定的实验条件为:X 射线管电压为 30 kV,管电流为 20 mA ,铜靶,镍滤波,采用连续扫描方式,扫描步宽为 0.05°/s。

**6. 检测样品的光伏效应**

以电沉积薄膜作光电极,以空白导电玻璃作为对电极,滴入特定的电解质溶液(如 1 $mol \cdot L^{-1}$ 的 $Na_2S+S+NaOH$ 或含碘的 KI 溶液),组成简易电化学光伏打电池(图 7 所示)。利用太阳模拟器等设备对该电池进行开路电压、短路电流、填充因子等测试。

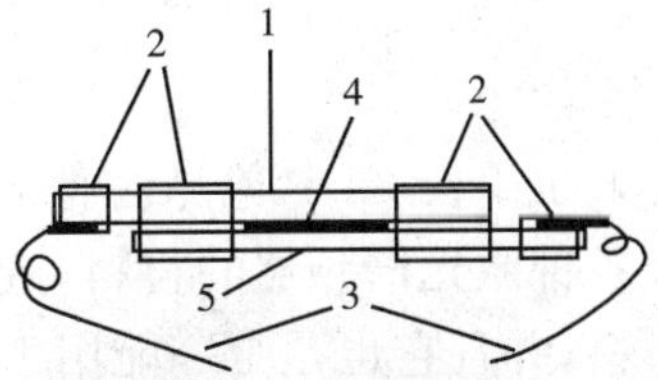


**图 7　简易 CIS 光化学电池示意图**

1. 导电玻璃不导电面　2. 透明胶带　3. 铜导线　4. CIS 薄膜与电解质溶液　5. 空白导电玻璃不导电面

**7. 实验数据记录与处理**

根据测定结果计算转换效率,并分析其可能的影响因素。

## 六、注意事项

(1)预处理后的基体材料要干净、光滑平整。这是电沉积制备优质薄膜的基本保证。

(2)在实验前必须估算好电沉积 $CuInSe_2$ 薄膜的时间。

(3)电沉积的装置中要注意电极间的距离,鲁金毛细管一般在导电玻璃和碳棒之间,为使镀层均匀,毛细管的尖部尽可能靠近工作电极表面的中心位置;两电极(阴极和阳极)必须平行相对。

(4)控制电位(或电流密度)时注意不能有氢气泡产生,否则镀层的薄膜容易脱落不致密。

(5)热处理时须控制温度在(350±20)℃(通过设定温控器与控制氮气的流量可实现)。

(6)在整个实验过程中,要保护好沉积层,防止薄膜被破坏而影响其性能。

(7)仪器使用规则需要参见仪器说明书。

## 七、思考题

(1)电沉积法制备CIS半导体薄膜的影响因素有哪些，如何降低不利因素的影响？

(2)热处理时为什么要控制温度在(350±20)℃？温度过高或过低对晶体生长有何影响？

(3)如何控制电沉积$CuInSe_2$薄膜的时间？

(4)电沉积$CuInSe_2$薄膜的电镀液中为什么要加入配合剂？

## 参考文献


[1] 雷永泉. 新能源材料. 天津：天津大学出版社，2000.

[2] 孙璧媃. 中国大百科全书-图文数据光盘. 北京：中国大百科全书出版社，1999.

[3] 王江山，谭正，孙公权，等. 电沉积多晶CuInSe2薄膜的光电化学. 中国科学B辑，1991(6)：583～589.

[4] 周玉，武高辉. 材料分析测试技术. 哈尔滨：哈尔滨工业大学出版社，1998.

[5] 季秉厚，李蓉萍. 多晶$CuInSe_2$薄膜的热处理效应. 太阳能学报，1992，13(3)：259～262.

[6] 牛振江，董振华，杨东文，等. 一些络合剂对电沉积$CuInSe_2$薄膜的影响. 云南化工，1993(4)：26～27，34.


# 实验十四　KDP(磷酸二氢钾)晶体的合成和表征

## 一、实验目的

(1)巩固无机合成的基本操作，学习KDP晶体的合成及大晶体培养技术。

(2)了解偏光显微镜的基本结构和使用方法。

(3)掌握非均质体单光轴晶片的四次消光及晶片厚度的测量方法，用比色法测定KDP晶体的自然生长晶面的双折射率。

(4)初步掌握X射线衍射仪的步骤。

(5)掌握应用Molen－PC程序包微机晶体结构分析的方法和图像表述。

## 二、实验原理

人工生长KDP单晶已有半个多世纪的历史，由于优良的非线性光学性能，它被广泛用于制作各种激光倍频器的材料。这种晶体具有多功能的性质，它又是一种性能较优良的电光晶体材料，并且它也是唯一能用于激光核聚变等研究的高功率系统中的晶体。因此，如何快速生长大尺寸高激光损伤阈值的KDP晶体，仍是国内外有关科研人员的重大课题。

本实验包括磷酸二氢钾的合成与培养，XRD物相分析，红外光谱分析，偏光显微分析及微机晶体结构分析五个内容。这里仅介绍KDP晶体的合成与培养，偏光显微分析及微机晶体结构分析。

(1)KDP晶体的合成是一个酸碱反应生成盐的过程：

$$H_3PO_4 + KOH \rightarrow H_2O + KH_2PO_4$$

反应在水溶液中进行，在反应液中同时存在$K^+$、$H^+$、$OH^-$、$PO_4{}^{3-}$、$HPO_4{}^{2-}$、$H_2PO_4{}^-$等离子，在不同pH的溶液中$PO_4{}^{3-}$、$HPO_4{}^{2-}$、$H_2PO_4{}^-$和$H_3PO_4$等基团所占有的比例不同，它的分配系数($\alpha_i$)可分别表示为：

$$\alpha_0=[PO_4{}^{3-}]/c, \alpha_1=[HPO_4{}^{2-}]/c, \alpha_2=[H_2PO_4{}^-]/c, \alpha_3=[H_3PO_4]/c$$

式中，$c$为磷酸体系的总浓度，$c=[PO_4{}^{3-}]+[HPO_4{}^{2-}]+[H_2PO_4{}^-]+[H_3PO_4]$，$K_1$、$K_2$、$K_3$分别为第一、第二和第三级电离常数。

对于任一给定pH的溶液，可用上述$\alpha_0$、$\alpha_1$、$\alpha_2$、$\alpha_3$的表达式计算出不同离子基团在整个磷酸体系中所占有的百分数，并且给出$[PO_4{}^{3-}]$、$[HPO_4{}^{2-}]$、$[H_2PO_4{}^-]$和$[H_3PO_4]$基团的分布图。在pH=4.5左右，$[H_2PO_4{}^-]$基团约占有99%，选择这样的pH范围，一方面$[H_2PO_4{}^-]$

基团作为生长基元之一，密度大，吸附在晶体生长界面上的生长基元的平均自由程短，在单位时间内扩散到生长格位上的生长基元数目比其他不同 pH 溶液的概率多，有利于 KDP 晶体的生长。另一方面它排除了其他基团的存在，有利于提高产率。根据溶解度与温度的关系绘制得到的溶解度曲线，如图 1 所示，是选择生长方法和生长温度的重要依据。溶解度曲线 AB 将整个溶液区划分成两个部分，上部为过饱和区，又称不稳定区；下部为不饱和区，又称稳定区。亚稳曲线 A′B′与 AB 围成亚稳过饱和区，如果没有外来杂质或引入晶核，在此区溶液本身不会成核析出晶体。不同物质溶液的亚稳区差别相当大，它的大小趋向可以用过饱和度和过冷度来估计。KDP 晶体的过冷度为 9。生长晶体就必须使溶液达到过饱和，一般可以采用降温法和恒温蒸发法两种途径。KDP 晶体溶解度较大，溶解度温度系数较小，宜用恒温蒸发法，它的溶解度曲线如图 2 所示。

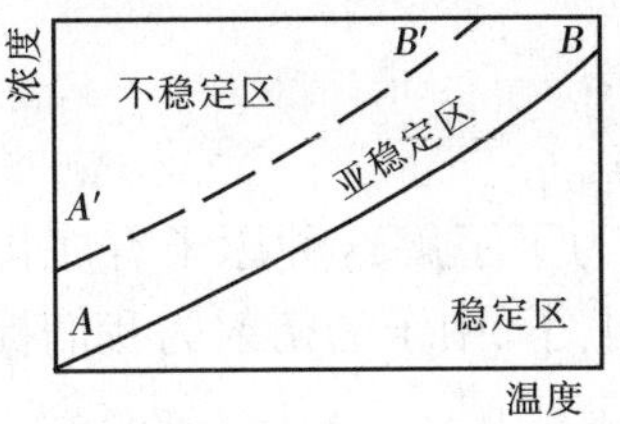


**图 1　溶解度曲线**

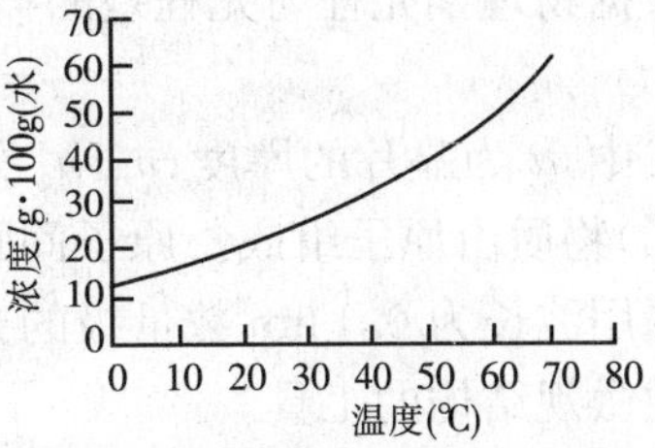


**图 2　KDP 晶体的溶解度曲线**

(2)本实验是以磷酸二氢钾的自然生长的晶面(ac 面)为样品，在偏光显微镜下测定其双折射率。因为 $KH_2PO_4$是一轴晶，其主折射率测得后，其折射率椭圆旋转体即被确定。众所周知，折射率 $n$ 值决定于光在介质中的传播速度，而后者又决定于光与介质的相互作用。对一定特征(如波长、振动方向等)的某种光波而言，其 $n$ 值最终决定于介质的微观结构，即晶体的内部结构，因而 $n$ 值是宏观反映介质(尤其是晶体)微观结构的极其重要的参数。

光性均质体，即各向同性介质。光波在其中传播时传播速度不因振动方向不同而发生改变，折射率值只有一个。

光性非均质体，即各向异性介质。光波在其中传播时，传播速度随其振动方向不同而发生变化，因而折射率值也因振动方向不同而改变，折射率值不止一个。光波进入各向异性晶体时，除光轴方向外，都要发生双折射，分解成振动互相垂直、传播速度不同、折射率不等的两种偏光 $no'$、$ne'$，两种偏光折射率值之差称为双折射率。

KDP 晶体为一轴晶，其光率体是一个以 z 轴为旋转轴的旋转椭球体，$nx=ny=no\neq nz=ne$，它的折射率有最大和最小两种主折射率值，分别以符号 $ne$ 和 $no$ 表示。磷酸二氢钾是 42m 点群，属于一轴晶负光性光率体，即是个扁椭圆旋转体。其晶体的生长特性正好是 ac 面最大，适合于测量其最大双折射率。

在正交偏光镜间，放置非均质体其他方向的晶片。由于这种晶片的光率体切面为椭圆切面，透过下偏光镜的偏光射入晶片时，必然要发生双折射。产生振动方向平行光率体椭圆。长、短半径分别与上偏光镜的振动方向 AA 和下偏光镜的振动方向 PP 一致时，从下偏光镜透出的振动方向平行 PP 的偏光，可以透过晶片面而改变原来的振动方向。当其到达上偏光镜时，因 PP 与 AA 垂直，透不过上偏光镜时而使晶片消光。当非均质体晶片上的光率体椭球半径 $K_1$、$K_2$ 与上、下偏光镜的振动方向 AA、PP 斜交时(45°为最佳角度)，透出下偏光镜的振动方向平行 PP 的偏光进入晶体后，发生双折射，分解成振动方向平行的 $K_1$、$K_2$ 两种偏光。$K_1$、$K_2$ 的折射率不等，在晶片中传播速度也不同，因而必然要产生光程差，以 R 表示。当 $K_1$、$K_2$

透出晶片在空气中传播时，由于传播速度相同，所以它们在到达上偏光镜之前的光程差保持不变。$K_1$、$K_2$ 两种偏光的振动方向与上偏光镜的振动方向(AA)斜交，故当 $K_1$、$K_2$ 先后进入上偏光镜时，必然再度发生分解，形成 $K_1'$、$K_2'$ 和 $K_1''$、$K_2''$ 四种偏光。其中 $K_1''$、$K_2''$ 两种偏光的振动方向垂直上偏光镜(被全反射或吸收)；$K_1'$、$K_2'$ 的振动方向平行于上偏光镜的振动方向 AA，完全可以透过。透出上偏光镜后的 $K_1'$、$K_2'$ 的两种偏光具有：

①$K_1'$、$K_2'$ 频率相等。

②$K_1'$、$K_2'$ 两者之间有固定的光程差。

③两者在同一平面(AA)内振动。

因此 $K_1'$、$K_2'$ 两偏光具备了光波干涉的条件，必然要发生干涉作用，干涉的结果取决于两偏光之间的光程差 $R$。

根据物理学光程与光程差的概念可知光程为：

$$\tau=nd, R=\tau_1-\tau_2=(n_1-n_2)d$$

式中，$d$ 为晶片的厚度；$n_1$，$n_2$ 分别为 $K_1$ 和 $K_2$ 的折射率。

(3)物质由原子组成。原子间距为 0.1 nm 数量级，因此为了了解这种原子有序排列的结构必须用波长为 0.1 nm 数量级的光波。X 射线的发现以及电子、中子的衍射为我们提供了了解物质微观结构的工具。

直接法的原理是通过数学统计和对比的方法直接从结构振幅数据中推引一部分位相，计算电子密度函数，提出结构模型，进而用最小二乘法进行结构精修，直至整个结构的最终测定。

## 三、实验用品

仪器：Avatar 360 傅里叶变换红外光谱仪，Y-4Q 型 X 射线粉末衍射仪，XPT-7 型偏光显微镜，CAD4 型 X 射线四圆衍射仪，SDPMolen-PC 程序包，PC 机，晶体生长器，恒温定时磁力搅拌器。

药品：氢氧化钾(A. R.)，浓磷酸(A. R.)。

## 四、实验内容

**1. KDP(磷酸二氢钾)晶体的合成和生长**

(1) 取 10 mL 水将近 2.7 mL(约 40 mmol)＝85%的磷酸稀释，另将氢氧化钾 2.7 g(约 40 mmol)溶于 10 mL 水中制成溶液。在搅拌下徐徐将氢氧化钾溶液滴入磷酸溶液中使其反应，用稀的磷酸溶液或稀的氢氧化钾溶液调整 pH 为 4.5，在 80℃蒸发至 10 mL。将浓缩液静置，冷却，结晶，过滤。在 100 ℃下干燥，称量，计算产率。

(2)从产品中选取 1～2 颗单晶作为籽晶，再取部分产品制成超过室温 10 ℃左右的饱和溶液。在培养皿中投入籽晶，倒入溶液，室温下静置，培养单晶。

(3)将上述单晶作为籽晶，植入晶体生长器中，培养大的合格的晶体。

(4)对剩余约 1 g 的产品进一步干燥，并按红外光谱实验和粉晶物相分析的要求在玛瑙研钵中研细，存于干燥器中，准备测试实验之用。

(5)注意：酸碱中和反应为强放热反应，注意反应物的稀释，以免造成伤害；晶体培养中，保持器皿清洁，不引入外来杂质。

**2. 正交偏光显微分析**

(1)吸光度的测定

①选择合适的晶体置于旋转载物台上；

②旋转载物台一周，观察晶片明暗变化规律；

③记录晶片的吸光位置。

(2)光程差的测定

①将晶片置于45°观察晶片的干涉色；

②在45°时插入石英楔子，使得晶片的干涉色被抵消，然后撤走晶片；

③参照MICHEL-LEVY CHART表，推出石英楔子大致的光程差$R$。该光程差即为晶片的光程差。

(3)晶片厚度的测定

①用偏光显微镜聚焦的微调旋钮，把焦先聚在实验2中的晶片的上表面，记录微调旋钮的位置L1；

②聚焦在晶片的下表面，记录微调旋钮的位置L2(注意记录微调旋钮的圈数)，再根据微调旋钮所转过的总格数(一圈对应50格，一格对应0.002 mm)；

③计算晶片的厚度；

④计算晶片的双折射率。

**3. 计算机晶体结构分析**

(1)录谱步骤：参见相关参考文献。

(2)微机晶体结构分析。

①数据进行吸收校正和强度衰减校正，分析吸光规律，测定空间群，并为解结构准备数据文件；

②直接法解结构及快速傅立叶变化计算最佳套的电子密度图，从峰图上寻找结构模型；

③用最小二乘法精修结构；

④结果计算与输出。

## 五、实验结果与讨论

(1)计算出产率，报道人晶体的尺寸和质量，并讨论。

(2)提交并归属红外光谱图，推测产品可能的结构。

(3)检索产品XRD谱图，掌握PDF标准卡所提供的信息。讨论产品的纯度并推测所含杂质的物相。

(4)讨论晶体外观与双折射率之间的关系。

(5)记录晶体结构修正的R因子，列出原子坐标及温度因子表，讨论各原子间配位情况。

(6)综合讨论实验结果，提交论文式实验报告。

## 六、思考题

(1)为什么要控制反应液的pH?

(2)如何达到KDP溶液的亚稳态?

(3)偏振光的干涉原理与普通光的干涉原理有何异同点?

(4)如何选择合适的物镜倍数?

(5)由MICHEL-LEVY CHART可注意到干涉色随级数的变化规律是什么?

(6)单晶X射线强度在解结构之前需进行哪些数据处理?

(7)单晶X射线和多晶X射线衍射有何异同点?

(8)挑晶体时应注意哪些事项?

(9)晶体对心时要注意哪些事项?

*参考文献*

[1] 日本化学会. 无机化合物合成手册(第二卷). 北京:化学工业出版社,1986.
[2] 张克从,王希敏. 非线性光学晶体材料科学. 北京:科学出版社,1996.
[3] 张克从,张乐潓. 晶体生长科学与技术. 北京:科学出版社,1997.
[4] 张绍辉,傅亨. X射线晶体结构分析导论. 武汉:武汉大学出版社,1989.
[5] 马 生,施倪承. X射线晶体学. 武汉:中国地质大学出版社,1995.
[6] 成都地质学院岩石教研室. 晶体光学. 北京:地质出版社,1978.
[7] 李家泽,朱宝亮. 晶体光学. 北京:北京理工大学出版社,1989.

# 实验十五 表面活性剂的性质实验

## 一、实验目的

(1)用吊片法测定十二烷基硫酸钠的表面张力与浓度的关系曲线。

(2)了解表面活性剂的表面吸附性质。

(3)掌握 Sigma701 型自动表面张力测定仪的原理和使用方法。

## 二、实验原理

表面活性剂是一类具有多种灵活用途的有机化合物。除了大量地作为日用洗涤剂外,还广泛地应用于石油、煤炭、机械、化学、冶金,材料、轻工业及农业生产中。此外,表面活性剂科学与其他科学也有着密切的联系,特别是再生物物理化学和化学动力学领域中,表面活性剂逐渐成为重要的研究对象。因此,表面活性剂的开发与应用已成为一个非常重要的行业。通过本综合实验让学生掌握表面活性剂的最基本的实验技术和知识。

在化学结构上,表面活性剂都是由非极性的、亲油(疏水)的长碳氢链和极性的亲水(疏油)的基团共同构成,这两个基团分处分子的两端,形成不对称的结构。因此,表面活性剂分子是一种两亲分子,具有亲油又亲水的两亲性质。亲油基团的差别主要表现在碳氢链的机构变化上,差别较小。亲水部分的基团则种类繁多,各式各样,所以表面活性剂的性质差异,除与碳氢链的大小、形状有关外,主要还与亲水基团的不同有关。亲水基团的结构变化远大于亲油基团,因而表面活性剂的分类,一般也以亲水基团的结构为依据。根据亲水基团的离子性或非离子性考虑,表面活性剂可分为阴离子、阳离子、非离子及两性表面活性剂等。

表面张力是表面活性剂的最重要物理量。在表面活性剂溶液的浓度很稀时,溶液中的表面活性分子呈分散状态,表面上分子的状态是亲水基团留在水中,亲油基团伸向空气。由于表面活性剂分子在溶液表面上的吸附,溶液的表面张力随着表面活性剂浓度的增加而急剧下降。但当浓度超过一定值后,表面上的表面活性分子达到吸附饱和状态,溶液中的表面活性分子的亲油基团相互靠在一起而形成胶团,以减少亲油基团与水的接触面积。由于胶团不具有活性表面,溶液的表面张力不再随着表面活性剂浓度的增加而下降。这一定值称为临界胶团浓度(cmc)。

**1. 表面张力和表面吸附量的测定**

在一定的温度下,表面活性剂浓度、表面张力与表面吸附量之间的定量关系可用 Gibbs 吸附等温方程表达,即

$$\Gamma=-\frac{c}{RT}\left(\frac{\mathrm{d}\gamma}{\mathrm{d}c}\right)_T \tag{1}$$

式中,$\Gamma$ 为气/液界面上的吸附量($\mathrm{mol\cdot m^{-2}}$);$\gamma$ 为溶液的表面张力($\mathrm{N\cdot m^{-2}}$);$T$ 为热力学温度(K); $c$ 为表面活性剂浓度($\mathrm{mol\cdot L^{-1}}$);$R$ 为摩尔气体常量。

(1)式适用于非离子表面活性剂，对于离子表面活性剂，情况比较复杂。对于 1-1 型不水解的离子型表面活性剂，如 $Na^+R^-$ （$R^-$ 表面活性剂离子），在水溶液中基本完全电离。此时 Gibbs 吸附定理应取(2)式形式

$$\Gamma=-\frac{c}{nRT}\left(\frac{d\gamma}{dc}\right)_T \tag{2}$$

当溶液中有过量无机盐存在时，$n=1$；当溶液中无盐时，$n=2$。

用曲线拟合的方法找出 $\gamma$—$c$ 的关系式，然后求出$(d\gamma/dc)_T$的表达式，代入 Gibbs 吸附公式，即可求出在不同浓度时气/液界面上的吸附量 $\Gamma$。

**2. 吸附等温线**

吸附等温线一般可分为两种类型。

(1)理想表面模型

表面吸附和脱附的活化能与吸附量无关($E_a=E^\ominus E_a=E_d^\ominus$)，如 Langmuir 吸附等温方程。Langmuir 吸附等温方程被表示为

$$\Pi=RT\Gamma_\infty\ln\left(1+\frac{c}{a}\right)=-RT\Gamma_\infty\ln\left(1-\frac{\Gamma}{\Gamma_\infty}\right)$$

$$\frac{\Gamma}{\Gamma_\infty}=\frac{\frac{c}{a}}{1+\frac{c}{a}}$$

式中，$\Pi$ 为表面压；$a$ 为 Langmuir-Szyszkowski 常量；$\Gamma_\infty$ 为溶液表面极限吸附量；$c$ 为溶液中表面活性剂浓度。

(2)非理想表面模型

表面吸附和脱附的活化能与表面吸附量有关($E_a=E_a^\ominus+\upsilon_a\Gamma, E_a=E_d^\ominus+\upsilon_d\Gamma$)，如 Frumkin 方程。Frumkin 方程为

$$\Gamma=\frac{\Gamma_\infty c}{a\exp\left(-\frac{2H\,\Gamma}{RT\Gamma_\infty}\right)+c}$$

$$\Pi=-RT\Gamma_\infty\left[\ln\left(1-\frac{\Gamma}{\Gamma_\infty}\right)+\frac{H}{RT}\left(\frac{\Gamma}{\Gamma_\infty}\right)^2\right]$$

式中，$H=1/2(\upsilon_a-\upsilon_d)\Gamma_\infty$，$\upsilon_a$、$\upsilon_d$是常数。当 $H=0$ 时，Frumkin 方程还原为 Langmuir 方程。

**3. 胶团形成的热力学函数**

根据质量作用模型，胶团形成可看成是一种缔合过程。对于正离子表面活性剂在溶液中的缔合，采用关系式

$$jC^+ + (j-z)A^- \Longrightarrow M^{z+}$$

胶团 $M^{z+}$ 是 $j$ 个表面活性剂的正离子和$(j-c)$个表面活性剂的负离子牢固结合的聚合体。其平衡常数为

$$K_M=\frac{F[M^{z+}]}{[C^+]^j[A^-]^{j-z}}$$

式中，$F=f_M/[(f_C)^j(f_A)^{(j-c)}]$($f$ 为有关的活度系数)。

胶团形成的标准自由能变化为

$$\Delta G_{MA}^\ominus=-\frac{RT}{j}\ln K_M=-\frac{RT}{j}\ln\frac{F[M^{z+}]}{[C^+]^j[A^-]^{j-z}}$$

一般情况下，在 $cmc$ 时，溶液的浓度很稀，而胶团聚集数 $j$ 较大，$(1/j)\ln(F[M^{z+}])$ 项可以略去，且 $[C^+]\approx[A^-]=cmc$，若 $z=0$，则

$$\Delta G_{MA}^{\ominus}=2RT\ln cmc$$

相应与这种处理的标准焓变化 $\Delta H_{MA}^{\ominus}$ 为

$$\Delta H_{MA}^{\ominus}=-2RT^2\left(\frac{\partial\ln cmc}{\partial T}\right)_p$$

标准熵变化 $\Delta S_{MA}^{\ominus}$ 为

$$\Delta S_{MA}^{\ominus}=\frac{\Delta H^{\ominus}-\Delta G^{\ominus}}{T}$$

## 三、实验用品

仪器：Sigma701 型自动表面张力测定仪，N1 - 2RC 低温恒温循环水槽。

药品：十二烷基硫酸钠（AR）等。

## 四、实验内容

（1）用重蒸馏水准确配置 0.002 mol·L$^{-1}$、0.004 mol·L$^{-1}$、0.006 mol·L$^{-1}$、0.007 mol·L$^{-1}$、0.008 mol·L$^{-1}$、0.009 mol·L$^{-1}$、0.010 mol·L$^{-1}$、0.012 mol·L$^{-1}$、0.014 mol·L$^{-1}$、0.016 mol·L$^{-1}$、0.018 mol·L$^{-1}$、0.020 mol·L$^{-1}$的十二烷基硫酸钠各 100 mL。

（2）仔细阅读自动表面张力测定仪说明书，掌握自动表面张力测定仪的原理和正确的使用方法。

（3）用重铬酸钾洗液清洗吊片和样品池。重铬酸钾溶液具有腐蚀性，要带上 PE 手套，不可让洗液沾到皮肤和眼睛。

（4）分别测定上述溶液在温度为 25℃、30℃、35℃、40℃、45℃时的表面张力。

（5）实验完毕后，要将吊片和样品池洗净并放回原处。

## 五、数据记录与处理

（1）作表面张力 $\gamma$ 与浓度 $c$ 的关系曲线。

（2）用曲线拟合的方法找出 $\gamma-c$ 的关系式，然后求出 $(d\gamma/dc)_T$ 的表达式，代入 Gibbs 吸附公式，求出在不同浓度时气/液界面上的吸附量 $\Gamma$，并作吸附量 $\Gamma$ 与浓度 $c$ 关系曲线。

（3）用 Langmuir 吸附等温方程和 Frumkin 吸附等温方程分别对实验曲线进行拟合，找出实验曲线是符合哪种吸附等温方程。

（4）作 $cmc$ 与温度的关系曲线，计算出胶团形成的标准自由能、标准焓变化和标准熵变化，并列成表格。

## 六、思考题

（1）少量的杂质（如醇类）对十二烷基硫酸钠的表面张力会有什么影响？

（2）温度对十二烷基硫酸钠的表面张力会有什么影响？

（3）测定溶液的表面张力，除了吊片法外，还有哪些方法？请论述它们的优缺点。

（4）关于胶团形成的热力学，除了质量作用模型外，还有哪些模型？请讨论它们的优缺点。

# 实验十六　城市污水综合分析

## 一、实验目的

（1）了解城市污水各项污染控制指标。

（2）熟悉城市污水各分析项目的分析原理。

(3)掌握城市污水分析的各种分析方法。

## Part Ⅰ 挥发酚的测定

本方法用4-氨基安替比林分光光度法测定城市污水中挥发性酚类化合物，适用于排入城市下水道污水和污水处理厂污水中的挥发酚的测定。本方法测定挥发酚的浓度范围为0.005～0.2 mg·$L^{-1}$，氧化剂、硫化物干扰酚的测定。

### 二、实验原理

通过蒸馏，分离出挥发性酚类化合物，在pH为10±0.2及铁氰化钾存在的条件下，与4-氨基安替比林反应生成橙红色的安替比林染料，用三氯甲烷萃取出安替比林染料进行分光光度法测定。

### 三、实验用品

仪器：分光光度计，500 mL全玻璃蒸馏器，125 mL锥形分液漏斗。

药品：无酚水的制备(将蒸馏水加氢氧化钠呈强碱性，加高锰酸钾呈紫红色，移入全玻璃蒸馏器中加热蒸馏，馏出液于玻璃试剂瓶中备用)，高锰酸钾，氢氧化钠，硫酸亚铁($FeSO_4\cdot 7H_2O$)，盐酸($\rho$=1.19 g·$mL^{-1}$)，磷酸($\rho$=1.69 g·$mL^{-1}$)，碘化钾，无水硫酸钠(使用前，需经105～110℃干燥2 h)，三氯甲烷，10%(V/V)磷酸溶液，10%(m/V)氢氧化钠溶液，10%(m/V)硫酸铜溶液，6 mol·$L^{-1}$硫酸溶液，pH＝10的缓冲溶液[称取20.0 g氯化铵($NH_4Cl$)溶于100 mL氨水中，密闭，于冰箱中保存]，2%(m/V)4-氨基安替比林溶液，8%(m/V)铁氰化钾溶液，溴酸钾-溴化钾溶液(称取2.784±0.003 g无水溴酸钾溶于水中，加入10.0 g溴化钾，溶解后移入1 000 mL容量瓶，用水稀释至标线)，硫代硫酸钠溶液[$c(Na_2S_2O_3)$＝0.0125 mol·$L^{-1}$]，重铬酸钾基准溶液[$c(1/6K_2Cr_2O_7)$＝0.10 mol·$L^{-1}$]，酚贮备溶液(称取精制苯酚1.00±0.01 g溶于水移入1 000 mL容量瓶，用水稀释至标线。每次使用前按附录A进行标定，于冰箱中保存)，酚标准溶液*(10.0 mg·$L^{-1}$，取适量酚贮备液用水稀释而成，使用时当天配制)，酚标准溶液(1.00 mg·$L^{-1}$，取适量酚标准溶液用水稀释而成。配制后2 h内使用)，1%(m/V)淀粉溶液(1.0 g可溶性淀粉，置于200 mL烧杯中，加少量水调成糊状，加入100 mL沸水，搅拌混匀，冷却后加入0.4 g氯化锌)，碘化钾-淀粉试纸，甲基橙指示剂(称取0.5 g甲基橙溶于1 000 mL水中)。

* 当苯酚呈红色时，需要精制。取适量在水浴上融化的苯酚置于蒸馏瓶中，加热蒸馏，以空气冷凝，收集182～184℃馏分，精制的苯酚应为无色。低温时析出晶体，暗处保存。

### 四、实验内容

**1. 样品保存**

采样后应及时加磷酸酸化至pH约为4.0，并加适量硫酸铜(1 g·$L^{-1}$)，于4℃保存，期限为24 h。

**2. 干扰的排除**

氧化剂的干扰：在采样现场，就应用碘化钾-淀粉试纸检查有无游离氯等氧化剂存在，如有发现，应及时加入过量硫酸亚铁。硫化物的干扰：用磷酸酸化后，加入适量硫酸铜可去除少量的硫化物。当硫化物含量较高时，则应在样品酸化后，在通风柜内搅拌曝气，使其生成硫化物逸出。

**3. 试料**

量取100 mL实验室样品作为试料。如样品含酚量较高，可减小试料体积，以水补足至

100 mL，在计算结果时应乘以稀释倍数。

**4. 空白试验**

取 100 mL 无酚水按测定平行操作。从工作曲线上查得空白值，若超出置信区间应检查原因。

**5. 测定**

将试料移入蒸馏瓶中，加玻璃珠数粒，加甲基橙指示剂数滴，滴加磷酸溶液至溶液呈红色，使 pH 为 4，最后加 1 mL 硫酸铜溶液。加热蒸馏，收集约 90 mL 馏出液，停止加热，稍冷后往蒸馏瓶中加 10 mL 水继续蒸馏到 100 mL 馏出液为止。收集管内预先加入 1 mL 氢氧化钠溶液。

将馏出液移入分液漏斗中，加 1.0 mL 缓冲溶液，摇匀。此时 pH 为 10.0±0.2。加 1.0 mL 4-氨基安替比林溶液，摇匀，再加 1.0 mL 铁氰化钾溶液，放置 10 min。

在显色的溶液内准确加入 10.0 mL 三氯甲烷加盖，剧烈振摇 2 min，静置分层。取 10 mL 试管一支，放上垫有直径为 70 mm 滤纸的小漏斗，加入无水硫酸钠约 1 g，使三氯甲烷层经无水硫酸钠脱水后，放入试管。

将三氯甲烷萃取液移入 20 mm 比色皿，在 460 nm 波长下，以三氯甲烷为参比，测定三氯甲烷萃取液的吸光度。

## 五、数据处理

工作曲线的绘制：于一组 100 mL 容量瓶中，分别加入 0 mL、0.50 mL、1.00 mL、2.00 mL、4.00 mL、6.00 mL、8.00 mL、10.00 mL、15.00 mL、20.00 mL 酚标准溶液，与无酚水稀释至标线。此标准系列的浓度为 0 $mg \cdot L^{-1}$、0.005 $mg \cdot L^{-1}$、0.01 $mg \cdot L^{-1}$、0.02 $mg \cdot L^{-1}$、0.04 $mg \cdot L^{-1}$、0.06 $mg \cdot L^{-1}$、0.08 $mg \cdot L^{-1}$、0.10 $mg \cdot L^{-1}$、0.15 $mg \cdot L^{-1}$、0.20 $mg \cdot L^{-1}$。按测定样品条件测定。

结果计算：计算试料中酚的吸光值 $A_t$：

$$A_t = A_s - A_b$$

式中，$A_s$ 为由试料测得的吸光度；$A_b$ 为空白试验的吸光度。

挥发酚的浓度 $c(mg \cdot L^{-1})$ 由 $A_t$ 从工作曲线上确定，结果表示至 3 位小数。

# Part Ⅱ　苯系物（$C_6$-$C_8$）的测定

## 二、实验原理

用气相色谱法测定城市污水中的苯系物。样品中的苯、甲苯、乙苯、二甲苯及苯乙烯经二硫化碳萃取后，用气相色谱仪上的氢火焰离子化检测器进行分析测定。根据保留时间定性，根据峰高定量。本方法最低检测浓度为苯 0.006 $mg \cdot L^{-1}$。

## 三、实验用品

仪器：气相色谱仪（具氢火焰离子化检测器），积分记录仪，微量进样器（10 $\mu L$），填充色谱柱，积分记录仪（衰减：根据样品中被测组分的含量调节。纸速：5 $mm \cdot min^{-1}$ 或 10 $mm \cdot min^{-1}$），色谱柱管（长度 3 m，内径 2～4 mm 的不锈钢管）。

药品：载体（101 白色载体，80～100 目），固定液（邻苯二甲酸二壬酯、有机皂土-34；固定液的涂渍：称取过筛的载体 10.0 g，在红外线快速干燥器内干燥 2 h，称取 0.50 g 有机皂土-34，置于烧杯中，加入少量苯，使之溶解。加入 0.50 g 邻苯二甲酸二壬酯，全部溶解后，溶液呈黄色半透明混浊状，加入适量苯，摇匀后，倒入冷却了的载体，使载体刚好浸没在溶液中，轻轻摇动容器，让溶剂挥发，即涂渍完毕。最后在红外线快速干燥器内干燥 2 h，使载体呈疏松颗粒状。填充方法：将清洗过的色谱柱管一端用硅烷化玻璃棉塞住，接真空泵，柱管的另一端接一漏斗，开启真空泵，将涂渍好固定液的载体慢慢倒入漏斗，同时轻轻敲击柱管，使固定相在柱内填充紧密，填充完毕后用硅烷化玻璃棉，塞住色谱柱的另一端。在色谱柱和真空泵之间应连接缓冲瓶。色谱柱的老化：将填充完毕的色谱柱接入气相色谱仪，在 100℃和低流速氮气下老化 48 h 以上。色谱柱的分离度：在色谱工作条件下分离度应大于 1.0)，仪器工作条件（载气流量：30 mL・min$^{-1}$，氢气流量：30 mL・min$^{-1}$，空气流量：450 mL・min$^{-1}$，汽化室温度：150 ℃，柱室温度：80 ℃，检测器温度：150 ℃，分析者可以根据不同型号的色谱仪，可修改仪器工作条件)，重蒸馏水（普通蒸馏水加高锰酸钾呈紫色，在全玻璃蒸馏器中重蒸，贮于硬质玻璃容器中备用)，苯(A. R.)，无水硫酸钠(A. R.，在 300 ℃干燥箱中干燥 4 h，放入干燥器内冷却至室温，装入玻璃瓶备用)。二硫化碳(A. R.，色谱测定应无干扰峰，如有干扰峰需进行处理)，色谱标准物(苯、甲苯、乙苯、对二甲苯、间二甲苯、邻二甲苯、色谱标准级试剂，色谱标准物：苯乙烯，纯度>99%)，滤纸（直径 70 mm，用丙酮浸泡过夜晾干备用)，硅烷化玻璃棉，氮气（纯度 99.999%，用 5A 分子筛净化)，氢气(纯度 99.9%)，用 5A 分子筛净化；空气(用 5A 分子筛净化)，单组分标准溶液(分别称取各种色谱标准物 20.0±0.1 mg，用重蒸馏水在 100 mL 容量瓶中配成各种单组分标准溶液。在 4℃至多保存 5 天)，混合标准溶液(用无分度吸管吸取 7 种标准溶液，在 100 mL 容量瓶中，用重蒸馏水稀释，配制成苯、甲苯浓度为 1.0 mg・L$^{-1}$、2.0 mg・L$^{-1}$、4.0 mg・L$^{-1}$、10.0 mg・L$^{-1}$，乙苯、对二甲苯、间二甲苯、邻二甲苯、苯乙烯浓度为2.0 mg・L$^{-1}$、4.0 mg・L$^{-1}$、10.0 mg・L$^{-1}$、20.0 mg・L$^{-1}$的混合标准溶液 4 个，该标准溶液用时现配)。

## 四、实验内容

### 1. 采样

采样时将样品装满玻璃试剂瓶，立即盖紧瓶塞，样品内不应留有气泡。如不立即分析，允许在 4℃保存 24 h。

### 2. 测定

取实验室样品 100 mL 作为试料，置于 125 mL 锥形分液漏斗中，加入 5.0 mL 二硫化碳，振摇 2 min。静置分层后放出二硫化碳层，通过装有滤纸和无水硫酸钠的小漏斗，将二硫化碳提取液收集于具塞试管，供色谱分析。

用二硫化碳清洗进样器数次，待干后，再用待分析的二硫化碳提取液清洗进样器数次，然后准确抽取 5.0 μL，迅速注入色谱仪的进样口，并立即将进样器拔出。抽取样品时注意排出所有的气泡。

### 3. 数据处理

(1)定性分析

标准物的色谱图见参考文献[2]。

组分出峰次序：苯、甲苯、乙苯、对二甲苯、间二甲苯、邻二甲苯、苯乙烯。在已排除干扰的情况下，未知物峰的保留时间与标准物峰的保留时间相差 3%～5%，即认为该未知物和相应的标准物是同一物质。

(2)定量分析

根据定性的结果，由峰高值在相应组分的工作曲线上查出该组分的浓度(mg・L$^{-1}$)。结果精确至 0.1 mg・L$^{-1}$。

(3)工作曲线

按苯系物的萃取进行操作，得到 4 个不同浓度的苯系物的二硫化碳提取液，成为一个色谱校准系列。在给定的色谱条件下，对校准系列的各个溶液按浓度由低到高的次序进行色谱分析。对各个组分分别以浓度为横坐标，峰高为纵坐标作图，得到各个组分的工作曲线。

## Part Ⅲ　城市污水苯胺的测定

### 二、实验原理

本方法测定苯胺的浓度为 0.08～2.0 mg・$L^{-1}$。$V^{5+}$、$W^{5+}$、$Mo^{5+}$、$Fe^{3+}$、酚等均影响测定，这些干扰可通过在碱性条件下蒸馏消除。苯胺类化合物在酸性条件下与亚硝酸钠重氮化，再与 N-(1-萘基)乙二胺偶合，生成紫红色染料，以苯胺为例，反应式如下：

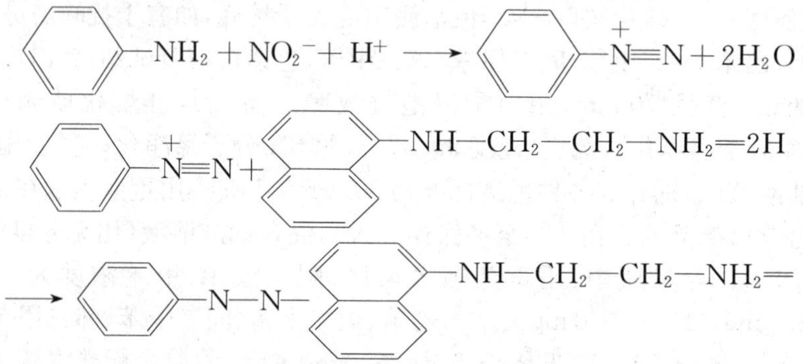

### 三、实验用品

仪器：300 W 电炉，250 mL 全玻璃蒸馏器。

药品：锌粒，氢氧化钠溶液(1 mol・$L^{-1}$)，5%亚硝酸钠溶液(用时现配)，20%盐酸羟胺溶液置于冰箱中(一星期内有效)，N-(1-萘基)乙二胺溶液[称取 0.5 g N-(1-萘基)]乙二胺盐酸盐溶于水，置于冰箱中(两个月内有效)，硫酸溶液(1 mol・$L^{-1}$)，苯胺贮备溶液(于 100 mL 容量瓶中加入 5 mL 0.1 mol・$L^{-1}$盐酸溶液，盖紧瓶塞，准确称量，然后加入 1～2 滴新蒸馏的苯胺，盖紧瓶塞，再次称量。两次之差即为苯胺的重量，用 0.1 mol・$L^{-1}$盐酸溶液稀释至标线，摇匀，计算该溶液每毫升中含苯胺的量)，苯胺标准溶液(按贮备液的浓度，取出部分溶液，用 0.1 mol・$L^{-1}$盐酸溶液准确稀释成 10.0 mg・$L^{-1}$苯胺的标准溶液)，酚酞指示剂(称取 0.5 g 酚酞溶于 100 mL 无水乙醇中)。均用分析纯试剂和蒸馏水或去离子水。

### 四、实验内容

**1. 样品保存**

苯胺易氧化，样品 5～10 ℃保存，24 h 内进行分析。

**2. 空白试验**

用 50 mL 水代替试料，按测定的操作，从工作曲线上查出相应的苯胺的浓度。

**3. 测定**

取 50.0 mL 实验样品作为试料，置于 250 mL 蒸馏瓶中，加 2～3 滴酚酞指示剂，用 1 mol・$L^{-1}$氢氧化钠溶液调至红色后，再加 1 mL，加 1～2 颗锌粒，塞好蒸馏瓶塞子。于 50 mL 比色管中放入 2.5 mL 1 mol・$L^{-1}$硫酸溶液供吸收馏出液。将蒸馏瓶置于电炉上，接好冷凝管加热蒸馏，待馏出液近 50 mL 时，停止加热。

将馏出液用水定容至 50 mL，摇匀，用 50 mL 比色管取出 25 mL，加 1 滴亚硝酸钠溶液，摇匀,放置15 min,加0.5 mL盐酸羟胺溶液,充分振荡,轻轻敲比色管底部,待溶液中气泡完全逸出,再加1 mL N-(l-萘基)乙二胺溶液,摇匀,放置60 min。以水为参比,于550 nm处,用10 mm比色皿测量吸光度。

## 五、数据处理

**1. 工作曲线**

取8只250 mL蒸馏瓶,分别吸取苯胺标准溶液0 mL、0.40 mL、0.80 mL、1.60 mL、2.40 mL、3.20 mL、4.80 mL、8.00 mL,用水补足到50 mL,按上述步骤操作,以测得各点的吸光度减去零浓度吸光度为纵坐标,对应的浓度0 mg·$L^{-1}$、0.08 mg·$L^{-1}$、0.16 mg·$L^{-1}$、0.32 mg·$L^{-1}$、0.48 mg·$L^{-1}$、0.64 mg·$L^{-1}$、0.96 mg·$L^{-1}$、1.60 mg·$L^{-1}$为横坐标,绘制工作曲线。亦可按线性回归方程的方法,计算工作曲线方程。

**2. 分析结果**

试料中苯胺的吸光度$A_r$用下式计算:

$$A_r = A_s - A_b$$

式中,$A_s$为试料的吸光度;$A_b$为空白试验的吸光度。

## 六、思考题

(1)排入下水道的城市污水中各项指标要达到什么标准?

(2)试述城市污水中挥发酚的测定原理。

(3)试分别叙述城市污水中苯系物、苯胺的测定原理。

## *参考文献*

[1] 中华人民共和国城镇建设行业标准CJ/T 63—1999 城市污水,苯胺的测定——分光光度法

[2] 中华人民共和国城镇建设行业标准CJ/T 64—1999 城市污水,苯系物($C_6-C_8$)的测定——气相色谱法

[3] 中华人民共和国城镇建设行业标准CJ/T64—1999 城市污水,挥发酚的测定——4-氨基安替比林——分光光度法

# 实验十七　电化学方法合成正十二烷

## 一、实验目的

(1)掌握有机合成中的电化学方法。

(2)了解用电解氧化法制备有机化合物的特点及应用。

(3)熟练掌握不同形态有机物的分离提纯方法及其鉴定方法。

## 二、实验原理

化学反应的本质是反应物外层电子的运动,从这一意义上说,似乎所有的反应都有可能通过电化学方法来进行,人们在长期的实践中确实已经在电解池内完成了加成、取代、裂解、消除、环合、偶合以及氧化和还原等各种反应,极性反应和自由基反应的概念在电化学中也是适用的,而某些有机反应之所以不能用电化学方法完成,只是因为它们要求的电极电势超越了介质电化学势的范围,因而在实验上无法实现罢了。

有机化学中的电化学合成方法很早就被人们所发现,Kolbe合成法(1849年)是其中的一个很有名的反应,但是,直到目前为止,不论在工业生产上还是在实验室中,电化学有机合成应用得并不多,具体应用的例子有:电解还原丙烯腈制己二腈以及制备某些含氟有机化合物等。

用阳极氧化法制备有机化合物,有两种不同的机理:一种是作用物在电极上直接失去电子,转变为产物;另一种则相当于在电极上先生成某些活泼的试剂,再与有机物质进行反应得到产物。

正十二烷的电解法制备是Kolbe电解反应合成烷烃的一个典型的实例。它是因羧酸盐负离子在电解池的阳极作用下发生电子转移反应而放出一个电子,同时发生解离而放出二氧化碳和烷基自由基,当生成的两个烷基自由基发生偶联时就得到了反应物长链烷烃。即

$$2RCOO^- \rightarrow 2CO_2 + 2R\cdot \rightarrow R-R$$

经过了大量的研究以后,目前比较广泛接受的反应机理是,首先是羧酸盐负离子吸附在阳极表面上,烷基和$COO^-$之间的键强变弱,键长变长,在发生电子转移放出一个电子的同时,$COO^-$的键角发生变形.

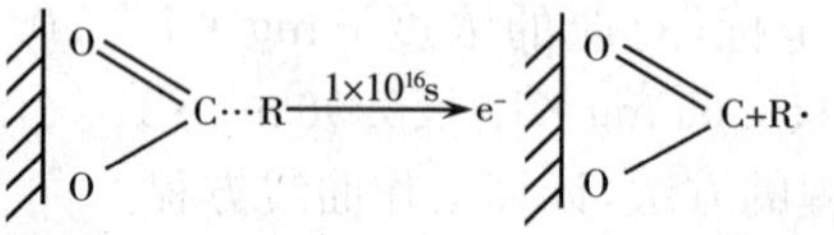


当这种变形分子发生电子转移以后,得到了$CO_2$分子和烷基自由基。

在适当的条件下,这个反应进行得相当迅速,反应一开始,立即放出大量二氧化碳气体,脱羧后的烷基自由基在阳极表面附近形成一个浓度较高的自由基层,造成了自由基偶联的良好环境。两个自由基偶联即得到反应产物——烷烃。

Kolbe电解反应适用于直链的饱和脂肪酸或饱和脂肪二元酸单酯等化合物,如果用一种酸进行电解反应,产物比较单纯,如对称分子,效率也高;如果用两种不同的酸进行电解反应时,就会形成某种酸脱羧后自身偶联的产物及某两种不同酸脱羧后交叉偶联的产物,因此至少可以有三种产物生成,这样就降低了我们需要的产物的产率。

Kolbe电解氧化反应的影响因素较多,主要的有电极材料、羧酸盐的浓度、电流密度、反应温度、电解液的pH值及导电介质等。

本实验是利用正庚酸-庚酸钠在甲醇中的体系进行Kolbe电解偶联反应,得到产物是正十二烷。

$$2nC_6H_{13}COONa \xrightarrow[\text{甲醇}]{\text{电解}} nC_{12}H_{26} + CO_2$$

## 三、实验用品

仪器:直流稳压电源(0～100 V,0～5 A),滑线电阻,电磁搅拌器,分液漏斗,减压蒸馏装置。

药品:正庚酸,甲醇,金属钠,乙醚,醋酸,碳酸钠溶液(10%),无水氯化钙。

## 四、实验内容

用高脚烧杯作电解槽,电极均为铂片(3 cm × 2 cm),两个铂片间的距离约3 mm,事先加以固定,防止在搅拌时电极变形或短路,以电磁搅拌器搅拌,电解槽置于冰水浴中(图1)。

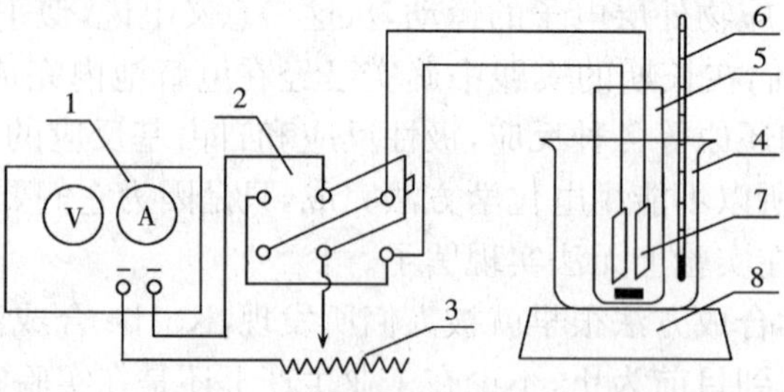


**图1 电解氧化装置**

1. 直流稳压电源 2. 换相开关 3. 滑线电阻 4. 冰水浴 5. 高脚烧杯(电解槽) 6. 温度计 7. 铂电极 8. 电磁搅拌器

将可变直流电源通过1个换相开关接至电极。向电解槽中加入50 mL甲醇，在搅拌下加入0.35 g金属钠，待溶解后，将11.0 mL（约10 g）正庚酸加入到电解槽中，搅拌均匀后，测一下电解液的pH，然后装好铂电极，接好通电线路，调节冰水浴温度在10℃左右，接通电源并调节电压及滑线电阻。电解电流控制在1.5A左右，开始电解反应。同时每隔10 min改变电流的方向一次。在电解反应中，要经常注意冰水浴的温度，并及时用冰块调节。当电流明显地减小时（趋近于零），可测一下pH。若pH接近8时，说明反应已达终点。即可切断电源，停止电解的进行。然后用几滴醋酸中和电解槽内的电解液，使之呈中性。接着蒸除大部分溶剂（甲醇）后将剩余物倒入50 mL水中，用乙醚（2×30 mL）萃取两次（注意：你究竟要哪一层？应该如何操作），再用$w=10\%$的$Na_2CO_3$溶液洗两次，然后，再用去离子水洗两次，洗涤后的乙醚液用无水氯化钙干燥后蒸去乙醚，再减压蒸出产品，称量并计算产品的产率。

## 五、产品纯度的测定

（1）测折射率（$n_D^{20}=1.4210$）。

（2）测产品的红外光谱谱图并与标准谱图对照，说明产品的纯度。

## 六、思考题

（1）电解法制备有机化合物，电极材料至关重要，如何选择电极材料？

（2）讨论温度、搅拌、电流密度等因素对电解合成的影响？

（3）比较用电解法制备有机化合物与用化学法合成有机化合物各有什么特点？

## *参考文献*

[1] 麦肯齐C A，大连工学院和浙江大学有机化学教研组译. 实验有机化学. 北京：人民教育出版社，1980.

[2] 周科衍，等. 有机化学实验. 北京：高等教育出版社，1992.

[3] 王葆仁. 有机合成反应（上册）. 北京：科学出版社，1981.

[4] 陈国亮，等译. 应用电化学. 上海：复旦大学出版社，1992.

[5] 陈松茂. 有机电化学及其工业应用. 上海：上海科技文献出版社，1992.

[6] 陈松茂. 有机化工产品电解合成. 上海：上海科技文献出版社，1994.

# 实验十八　硅酸盐水泥全分析

## 一、实验目的

（1）了解硅酸盐水泥分析的分析项目。

（2）掌握硅酸盐水泥各分析项目的分析原理。

（3）掌握硅酸盐水泥各分析项目的分析方法。

## 二、分析项目

### 1. 烧失量的测定

（1）方法提要

在950～1 000℃的马弗炉中灼烧，驱除水分和二氧化碳，同时将存在的易氧化元素氧化。有硫化物的氧化引起的烧失量误差必须进行校正，而其他元素存在引起的误差一般可忽略不计。

（2）分析步骤

称取约1 g试样（$m_7$），精确至0.000 1 g，置于已灼烧恒重的瓷坩埚中，将盖斜置于坩埚上，放在马弗炉内从低温开始逐渐升高温度，在950～1 000℃下灼烧15～20 min，取出坩埚，置于干燥器中，冷却至室温，称量，反复灼烧，直至恒重。

烧失量的质量百分数 $X_{LOI}$ 按下式计算：

$$X_{LOI}=\frac{m_7-m_8}{m_7}$$

式中，$m_7$ 为试料的质量(g)；$m_8$ 为灼烧后试料的质量(g)。

(3)矿渣水泥在灼烧过程中由于硫化物的氧化引起烧失量测定的误差，可通过下式进行校正：0.8×(水泥灼烧后测得的 $SO_3$ 百分数－水泥未经灼烧时的 $SO_3$ 百分数)＝0.8×(由于硫化物的氧化产生的 $SO_3$ 百分数)＝吸收空气中氧的百分数

因此，校正后的烧失量(%)＝测得的烧失量(%)＋吸收空气中氧的百分数。

**2. 不溶物的测定**

(1)方法提要

试样先以盐酸溶液处理，滤出的不溶残渣再以氢氧化钠溶液处理，经盐酸中和、过滤后，残渣在高温下灼烧，称量。

(2)分析步骤

称取约 1 g 试样($m_9$)精确至 0.000 1 g，置于 150 mL 烧杯中，加 25 mL 水，搅拌使其分散。在搅拌下加入 5 mL 盐酸，用平头玻璃棒压块状物使其分解完全(如有必要可将溶液稍稍加热几分钟)，加水稀释至 50 mL，盖上表面皿，将烧杯置于蒸气浴中加热 15 min。用中速滤纸过滤，用热水充分洗涤 10 次以上。

将残渣和滤纸一并移入原烧杯中，加入 100 mL 氢氧化钠溶液($10\ g\cdot L^{-1}$)，盖上表面皿，将烧杯置于蒸气浴中加热 15 min，加热期间搅动滤纸及残渣 2～3 次。取下烧杯，加入 1～2 滴甲基红指示剂溶液，滴加盐酸(1＋1)至溶液呈红色，再过量 8～10 滴。用中速滤纸过滤，将热的硝酸铵溶液($20\ g\cdot L^{-1}$)充分洗涤 14 次以上。

将残渣和滤纸一并移入已灼烧恒重的瓷坩埚中，灰化后在 950～1 000 ℃的马弗炉内灼烧 30 min，取出坩埚，置于干燥器中，冷却至室温，称量。反复灼烧，直至恒重。

不溶物的质量百分数 $X_{IR}$ 按下式计算：

$$X_{IR}=\frac{m_{10}}{m_9}\times 100$$

式中，$m_9$ 为试料的质量(g)；$m_{10}$ 为灼烧后不溶物的质量(g)。

**3. 二氧化硅的测定**

(1)方法提要

试样以无水碳酸钠烧结，盐酸溶解，加固体氯化铵于沸水浴上加热蒸发，使硅酸凝聚。滤出的沉淀用氢氟酸处理后，失去的质量即为纯二氧化硅量，加上滤液中比色回收的二氧化硅量即为总二氧化硅量。

(2)分析步骤

① 纯二氧化硅的测定(碳酸钠烧结-氯化铵重量法)

称取约 0.5 g 试样($m_{11}$)，精确至 0.000 1 g，置于铂坩埚中，在 950～1 000 ℃下灼烧 5 min，冷却。用玻璃棒仔细压碎块状物，加入 0.3 g 无水碳酸钠，混匀，再将坩埚置于 950～1 000 ℃下灼烧 10 min，放冷。

将烧结块移入瓷蒸发皿中，加少量水润湿，用平头玻璃棒压碎块状物，盖上表面皿，从皿口滴入 5 mL 盐酸及 2～3 滴硝酸，待反应停止后取下表面皿，用平头玻璃棒压碎块状物使分解完全，用热盐酸(1＋1)清洗坩埚数次，洗液合并于蒸发皿中。将蒸发皿置于沸水浴上，皿上放一

玻璃三角架，再盖上表面皿。蒸发至糊状后，加入 1 g 氯化铵，充分搅匀，继续在沸水浴上蒸发至干。

取下蒸发皿，加入 10～20 mL 热盐酸(3＋97)，搅拌使可溶性盐类溶解。用中速滤纸过滤，用胶头淀帚以热盐酸(3＋97)擦洗玻棒及蒸发皿，并洗涤沉淀 3～4 次。然后用热水充分洗涤沉淀，直至检验无氯离子为止。滤液及洗液保存在 250 mL 容量瓶中。

在沉淀上加 3 滴硫酸(1＋4)，然后将沉淀连同滤纸一并移入铂坩埚中，烘干并灰化后放入 950～1 000℃的马弗炉内灼烧 1 h。取出坩埚，置于干燥器中，冷却至室温，称量。反复灼烧，直至恒重($m_{12}$)。

向坩埚中滴加数滴水润湿沉淀，加 3 滴硫酸(1＋4)和 10 mL 氢氟酸，放入通风橱内电热板上缓慢蒸发至干，升高温度继续加热至三氧化硫白烟完全逸尽。将坩埚放入 950～1 000 ℃的马弗炉内灼烧 30 min，取出坩埚置于干燥器中冷却至室温，称量。反复灼烧，直至恒重($m_{13}$)。

纯二氧化硅的质量百分数 $X_{纯SiO_2}$ 按下式计算：

$$X_{纯SiO_2}=\frac{m_{12}-m_{13}}{m_{11}}\times 100$$

式中，$m_{12}$ 为灼烧后未经氢氟酸处理的沉淀及坩埚的质量(g)；$m_{13}$ 为用氢氟酸处理并经灼烧后的残渣及坩埚的质量(g)；$m_{11}$ 为试料的质量(g)。

②可溶性二氧化硅的测定(硅钼蓝分光光度法)

将上述经过氢氟酸处理后得到的残渣中加入 0.5 g 焦硫酸熔融，熔块用热水和数滴盐酸(1＋1)溶解，溶液并入分离二氧化硅后得到的滤液和洗液中。用水稀释至标线，摇匀。此溶液 A 供测定滤液中残留的可溶性二氧化硅、三氧化铁、三氧化二铝、氧化钙、氧化镁、二氧化钛用。

从溶液 A 中吸取 25.00 mL 溶液放入 100 mL 容量瓶中，用水稀释至 40 mL，依次加入 5 mL盐酸(1＋1)、8 mL95％(V/V)乙醇、6 mL 钼酸铵溶液(50 g・L$^{-1}$)放置 30 min 后加入 20 mL盐酸(1＋1)、5 mL 抗坏血酸溶液(5 g・L$^{-1}$)用水稀释至标线，摇匀。放置 1 h 后，使用分光光度计，10 mm 比色皿，以水作参比，于 660 nm 处测定溶液的吸光度。在工作曲线上查出二氧化硅的含量($m_{14}$)。

可溶性二氧化硅的质量百分数 $X_{可溶性SiO_2}$ 按下式计算：

$$X_{可溶性SiO_2}=\frac{m_{14}\times 250}{m_{11}\times 25\times 1000}\times 100=\frac{m_{14}}{m_{11}}$$

式中，$m_{14}$ 为测定的 100 mL 溶液中二氧化硅的含量(mg)；$m_{11}$ 为试料的质量(g)。

③结果表示

总 $SiO_2$＝纯 $SiO_2$＋可溶性 $SiO_2$

**4. 三氧化二铁的测定**

(1)方法提要

在 pH 为 1.8～2.0 及 60～70℃的溶液中，以磺基水杨酸为指示剂，用 EDTA 标准溶液滴定。

(2)分析步骤

从溶液 A [3(2)②]中吸取 25.00 mL 溶液放入 300 mL 烧杯中，加水稀释至约 100 mL，用氨水(1＋1)和盐酸(1＋1)调节溶液 pH 在 1.8～2.0(用精密 pH 试纸检验)。将溶液加热至 70 ℃，加 10 滴磺基水杨酸指示剂溶液(100 g・L$^{-1}$)用[$c$(EDTA)＝0.015 mol・L$^{-1}$]EDTA 标准滴定溶液缓慢地滴定至亮黄色(终点时溶液温度应不低于 60 ℃)。保留此溶液供测定三氧化二铝用。

三氧化铁的质量百分数 $X_{Fe_2O_3}$ 按下式计算：

$$X_{Fe_2O_3}=\frac{T_{Fe_2O_3}\times V_{12}\times 10}{m_{11}\times 1000}\times 100=\frac{T_{Fe_2O_3}\times V_{12}}{m_{11}}$$

式中，$T_{Fe_2O_3}$ 为每毫升 EDTA 标准滴定溶液相当于三氧化二铁的毫克数(mg/mL)；$V_{12}$ 为滴定时消耗 EDTA 标准溶液的体积(mL)；$m_{11}$ 为试料的质量(g)。

**5. 三氧化二铝的测定**

(1)方法提要

于滴定铁后的溶液中，调整 pH 至 3，在煮沸下用 EDTA-铜和 PAN 为指示剂，用 EDTA 标准滴定溶液滴定。

(2)分析步骤

将测完铁的溶液用水稀释至约 200 mL，加 1～2 滴溴酚酞蓝指示剂(2 g/L)，滴加氨水(1+2)至溶液出现蓝紫色，再滴加盐酸(1+2)至黄色，加入 15 mL pH 为 3 的缓冲溶液，加热至微沸并保持 1 min，加入 10 滴 EDTA-铜溶液及 2～3 滴 PAN 指示剂溶液(2 g/L)，用 [$c$(EDTA)=0.015 mol/L]EDTA 标准滴定溶液滴定至红色消失，继续煮沸，滴定，直至溶液经煮沸后红色不再出现呈稳定的亮黄色为止。

三氧化二铝的质量百分数 $X_{Al_2O_3}$ 按下式计算：

$$X_{Al_2O_3}=\frac{T_{Al_2O_3}\times V_{13}\times 10}{m_{11}\times 1000}\times 100=\frac{T_{Al_2O_3}\times V_{13}}{m_{11}}$$

式中，$T_{Al_2O_3}$ 为每毫升 EDTA 标准滴定溶液相当于三氧化二铝的毫克数(mg/mL)；$V_{13}$ 为滴定时消耗 EDTA 标准溶液的体积(mL)；$m_{11}$ 为试料的质量(g)。

**6. 氧化钙的测定**

(1)方法提要

在 pH 为 13 以上的强碱性溶液中，以三乙醇胺为掩蔽剂，用钙黄绿素-甲基百里香酚蓝-酚酞混合指示剂，用 EDTA 标准滴定溶液滴定。

(2)分析步骤

从溶液 A[3(2)②]中吸取 25.00 mL 溶液放入 300 mL 烧杯中，加水稀释至约 200 mL，加 5 mL 三乙醇胺(1+2)及少许的钙黄绿素-甲基百里香酚蓝-酚酞混合指示剂，在搅拌下加入氢氧化钾溶液(200 g/L)至出现绿色荧光后再过量 5～8 mL；此时溶液在 pH 为 13 以上。用 [$c$(EDTA)=0.015 mol/L]EDTA 标准滴定溶液滴定至绿色荧光消失并呈现红色。

氧化钙的质量百分数 $X_{CaO}$ 按下式计算：

$$X_{CaO}=\frac{T_{CaO}\times V_{14}\times 10}{m_{11}\times 1000}\times 100=\frac{T_{CaO}\times V_{14}}{m_{11}}$$

式中，$T_{CaO}$ 为每毫升 EDTA 标准滴定溶液相当于氧化钙的毫克数($mg\cdot mL^{-1}$)；$V_{14}$ 为滴定时消耗 EDTA 标准溶液的体积(mL)；$m_{11}$ 为试料的质量(g)。

**7. 氧化镁的测定(原子吸收光谱法)**

(1)方法提要

以氢氟酸-高氯酸分解或用硼酸锂熔融-盐酸溶解试样的方法制备溶液，分取一定量的溶液，用锶盐消除硅、铝、钛等对镁的抑制干扰，在空气-乙炔火焰中，于 285.2nm 处测定吸光度。

(2)分析步骤

①氢氟酸-高氯酸分解

称取约0.1g试样($m_{15}$)，精确至0.0001g，置于铂坩埚(或铂皿)中，用0.5～1mL水润湿，加5～7mL氢氟酸和0.5mL高氯酸，置于电热板上蒸发。近干时摇动铂坩埚以防溅失。转移到250mL容量瓶中，加5mL氯化锶溶液(50g·$L^{-1}$)，用水稀释至标线，摇匀。此溶液B供原子吸收光谱法测定氧化镁、三氧化二铁、氧化锰、氧化钾和氧化钠。

②硼酸锂熔融

称取约0.1g试样($m_{16}$)，精确至0.0001g，置于铂坩埚中，加入0.4g硼酸锂搅匀。用喷灯在低温下熔融，逐渐升高温度至1000℃使熔成玻璃体。取下放冷。在铂坩埚内放入一个搅拌子(塑料外壳)，并将坩埚放入预先盛有150mL盐酸(1+10)并加热至约45℃的200mL烧杯中，用磁力搅拌器，搅拌溶解，待熔块全部溶解后取出坩埚及搅拌子，用水洗净，将溶液冷却至室温，移至250mL容量瓶中，加5mL氯化锶溶液(50g·$L^{-1}$)，用水稀释至标线，摇匀。此溶液C供原子吸收光谱法测定氧化镁、三氧化二铁、氧化锰、氧化钾和氧化钠用。

③氧化镁的测定

从溶液B或溶液C中吸取一定量的溶液放入容量瓶中(试样溶液的分取量及容量瓶的容积视氧化镁的含量而定)，加入盐酸(1+1)及氯化锶溶液(50g·$L^{-1}$)，使测定溶液中盐酸的浓度为6%(V/V)，锶浓度为50mg·$mL^{-1}$。用水稀释至标线，摇匀。用原子吸收光谱仪、镁空心阴极灯，于285.2nm处在与制备工作曲线相同的仪器条件下测定溶液的吸光度，在工作曲线上查出氧化镁的浓度($c_1$)。

氧化镁的质量百分数$X_{MgO}$按下式计算：

$$X_{MgO}=\frac{c_1\times V_{15}\times n\times 10^{-3}}{m_{17}}\times 100=\frac{c_1\times V_{15}\times n\times 0.1}{m_{17}}$$

式中，$c_1$为测定溶液中氧化镁的浓度(mg·$mL^{-1}$)；$V_{15}$为测定溶液的体积(mL)；$m_{17}$为(1)或(2)中试料的质量($m_{15}$或$m_{16}$)(g)；$n$为全部试样溶液与所分取试样溶液的体积比。

**8. 硫酸盐-三氧化硫的测定**

(1)方法提要

在酸性溶液中，用氯化钡溶液沉淀硫酸盐，经过灼烧后，以硫酸钡形式称量。测定结果以三氧化硫计。

(2)分析步骤

称取约0.5g试样($m_{18}$)，精确至0.0001g，置于300mL烧杯中，加入30～40mL水使其分散。加10mL盐酸(1+1)，用平头玻璃棒压碎块状物，慢慢地加热溶液，直至水泥分解完全。将溶液加热微沸5min。用中速滤纸过滤，用热水洗涤10～12次。调整滤液体积至200mL，煮沸，在搅拌下滴加10mL热的氯化钡溶液(100g·$L^{-1}$)，继续煮沸数分钟，然后移至温热处静置4h或过夜(此时溶液的体积应保持在200mL)。用慢速滤纸过滤，用温水洗涤，直至检验无氯离子为止。

将沉淀及滤纸一并移入已灼烧恒量的瓷坩埚中，灰化后在800℃的马弗炉内灼烧30min，取出坩埚置于干燥器中冷却至室温，称量。反复灼烧，直至恒重。

三氧化硫的质量百分数$X_{SO_3}$按下式计算：

$$X_{SO_3}=\frac{m_{19}\times 0.343}{m_{18}}\times 100$$

式中，$m_{19}$为灼烧后沉淀的质量(g)；$m_{18}$为试料的质量(g)；0.343为硫酸钡对三氧化硫的换算系数。

**9. 二氧化钛的测定**

(1)方法提要

在酸性溶液中 $TiO^{2+}$ 与二安替比林甲烷生成黄色配合物,与波长 420 nm 处测定其吸光度。用抗坏血酸消除三价铁离子的干扰。

(2)分析步骤

从溶液 A[3(2)②]或溶液 D[10(2)]或溶液 E[13(2)]中吸取 25.00 mL 溶液放入 100 mL 容量瓶中,加入 10 mL 盐酸(1+2)及 10 mL 抗坏血酸(5 g · $L^{-1}$),放置 5 min。加 5 mL 95%(V/V)乙醇、20 mL 二安替比林甲烷溶液(30 g · $L^{-1}$),用水稀释至标线,摇匀。放置 40 min 后,使用分光光度计,10 mm 比色皿,以水作参比,与 420nm 处测定溶液的吸光度。在工作曲线上查处二氧化钛的含量($m_{20}$)。

二氧化钛的质量百分数 $X_{TiO_2}$ 按下式计算:

$$X_{TiO_2}=\frac{m_{20}\times 10}{m_{21}\times 1000}\times 100=\frac{m_{20}}{m_{21}}$$

式中,$m_{20}$ 为 100 mL 测定溶液中二氧化钛的质量(g);$m_{21}$ 为试料的质量($m_{11}$,$m_{22}$ 或 $m_{28}$)(g)。

**10. 一氧化锰的测定**

(1)方法提要

在硫酸介质中,用高碘酸钾氧化盛高锰酸,于波长 530 nm 处测定溶液的吸光度。用磷酸掩蔽三价铁离子的干扰。

(2)分析步骤

称取约 0.5 g 试样($m_{22}$),精确至 0.000 1 g,置于铂坩埚中,加 3 g 碳酸钠-硼砂(2+1)混合熔剂,混匀,在 950~1 000℃下熔融 10 min,用坩埚钳夹持坩埚旋转,使熔融物均匀地附着于坩埚内壁,放冷。将坩埚放在已盛有 50 mL 硝酸(1+9)及 100 mL 硫酸(5+95)并加热至微沸的 400 mL 烧杯中,保持微沸状态,直至熔融物全部溶解。洗净坩埚及盖,用快速滤纸将滤液过滤至 250 mL 容量瓶中,并用热水洗涤数次。将溶液冷却至室温,用水稀释至标线,摇匀。此溶液 D[10(2)]供测定一氧化锰及二氧化钛用。

从溶液 D[10(2)]中,吸取 50.00 mL 溶液放入 150 mL 烧杯中,依次加 5 mL 磷酸(1+1)、10 mL 硫酸(1+1)及 0.5~1 g 高碘酸钾,加热微沸 10~15 min,至溶液达到最大的颜色深度,冷却至室温,转入 100 mL 容量瓶中,用水稀释至标线,摇匀。使用分光光度计,10 mm 比色皿,以水作参比,于 530 nm 处测定溶液的吸光度。在工作曲线上查出一氧化锰的含量($m_{23}$)。

一氧化锰的质量百分数 $X_{MnO}$ 按下式计算:

$$X_{MnO}=\frac{m_{23}\times 5}{m_{22}\times 100}\times 100=\frac{m_{23}\times 0.5}{m_{22}}$$

式中,$m_{23}$ 为 100 mL 测定溶液中一氧化锰的质量(g);$m_{22}$ 为试料的质量(g)。

**11. 氯化钾和氧化钠的测定**

(1)方法提要

水泥经氢氟酸-硫酸蒸发处理除去硅,用热水浸取残渣。以氨水和碳酸铵分离铁、铝、钙、镁。滤液中的钾、钠用火焰光度计进行测定。

(2)分析步骤

称取约 0.2 g 试样($m_{24}$),精确至 0.000 1 g,置于铂皿中,用少量水润湿,加 5~7 mL 氢氟酸及 15～20 滴硫酸(1＋1)，置于低温电热板上蒸发。近干时摇动铂皿，以防溅出。待氢氟酸驱尽后逐渐升高温度，继续待三氧化硫白烟赶尽。取下放冷，加入 50 mL 热水，压碎残渣使其溶解，加 1 滴甲基红指示剂溶液(2 g・$L^{-1}$)，用氨水(1＋1)中和至黄色，加入 10 mL 碳酸铵溶液(100 g・$L^{-1}$)，搅拌，置于电热板上加热 20～30 min。用快速滤纸过滤，以热水洗涤，滤液及洗液盛于 100 mL 容量瓶中，冷却至室温。用盐酸(1＋1)中和至溶液呈微红色，用水稀释至标线，摇匀。在火焰光度计上，按仪器使用规程进行测定。在工作曲线上分别查出氧化钾和氧化钠的含量 $m_{25}$、$m_{26}$。

氧化钾和氧化钠的质量百分数 $X_{K_2O}$和 $X_{Na_2O}$按下面二式计算：

$$X_{K_2O}=\frac{m_{25}}{m_{24}\times1000}\times100=\frac{m_{25}\times0.1}{m_{24}}$$

$$X_{Na_2O}=\frac{m_{26}}{m_{24}\times1000}\times100=\frac{m_{26}\times0.1}{m_{24}}$$

式中，$m_{25}$为 100 mL 测定溶液中氧化钾的含量(mg)；$m_{26}$为 100 mL 测定溶液中氧化钠的含量(mg)；$m_{24}$为试料的质量(g)。

**12. 硫化物的测定**

(1)方法提要

在还原条件下，试样用盐酸分解，产生的硫化氢收集于氨性硫酸锌溶液中，然后用碘量法测定。

如试样中除硫化物 $S^{2-}$ 和硫酸盐外，还有其他状态硫存在时，将给测定造成误差。

(2)分析步骤

使用规定的仪器装置。称取约 0.5 g 试样($m_{27}$)，精确至 0.0001 g，置于 100 mL 的干燥反应瓶中，轻轻摇动使其均匀地分散于反应瓶底部，加入 1 g 氯化亚锡，按下面仪器装置图连接各部件。

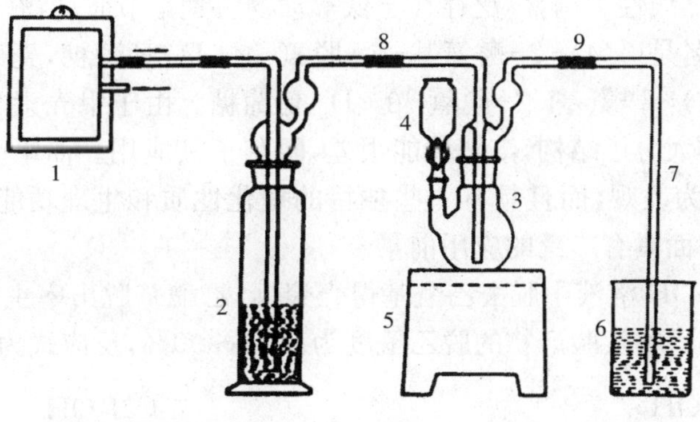


**图 1　碘量法测定硫化物及硫酸盐仪器装置示意图**

1. 微型空气泵　2. 洗气瓶(250 mL，内盛 100 mL 50 g・$L^{-1}$硫酸铜溶液)　3. 反应瓶(100 mL)　4. 加液漏斗(20 mL)　5. 电炉(600 W，与 1～2 kVA 调压变压器相连接)　6. 吸收杯(400 mL，内盛 300 mL 水及 20 mL 100 g・$L^{-1}$氨性硫酸锌溶液)　7. 导气管　8. 硅橡胶管

由分液漏斗向反应瓶中加 15 mL 盐酸(1＋1)，迅速关闭活塞。开动空气泵，在保持通气速度为每分钟 4～5 个气泡的条件下加热反应瓶中的试样，当吸收杯中刚出现氯化铵白色烟雾时(一般约在加热后 5 min)停止加热，再继续通气 5 min。

取下吸收杯，关闭空气泵，用水冲洗插入吸收液内的玻璃管，加 10 mL 明胶溶液

(5 g · $L^{-1}$)，用滴定管加入 5.00 mL[$C_{1/6\,KIO_3}$]＝0.03 mol · $L^{-1}$碘酸钾标准滴定溶液，在搅拌下一次加入 30 mL 硫酸(1＋2)，加[$C_{Na_2S_2O_3}$]＝0.03 mol · $L^{-1}$硫代硫酸钠标准滴定溶液滴定至淡黄色，加入 2 mL 淀粉溶液(10 g · $L^{-1}$)，再继续滴定至蓝色消失。

硫化物的质量百分数 $X_s$ 铵下式计算：

$$X_s=\frac{T_s\times(V_{16}-K_1V_{17})}{m_{27}\times1000}\times100=\frac{T_s\times(V_{16}-K_1V_{17})\times0.1}{m_{27}}$$

式中，$T_s$ 为每毫升碘酸钾标准滴定溶液相当于硫的毫克数(mg · $mL^{-1}$)；$V_{16}$ 为加入碘酸钾标准滴定溶液的体积(mL)；$V_{17}$ 为滴定时消耗硫代硫酸钠标准滴定溶液的体积(mL)；$K_1$ 为每毫升硫代硫酸钠标准滴定溶液相当于碘酸钾标准滴定溶液的毫升数；$m_{27}$ 为试料的质量(g)。

## 三、思考题

(1) 为什么在灼烧沉淀前要将滤纸灰化？

(2)什么叫恒重？为什么要进行恒重？

(3) 为什么三氧化二铁的测定 pH 应控制在 1.8～2.0？温度控制在 60～70℃有什么作用？

(4)通常情况下，怎样估计某离子能否用 EDTA 进行配合滴定？

(5)混合离子测定的一般原则是什么？

(6)如何根据配合滴定曲线选择金属指示剂？如何确定滴定终点的正确颜色？

# 实验十九　壳聚糖的制备

## 一、实验目的

(1)掌握脱除乙酰基的方法及回流操作。

(2)掌握物质的洗涤、过滤操作。

## 二、实验原理

甲壳素是一种天然线性多糖，广泛存在于低等动物特别是节肢动物(如虾、蟹)的外壳及细胞壁中。甲壳素的学名是(1,4)-2-酰氨基-2-脱氧-β-D-葡萄糖，壳聚糖是甲壳素的脱乙酰化产物，学名为(1,4)-2-氨基-2-脱氧-β-D-葡萄糖。由于甲壳素分子中内外氢键的相互作用，形成了有序的大分子结构，溶解性能很差，限制了其应用。而甲壳素的脱乙酰化产物壳聚糖的溶解性能大为改观，而且具有一些独特的理化性质和生理功能，在医药、食品、化妆品、工农业及环保诸方面具有广泛的应用前景。

甲壳素在热浓 NaOH 溶液中脱去乙酰基得壳聚糖，乙酰基脱出率主要受到 NaOH 浓度、温度、反应时间的影响。本实验产物的脱乙酰度为 80%～90%，反应式为

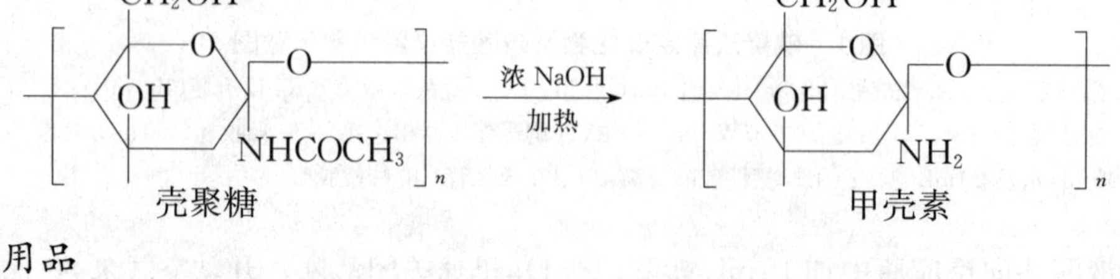


壳聚糖　　　　　　　　　　甲壳素

## 三、实验用品

仪器：恒温干燥箱，电加热套，150 mL 三口烧瓶，温度计，回流冷凝管，铁架台，铁夹，铁圈，石棉网，酒精灯，玻璃棒，100 mL烧杯，布氏漏斗，抽滤瓶，表面皿。

药品：甲壳素(工业品)，50% NaOH，1.0% HAc，1 mol · $L^{-1}$ NaOH。

## 四、实验内容

**1. 壳聚糖的制备**

称取2.0 g粉状甲壳素，小心量取50 mL 50% NaOH加入150 mL三口烧瓶中，混匀，装好温度计和回流装置，接通冷凝水，加热升温至140℃，在此温度下回流0.5 h。冷却至室温，抽滤，滤液回收。产物用去离子水洗涤至中性(倾注法)，抽滤，产物散开置于表面皿，在干燥箱中干燥，称量，计算产率。

**2. 壳聚糖的提纯**

如时间允许，可进一步提纯。将洗涤、抽滤后的产物溶于1.0%HAc中，滤去不溶物，滤液用0.1 mol·$L^{-1}$ NaOH调pH为8～10，抽滤，产物用去离子水洗涤至中性(倾注法)，抽滤，产物散开置于表面皿，在干燥箱中干燥，称量，计算产率。

**3. 脱己酰度的测定**

准确称取0.4～0.5 g产物于250 mL锥形瓶中，加入30.00 mL 0.1 mol·$L^{-1}$ HCl标准溶液，溶解后，以甲基橙为指示剂，用0.1 mol·$L^{-1}$ NaOH标准溶液滴定至终点，按下式计算脱乙酰度(*D.D*)。

$$NH_2\text{ 含量}(\%)=\frac{(c_1V_1-c_2V_2)\times 16}{m}$$

$$D.D=\frac{203\times NH_2\text{ 含量}(\%)}{16+42\times NH_2\text{ 含量}(\%)}$$

式中，$c_1$和$c_2$分别为HCl和NaOH的浓度(mol·$L^{-1}$)；$V_1$和$V_2$分别为HCl和NaOH的体积(L)；16为$NH_2$的摩尔质量(g·$mol^{-1}$)；$m$为样品质量(g)；42为甲壳素与壳聚糖的单体摩尔质量差。

## 五、思考题

(1)脱除乙酰基的一般反应条件是什么?

(2)固体物的干燥方法有哪几种?

*参考文献*

陈同云.工科化学实验.北京:化学工业出版社，2001.

# 实验二十 镍电沉积及镀层的结构与性能的测试

## Part Ⅰ 电沉积工艺条件——Hull槽试验

## 一、实验目的

(1)掌握金属电沉积的基本原理和基本的研究方法。

(2)初步了解电沉积条件对镍沉积层结构与性能的影响。

(3)认识电镀过程中添加剂的作用。

## 二、实验原理

电沉积是用电解的方法在导电基底的表面上沉积一层具有所需形态和性能的金属沉积层的过程。传统上电沉积金属的目的，一般是改变基底表面的特性，改善基底材料的外观、耐腐蚀性和耐磨损性。现在，电沉积这一古老而又年轻的技术正日益发挥着其重要作用，已广泛应用于制备半导体、磁膜材料、催化材料、纳米材料等功能性材料和微机电加工领域中。

电沉积过程中，由外部电源提供的电流通过镀液中两个电极(阴极和阳极)形成闭合的回路。

当电解液中有电流通过时，在阴极上发生金属离子的还原反应，同时在阳极上发生金属的氧化(可溶性阳极)或溶液中某些化学物种(如水)的氧化(不溶性阳极)。其反应可一般地表示如下。

阴极反应：$M^{n+}+ne=M$

副反应：$2H^{+}+2e=H_2$ (酸性镀液)

$2H_2O+2e=H_2+2OH^{-}$ (碱性镀液)

当镀液中有添加剂时，添加剂也可能在阴极上反应。

阳极反应：$M-ne=M^{n+}$ (可溶性阳极)

或 $2H_2O-4e=O_2+4H^{+}$ (不溶性阳极，酸性)

镀液组成(金属离子、导电盐、配合剂及添加剂的种类和浓度)和电沉积的电流密度、镀液 pH 和温度甚至镀液的搅拌形式等因素对沉积层的结构和性能都有很大的影响。确定镀液组成和沉积条件，使我们能够电镀出具有所要求的物理—化学性质的沉积层，是电沉积研究的主要目的之一。

镍电沉积层在防护装饰性和功能性方面都有广泛的应用。大量的金属或合金镀层如 Cr、Au 及其合金、Sn 及其合金、蓝黑色 Sn-Ni 合金、Cd-Se 合金等都是在光亮的镍镀层上电沉积进行的。在低碳钢、锌铸件上沉积镍，可保护基体材料不受腐蚀，并可通过抛光或直接电沉积光亮镍达到装饰的目的。在被磨损的、腐蚀的或加工过度的零件上进行局部电镀镍，可对零件进行修复。在电沉积镍过程中用金刚石、碳化硅等刚性粒子或聚四氟乙烯柔性粒子作为分散微粒进行复合电镀，得到的复合电沉积层具有很高的硬度和良好的耐磨性。

电沉积镍过程的主要反应为

阴极：$Ni^{2+}+2e=Ni$

阳极：$Ni-2e=Ni^{2+}$

在整个沉积过程中，实际上至少包含了溶液中的水合(或配合)镍离子向阴极表面扩散、镍离子在阴极表面放电成为吸附原子(电还原)和吸附原子在表面扩散进入金属晶格(电结晶)三个步骤。溶液中镍离子的浓度、添加剂与缓冲剂的种类和浓度、pH、温度及所使用的电流密度、搅拌情况等都能够影响电沉积的效果。用 Hull 槽试验能够在较短的时间内，用较少的镀液得到较宽电流密度范围内的沉积效果。

Hull 槽实验是电镀工艺中最常用、最直观、半定量的一种实验方法。它可以简便且快速地测试镀液性能、镀液组成和工艺条件的改变对镀层质量产生的影响。通过此实验，通常可以用于确定镀液中各种成分的合适用量；选择合适的工艺条件；测定镀液中添加剂或杂质的大致含量；分析排除实际生产过程中出现的故障；测定镀液的分散能力。

Hull 槽是梯形结构的镀槽，阴、阳极分别置于不平行的两边，容量主要有 1 000 mL 和 267 mL两种。一般在 267 mL 的 Hull 槽中加入 250 mL 镀液，便于折算镀液中的添加物种的含量。Hull 槽的结构如图 1 所示。由于阴阳极距离有规律的变化，在固定外加总电流时，阴极上的电流密度分布也发生有规律的变化。在 267 mLHull 槽中加入 250 mL 镀液，总电流为 1 A，阴极上的电流分布见表 1。Hull 槽试验对镀液组成和操作条件的变化非常敏感。因此常用来确定镍镀液各组分的浓度、pH 和获得良好沉积层的电流密度范围。

**表 1　267 mL Hull 槽中 250 mL 镀液时阴极上的电流分布(总电流 1 A)**

| 项目 | 近端 ⟶ | | | | | | 远端 | |
|---|---|---|---|---|---|---|---|---|
| | 1 cm | 2 cm | 3 cm | 4 cm | 5 cm | 6 cm | 7 cm | 8 cm | 9 cm |
| 电流密度 ($A/dm^2$) | 5.45 | 3.74 | 2.78 | 2.08 | 1.54 | 1.09 | 0.72 | 0.40 | 0.11 |

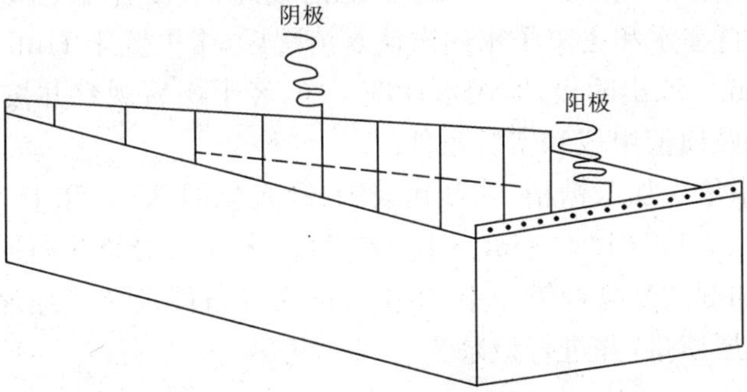


**图 1 Hull 槽结构示意图**

Hull 槽实验结果可用图示记录，如图 2 所示。沉积电流密度范围一般为图 2 中的 *bc* 范围（图中 $ab=ad/2, cd=bd/3$）。

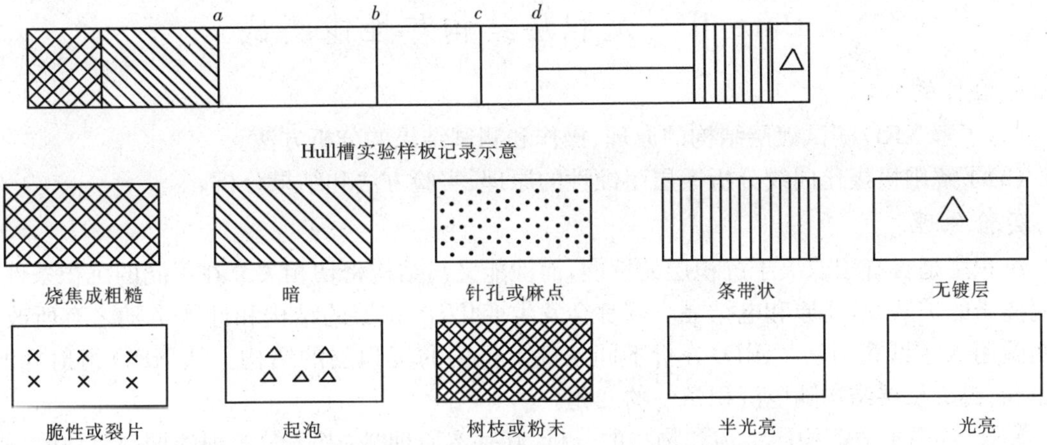


**图 2 Hull 槽样板及镀层状况记录符号**

实验过程中，电沉积实验前必须仔细检查电路是否接触良好或短路，以免影响实验结果或烧坏电源；阴极片的前处理将影响镀层质量，因此要认真，除油和酸洗要彻底；加入添加剂时要按计算量加入，不能多加；新配镀液要预电解；电镀时要带电入槽；电镀过程中镀液会挥发，应及时用去离子水补充并调整 pH。

## 三、实验用品

仪器：Hull 槽，直流稳压电源，电流表，恒温槽，电吹风，导线，镍板阳极，不锈钢或铜片阴极。

药品：硫酸镍，氯化钠，硼酸，除油液和酸洗液。

## 四、实验内容

(1)基础镀液的配制

按下列配方配制 500 mL 基础镀液。

$NiSO_4 \cdot 6H_2O$ 300 g · $L^{-1}$　NaCl 10 g · $L^{-1}$　$H_3BO_3$ 35 g · $L^{-1}$

pH 3.5～4.5（用稀 $H_2SO_4$ 或稀 NaOH 调节）　温度 55～65 ℃

将 267 mL Hull 槽用水洗净后，加入 250 mL 基础液，置于恒温槽中，进行下面的实验。

(2)将 Hull 槽阴极片(10 cm×7 cm 的不锈钢或纯铜片)用金相砂纸磨光,经碱除油和 30% HCl 弱腐蚀,用自来水和去离子水逐次认真清洗后,带电置于 Hull 槽中,用镍为阳极,以 1 A 的电流沉积 10 min。取出阴极片,用水冲洗干净,经干燥后观察并按图 2 记录示意图记录阴极上镍的沉积情况及镀液组成和实验条件。

(3)在 2 的溶液中依次加入糖精、苯亚磺酸钠、镍光亮剂 XNF 和十二烷基硫酸钠,使其浓度分别为 $1.0\,g\cdot L^{-1}$、$0.1\,g\cdot L^{-1}$、$3\,mL\cdot L^{-1}$和 $0.1\,g\cdot L^{-1}$,分别进行同 2 的实验和记录。

(4)在含所有添加剂的光亮镍镀液中,根据 2 的实验条件,比较镀液搅拌与不搅拌、常温和实验温度下镍的沉积层质量,并进行记录。

## 五、思考题

(1)电沉积过程主要包括哪些步骤?

(2)光亮镍镀液中各添加剂主要起什么作用?

(3)从 Hull 槽实验结果可以获得哪些有关电沉积效果的信息?

# Part Ⅱ　沉积层结构与性能测试

## 一、实验目的

(1)了解 XRD 测试镀层结构的原理、操作和测试结果的分析方法。

(2)了解阳极极化曲线分析镀层耐蚀性的原理、实验方法和结果分析。

## 二、实验原理

沉积层是否有用取决于沉积层的性能,而性能又与结构密切相关。在不同的沉积条件下,金属离子的扩散、电还原和电结晶步骤都会发生变化,沉积层的结构和性能也随之有所改变。本实验用 X 射线衍射法(XRD)分析不同条件下得到的沉积层的结构。从 XRD 衍射峰的变化,判断镍沉积层结构随电沉积条件的变化。

XRD 常用于电沉积层结构和物相的分析,其基本原理是:当入射 X 射线照射晶体时,晶体中的每个原子将作为发射具有与入射 X 射线相同频率的 X 射线点发射源,产生的各球面散射波在满足 Bragg 方程 $2d\sin\theta=n\lambda$(式中 $d$ 为晶面间距,$\theta$ 为 Bragg 角,入射角=反射角=$\theta$,$n$ 为反射级数,$\lambda$ 为使用的 X 射线波长,对 Cu 靶,$\lambda=0.154\,06\,nm$)的条件下发生相干衍射,从而产生衍射图,根据衍射峰的位置和强度可对镀层的组成与结构进行分析。

电沉积层的晶胞参数可用于研究电沉积层合金所属固溶体的类型、相界、宏观弹性应力、确定密度和热膨胀系数等,因此测定镀层的晶胞参数很有意义。对于立方晶系,晶面间距 $d$、晶胞参数 $\alpha$ 和晶面指数 $h$、$k$ 和 $l$ 的关系如下

$$\alpha=d\times(h^2+k^2+l^2)^{1/2} \tag{1}$$

为了精确测定镀层的晶胞参数,必须尽可能采用高角度的衍射线位置。

金属和合金在电沉积过程中往往会出现择优的结晶学取向或称织构 TC,即沉积层中相当数量的晶粒表现出某种共同的取向特征。如果晶粒的取向高度集中于某一方向则称为高择优取向。具有高择优取向的电沉积层与其无序取向的相比呈现不同的物理、化学性质和机械性能,如耐蚀性、催化性、内磁性等。研究电沉积过程中镀层的结构,对进一步阐明金属和合金的电结晶及结构形成机制有指导意义。

采用晶面($hkl$)的织构系数来表征该晶面择优取向程度。织构系数 TC 定义为某晶面的相对衍射强度与各晶面相对衍射强度总和之比(用百分数表示)

$$TC_{hkl}=\frac{I_{(hkl)}/I_{0(hkl)}}{\sum I_{(hkl)}/I_{0(hkl)}}=100\%\tag{2}$$

式中，$I_{(hkl)}$、$I_{0(hkl)}$分别表示沉积层试样和标准镍粉末($hkl$)晶面的衍射强度，标准镍粉末样品的XRD实验结果列于表10.2。当各衍射面的TC值相同时，晶面取向是无序的；如果某个($hkl$)面的TC值大于平均值$1/n$时($n$为计算时所取的晶面数)，则该晶面为择优取向面；TC值越大，表明晶面择优程度越高。

**表2　标准镍粉末的XRD数据**

| 晶系：面心立方，晶胞参数 $\alpha_0$：3.5238 | | | | | | | | |
|---|---|---|---|---|---|---|---|---|
| $d$(nm) | 0.2034 | 0.1762 | 0.1246 | 0.10624 | 0.10172 | 0.0881 | 0.0808 | 0.0788 |
| $I/I_0$ | 100 | 42 | 21 | 20 | 7 | 4 | 14 | 15 |
| $2\theta$ | 44.51 | 51.85 | 76.37 | 92.95 | 98.45 | 121.94 | 144.68 | 155.67 |

在XRD谱上引起衍射峰宽化的主要原因有晶粒尺寸和微观应力产生的晶格畸变。如果只考虑晶粒尺寸引起的宽化，而不考虑应力引起的宽化，那么可用Scherrer公式求得晶粒尺寸$D$

$$D=\frac{K\lambda}{\beta\cos\theta}\tag{3}$$

式中，$K$为Scherrer常数，取值为0.89；$\lambda$为X射线波长，对CuK $\alpha$为0.15406 nm；$\beta$为衍射峰的半高宽，弧度；$\theta$为Bragg角度。

沉积层的性能包括外观质量、耐蚀性、孔隙率、硬度、脆性、结合力及钎焊性等。本实验测试不同的镍镀层在3% NaCl溶液中的阳极极化曲线。阳极极化曲线反映了镍沉积层的阳极腐蚀和钝化的情况，在同样的电位下，阳极电流密度越小，腐蚀速率越慢。由此可比较镍沉积层耐蚀性的优劣。

实验中，X射线衍射仪为贵重精密仪器，必须在老师的具体指导下并严格按操作规范进行实验；电沉积时间较长时，要注意保持镀液的浓度、pH、温度等条件不变，防止条件改变导致沉积过程发生变化，影响沉积层的结构和性能；测试镍沉积层的阳极极化曲线，除了用于研究的电沉积层外，其他部分要很好地绝缘，以免干扰实验结果。

## 三、实验用品

直流稳压电源，恒温槽，Y-2000型X射线衍射仪(丹东射线仪器有限责任公司)，Cu靶。DJS-292型恒电位仪(上海雷磁仪器厂)，X-Y记录仪。

## 四、实验内容

(1)根据Hull槽实验结果，在不含和含添加剂的镍镀液体系中，用恒电流方法在铜电极上沉积镍(约60 min)，所得样品在X衍射仪上测试XRD衍射图，扫描角度范围30°～90°，扫描速率8°/min。通过与标准镍XRD衍射数据的比较，确定镀层衍射晶面及计算晶胞参数、织构系数和晶粒尺寸，分析比较电沉积条件对镀层结构的影响。

(2)用与1相同的沉积条件电沉积镍(30～60 min)。在3% NaCl溶液中，以所得镀层作为研究电极，Pt片作为对电极，饱和甘汞电极作为参比电极，电位扫描速率1～5 mV/s。测试镍沉积层的阳极极化曲线，根据实验结果比较其耐蚀性的差异。

## 五、思考题

(1)试说明XRD测定镍沉积层结构的原理，通过镍镀层结构参数的测定，分析添加剂对镀层性质的影响。

(2)镍的阳极极化曲线与阴极极化曲线所反映的电极反应是否相同？试解释阳极钝化的

可能原因。

*参考文献*


[1] 沈宁一,等.表面处理工艺手册编审委员会.表面处理工艺手册.上海:上海科学技术出版社,1991.

[2] [美]F. A. 洛温海姆.现代电镀.北京航空学院103教研室译.北京:机械工业出版社,1982.

[3] 周绍民,等.金属电沉积——原理与研究方法.上海:上海科学技术出版社,1987.

[4] 沈宁一,等.表面处理工艺手册.上海:上海科学技术出版社,1991.

[5] 曹楚南.腐蚀电化学.北京:化学工业出版社,1994.

[6] 陈体衔.实验电化学.厦门:厦门大学出版社,1993.

[7] 葛福云,等.糖精对电沉积镍结构与电化学活性的影响.厦门大学学报(自然科学版),1994,33(2):182～186.

[8] 黄令,等.铵离子对镍电沉积层择优取向及其性能的影响.厦门大学学报(自然科学版),1996,35(6):907～912.

[9] 杨防祖,等.添加剂的吸附行为及其对Ni沉积层性能的影响.物理化学学报,1995,11(3):223～227.


## 实验二十一　三草酸合铁(Ⅲ)酸钾的制备、组成测定及表征

### 一、实验目的

(1)巩固配合物的制备、定性、定量化学分析的基本操作。

(2)掌握确定化合物化学式的基本原理及方法。

(3)学习热重、差热分析、磁化率测定、红外光谱分析、X射线粉末衍射分析的操作技术。

(4)通过综合件实验的基本训练,培养学生分析与解决较复杂问题的能力。

### 二、实验原理

**1. 性质与制备**

三草酸合铁(Ⅲ)酸钾(含三个结晶水)为翠绿色的单斜晶体,易溶于水(溶解度0℃,4.7 g/100g;l00℃,317.7 g/200g),难溶于乙醇。110℃下可失去全部结晶水,230℃时分解。此配合物对光敏感,受光照射分解变为黄色:

$$2K_3[Fe(C_2O_4)_3] \xrightarrow{\text{光}} 3K_2C_2O_4 + 2FeC_2O_4 + 2CO_2$$

因其具有光敏性,所以常用来作为化学光量计。另外它是制备某些活性铁催化剂的主要原料,也是一些有机反应良好的催化剂,在工业上具有一定的应用价值。其合成工艺路线有多种,本实验采用的方法是首先由硫酸亚铁铵与草酸反应制备草酸亚铁:

$$(NH_4)Fe(SO_4) \cdot 6H_2O + H_2C_2O_4 \longrightarrow 6FeC_2O_4 \cdot 2H_2O + (NH_4)_2SO_4 + H_2SO_4 + 4H_2O$$

然后在过量草酸根存在下,用过氧化氢氧化草酸亚铁即可得到三草酸合铁酸钾,同时有氢氧化铁生成:

$$6FeC_2O_4 \cdot 2H_2O + 3H_2O_2 + 6K_2C_2O_4 \longrightarrow 4K_3[Fe(C_2O_4)_3] + 2Fe(OH)_3\downarrow + 12H_2O$$

加入适量草酸可使 $Fe(OH)_3$ 转化为三草酸合铁(Ⅲ)酸钾配合物:

$$2Fe(OH)_3 + 3H_2C_2O_4 + 3K_2C_2O_4 \longrightarrow 2K_3[Fe(C_2O_4)_3] + 6H_2O$$

再加入乙醇,放置即可析出产物的结晶。其后几步总反应式为:

$$2FeC_2O_4 \cdot 2H_2O + 2H_2O_2 + K_2C_2O_4 \longrightarrow 2K_3[Fe(C_2O_4)_3] \cdot 3H_2O$$

**2. 产物的定性分析**

产物组成的定性分析,采用化学分析和红外吸收光谱法。

$Fe^{3+}$、$K^+$用化学分析方法进行鉴定，可以判断出它们是配合物的内界还是外界；草酸根和结晶水通过红外光谱分析。结晶水的吸收带在 3 550～3 200 $cm^{-1}$，一般在 3 450 $cm^{-1}$附近，所以只要将产品红外谱图的各吸收带与之对照即可得出定性的分析结果。

草酸根能以单齿、双齿形式与金属离子配位形成配合物，但最常见的是以双齿配位形成螯合结构的配合物。

**3. 产物的定量分析**

产物的定量分析，采用化学分析方法。通过定量分析可以测定各组分的质量分数，各离子、基团等的个数比，再根据定性实验得到的对配合物内、外界的判断，从而可推断出产物的化学式。结晶水的含量采用重量分析方法。将已知质量的产品，在 110℃ 下干燥脱水。待脱水完全后再进行称量，即可计算出结晶水的质量分数。

草酸根含量的测定用氧化还原滴定法。草酸根在酸性介质中，可被高锰酸钾定量氧化。其反应为：

$$5C_2O_4^{2-}+2MnO_4^{-}+16H^{+}\longrightarrow 2Mn^{2+}+10CO_2+8H_2O$$

铁的分析也采用氧化还原滴定法。在上述测定草酸根后剩余的溶液中，用过量还原剂锌粉将 $Fe^{3+}$ 还原为 $Fe^{2+}$，然后再用 $KMnO_4$ 的标准溶液滴定 $Fe^{2+}$，其反应为：

$$3Zn+2Fe^{3+}\longrightarrow 2Fe+3Zn^{2+}$$

$$5Fe^{2+}+MnO_4^{-}+8H^{+}\longrightarrow 5Fe^{3+}+Mn^{2+}+4H_2O$$

由消耗高锰酸钾的量可计算出铁的质量分数。

钾的质量分数可由总量 100% 减去铁、草酸根、结晶水的质量分数而得到。

**4. 产物的表征**

(1)配合物的类型、配离子电荷数的测定

一般应用电导法或离子交换法(配合容量分析)。本实验采用离子交换法和电势法联合进行测定。当含配合物阴离子($X^{n-}$)的溶液通过已转化为氯型的强碱性阴离子交换树脂时，就发生离子交换反应：

$$R{\equiv}N^{+}\,Cl^{-}+X^{n}\rightleftharpoons (R{\equiv}N^{+})_nX^{n}+nCl^{-}$$

利用氯离子选择电极及离子计可测定出 $Cl^-$ 的浓度，计算出被置换 $Cl^-$ 的物质的量，进而计算出配离子的电荷数。

首先配制 $Cl^-$ 溶液的标准系列(离子强度大致相同)，利用离子计、氯离子选择电极及参比电极测定其平衡电势，做出 $\lg c(Cl^-)$与其对应电势的工作曲线图。再测定未知浓度的 $Cl^-$ 溶液的平衡电势，从工作曲线图中查出对应的 $\lg c(Cl^-)$，计算出 $Cl^-$ 的浓度。

(2)配合物中心离子的外层电子结构

通过对配合物磁化率的测定，可推算出未成对电子数，推断出中心离子外层电子的结构、配键类型、立体化学结构，在某些情况下还需要与 X 射线晶体结构分析等其他手段相配合。

(3)热重、差热分析

通过对 TG 曲线的分析，了解物质在升温过程中质量的变化情况；通过对 DTA 曲线的分析，可了解物质在升温过程中热量(吸热、放热)变化情况。所以对产品进行 TG、DTA 分析可测量出失去结晶水的温度、热分解温度及脱水分解反应热量变化的情况、各步失重的数量、含结晶水的个数。对于判断反应的产物是极有帮助的。

(4)X 射线粉末衍射分析

每种物质的晶体都具有自己独特的晶体结构，通过 X 射线衍射分析，由所产生的衍射图，可鉴别晶体的物相，测定简单晶体物质的晶胞参数等。

## 三、实验用品

仪器：PXD－2型离子计，磁天平，WCT－1微机差热天平，BIO－RAD红外光谱仪，BDX—3200自动X射线衍射分析仪，分析天平，玛瑙研钵，吹风机，烘干器，电热干燥箱，恒温水浴，真空泵，吸滤瓶及漏斗，滴定管等。

药品：$(NH_4)_2Fe(SO_4)_2 \cdot 6H_2O$(C. P.)，$H_2SO_4$（3 mol·$L^{-1}$），$H_2C_2O_4 \cdot 2H_2O$，$K_2C_2O_4$（饱和），$H_2O_2$（6%），乙醇（95%）（C. P.），饱和酒石酸氢钠，KSCN（0.1 mol·$L^{-1}$），$CaCl_2$（0.5 mol·$L^{-1}$），$FeCl_3$（0.1 mol·$L^{-1}$），$KMnO_4$（0.0200 mol·$L^{-1}$）等。

## 四、实验内容

**1. $K_3[Fe(C_2O_4)_3] \cdot 3H_2O$ 的制备**

(1)制取 $FeC_2O_4 \cdot 2H_2O$

称取$(NH_4)_2Fe(SO_4)_2 \cdot 6H_2O$ 6.0 g(如不做磁化率测定、X射线衍射分析，所用试剂量都可减半)，放入250 mL烧杯中，加入3 mol·$L^{-1}$ $H_2SO_4$ 1 mL、蒸馏水20 mL，加热使之溶解。另称 $H_2C_2O_4 \cdot 2H_2O$ 3.5 g，放到100 mL烧杯中加35 mL蒸馏水微热、搅拌、溶解。溶解后取22 mL倒入上述250 mL的烧杯中，加热搅拌至沸，并维持微沸5 min。静置，得到黄色 $FeC_2O_4 \cdot 2H_2O$沉淀，待沉降后用倾斜法倒出上层清液，用热蒸馏水少量多次洗涤沉淀以除去可溶性杂质(以在酸性条件下检验不到 $SO_4^{2-}$ 为止)。

(2)制备 $K_3[Fe(C_2O_4)_3] \cdot 3H_2O$

往上述已洗涤过的沉淀中，加入饱和 $K_2C_2O_4$ 15 mL，水浴加热至40℃，用滴管慢慢加入6% $H_2O_2$ 12 mL，不断搅拌，在生成 $K_3[Fe(C_2O_4)_3]$的同时，有 $Fe(OH)_3$沉淀生成，然后将溶液加热至沸并不断搅拌以除去过量的 $H_2O_2$。取适量由(1)配制的 $H_2C_2O_4$溶液渐渐加入上述保持沸腾的溶液中，不断搅拌，使沉淀完全溶解变为透明的绿色溶液为止。冷却后，加入95%乙醇15 mL，在暗处放置、结晶。减压过滤，抽干后用少量乙醇洗涤产品，继续抽干，称量，计算产率。产品放在干燥器内避光保存。

(3)产物重结晶

为得到纯净的产物并用于分析，由同学自己设计方案利用重结晶方法进行产物的纯制。

**2. 产物的定性分析**

(1) 检定 $K^+$：在试管中取少量产物加蒸馏水溶解，再加入饱和酒石酸氢钠1 mL充分摇动试管(可用玻璃棒摩擦试管内壁后放置片刻)，观察现象。

(2) 检定 $Fe^{3+}$：在试管中取少量产物加蒸馏水溶解，另取一支试管加入少量的 $FeCl_3$溶液，各加 KSCN(0.1 mol·$L^{-1}$)2滴，观察现象。在装有产物溶液的试管中加入2滴 $H_2SO_4$(3 mol·$L^{-1}$)，再观察溶液颜色有何变化，解释实验现象。

(3) 检定 $C_2O_4^{2-}$：在试管小取少量产物加蒸馏水溶解，另取一试管加入少量 $K_2C_2O_4$溶液，各加入 $CaCl_2$(0.5 mol·$L^{-1}$)2滴，观察现象有何不同?

(4) 利用红外光谱确定 $C_2O_4^{2-}$ 及结晶水制样(取少量KBr晶体及小于KBr用量百分之一的样品，在玛瑙研钵中研细，压片)，在红外光谱仪上测定红外吸收光谱，并将谱图的各主要谱带与标准红外光谱图对照，确定是否含有 $C_2O_4^{2-}$( C═O 、C—O 、O—C═O 、M—O 、 C—C 振动吸收谱带)及结晶水。

对步骤(3)、(4)的结果进行解释。根据实验(1)、(2)、(3)、(4)的结果，判断该产物是复盐还是配合物，配合物的中心离子、配位体、内界、外界各是什么。

**3. 产物组成的定量分析**

(1)结晶水含量的测定

洗净两个称量瓶(记下编号)，在110℃电热烘箱中干燥1 h，置于干燥器中冷却，至室温时在分析天平上称量。然后再放到110℃电热烘箱中干燥0.5 h，即重复上述干燥—冷却—称量操作，直至恒重(两次称量相差不超过0.3 mg)为止。在分析天平上准确称取两份样品(产物)各0.5～0.6 g，分别放入上述已恒重的两个称量瓶中。在110℃电热烘箱中干燥3 h，然后置于干燥器中冷却，至室温后，称量。重复上述操作，干燥(0.5 h)—冷却—称量，直至恒重。根据称量结果计算产品中结晶水的质量分数。

(2) 草酸根含量的测定

在分析天平上准确称取两份样品(0.15～0.20 g)，分别放入两个锥形瓶中，加入3 mol·$L^{-1}$ $H_2SO_4$ 10 mL、蒸馏水20 mL，微热溶解，加热至75～85℃(为加快滴定反应的速度，但温度再高草酸易分解)，趁热用0.020 00 mol·$L^{-1}$ $KMnO_4$标准溶液进行滴定。先滴加1～2滴，待$KMnO_4$褪色后，再继续滴入$KMnO_4$，直到溶液呈粉红色(30 s内不褪色)即为终点(保留溶液待下一步分析使用)。根据消耗$KMnO_4$溶液的体积，计算产物中$C_2O_4^{2-}$的质量分数。

(3)铁含量的测定

在上述保留的溶液中加入一小牛角匙锌粉，加热近沸，直到黄色消失，将$Fe^{3+}$还原为$Fe^{2+}$即可。趁热过滤除去多余的Zn粉，滤液收集到另一锥形瓶中，再用5 mL蒸馏水洗涤漏斗并将洗涤液也一并收集在上述锥形瓶中。继续用0.020 0 mol·$L^{-1}$ $KMnO_4$标准溶液进行滴定，至溶液呈粉红色。根据消耗$KMnO_4$溶液的体积，计算$Fe^{3+}$的质量分数。

根据(1)、(2)、(3)的实验结果，计算$K^+$的质量分数. 再根据实验2的结论，推断出配合物的化学式。

**4. 测定配离子电荷**

(1) 树脂的预处理及装柱

将市售的强碱性阴离子交换树脂用水多次洗涤。除去可溶性杂质，并在去离子水中浸泡数小时至一天，使其充分膨胀(使用新树脂可按产品使用说明书的要求进行预处理)。为使其转变为氯型，用5倍于树脂体积的1 mol·$L^{-1}$ HCl进行交换处理，最后用去离子水洗涤数次。

将处理过的树脂和水一起装入小离子交换柱中，树脂层高度15～20 cm，并使水面要略高于树脂层，注意排除树脂及系统中的气泡。

用去离子水淋洗交换柱，用$AgNO_3$溶液检查流出液(在试管中取少量试液)。当仅出现轻微浑浊(留做以后比较使用)，即可认为基本淋洗干净，用螺旋夹夹紧交换柱下端的出水口。

(2) 离子交换

在分析天平上准确称取0.15～0.20 g自制的$K_3[Fe(C_2O_4)_3]\cdot 3H_2O$，加入5 mL去离子水溶解。将其转移(可分次转移)至交换柱内，同时松开外交换柱下部的螺旋夹并调节交换柱流出液的速度2 mL·$min^{-1}$。交换后的溶液收集在100 mL的容量瓶中，待交换柱内的液面与树脂床高齐平时，用5 mL洗过小烧杯的去离子水洗涤树脂床，如此重复洗涤2～3次后，可直接用洗瓶的去离子水将管壁上残留的溶液冲洗下去(洗涤时每次用水量要少，且前一次洗涤的液面与树脂层齐平时再洗第二次)。待收集的流出液约60 mL时，用$AgNO_3$溶液检查流出液，当仅出现轻微浑浊时(与1中留做比较使用的溶液进行对照)，即可停止淋洗。在容量瓶中加入 1 mol·$L^{-1}$的 $KNO_3$ 10.0 mL(用 10 mL 量筒量取)，再用水将容量瓶内的溶液稀释至刻度，摇匀，待下一步测定氯离子的浓度。

树脂回收集中再行处理。可用数倍树脂体积的 1 mol·$L^{-1}$ HCl，分多次浸泡处理，或在交换柱中再生数小时，也可用高氯酸及盐酸溶液再生。

(3) 氯离子浓度的测定

① KCl 标准系列的配制：洗净 4 个 100 mL 容量瓶并编号，按照下表的用量配制氯离子标准系列溶液(离子强度基本相同)各 100.00 mL。

| 编　号 | 1 | 2 | 3 | 4 |
|---|---|---|---|---|
| 0.1000 mol·$L^{-1}$ KCl 取用量(mL) | 1.00 | 5.00 | 10.00 | 50.00 |
| 1 mol·$L^{-1}$ $KNO_3$ 取用量(mL) | 10.0 | 10.0 | 9.0 | 5.0 |

② 测定 KCl 标准系列平衡电势值，绘制 $E$—lg$c$($Cl^-$)工作曲线：将配制的 KCl 标准系列溶液，分别倒入 4 个 50 mL 烧杯中(先用少量被测液冲洗干净的烧杯 3 次)，按氯离子浓度由稀到浓的次序，用离子计(并安装氯离子选择电极和饱和甘汞电极)测定其平衡电势值(可静态改动态加电磁搅拌测定)。

③ 将由(2)得到的待测未知 $Cl^-$ 浓度的溶液，按照上述步骤测定其平衡电势值，并记录测定的数据。

数据处理：

a. 绘制工作曲线：在坐标纸上以电势值为纵坐标。以 lg$c$($Cl^-$)为横坐标，绘制 $E$—lg$c$($Cl^-$)工作曲线。

b. 根据所测样品的电势值，由工作曲线求得 $Cl^-$ 浓度，并计算由树脂交换出的 $Cl^-$ 的量。进一步推算出配离子的电荷数。

**5. 配合物磁化率的测定**

(1)样品管的准备

洗涤磁天平的样品管(必要时用洗液浸泡)并用蒸馏水冲洗，再用酒精、丙酮各冲洗一次，用吹风机吹干(可预先烘干)。

(2)样品管的测定

在磁天平的挂钩上挂好样品管，并使其处于两磁极的中间，调节样品管的高度，使样品管底部对准电磁铁两极中心的连线(即磁场强度最强处)。在不加磁场的条件下称量样品管的重量。

通冷却水，打开电源预热，(高斯计调零、校准，并将量程选择开关转到 10K 挡，如不接入高斯计此步骤可免去)用调节器旋钮，慢慢调大输入电磁铁线圈的电流至 5.0A(如用高斯计可记下相对数值)，在此磁场强度下测量样品管的重量。测量后，用调节器旋钮慢慢调小输入电磁铁的电流直至为零。记录测量温度。

(3)标准物质的测定

从磁天平上取下空样品管，装入已研细的标准物$(NH_4)_2Fe(SO_4)_2·6H_2O$(装样不均匀是测量误差的主要原因，因此需将样品一点一点地装入样品管，边装边在垫有橡皮板的桌面上轻轻撞击样品管，并要求每个样品填装的均匀程度、紧密状况都一致)至刻度处，在不加磁场和加磁场的情况下[与步骤(2)“样品管的测定”完全相同的实验条件]测量“标准物质+样品管”的重量。取下样品管，倒出标准物，按步骤(1)的要求洗净并干燥样品管。

(4)样品的测定

取产品(约 2 g)在玛瑙研钵中研细,按照“标准物质测定”的步骤及实验条件,在不加磁场和加磁场的情况下,测量“样品+样品管”的重量。测量后关闭电源及冷却水。测量后的样品倒出,留做 X 射线粉末衍射分析使用。

实验数据记录:

| 测量物品 | 无磁场时的称量数值 | 加磁场后的称量数值 | 加磁场后 $\Delta W$ |
|---|---|---|---|
| 空样品管 $W_0$ | | | |
| 标准物质+空管 | | | |
| 样品+空管 | | | |

根据实验数据和标准物质的比磁化率 $X_m=9500\times10^{-6}/(T+1)$、计算样品的摩尔磁化率 $X_m$,近似得到样品的摩尔顺磁化率,计算出有效磁矩 $J$,求出样品 $K_3[Fe(C_2O_4)_3]\cdot3H_2O$ 中心离子的未成对电子数 $n$,判断其外层电子结构是属于内轨型还是外轨型。或判断此配合物中心离子的 d 电子构型、形成高自旋还是低自旋配合物,草酸根是属于强场配体还是弱场配体。

(5) 测定 $FeC_2O_4\cdot2H_2O$ 的未成对电子数。

由同学自己拟定实验步骤进行测定,与 $K_3[Fe(C_2O_4)_3]\cdot3H_2O$ 对比并解释之。

**6. 配合物的热分析**

使用十万分之一(或万分之一)天平,在热分析仪的小坩埚内,准确称取已研细的样品 5~6 mg,小心地、轻轻地放到热分析仪的坩埚支架上,在 450℃ 以下进行热重(TG)、差热(DTA)分析。

仪器各量程及参数的选择;

热重(TG)量程:5 mg

差热分析量程:50 μv

微分热重量程:10 mV/min

升温速率 10 ℃/min

实验后根据 TG、DTA 曲线,由学生自己用外推法求出外推起始分解温度、失去结晶水的温度及结晶水的个数。学生可根据自己的兴趣,对 TG 曲线各段失重的数据进行分析、推测 400 ℃以下可能生成的热分解产物,查阅资料找出还需要那些测试手段、分析方法才能够确证分解产物。

**7. 配合物的 X 射线粉末衍射分析**

取做完实验(5)后的样品,在玛瑙研钵中保留一部分,继续研细至无颗粒感(约 300 目),装入 X 射线粉末衍射仪样品板的凹槽中用平面玻璃适当压紧(只能垂直方向按压,不能横向搓压,防止晶体产生择优取向)制得“样品压片”。将其放到 X 射线衍射仪的样品支架上,在教师的指导下,按操作使用说明开机,对试样进行 X 射线衍射分析。实验操作条件选择:Cu 靶($A_h=1.5418$ Å)、管电压 35 kV、管电流 30 mA、扫描速度 4°/min、扫描角度($2\theta$ 为)5°~60°。经过自动扫描、信号处理及计算机数据采集、数据处理、打印出衍射图谱,同时打印出各个衍射峰的 $d$ 值以及 $I/I_1$ 值。

查找 $K_3[Fe(C_2O_4)_3]\cdot3H_2O$ 的 PDF 卡片(编号为 14~720),将实验得到的各个衍射峰的 $d$、$I/I_1$ 值,与 PDF 卡片一一进行对照,确定产品的物相,并可以从卡片中查出产品所属的晶系、单位晶胞中化学式的数目、晶胞体积等结晶学数据及物理学性质(如 D、mp、color)等。[有兴趣者可以从实验中得到的各个衍射峰的 $d$、$I/I_1$ 值,查找数字索引(Numerical Index),找出对应的 PDF 卡片进行比较，确定产品的物相。]

*参考文献*

[1] Aravanmudan G et al. J Chem Educ，1974，(51)：129.
[2] Johneon R C. J Chem Educ，1970，(47)792.
[3] 王伯康. 新编无机化学实验. 南京：南京大学出版社，1998.
[4] 游效曾. 配位化合物的结构和性质. 北京：科学出版社，1992.
[5] Bancroft G M et al Inorg Chem，1970(9)：223.
[6] Nakamero Kazuo. Infrared Spectra of Inorganic and Coordination Compounds，1963.

## 实验二十二　GC-ECD 法测定蔬菜中拟除虫菊酯类农药残留量

### 一、实验目的

(1)熟悉样品的制备、提取、净化、浓缩等预处理过程的操作原理和方法。

(2)进一步掌握气相色谱的定性与定量方法的基本原理和应用。

### 二、实验原理

目前，施用化学农药仍然是防治农作物病虫、草、鼠害的主要手段，对保护农作物生长和保障农业持续稳定地增长起了积极的作用。但是化学农药的施用也会对农业生态环境和农产品造成不同程度的破坏和污染，如果施用不当后果尤为严重。近年来，因化学农药严重污染的蔬菜而造成的急性食物中毒事件屡有发生，因此蔬菜中化学农药残留量的检测十分必要。

蔬菜中残留的化学农药主要含有机氯、有机磷、氨基甲酸酯和拟除虫菊酯 4 大类。其中拟除虫菊酯农药是施用于果树、蔬菜、棉花、茶树、小麦、水稻等农作物的一种广谱型杀虫剂。此类农药品种多、药效高、用途广，且具有降解快、残留低等特点，但是短期毒性大。因此世界各国都对其残留量制定出极为严格的限量标准，我国制定的蔬菜中该类农药最高残留量的国家标准为：氯氰菊酯 0.20 mg · $kg^{-1}$(GB4829.4—1994)；氰戊菊酯 0.20 mg · $kg^{-1}$(GB14928.5—1994)；溴氰菊酯 0.20 mg · $kg^{-1}$(GB4828.4—1994)。

化学农药残留量分析监测是一种从复杂的混合体系中分离和分析痕量组分的分析监测技术，它要求准确的微量提取操作、高分辨率的分离方法和高灵敏度的检测技术。目前，毛细管气相色谱法和高效液相色谱法(配合高灵敏度的检测器)仍然是化学农药残留量分析监测的主要仪器分析方法。

本实验直接采集新鲜蔬菜样品，样品经过制备、提取、净化和浓缩等预处理过程制备成样品测试液后，用气相色谱外标法(标准曲线法)测定以上三种拟除虫菊酯类农药残留量。

### 三、实验用品

仪器：气相色谱仪(配 $Ni^{63}$-ECD)，色谱工作站，马弗炉，组织捣碎机，电子天平，超声波提取器，离心机，恒温水浴槽。

药品：有机溶剂：丙酮(HPLC)，正己烷(HPLC)。层析剂：无水硫酸钠(AR)，层析中性氧化铝(AR)，60～100 目佛罗里(Florisil)硅藻土，玻璃棉。以上层析剂均在 450℃马弗炉中灼烧 4 h 后保存在干燥器中备用。农药标准品与纯度：氯氰菊酯(cypermethrin) 96%，氰戊菊酯(fenvalerate) 94.3%，溴氰菊酯(deltamethrin) 97.5%。

农药标准溶液的配制：

(1)单标准储备液：以市售的氯氰菊酯、氰戊菊酯、溴氰菊酯农药标准品用正己烷溶剂配置成适当浓度的单标准储备液。

(2)单标准中间液：用正己烷溶剂将单标准储备液稀释成适当浓度的单标准中间液。

(3)单标准使用液：用正己烷溶剂分别将3个单标准中间液稀释成含氯氰菊酯 $2.00\ \mu g \cdot mL^{-1}$、氰戊菊酯 $1.00\ \mu g \cdot mL^{-1}$ 和溴氰菊酯 $2.00\ \mu g \cdot mL^{-1}$ 的单标准使用液。

(4)混合标准使用液：用正己烷溶剂将3个单标准中间液混合稀释成含氯氰菊酯 $20.0\ \mu g \cdot mL^{-1}$、氰戊菊酯 $10.0\ \mu g \cdot mL^{-1}$ 和溴氰菊酯 $20.0\ \mu g \cdot mL^{-1}$ 的混合标准使用液。

四、实验内容

**1. 样品的制备与提取**

称取经组织捣碎机绞碎的新鲜蔬菜样品10 g于50 mL带盖塑料离心管中，根据样品含水量多少加入适量的无水硫酸钠。然后向离心管样品中加入13 mL丙酮-正己烷混合溶剂(3∶10，体积比)，混匀后在超声波提取器中萃取10 min，再用离心机(3 500 r/min)离心分离5 min，将离心管上层提取液转移至100 mL烧杯中。逐次向离心管样品残渣中加入5 mL、3 mL正己烷溶剂，重复以上萃取、离心分离操作两次，合并离心管上层提取液至同一烧杯中。若合并提取液中还存在水分，再加适量无水硫酸钠除水。

**2. 柱层析净化与浓缩**

在30 cm(长)×1 cm(内径)玻璃管层析柱底部加少许玻璃棉，按顺序分别装上无水硫酸钠、中性氧化铝和60～100目佛罗里(Florisil)硅藻土各约1.0 cm高度，轻轻敲实。先用3 mL丙酮预洗层析柱，弃掉淋洗液。再将烧杯中的样品提取液全部转移至柱内进行净化，用3 mL丙酮-正己烷混合溶剂(1∶2，体积比)各洗脱3次，收集洗脱液于接液管中。

将接液管置于50℃恒温水浴中用氮气吹脱至洗脱液体积大约低于0.30 mL，再转移至2 mL的样品瓶中，用正己烷定容至1 mL，加盖密封，置于冰箱(0～4℃)中保存待测。

**3. 测定**

(1)色谱操作条件

色谱柱：HP－5石英弹性毛细管柱(柱长30 m，内径0.32 mm，液膜厚度0.25 μm)；

载气与柱前压：高纯氮气，157.9 kPa；

检测器及温度：$Ni^{63}$－ECD，300℃；

进样口温度：260℃；采用不分流进样方式；

柱温(程序升温)：

$$\frac{160\ ^\circ C}{1\ min} \xrightarrow{23\ ^\circ C/min} \frac{250\ ^\circ C}{3\ min} \xrightarrow{4\ ^\circ C/min} \frac{280\ ^\circ C}{10\ min},$$

(2) GC－4890D($Ni^{63}$－ECD)的操作使用

按GC－4890D($Ni^{63}$－ECD)的操作方法，开机预热稳定后，在3398A色谱工作站上设置色谱仪各参数空运行一次，待色谱基线平稳后即可进样测定。

(3)定性测定

用10 μL微量进样器分别吸取2.00 μL氯氰菊酯、氰戊菊酯、溴氰菊酯的单标准使用液进样，绘制各自完整的单标准色谱图。

(4)外标法(标准曲线法)系列溶液的测定

外标法(标准曲线法)系列溶液的配制：取4个干净的10 mL容量瓶，分别移入0.00 mL、0.50 mL、1.00 mL、2.00 mL、3.00 mL混合标准使用液，用正己烷溶剂定容至刻度，摇匀后备用。用10 μL微量进样器分别吸取2.00 μL外标法(标准曲线法)系列溶液进样，绘制各自完整的外标法(标准曲线法)色谱图。

(5)样品的测定

用10 μL微量进样器吸取2.00 μL样品测试瓶中的样品制备液进样,绘制完整的色谱图。

## 五、数据记录与处理

(1)在3398A色谱工作站上,对所有绘制的色谱图进行数据处理,求出各色谱峰的保留时间与峰面积。

(2)以保留时间为依据,比较单标准、外标法(标准曲线法)标准、样品制备液色谱图,定性鉴定3种物质的色谱峰。

(3)以外标法(标准曲线法)系列色谱图中各物质的浓度对峰面积作图,或者用最小二乘法回归出各物质浓度-峰面积线性方程。

(4)根据样品制备液色谱图各物质的峰面积在相应的外标法(标准曲线法)浓度-峰面积图或方程中求出样品制备液中各物质的浓度。

(5)分别计算蔬菜样品中3种菊酯农药的残留量(以$\mu g \cdot g^{-1}$表示)。

## 六、注意事项

(1)新鲜蔬菜样品含水量较大,因此预处理过程中要注意除水,切不可将含水分的样品制备液进样。

(2)在开启色谱仪之前,要先开通载气数分钟。实验结束后要先关仪器,再关闭载气。

## 七、思考题

(1)样品的预处理过程非常重要,其农药残留物的提取效率直接影响到最后测定结果的准确度,应该怎样来评估农药残留物的提取效率?

(2)用外标法—标准曲线法测定蔬菜中菊酯类农药残留量,应特别注意哪些事项?是否可以采用归一化法或内标法来测定其残留量?

(3)如果农药残留物的色谱峰有重叠不能完全分开,可以调节哪些参数来改善色谱分离效果?

*参考文献*

[1] 国家技术监督局,中华人民共和国国家标准GB/T14929.4—1994《食品中氯氰菊酯、氰戊菊酯和溴氰菊酯残留量测定方法》

[2] 国家技术监督局,中华人民共和国国家标准GB/T17332—1998《食品中有机氯和拟除虫菊酯类农药多种残留的测定》

[3] 余建新,等.水果、蔬菜中16种有机氯残留农药的毛细管气相色谱测定法.分析测试学报,1999,18(3):29~31.

# 实验二十三　植物叶绿体色素的提取、分离、表征及含量测定

## 一、实验目的

(1)学会提取和纯化植物叶片中的叶绿素、胡萝卜素色素的方法。

(2)利用光谱技术和高效液相色谱法进行表征和含量测定,让学生初步掌握天然产物的分离提取、鉴定及含量测定等实验技术,提高综合实验能力。

## 二、实验原理

高等植物体内的叶绿体色素有叶绿素和类胡萝卜素两类,主要包括叶绿素a($C_{55}H_{72}O_5N_4Mg$)、叶绿素b($C_{55}H_{72}O_6N_4Mg$)、β-胡萝卜素($C_{40}H_{56}$)和叶黄素($C_{40}H_{56}O_2$)等4种。叶绿素a和叶绿素b为吡咯衍生物与金属镁的络合物,β-胡萝卜素和叶黄素为四萜类

化合物。根据它们的化学特性，可将它们从植物叶片中提取出来，并通过萃取、沉淀和色谱方法将它们分离开来。

高效液相色谱是在高效分离的基础上对各个色素进行测定的，对叶绿素和胡萝卜素等天然产物的分析测定是一种非常有效的手段。

## 三、仪器药品

仪器：TSP高压梯度HPLC仪（包括UV-2000型双波长吸收检测器和PC工作站）。

药品：叶绿素a、叶绿素b和β-胡萝卜素纯品为定购产品，甲醇和乙腈为液相色谱淋洗液，其他溶剂均为CP或AR级。

## 四、实验内容

### 叶绿体色素的提取和色谱分离

**1. 叶绿体色素的提取**

称取干净的新鲜绿色蔬菜（如菠菜等）10 g，剪碎后放入研钵，加入0.5 g碳酸镁，将菜叶粗捣烂后加入20 mL丙酮，迅速研磨5 min。倒入不锈钢网滤器过滤，残渣再研磨提取一次。合并滤液，转入预先放有20 mL石油醚的分液漏斗中，加入5 mL饱和NaCl溶液和45 mL蒸馏水，摇匀，使色素转入石油醚层。再用2×50 mL蒸馏水洗涤石油醚层2次。往石油醚色素提取液中加入无水$Na_2SO_4$除水，并进行适当浓缩，约得10 mL提取液。

**2. 纸色谱**

采用新华1#色谱滤纸，展开剂用$CCl_4$、石油醚-乙醚-甲醇体积比为30∶1.0∶0.5等。展开方式可以采用上升法、下降法或辐射法等。如为制备少量天然叶绿素a和叶绿素b纯品，最好采用辐射法。用毛细管在直径为11 cm滤纸中心重复点样3～4次，斑点约1 cm。吹干后，另在样斑中心点加1～2滴展开剂，让样品斑形成一个均匀的样品环。沿着样品环中心穿一个直径约为3 mm的洞，做一条2 cm长的滤纸芯穿过。取 对直径为10 cm培养皿，其中一个倒入约1/3的石油醚-乙醚-甲醇展开剂，放上层析滤纸，盖上另一个培养皿，展开。

纸色谱分离后，分别将各个色带剪下，用体积比为90∶10的丙酮-水溶液溶出，以备配制色素标准溶液时使用。

**3. 硅胶薄层色谱**

采用5 cm×20 cm硅胶板，105 ℃活化0.5 h。展开剂为石油醚（60～90℃）-丙酮-乙醚（体积比为3∶1∶1）。

**4. 氧化铝柱色谱**

在直径为1.0 cm的加压色谱柱底部放少量的玻璃丝，分别加入0.5 cm高的海沙、10 cm高的色谱中性氧化铝（250目）和0.5 cm高的海沙。加入25 mL石油醚，用双连球打气加压浸湿氧化铝填料。整个洗脱过程应保持液面高于氧化铝填料。将2.0 mL植物色素提取液加到色谱柱顶部。流完后，再加入少量石油醚洗涤，使色素全部进入氧化铝柱体。加入25 mL石油醚-丙酮（体积比为9∶1）溶液，适当加压洗脱出第一有色组分——橙黄色的β-胡萝卜素溶液。然后用约50 mL石油醚-丙酮（体积比为7∶3）的溶液洗脱出第二黄色带——叶黄素溶液和第三色带——叶绿素a（蓝绿色）。最后用石油醚-丙酮（体积比为1∶1）的溶液洗脱叶绿素b（黄绿色）组分。收集各色带后，放入棕色瓶低温保存。

**5. 样品纯度的鉴定**

色谱法分离得到的样品组分，可用吸收光谱（400～700 nm）和荧光光谱进行表征和鉴定。

其纯度可通过薄层色谱和 HPLC 进行测定。

## 叶绿素 a 和叶绿素 b 的同时测定(HPLC 法)

**1. 色谱条件实验**

色谱柱为 Hypersil BDS C18($\phi$4.0 mm×200 mm,5 $\mu$m),另加一支 $\phi$20 mmC18 的保护柱。流动相为二氯甲烷-乙腈-甲醇-水(体积比为 20∶10∶65∶5)溶液,流速 1.5 mL·$min^{-1}$,检测波长为 440 nm 和 660 nm。进样体积为 20 $\mu$L。注入混合标准化合物溶液,分析记录的色谱图,确定出峰顺序。

**2. 工作曲线的绘制**

分别注入 0.20 mg·$mL^{-1}$,0.40 mg·$mL^{-1}$,0.60 mg·$mL^{-1}$,0.80 mg·$mL^{-1}$ 和 1.00 mg·$mL^{-1}$ 混合色素标准溶液进行色谱分析。绘制各个色素的浓度—峰面积工作曲线。为提高各个组分的检测灵敏度,可设定一个检测波长-时间程序进行检测。

**3. 实际样品测定**

实际样品试液经 0.2 $\mu$m 针头式过滤器直接进样分析。根据保留值定性,对照工作曲线计算各组分含量。

## 五、实验结果和讨论

(1)观察提取过程溶液的颜色情况,并根据化合物的特性分析色素的去处。

(2)记录色谱分离谱图,包括斑点的颜色和形状,展开时间及前沿形状,计算比移值,确定各色素组分。

(3)对制备纸色谱和氧化铝柱色谱收集到的各种色素进行吸收光谱扫描(400～700 nm),确定为何种化合物及其纯度。

(4)讨论样品组分的出峰顺序和对比两个波长的色谱图。绘制叶绿素 a 和叶绿素 b 的工作曲线,并求出它们的拟合方程和相关系数。

(5)计算各样品的叶绿素 a 和叶绿素 b 的实际含量和叶绿素 a 和叶绿素 b 的比值。

## 六、注意事项

(1)叶绿体色素对光、温度、氧气、酸碱及其他氧化剂都非常敏感。色素的提取和分析一般都要在避光、低温及无干扰的情况下进行。提取液不宜长期存放,必要时应抽干充氮避光低温保持。

(2)色素提取液可能含有不溶物(如植物组织),色谱分析时必须除去,否则将缩短柱寿命。实验过程采用保护柱和针头过滤器保护色谱柱。

(3)每完成一种试液的分析后,应用丙酮等溶剂将液池和进样注射针筒彻底清洗干净,否则会引起样品残留,影响下一个样品的分析。

## 七、思考题

(1)绿色植物叶片的主要成分是什么?一般天然产物的提取方式有哪些?

(2)色谱法是一种高效分离技术,其高效性在于独特的色谱分离过程。结合本实验观察到的植物色素分离的过程,联想和体会 GC 和 HPLC 的分离过程。

(3)试比较叶绿素、胡萝卜素和叶黄素三种色素的极性,为什么胡萝卜素在氧化铝色谱柱中移动最快?

(4)在 HPLC 中,采用双波长检测有什么好处?如何确定色谱峰的纯度?

## 参考文献


[1]列别捷夫 СИ 著,杨汉金,卫新中译.植物生理学.厦门:厦门大学出版社,1991.

[2] 秦浩然,马魁英.生物学通报,1989(9),6.

[3] 兰州大学,等.有机化学实验.北京:高等教育出版社,1994,272.

[4] Drexlor D. Ballschmiter K. Fresenius J Anal Chem,1994,348(8~9):590.

[5] Faried B. Sherma J. Thin Layer Chromatography(2nd ed). New York: MARCEL DEKKER INC, 1986. 296.

[6] 胡慧玲,罗汉生.海湖盐与化工,1996.25(6):37.

[7] 王尊本,郑朱梓,雷颖帆.分析试验室,1994,13(2):36.

[8] 李耀群,丁爽,黄贤智,等.光谱学与光谱分析,1992,12(2):43.

[9] Alexander T A,Gao G H. Tran C D. Appl. Spectrosc.,1997,51(11):1603.

[10] 黄贤智,许金钩,蔡挺.高等学校化学学报,1987,8(5):418.


# 实验二十四　沸石分子筛合成及其性质表征

## 一、实验目的

(1)学习和掌握 NaA、NaY 和 ZSM-5 分子筛的水热合成方法。

(2)了解静态氮吸附法测定微孔材料比表面积、微孔体积和孔径分布的原理及方法。

## 二、实验原理

沸石是指一系列具有规整孔道结构的水和硅铝化合物,孔径从 0.3~3.0 nm。自 1756 年 Cronstedt 首次发现天然分子筛 Stibite 后,目前已确定结构的分子筛已超过 145 种。自然界中存在的天然沸石最初是用来分离混合物的。20 世纪 60 年代末,人工合成沸石成功,并称之为分子筛。沸石分子筛是一类重要的无机微孔材料,具有优异的择形催化、酸碱催化、吸附分离和离子交换能力,在许多工业过程包括催化、吸附和离子交换等有广泛应用。由于人工合成的分子筛比原来无定形的硅铝催化剂有更优越的性能,因此受到石油化工界越来越多的重视,合成各种新型分子筛和开发原有分子筛的新的工艺过程的研究工作从来就没有停止过。

沸石分子筛的基本骨架元素是硅、铝及与其配位的氧原子,基本结构单元为硅氧四面体和铝氧四面体,四面体可以按照不同的组合方式相连构筑成各式各样的沸石分子骨架结构。不同数量的硅(铝)氧四面体连接起来可以组成不同的四元环、六元环、八元环、十二元环等。由六个四元环组成的立方体称之为γ笼,由六个四元环和两个六元环组成的称之为六方柱笼,由六个四元环和八个六元环组成的二十四面体称之为β笼,由十二个四元环,八个六元环,六个

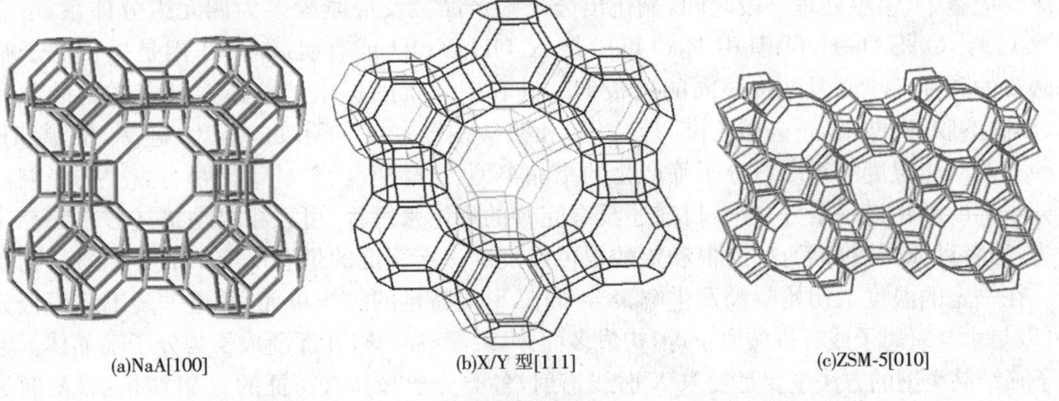

(a)NaA[100]　　(b)X/Y 型[111]　　(c)ZSM-5[010]

图 1　晶体结构

八元环组成的二十六面体称之为 α 笼。α、β、γ 和六方柱笼的进一步的不同形式的连接即构成最常见的 A 型、X 型和 Y 型沸石分子筛膜。

α 笼和 β 笼是 A、X 和 Y 型分子筛晶体结构的基础。α 笼为 26 面体，由 6 个八元环和 8 个六元环组成，同时聚成 12 个四元环，窗口最大有效直径为 $4.5\times10^{-10}$ m 笼的有效直径为 $1.14\times10^{-9}$ m；β 笼为 14 面体，由 8 个六元环和 6 个四元环相连而成，窗口最大有效直径为 $2.8\times10^{-10}$ m，笼的平均有效直径为 $6.6\times10^{-10}$ m。A 型分子筛属于立方晶系，晶胞组成为 $Na_{12}(Al_{12}Si_{12}O_{48})\cdot27H_2O$。将 β 笼置于立方体的 8 个顶点，用四元环相互连接，围成一个 α 笼，α 笼之间可通过八元环三维相通，八元环是 A 型分子筛的主窗口，如图 1(a)所示。NaA(钠型)平均孔径为 $4\times10^{-10}$ m，称为 4A 型分子筛，离子交换为钙后，孔径增大到 $5\times10^{-10}$ m，而钾型的孔径约为 $3\times10^{-10}$ m。

X 型和 Y 型分子筛具有相同的骨架结构，区别在于骨架硅铝的比例不同，习惯上把 $SiO_2/Al_2O_3$ 等于 2.2～3.0 的称为 X 型分子筛，而大于 3.0 的叫做 Y 型分子筛。类似金刚石晶体结构，用 β 笼代替金刚石结构中的碳原子，相邻的 β 笼通过一个六方柱相连接，形成一个超笼，即八面沸石笼，由多个八面沸石笼相连而形成 X、Y 型分子筛晶体的骨架结构，如图 1(b)所示。十二元环是 X 型、Y 型分子筛的主通道，窗口的最大有效直径为 $8.0\times10^{-10}$ m。阳离子的种类对孔道直径有一定的影响，如称作 13X 型分子筛的 NaX，平均孔径为 $(9\sim10)\times10^{-10}$ m，而称为 10X 型分子筛的 CaX 平均孔径在 $8\times10^{-10}\sim9\times10^{-10}$ m，Y 型分子筛随着硅铝比和阳离子种类的不同而变化。

20 世纪 70 年代，美国 Mobil 石油公司开发成功的一种新型的高硅铝比的结晶硅铝酸性沸石催化剂，即 ZSM(Zeolites Socony Mobil)。现已开发出了许多品种，最常见的有 ZSM-2、3、4、5、8、10、11、12、20、21、23、35、38 等，其结构大同小异，但每一品种都有特殊的 X 射线衍射图谱，最常见的并且在国外已工业化的只有 ZSM-5 沸石分子筛催化剂。ZSM-5 分子筛属于正交晶系，空间群 Pnma，晶格常数为 a=20.07 Å，b=19.92 Å，c=13.42 Å。ZSM-5 具有比较特殊的结构，硅氧四面体和铝氧四面体以五元环形式相连，8 个五元环组成一个基本的结构单元，有 $D_2$ 对称性。这些结构单元通过公用边的形式相连，进一步连接成片，片与片之间采用特定的方式相接形成 ZSM-5 分子筛的晶体结构，如图 1(c)所示。因此，ZSM-5 分子筛只有二维的孔道系统，平行于 a 轴的十元环孔道呈 S 形弯曲，孔径为 $(5.1\times5.5)\times10^{-10}$ m，平行于 b 轴的十元环孔道呈直线形，孔径为 $(5.3\times5.6)\times10^{-10}$ m。

常规的沸石分子筛合成方法为水热法，即将原料按适当比例均匀混合成反应凝胶，密封于水热反应釜中，恒温处理一段时间，晶化出分子筛产品。反应凝胶多为四元组分体系，可表示为 $R_2O$-$Al_2O_3$-$SiO_2$-$H_2O$，其中 $R_2O$ 可以是 NaOH、KOH 或有机胺等，作用是提供分子筛晶化必要的碱性环境或者结构导向的模板剂。硅和铝元素的提供可选择多种多样的硅源和铝源，如硅溶胶、硅酸钠、正硅酸乙酯，硫酸铝、和铝酸钠等。反应凝胶的配比、硅源、铝源和 $R_2O$ 的种类及晶化温度等对沸石分子筛产物的结晶类型、结晶速度、和硅铝比都有重要的影响。沸石分子筛的晶化过程十分复杂，目前还没有完善的理论来解释，可以粗略地描述分子筛晶化过程为：当各种原料混合后，硅酸根和铝酸根可以发生一定程度的聚合反应形成硅铝酸盐初始凝胶。在一定的温度下初始凝胶发生解聚合重排，形成特定的结构单元，并进一步围绕模板分子(可以是水合氧离子或有机胺离子等)构成多面体，凝聚成晶核，并逐渐成长为分子筛晶体。鉴定分子筛结晶类型的方法主要是粉末 X 射线衍射，各类分子筛具有特征的 X 射线衍射峰，通过比较实测衍射图谱和标准衍射数据，可以推断出分子筛产品的结晶类型。此外，还可以通过比较分子筛某些特征衍射峰的峰面积大小，计算出相对结晶度，以判断分子筛晶化状况的好坏。

比表面积、孔径分布和孔体积是多孔材料十分重要的物理常数。比表面积是指单位质量固体物质具有的表面积值，包括外表面积和内表面积；孔径分布是多孔材料的孔体积相对于孔径大小的分布；孔体积是单位质量固体物质中一定孔径分布范围内的孔体积值。等温吸脱附线是研究多孔材料表面和孔的基本数据。一般来说，获得等温吸脱附线后，方能根据合适的理论方法计算出比表面积和孔径分布等。

等温吸脱附线是对于给定的吸附剂和吸附质，在一定温度下，吸附量（脱附量）与一系列相对压力之间的变化关系。最经典也是最常用的测定等温吸脱附线的方法是静态氮气吸附法，该法具有优异的可靠度和准确度，采用氮气为吸附质，因氮气是化学惰性物质，在液氮温度下不易发生化学吸附，能够准确地给出吸附剂物理表面的信息，基本测量方法如下：先将已知质量的吸附剂置于样品管中，对其进行抽空脱气处理，并可根据样品的性质适当加热以提高处理效率，目的是尽可能地让吸附质的表面洁净；将处理好的样品接入测试系统，套上液氮冷阱，利用可定量转移气体的托普勒泵向吸附剂导入一定数量的吸附气体氮气。吸附达到平衡时，用精确压力传感器测得压力值。因样品管体积等参数已知，根据压力值可以算出未吸附氮气量。用已知的导入氮气总量扣除此值，便可求出此相对压力下的吸附量。继续用托普勒泵定量导入或移走氮气，测出一系列平衡压力下的吸附量，便可获得了等温吸脱附线。

获取等温吸脱附线后，需根据样品的孔结构的特性。选择合适的理论方法推算出比表面积和孔分布数据。一般来说，按孔径平均宽度来分类，可分为微孔（小于 2 nm）、中孔（2～50 nm）和大孔（大于 50 nm），不同尺寸的孔道表现出不同等温吸附特征。对于沸石分子筛而言，其平均孔径通常在 2 nm 以下，属微孔材料。由于微孔孔道的孔壁间距非常小，宽度相当于几个分子直径总和，形成场势能要比间距更宽的孔道高，因此表面与吸附质分子之间的相互作用更加强烈。在相对压力很低的情况下，微孔便可被吸附质分子完全充满。通常情况下，微孔材料的等温线以一个几乎水平的平台为特征，这是由于在较低的相对压力下，微孔发生了毛细孔填充。当孔完全充满后，内表面失去了继续吸附分子的能力，吸附能力急剧下降，表现出等温吸附线的平台。当在较大的相对压力下，由微孔材料颗粒之间堆积形成的大孔径间隙孔开始发生毛细孔凝聚现象，表现出吸附量有所增加的趋势，即在等温吸附线上一陡峭的"拖尾"。

由于 BET 方程适用与相对压力范围为 0.05～0.3，该压力下沸石分子筛的微孔以发生毛细孔填充，敞开平面上 Langmuir 理想吸附模型也不合适，均带来较大误差。目前常采用 D-R 方程（Dubinin 和 Radushkevich）来推算微孔材料的比表面积。D-R 方程是由吸附等温线的低中压部分来描述微孔吸附的方程，他们认为吸附势满足以下方程：

$$A = RT\ln(p_0/p) \tag{1}$$

式中，$p$ 为平衡压力；$p_0$ 为饱和压力。

引入一个重要的参数 $\theta$ 为微孔填充度

$$\theta = W / W_0 \tag{2}$$

式中，$W_0$ 为微孔总体积；$W$ 为一定相对压力下已填充的微孔体积。

假设 $\theta$ 为吸附势 A 的函数，即

$$\theta = \phi(A/\beta) \tag{3}$$

式中，$\beta$ 为吸附质决定的一个特征常数。

假设孔分布为 Gauss 分布，于是

$$\theta=\exp\left[-k\left(\frac{A}{\beta}\right)^2\right] \quad (4)$$

式中，$k$ 为特征常数。

将(1)式和(2)式带入(4)式，得到 $D$-$R$ 方程

$$W=W_0\exp\left\{-\frac{k}{\beta^2}\left[RT\ln(p_0/p)\right]^2\right\} \quad (5)$$

变化后可得(6)式

$$\lg w=\lg w_0-D[\lg(p_0/p)]^2 \quad (6)$$

其中

$$D=B\left(\frac{T}{\beta}\right)^2 \quad (7)$$

式中，$B$ 为吸附结构常数。

因此，在一定相对压力范围内以 $\lg w$ 对 $(\lg p_0/p)^2$ 作图可得到一条直线，从截距值可计算出微孔总体积 $w_0$。

比表面积还需借助另一个近似公式来推算。Stoeckli 等指出，假设微孔为狭长条形，则微孔的平均宽度 $L_0$ 与吸附能 $E_0$ 关系式如下

$$L_0(\text{nm}) = 10.8/(E_0-11.4\,\text{KJ}\cdot\text{mol}^{-1}) \quad (8)$$

其中，吸附能 $E_0$ 由吸附质和微孔材料的表面性质决定。于是，比表面积可以通过式计算得到：

$$S(\text{m}^2/\text{g})=2000w_0(\text{cm}^3/\text{g})/L_0(\text{nm}) \quad (9)$$

同样，由于微孔环境的特殊性，其孔径分布的计算也有别于中孔和大孔材料。目前，有两种理论可以较好地描述微孔孔径分布，即 DHK(Horvath-Kawazoe)方程和 DFT(density functional theory)方程，后者非常复杂，此处仅简要说明 DHK 方程。

1983 年，Horvath 和 Kawazoe 两人提出了 DHK 方程，认为微孔吸附势能 $\phi$ 满足方程：

$$\phi=\frac{N_1A_1+N_2A_2}{(2\sigma)^4}\left[\left(\frac{\sigma}{d+z}\right)^{10}+\left(\frac{\sigma}{d-z}\right)^{10}-\left(\frac{\sigma}{d+z}\right)^4-\left(\frac{\sigma}{d-z}\right)^4\right] \quad (10)$$

式中，$N_1$、$N_2$、$A_1$、$A_2$ 分别由吸附数量、吸附质和孔壁原子的极性、直径等决定，$d$ 和 $z$ 分别是微孔半径和吸附质原子与孔心的间距，$\sigma$ 由二者决定。

势能函数 $U_0$ 可以用以下方程描述：

$$RT\ln\left(\frac{p}{p_0}\right)=U_0+p_a$$

式中，$p_a$ 描述吸附质和孔壁相互作用。

由关联式(9)和式(10)两个方程式，有

$$RT\ln\left(\frac{p}{p_0}\right)=K\frac{N_1A_1+N_2A_2}{(2\sigma)^4(2d-\sigma_1-\sigma_2)}\int_{-z}^{z}\left[\left(\frac{\sigma}{d+z}\right)^{10}+\left(\frac{\sigma}{d-z}\right)^{10}-\left(\frac{\sigma}{d+z}\right)^4-\left(\frac{\sigma}{d-z}\right)^4\right]dz$$

积分后得

$$\ln\left(\frac{p}{p_0}\right)=\frac{K}{RT}\frac{N_1A_1+N_2A_2}{\sigma^4(2d-\sigma_1-\sigma_2)}\left[\frac{\sigma^{10}}{9\left(\frac{\sigma_1+\sigma_2}{2}\right)^9}-\frac{\sigma^4}{3\left(\frac{\sigma_1+\sigma_2}{2}\right)^3}-\frac{\sigma^{10}}{9\left(2d-\frac{\sigma_1+\sigma_2}{2}\right)^9}-\frac{\sigma^4}{3\left(2d-\frac{\sigma_1+\sigma_2}{2}\right)^3}\right]$$

上述方程描述出微孔孔径和相对压力之间的关系，因已假设微孔为狭长条形，一定孔径对应的孔体积 $w$ 可通过数学公式求出，因此可得到微孔体积相对于孔径的分布曲线，即孔径分布图。

## 三、实验用品

仪器：微型高压反应釜，比表面积和孔径分析仪，磁力搅拌器，机械搅拌器，电热烘箱，马弗炉。

药品：氢氧化钠，硫酸铝，25%硅溶胶，硅酸钠，四丙基溴化铵（TPABr）。

## 四、实验内容

**1. 分子筛制备**

① NaA 型分子筛

反应胶配比为 $Na_2O$ ∶ $SiO_2$ ∶ $Al_2O_3$ ∶ $H_2O$＝4 ∶ 2 ∶ 1 ∶ 300。

具体步骤为：在 250 mL 的烧杯中，将 1 305 g NaOH 和 12.6 g $Al_2(SO_4)_3 \cdot 18H_2O$ 溶于 130 mL 的去离子水中，在磁力搅拌状态下，用滴管缓慢加入 9 g 25%的硅溶胶，先充分搅拌约 10 min，所得的白色溶胶转移入洁净的不锈钢反应釜中，密封，放入恒温 80 ℃的电热烘箱中，6 h后取出，将反应釜水冷至室温，打开密封盖，抽滤、洗涤晶化产物，至滤液为中性，移至表面皿中，放在 120℃的烘箱中干燥过夜，取出称量后置于硅胶干燥器中存放。

② NaY 型分子筛

NaY 型分子筛的制备需要在反应溶胶中加入 Y 型导向剂，提供 Y 型分子筛晶体成长的晶核，才能完成高选择性的晶化过程。Y 型导向剂反应胶配比为 $Na_2O$ ∶ $SiO_2$ ∶ $Al_2O_3$ ∶ $H_2O$＝16 ∶ 15 ∶ 1 ∶ 310。

具体试验步骤为：在 250 mL 的烧杯中，将 18.4 g 的 NaOH 溶解于 42.6 mL 的去离子水中，冷却后，在搅拌状态下缓慢注入 60 mL 硅酸钠溶液（$SiO_2$浓度为 5 mol · $L^{-1}$，$Na_2O$ 浓度为 2.5 mol · $L^{-1}$），然后用滴管缓慢滴加 20 mL 的 1 mol · $L^{-1}$的硫酸铝溶液，均匀搅拌 30 min，室温下陈化 24 h 以上。

反应胶最终配比为 $Na_2O$ ∶ $SiO_2$ ∶ $Al_2O_3$ ∶ $H_2O$＝4.5 ∶ 10 ∶ 1 ∶ 300，导向剂的含量为 10%（以 $SiO_2$的物质的量为参比）。具体试验步骤为：在 250 mL 的烧杯中，将 8.2 g NaOH 溶解于 50 mL 去离子水中，冷却后分别加入 16.7 g Y 型导向剂和 40.8 g 25%硅溶胶，均匀搅拌 10 min，在强烈机械搅拌状态下，用滴管缓慢加入 18 mL 的 1 mol · $L^{-1}$ 硫酸铝溶液，充分搅拌约 10 min，所得白色凝胶转移入洁净的不锈钢水热反应釜中，密封，送入恒温 90 ℃的电热烘箱中，24 h 后取出。将反应釜水冷至室温，打开密封盖，抽滤、洗涤晶化的产物至滤液为中性，移至表面皿中，放在 120 ℃烘箱中干燥过夜，取出后称量置于硅胶干燥器中存放。

③ ZSM-5 分子筛

ZSM-5 分子筛的合成体通常含有有机胺模板剂，模板剂对形成特定晶体结构的分子筛具有诱导作用。反应胶配比为 $Na_2O$ ∶ $SiO_2$ ∶ $Al_2O_3$ ∶ TPABr ∶ $H_2O$＝6 ∶ 60 ∶ 1 ∶ 8 ∶ 4000。具体实验步骤为：在 150 mL 烧杯中将 1.2 g NaOH、3.5 g 四丙基溴化铵（TPABr）和 1.1 g $Al_2(SO4)_3 \cdot 18H_2O$ 溶解在 100 mL 去离子水中，然后加入 24 g 25%硅溶胶，充分搅拌约 20 min，所得白色凝胶转移入洁净的不锈钢水热反应釜中，密封，送入恒温 180 ℃电热烘箱中，72 h 后取出。将反应釜水冷至室温，打开密封盖，抽滤、洗涤晶化产物至滤液为中性，转移到表面皿中，放在 120 ℃烘箱中干燥过夜，取出后称量置于硅胶干燥器中存放。

所合成出的上述三种分子筛的相结构可以用 XRD 进行表征。

**2. 比表面积、微孔体积和孔径分布测定**

准确称取 0.2 g 左右的干燥分子筛粉末，转移至吸附仪样品管中，用少量真空油脂均匀涂抹玻璃磨口，套上考可并旋紧阀门，接入吸附仪的预处理脱气口。设置预处理温度为 300 ℃，缓慢打开考可阀门。样品处理的目的是使样品表面洁净。约处理 2 h 后，转移至吸附仪测试口上进行氮气等温吸附线的测定，具体操作步骤见仪器使用说明。测试完毕后，取下样品管，回收并清洁样品管。

## 五、数据记录与处理

比表面积、孔体积以及平均孔径的计算参见仪器说明。

**NaA、NaY 和 ZSM-5 分子筛的产量、比表面积、微孔体积和平均孔径**

| 分子筛 | 产量(g) | 比表面积($cm^3/g$) | 微孔体积($cm^3/g$) | 平均孔径(nm) |
|---|---|---|---|---|
| NaA | | | | |
| NaY | | | | |
| ZSM-5 | | | | |

## 六、思考题

(1)进行等温吸附测试前，为何要对样品抽真空及加热处理？将样品管从预处理口转移到测试口时应注意些什么？

(2)比较 NaA、NaY 和 ZSM-5 沸石分子筛等温吸附线形状的差异，确定其为第几类等温吸附线型，并简要分析比表面积和微孔体积大小与等温吸附线之间的关联。

(3)比较 NaA、NaY 和 ZSM-5 沸石分子筛晶体主要窗口的理论直径和实测平均孔径的大小顺序，并试说明二者的区别。

*参考文献*

[1] 徐如人，庞文琴，屠昆岗. 沸石分子筛的结构与合成. 吉林：吉林大学出版社，1987.

[2] 徐如人，庞文琴，等. 分子筛与多孔材料化学. 北京：科学出版社，2004.

[3] 王尊本，等. 综合化学实验. 北京：科学出版社，2003.

# 实验二十五　金属酞菁的合成、表征和性能测定

## 课题背景

自由酞菁($H_2Pc$)的分子结构如图 1(a)所示。它是四氮大环配体的重要种类，具有高度共轭π体系。它能和金属离子形成金属酞菁配合物(MPc)，其分子结构如图 1(b)所示。这类配合物具有半导体、光电导、光化学反应活性、荧光、光记忆等特性。金属酞菁是近年来广泛研究的经典金属大环配合物中的一类，其基本结构和金属卟啉相似，具有良好的热稳定性和化学稳定性，因此金属酞菁在光电转换、催化活化小分子、信息储存、生物模拟及工业燃料等方面有重要应用。

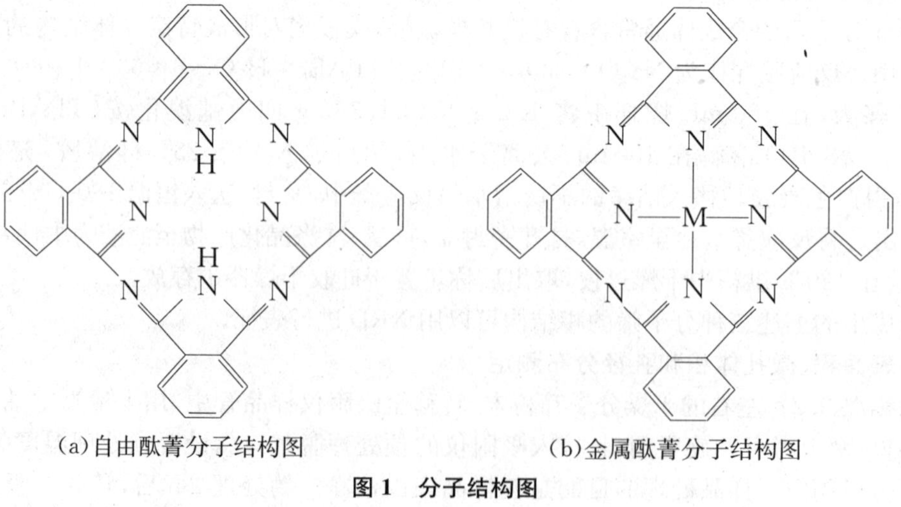


(a)自由酞菁分子结构图　　(b)金属酞菁分子结构图

**图 1　分子结构图**

金属酞菁的合成一般有以下两种方法：

(1)通过金属模板反应来合成，即通过简单配体单元与中心金属离子的配位作用；

(2)与配合物的经典合成方法相似，即先采用有机合成的方法制得并分离出自由的有机大环配体，然后再与金属离子配位，合成得到金属大环配合物。其中模板反应是主要的合成方法。

金属酞菁配合物的合成主要有以下几种途径(以 2 价金属 M 为例)

(1)中心金属离子的置换

$$MX + LiPc \xrightarrow{\text{室温溶剂}} MPc + 2LiX$$

(2)以邻苯二甲腈为原料

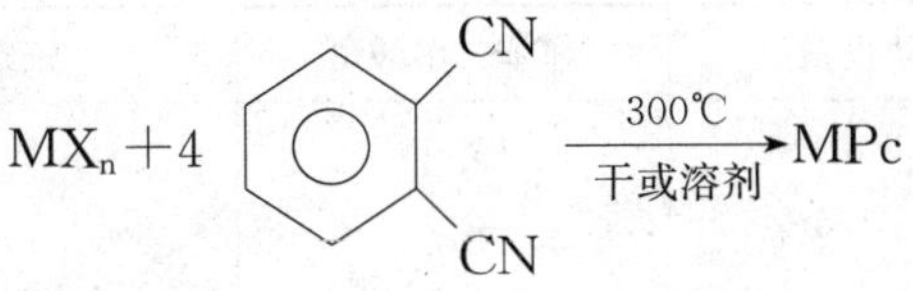


(3) 以邻苯二甲酸酐、尿素为原料

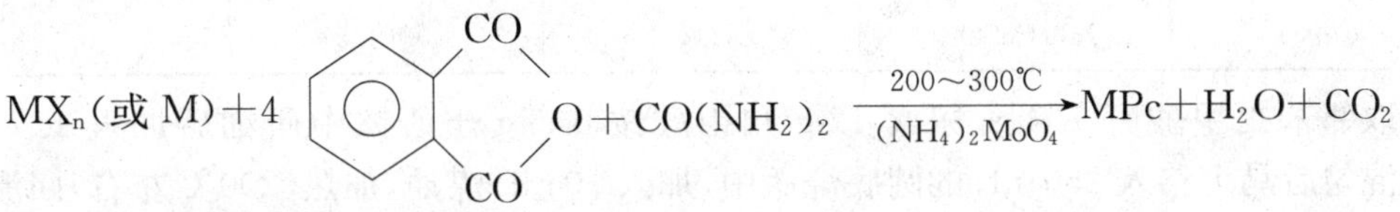


(4)以 2-氰基苯甲酸胺为原料

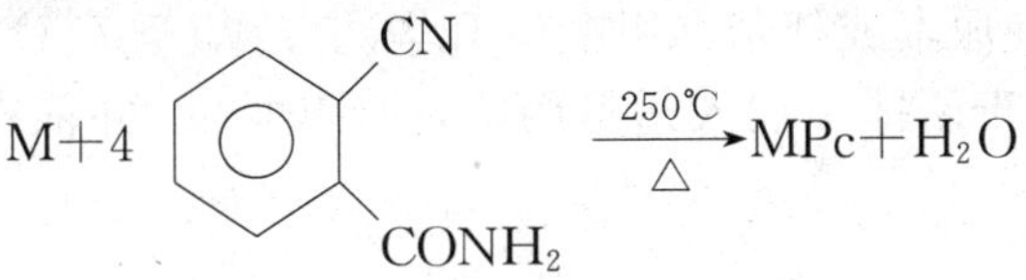


## Part Ⅰ 金属酞菁的合成

### 一、实验目的

(1)通过合成酞菁金属配合物，掌握这类大环配合物的一般合成方法，了解金属模板反应在无机合成中的应用。

(2)进一步熟练掌握常规操作方法和技能，了解酞菁纯化方法。

### 二、实验原理

本实验按反应(3)制备金属酞菁，原料为金属盐、邻苯二甲酸酐和尿素，催化剂为钼酸铵。利用溶液法或熔融法进行制备。

金属酞菁配合物的稳定性与金属离子的电荷及离子半径有关。由于电荷半径比较大的金属如 Al(Ⅲ)、Cu(Ⅱ)等形成的金属酞菁较难被质子酸取代并具有较大的稳定性，这些配合物可以通过真空升华或先溶于硫酸并在水中沉淀等方法进行纯化。

F 区金属易形成夹心型金属酞菁，如在 250 ℃下 $AnI_4$(An=Th、Pa、U)与邻苯二甲腈反应可以制得夹心型锕类酞菁配合物。这类配合物的酞菁环异吲哚中的 8 个 N 原子与中心金属形成八齿配合物。酞菁环并非呈平面，而是略向上凸出，并且两个酞菁环相互错开一定的角度。对于铀酞菁 $Pc_2U$，由配体原子原子 $N_4$ 所形成的大环平面间距为 $2.81\times10^{-10}$ m。形成这类配合物一般中心金属原子必须具有较高氧化态(+3，+4 价)，同时金属离子半径应比酞菁环半径大。

## 三、实验用品

仪器：电热套，冷凝管，圆底烧瓶，烧杯，量筒，研钵，水泵，试管，台秤，电炉，抽滤瓶，布氏漏斗，高速离心机，离心管，恒温水浴锅，超声波粉碎器，真空升华纯化装置。

药品：氯化亚铁(CP)，硫酸铜(CP)，氯化镍(CP)，邻苯二甲酸酐(CP)，尿素(CP)，钼酸氨(CP)，煤油，丙酮(CP)，无水乙醇(CP)，浓硫酸，2%盐酸。

## 四、实验内容

### 1. 金属酞菁粗产品的制备

MPc 的制备(以 CoPc 为例，其他金属酞菁合成的反应物料见表 1)

**表 1　合成不同金属酞菁反应物投料量(单位:g)**

| 金属酞菁 | 金属盐投料量 | 邻苯二甲酸酐 | 尿素 | 钼酸铵 |
|---|---|---|---|---|
| FePc | 2.5($FeCl_2 \cdot 4H_2O$) | 7.4 | 12 | 0.5 |
| CoPc | 1.7($CoCl_2$) | 7.4 | 12 | 0.5 |
| NiPc | 1.7($NiCl_2$) | 7.4 | 12 | 0.5 |
| CuPc | 2.0($CuSO_4$) | 7.4 | 12 | 0.5 |

称取邻苯二甲酸酐 7.4 g，尿素 12 g 和钼酸铵 0.5 g 于研钵中研细后加入 1.7 g 无水 $CoCl_2$，混匀后马上移入 250 mL 的圆底烧瓶中，加入 70 mL 煤油，加热(200 ℃左右)回流 2 h 左右，在配体形成酞菁环而使溶液由无色(浅黄色)变为暗绿色时停止加热(加热期间应注意控制温度以避免由于过热而使尿素或邻苯二甲酸酐升华)。冷却至 70℃左右，加入适量无水乙醇稀释后趁热抽滤，滤饼置于研钵中加入适量丙酮，研细，抽滤，并依次用丙酮和 2%盐酸洗涤 2～3次，得到粗产品。

### 2. 粗产品提纯

(1)方法一

将粗产品倾入 10 倍质量的浓硫酸中，搅拌使其完全溶解，50～55 ℃水浴加热搅拌 1 h。冷却至室温后慢慢倾入 10 倍浓硫酸体积的蒸馏水中(小心操作，为得到纯净沉淀及较大颗粒产物应怎样操作)，并不断搅拌，加热煮沸，静置过夜。抽滤(或离心分离)。滤液收集于废液缸中，滤饼(或沉淀物)移入 200 mL 烧杯中，加入适量的蒸馏水煮沸 5～10 min，冷却后移入离心管离心分离，沉淀物用热蒸馏水洗至无 $SO_4^{2-}$(应重复操作 7～8 次)，并分别以无水乙醇、丙酮为洗涤剂，超声波粉碎洗涤，离心分离各 4 次，母液分别集中收集在废液缸中。产物在 60 ℃下真空干燥 2 h，得纯品。称量，计算产率(以邻苯二甲酸酐计)。对废液进行处理后回收或排放。

(2)方法二

金属酞菁在真空条件下升华而得到纯化。

将 1 g 左右的粗金属酞菁置于石英管内高温区与低温区之间(图 1)，真空度维持在 133～266 Pa，$N_2$气流量控制在 20 mL/ min(未抽真空时)，高温区控制温度 813 K，低温区控制在 713 K，待高温区达到指定温度后，恒温 2 h，停止加热，旋转活塞 9，关掉真空系统，待体系内已近1 atm时，使体系与大气相通，自然冷却到室温，取出升华产品。

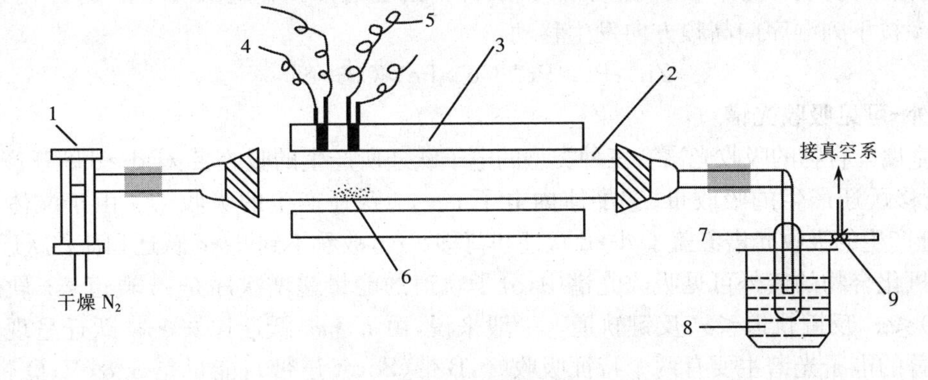


**图 1　金属酞菁真空升华纯化装置图**

1. 转子流量计　2. 石英管　3. 双温区管式炉　4. 热电偶(控高温)　5. 热电偶(控低温)　6. 样品　7. 冷阱　8. 冰盐浴　9. 三通活塞

## 五、思考题

(1)在合成产物过程中应注意那些操作问题?

(2)在用乙醇和丙酮处理合成的粗产品时主要能除掉哪些杂质?产品提纯中你认为是否有更优的方法?

(3)如何处理实验过程中产生的废液(酸,有机物)?不经处理的废液直接倒入水槽后将会造成什么危害?

# Part Ⅱ　金属酞菁的表征与性能测试

## 一、实验目的

运用红外光谱、紫外-可见光谱、磁化率测定、差热-热重、循环伏安等表征方法,推测所合成的配合物的组成和结构,加深对配合物的认识。

## 二、实验原理

在表征金属配合物时常用到 IR、UV-Vis、磁化率、DTA-TG 以及元素分析来确定分子组成、功能团、电子结构和一些键的特征。本实验利用上述实验技术对所合成的金属酞菁的组成和结构进行表征。

### 1. 红外光谱(IR)

金属酞菁是以自由酞菁作为配体的金属配合物。在配位前后自由酞菁的红外光谱发生变化。一方面,N-H 红外吸收带消失,同时出现新的 N-M 红外振动光谱;另一方面,由于对称性由原来的 $D_{2h}$ 提高到 $D_{4h}$,使得原来的非红外活性变为红外活性,从而产生新的吸收峰。金属酞菁特征吸收带主要分布在 4 个区域:①2 900～3 500 $cm^{-1}$ 处的一组峰是 $\nu_{N-H}$ 和芳环上的 $\nu_{N-C}$,芳环上的 $\nu_{N-C}$ 一般都比脂肪族的 $\nu_{N-C}$ 弱;②1 600～1 615 $cm^{-1}$ 和 1 520～1 535 $cm^{-1}$ 都各有一个吸收峰,这是由芳香环上 C=C 及 C=N 的伸缩振动引起的。十六氢酞菁虽然没有芳香环,但其 C=C 和酞菁的内环共轭,使得 C=C 伸缩振动也在 1 600 $cm^{-1}$ 左右。因为 C=C 键和 C=N 键相互共轭,两键的频率非常接近,很难区分上述两个吸收峰的归属;③在低频区可以看到在与金属酞菁相应的位置上,自由酞菁的谱图上是两个对应的谱带,而且相比之下,金属酞菁谱带更偏于较高频率,不同中心金属原子使金属酞菁吸收峰向高频移动的程度也不同;④在远红外区,骨架振动吸收带主要出现在 150～200 $cm^{-1}$ 区间。对于 Fe、Co、Ni 和 Cu 金属酞菁，这组谱带为金属-配体-配体振动，自由酞菁不出现谱带。金属酞菁中的金属-配体-配体的振动频率按下列顺序向高频方向发生移动：

$$Zn>Pt>Pt>Cu>Fe>Co>Ni$$

**2. 紫外-可见吸收光谱**

过渡金属配合物的吸收光谱有三种类型的电子跃迁所产生的吸收带：①d→d 跃迁产生的吸收带；②荷移跃迁产生的吸收带；③配体内电子 $\pi\to\pi^*$ 跃迁产生的吸收带。由于配体内电子 $\pi\to\pi^*$ 跃迁产生的吸收光谱覆盖了 d→d 跃迁和荷移跃迁，故看不到 d→d 跃迁和荷移跃迁光谱。

在有机化合物的紫外可见吸收光谱中，分子轨道的能量递增次序是：σ 轨道＜π 轨道＜非键轨道(n)＜$\pi^*$ 反键轨道＜$\sigma^*$ 反键轨道。一般来说，由 $n\to\pi^*$ 跃迁比 $\pi\to\pi^*$ 跃迁呈现更长的波长。酞菁的电子光谱主要有两个特征吸收峰：B 带(Soret 谱带)，能量是 3.8 eV；Q 带，其能量约是 1.8 eV。这两个吸收峰都是酞菁配体上的 π 电子跃迁引起的。B 带被指定为 $4a_{2u}\to6e_g$的跃迁；而 Q 带则被认定为 $2a_{1u}\to6e_g$的跃迁。一般金属酞菁的 B 带在 250～350 nm，而 Q 带在 700～800 nm。B 带受中心金属及酞菁环的变化，如取代、加氢等的影响较小。相反，Q 带则易受影响。

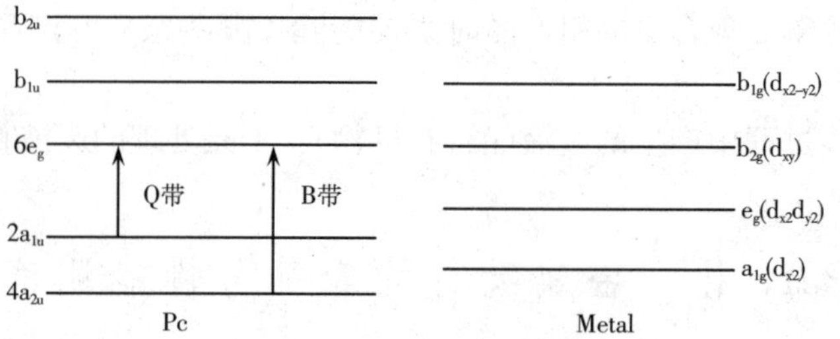


**图 2　金属酞菁分子轨道示意图**

溶剂对吸收峰的位置也会产生影响。如以浓硫酸为溶剂时，一方面由于酞菁环上的 N 和浓硫酸形成氢键，Q 带比以 α-氯萘为溶剂时红移；另一方面，以浓硫酸为溶剂将使酞菁基态能量下降，使其发生电子跃迁所需的能量更大，因此浓硫酸中酞菁 B 带比 α-氯萘中的 B 带蓝移。中心金属对酞菁的 B 带和 Q 带影响较小。

**3. 热分析**

利用差热-热重的联合分析仪，对金属酞菁 MPc 的热分解、晶型转变进行研究。对金属酞菁进行热分析时，还应注意是否有晶型的转变，如锌、铜酞菁及无金属酞菁存在两种构型，即 α 型和 β 型，在低温区处于 α 型，在高温区为 β 型。因此对于这些配合物在温度为 250～430 ℃还会出现一个晶型转变峰，由于对于晶型转变热效应通常比较少，所以该峰较不明显。

金属酞菁热分解时先断裂的可能是酞菁环上的键也可能是配位键。其热分解开始温度是与配位键强度密切相关的。在氧气氛中，由于氧分子配位到金属酞菁的轴向上，降低了酞菁环上电子云密度，削减了酞菁环上键的强度，因此在氧气氛和惰性气氛中金属酞菁的热稳定性稍有差别。

## 三、实验用品

仪器：紫外-可见分光光度计，红外分光光谱仪，古埃磁天平，微量差热天平，电导率仪。

药品：金属酞菁。

四、实验内容

**1. 红外光谱测定**

用 KBr 压片或石蜡油研磨的方法测定所合成金属酞菁的红外光谱，指认金属酞菁的特征吸收峰，并找出 MPc-$H_2$Pc 特征频率的变化规律。

**2. 紫外-可见光谱测定**

**3. 磁化率测定**

测定磁化率，计算有效磁矩和不成对电子数，并讨论配合物的电子结构。

**4. 差热-热重测试**

正确分析谱图，讨论在氮气氛和氧气氛中金属酞菁热分解温度变化规律及晶体型转变。

五、思考题

(1)低频区金属酞菁与自由酞菁红外光谱的差异提供了什么结构信息？

(2)合成产物的顺次化率测试结果说明了什么问题？请简单讨论配合物中金属离子的电子排布。

(3)详细讨论所得差热-热重曲线，比较不同中心金属酞菁的热稳定性。

## Part Ⅲ　设计实验

一、实验目的

(1)培养收集、综合资料和独立完成实验的能力。

(2)进一步熟练有关的实验技术。

二、设计内容

**1. MPc 的循环伏安行为及催化活化小分子研究**

NO、CO、$SO_2$、碳氢化合物等气体小分子是造成空气污染的主要原因。利用化学方法清除这些有毒气体对于环境保护具有重要的意义。由于这些气体分子中都含具有孤对电子的原子(如 N、O、S)，其配位能力较强，故利用过渡金属配合物与这些分子配位可达到活化催化分解它们的目的。

查阅有关文献，设计研究氧化还原及催化活化小分子的实验方案，利用循环伏安法研究 MPc 在通入 NO 前后循环伏安曲线的变化来探讨 MPc 对 NO 等的催化活性作用。

**2. 晶型转变研究**

同一物质可能存在多种晶型，即为多晶型化合物。不同的合成制备方法，或者改变条件都可能使晶型发生变化。不同晶型在一定条件下能够相互转化。不同晶型的同一键的振动及晶格可能存在差异，因此它们的红外光谱及 X 射线衍射谱也可能不同。

金属酞菁和自由酞菁存在两种晶型 $\alpha$ 型和 $\beta$ 型，如 ZnPc、CuPc 在低温区为 $\alpha$ 型，在高温区为 $\beta$ 型。查阅有关文献，设计相关的实验方法，探索 $\alpha$ 型和 $\beta$ 型金属酞菁不同晶型存在以及它们相互转变过程。

**3. 金属酞菁光电导性能研究**

一般认为，有机固体的光电导机制是电子的而不是离子的现象，是由于电子载流子的形成和迁移所致，因此其光电导性与该种分子的能级与晶格能级有关，而且对相邻分子之间重叠的 $\pi$ 轨道电子特别敏感。

有机光电导体的结构有单层结构和功能分离型双层结构之分。当光照射到双层光电导体表面时，光生载流子发生层中就产生了一对一对的光生载流子，同时由于外加静电场的作用，使产生光生的光生载流子的空穴和电子同时向相反方向迁移，光电导体表面的负电荷因与光生载流子的空穴中和而减少，导致了光电导体表面负电荷分布不均，形成了信息记录的静电潜像。

有机光电导的光电导性能可以用黑暗时和光照 1 min 时的电导率的比值 $n$ 来衡量。光电导性能的好坏可用以下参数表示。

暗衰($V_d$)，以没有光照的条件每分钟电位的下降值来表示，它表示双层光电导体保持电荷能力的大小，$V_d$越小保持电荷的能力越强。

光衰($V_p$)，光照 1 min 后电压下降值，表示光电导体光灵敏性能的好坏。$t_{1/2}$ 电压下降到 $1/2V_0$时的光照时间。

查阅有关文献，用光电表面电位特性测试仪对金属酞菁光电导性能进行测试。设计完成以下实验方案：

①铝片预处理；

②置备阻挡层材料及涂层；

③光生载流子发生层涂膜；

④发生载流子传输层涂膜；

⑤光电导性能测试步骤的实验方案。

**4. 水溶性金属酞菁的合成**

金属酞菁的溶解性较差，但它的磺化衍生物在有机溶剂或水中具有较大的溶解度。磺化酞菁可由磺化邻苯二甲酸酐来置备，也可利用金属酞菁进行磺化制得。查阅有关文献，设计合成水溶性金属酞菁配合物的实验方案(重点在于分离提纯)。

**5. 其他合成**

查阅有关文献，设计合成除 Fe、Co、Ni、Cu 以外其他金属酞菁配合物的实验方案，并在老师指导下付诸实施。

*参考文献*

[1] Moser F H, Thomas A L Phthalocyanine compounds. New York: Peinhold Corp, 1963. 1～365.

[2] Kasuga K, Tsutsui M Some development in the chemistry of metallophthalocyanines. Coordination Chemistry Review, 1980, 32(1): 67～95.

[3] 詹梦雄，郑标练，顾学民. 金属酞菁的热稳定性. 厦门大学学报(自然科学版)，1986，25(2)：192～198.

[4] 南开大学化学系中级无机化学实验编写组. 中级无机化学实验. 天津：南开大学出版社，1995.

## 实验二十六　甲烷部分氧化反应催化研究

### 课题背景

近十几年来，甲烷氧化偶联制 $C_2$、$C_3$物种及芳构化，甲烷深度氧化制含氧化合物等反应成为研究热点。由于甲烷氧化偶联反应中甲烷的转化率低，反应产物复杂，分离操作困难。第十届国际催化会议后，人们将研究重点转向甲烷部分氧化制合成气(POM)的研究。即利用目前比较成熟的 F-T 合成、甲醇合成的工艺，将由甲烷制得的合成气合成燃料及化学品作为天然气利用的有效途径之一。

目前由天然气制合成气的工业方法包括(1)水蒸气-$CO_2$重整，(2)自热重整，(3)非催化部分氧化，(4)燃烧重整等。如水蒸气重整

$$CH_4 + H_2O \rightarrow CO + 3H_2 \qquad \Delta H^0_{1000} = +206.4\ kJ \cdot mol^{-1}$$

该工艺受热力学限制，反应需在加压（1.5～3 MPa）和高温（850～900℃）条件下进行，耗能巨大，能量成本占总成本 60%，设备复杂，成本高，产物中 $H_2/CO$ 的摩尔比为 3 左右，需经调比方可被后续工艺利用（甲醇或烃合成）。反应过程伴随着 CO 的水蒸气变换反应

$$CO+H_2O \rightarrow CO_2+H_2$$

致使 CO 的选择性降低。

Prettre M 等于 1946 年首次报道 Ni 催化剂上甲烷催化部分氧化制合成气反应，20 世纪 90 年代以来，POM 过程的催化研究进展较大。甲烷催化部分氧化制合成气反应具有以下优点：

（1）该反应为中等放热反应，可以作为自热反应进行而避免巨大的能耗

$$CH_4+1/2O_2 \rightarrow CO+2H_2 \quad \Delta H^0_{298}=-35.65\ kJ/mol \quad \Delta H^0_{1000}=-22.2\ kJ\cdot mol^{-1}$$

（2）在高活性催化剂作用下，反应可以接近平衡转化率。而且反应选择性高。

（3）反应在高空速条件下进行，反应接触时间短（$<10^{-2}$ s），生产效率高。

（4）反应产物中 $H_2/CO$ 的摩尔比为 2 左右，可直接作为甲醇合成（$CO+2H_2 \rightarrow CH_3OH$ 催化剂：Cu/ZnO），Fischer-Tropsh 合成[$nCO+2nH_2 \rightarrow (CH_2)_n$ 催化剂：Fe、Cu]的原料。

（5）据估计该工艺可减少 10%～15%的能耗和 25%～30%的投资。据美国专利报道，Exxson 公司已完成在 Ni 催化剂上 POM 流化床工艺的过程开发。近年来，中高温无机透氧膜及膜催化反应器的研究开发，可以为 POM 反应提供较经济的氧源，而且避免了副产物（$SO_x$、$NO_x$）的生成，显示了巨大的应用前景。

甲烷部分氧化催化剂的研究开展较多。Rh、Pt、Ru 等贵金属催化剂在 POM 反应中均表现出良好的催化活性。但从经济性上考虑，镍及以镍为基的二元、三元金属催化剂是研究最多的催化剂。$Ni/Al_2O_3$，$Ni/La_2O_3$，$Ni/Yb_2O_3$，NiO/MO（M＝Mg、Ca、Sr、Ba），Ni/monolith，NiO-MgO-CaO，NiO-CaO-SrO，NiO-MgO-SrO，$NiO/M_mO_n/Al_2O_3$（M＝K、Ca、La、Zr、V、Cr、Mn、Fe、Cu、Zn、Pb、Bi）等催化剂体系均见报道。

# Part Ⅰ 催化剂的制备

## 一、实验目的

（1）了解催化剂制备的常用方法。

（2）掌握浸渍法制备负载型催化剂的基本原理和方法并采用干式浸渍法制备 $Ni/SiO_2$ 催化剂。

## 二、实验原理

催化剂的性能（活性、选择性和稳定性）不仅取决于催化剂的组分和含量，而且与催化剂的制备方法和工艺条件密切相关。催化剂制备的常用方法有沉淀法（包括共沉淀）、溶胶-凝胶法、浸渍法、离子交换法、机械混合法、熔融法和其他特殊制备方法等。

浸渍法是一种常用的制备负载型金属或金属氧化物催化剂的方法。该方法所制备的催化剂的催化性能不仅与负载的金属或金属氧化物的种类、含量有关，而且多数情况下还与金属在载体上的分散度即载体的性质有关，此外还受制备方法、溶液浓度、pH 和后处理等因素影响。

浸渍法可分为浸入式浸渍和干式浸渍两种。前一种方法是将载体浸入金属盐（硝酸盐、乙酸盐、氯化物、乳酸盐等）的浓溶液，排掉多余液体后，催化剂在热空气中处理以蒸发溶液并分解金属盐；后一种方法式让载体吸收相当于其孔体积的金属盐溶液，再经烘干、分解。

## 三、实验用品

仪器：容量瓶（100 mL），坩埚（30 mL），烘箱，马弗炉。

药品：$Ni(NO_3)_2 \cdot 6H_2O$(AR)，硅胶(40～60 目)。

## 四、实验内容

(1)催化剂制备以 10% $Ni/SiO_2$ 为例：用天平称取 43.62 g $Ni(NO_3)_2 \cdot 6H_2O$(AR)于小烧杯中，加适量二次去离子水溶解，再定容于 100 mL 容量瓶中，配成 1.500 $mol \cdot L^{-1}$ $Ni(NO_3)_2$(含 Ni0.08805 $g \cdot mL^{-1}$)水溶液。

(2)取 1.500 $mol \cdot L^{-1}$ $Ni(NO_3)_2$ 水溶液 6.31 mL 于小烧杯中，加水稀释至总体积为 8.0 mL。称取 5.0 g 经烘干处理过的硅胶(40～60 目)，快速将硅胶倒入装有稀释后 $Ni(NO_3)_2$ 水溶液的烧杯中，并放置 10 min。

(3)将上述样品放入烘箱中于 120℃ 干燥 4 h，再转入坩埚中，在马弗炉中 600℃焙烧 6 h 即可得到催化剂。

参照上述方法，制备负载量为 4%～10%的 $Ni/SiO_2$ 催化剂以及其他载体($Al_2O_3$、$La_2O_3$ 等)负载的 Ni 基催化剂。

(4)将焙烧后的催化剂前驱体进行 X 射线粉末衍射分析，判断焙烧后样品的晶相结构。

## 五、数据记录与处理

计算 $Ni/SiO_2$ 上 Ni 的负载量：

$$W_B = \frac{m_{Ni}}{m_{Ni} + m_{SiO_2}} \times 100\%$$

## 六、注意事项

(1)控制 $Ni(NO_3)_2$ 溶液量约为 1.6 $mL \cdot g^{-1}$ $SiO_2$。

(2)因样品焙烧过程中有 $NO_x$ 气体产生，注意马弗炉的通风。

# Part Ⅱ　程序升温还原法表征多相催化剂

## 一、实验目的

(1)熟悉程序升温分析技术的特点及其应用，掌握其中的程序升温还原(TPR)分析方法。

(2)熟悉普遍适用于各种程序升温分析法的实验装置并利用该装置测定 $Ni/SiO_2$。

## 二、实验原理

程序升温还原(TPR)法是程序升温分析法的一种。在 TPR 实验中，将一定量的金属氧化物催化剂置于固定床反应器中，让还原性气流(通常为含低浓度 $H_2$ 的 $H_2/Ar$ 或 $H_2/N_2$ 混合气)以一定流速通过催化剂，同时让催化剂以一定速率线性升温。当温度达到某一数值时，催化剂上的氧化物开始被还原：$MO(s) + H_2(g) \rightarrow M(s) + H_2O(g)$。由于还原气流速不变，故 $H_2$ 浓度的变化与催化剂的还原速率成正比。用气相色谱热导检测器连续检测经过反应器后的气流中 $H_2$ 浓度的变化，并用记录仪记录 $H_2$ 浓度随温度的变化曲线，即得到催化剂的 TPR 谱，它是呈峰型曲线。图中每一个 TPR 峰最大值所对应的温度称为温峰($T_M$)。$T_M$ 的高低反映了催化剂上氧化物种被还原的难易程度，峰形曲线下包含的面积大小正比于该氧化物种量的多少。TPR 的研究对象为负载或非负载的金属或金属氧化物催化剂(对金属催化剂，需经氧化处理为金属氧化物)。通过 TPR 实验可获得金属价态变化，两种金属间的相互作用，金属氧化物与载体间相互作用和氧化物还原反应的活化能等信息。

## 三、实验用品

仪器：TPR 实验装置(自制)，气相色谱仪，双通道色谱工作站，程序控温仪，计算机。

药品：5% $H_2$/Ar，5% $O_2$/Ar（均为体积分数，用于配气的 $H_2$、$O_2$、Ar 等气体的纯度不低于 99.995%，否则气体需经净化处理），冷阱用冰/盐浴冷却。

## 四、实验内容

（1）打开气相色谱仪载气（5% $H_2$/Ar），将流速调至 25 mL·min$^{-1}$。开启色谱仪电源开关，设置柱温、汽化室温度、热导池温度和桥流。

（2）称取 100 mg 10% Ni/$SiO_2$样品，置于内径为 5～6 mm 的固定床石英微型反应器中。控温，测温热电偶（镍铬-镍铝）均固定于反应管外侧，其测温端紧贴反应管外壁并与催化剂床层中部齐高。转动六通阀，让样品在 5% $O_2$/Ar 气流中以 20℃/min 的速度从室温升至 500℃，在 500℃下恒温氧化 60 min，再自然降温至 50℃。

（3）样品温度降至 50℃后，将 U 型石英管（冷阱）放入冰/盐浴中，切换六通阀，让 5% $H_2$/Ar载气吹扫样品。启动色谱工作站，直至基线平稳。

（4）基线平稳后，样品载 5% $H_2$/Ar 气流中以 15℃/min 的速率从 50℃升温至 600℃，还原所生成的水由冷阱除去。样品温度随时间的变化和载气中 $H_2$浓度随时间的变化分别由测温热电偶和气相色谱仪热导检测器连续检测，热电偶和热导检测器输出的信号（mV）由色谱工作站采集。

（5）本实验的 TPR 装置稍加改动就可以进行程序升温氧化（TPO）和 $O_2$ 程序升温脱附（$O_2$-TPD）等实验，实验者可根据试剂条件选做。

## 五、注意事项

（1）在启动色谱仪前应先通载气，关闭载气前需将热导检测器的桥流设置为零。由于本实验以 5% $H_2$/Ar 为载气，热导检测器的桥流不宜太高。

（2）注意实验装置的检漏。本系统采用单气路，在装卸样品管时六通阀必须让 5% $H_2$/Ar 经过参考臂和测量臂，以防热导池测量臂因没有载气流过而损坏。

## 六、数据记录与处理

（1）利用镍铬-镍铝热电偶热电势～温度转换公式

$$t = t_r + 3.813 + 24.038 \times E$$

式中，$t$、$t_r$ 分别为样品温度和室温（℃）；$E$ 为测温热电偶的热电势（mV）。

将样品升温过程中测温热电偶的热电势变化转换为相应的温度变化值（℃）。以 $H_2$浓度变化的信号值（mV）为纵坐标，样品温度变化值（℃）为横坐标作图，从图上找出每一个 TPR 峰最大值所对应的还原温度（即峰温 $T_M$）。用 Microcal Origin 软件进行数据处理。

（2）$H_2$/Ar 的流速、升温速率和催化剂用量等因素可能会影响 TPR 图谱的峰形和还原峰温 $T_M$的高低。

（3）载体的性质（如 $SiO_2$和 $Al_2O_3$等）、负载量和催化剂制备过程中干燥、分解及灼烧条件等均会影响催化剂的还原性能，实验者可自行改变某些因素并考察其影响。

# Part Ⅲ　催化剂性能评价

## 一、实验目的

（1）掌握催化剂性能评价的基本原理和方法，熟悉有关实验装置。

（2）考察 Ni/$SiO_2$催化剂上甲烷部分氧化制合成气的反应性能，计算原料气的组成以及催化剂的活性和选择性。

## 二、实验原理

催化剂性能评价的内容包括活性、选择性和寿命三个因素。催化活性是在实验条件下催化剂促进反应物转化的速率和程度的度量，是衡量催化剂性能的一个非常重要的指标。但因准确求出反应速率比较费事，在实际工作中，人们只需要在相同条件下比较催化剂的效能，因此往往用反应物的转化率来表示催化剂的活性。

以反应 $\nu_a A+\nu_b B \rightarrow \nu_p P+\nu_r R$ 为例，反应物 A 的转化率 $X_A$ 可表示为：

$$X_{\mathrm{A}}=\frac{N_{\mathrm{A}}^{0}-N_{\mathrm{A}}}{N_{\mathrm{A}}^{0}}\times 100\%$$

式中，$N_{\mathrm{A}}^{0}$ 为 A 的起始量；$N_{\mathrm{A}}$ 为未反应的 A 的量。

显然，转化率只与反应物有关。除转化率外，催化剂的活性还可以用生成物 P 的单程收率 $Y_{\mathrm{P}}$ 或时空产率 $Y_{\mathrm{t,s}}$ 来表示。

$$Y_{\mathrm{p}}=\frac{\nu_{\mathrm{a}}N_{\mathrm{p}}}{\nu_{\mathrm{p}}N_{\mathrm{A}}^{0}}\times 100\%$$

$Y_{\mathrm{t,s}}=\dfrac{W_{\mathrm{p}}}{tV_{\mathrm{C}}}$。$t$、$V_{\mathrm{C}}$ 分别是反应时间和催化剂的体积。

选择性 $S_{\mathrm{P}}$ 是借助催化剂达到所期望的转化率(生成目的产物)效率的度量，其定义为：

$$S_{\mathrm{p}}=\frac{\nu_{\mathrm{a}}N_{\mathrm{p}}}{\nu_{\mathrm{p}}(N_{\mathrm{A}}^{0}-N_{\mathrm{A}})}\times 100\%$$

寿命指的是催化剂达到指定最小活性所需的时间。催化剂的寿命分为单程寿命(与反应物接触到必须活化再生的时间)和总寿命(从开始使用到无法再生的时间)。

## 三、实验用品

仪器：催化剂性能评价装置，气相色谱仪，色谱工作站，程序控温仪，计算机。

药品：$CH_4$(纯度大于 99.5%)，$O_2$(纯度大于 99.5%)，$H_2$(纯度大于 99.5%)，Ar(纯度大于 99.995%)，601 碳分子筛。

## 四、实验内容

(1) 打开气相色谱仪载气(Ar)，调节流量为 30 mL·min$^{-1}$。开启色谱仪电源开关，设置柱温、汽化室温度、热导池温度和桥流。本实验以热导池检测器检测原料气和反应尾气，以 601 碳分子筛柱(1.5 m)分离 $H_2$、$O_2$、CO、$CH_4$ 和 $CO_2$ 等组分。

(2) 量取 10% Ni/$SiO_2$ 催化剂 0.10 mL 置于内径为 5～6 mm 的固定床石英微型反应器中。控温热电偶(镍铬-镍铝)固定于反应管外侧，其测温端紧贴反应管外壁并与催化剂床层的前半部分齐高。

(3) 催化剂在 $H_2$ 气流(0～30 mL·min$^{-1}$)中升温至 700 ℃(0～10 ℃/min)，在 700 ℃下还原 30 min 后将催化剂恒温于反应温度(700～850 ℃)。

(4) 打开 $CH_4$ 和 $O_2$ 气瓶，调整 $CH_4$ 流量：40 mL·min$^{-1}$，$O_2$ 流量：20 mL·min$^{-1}$，并分析原料气组成。将 $CH_4$ 和 $O_2$ 为 2∶1(体积比)混合气(GHSV＝36 000 h$^{-1}$)切入石英微型反应器，反应开始 3～5 min 后定时采样分析反应尾气。

(5)根据实际条件，进一步考察负载量(4%～10% Ni)、反应温度(700～800 ℃)和原料气空速(3 600～200 000 h$^{-1}$)等因素对 Ni/$SiO_2$ 催化性能的影响。

## 五、注意事项

(1)启动气相色谱仪前，必须先通载气；关闭载气前需将热导检测器的桥流关闭。本实验以 Ar 为载气，故热导池温度和桥流不宜太高，以免损坏热导检测器。有关气相色谱仪使用的其他注意事项和具体操作步骤请自行参阅有关资料。

(2)本实验的反应气和尾气均为易燃、易爆或有毒气体，应注意实验装置的检漏，反应尾气应排入通风橱或室外。

## 六、数据记录与处理

采用修正面积归一化方法计算原料气组成和 POM 反应的 $CH_4$ 转化率和生成 $H_2$、CO、$CO_2$ 的选择性。

(1)原料气配比($CH_4/O_2$)

$$CH_4/O_2=\frac{A_{CH_4}F_{CH_4}}{A_{O_2}F_{O_2}}$$

式中，$A_{CH_4}$、$A_{O_2}$ 为原料气中 $CH_4$ 和 $O_2$ 的色谱峰面积。

(2)$CH_4$ 转化率($C_{CH_4}$)

$$C_{CH_4}=\frac{A_{CO}F_{CO}+A_{CO_2}F_{CO_2}}{A_{CH_4}F_{CH_4}+A_{CO}F_{CO}+A_{CO_2}F_{CO_2}}\times 100\%$$

(3)$H_2$ 选择性($S_{H_2}$)

$$S_{H_2}=\frac{A_{H_2}F_{H_2}}{2(A_{CO}F_{CO}+A_{CO_2}F_{CO_2})}\times 100\%$$

(4) CO 选择性($S_{CO}$)

$$S_{CO}=\frac{A_{CO}F_{CO}}{A_{CO}F_{CO}+A_{CO_2}F_{CO_2}}\times 100\%$$

式中，$A_i$ 为反应尾气中各组分的色谱面积；$F_i$ 为以 Ar 为载气时各组分的相对摩尔校正因子。

### *参考文献*


[1] D. A. Hickman, L. D. Schmindt, Production of syngas by direct catalytic oxidation of methane. Science, 1993, 259:343～346.

[2] D.. Dissanayake, M. P. Rosynek, K. C. C. Kharas, J. H. Lunsford, Partial oxidation of methane to carbon monoxide and hydrogen over Ni/$Al_2O_3$ catalyst. J Catal, 1991, 123:117～127.

[3] 潘履让. 固体催化剂的设计与制备. 天津:南开大学出版社,1993.

[4] J. R. 安德森和 K. C. 普拉特. 催化剂表征与测试. 庞礼等译. 北京:烃加工出版社,1989.

[5] 严继民,等. 吸附与凝聚-固体的表面与孔. 第 2 版. 北京:科学出版社,1986.

[6] 王尊本,等. 综合化学实验. 北京:科学出版社,2003.

# 第三部分　附　录

## 附录1　化学实验常用仪器、装置及使用

### 附录1.1　分光光度计

一、基本原理

吸光光度法是基于物质对光的选择性吸收而建立起来的分析方法。

当一束平行单色光($I_0$)通过一均匀的、非散射的吸光物质溶液时，溶质吸收了光能，透过光($I$)的强度就要减弱。其吸光度($A$)与液层厚度($b$)和溶液的浓度($c$)成正比。其定量关系为：

$$A = \lg \frac{I_0}{I} = abc \text{ 或 } A = \varepsilon bc$$

式中，$A$ 为吸光度(吸收光强度也称为光密度)；$a$ 为吸光系数($cm^{-1} \cdot g^{-1} \cdot L$)；$I_0$ 为入射光强度；$b$ 为溶液厚度(光程长度)(cm)；$I$ 为透射光强度；$c$ 为溶液的浓度(g/L 或 mol/L)；$\varepsilon$ 为摩尔吸光系数($cm^{-1} \cdot mol^{-1} \cdot L$)。

$\varepsilon$ 是各种吸光物质在特定波长和溶剂下的一个特征常数，数值上等于在 1 cm 的溶液厚度中吸光物质为 1 mol/L 时的吸光度，它是吸光物质的吸光能力的量度。

实际测定时可以读取物质的透光率(%)：$T = I/I_0$，故：

$$A = -\lg T = \varepsilon bc \text{ 或 } A = -\lg T = abc$$

此定量关系不仅适用于溶液，也适用于均匀的气体和固体状态的吸光物质。它是各类吸光光度法的定量测定依据。

在光度分析法中常用的分光光度计有 72 型、721 型和 751 型等。其原理基本相同，只是结构、测量精度、测量波长范围略有差异。

二、72 型分光光度计

**1. 72 型分光光度计结构**

72 型分光光度计是实验室中普遍使用的简易型可见光分光光度计，它由磁饱和稳压器、单色光器和检流计三大件组成，其光学系统如图 1 所示。

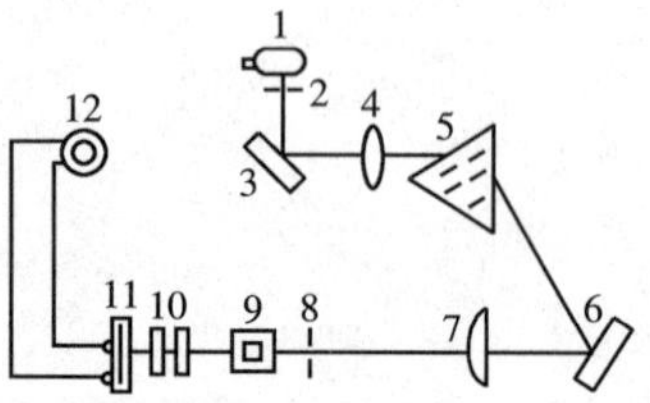

**图 1　72 型光度计的光学系统**

由光源 1 发出的白光经进光狭缝 2、反射镜 3 和透镜 4 后，成为平行光束进入棱镜 5。经棱镜色散后，各种波长的光被镀铝反射镜 6 反射，经透镜 7 再聚光于出光狭缝 8 上。镀铝反射镜和透镜装于一个可旋动的转盘上，转盘旋转的角度由波长调节器上一个螺丝凸轮带动，因此，旋动波长调节器，就可以在出光狭缝的后面得到所需波长的单色光。此光通过比色皿 9 和光量调节器 10 照射到硒光电池 11 上，产生的光电流输入检流计 12，得出光密度的读数。

**2. 使用方法**

首先连接好三个部件之间的线路(图 2)。将单色光器与稳压器的输出接线柱连接。按导线片套管的颜色把单色光器与检流计相连,红色套管的导线片接在“+”处,绿色套管的导电片接在“-”处,第三个导电片接地线。其次将检流计、稳压器和单色光器的电源开关都置于“关”的位置上,把稳压器和检流计分别接通 220V 交流电源。

按以下步骤测定溶液的光密度或透光率:

(1)调节检流计零点

将单色光器的光路闸门拨至黑点位置,检流计开关拨到“开”处,此时标尺上立即出现光标,用零点调节器将光标调到透光率“0”位上。

(2)调波长

用波长调节器将波长调到所需波长的位置。

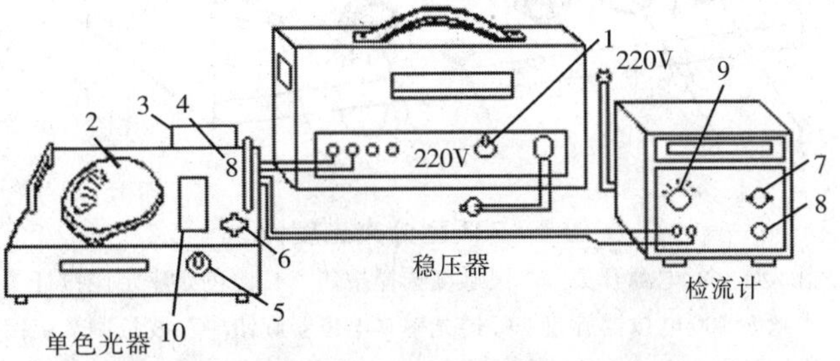


**图 2　72 型光度计的安装示意图**

1. 稳压电源开关　2. 波长调节器　3. 光路闸门　4. 单色器光源开关
5. 比色皿定位装置　6. 光亮调节器　7. 检流计电源开关
8. 零点调节器　9. 灵敏度调节器　10. 比色皿架

(3)预热

打开稳压器和单色光器的电源开关,将光路闸门拨到红点位置,依顺时针方向旋转光量调节器至光标移至透光率“100%”位置上(光密度为 0),等 10 分钟,待硒光电池趋于稳定后,再开始使用仪器。

(4)调参比溶液透光率为 100%

①将光路闸门重新拨到黑点位置,使光电池不受光,再次核对检流计的光标线是否在透光“0”位上。

②将盛溶液的比色皿放入比色槽架内, 般把参比溶液(常用去离子水)放在第一格内(拉杆抽出时有“咔嚓”声为一挡),待测溶液放在其他格内,然后盖好暗箱盖。

③将参比溶液放在光路上,再把光路闸门拨到红点位置,转动光量调节器,将检流计上的光标线调到透光率“100%”(光密度为 0)处。

(5)测量

拉杆轻轻抽出一格,使待测溶液进入光路。光标所指的光密度读数就是该溶液的光密度。必要时,将参比溶液推入光路,核对光密度是否仍在零点,并再取读数一次。

**3. 注意事项**

①在不测定时,应经常关闭单色光器的光路闸门 3(扳至黑点位置),以防光电池疲劳。测量过程中,要经常核对检流计的光标线是否在透光率“0”点位置。并检查空白溶液光密度是否在“0”位(透光率“100”)处。

②测定工作完后立即将检流计的分流器扳至“短路”处,并将检流计、稳压电源、单色光器光源的开关关上,然后将比色皿从比色槽中取出洗净,擦干后放回盒内。

③其余同 721 型光度计的注意事项。

## 三、721 型分光光度计

**1. 721 型分光光度计结构**

721 型分光光度计是 72 型分光光度计的改进型。它用体积小的晶体管稳压电源代替了笨重的磁饱和稳压器;用光电管代替了硒光电池作为光电转换元件,光电管配合放大线路将微

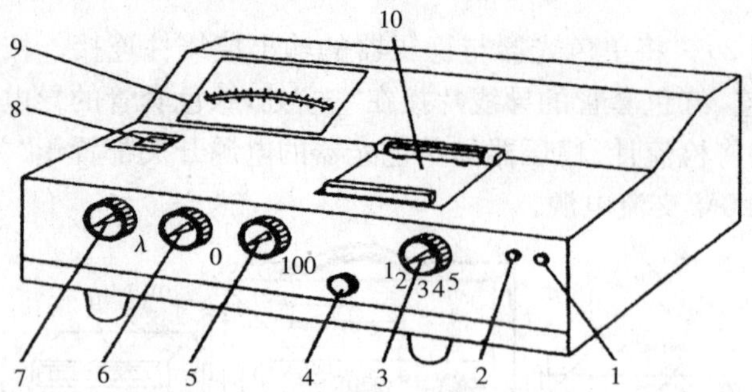

**图 3　721 型分光光度计**

1. 指示灯　2. 电源开关　3. 灵敏度选择按钮　4. 比色皿座定位拉杆　5. 透光率 100 电位器旋钮　6. 透光率 0 电位器旋钮　7. 波长调节旋钮　8. 波长示窗　9. 光密度(透光率)表　10. 比色皿暗箱盖

弱光电流放大后推动指针式微安表，以代替体积较大而且容易损坏的灵敏光点检流计。由于电子系统进行了很大的改进，因而可以将所有的部件组装成一个整体(图 3)，仪器体积小，稳定性和灵敏度都有提高。

**2. 使用方法**

(1)检查仪器

仪器未接通电源前，应先检查仪器是否接地，电表指针是否指在透光率为零处，如不指零则应调节电表下面的校正螺丝使指针指零(需在教师指导下进行)。

(2)预热

打开比色皿暗箱盖，使光路切断，防止光电管连续光照产生疲劳。接通电源，预热 20 min。

(3)选定波长

按实验要求，旋动图 3 中左起第一个标有“λ”的旋钮，使波长指针指在所需单色光波长处。

(4)固定灵敏度

旋动相应的放大器灵敏度*(旋动图 3 中右起第一个旋钮)。其选择原则是保证使参比液透光率能调到 100%的情况下，尽可能采用较低挡，这样仪器有更高的稳定性。选好挡后，在实验过程中不再变动。

* 放大器灵敏度挡是根据不同单色光波长来选择的。选用的原则是能使空白对照(比色皿盛蒸馏水或其他有色溶液)时，能很好地用光量调节器调整指针于 100%处。放大器灵敏度共分三个挡，各挡的灵敏度范围：第一挡×1 倍，第二挡×10 倍，第三挡×20 倍。

(5)调整零位电位器

打开比色皿暗箱盖，旋动图 3 中左起第二个标有“0”的旋钮，使电表指针重新处于透光率为零位。

(6)准备参比液及待测液

①比色皿要先用蒸馏水洗涤 2～3 次，用待装溶液再洗涤 2～3 次后装入比色皿至 2/3 高度。

②用擦镜纸将比色皿外面擦干(液滴较多时，可先用滤纸轻轻吸去大部分液体后，再用擦镜纸擦干)，擦时注意保护透光面，勿使产生斑痕。

③拿比色皿时，只能用手捏住毛玻璃的两边，切忌触摸透光面。

(7)调参比溶液透光率为 100%

将盛有参比液(蒸馏水或空白试剂等)的比色皿(一般放在比色皿架中第一格内)置于光路中，盖上比色皿暗箱盖，使光电管受到透射光的照射，旋转光量调节器(图 3 中左起第 3 个标有“100%”的旋钮)，使指针指在透光率为 100%处。

重复(5)、(7)操作，调整透光率的“0”位和“100%”的位置，待稳定后即可进行测定工作。

(8)测量

①在测量时把待测溶液轻轻推入光路，盖上暗箱盖，表针即偏转并稳定地指示出其透光率或光密度值。

②更换待测溶液时，一定要打开暗箱盖，使光闸遮断光路，保证光电管免受不必要的光照。

③测定结束后把盛有溶液的比色皿取出、洗净、吸干水分再放回原盒内，把干燥剂袋子放入暗箱，切断电源，盖好暗箱盖，罩好仪器罩。

**3. 注意事项**

(1)测定时比色皿要先用蒸馏水洗涤 2～3 次，再用被测溶液洗涤 2～3 次，确保被测溶液的浓度。

(2)溶液装入比色皿至 2/3 高度后，要用擦镜纸将比色皿外面擦干，擦时注意保护透光面，勿使产生斑痕。拿比色皿时，只能用手捏住毛玻璃的两边，切忌触拿透光面。

(3)在不测定时，应打开暗箱盖，使光闸遮断光路，保证光电管免受不必要的光照。测量过程中，要经常检查参比溶液光密度是否在"0"位(透光率"100")处。

(4)仪器连续使用的时间不能超过 2h 如果测量不能在 2h 内完成，必须间歇 0.5h 后再继续使用。

(5)测量时，应尽量使光密度值在 0.1～0.6 进行，以得到较高的准确度。

## 附录 1.2　原子吸收分光光度计

### 一、原子吸收分光光度计基本原理

原子吸收光谱法基于从光源发出的被测元素的特征辐射通过样品蒸气时，被待测元素基态原子所吸收，由辐射的减弱程度求得样品中被测元素含量。图 1 是原子吸收光谱分析示意图。

在光源发射线的半宽度小于吸收线的半宽度(即锐线光源)的条件下，光源的发射线通过一定厚度的原子蒸气，并被基态原子所吸收，吸光度与原子蒸气中待测元素的基态原于数间的关系遵循朗伯-比耳定律：

$$A=\lg\frac{I_0}{I}=KCL$$

这就是原子吸收光谱法中的基本公式。它表示在确定实验条件下，吸光度与试样中待测元素浓度 $C$ 呈线性关系。

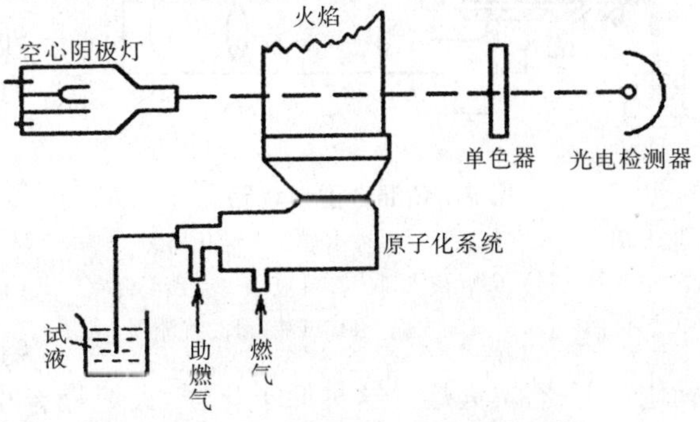


**图 1　原子吸收光谱分析示意图**

式中，$I_0$ 和 $I$ 分别表示入射光和透射光的强度；$L$ 为光程长度；$K$ 为与实验条件有关的常数；浓度 $C$ 代表吸收辐射的原子总数。

### 二、原子吸收分光光度计

原子吸收分光光度计型号繁多，自动化程度也各不相同，有单光束型和双光束型两大类。但其主要组成部分均包括光源、原子化装置、分光系统和检测系统。单光束型和双光束型仪器的光路图如图 2 所示。

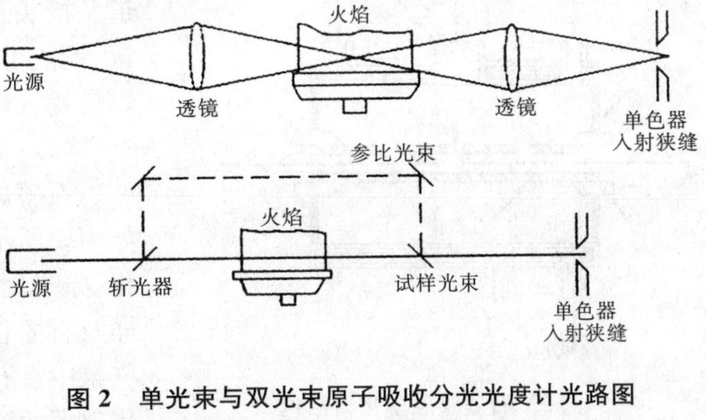


**图 2　单光束与双光束原子吸收分光光度计光路图**

**1. 光源**

光源的作用是辐射待测元素的特征光谱。它应满足能发射出比吸

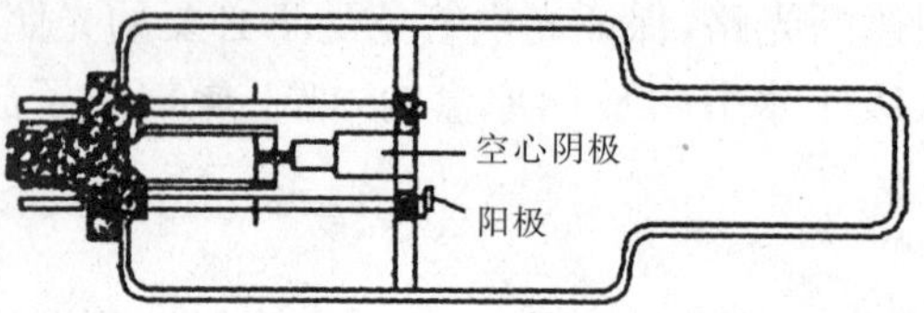


图 3　空心阴极灯

收线窄得多的锐线；足够的辐射强度、稳定、背景小等条件。目前应用广泛的是空心阴极灯，结构见图 3。它由封在玻璃管中的一个钨丝阳极和一个由被测元素的金属或合金制成的圆筒状阴极组成，内充低压的氖气或氩气。

当在阴、阳两极间加上电压时，气体发生电离，带正电荷的气体离子在电场作用下轰击阴极，使阴极表面的金属原子溅射出来，金属原子与电子、惰性气体原子及离子碰撞激发而发出辐射。最后，金属原子又扩散回阴极表面而重新沉积下来。测定每种元素，都要用该种元素的空心阴极灯。

当灯内有杂质气体时，辐射强度减弱，噪音增大，测定灵敏度下降。可将灯的正负极反接加热 30～60 min，杂质气体可被吸收，灯恢复到原来的性能。

**2. 原子化装置**

原子化装置的作用是将试样中待测元素变成基态原子蒸气。原子化方法有火焰原子化和无火焰原子化两种方法。

(1)火焰原子化器

火焰原子化器包括雾化器和燃烧器两部分。常用的燃烧器为预混合型，如图 4 所示。雾化器将试液雾化，喷出的雾滴碰在撞击球上，进一步分散成细雾，雾化器效率除与雾化器的结构有关外，还取决于溶液的表面张力、黏度、助燃气的压力、流速和温度。

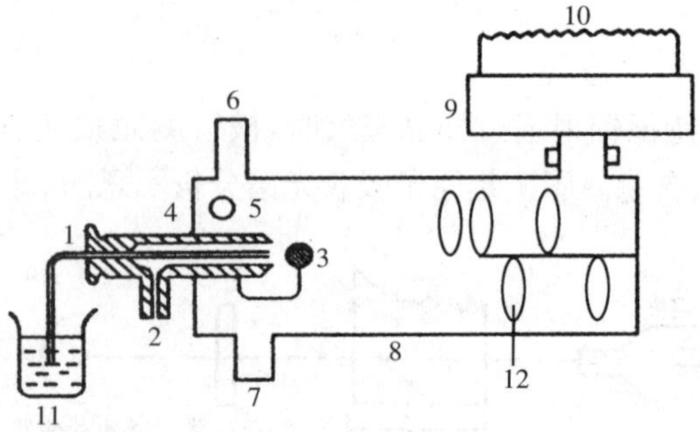


图 4　预混合型燃烧器

1. 毛细管　2. 空气入口　3. 撞击球　4. 雾化器　5. 空气补充口　6. 燃气入口　7. 排液口　8. 预混合室　9. 燃烧器(灯头)　10. 火焰　11. 试液　12. 扰流器

试液经雾化后，进入预混合室，与燃气混合，较大的雾滴凝聚后经废液管排出，较细的雾滴进入燃烧器。常用的缝式燃烧器，缝长 100～110 mm，缝宽 0.5～0.6 mm，适用于空气-乙炔焰。另一种缝长 50 mm，缝宽 0.46 mm，适用于氧化亚氮-乙炔火焰。这种原子化器，火焰噪音小，稳定性好，易于操作。缺点是试样利用率约有 10%，大部分试液由废液管排出。

气路系统是火焰原子化器的供气部分。气路系统中，用压力表、流量计及调节阀门来控制、测量气流量。燃气乙炔由钢瓶供给，乙炔管道及接头严禁使用铜及银质材料，因为乙炔与银、铜能生成易爆的乙炔铜或乙炔银。乙炔为易燃易爆气体，故乙炔钢瓶应远离明火，通风良好。

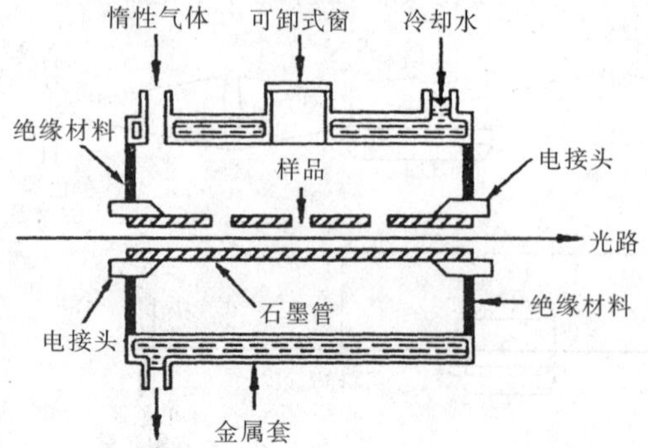


图 5　石墨管原子化器结构

(2)石墨炉原子化器

石墨炉原子化器是一种无火焰原子化装置，如图 5 所示。它是用电加热方法使试样干燥、灰化、原子化。试样用量只需几微升。为了防止试样及石墨管氧化，在加热时通入氮或氩。在这种气氛中有石墨提供大量碳，故能得到较好的原子化效率，特别是对易形成耐熔氧化物的元素。这种原子化法的最大优点是注入的试样几乎完全原子化，故灵敏度高。缺点是基体干扰及背景吸收较大，测定重现性较火焰原子化法差。

(3)其他原子化法

应用化学反应进行原子化也是常用的方法。砷、硒、碲、锡等元素通过化学反应，生成易挥发的氢化物，送入空气-乙炔焰或电加热的石英管中使之原子化。

汞原子化可将试样中汞盐用 $SnCl_2$ 还原为金属汞。由于汞的挥发性，用 $N_2$ 气或 Ar 气将汞蒸气带入气体吸收管进行测定。

**3. 光学系统**

光学系统分外光路和分光系统（单色器）两部分。光学系统示意图如图 6 所示。

外光路系统使空心阴极灯发出的共振线正确通过燃烧器上方的被测试样的原子蒸气，再射到单色器的狭缝上。分光系统主要由色散元件（光栅或棱镜）、反射镜、狭缝等组成。分光系统的作用是将待测元素的共振线与邻近的谱线分开。通常是根据谱线的结构和欲测共振线附近是否有干扰线来决定单色器狭缝的宽度。

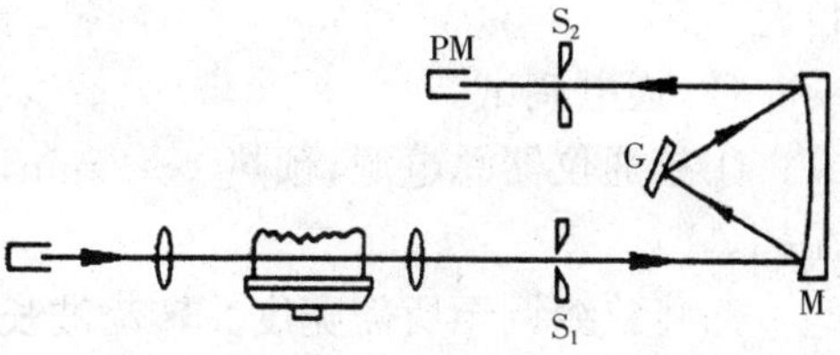


**图 6　光学系统示意图**

G. 光栅　M. 反射镜　$S_1$. 入射狭缝
$S_2$. 出射狭缝　PM. 检测器

例如，若待测元素光谱比较复杂（如铁族元素、稀土元素等）或有连续背景的，则狭缝宜小。若待测元素的谱线简单，共振线附近没有干扰线（如碱金属和碱土金属），则狭缝可较大，以提高信噪比，降低检测限。

**4. 检测系统**

检测系统由检测器、放大器、对数转换器、显示或打印装置组成。光信号检测是由光电倍增管将光信号变成电信号，经放大器放大，再将由放大器输出的信号进行对数转换，使指示仪表上显示出与试样浓度成线性关系的数值。测定结果由仪表显示、记录器记录或用微机处理数据，并打印或在屏幕上显示。

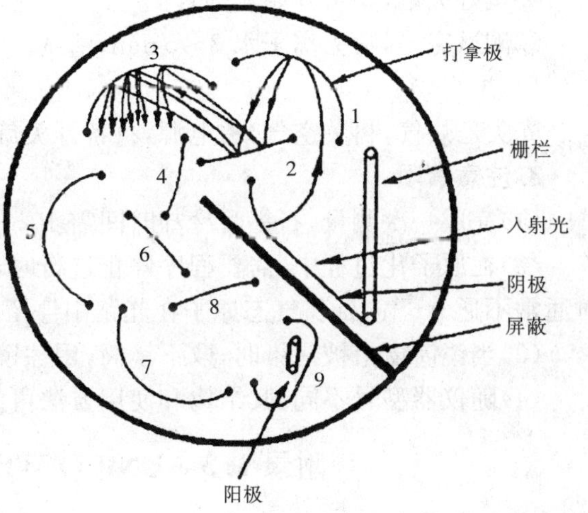


1～9 为打拿极

**图 7　光电倍增管示意图**

光电倍增管是由光阴极和若干个二次发射极（又称打拿极）组成。如图 7 所示。在光照射下，阴极发射出光电子，在高真空中被电场加速，并向第一打拿极运动，每一个光电子平均使打拿极表面发射几个电子，这就是二次发射。二次发射的电子又被加速向第二打拿极运动，此过程多次重复，最后电子被阳极收集。从光阴极上产生的每一个光电子，最后可使阳极上收集到 $10^6$～$10^7$ 个电子。光电倍增管的放大倍数，主要取决于电极间的电压和打拿极的数目。

三、WFX－1E2 型原子吸收分光光度计

**1. 主要技术参数**

波长范围：190～860 nm；光栅刻线：1200 条/nm；

闪跃波长：200 nm；理论分辨率：60000；

线色散倒数：2.06 nm/mm 。

**2. 仪器操作**

(1)开机准备

①接通仪器的外接电子稳压器。

②装上待测元素空心阴极灯。

③检查仪器面板各开关旋钮的工作位置：三组灯电源开关应处于“关”的位置；灯电流选择在“0”挡；“工作方式”开关置于“T%”；“波长扫描”置于“手动”；“响应时间”置于“Ⅲ”挡；“高压粗调”置于“1”挡；“标尺扩展”置于“最小”位置；面板气路“空气”、“燃气”调节阀均处于“关闭”位置。

(2)通电调试

①接通仪器总电源，预热 1～2 min，揿测量灯的“高压”揿钮，灯亮，灯电流选择置于所需电流挡。

②将狭缝调至所需宽度。转动波长手轮到所需元素的吸收波长，并手动微调到实际波长值。调整灯的位置及高压粗调旋钮，使电表有指示，然后细调灯的左右、高低、前后，使电表指示最大值。说明此时波长正确，灯已调好。再调高压“粗调”和“细调”，使电表指示 100%T。

③揿“工作方式”开关到“ABS”挡，即吸收测量位置，此时电表指示为“零”。调高压“微调”旋钮，使电表指到适当位置，打开记录仪，选择所需记录速度，走一段基线。

(3)点火测试

①检查气路无误后，先开助燃气开关，再开燃气开关，用电子点火枪在燃烧器缝口点火。

②调好火焰，即可开始实验。

③测试完毕，喷去离子水 3～5 min，清洗。

(4)熄火

先关乙炔气，再关空气，关电源，将各开关旋钮置于初始位置。

**3. 注意事项**

(1)完成一次测量，石墨管冷却时间需 10～15 s，当加样“准备”灯亮，可以注入新的试样。

(2)在原子化过程中，需要程序停止进行时，可按“止动”开关，石墨炉即停止工作，原子化时通常不通 Ar 气，延长气态原子在光路中停留时间，提高测定灵敏度。

(3)当镜筒窗上被污染时，取下镜筒，用擦镜纸将石英窗擦净后再装好。

(4)随仪器型号不同，其结构和使用方法可能有些不同，详细情况可参考其使用说明书。

## 附录 1.3　UNICO WFJ 7200 型分光光度计

### 一、基本原理

分光光度法分析的原理是利用物质对不同波长光的选择吸收现象来进行物质的定性和定量分析，通过对吸收光谱的分析，判断物质的结构及化学组成。

本仪器是根据相对测量原理工作的，即选定某一溶剂(蒸馏水、空气或试样)作为参比溶液，并设定它的透射比(即透过率 $T$)为 100% ，而被测试样的透射比是相对于该参比溶液而得到的。透射比(透过率 $T$)的变化和被测物质的浓度有一定函数关系，在一定的范围内，它符合朗伯-比耳定律。

$$T=I/I_0$$

$$A = KCL = -\log I/I_0$$

式中,$T$ 为透射比;$A$ 为吸光度;$C$ 为溶液浓度;$K$ 为溶液的吸光系数;$L$ 为液层在光路中的长度;$I$ 为光透过被测试样后照射到光电转换器上的强度;$I_0$ 为光透过参比测试样后照射到光电转换器上的强度。

UNICO WFJ7200 型可见分光光度计就是根据这一原理,结合现代精密光学和最新微电子等高新技术,研制开发的新一代分光光度计。

## 二、仪器结构及特点和用途

UNICO WFJ7200 型可见分光光度计具有以下特点:

(1)采用低杂散光,高分辨率的单光束光路结构单色器,仪器具有良好的稳定性、重现性和精确的测量读数。5 nm 光谱带宽可满足绝大多数分析测试项目的要求。

(2)采用最新微处理机技术,使仪器具有自动调 0% A 和 100%T 等控制功能以及多种方法的浓度运算和数据处理功能。

(3)科学的设计,新技术的运用,将光、机、电以及微机技术有机地结合在一起,使仪器的稳定性指标接近或达到高级型可见分光光度计的水平。

(4)明亮清晰的数字显示器可显示透射比、吸光度和浓度等参数,从波长显示窗可直读设置的波长,提高了仪器的读数准确性。

(5)仪器配有标准的 RS-232 双向通讯接口,不仅可向计算机发送测试参数,同时还可以接受计算机发送的控制指令(需选配 UNICO 用户应用软件)。

(6)仪器可选配在 Microsoft Windows 操作平台上运行的 UNICO 用户应用软件,有 T/A 转换、数据采集、保存、调用等多种控制功能,并有多种方式的浓度运算、时间扫描等应用功能。可与其他应用程序进行数据调用、运算。

可供物理学、化学、医学、生物学、药物学、地质学等学科进行科学研究,是广泛应用于化工、药品、生化、冶金、轻工、材料、环保、医学化验等行业及分析行业中最重要的质量控制仪器之一,是常规实验室的必备仪器。

## 三、主要技术指标(参见说明书)

## 四、主机各部分说明(参见说明书)

## 五、仪器操作程序

WFJ 7200 型分光光度计有透射比、吸光度、已知标准样品的浓度值或斜率测量样品浓度等测量方式,你可根据需要选择合适的测量方式。在开机前,需先确认仪器样品室内是否有物品挡在光路上,光路上有阻挡物将影响仪器自检甚至造成仪器故障。

### 1. 基本操作

无论选用何种测量方式,都必须遵循以下基本操作步骤:

(1)连接仪器电源线,确保仪器供电电源有良好的接地性能。

(2)接通电源,使仪器预热 20 min(不包括仪器自检时间)。

(3)用<MODE>键设置测试方式:透射比($T$),吸光度($A$),已知标准样品浓度值方式($C$)和已知标准样品斜率方式($F$)。

(4)用波长选择旋钮,设置您所需的分析波长。

(5)将参比样品溶液和被测样品溶液分别倒入比色皿中,打开样品室盖,将盛有溶液的比色皿分别插入比色皿槽中,盖上样品室盖。一般情况下,参比样品放在第一个槽位中。仪器所附的比色皿，其透射比是经过配对测试的，未经配对处理的比色皿将影响样品的测试精度。比色皿透光部分表面不能有指印、溶液痕迹，被测溶液中不能有气泡、悬浮物，否则也将影响样品测试的精度。

(6)将 0%T 校具(黑体)置入光路中，在 T 方式下按“0%T”键，此时显示器显示“000.0”。

(7)将参比样品推(拉)入光路中，按“0A/100%T”键调 0A/100%T，此时显示器显示“BLA”直至显示“100.0”% T 或“0.000” A 为止。

(8)当仪器显示器显示出“100.0”% T 或“0.000” A 后，将被测样品推(拉)入光路，这时，你便可从显示器上得到被测样品的透射比或吸光度值。

**2. 样品浓度的测量方法**

(1)已知标准样品浓度值的测量方法

①用<MODE>键将测试方式设置至 A (吸光度)状态。

②用波长旋钮设置样品的分析波长，根据分析规程，每当分析波长改变时，必须重新调整 0A/100%和 0%T。

③将参比样品溶液、标准样品溶液和被测样品溶液分别倒入比色皿中，打开样品室盖，将盛有溶液的比色皿分别插入比色皿槽中，盖上样品室盖。一般情况下，参比样品放在第一个槽位中。仪器所附的比色皿，其透射比是经过配对测试的，未经配对处理的比色皿将影响样品的测试精度，比色皿透光部分表面不能有指印、溶液痕迹，被测溶液中不能有气泡、悬浮物，否则也将影响样品测试的精度。

④将参比样品推(拉)入光路中，按“0A/100%T”键调 0A/100%T，此时显示器显示“BLA”，直至显示“0.000” A 为止。

⑤用<MODE >键将测试方式设置至 C 状态。

⑥将标准样品推(或拉)入光路中。

⑦按“INC”或“DEC”键将已知的标准样品浓度值输入仪器，当显示器显示样品浓度值时，按“ENT”键。浓度值只能输入整数值，设定范围为 0～1999。

注意：若标准样品浓度值与它的吸光度的比值大于 1999 时，将超出仪器测量范围，此时无法得到正确结果。如标准溶液浓度为 150，其吸光度值为 0.065，二者之比为 150/0.065＝2308，已大于 1999。这时可将标样浓度值除以 10 后输入，即输入 15 后进行测试，只是你在下面第 8 步测得的浓度值需要扩大十倍。

⑧将被测样品依次推(或拉)入光路，这时，你便可从显示器上分别得到被测样品的浓度值。

(2)已知标准样品浓度斜率($K$ 值)的测量方法

①用<MODE>键将测试方式设置至 A(吸光度)状态。

②用波长旋钮设置样品的分析波长，根据分析规程，每当分析波长改变时，必须重新调整 0A/100%T 和 0%T 。

③将参比样品溶液和被测样品溶液分别倒入比色皿中，打开样品室盖，将盛有溶液的比色皿分别插入比色皿槽中，盖上样品室盖。一般情况下，参比样品放在第一个槽位中。仪器所附的比色皿，其透射比是经过配对测试的，未经配对处理的比色皿将影响样品的测试精度，比色皿透光部分表面不能有指印、溶液痕迹，被测溶液中不能有气泡、悬浮物，否则也将影响样品测试的精度。

④将参比样品推(拉)入光路中，按“0A/100%T”键调 0A/100%T，此时显示器显示“BLA”，直至显示“0.000”A 为止。

⑤用<MODE >键将测试方式设置至 F 状态。

⑥按“INC”或“DEC”键输入已知的标准样品斜率值，当显示器显示标准样品斜率时，按“ENT”键。这时，测试方式指示灯自动指向“C”，斜率只能输入整数值。

⑦将被测样品依次推(或拉)入光路，这时，你便可从显示器上分别得到被测样品的浓度值。

## 六、日常保养与维修

UNICO WFJ7200 型可见分光光度计是精密光学仪器，出厂前经过精细的装配和调试，如果能对仪器进行恰当的维修与保养，不仅能保证仪器的可靠性和稳定性，也可以延长仪器的使用寿命。

### 1. 日常保养

①每次使用后应检查样品室是否积存有溢出溶液，经常擦拭样品室，以防废液对部件或光路系统的腐蚀；

②仪器使用完毕应盖好防尘罩，可在样品室及光源室内放置硅胶袋防潮，但开机时一定要取出；

③仪器 LED 数码显示器和键盘使用和保存时应注意防划伤、防水、防尘、防腐蚀；

④定期进行性能指标检测，发现问题即与当地 UNICO 产品经销商或维修点联系；

⑤长期不用仪器时，尤其要注意环境的温度、湿度，定期更换硅胶。

### 2. 常见仪器故障的判别

当仪器出现故障时，应首先切断主机电源，然后按下列步骤逐步检查。

①接通仪器电源，观察钨灯是否亮。

②波长盘读数指示是否在仪器允许的波长范围内。

③ T 、A 、C 键是否选择在相应的状态。

④试样室盖是否关紧。

⑤样品槽位置是否正确。

⑥当仪器波长选择 580 nm 时，打开样品室盖，用白纸对准光路聚焦位置，应见到较亮较完整的一长方形橙黄色斑，如光斑偏红或偏绿，说明仪器波长已经偏移。

⑦在仪器技术指标规定的波长范围内，是否能调“100%T”或“0A”。

⑧往返调节波长旋钮时，手感应平滑无明显卡位感。

⑨比色皿选择拉杆手感是否灵活。

### 3. 注意事项

①按要求为仪器提供一个良好的工作环境。

②鉴于仪器在出厂前已调试到最佳状态，所以用户不能擅自调整，更不能拆卸其中的零件，尤其不能碰伤光学镜面，也不可随意擦拭。

③产品在制造厂原包装条件下，在室内储存，其环境温度为 5～35 ℃，相对湿度不超过 85% ，且在空气中不应有足以引起腐蚀的有害物质。

仪器自用户购买之日起，在正常的运输、保管和使用下，一年内发生因制造不良而不能正常工作时，厂方负责免费修理(不包括易损易耗件)。

### 4. 常故障与排除

| 故障现象 | 故障原因 | 排除方法 |
| --- | --- | --- |
| 开启电源开关仪器毫无反应 | 电源未接通；电源保险丝断 | 检查电源线是否接通；请专业维修人员维修或送维修站维修 |

续表

| 故障现象 | 故障原因 | 排除方法 |
|---|---|---|
| 开启电源开关,显示器有显示,但钨灯不亮 | 钨灯接线通路故障;钨灯坏;钨灯稳压电路故障 | 请专业维修人员维修或送维修站维修;更换钨灯 |
| 钨灯闪耀或失调 | 钨灯接插不良;钨灯坏;钨灯稳压电路故障 | 请专业维修人员维修或送维修站维修;更换钨灯 |
| 0%T 失调 | 样品室漏光;光电池暗电流大或损坏;放大器稳压电路故障;微电流放大器故障 | 请专业维修人员维修或送维修站维修 |
| 100%T 失调 | 放大器灵敏度降低;放大器稳压电路故障;微电流放大电路故障 | 请专业维修人员维修或送维修站维修 |
| 开关样品室盖数字显示无反应 | 放大器无灵敏度;放大器稳压电路无±8 V 输出;微电流放大电路故障;数字显示单元故障 | 请专业维修人员维修或送维修站维修 |
| 能量低,样品室没有任何参考及被测样品,全波长均不能达到满度 | 比色皿架没落位;光源灯性能变坏或损坏;光路偏移;光路中光学元件受污染 | 将比色皿架正确落位;更换光源灯;请专业维修人员维修或送维修站维修 |
| 数字显示不稳定 | 仪器预热时间不够;环境振动过大,光源附近空气流速大或受外界强光照射;外部电压不稳;仪器接地不良;灯电源稳压性能不良;微电流放大电路故障;光源灯位置不正确 | 改善工作环境;外接交流稳压电源,保证仪器工作电压在额定电压的±10%范围内;改善接地状态,且无突变现象;改善接地状态;请专业维修人员维修或送维修站维修;调整光源灯位置 |

## 附录 1.4 DDS－11D 型电导率仪

### 一、测量原理

**1. 概述**

DDS－11D 型电导率仪可用于实验室测定一般介质的电导率。也可用于电子工业、化学工业、制药工业、核能工业、电厂(站)测量高纯水的电导率,且能满足蒸馏水、饮用水、矿泉水、锅炉水、废水等纯度测定的需要。

本仪器为通用型实验室电导率仪的更新换代产品,它具有以下特点:

(1)有介质的温度补偿(手动)。

(2)仪器抗干扰能力强:并完全消除纯水测量中的人体感应现象。

(3)可配套电极常数 0.01 $cm^{-1}$、0.1 $cm^{-1}$、1 $cm^{-1}$及 10 $cm^{-1}$四种电导池。

(4)电路全集成为一块集成电路,可靠性好、性能稳定。

**2. 仪器主要技术性能(参见说明书)**

**3. 仪器使用条件**

(1)环境温度:5～40℃;

(2)相对湿度:≤85%;

(3)电源:220 V±10%,50 Hz±1 Hz。

**4. 工作原理**

如图 1 所示,把幅度恒定的电压增加到电导池的两个电极上,这时流过溶液的电流 $I_x$ 的大小取决于溶液中所含离子的数量,也即取决于溶液中呈现的电阻 $R_x$ 和外加电压 $E$:

$$R_x = E/I_x \quad (注:I_x = I_f = V_0/R_f)$$

金属导体通过电子的移动而导电且服从欧姆定律,对溶液则是通过正、负离子的移动导电的。同样,可引用欧姆定律表示。

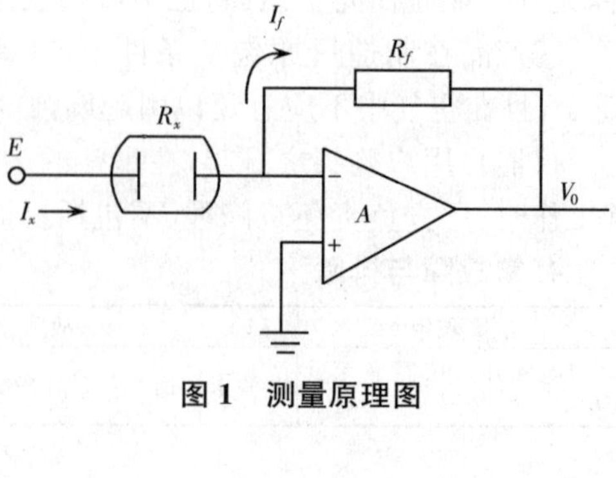

图 1　测量原理图

$$R_x = E/I_x = \rho L/A \quad (1)$$

式中，$L$ 是两电极间液柱的距离(cm)；$A$ 为两电极间液柱的截面积($cm^2$)。

电导池的形状不变时，$L/A$ 是个常数，称电极常数，以 $J$ 表示。

$$J = L/A(cm^{-1})$$

(1)式变为：$E/I_x = \rho \cdot J$

电导率 $k = 1/\rho = J \cdot I_x/E = J \cdot I_f/E = J \cdot V_0/(E \cdot R_f)$ (2)

可见，被测介质的电导率与运算放大器的输出电压成正比(在常数 $J$ 及输入电压为定值时)。因此，只需测量 $V_0$ 的大小就可显示出被测介质电导率的高低。

仪器电路方框图如图 2 所示

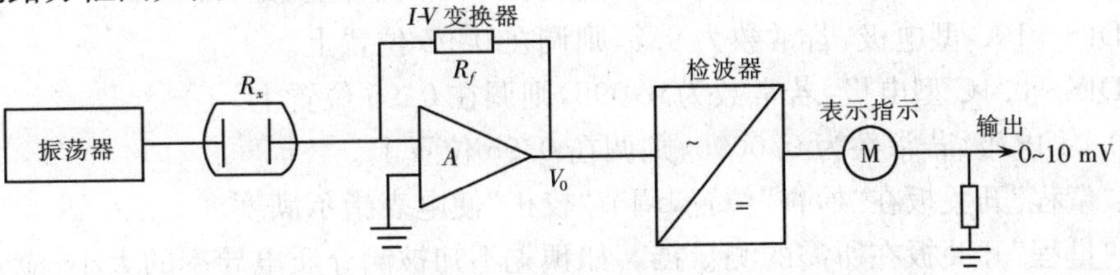


**图 2 电路方框图**

为降低“极化”作用所造成的附加误差及消除电导池中双层电容的影响，由振荡器产生幅值稳定的交流测量讯号，此讯号加于电导池后变换为电流讯号输入于运算放大器 A 的反相端，经过比例运算后便把 $R_x$ 的大小变换成为相应的电压信号 $V_0$，从(2)式可知，这种转换是线性的。$V_0$ 经检波后变为直流电压信号，由电表 M 指示出溶液的电导率。

## 二、使用方法

(1)仪器外露各器件及各调节器功能(图 3)。

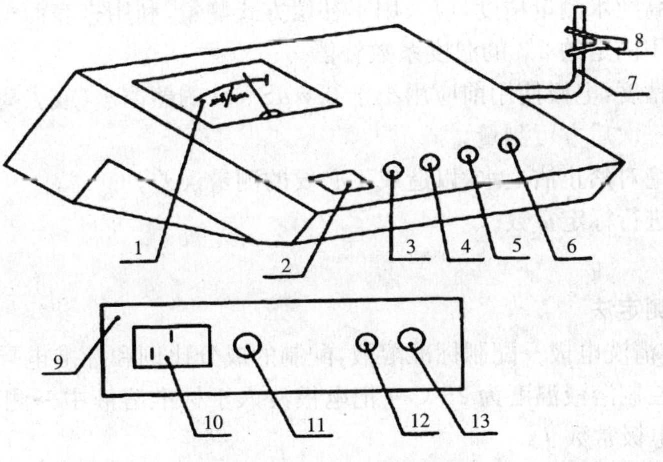


**图 3 仪器外形及各调节器功能**

1. 表头 2. 电源开关 3. 温度补偿调节器 4. 常数补偿调节器 5. 校准调节器 6. 量程开关 7. 电极支架 8. 电极夹 9. 后面板 10. 电源插座 11. 保险丝座 12. 输出插口 13. 电极插座

(2)电极的使用

按被测介质电阻率(电导率)的高低，选用不同常数的电极，并且测试方法也不同。一般当介质电阻率大于 10 MΩ·cm (小于 0.1 μS/cm) 时选用 $0.01\ cm^{-1}$ 常数的电极，且应将电极装在管道内流动测量。当电阻率大于 1 MΩ·cm (小于 1 μS/cm)，小于 10 MΩ·cm (大于

0.1 μS/cm）时选用0.1 $cm^{-1}$常数的电极，任意状态下测量。当电导率在1 ～100 μS/cm时选用常数为1 $cm^{-1}$的DJS－1C型光亮电极；当电导率为100 ～ 1 000 μS/cm时选用DJS－1C型铂黑电极，任意状态下测量。当电导率大于1 000 μS/cm 时应选用 DJS－10C 型铂黑电极。

(3)调节“温度”旋钮

用温度计测出被测介质温度后，把“温度”旋钮置于相应介质温度的刻度上。若把旋钮置于25℃线上，仪器就不能进行温度补偿(无温度补偿方式)。

(4)调节“常数”旋钮

即把旋钮置于与使用电极的常数相一致的位置上。

①对 DJS－1C 型电极，若常数为0.95，则调在0.95位置上。

②对 DJS－10C 型电极，若常数为9.5，则调在0.95位置上。

③对 DJS－0.1C 型电极，若常数为0.095，则调在0.95位置上。

④对0.01电极，若常数为0.0095，则调在0.95位置上。

(5)把“量程”开关扳在“检查”位置，调节“校正”使电表指示满度。

(6)把“量程”开关扳在所需的测量挡。如预先不知被测介质电导率的大小，应先把其扳在最大电导率挡，然后逐挡下降，以防表针打坏。

(7)把电极插头插入插座：使插头的凹槽对准插座的凸槽，然后用食指按一下插头的顶部，即可插入(拔出时捏住插头的下部，往上一拔即可)，最后把电极浸入介质。

(8)“量程”开关扳在黑点的挡，读表面上行刻度(0～1)；“量程”开关扳在红点的挡，读表面下行刻度(0～3)。

(9)注意事项

①在测量高纯水时应避免污染。

②若需要保证高纯水测量精度，应采用不补偿方式测量，利用查表而得。

③温度补偿采用固定的2%的温度系数补偿。

④为确保测量精度，电极使用前应用小于0.5 μS/cm 的蒸馏水(或去离子水)冲洗二次，然后用被测试样冲洗三次后方可测量。

⑤电极插头座绝对禁止沾上水，以造成不必要的测量误差。

⑥电极应定期进行标定常数。

## 三、附录

### 1. 电极常数的测定法

用参比溶液法：清洗电极→配制标准溶液，配制的成分比例和标准电导率值(见附2)→把电导池接入电桥→控制溶液温度为25 ℃→把电极浸入于标准溶液中→测出电导池电极间电阻 $R$→按下式计算电极常数 $J$：

$$J=R\times k$$

式中 $k$ 为溶液已知的电导率。

电极常数不必经常测定，但当重新镀铂黑时，必须重新确定。

测定电极常数的 KCl 标准浓度如下：

| 电极常数 $J(cm^{-1})$ | 0.01、0.1 | 0.1或1光亮 | 1光亮或铂黑 | 1铂黑或10铂黑 |
|---|---|---|---|---|
| KCl 标准浓度 | 0.001D | 0.01D | 0.1D | 0.1D或1D |

注：KCl 应该用一级试剂，并需在110 ℃烘箱中烘4 d，取出在干燥器中冷却后方可称量。

**2. 氯化钾标准液浓度及其电导率值**

| 电导率浓度(S/cm)<br>温度(℃) | 1D | 0.1D | 0.01D | 0.001D |
|---|---|---|---|---|
| 15 | 0.09212 | 0.010455 | 0.0011414 | 0.0001185 |
| 18 | 0.09780 | 0.011168 | 0.0012200 | 0.0001267 |
| 20 | 0.10170 | 0.011644 | 0.0012737 | 0.0001322 |
| 25 | 0.11131 | 0.012852 | 0.0014083 | 0.0001465 |
| 35 | 0.13110 | 0.015351 | 0.0016876 | 0.0001765 |

注:1D:20℃下每升溶液中KCl为74.2460g。

0.1D. 20℃下每升溶液中KCl为7.4365g。

0.01D:20℃下每升溶液中KCl为0.7740g。

0.001D:20℃将100mL的0.01D溶液稀释至1L。

## 附录1.5 DYY-4型稳压稳流电泳仪

### 一、测量原理

**1. 概述**

电泳是指混悬于溶液中的样品荷电颗粒,在电场影响下向着与其自身带相反电荷的电极移动。生物学上的重要物质如蛋白质、核酸、同工酶等,在溶液中能吸收或给出氢离子从而带电。因此,它们在电场影响下,在不同介质中的运动速度是不同的。这样用电泳的方法就可以对其进行定量分析,或者将一定混合物分离成各个组分以及作少量制备。

DYY-4型稳压稳流电泳仪正是根据这一原理设计制造的。它可以作各种纸电泳和凝胶电泳、等电点聚焦电泳、双向电泳、放射自显影电泳及制备电泳等。

**2. 特点**

(1)采用高性能的开关电源作为本机的核心,负载能力强,控制精度高,工作稳定可靠。

(2)具有电压、电流双显示及稳压、稳流双调节功能。当负载变化时,稳压、稳流状态可以相互转换,以确保使用的安全。

(3)具有过载保护等功能。

(4)具有时钟显示及闹钟功能。

**3. 技术指标及工作条件(参见说明书)**

### 二、使用方法

(1)首先确定仪器电源开关是在关位。

(2)连接电源线,确定电源插座是否有接地保护。

(3)将黑红两种颜色的电极线对应插入仪器输出插口,并与电泳槽相对应插口连接好(如果发现电极插头与插口之间接触松动,可以用小改锥将插头的簧片向外拨一下)。

(4)确定电泳槽中的试剂配制是否符合要求。

(5)电压和电流的调整。

当需要稳电压时,应将电压调节旋钮调零,并将电流调节旋钮旋至最大值附近。然后打开电源开关,将电压调节旋钮旋至所需值即可。此时稳压灯亮。如果调压过程中稳流灯亮,电压调不上去,说明仪器工作在稳流状态。如果稳流值还可以提高的话,适当旋大电流调节旋钮,又可继续调节稳压值:当需要稳电流时,应将电流调节旋钮调零,并将电压调节旋钮旋至最大值附近。然后打开电源开关,将电流调节旋钮旋至所需值即可。此时稳流灯亮。如果调电流过程中稳压灯亮,电流调不上去,说明仪器工作在稳压状态。如果稳压值还可以提高的话,适当旋大电压调节旋钮,又可继续调节稳流值。总之,电源在任何情况下只能稳一种参数,且电压电流之间的关系符合欧姆定律。

(6)时钟调节。

①时钟的调整：本机时钟具有停电记忆功能，一次设置即可长期保存。调整时只需按下"快进"或"慢进"键，可以直接调整时间。计时器采用24小时制。

②定时调整：按下"定时"键，此时显示的时间为定时时间。如要调整定时时间，须同时再按"快进"或"慢进"键。

③当所用时间到点时，蜂鸣器便会发出断续声响，通知使用者到时，但不关机。此时只需按下"止闹"键，叫声便会停止。

(7)注意事项。

①本机容许短时间短路，但不宜时间过长，否则易使仪器发热烧坏。

②本机有两组并联输出插口，可以同时接两个电泳槽，但要求这两组电流之和不超过仪器的最大值。此时最好采用稳压输出，以减少两槽之间的相互影响。

③如发现只有电压显示而电流为零时，应检查输出端子到电泳槽之间是否断路。

④当发现本机的保险管烧毁时，一般情况是仪器内部发生故障，应予以检修，不要盲目更换保险管。

⑤使用中发现异常情况应立即关机。如果是仪器有故障，请与我厂联系修理事宜。

⑥禁止仪器不接负载而开启高压。

⑦严禁将电泳槽放在电泳仪上进行试验。勿使电解液溅入机内。

⑧开机后人体不得与电泳槽接触，应关机后看样品，以免触电。

(8)几点说明。

①贮存：包装后的产品应贮存在－40～55℃、相对湿度不超过93%、无腐蚀性气体和通风良好的室内，时间15周以下。

②保险管的更换方法：关闭电源开关，拔下电源插头。将仪器背面的两只保险管座的帽旋下，取出保险管。通过目测和万用表欧姆挡测试，判断保险管是否已损坏，更换相同型号的保险管，按原样装好。

③仪器的日常保养：

a. 仪器使用环境应清洁，经常擦去仪器表面尘土和污物。

b. 不要将水和液体溅到电泳仪上。

c. 长时间不用应关闭电源。长期不用应拔下电源插头，并盖上防护罩。

## 附录1.6　WXG－4型圆盘旋光仪

### 一、测量原理

**1. 用途及适用范围**

圆盘旋光仪适用于化学工业、医院、高等学校和科研单位，用来测定含有旋光性的有机物质。糖溶液、松节油、樟脑等几千种活性物质，都可用旋光仪来测定它们的密度、纯度、浓度与含量。

例如，用于食品工业：检验含糖量和测定食品调味品之淀粉含量；用于临床及医院：测定尿中含糖量及蛋白质；用于糖厂：检验生产过程中糖溶液浓度；用于药物香料工业：测定药物香料油之旋光性；用于高等院校：教学实验。

**2. 主要技术参数(参见说明书)**

**3. 工作原理**

旋光仪的工作原理是建立在偏振光的基础上,并用旋转偏振光偏振面的方法来达到测量目的。

在图1中的零度位置时,$AA'$垂直于中线$OX$。$AA'$表示检偏镜振动方向,$OP$与$OP'$表示视场两半偏振光的振动方向。

当光束经过旋光物质后,偏振面被旋转了一个角度$\alpha$,如上图虚线所示,这时,两半的偏振光在$AA'$上的投影不等,而是右半亮,左半暗,如把检偏镜偏振面$AA'$在相同方向上转动$\alpha$角,则重新可使视场照度相等,这时,检偏镜所转的角度,就是物质的旋光度。知道旋转角(旋光度)、溶柱(试管)长度和浓度,就可根据下式求出物质的比旋光度(旋光本领或旋光率):

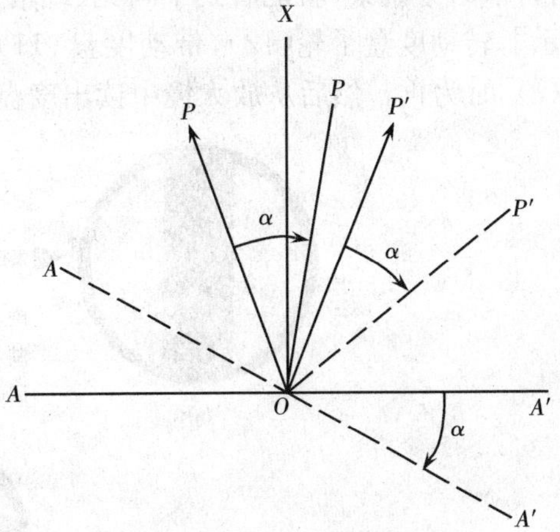


**图1　光学原理**

$$[\alpha]_{\lambda}^{t}=\frac{Q}{lC}\times 100$$

式中,$Q$为在温度$t$时用波长为$\lambda$的光测得的旋转角(旋光度);$l$为溶柱(试管)长度,用分米(dm)作单位;$C$为浓度,即100毫升溶液中溶质的克数。

由上式可知,旋转角$Q$与溶柱(试管)长度$l$及浓度$C$成正比,即

$$Q=[\alpha]lC$$

旋光度和温度也有关系。对大多数物质,用$\lambda=5893\text{Å}$(钠光)测定,当温度升高1℃时,旋光度约减少0.3%。对于要求较高的测定工作,最好能在(20±2)℃的条件下进行。

**4. 仪器结构**

(1)仪器原理(图2)

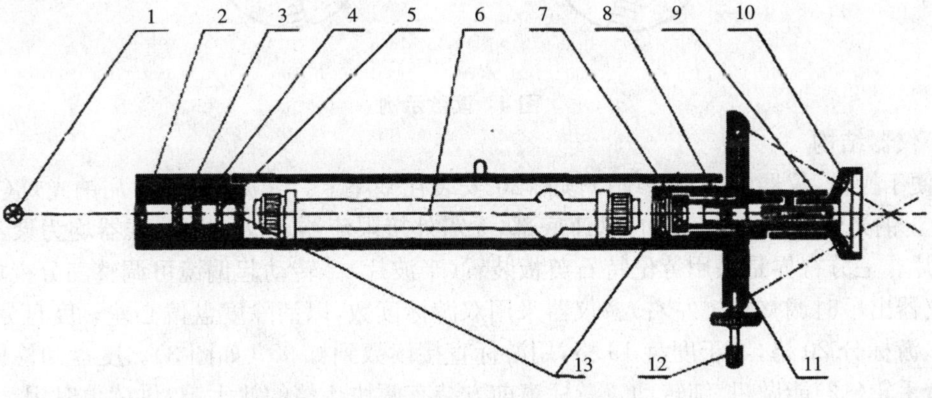


**图2　仪器系统图**

1. 光源(钠光)　2. 聚光镜　3. 滤色镜　4. 起偏镜　5. 半波片　6. 试管　7. 检偏镜　8. 物镜　9. 目镜　10. 放大镜　11. 度盘游标　12. 度盘转动手轮　13. 保护片

光线从光源(1)投射到聚光镜(2)、滤色镜(3)、起偏镜(4)后,变成平面直线偏振光,再经半波片(5)分解成寻常光与非常光后,视场中出现了三分视界。旋光物质盛入试管(6)放入镜筒测定,由于溶液具有旋光性,故把平面偏振光旋转了一个角度,通过检偏镜(7)起分析作用,从

目镜(9)中观察,就能看到中间亮(或暗)左右暗(或亮)的照度不等三分视场[如图 3(a)、(b)所示],转动度盘手轮(12),带动度盘(11),检偏镜(7),觅得视场照度(暗视场)相一致[如图 3(c)]时为止。然后从放大镜中读出度盘旋转的角度(如图 4 所示)。

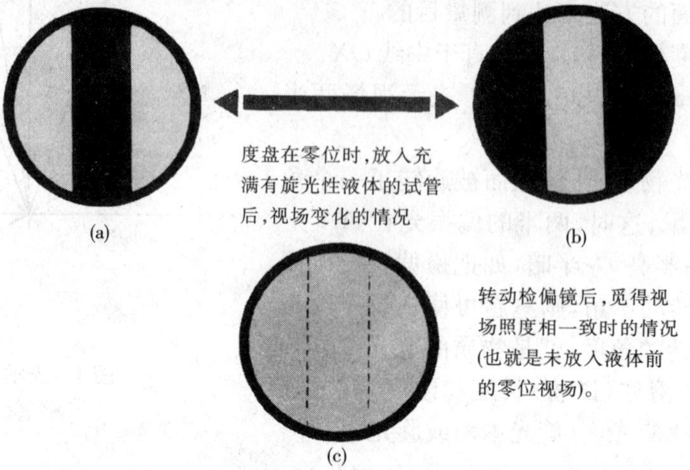


**图 3　视场变化情况**

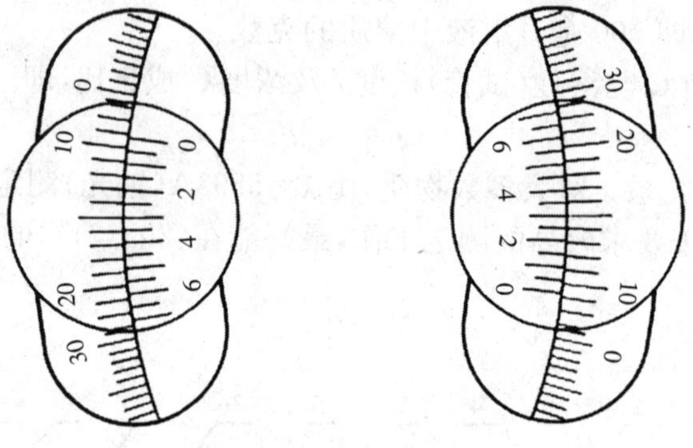

$Q=9.30°$

**图 4　读数示例**

(2)仪器结构

为便于操作,仪器的光学系统以倾斜 20°安装在基座上。光源采用 20 瓦钠光灯(波长 $\lambda=5893Å$)。钠光灯的限流器安装在基座底部,无需外接限流器。仪器的偏振器均为聚乙烯醇人造偏振片。三分视界是采用劳伦特石英板装置(半波片)。转动起偏镜可调整三分视场的阴影角(本仪器出厂时调整在 3°左右)。仪器采用双游标读数,以消除度盘偏心差。度盘分 360 格,每格 1°,游标分 20 格,等于度盘 19 格,用游标直接读数到 0.05°(如图 3)。度盘和检偏镜固为一体,借手轮(12)能做粗、细转动。游标窗前方装有两块 4 倍的放大镜,供读数时用。

## 二、使用方法

**1. 准备工作**

(1) 先把欲测溶液配好,并加以稳定和沉淀;

(2) 把欲测溶液盛入试管待测。但应注意试管两端螺旋不能旋得太紧(一般以随手旋紧不漏水为止),以免护玻片产生应力而引起视场亮度变化,影响测定准确度,并将两端残液揩净;

(3) 接通电源，约点燃 10 min，待完全发出钠黄光后，才可观察使用；

(4)检验度盘零度位置是否正确，如不正确，可旋松度盘盖四只连接螺钉，转动度盘壳校正之(只能校正 0.5°以下)，或把误差值在测量过程中加减之。

**2. 测定工作**

(1) 打开镜盖，把试管放入镜筒中测定，并应把镜盖盖上，试管有圆泡一端朝上，以便把气泡存入，不致影响观察和测定；

(2) 调节视度螺旋至视场中三分视界清晰时止；

(3) 转动度盘手轮，至视场照度一致(暗视场)时止；

(4) 从放大镜中读出度盘所旋转的角度；

(5) 利用前述公式，求出物质的密度、浓度、纯度与含量。

**3. 仪器的保养**

(1)仪器应放在空气流通和温度适宜的地方，并不宜低放，以免光学零部件、偏振片受潮发霉及性能衰退；

(2)钠光灯管使用时间不宜超过 4 h，长时间使用应用电风扇吹风或关熄 10～15 min，待冷却后再使用。灯管如遇有只发红光不能发黄光时，往往是因输入电压过低(不到 220 V)所致，这时应设法升高电压到 220 V 左右；

(3)试管使用后，应及时用水或蒸馏水冲洗干净，揩干藏好；

(4)镜片不能用不洁或硬质布、纸去擦，以免镜片表面产生划痕等；

(5)仪器不用时，应将仪器放入箱内或用塑料罩罩上，防止灰尘侵入；

(6)仪器、钠光灯管、试管等装箱时，应按规定位置放置，以免压碎；

(7)不懂装校方法，切勿随便拆动，以免由于不懂校正方法而无法装校好。遇有故障或损坏，应及时送制造厂或修理厂整修，以保持仪器的使用寿命和测定准确度。

## 附录 1.7　WZZ－2 自动旋光仪说明书

### 一、测量原理

**1. 仪器的用途**

旋光仪是测定物质旋光度的仪器。通过对样品旋光度的测定，可以分析确定物质的浓度、含量及纯度等。WZZ－2自动旋光仪采用光电检测自动平衡原理，进行自动测量，测量结果由数字显示。它既保持了WZZ－1自动指示旋光仪稳定可靠的优点，又弥补了读数不方便的缺点，具有体积小，灵敏度高，没有人为误差，读数方便等特点。WZZ－2对目视旋光仪难以分析的低旋光度样品也能适应，因此被广泛应用于医药、食品、有机化工等各个领域。

**2. 仪器的性能**

(1)测定范围：－45°～＋45°；

(2)准确度：±(0.01°＋测量值×0.05%)；

(3)读数重复性：≤0.01°；

(4)显示方式：五位 LED 自动数字显示，最小读数：0.005°；

(5)光源：钠单色光源；波长：589.44 nm；

(6)试管：200 mm、100 mm 两种；

(7)电源：220 V±22 V，50 Hz±1 Hz；

(8)仪器尺寸：600 mm×320 mm×220 mm；

(9)仪器净重:28 kg。

**3. 仪器的结构及原理**

仪器采用 20 W 钠光灯作光源,由小孔光栏和物镜组成一个简单的点光源平行光管(图 1),平行光经偏振镜(一)变为平面偏振光,其振动平面为 OO[图 2(a)],当偏振光经过有法拉第效应的磁旋线圈时,其振动平面产生 50 Hz 的 $\beta$ 角往复摆动[图 2(b)],光线经过偏振镜(二)投射到光电倍增管上,产生交变的电讯号。

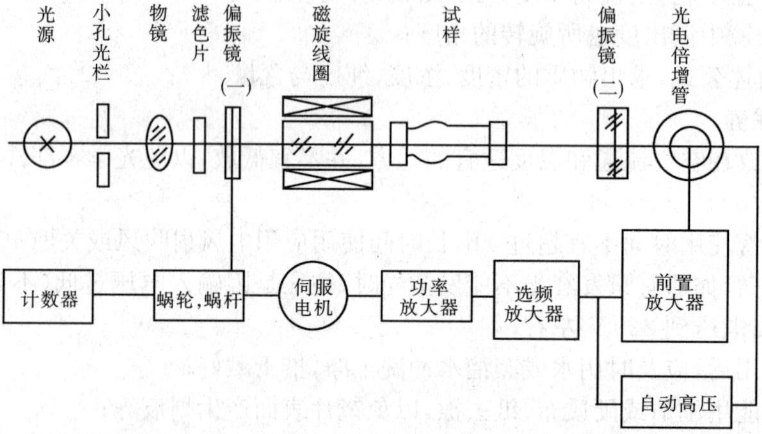


**图 1　仪器结构图**

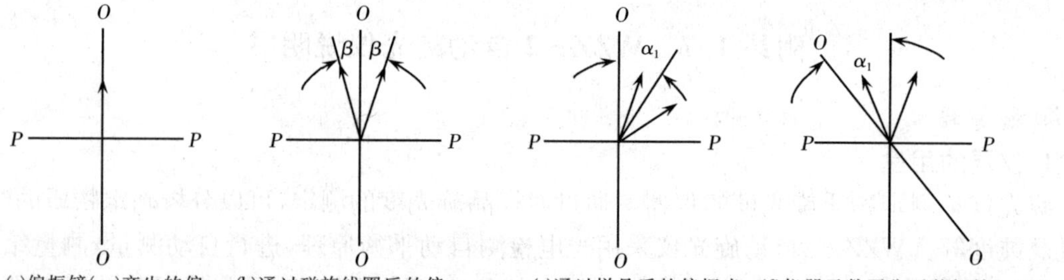


(a)偏振镜(一)产生的偏振光在 $OO$ 平面内振动　(b)通过磁旋线圈后的偏振光振动面以 $\beta$ 角摆动　(c)通过样品后的偏振光振动面旋转 $\alpha_1$　(d)仪器示数平衡后偏振镜(一)反向转过 $\alpha_1$ 补偿了样品的旋光度

$OO$ 偏振镜(一)的偏光轴

$PP$ 偏振镜(二)的偏光轴

**图 2　光学原理图**

仪器以两偏振镜光轴正交时(即 $OO \perp PP$)作为光学零点,此时,$\alpha=0°$(图 3)。磁旋线圈产生的 $\beta$ 角摆动,在光学零点时得到 100 Hz 的光电讯号(曲线 $C'$);在有 $\alpha_1$ 或 $\alpha_2$ 的试样时得到 50 Hz 的讯号,但它们的相位正好相反(曲线 $B'$、$D'$)。因此,能使工作频率为 50 Hz 的伺服电机转动。伺服电机通过蜗轮,蜗杆将偏振镜转过 $\alpha$ 度($\alpha=\alpha_1$ 或 $\alpha=\alpha_2$),仪器回到光学零点,伺服电机在 100 Hz 讯号的控制下,重新出现平衡指示。

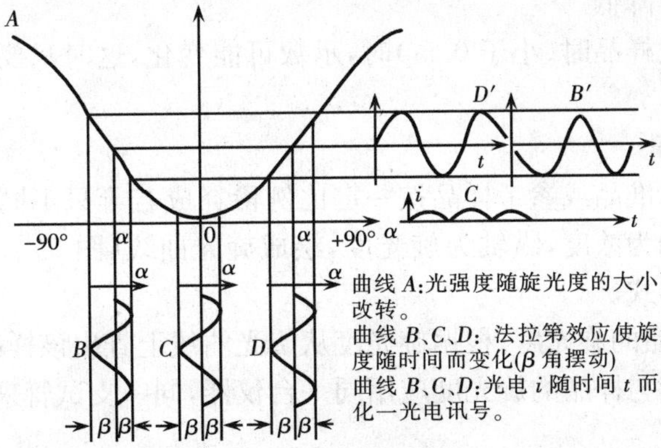


**图3　光电讯号转变原理图**

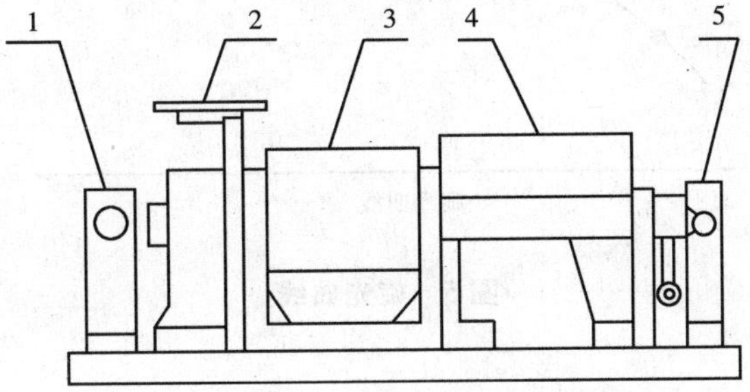


**图4　仪器外观图**

1. 光源　2. 计数盘　3. 磁旋线圈　4. 样品室　5. 光电倍增管

## 二、使用方法

**1. 操作方法**

(1) 将仪器电源插头插入 220 V 交流电源[要求使用交流电子稳压器(1 kVA)],并将接地脚可靠接地(图 4)。

(2)打开电源开关,这时钠光灯应变亮,需经 5 min 钠光灯预热,使之发光稳定。

(3)打开电源开关,若光源开关扳上后,钠光灯熄灭,则再将光源开关上下重复扳动 1～2 次,使钠光灯在直流下点亮,为正常。

(4)打开测量开关,这时数码管应有数字显示。

(5)将装有蒸馏水或其他空白溶剂的试管放入样品室,盖上箱盖,待示数稳定后,按清零按钮。试管中若有气泡,应先让气泡浮在凸颈处;通光面两端的雾状水滴,应用软布揩干。试管螺帽不宜旋得过紧,以免产生应力,影响读数。试管安放时应注意标记的位置和方向。

(6)取出试管。将待测样品注入试管,按相同的位置和方向放入样品室内,盖好箱盖。仪器数显窗将显示出该样品的旋光度。

(7)逐次揿下复测按钮,重复读几次数,取平均值作为样品的测定结果。

(8)如样品超过测量范围,仪器在±45 处来回振荡。此时,取出试管,仪器即自动转回零位。

(9)仪器使用完毕后,应依次关闭测量、光源、电源开关。

(10)钠灯在直流供电系统出现故障不能使用时,仪器也可在钠灯交流供电的情况下测试,但仪器的性能可能略有降低。

(11)当放入小角度样品时(小于 0.5°)时,示数可能变化,这时只要按复测按钮,就会出现新的数字。

**2. 测定浓度或含量**

先将已知纯度的标准品或参考样品按一定比例稀释成若干只不同浓度的试样,分别测出其旋光度。然后以横轴为浓度,纵轴为旋光度,绘成旋光曲线(图 5)。一般,旋光曲线均按算术插值法制成查对表形式。

测定时,先测出样品的旋光度,根据旋光度从旋光曲线上查出该样品的浓度或含量。

旋光曲线的旋光度与样品的旋光度应用同一台仪器,同一支试管来做,测定时应予注意。

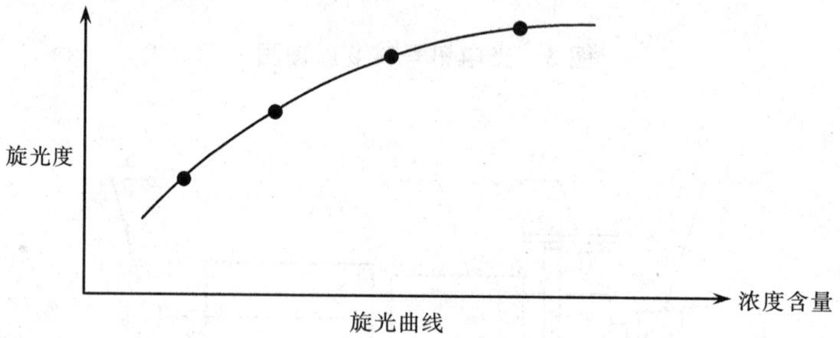


**图 5　旋光曲线**

**3. 测定比旋度纯度**

先按药典规定的浓度配制好溶液,依法测出旋光度,然后按下列公式计算出比旋度[α]:

$$[\alpha]=\frac{\alpha}{LC}$$

式中,$\alpha$ 为测得的旋光度(°);$C$ 为溶液的浓度(g/mL);$L$ 为溶液的长度(dm)。

由测得的比旋度,可求得样品的纯度:

$$纯度=\frac{实测比旋度}{理论比旋度}$$

**4. 测定国际糖分度**

根据国际糖度标准,规定用 26 g 纯糖制成 100 mL 溶液,用 200 mm 试管,在 20 ℃下用钠光测定,其旋光度为+34.626°,其糖度为 100 糖分度。

**5. 仪器的维修及保养**

(1)仪器应放在干燥通风处,防止潮气侵蚀,尽可能在 20℃的工作环境中使用仪器,搬动仪器应小心轻放,避免震动。

(2)光源(钠光灯)积灰或损坏,可打开机壳进行擦净或更换。

(3)机械部门摩擦阻力增大,可以打开后门板,在伞形齿轮蜗轮蜗杆处加少许钟表油。

(4)打开电源后,若钠光灯不亮,可检查保险丝。

(5)如果仪器发现停转或其他元件损坏的故障,应按电原理图详细检查或函告厂方,由厂方维修人员进行检修。

## 附录 1.8　阿贝折射仪

阿贝折射仪(也称阿贝折光仪)是根据光的全反射原理设计的仪器,它利用全反射临界角的测定方法测定未知物质的折光率，可定量地分析溶液中的某些成分，检验物质的纯度。

## 一、构造原理

众所周知，光从一种介质进入另一种介质时，在界面上将发生折射，对任何两种介质，在一定波长和一定外界条件下，光的入射角($\alpha$)和折射角($\beta$)的正弦值之比等于两种介质的折光率之比的倒数，即：

$$\frac{\sin\alpha}{\sin\beta}=\frac{n_B}{n_A}$$

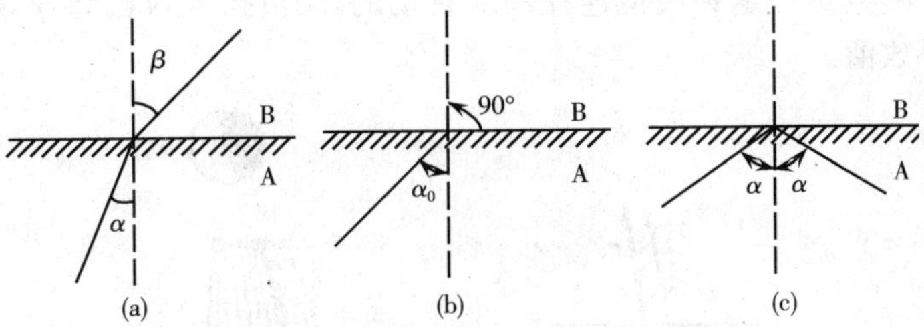


**图1　光的折射**

式中 $n_A$ 和 $n_B$ 分别为 A 与 B 两介质的折光率。如果 $n_A > n_B$，则折射角($\beta$)必大于入射角($\alpha$)[图 1(a)]。若 $\alpha=\alpha_0$，$\beta=90°$达到最大，此时光沿界面方向前进[图 1(b)]。若 $\alpha>\alpha_0$，则光线不能进入介质 B，而从界面反射[图 1(c)]。此现象称为“全反射”，$\alpha_0$叫做临界角。

以上海光学仪器厂生产的 2W 型阿贝折光仪为例(图 2 所示)。该仪器由望远系统和读数系统两部分组成，分别由测量镜筒和读数镜筒进行观察，属于双镜筒折光仪。在测量系统中，主要部件是两块直角棱镜，上面一块表面光滑，为折光棱镜，下面一块是磨砂面的，为进光棱镜(辅助棱镜)。两块棱镜可以启开与闭合，当两棱镜对角线平面叠合时，两镜之间有一细缝，将待测溶液注入细缝中，便形成一薄层液。当光由反射镜入射而透过表面粗糙的棱镜时，光在此毛玻璃面产生漫射，以不同的入射角进入液体层，然后到达表面光滑的棱镜，光线在液体与棱镜界面上发生折射。

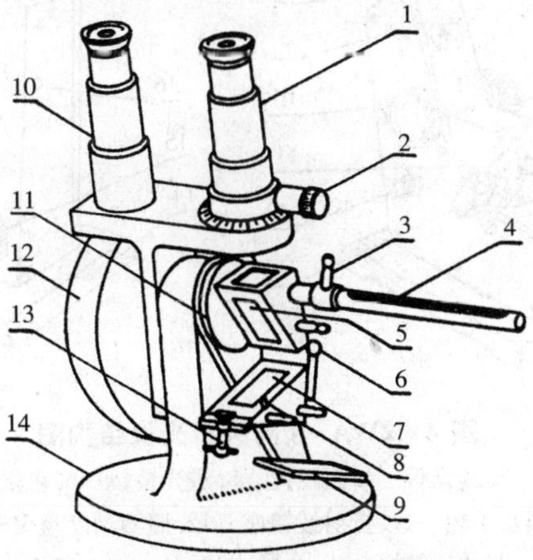


**图2　阿贝折光仪构造图**

1. 测量镜筒　2. 阿米西棱镜手轮　3. 恒温器接头　4. 温度计　5. 测量棱镜　6. 铰链　7. 辅助棱镜　8. 加样品孔　9. 反射镜　10. 读数镜筒　11. 转轴　12. 刻度盘罩　13. 棱镜锁紧扳手　14. 底座

因为棱镜的折光率比液体折光率大，因此光的入射角($\alpha$)大于折射角($\beta$)[图 3(a)]，所有的入射线全部能进入棱镜E中，光线透出棱镜时又会发生折射，其入射角为$S$，折射角为$\gamma$。根据入射角、折射角与两种介质折光率之间的关系，从图3(a)中可以推导出，在棱镜的$\varphi$角及折光率固定的情况下，如果每次测量均用同样的$\alpha$，则$\gamma$的大小只和液体的折光率$n$有关。通过测定$\gamma$，便可求得$n$值。$\alpha$的选择就是利用了全反射原理，将入射角$\alpha$调至$\alpha_0=90°$，此时折射角$\theta$为最大，即临界角。因此在其左面不会有光，是黑暗部分；而另一面则是明亮部分。透过棱镜的光线经过消色散棱镜和会聚透镜，最后在目镜中便呈现了一个清晰的明暗各半的图像。如图3(b)所示。测量时，要将明暗界线调到目镜中十字线的交叉点上，以保证镜筒的轴与入射光线平行。读数指针是和棱镜连在一起转动的，阿贝折光仪已将$\gamma$换算成$n$，故在标尺上读得的是折光率数值。

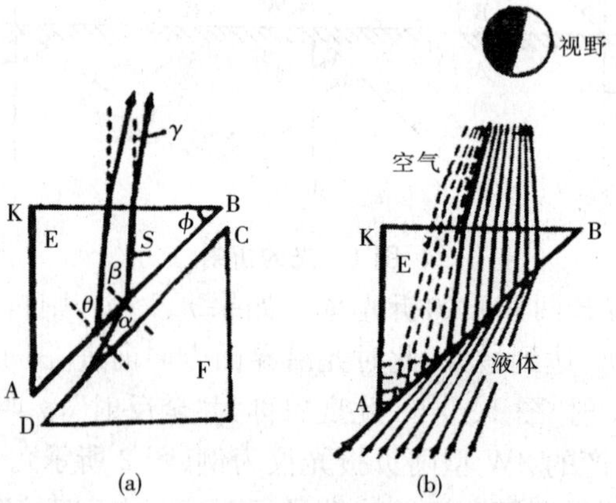


**图3　阿贝折光仪明暗线形成原理**

另一类折射仪是将望远系统与读数系统合并在同一个镜筒内，通过同一目镜进行观察，属单镜筒折射仪。如2WA－J型折射仪(如图4所示)，其工作原理与2W型折光仪相似。

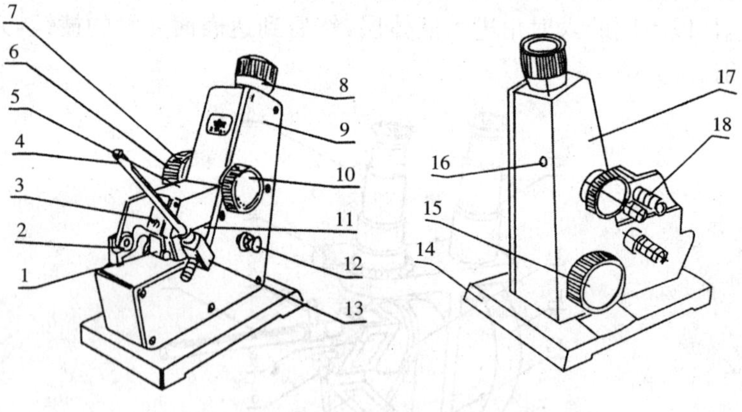


**图4　2WA－J阿贝折光仪结构图**

1. 反射镜　2. 转轴折光棱镜　3. 遮光板　4. 温度计　5. 进光棱镜　6. 色散调节手轮　7. 色散值刻度圈　8. 目镜　9. 盖板　10. 棱镜锁紧手轮　11. 折射棱镜座　12. 照明刻度盘聚光镜　13. 温度计座　14. 底座　15. 折射率刻度调节手轮　16. 调节物镜螺丝孔　17. 壳体　18. 恒温器接头

## 二、使用方法

### 1. 2W型阿贝折光仪操作方法

(1)准备工作

将折光仪与恒温水浴连接(不必要时，可不用恒温水)，调节所需要的温度[一般恒温在

(20.0±0.2)℃],同时检查保温套的温度计是否准确。打开直角棱镜,用丝绢或擦镜纸蘸少量95%乙醇或丙酮轻轻擦洗上、下镜面,注意只可单向擦而不可来回擦,待晾干后方可使用。

(2)仪器校准

使用之前应用重蒸馏水或已知折光率的标准折光玻璃块来校正标尺刻度。如果使用标准折光玻璃块来校正,先拉开下面棱镜,用一滴1-溴代萘把标准玻璃块贴在折光棱镜下,旋转棱镜转动手轮(在刻度盘罩一侧),使读数镜内的刻度值等于标准玻璃块上的折光率,然后用附件方孔调节扳手转动示值调节螺钉(该螺钉处于测量镜筒中部),使明暗界线和十字线交点相合。如果使用重蒸馏水作为标准样品,只要把水滴在下面棱镜的毛玻璃面上,并合上两棱镜,旋转棱镜转动手轮,使读数镜内刻度值等于水的折率,然后同上方法操作,使明暗界线和十字线交点相合。

(3)样品测量

阿贝折光仪的量程为1.3000～1.7000,精密度为±0.0001。测量时,用洁净的长滴管将待测样品液体2～3滴均匀地置于下面棱镜的毛玻璃面上。此时应注意切勿使滴管尖端直接接触镜面,以免造成划痕。关紧棱镜,调节反射镜,使光线射入样品,然后轻轻转动棱镜手轮,并在望远镜筒中找到明暗分界线。若出现彩带,则调节阿米西棱镜手轮,消除色散,使明暗界线清晰。再调节棱镜调节手轮,使分界线对准十字线交点。记录读数及温度,重复测定1～2次。如果是挥发性很强的样品,可把样品液体由棱镜之间的小槽滴入,快速进行测定。

测定完后,立即用95%乙醇或丙酮擦洗上、下棱镜,晾干后再关闭。

**2. 2WA-J 阿贝折光仪的操作方法**

(1)准备工作

参照2W型阿贝折光仪的操作方法。

(2)仪器校准

对折射棱镜的抛光面加1～2滴溴代萘,把标准玻璃块贴在折光棱镜抛光面上,当读数视场指示于标准玻璃块上的折光率时,观察望远镜内明暗分界线是否在十字线中间,若有偏差,则用螺丝刀微量旋转物镜调节螺丝孔[图4中的(16)]中的螺丝。使分界线和十字线交点相合。

(3)样品测量

将被测液体用干净滴管滴加在折射镜表面,并将进光棱镜盖上,用棱镜锁紧手轮[图4中的(10)]锁紧,要求液层均匀,充满视场,无气泡。打开遮光板,合上反射镜,调节目镜视度,使十字线成像清晰,此时旋转折射率刻度调节手轮,并在目镜视场中找到明暗分界线的位置。若出现彩带,则旋转色散调节手轮,使明暗界线清晰。再调节折射率刻度调节手轮,使分界线对准十字线交点。再适当转动刻度盘聚光镜,此时目镜视场下方显示的示值即为被测液体的折光率。

## 三、注意事项

(1)折光棱镜必须注意保护,不能在镜面上造成划痕,不能测定强酸、强碱及有腐蚀性的液体,也不能测定对棱镜、保温套之间的黏合剂有溶解性的液体。

(2)在每次使用前应洗净镜面;在使用完毕后,也应用丙酮或95%乙醇洗净镜面,待晾干后再关上棱镜。

(3)仪器在使用或贮藏时均不得暴露于日光中,不用时应放入木箱内,木箱置于干燥地方。放入前应注意将金属夹套内的水倒干净,管口要封起来。

(4)测量时应注意恒温温度是否正确。如欲测准至±0.0001,则温度变化应控制在±0.1℃的范围内。若测量精度不要求很高,则可放宽温度范围或不使用恒温水。

(5)阿贝折光仪不能在较高温度下使用;对于易挥发或易吸水样品测量比较困难;对样品的纯度要求较高。

## 附录 1.9 JXL－Ⅱ微电脑控制金属相图实验炉

一、概述

微电脑控制金属相图炉用于化学教学、金属冶炼和石油产品分离工程等方面,运用广泛。它利用微电脑的卓越功能,通过软件设置,对系统进行非线性补偿,从而使传感器及检测电路的输出和输入特性成线性,并可利用 8031 的定时器 T,实现定时报时功能。因此,整个装置更能加智能化、小型化。

二、使用前说明

(1)本仪器专供绘制二元合金步冷曲线用,目前多数高校使用锡铋合金或铅锡合金,由于铅有毒且熔点高(纯铅 327 ℃)、密度大等特点,试剂用锡铋合金较好。

(2)控制面板:拨码开关为百位、十位、个位,用来设置温度,控制电炉丝的通断电;数码管显示的数值为铂电阻测量的温度。拨码开关与数码管之间的关系是:当设置温度高于显示温度时,开始通电加热,运行过程中也可通过按复位键加热,加热时加热灯亮,通过调节炉体上的黑色可调电位器来改变电压表上的电压大小,从而改变加热功率;如果炉体上升的温度高于设置温度时,加热灯灭,电压表的读数应为零,但由于存在热惯性,这时显示器上的温度值还会上升,等上升到一定的数值后就会下降。

(3)数码管共 4 位,千位上(最左边)的数码管为过量程标记,当检测电压信号低于零度信号电压时(或大于等于 500 ℃时的信号),显示为“ └┘ ”表示过量程。

(4)定时键与复位键:它们是互锁关系。按定时键可选择 15～60 s 的定时鸣笛,这样可以方便记录下降温度,当按第一次时,显示 15 s,表示 15 s 叫一声,按第二次显示 30 s,以此类推,按复位键可使叫声停止,按定时键可停止加热(一般手工记录选择 60 s 定时,586 微机采样选择 15 s 定时)。

(5)软件限温功能:为了防止拨码开关设置过大,而损坏铂电阻,软件功能使拨码开关百位数不大于 2,即温度最高设置为 299 ℃,万一拨码开关百位数大于 2,程序中也认为 2,这样温度上冲后,不会超过铂电阻的极限值 500 ℃。

(6)炉底暗开关:向后掀起 60°,可看到炉底暗开关,暗开关在“ON”时,这时炉体不受控制器控制,顺时针转动炉体面板黑色可调电位器,使炉体中电压上升,炉体开始加热,此暗开关在特殊情况下才使用,例如:做纯铅步冷曲线时,纯铅平台在 327 ℃,它降温快且不明显,可加一个 50 V 保温电压,这样可使平台明显(即平台时间加长),另外,当炉温上升到 300 ℃左右,达不到需要值可拨动暗开关,在“ON”位置上加上一个 100 V 左右电压可使炉温上升一些再关掉。

注意:此暗开关如果打在“ON”位置,人员离开后炉温将永远上升,会发生事故,一般情况下应拨到“OFF”位置,只有“OFF”位置,炉体升温才受温度控制器控制。因此尽量少用或不用“ON”位置。

(7)一次加热功能:由于实验中按先升温后降温的顺序进行,所以软件中采取一定的措施使得温度降到低于拨码开关值时仍不加热,只有操作人员按复位键或重新通断一次电源,炉体才重新开始加热到拨码开关值时停止。

(8)炉体升温的几种办法:

① 一次快速升温到位,通电后,加热灯亮时,转动炉体上黑色旋钮,在最高电压下加热,拨

码开关数值对应最高温度的数值如下表(供参考)。

**表 1　拨码开关数值对应最高温度数值表(室温 26 ℃)**

| 拨码开关数值 | 最高温度数值(℃) |
|---|---|
| 100℃ | 200～230℃ |
| 120℃ | 230～260℃ |
| 140℃ | 260～280℃ |
| 160℃ | 300～320℃ |
| 180℃ | 320～340℃ |
| 200℃ | 340～360℃ |

炉体升温受室温、炉体温度、试样成分、气流大小、电压高低等影响,操作时稍加修正,实验之前,老师预先试一下。

②在升温过程中,转动炉体上的黑色电位器,逐渐减少加热电压来减少热惯性,例如:要求升温到 320 ℃,拨码开关设置 299 ℃。从室温开始升温,加上最高电压升温,当显示温度达到 150 ℃时,调低电压位至 100 V,到 250 ℃时,电压再减为 50 V,升温到 299 ℃时,仪器自动停止加热,热惯性上冲到 320 ℃左右。

升温超过要求值处理:一只手提出玻璃试管在空中冷却,另一只手用练习本拍打炉口 30～50 次,然后把玻璃试管放入炉内试试。

## 三、操作步骤

(1)按下图连接好炉体电源线(地线钩片拧在接地线上),控制器电源、铂电阻(注:引线中两根蓝色线合并在一起接同一接线柱上)、控制器插头(5 芯)、拨码开关设置为“000”。

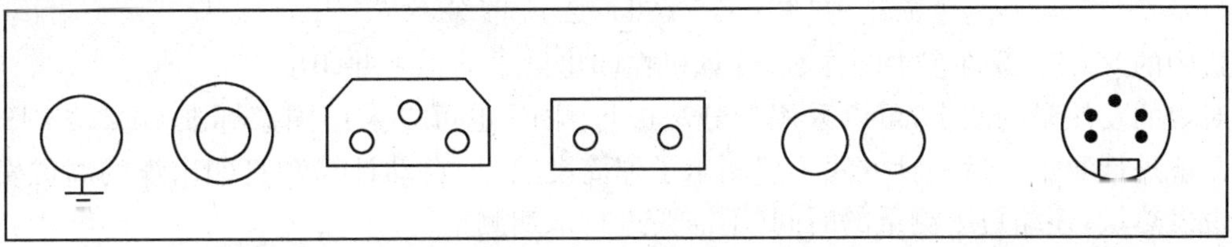


(2)装好样品,加入石墨粉,并在玻璃管中插入不锈钢套管,放入炉体内。

(3)将炉底暗开关拨到“OFF”位置。

(4)校对室温:铂电阻放在炉体外,接通电源两分钟,观察数码管温度是否符合室温,如与室温不符,参照后页“维修”栏调之。

(5)将铂电阻插入不锈钢套管中。按照上述升温方法来设置拨码开关值大小。

(6)按下复位键,加热灯亮,开始升温,转动炉体上黑色电位器旋钮,使电压调到最大值,当显示温度超过设置温度时,加热灯灭,电压指示为零,为防止可控硅漏电流使炉子继续加热,把黑色旋钮反时针旋到底(最底位置)。

(7)当温度达到最高温度时,迅速拨出橡皮塞,用玻璃棒搅拌玻璃管里面的样品,但动作要轻,防止把玻璃管弄破,然后重新塞上橡皮塞。也可提起玻璃管左右倾斜摇晃几次。

(8)待温度降到需要记录的温度时,按 4 次定时键,数码管显示“60 s”,即 60 s 报时一次,操作人员可开始记录温度值。

(9)当温度降到“平台”以下,停止记录。如锡铋合金“平台”为 138 ℃,平台出现 4～5 次就可停止记录。

## 四、注意事项

(1)金属相图炉工作时应放在耐火的材料上(瓷砖、防火板)防止事故发生,工作时,操作人员不能离开。

(2)测试时,如果发现温度超过 400℃还在上升,应立即抽出铂电阻放炉外冷却,随后也抽出玻璃管冷却,排除故障后再通电(铂电阻最高温度为 500℃,玻璃管最高温度为 800℃)。

(3)控制器的五芯插头应缺口向下,对准炉体后的五芯插座的凸起插入。

(4)炉底暗开关在"ON"时,炉子升温已不受控制器的控制了,如不注意显示温度,炉子升温会超过 500℃,烧坏铂电阻及玻璃管。所以,炉底保温开关可根据实验是否需要保温,决定开关通否。

(5)测试结束后,拨码开关应置于"000"。铂电阻取出来放在炉体外冷却。

# 附录 1.10 HWR-15 恒温式微机热量计的使用说明

本系列仪器对热值的测量有两种方法可供选择。一是积分法;二是根据国标 GB213—1987 的计算方法。为了提高测量精度,充分发挥计算机高速采样和处理的特长,采用积分法来计算冷却校正值 $c$,积分公式:

$$c=K\int_0^n (t-t_a)\mathrm{d}T$$

此时仪器可以印出一组可用瑞-方公式进行验算的测量数据。瑞-方公式如下:

$$c=nV_0+\frac{V_n-V_0}{t_n-t_0}\left[\frac{t_n+t_0}{2}+\sum_{i=1}^{n-1}t_i-nt_0\right]$$

式中的 $V_0$、$V_n$ 等许多中间参数,计算机在印出结果前也一并印出。

对煤的发热量的测定,可以采用积分法进行测定,也可以采用国家标准 GB213—1987 的计算方法进行测定。后一种方法不仅测出了弹筒发热量,自动计算和打印出煤的高位发热量和低位发热量,还缩短了测量的时间(不需要进行末期测量)。

## 一、热值测定步骤

(1)在燃烧皿中精确称取一定重量的分析式样(称准到 0.0002 g),燃烧时易飞溅的式样,可先用已知质量的擦镜纸包紧,或先在压饼机中压饼使用。

(2)取本仪器配给的 ϕ0.1～0.12 mm 镍铬丝,切 100 mm 左右一根,把两端分别接在氧弹内的两个电极柱上,注意与式样保持近似接触,不要使点火丝接触到燃烧皿,以免形成短路而导致点火失败。这时的点火附加热计算机会自动计算并扣除。如果采用其他金属丝或棉线点火,点火附加热要根据点火材料的热值和重量进行计算,然后输入到计算机内(输入方法下面叙述)。各种点火材料的热值如下:

钢丝:6700 J/g　　铬丝:1400 J/g　　铜丝:2500 J/g　　棉线:17500 J/g

(3)在氧弹内加入 10 mL 蒸馏水,拧紧氧弹盖,接上氧气导管,往氧弹中缓缓充入氧气,充氧时间不得少于 30 s,直到氧弹内压力达到 2.5～3 MPa,氧弹不应漏气。

(4)往内筒中加入足够的蒸馏水,使水面淹没至氧弹进气阀螺母三分之二处,称准到 ±1 g,每次实验水量都应相同。同时调节内筒水温,使终点时内筒水温比外筒水温高 0.7～1 K,以便使终点时内筒温度出现明显下降。外筒温度应尽量接近室温,相差不得超过 1 K。将内筒放在外筒的绝缘架上,注意平稳和每次位置的一致性。

(5)将氧弹放在内筒中的固定座上,且每次位置尽量相同,如果氧弹盖四周无气泡漏出,则表明气密性良好，如有气泡漏出则表明漏气，应找出原因，加以纠正，重新充氧，然后接上点火电极插头。观察面板上点火指示灯应微亮，说明电极接通，不亮则说明点火线未接通。应查明原因排除（在这以前，主机插上电源，打开电源开关），盖上筒盖，点火线应压在盖边缘的线槽内，以使盖的四周平整，缝隙最小，且注意盖的位置每次一致，若盖能轻推就左右移动，否则应检查铰链螺丝是否松动。调整至盖下后每次位置一致，插入测温探头，注意对准槽口位置，开动搅拌开关，面板搅拌指示灯应亮，搅拌叶轮转动，开始搅拌。

(6)将基点温度键按在相应挡位上，一般使数值显示在 0～3.5 K，显示数值为相对温度值，此值加上基点温度挡所指的数值就是实际温度值。

(7)通过面板键盘输入各种参数

①输入参数之前应先按 C 键，使显示全暗，只有右边小数点亮。输入式样重量：[见附录 A 序号(4)]按键 4F×××××C，×××××为式样重量，单位为克。这时打印机印出 m4=×××××g，注：凡是输入计算机的数据，其位数不得超过五位（小数点不算一位），否则出错，以下同。[如果你忘了进行这步操作，计算机将以上一次输入的式样重量认为与这次相同来进行计算。如果这次式样的重量与上次的重量不同，则会产生错误，补救的办法是等本次的测试结束，再补进行输入式样重量的操作，然后按键c7（符号两个字母下面加一横线，表示复键，复键是将两个键同时按下，例这里将 c、7 两个键同时按下，然后一起松开，实际操作时做到“同时”时较难的，可以将前面一个键 c 先按下，不要松开，然后按下 7，松开时，先松开 7，后松开 c，下文的复键法与此相同，就不再重复了）。计算机将重新打印一遍数据，并按新的输入的式样重量计算结果。如果本次操作时开机后的第一次操作并忘了输入式样重量，本次测量结束，计算机印出 A=？此时可以按照下述方法输入式样重量：91、98×××××C 计算机印出×××××即你输入的式样重量，然后立即就印出按此重量计算结果。]

②输入仪器热容量：[见附录 A 序号(5)]：按 5F×××××C 打印机印出 c=×××××J/K，此时参数每次开机输入一次就可以了。如果中途停电，重新来电后还需重新输入。[如果你忘了这一步，可采用与(1)相同的方法，用c7 重新印出数据并计算结果]。

③输入各类附加热[见附录 A 序号(3)]按键 3F×××C。这项操作可以省略的（见步骤 2 中的叙述）。当采用其他材料作为点火材料时，或式样用纸包装时，这时由于点火材料或包装纸燃烧时，比用镍铬丝点火时增加了附加热量，用此方法输入，计算结果时会自行自动扣除。如果还有其他附加热量要扣除时，输入值应是点火材料的燃烧热的总和。例如测苯甲酸的热值需扣除硝酸生成时，输入值应是点火材料的燃烧热与硝酸生成热之和。

④输入时间、日期、编号：[见附录 A(7)(8)(9)]按键分别是 7F×××××C、8F×××××、9F×××××C，时间是时、分、秒；日期是年、月、日，这些数字包括编号都应按足 6 位，0 步能省略。每次开机输入一次就可以了，每测量一次，编号会自动增加 1。如果这三个数不输入，也不会影响正常测量。只是印出的时间从 8 点开始，日期位 90.00.00，编号从一个固定数开始。

⑤进行测量煤的热值时，如果需要自动计算煤的高位发热量和低位发热量，就需要输入以下四个参加运算的参数：

$S_f$：分析煤的含硫量(%)；Wy：应用煤的全水分(%)；

$W_f$：分析煤样的水分(%)；H：分析煤样的氢含量(%)。

按键分别是 10F××××C；12F×××C；13F×××C[见附录 A 序号(10)(11)(12)(13)]。如果这些参数没有输入，计算机将只计算出弹筒发热量。

如果测定后需要各次的高、低位发热量，可用下述第 11 步介绍的方法进行补算。

⑥如果要采用GB213—1987计算方法，则必须在测量前进行如下三种参数的输入操作：

K：热量计冷却常数($min^{-1}$)；A：热量计综合常数(K/min)；$t_j$：外筒水温(℃)。

对于参数K、A每次开机只要输入一次就行了，按键顺序为：

14F×××××C；15F×××××C[见附录A序号(15)(16)]。而 $t_j$ 外筒水温则每次测量前都要求测量输入。

外筒水温 $t_j$ 的测量输入步骤如下：

a. 将探头插入外筒(注意探头尖部在外筒中的位置应每次基本相同且建议靠筒的内壁较适宜)，先按键××A，待显示数字基本稳定后，按C，再按C9，前两位数字对应为“基点温度”挡的数字。

b. 待打印完后，再将探头插入内筒，这样，在测量正式开始后，便会自动印出三组数据。外筒温度数、内筒温度数和内外筒的温度差，请注意两点：印出的内、外筒温度数与用水银温度计测得的数值可能有一个固定的温度偏差，调节内、外筒水温时应扣除偏差或固定使用一支水银温度计；不可用探头在空气中测室温。

(8)按键××A，前两个数字××为温度欲置挡的大挡数。按完后仪器开始进入测量状态，仪器在计算机的控制下，预备期打印10个序号，然后印出日期、时间、测试记录编号、进入正式测试。预期打印10组数据，进行自动点火，点火指示灯转暗，点火电流表指针摆动，并打印出点火时间，显示的温度数据应明显上升，反之，则说明点火失败，应找出原因，重新测试。如果点火失败，计算机会自动判出，并退到显示时钟状态，并发出间断声响。

(如果想节约打印纸张，在按下A键后，再按复键06，便可简式打印。如果想缩短预备时间，可接着按复键C2，1～8次，印出序号08后，就不要再按了。)

(9)当本次的测量结果打印完毕，计算机进入时钟显示状态并发出间断声响，本次测量就完成了。停止搅拌，取出氧弹，开启放气阀，放出燃烧废气，打开氧弹，仔细观察弹筒和燃烧器内部，如果有式样燃烧不全的迹象或炭黑存在，实验作废。

(10)用蒸馏水充分清洗氧弹内部、放气阀、燃烧皿内外和燃烧残渣，把全部洗液(共约100 mL)收集在一个烧杯中供测硫使用。

(11)如果需要将前几次的测量结果列表印出，可按复键：G8。如果采用弹筒洗液测硫，则硫的含量以后才能知道，若想计算印出前次的高、低位发热量，例如：现已测完五次，想计算印出第2次的高低位发热量，此时可参照步骤7中的第(5)输入4个参数，然后按02 01(前两个数字02表示测量结果的序号数)，照此方法对任一次结果补算高、低位发热量。

## 二、热容量和仪器常数标定步骤

(1)苯甲酸应预先研细，在80～90℃烘箱中置3～4 h，冷却后放在盛有浓硫酸的干燥器中干燥，称取一定重量的苯甲酸用压饼机压成片状，并称准到0.0002 g，放入燃烧皿中。

(2)参照发热量测定步骤的(2)～(6)，完成装点火丝，氧弹充氧，内、外筒水温调节等步骤。

(3)通过键盘输入各种参数：

①输入苯甲酸的热值[见附录A(1)]按键1F×××××C，打印机印出QB=×××××J(如果每次使用的苯甲酸热值都一样，开机后只要输入一次就可以了)。

②输入苯甲酸的重量[见附录A(2)]，按键2F×××××C，打印机印出BG=×××××g。

③输入外筒水温[方法与热值测定步骤(6)、(7)中所述的有关部分相同]如果不需要计算仪器常数K、A，这项操作可以省略，也就是说，如果不进行本项操作，对于本次测量的数据，也不参与仪器常数K、A的回归计算。

④按键××A 开始测量，这里进行的操作与热值测定步骤 8、9、10 相同，直至本次测定结束。

热容量标定进行 5 次重复实验，其极限差值如不超过 40J/K，则可进行自动计算仪器常数的操作，按复键02，计算机自动计算 5 次结果的平均值，印出 E＝×××××J/K 减去硝酸生成热(40J)作为仪器的热容量，计算机还自动用一元线性回归方法计算并印出仪器常数 K 和 A。如果 5 次中极差超过 60J/K，可再做一次或二次实验，用08 命令列出测量结果表，将偏差较大的一次或二次值删除掉，使留下的结果极差不超过 60J/K，再进行计算仪器常数的操作，删除操作方法如下：例如要删除的结果的序号为 04。按键 04 03，然后再用c8 命令列表，可见序号 04 的结果被删除了。这三项常数计算印出后，计算机也已自动装入机内，故若接下去就进行热值测定时，这三项常数的输入操作就可省略了。注意：如果不进行(3)输入外筒水温的操作，02 命令将不执行，用户可自己将五次热容值计得的平均值减去硝酸生成热(40J)作为测热值时输入的热容量值。

## 附录 1.11　气相色谱仪

### 一、102G 型气相色谱仪

102G 型气相色谱仪主要可分为三大部分：流量控制系统、温度控制系统、信号控制及调节系统。主要旋钮位置如图 1 所示。

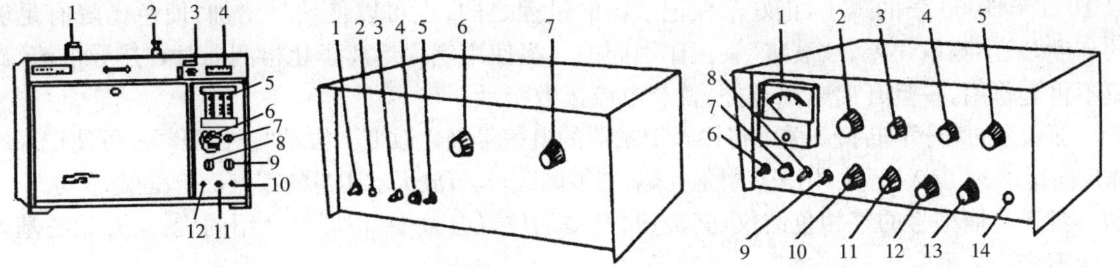

1.氢焰离子化检测器　2.气化室　3.温度读数转换旋钮　4.温度显示表头　5.流量计　6.压力表　7、8、9.空气、载气、氢气流量控制阀　10.温控指示灯　11.主机指示灯　12.主机电源开关

(a)主机

1.电源开关　2.电源指示灯　3.气化室加热电源开关　4.气化室、氢火焰离子化室温控指示灯　5.氢火焰离子化室加热电源开关　6. 层析室温度调节旋钮　7.气化、氢火焰离子化室温度调节旋钮

(b)温度控制器

1.电流表　2.衰减旋钮　3.热导平衡旋钮　4.热零调旋钮　5.灵敏度旋钮　6.电源开关　7.指示灯　8.点火开关　9.正负转换开关　10.热导电流调节旋钮　11.热导、氢焰转换开关　12、13. 基始电流补偿调节(粗调和细调)旋钮 14.放大器零调旋钮

(c)信号控制及调节系统

**图 1　102G 型气相色谱仪面板示意图**

**1. 流量控制系统**

载气、氢气和空气都要由各自的流量控制阀调节。氢气和空气用于燃烧生成氢火焰。氢气也可用作热导检测器使用时的载气。三种气体的柱前流量由压力表和转子流量计指示，它们均置于主机右边，开启这些阀时要缓慢。实验结束时，必须将它们关闭。柱后流量可用皂膜流量计测量。

**2. 温度控制系统**

色谱柱、汽化室和检测器都要控制温度，只是后两者的温控要求不是很严格。开启电源开关后，温度控制器左下角的指示灯即亮。旋动层析室温度调节旋钮至某一值，即设定层析室温度(柱温)至此值，若温度调节旋钮的设定温度与层析室实际温度一致，温控指示灯(主机右下角)若明若暗，表示层析室已达恒温。若设定温度高于层析室实际温度，温控指示灯红亮，表示继续加热；反之，指示灯不亮，表示停止加热。三种温度的读数均由主机右上角的表头指示，旋动表头左边的旋钮，可分别显示三种温度。由于热导检测器与色谱柱置于同室内，因此两者温度一样。比较精密的色谱仪，热导检测器的温度单独控制。

**3. 信号控制及调节系统**

这部分又称热导池电源及氢焰离子放大器。以下几个开关和旋钮在使用热导检测器时调节“热导电流”“热导平衡”“热导零调”和“衰减”。“热导电流”用来调节流经热导池热丝的电流大小。热丝电流大，灵敏度高；反之，灵敏度低。但是，过高的电流，使热丝发热太厉害而降低信噪比，基线不稳走。若使用氢气作载气，电流不超过 200 mA。“平衡”旋钮实际上是一个多圈电位器，一般将它置于中点(5 圈处)即可，实验中只需通过调节“热导零调”来改变记录笔的位置。“衰减”旋钮指信号过大，超出记录器量程范围时，可改变它，将信号按比例缩小：置于“1/1”时，信号最大；置于“1/2”时，信号是原来的一半，其余类推。改变“衰减”，只改变色谱峰的高低，不改变色谱峰的宽度。必须注意一点，在决定使用热导检测器时，首先应将面板上的“热导氢焰”转换开关指向“热导”。在使用氢火焰离子化检测器时也一样，否则实验无法进行。

以下几个旋钮在使用氢火焰离子化检测器时调节“基始电流补偿”“灵敏度”和“衰减”。当氢火焰已点燃，但没有样品进入火焰，因此也没有正负离子生成，电路中就不应有电流通过，记录笔指示在零点。实际上，当氢火焰点燃后，记录笔一定要移动一定距离，这表明已有电流通过。这种电流称为“基始电流”，它是由载气、燃气及助燃气中杂质等燃烧的结果，因此必须将它补偿掉。方法是旋动“基始电流”旋钮，使记录笔回到零点；改变“灵敏度”旋钮，可以使信号以 10、100、1000 倍的减小，正好落在记录器的量程之内；也可以使信号增加，使色谱峰有足够的高度，减小测量误差。“衰减”旋钮作用同前。当使用氢火焰离子化检测器时，“热导电流”旋钮不再起作用，一旦开启电源开关，就有电流读数指示。

面板上的“正负”转换开关可将输入记录器的电信号极性改变。拨动“正负”开关，可使记录笔作反向运动。“点火”开关，用来点燃氢火焰。“零调”指调节放大器本身的零点，一般固定不动。

对于其他型号的气相色谱仪，其旋钮、开关的位置会改变，但以上介绍的旋钮、开关的基本功能不变。

## 二、102G 气相色谱仪的基本操作步骤

**1. 热导池检测器的使用**

(1)热导池检测器的启动

启动前先检查气路，电路是否按照使用热导池检测器的要求接好。

通入载气：先开钢瓶阀，再开减压阀，控制压力在 203.90～405.0 kPa，然后开稳压阀，控制载气流速使之符合操作条件。

恒温：开启电源开关，将柱温、汽化室、检测器温度选择旋钮转至要求温度的位置。加热至一定时间后，用温度测量旋钮分别检查三处温度是否符合要求。若温度已符合要求，再检查载气流速是否正常。

加桥电流并调整平衡：将“放大器”热导，氢焰转换开关置于“热导”上，并打开电源开关，将桥路电流调节到所需的毫安处，衰减器指数指于 1/1 上，等半小时左右，接通记录器电源，调节“电源”的“平衡”调节器和“零调”，调节器使记录仪指针指在零位上，待稳定后即可做测试工作。

(2)热导池检测器的关闭

测量完成后，先抬起记录笔，关闭记录仪各开关。再将桥电流调节旋钮转到最小位置，关闭热导电源，再关断色谱仪电源，待温度下降后，关断载气。

**2. 氢火焰离子化检测器的使用**

(1)氢火焰离子化检测器的启动

启动前先检查气路，电路是否完全按照使用氢火焰离子化检测器的要求接好。启用氢火焰离子化检测器，主要是正确使用微电流放大器和温度控制器。

通入载气：与使用热导检测器的操作步骤相同。

恒温：开启两控制器上的电源开关，将柱温、汽化室、检测器温度选择旋钮转至要求温度位置。加热一定时间后，用温度测量旋钮分别检查三处温度是否达到要求。若温度已达要求，即可调节微电流放大和记录仪部分。

微电流放大及记录仪调节：将“放大器”热导，氢焰转换开关置“氢焰”上，并打开电源开关，稍等片刻后，再打开记录仪电源开关。将“灵敏度”选择开关指于“1000”，衰减开关指于“1/1”，把“基始电流补偿”电位器按逆时针方向旋到底。调节“零调”使记录仪指针指示“0”mV 处，这时再观察放大器工作是否稳定，基线漂移是否在 0.05 mV/h 内。

(2)氢火焰离子化检测器的点火

待基线平直后，再检查载气是否在规定流速内(如 $N_2$，约 50 mL/min)，将空气钢瓶的表压调至 2 kg/cm$^2$，调节针形阀使空气的流量指于 300～800 mL/min。氢气钢瓶的表压调至 1.5 kg/cm$^2$，调节稳压阀使氢气流量指于 25～35 mL/min。在空气和氢气调节稳定的条件下，开始点火，将引燃开关拨至“点火”处，约 10 秒钟后就把开关扳下，这时若记录仪指针已不在原来位置，则说明氢火焰已点燃(也可用改变氢气流量大小或切换灵敏度开关，看指针是否有反应来确定火是否点燃。若指针随着氢气流量改变而移动或指针随着灵敏度开关切换而明显变动，都说明火已点燃；反之，则没有点燃)。再调节基始电流补偿电位器，使指针指示所需位置。

(3)氢火焰离子化检测器的关闭

先关闭氢气钢瓶阀，再关低压阀，再关氢稳压阀。待转子流量计回零后，再关掉空气钢瓶和气路。然后关掉电源，待温度降至室温后，再完全关断载气。实验完后，应检查每个钢瓶是否关好。当高压表回零后，表上低压阀应松开(关掉)。切断实验室电源，检查仪器无问题后实验人员才能离开实验室。

(4)使用氢火焰离子化检测器应注意

不点火时切勿开氢气路，以免氢逸出而发生爆炸；要打开检测器室时，应将选择极性开关拨到零点，以防触电；火焰点燃以后，不允许旋动放大调零，如需调零，只能使用记录调零旋钮。

## 三、填充色谱柱的制备

### 1. 固定相的制备

根据分析要求，选择好适当的固定液和担体后，可进行固定液的涂渍。涂渍的方法是将固定液溶于有机溶剂中，慢慢倒入经预处理过筛的担体中至刚好淹没，轻轻搅匀，然后在红外灯下缓慢加热赶走溶剂。由此可制得固定液均匀涂敷在担体上的固定相。

### 2. 色谱柱的清洗、装填及老化

对于不锈钢柱，可先用 10% NaOH 溶液抽洗 4～5 次，再用自来水、蒸馏水反复冲洗至呈中性，然后烘干备用。

装柱的方法是在色谱柱一端填塞少量玻璃棉，接上安全瓶和真空泵，在柱子的另一端接上漏斗，将固定相慢慢倒入漏斗，进入柱内，边装填边敲震柱子，使固定相填充紧密均匀。装好后取下漏斗，再填塞少量玻璃棉以防固定相从柱口漏出。

色谱柱的老化通常是将充填了固定相的色谱柱装入色谱仪，在与操作时相近的载气流速及略高于操作温度的条件下通载气几小时至几十小时，直至基线平稳为止。

以上所述只是一般知识，随仪器型号不同，其结构和使用方法可能有些不同，详细情况可参考其使用说明书。

四、GC7900 操作规范

**1. TCD 检测器**

(1)检查仪器安装是否完好,载气气路连接是否完好。

(2)将色谱柱一端安装到进样器,根据使用频次,确定是否需要更换进样垫。

(3)打开钢瓶载气,若为氮气,其输入压力应在 0.35～0.4 MPa;如为氢气,其输入压力应在 0.2～0.4 MPa。

(4)打开主机电源,仪器经初始化检查,进入主菜单界面。

(5)进入流量压力显示菜单,查看柱前压,确认系统是否有堵塞现象,通气约 5 min,把系统中的空气或其他杂质赶出。

(6)将色谱柱的另一端连接到 TCD 检测器。

(7)观察柱前压,根据填充柱长短、内径大小等,判断系统是否有漏气现象,如果有漏气现象的话,则要仔细检查,并加以排除,直至气密性完好。有关气密性的检查以及解决办法,应参照说明书事项。

(8)用信号线将电脑与主机连接好,打开电脑电源。运行 D7900 工作站,按“连接”、“查询”键,确认工作站与主机连接是否完好。

(9)根据需要设置进样器、柱箱、检测器温度,使仪器预热 10～15 min。

(10)根据需要,通过流量组合阀的旋钮来调节载气流量,在主机界面有所显示。用皂膜流量计检测 TCD 检测器出口气体流量,确认载气流过 TCD 检测器。

(11)在主机界面上,进入 TCD 检测器菜单,根据实验需要设置桥电流。

(12)根据分析要求,设置 TCD 检测器微电流放大器的量程。

(13)走基线:在做样品分析之前,务必使基线走平稳(要求基线噪声小于 30 μV,漂移小于 100 μv/30 min,具体以不影响样品测定为准)。

(14)按照工作站说明书编写样品项,一般先进行标样分析,然后进行样品分析。

(15)按工作站的“调零”键,使基线回到零电位附近。

(16)进样分析:进样之后,按“运行”(恒温)或“开始”键(程序升温),工作站即进行采样;采集的谱图数据等将自动保存在电脑中。

(17)分析任务完成后,在色谱柱最高使用温度下 30 ℃充分老化柱子,以避免样品污染柱子。色谱柱的老化方法,可以参考其使用说明书。

(18)分析完毕,先将桥电流设置为零。

(19)将进样器、柱箱、检测器温度的温度降低,降至 50 ℃以下。确认电流已经切断后,可以关闭载气。

注意:TCD 检测器有桥电流时,务必有载气通过,否则钨丝容易烧坏。

关闭主机电源,退出工作站,并将电脑关闭。

**2. ECD 检测器**

(1)检查仪器安装是否完好,载气气路连接是否完好。

(2)确认仪器背面 ECD 废气接头,与放空管连接排放到室外。

(3)检查脱氧管是否安装,并确保其能有效地脱氧。

(4)将色谱柱一端安装到进样器,填充柱、大口径毛细管柱、小口径毛细管柱的连接方法均不同,具体安装方法,应参照使用说明书;根据使用频次,确定是否需要更换进样垫。

(5)将色谱柱的另一端连接到ECD检测器，填充柱、大口径毛细管柱、小口径毛细管柱的连接方法均不同，具体安装方法，可以参照说明书。

(6)打开钢瓶载气，确认输入压力在0.35～0.4 MPa。

(7)打开主机电源，仪器经初始化检查，进入主菜单界面。

(8)观察柱前压，根据柱的类型(填充柱或毛细管柱)、柱的长短、内径大小，判断系统是否有漏气现象，如果有漏气现象的话，则要仔细检查，并加以排除，直至气密性完好。有关气密性的检查以及解决办法，应参照说明书事项。

(9)用信号线将电脑与主机连接好，打开电脑电源。运行D7900工作站，按“连接”“查询”键，确认工作站与主机连接是否完好。

(10)根据需要设置进样器、柱箱、检测器温度。

(11)根据需要，通过流量组合阀的旋钮来调节载气流量。若为填充柱或大口径的毛细管柱，界面所显示的柱流量即为柱的实际流量；若为小口径毛细管柱，界面所显示的柱流量，实际为载气总流量，包括分流流量、隔膜流量、毛细管柱流量。载气总流量、分流流量、隔膜流量均可以通过相应的阀来调节，其中后两者还可以用皂膜流量计来测定，柱流量对应于柱前压力，柱前压一定，则柱流量也就固定。具体操作可以参考使用说明书。

(12)根据实验需要，确定是否需加尾吹气以及其大小。出厂时，尾吹气的流量调节为：30 mL/min。在具体实验时，可以通过针型阀作适当的调节。

(13)根据分析要求，设置ECD检测器微电流放大器的量程。

(14)走基线：在做样品分析之前，务必使基线走平稳(要求基线噪声小于15 μV，漂移小于50 μv/30 min，具体以不影响样品测定为准)。

(15)按照工作站说明书编写样品项，先进行标样分析，然后进行样品分析。

(16)按工作站的“调零”键，使基线回到零电位附近。

(17)进样分析：进样之后，按“运行”(恒温)或“开始”键(程序升温)，工作站即进行采样；采样的时间可以自行设置，程升时间由程序来决定。采集的谱图数据等将自动保存在电脑中。

(18)分析任务完成后，在色谱柱最高使用温度下30 ℃充分老化柱子，以避免样品污染柱子。色谱柱的老化方法，可以参考其使用说明书。

(19)分析完毕，将载气调小保证有一定的流量(2～3 mL/min)流过ECD检测器。关闭尾吹气。

(20)将进样器、柱箱、检测器温度的温度降低，待其降至50 ℃之后，即可关闭主机电源，退出D7900工作站，并将电脑关闭。

**3. FID检测器**

(1)检查仪器安装是否完好，载气、空气、$H_2$气路连接是否完好。

(2)确认色谱柱安装完好，确认进样垫密封性良好。

(3)打开钢瓶载气，确认总的输入压力在0.35～0.4 MPa。

(4)打开主机电源，仪器经初始化检查，进入主菜单界面。

(5)观察柱前压，检查气路系统的气密性，确保气密性完好。

(6)确认主机与电脑之间有数据信号线连接。打开电脑电源，运行D7900工作站，按“连接”“查询”键，确认工作站与主机之间软件连接完好。

(7)在工作站中，新建一个仪器参数名文件，包括进样器、柱箱、检测器温度，升温程序，分流控制程序，以及仪器方面的信息，如仪器型号、色谱柱类型、进样器、色谱柱的流量以及分流比、燃烧气的流速等。下次做同样的分析实验，可以调用该仪器参数。

(8)在检测器的温度大于100℃的条件下，预热10～15 min，以防止过早点火，检测器中水蒸气冷凝，影响检测器的性能。

(9)根据需要，通过流量组合阀的旋钮来调节载气流量。若为填充柱或大口径的毛细管柱，界面所显示的柱流量即为柱的实际流量；若为小口径毛细管柱，界面所显示的柱流量，实际为载气总流量，包括分流流量、隔膜流量、毛细管柱流量。载气总流量、分流流量、隔膜流量均可以通过相应的阀来调节，其中后两者还可以用皂膜流量计来测定，柱流量对应于柱前压力，柱前压一定，则柱流量也就固定。具体操作可以参考使用说明书。

(10)打开氢气、空气钢瓶总阀，确认氢气气源输入压力在0.2～0.4 MPa；空气气源输入压力在0.3～0.4 MPa。将主机上的氢气、空气阀也打开，然后按"FIRE"键点火，根据工作站的基线是否有明显的突变或在FID检测器出口检查是否有水蒸气存在，均可以判断点火是否成功。根据实验需要，确定是否需加尾吹气以及其大小。

(11)氢气、空气流量，出厂时已经调整好，氢气为：20 mL/min；空气：160 mL/min。尾吹流量为：15 mL/min。在具体实验时，可以通过针型阀作适当的调节。

(12)根据分析要求，设置FID检测器微电流放大器的量程。

(13)走基线：在做样品分析之前，务必使基线走平稳(要求基线噪声小于40 μV，漂移小于80 μv/30 min，具体以不影响样品测定为准)。

(14)按照工作站说明书编写样品项，先进行标样分析，然后进行样品分析。

(15)按工作站的"调零"键，使基线回到零电位附近。

(16)进样分析：进样之后，按"运行"(恒温)或"开始"键(程序升温)，工作站即进行采样；采样的时间可以自行设置，程升时间由程序来决定。采集的谱图数据等将自动保存在电脑中。

(17)分析任务完成后，在色谱柱最高使用温度下30℃充分老化柱子，以避免样品污染柱子。色谱柱的老化方法，可以参考其使用说明书。

(18)分析完毕，分别关闭氢气、空气，主机上的氢气、空气组合阀和钢瓶上的总阀均应该关闭，特别是氢气，以确保实验室安全。

(19)将进样器、柱箱、检测器温度的温度降低，待其降至50℃之后，关闭载气。同样，主机上的载气调节阀和钢瓶上的总阀均应该关闭。

(20)关闭主机电源，退出工作站，并将电脑关闭。

## 附录1.12　高效液相色谱仪

### 一、高效液相色谱仪简介

高效液相色谱仪主要有分析型、制备型和专用型三类，有多种型号，一般都由输液系统、进样系统、分离系统、检测系统和数据处理系统这五部分组成。如图1所示。

在贮液器内贮存有流动相，它由高压泵输送，流经进样器、色谱柱、检测器、最后至废液槽。分析前，选择适当的色谱柱和流动相，开泵，冲洗柱子，待柱子达到平衡而且基线平直后，用微量注射器把样品注入进样口，流动相把试样带入色谱柱进行分离，分离后的组分依次流入检测器的流通池，最后和洗脱液一起排入流出物收集器。当有样品组分流过流通池时，检测器把组分浓度转变成电信号，经过放大，用记录器记录下来就得到色谱图。色谱图是定性、定量和评价柱效高低的依据。

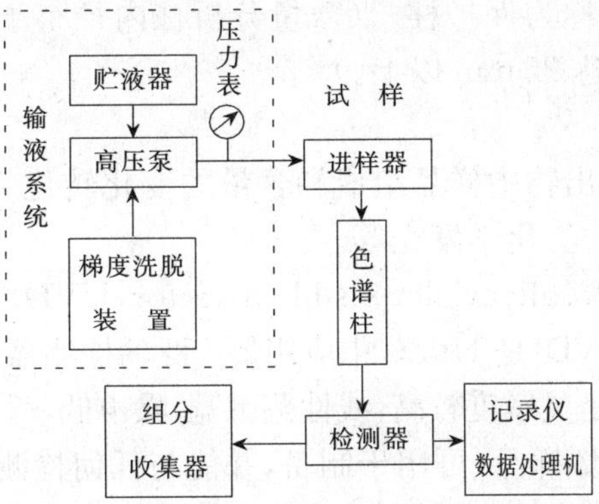


**图1 HPLC的结构示意图**

## 二、主要部件

### 1. 输液系统

输液系统包括贮液器、脱气装置、高压输液泵、过滤器、梯度洗脱装置等。

①贮液器:贮液器用于存放溶剂。溶剂必须很纯,贮液器材料要耐腐蚀,对溶剂呈惰性。贮液器应配有溶剂过滤器,以防止流动相中的颗粒进入泵内。溶剂过滤器一般用耐腐蚀的镍合金制成,空隙大小一般为2 mm。

②脱气装置:脱气的目的是为了防止流动相从高压柱内流出时,释放出气泡进入检测器而使噪声剧增,甚至不能正常检测。

③高压输液泵:高压输液泵是高效液相色谱仪的重要部件,是驱动溶剂和样品通过色谱柱和检测系统的高压源,其性能好坏直接影响分析结果的可靠性。

对高压泵的基本要求是:a. 流量稳定;b. 输出压力高,最高输出压力为50 MPa;c. 流量范围宽,可在0.01～10 mL/min任选;d. 耐酸、碱、缓冲液腐蚀;e. 压力波动小。

④过滤器:在高压输液泵的进口应设置过滤器,其作用是防止微小的机械杂质进入流动相,损害高压输液泵。

⑤梯度洗脱装置:梯度洗脱是利用两种或两种以上的溶剂,按照一定时间程序连续或阶段地改变配比浓度,以达到改变流动相极性、离子强度或pH,从而提高洗脱能力,改善分离的一种有效方法。当一个样品混合物的容量因子是范围很宽,用等度洗脱时间太长,且后出的峰形扁平不便检测时,用梯度洗脱可以改善峰形并缩短分离时间。HPLC的梯度洗脱与GC的程序升温相似,可以缩短分析时间,提高分离效果。使所有的峰都处于最佳分离状态,而且峰形尖而窄。

### 2. 进样系统

进样器一般要求密封性好,死体积小,重复性好,保证中心进样,进样时对色谱系统的压力和流量波动小,并便于实现自动化。高压进样阀是目前广泛采用的一种方式。阀的种类很多,有六通阀、四通阀、双路阀等。以六通进样阀最为常用。

### 3. 分离系统

色谱柱是色谱分离系统的核心部分,柱应具备耐高压、耐腐蚀、抗氧化、密封不漏液和柱内死体积小、柱效高、柱容量大、分析速度快、柱寿命长的要求。通常采用优质不锈钢管制成。

色谱柱按内径不同可分为常规柱、快速柱和微量柱三类。常规分析柱柱长一般为10～25 cm,内径4～5 mm,固定相颗粒直径为5～10 mm。为了保护分析柱不受污染,一般在分析柱前加一短柱，为数厘米长，称为保护柱。（微量分析柱内径小于 1 mm，凝胶色谱柱内径 3～12 mm，制备柱内径较大，可达 25 mm 以上。）

**4. 检测系统**

检测器的作用是将柱流出物中样品组成和含量的变化转化为可供检测的信号，常用检测器有紫外吸收、荧光、示差折光、化学发光等。

(1)紫外可见吸收检测器(ultraviolet-visible detector，UVD)

紫外可见吸收检测器(UVD)是 HPLC 中应用最广泛的检测器之一，几乎所有的液相色谱仪都配有这种检测器。其特点是灵敏度较高，线性范围宽，噪声低，适用于梯度洗脱，对强吸收物质检测限可达 1ng，检测后不破坏样品，可用于制备，并能与任何检测器串联使用。紫外可见检测器的工作原理与结构同一般分光光度计相似，实际上就是装有流动池的紫外可见光度计。

①紫外吸收检测器　紫外吸收检测器常用氘灯作光源，氘灯则发射出紫外可见区范围的连续波长，并安装一个光栅型单色器，其波长选择范围宽(190～800 nm)。它有两个流通池，一个作参比，一个作测量用，光源发出的紫外光照射到流通池上，若两流通池都通过纯的均匀溶剂，则它们在紫外波长下几乎无吸收，光电管上接受到的辐射强度相等，无信号输出。当组分进入测量池时，吸收一定的紫外光，使两光电管接受到的辐射强度不等，这时有信号输出，输出信号大小与组分浓度有关。

局限：流动相的选择受到一定限制，即具有一定紫外吸收的溶剂不能做流动相，每种溶剂都有截止波长，当小于该截止波长的紫外光通过溶剂时，溶剂的透光率降至 10%以下，因此，紫外吸收检测器的工作波长不能小于溶剂的截止波长。

②光电二极管阵列检测器(photodiode array detector，PDAD)　也称快速扫描紫外可见分光检测器，是一种新型的光吸收式检测器。它采用光电二极管阵列作为检测元件，构成多通道并行工作，同时检测由光栅分光，再入射到阵列式接收器上的全部波长的光信号，然后对二极管阵列快速扫描采集数据，得到吸收值(A)是保留时间($t_R$)和波长(l)函数的三维色谱光谱图。由此可及时观察与每一组分的色谱图相应的光谱数据，从而迅速决定具有最佳选择性和灵敏度的波长。

(2)荧光检测器(fluorescence detector，FD)

荧光检测器是一种高灵敏度、有选择性的检测器，可检测能产生荧光的化合物。某些不发荧光的物质可通过化学衍生化生成荧光衍生物，再进行荧光检测。其最小检测浓度可达 0.1 ng/mL，适用于痕量分析；一般情况下荧光检测器的灵敏度比紫外检测器约高 2 个数量级，但其线性范围不如紫外检测器宽。

近年来，采用激光作为荧光检测器的光源而产生的激光诱导荧光检测器极大地增强了荧光检测的信噪比，因而具有很高的灵敏度，在痕量和超痕量分析中得到广泛应用。

(3)示差折光检测器(differential refractive Index detector，RID)

示差折光检测器是一种浓度型通用检测器，对所有溶质都有响应，某些不能用选择性检测器检测的组分，如高分子化合物、糖类、脂肪烷烃等，可用示差检测器检测。示差检测器是基于连续测定样品流路和参比流路之间折射率的变化来测定样品含量的。光从一种介质进入另一种介质时，由于两种物质的折射率不同就会产生折射。只要样品组分与流动相的折光指数不同，就可被检测，二者相差愈大，灵敏度愈高，在一定浓度范围内检测器的输出与溶质浓度成正比。

(4)电化学检测器[(elec)chemical detector，ED]

电化学检测器主要有安培、极谱、库仑、电位、电导等检测器，属选择性检测器，可检测具有电活性的化合物。目前它已在各种无机和有机阴阳离子、生物组织和体液的代谢物、食品添加剂、环境污染物、生化制品、农药及医药等的测定中获得了广泛的应用。其中,电导检测器在离子色谱中应用最多。

电化学检测器的优点是:①灵敏度高,最小检测量一般为 ng 级,有的可达 pg 级;②选择性好,可测定大量非电活性物质中极痕量的电活性物质;③线性范围宽,一般为 4~5 个数量级;④设备简单,成本较低;⑤易于自动操作。

(5)化学发光检测器(c。iluminescence detector, CD)

化学发光检测器是近年来发展起来的一种快速、灵敏的新型检测器,因其设备简单、价廉、线性范围宽等优点。其原理是基于某些物质在常温下进行化学反应,生成处于激发态势反应中间体或反应产物,当它们从激发态返回基态时,就发射出光子。由于物质激发态的能量来自化学反应,故叫做化学发光。当分离组分从色谱柱中洗脱出来后,立即与适当的化学发光试剂混合,引起化学反应,导致发光物质产生辐射,其光强度与该物质的浓度成正比。

这种检测器不需要光源,也不需要复杂的光学系统,只要有恒流泵,将化学发光试剂以一定的流速泵入混合器中,使之与柱流出物迅速而又均匀地混合产生化学发光,通过光电倍增管将光信号变成电信号,就可进行检测。

**5. 数据处理系统**

早期的 HPLC 只配有记录仪记录色谱峰,用人工计算 A 或 H。随着计算机技术的发展,简单的积分仪,可自动打印出 H、A 和 $t_R$,做一些简单的计算,但不能存储数据。现在的色谱工作站功能增多,一般包括色谱参数的选择和设定:自动化操作仪器;色谱数据的采集和存储,并作"实时"处理;对采集和存储的数据进行后处理;自动打印,给出一套完整的色谱分析数据和图谱。同时也可把一些常用色谱参数、操作程序,及各种定量计算方法存入存储器中,需用时调出直接使用。

## 三、高效液相色谱仪(Agile 1200 型)(图 2)的操作步骤

**1. 开机**

(1)打开计算机,进入中文 Windows XP 画面,并运行 CAG Bootp Server 程序。

(2)打开 1200 LC 各模块电源。

(3)待各模块自检完成后,双击"Instrument 1 Online"图标,化学工作站自动与 1200LC 通讯,进入的工作站画面。

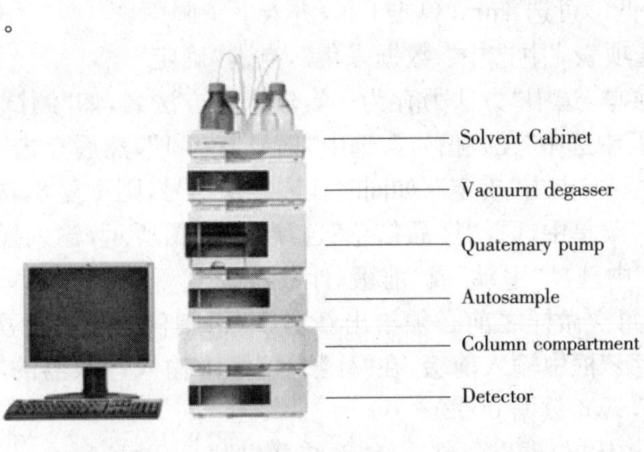


**图 2　高效液相色谱仪(Agile 1200 型)**

(4)从"视图"菜单中选择"方法和运行控制"画面,点击"视图"菜单中的"显示顶部工具

栏”“显示状态工具栏”“系统视图”“样品视图”,使其命令前有“√”标志,来调用所需的界面。

(5)把流动相放入溶剂瓶中。

(6)打开冲洗阀。

(7)点击“泵”图标,点击“设置泵…”选项,进入泵编辑画面。

(8)设流速:5 ml/min,点击“确定”。

(9)点击“泵” 图标,点击“控制…”选项,选中“启动”,点击“确定” ,则系统开始冲洗,直到管线内(由溶剂瓶到泵入口)无气泡为止,切换通道继续冲洗,直到所有要用通道无气泡为止。

(10)点击“泵” 图标,点击“控制…”选项,选中“关闭”,点击“确定”关泵, 关闭冲洗阀。

(11)点击“泵”图标,点击“设置泵…选项”,设流速:1.0 ml/min。

(12)点击泵下面的瓶图标,输入溶剂的实际体积和瓶体积。也可输入停泵的体积,点击“确定”。

**2. 数据采集方法编辑**

(1)开始编辑完整方法　从“方法”菜单中选择“编辑完整方法…” 项,如下图所示选中除“数据分析 ”外的三项,点击“确定”,进入下一画面。

(2)方法信息　在“方法注释”中加入方法的信息(如测试方法)。点击 “确定”, 进入下一画面。

(3)泵参数设定(以四元泵为例)　在“流速”处输入流量,如 1 mL/min,在“溶剂 B”处输入 80.0,(A=100−B−C−D) ,也可“插入 ”一行“时间表”,编辑梯度。在“压力限”处输入柱子的最大耐高压,以保护柱子。点击“确定”,进入下一画面。

(4)柱温箱参数设定　在“温度”下面的空白方框内输入所需温度,如:40 度。并选中它,点击“更多>>” 键,如图所示,选中“与左侧相同”,使柱温箱的温度左右一致。点击“确定”,进入下一画面。

(5)DAD 检测器参数设定　进入“DAD signals”画面,输入样品波长及其带宽、参比波长及其带宽(参比波长带宽默认值为 100 nm); 选择 Stoptime:as Pupm;

在“Spectrum”中输入采集光谱方式“store”:选 All;如只进行正常检测,则可选 None;范围 Range:可选范围为 190～950 nm;步长 Step 可选 2.0 nm;阀值:选择需要的灯; Peak width (Response time)即响应值应尽可能接近要测的窄峰峰宽,可选“2 s”或 4 s; Slit-:狭窄缝,光谱分辨率高;宽时,噪音低。可选 4nm,单击 OK,进入下一画面。

(6)在“ 运行时选项表 ”中选中“ 数据采集”,点击“确定”。

(7)点击“方法”菜单,选中“方法另存为…”,输入一方法名,如“测试”,点击“确定”。

(8)从菜单 “视图”中选中“在线信号”,选中“信号窗口 1”,然后点击“改变…” 钮,将所要绘图的信号移到右边的框中,点击“确定”(如同时检测二个信号,则重复 8,选中“信号窗口 2”)。

(9)从“运行控制”菜单中选择“样品信息”选项,如下图所示,输入操作者名称,如“安装工程师”;在“数据文件 ”中选择“手动”或“前缀/计数器”。

(区别:手动——每次做样之前必须给出新名字,否则仪器会将上次的数据覆盖掉。Pr—在前缀/计数器—“前缀”框中输入前缀,在“计数器”框中输入计数器的起始位,仪器会自动命名,如 vwd 数据 0001,vwd 数据 0002……)

(10)点击“确定” ,从“仪器” 菜单选择“系统开启”。

(11)等仪器准备好,基线平稳,从“运行控制”菜单中选择“运行方法”,进样(若无自动进样器,则基线平稳后,进样并搬动手动进样阀,启动运行) 。

**3. 数据分析方法编辑**

(1)从“视图”菜单中,点击“数据分析”进入数据分析画面。

(2)从“文件”菜单选择“调用信号”,选中您的数据文件名,如下图所示。点击“ 确定”,则数据被调出。

(3)做谱图优化:从“图形”菜单中选择“信号选项”,如下图所示。从“范围” 中选择“满量程” 或“自动量程” 及合适的时间范围或选择“自定义量程” 调整。反复进行,直到图的比例合适为止。点击“ 确定”。

(4)积分

①从“积分”菜单中选择“积分事件”选项,选择合适的“斜率灵敏度”,“峰宽”,“最小峰面积”,“最小峰高”。

②从“积分”菜单中选择“积分”选项,则数据被积分。

③如积分结果不理想,则修改相应的积分参数,直到满意为止。

④点击左边“√”图标,将积分参数存入方法。

(5)打印报告

①从“报告”菜单中选择“设定报告”选项。

②点击“定量结果”框中“计算”右侧的黑三角,选中“面积百分比”,其他选项不变。

③点击“ 确定”。

④从“报告”菜单中选择“打印报告”,则报告结果将打印到屏幕上,如想输出到打印机上,则点击“报告” 底部的“打印”钮。

**4. 关机**

①关机前,先关灯,用相应的溶剂充分冲洗系统。

②退出化学工作站,依提示关泵及其他窗口,关闭计算机。

③关闭 Agilent 1200 各模块电源开关。

**5. 清理台面,按有关规定填写仪器作用记录**

## 四、注意事项

**1. 流动相**

(1)流动相应选用色谱纯试剂、高纯水或双蒸水,酸碱液及缓冲液需经过滤后使用,过滤时注意区分水系膜和油系膜的使用范围。

(2)水相流动相需经常更换(一般不超过 2 天),防止长菌变质。

(3)使用双泵时,A、B、C、D 四相中,若所用流动相中有含盐流动相,则 A、D(进液口位于混合器下方)放置含盐流动相,B、C(进液口位于混合器上方)放置不含盐流动相,A、B、C、D 四个储液器中其中一个为棕色瓶,用于存放水相流动相。

**2. 样品**

(1)采用过滤或离心方法处理样品,确保样品中不含固体颗粒。

(2)用流动相或比流动相弱(若为反相柱,则极性比流动相大;若为正相柱,则极性比流动相小)的溶剂制备样品溶液,尽量用流动相制备样品液。

(3)手动进样时,进样量尽量小,使用定量管定量时,进样体积应为定量管的 3~5 倍。

**3. 色谱柱**

(1)使用前仔细阅读色谱柱附带的说明书,注意适用范围,如 pH 范围、流动相类型等。

(2)使用符合要求的流动相。

(3)使用保护柱。

(4)如所用流动相为含盐流动相,反相色谱柱使用后,先用水或低浓度甲醇水(如5%甲醇水溶液),再用甲醇冲洗。

(5)色谱柱在不使用时,应用甲醇冲洗,取下后紧密封闭两端保存。

(6)不要高压冲洗柱子。

(7)不要在高温下长时间使用硅胶键合相色谱柱,使用过程中注意轻拿轻放。

(8)若柱子使用的时间较长,柱压较高时,可采用柱子再生法处理,即按水—甲醇—四氢呋喃—二氯甲烷—四氢呋喃—甲醇—水的顺序来冲洗柱子,以达到提高柱子的柱效和寿命。

**4. 操作过程**

(1)打开电源,用 Harb 相连接时,注意 Harb 电源,打开计算机,打开 Bootp Server(一般启动时已打开)。

(2)自上而下打开个组件电源,Bootp Server 里显示有信号时(有六行字符),打开工作站(先打开 On line)。

(3)打开冲洗泵头的10%异丙醇溶液的开关(需用针筒抽),控制流量大小,以能流出的最小流量为准。

(4)注意各流动相所剩溶液的容积设定,若设定的容积低于最低限会自动停泵,注意洗泵溶液的体积,及时加液。

(5)更换溶剂时,若流路中有气泡时,应从旁路彻底排除气泡。

(6)使用过程中要经常观察仪器工作状态,及时正确处理各种突发事件。

(7)先以所用流动相冲洗系统一定时间(如所用流动相为含盐流动相,必须先用水冲洗20分钟以上再换上含盐流动相),正式进样分析前30min左右开启D灯或W灯,以延长灯的使用寿命。

(8)建立色谱操作方法,注意保存为自己命名的Method,勿覆盖或删除他人的方法及实验结果。

(9)使用手动进样器进样时,在进样前和进样后都需用洗针液洗净进样针筒,洗针液一般选择与样品液一致的溶剂,进样前必须用样品液清洗进样针筒3遍以上,并排除针筒中的气泡。

(10)溶剂瓶中的沙芯过滤头容易破碎,在更换流动相时注意保护,当发现过滤头变脏或长菌时,不可用超声洗涤,可用5%稀硝酸溶液浸泡后再洗涤。

(11)实验结束后,一般先用水或低浓度甲醇水溶液冲洗整个管路30 min以上,再用甲醇冲洗。冲洗过程中关闭D灯、W灯。

(12)关机时,先关闭泵、检测器等,再关闭工作站,然后关机,最后自下而上关闭色谱仪各组件,关闭洗泵溶液的开关。

(13)使用者须认真履行仪器使用登记制度,出现问题及时向老师报告,不要擅自拆卸仪器。

# 附录 2  重要理化数据

## 附录 2.1  化学中与国际单位并用的一些单位

| 量的名称 | 单位名称 | 单位代号 | | 相互关系 |
|---|---|---|---|---|
| | | 中文 | 国际 | |
| 压力(压强) | 帕斯卡 | 帕 | Pa | 1atm=760 mmHg=101325 Pa(1 标准大气压=760 毫米汞柱=101325 帕) |
| | 毫米汞柱 | 毫米汞柱 | mmHg | |
| | 标准大气压 | 标准大气压 | atm | |
| 能、功、热量 | 焦耳 | 焦 | J | 1 J=1 N·m=1 Pa·$m^3$ |
| | | 千焦 | kJ | (1 焦=1 牛·米=1 帕·米$^3$) |
| | | | | 1 kJ=1000 J |
| 面积 | 平方米 | 米$^2$ | $m^2$ | |
| 体积(容积) | 立方米 | 米$^3$ | $m^3$ | |
| | 立方分米(升) | 分米$^3$(升) | $dm^3$(L) | 1 $m^3$=$10^3$ $dm^3$(L)=$10^6$ $cm^3$(mL) |
| | 立方厘米 | 厘米$^3$ | $cm^3$ | 1 米$^3$=$10^3$ 分米$^3$=$10^6$ 厘米$^3$ |
| | (毫升) | (毫升) | (mL) | 1 L=$10^3$ mL |
| 密度 | 千克每立方米 | 千克/米$^3$ | kg·$m^{-3}$ | |
| | 克每立方分米 | 克/分米$^3$ | g·$dm^{-3}$ | 1 kg·$m^{-3}$=1 g·$dm^{-3}$=1 g·$L^{-1}$=1 mg·$mL^{-1}$ |
| | | (克/升) | (g·$L^{-1}$) | 1 g·$L^{-1}$=$10^{-3}$ g·$mL^{-1}$ |
| | 克每立方厘米 | 克/厘米$^3$ | g·$cm^{-3}$ | |
| | | (克/毫升) | (g·$mL^{-1}$) | |
| 温度 | 热力学温度(T) | 开尔文 | K | $T$=273.15+$t$(K) |
| | 摄氏温度(t) | 摄氏度 | ℃ | $t$=$T$−273.15(℃) |
| 摩尔质量 | 千克每摩尔 | 千克/摩 | kg·$mol^{-1}$ | |
| 摩尔体积 | 立方米每摩尔 | 米$^3$/摩 | $m^3$·$mol^{-1}$ | |
| 质量 | 克、毫克 | 克、毫克 | g,mg | |
| | 微克、纳克 | 微克、纳克 | μg,ng | 1 g=$10^3$ mg=$10^6$ μg=$10^9$ ng |
| 物质的量 | 摩尔 | 摩尔 | mol | |
| 体积摩尔浓度($c$) | 摩尔每立方米 | 摩/米$^3$ | mol·$m^{-3}$ | |
| | 摩尔每立方分米 | 摩/分米$^3$ | mol·$dm^{-3}$ | 1 mol·$m^{-3}$=$10^{-3}$ mol·$dm^{-3}$=$10^{-6}$ mol·$cm^{-3}$ |
| | | (摩/升) | (mol·$L^{-1}$) | 1 mol·$dm^{-3}$=1 mol·$L^{-1}$ |
| | 摩尔每立方厘米 | 摩/厘米$^3$ | mol·$cm^{-3}$ | 1 mol·$cm^{-3}$=1 mol·$mL^{-1}$ |
| | | (摩/毫升) | mol·$mL^{-1}$ | |
| 质量摩尔浓度($m$) | 摩尔每千克 | 摩/千克 | mol·$kg^{-1}$ | |
| 滴定度($T_{X/S}$) | 克每毫升 | 克/毫升 | g·$mL^{-1}$ | 滴定度是指 1 mL 标准溶液相当于被测组分的质量 |
| | | | | 1 mg·$L^{-1}$=$10^3$ μg·$L^{-1}$=$10^6$ ng·$L^{-1}$ |
| 微量组分浓度 | 毫克每升 | 毫克/升 | mg·$L^{-1}$ | 1 mg·$L^{-1}$=1 ppm(百万分之一) |
| (浓度<0.1 mg·$L^{-1}$ | 微克每升 | 微克/升 | μg·$L^{-1}$ | 1 μg·$L^{-1}$=1 ppb(十亿分之一) |
| 时常用) | 纳克每升 | 纳克/升 | ng·$L^{-1}$ | 1 ng·$L^{-1}$=1 ppt(万亿分之一) |

## 附录 2.2  几种常见酸、碱的密度和浓度

| 酸或碱 | 分子式 | 密度(g·$mL^{-1}$) | 溶质质量分数 | 浓度(mol·$L^{-1}$) |
|---|---|---|---|---|
| 冰醋酸<br>稀醋酸 | $CH_3COOH$ | 1.05<br>1.04 | 0.995<br>0.341 | 17<br>6 |
| 浓盐酸<br>稀盐酸 | HCl | 1.18<br>1.10 | 0.36<br>0.20 | 12<br>6 |
| 浓硝酸<br>稀硝酸 | $HNO_3$ | 1.42<br>1.19 | 0.72<br>0.32 | 16<br>6 |
| 浓硫酸<br>稀硫酸 | $H_2SO_4$ | 1.84<br>1.18 | 0.96<br>0.25 | 18<br>3 |
| 磷酸 | $H_3PO_4$ | 1.69 | 0.85 | 15 |
| 浓氨水<br>稀氨水 | $NH_3 \cdot H_2O$ | 0.90<br>0.96 | 0.28~0.30($NH_3$)<br>0.10 | 15<br>6 |
| 稀氢氧化钠 | NaOH | 1.22 | 0.20 | 6 |

## 附录 2.3 定性分析试液配制方法

### 一、阳离子试液(含阳离子 10g/L)

| 阳离子 | 试 剂 | 配 制 方 法 |
|---|---|---|
| $Na^+$ | $NaNO_3$ | 37 g 溶于水,稀释至 1 L |
| $K^+$ | $KNO_3$ | 26 g 溶于水,稀释至 1 L |
| $NH_4^+$ | $NH_4NO_3$ | 44 g 溶于水,稀释至 1 L |
| $Mg^{2+}$ | $Mg(NO_3)_2 \cdot 6H_2O$ | 106 g 溶于水,稀释至 1 L |
| $Ca^{2+}$ | $Ca(NO_3)_2 \cdot 4H_2O$ | 60 g 溶于水,稀释至 1 L |
| $Sr^{2+}$ | $Sr(NO_3)_2 \cdot 4H_2O$ | 32 g 溶于水,稀释至 1 L |
| $Ba^{2+}$ | $Ba(NO_3)_2$ | 19 g 溶于水,稀释至 1 L |
| $Al^{3+}$ | $Al(NO_3)_3 \cdot 9H_2O$ | 139 g 加 1 : 1 $HNO_3$ 10 mL,用水稀释至 1 L |
| $Pb^{2+}$ | $Pb(NO_3)_2$ | 16 g 加 1 : 1 $HNO_3$ 10 mL,用水稀释至 1 L |
| $Cr^{3+}$ | $Cr(NO_3)_3 \cdot 9H_2O$ | 77 g 溶于水,稀释至 1 L |
| $Mn^{2+}$ | $Mn(NO_3)_2 \cdot 6H_2O$ | 53 g 加 1 : 1 $HNO_3$ 5 mL,用水稀释至 1 L |
| $Fe^{2+}$ | $(NH_4)_2SO_4 \cdot FeSO_4 \cdot 6H_2O$ | 70 g 加 1 : 1 $H_2SO_4$ 20 mL,用水稀释至 1 L |
| $Fe^{3+}$ | $Fe(NO_3)_3 \cdot 9H_2O$ | 72 g 加 1 : 1 $HNO_3$ 20 mL,用水稀释至 1 L |
| $Co^{2+}$ | $Co(NO_3)_2 \cdot 6H_2O$ | 50 g 溶于水,稀释至 1 L |
| $Ni^{2+}$ | $Ni(NO_3)_2 \cdot 6H_2O$ | 50 g 溶于水,稀释至 1 L |
| $Cu^{2+}$ | $Cu(NO_3)_2 \cdot 3H_2O$ | 38 g 加 1 : 1 $HNO_3$ 5 mL,用水稀释至 1 L |
| $Ag^+$ | $AgNO_3$ | 16 g 溶于水,稀释至 1 L |
| $Zn^{2+}$ | $Zn(NO_3)_2 \cdot 6H_2O$ | 46 g 加 1 : 1 $HNO_3$ 5 mL,用水稀释至 1 L |
| $Hg^{2+}$ | $Hg(NO_3)_2 \cdot H_2O$ | 17 g 加 1 : 1 $HNO_3$ 20 mL,用水稀释至 1 L |
| $Sn^{4+}$ | $SnCl_4$ | 22 g 加 1 : 1 HCl 溶解,并用该酸稀释至 1 L |

### 二、阴离子试液(含阴离子 10 g · $L^{-1}$)

| 阴离子 | 试 剂 | 配 制 方 法 |
|---|---|---|
| $CO_3^{2-}$ | $Na_2CO_3 \cdot 10H_2O$ | 48 g 溶于水,稀释至 1 L |
| $NO_3^-$ | $NaNO_3$ | 14 g 溶于水,稀释至 1 L |
| $PO_4^{3-}$ | $Na_2HPO_4 \cdot 12H_2O$ | 38 g 溶于水,稀释至 1 L |
| $SO_4^{2-}$ | $Na_2SO_4 \cdot 10H_2O$ | 34 g 溶于水,稀释至 1 L |
| $SO_3^{2-}$ | $Na_2SO_3$ | 16 g 溶于水,稀释至 1 L* |
| $S_2O_3^{2-}$ | $Na_2S_2O_3 \cdot 5H_2O$ | 22 g 溶于水,稀释至 1 L* |
| $S^{2-}$ | $Na_2S \cdot 9H_2O$ | 75 g 溶于水,稀释至 1 L |
| $Cl^-$ | NaCl | 17 g 溶于水,稀释至 1 L |
| $I^-$ | KI | 13 g 溶于水,稀释至 1 L |
| $CrO_4^{2-}$ | $K_2CrO_4$ | 17 g 溶于水,稀释至 1 L |

* 这些溶液不稳定,最好临时配制。

## 附录 2.4 特殊试剂的配制

(1)甲基橙-二甲苯赛安路 FF 混合指示剂(也称遮蔽指示剂,变色点 3.8):称取甲基橙 1.0 g,用 500 mL 水完全溶解。另称取 1.8 g 蓝色染料二甲苯赛安路 FF,用 500 mL 酒精完全溶解,然后将两种指示剂混合均匀。取 2 滴指示剂用于酸碱滴定,检查是否有明显的颜色变化。如终点呈蓝灰色,可在原指示剂中滴加甲基橙(0.1%)少许;如终点呈灰绿色稍带红,可滴加少许蓝色染料。调至有敏锐的终点(即从碱性变到酸性由绿色变为淡灰或无色)后,贮存于棕色瓶中。

(2)百里酚蓝和甲酚红混合指示剂:取 3 份 0.1%的百里酚蓝酒精溶液与 1 份 0.1%甲酚红溶液混合均匀(在混合前一定要溶解完全)。

(3)淀粉(0.5%)溶液:在盛有 5 g 可溶性淀粉与 100 mg 氯化锌的烧杯中,加入少量水,搅匀。把得到的糊状物倒入约1L正在沸腾的水中，搅匀并煮沸至完全透明。淀粉溶液最好现用现配。

(4)镁试剂Ⅰ：溶0.001 g对硝基苯偶氮间苯二酚于100 mL 1 mol·$L^{-1}$ NaOH溶液中。

(5)铝试剂(0.2%)：溶0.2 g铝试剂于100 mL水中。

(6)奈斯勒试剂：将11.5 g $HgI_2$及8 g KI溶于水中稀释至50 mL，加入6 mol·$L^{-1}$ NaOH 50 mL，静置后取清液贮于棕色瓶中。

(7)醋酸铀酰锌：溶解10 g $UO_2(Ac)_2 \cdot 2H_2O$于6 mL 30%的HAc中。略微加热使其溶解，稀释至50 mL(溶液A)。另溶解30 g $Zn(Ac)_2 \cdot 2H_2O$于6 mL 30%的HAc中，搅动后稀释到50 mL(溶液B)。将这两种溶液加热至70℃后混合，静置24 h，取其澄清溶液贮于棕色瓶中。

(8)钼酸铵试剂(5%)：5 g $(NH_4)_2MoO_4$加5 mL浓$HNO_3$，加水至100 mL。

(9)铁铵矾$(NH_4)Fe(SO_4)_2 \cdot 12H_2O$(40%)：铁铵矾的饱和水溶液加浓$HNO_3$至溶液变清。

(10)硫代乙酰胺(5%)：溶解5 g硫代乙酰胺于100 mL水中，如浑浊须过滤。

(11)二乙酰二肟(丁二肟)：溶解1 g二乙酰二肟于100 mL 95%的酒精中。

(12)钴亚硝酸钠试剂：溶解$NaNO_2$ 23 g于500 mL水中，加6 mol·$L^{-1}$ HAc 16.5 mL及$Co(NO_3)_2 \cdot 6H_2O$ 3 g，静置过夜，过滤或取其清液，稀释至100 mL贮存于棕色瓶中。每隔四星期重新配制，或直接加六硝基合钴酸钠固体于水中，至溶液为深红色即可使用。

(13)亚硝酰铁氰化钠：溶解1 g亚硝酰铁氰化钠于100 mL水中。每隔数日，即须重新配制。

(14)硝胺指示剂(0.1%)：0.1 g硝胺溶于100 mL 70%的酒精溶液中。

(15)邻菲罗啉指示剂(0.25%)：0.25 g邻菲罗啉加几滴6 mol/L $H_2SO_4$，溶于100 mL水中。

(16)硫氰酸汞铵$(NH_4)_2[Hg(SCN)_4]$：溶8 g $HgCl_2$和9 g $NH_4SCN$于100 mL水中。

(17)氯化亚锡(1 mol·$L^{-1}$)：溶23 g $SnCl_2 \cdot 2H_2O$于34 mL浓HCl中，加水稀释至100 mL，临用时配制。

(18)二苯碳酰二肼丙酮溶液(0.25%)：称取0.25 g二苯碳酰二肼，溶于100 mL丙酮。

(19)喹钼柠酮混合溶液沉淀剂：

溶液1：称取70 g钼酸钠，溶于150 mL蒸馏水中。

溶液2：称取60 g柠檬酸，溶于85 mL硝酸和150 mL蒸馏水的混合液中，冷却。

溶液3：在不断搅拌下将溶液1慢慢加至溶液2中。

溶液4：取喹啉5 mL，溶于35 mL浓$HNO_3$和100 mL蒸馏水的混合液中，然后在不断搅拌下将溶液4缓慢加至溶液3中，混匀，放置暗处24 h后，过滤。在溶液中加入丙酮280 mL(如试样中不含铵离子，也可不加丙酮)，用蒸馏水稀释至1 L，混匀后贮存于聚乙烯瓶中，放置暗处备用。

(20)二苯硫腙：溶解0.1 g二苯硫腙于1 000 mL $CCl_4$或$CHCl_3$中。

(21)甲基橙(0.1%)：溶解0.1 g甲基橙于100 mL水中，必要时加以过滤。

(22)银氨溶液：溶解1.7 g $AgNO_3$于17 mL浓氨水中，再用蒸馏水稀释至1 L。

(23)碘化钾-亚硫酸钠溶液：将50 g KI和200 g $Na_2SO_3 \cdot 7H_2O$溶于1 000 mL水中。

## 附录 2.5 某些离子* 和化合物的颜色

| 离子或化合物 | 颜色 | 离子或化合物 | 颜色 | 离子或化合物 | 颜色 |
|---|---|---|---|---|---|
| $Ag^+$ | 无 | $Ca^{2+}$ | 白 | $CrO_3$ | 橙红 |
| $AgBr$ | 淡黄 | $CaCO_3$ | 白 | $CrO_2^-$ | 绿 |
| $AgCl$ | 白 | $CaC_2O_4$ | 白 | $CrO_4^{2-}$ | 黄 |
| $AgCN$ | 白 | $CaF_2$ | 白 | $Cr_2O_7^{2-}$ | 橙 |
| $Ag_2CO_3$ | 白 | $CaO$ | 白 | $Cr(OH)_3$ | 灰绿 |
| $Ag_2C_2O_4$ | 白 | $Ca(OH)_2$ | 白 | $Cr_2(SO_4)_3$ | 桃红 |
| $Ag_2CrO_4$ | 砖红 | $CaHPO_4$ | 白 | $Cr_2(SO_4)_3 \cdot 6H_2O$ | 绿 |
| $Ag_3[Fe(CN)_6]$ | 橙 | $Ca_3(PO_4)_2$ | 白 | $Cr_2(SO_4)_3 \cdot 18H_2O$ | 蓝紫 |
| $Ag_4[Fe(CN)_6]$ | 白 | $CaSO_3$ | 白 | $Cu^{2+}$ | 蓝 |
| $AgI$ | 黄 | $CaSO_4$ | 白 | $CuBr$ | 白 |
| $AgNO_3$ | 白 | $CaSiO_3$ | 白 | $CuCl$ | 白 |
| $Ag_2O$ | 褐 | $Cd^{2+}$ | 无 | $CuCl_2^-$ | 无 |
| $Ag_3PO_4$ | 黄 | $CdCO_3$ | 白 | $CuCl_4^{2-}$ | 黄 |
| $Ag_4P_2O_7$ | 白 | $CdC_2O_4$ | 白 | $CuCN$ | 白 |
| $Ag_2S$ | 黑 | $Cd_3(PO_4)_2$ | 白 | $Cu_2[Fe(CN)_6]$ | 红棕 |
| $AgSCN$ | 白 | $CdS$ | 黄 | $CuI$ | 白 |
| $Ag_2SO_3$ | 白 | $Co^{2+}$ | 粉红 | $Cu(IO_3)_2$ | 淡蓝 |
| $Ag_2SO_4$ | 白 | $CoCl_2$ | 蓝 | $Cu(NH_3)_4^{2+}$ | 深蓝 |
| $Ag_2S_2O_3$ | 白 | $CoCl_2 \cdot 2H_2O$ | 紫红 | $Cu(NH_3)_2^+$ | 无 |
| $As_2S_3$ | 黄 | $CoCl_2 \cdot 6H_2O$ | 粉红 | $CuO$ | 黑 |
| $As_2S_5$ | 黄 | $Co(CN)_6^{3-}$ | 紫 | $Cu_2O$ | 暗红 |
| $Ba^{2+}$ | 无 | $Co(NH_3)_6^{2+}$ | 黄 | $Cu(OH)_2$ | 浅蓝 |
| $BaCO_3$ | 白 | $Co(NH_3)_6^{3+}$ | 橙黄 | $Cu(OH)_4^{2-}$ | 蓝 |
| $BaC_2O_4$ | 白 | $CoO$ | 灰绿 | $Cu_2(OH)_2CO_3$ | 淡蓝 |
| $BaCrO_4$ | 黄 | $Co_2O_3$ | 黑 | $Cu_3(PO_4)_2$ | 淡蓝 |
| $BaHPO_4$ | 白 | $Co(OH)_2$ | 粉红 | $CuS$ | 黑 |
| $Ba_3(PO_4)$ | 白 | $Co(OH)_3$ | 棕褐 | $Cu_2S$ | 深棕 |
| $BaSO_3$ | 白 | $Co(OH)Cl$ | 蓝 | $CuSCN$ | 白 |
| $BaSO_4$ | 白 | $Co_2(OH)_2CO_3$ | 红 | $CuSO_4 \cdot 5H_2O$ | 蓝 |
| $BaS_2O_3$ | 白 | $Co_3(PO_4)_2$ | 紫 | $Fe^{2+}$ | 浅绿 |
| $Bi^{3+}$ | 无 | $CoS$ | 黑 | $Fe^{3+}$ | 淡紫* |
| $BiOCl$ | 白 | $Co(SCN)_4^{2-}$ | 蓝 | $FeCl_3 \cdot 6H_2O$ | 黄棕 |
| $Bi_2O_3$ | 黄 | $CoSiO_3$ | 紫 | $[Fe(CN)_6]^{4-}$ | 黄 |
| $Bi(OH)_3$ | 白 | $CoSO_4 \cdot 7H_2O$ | 红 | $[Fe(CN)_6]^{3-}$ | 红棕 |
| $BiO(OH)$ | 灰黄 | $Cr^{2+}$ | 蓝 | $FeCO_3$ | 白 |
| $Bi(OH)CO_3$ | 白 | $Cr^{3+}$ | 蓝紫 | $FeC_2O_4 \cdot 2H_2O$ | 淡黄 |
| $BiONO_3$ | 白 | $CrCl_3 \cdot 6H_2O$ | 绿 | $FeF_6^{3-}$ | 无 |
| $Bi_2S_3$ | 黑 | $Cr_2O_3$ | 绿 | $Fe(HPO_4)_2^-$ | 无 |

* 离子均指水溶液中的水合离子。

续表

| 离子或化合物 | 颜色 | 离子或化合物 | 颜色 | 离子或化合物 | 颜色 |
|---|---|---|---|---|---|
| $FeO$ | 黑 | $MnO_4^-$ | 紫红 | $Sb_2O_5$ | 淡黄 |
| $Fe_2O_3$ | 砖红 | $MnO_2$ | 棕 | $SbOCl$ | 白 |
| $Fe_3O_4$ | 黑 | $Mn(OH)_2$ | 白 | $Sb(OH)_3$ | 白 |
| $Fe(OH)_2$ | 白 | $MnS$ | 肉色 | $SbS_3^{3-}$ | 无 |
| $Fe(OH)_3$ | 红棕 | $NaBiO_3$ | 黄 | $SbS_4^{3-}$ | 无 |
| $FePO_4$ | 浅黄 | $Na[Sb(OH)_6]$ | 白 | $SnO$ | 黑/绿 |
| $FeS$ | 黑 | $NaZn(UO_2)_3(Ac)_9 \cdot 9H_2O$ | 黄 | $SnO_2$ | 白 |
| $Fe_2S_3$ | 黑 | $(NH_4)_2Fe(SO_4)_2 \cdot 6H_2O$ | 蓝绿 | $Sn(OH)_2$ | 白 |
| $Fe(SCN)^{2+}$ | 血红 | $NH_4Fe(SO_4)_2 \cdot 12H_2O$ | 浅紫 | $Sn(OH)_4$ | 白 |
| $Fe_2(SiO_3)_3$ | 棕红 | $(NH_4)_3PO_4 \cdot 12MoO_3 \cdot 6H_2O$ | 黄 | $Sn(OH)Cl$ | 白 |
| $Hg^{2+}$ | 无 | $Ni^{2+}$ | 亮绿 | $SnS$ | 棕 |
| $Hg_2^{2+}$ | 无 | $Ni(CN)_4^{2-}$ | 黄 | $SnS_2$ | 黄 |
| $HgCl_4^{2-}$ | 无 | $NiCO_3$ | 绿 | $SnS_3^{2-}$ | 无 |
| $Hg_2Cl_2$ | 白 | $Ni(NH_3)_6^{2+}$ | 蓝紫 | $SrCO_3$ | 白 |
| $HgI_2$ | 红 | $NiO$ | 暗蓝 | $SrC_2O_4$ | 白 |
| $HgI_4^{2-}$ | 无 | $Ni_2O_3$ | 黑 | $SrCrO_4$ | 黄 |
| $Hg_2I_2$ | 黄 | $Ni(OH)_2$ | 浅绿 | $SrSO_4$ | 白 |
| $HgNH_2Cl$ | 白 | $Ni(OH)_3$ | 黑 | $Ti^{3+}$ | 紫 |
| $HgO$ | 红/黄 | $Ni_2(OH)_2CO_3$ | 淡绿 | $TiO^{2+}$ | 无 |
| $HgS$ | 黑/红 | $Ni_3(PO_4)_2$ | 绿 | $Ti(H_2O_2)^{2+}$ | 橘黄 |
| $Hg_2S$ | 黑 | $NiS$ | 黑 | $V^{2+}$ | 蓝紫 |
| $Hg_2SO_4$ | 白 | $Pb^{2+}$ | 无 | $V^{3+}$ | 绿 |
| $I_2$ | 紫 | $PbBr_2$ | 白 | $VO^{2+}$ | 蓝 |
| $I_3^-$ | 棕黄 | $PbCl_2$ | 白 | $VO_2^+$ | 黄 |
| $K[Fe(CN)_6Fe]$ | 蓝 | $PbCl_4^{2-}$ | 无 | $VO_3^-$ | 无 |
| $KHC_4H_4O_6$ | 白 | $PbCO_3$ | 白 | $V_2O_3$ | 红棕 |
| $K_2Na[Co(NO_2)_6]$ | 黄 | $PbC_2O_4$ | 白 | $ZnC_2O_4$ | 白 |
| $K_3[Co(NO_2)_6]$ | 黄 | $PbCrO_4$ | 黄 | $Zn(NH_3)_4^{2+}$ | 无 |
| $K_2[PtCl_6]$ | 黄 | $PbI_2$ | 黄 | $ZnO$ | 白 |
| $MgCO_3$ | 白 | $PbO$ | 黄 | $Zn(OH)_4^{2-}$ | 无 |
| $MgC_2O_4$ | 白 | $PbO_2$ | 棕褐 | $Zn(OH)_2$ | 白 |
| $MgF_2$ | 白 | $Pb_3O_4$ | 红 | $Zn_2(OH)_2CO_3$ | 白 |
| $MgNH_4PO_4$ | 白 | $Pb(OH)_2$ | 白 | $ZnS$ | 白 |
| $Mg(OH)_2$ | 白 | $Pb_2(OH)_2CO_3$ | 白 | | |
| $Mg_2(OH)_2CO_3$ | 白 | $PbS$ | 黑 | | |
| $Mn^{2+}$ | 肉色 | $PbSO_4$ | 白 | | |
| $MnCO_3$ | 白 | $SbCl_6^{3-}$ | 无 | | |
| $MnC_2O_4$ | 白 | $SbCl_6^-$ | 无 | | |
| $MnO_4^{2-}$ | 绿 | $Sb_2O_3$ | 白 | | |

## 附录 2.6　某些氢氧化物沉淀和溶解时所需的 pH

| 氢氧化物 | pH | | | | |
|---|---|---|---|---|---|
| | 开始沉淀 | | 沉淀完全 | 沉淀开始溶解 | 沉淀完全溶解 |
| | 原始 $c_M^{n+}$ 浓度 (1 mol · L$^{-1}$) | 原始 $c_M^{n+}$ 浓度 (0.01mol · L$^{-1}$) | | | |
| $Sn(OH)_2$ | 0 | 0.5 | 1.0 | 13 | >14 |
| $TiO(OH)_2$ | 0 | 0.5 | 2.0 | | |
| $Sn(OH)_2$ | 0.9 | 2.1 | 4.7 | 10 | 13.5 |
| $ZrO(OH)_2$ | 1.3 | 2.3 | 3.8 | | |
| $Fe(OH)_3$ | 1.5 | 2.3 | 4.1 | 14 | |
| HgO | 1.3 | 2.4 | 5.0 | 11.5 | |
| $Al(OH)_3$ | 3.3 | 4.0 | 5.2 | 7.8 | 10.8 |
| $Cr(OH)_3$ | 4.0 | 4.9 | 6.8 | 12 | |
| $Be(OH)_2$ | 5.2 | 6.2 | 8.8 | | |
| $Zn(OH)_2$ | 5.4 | 6.4 | 8.0 | 10.5 | >14 |
| $Fe(OH)_2$ | 6.5 | 7.5 | 9.7 | 13.5 | |
| $Co(OH)_2$ | 6.6 | 7.6 | 9.2 | 14 | 12～13 |
| $Ni(OH)_2$ | 6.7 | 7.7 | 9.5 | | |
| $Cd(OH)_2$ | 7.2 | 8.2 | 9.7 | | |
| $Ag_2O$ | 6.2 | 8.2 | 11.2 | 12.7 | |
| $Mn(OH)_2$ | 7.8 | 8.8 | 10.4 | 14 | |
| $Mg(OH)_2$ | 9.4 | 10.4 | 12.4 | | |

## 附录 2.7　溶度积常数

| 化合物 | 溶度积(温度/℃) | 化合物 | 溶度积(温度/℃) |
|---|---|---|---|
| Al | | Co | $4.0\times10^{-21}$(18～25) |
| 铝酸 $H_3AlO_3$ | $4\times10^{-13}$(15) | 硫化钴(Ⅱ)α-CoS | $2.0\times10^{-25}$(18～25) |
| 铝酸 | $1.1\times10^{-15}$(18) | β-CoS | |
| 铝酸 | $3.7\times10^{-15}$(25) | Cu | |
| 氢氧化铝 | $1.9\times10^{-33}$(18～20) | 碘酸铜 | $1.4\times10^{-7}$(25) |
| Ba | | 草酸铜 | $2.87\times10^{-8}$(25) |
| 碳酸钡 | $7\times10^{-9}$(16) | 硫化铜 | $8.5\times10^{-45}$(18) |
| 碳酸钡 | $8.1\times10^{-9}$(25) | 溴化亚铜 | $4.15\times10^{-8}$(18～20) |
| 铬酸钡 | $1.6\times10^{-10}$(18) | 氯化亚铜 | $1.02\times10^{-8}$(18～20) |
| 铬酸钡 | $2.4\times10^{-10}$(28) | 碘化亚铜 | $5.06\times10^{-12}$(18～20) |
| 氟化钡 | $1.6\times10^{-6}$(9.5) | 硫化亚铜 | $2\times10^{-47}$(16～18) |
| 氟化钡 | $1.7\times10^{-6}$(18) | 硫氰酸亚铜 | $1.6\times10^{-11}$(18) |
| 氟化钡 | $1.73\times10^{-6}$(25.6) | 亚铁氰化铜 | $1.3\times10^{-16}$(18～25) |
| 碘酸钡 $Ba(IO_3)_2\cdot2H_2O$ | $8.4\times10^{-11}$(10) | Fe | |
| 碘酸钡 | $6.5\times10^{-10}$(25) | 氢氧化铁 | $1.1\times10^{-36}$(18) |
| 草酸钡 $BaC_2O_4\cdot2H_2O$ | $1.2\times10^{-7}$(18) | 氢氧化亚铁 | $1.64\times10^{-14}$(18) |
| 硫酸钡 | $0.87\times10^{-10}$(18) | 草酸亚铁 | $2.1\times10^{-7}$(25) |
| 硫酸钡 | $1.08\times10^{-10}$(25) | 硫化亚铁 | $3.7\times10^{-19}$(18) |
| 硫酸钡 | $1.98\times10^{-10}$(50) | Pb | |
| Ca | | 碳酸铅 | $3.3\times10^{-14}$(18) |
| 碳酸钙(方解石) | $0.99\times10^{-8}$(15) | 铬酸铅 | $1.77\times10^{-14}$(18) |
| 碳酸钙(方解石) | $0.87\times10^{-8}$(25) | 氟化铅 | $2.7\times10^{-8}$(9) |
| 氟化钙 | $3.4\times10^{-11}$(18) | 氟化铅 | $3.2\times10^{-8}$(18) |
| 氟化钙 | $3.95\times10^{-11}$(26) | 氟化铅 | $3.7\times10^{-8}$(26.5) |
| 碘酸钙 $Ca(IO_3)_2\cdot6H_2O$ | $22.2\times10^{-8}$(10) | 碘酸铅 | $5.3\times10^{-14}$(9.2) |
| 碘酸钙 | $64.4\times10^{-8}$(18) | 碘酸铅 | $1.2\times10^{-13}$(18) |
| 草酸钙 $CaC_2O_4\cdot H_2O$ | $1.78\times10^{-9}$(18) | 碘酸铅 | $2.6\times10^{-13}$(25.8) |
| 草酸钙 | $2.57\times10^{-9}$(25) | 碘化铅 | $7.47\times10^{-9}$(15) |
| 硫酸钙 | $2.45\times10^{-5}$(25) | 碘化铅 | $1.39\times10^{-8}$(25) |
| 磷酸钙 | $2.07\times10^{-33}$(25) | 草酸铅 | $2.74\times10^{-11}$(18) |
| Cd | | 硫酸铅 | $1.06\times10^{-8}$(18) |
| 草酸镉 $CdC_2O_4\cdot3H_2O$ | $1.53\times10^{-8}$(18) | 硫化铅 | $3.4\times10^{-28}$(18) |
| 氢氧化镉 | $1.2\times10^{-14}$(25) | 二氯化铅 | $1.17\times10^{-5}$(25) |
| 硫化镉 | $3.6\times10^{-29}$(18) | | |

| 化合物 | 溶度积(温度/℃) | 化合物 | 溶度积(温度/℃) |
|---|---|---|---|
| Li | | 碳酸银 | $6.15\times10^{-12}$(25) |
| 碳酸锂 | $1.7\times10^{-3}$(25) | 氯化银 | $0.21\times10^{-10}$(4.7) |
| Mg | | 氯化银 | $0.37\times10^{-10}$(9.7) |
| 磷酸镁铵 | $2.5\times10^{-13}$(25) | 氯化银 | $1.56\times10^{-10}$(25) |
| 碳酸镁 | $2.6\times10^{-6}$(12) | 氯化银 | $13.2\times10^{-10}$(50) |
| 氟化镁 | $7.1\times10^{-9}$(18) | 氯化银 | $215\times10^{-10}$(100) |
| 氟化镁 | $6.4\times10^{-9}$(27) | 铬酸银 | $1.2\times10^{-12}$(14.8) |
| 氢氧化镁 | $1.2\times10^{-11}$(18) | 铬酸银 | $9\times10^{-12}$(25) |
| 草酸镁 | $8.57\times10^{-5}$(18) | 重铬酸银 | $2\times10^{-7}$(25) |
| Mn | | | $1.52\times10^{-8}$(20) |
| 氢氧化锰 | $4\times10^{-14}$(18) | 氢氧化银 | $0.92\times10^{-8}$(9.4) |
| 硫化锰 | $1.4\times10^{-15}$(18) | 碘酸银 | $0.32\times10^{-16}$(13) |
| Hg | | 碘化银 | $1.4\times10^{-16}$(25) |
| 氢氧化汞 | $3.0\times10^{-26}$(18～25) | 磷酸银 | $1.5\times10^{-16}$(25) |
| 硫化汞(红) | $4.0\times10^{-53}$(18～25) | 硫化银 | $1.6\times10^{-49}$(18) |
| 硫化汞(黑) | $1.6\times10^{-52}$(18～25) | 硫氰酸银 | $0.49\times10^{-12}$(18) |
| 溴化亚汞 | $1.3\times10^{-21}$(25) | 硫氰酸银 | $1.16\times10^{-12}$(25) |
| 氯化亚汞 | $2\times10^{-18}$(25) | Sr | |
| 碘化亚汞 | $1.2\times10^{-28}$(25) | 碳酸锶 | $1.6\times10^{-9}$(25) |
| Ni | | 氟化锶 | $2.8\times10^{-9}$(18) |
| 硫化镍(Ⅱ)α-NiS | $3.2\times10^{-19}$(18～25) | 草酸锶 | $5.61\times10^{-8}$(18) |
| β-NiS | $1.0\times10^{-24}$(18～25) | 硫酸锶 | $2.77\times10^{-7}$(2.9) |
| γ-NiS | $2.0\times10^{-26}$(18～25) | 硫酸锶 | $3.81\times10^{-7}$(17.4) |
| Ag | | 铬酸锶 | $2.2\times10^{-5}$(18～25) |
| 溴酸银 | $3.97\times10^{-5}$(20) | Zn | |
| 溴酸银 | $5.77\times10^{-5}$(25) | 氢氧化锌 | $5\times10^{-17}$(25) |
| 溴化银 | $4.1\times10^{-13}$(18) | 草酸锌 $ZnC_2O_4\cdot2H_2O$ | $1.35\times10^{-9}$(18) |
| 溴化银 | $7.7\times10^{-13}$(25) | 硫化锌 | $1.2\times10^{-23}$(18) |

* $\frac{1}{2}Ag_2O(s)+\frac{1}{2}H_2O = Ag^+ + OH^-$

## 附录 2.8 标准电极电势

电极反应的进行有时要求一定的介质。因此，把明显要求碱性介质的反应列于(2)表，其余列入(1)表；另外以元素符号的英文字母顺序和氧化数由低到高变化的次序编排，以便查阅。

### 一、在酸性溶液中

| 电偶氧化数 | 电 极 反 应 | $\varphi^{\ominus}$(V) |
|---|---|---|
| Ag(Ⅰ)-(0) | $Ag^+ + e^- = Ag$ | +0.7996 |
| (Ⅰ)-(0) | $AgBr + e^- = Ag + Br^-$ | +0.0713 |
| (Ⅰ)-(0) | $AgCl + e^- = Ag + Cl^-$ | +0.2223 |
| (Ⅰ)-(0) | $AgI + e^- = Ag + I^-$ | −0.1519 |
| (Ⅰ)-(0) | $[Ag(S_2O_3)_2]^{3-} + e^- = Ag + 2S_2O_3^{2-}$ | +0.01 |
| (Ⅰ)-(0) | $Ag_2CrO_4 + 2e^- = 2Ag + CrO_4^{2-}$ | +0.4463 |
| (Ⅱ)-(Ⅰ) | $Ag^{2+} + e^- = Ag^+$ | +2.00 |
| (Ⅲ)-(Ⅰ) | $Ag_2O_3(s) + 6H^+ + 4e^- = 2Ag^+ + 3H_2O$ | +1.76 |
| (Ⅲ)-(Ⅱ) | $Ag_2O_3(s) + 2H^+ + 2e^- = 2AgO\downarrow + H_2O$ | +1.71 |
| Al(Ⅲ)-(0) | $Al^{3+} + 3e^- = Al$ | −1.66 |
| (Ⅲ)-(0) | $[AlF_6]^{3-} + e^- = Al + 6F^-$ | −2.07 |
| As(0)-(−Ⅲ) | $As + 3H^+ + 3e^- = AsH_3$ | −0.54 |
| (Ⅲ)-(0) | $HAsO_2(aq) + 3H^+ + 3e^- = As + 2H_2O$ | +0.2475 |
| (Ⅴ)-(Ⅲ) | $H_3AsO_4 + 2H^+ + 2e^- = HAsO_2 + 2H_2O$(1 mol/L HCl) | +0.58 |
| Au(Ⅰ)-(0) | $Au^+ + e^- = Au$ | +1.68 |
| (Ⅰ)-(0) | $[AuCl_2]^- + e^- = Au(s) + 2Cl^-$ | +1.15 |
| (Ⅲ)-(0) | $Au^{3+} + 3e^- = Au$ | +1.42 |
| (Ⅲ)-(0) | $[AuCl_4]^- + 3e^- = Au(s) + 4Cl^-$ | +0.994 |
| (Ⅲ)-(Ⅰ) | $Au^{3+} + 2e^- = Au^+$ | +1.29 |
| B(Ⅲ)-(0) | $H_3BO_3 + 3H^+ + 3e^- = B + 3H_2O$ | −0.73 |
| Ba(Ⅱ)-(0) | $Ba^{2+} + 2e^- = Ba$ | −2.90 |
| Be(Ⅱ)-(0) | $Be^{2+} + 2e^- = Be$ | −1.70(−1.85) |

续表

| 电偶氧化数 | 电极反应 | $\varphi^{\ominus}$(V) |
|---|---|---|
| Bi(Ⅲ)-(0) | $Bi^{3+}+3e^- = Bi(s)$ | +0.293 |
| (Ⅲ)-(0) | $BiO^++2H^++3e^- = Bi+H_2O$ | +0.32 |
| (Ⅲ)-(0) | $BiOCl+2H^++3e^- = Bi+Cl^-+H_2O$ | +0.1583 |
| (Ⅴ)-(Ⅲ) | $Bi_2O_6+6H^++4e^- = 2BiO^++3H_2O$ | +1.6 |
| Br(0)-(－Ⅰ) | $Br_2(aq)+2e^- = 2Br^-$ | +1.087 |
| (0)-(－Ⅰ) | $Br_2(l)+2e^- = 2Br^-$ | +1.065 |
| (Ⅰ)-(－Ⅰ) | $HBrO+H^++2e^- = Br^-+H_2O$ | +1.33 |
| (Ⅰ)-(0) | $HBrO+H^++e^- = \frac{1}{2}Br_2+H_2O$ | +1.6 |
| (Ⅴ)-(－Ⅰ) | $BrO_3^-+6H^++6e^- = Br^-+3H_2O$ | +1.44 |
| (Ⅴ)-(0) | $BrO_3^-+6H^++5e^- = \frac{1}{2}Br_2(l)+3H_2O$ | +1.52 |
| C(Ⅳ)-(Ⅱ) | $CO_2(g)+2H^++2e^- = HCOOH(aq)$ | −0.2 |
| (Ⅳ)-(Ⅱ) | $CO_2(g)+2H^++2e^- = CO(g)+H_2O$ | −0.12 |
| (Ⅳ)-(Ⅲ) | $2CO_2+2H^++2e^- = H_2C_2O_4(aq)$ | −0.49 |
| (Ⅳ)-(Ⅲ) | $2HCNO+2H^++2e^- = (CN)_2+2H_2O$ | +0.33 |
| Ca(Ⅱ)-(0) | $Ca^{2+}+2e^- = Ca$ | −2.76 |
| Cd(Ⅱ)-(0) | $Cd^{2+}+2e^- = Cd$ | −0.4026 |
| (Ⅱ)-(0) | $Cd^{2+}+(Hg)+2e^- = Cd(Hg)$ | −0.3521 |
| Ce(Ⅲ)-(0) | $Ce^{3+}+3e^- = Ce$ | −2.335 |
| (Ⅳ)-(Ⅲ) | $Ce^{4+}+e^- = Ce^{3+}$(1 mol/L $H_2SO_4$) | +1.443 |
| (Ⅳ)-(Ⅲ) | $Ce^{4+}+e^- = Ce^{3+}$(0.5～2 mol/L $HNO_3$) | +1.61 |
| (Ⅳ)-(Ⅲ) | $Ce^{4+}+e^- = Ce^{3+}$(1 mol/L $HClO_4$) | +1.70 |
| Cl(0)-(－Ⅰ) | $Cl_2(g)+2e^- = 2Cl^-$ | +1.3583 |
| (Ⅰ)-(－Ⅰ) | $HOCl+H^++2e^- = Cl^-+H_2O$ | +1.49 |
| (Ⅰ)-(0) | $HOCl+H^++e^- = \frac{1}{2}Cl_2+H_2O$ | +1.63 |
| (Ⅲ)-(Ⅰ) | $HClO_2+2H^++2e^- = HClO+H_2O$ | +1.64 |
| (Ⅳ)-(Ⅲ) | $ClO_2+H^++e^- = HClO_2$ | +1.275 |
| (Ⅴ)-(－Ⅰ) | $ClO_3^-+6H^++6e^- = Cl^-+3H_2O$ | +1.45 |
| (Ⅴ)-(0) | $ClO_3^-+6H^++5e^- = \frac{1}{2}Cl_2+3H_2O$ | +1.47 |
| (Ⅴ)-(Ⅲ) | $ClO_3^-+3H^++2e^- = HClO_2+H_2O$ | +1.21 |
| Cl(Ⅴ)-(Ⅳ) | $ClO_3^-+2H^++e^- = ClO_2(g)+H_2O$ | +1.15 |
| (Ⅶ)-(－Ⅰ) | $ClO_4^-+8H^++8e^- = Cl^-+4H_2O$ | +1.37 |
| (Ⅶ)-(0) | $ClO_4^-+8H^++7e^- = \frac{1}{2}Cl_2+4H_2O$ | +1.34 |
| (Ⅶ)-(Ⅴ) | $ClO_4^-+2H^++2e^- = ClO_3^-+H_2O$ | +1.19 |
| Co(Ⅱ)-(0) | $Co^{2+}+2e^- = Co$ | −0.28 |
| (Ⅲ)-(Ⅱ) | $Co^{3+}+e^- = Co^{2+}$(3 mol/L $HNO_3$) | +1.842 |
| Cr(Ⅲ)-(0) | $Cr^{3+}+3e^- = Cr$ | −0.74 |
| (Ⅱ)-(0) | $Cr^{2+}+2e^- = Cr$ | −0.86 |
| (Ⅲ)-(Ⅱ) | $Cr^{3+}+e^- = Cr^{2+}$ | −0.41 |
| (Ⅳ)-(Ⅲ) | $Cr_2O_7^{2-}+14H^++6e^- = 2Cr^{3+}+7H_2O$ | +1.33 |
| (Ⅳ)-(Ⅲ) | $HCrO_4^-+7H^++3e^- = Cr^{3+}+4H_2O$ | +1.195 |
| Cs(Ⅰ)-(0) | $Cs^++e^- = Cs$ | −2.923 |
| Cu(Ⅰ)-(0) | $Cu^++e^- = Cu$ | +0.522 |
| (Ⅰ)-(0) | $Cu_2O(s)+2H^++2e^- = 2Cu+H_2O$ | −0.36 |
| (Ⅰ)-(0) | $CuI+e^- = Cu+I^-$ | −0.185 |
| (Ⅰ)-(0) | $CuBr+e^- = Cu+Br^-$ | +0.033 |
| (Ⅰ)-(0) | $CuCl+e^- = Cu+Cl^-$ | +0.137 |
| (Ⅱ)-(0) | $Cu^{2+}+2e^- = Cu$ | +0.3402 |
| (Ⅱ)-(Ⅰ) | $Cu^{2+}+e^- = Cu^+$ | +0.153 |
| (Ⅱ)-(Ⅰ) | $Cu^{2+}+Br^-+e^- = CuBr$ | +0.640 |
| (Ⅱ)-(Ⅰ) | $Cu^{2+}+Cl^-+e^- = CuCl$ | +0.538 |

续表

| 电偶氧化数 | 电 极 反 应 | $\varphi^{\ominus}$(V) |
|---|---|---|
| (Ⅱ)-(Ⅰ) | $Cu^{2+}+I^{-}+e^{-}=CuI$ | +0.86 |
| F(0)-(−Ⅰ) | $F_2+2e^{-}=2F^{-}$ | +2.87 |
| (0)-(−Ⅰ) | $F_2(g)+2H^{+}+2e^{-}=2HF(aq)$ | +3.06 |
| Fe(Ⅱ)-(0) | $Fe^{2+}+2e^{-}=Fe$ | −0.409 |
| (Ⅲ)-(0) | $Fe^{3+}+3e^{-}=Fe$ | −0.036 |
| (Ⅲ)-(Ⅱ) | $Fe^{3+}+e^{-}=Fe^{2+}$ (1 mol/L HCl) | +0.770 |
| (Ⅲ)-(Ⅱ) | $[Fe(CN)_6]^{3-}+e^{-}=[Fe(CN)_6]^{4-}$ | +0.36 |
| (Ⅵ)-(Ⅲ) | $FeO_4^{2-}+8H^{+}+3e^{-}=Fe^{3+}+4H_2O$ | +1.9 |
| (8/3)-(Ⅱ) | $Fe_3O_4(s)+8H^{+}+2e^{-}=3Fe^{2+}+4H_2O$ | +1.23 |
| Ga(Ⅲ)-(0) | $Ga^{3+}+3e^{-}=Ga$ | −0.560 |
| Ge(Ⅳ)-(0) | $H_2GeO_3+4H^{+}+4e^{-}=Ge+3H_2O$ | −0.13 |
| H(0)-(−Ⅰ) | $H_2(g)+2e^{-}=2H^{-}$ | −2.25 |
| (Ⅰ)-(0) | $2H^{+}+2e^{-}=H_2(g)$ | 0.0000 |
| (Ⅰ)-(0) | $2H^{+}([H^{+}]=10^{-7}\ mol/L)+2e^{-}=H_2$ | −0.414 |
| Hg(Ⅰ)-(0) | $Hg_2^{2+}+2e^{-}=2Hg$ | +0.7961 |
| (Ⅰ)-(0) | $Hg_2Cl_2+2e^{-}=2Hg+2Cl^{-}$ | +0.2415 |
| (Ⅰ)-(0) | $Hg_2I_2+2e^{-}=2Hg+2I^{-}$ | −0.0405 |
| (Ⅱ)-(0) | $Hg^{2+}+2e^{-}=Hg$ | +0.851 |
| (Ⅱ)-(0) | $[HgI_4]^{2-}+2e^{-}=Hg+4I^{-}$ | −0.04 |
| (Ⅱ)-(Ⅰ) | $2Hg^{2+}+2e^{-}=Hg_2^{2+}$ | +0.905 |
| I(0)-(−Ⅰ) | $I_2+2e^{-}=2I^{-}$ | +0.5355 |
| (0)-(−Ⅰ) | $I_{3-}+2e^{-}=3I^{-}$ | +0.5338 |
| (Ⅰ)-(−Ⅰ) | $HIO+H^{+}+2e^{-}=I^{-}+H_2O$ | +0.99 |
| (Ⅰ)-(0) | $HIO+H^{+}+e^{-}=1/2I_2+H_2O$ | +1.45 |
| (Ⅴ)-(−Ⅰ) | $IO_3^{-}+6H^{+}+6e^{-}=I^{-}+3H_2O$ | +1.085 |
| (Ⅴ)-(0) | $IO_3^{-}+6H^{+}+5e^{-}=1/2I_2+3H_2O$ | +1.195 |
| (Ⅶ)-(Ⅴ) | $H_5IO_6+H^{+}+2e^{-}=IO_3^{-}+3H_2O$ | ~+1.7 |
| In(Ⅰ)-(0) | $In^{+}+e^{-}=In$ | −0.18 |
| (Ⅲ)-(0) | $In^{3+}+3e^{-}=In$ | −0.343 |
| K(Ⅰ)-(0) | $K^{+}+e^{-}=K$ | −2.924(−2.923) |
| La(Ⅲ)-(0) | $La^{3+}+3e^{-}=La$ | −2.37 |
| Li(Ⅰ)-(0) | $Li^{+}+e^{-}=Li$ | −3.045(−3.02) |
| Mg(Ⅱ)-(0) | $Mg^{2+}+2e^{-}=Mg$ | −2.375 |
| Mn(Ⅱ)-(0) | $Mn^{2+}+2e^{-}=Mn$ | −1.029 |
| (Ⅲ)-(Ⅱ) | $Mn^{3+}+e^{-}=Mn^{2+}$ | +1.51 |
| (Ⅳ)-(Ⅱ) | $MnO_2+4H^{+}+2e^{-}=Mn^{2+}+2H_2O$ | +1.208 |
| (Ⅳ)-(Ⅲ) | $2MnO_2(s)+2H^{+}+2e^{-}=Mn_2O_3(s)+H_2O$ | +1.04 |
| (Ⅶ)-(Ⅱ) | $MnO_4^{-}+8H^{+}+5e^{-}=Mn^{2+}+4H_2O$ | +1.491 |
| (Ⅶ)-(Ⅳ) | $MnO_4^{-}+4H^{+}+3e^{-}=MnO_2+2H_2O$ | +1.679 |
| (Ⅶ)-(Ⅵ) | $MnO_4^{-}+e^{-}=MnO_4^{2-}$ | +0.564 |
| Mo(Ⅲ)-(0) | $Mo^{3+}+3e^{-}=Mo$ | ~−0.2 |
| (Ⅵ)-(0) | $H_2MoO_4+6H^{+}+6e^{-}=Mo+4H_2O$ | 0.0 |
| N(Ⅰ)-(0) | $N_2O+2H^{+}+2e^{-}=N_2+H_2O$ | +1.77 |
| (Ⅱ)-(Ⅰ) | $2NO+2H^{+}+2e^{-}=N_2O+H_2O$ | +1.59 |
| (Ⅲ)-(Ⅰ) | $2HNO_2+4H^{+}+4e^{-}=N_2O+3H_2O$ | +1.27 |
| (Ⅲ)-(Ⅱ) | $HNO_2+H^{+}+e^{-}=NO+H_2O$ | +1.00 |
| (Ⅳ)-(Ⅱ) | $N_2O_4+4H^{+}+4e^{-}=2NO+2H_2O$ | +1.03 |
| (Ⅳ)-(Ⅲ) | $N_2O_4+2H^{+}+2e^{-}=2HNO_2$ | +1.07 |
| (Ⅴ)-(Ⅲ) | $NO_3^{-}+3H^{+}+2e^{-}=HNO_2+H_2O$ | +0.94 |
| (Ⅴ)-(Ⅱ) | $NO_3^{-}+4H^{+}+3e^{-}=NO+2H_2O$ | +0.96 |
| (Ⅴ)-(Ⅳ) | $2NO_3^{-}+4H^{+}+2e^{-}=N_2O_4+2H_2O$ | +0.81 |
| Na(Ⅰ)-(0) | $Na^{+}+e^{-}=Na$ | 2.7109 |
| (Ⅰ)-(0) | $Na^{+}+(Hg)+e^{-}=Na(Hg)$ | −1.84 |
| Ni(Ⅱ)-(0) | $Ni^{2+}+2e^{-}=Ni$ | −0.23 |
| (Ⅲ)-(Ⅱ) | $Ni(OH)_3+3H^{+}+e^{-}=Ni^{2+}+3H_2O$ | +2.08 |
| (Ⅳ)-(Ⅱ) | $NiO_2+4H^{+}+2e^{-}=Ni^{2+}+2H_2O$ | +1.93 |

续表

| 电偶氧化数 | 电极反应 | $\varphi^{\ominus}$(V) |
|---|---|---|
| O(0)-(－Ⅱ) | $O_3+2H^++2e^-=O_2+H_2O$ | ＋2.07 |
| (0)-(－Ⅱ) | $O_2+4H^++4e^-=2H_2O$ | ＋1.229 |
| (0)-(－Ⅱ) | $O(g)+2H^++2e^-=H_2O$ | ＋2.42 |
| (0)-(－Ⅱ) | $1/2O_2+2H^+(10^{-7}\ mol/L)+2e^-=H_2O$ | ＋0.815 |
| (0)-(－Ⅰ) | $O_2+2H^++2e^-=H_2O_2$ | ＋0.682 |
| (－Ⅰ)-(－Ⅱ) | $H_2O_2+2H^++2e^-=2H_2O$ | ＋1.776 |
| (Ⅱ)-(－Ⅱ) | $F_2O+2H^++4e^-=H_2O+2F^-$ | ＋2.87 |
| P(0)-(－Ⅲ) | $P+3H^++3e^-=PH_3(g)$ | －0.04 |
| (Ⅰ)-(0) | $H_3PO_2+H^++e^-=P+2H_2O$ | －0.51 |
| (Ⅲ)-(Ⅰ) | $H_3PO_3+2H^++2e^-=H_3PO_2+H_2O$ | －0.50(－0.59) |
| (Ⅴ)-(Ⅲ) | $H_3PO_4+2H^++2e^-=H_3PO_3+H_2O$ | －0.276 |
| Pb(Ⅱ)-(0) | $Pb^{2+}+2e^-=Pb$ | －0.1263(－0.126) |
| (Ⅱ)-(0) | $PbCl_2+2e^-=Pb+2Cl^-$ | －0.268 |
| (Ⅱ)-(0) | $PbI_2+2e^-=Pb+2I^-$ | －0.365 |
| (Ⅱ)-(0) | $PbSO_4+2e^-=Pb+SO_4^{2-}$ | －0.356 |
| (Ⅱ)-(0) | $PbSO_4+(Hg)+2e^-=Pb(Hg)+SO_4^{2-}$ | －0.3505 |
| (Ⅳ)-(Ⅱ) | $PbO_2+4H^++2e^-=Pb^{2+}+2H_2O$ | ＋1.46 |
| Pb(Ⅳ)-(Ⅱ) | $PbO_2+SO_4^{2-}+4H^++2e^-=PbSO_4+2H_2O$ | ＋1.685 |
| (Ⅳ)-(Ⅱ) | $PbO_2+2H^++2e^-=PbO(s)+H_2O$ | ＋0.28 |
| Pd(Ⅱ)-(0) | $Pd^{2+}+2e^-=Pd$ | ＋0.83 |
| (Ⅳ)-(Ⅱ) | $[PdCl_6]^{2-}+2e^-=[PdCl_4]^{2-}+2Cl^-$ | ＋1.29 |
| Pt(Ⅱ)-(0) | $Pt^{2+}+2e^-=Pt$ | ～＋1.2 |
| (Ⅱ)-(0) | $[PtCl_4]^{2-}+2e^-=Pt+4Cl^-$ | ＋0.73 |
| (Ⅱ)-(0) | $Pt(OH)_2+2H^++2e^-=Pt+2H_2O$ | ＋0.98 |
| (Ⅳ)-(Ⅱ) | $[PtCl_6]^{2-}+2e^-=[PtCl_4]^{2-}+2Cl^-$ | ＋0.74 |
| Rb(Ⅰ)-(0) | $Rb^++e^-=Rb$ | －2.925(－2.99) |
| S(－Ⅰ)-(－Ⅱ) | $(CNS)_2+2e^-=2CNS^-$ | ＋0.77 |
| (0)-(－Ⅱ) | $S+2H^++2e^-=H_2S(aq)$ | ＋0.141 |
| (Ⅳ)-(0) | $H_2SO_3+4H^++4e^-=S+3H_2O$ | ＋0.45 |
| (Ⅳ)-(0) | $S_2O_3^{2-}+6H^++4e^-=2S+3H_2O$ | ＋0.50 |
| (Ⅳ)-(Ⅱ) | $2H_2SO_3+2H^++4e^-=S_2O_3^{2-}+3H_2O$ | ＋0.40 |
| (Ⅳ)-() | $4H_2SO_3+4H^++6e^-=S_4O_6^{2-}+6H_2O$ | ＋0.51 |
| (Ⅵ)-(Ⅳ) | $SO_4^{2-}+4H^++2e^-=H_2SO_3+H_2O$ | ＋0.172 |
| (Ⅶ)-(Ⅵ) | $S_2O_8^{2-}+2e^-=2SO_4^{2-}$ | ＋2.01 |
| Sb(Ⅲ)-(0) | $Sb_2O_3+6H^++6e^-=2Sb+3H_2O$ | ＋0.1445(＋0.152) |
| (Ⅲ)-(0) | $SbO^++2H^++3e^-=Sb+H_2O$ | ＋0.21 |
| (Ⅴ)-(Ⅲ) | $Sb_2O_5+6H^++4e^-=2SbO^++3H_2O$ | ＋0.581 |
| Se(0)-(－Ⅱ) | $Se+2e^-=Se^{2-}$ | －0.78 |
| (0)-(－Ⅱ) | $Se+2H^++2e^-=H_2Se(aq)$ | －0.36 |
| (Ⅳ)-(0) | $H_2SeO_3+4H^++4e^-=Se+3H_2O$ | ＋0.74 |
| (Ⅵ)-(Ⅳ) | $SeO_4^{2-}+4H^++2e^-=H_2SeO_3+H_2O$ | ＋1.15 |
| Si(0)-(－Ⅳ) | $Si+4H^++4e^-=SiH_4(g)$ | ＋0.102 |
| (Ⅳ)-(0) | $SiO_2+4H^++4e^-=Si+2H_2O$ | －0.84 |
| (Ⅳ)-(0) | $[SiF_6]^{2-}+4e^-=Si+6F^-$ | －1.2 |
| Sn(Ⅱ)-(0) | $Sn^{2+}+2e^-=Sn$ | －0.1364 |
| (Ⅳ)-(Ⅱ) | $Sn^{4+}+2e^-=Sn^{2+}$ | ＋0.15 |
| Sr(Ⅱ)-(0) | $Sr^{2+}+2e^-=Sr$ | －2.89 |
| Ti(Ⅱ)-(0) | $Ti^{2+}+2e^-=Ti$ | －1.63 |
| (Ⅳ)-(0) | $TiO^{2+}+2H^++4e^-=Ti+H_2O$ | －0.89 |
| (Ⅳ)-(0) | $TiO_2+4H^++4e^-=Ti+2H_2O$ | －0.86 |
| (Ⅳ)-(Ⅲ) | $TiO^{2+}+2H^++e^-=Ti^{3+}+H_2O$ | ＋0.1 |
| (Ⅲ)-(Ⅱ) | $Ti^{3+}+e^-=Ti^{2+}$ | －0.369 |
| V(Ⅱ)-(0) | $V^{2+}+2e^-=V$ | ～－1.2 |
| (Ⅲ)-(Ⅱ) | $V^{3+}+e^-=V^{2+}$ | －0.255 |
| (Ⅳ)-(Ⅱ) | $V^{4+}+2e^-=V^{2+}$ | －1.186 |
| (Ⅳ)-(Ⅲ) | $VO^{2+}+2H^++e^-=V^{3+}+H_2O$ | ＋0.359 |

续表

| 电偶氧化数 | 电极反应 | $\varphi^\ominus$(V) |
| --- | --- | --- |
| (Ⅴ)-(0) | $V(OH)_4^+ + 4H^+ + 5e^- = V + 4H_2O$ | −0.253 |
| (Ⅴ)-(Ⅳ) | $V(OH)_4^+ + 2H^+ + e^- = VO^{2+} + 3H_2O$ | +1.00 |
| V(Ⅵ)-(Ⅳ) | $VO_2^{2+} + 4H^+ + 2e^- = V^{4+} + 2H_2O$ | +0.62 |
| Zn(Ⅱ)-(0) | $Zn^{2+} + 2e^- = Zn$ | −0.7628 |

## 二、在碱性溶液中

| 电偶氧化数 | 电极反应 | $\varphi^\ominus$(V) |
| --- | --- | --- |
| Ag(Ⅰ)-(0) | $AgCN + e^- = Ag + CN^-$ | −0.02 |
| (Ⅰ)-(0) | $[Ag(CN)_2]^- + e^- = Ag + 2CN^-$ | −0.31 |
| (Ⅰ)-(0) | $[Ag(NH_3)_2]^+ + e^- = Ag + 2NH_3$ | +0.373 |
| (Ⅰ)-(0) | $Ag_2O + H_2O + 2e^- = 2Ag + 2OH^-$ | +0.342 |
| (Ⅰ)-(0) | $Ag_2S + 2e^- = 2Ag + S^{2-}$ | −0.7051 |
| (Ⅱ)-(Ⅰ) | $2AgO + H_2O + 2e^- = Ag_2O + 2OH^-$ | +0.599 |
| Al(Ⅲ)-(0) | $H_2AlO_3^- + H_2O + 3e^- = Al + 4OH^-$ | −2.35 |
| As(Ⅲ)-(0) | $AsO_2^- + 2H_2O + 3e^- = As + 4OH^-$ | −0.68 |
| (Ⅴ)-(Ⅲ) | $AsO_4^{3-} + 2H_2O + 2e^- = AsO_2^- + 4OH^-$ | −0.71 |
| Au(Ⅰ)-(0) | $[Au(CN)_2]^- + e^- = Au + 2CN^-$ | −0.60 |
| B(Ⅲ)-(0) | $H_2BO_3^- + H_2O + 3e^- = B + 4OH^-$ | −2.5 |
| Ba(Ⅱ)-(0) | $Ba(OH)_2 \cdot 8H_2O + 2e^- = Ba + 2OH^- + 8H_2O$ | −2.97 |
| Be(Ⅱ)-(0) | $Be_2O_3^{2-} + 3H_2O + 4e^- = 2Be + 6OH^-$ | −2.28 |
| Bi(Ⅲ)-(0) | $Bi_2O_3 + 3H_2O + 6e^- = 2Bi + 6OH^-$ | −0.46 |
| Br(Ⅰ)-(−Ⅰ) | $BrO^- + H_2O + 2e^- = Br^- + 2OH^-$ (1 mol/L NaOH) | +0.76 |
| (Ⅰ)-(0) | $2BrO^- + 2H_2O + 2e^- = Br_2 + 4OH^-$ | +0.45 |
| (Ⅴ)-(−Ⅰ) | $BrO_3^- + 3H_2O + 6e^- = Br^- + 6OH^-$ | +0.61 |
| Ca(Ⅱ)-(0) | $Ca(OH)_2 + 2e^- = Ca + 2OH^-$ | −3.02 |
| Cd(Ⅱ)-(0) | $Cd(OH)_2 + 2e^- = Cd + 2OH^-$ | −0.761 |
| Cl(Ⅰ)-(−Ⅰ) | $ClO^- + H_2O + 2e^- = Cl^- + 2OH^-$ | +0.90 |
| (Ⅲ)-(−Ⅰ) | $ClO_2^- + 2H_2O + 4e^- = Cl^- + 4OH^-$ | +0.76 |
| (Ⅲ)-(Ⅰ) | $ClO_2^- + H_2O + 2e^- = ClO^- + 2OH^-$ | +0.59 |
| (Ⅴ)-(−Ⅰ) | $ClO_3^- + 3H_2O + 6e^- = ClO^- + 6OH^-$ | +0.62 |
| (Ⅴ)-(Ⅲ) | $ClO_3^- + H_2O + 2e^- = ClO_2^- + 2OH^-$ | +0.35 |
| (Ⅶ)-(Ⅴ) | $ClO_4^- + H_2O + 2e^- = ClO_3^- + 2OH^-$ | +0.36 |
| Co(Ⅱ)-(0) | $Co(OH)_2 + 2e^- = Co + 2OH^-$ | −0.73 |
| (Ⅲ)-(Ⅱ) | $Co(OH)_3 + e^- = Co(OH)_2 + OH^-$ | +0.2 |
| (Ⅲ)-(Ⅱ) | $[Co(NH_3)_6]^{3+} + e^- = [Co(NH_3)_6]^{2+}$ | +0.1 |
| Cr(Ⅲ)-(0) | $Cr(OH)_3 + 3e^- = Cr + 3OH^-$ | −1.3 |
| (Ⅲ)-(0) | $CrO_2^- + 3H_2O + 3e^- = Cr + 4OH^-$ | −1.2 |
| (Ⅵ)-(Ⅲ) | $CrO_4^{2-} + 4H_2O + 3e^- = Cr(OH)_3 + 5OH^-$ | −0.13 |
| Cu(Ⅰ)-(0) | $[Cu(CN)_2]^- + e^- = Cu + 2CN^-$ | −0.429 |
| (Ⅰ)-(0) | $[Cu(NH_3)_2]^+ + e^- = Cu + 2NH_3$ | −0.12 |
| (Ⅰ)-(0) | $Cu_2O + H_2O + 2e^- = 2Cu + 2OH^-$ | −0.361 |
| Fe(Ⅱ)-(0) | $Fe(OH)_2 + 2e^- = Fe + 2OH^-$ | −0.877 |
| Fe(Ⅲ)-(Ⅱ) | $Fe(OH)_3 + e^- = Fe(OH)_2 + OH^-$ | −0.56 |
| (Ⅲ)-(Ⅱ) | $[Fe(CN)_6]^{3-} + e^- = [Fe(CN)_6]^{4-}$ (0.01 mol/L NaOH) | +0.46 |
| H(Ⅰ)-(0) | $2H_2O + 2e^- = H_2 + 2OH^-$ | −0.8277 |
| Hg(Ⅱ)-(0) | $HgO + H_2O + 2e^- = Hg + 2OH^-$ | +0.0984 |
| I(Ⅰ)-(−Ⅱ) | $IO^- + H_2O + 2e^- = I^- + 2OH^-$ | +0.26 |
| (Ⅴ)-(−Ⅰ) | $IO_3^- + 3H_2O + 6e^- = I + 6OH^-$ | ~+0.70 |
| (Ⅶ)-(Ⅴ) | $H_3IO_6^{2-} + 2e^- = IO_3^- + 3OH^-$ | −2.76 |
| La(Ⅲ)-(0) | $La(OH)_3 + 3e^- = La + 3OH^-$ | −2.76 |
| Mg(Ⅱ)-(0) | $Mg(OH)_2 + 2e^- = Mg + 2OH^-$ | −1.47 |
| Mn(Ⅱ)-(0) | $Mn(OH)_2 + 2e^- = Mn + 2OH^-$ | −0.05 |
| (Ⅳ)-(Ⅱ) | $MnO_2 + 2H_2O + 2e^- = Mn(OH)_2 + 2OH^-$ | +0.60 |
| (Ⅵ)-(Ⅳ) | $MnO_4^{2-} + 2H_2O + 2e^- = MnO_2 + 4OH^-$ | +0.588 |
| (Ⅶ)-(Ⅳ) | $MnO_4^- + 2H_2O + 3e^- = MnO_2 + 4OH$ | −0.92 |

续表

| 电偶氧化数 | 电极反应 | $\varphi^\ominus$(V) |
|---|---|---|
| Mo(Ⅴ)-(Ⅳ) | $MoO_4^{2-}$)$+4H_2O+6e^- = Mo+8OH^-$ | +0.01 |
| N(Ⅴ)-(Ⅲ) | $NO_3^- +H_2O+2e^- = NO_2^- +2OH^-$ | −0.85 |
| (Ⅴ)-(Ⅳ) | $2NO_3^- +2H_2O+2e^- = N_2O_4+4OH^-$ | −0.66 |
| Ni(Ⅱ)-(0) | $Ni(OH)_2+2e^- = Ni+2OH^-$ | +0.48 |
| (Ⅲ)-(Ⅱ) | $Ni(OH)_3+e^- = Ni(OH)_2+OH^-$ | +0.49 |
| O(0)-(−Ⅱ) | $O_2+2H_2O+4e^- = 4OH^-$ | +0.401 |
| (0)-(−Ⅱ) | $O_3+H_2O+2e^- = O_2+2OH^-$ | +1.24 |
| P(0)-(−Ⅲ) | $P+3H_2O+3e^- = PH_3(g)+3OH^-$ | −0.87 |
| (Ⅴ)-(Ⅲ) | $PO_4^{3-} +2H_2O+2e^- = HPO_3^{2-} +3OH^-$ | −1.05 |
| Pb(Ⅳ)-(Ⅱ) | $PbO_2+H_2O+2e^- = PbO+2OH^-$ | +0.28 |
| Pt(Ⅱ)-(0) | $Pt(OH)_2+2e^- = Pt+2OH^-$ | +0.16 |
| S(0)-(−Ⅱ) | $S+2e^- = S^{2-}$ | −0.508 |
| (5/2)-(Ⅱ) | $S_4O_6^{2-} +2e^- = 2S_2O_3^{2-}$ | +0.09(0.10) |
| (Ⅳ)-(−Ⅱ) | $SO_3^{2-} +3H_2O+6e^- = S^{2-} +6OH^-$ | −0.66 |
| (Ⅳ)-(Ⅱ) | $2SO_3^{2-} +3H_2O+4e^- = S_2O_3^{2-} +6OH^-$ | −0.58 |
| (Ⅵ)-(Ⅳ) | $SO_4^{2-} +H_2O+2e^- = SO_3^{2-} +2OH^-$ | −0.92 |
| Sb(Ⅲ)-(0) | $SbO_2^- +2H_2O+3e^- = Sb+4OH^-$ | −0.66 |
| (Ⅴ)-(Ⅲ) | $H_3SbO_6^{4-} +H_2O+2e^- = SbO_2^- +5OH^-$ | −0.40 |
| Se(Ⅵ)-(Ⅳ) | $SeO_4^{2-} +H_2O+2e^- = SeO_3^{2-} +2OH^-$ | +0.05 |
| Si(Ⅳ)-(0) | $SiO_3^{2-} +3H_2O+4e^- = Si+6OH^-$ | −1.73 |
| Sn(Ⅱ)-(0) | $SnS+2e^- = Sn+S^{2-}$ | −0.94 |
| (Ⅱ)-(0) | $HSnO_2^- +H_2O+2e^- = Sn+3OH^-$ | −0.79 |
| (Ⅳ)-(Ⅱ) | $[Sn(OH)_6]^{2-} +2e^- = HSnO_2^- +3OH^- +H_2O$ | −0.96 |
| Zn(Ⅱ)-(0) | $[Zn(CN)_4]^{2-} +2e^- = Zn+4CN^-$ | −1.26 |
| (Ⅱ)-(0) | $[Zn(NH_3)_4]^{2+} +2e^- = Zn+4NH_3(aq)$ | −1.04 |
| (Ⅱ)-(0) | $Zn(OH)_2+2e^- = Zn+2OH^-$ | −1.245 |
| (Ⅱ)-(0) | $ZnO_2^{2-} +2H_2O+2e^- = Zn+4OH^-$ | −1.216 |
| (Ⅱ)-(0) | $ZnS+2e^- = Zn+S^{2-}$ | −1.44 |

## 附录 2.9　酸碱的平衡常数

### 一、无机酸碱在水中的离解常数

按成酸元素的元素符号字母顺序排列(25℃)

| 物质 | 化学式 | 解离级别 | p*K*a |
|---|---|---|---|
| 铝酸 | $H_3AlO_3$ | 1 | 11.2 |
| 亚砷酸 | $HAsO_2 \cdot HAs(OH)_4$ | 1 | 9.22 |
| 砷酸 | $H_3AsO_4$ | 1 | 2.20 |
| | | 2 | 6.98 |
| | | 3 | 11.50 |
| 甲砷酸 | $CH_3AsO_3H_2$ | 1 | 3.61 |
| | | 2 | 8.24 |
| 硼酸 | $H_3BO_3$ | 1 | 9.24 |
| | | 2 | 12.74 |
| | | 3 | 13.80 |
| 四硼酸 | $H_2B_4O_7$ | 1 | 4 |
| | | 2 | 9 |
| 氢溴酸 | HBr | | −9 |
| 次溴酸 | HBrO | | 8.62 |
| 碳酸 | $CO_2+H_2O$ | 1 | 6.38* |
| | | 2 | 10.25 |
| 盐酸 | HCl | | −6.1 |
| 次氯酸 | HClO | | 7.50 |

续表

| 物质 | 化学式 | 解离级别 | pKa |
|---|---|---|---|
| 亚氯酸 | $HClO_2$ | | 1.96 |
| 氯酸 | $HClO_3$ | | −2.7 |
| 高氯酸 | $HClO_4$ | | −7.3 |
| 氢氰酸 | HCN | | 9.21 |
| 氰酸 | HOCN | | 3.46 |
| 硫代氰酸 | HSCN | | 0.85 |
| 铬酸 | $H_2CrO_4$ | 1 | −0.98 |
| | | 2 | 6.50 |
| 氢氟酸 | HF | | 3.18 |
| 氯铁酸 | $HFeCl_4$ | | 2.7 |
| 亚铁氰酸 | $H_2[Fe(CN)_6]^{2-}$ | 3 | 2.22 |
| | | 4 | 4.17 |
| 锗酸 | $H_2GeO_3$ | 1 | 8.5～9.5 |
| | | 2 | 12.72 |
| 氢碘酸 | HI | | −9.5 |
| 次碘酸 | HIO | | 10.64 |
| 碘酸 | $HIO_3$ | | 0.77 |
| 仲高碘酸 | $H_5IO_6$ | 1 | 1.55 |
| | | 2 | 8.27 |
| 锰酸 | $H_2MnO_4$ | 2 | 10.15 |
| 高锰酸 | $HMnO_4$ | | −2.25 |
| 钼酸 | $H_2MoO_4$ | 2 | 3.75 |
| 叠氮酸 | $HN_3$ | | 4.72 |
| 铵离子 | $NH_4^+$ | | 9.24 |
| 羟铵离子 | $HONH_3^+$ | | 5.96 |
| 钳离子 | $H_3NNH_3^+$ | 1 | −0.88 |
| | | 2 | 7.99 |
| 次硝酸 | HON—NOH | 1 | 6.95 |
| | | 2 | 10.84 |
| α-氧连二次硝酸 | $H_2N_2O_3$ | 1 | 2.51 |
| | | 2 | 9.70 |
| 亚硝酸 | $HNO_2$ | | 3.29 |
| 硝酸 | $HNO_3$ | | −1.34 |
| 硝酰胺 | $H_2NNO_2$ | | 6.58 |
| 重水 | $D_2O$ | | 14.80 |
| 氨基亚磷酸 | $H_2NP(OH)_2$ | 1 | 3.3 |
| | [在 1 mol・$L^{-3}$ $(CH_3)_4NBr$ 中] | 2 | 8.28 |
| 二氨基亚磷酸 | $(NH_2)_2POH$ | | 4.83 |
| 亚氨二磷酸 | $(HO)_2PONHPO(OH)_2$ | 1 | 2 |
| | | 2 | 2.85 |
| 二亚氨三磷酸 | $H_5P_3O_3(NH)_2$ | 1 | 0 |
| | | 2 | 2 |
| | | 3 | 3.94 |
| | | 4 | 7.74 |
| | | 5 | 9.95 |
| 高铼酸 | $HReO_4$ | | −1.25 |
| 氢硫酸 | $H_2S$ | 1 | 6.88 |
| | | 2 | 14.15 |
| 亚硫酸 | $SO_2+H_2O$ | 1 | 1.90 |
| | | 2 | 7.20 |

续表

| 物质 | 化学式 | 解离级别 | pKa |
| --- | --- | --- | --- |
| 硫酸 | $H_2SO_4$ | 1 | −3 |
| | | 2 | 1.92 |
| 过硫酸 | $H_2SO_5$ | 2 | 9.3 |
| 硫代硫酸 | $H_2S_2O_3$ | 1 | 0.60 |
| | | 2 | 1.4～1.7 |
| 连二亚硫酸 | $H_2S_2O_4$ | 1 | 2.45 |
| 水 | $H_2O$ | | 15.74 |
| 过氧化氢 | $H_2O_2$ | | 11.65 |
| 鏻离子 | $PH_4^+$ | | 0 |
| 次磷酸 | $HPH_2O_2$ | | 1.1 |
| 亚磷酸 | $H_3PO_3$ | 1 | 1.30 |
| | | 2 | 6.6 |
| 磷酸 | $H_3PO_4$ | 1 | 2.12 |
| | | 2 | 7.20 |
| | | 3 | 12.36 |
| 连二磷酸 | $H_4P_2O_6$ | 1 | 2.20 |
| | | 2 | 2.81 |
| | | 3 | 7.27 |
| | | 4 | 10.03 |
| 焦磷酸 | $H_4P_2O_7$ | 1 | 1.52 |
| | | 2 | 2.36 |
| | | 3 | 6.60 |
| | | 4 | 9.25 |
| 三磷酸 | $H_5P_3O_{10}$ | 3 | 2.30 |
| | | 4 | 6.50 |
| | | 5 | 9.24 |
| 四偏磷酸 | $H_4P_4O_{12}$ | 4 | 2.74 |
| 连二硫酸 | $H_2S_2O_6$ | 1 | 0.2 |
| | | 2 | 3.4 |
| 氯磺酸 | $HOSO_2Cl$ | | −10.43 |
| 氨基磺酸 | $HOSO_2NH_2$ | | 0.988 |
| 肼磺酸 | $H_2NNHSO_3H$ | | 3.85 |
| 地酸 | $HSb(OH)_6$ | | 2.55 |
| 氢硒酸 | $H_2Se$ | 1 | 3.89 |
| | | 2 | 11.0 |
| 亚硒酸 | $H_2SeO_3$ | 1 | 2.57 |
| | | 2 | 6.60 |
| 硒酸 | $H_2SeO_4$ | 1 | −3 |
| | | 2 | 2.05 |
| 硅酸 | $H_2SiO_3$ | 1 | 9.77 |
| | | 2 | 11.80 |
| 高锝酸 | $HTcO_4$ | | 0.3 |
| 氢碲酸 | $H_2Te$ | 1 | 2.64 |
| | | 2 | 11 |
| 亚碲酸 | $H_2TeO_3$ | 1 | 2.57 |
| | | 2 | 7.74 |
| 碲酸 | $H_6TeO_6$ | 1 | 7.61 |
| | | 2 | 11.0 |

$PK_1=3.76$ 不包括脱水常数。

## 二、有机酸在水中的离解常数

按名称的汉字笔画排列(25℃)(见书前总说明及表 3-5 的说明)。

| 名称 | 级数 | pKa |
|---|---|---|
| 一画 | | |
| 乙二醇 | | 14.22 |
| 对乙苯基乙酸 | | 4.37 |
| 乙烯基乙酸 | | 4.34 |
| 对乙基苯甲酸 | | 4.35 |
| 乙酰乙酸(18℃) | | 3.58 |
| 乙酸 | | 4.76 |
| 二画 | | |
| 二乙基巴比土酸 | | 7.43 |
| 二甲胂酸 | | 1.56 |
| N,N-二甲基甘氨酸 | | 9.94 |
| 二甲基丙二酸 | | 3.17 |
| 二甲基苹果酸 | 1 | 3.17 |
| | 2 | 6.06 |
| 3,5-二甲基苯甲酸 | | 4.32 |
| 二苯基乙酸 | | 3.94 |
| 二羟基苹果酸 | | 1.92 |
| 2,2-二羟基苯甲酸 | | 2.94 |
| 2,5-二羟基苯甲酸 | | 2.97 |
| 3,4-二羟基苯甲酸 | | 4.48 |
| 3,5-二羟基苯甲酸 | | 4.04 |
| 二羟基酒石酸 | 1 | 1.95 |
| | 2 | 4.00 |
| 2,6-二羟基嘌呤 | | 11.63 |
| 2,4-二硝基苯酚 | | 4.09 |
| 2,5-二硝基苯酚 | | 5.22 |
| 二氯乙酰乙酸 | | 2.11 |
| 二氯乙酸 | | 1.30 |
| 2,3-二氯苯酚 | | 7.44 |
| 丁二酸 | 1 | 4.21 |
| | 2 | 5.64 |
| 顺丁烯二酸 | 1 | 1.94 |
| | 2 | 6.22 |
| 反丁烯二酸 | 1 | 3.02 |
| | 2 | 4.38 |
| 正丁酸 | | 4.83 |
| 异丁酸 | | 4.85 |
| 三画 | | |
| 三甲基乙酸 | | 5.08 |
| 2,4,6-三羟基苯甲酸 | | 1.68 |
| 2,4,6-三硝基苯酚 | | 0.29 |
| 三氯乙酸 | | 0.64 |
| 三氯苯酚 | | 6.00 |
| 己二酸 | 1 | 4.43 |
| | 2 | 5.41 |
| 己酰胺酸 | | 4.63 |
| 正己酸 | | 4.86 |
| 异己酸 | | 4.84 |
| 马尿酸 | | 3.65 |
| 四画 | | |
| 六氢苯甲酸 | | 4.89 |
| 外消旋天冬氨酸 | 1 | 3.86 |
| | 2 | 9.82 |

续表

| 名称 | 级数 | p*K*a |
|---|---|---|
| 壬酸 | | 4.95 |
| 反式巴豆酸 | | 4.69 |
| 双烟酸 | | 2.80 |
| 五画 | | |
| 外消旋半胱氨酸 | 1 | 8.36 |
| | 2 | 10.28 |
| 甘油 | | 14.15 |
| 甘氨酸 | | 9.78 |
| 可可碱(18℃) | | 7.89 |
| 丙二酰脲 | | 4.04 |
| 丙二酸 | 1 | 2.86 |
| | 2 | 5.70 |
| 左旋丙氨酸 | | 9.87 |
| 丙烯酸 | | 4.26 |
| 对异丙基苯甲酸 | | 4.36 |
| 丙酸 | | 4.87 |
| 邻甲苯甲酸 | | 3.91 |
| 间甲苯甲酸 | | 4.27 |
| 对甲苯甲酸 | | 4.37 |
| 邻甲胺基苯甲酸 | | 5.34 |
| 间甲胺基苯甲酸 | | 5.10 |
| 对甲胺基苯甲酸 | | 5.05 |
| 甲基丁二酸 | 1 | 4.13 |
| | 2 | 5.64 |
| 甲基反丁烯二酸 | 1 | 3.09 |
| | 2 | 4.75 |
| N-甲基甘氨酸 | | 10.18 |
| 甲基丙二酸 | | 3.07 |
| β-甲基戊二酸 | | 4.24 |
| 邻甲基肉桂酸 | | 4.50 |
| 间甲基肉桂酸 | | 4.44 |
| 对甲基肉桂酸 | | 4.56 |
| 邻甲酚 | | 10.26 |
| 间甲酚 | | 10.00 |
| 对甲酚 | | 10.26 |
| 甲酸 | | 3.75 |
| 戊二酸 | 1 | 4.34 |
| | 2 | 5.42 |
| 戊酰胺酸 | | 4.60 |
| 戊酸 | | 4.84 |
| 异戊酸 | | 4.78 |
| 六画 | | |
| 2-亚甲基丁二酸 | 1 | 3.85 |
| | 2 | 5.45 |
| 顺式肉桂酸 | | 3.88 |
| 反式肉桂酸 | | 4.44 |
| 氘乙酸(在 $D_2O$ 中) | | 5.25 |
| 色氨酸 | | 9.39 |
| 七画 | | |
| 没食子酸 | | 4.34 |

续表

| 名称 | 级数 | pKa |
| --- | --- | --- |
| 辛二酸 | | 4.52 |
| 辛酸 | | 4.89 |
| 抗坏血酸 | 1 | 4.30 |
| | 2 | 11.82 |
| 呋喃羧酸 | | 3.15 |
| 阿脲酸 | | 6.64 |
| 吡啶二羧酸-[2,3] | | 2.52 |
| 吡啶二羧酸-[2,4] | | 2.15 |
| 吡啶一2-羧酸 | | 5.37 |
| 吡啶-3-羧酸 | | 4.73 |
| 吡啶-4-羧酸 | | 4.89 |
| 尿酸 | | 5.40 |
| 尿囊酸 | | 8.96 |
| 八画 | | |
| 环己烷二羧酸-[1,1] | 1 | 3.45 |
| | 2 | 4.11 |
| 环丙烷二羧酸-[1,1] | 1 | 1.82 |
| | 2 | 5.43 |
| 苹果酸 | 1 | 3.40 |
| | 2 | 5.05 |
| 苯乙酸 | | 4.31 |
| 外消旋苯乙醇酸 | | 3.41 |
| 邻苯二甲酸 | 1 | 2.95 |
| | 2 | 5.41 |
| 间苯二甲酸 | 1 | 3.62 |
| | 2 | 4.60 |
| 对苯二甲酸 | 1 | 3.54 |
| | 2 | 4.46 |
| 邻苯二酚 | 1 | 9.45 |
| 间苯二酚 | 1 | 9.44 |
| 苯甲酸 | | 4,21 |
| γ-苯基丁酸 | | 4.76 |
| α-苯基丙酸 | | 4.38 |
| β-苯基丙酸 | | 4.64 |
| 邻苯基苯甲酸 | | 3.46 |
| 苯酚 | | 9,99 |
| 苯磺酸 | | 0.70 |
| 乳酸 | | 3.86 |
| 组氨酸 | | 9.17 |
| 九画 | | |
| 庚二酸 | 1 | 4.50 |
| 庚酸 | | 4.89 |
| 草酸 | 1 | 1.27 |
| | 2 | 4.27 |
| β-(邻茴香基)丙酸 | | 4.80 |
| β-(间茴香基)丙酸 | | 4.05 |
| β-(对茴香基)丙酸 | | 4.69 |
| 茴香酸 | | 4.49 |
| 柠檬酸 | 1 | 3.13 |
| | 2 | 4.76 |
| | 3 | 6.40 |
| 邻氟苯甲酸 | | 3.27 |
| 间氟苯甲酸 | | 3.87 |
| 对氟苯甲酸 | | 4.14 |
| 十画 | | |
| 右旋酒石酸 | 1 | 3.04 |

续表

| 名称 | 级数 | pKa |
|---|---|---|
| | 2 | 4.37 |
| 内消旋酒石酸 | 1 | 3.22 |
| | 2 | 4.81 |
| 邻氨基苯甲酸 | | 4.95 |
| 间氨基苯甲酸 | | 4.74 |
| 对氨基苯甲酸 | | 4.89 |
| 邻氨基苯磺酸 | | 2.48 |
| 间氨基苯磺酸 | | 3.73 |
| 对氨基苯磺酸 | | 3.24 |
| 氢醌 | | 10.0 |
| 左旋胱氨酸 | 1 | 7.85 |
| | 2 | 9.85 |
| 十一画 | | |
| α一萘甲酸 | | 3.70 |
| β-萘甲酸 | | 4.16 |
| α-萘酚 | | 9.34 |
| β-萘酚 | | 9.51 |
| 萘磺酸 | | 0.57 |
| 十二画 | | |
| 羟基乙酸 | | 3.82 |
| β-羟基丁酸 | | 4.70 |
| γ-羟基丁酸 | | 4.72 |
| β-羟基丙酸 | | 3.73 |
| 邻羟基苯甲酸 | 1 | 3.00 |
| | 2 | 12.38 |
| 间羟基苯甲酸 | 1 | 4.08 |
| | 2 | 9.85 |
| 对羟基苯甲酸 | 1 | 4.58 |
| | 2 | 9.23 |
| γ-羟基喹啉(20℃) | | 11.25 |
| 硫赶乙酸 | | 3.33 |
| 邻硝基苯乙酸 | | 4.00 |
| 间硝基苯乙酸 | | 3.97 |
| 对硝基苯乙酸 | | 3.85 |
| 邻硝基苯甲酸 | | 2.17 |
| 间硝基苯甲酸 | | 3.49 |
| 对硝基苯甲酸 | | 3.44 |
| β-(邻硝基苯基)丙酸 | | 4.50 |
| β-(对硝基苯基)丙酸 | | 4.47 |
| 邻硝基苯酚 | | 7.23 |
| 间硝基苯酚 | | 8.40 |
| 对硝基苯酚 | | 7.15 |
| 氰乙酸 | | 2.46 |
| γ-氰基丁酸 | | 4.44 |
| 2-氰基丙酸 | | 2.37 |
| 邻氰基苯氧基乙酸 | | 2.98 |
| 间氰基苯氧基乙酸 | | 3.03 |
| 对氰基苯氧基乙酸 | | 2.93 |
| 氯乙酸 | | 2.86 |
| α-氯丁酸 | | 2.86 |
| β-氯丁酸 | | 4.05 |

续表

| 名称 | 级数 | pKa |
| --- | --- | --- |
| γ-氯丁酸 | | 4.50 |
| α-氯丙酸 | | 2.80 |
| β-氯丙酸 | | 4.00 |
| 邻氯肉桂酸 | | 4.23 |
| 间氯肉桂酸 | | 4.29 |
| 对氯肉桂酸 | | 4.41 |
| 邻氯苯甲酸 | | 2.94 |
| 间氯苯甲酸 | | 3.82 |
| 对氯苯甲酸 | | 3.99 |
| 邻氯苯氧基乙酸 | | 3.05 |
| 间氯苯氧基乙酸 | | 3.07 |
| 对氯苯氧基乙酸 | | 3.10 |
| 邻氯苯基乙酸 | | 4.07 |
| 间氯苯基乙酸 | | 4.14 |
| 对氯苯基乙酸 | | 4.19 |
| β-(邻氯苯基)丙酸 | | 4.58 |
| β-(间氯苯基)丙酸 | | 4.59 |
| β-(对氯苯基)丙酸 | | 4.61 |
| 邻氯苯酚 | | 8.48 |
| 间氯苯酚 | | 9.02 |
| 对氯苯酚 | | 9.37 |
| 十三画 | | |
| 溴乙酸 | | 2.90 |
| 邻溴苯甲酸 | | 2.85 |
| 间溴苯甲酸 | | 2.81 |
| 赖氨酸 | | 10.53 |
| 酪氨酸 | | 9.11 |
| 碘乙酸 | | 3.18 |
| 邻碘苯甲酸 | | 2.86 |
| 间碘苯甲酸 | | 3.85 |
| 十六画 | | |
| 糖精 | | 11.68 |
| 噻吩羧酸 | | 3.53 |
| 十七画 | | |
| 糠酸 | | 3.16 |

## 三、有机碱(的共轭酸)在水中的离解常数

| 名称 | 温度(℃) | 级数 | pKa |
| --- | --- | --- | --- |
| 一画 | | | |
| 乙二胺 | 25 | 1 | 6.85 |
| | 25 | 2 | 9.93 |
| 乙胺 | 25 | | 10.63 |
| 邻乙氧基苯胺 | 25 | | 4.47 |
| 间乙氧基苯胺 | 25 | | 4.17 |
| 对乙氧基苯胺 | 25 | | 5.25 |
| 2-乙基苯并咪唑 | 25 | | 6.18 |
| N-乙基苯胺 | 24 | | 5.12 |

续表

| 名称 | 温度(℃) | 级数 | p*K*a |
| --- | --- | --- | --- |
| 2-乙基吡啶 | 25 | | 5.89 |
| 1-乙基哌啶 | 25 | | 10.45 |
| N-乙酰基甘氨酸 | 25 | | 3.6698 |
| 3-乙酰基哌啶 | 25 | | 3.18 |
| 乙酰胺 | 25 | | 0.63 |
| | | | |
| 二画 | | | |
| 二乙胺 | 25 | | 10.93 |
| N,N-二乙基苯胺 | 22 | | 6.61 |
| 二甲胂酸 | 25 | 1 | 1.57 |
| | | 2 | 6.27 |
| 二甲胺 | 25 | | 10.732 |
| 二甲胺基萘 | 25 | | 4.566 |
| 4-二甲胺基偶氮苯 | 25 | | 3.226 |
| 2-二甲胺基嘌呤 | 20 | 1 | 4.00 |
| | 20 | 2 | 10.24 |
| N,N′-二甲基乙二胺 | 25 | 1 | 8.26 |
| | 25 | 2 | 10.40 |
| 二甲基甘氨酸 | 5 | | 10.3371 |
| 1,2-二甲基吡咯烷 | 26 | | 10.20 |
| 2,3-二甲基吡啶 | 25 | | 6.57 |
| 2,4-二甲基吡啶 | 25 | | 6.99 |
| 3,5-二甲基吡啶 | 25 | | 6.15 |
| N,N-二甲基苯胺 | 25 | | 5.15 |
| 2,4-二甲基咪唑 | 25 | | 8.359 |
| 1,2-二甲基哌啶 | 25 | | 10.22 |
| 反式 2,5-二甲基哌嗪 | 25 | 1 | 5.20 |
| | | 2 | 9.66 |
| N,N-二甲基-3-硝基苯胺 | 25 | | 2.626 |
| 二异丁胺 | 21 | | 10.91 |
| 二异丙胺 | 28.5 | | 10.96 |
| 二苯胺 | | | 0.79 |
| 1,2-二氨基丙烷 | 25 | 1 | 6.61 |
| | 25 | 2 | 9.82 |
| 1,3-二氨基丙烷 | 10 | 1 | 9.03 |
| | 10 | 2 | 10.94 |
| 2,5-二氨基吡啶 | 20 | | 6.48 |
| 1,2-二氮杂萘 | 20 | | 2.37 |
| 2,4-二氯苯胺 | 22 | | 2.05 |
| 3,5-二溴苯胺 | 25 | | 2.34 |
| 正十二烷胺 | 25 | | 10.63 |
| 十八烷胺 | 25 | | 10.60 |
| 十三烷胺 | 25 | | 10.63 |
| 十六烷胺 | 25 | | 10.61 |
| 十七烷胺 | 25 | | 10.63 |
| 十四烷胺 | 25 | | 10.62 |
| 正十五胺 | 25 | | 10.61 |
| 丁二胺-[1,4] | 10 | 1 | 9.71 |
| | 10 | 2 | 11.15 |
| 正丁胺 | 20 | | 10.77 |

续表

| 名称 | 温度(℃) | 级数 | p*K*a |
|---|---|---|---|
| 叔丁胺 | 18 | | 10.83 |
| N-正丁基六氢化苯胺 | 25 | | 11.23 |
| 1-正丁基吡啶 | 23 | | 10.47 |
| 三画 | | | |
| 三乙胺 | 18 | | 11.01 |
| 三甲胺 | 25 | | 9.81 |
| 2,4,6-三甲基吡啶 | 25 | | 7.43 |
| 2,2,4-三甲基哌啶 | 30 | | 11.04 |
| 2,4,6-三氨基—-1,3,5-三嗪 | 25 | | 5.00 |
| 1,2,3-三氨基丙烷 | 20 | 1 | 7.95 |
| | 20 | 2 | 9.59 |
| 己二胺-[1,6] | 25 | 1 | 9.83 |
| | 25 | 2 | 10.93 |
| 己氨酸 | 25 | | 2.335 |
| 正己胺 | 25 | | 10.56 |
| 马钱子碱 | 25 | | 8.26 |
| 四画 | | | |
| 六次甲基四胺 | 25 | | 5.13 |
| 外消旋天冬氨酸 | 25 | 1 | 1.99 |
| | 25 | 2 | 3.86 |
| 天冬酰胺 | 20 | 1 | 2.213 |
| | 20 | 2 | 8.85 |
| 牛磺酸 | 25 | | 9.0614 |
| 毛果碱 | 30 | | 6.87 |
| 正壬胺 | 25 | | 10.64 |
| 五画 | | | |
| 白氨酰替甘氨酸 | 25 | 1 | 3.25 |
| | 25 | 2 | 8.28 |
| 异白氨酸 | 25 | 1 | 2.318 |
| | 25 | 2 | 9.758 |
| 左旋白氨酸 | 25 | 1 | 2.328 |
| | 25 | 2 | 9.744 |
| 鸟氨酸 | 25 | 1 | 1.705 |
| | 25 | 2 | 8.690 |
| 甘氨酰替六冬酰胺 | 25 | 1 | 2.942 |
| | 18 | 2 | 8.44 |
| 甘氨酰替白氨酸 | 25 | | 3.18 |
| 甘氨酰替甘氨酰替甘氨酸 | 25 | 1 | 3.225 |
| | 25 | 2 | 8.090 |
| 甘氨酰替甘氨酸 | 25 | | 3.1397 |
| 甘氨酰替丙氨酸 | 25 | | 3.153 |
| 甘氨酰替-2-氨基正丁酸 | 25 | 1 | 3.1546 |
| 甘氨酰替丝氨酸 | 25 | 1 | 2.9808 |
| | 25 | 2 | 8.38 |
| 甘氨酸 | 25 | 1 | 2.3503 |
| | 25 | 2 | 9.7796 |
| 可待因 | 25 | | 8.21 |
| 丙胺 | 20 | | 10.708 |
| β-丙氨酰替组氨酸 | 20 | 1 | 2.73 |
| | 20 | 2 | 6.87 |

续表

| 名称 | 温度(℃) | 级数 | pKa |
|---|---|---|---|
| | 20 | 3 | 9.73 |
| α-丙氨酸 | 25 | | 2.345 |
| N-正丙基甘氨酸 | 25 | 1 | 2.35 |
| | 25 | 2 | 10.19 |
| 四甘氨酰替甘氨酸 | 20 | 1 | 3.10 |
| | 20 | 2 | 8.02 |
| 2,2,6,6-四甲基哌啶 | 25 | | 11.07 |
| 邻甲苯胺 | 25 | | 4.44 |
| 间甲苯胺 | 25 | | 4.73 |
| 对甲苯胺 | 25 | | 5.08 |
| 外消旋甲氧基丙氨酸 | 25 | | 2.037 |
| 甲氧基吡啶 | 25 | | 6.47 |
| 邻甲氧基苯胺 | 25 | | 4.52 |
| 间甲氧基苯胺 | 25 | | 4.23 |
| 对甲氧基苯胺 | 25 | | 5.34 |
| 6-甲氧基喹啉 | 20 | | 5.03 |
| 甲胺 | 25 | | 10.657 |
| 甲胺基吡啶 | 20 | | 9.65 |
| 甲胺基吡嗪 | 25 | | 3.39 |
| 甲胺基庚烷 | 17 | | 10.99 |
| N-甲基吡咯烷 | 25 | | 10.32 |
| 2-甲基吡嗪 | 27 | | 1.45 |
| 2-甲基苯并咪唑 | 25 | | 6.19 |
| N-甲基苯胺 | 25 | | 4.848 |
| 1-甲基咪唑 | 25 | | 6.95 |
| 1-甲基哌啶 | | | 10.08 |
| N-甲基-α-萘胺 | 27 | | 3.67 |
| 2-甲基喹啉 | 20 | | 5.83 |
| 4-甲基喹啉 | 20 | | 5.67 |
| 5-甲基喹啉 | 20 | | 5.20 |
| 甲替甘氨酸 | 25 | 1 | 2.21 |
| | 25 | 2 | 10.12 |
| 4-甲硫基苯胺 | 25 | | 4.35 |
| 2-甲酰基吡啶 | 20 | | 3.80 |
| 正戊烷 | 25 | | 10.63 |
| α-皮考啉 | 20 | | 5.97 |
| β-皮考啉 | 20 | | 5.68 |
| γ-皮考啉 | 20 | | 6.02 |
| 六画 | | | |
| 反式冰片基胺 | 25 | | 10.17 |
| 吖丁啶 | 25 | | 11.29 |
| 吗啉 | 25 | | 8.33 |
| 吗啡 | 25 | | 8.21 |
| 色氨酸 | 25 | 1 | 2.43 |
| | 25 | 2 | 9.39 |
| 七画 | | | |
| 辛胺 | 25 | | 10.65 |
| 苄胺 | 25 | | 9.33 |
| 2-苄基吡啶 | 25 | | 5.13 |
| 4-苄基苯胺 | 25 | | 2.17 |

续表

| 名称 | 温度(℃) | 级数 | p*K*a |
|---|---|---|---|
| 苏氨酸 | 25 | 1 | 2.088 |
| | 25 | 2 | 9.10 |
| 吡咯烷 | 25 | | 11.27 |
| 吡啶 | 25 | | 5.18 |
| 吡嗪 | 27 | | 0.65 |
| 别苏氨酸 | 25 | 1 | 2.108 |
| | 25 | 2 | 9.096 |
| 左旋谷氨酸 | 25 | 1 | 3.13 |
| | 25 | 2 | 4.31 |
| 左旋谷胱甘酞 | 25 | 2 | 3.59 |
| 左旋谷酰胺 | | | 9.28 |
| 八画 | | | |
| α-单乙基谷氨酸 | 25 | 1 | 3.846 |
| | 25 | 2 | 7.838 |
| 环已胺 | 24 | | 10.66 |
| 苯并咪唑 | 25 | | 5.532 |
| 苯胺 | 25 | | 4.63 |
| β-苯基乙胺 | 25 | | 9.84 |
| N-苯基甘氨酸 | 25 | 1 | 1.83 |
| | 25 | 2 | 4.39 |
| 苯基丙氨酸 | 25 | | 2.16 |
| 2-苯基苯并咪唑 | 25 | 1 | 5.23 |
| | 25 | 2 | 11.91 |
| (口白)啶 | 20 | | 6.35 |
| 外消旋组氨酸 | 25 | 1 | 1.80 |
| | 25 | 2 | 6.04 |
| | 25 | 3 | 9.33 |
| 九画 | | | |
| 奎宁 | 25 | 1 | 8.52 |
| | 25 | 2 | 4.13 |
| 咪唑 | 25 | | 6.953 |
| 哌啶 | 25 | | 11.123 |
| 哌嗪 | 23.5 | 1 | 5.56 |
| | 23.5 | 2 | 9.83 |
| 2-氟苯胺 | 25 | | 3.20 |
| 3-氟苯胺 | 25 | | 3.50 |
| 4-氟苯胺 | 25 | | 4.65 |
| 正癸胺 | 25 | | 10.64 |
| 十画 | | | |
| 烟碱 | 25 | 1 | 3.12 |
| | 25 | 2 | 8.02 |
| 哒嗪 | 20 | | 2.24 |
| 2-氨基乙醇 | 25 | | 9.50 |
| 1-氨基-2,2-二甲基丙烷 | 25 | | 10.15 |
| 2-氨基-4,6-二甲基嘧啶 | 20 | | 4.82 |
| 2-氨基-4,6-二羟基蝶啶 | 20 | 2 | 6.59 |
| | 20 | 3 | 9.31 |
| 4-氨基丁酸 | 25 | 1 | 4.0312 |
| | 25 | 2 | 10.5557 |
| 6-氨基已酸 | 25 | 1 | 4.373 |

续表

| 名称 | 温度(℃) | 级数 | p*K*a |
|---|---|---|---|
| | 25 | 2 | 10.804 |
| 3-氨基丙酸 | 25 | 1 | 3.551 |
| | 25 | 2 | 10.238 |
| 1-氨基-3-甲氧基乙烷 | 10 | | 9.89 |
| 1-氨基-3-甲基丁烷 | 25 | | 10.60 |
| 2-氨基-2-甲基丁烷 | 19 | | 10.85 |
| 3-氨基-3-甲基戊烷 | 16 | | 11.01 |
| 3-氨基戊烷 | 17 | | 10.59 |
| 5-氨基戊酸 | 25 | 1 | 4.270 |
| | 25 | 2 | 10.766 |
| 2-氨基异丁酸 | 25 | 1 | 2.357 |
| | 25 | 2 | 10.205 |
| 1-氨基异喹啉 | 20 | | 7.59 |
| 2-氨基吡啶 | 20 | | 6.82 |
| 4-氨基吡啶 | 25 | | 9.1141 |
| 4-(对氨基苯甲酰基)苯胺 | 25 | 1 | 2.932 |
| 2-氨基苯甲酸 | 25 | 1 | 2.108 |
| | 25 | 2 | 4.946 |
| 4-氨基苯甲酸 | 25 | 1 | 2.501 |
| | 25 | 2 | 4.874 |
| 2-氨基苯磺酸 | 25 | 2 | 2.459 |
| 3-氨基苯磺酸 | 25 | 2 | 3.738 |
| 4-氨基苯磺酸 | 25 | 2 | 3.227 |
| 1-氨基茚满 | 22.5 | | 9.21 |
| 1-氨基庚烷 | 25 | | 10.66 |
| 2-氨基庚烷 | 19 | | 10.88 |
| 4-氨基偶氮苯 | 25 | | 2.82 |
| 1-氨基-6-羟基萘 | 25 | | 3.97 |
| 2-氨基-4-羟基蝶啶 | 20 | 1 | 2.27 |
| | 20 | 2 | 7.96 |
| 2-氨基联苯 | 22 | | 3.82 |
| 2-氨基-5-硝基嘧啶 | 20 | | 0.35 |
| 3-氨基喹啉 | 20 | | 4.91 |
| 2-氨基嘧啶 | 20 | | 3.45 |
| 6-氨基嘌呤 | 25 | 1 | 4.12 |
| | 25 | 2 | 9.83 |
| 2-氨基噻唑 | 20 | | 5.36 |
| 胱氨酸 | 25 | 1 | 1.65 |
| | 25 | 2 | 2.26 |
| 十一画 | | | |
| N-烯丙基苯胺 | 25 | | 4.17 |
| 右旋麻黄碱 | 10 | | 10.139 |
| 左旋麻黄碱 | 10 | | 9.958 |
| α-萘胺 | 25 | | 3.92 |
| β-萘胺 | 25 | | 4.16 |
| 1,10-菲绕啉 | 25 | | 4.86 |
| 菲啶 | 20 | | 5.58 |
| 甜菜碱 | 0 | | 1.83 |
| 脯氨酸 | 25 | 1 | 1.952 |
| | 25 | 2 | 10.640 |

续表

| 名称 | 温度(℃) | 级数 | p*K*a |
|---|---|---|---|
| 脲 | 21 | | 0.10 |
| 蛋氨酸 | 25 | 1 | 2.22 |
| | 25 | 2 | 9.27 |
| 十二画 | | | |
| 6-羟基-4-甲基喋啶 | 20 | 1 | 4.08 |
| | 20 | 2 | 6.41 |
| 7-羟基异喹啉 | 20 | 1 | 5.68 |
| | 20 | 2 | 8.90 |
| 2-羟基吡啶 | 20 | 1 | 0.75 |
| | 20 | 2 | 11.65 |
| 4-羟基吡啶 | 20 | 1 | 3.20 |
| | 20 | 2 | 11.12 |
| 羟基脯氨酸 | 25 | 1 | 1.818 |
| | 25 | 2 | 9.662 |
| 5-羟基喹唑啉 | 20 | 1 | 3.62 |
| | 20 | 2 | 7.41 |
| 3-羟基喹啉 | 20 | 1 | 4.28 |
| | 20 | 2 | 8.08 |
| 8-羟基喹啉 | 25 | 1 | 4.91 |
| | 25 | 2 | 9.812 |
| 8-羟基嘌呤 | 20 | 1 | 2.56 |
| | 20 | 2 | 8.26 |
| 8-羟基-5-磺基喹啉 | 25 | 1 | 4.112 |
| | 25 | 2 | 8.757 |
| 联苯胺 | 30 | 1 | 3.57 |
| | 30 | 2 | 4.66 |
| 3-硝基苯胺 | 25 | | 2.466 |
| 4-硝基苯胺 | 25 | | 1.0 |
| 喹唑啉 | 20 | | 3.43 |
| 喹啉 | 20 | | 4.90 |
| 异喹啉 | 20 | | 5.42 |
| 喹嗯啉 | 20 | | 0.56 |
| 番木龟碱 | 25 | 1 | 8.28 |
| 氮丙啶 | 25 | | 8.01 |
| 10-氮杂蒽 | 20 | | 5.58 |
| 3-氯-N,N-二甲基苯胺 | 20 | | 3.837 |
| 4-氯-N,N-二甲基苯胺 | 20 | | 4.395 |
| β-氯三乙基胺 | 25 | | 8.80 |
| 3-氯吡啶 | 25 | | 2.84 |
| 邻氯苯胺 | 25 | | 2.65 |
| 间氯苯胺 | 25 | | 3.46 |
| 对氯苯胺 | 25 | | 4.15 |
| 6-氯蝶啶 | 20 | | 3.68 |
| 丝氨酸 | 25 | 1 | 2.186 |
| | 25 | 2 | 9.208 |
| 十三画 | | | |
| 4-溴-N,N-二甲基苯胺 | 25 | | 4.232 |
| 3-溴吡啶 | 25 | | 2.84 |
| 2-溴苯胺 | 25 | | 2.53 |
| 3-溴苯胺 | 25 | | 3.58 |

续表

| 名称 | 温度(℃) | 级数 | p*K*a |
|---|---|---|---|
| 4-溴苯胺 | 25 | | 3.86 |
| 3-溴喹啉 | 25 | | 2.69 |
| 顺式新冰片基胺 | 25 | | 10.01 |
| 8-羧基喹啉 | 25 | | 1.82 |
| 2-碘苯胺 | 25 | | 2.60 |
| 酪氨酰胺 | 25 | | 7.33 |
| 酪氨酸 | 25 | 1 | 2.20 |
| | 25 | 2 | 9.11 |
| 十四画 | | | |
| 精氨酸 | 25 | 1 | 1.8217 |
| | 25 | 2 | 8.9936 |
| 嘌呤 | 20 | 1 | 2.30 |
| | 20 | 2 | 8.96 |
| 罂粟碱 | 25 | | 6.40 |
| 十五画 | | | |
| 蝶啶 | 20 | | 4.05 |
| 缬氨酸 | 25 | 1 | 2.286 |
| | 25 | 2 | 9.719 |
| 十六画 | | | |
| 2-醛肟吡啶 | 20 | 1 | 3.59 |
| | 20 | 2 | 10.18 |
| 噻唑 | 20 | | 2.44 |

## 附录 2.10　络合物的稳定常数(18～25℃)

| 金属离子 | $n$ | $\lg\beta_n$ | $I$ |
|---|---|---|---|
| 氨络合物 | | | |
| $Ag^{+}$ | 1,2 | 3.40;7.40 | 0.1 |
| $Cd^{2+}$ | 1,……,6 | 2.65;4.75;6.19;7.12;6.80;5.14 | 2 |
| $Co^{2+}$ | 1,……,6 | 2.11;3.74;4.79;5.55;5.73;5.11 | 2 |
| $Co^{3+}$ | 1,……,6 | 6.7;14.0;20.1;25.7;30.8;35.2 | 2 |
| $Cu^{+}$ | 1,2 | 5.93;10.86 | 2 |
| $Cu^{2+}$ | 1,……,6 | 4.31;7.98;11.02;13.32;12.36 | 2 |
| $Ni^{2+}$ | 1,……,6 | 2.80;5.04;6.77;7.96;8.71;8.74 | 2 |
| $Zn^{2+}$ | 1,……,4 | 2.27;4.61;7.01;9.06 | 0.1 |
| 溴络合物 | | | |
| $Ag^{+}$ | 1,……,4 | 4.38;7.33;8.00;8.73 | 0 |
| $Bi^{3+}$ | 1,……,6 | 4.30;5.55;5.89;7.82;—;9.70 | 2.3 |
| $Cd^{2+}$ | 1,……,4 | 1.75;2.34;3.32;3.70 | 3 |
| $Cu^{+}$ | 2 | 5.89 | 0 |
| $Hg^{2+}$ | 1,……,4 | 9.05;17.32;19.74;21.00 | 0.5 |
| 氯络合物 | | | |
| $Ag^{+}$ | 1,……,4 | 3.04;5.04;5.04;5.30 | 0 |
| $Hg^{2+}$ | 1,……,4 | 6.74;13.22;14.07;15.07 | 0.5 |
| $Sn^{2+}$ | 1,……,4 | 1.51;2.24;2.03;1.48 | 0 |
| $Sb^{3+}$ | 1,……,6 | 2.26;3.49;4.18;4.72;4.72;4.11 | 4 |
| 氰络合物 | | | |
| $Ag^{+}$ | 1,……,4 | —;21.1;21.7;20.6 | 0 |
| $Cd^{2+}$ | 1,……,4 | 5.48;10.60;15.23;18.78 | 3 |
| $Co^{2+}$ | 6 | 19.09 | |
| $Cu^{+}$ | 1,……,4 | —;24.0;28.59;30.3 | 0 |
| $Fe^{2+}$ | 6 | 35 | 0 |

续表

| 金属离子 | $n$ | $\lg\beta_n$ | $I$ |
|---|---|---|---|
| $Fe^{3+}$ | 6 | 42 | 0 |
| $Hg^{2+}$ | 441.4 | 0 | |
| $Ni^{2+}$ | 4 | 31.3 | 0.1 |
| $Zn^{2+}$ | 4 | 16.7 | 0.1 |
| 氟络合物 | | | |
| $Al^{3+}$ | 1,……,6 | 6.13;11.15;15.00;17.75;19.37;19.84 | 0.5 |
| $Fe^{3+}$ | 1,……,6 | 5.2;9.2;11.9;—;15.77;—; | 0.5 |
| $Th^{4+}$ | 1,……,3 | 7.65;13.46;17.97 | 0.5 |
| $TiO_2{}^{2+}$ | 1,……,4 | 5.4;9.8;13.7;18.0 | 3 |
| $ZrO_2{}^{2+}$ | 1,……,3 | 8.80;16.12;21.94 | 2 |
| 碘络合物 | | | |
| $Ag^{+}$ | 1,……,3 | 6.58;11.74;13.68 | 0 |
| $Bi^{3+}$ | 1,……,6 | 3.63;—;—;14.95;16.80;18.80 | 2 |
| $Cd^{2+}$ | 1,……,4 | 2.10;3.43;4.49;5.41 | 0 |
| $Pb^{2+}$ | 1,……,4 | 2.00;3.15;3.92;4.47 | 0 |
| $Hg^{2+}$ | 1,……,4 | 12.87;23.82;27.60;29.83 | 0.5 |
| 磷酸络合物 | | | |
| $Ca^{2+}$ | CaHL | 1.7 | 0.2 |
| $Mg^{2+}$ | MgHL | 1.9 | 0.2 |
| $Mn^{2+}$ | MnHL | 2.6 | 0.2 |
| $Fe^{3+}$ | FeHL | 9.35 | 0.66 |
| 硫氰酸络合物 | | | |
| $Ag^{+}$ | 1,……,4 | —;7.57;9.08;10.08 | 2.2 |
| $Au^{+}$ | 1,……,4 | —;23;—;42 | 0 |
| $Co^{2+}$ | 1 | 1.0 | 1 |
| $Cu^{+}$ | 1,……,4 | —;11.00;10.90;10.48 | 5 |
| $Fe^{3+}$ | 1,……,5 | 2.3;4.2;5.6;6.4;6.4 | 离子强度不定 |
| $Hg^{2+}$ | 1,……,4 | —;16.1;19.0;20.9 | 1 |
| 硫代硫酸络合物 | | | |
| $Ag^{+}$ | 1,……,3 | 8.82;13.46;14.15 | 0 |
| $Cu^{+}$ | 1,2,3 | 10.35;12.27;13.71 | 0.8 |
| $Hg^{2+}$ | 1,……,4 | —;29.86;32.26;33.61 | 0 |
| $Pb^{2+}$ | 1,3 | 5.1;6.4 | 0 |
| 乙酰丙酮络合物 | | | |
| $Al^{3+}$ | 1,2,3 | 8.60;15.5;21.30 | 0 |
| $Cu^{2+}$ | 1,2 | 8.27;16.84 | 0 |
| $Fe^{2+}$ | 1,2 | 5.07;8.67 | 0 |
| $Fe^{3+}$ | 1,2,3 | 11.4;22.1;26.7 | 0 |
| $Ni^{2+}$ | 1,2,3 | 6.06;10.77;13.09 | 0 |
| $Zn^{2+}$ | 1,2 | 4.98;8.81 | 0 |
| 柠檬酸络合物 | | | |
| $Ag^{+}$ | $Ag_2HL$ | 7.1 | 0 |
| $Al^{3+}$ | AlHL | 7.0 | 0.5 |
| | AlL | 20.0 | |
| | AlOHL | 30.6 | |
| $Ca^{2+}$ | $CaH_3L$ | 10.9 | 0.5 |
| | $CaH_2L$ | 8.4 | |
| | CaHL | 3.5 | |
| $Cd^{2+}$ | $CdH_2L$ | 7.9 | 0.5 |
| | CdHL | 4.0 | 0.5 |
| | CdL | 11.3 | |
| $Co^{2+}$ | $CoH_2L$ | 8.9 | 0.5 |
| | CoHL | 4.4 | 0 |
| | CoL | 12.5 | 0.5 |
| $Cu^{2+}$ | $CuH_2L$ | 12.0 | 0.5 |
| | CuHL | 6.1 | |
| | CuL | 18.0 | |
| $Fe^{2+}$ | $FeH_2L$ | 7.3 | 0.5 |
| | FeHL | 3.1 | |
| | FeL | 15.5 | |

续表

| 金属离子 | $n$ | $\lg\beta_n$ | $I$ |
| --- | --- | --- | --- |
| $Fe^{3+}$ | $FeH_2L$ | 12.2 | 0.5 |
| | FeHL | 10.9 | |
| | FeL | 25.0 | |
| $Ni^{2+}$ | $NiH_2L$ | 9.0 | 0.5 |
| | NiHL | 4.8 | |
| | NiL | 14.3 | 0.5 |
| $Pb^{2+}$ | $PbH_2L$ | 11.2 | |
| | PbHL | 5.2 | |
| | PbL | 12.3 | |
| $Zn^{2+}$ | $ZnH_2L$ | 8.7 | 0 |
| | ZnHL | 4.5 | 0.5 |
| | ZnL | 11.4 | 0.5 |
| 草酸络合物 | | | |
| $Al^{3+}$ | 1,2,3 | 7.26;13.0;16.3 | 0 |
| $Cd^{2+}$ | 1,2 | 2.9;4.7 | |
| $Co^{2+}$ | CoHL | 5.5 | 0.5 |
| | $CoH_2L$ | 10.6 | |
| | 1,2,3 | 4.79;6.7;9.7 | 0.5～1 |
| $Co^{3+}$ | 3 | ～20 | 0 |
| $Cu^{2+}$ | CuHL | 6.25 | 0.1 |
| | 1,2 | 4.5;8.9 | 2 |
| $Fe^{2+}$ | 1,2,3 | 2.9;4.52;5.22 | 0.1 |
| $Fe^{3+}$ | 1,2,3 | 9.4;16.2;20.2 | 0.1 |
| $Mg^{2+}$ | 1,2 | 2.76;4.38 | |
| Mn(Ⅲ) | 1,2,3 | 9.98;16.57;19.42 | |
| $Ni^{2+}$ | 1,2,3 | 5.3;7.64;8.5 | |
| Th(Ⅳ) | 4 | 24.5 | |
| $TiO^{2+}$ | 1,2 | 6.6;9.9 | |
| $2Zn^{2+}$ | $ZnH_2L$ | 5.6 | |
| | 1,2,3 | 4.89;7.60;8.15 | 0.5 |
| 磺基水杨酸络合物 | | | |
| $Al^{3+}$ | 1,2,3 | 13.20;22.83;28.89 | 0.1 |
| $Cd^{2+}$ | 1,2 | 16.68;29.08 | 0.25 |
| $Co^{2+}$ | 1,2 | 6.13;9.82 | 0.1 |
| $Cr^{2+}$ | 1 | 9.56 | 0.1 |
| $Cu^{2+}$ | 1,2 | 9.52;16.45 | 0.1 |
| $Fe^{2+}$ | 1,2 | 5.90;9.90 | 1～0.5 |
| $Fe^{3+}$ | 1,2,3 | 14.64;25.18;32.12 | 0.25 |
| $Mn^{2+}$ | 1,2 | 5.24;8.24 | 0.1 |
| $Ni^{2+}$ | 1,2 | 6.42;10.24 | 0.1 |
| $Zn^{2+}$ | 1,2 | 6.05;10.65 | 0.1 |
| 酒石酸络合物 | | | |
| $Bi^{3+}$ | 3 | 8.30 | 0 |
| $Ca^{2+}$ | CaHL | 4.85 | 0.5 |
| | 1,2 | 2.98;9.01 | 0 |
| $Cd^{2+}$ | 1 | 2.8 | 0.5 |
| $Cu^{2+}$ | 1,……,4 | 3.2;5.11;4.78;6.51 | 1 |
| $Fe^{3+}$ | 3 | 7.49 | 0 |
| $Mg^{2+}$ | MgHL | 4.65 | 0.5 |
| | 1 | 1.2 | |
| $Pb^{2+}$ | 1,2,3 | 3.78;—;4.7 | 0 |
| $Zn^{2+}$ | ZnHL | 4.5 | 0.5 |
| | 1,2 | 2.4;8.32 | |
| 乙二胺络合物 | | | |
| $Ag^{+}$ | 1,2 | 4.70;7.70 | 0.1 |
| $Cd^{2+}$ | 1,2,3 | 5.47;10.09;12.09 | 0.5 |
| $Co^{2+}$ | 1,2,3 | 5.91;10.64;13.94 | 1 |
| $Co^{3+}$ | 1,2,3 | 18.70;34.90;48.69 | 1 |
| $Cu^{+}$ | 2 | 10.8 | |
| $Cu^{2+}$ | 1,2,3 | 10.67;20.00;21.0 | 1 |

续表

| 金属离子 | $n$ | $\lg\beta_n$ | $I$ |
|---|---|---|---|
| $Fe^{2+}$ | 1,2,3 | 4.34;7.65;9.70 | 1.4 |
| $Hg^{2+}$ | 1,2 | 14.30;23.3 | 0.1 |
| $Mn^{2+}$ | 1,2,3 | 2.73;4.79;5.67 | 1 |
| $Ni^{3+}$ | 1,2,3 | 7.52;13.80;18.06 | 1 |
| $Zn^{2+}$ | 1,2,3 | 5.77;10.83;14.11 | 1 |
| 硫脲络合物 | | | |
| $Ag^{+}$ | 1,2 | 7.4;13.1 | 0.03 |
| $Bi^{3+}$ 6 | 11.9 | | |
| $Cu^{2+}$ | 3,4 | 13;15.4 | |
| $Hg^{2+}$ | 2,3,4 | 22.1;24.7;26.8 | 0.1 |
| 氢氧基络合物 | | | |
| $Al^{3+}$ | 4 | 33.3 | 2 |
| | $Al_6(OH)_{15}^{3+}$ | 163 | |
| $Bi^{3+}$ | 1 | 12.4 | 3 |
| | $Bi_6(OH)_{12}^{6+}$ | 168.3 | |
| $Cd^{2+}$ | 1,……,4 | 4.3;7.7;10.3;12.0 | 3 |
| $Co^{2+}$ | 1,3 | 5.1;—;10.2 | 0.1 |
| $Cr^{3+}$ | 1,2 | 10.2;18.3 | 0.1 |
| $Fe^{2+}$ | 1 | 4.5 | 1 |
| $Fe^{3+}$ | 1,2 | 11.0;21.7 | 3 |
| | $Fe_2(OH)_2^{4+}$ | 25.1 | |
| $Hg^{2+}$ | 2 | 21.7 | 0.5 |
| $Mg^{2+}$ | 1 | 2.6 | 0 |
| $Mn^{2+}$ | 1 | 3.4 | 0.1 |
| $Ni^{2+}$ | 1 | 4.6 | 0.1 |
| $Pb^{2+}$ | 1,2,3 | 6.2;10.3;13.3 | 0.3 |
| | $Pb_2(OH)^{3+}$ | 7.6 | |
| $Sn^{2+}$ | 1 | 10.1 | 3 |
| $Th^{4+}$ | 1 | 9.7 | 1 |
| $Ti^{3+}$ | 1 | 11.8 | 0.5 |
| $TiO^{2+}$ | 1 | 13.7 | 1 |
| $VO^{2+}$ | 1 | 8.0 | 3 |
| $Zn^{2+}$ | 1,……,4 | 4.4;10.1;14.2;15.5 | 0 |
| 乙二胺四乙酸络合物(EDTA) | | | |
| $Ag^{+}$ | 1 | 7.32 | 0.1 |
| $Al^{3+}$ | 1 | 16.13 | 0.1 |
| $Ba^{2+}$ | 1 | 7.86 | 0.1 |
| $Be^{2+}$ | 1 | 9.2 | 0.1 |
| $Bi^{3+}$ | 1 | 27.94 | 0.1 |
| $Ca^{2+}$ | 1 | 10.69 | 0.1 |
| $Cd^{2+}$ | 1 | 16.46 | 0.1 |
| $Co^{2+}$ | 1 | 16.31 | 0.1 |
| $Co^{3+}$ | 1 | 36 | 0.1 |
| $Cr^{3+}$ | 1 | 23.4 | 0.1 |
| $Cu^{2+}$ | 1 | 18.80 | 0.1 |
| $Fe^{2+}$ | 1 | 14.32 | 0.1 |
| $Fe^{3+}$ | 1 | 25.1 | 0.1 |
| $Ga^{3+}$ | 1 | 20.3 | 0.1 |
| $Hg^{2+}$ | 1 | 21.7 | 0.1 |
| $In^{3+}$ | 1 | 25.0 | 0.1 |
| $Li^{+}$ | 1 | 2.79 | 0.1 |
| $Mg^{2+}$ | 1 | 8.7 | 0.1 |
| $Mn^{2+}$ | 1 | 13.87 | 0.1 |
| Mo(Ⅴ) | 1 | ～28 | 0.1 |
| $Na^{+}$ | 1 | 1.66 | 0.1 |
| $Ni^{2+}$ | 1 | 18.62 | 0.1 |
| $Pb^{2+}$ | 1 | 18.04 | 0.1 |

续表

| 金属离子 | $n$ | $\lg\beta_n$ | $I$ |
|---|---|---|---|
| $Pd^{2+}$ | 1 | 18.5 | 0.1 |
| $Sc^{2+}$ | 1 | 23.1 | 0.1 |
| $Sn^{2+}$ | 1 | 22.11 | 0.1 |
| $Sr^{2+}$ | 1 | 8.63 | 0.1 |
| $Th^{4+}$ | 1 | 23.2 | 0.1 |
| $TiO^{2+}$ | 1 | 17.3 | 0.1 |
| $Tl^{3+}$ | 1 | 37.8 | 0.1 |
| U(Ⅳ) | 1 | 25.8 | 0.1 |
| $VO^{2+}$ | 1 | 18.8 | 0.1 |
| $Y^{3+}$ | 1 | 18.09 | 0.1 |
| $Zn^{2+}$ | 1 | 16.50 | 0.1 |
| $ZrO^{2+}$ | 1 | 29.5 | 0.1 |
| 稀土元素 | 1 | 16～20 | 0.1 |

说明：(1)$\beta_1$为络合物的累积稳定常数，即

$$\beta_n = K_1 \times K_2 \times K_3 \times \cdots\cdots \times K_n = K_{稳}$$

$$\lg\beta_n = \lg K_1 + \lg K_2 + \lg K_3 + \cdots\cdots + \lg K_n$$

例如 $Ag^+$ 与 $NH_3$ 络合物：

$$\lg\beta_1 = 3.40 \quad 即\ \lg K_1 = 3.40 \quad K_{稳}[Ag(NH_3)]^+ = 3.40$$

$$\lg\beta_2 = 7.40 \quad 即\ \lg K_1 = 3.40 \quad \lg K_2 = 4.00 \quad K_{稳}[Ag(NH_3)_2]^+ = 7.40$$

(2)酸式、碱式络合物及多核氢氧基络合物的化学式标明于 $n$ 栏中。

## 附录 2.11 元素的相对原子质量(1989)

| 元素 | 符号 | 相对原子质量 | 元素 | 符号 | 相对原子质量 | 元素 | 符号 | 相对原子质量 |
|---|---|---|---|---|---|---|---|---|
| 银 | Ag | 107.862 | 铪 | Hf | 178.49 | 铷 | Rb | 85.4678 |
| 铝 | Al | 26.981539 | 汞 | Hg | 200.59 | 铼 | Re | 186.207 |
| 氩 | Ar | 39.948 | 钬 | Ho | 164.93032 | 铑 | Rh | 102.9055 |
| 砷 | As | 74.92159 | 碘 | I | 126.904447 | 钌 | Ru | 101.07 |
| 金 | Au | 196.96654 | 铟 | In | 114.82 | 硫 | S | 32.066 |
| 硼 | B | 10.811 | 铱 | Ir | 192.22 | 锑 | Sb | 121.757 |
| 钡 | Ba | 137.327 | 钾 | K | 39.0983 | 钪 | Sc | 44.955910 |
| 铍 | Be | 9.012182 | 氪 | Kr | 83.80 | 硒 | Se | 78.96 |
| 铋 | Bi | 208.98037 | 镧 | La | 138.9055 | 硅 | Si | 28.0855 |
| 溴 | Br | 79.904 | 锂 | Li | 6.941 | 钐 | Sm | 150.36 |
| 碳 | C | 12.011 | 镥 | Lu | 174.967 | 锡 | Sn | 118.710 |
| 钙 | Ca | 40.078 | 镁 | Mg | 24.3050 | 锶 | Sr | 87.62 |
| 镉 | Cd | 112.411 | 锰 | Mn | 54.93805 | 钽 | Ta | 180.9479 |
| 铈 | Ce | 140.115 | 钼 | Mo | 95.94 | 铽 | Tb | 158.92534 |
| 氯 | Cl | 35.4527 | 氮 | N | 14.00674 | 碲 | Te | 127.60 |
| 钴 | Co | 58.93320 | 钠 | Na | 22.989768 | 钍 | Th | 232.0381 |
| 铬 | Cr | 51.9961 | 铌 | Nb | 92.90638 | 钛 | Ti | 47.88 |
| 铯 | Cs | 132.90543 | 钕 | Nd | 144.24 | 铊 | Tl | 204.3833 |
| 铜 | Cu | 63.546 | 氖 | Ne | 20.1797 | 铥 | Tm | 168.93421 |
| 镝 | Dy | 162.50 | 镍 | Ni | 58.6934 | 铀 | U | 238.0289 |
| 铒 | Er | 167.26 | 镎 | Np | 237.0482 | 钒 | V | 50.9415 |
| 铕 | Eu | 151.965 | 氧 | O | 15.9994 | 钨 | W | 183.85 |
| 氟 | F | 18.9984032 | 锇 | Os | 190.2 | 氙 | Xe | 131.29 |
| 铁 | Fe | 55.847 | 磷 | P | 30.973762 | 钇 | Y | 88.90585 |
| 镓 | Ga | 69.723 | 铅 | Pb | 207.2 | 镱 | Yb | 173.04 |
| 钆 | Gd | 157.25 | 钯 | Pd | 106.42 | 锌 | Zn | 65.39 |
| 锗 | Ge | 72.61 | 镨 | Pr | 140.90765 | 锆 | Zr | 91.224 |
| 氢 | H | 1.00794 | 铂 | Pt | 195.08 | | | |
| 氦 | He | 4.002602 | 镭 | Ra | 226.0254 | | | |

# 附录 2.12 化合物的相对分子质量

| 化合物 | 相对分子质量 | 化合物 | 相对分子质量 | 化合物 | 相对分子质量 |
|---|---|---|---|---|---|
| $Ag_3AsO_4$ | 462.52 | $Co(NH_2)_2$ | 60.06 | $HF$ | 20.006 |
| $AgBr$ | 187.77 | $CrCl_3$ | 158.35 | $HI$ | 127.91 |
| $AgCl$ | 143.32 | $CrCl_3 \cdot 6H_2O$ | 266.45 | $HIO_3$ | 175.91 |
| $AgCN$ | 133.89 | $Cr(NO_3)_3$ | 238.01 | $HNO_3$ | 63.013 |
| $AgSCN$ | 165.95 | $Cr_2O_3$ | 151.99 | $HNO_2$ | 47.013 |
| $Ag_2CrO_4$ | 331.73 | $CuCl$ | 98.999 | $H_2O$ | 18.015 |
| $AgI$ | 234.77 | $CuCl_2$ | 134.45 | $H_2O_2$ | 34.015 |
| $AgNO_3$ | 169.87 | $CuCl_2 \cdot 2H_2O$ | 170.48 | $H_3PO_4$ | 97.995 |
| $AlCl_3$ | 133.34 | $CuSCN$ | 121.62 | $H_2S$ | 34.08 |
| $AlCl_3 \cdot 6H_2O$ | 241.43 | $CuI$ | 190.45 | $H_2SO_3$ | 82.07 |
| $Al(NO_3)_3$ | 213.00 | $Cu(NO_3)_2$ | 187.56 | $H_2SO_4$ | 98.07 |
| $Al(NO_3)_3 \cdot 9H_2O$ | 375.13 | $Cu(NO_3)_2 \cdot 3H_2O$ | 241.60 | $Hg(CN)_2$ | 252.63 |
| $Al_2O_3$ | 101.96 | $CuO$ | 79.545 | $HgCl_2$ | 271.50 |
| $Al(OH)_3$ | 78.00 | $Cu_2O$ | 143.09 | $Hg_2Cl_2$ | 472.09 |
| $Al_2(SO_4)_3$ | 342.14 | $CuS$ | 95.61 | $HgI_2$ | 454.40 |
| $Al_2(SO_4)_3 \cdot 18H_2O$ | 666.41 | $CuSO_4$ | 159.60 | $Hg_2(NO_3)_2$ | 525.19 |
| $As_2O_3$ | 197.84 | $CuSO_4 \cdot 5H_2O$ | 249.68 | $Hg_2(NO_3)_2 \cdot 2H_2O$ | 561.22 |
| $As_2O_5$ | 229.84 | $CH_3COOH$ | 60.052 | $Hg(NO_3)_2$ | 324.60 |
| $As_2S_3$ | 246.02 | $CH_3COONa$ | 82.034 | $HgO$ | 216.59 |
| | | $CH_3COONa \cdot 3H_2O$ | 136.08 | $HgS$ | 232.65 |
| $BaCO_3$ | 197.34 | $C_4H_8N_2O_2$(丁二酮肟) | 116.12 | $HgSO_4$ | 296.65 |
| $BaC_2O_4$ | 225.35 | $C_6H_4 \cdot COOH \cdot COOK$ (苯二甲酸氢钾) | 204.23 | $Hg_2SO_4$ | 497.24 |
| $BaCl_2$ | 208.24 | | | | |
| $BaCl_2 \cdot 2H_2O$ | 244.27 | $(C_9H_7N)_3H_3PO_4 \cdot 12MoO_3$ (磷钼酸喹啉) | 2212.7 | $KAl(SO_4)_2 \cdot 12H_2O$ | 474.38 |
| $BaCrO_4$ | 253.32 | | | $KBr$ | 119.00 |
| $BaO$ | 153.33 | | | $KBrO_3$ | 167.00 |
| $Ba(OH)_2$ | 171.34 | $FeCl_2$ | 126.75 | $KCl$ | 74.551 |
| $BaSO_4$ | 233.39 | $FeCl_2 \cdot 4H_2O$ | 198.81 | $KClO_3$ | 122.55 |
| $BiCl_3$ | 315.34 | $FeCl_3$ | 162.21 | $KClO_4$ | 138.55 |
| $BiOCl$ | 260.43 | $FeCl_3 \cdot 6H_2O$ | 270.30 | $KCN$ | 65.116 |
| | | $FeNH_4(SO_4)_2 \cdot 12H_2O$ | 482.18 | $KSCN$ | 97.18 |
| $CO_2$ | 44.01 | $Fe(NO_3)_3$ | 241.86 | $K_2CO_3$ | 138.21 |
| $CaO$ | 56.08 | $Fe(NO_3)_3 \cdot 9H_2O$ | 404.00 | $K_2CrO_4$ | 194.19 |
| $CaCO_3$ | 100.09 | $FeO$ | 71.846 | $K_2Cr_2O_7$ | 294.18 |
| $CaC_2O_4$ | 128.10 | $Fe_2O_3$ | 159.69 | $K_3Fe(CN)_6$ | 329.25 |
| $CaCl_2$ | 110.99 | $Fe_3O_4$ | 231.54 | $K_4Fe(CN)_6$ | 368.35 |
| $CaCl_2 \cdot 6H_2O$ | 219.08 | $Fe(OH)_3$ | 106.87 | $KFe(SO_4)_2 \cdot 12H_2O$ | 503.24 |
| $Ca(NO_3)_2 \cdot 4H_2O$ | 236.15 | $FeS$ | 87.91 | $KHC_2O_4$ | 146.14 |
| $Ca(OH)_2$ | 74.09 | $Fe_2S_3$ | 207.87 | $KHC_2O_4 \cdot H_2C_2O_4 \cdot 2H_2O$ | 254.19 |
| $Ca_3(PO_4)_2$ | 310.18 | $FeSO_4$ | 151.90 | $KHC_4H_4O_3$ | 188.18 |
| $CaSO_4$ | 136.14 | $FeSO_4 \cdot 7H_2O$ | 278.01 | $KHSO_4$ | 136.16 |
| $CdCO_3$ | 172.42 | $FeSO_4(NH_4)_2SO_4 \cdot 6H_2O$ | 392.13 | $KI$ | 166.00 |
| $CdCl_2$ | 183.32 | | | $KIO_3$ | 214.00 |
| $CdS$ | 144.47 | $H_3AsO_3$ | 125.94 | $KIO_3 \cdot HIO_3$ | 389.91 |
| $Ce(SO_4)_2$ | 332.24 | $H_3AsO_4$ | 141.94 | $KMnO_4$ | 158.03 |
| $Ce(SO_4)_2 \cdot 2H_2O$ | 404.30 | $H_3BO_3$ | 61.83 | $KNaC_4H_4O_6 \cdot 4H_2O$ | 282.22 |
| $CoCl_2$ | 129.84 | $HBr$ | 80.912 | $KNO_3$ | 101.10 |
| $CoCl_2 \cdot 6H_2O$ | 237.93 | $HCN$ | 27.026 | $KNO_2$ | 85.104 |
| $Co(NO_3)_2$ | 182.94 | $HCOOH$ | 46.026 | $K_2O$ | 94.196 |
| $Co(NO_3)_2 \cdot 6H_2O$ | 291.03 | $H_2CO_3$ | 62.025 | $KOH$ | 56.106 |
| $CoS$ | 90.99 | $H_2C_2O_4$ | 90.035 | $K_2SO_4$ | 174.25 |
| $CoSO_4$ | 154.99 | $(CH_3)_2C_2O_4$ | 118.09 | | |
| $CoSO_4 \cdot 7H_2O$ | 281.10 | $HCl$ | 36.461 | $MgCO_3$ | 84.314 |

续表

| 化合物 | 相对分子质量 | 化合物 | 相对分子质量 | 化合物 | 相对分子质量 |
|---|---|---|---|---|---|
| $MgCl_2$ | 95.211 | $NaCN$ | 49.007 | $PbO$ | 223.20 |
| $MgCl_2 \cdot 6H_2O$ | 203.30 | $NaSCN$ | 81.07 | $PbO_2$ | 239.20 |
| $MgC_2O_4$ | 112.33 | $Na_2CO_3$ | 105.99 | $Pb_3(PO_4)_2$ | 811.54 |
| $Mg(NO_3)_2 \cdot 6H_2O$ | 256.41 | $Na_2CO_3 \cdot 10H_2O$ | 286.14 | $PbS$ | 239.30 |
| $MgNH_4PO_4$ | 137.32 | $Na_2C_2O_4$ | 134.00 | $PbSO_4$ | 303.30 |
| $MgO$ | 40.304 | $NaCl$ | 58.443 | | |
| $Mg(OH)_2$ | 58.32 | $NaClO$ | 74.442 | $SO_3$ | 80.06 |
| $Mg_2P_2O_7$ | 222.55 | $NaHCO_3$ | 84.007 | $SO_2$ | 64.06 |
| $MgSO_4 \cdot 7H_2O$ | 246.47 | $Na_2HPO_4 \cdot 12H_2O$ | 358.14 | $SbCl_3$ | 228.11 |
| $MnCO_3$ | 114.95 | $Na_2H_2Y \cdot 2H_2O$ | 372.24 | $SbCl_5$ | 299.02 |
| $MnCl_2$ | 197.91 | $NaNO_2$ | 68.995 | $Sb_2O_3$ | 291.50 |
| $Mn(NO_3)_2 \cdot 6H_2O$ | 287.04 | $NaNO_3$ | 84.995 | $Sb_2S_3$ | 339.68 |
| $MnO$ | 70.937 | $Na_2O$ | 61.979 | $SiF_4$ | 104.08 |
| $MnO_2$ | 86.937 | $Na_2O_2$ | 77.978 | $SiO_2$ | 60.084 |
| $MnS$ | 87.00 | $NaOH$ | 39.997 | $SnCl_2$ | 189.60 |
| $MnSO_4$ | 151.00 | $Na_3PO_4$ | 163.94 | $SnCl_2 \cdot 2H_2O$ | 225.63 |
| $MnSO_4 \cdot 4H_2O$ | 223.06 | $Na_2S$ | 78.04 | $SnCl_4$ | 260.50 |
| | | $Na_2S \cdot 9H_2O$ | 240.18 | $SnCl_4 \cdot 5H_2O$ | 350.58 |
| $NO$ | 30.006 | $Na_2SO_3$ | 126.04 | $SnO_2$ | 150.69 |
| $NO_2$ | 46.006 | $Na_2SO_4$ | 142.04 | $SnS$ | 150.75 |
| $NH_3$ | 17.03 | $Na_2S_2O_3$ | 158.10 | $SrCO_3$ | 147.63 |
| $CH_3COONH_4$ | 77.083 | $Na_2S_2O_3 \cdot 5H_2O$ | 248.17 | $SrC_2O_4$ | 175.64 |
| $NH_4Cl$ | 53.491 | $Ni(C_4H_7N_2O_2)_2$ (丁二酮肟镍) | 288.91 | $SrCrO_4$ | 203.61 |
| $(NH_4)_2CO_3$ | 96.086 | | | $Sr(NO_3)_2$ | 211.63 |
| $(NH_4)_2C_2O_4$ | 124.10 | $NiCl_2 \cdot 6H_2O$ | 237.69 | $Sr(NO_3)_2 \cdot 4H_2O$ | 283.69 |
| $(NH_4)_2C_2O_4 \cdot H_2O$ | 142.11 | $NiO$ | 74.69 | $SrSO_4$ | 183.68 |
| $NH_4SCN$ | 76.12 | $Ni(NO_3)_2 \cdot 6H_2O$ | 290.79 | | |
| $NH_4HCO_3$ | 79.055 | $NiS$ | 90.75 | $UO_2(CH_3COO)_2 \cdot 2H_2O$ | 424.15 |
| $(NH_4)_2MoO_4$ | 196.01 | $NiSO_4 \cdot 7H_2O$ | 280.85 | $ZnCO_3$ | 125.39 |
| $NH_4NO_3$ | 80.043 | | | $ZnC_2O_4$ | 153.40 |
| $(NH_4)_2HPO_4$ | 132.06 | $P_2O_5$ | 141.94 | $ZnCl_2$ | 136.29 |
| $(NH_4)_3PO_4 \cdot 12MoO_3$ | 1876.3 | $PbCO_3$ | 267.20 | $Zn(CH_3COO)_2$ | 183.47 |
| $(NH_4)_2S$ | 68.14 | $PbC_2O_4$ | 295.22 | $Zn(CH_3COO)_2 \cdot 2H_2O$ | 219.50 |
| $(NH_4)_2SO_4$ | 132.13 | $PbCl_2$ | 278.10 | $Zn(NO_3)_2$ | 189.39 |
| $NH_4VO_3$ | 116.98 | $PbCrO_4$ | 323.20 | $Zn(NO_3)_2 \cdot 6H_2O$ | 297.48 |
| $Na_3AsO_3$ | 191.89 | $Pb(CH_3COO)_2$ | 325.30 | $ZnO$ | 81.38 |
| $Na_2B_4O_7$ | 201.22 | $Pb(CH_3COO)_2 \cdot 3H_2O$ | 379.30 | $ZnS$ | 97.44 |
| $Na_2B_4O_7 \cdot 10H_2O$ | 381.37 | $PbI_2$ | 461.00 | $ZnSO_4$ | 161.44 |
| $NaBiO_3$ | 279.97 | $Pb(NO_3)_2$ | 331.20 | $ZnSO_4 \cdot 7H_2O$ | 287.54 |

## 附录 2.13 标准缓冲溶液在不同温度下的 pH(定量分析用)

| 温度(℃) | (1) | (2) | (3) | (4) | (5) | (6) |
|---|---|---|---|---|---|---|
| | 0.05 mol·L$^{-1}$ 草酸三氢钾 | 25℃饱和酒石酸氢钾 | 0.05 mol·L$^{-1}$ 邻苯二甲酸氢钾 | 0.025 mol·L$^{-1}$ $KH_2PO_4$ + 0.025 mol·L$^{-1}$ $Na_2HPO_4$ | 0.01 mol·L$^{-1}$ 硼砂 | 25℃饱和氢氧化钙 |
| 0 | 1.666 | …… | 4.003 | 6.984 | 9.464 | 13.423 |
| 5 | 1.668 | …… | 3.999 | 6.951 | 9.395 | 13.207 |
| 10 | 1.670 | …… | 3.998 | 6.923 | 9.332 | 13.003 |
| 15 | 1.672 | …… | 3.999 | 6.900 | 9.276 | 12.810 |
| 20 | 1.675 | …… | 4.002 | 6.881 | 9.225 | 12.627 |
| 25 | 1.679 | 3.557 | 4.008 | 6.865 | 9.180 | 12.454 |
| 30 | 1.683 | 3.552 | 4.015 | 6.853 | 9.139 | 12.289 |
| 35 | 1.688 | 3.549 | 4.024 | 6.844 | 9.102 | 12.133 |
| 38 | 1.691 | 3.548 | 4.030 | 6.840 | 9.081 | 12.043 |

续表

| 温度(℃) | (1) 0.05 mol·$L^{-1}$ 草酸三氢钾 | (2) 25℃饱和酒石酸氢钾 | (3) 0.05 mol·$L^{-1}$ 邻苯二甲酸氢钾 | (4) 0.025 mol·$L^{-1}$ $KH_2PO_4$ + 0.025 mol·$L^{-1}$ $Na_2HPO_4$ | (5) 0.01 mol·$L^{-1}$ 硼砂 | (6) 25℃饱和氢氧化钙 |
|---|---|---|---|---|---|---|
| 40 | 1.694 | 3.547 | 4.035 | 6.838 | 9.068 | 11.984 |
| 45 | 1.700 | 3.547 | 4.047 | 6.834 | 9.038 | 11.841 |
| 50 | 1.707 | 3.549 | 4.060 | 6.833 | 9.011 | 11.705 |
| 55 | 1.715 | 3.554 | 4.075 | 6.834 | 8.985 | 11.574 |
| 60 | 1.723 | 3.560 | 4.091 | 6.836 | 8.962 | 11.449 |
| 70 | 1.743 | 3.580 | 4.126 | 6.845 | 8.921 | …… |
| 80 | 1.766 | 3.609 | 4.164 | 6.859 | 8.885 | …… |
| 90 | 1.792 | 3.650 | 4.205 | 6.877 | 8.850 | …… |
| 95 | 1.806 | 3.674 | 4.227 | 6.886 | 8.833 | …… |

## 附录 2.14 常用缓冲溶液的配制

| pH | 配制方法 |
|---|---|
| 2.5 | 113 g $Na_2HPO_4·12H_2O$ 和柠檬酸溶于水，稀释至 1 L |
| 2.9 | 500 g 邻苯二甲酸氢钾溶于水，加 80 mL 浓 HCl，稀释至 1 L |
| 3.7 | 95 g 甲酸和 40 g NaOH 溶于水，稀释至 1 L |
| 4.5 | 77 g $NH_4Ac$ 溶于水，加 59 mL 冰 HAc，稀释至 1 L |
| 4.7 | 83 g 无水 NaAc 溶于水，加 60 mL 冰 HAc，稀释至 1 L |
| 5.0 | 160 g 无水 NaAc 溶于水，加 60 mL 冰 HAc，稀释至 1 L |
| 5.4 | 40 g 六亚甲基四胺溶于水，加 100 mL 浓 HCl，稀释至 1 L |
| 6.0 | 600 g $NH_4Ac$ 溶于水，加 20 mL 冰 HAc，稀释至 1 L |
| 7.0 | 154 g $NH_4Ac$ 溶于水，稀释至 1 L |
| 8.0 | 50 g 无水 NaAc 和 50 g $Na_2HPO_4·12H_2O$ 溶于水，稀释至 1 L |
| 8.5 | 80 g $NH_4Cl$ 溶于水，加 17.6 mL 浓 $NH_3·H_2O$，稀释至 1 L |
| 9.0 | 70 g $NH_4Cl$ 溶于水，加 48 mL 浓 $NH_3·H_2O$，稀释至 1 L |
| 9.5 | 54 g $NH_4Cl$ 溶于水，加 126 mL 浓 $NH_3·H_2O$，稀释至 1 L |
| 10.0 | 54 g $NH_4Cl$ 溶于水，加 350 mL 浓 $NH_3·H_2O$，稀释至 1 L |

## 附录 2.15 常用指示剂

### 一、酸碱指示剂(18～25℃)

| 指示剂名称 | 变色 pH 范围 | 颜色变化 | 溶液配制方法 |
|---|---|---|---|
| 甲基紫(第一变色范围) | 0.13～0.5 | 黄～绿 | 0.1%或 0.05%的水溶液 |
| 甲基绿 | 0.1～2.0 | 黄～绿～浅蓝 | 0.05%水溶液(绿蓝色) |
| 甲酚红(第一变色范围) | 0.2～1.8 | 红～黄 | 0.04 g 指示剂溶于 100 mL 50%乙醇 |
| 甲基紫(第二变色范围) | 1.0～1.5 | 绿～蓝 | 0.1%水溶液 |
| 百里酚蓝(麝香草酚蓝)(第一变色范围) | 1.2～2.8 | 红～黄 | 0.1 g 指示剂溶于 100 mL 20%乙醇 |
| 甲基紫(第三变色范围) | 2.0～3.0 | 蓝～紫 | 0.1%水溶液 |
| 二甲基黄(别名：甲基黄) | 2.9～4.0 | 红～黄 | 0.1%的 90%乙醇溶液 |
| 甲基橙 | 3.1～4.4 | 红～橙黄 | 0.1%水溶液 |

续表

| 指示剂名称 | 变色 pH 范围 | 颜色变化 | 溶液配制方法 |
|---|---|---|---|
| 溴酚蓝 | 3.0～4.6 | 黄～蓝 | 0.1 g 指示剂溶于 100 mL 20%乙醇 |
| 刚果红 | 3.0～5.2 | 蓝紫～红 | 0.1%水溶液 |
| 溴甲酚绿 | 3.8～5.4 | 黄→蓝 | 0.1 g 指示剂溶于 100 mL 20%乙醇 |
| 甲基红 | 4.4～6.2 | 红～黄 | 0.1 g 或 0.2 g 指示剂溶于 100 mL 60%乙醇 |
| 溴百里酚蓝 | 6.0～7.6 | 黄～蓝 | 0.05 g 指示剂溶于 100 mL 20%乙醇 |
| 中性红 | 6.8～8.0 | 红～亮黄 | 0.1 g 指示剂溶于 100 mL 60%乙醇 |
| 酚红 | 6.8～8.0 | 黄～红 | 0.1 g 指示剂溶于 100 mL 20%乙醇 |
| 甲酚红 | 7.2～8.8 | 亮黄～紫红 | 0.1 g 指示剂溶于 100 mL 50%乙醇 |
| 百里酚蓝（麝香草酚蓝）（第二变色范围） | 8.0～9.0 | 黄～蓝 | 同第一变色范围 |
| 酚酞 | 8.2～10.0 | 无色～紫红 | 0.1 g 指示剂溶于 10 mL 60%乙醇 |
| 百里酚酞 | 9.4～10.6 | 无色～蓝 | 0.1 g 指示剂溶于 100 mL 90%乙醇 |
| 达旦黄 | 12.0～13.0 | 黄～红 | 溶于水、乙醇 |

## 二、混合酸碱指示剂

| 指示剂溶液组成 | 变色时 pH | 颜色 | | 备注 |
|---|---|---|---|---|
| | | 酸色 | 碱色 | |
| 一份 0.1%甲基黄乙醇溶液<br>一份 0.1%次甲基蓝乙醇溶液 | 3.25 | 蓝紫 | 绿 | pH=3.2，蓝紫色<br>pH=3.4，绿色 |
| 一份 0.1%甲基橙水溶液<br>一份 0.25%靛蓝二磺酸水溶液 | 4.1 | 紫 | 黄绿 | |
| 一份 0.1%溴甲酚绿钠盐水溶液<br>一份 0.2%甲基橙水溶液 | 4.3 | 橙 | 蓝绿 | pH=3.5，黄色<br>pH=4.05，绿色<br>pH=4.3，浅绿色 |
| 三份 0.1%溴甲酚绿乙醇溶液<br>一份 0.2%甲基红乙醇溶液 | 5.1 | 酒红 | 绿 | |
| 一份 0.1%溴甲酚绿钠盐水溶液<br>一份 0.1%氯酚红钠盐水溶液 | 6.1 | 黄绿 | 蓝绿 | pH=5.4，蓝绿色<br>pH=5.8，蓝色<br>pH=6.0，蓝带紫<br>pH=6.2，蓝紫色 |
| 一份 0.1%中性红乙醇溶液<br>一份 0.1%次甲基蓝乙醇溶液 | 7.0 | 紫蓝 | 绿 | pH=7.0，紫蓝色 |
| 一份 0.1%甲酚红钠盐水溶液<br>三份 0.1%百里酚蓝钠盐水溶液 | 8.3 | 黄 | 紫 | pH=8.2，玫瑰红<br>pH=8.4，清晰的紫色 |
| 一份 0.1%百里酚蓝 50%乙醇溶液<br>三份 0.1%酚酞 50%乙醇溶液 | 9.0 | 黄 | 紫 | 从黄到绿，再到紫 |
| 一份 0.1%酚酞乙醇溶液<br>一份 0.1%百里酚酞乙醇溶液 | 9.9 | 无 | 紫 | pH=9.6，玫瑰红<br>pH=10，紫色 |

此表参考：宫为民. 分析化学. 大连：大连理工大学出版社，2000.

## 三、金属离子指示剂

| 指示剂名称 | 使用pH范围 | 颜色变化 | | 直接滴定的金属离子 | 指示剂配制 |
|---|---|---|---|---|---|
| | | In | Min | | |
| 铬黑T(EBT) | 9～10.5 | 蓝 | 紫红 | pH=10;$Mg^{2+}$、$Zn^{2+}$、$Cd^{2+}$、$Pb^{2+}$、$Mn^{2+}$、稀土 | 0.5%水溶液 |
| 钙指示剂 | 10～13 | 蓝 | 酒红 | pH=12～13;$Ca^{2+}$ | 0.5%的乙醇溶液 |
| 二甲酚橙(XO) | <6 | 黄 | 红 | pH<1;$ZrO^{2+}$<br>pH=1～3;$Bi^{3+}$、$Th^{4+}$<br>pH=5～6;$Zn^{2+}$、$Cd^{2+}$、$Pb^{2+}$、$Hg^{2+}$、稀土 | 0.2%水溶液(可保存15天) |
| PAN | 2～12 | 黄 | 红 | pH=2～3;$Bi^{3+}$、$Th^{4+}$<br>pH=4～5;$Cu^{2+}$、$Ni^{2+}$ | 0.1%的乙醇溶液 |

注:EBT、钙指示剂等在水溶液中稳定性较差,可以配成指示剂与NaCl之比为1∶100的固体粉末。

## 四、氧化还原指示剂

| 指示剂名称 | $\phi^{\ominus}$ln(V)<br>$[H^+]=1\,mol\cdot L^{-1}$ | 颜色变化 | | 溶液配制方法 |
|---|---|---|---|---|
| | | 氧化态 | 还原态 | |
| 二苯胺磺酸钠 | 0.85 | 紫红 | 无色 | 0.5%的水溶液 |
| N-邻苯氨基苯甲酸 | 1.08 | 紫红 | 无色 | 0.1 g指示剂加20 mL 5%的$Na_2CO_3$溶液,用水稀释至100 mL |
| 邻二氮菲-Fe(Ⅱ) | 1.06 | 浅蓝 | 红 | 1.485 g邻二氮菲加0.965 g $FeSO_4$,溶于100 mL水(0.025 mol·$L^{-1}$水溶液) |

## 五、沉淀滴定吸附指示剂

| 指示剂 | 被测离子 | 滴定剂 | 使用pH范围 | 溶液配制方法 |
|---|---|---|---|---|
| 荧光黄 | $Cl^-$,$Br^-$,$I^-$ | $AgNO_3$ | 7～10(一般7～8) | 0.2%乙醇溶液 |
| 二氯荧光黄 | $Cl^-$,$Br^-$,$I^-$ | $AgNO_3$ | 4～10(一般5～8) | 0.1%水溶液 |
| 曙红 | $Br^-$,$I^-$,$SCN^-$ | $AgNO_3$ | 2～10(一般3～8) | 0.5%水溶液 |
| 甲基紫 | $Ag^+$ | NaCl | 酸性 | |

# 附录2.16 我国生活饮用水水质标准(GB5749—2006)

## 一、水质常规指标及限值

| 指标 | 限值 |
|---|---|
| 1. 微生物指标① | |
| 总大肠菌群(MPN/100 mL或CFU/100 mL) | 不得检出 |
| 耐热大肠菌群(MPN/100 mL或CFU/100 mL) | 不得检出 |
| 大肠埃希氏菌(MPN/100 mL或CFU/100 mL) | 不得检出 |
| 菌落总数(CFU/mL) | 100 |
| 2. 毒理指标 | |
| 砷(mg/L) | 0.01 |
| 镉(mg/L) | 0.005 |
| 铬(六价,mg/L) | 0.05 |
| 铅(mg/L) | 0.01 |
| 汞(mg/L) | 0.001 |
| 硒(mg/L) | 0.01 |
| 氰化物(mg/L) | 0.05 |
| 氟化物(mg/L) | 1.0 |
| 硝酸盐(以N计,mg/L) | 10<br>地下水源限制时为20 |
| 三氯甲烷(mg/L) | 0.06 |
| 四氯化碳(mg/L) | 0.002 |

续表

| 指　　标 | 限　　值 |
|---|---|
| 溴酸盐(使用臭氧时,mg/L) | 0.01 |
| 甲醛(使用臭氧时,mg/L) | 0.9 |
| 亚氯酸盐(使用二氧化氯消毒时,mg/L) | 0.7 |
| 氯酸盐(使用复合二氧化氯消毒时,mg/L) | 0.7 |
| 3. 感官性状和一般化学指标 | |
| 色度(铂钴色度单位) | 15 |
| 浑浊度(NTU—散射浊度单位) | 1<br>水源与净水技术条件限制时为3 |
| 臭和味 | 无异臭、异味 |
| 肉眼可见物 | 无 |
| pH (pH 单位) | 不小于6.5且不大于8.5 |
| 铝(mg/L) | 0.2 |
| 铁(mg/L) | 0.3 |
| 锰(mg/L) | 0.1 |
| 铜(mg/L) | 1.0 |
| 锌(mg/L) | 1.0 |
| 氯化物(mg/L) | 250 |
| 硫酸盐(mg/L) | 250 |
| 溶解性总固体(mg/L) | 1000 |
| 总硬度(以 $CaCO_3$ 计,mg/L) | 450 |
| 耗氧量($COD_{Mn}$ 法,以 $O_2$ 计,mg/L) | 3<br>水源限制,原水耗氧量>6 mg/L 时为5 |
| 挥发酚类(以苯酚计,mg/L) | 0.002 |
| 阴离子合成洗涤剂(mg/L) | 0.3 |
| 4. 放射性指标② | 指导值 |
| 总 $\alpha$ 放射性(Bq/L) | 0.5 |
| 总 $\beta$ 放射性(Bq/L) | 1 |

①MPN 表示最可能数;CFU 表示菌落形成单位。当水样检出总大肠菌群时,应进一步检验大肠埃希氏菌或耐热大肠菌群;水样未检出总大肠菌群,不必检验大肠埃希氏菌或耐热大肠菌群。
②放射性指标超过指导值,应进行核素分析和评价,判定能否饮用。

## 二、饮用水中消毒剂常规指标及要求

| 消毒剂名称 | 与水接触时间 | 出厂水中限值 | 出厂水中余量 | 管网末梢水中余量 |
|---|---|---|---|---|
| 氯气及游离氯制剂(游离氯,mg/L) | 至少 30 min | 4 | ≥0.3 | ≥0.05 |
| 一氯胺(总氯,mg/L) | 至少 120 min | 3 | ≥0.5 | ≥0.05 |
| 臭氧($O_3$,mg/L) | 至少 12 min | 0.3 | | 0.02<br>如加氯,总氯≥0.05 |
| 二氧化氯($ClO_2$,mg/L) | 至少 30 min | 0.8 | ≥0.1 | ≥0.02 |

## 三、水质非常规指标及限值

| 指　　标 | 限　　值 |
|---|---|
| 1. 微生物指标 | |
| 贾第鞭毛虫(个/10L) | <1 |
| 隐孢子虫(个/10L) | <1 |
| 2. 毒理指标 | |
| 锑(mg/L) | 0.005 |
| 钡(mg/L) | 0.7 |
| 铍(mg/L) | 0.002 |

续表

| 指　标 | 限　值 |
| --- | --- |
| 硼(mg/L) | 0.5 |
| 钼(mg/L) | 0.07 |
| 镍(mg/L) | 0.02 |
| 银(mg/L) | 0.05 |
| 铊(mg/L) | 0.0001 |
| 氯化氰（以 $CN^-$ 计，mg/L) | 0.07 |
| 一氯二溴甲烷(mg/L) | 0.1 |
| 二氯一溴甲烷(mg/L) | 0.06 |
| 二氯乙酸(mg/L) | 0.05 |
| 1,2-二氯乙烷(mg/L) | 0.03 |
| 二氯甲烷(mg/L) | 0.02 |
| 三卤甲烷(三氯甲烷、一氯二溴甲烷、二氯一溴甲烷、三溴甲烷的总和) | 该类化合物中各种化合物的实测浓度与其各自限值的比值之和不超过1 |
| 1,1,1-三氯乙烷(mg/L) | 2 |
| 三氯乙酸(mg/L) | 0.1 |
| 三氯乙醛(mg/L) | 0.01 |
| 2,4,6-三氯酚(mg/L) | 0.2 |
| 三溴甲烷(mg/L) | 0.1 |
| 七氯(mg/L) | 0.0004 |
| 马拉硫磷(mg/L) | 0.25 |
| 五氯酚(mg/L) | 0.009 |
| 六六六(总量，mg/L) | 0.005 |
| 六氯苯(mg/L) | 0.001 |
| 乐果(mg/L) | 0.08 |
| 对硫磷(mg/L) | 0.003 |
| 灭草松(mg/L) | 0.3 |
| 甲基对硫磷(mg/L) | 0.02 |
| 百菌清(mg/L) | 0.01 |
| 呋喃丹(mg/L) | 0.007 |
| 林丹(mg/L) | 0.002 |
| 毒死蜱(mg/L) | 0.03 |
| 草甘膦(mg/L) | 0.7 |
| 敌敌畏(mg/L) | 0.001 |
| 莠去津(mg/L) | 0.002 |
| 溴氰菊酯(mg/L) | 0.02 |
| 2,4-滴(mg/L) | 0.03 |
| 滴滴涕(mg/L) | 0.001 |
| 乙苯(mg/L) | 0.3 |
| 二甲苯(mg/L) | 0.5 |
| 1,1-二氯乙烯(mg/L) | 0.03 |
| 1,2-二氯乙烯(mg/L) | 0.05 |
| 1,2-二氯苯(mg/L) | 1 |
| 1,4-二氯苯(mg/L) | 0.3 |
| 三氯乙烯(mg/L) | 0.07 |
| 三氯苯(总量，mg/L) | 0.02 |
| 六氯丁二烯(mg/L) | 0.0006 |
| 丙烯酰胺(mg/L) | 0.0005 |
| 四氯乙烯(mg/L) | 0.04 |
| 甲苯(mg/L) | 0.7 |
| 邻苯二甲酸二(2-乙基己基)酯(mg/L) | 0.008 |

续表

| 指　标 | 限　值 |
| --- | --- |
| 环氧氯丙烷(mg/L) | 0.0004 |
| 苯(mg/L) | 0.01 |
| 苯乙烯(mg/L) | 0.02 |
| 苯并(a)芘(mg/L) | 0.00001 |
| 氯乙烯(mg/L) | 0.005 |
| 氯苯(mg/L) | 0.3 |
| 微囊藻毒素-LR(mg/L) | 0.001 |
| 3.感官性状和一般化学指标 | |
| 氨氮(以N计,mg/L) | 0.5 |
| 硫化物(mg/L) | 0.02 |
| 钠(mg/L) | 200 |

## 四、农村小型集中式供水和分散式供水部分水质指标及限值

| 指　标 | 限　值 |
| --- | --- |
| 1.微生物指标 | |
| 菌落总数(CFU/mL) | 500 |
| 2.毒理指标 | |
| 砷(mg/L) | 0.05 |
| 氟化物(mg/L) | 1.2 |
| 硝酸盐(以N计,mg/L) | 20 |
| 3.感官性状和一般化学指标 | |
| 色度(铂钴色度单位) | 20 |
| 浑浊度(NTU—散射浊度单位) | 3<br>水源与净水技术条件限制时为5 |
| pH(pH单位) | 不小于6.5且不大于9.5 |
| 溶解性总固体(mg/L) | 1500 |
| 总硬度(以$CaCO_3$计,mg/L) | 550 |
| 耗氧量($COD_{Mn}$法,以$O_2$计,mg/L) | 5 |
| 铁(mg/L) | 0.5 |
| 锰(mg/L) | 0.3 |
| 氯化物(mg/L) | 300 |
| 硫酸盐(mg/L) | 300 |

## 五、生活饮用水水质参考指标及限值

| 指　标 | 限　值 |
| --- | --- |
| 肠球菌(CFU/100mL) | 0 |
| 产气荚膜梭状芽孢杆菌(CFU/100mL) | 0 |
| 二(2-乙基己基)己二酸酯(mg/L) | 0.4 |
| 二溴乙烯(mg/L) | 0.00005 |
| 二噁英(2,3,7,8-TCDD,mg/L) | 0.00000003 |
| 土臭素(二甲基萘烷醇,mg/L) | 0.00001 |
| 五氯丙烷(mg/L) | 0.03 |
| 双酚A(mg/L) | 0.01 |
| 丙烯腈(mg/L) | 0.1 |
| 丙烯酸(mg/L) | 0.5 |
| 丙烯醛(mg/L) | 0.1 |
| 四乙基铅(mg/L) | 0.0001 |
| 戊二醛(mg/L) | 0.07 |
| 甲基异莰醇-2(mg/L) | 0.00001 |

| 指　标 | 限　值 |
|---|---|
| 石油类(总量,mg/L) | 0.3 |
| 石棉(>10(m,万/L) | 700 |
| 亚硝酸盐(mg/L) | 1 |
| 多环芳烃(总量,mg /L) | 0.002 |
| 多氯联苯(总量,mg /L) | 0.0005 |
| 邻苯二甲酸二乙酯(mg/L) | 0.3 |
| 邻苯二甲酸二丁酯(mg/L) | 0.003 |
| 环烷酸(mg/L) | 1.0 |
| 苯甲醚(mg/L) | 0.05 |
| 总有机碳(TOC,mg/L) | 5 |
| 萘酚(mg/L) | 0.4 |
| 黄原酸丁酯(mg /L) | 0.001 |
| 氯化乙基汞(mg /L) | 0.0001 |
| 硝基苯(mg/L) | 0.017 |
| 镭 226 和镭 228(pCi/L) | 5 |
| 氡(pCi/L) | 300 |

## 附录 2.17　地面水中有害物质的最高容许浓度(TJ36—1979)

| 编号 | 物　质　名　称 | 最高容许浓度(mg/L) |
|---|---|---|
| 1 | 乙腈 | 5.0 |
| 2 | 乙醛 | 0.05 |
| 3 | 二硫化碳 | 2.0 |
| 4 | 二硝基苯 | 0.5 |
| 5 | 二硝基氯苯 | 0.5 |
| 6 | 二氯苯 | 0.02 |
| 7 | 丁基黄原酸盐 | 0.005 |
| 8 | 三氯苯 | 0.02 |
| 9 | 三硝基甲苯 | 0.5 |
| 10 | 马拉硫磷(4040) | 0.25 |
| 11 | 己内酰胺 | 按地面水中生化需氧量计算 |
| 12 | 六六六 | 0.02 |
| 13 | 六氯苯 | 0.05 |
| 14 | 内吸磷(E059) | 0.03 |
| 15 | 水合肼 | 0.01 |
| 16 | 四乙基铅 | 不得检出 |
| 17 | 四氯苯 | 0.02 |
| 18 | 石油(包括煤油和汽油) | 0.3 |
| 19 | 甲基对硫磷(甲基 E605) | 0.02 |
| 20 | 甲醛 | 0.5 |
| 21 | 丙烯腈 | 2.0 |
| 22 | 丙烯醛 | 0.1 |
| 23 | 对硫磷(E605) | 0.003 |
| 24 | 乐戈(乐果) | 0.08 |
| 25 | 异丙苯 | 0.25 |
| 26 | 汞 | 0.001 |
| 27 | 吡啶 | 0.2 |
| 28 | 钒 | 0.1 |
| 29 | 松节油 | 0.2 |
| 30 | 苯 | 2.5 |
| 31 | 苯乙烯 | 0.3 |
| 32 | 苯胺 | 0.1 |
| 33 | 苦味酸 | 0.5 |
| 34 | 氟化物 | 1.0 |
| 35 | 活性氯 | 不得检出(按地面水需氯量计算) |
| 36 | 挥发酚类 | 0.01 |
| 37 | 砷 | 0.04 |
| 38 | 钼 | 0.5 |
| 39 | 铅 | 0.1 |
| 40 | 钴 | 1.0 |
| 41 | 铍 | 0.0002 |
| 42 | 硒 | 0.01 |
| 43 | 铬:三价铬 | 0.5 |
| | 六价铬 | 0.5 |
| 44 | 铜 | 0.1 |
| 45 | 锌 | 1.0 |
| 46 | 硫化物 | 不得检出(按地面水溶解氧计算) |
| 47 | 氰化物 | 0.05 |
| 48 | 氯苯 | 0.02 |
| 49 | 硝基氯苯 | 0.05 |
| 50 | 锑 | 0.05 |
| 51 | 滴滴涕 | 0.2 |
| 52 | 镍 | 0.5 |
| 53 | 镉 | 0.01 |

# 附录 2.18　一些无机物质常用的俗名

| 类别 | 俗名 | 主要成分或分子式 |
|---|---|---|
| 钠的化合物 | 硫化碱 | $Na_2S$ |
| | 食盐 | $NaCl$ |
| | 小苏打、食用苏打、重碱 | $NaHCO_3$ |
| | 苏打、纯碱 | $Na_2CO_3$ |
| | 苛性钠、苛性碱、火碱、烧碱 | $NaOH$ |
| | 山奈 | $NaCN$ |
| | 水玻璃、泡花碱 | $Na_2SiO_3$ |
| | 智利硝石、钠硝石 | $NaNO_3$ |
| | 硼砂 | $Na_2B_4O_7 \cdot 10H_2O$ |
| | 芒硝 | $Na_2SO_4 \cdot 10H_2O$ |
| | 大苏打 | $Na_2S_2O_3 \cdot 5H_2O$ |
| 钾的化合物 | 钾碱，草碱 | $K_2CO_3$ |
| | 苛性钾 | $KOH$ |
| | 钾硝石、火硝、土硝 | $KNO_3$ |
| | 灰锰氧 | $KMnO_4$ |
| | 光卤石 | $KCl \cdot MgCl_2 \cdot 6H_2O$ |
| | 黄血盐 | $K_4[Fe(CN)_6] \cdot 3H_2O$ |
| | 赤血盐 | $K_3[Fe(CN)_6]$ |
| 镁的化合物 | 白苦土<br>烧苦土 | $MgO$ |
| | 泻盐<br>苦盐 | $MgSO_4 \cdot 7H_2O$ |
| | 卤水 | $MgCl_2 \cdot 6H_2O$ |
| | 菱苦土矿 | $MgCO_3$ |
| 钙的化合物 | 电石 | $CaC_2$ |
| | 生石灰<br>煅烧石灰 | $CaO$ |
| | 熟石灰<br>消石灰 | $Ca(OH)_2$ |
| | 碱石灰<br>钠石灰 | $NaOH$ 与 $Ca(OH)_2$ 的混合物 |
| | 方解石 | $CaCO_3$ |
| | 白垩 | $CaCO_3$ |
| | 石灰石 | $CaCO_3$ |
| 铅的化合物 | 密陀僧、黄丹 | $PbO$ |
| | 铅丹、红铅 | $Pb_3O_4$ |
| | 方铅矿 | $PbS$ |
| | 铅白 | $2PbCO_3 \cdot Pb(OH)_2$ |
| | 铅矾 | $PbSO_4$ |
| 氮的化合物 | 笑气 | $N_2O$ |
| | 硇砂 | $NH_4Cl$ |
| | 硝铵 | $NH_4NO_3$ |
| | 硫铵 | $(NH_4)_2SO_4$ |
| | 硝酸 | $HNO_3$ |
| | 王水 | 3 份 $HCl$ 与 1 份 $HNO_3$ 的混合物 |
| 砷的化合物 | 砒霜、白砒 | $As_2O_3$ 或 $As_4O_6$ |
| | 信石 | $As_2O_3$ |
| | 雄黄 | $As_2S_2$ 或 $As_4S_4$ |
| | 雄黄、砒黄 | $As_2S_3$ |
| 钙的化合物 | 大理石 | $CaCO_3$ |
| | 漂白粉<br>氯化石灰 | $Ca(OCl)Cl$ |
| | 萤石、氟石 | $CaF_2$ |
| | 挪威硝石 | $Ca(NO_3)_2$ |
| | 石膏、生石膏 | $CaSO_4 \cdot 2H_2O$ |
| | 烧石膏、熟石膏、巴黎石膏 | $CaSO_4 \cdot 1/2H_2O$ |
| | 磷灰石、磷矿粉 | $3Ca_3(PO_4)_2 \cdot CaF_2$ |
| | 过磷酸钙<br>普钙 | $Ca(H_2PO_4)_2$、$CaSO_4 \cdot 2H_2O$ 的混合物 |
| | 重钙 | $Ca(H_2PO_4)_2$ |
| | 重石 | $CaWO_4$ |
| 锶的化合物 | 天青石 | $SrSO_4$ |
| | 锶垩石 | $SrCO_3$ |
| 铝的化合物 | 矾土 | $Al_2O_3 \cdot nH_2O$ |
| | 刚玉、刚石 | $Al_2O_3$ |
| | 冰晶石 | $Na_3AlF_6$ |
| | 明矾 | $K_2SO_4 \cdot Al_2(SO_4)_3 \cdot 24H_2O$ |
| 碳的化合物 | 石墨 | $C$ |
| | 木炭 | $C$ |
| | 金刚石 | $C$ |
| | 碳酸气<br>干冰 | $CO_2$ |
| 硅的化合物 | 石英、硅石 | $SiO_2$ |
| | 燧石、打火石 | $SiO_2$ |
| | 沙子 | $SiO_2$ |
| | 水晶 | $SiO_2$ |
| | 玛瑙 | $SiO_2$ |
| | 金刚砂 | $SiC$ |
| | 硅胶 | $mSiO_2 \cdot nH_2O$ |
| 汞的化合物 | 水银 | $Hg$ |
| | 三仙丹 | $HgO$ |
| | 辰砂、朱砂 | $HgS$ |
| | 雷汞 | $Hg(ONC)_2$ |
| | 甘汞 | $Hg_2Cl_2$ |
| | 升汞 | $HgCl_2$ |
| 铬的化合物 | 铬绿 | $Cr_2O_3$ |
| | 铬黄 | $PbCrO_4$ |
| | 红矾 | $K_2Cr_2O_7$ |
| | (钾)铬矾 | $K_2SO_4 \cdot Cr_2(SO_4)_3 \cdot 24H_2O$ |
| | 铵铬矾 | $(NH_4)_2SO_4 \cdot Cr_2(SO_4)_3 \cdot 24H_2O$ |
| 锌的化合物 | 锌白<br>锌氧粉 | $ZnO$ |
| | 锌钡白<br>立德粉 | $ZnS \cdot BaSO_4$ |
| | 红锌矿 | $ZnO$ |
| | 闪锌矿 | $ZnS$ |
| | 菱锌矿 | $ZnCO_3$ |
| | 皓矾 | $ZnSO_4 \cdot 7H_2O$ |

续表

| 类别 | 俗名 | 主要成分或分子式 |
|---|---|---|
| 锑的化合物 | 锑白<br>锑华 | $Sb_2O_3$或$Sb_4O_6$ |
| | 辉锑矿<br>闪锑矿 | $Sb_2O_3$ |
| 铜的化合物 | 赤铜矿 | $Cu_2O$ |
| | 辉铜矿 | $Cu_2S$ |
| | 胆矾<br>蓝矾 | $CuSO_4 \cdot 5H_2O$ |
| | 孔雀石<br>铜绿 | $Cu(OH)_2 \cdot 5H_2O$ |

| 类别 | 俗名 | 主要成分或分子式 |
|---|---|---|
| 铁的化合物 | 铁丹、土红 | $Fe_2O_3$ |
| | 赤铁矿 | $Fe_2O_3$ |
| | 磁铁矿 | $Fe_3O_4$ |
| | 褐铁矿 | $2Fe_2O_3 \cdot 3H_2O$ |
| | 菱铁矿 | $FeCO_3$ |
| | 普鲁士蓝 | $Fe_4[Fe(CN)_6]_3$ |
| | 腾氏蓝(腾布尔蓝) | $Fe_3[Fe(CN)_6]_2$ |
| | 黄铁矿、硫铁矿 | $FeS_2$ |
| | 毒砂 | $FeAsS$ |
| | 绿矾 | $FeSO_4 \cdot 7H_2O$ |
| | (钾)铁矾 | $K_2SO_4 \cdot Fe_2(SO_4)_3 \cdot 24H_2O$ |
| | (钾)亚铁矾 | $K_2Fe(SO_4)_2 \cdot 6H_2O$ |
| | 铵铁矾 | $(NH_4)_2SO_4 \cdot Fe_2(SO_4)_3 \cdot 24H_2O$ |
| | 铵亚铁矾 | $(NH_4)_2Fe(SO_4)_2 \cdot 6H_2O$ |

## 附录 2.19 一些有机物质常用的俗名

| 俗名 | 化学名称 | 化学式 |
|---|---|---|
| 沼气 | 甲烷 | $CH_4$ |
| 氯仿 | 三氯甲烷 | $CHCl_3$ |
| 碘仿 | 三碘甲烷 | $CHI_3$ |
| 四氯化碳 | 四氯甲烷 | $CCl_4$ |
| 氯化苦 | 三氯硝基甲烷 | $CCl_3NO_2$ |
| 电石气 | 乙炔 | $C_2H_2$ |
| 木精(木醇) | 甲醇 | $CH_3OH$ |
| 酒精(火酒) | 乙醇 | $C_2H_5OH$ |
| 甘醇 | 乙二醇 | $HO—CH_2—CH_2—OH$ |
| 甘油 | 丙三醇 | $C_3H_5(OH)_3$ |
| 冰片(龙脑) | 莰醇 | 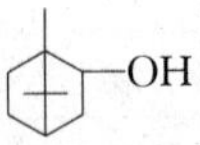 |
| 水杨醇(柳醇) | 邻羟基苯甲醇 | 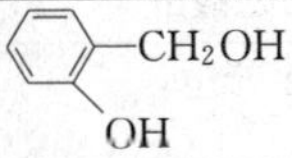 |
| 福尔马林 | 40%甲醛(水溶液) | $HCHO$ |
| 水杨醛 | 邻羟基苯甲醛 | 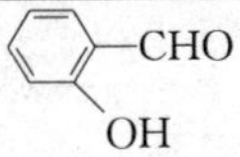 |
| 糠醛 | 呋喃甲醛 | 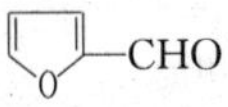 |
| 樟脑 | 莰酮 | 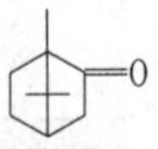 |
| 蚁酸 | 甲酸 | $HCOOH$ |
| 醋酸 | 乙酸(28%～60%) | $CH_3COOH$ |
| 冰醋酸 | 乙酸(无水) | $CH_3COOH$ |
| 草酸 | 乙二酸 | $HOOC-COOH$ |
| 酒石酸 | 二羟基丁二酸 | $[CH(OH)COOH]_2$ |
| 乳酸 | 2-羟基丙酸 | $CH_3CHOHCOOH$ |

| 俗　名 | 化学名称 | 化学式 |
| --- | --- | --- |
| 苹果酸 | 羟基丁二酸 | $HO-CH(-CH_2-COOH)-COOH$ |
| 吐酒石 | 酒石酸锑氧基钾 | $CHOHCOO(SbO)-CHOHCOOK$ |
| 柠檬酸(枸橼酸) | 2-羟基丙烷-1,2,3-三羧酸 | $HO-C(CH_2-COOH)_2-COOH$ |
| 安息香酸 | 苯甲酸 | 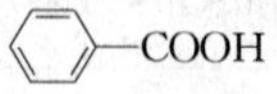 |
| 水杨酸 | 2-羟基苯甲酸 | 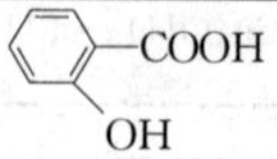 |
| 硬脂酸 | 十八(烷)酸 | $CH_3(CH_2)_{16}COOH$ |
| 软脂酸 | 十六(烷)酸 | $CH_3(CH_2)_{14}COOH$ |
| 琥珀酸 | 丁二酸 | $HOOC-CH_2-CH_2-COOH$ |
| 石炭酸 | 苯酚 | 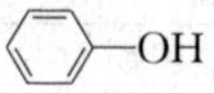 |
| 来苏儿 | 甲苯酚(三种异构体混合物) | $CH_3-C_6H_4OH$ |
| 焦性没食子酚 | 1,2,3-苯三酚 | 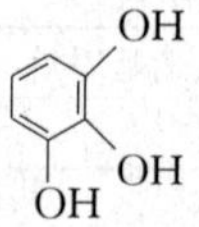 |
| 苦味酸 | 2,4,6-三硝基苯酚 | 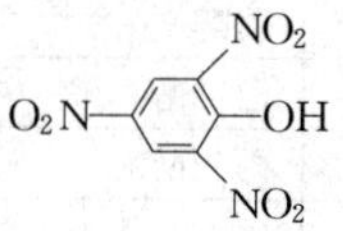 |
| 甘氨酸 | 氨基乙酸 | $H_2N-CH_2-COOH$ |
| 醋酐 | 乙酸酐 | $(CH_3CO)_2O$ |
| 苯酐 | 邻苯二甲酸酐 | 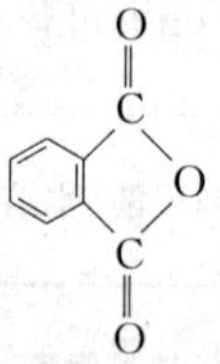 |
| 乙醚 | 二乙醚 | $C_2H_5-O-C_2H_5$ |
| 大茴香醚 | 苯甲醚 | 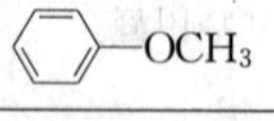 |
| 阿尼林油(阿尼林) | 苯胺 | 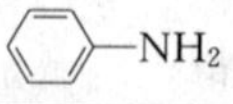 |
| 糖精 | 邻磺酰苯酰亚胺 | $C_6H_4COSO_2NH$ |
| 凡士林 | 液体和固体石蜡烃的混合物 | |
| 火棉 | 硝酸纤维素 | $[(C_6H_7O_2)(-O-NO_2)_3]_n$ |
| 石油皂 | 烷基磺酸钠 | $R-SO_3Na$ |

续表

| 俗　名 | 化学名称 | 化学式 |
|---|---|---|
| 光气 | 碳酰氯 | $COCl_2$ |
| T. N. T | 三硝基甲苯 | 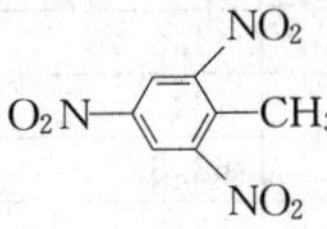 |
| 味精 | 谷氨酸(一)钠 | $HOOCCH(NH_2)CH_2CH_2COONa$ |
| 香蕉水 | 由酯(如乙酸乙酯、乙酸丁酯、乙酸戊酯)、酮(如丙酮、甲乙酮)、醇(如乙醇、丁醇)、芳烃(如苯、甲苯)等混合配制而成 | |
| 六六六 | 六氯环己烷 | $C_6H_6Cl_6$ |
| 滴滴涕(二二三,DDT) | 对,对-二氯二苯三氯乙烷 | 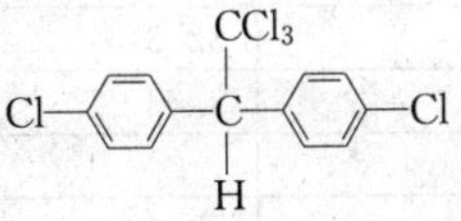 |

## 附录 2.20　常见无机化合物在水中的溶解度*(单位为 g/100g $H_2O$)

* 溶解度表示在一定温度下,给定化学式的物质溶解在 100 g $H_2O$ 中成饱和溶液时,该物质的质量(单位为 g)。

| | 0 | 20 | 40 | 60 | 80 | 100 |
|---|---|---|---|---|---|---|
| $AgC_2H_3O_2$ | 0.72 | 1.04 | 1.41 | 1.89 | 2.52 | $2\times10^{-3}$ |
| AgF | 85.9 | 172 | 203 | | | |
| $AgNO_3$ | 122 | 216 | 311 | 440 | 585 | 733 |
| $Ag_2SO_4$ | 0.57 | 0.80 | 0.98 | 1.15 | 1.30 | 1.41 |
| $AlCl_3$ | 43.9 | 45.8 | 47.3 | 48.1 | 48.6 | 49.0 |
| $AlF_3$ | 0.56 | 0.67 | 0.91 | 1.10 | 1.32 | 1.72 |
| $Al(NO_3)_3$ | 60.0 | 73.9 | 88.7 | 106 | 132 | 160 |
| $Al_2(SO_4)_3\cdot18H_2O$ | 31.2 | 36.4 | 45.8 | 49.2 | 73.0 | 89.0 |
| $As_2O_3$ | 1.20 | 1.82 | 2.93 | 4.31 | 6.11 | 8.2 |
| $As_2O_5$ | 59.5 | 65.8 | 71.2 | 73.0 | 75.1 | 76.7 |
| $BaCl_2\cdot2H_2O$ | 31.2 | 35.8 | 40.8 | 46.2 | 52.5 | 59.4 |
| $Ba(NO_3)_2$ | 4.95 | 9.02 | 14.1 | 20.4 | 27.2 | 34.4 |
| $Ba(OH)_2$ | 1.67 | 3.89 | 8.22 | 20.94 | 101.4 | |
| $CaCl_2\cdot6H_2O$ | 59.5 | 74.5 | 128 | 137 | 147 | 159 |
| $CaC_2O_4$ | 4.5 | 2.25 | 1.49 | 0.83 | | |
| $Ca(HCO_3)_2$ | 16.15 | 16.60 | 17.05 | 17.50 | 17.95 | 18.40 |
| $CaI_2$ | 64.6 | 67.6 | 70.8 | 74 | 78 | 81 |
| $Ca(NO_3)_2\cdot4H_2O$ | 102 | 129 | 191 | | 358 | 363 |
| $Ca(OH)_2$ | 0.189 | 0.173 | 0.141 | 0.121 | | 0.076 |
| $CaSO_4\cdot1/2H_2O$ | | 0.32 | | | | 0.071 |
| $CaSO_4\cdot2H_2O$ | 0.223 | | 0.265 | | | 0.205 |
| $CdCl_2\cdot H_2O$ | | 135 | 135 | 136 | 140 | 147 |
| $Cd(NO_3)_2$ | 122 | 150 | 194 | 310 | 713 | |
| $CdSO_4$ | 75.4 | 76.6 | 78.5 | 81.8 | 66.7 | 60.8 |
| $Cl_2$(101.3kPa) | 1.46 | 0.716 | 0.451 | 0.324 | 0.219 | 0 |
| $CO_2$(101.3kPa) | 0.384 | | 0.097 | 0.058 | | |
| $CoCl_2$ | 43.5 | 52.9 | 69.5 | 93.8 | 97.6 | 106 |
| $Co(NO_3)_2$ | 84.0 | 97.4 | 125 | 174 | 204 | |
| $CoSO_4$ | 25.5 | 36.1 | 48.8 | 55.0 | 53.8 | 38.9 |

续表

| | 0 | 20 | 40 | 60 | 80 | 100 |
|---|---|---|---|---|---|---|
| $CoSO_4 \cdot 7H_2O$ | 44.8 | 65.4 | 88.1 | 101 | | |
| $CrO_3$ | 164.9 | 167.2 | 172.5 | | 191.6 | 206.8 |
| $CuCl_2$ | 68.6 | 73.0 | 87.6 | 96.5 | 104 | 120 |
| $Cu(NO_3)_2$ | 83.5 | 125 | 163 | 182 | 208 | 247 |
| $CuSO_4 \cdot 5H_2O$ | 23.1 | 32.0 | 44.6 | 61.8 | 83.8 | 114 |
| $FeCl_2$ | 49.7 | 62.5 | 70.0 | 78.3 | 88.7 | 94.9 |
| $FeCl_3 \cdot 6H_2O$ | 74.4 | 91.8 | | | 525.8 | 535.7 |
| $FeSO_4 \cdot 7H_2O$ | 15.6 | 26.5 | 40.2 | | | |
| $H_3BO_3$ | 2.67 | 5.04 | 8.72 | 14.81 | 23.62 | 40.25 |
| HBr(101.3kPa) | 221.2 | 198 | | | | 130 |
| HCl(101.3kPa) | 82.3 | | 63.3 | 56.1 | | |
| $HgCl_2$ | 3.63 | 6.57 | 10.2 | 16.3 | 30.0 | 61.3 |
| $I_2$ | | 0.029 | 0.056 | | | |
| KBr | 53.48 | 65.2 | 75.5 | 85.5 | 95.2 | 102 |
| $KBrO_3$ | 3.1 | 6.9 | 13.3 | 22.7 | 34.0 | 49.75 |
| KCl | 27.6 | 34.0 | 40.0 | 45.5 | 51.1 | 56.7 |
| $KClO_3$ | 3.3 | 7.1 | 13.9 | 23.8 | 37.6 | 57 |
| $KClO_4$ | 0.75 | 1.68 | 3.73 | 7.3 | 13.4 | 21.8 |
| $K_2CO_3$ | 105 | 111 | 117 | 127 | 140 | 156 |
| $K_2CrO_4$ | 58.2 | 62.9 | 65.2 | 68.6 | 72.1 | 79.2 |
| $K_2Cr_2O_7$ | 4.9 | 12 | 26 | 43 | 61 | 102 |
| $K_3[Fe(CN)_6]$ | 30.2 | 46 | 59.3 | 70 | | 91 |
| $K_4[Fe(CN)_6]$ | 14.5 | 28.2 | 41.4 | 54.8 | 66.9 | 74.2 |
| $KHCO_3$ | 22.4 | 33.7 | 47.5 | 65.6 | | |
| KI | 128 | 144 | 162 | 176 | 192 | 206 |
| $KIO_3$ | 4.74 | 8.08 | 12.6 | 18.3 | 24.8 | 32.3 |
| $KMnO_4$ | 2.83 | 6.38 | 12.6 | 22.1 | | |
| $KNO_2$ | 281 | 306 | 329 | 348 | 376 | 413 |
| $KNO_3$ | 13.3 | 31.6 | 61.3 | 106 | 167 | 247 |
| KOH | 95.7 | 112 | 134 | 154 | | 178 |
| KSCN | 177 | 224 | 289 | 372 | 492 | 675 |
| $K_2SO_4$ | 7.4 | 11.1 | 14.8 | 18.2 | 21.4 | 24.1 |
| $K_2S_2O_8$ | 1.75 | 4.70 | 11.0 | | | |
| $KAl(SO_4)_2 \cdot 12H_2O$ | 3.00 | 5.90 | 11.70 | 24.80 | 71.0 | |
| LiCl | 63.7 | 83.5 | 89.8 | 98.4 | 112 | |
| $Li_2CO_3$ | 1.54 | 1.33 | 1.17 | 1.01 | 0.85 | 0.72 |
| LiI | 151 | 165 | 179 | 202 | 435 | 481 |
| $LiNO_3$ | 53.4 | 70.1 | 152 | 175 | | |
| LiOH | 11.91 | 12.35 | 13.22 | 14.63 | 16.56 | 19.12 |
| $Li_2SO_4$ | 36.1 | 34.8 | 33.7 | 32.6 | 31.4 | |
| $MgCl_2$ | 52.9 | 54.2 | 57.5 | 61.0 | 66.1 | 72.7 |
| $Mg(NO_3)_2$ | 62.1 | 69.5 | 78.9 | 78.9 | 91.6 | |
| $MgSO_4$ | 22.0 | 33.7 | 44.5 | 54.6 | 55.8 | 50.4 |
| $MnCl_2$ | 63.4 | 73.9 | 88.5 | 109 | 113 | 115 |
| $MnF_2$ | | 1.06 | 0.67 | 0.44 | | 0.48 |
| $Mn(NO_3)_2$ | 102 | 139 | | | | |
| $MnSO_4$ | 52.9 | 62.9 | 60.0 | 53.6 | 45.6 | 35.3 |
| NaBr | 79.5 | 90.8 | 107 | 118 | 120 | 121 |

续表

| | 0 | 20 | 40 | 60 | 80 | 100 |
|---|---|---|---|---|---|---|
| $Na_2B_4O_7$ | 1.11 | 2.56 | 6.67 | 19.0 | 31.4 | 52.5 |
| $NaBrO_3$ | 27.5 | 36.4 | 48.8 | 62.6 | 75.7 | 90.9 |
| $NaC_2H_3O_2$ | 36.2 | 46.4 | 65.6 | 139 | 153 | 170 |
| $Na_2C_2O_4$ | 2.69 | 3.41 | 4.18 | 4.93 | 5.71 | 6.33 |
| $NaCl$ | 35.7 | 36.0 | 36.6 | 37.3 | 38.4 | 39.1 |
| $NaClO_3$ | 79 | 95.9 | 115 | 137 | 167 | 204 |
| $Na_2CO_3$ | 7.1 | 21.5 | 49.0 | 46.0 | 43.9 | 45.5 |
| $Na_2CrO_4$ | 31.7 | 84.0 | 96.0 | 115 | 125 | 126 |
| $Na_2Cr_2O_7$ | 163 | 180 | 215 | 269 | 376 | 415 |
| $NaF$ | 3.66 | 4.06 | 4.40 | 4.68 | 4.89 | 5.08 |
| $NaHCO_3$ | 6.9 | 9.6 | 12.7 | 16.4 | | |
| $NaH_2PO_4$ | 56.5 | 86.9 | 133 | 172 | 211 | |
| $Na_2HPO_4$ | 1.68 | 7.83 | 55.3 | 82.8 | 92.3 | 104 |
| $NaI$ | 159 | 178 | 205 | 257 | 295 | 302 |
| $NaIO_3$ | 2.48 | 9 | 13.3 | 19.8 | 26.6 | 34 |
| $NaNO_2$ | 71.2 | 80.8 | 94.9 | 111 | 133 | 163 |
| $NaNO_3$ | 73.0 | 87.6 | 102 | 122 | 148 | 180 |
| $NaOH$ | 42 | 109 | 129 | 174 | | 347 |
| $Na_3PO_4$ | 4.5 | 12.1 | 20.2 | 29.9 | 60.0 | 77.0 |
| $Na_2S$ | 9.6 | 15.7 | 26.6 | 39.1 | 55.0 | |
| $Na_2SO_3$ | 14.4 | 26.3 | 37.2 | 32.6 | 29.4 | |
| $Na_2SO_4$ | 4.9 | 19.5 | 48.8 | 45.3 | 43.7 | 42.5 |
| $Na_2SO_4 \cdot 7H_2O$ | 19.5 | 44.1 | | | | |
| $Na_2S_2O_3 \cdot 5H_2O$ | 50.2 | 70.1 | 104 | | | |
| $NaVO_3$ | | 19.3 | 26.3 | 33.0 | 40.8 | |
| $Na_2WO_4$ | 71.5 | 73.0 | 77.6 | | 90.8 | 97.2 |
| $NH_4Cl$ | 29.7 | 37.2 | 45.8 | 55.3 | 65.6 | 77.3 |
| $(NH_4)_2C_2O_4$ | 2.54 | 4.45 | 8.18 | 14.0 | 22.4 | 34.7 |
| $(NH_4)_2CrO_4$ | 25.0 | 34.0 | 45.3 | 59.0 | 76.1 | |
| $(NH_4)_2Cr_2O_7$ | 18.2 | 35.0 | 58.5 | 86.0 | 115 | 156 |
| $(NH_4)_2Fe(SO_4)_2$ | 12.5 | 26.4 | 46 | | | |
| $NH_4HCO_3$ | 11.9 | 21.7 | 36.6 | 59.2 | 109 | 354 |
| $NH_4H_2PO_4$ | 22.7 | 37.4 | 56.7 | 82.5 | 118 | 173.2 |
| $(NH_4)_2HPO_4$ | 42.9 | 68.9 | 81.8 | 97.2 | | |
| $NH_4I$ | 154.2 | 172 | 191 | 209 | 229 | 250.3 |
| $NH_4NO_3$ | 118.3 | 192 | 297 | 421 | 580 | 871 |
| $NH_4SCN$ | 120 | 170 | 234 | 248 | | |
| $(NH_4)_2SO_4$ | 70.6 | 75.4 | 81 | 88 | 95 | 103.8 |
| $NiCl_2$ | 53.4 | 60.8 | 73.2 | 81.2 | 86.6 | 87.6 |
| $Ni(NO_3)_2$ | 79.2 | 94.2 | 119 | 158 | 187 | |
| $NiSO_4 \cdot 7H_2O$ | 26.2 | 37.7 | 50.4 | | | |
| $Pb(C_2H_3O_2)_2$ | 19.8 | 44.3 | 116 | | | |
| $PbCl_2$ | 0.67 | 1.00 | 1.42 | 1.94 | 2.54 | 3.20 |
| $Pb(NO_3)_2$ | 37.6 | 54.3 | 72.1 | 91.6 | 111 | 133 |
| $SO_2$(101.3kPa) | 22.83 | 11.09 | 5.41 | | | |
| $SbCl_3$ | 602 | 910 | 1368 | | | |
| $SrCl_2$ | 43.5 | 52.9 | 63.5 | 81.8 | 90.5 | 101 |
| $Sr(NO_3)_2$ | 39.5 | 69.5 | 89.4 | 93.4 | 96.9 | |
| $Sr(OH)_2$ | 0.91 | 1.77 | 3.95 | 8.42 | 20.2 | 91.2 |
| $ZnCl_2$ | 389 | 446 | 591 | 618 | 645 | 672 |
| $Zn(NO_3)_2$ | 98 | 118.3 | 211 | | | |
| $ZnSO_4$ | 41.6 | 53.8 | 70.5 | 75.4 | 71.1 | 60.5 |

## 附录 2.21　不同温度下水的饱和蒸气压(Pa)

| 温度(℃) | 0.0 | 0.2 | 0.4 | 0.6 | 0.8 |
|---|---|---|---|---|---|
| 0 | 601.5 | 619.5 | 628.6 | 637.9 | 647.3 |
| 1 | 656.8 | 666.3 | 675.9 | 685.8 | 695.8 |
| 2 | 705.8 | 715.9 | 726.2 | 736.6 | 747.3 |
| 3 | 757.9 | 768.7 | 779.7 | 790.7 | 801.9 |
| 4 | 813.4 | 824.9 | 836.5 | 848.3 | 860.3 |
| 5 | 872.3 | 884.6 | 897.0 | 909.5 | 922.2 |
| 6 | 935.0 | 948.1 | 961.1 | 974.5 | 988.1 |
| 7 | 1001.7 | 1015.5 | 1029.5 | 1043.6 | 1058.0 |
| 8 | 1072.6 | 1087.2 | 1102.2 | 1117.2 | 1132.4 |
| 9 | 1147.8 | 1163.5 | 1179.2 | 1195.2 | 1211.4 |
| 10 | 1227.8 | 1244.3 | 1261.0 | 1277.9 | 1295.1 |
| 11 | 1312.4 | 1330.4 | 1347.8 | 1365.8 | 1383.9 |
| 12 | 1402.3 | 1421.0 | 1439.7 | 1458.7 | 1477.6 |
| 13 | 1497.3 | 1517.1 | 1536.9 | 1557.2 | 1577.6 |
| 14 | 1598.1 | 1619.1 | 1640.1 | 1661.5 | 1683.1 |
| 15 | 1704.9 | 1726.9 | 1749.3 | 1771.9 | 1794.7 |
| 16 | 1817.7 | 1841.1 | 1864.8 | 1888.6 | 1912.8 |
| 17 | 1937.2 | 1961.8 | 1986.9 | 2012.1 | 2037.7 |
| 18 | 2063.4 | 2089.6 | 2116.0 | 2142.6 | 2169.4 |
| 19 | 2196.8 | 2224.5 | 2252.3 | 2280.5 | 2309.0 |
| 20 | 2337.8 | 2366.9 | 2396.3 | 2426.1 | 2456.1 |
| 21 | 2486.5 | 2517.1 | 2550.5 | 2579.7 | 2611.4 |
| 22 | 2643.4 | 2675.8 | 2708.6 | 2741.8 | 2775.1 |
| 23 | 2808.8 | 2843.8 | 2877.5 | 2913.6 | 2947.8 |
| 24 | 2983.4 | 3019.5 | 3056.0 | 3092.8 | 3129.9 |
| 25 | 3167.2 | 3204.9 | 3243.2 | 3282.0 | 3321.3 |
| 26 | 3360.9 | 3400.9 | 3441.3 | 3482.0 | 3523.2 |
| 27 | 3564.9 | 3607.0 | 3646.0 | 3692.5 | 3735.8 |
| 28 | 3779.6 | 3823.7 | 3858.3 | 3913.5 | 3959.3 |
| 29 | 4005.4 | 4051.9 | 4099.0 | 4146.6 | 4194.5 |
| 30 | 4242.9 | 4286.1 | 4314.1 | 4390.3 | 4441.2 |
| 31 | 4492.3 | 4543.9 | 4595.8 | 4648.2 | 4701.0 |
| 32 | 4754.7 | 4808.9 | 4863.2 | 4918.4 | 4974.0 |
| 33 | 5030.1 | 5086.9 | 5144.1 | 5202.0 | 5260.5 |
| 34 | 5319.2 | 5378.8 | 5439.0 | 5499.7 | 5560.9 |
| 35 | 5622.9 | 5685.4 | 5748.5 | 5812.2 | 5876.6 |
| 36 | 5941.2 | 6006.7 | 6072.7 | 6139.5 | 6207.0 |
| 37 | 6275.1 | 6343.7 | 6413.1 | 6483.1 | 6553.7 |
| 38 | 6625.1 | 6696.9 | 6769.3 | 6842.5 | 6916.6 |
| 39 | 6991.7 | 7067.3 | 7143.4 | 7220.2 | 7297.7 |
| 40 | 7375.9 | 7454.1 | 7534.0 | 7614.0 | 7695.4 |
| 41 | 7778.0 | 7860.7 | 7943.3 | 8028.7 | 8114.0 |
| 42 | 8199.3 | 8284.7 | 8372.6 | 8460.6 | 8548.6 |
| 43 | 8639.3 | 8729.9 | 8820.6 | 8913.9 | 9007.3 |
| 44 | 9100.6 | 9195.2 | 9291.2 | 9387.2 | 9484.6 |
| 45 | 9583.2 | 9681.9 | 9780.5 | 9881.9 | 9983.2 |
| 46 | 10086 | 10190 | 10293 | 10399 | 10506 |
| 47 | 10612 | 10720 | 10830 | 10939 | 11048 |
| 48 | 11160 | 11274 | 11388 | 11503 | 11618 |
| 49 | 11735 | 11852 | 11971 | 12091 | 12211 |
| 50 | 12334 | 12466 | 12586 | 12706 | 12839 |
| 60 | 19916 | | | | |
| 70 | 31157 | | | | |
| 80 | 47343 | | | | |
| 90 | 70096 | | | | |
| 100 | 101325 | | | | |

摘自:古凤才,等.基础化学实验教程.第2版.北京:科学出版社,2005.479.

## 附录 2.22 不同温度下水的表面张力

| t(℃) | 103×σ/(N·m−1) | t(℃) | 103×σ/(N·m−1) | t(℃) | 103×σ/(N·m−1) | t(℃) | 103×σ/(N·m−1) |
|---|---|---|---|---|---|---|---|
| 0 | 75.64 | 17 | 73.19 | 26 | 71.82 | 60 | 66.18 |
| 5 | 74.92 | 18 | 73.05 | 27 | 71.66 | 70 | 64.42 |
| 10 | 74.22 | 19 | 72.90 | 28 | 71.50 | 80 | 62.61 |
| 11 | 74.07 | 20 | 72.75 | 29 | 71.35 | 90 | 60.75 |
| 12 | 73.93 | 21 | 72.59 | 30 | 71.18 | 100 | 58.85 |
| 13 | 73.78 | 22 | 72.44 | 35 | 70.38 | 110 | 56.89 |
| 14 | 73.64 | 23 | 72.28 | 40 | 69.56 | 120 | 54.89 |
| 15 | 73.59 | 24 | 72.13 | 45 | 68.74 | 130 | 52.84 |
| 16 | 73.34 | 25 | 71.97 | 50 | 67.91 | | |

摘自:John A Dean. Lange's Handbook of Chemistry. New York: McGraw-Hill Book Company Inc,1973.10~265.

## 附录 2.23 不同温度下液体的密度(g·cm$^{-3}$)

| 温度/℃ | 水 | 乙醇 | 苯 | 汞 | 环己烷 | 乙酸乙酯 | 丁醇 |
|---|---|---|---|---|---|---|---|
| 6 | 0.9999 | 0.8012 | — | 13.581 | 0.7906 | — | — |
| 7 | 0.9999 | 0.8003 | — | 13.578 | — | — | — |
| 8 | 0.9998 | 0.7995 | — | 13.576 | — | — | — |
| 9 | 0.9998 | 0.7987 | — | 13.573 | — | — | — |
| 10 | 0.9997 | 0.7978 | 0.887 | 13.571 | — | 0.9127 | — |
| 11 | 0.9996 | 0.7970 | — | 13.568 | — | — | — |
| 12 | 0.9995 | 0.7962 | — | 13.566 | 0.7850 | — | — |
| 13 | 0.9994 | 0.7953 | — | 13.563 | — | — | — |
| 14 | 0.9992 | 0.7945 | — | 13.561 | — | — | 0.8135 |
| 15 | 0.9991 | 0.7936 | 0.883 | 13.559 | — | — | — |
| 16 | 0.9989 | 0.7928 | 0.882 | 13.556 | — | — | — |
| 17 | 0.9988 | 0.7919 | 0.882 | 13.554 | — | — | — |
| 18 | 0.9986 | 0.7911 | 0.881 | 13.551 | 0.7736 | — | — |
| 19 | 0.9984 | 0.7902 | 0.881 | 13.549 | — | — | — |
| 20 | 0.9982 | 0.7894 | 0.879 | 13.546 | — | 0.9008 | — |
| 21 | 0.9980 | 0.7886 | 0.879 | 13.544 | — | — | — |
| 22 | 0.9978 | 0.7877 | 0.878 | 13.541 | — | — | 0.8072 |
| 23 | 0.9975 | 0.7869 | 0.877 | 13.539 | 0.7736 | — | — |
| 24 | 0.9973 | 0.7860 | 0.876 | 13.536 | — | — | — |
| 25 | 0.9970 | 0.7852 | 0.875 | 13.534 | — | — | — |
| 26 | 0.9968 | 0.7843 | — | 13.532 | — | — | — |
| 27 | 0.9965 | 0.7835 | — | 13.529 | — | — | — |
| 28 | 0.9962 | 0.7826 | — | 13.527 | — | — | — |
| 29 | 0.9959 | 0.7818 | — | 13.524 | — | — | — |
| 30 | 0.9956 | 0.7809 | 0.869 | 13.522 | 0.7678 | 0.8888 | 0.8007 |

摘自:古凤才,等.基础化学实验教程.第2版.北京:科学出版社,2005.498.

## 附录 2.24 常压下共沸物的沸点和组成

| 共沸物 | | 各组分的沸点(℃) | | 共沸物的性质 | |
|---|---|---|---|---|---|
| 甲组分 | 乙组分 | 甲组分 | 乙组分 | 沸点(℃) | 组成(组分甲的质量分数)(%) |
| 苯 | 乙 醇 | 80.1 | 78.3 | 67.9 | 68.3 |
| 环己烷 | 乙 醇 | 80.8 | 78.3 | 64.8 | 70.8 |
| 正己烷 | 乙 醇 | 68.9 | 78.3 | 58.7 | 79.0 |
| 乙酸乙酯 | 乙 醇 | 77.1 | 78.3 | 71.8 | 69.0 |
| 乙酸乙酯 | 环己烷 | 77.1 | 80.7 | 71.6 | 56.0 |
| 异丙醇 | 环己烷 | 82.4 | 80.7 | 69.4 | 32.0 |

摘自:Robert C Weast. CRC Handbook of Chemistry Physics. U. S. A: CRC Press, Inc. 1985~1986. 66th:D-12~30.

## 附录 2.25 高分子化合物特性黏度与分子量关系式中的参数表

| 高聚物 | 溶剂 | $t$(℃) | $10^3K/(dm^3 \cdot kg^{-1})$ | $\alpha$ | 分子量范围 $M \times 10^{-4}$ |
|---|---|---|---|---|---|
| 聚丙烯酰胺 | 水 | 30 | 6.31 | 0.80 | 2～50 |
| | 水 | 30 | 68 | 0.66 | 1～20 |
| | $1mol \cdot L^{-3} NaNO_3$ | 30 | 37.3 | 0.66 | |
| 聚丙烯腈 | 二甲基甲酰胺 | 25 | 16.6 | 0.81 | 5～27 |
| 聚甲基丙烯酸甲酯 | 丙酮 | 25 | 7.5 | 0.70 | 3～93 |
| 聚乙烯醇 | 水 | 25 | 20 | 0.76 | 0.6～2.1 |
| | 水 | 30 | 66.6 | 0.64 | 0.6～16 |
| 聚己内酰胺 | 40 $H_2SO_4$ | 25 | 59.2 | 0.69 | 0.3～1.3 |
| 聚醋酸乙烯酯 | 丙酮 | 25 | 10.8 | 0.72 | 0.9～2.5 |

摘自：印永嘉. 大学化学手册. 济南：山东科学技术出版社，1985. 692.

## 附录 2.26 几种化合物的磁化率

| 无机物 | $T$(K) | 质量磁化率 $10^9 X_m/(m^3 \cdot kg^{-1})$ | 摩尔磁化率 $10^9 X_M/(m^3 \cdot mol^{-1})$ |
|---|---|---|---|
| $CuBr_2$ | 292.7 | 38.6 | 8.614 |
| $CuCl_2$ | 289 | 100.9 | 13.57 |
| $CuF_2$ | 293 | 129 | 13.19 |
| $Cu(NO_3) \cdot 3H_2O$ | 293 | 81.7 | 19.73 |
| $CuSO_4 \cdot 5H_2O$ | 293 | 73.5（74.4） | 18.35 |
| $FeCl_2 \cdot 4H_2O$ | 293 | 816 | 162.1 |
| $FeSO_4 \cdot 7H_2O$ | 293.5 | 506.2 | 140.7 |
| $H_2O$ | 293 | −9.50 | −0.163 |
| $Hg[Co(CNS)_4]$ | 293 | 206.6 | |
| $K_3Fe(CN)_6$ | 297 | 87.5 | 28.78 |
| $K_4Fe(CN)_6$ | 室温 | 4.699 | −1.634 |
| $K_4Fe(CN)_6 \cdot 3H_2O$ | 室温 | | −2.165 |
| $NH_4Fe(SO_4)_2 \cdot 12H_2O$ | 293 | 378 | 182.2 |
| $(NH_4)_2Fe(SO_2)_2 \cdot 6H_2O$ | 293 | 397（406） | 155.8 |

摘自：复旦大学，等. 物理化学实验. 第 2 版. 北京：高等教育出版社，1995. 461.

## 附录 2.27 某些液体的折射率(25℃)

| 名称 | $n_D^{25}$ | 名称 | $n_D^{25}$ |
|---|---|---|---|
| 甲醇 | 1.326 | 四氯化碳 | 1.459 |
| 乙醚 | 1.352 | 乙苯 | 1.493 |
| 丙酮 | 1.357 | 甲苯 | 1.494 |
| 乙醇 | 1.359 | 苯 | 1.498 |
| 醋酸 | 1.370 | 苯乙烯 | 1.545 |
| 乙酸乙酯 | 1.370 | 溴苯 | 1.557 |
| 正己烷 | 1.372 | 苯胺 | 1.583 |
| 1-丁醇 | 1.397 | 溴仿 | 1.587 |
| 氯仿 | 1.444 | | |

摘自：Robert C Weast. CRC Handbook of Chemistry Physics. U. S. A：CRC Press，Inc. 1982～1983. 63th E-375.

## 附录 2.28　乙醇水溶液的混合体积与浓度的关系*

| 乙醇的质量百分数(%) | $V_{混}$(mL) | 乙醇的质量百分数(%) | $V_{混}$(mL) |
|---|---|---|---|
| 20 | 103.24 | 60 | 112.22 |
| 30 | 104.84 | 70 | 115.25 |
| 40 | 106.93 | 80 | 118.56 |
| 50 | 109.43 | | |

* 温度为20℃,混合物的质量为100g。

摘自:傅献彩,等. 物理化学(上册). 北京:人民教育出版社,1979. 212.

## 附录 2.29　几种溶剂的冰点下降常数

| 溶剂 | 凝固点(℃) | $K_f$ | 溶剂 | 凝固点(℃) | $K_f$ |
|---|---|---|---|---|---|
| 环己烷 | 6.54 | 20.0 | 酚 | 40.9 | 7.40 |
| 溴仿 | 8.05 | 14.4 | 萘 | 80.290 | 6.94 |
| 乙酸 | 16.66 | 3.90 | 樟脑 | 178.75 | 37.7 |
| 苯 | 5.533 | 5.12 | 水 | 0.0 | 1.853 |

摘自:John A Dean. Lange's Handbook of Chemistry(12th Edition). Mexico city : McGraw-Hill Inc,1979. 10~80.

## 附录 2.30　弱电解质的电离常数(0.1~0.01 mol·$L^{-1}$水溶液)

### 一、弱酸的电离常数

| 酸 | 温度(℃) | 级 | $K_a$ | $pK_a$ |
|---|---|---|---|---|
| 砷酸($H_3AsO_4$) | 18 | 1 | $5.62\times10^{-3}$ | 2.25 |
| | 18 | 2 | $1.70\times10^{-7}$ | 6.77 |
| | 18 | 3 | $3.95\times10^{-12}$ | 11.60 |
| 亚砷酸($H_3AsO_3$) | 25 | | $6\times10^{-19}$ | 9.23 |
| 正硼酸($H_3BO_3$) | 20 | | $7.3\times10^{-10}$ | 9.14 |
| 碳酸($H_2CO_3$) | 25 | 1 | $4.30\times10^{-7}$ | 6.37 |
| | 25 | 2 | $5.61\times10^{-11}$ | 10.25 |
| 铬酸($H_2CrO_4$) | 25 | 1 | $1.8\times10^{-1}$ | 0.74 |
| | 25 | 2 | $3.20\times10^{-7}$ | 6.49 |
| 氢氰酸(HCN) | 25 | | $4.93\times10^{-10}$ | 9.31 |
| 氢氟酸(HF) | 25 | | $3.53\times10^{-4}$ | 3.45 |
| 氢硫酸($H_2S$) | 18 | 1 | $9.1\times10^{-8}$ | 7.04 |
| | 18 | 2 | $1.1\times10^{-12}$ | 11.96 |
| 过氧化氢($H_2O_2$) | 25 | | $2.4\times10^{-12}$ | 11.62 |
| 次溴酸(HBrO) | 25 | | $2.06\times10^{-9}$ | 8.69 |
| 次氯酸(HClO) | 18 | | $2.95\times10^{-8}$ | 7.53 |
| 次碘酸(HIO) | 25 | | $2.3\times10^{-11}$ | 10.64 |
| 碘酸($HIO_3$) | 25 | | $1.69\times10^{-1}$ | 0.77 |
| 亚硝酸($HNO_2$) | 12.5 | | $4.6\times10^{-4}$ | 3.37 |
| 高碘酸($HIO_4$) | 25 | | $2.3\times10^{-2}$ | 1.64 |
| 正磷酸($H_3PO_4$) | 25 | 1 | $7.52\times10^{-3}$ | 2.12 |
| | 25 | 2 | $6.23\times10^{-8}$ | 7.21 |
| | 18 | 3 | $2.2\times10^{-12}$ | 12.67 |
| 亚磷酸($H_3PO_3$) | 18 | 1 | $1.0\times10^{-2}$ | 2.00 |
| | 18 | 2 | $2.6\times10^{-7}$ | 6.59 |
| 焦磷酸($H_4P_2O_7$) | 18 | 1 | $1.4\times10^{-1}$ | 0.85 |
| | 18 | 2 | $3.2\times10^{-2}$ | 1.49 |
| | 18 | 3 | $1.7\times10^{-6}$ | 5.77 |
| | 18 | 4 | $6\times10^{-9}$ | 8.22 |

续表

| 酸 | 温度(℃) | 级 | $K_a$ | p$K_a$ |
|---|---|---|---|---|
| 硒酸($H_2SeO_4$) | 25 | 2 | $1.2\times10^{-2}$ | 1.92 |
| 亚硒酸($H_2SeO_3$) | 25 | 1 | $3.5\times10^{-3}$ | 2.46 |
| | 25 | 2 | $5\times10^{-8}$ | 7.31 |
| 硅酸($H_2SiO_3$) | 常温 | 1 | $2\times10^{-10}$ | 9.70 |
| | 常温 | 2 | $1\times10^{-12}$ | 12.00 |
| 硫酸($H_2SO_4$) | 25 | 2 | $1.20\times10^{-2}$ | 1.92 |
| 亚硫酸($H_2SO_3$) | 18 | 1 | $1.54\times10^{-2}$ | 1.81 |
| | 18 | 2 | $1.02\times10^{-7}$ | 6.91 |
| 甲酸(HCOOH) | 20 | | $1.77\times10^{-4}$ | 3.75 |
| 醋酸(HAc) | 25 | | $1.76\times10^{-5}$ | 4.75 |
| 草酸($H_2C_2O_4$) | 25 | 1 | $5.90\times10^{-2}$ | 1.23 |
| | 25 | 2 | $6.40\times10^{-5}$ | 4.19 |

## 二、弱碱的电离常数

| 碱 | 温度(℃) | 级 | $K_b$ | p$K_b$ |
|---|---|---|---|---|
| 氨水($NH_3\cdot H_2O$) | 25 | | $1.79\times10^{-5}$ | 4.75 |
| 氢氧化铍[$Be(OH)_2$] | 25 | 2 | $5\times10^{-11}$ | 10.30 |
| 氢氧化钙[$Ca(OH)_2$] | 25 | 1 | $3.74\times10^{-3}$ | 2.43 |
| | 30 | 2 | $4.0\times10^{-2}$ | 1.40 |
| 联氨($NH_2\cdot NH_2$) | 20 | | $1.7\times10^{-6}$ | 5.77 |
| 羟胺($NH_2OH$) | 20 | | $1.07\times10^{-8}$ | 7.97 |
| 氢氧化铅[$Pb(OH)_2$] | 25 | | $9.6\times10^{-4}$ | 3.02 |
| 氢氧化银(AgOH) | 25 | | $1.1\times10^{-4}$ | 3.96 |
| 氢氧化锌[$Zn(OH)_2$] | 25 | | $9.6\times10^{-4}$ | 3.02 |

## 附录 2.31 一些物质的热力学数据(298.15 K)

| 物 质 | $\Delta_f H_m^\ominus$(kJ·mol$^{-1}$) | $\Delta_f G_m^\ominus$(kJ·mol$^{-1}$) | $S_m^\ominus$(J·K$^{-1}$·mol$^{-1}$) |
|---|---|---|---|
| Ag(s) | 0 | 0 | 42.6 |
| $Ag^+$(s) | 105.4 | 76.98 | 72.8 |
| AgCl(s) | −127.1 | −110 | 96.2 |
| AgBr(s) | −100 | −97.1 | 107 |
| AgI(s) | −61.9 | −66.1 | 116 |
| $AgNO_2$(s) | −45.1 | 19.1 | 128 |
| $AgNO_3$(s) | −124.4 | −33.5 | 141 |
| $Ag_2O$(s) | −31.0 | −11.2 | 121 |
| Al(s) | 0 | 0 | 28.3 |
| $Al_2O_3$(s,刚玉) | −1676 | −1582 | 50.9 |
| $Al^{3+}$(aq) | −531 | −485 | −322 |
| $AsH_3$(g) | 66.4 | 68.9 | 222.67 |
| $AsF_3$(l) | −821.3 | −774.0 | 181.2 |
| $As_4O_6$(s,单斜) | −1309.6 | −1154.0 | 234.3 |
| Au(s) | 0 | 0 | 47.3 |
| $Au_2O_3$(s) | 80.8 | 163 | 126 |
| B(s) | 0 | 0 | 5.85 |
| $B_2H_6$(g) | 35.6 | 86.6 | 232 |
| $B_2O_3$(s) | −1272.8 | −1193.7 | 54.0 |
| $B(OH)_4^-$(aq) | −1343.9 | −1153.1 | 102.5 |
| $H_3BO_3$(s) | −1094.5 | −969.0 | 88.8 |
| Ba(s) | 0 | 0 | 62.8 |
| $Ba^{2+}$(aq) | −537.6 | −560.7 | 9.6 |
| BaO(s) | −553.5 | −525.1 | 70.4 |
| $BaCO_3$(s) | −1216 | −1138 | 112 |

| 物　质 | $\Delta_f H_m^\ominus$(kJ · mol$^{-1}$) | $\Delta_f G_m^\ominus$(kJ · mol$^{-1}$) | $S_m^\ominus$(J · K$^{-1}$ · mol$^{-1}$) |
|---|---|---|---|
| $BaSO_4$(s) | −1473 | −1362 | 132 |
| $Br_2$(g) | 30.91 | 3.14 | 245.35 |
| $Br_2$(l) | 0 | 0 | 152.2 |
| $Br^-$(aq) | −121 | −104 | 82.4 |
| HBr(g) | −36.4 | −53.6 | 198.7 |
| $HBrO_3$(aq) | −67.1 | −18 | 161.5 |
| C(s,金刚石) | 1.9 | 2.9 | 2.4 |
| C(s,石墨) | 0 | 0 | 5.73 |
| $CH_4$(g) | −74.8 | −50.8 | 186.2 |
| $C_2H_4$(g) | 52.3 | 68.2 | 219.4 |
| $C_2H_6$(g) | −84.68 | −32.89 | 229.5 |
| $C_2H_2$(g) | 226.75 | 209.20 | 200.82 |
| $CH_2O$(g) | −115.9 | −110 | 218.7 |
| $CH_3OH$(g) | −201.2 | −161.9 | 238 |
| $CH_3OH$(l) | −238.7 | −166.4 | 127 |
| $CH_3CHO$(g) | −166.4 | −133.7 | 266 |
| $C_2H_5OH$(g) | −235.3 | −168.6 | 282 |
| $C_2H_5OH$(g) | −277.6 | −174.9 | 161 |
| $CH_3COOH$(l) | −484.5 | −390 | 160 |
| $C_6H_{12}O_6$(s) | −1274.4 | −910.5 | 212 |
| CO(g) | −110.5 | −137.2 | 197.6 |
| $CO_2$(g) | −393.5 | −394.4 | 213.6 |
| Ca(s) | 0 | 0 | 41.4 |
| $Ca^{2+}$(aq) | −542.7 | −553.5 | −53.1 |
| CaO(s) | −635.1 | −604.2 | 39.7 |
| $CaCO_3$(s) | −1206.9 | −1128.8 | 92.9 |
| $CaC_2O_4$(s) | −1360.6 | | |
| $Ca(OH)_2$(s) | −986.1 | −896.8 | 83.39 |
| $CaSO_4$(s) | −1434.1 | −1321.9 | 107 |
| $CaSO_4 \cdot 1/2H_2O$(s) | −1577 | −1437 | 130.5 |
| $CaSO_4 \cdot 2H_2O$(s) | −2023 | −1797 | 194.1 |
| $Ce^{3+}$(aq) | −700.4 | −676 | −205 |
| $CeO_2$(s) | −1083 | −1025 | 62.3 |
| $Cl_2$(g) | 0 | 0 | 223 |
| $Cl^-$(aq) | −167.2 | −131.3 | 56.5 |
| $ClO^-$(aq) | −107.1 | −36.8 | 41.8 |
| HCl(g) | −92.5 | −95.4 | 186.6 |
| HClO(aq,非解离) | −121 | −79.9 | 142 |
| $HClO_3$(aq) | 104.0 | −8.03 | 162 |
| $HClO_4$(aq) | −9.70 | | |
| Co(s) | 0 | 0 | 30.0 |
| $Co^{2+}$(aq) | −58.2 | −54.3 | −113 |
| $CoCl_2$(s) | −312.5 | −270 | 109.2 |
| $CoCl_2\ 6H_2O$(s) | −2115 | −1725 | 343 |
| Cr(s) | 0 | 0 | 23.77 |
| $CrO_4^{2-}$(aq) | −881.1 | −728 | 50.2 |
| $Cr_2O_7^{2-}$(aq) | −1490 | −1301 | 262 |
| $Cr_2O_3$(s) | −1140 | −1058 | 81.2 |
| $CrO_3$(s) | −589.5 | −506.3 | |
| $(NH_4)_2Cr_2O_7$(s) | −1807 | | |
| Cu(s) | 0 | 0 | 33 |
| $Cu^+$(aq) | 71.5 | 50.2 | 41 |
| $Cu^{2+}$(aq) | 64.77 | 65.52 | −99.6 |
| $Cu_2O$(s) | −169 | −146 | 93.3 |
| CuO(s) | −157 | −130 | 42.7 |
| $CuSO_4$(s) | −771.5 | −661.9 | 109 |

续表

| 物　　质 | $\Delta_f H_m^\ominus$(kJ·mol$^{-1}$) | $\Delta_f G_m^\ominus$(kJ·mol$^{-1}$) | $S_m^\ominus$(J·K$^{-1}$·mol$^{-1}$) |
|---|---|---|---|
| $CuSO_4$ $5H_2O$(s) | −2321 | −1880 | 300 |
| $F_2$(g) | 0 | 0 | 202.7 |
| $F^-$(aq) | −333 | −279 | −14 |
| HF(g) | −271 | −273 | 174 |
| Fe(s) | 0 | 0 | 27.3 |
| $Fe^{2+}$(aq) | −89.1 | −78.6 | −138 |
| $Fe^{3+}$(aq) | −48.5 | −4.6 | −316 |
| FeO(s) | −272 | | |
| $Fe_2O_3$(s) | −824 | −742.2 | 87.4 |
| $Fe_3O_4$(s) | −1118 | −1015 | 146 |
| $Fe(OH)_2$(s) | 0 | −486.6 | 88 |
| $Fe(OH)_3$(s) | −569 | −696.6 | 107 |
| $H_2$(g) | −823.0 | 0 | 130 |
| $H^+$(aq) | 0 | 0 | 0 |
| $H_2O$(g) | −241.8 | −228.6 | 188.7 |
| $H_2O$(l) | −285.8 | −237.2 | 69.91 |
| $H_2O_2$(l) | −187.8 | −120.4 | 109.6 |
| $OH^-$(aq) | −230.0 | −157.3 | −10.8 |
| Hg(l) | 0 | 0 | 76.1 |
| $Hg^{2+}$(aq) | 171 | 164 | −32 |
| $Hg_2^{2+}$(aq) | 172 | 153 | 84.5 |
| HgO(s,红色) | −90.83 | −58.56 | 70.3 |
| HgO(s,黄色) | −90.4 | −58.43 | 71.1 |
| $HgI_2$(s,红色) | −105 | −102 | 180 |
| HgS(s,红色) | −58.1 | −50.6 | 82.4 |
| $I_2$(s) | 0 | 0 | 116 |
| $I_2$(g) | 62.4 | 19.4 | 261 |
| $I^-$(aq) | −55.19 | −51.59 | 111 |
| HI(g) | 26.5 | 1.72 | 207 |
| $HIO_3$(s) | −230 | | |
| K(s) | 0 | 0 | 64.7 |
| $K^+$(aq) | −252.4 | −283 | 102 |
| KCl(s) | −436.8 | −409.2 | 82.59 |
| $K_2O$(s) | −361 | | |
| $K_2O_2$(s) | −494.1 | −425.1 | 102 |
| $Li^+$(aq) | −278.5 | −293.3 | 13 |
| $Li_2O$(s) | −597.9 | −561.1 | 37.6 |
| Mg(s) | 0 | 0 | 32.7 |
| $Mg^{2+}$(aq) | −466.9 | −454.8 | −138 |
| $MgCl_2$(s) | −641.3 | −591.8 | 89.62 |
| MgO(s) | −601.7 | −569.4 | 26.9 |
| $MgCO_3$(s) | −1096 | −1012 | 65.7 |
| Mn(s) | 0 | 0 | 32.0 |
| $Mn^{2+}$(aq) | −220.7 | −228 | −73.6 |
| $MnO_2$(s) | −520.1 | −465.3 | 53.1 |
| $N_2$(g) | 0 | 0 | 192 |
| $NH_3$(g) | −46.11 | −16.5 | 192.3 |
| $NH_3 \cdot H_2O$(aq,非解离) | −366.1 | −263.8 | 181 |
| $N_2H_4$(l) | 50.6 | 149.2 | 121 |
| $NH_4Cl$(s) | −315 | −203 | 94.6 |
| $NH_4NO_3$(s) | −366 | −184 | 151 |
| $(NH_4)_2SO_4$(s) | −901.9 | | 187.5 |
| NO(g) | 90.4 | 86.6 | 210 |
| $NO_2$(g) | 33.2 | 51.5 | 240 |
| $N_2O$(g) | 81.55 | 103.6 | 220 |
| $N_2O_4$(g) | 9.16 | 97.82 | 304 |

| 物　质 | $\Delta_f H_m^\ominus$(kJ·mol$^{-1}$) | $\Delta_f G_m^\ominus$(kJ·mol$^{-1}$) | $S_m^\ominus$(J·K$^{-1}$·mol$^{-1}$) |
|---|---|---|---|
| $HNO_3$(l) | −174 | −80.8 | 156 |
| Na(s) | 0 | 0 | 51.2 |
| $Na^+$(aq) | −240 | −262 | 59.0 |
| NaCl(s) | −327.47 | −348.15 | 72.1 |
| $Na_2B_4O_7$(s) | −3291 | −3096 | 189.5 |
| $NaBO_2$(s) | −977.0 | −920.7 | 73.5 |
| $Na_2CO_3$(s) | −1130.7 | −1044.5 | 135 |
| $NaHCO_3$(s) | −950.8 | −851.0 | 102 |
| $NaNO_2$(s) | −358.7 | −284.6 | 104 |
| $NaNO_3$(s) | −467.9 | −367.1 | 116.5 |
| $Na_2O$(s) | −414 | −375.5 | 75.06 |
| $Na_2O_2$(s) | −510.9 | −447.7 | 93.3 |
| NaOH(s) | −425.6 | −379.5 | 64.45 |
| $O_2$(g) | 0 | 0 | 205.03 |
| $O_3$(g) | 143 | 163 | 238.8 |
| P(s,白) | 0 | 0 | 41.1 |
| $PCl_3$(g) | −287 | −268 | 311.7 |
| $PCl_5$(g) | 398.8 | −324.6 | 353 |
| $P_4O_{10}$(s,六方) | −2984 | −2698 | 228.9 |
| Pb(s) | 0 | 0 | 64.9 |
| $Pb^{2+}$(aq) | −1.7 | −24.4 | 10 |
| PbO(s,黄色) | −215 | −188 | 68.6 |
| PbO(s,红色) | −219 | −189 | 66.5 |
| $Pb_3O_4$(s) | −718.4 | −601.2 | 211 |
| $PbO_2$(s) | −277 | −217 | 68.6 |
| PbS(s) | −100 | −98.7 | 91.2 |
| S(s,斜方) | 0 | 0 | 31.8 |
| $S^{2-}$(aq) | 33.1 | 85.8 | −14.6 |
| $H_2S$(g) | −20.6 | −33.6 | 206 |
| $SO_2$(g) | −296.8 | −300.2 | 248 |
| $SO_3$(g) | −395.7 | −371.1 | 256.6 |
| $SO_3^{2-}$(aq) | −635.5 | −486.6 | −29 |
| $SO_4^{2-}$(aq) | −909.27 | −744.63 | 20 |
| $SiO_2$(s,石英) | −910.9 | −856.7 | 41.8 |
| $SiF_4$(g) | −1614.9 | −1572.7 | 282.4 |
| $SiCl_4$(l) | −687.0 | −619.9 | 239.7 |
| Sn(s,白色) | 0 | 0 | 51.55 |
| Sn(s,灰色) | −2.1 | 0.13 | 44.14 |
| $Sn^{2+}$(aq) | −8.8 | −27.2 | −16.7 |
| SnO(s) | −286 | −257 | 56.5 |
| $SnO_2$(s) | −580.7 | −519.6 | 52.3 |
| $Sr^{2+}$(aq) | −545.8 | −559.4 | −32.6 |
| SrO(s) | −592.0 | −561.9 | 54.4 |
| $SrCO_3$(s) | −1220 | −1140 | 97.1 |
| Ti(s) | 0 | 0 | 30.6 |
| $TiO_2$(s,金红石) | −944.7 | −889.5 | 50.3 |
| $TiCl_4$(l) | −804.2 | −737.2 | 252.3 |
| $V_2O_5$(s) | −1551 | −1420 | 131 |
| $WO_3$(s) | −842.9 | −764.08 | 75.9 |
| Zn(s) | 0 | 0 | 41.6 |
| $Zn^{2+}$(aq) | −153.9 | −147.0 | −112 |
| ZnO(s) | −348.3 | −318.3 | 43.6 |
| ZnS(s,闪锌矿) | −206.0 | −210.3 | 57.7 |

# 附录3 常见离子鉴定方法

## 附录3.1 常见阳离子的鉴定方法

| 阳离子 | 鉴定方法 | 条件及干扰 |
|---|---|---|
| $Na^+$ | 取2滴$Na^+$试液，加8滴醋酸铀酰锌试剂，放置数分钟，用玻璃棒摩擦器壁，淡黄色的晶状沉淀出现，表示有$Na^+$<br>$3UO_2^{2+}+Zn^{2+}+Na^++9Ac^-+9H_2O$<br>$=3UO_2(Ac)_2\cdot Zn(Ac)_2\cdot NaAc\cdot 9H_2O(s)$ | 1. 鉴定宜在中性或HAc酸性溶液中进行，强酸、强碱均能使试剂分解<br>2. 大量$K^+$存在时，可干扰鉴定，$Ag^+$、$Hg^{2+}$、$Sb^{3+}$有干扰，$PO_4{}^{3-}$、$AsO_4{}^{3-}$能使试剂分解 |
| $K^+$ | 取2滴$K^+$试液，加入3滴六硝基合钴酸钠$Na_3[Co(NO_2)_6]$溶液，放置片刻，黄色的$K_2Na[Co(NO_2)_6]$沉淀析出，表示有$K^+$ | 1. 鉴定宜在中性、微酸性溶液中进行。因强酸、强碱均能使$[Co(NO_2)_6]^{3-}$分解<br>2. $NH_4^+$与试剂生成橙色沉淀而干扰，但在沸水浴中加热1～2 min后，$(NH_4)_2Na[Co(NO_2)_6]$完全分解，而$K_2Na[Co(NO_2)_6]$不变 |
| $NH_4^+$ | 气室法：用干燥、洁净的表面皿两块（一大一小），在大的一块表面皿中心放3滴$NH_4^+$试液，再加3滴6 mol·L$^{-1}$ NaOH溶液，混合均匀。在小的一块表面皿中心黏附一小条润湿的酚酞试纸，盖在大的表面皿上形成气室。将此气室放在水浴上微热2 min，酚酞试纸变红，表示有$NH_4^+$。 | 这是$NH_4^+$的特征反应 |
| $Ca^{2+}$ | 取2滴$Ca^{2+}$试液，滴加饱和$(NH_4)_2C_2O_4$溶液，有白色的$CaC_2O_4$沉淀形成，表示有$Ca^{2+}$ | 1. 反应宜在HAc酸性、中性、碱性溶液中进行<br>2. $Mg^{2+}$、$Sr^{2+}$、$Ba^{2+}$有干扰，但$MgC_2O_4$溶于醋酸，$Sr^{2+}$、$Ba^{2+}$应在鉴定前除去 |
| $Mg^{2+}$ | 取2滴$Mg^{2+}$试液，加入2滴2 mol·L$^{-1}$ NaOH溶液，1滴镁试剂Ⅰ，沉淀呈天蓝色，表示有$Mg^{2+}$ | 1. 反应宜在碱性溶液中进行，$NH_4^+$浓度过大，会影响鉴定，故需在鉴定前加碱煮沸，除去$NH_4^+$<br>2. $Ag^+$，$Hg^{2+}$，$Hg_2{}^{2+}$，$Cu^{2+}$，$Co^{2+}$，$Ni^{2+}$，$Mn^{2+}$，$Cr^{3+}$，$Fe^{3+}$及大量$Ca^{2+}$干扰反应，应预先分离 |
| $Ba^{2+}$ | 取2滴$Ba^{2+}$试液，加1滴0.1 mol·L$^{-1}$ $K_2C_rO_4$溶液，有黄色沉淀生成，表示有$Ba^{2+}$ | 鉴定宜在HAc-$NH_4$Ac的缓冲溶液中进行 |
| $Al^{3+}$ | 取1滴$Al^{3+}$试液，加2～3滴水，2滴3 mol·L$^{-1}$ $NH_4$Ac及2滴铝试剂，搅拌，微热，加6 mol·L$^{-1}$ $NH_3\cdot H_2O$至碱性，红色沉淀不消失，表示有$Al^{3+}$ | 1. 鉴定宜在HAc－$NH_4$Ac的缓冲溶液中进行<br>2. $Cr^{3+}$，$Fe^{3+}$，$Bi^{3+}$，$Cu^{2+}$，$Ca^{2+}$对鉴定有干扰，但加入氨水后，$Cr^{3+}$、$Cu^{2+}$生成的红色化合物即分解，$(NH_4)_2CO_3$加入可使$Ca^{2+}$生成$CaCO_3$，$Fe^{3+}$、$Bi^{3+}$、$Cu^{2+}$可预先加NaOH形成沉淀而分离 |
| $Sn^{4+}$<br>$Sn^{2+}$ | 1. $Sn^{4+}$还原：取2～3滴$Sn^{4+}$溶液，加镁片2～3片，不断搅拌，待反应完全后，加2滴6 mol·L$^{-1}$ HCl，微热，$Sn^{4+}$即被还原为$Sn^{2+}$<br>2. $Sn^{2+}$的鉴定：取2滴$Sn^{2+}$试液，加1滴0.1 mol·L$^{-1}$ $HgCl_2$溶液，生成白色沉淀，表示有$Sn^{2+}$ | 反应的特效性较好。注意：若白色沉淀生成后，颜色迅速变灰、变黑，这是由于$Hg_2Cl_2$进一步被还原为Hg |
| $Pb^{2+}$ | 取2滴$Pb^{2+}$试液，加2滴0.1 mol·L$^{-1}$ $K_2CrO_4$溶液，生成黄色沉淀，表示有$Pb^{2+}$ | 1. 鉴定在HAc溶液中进行，因为沉淀在强酸强碱中均可溶解<br>2. $Ba^{2+}$、$Bi^{3+}$、$Hg^{2+}$、$Ag^+$等干扰 |
| $Cr^{3+}$ | 取3滴$Cr^{3+}$试液，加6 mol·L$^{-1}$ NaOH溶液直至生成的沉淀溶解，搅动后加4滴3%的$H_2O_2$，水浴加热，待溶液变为黄色后，继续加热将剩余的$H_2O_2$完全分解，冷却，加6 mol·L$^{-1}$ HAc酸化，加2滴0.1 mol·L$^{-1}$ $Pb(NO_3)_2$溶液，生成黄色沉淀，表示有$Cr^{3+}$ | 鉴定反应中，$Cr^{3+}$的氧化需在强碱性条件下进行；而形成$PbCrO_4$的反应，须在弱酸性(HAc)溶液中进行 |
| $Mn^{2+}$ | 取1滴$Mn^{2+}$试液，加10滴水，5滴2 mol·L$^{-1}$ $HNO_3$溶液，然后加少许$NaBiO_3$(s)，搅拌，水浴加热，形成紫色溶液，表示有$Mn^{2+}$ | 1. 鉴定反应可在$HNO_3$或者$H_2SO_4$酸性溶液中进行<br>2. 还原剂($Cl^-$、$Br^-$、$I^-$、$H_2O_2$等)有干扰 |

续表

| 阳离子 | 鉴定方法 | 条件及干扰 |
|---|---|---|
| $Fe^{3+}$ | 1. 取 1 滴 $Fe^{3+}$ 试液，放在白滴板上，加 1 滴 2 $mol \cdot L^{-1}$ HCl 及 1 滴 $K_4[Fe(CN)_6]$溶液，生成蓝色沉淀，表示有 $Fe^{3+}$ | 1. 鉴定反应在酸性溶液中进行<br>2. 大量存在 $Cu^{2+}$、$Co^{2+}$、$Ni^{2+}$ 等离子，有干扰，需分离后再作鉴定 |
| | 2. 取 1 滴 $Fe^{3+}$ 试液，加 1 滴 0.5 $mol \cdot L^{-1}$ $NH_4SCN$ 溶液，形成血红色溶液，表示有 $Fe^{3+}$ | 1. $F^-$、$H_3PO_4$、$H_2C_2O_4$、酒石酸、柠檬酸等能与 $Fe^{3+}$ 形成稳定的配合物而干扰<br>2. $Co^{2+}$、$Ni^{2+}$、$Cr^{3+}$ 和铜盐，因离子有色，会降低检出 $Fe^{3+}$ 的灵敏度 |
| $Fe^{2+}$ | 1. 取 1 滴 $Fe^{2+}$ 试液，放在白滴板上，加 1 滴 2 $mol \cdot L^{-1}$ HCl 及 1 滴 $K_3[Fe(CN)_6]$溶液，生成蓝色沉淀，表示有 $Fe^{2+}$ | 鉴定反应在酸性溶液中进行 |
| | 2. 取 1 滴 $Fe^{2+}$ 试液，加几滴 0.25% 的邻菲罗啉溶液，生成橘红色溶液，表示有 $Fe^{2+}$ | 鉴定反应在微酸性溶液中进行，选择性和灵敏性均较好 |
| $Co^{2+}$ | 取 1～2 滴 $Co^{2+}$ 试剂，加饱和 $NH_4SCN$ 溶液 10 滴，加 5～6 滴戊醇溶液，振荡，静置，有机层呈蓝绿色，表示有 $Co^{2+}$ | 1. 鉴定反应需用浓 $NH_4SCN$ 溶液<br>2. $Fe^{3+}$ 有干扰，加 NaF 掩蔽，大量 $Cu^{2+}$ 也干扰 |
| $Ni^{2+}$ | 取 1 滴 $Ni^{2+}$ 试液放在白色点滴板上，加 1 滴 6 $mol \cdot L^{-1}$ 氨水，加 1 滴二乙酰二肟溶液，凹槽四周形成红色沉淀，表示有 $Ni^{2+}$ | 1. 鉴定反应在氨性溶液中进行，合适的酸度 pH＝5～10<br>2. $Fe^{2+}$、$Fe^{3+}$、$Cu^{2+}$、$Co^{2+}$、$Cr^{3+}$、$Mn^{2+}$ 有干扰，可加柠檬酸或酒石酸掩蔽 |
| $Cu^{2+}$ | 取 1 滴 $Cu^{2+}$ 试液，加 1 滴 6 $mol \cdot L^{-1}$ HAc 酸化，加 1 滴 $K_4[Fe(CN)_6]$ 溶液，红棕色沉淀出现，表示有 $Cu^{2+}$ | 1. 鉴定反应宜在中性或弱酸性溶液中进行<br>2. $Fe^{3+}$ 及大量的 $Co^{2+}$、$Ni^{2+}$ 会干扰 |
| $Ag^+$ | 取 2 滴 $Ag^+$ 试液，加 2 滴 2 $mol \cdot L^{-1}$ HCl，混匀，水浴加热，离心分离，在沉淀上加 4 滴 6 $mol \cdot L^{-1}$ 氨水，沉淀溶解，再加 6 $mol \cdot L^{-1}$ $HNO_3$ 酸化，白色沉淀重又出现，表示有 $Ag^+$ | |
| $Zn^{2+}$ | 取 2 滴 $Zn^{2+}$ 试液，用 2 $mol \cdot L^{-1}$ HAc 酸化，加入等体积的 $(NH_4)_2Hg(SCN)_4$ 溶液，生成白色沉淀，表示有 $Zn^{2+}$ | 1. 鉴定反应在中性或微酸性溶液中进行<br>2. 少量 $Co^{2+}$、$Cu^{2+}$ 存在，形成蓝紫色混晶，有利于观察，但含量大时有干扰。$Fe^{3+}$ 有干扰 |
| $Hg^{2+}$ | 取 1 滴 $Hg^{2+}$ 试液，加 1 $mol \cdot L^{-1}$ KI 溶液，使生成的沉淀完全溶解后，加 2 滴 KI-$Na_2SO_3$ 溶液，2～3 滴 $Cu^{2+}$ 溶液，生成橘黄色沉淀，表示有 $Hg^{2+}$ | CuI 是还原剂，须考虑到氧化剂（$Ag^+$、$Fe^{3+}$ 等）的干扰 |

## 附录 3.2 常见阴离子的鉴定方法

| 阴离子 | 鉴定方法 | 条件及干扰 |
|---|---|---|
| $Cl^-$ | 取 2 滴 $Cl^-$ 试液，加 6 $mol \cdot L^{-1}$ $HNO_3$ 酸化，加 0.1 $mol \cdot L^{-1}$ $AgNO_3$ 至沉淀完全，离心分离，在沉淀上加 5～8 滴银氨溶液，搅匀，加热，沉淀溶解，再加 6 $mol \cdot L^{-1}$ $HNO_3$ 酸化，白色沉淀又出现，表示有 $Cl^-$ | |
| $Br^-$ | 取 2 滴 $Br^-$ 试液，加入数滴 $CCl_4$，滴加氯水，振荡，有机层呈橙色或橙黄色，表示有 $Br^-$ | 氯水宜边滴加边振荡，若氯水过量了，生成 BrCl，有机层反而呈淡黄色 |
| $I^-$ | 取 2 滴 $I^-$ 试液，加入数滴 $CCl_4$，滴加氯水，振荡，有机层显紫色，表示有 $I^-$ | 1. 反应宜在酸性、中性或弱碱性条件下进行<br>2. 过量氯水将 $I_2$ 氧化成 $IO_3^-$，有机层紫色将褪去 |
| $SO_4^{2-}$ | 取 2 滴 $SO_4^{2-}$ 试液，用 6 $mol \cdot L^{-1}$ HCl 酸化，加 2 滴 0.1 $mol \cdot L^{-1}$ $BaCl_2$ 溶液，白色沉淀析出，表示有 $SO_4^{2-}$ | |
| $SO_3^{2-}$ | 取 1 滴饱和 $ZnSO_4$ 溶液，加 1 滴 0.1 $mol \cdot L^{-1}$ $K_4[Fe(CN)_6]$溶液，即有白色沉淀产生，继续加 1 滴 $Na_2[Fe(CN)_5NO]$，1 滴 $SO_3^{2-}$ 试液（中性），白色沉淀转化为红色 $Zn_2[Fe(CN)_5NOSO_3]$ 沉淀，表示有 $SO_3^{2-}$ | 1. 酸能使沉淀消失，酸性溶液需用氨水中和<br>2. $S^{2-}$ 有干扰，须预先除去 |

续表

| 阴离子 | 鉴定方法 | 条件及干扰 |
| --- | --- | --- |
| $S_2O_3^{2-}$ | 1. 取2滴$S_2O_3^{2-}$试液，加2滴2 mol·$L^{-1}$ HCl溶液，微热，白色混浊出现，表示有$S_2O_3^{2-}$ | |
| | 2. 取2滴$S_2O_3^{2-}$试液，加5滴0.1 mol·$L^{-1}$ $AgNO_3$溶液，振荡之，若生成的白色沉淀迅速变黄→棕→黑色，表示有$S_2O_3^{2-}$ | 1. $S^{2-}$存在时，$AgNO_3$溶液加入后，由于有黑色$Ag_2S$沉淀生成，对观察$Ag_2S_2O_3$沉淀颜色的变化产生干扰<br>2. $Ag_2S_2O_3$(s)可溶于过量可溶性硫代硫酸盐溶液中 |
| $S^{2-}$ | 1. 取3滴$S^{2-}$试液，加稀$H_2SO_4$酸化，用$Pb(Ac)_2$试纸检验析出的气体，试纸变黑，表示有$S^{2-}$ | |
| | 2. 取1滴$S^{2-}$试液，放在白滴板上，加一滴$Na_2[Fe(CN)_5NO]$试剂，溶液变紫色，表示有$S^{2-}$。配合物$Na_4[Fe(CN)_5NOS]$为紫色 | 反应须在碱性条件下进行 |
| $CO_3^{2-}$ | 1. 浓度较大的$CO_3^{2-}$溶液，用6 mol·$L^{-1}$ HCl溶液酸化后，产生的$CO_2$气体使澄清的石灰水或$Ba(OH)_2$溶液变浑浊，表演示有$CO_3^{2-}$<br>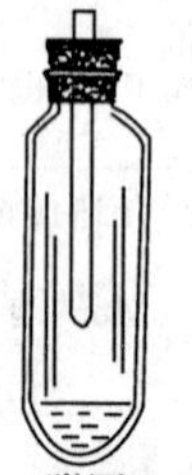<br>附图<br>气瓶法装置<br>2. 当$CO_3^{2-}$量较少，或同时存在其他能与酸产生气体的物质时，可用$Ba(OH)_2$气瓶法检出。取出滴管，在玻璃瓶中加少量$CO_3^{2-}$试样，从滴管上口加入1滴饱和$Ba(OH)_2$溶液，然后往玻璃瓶中加5滴6 mol·$L^{-1}$ HCl，立即将滴管插入瓶中，塞紧，轻敲瓶底，放置数分钟，如果$Ba(OH)_2$溶液浑浊，表示有$CO_3^{2-}$ | 1. 如果$Ba(OH)_2$溶液浑浊程度不大，可能由于吸收空气中$CO_2$所致，需作空白实验加以比较<br>2. 如果试液中含有$SO_3^{2-}$或$S_2O_3^{2-}$，会干扰$CO_3^{2-}$的检出，需预先加入数滴$H_2O_2$将它们氧化为$SO_4^{2-}$，再检验$CO_3^{2-}$ |
| $NO_3^-$ | 1. 当$NO_2^-$同时存在时，取试液3滴，加12 mol·$L^{-1}$ $H_2SO_4$ 6滴及3滴α-萘胺，生成淡紫红色化合物，表示有$NO_3^-$<br>2. 当$NO_2^-$不存在时，取3滴$NO_3^-$试液用6 mol·$L^{-1}$ HAc酸化，并过量数滴，加少许镁片搅动，$NO_3^-$被还原为$NO_2^-$；取3滴上层清液，按照$NO_2^-$的鉴定方法进行鉴定 | |
| $NO_2^-$ | 取试液3滴，用HAc酸化，加1 mol·$L^{-1}$ KI和$CCl_4$，振荡，有机层呈紫红色，表示有$NO_2^-$ | |
| $PO_4^{3-}$ | 取2滴$PO_4^{3-}$试液，加入8～10滴钼酸铵试剂，用玻璃棒摩擦内壁，黄色磷钼酸铵沉淀生成，表示有$PO_4^{3-}$<br>$PO_4^{3-}+3NH_4^++12MoO_4^{2-}+24H^+=(NH_4)_3P(Mo_3O_{10})_4+12H_2O$ | 1. 沉淀溶于碱及氨水中，反应须在酸性中进行<br>2. 还原剂的存在使$Mo^{6+}$还原为“钼蓝”而使溶液呈深蓝色，须预先除去<br>3. 与$PO_4^{3-}$、$P_2O_7^{4-}$的冷溶液无反应，煮沸时由于$PO_4^{3-}$的生成而生成黄色沉淀 |